Android App 程式設計教本之無痛起步

使用 Android Studio 2.X 開發環境

感謝您購買旗標書,
記得到旗標網站
www.flag.com.tw
更多的加值內容等著您…

<請下載 QR Code App 來掃描>

- FB 官方粉絲專頁:旗標知識講堂
- 旗標「線上購買」專區:您不用出門就可選購旗標書!
- 如您對本書內容有不明瞭或建議改進之處, 請連上旗標網站, 點選首頁的 聯絡我們 專區。

若需線上即時詢問問題, 可點選旗標官方粉絲專頁留言詢問, 小編客服隨時待命, 盡速回覆。

若是寄信聯絡旗標客服 email, 我們收到您的訊息後, 將由專業客服人員為您解答。

我們所提供的售後服務範圍僅限於書籍本身或內容表達不清楚的地方, 至於軟硬體的問題, 請直接連絡廠商。

學生團體　訂購專線:(02)2396-3257 轉 362
　　　　　傳真專線:(02)2321-2545

經銷商　服務專線:(02)2396-3257 轉 331
　　　　將派專人拜訪
　　　　傳真專線:(02)2321-2545

國家圖書館出版品預行編目資料

Android App 程式設計教本之無痛起步:
使用 Android Studio 2.X 開發環境 / 施威銘主編
臺北市:旗標, 2017.2　面;　公分

ISBN 978-986-312-398-9(平裝)

1.系統程式 2.電腦程式設計

312.52　　105021667

作　者/施威銘主編

發 行 所/旗標科技股份有限公司

台北市杭州南路一段15-1號19樓

電　話/(02)2396-3257(代表號)

傳　真/(02)2321-2545

劃撥帳號/1332727-9

帳　戶/旗標科技股份有限公司

監　督/楊中雄

執行企劃/留學成・陳彥發

執行編輯/留學成・邱裕雄

美術編輯/薛詩盈

封面設計/古鴻杰

校　對/留學成・邱裕雄

新台幣售價:580 元

西元 2024 年 3 月 初版 13 刷

行政院新聞局核准登記-局版台業字第 4512 號

ISBN 978-986-312-398-9

序

學習 Android 程式設計一直困擾許多初學者，其原因有三。首先，你必須會使用 Java 程式語言，並且要懂 Android 的 XML 語彙，然後才開始學習 Android 的程式設計。在學習的過程裡又常見到一些程式設計老手所使用的行話與習慣，對於一個初學者而言，常會苦思不得其解，導致在學習的路上產生挫折、困頓。有鑑於此，本書針對 Android 的初學者安排一套學習流程，期望降低學習門檻，讓學習曲線能平滑、順暢，能迅速的掌握 Android 程式設計的重點，不用迂迴曲折的浪費時間。

許多人都說學習 Android 需要先學 XML，但其實，學 Android 並不需要先學 XML，而是要學習 Android 的 XML 語彙，這兩者可是有天壤之別，前者你可能要讀完一本厚厚的"XML 大全集"，但是對於 Android 的 XML 語彙，事情就簡單多了，並且，我們還會以圖形化界面的編輯器來完成畫面佈局的 XML 設計，這就和在遊戲裡佈置房間或建設城堡一樣的簡單。再者，初學階段的 Android 程式設計所用到的 Java 語言，也不是說你必須完完整整讀完一本厚達七、八百頁的 Java 程式語言書籍，你大概只須發揮三成的 Java 程式功力就可以輕鬆寫好 Android 程式了。

所以，最後你真正要做的是聚焦於學習 Android 的程式架構，Android API 的使用，以及運用你的創意來開發手機或平板的應用了。本書並不是"Android 的程式應用大全集"之類的書，本書是希望對於 Android 程式設計有興趣的人，能夠幫助其排除各方面的障礙，順利進入 Android 程式設計的領域。讀完本書，我們還有許多需要學習的地方，因此，旗標也準備了一系列書籍供您做進一步的參考學習，有興趣的讀者可以上旗標網站 www.flag.com.tw 選購並參考之。

主編 施威銘 2.15.2017

關於本書的範例

讀者可依照書中的指引, 自行建立範例專案來練習, 或是直接開啟由旗標網站下載的範例專案來參考使用。

請用瀏覽器連到 **www.flag.com.tw/download.asp?FS761**, 即可由網頁下載 **FS761.zip** 範例壓縮檔。解壓縮後的檔案預設會放在 **FS761_Android** 資料夾中, 例如解壓縮到 D:, 則各章專案的位置如下:

書中每個範例在操作步驟的開頭, 都會提示所建立的專案名稱, 例如第 2 章的範例 "Ch02_Button", 其專案所在的路徑即為 "\FS761_Android\Ch02\Ch02_Button\"。

有關開啟書附範例專案的方法, 在本書第 1-39 頁 (開啟外來的專案) 以及附錄 C (問題排除) 中均有詳盡的說明, 讀者若有需要可隨時參考。

要使用本書提供的範例, 讀者的電腦必須先安裝好 Android Studio 開發工具。完整的安裝方式請參見旗標知識講堂 Android 入口網站:

http://www.flag.com.tw/android/

目錄

第 3 章 Android App 介面設計

第 5 章 使用者介面的基本元件

第 6 章 進階 UI 元件：Spinner 與 ListView

第 7 章 即時訊息與交談窗

第 8 章 用 Intent 啟動程式中的其他 Activity

第 9 章 用 Intent 啟動手機內的各種程式

第 10 章 拍照與顯示相片

第 14 章 GPS 定位、地圖、功能表

第 15 章 SQLite 資料庫

第 16 章 Android 互動設計－藍牙遙控自走車 iTank

附錄 A OO 與 Java：一招半式寫 App

附錄 B 常用的 Android Studio 選項設定

01 使用 Android Studio 開發 Android App

Chapter

本章將介紹如何使用 Android Studio 整合開發環境來開發 Android App。我們將先說明在 Android Studio 中如何新增、建立 Android App, 接著會說明如何將完成的程式 (即 App) 放在模擬器上執行與測試。待讀者體驗過一個完整的開發流程後, 我們再回頭熟練 Android Studio 環境的基本操作與設定, 讓往後的學習、開發過程能更順暢。

由於 Android 開發環境經常在更新, 其安裝操作過程變動也很頻繁, 為此, 我們特別設立旗標知識講堂 Android 入口網站, 隨時提供讀者最新的 Android Studio 安裝及操作資訊, 以及本書的內容更正說明。

如果您尚未安裝好 Android Studio, 請先依照旗標 Android 入口網站的說明, 下載並安裝。旗標 Android 入口網站的網址為:

http://www.flag.com.tw/android

另外, 也請依網站中的說明, 檢查預設的專案編碼方式 (Encoding) 是否都已設定為 utf-8, 以避免發生編碼錯誤的問題 (也可參照附錄 B-2 的說明來檢查及設定)。

1-1 建立第一個 Android App 專案

請執行**開始**功能表**所有程式**的『**Android Studio/Android Studio**』命令, 即可啟動 Android Studio 程式:

視窗長的不一樣？

由於 Android Studio 會記住我們的操作，因此如果您之前曾有開啟過專案，並且在結束 Android Studio 時沒有關閉專案，那麼再次啟動 Android Studio 就會直接開啟之前的專案。例如：

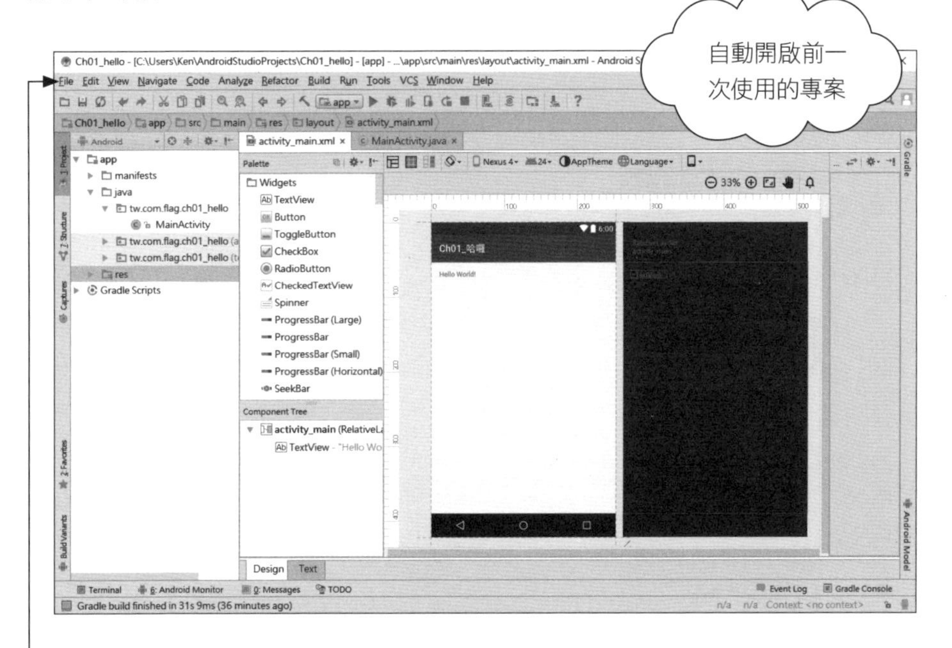

此時可執行『**File/New/New Project...**』命令來新增專案

反之，如果之前結束 Android Studio 時已關閉專案，那麼再次啟動時會顯示歡迎視窗並在左側列出最近開啟過的專案：

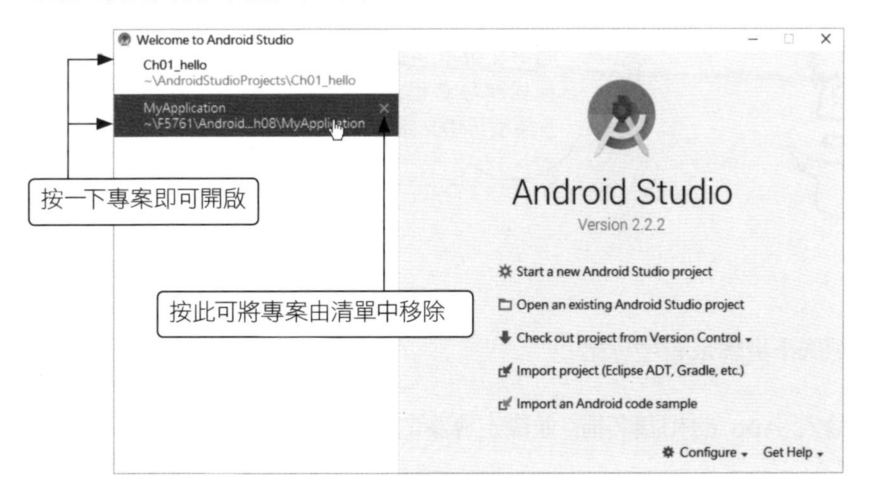

接著會出現新增專案交談窗：

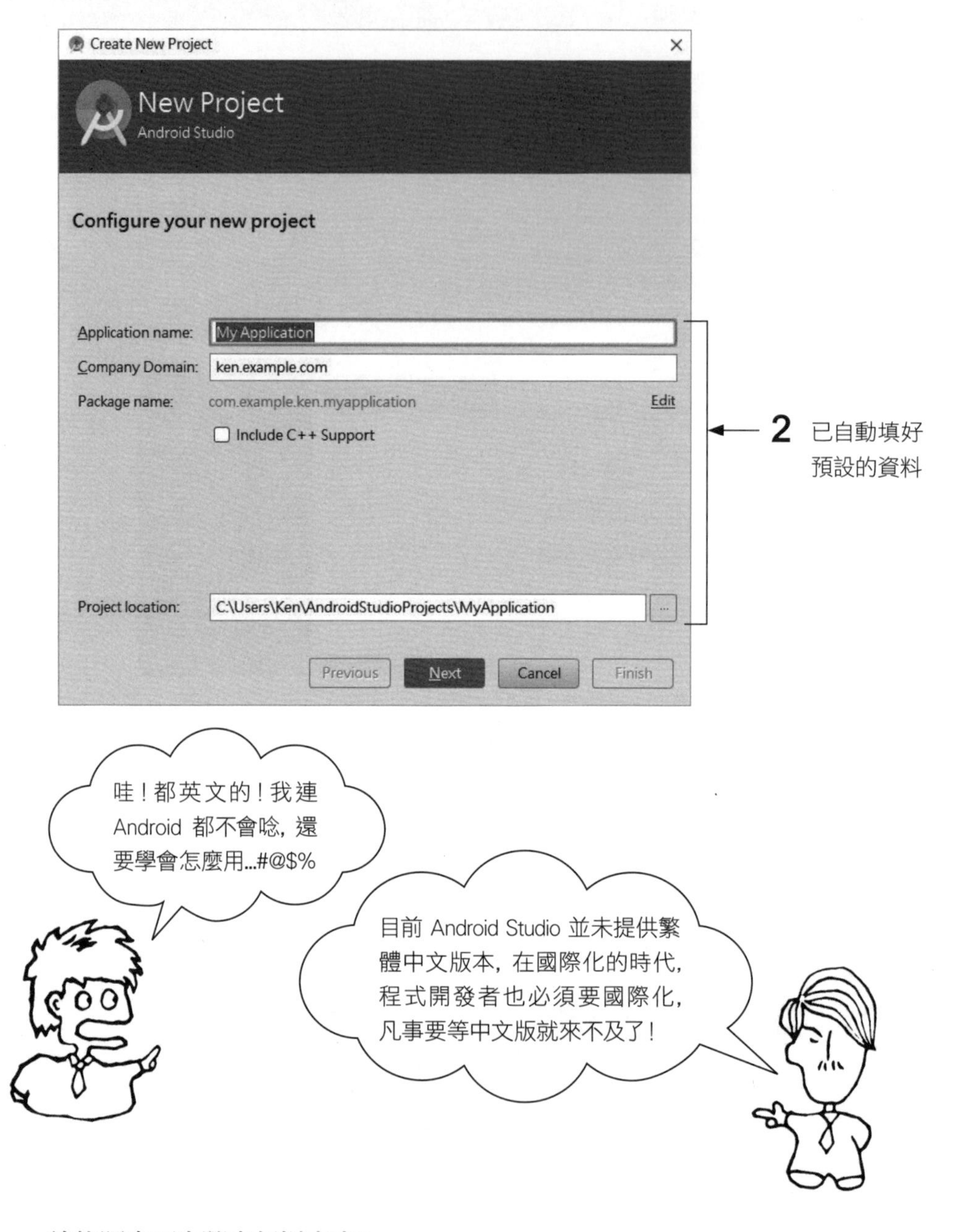

請依照底下步驟來新增專案：

step 1 輸入 App 的相關名稱，並決定專案的儲存路徑：

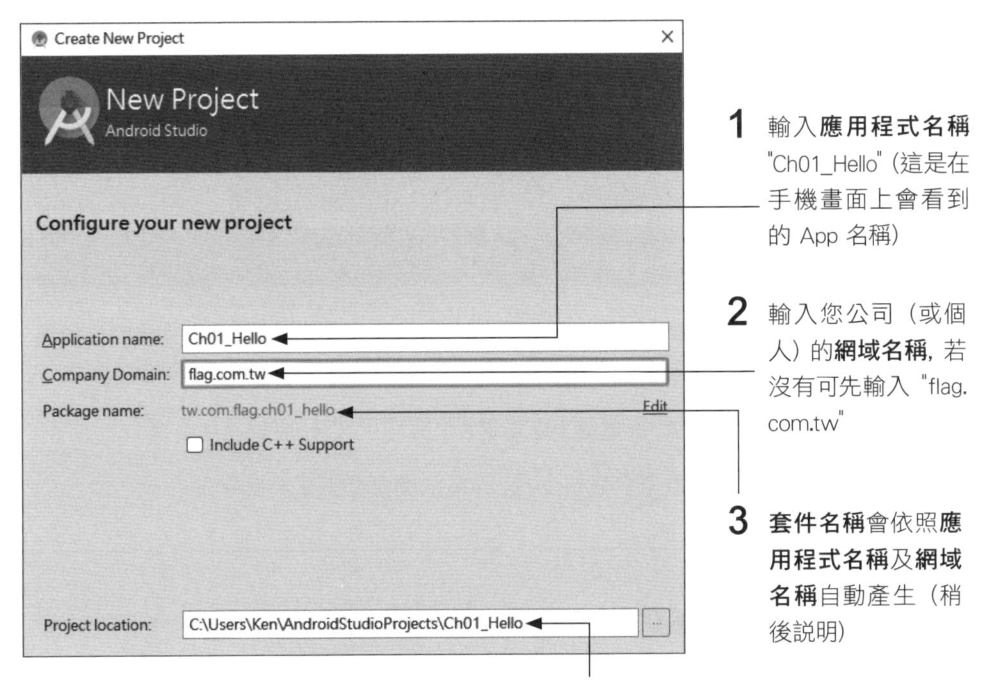

應用程式名稱和**套件名稱**是專案最重要的 2 個名稱, 分別說明如下:

- **應用程式名稱** (Application name):就是 App 會在手機上顯示的名稱, 可以隨意使用中英文或任何文字命名。雖然不同 App 可以取相同的名稱, 但是在辨識上會造成使用者的困擾, 因此最好取個能表現 App 特色的獨特名稱。

- **套件名稱** (Package name):這是 App 在 Android 世界中的身份證 ID, 無論是在 Android 手機上, 或是在 Google Play 市場中, 都是依據**套件名稱**來識別每一個 App。因此, 不同的 App, 套件名稱就不可以重複, 否則會被視為同一個 App。

  套件名稱慣例上使用英文小寫字母, 為了確保套件名稱不會重複, 一般都是採用 "**顛倒順序的網域名稱.應用程式名稱**" 的命名方式。例如旗標公司的網域名稱為 "flag.com.tw", 顛倒順序就是 "tw.com.flag", 假設應用程式名稱為 Test, 那麼就可將套件名稱設為 "tw.com.flag.test"。

由於網域名稱有統一管理的單位, 不會重複, 因此上述的命名方式就可以保證不會與其他人開發的程式同名了。

在學習階段，由於並不會發佈到 Google Play 市場上，因此不需要太注重套件名稱，甚至可以直接使用預設的網域名稱。本書的範例一律以 "tw.com.flag.專案名稱" 來命名，而專案名稱也一律以 "Chxx" 開頭來標明是第幾章的範例，讀者在練習時也可以自行命名。

Android Studio 將套件名稱分為對內及對外二種，我們留到第 2 章再做進一步說明。

套件名稱的命名規則

套件名稱並不是 Android 程式特有的，凡是 Java 程式都會使用到。在命名時必須符合 Java 的規則：

- 只能包含英文字、數字、及底線。英文字大小寫均可，但一般都使用小寫。
- 必須用句點分段，而且至少要有 2 段，每段的開頭必須是英文字母。

step 2 將**應用程式名稱**改為包含中文字元：

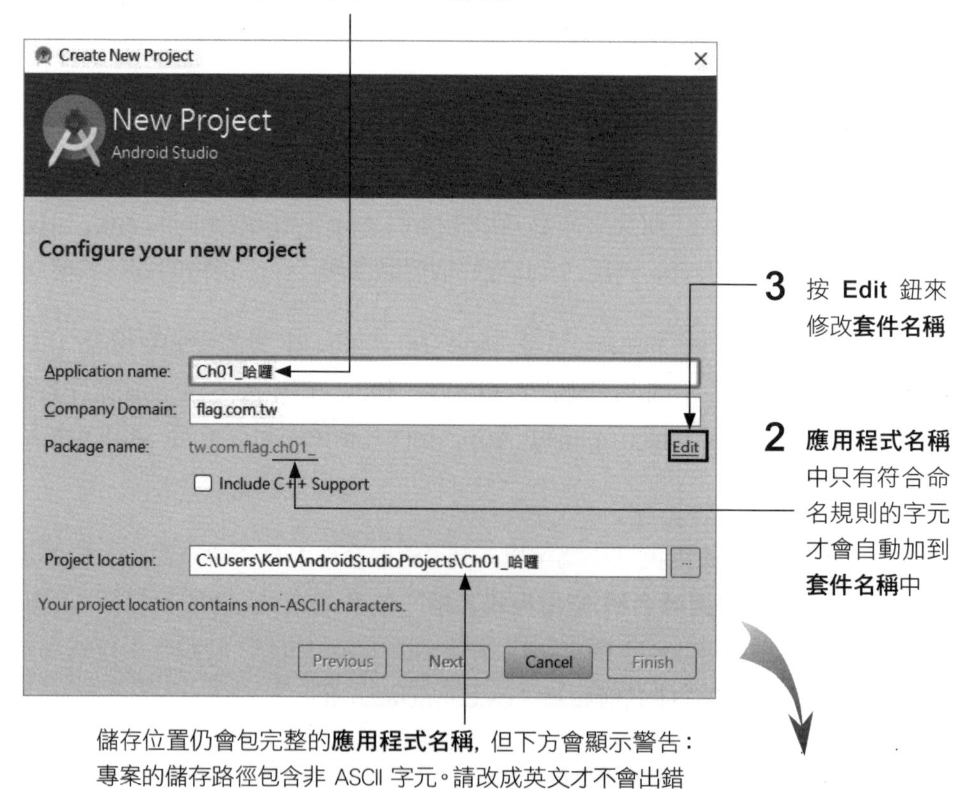

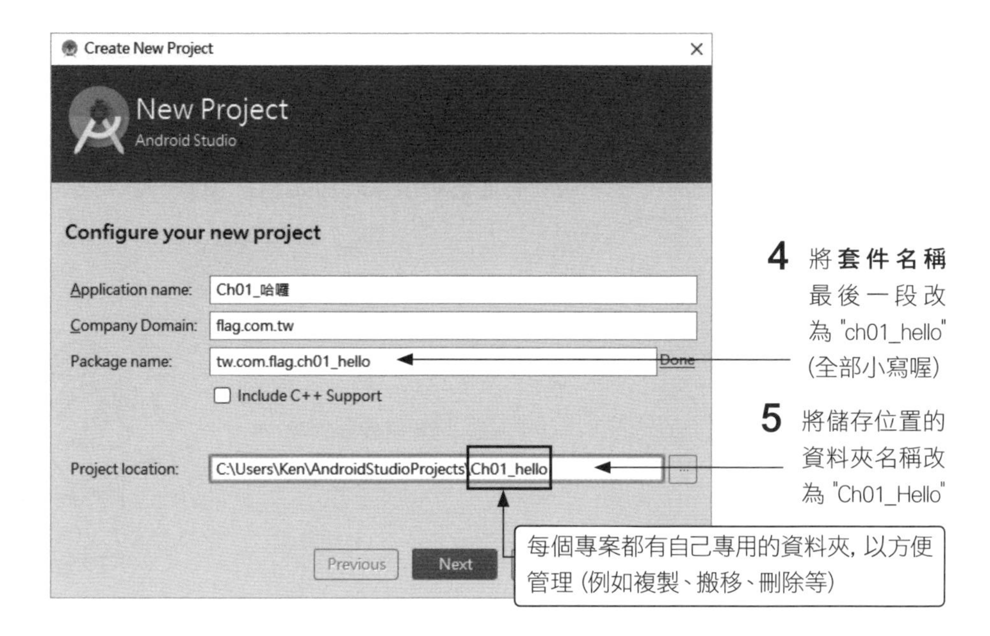

step 3 按 **Next** 鈕到下一步驟, 選擇 App 要在哪些裝置上執行:

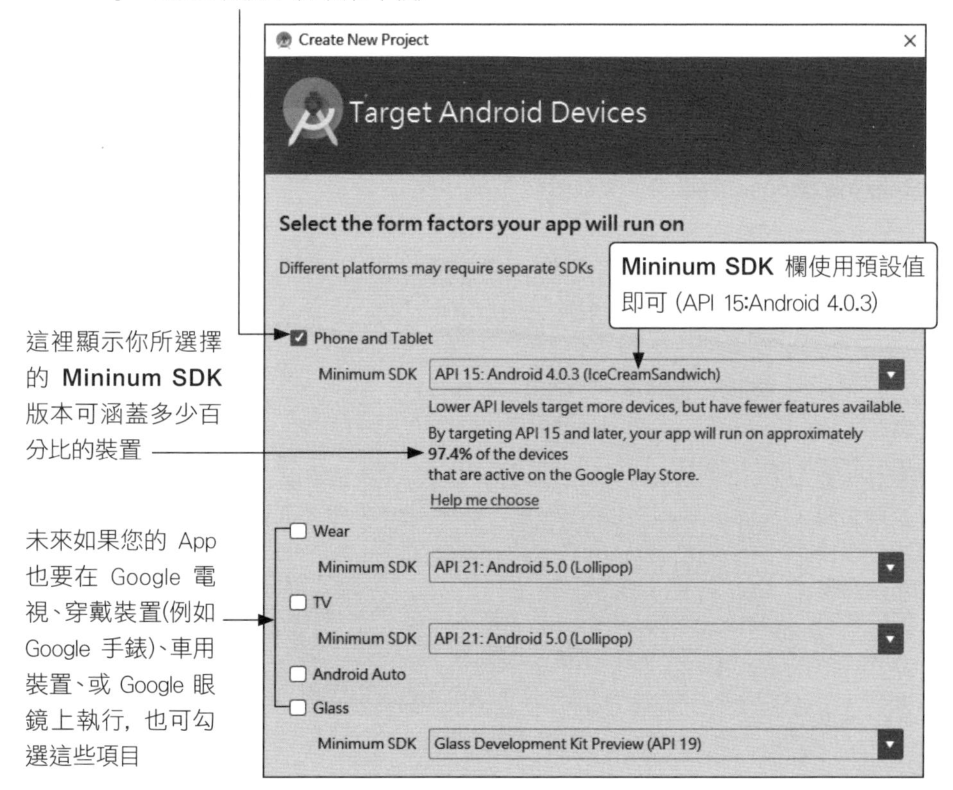

Android 會不斷地更新版本，以提供更好的功能並支援更多的裝置，而 **Mininum SDK** 就是用來指定我們 App 所能夠執行的最低系統版本。支援的版本越低，則能在越多的舊裝置上執行（因為有些人還在用舊版的手機），但相對的，一些新版才有而舊版沒有的功能，在 App 中就無法使用。

SDK(Software Development Kit) 就是『軟體開發套件』，包含開發軟體所需的各種工具程式、函式庫等等，以供程式設計師用來開發應用程式。

API(Application Programming Interface) 就是『應用程式界面』，一般都是指開發特定軟體所需的函式庫。

如何選擇 Mininum SDK

如果不知如何選擇 **Mininum SDK**，可按一下 **Mininum SDK** 列示欄下方的藍色 **Help me choose**，開啟協助交談窗：

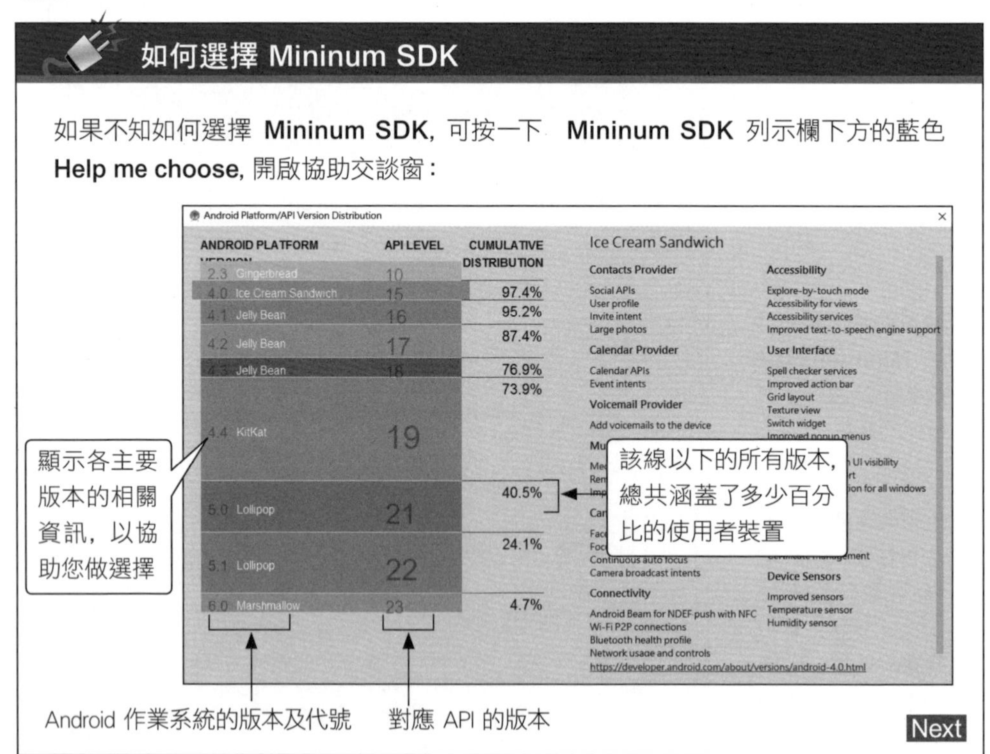

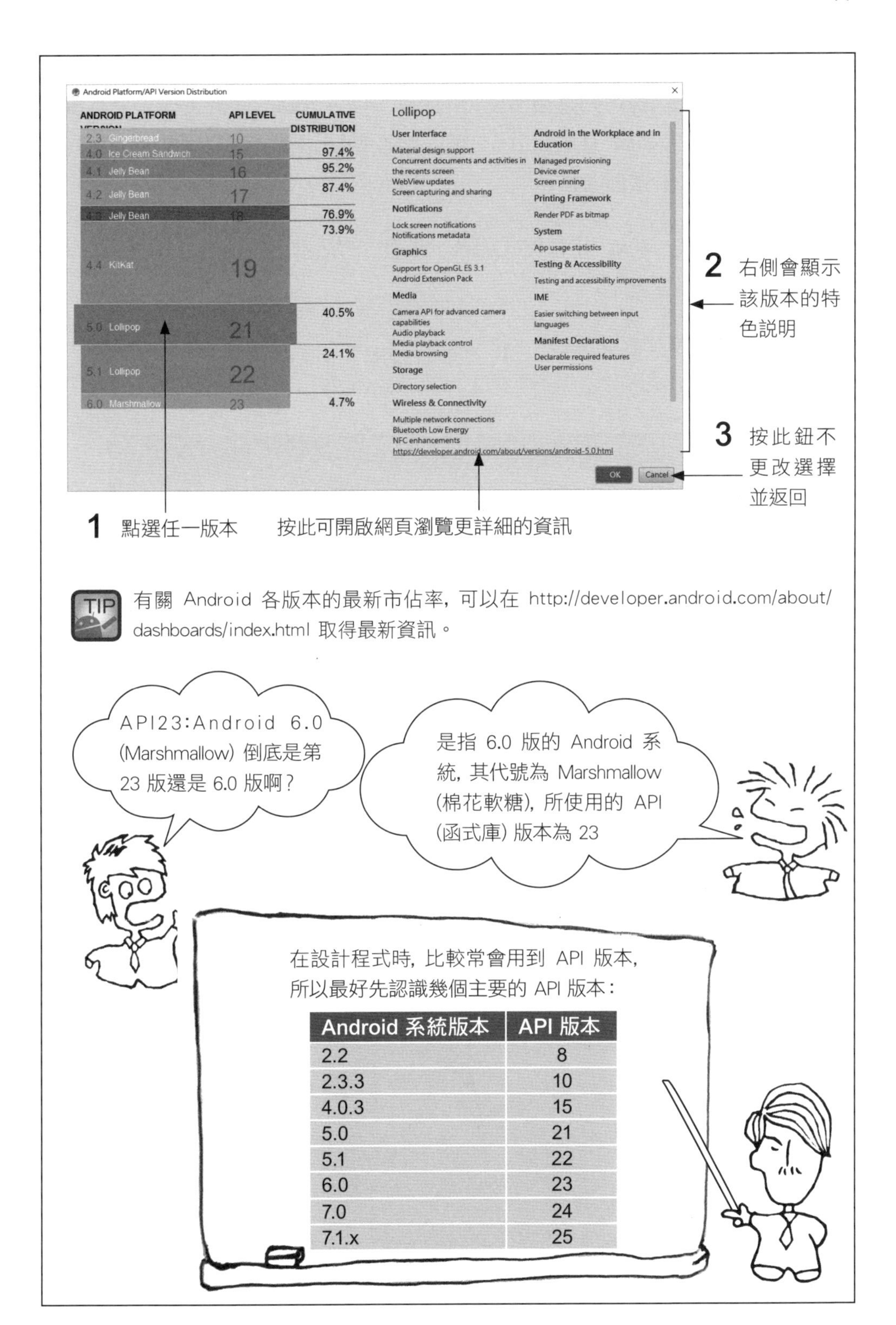

TIP 有關 Android 各版本的最新市佔率, 可以在 http://developer.android.com/about/dashboards/index.html 取得最新資訊。

Android 系統版本	API 版本
2.2	8
2.3.3	10
4.0.3	15
5.0	21
5.1	22
6.0	23
7.0	24
7.1.x	25

step 4 Android App 是由一或多個**程式單元** (Component) 所組成，而**活動** (Activity) 則是最常使用的程式單元。活動的設計主要可分為**類別** (Class) 及**佈局** (Layout) 二部分，類別就是撰寫程式的地方，而佈局則是用來設計畫面內容。

接著請按 **Next** 鈕替程式加入一個適合的活動，然後指定其類別名稱、佈局名稱等資訊：

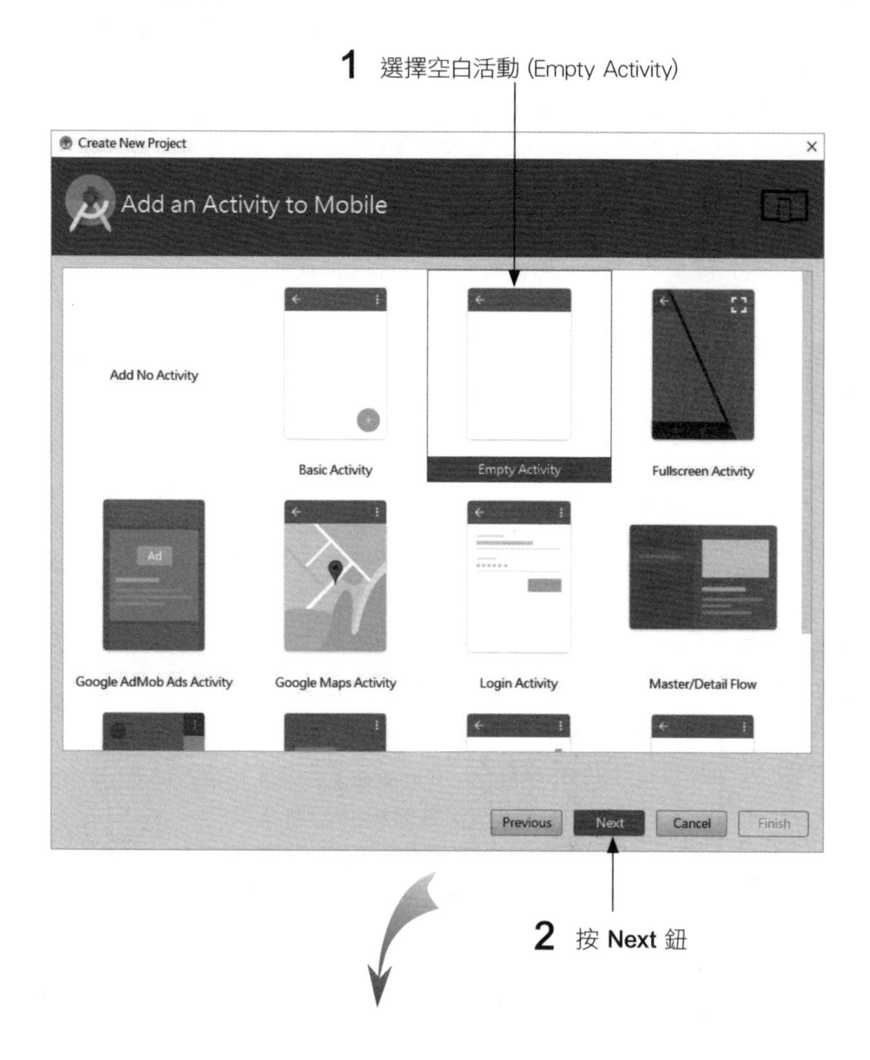

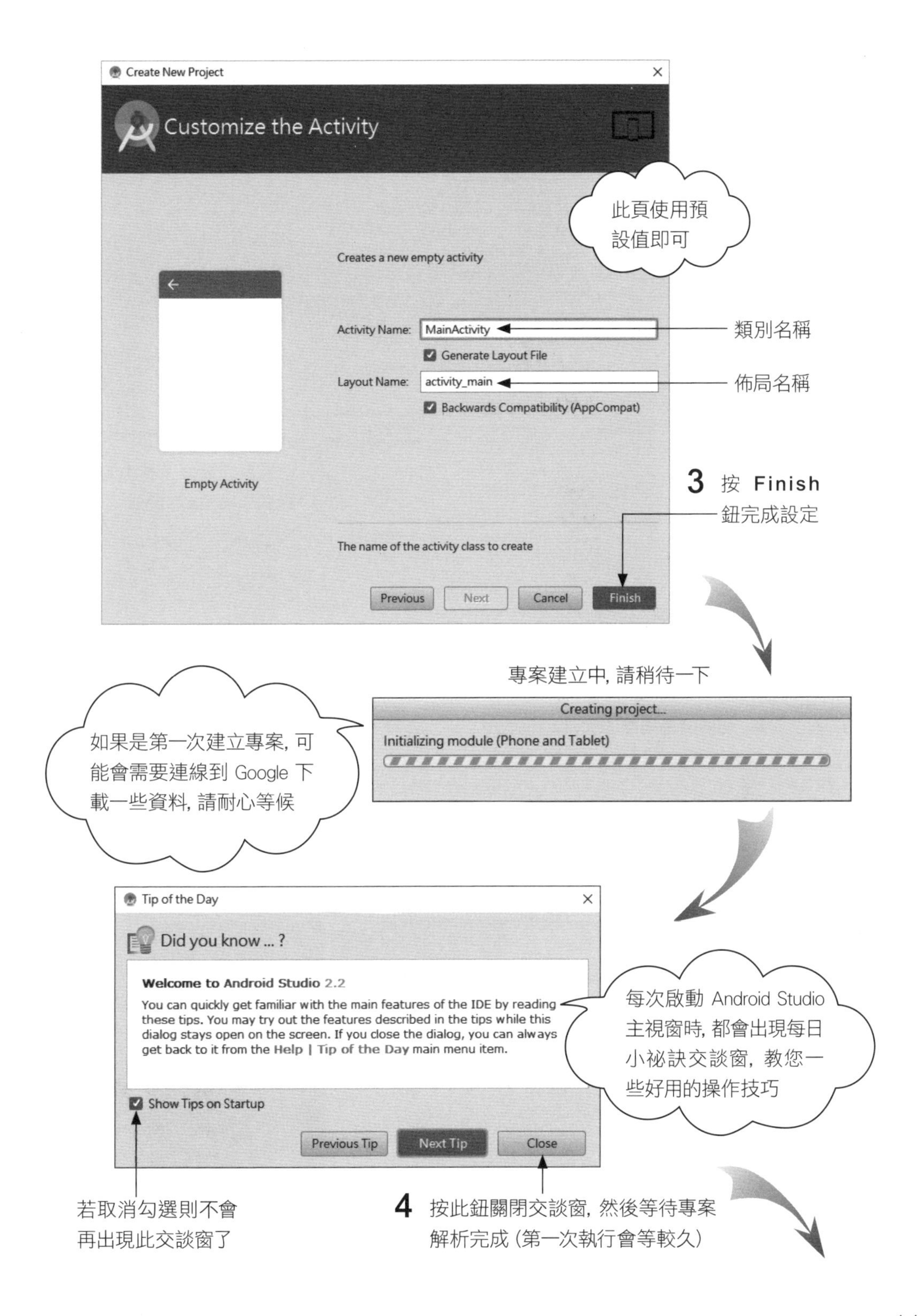
Create New Project
Customize the Activity
此頁使用預設值即可
Creates a new empty activity
Activity Name: MainActivity
類別名稱
Generate Layout File
Layout Name: activity_main
佈局名稱
Backwards Compatibility (AppCompat)
Empty Activity
3 按 Finish 鈕完成設定
The name of the activity class to create
Previous
Next
Cancel
Finish
專案建立中, 請稍待一下
Creating project...
Initializing module (Phone and Tablet)
如果是第一次建立專案, 可能會需要連線到 Google 下載一些資料, 請耐心等候
Tip of the Day
Did you know ... ?
Welcome to Android Studio 2.2
You can quickly get familiar with the main features of the IDE by reading these tips. You may try out the features described in the tips while this dialog stays open on the screen. If you close the dialog, you can always get back to it from the Help | Tip of the Day main menu item.
每次啟動 Android Studio 主視窗時, 都會出現每日小祕訣交談窗, 教您一些好用的操作技巧
Show Tips on Startup
Previous Tip
Next Tip
Close
若取消勾選則不會再出現此交談窗了
4 按此鈕關閉交談窗, 然後等待專案解析完成 (第一次執行會等較久)

新專案建好之後，會自動開啟在 Android Studio 的主視窗中

專案名稱預設為所在的資料夾名稱 (專案名稱只做為專案的識別之用)

專案所在的路徑

目前是顯示**類別**檔 (MainActivity.java) 的內容

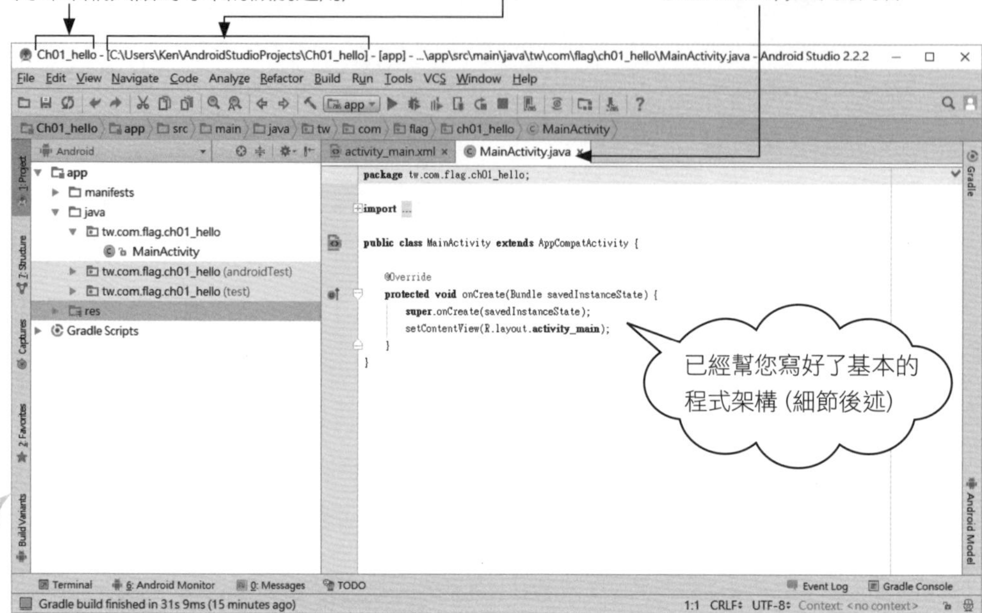

5 按此頁籤，切換到**佈局**檔 (activity_main.xml)

右側是以藍圖來顯示畫面的佈局架構

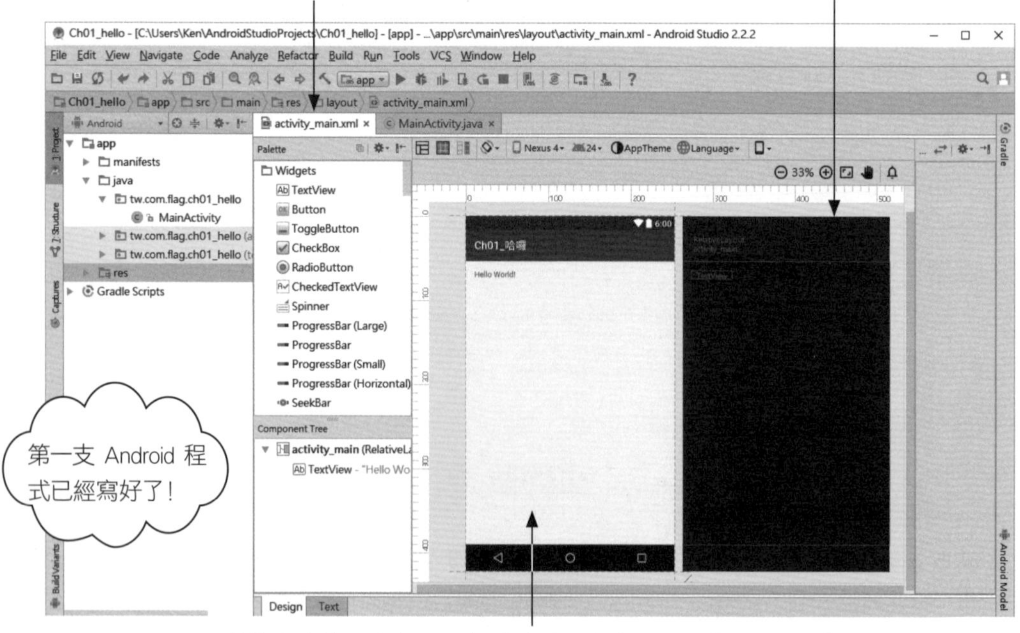

此為程式的預覽畫面，預設會在畫面左上方顯示 "Hello world!" 文字

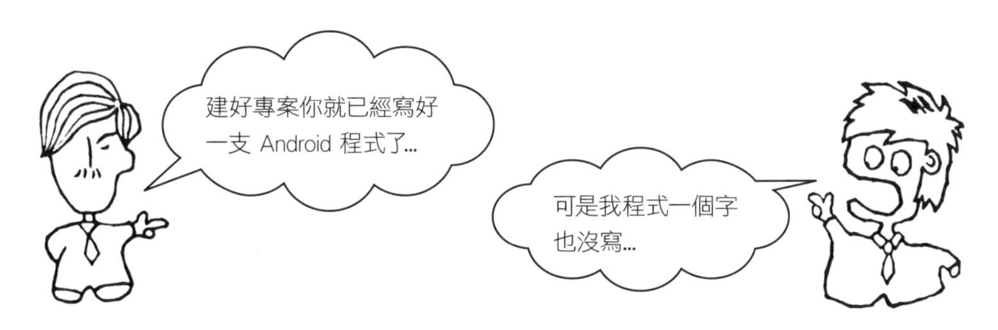

我們在新增專案交談窗中所做的設定，例如套件名稱、專案儲存的位置、**Mininum SDK** 等，都會被 Android Studio 記住，而成為下次新增專案時的預設值。

如果預覽畫面出現奇怪現象或錯誤息訊

如果新專案的預覽畫面出現奇怪現象，或顯示 Rendering Problems... 錯誤息訊，例如：

Next

那可能是預覽功能的失誤 (未能正確解析), 此時可以如下操作：

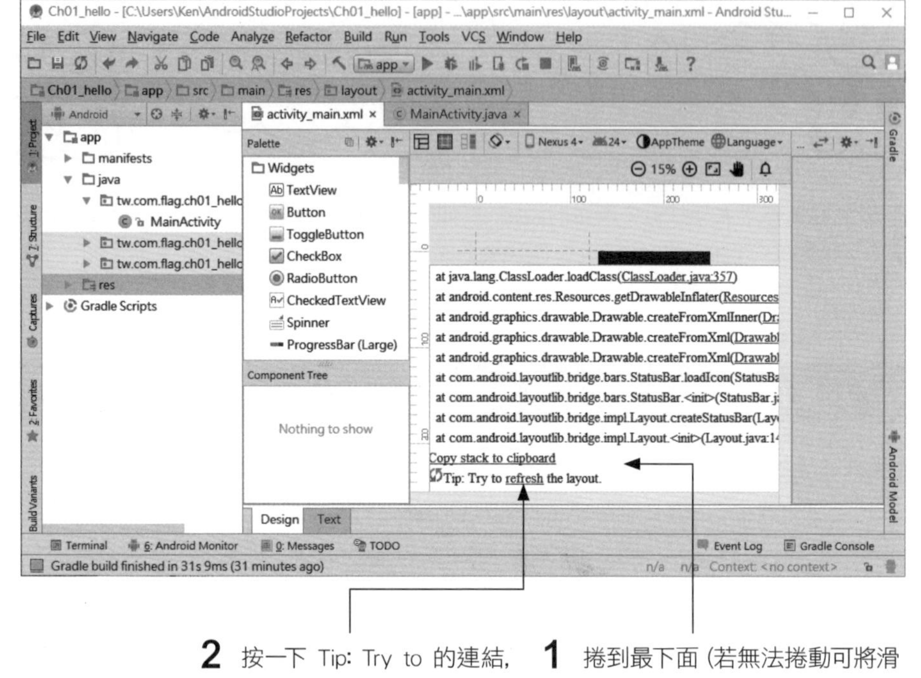

2 按一下 Tip: Try to 的連結, 通常就可恢復正常了

1 捲到最下面 (若無法捲動可將滑鼠移到文字上再用滾輪捲)

若仍無法正常顯示, 可執行『**Build/Rebuid Project**』命令來恢復正常, 或是重新開啟專案看看 (可執行『**File/Invalidate Caches/Restart...**』命令, 然後按 **Just Restart** 鈕來快速重新開啟專案)。

1-2 在電腦的模擬器上執行 App

在新建專案時, Android Studio 已替我們建立完整的專案架構, 包括 Java 程式、畫面佈局、App 的圖示...等, 所以現在這個新建的專案已經是『可執行』的 App 程式了。這個 App 會在手機螢幕上顯示 Hello World!, 也就是我們在預覽視窗中看到的內容。

但因為 Android App 是給手機執行的, 因此無法直接在電腦上執行。如果想在電腦上測試程式執行的效果, 必須先使用『Android 模擬器』(**AVD**, Android Virtual Device), 在電腦中模擬出一個 Android 手機, 然後即可在其中執行、測試我們的 App。

建立 Android 模擬器

請執行 Android Studio 功能表上的『**Tools/Android/AVD Manager**』命令 (或按工具列右側的 **AVD Manager** 鈕) 開啟 **AVD Manager**, 然後依照下面步驟來建立 Android 模擬器 :

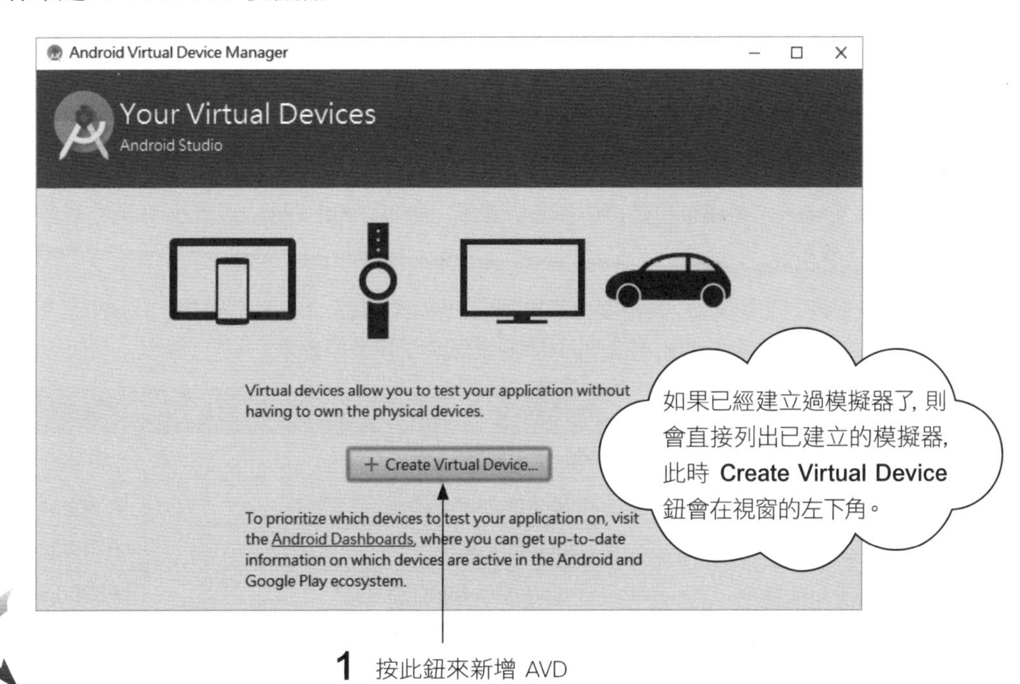

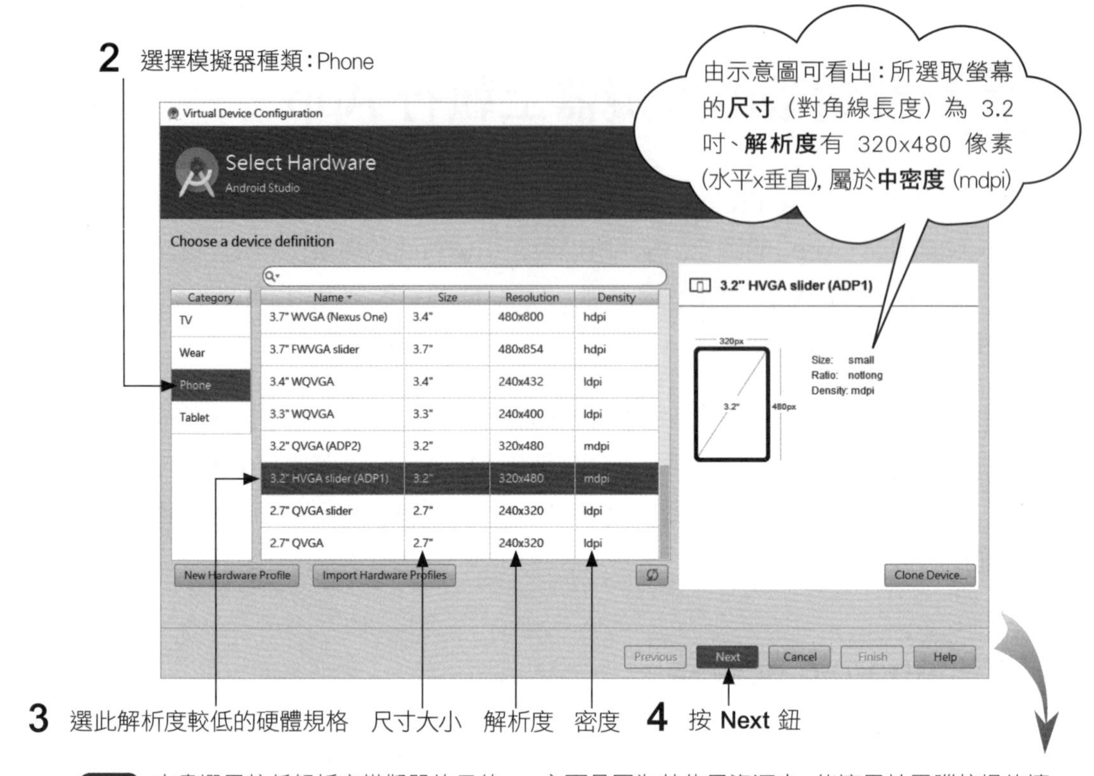

TIP 本書選用較低解析度模擬器的目的，一方面是因為其佔用資源少，能適用於電腦較慢的讀者，另一方面其截圖畫面也比較小，可以節省篇幅以放入更多的內容。

TIP 如果電腦速度較慢或記憶體不多(<4G)，也可改選解析度更低的型號（例如 240x320），以免未來在啟動模擬器時要等很久，甚至開不起來！

認識螢幕的『密度』(Density)

密度 (Density) 是指單位長度中有多少像素，通常以 **dpi** (dot per inch，每英寸有多少像素) 表示。

手機螢幕的種類繁多，其密度也不盡相同。例如同樣是 3.4 吋的螢幕，480x800 像素就比 240x432 像素的密度要高，因為前者包含了較多的像素。

密度越高則能顯示出越細緻的圖形(或文字)，但相對的，也必須準備越高解析度（包含較多像素）的圖檔，才能顯示出同樣大小的圖形。Google 將螢幕的密度分為如右 6 個等級：

密度等級	密度範圍
ldpi (low, 低)	~120dpi
mdpi (medium, 中)	~160dpi
hdpi (high, 高)	~240dpi
xhdpi (extra-high, 超高)	~320dpi
xxhdpi (extra-extra-high, 超超高)	~480dpi
xxxhdpi (extra-extra-extra-high, 超超超高)	~640dpi

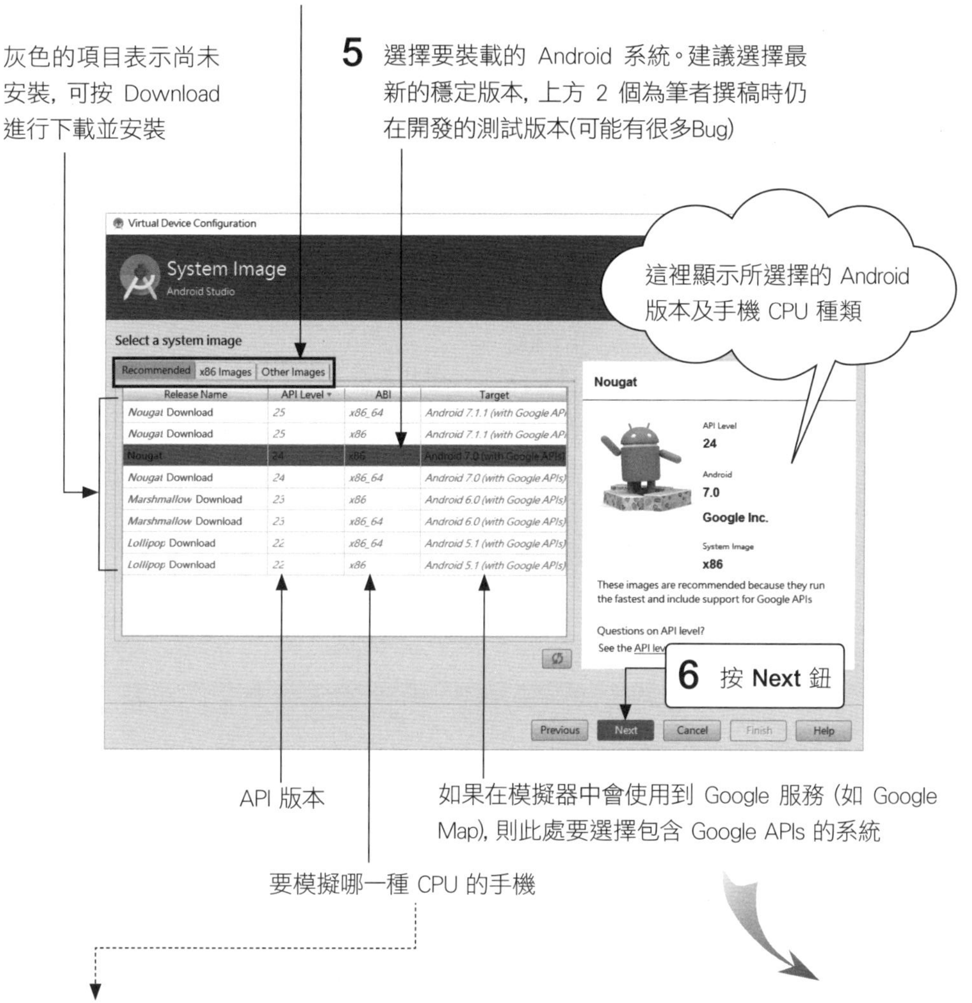

TIP **ABI** (Appplication Binary Interface) 是指手機 CPU 指令集的種類, 可分為精簡指令集 (RISC) 的 arm/mips, 以及複雜指令集 (CISC) 的 x86 二大類。請注意!要選擇 x86 或 x86_64 (64 位元版本的 x86) 才能讓模擬器使用到 PC 的硬體加速功能 (詳見旗標 Android 入口網站 www.flag.com.tw/android 的『SDK 的下載、管理與更新』)。

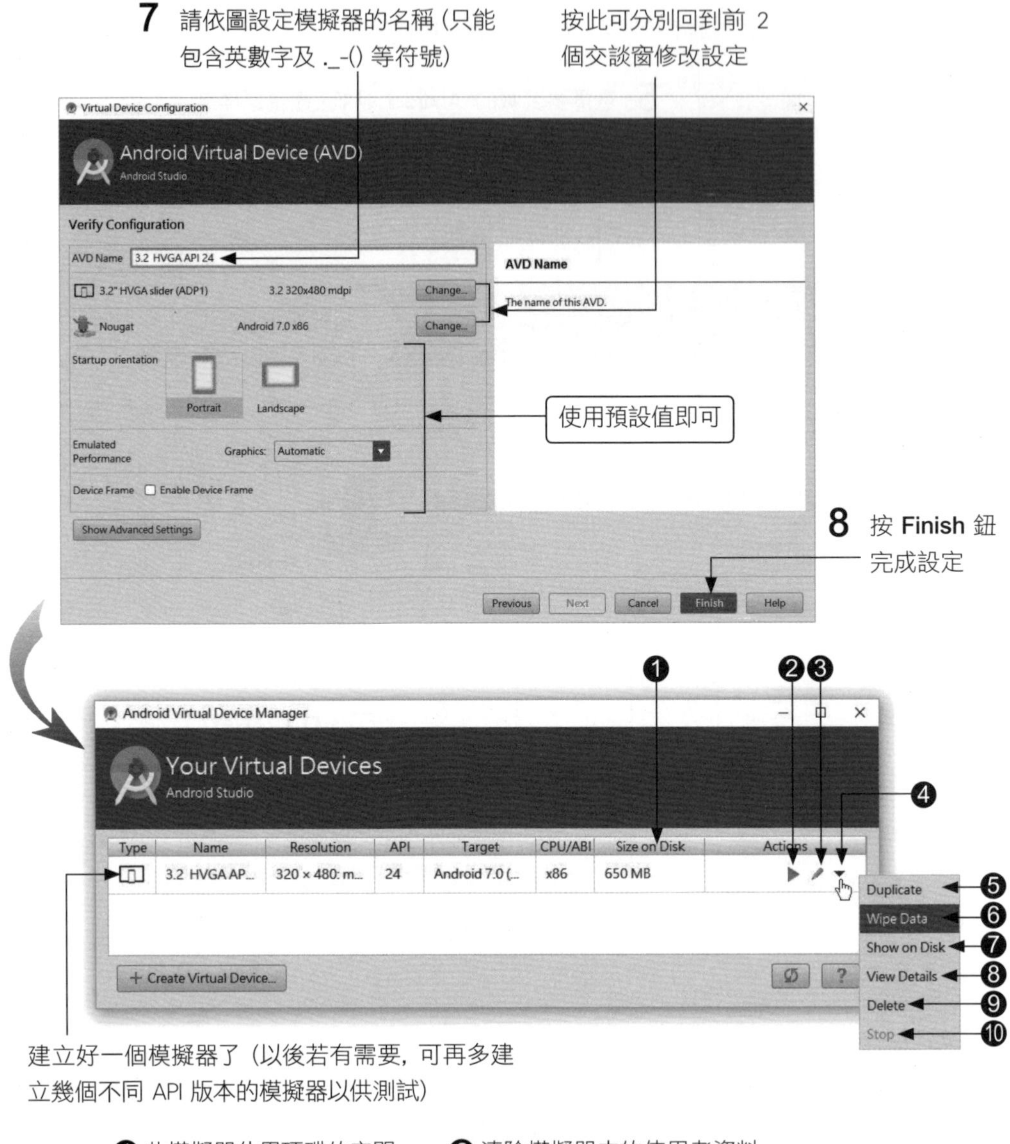

❶ 此模擬器佔用硬碟的空間	❻ 清除模擬器中的使用者資料
❷ 啟動模擬器	❼ 開啟模擬器在硬碟中的儲存資料夾
❸ 修改模擬器的設定	❽ 顯視模擬器詳細資料
❹ 對模擬器進行操作: ❺ ~ ❿	❾ 刪除模擬器
❺ 複製模擬器	❿ 停止執行

您可以按 ▶ 鈕先啟動模擬器, 以便稍後用來執行我們的 App。不過此處請先關閉 AVD Manager 視窗, 等我們要執行 App 時, 再由選單中選取模擬器來啟動。

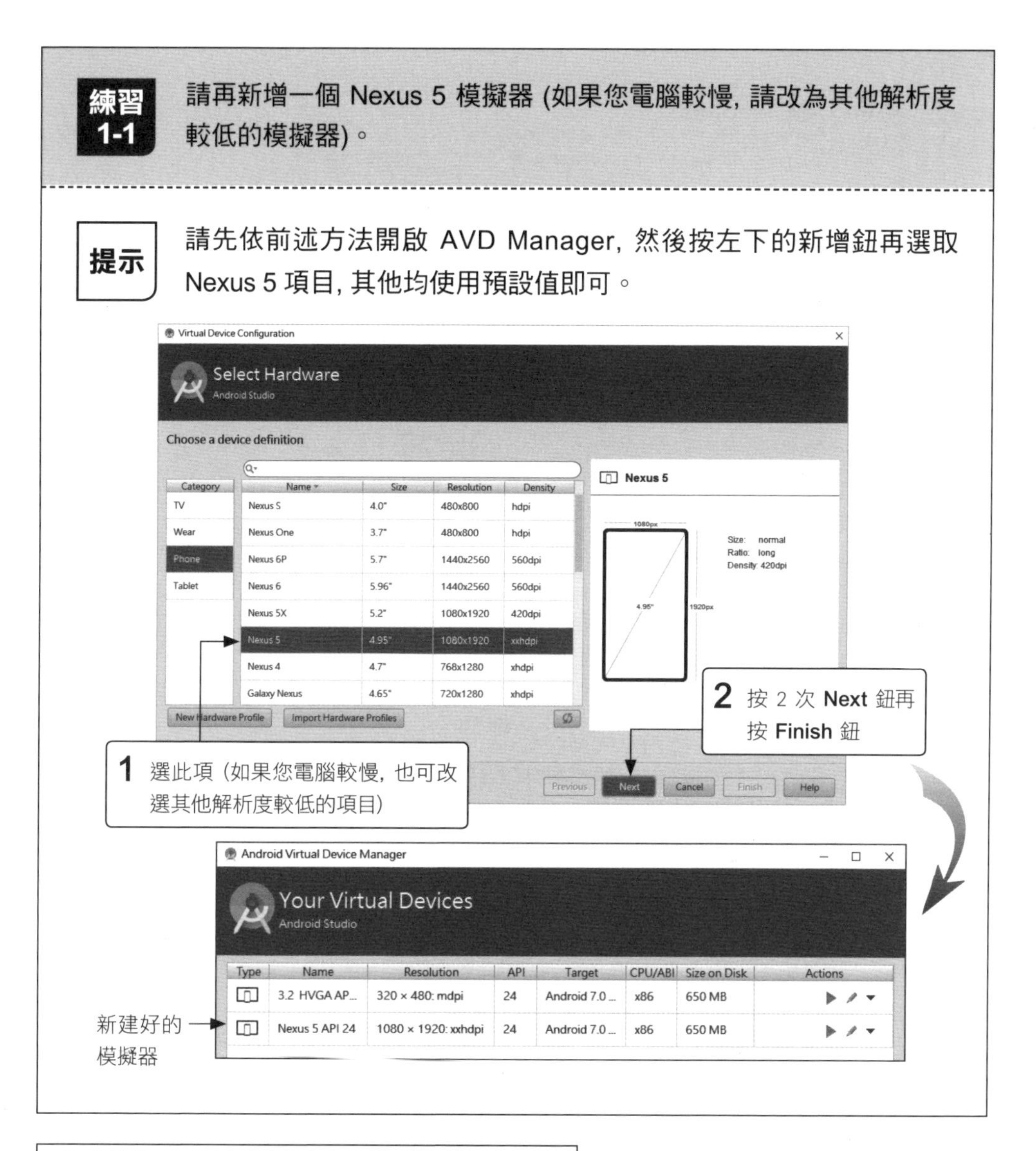

練習 1-1 請再新增一個 Nexus 5 模擬器 (如果您電腦較慢, 請改為其他解析度較低的模擬器)。

提示 請先依前述方法開啟 AVD Manager, 然後按左下的新增鈕再選取 Nexus 5 項目, 其他均使用預設值即可。

在模擬器上執行 Android App

請在 Android Studio 中如下操作, 將我們剛剛寫好的 Android App 傳送到模擬器執行:

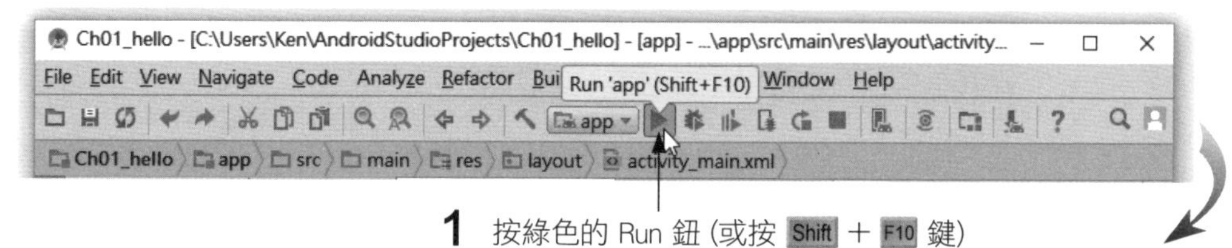

2 選擇要啟動的模擬器來執行 App

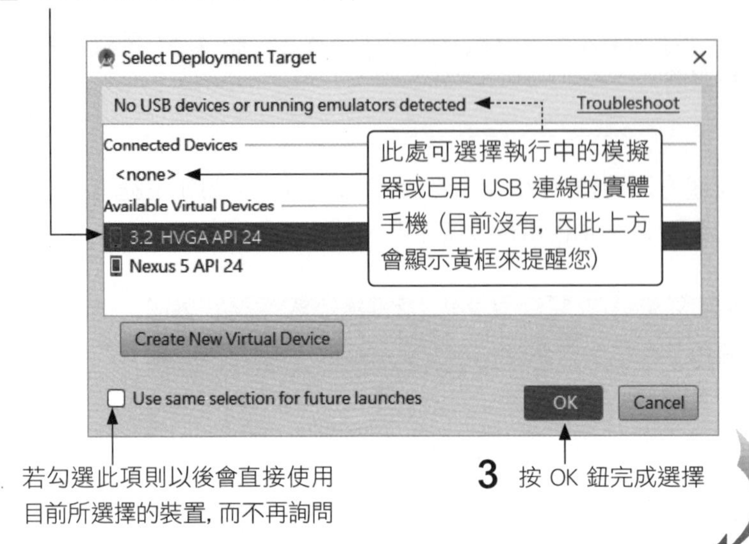

程式建構中, 請稍待一會兒

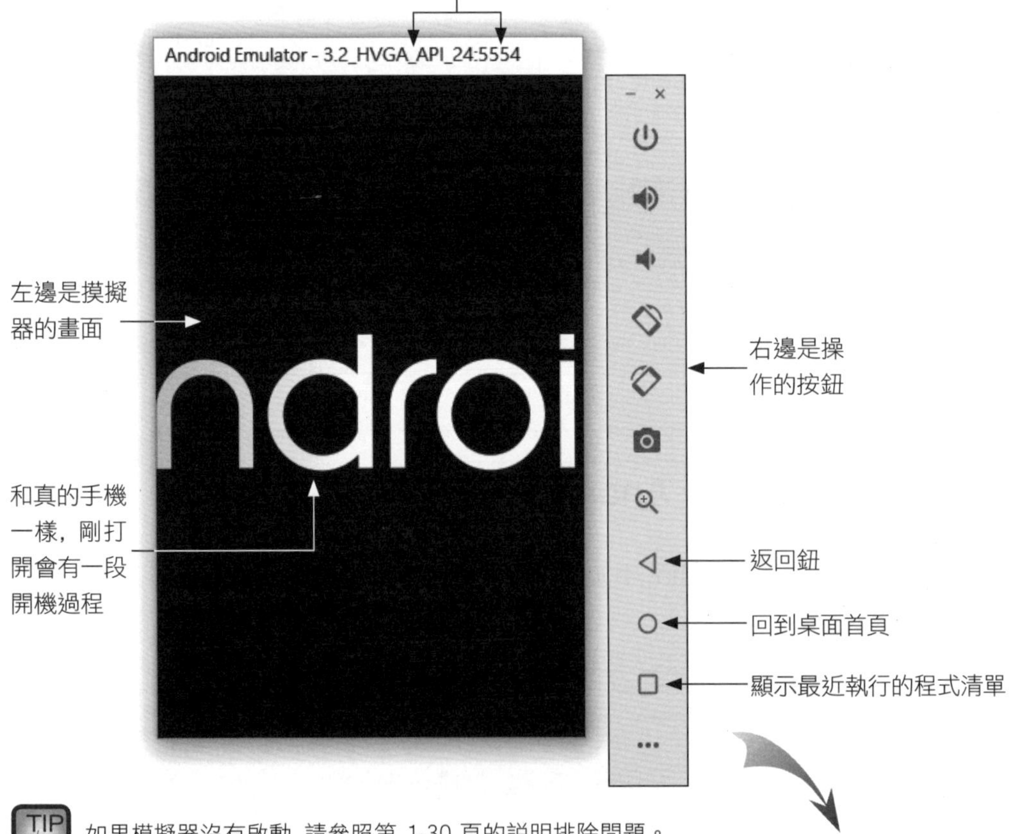

TIP 如果模擬器沒有啟動, 請參照第 1-30 頁的説明排除問題。

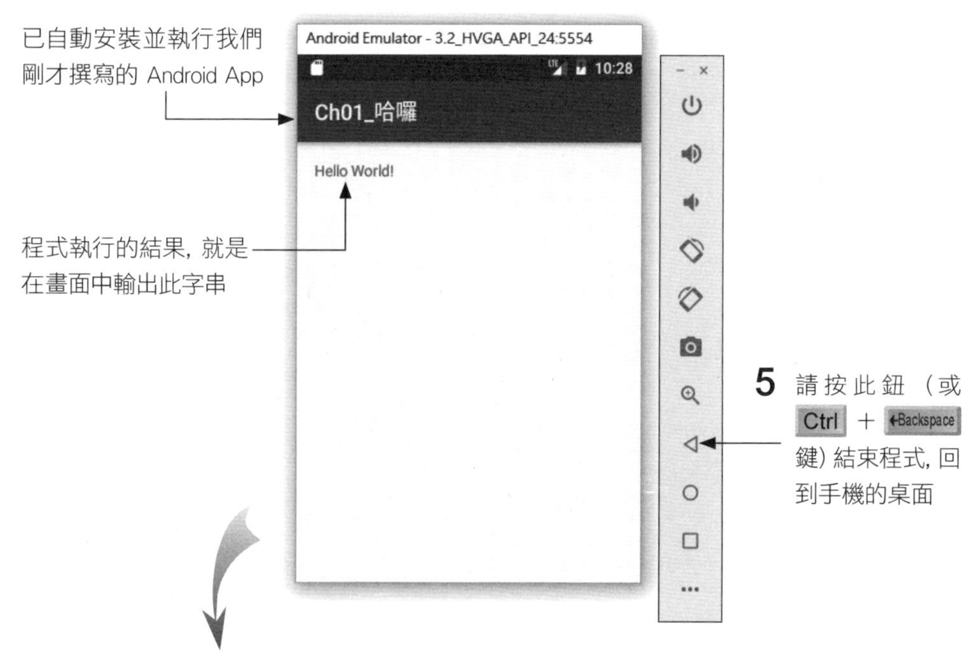

如果模擬器中沒有出現程式畫面

如果模擬器中沒有出現程式畫面，請切換回 Android Studio（不要關閉模擬器），然後重新執行專案，接著如下操作：

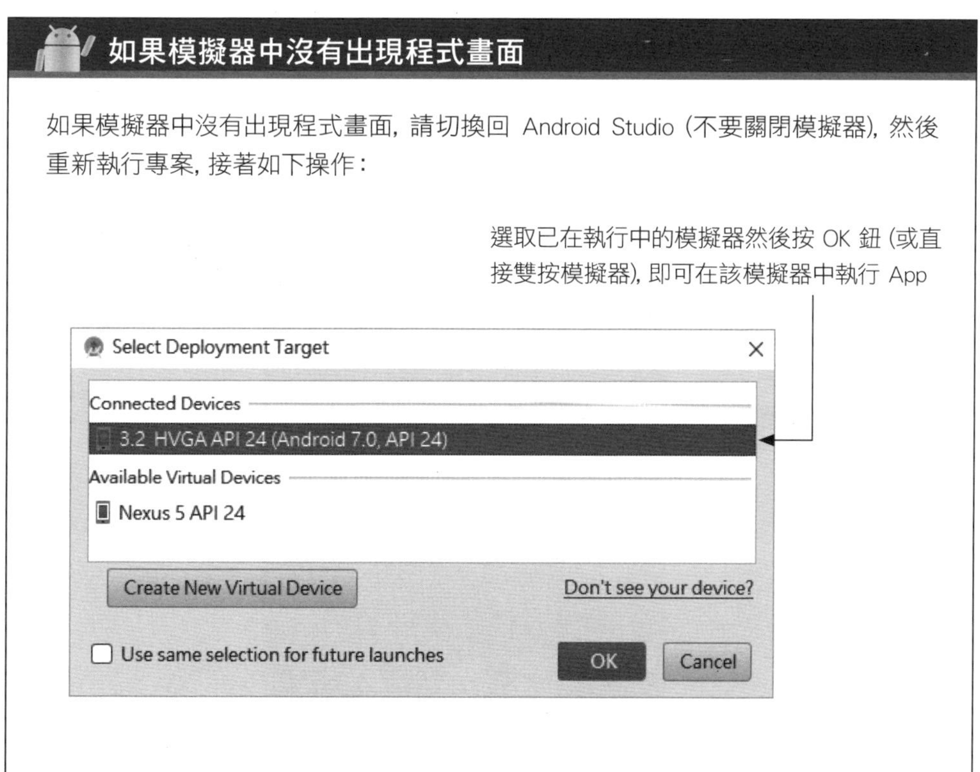

6 由於是第一次啟動, 會顯示操作介紹, 請按 **GOT IT** 表示知道了

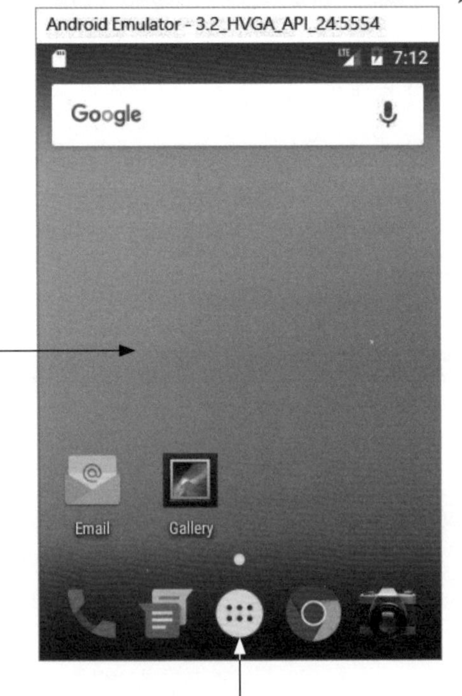

回到手機桌面首頁了

7 按此鈕開啟應用程式清單

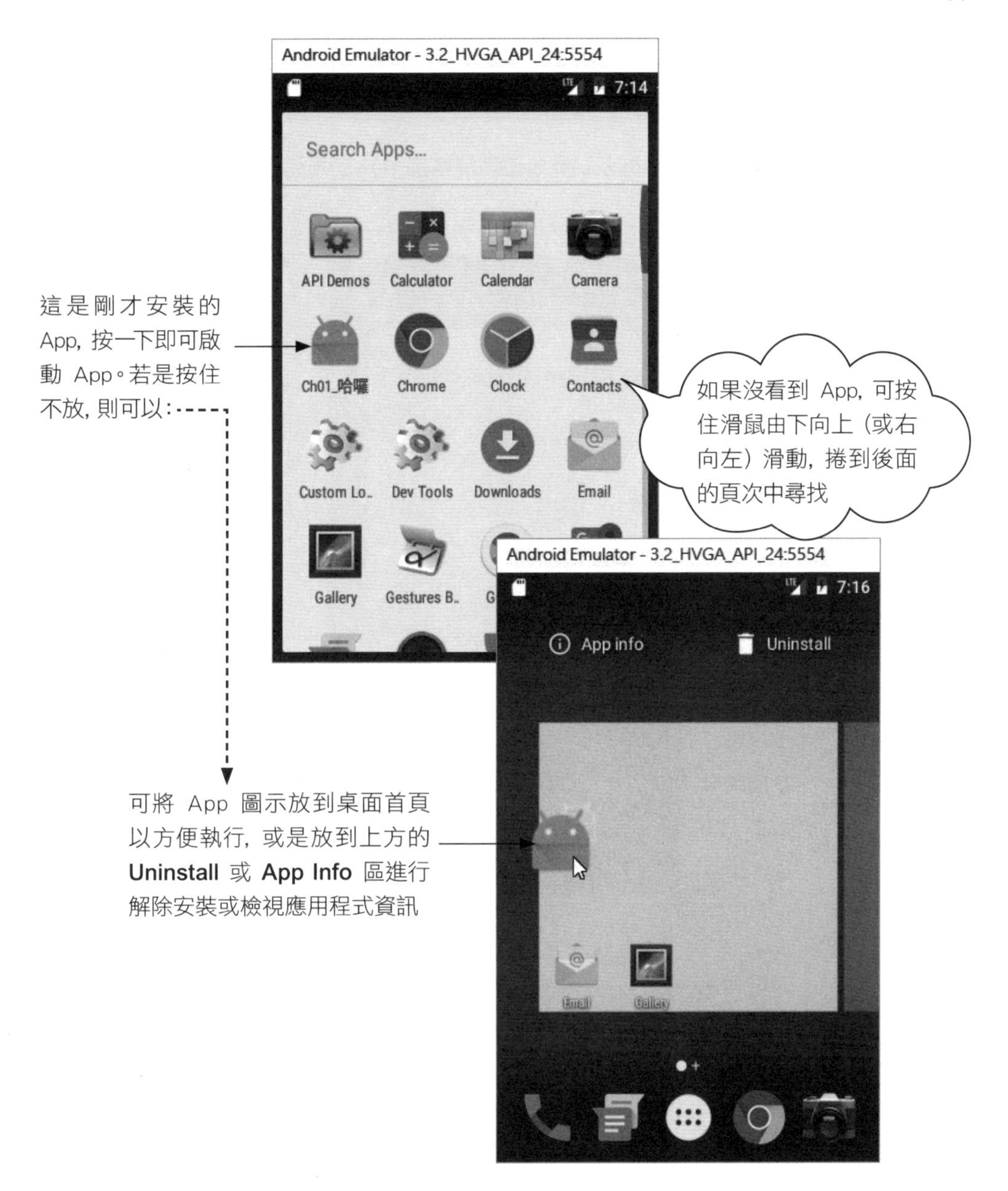

由於啟動模擬器要花一點時間, 因此建議平常啟動模擬器後, 就不要將它關閉, 這樣稍後在修改程式後重新執行、或執行另一個專案時, 可省下重新啟動模擬器的時間。當然模擬器一直在執行中也會佔用一些系統資源, 若您還要用電腦做其它耗 CPU、記憶體的工作, 這時再關閉模擬器即可。

除了在執行專案時啟動模擬器外, 也可直接按工具列的 [AVD Manager 圖示] 鈕開啟 **AVD Manager**, 然後再按任一模擬器右側的 ▶ 來啟動該模擬器。

有外殼的模擬器

有些模擬器預設有搭配 Skin (外殼), 例如硬體規格選 Nexus 系列的模擬器都會有：

模擬器的操作技巧

雖然模擬器可以模擬出各種不同系統版本、不同尺吋的手機, 但在操作上都大同小異。首先, 模擬器視窗可以任意地移動或縮放, 縮放視窗時其螢幕內容也會等比例縮放：

縮小視窗

放大視窗

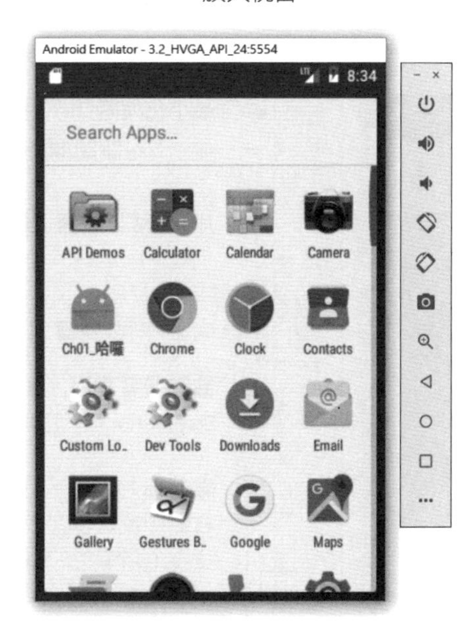

至於手機螢幕的操作, 則可用滑鼠來模擬手指滑動、點按、長按、拉曳等動作, 或是用滑鼠滾輪來上下捲動內容。另外也可用鍵盤來輸入文字資料 (或用模擬器中的虛擬鍵盤), 相當方便。

如果要模擬二隻手指的操作, 例如放大或旋轉地圖, 則可按住 Ctrl 鍵再搭配滑鼠操作:

注意！要先按住 Ctrl 鍵再按左鈕拉曳滑鼠才有作用。

右側的控制面板則可進行模擬器本身的控制與設定：

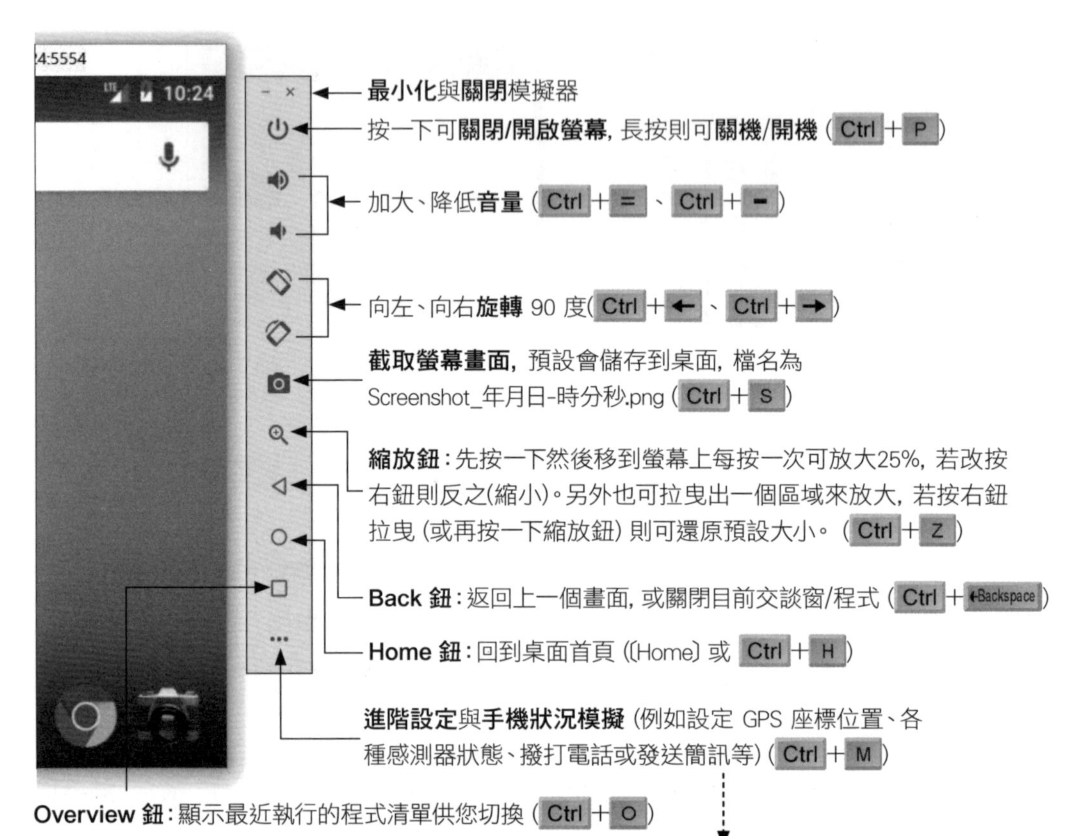

調整模擬器的語言、時區、及移除 app

新建立好的模擬器都是英文的，而且時區設定也不對，所以時間會差了 8 小時。請先進入手機的設定頁面 (可在手機的應用程式清單中按 Settings 圖示，或拉下系統狀態列點選 ⚙)，然後如下操作：

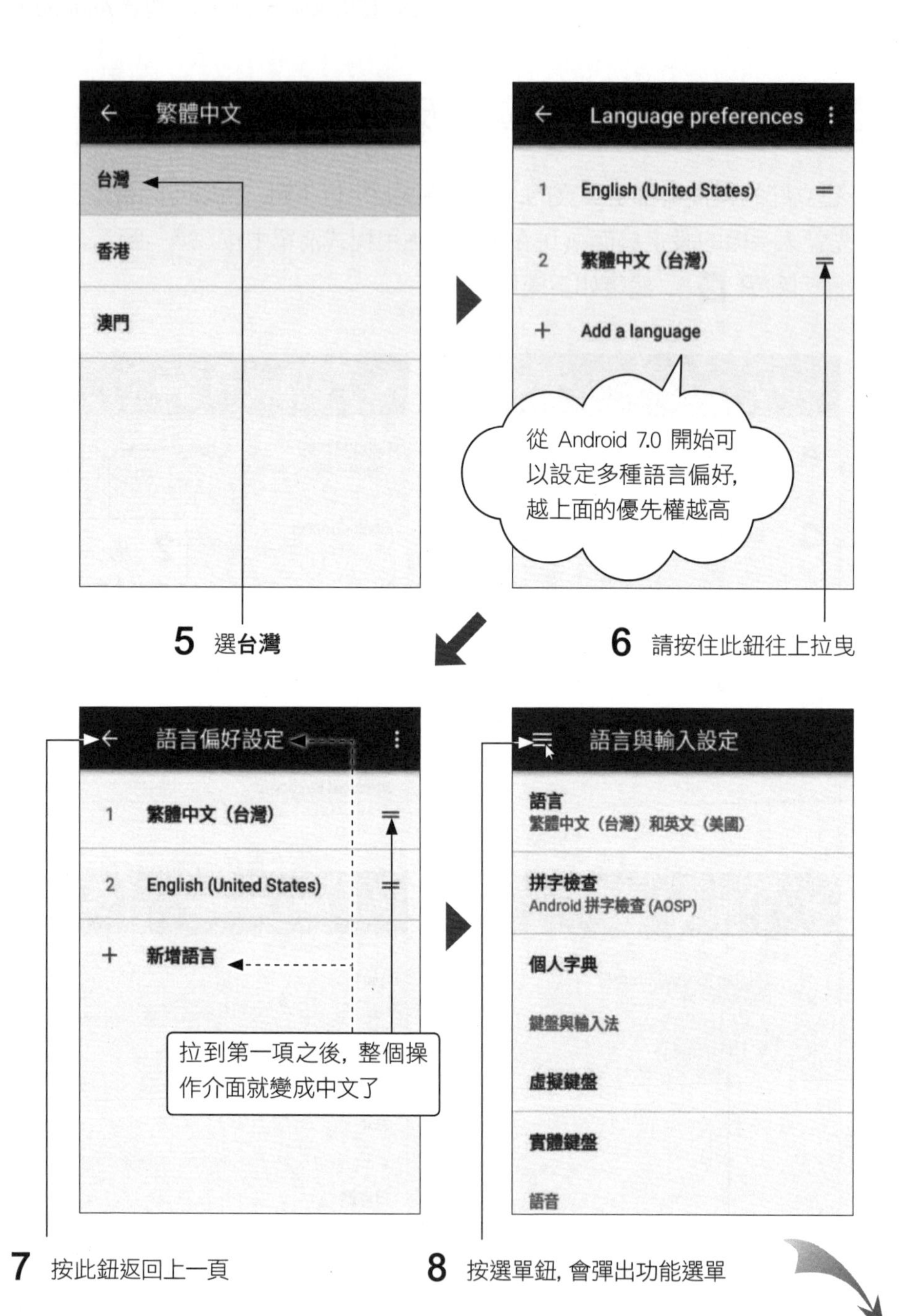
繁體中文
台灣
香港
澳門
Language preferences
1 English (United States)
2 繁體中文（台灣）
Add a language
從 Android 7.0 開始可以設定多種語言偏好，越上面的優先權越高
5 選台灣
6 請按住此鈕往上拉曳
語言偏好設定
1 繁體中文（台灣）
2 English (United States)
新增語言
拉到第一項之後，整個操作介面就變成中文了
語言與輸入設定
語言
繁體中文（台灣）和英文（美國）
拼字檢查
Android 拼字檢查 (AOSP)
個人字典
鍵盤與輸入法
虛擬鍵盤
實體鍵盤
語音
7 按此鈕返回上一頁
8 按選單鈕，會彈出功能選單

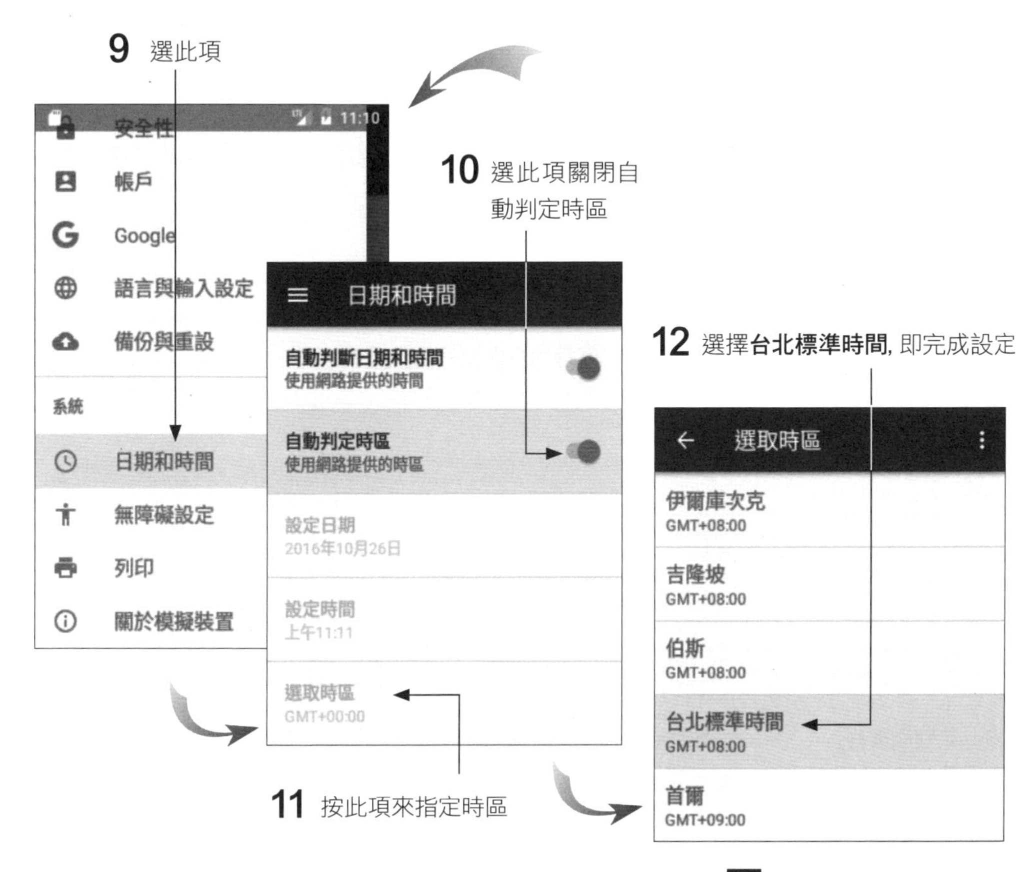

若要移除我們安裝的 app, 則請按左上角的選單鈕 ☰, 然後選**應用程式**項目, 然後:

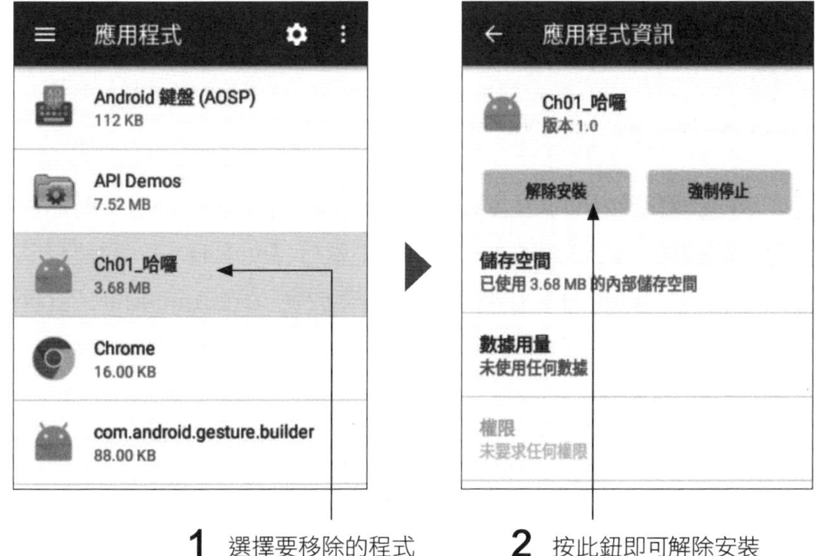

在 Android Studio 中檢視模擬器與 App 的執行狀況

當我們在 Android Studio 中執行 App 時, 主視窗的下方會自動開啟 Run 窗格:

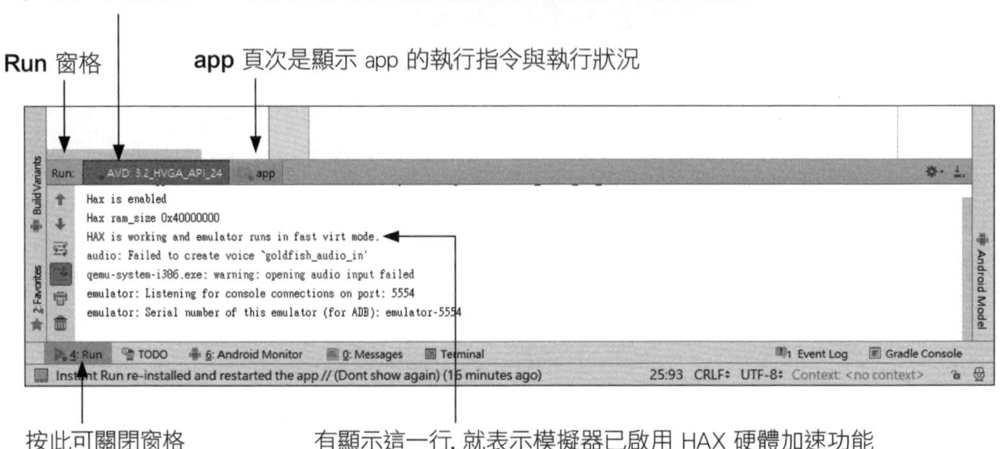

對初學者來說, 只需注意模擬器是否已啟用 HAX 硬體加速功能 (必須符合特定條件, 詳見旗標 Android 入口網站 www.flag.com.tw/android 的『SDK 的下載、管理與更新』)。如果出現類似以下的 HAX 錯誤訊息:

```
... HAX is not working and emulator runs in emulation mode emulator:
The memory needed by this VM exceeds the driver limit. ...
```

那就表示模擬器所使用的 RAM 太大, 超過了在安裝 HAX 時所設定的上限。此時可將模擬器的 RAM 改小一點, 或是執行 Intel HAX 管理程式以重新指定 RAM 的上限。Intel HAX 管理程式是存放在 Android SDK 資料夾中:

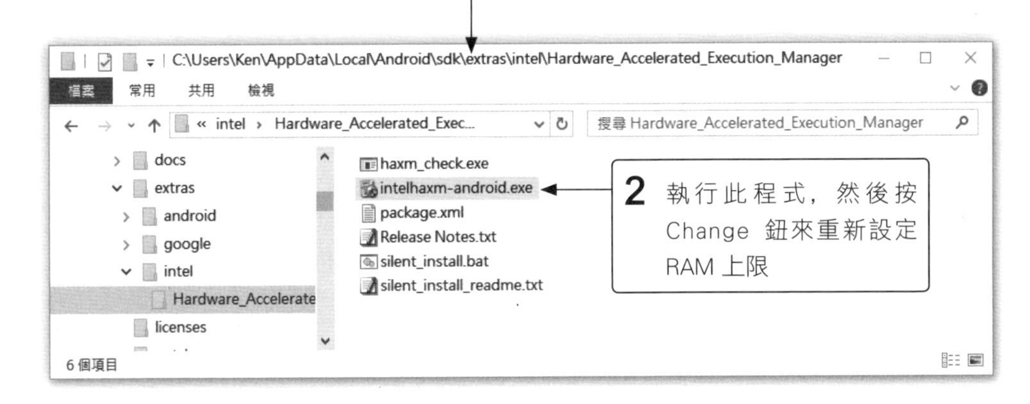

當模擬器啟動之後，還可以開啟 **Android Monitor** 窗格來存取模擬器 (或手機) 上的 DDMS (Dalvik Debug Monitor Server) 偵錯服務，用以監控 app 的執行狀況、顯示 app 傳來的特殊訊息、進行除錯、擷取螢幕畫面等：

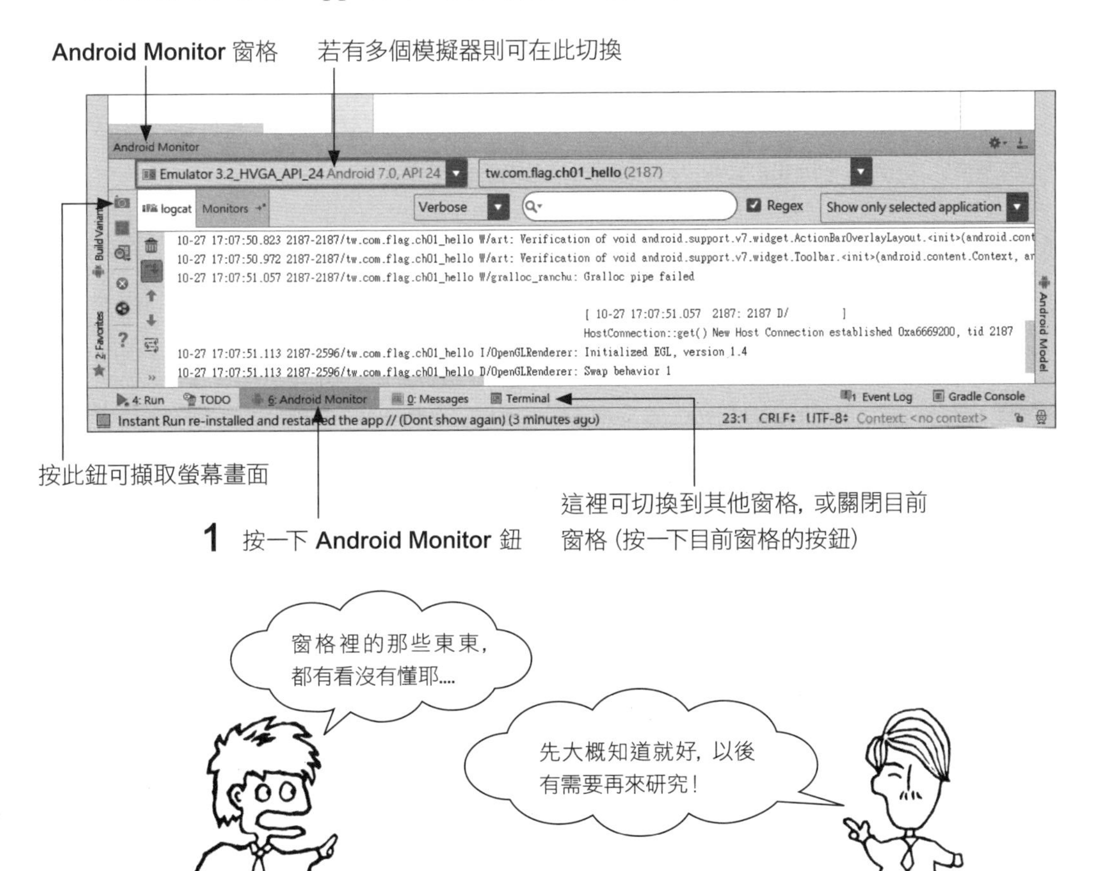

1-3 Android Studio 快速上手

雖然 Android Studio 是一個功能非常強大的開發環境, 但其操作介面卻簡單易用, 初學者只要稍微學習即可輕鬆掌控。底下先介紹 Android Studio 的 3 個比較特別的地方:

1. **一個主視窗只能開啟一個專案**, 所以在開啟第 2 個專案時, 會先詢問您是要開在目前視窗 (會先關閉目前專案)、還是要開在新的視窗中:

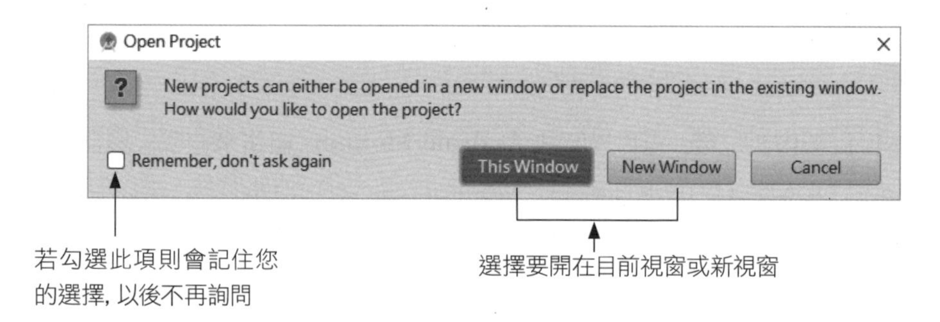

2. 所有對專案的變更都會**自動儲存**, 因此完全**不需要執行存檔動作**。而且每次開啟專案時, 都會看到和前次關閉專案時相同的畫面配置。

3. 每次啟動 Android Studio 時, 都會自動回到前次結束時的狀態。因此若在前次結束時沒有關閉專案, 那麼再次啟動時就會自動開啟該專案並回到前次結束時的狀態。

您可執行『**File/Close Project**』命令來關閉已開啟的專案, 那麼就會關閉主視窗並顯示歡迎視窗。

Android Studio 是以 IntelliJ IDEA (一個很棒的 Java 整合開發環境) 為基礎平台, 所以大多數的介面和操作方式都和 IntelliJ IDEA 相同。

認識 Android Studio 的操作環境

Android Studio 主視窗除了上方的標題列、功能表列、工具列, 以及底部的狀態列之外, 中間區域可再分為 3 部份:

1 導覽列：顯示目前檔案在專案中的路徑，可在此快速存取路徑中的資料夾與檔案

2 編輯區：所有開啟的各類型檔案都是在此區進行編輯，可利用上方的頁籤來切換檔案

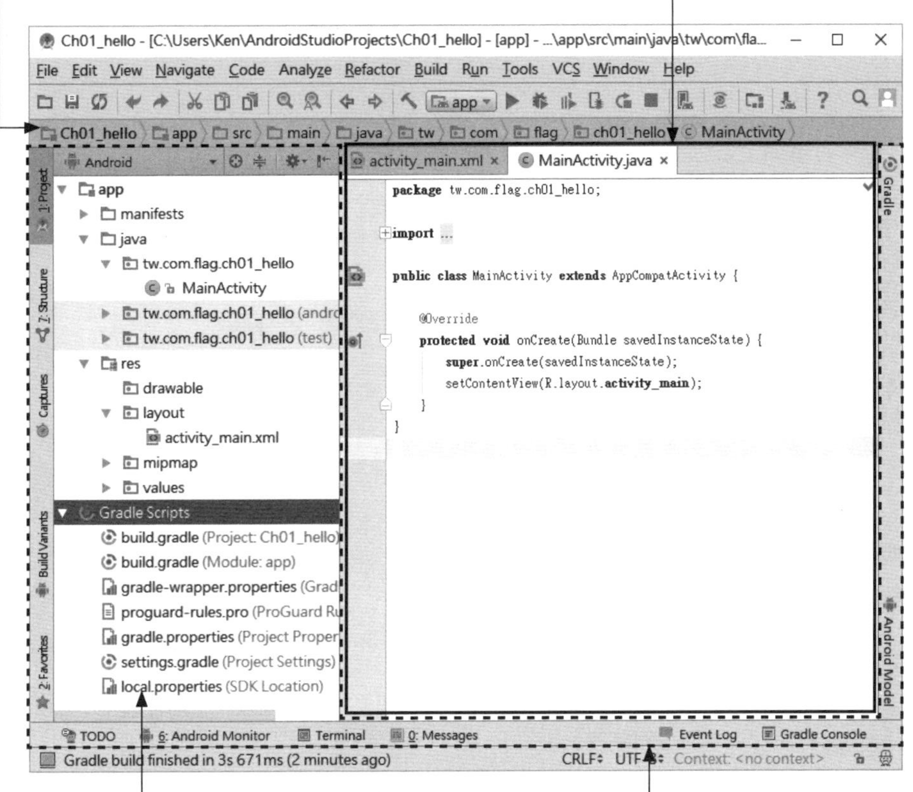

Project 窗格

3 工具區：可開啟各種工具窗格來提供特殊功能，例如已開啟的 **Project** 窗格，可用來管理專案的架構與檔案

導覽列 (Navigation bar) 會顯示目前選取或編輯中檔案的路徑，其中每一節點即為路徑中的一個資料夾：

最上層為專案所在的資料夾

在任一節點上按滑鼠左鈕，即會列出該資料夾的內容，選取即可開啟檔案（或子資料夾）

在**編輯區**中可開啟多個檔案, 您可利用上方的頁籤來切換要編輯的檔案, 按一下頁籤右側的 × (或在頁籤上按滑鼠滾輪/中鈕) 則可關閉該檔案。不同類型的檔案會使用不同的編輯器, 在編輯器的內部還可再劃分很多的窗格, 例如底下的佈局編輯器:

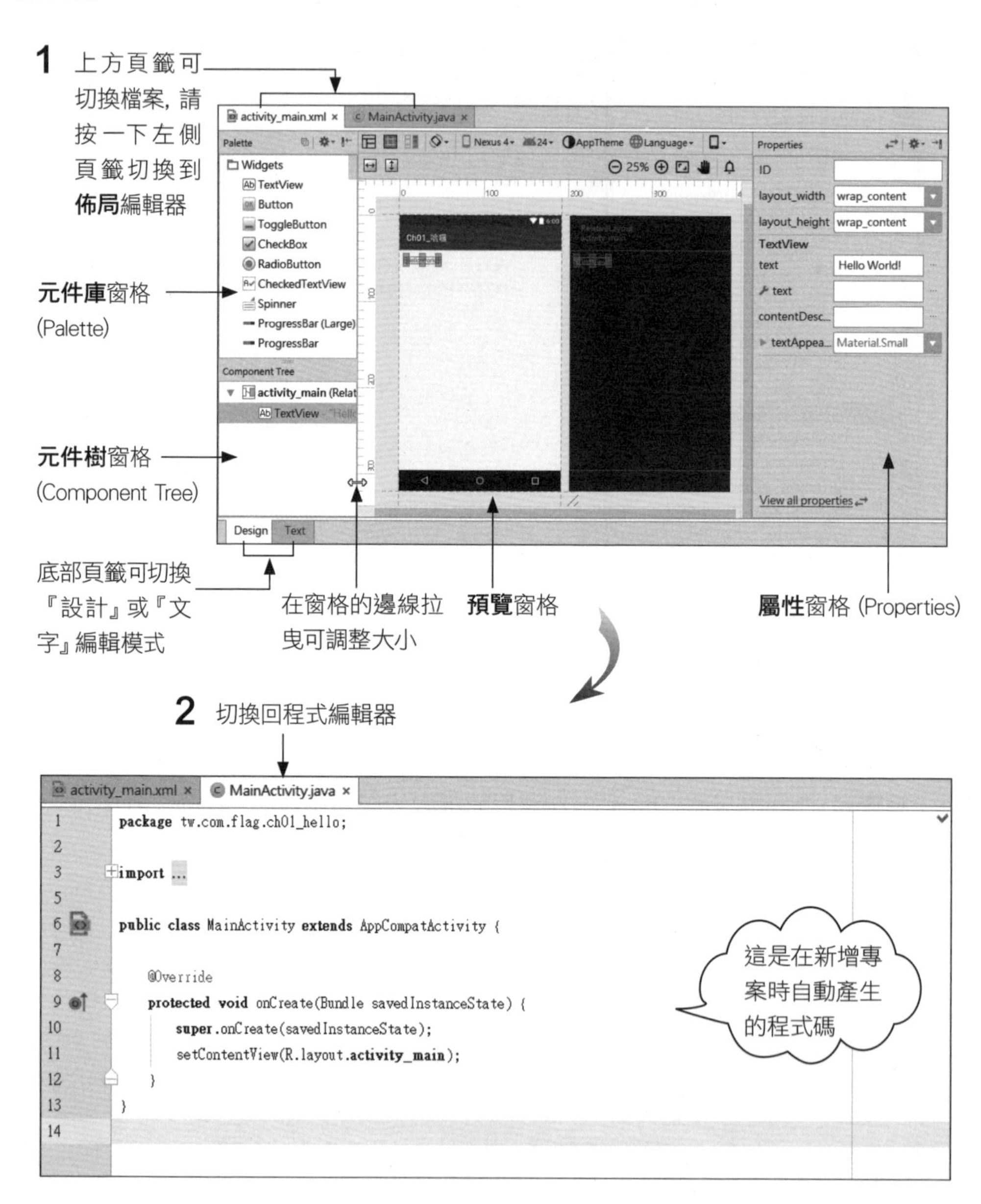

如果覺得編輯器中的文字太小，或是想在程式的左側顯示行號，可參閱附錄 B-3 及 B-4 進行設定。

工具區 (Tool Windows) 圍繞在**編輯區**的左、右、及下側，按一下工具條上的按鈕即可開啟 (或關閉) 對應的工具窗格。工具窗格的顯示區域共分為 6 區，在左、右、下側各有 2 區，每區最多只能開啟一個窗格：

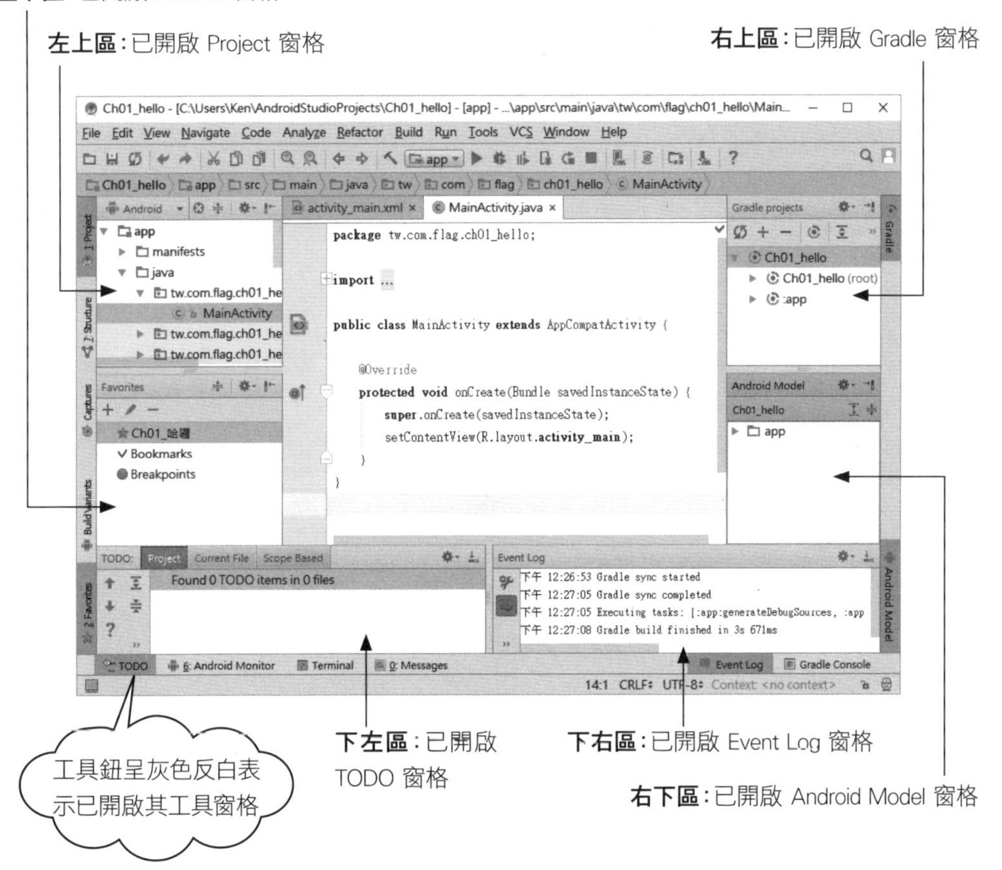

您可將工具條中的按鈕拉曳到工具條的其他區中放置，即可改變顯示位置。

按一下工具窗格右上角的 ▮← 也可關閉窗格。

如果嫌螢幕空間不足，也可按一下主視窗左下角的 ▣ 鈕來隱藏所有工具條(再按一次則回復顯示)，另外若將滑鼠移到 ▣ 鈕上，還會彈出可開/關工具窗格的選單：

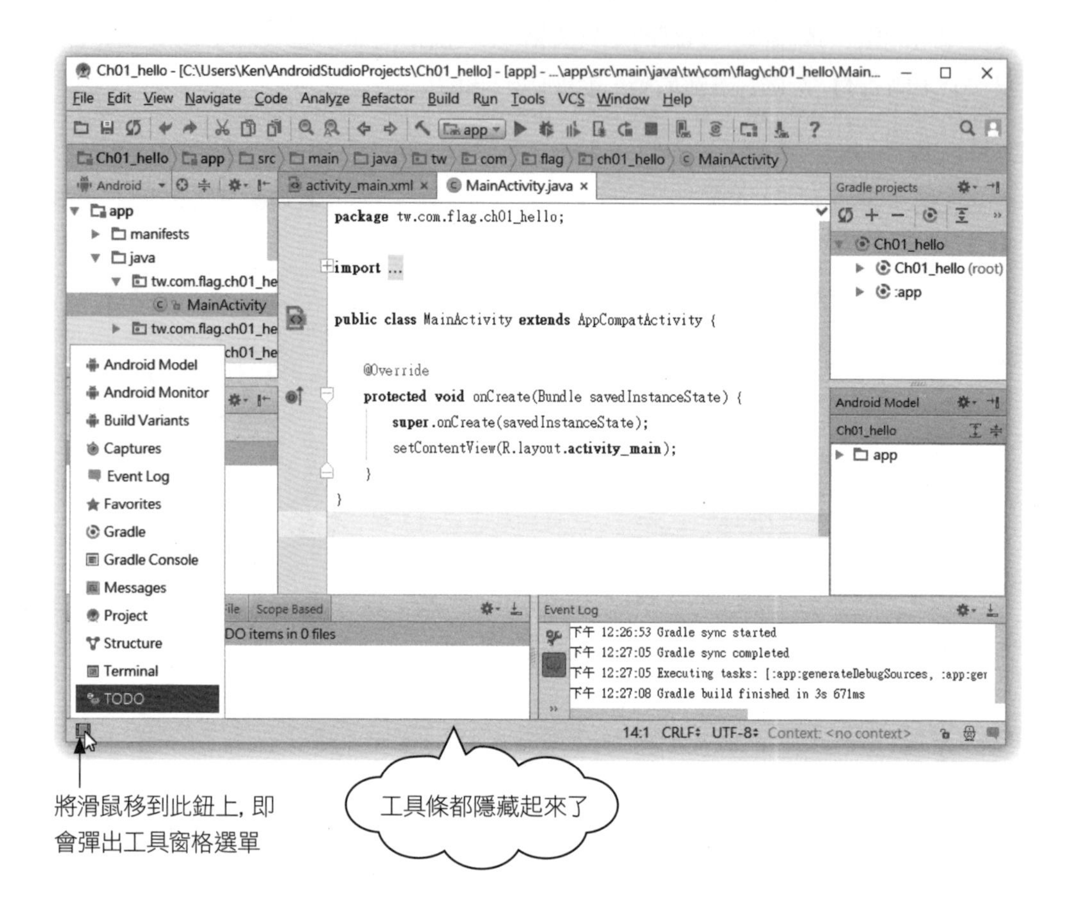

有些工具鈕上有數字，例如 "**1**:Project"，就表示可以按 Alt + 1 鍵來快速開啟或關閉 Project 窗格。此外，有些工具窗格只在特定狀況下才可使用，展開功能表『**View/Tool Windows**』即可查看或操作所有的工具窗格，呈灰色的表示目前無法使用。

安排好工具窗格的佈置後，可執行『**Window/Store Current Layout as Default**』命令將之儲存起來，那麼以後即可隨時按 Shift + F12 鍵（或執行『**Window/Restore Default Layout**』命令）來回復此佈置。

開啟最近使用過的專案

Android Studio 會記住我們最近使用過的專案, 因此在歡迎視窗左側的 **Recent Projects** 中直接點選專案名稱即可開啟, 或是在主視窗中執行『**File/Reopen Project**』命令來開啟:

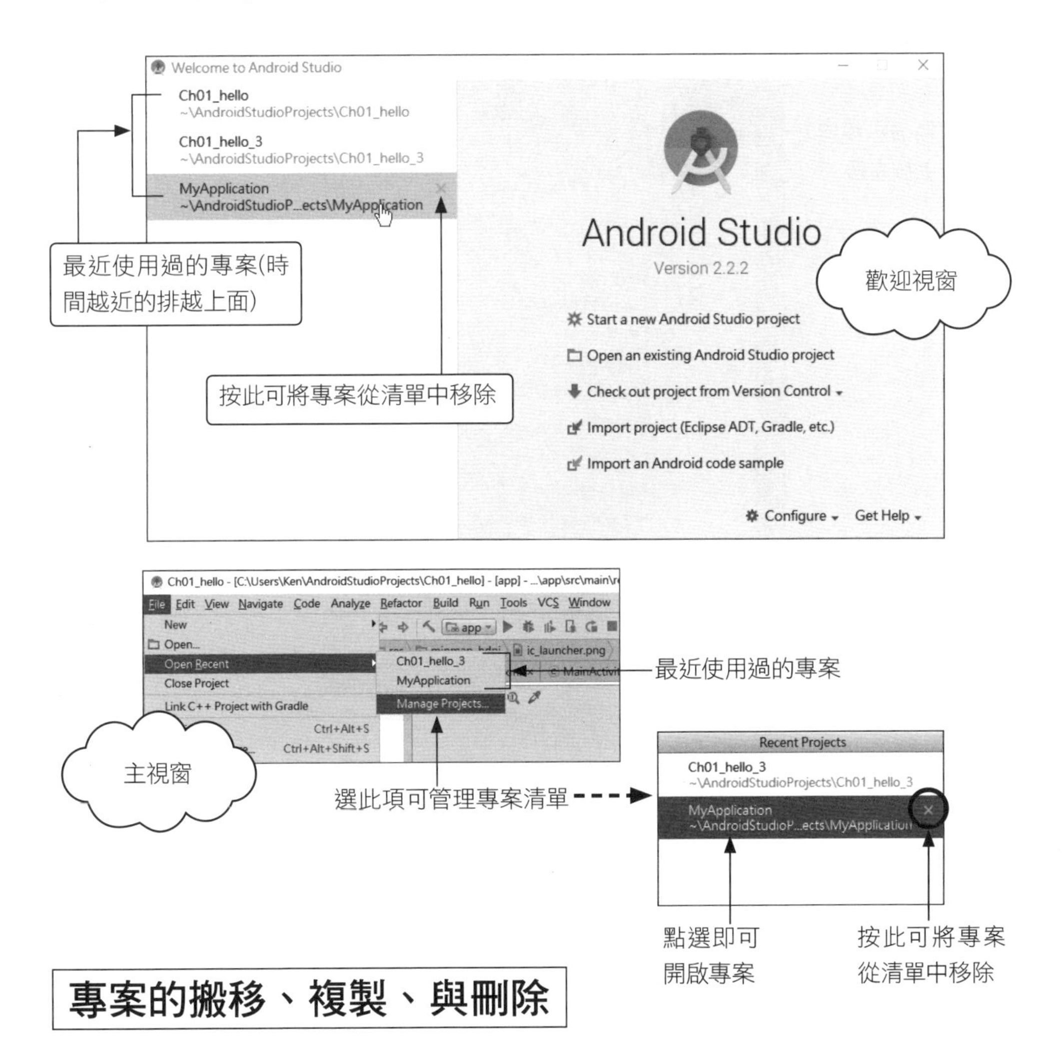

專案的搬移、複製、與刪除

由於 Android Studio 專案都是儲存在專屬的資料夾中, 因此無論是要搬移、複製、或刪除專案, 都可直接針對專案資料夾來操作即可 (搬移、複製、或刪除資料夾)。不過在操作之前, 請先在 Android Studio 中關閉該專案, 以免造成操作失敗, 或資料儲存錯誤等問題。

若要快速找出目前已開啟專案的專案資料夾，可如下操作：

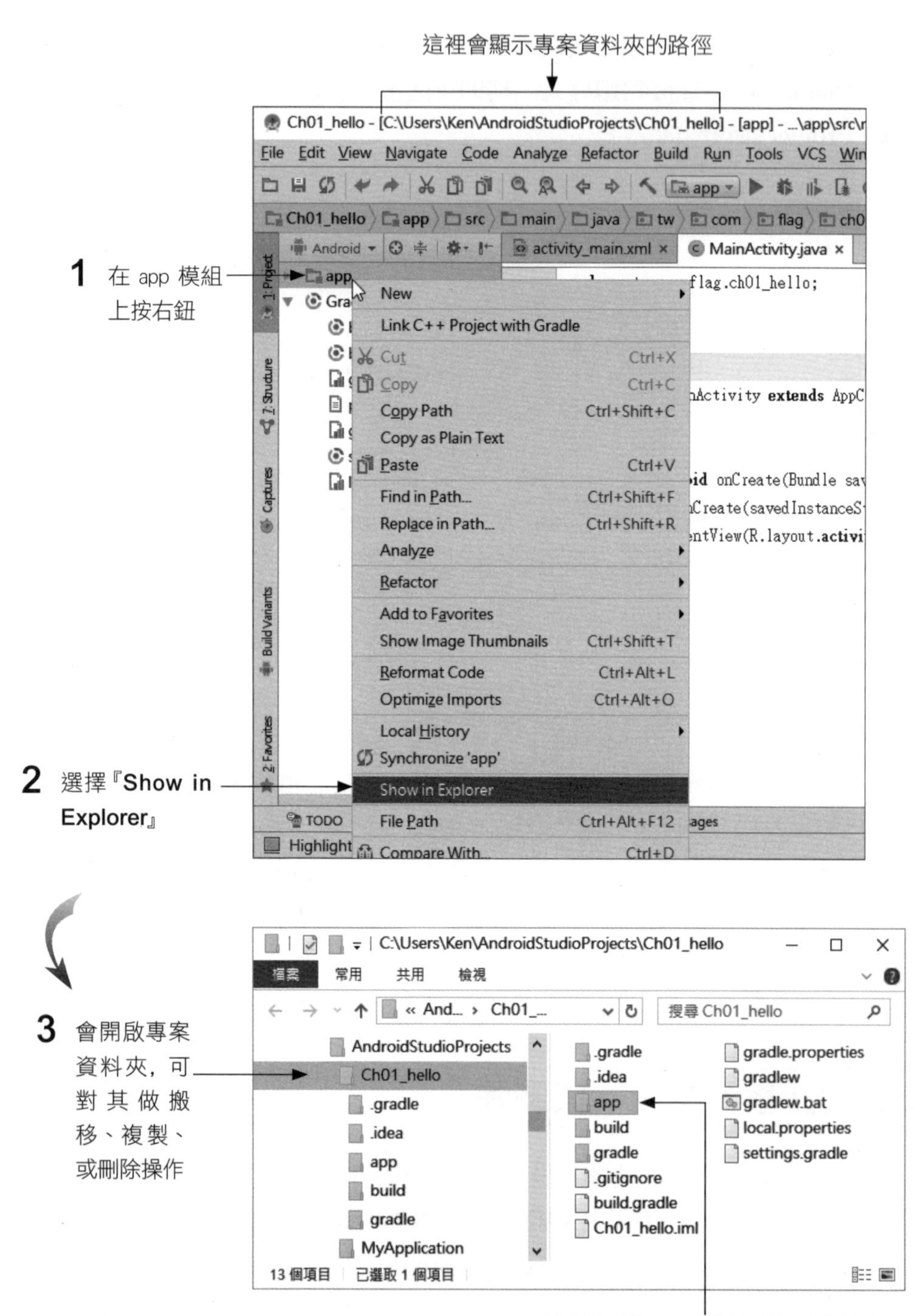

開啟『搬移或複製後』或『外來』的專案

若要開啟『搬移或複製後』的專案，或是開啟外來（例如別人給的或網路下載）的專案，可在 Android Studio 的歡迎視窗中點選 **Open an existing Android Studio project**，或在主視窗中執行『**File/Open**』命令，然後如下操作：

如果要開啟 ADT 專案（ADT 是另一個開發 Andrid App 的工具，目前已較少人使用），請參閱附錄 E 以匯入方式進行。

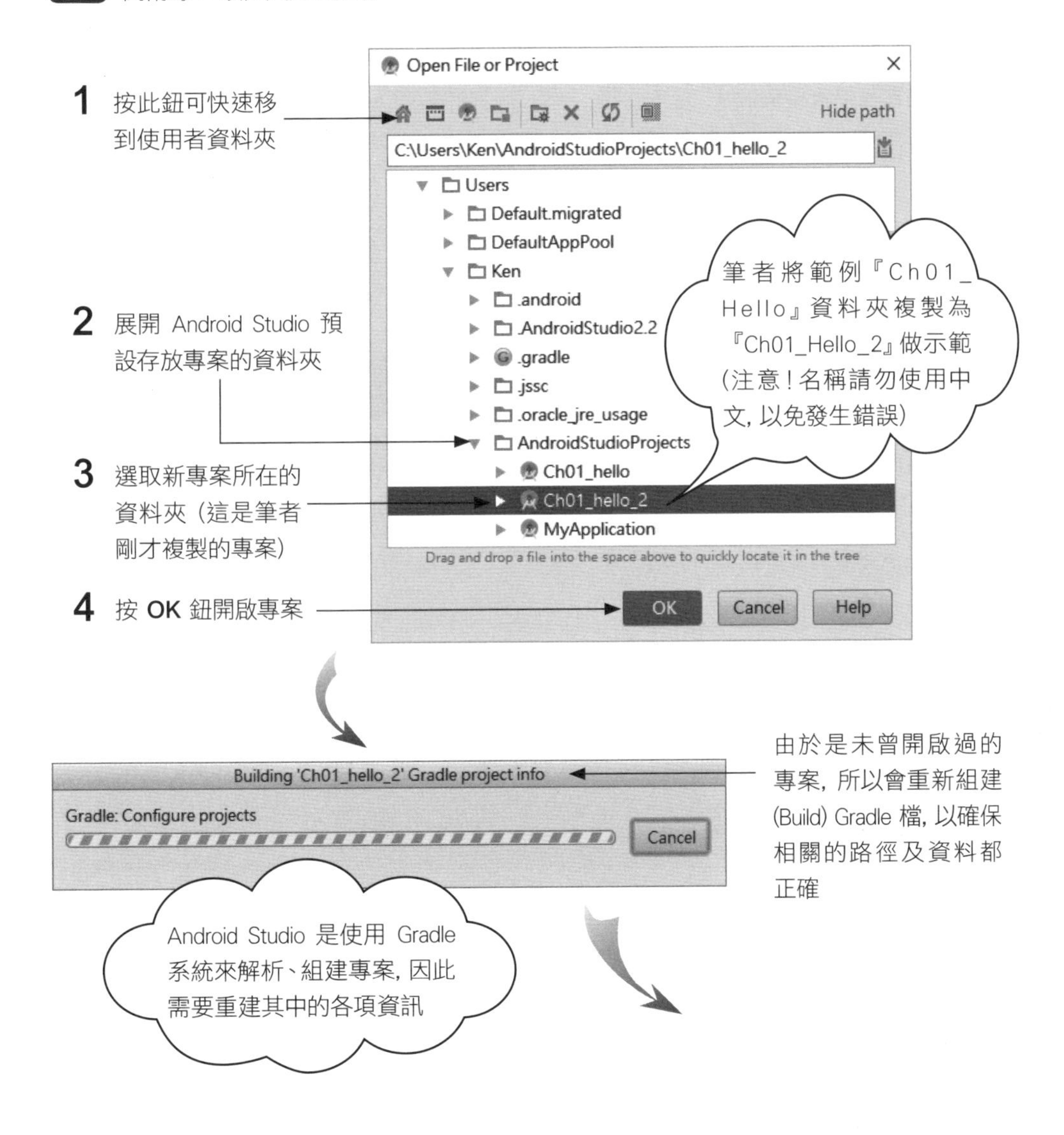

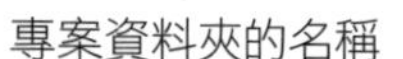

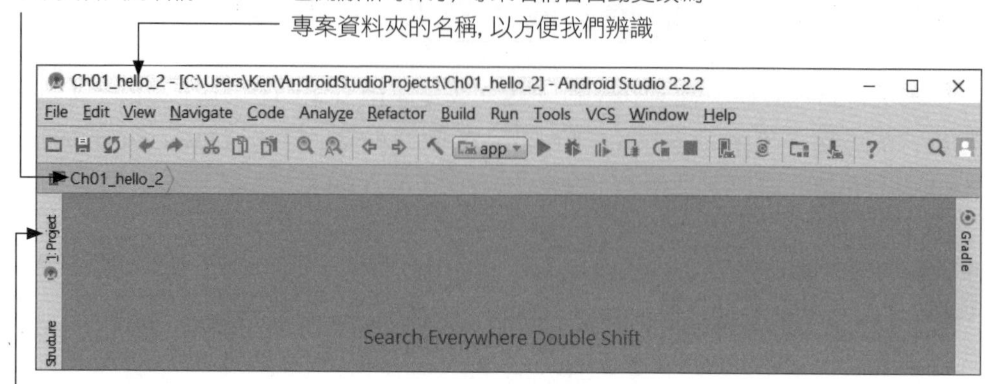

視窗左上角的專案名稱，其功能只做為識別專案之用，因此對未曾開啟過的專案，會自動將專案名稱更改為專案資料夾的名稱，以免造成名稱上的混淆。

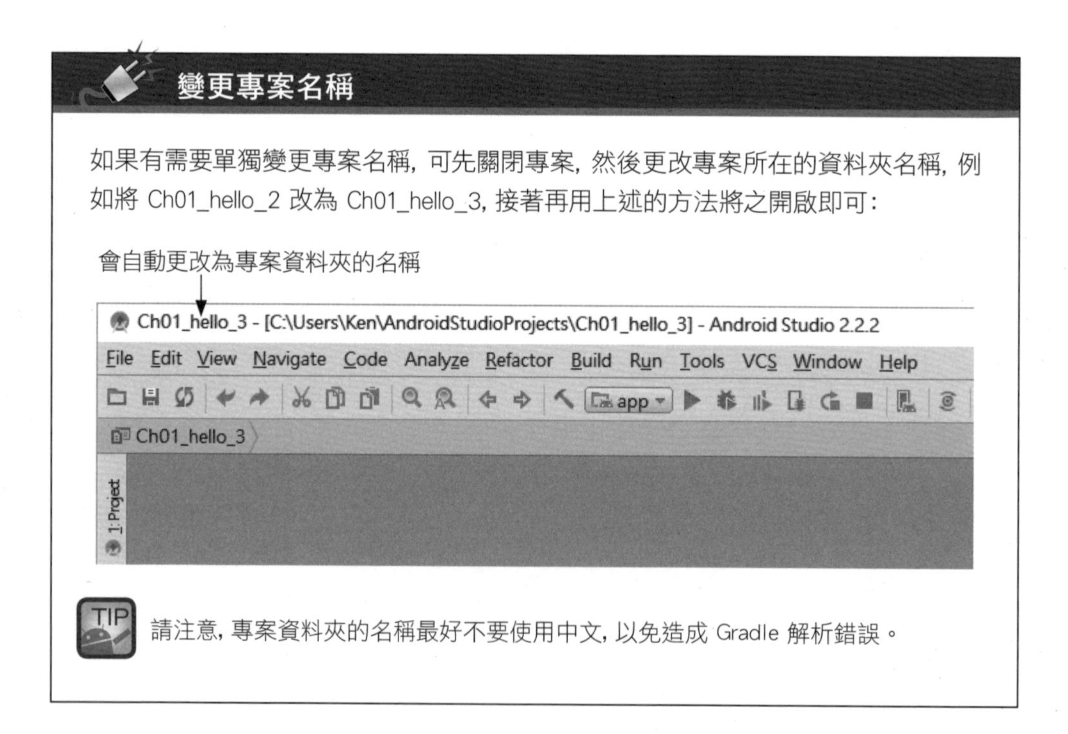

變更專案名稱

如果有需要單獨變更專案名稱，可先關閉專案，然後更改專案所在的資料夾名稱，例如將 Ch01_hello_2 改為 Ch01_hello_3，接著再用上述的方法將之開啟即可：

TIP 請注意，專案資料夾的名稱最好不要使用中文，以免造成 Gradle 解析錯誤。

TIP 在開啟『舊專案』或『外來專案』時，可能會遇到一些版本不相容的問題，相關說明及排除方法請參閱附錄 C。

1-4 Android 專案的構成

在 Android Studio 左側的 **Project** 窗格中，會以樹狀結構列出專案資料夾中的檔案，以供我們檢視及存取。不過由於專案內的檔案相當多，因此 **Project** 窗格特別提供了 **Android** 檢視模式，只會將常用的檔案依功能分類顯示，而將其他不重要的檔案 (例如暫存檔、專案狀態檔等等) 都隱藏起來：

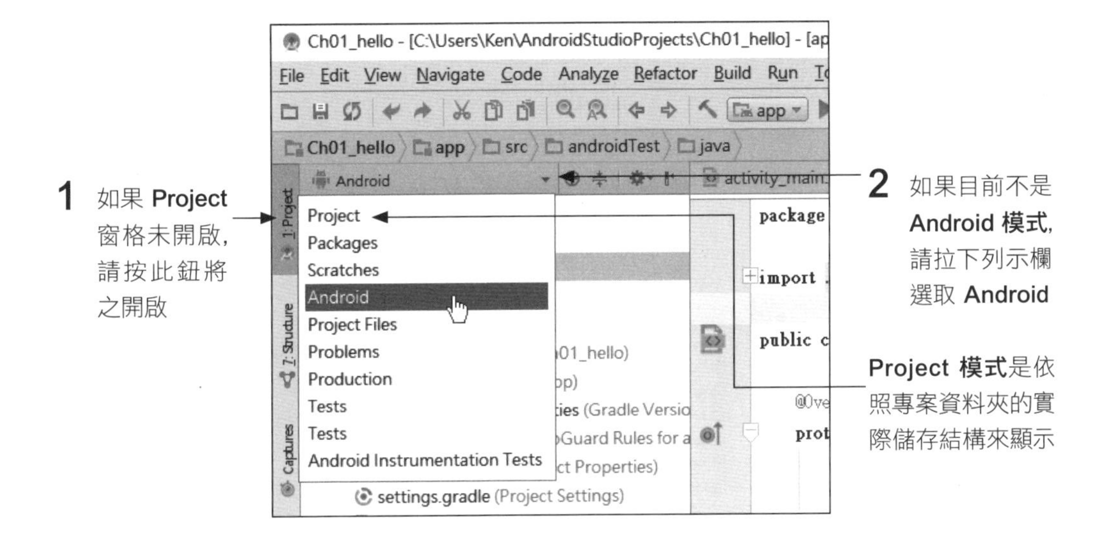

在 **Android** 檢視模式下，樹狀結構的最上層分為 **app** 及 **Gradle** 二大類：

- **app**：包含各種可用來產生 App 的檔案。
- **Gradle Scripts**：包含所有與組建 (Build) App 有關的各種 Gradle 檔。

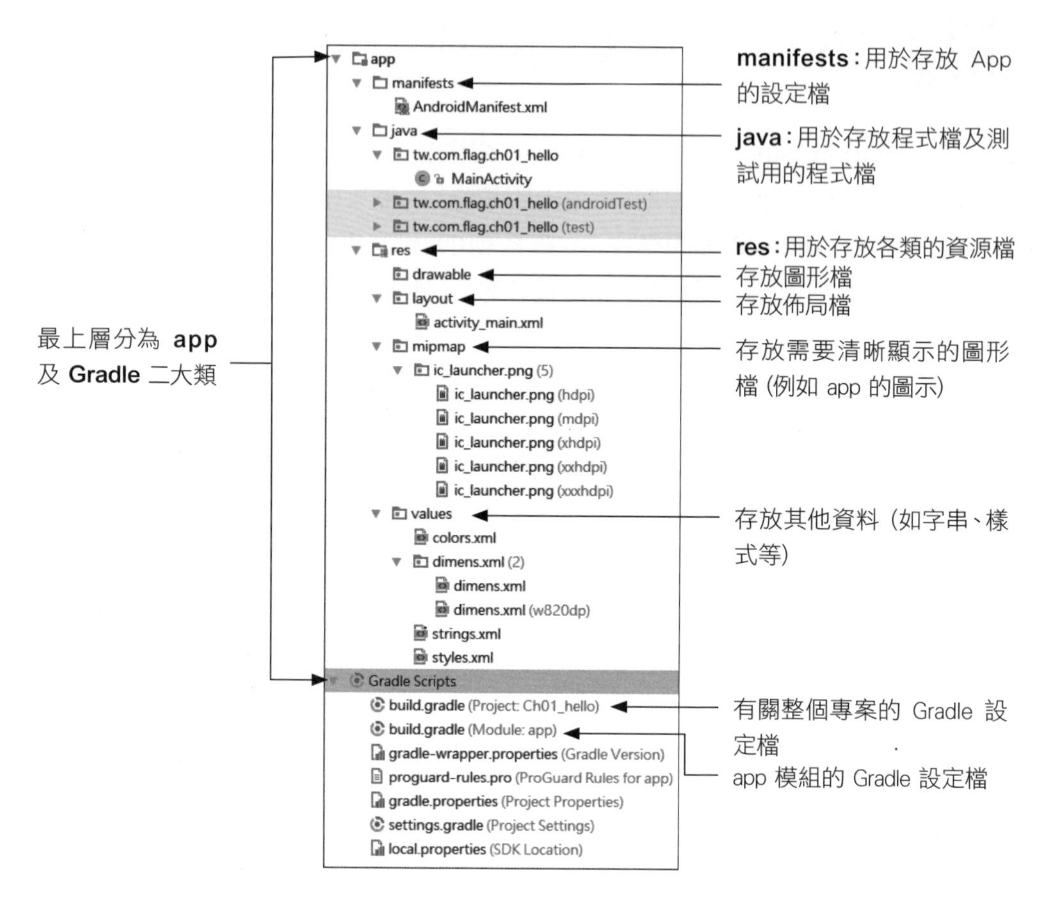

請注意，以上的 "**app**" 是模組 (Module) 的名稱 (在新增專案時自動替模組取名的)，而非專有名詞。如果專案中有多個模組，那麼在 **Project** 窗格中也會一一列出。

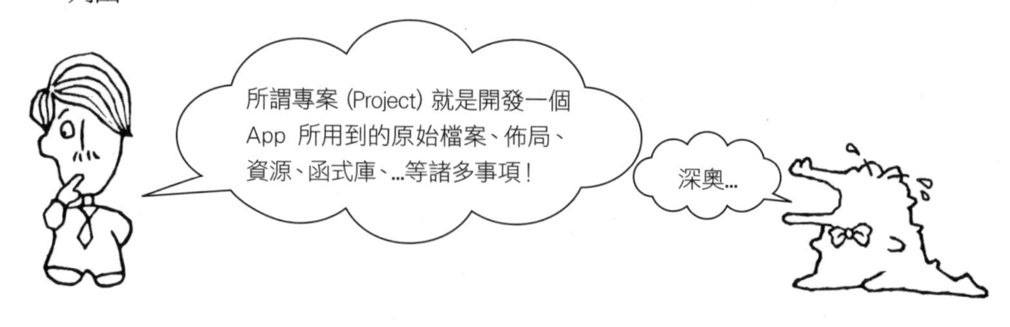

TIP 在 Android 專案中可以存放 3 種模組，app 是屬於最常見的**應用程式模組** (Android Application Module)。另外 2 種模組分別為：Library Module (函式庫模組)、App Engine Modules (雲端應用模組，例如備份到雲端或接收雲端訊息等)。至於可以存放模組的數量，則並沒有限制。

在 **Android** 檢視模式下, 應用程式模組內的檔案被分為 3 類:

- **manifests**:存放 AndroidManifest.xml 檔, 此檔是開發 App 時必須使用的檔案, 我們可將它視為 App 的設定檔, 舉凡程式的名稱、設定、權限 (例如能不能存取網路) 以及程式啟動時要執行哪一個活動...等, 都是在這個檔案中設定。在後續章節中, 我們就會看到如何使用這個檔案。
- **java**:存放 Java 程式檔, 並且還會依照套件名稱來分類顯示, 例如 App 的主程式 MainActivity.java 檔是放在套件名稱 tw.com.flag.ch01_hello 之下。另外, 在套件名稱相同但後面有標註 "(androidTest)" 或 "(test)" 的項目之下, 則是存放用來測試 App 的程式檔 (撰寫專業 App 時才需用到)。
- **res**:存放各類資源檔 (res 為 Resource 的縮寫)。資源檔的種類相檔多, 此處也會分門別類來顯示, 例如 drawable/mipmap(圖形)、layout(佈局)、menu(選單)、values(各種設定值) 等。

Android 資源檔的『多版本』特色

由於 Android 裝置 (手機、平板等) 的硬體規格 (例如螢幕的大小、解析度等) 各有不同, 為了讓 App 在各個裝置中都能有最好的表現, 有些資源檔 (例如圖檔) 可以提供多種版本 (放在不同版本的資料夾中), 如此 Android 系統在執行 App 時, 就能依照裝置當時的狀況 (例如螢幕的密度), 自動選擇最適合的版本來使用。

請在前面的 Project 窗格中, 展開 app/res/mipmap 下的 ic_launcher.png 圖檔及 dimens.xml 設定檔:

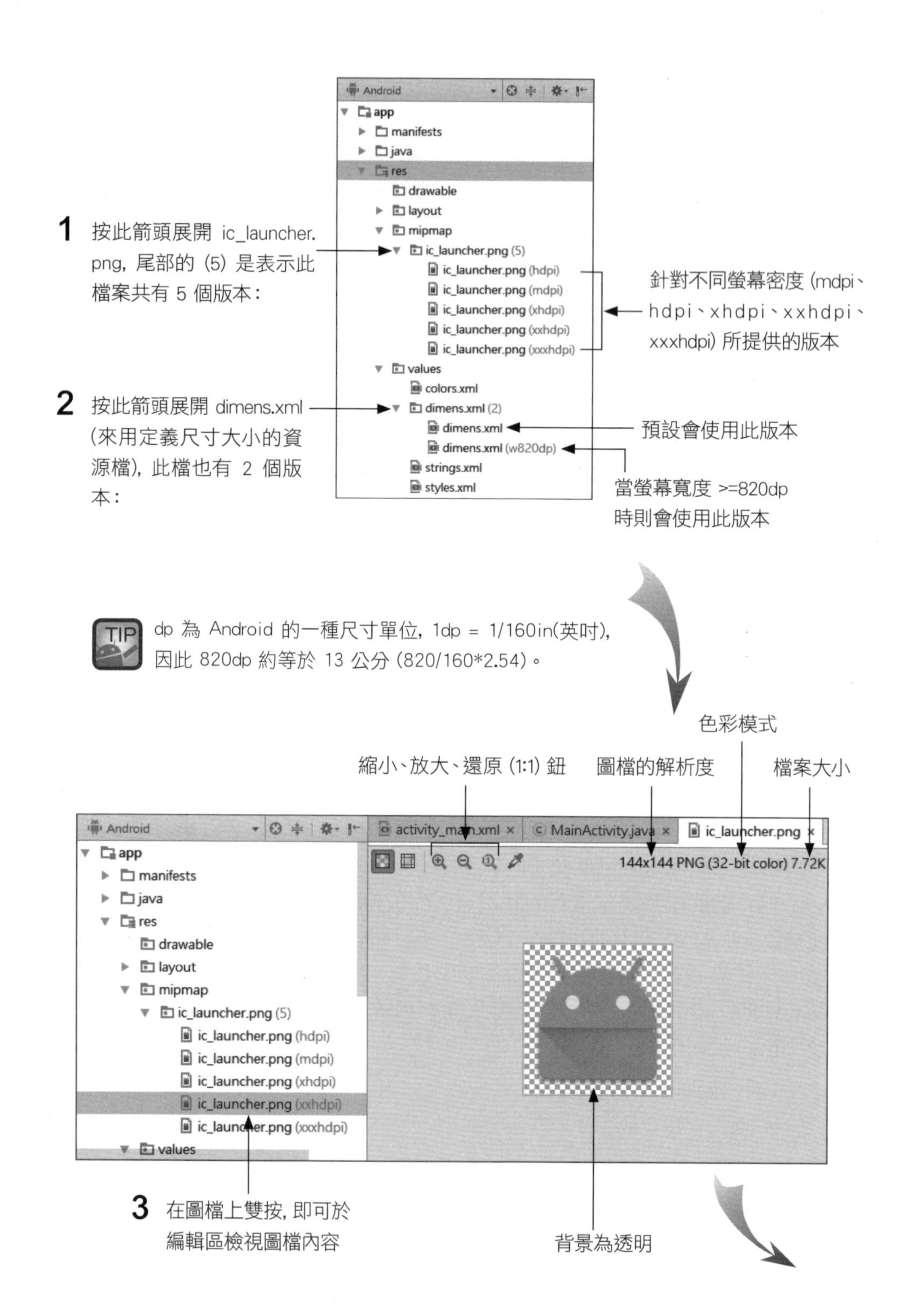

dp 為 Android 的一種尺寸單位, 1dp = 1/160in(英吋), 因此 820dp 約等於 13 公分 (820/160*2.54)。

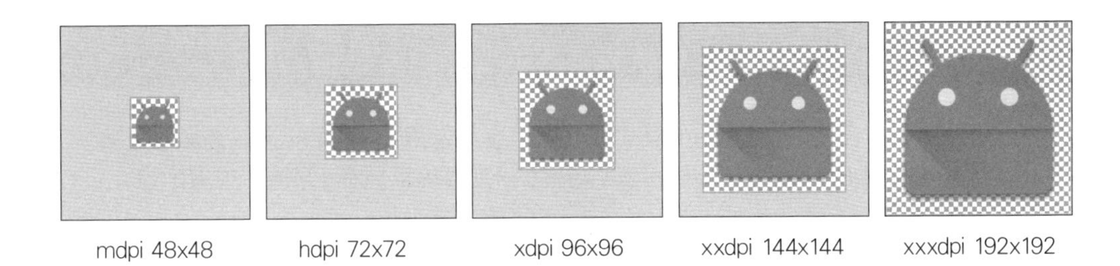

以上 5 種版本的 ic_launcher.png 是在新增專案時自動產生的, 當 App 安裝在手機時, Android 系統會自動依照螢幕的密度, 挑選 App 中最適合的圖檔版本來顯示, 以確保在所有螢幕中都能顯示出大小相似且細緻的圖形:

在 drawable 及 mipmap 資料夾中都可以存放圖檔 (單一版本或多版本都可), 但 mipmap 的圖檔在組建 App 時會特別處理, 以提升顯示的速度及清晰度, 而缺點則是會佔用較多的儲存空間。因此, 需要清晰顯示的圖檔 (例如啟動 App 的圖示檔) 應放在 mipmap 中, 而其他圖檔則可放在 drawable 中。

在『Project 模式』中檢視專案的實際儲存結構

在前面 Project 窗格的 **Android** 模式下, 是以『容易使用』的扁平化方式來顯示專案內容, 若切換到 **Project** 模式, 則可依照專案的『實際儲存結構』來顯示專案內容:

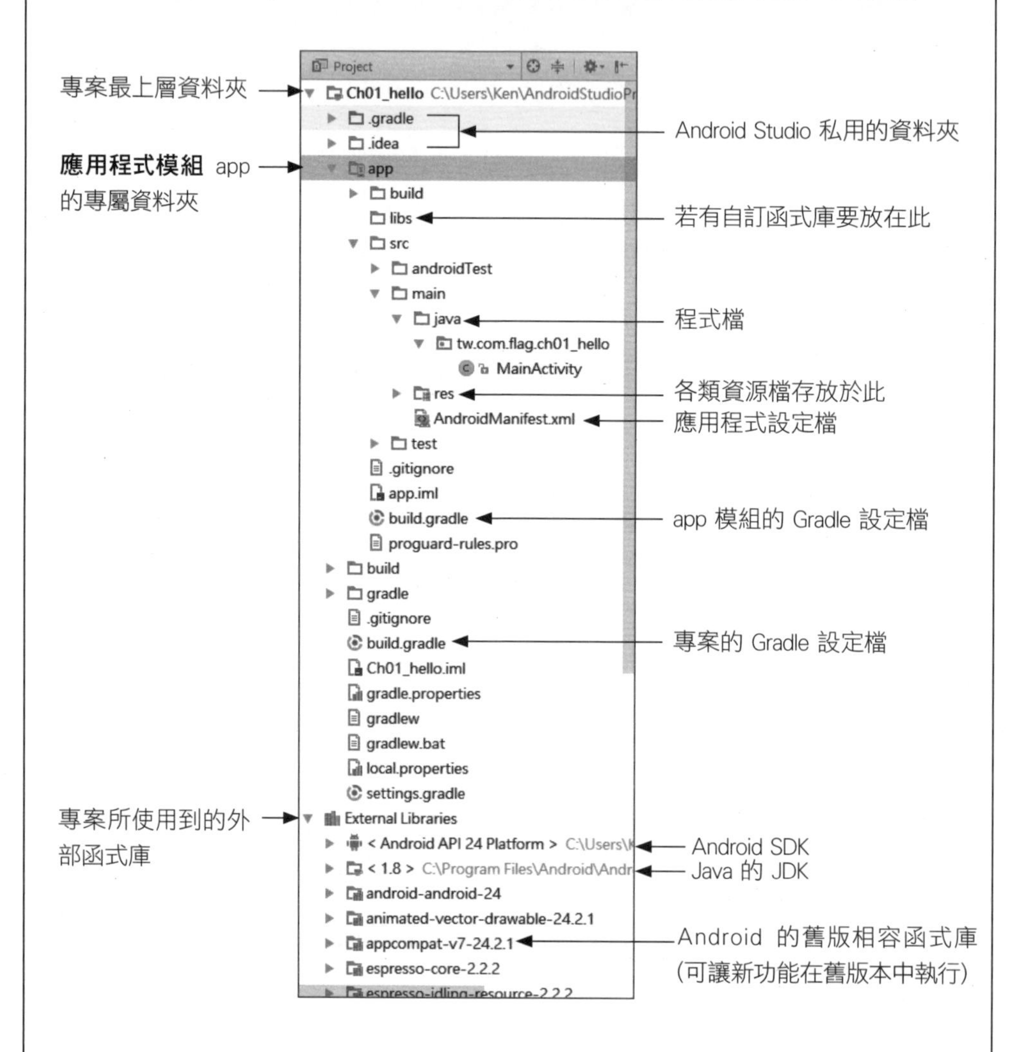

/app/src/main/java/ 之下的套件名稱, 在實際儲存時是『每段』一個子資料夾:/tw/com/flag/ch01_hello/。

/app/build/ 及 /build/ 資料夾是用來存放解析及組建 (Build) 專案時所自動產生的檔案, 請勿任意更動。

Next

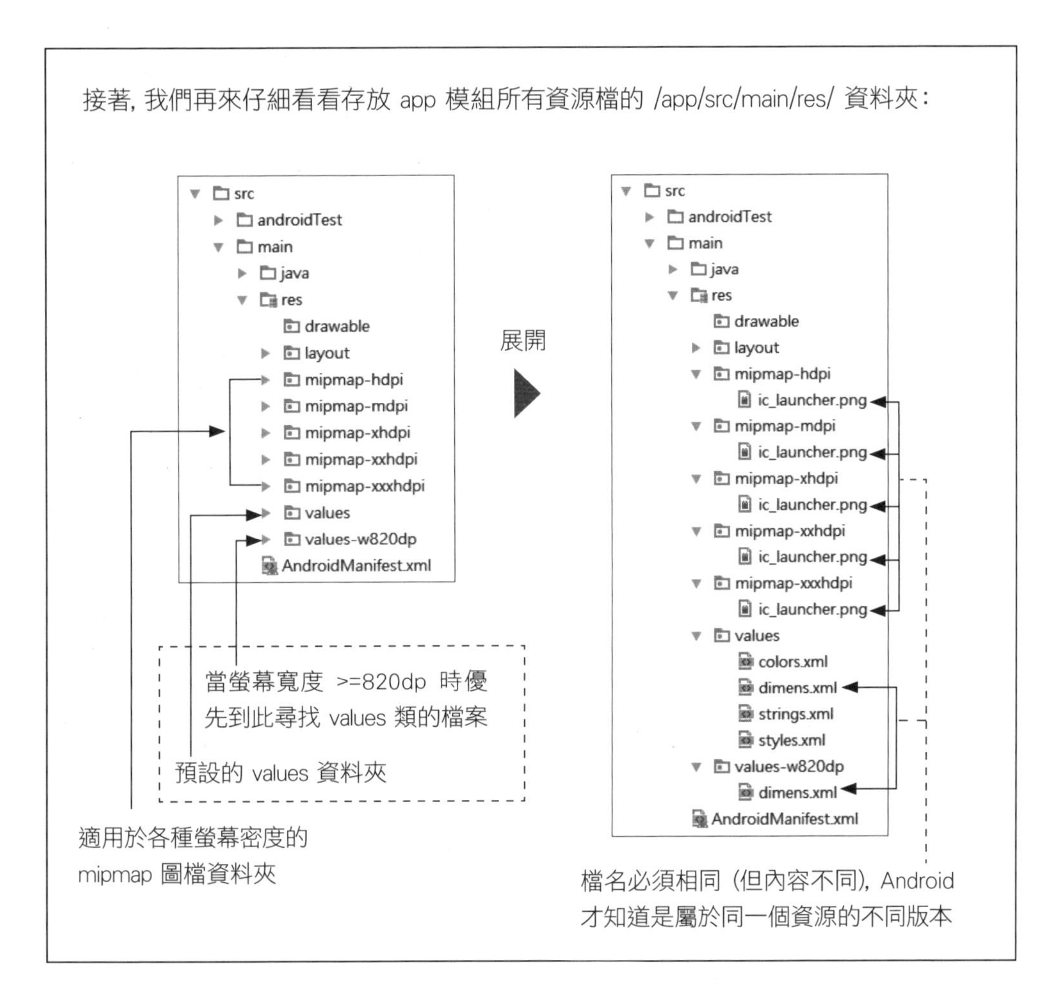
接著, 我們再來仔細看看存放 app 模組所有資源檔的 /app/src/main/res/ 資料夾:
src
androidTest
main
java
res
drawable
layout
mipmap-hdpi
mipmap-mdpi
mipmap-xhdpi
mipmap-xxhdpi
mipmap-xxxhdpi
values
values-w820dp
AndroidManifest.xml
展開
src
androidTest
main
java
res
drawable
layout
mipmap-hdpi
ic_launcher.png
mipmap-mdpi
ic_launcher.png
mipmap-xhdpi
ic_launcher.png
mipmap-xxhdpi
ic_launcher.png
mipmap-xxxhdpi
ic_launcher.png
values
colors.xml
dimens.xml
strings.xml
styles.xml
values-w820dp
dimens.xml
AndroidManifest.xml
當螢幕寬度 >=820dp 時優先到此尋找 values 類的檔案
預設的 values 資料夾
適用於各種螢幕密度的 mipmap 圖檔資料夾
檔名必須相同 (但內容不同), Android 才知道是屬於同一個資源的不同版本

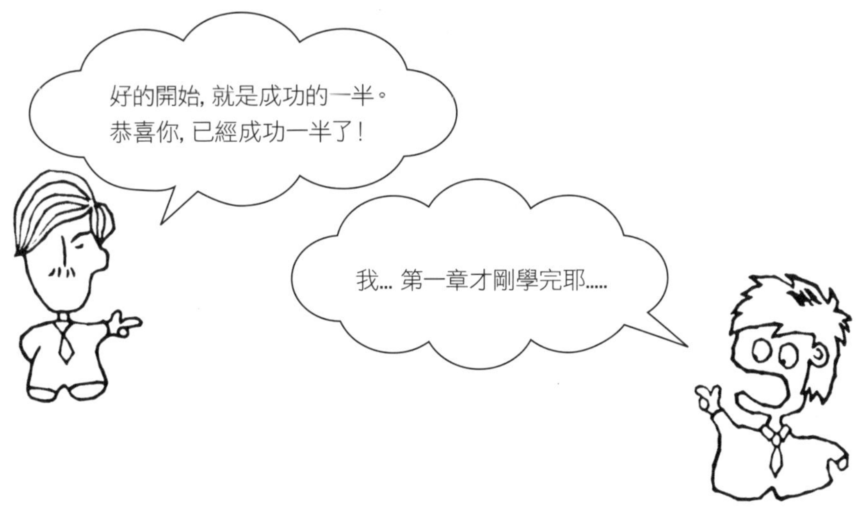
好的開始, 就是成功的一半。
恭喜你, 已經成功一半了!
我... 第一章才剛學完耶.....

延伸閱讀

1. 如果想要將專案建立的 App 安裝到手機上測試, 可參考本書第 2、3 章的說明。

2. 有關 Android 程式開發的各種資料, 都可到 Android 官方的開發者網站 developer.android.com 中查詢:

TIP 在 Android Studio 中執行『**Help/Getting Started**』命令, 可直接開啟**訓練課程** (Training) 網頁。

3. 有關 Android Studio 操作介面的詳細說明, 可執行『**Help/Android Studio Help**』命令開啟說明網頁:

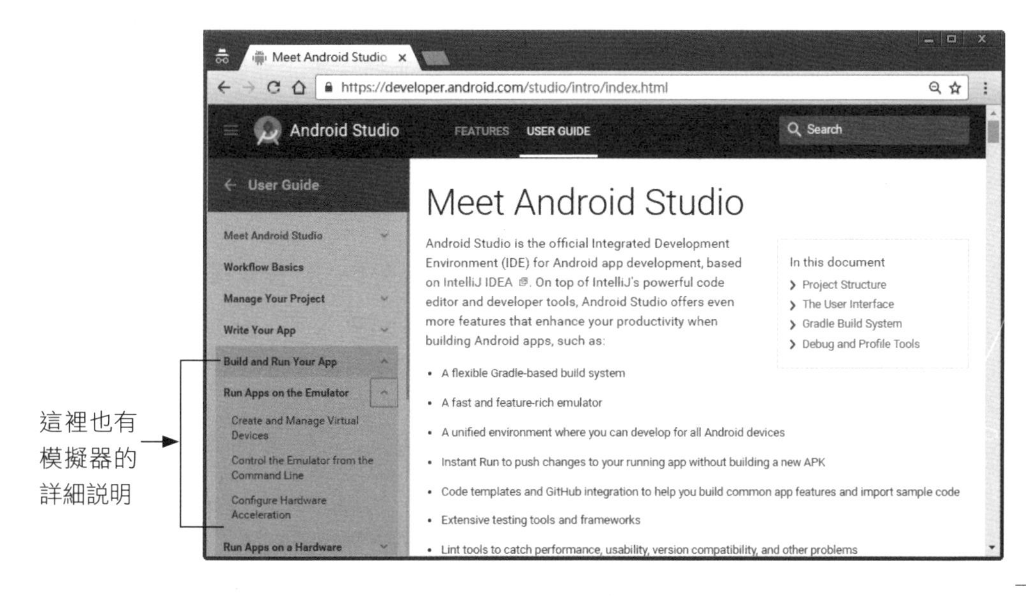

重點整理

1. 在 Android Studio 中執行『**File/New/New Project...**』命令可啟動精靈來新增 Android App 專案。

2. 在新增專案精靈中：

    - **Application Name** 是 App 未來會顯示在手機**應用程式管理**中的程式名稱, 預設也是應用程式圖示下的文字。此外, 預設也會以此做為專案名稱。

    - **Package Name** (套件名稱) 好比是 Android App 的『身份證 ID』, 因此 Google Play 上眾多的 Android App, 其套件名稱是**不能重複**的。

    - **Minimum Required SDK** 是指定可執行專案的最低 Android 系統版本。版本越低則能在越多的裝置上執行, 但相對的, 一些新版才有而舊版沒有的功能就無法使用。

3. Android App 是由一或多個程式單元 (Component) 所組成, 而**活動** (Activity) 則是最常使用的程式單元。

4. 活動的設計主要可分為**類別** (Class) 及**佈局** (Layout) 二部分, 類別就是撰寫程式的地方, 而佈局則是用來設計畫面的內容。

5. **AVD Manager** 程式可用來建立及管理模擬器 (在 PC 模擬出的虛擬 Android 手機), 用以測試開發好的 Android App。不過要注意, 模擬器若選用較大的畫面解析度, 可能會使模擬器和電腦的執行效能都變差。

6. 螢幕的**密度** (Density) 是指單位長度中有多少像素, 通常以 dpi (dot per inch, 每英寸有多少像素) 表示。

7. Android 將螢幕的**密度** (Density) 由低到高分為 6 個等級：ldpi、mdpi、hdpi、xhdpi、xxhdpi、xxxhdpi。密度越高則圖形 (或文字) 越細緻, 但相對的, 也必須準備越高解析度的圖檔, 才能顯示出同樣大小的圖形。

8. 一個 Android Studio 主視窗只能開啟一個專案, 若有多個專案則會開啟多個主視窗。

9. 在 Android Studio 中對專案所做的變更都會自動儲存，所以不需要執行存檔動作。

10. 若要搬移、複製、或刪除專案，只要搬移、複製、或刪除專案所在的資料夾即可。如果因此而改變了專案資料夾的路徑，那麼開啟專案時會自動修正路徑問題，並將專案名稱更改為專案資料夾的名稱。

11. Android Studio 的**導覽列**會顯示目前選取 (或編輯) 檔案在專案中的路徑，可在此快速存取路徑中的資料夾與檔案。在主視窗左、右、及下側的**工具區**則可開啟各種工具窗格，以進行所需的各類操作。

12. **Project** 窗格會以樹狀結構列出專案中的檔案，切換到 **Android** 模式時，只會將常用的檔案依功能分類顯示，而將其他不重要的檔案都隱藏起來。若切換到 **Project 模式**，則可依照專案資料夾的實際儲存結構來顯示。

13. 專案中的重要檔案，除了各種程式檔及資源檔外，AndroidManifest.xml 是用來設定 App 的組態，而各種 Gradle 檔則是用來控制 App 的解析與建構 (Build)。

14. 專案中的某些資源檔 (例如圖示檔) 可準備多個版本，以便 Android 系統能依照裝置的狀況 (例如螢幕的密度)，自動選擇最適合的版本來使用。

15. drawable 及 mipmap 資料夾都可以存放圖檔 (單一版本或多版本都可以)，但 mipmap 的圖檔在組建 App 時會特別處理，以提升顯示的速度及清晰度，因此非常適合用來存放 app 的圖示檔。

習題

1. 請簡單解釋以下的名詞：
   - Application Name：
   - Package Name：
   - Minimum Required SDK：
   - Activity：
   - SDK：
   - AVD：
   - API：
   - Android Studio：
   - dpi：
   - dp：
2. Android 將螢幕的**密度** (Density) 由低到高分為哪 6 個等級？
3. 請簡單說明 manifests、java、res\layout、res\values 資料夾的用途。
4. 請簡單說明 drawable 及 mipmap 資料夾的功能與差異。
5. 請練習新增一個解析度為 240x320 且 ABI 為 arm 類型的模擬器。
6. 請將本章範例的專案資料夾複製到 c:\test\ 之下, 然後在 Android Studio 中開啟新複製的專案, 並在上一題新增的模擬器中執行看看。
7. 請新增一個名為 "我的第二個專案" 的專案, 完成後要在模擬器中測試, 最後練習在模擬器中將此 App 移除。

02 Android 程式設計基礎講座

Chapter

本章開始會使用物件導向的 Java 程式語言，對 Java 不熟悉的讀者可適度參考附錄 A。

本章將說明如何在專案中加入各種元件（文字方塊、按鈕、輸入欄位）、設計使用者介面的各種基本知識、並示範以最簡單的方式撰寫程式，建立具備互動效果的程式邏輯。最後，還會說明**如何將程式上傳到自己的手機執行哦！**

2-1 Android App 的主角：Activity

Android App 程式主要由四種型態組成：

1. **Activity (活動)**：主要負責顯示畫面，並處理與使用者的互動。每個 Android App 至少都會有一個 Activity，在程式一啟動時顯示主畫面供使用者操作。

2. **Service (背景服務)**：負責要在背景持續執行的工作，像是讓音樂播放程式可以持續播放，不會因為使用者切換到其他程式而中斷，或是讓使用者持續操作手機，但在背景下載檔案等等。

3. **Content Provider (內容提供者)**：讓不同的程式之間可以共享資料。像是通訊錄中的聯絡人資料就可以透過 Content Provider 分享給其他程式使用，而相機拍攝的照片也可以用在通訊錄中當聯絡人的頭像等等。

4. **Broadcast Receiver (廣播接收端)**：用於處理系統送來的通知，例如：螢幕關閉、電力不足、某些資料已傳達、...等等。

其中，最基本而主要的就是 **Activity(活動)**。

Activity(活動)

Android 程式基本上是由一個或多個 Activity (程式活動，簡稱**活動**) 所組成，每個 Activity 都有一個視窗畫面以及相對應的程式碼來處裡使用者和這個視窗的互動。所以最簡單的 Android 程式大概就像右圖這樣：

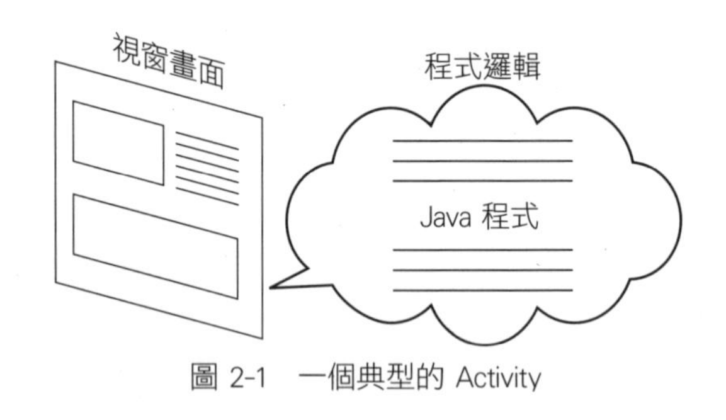

圖 2-1　一個典型的 Activity

因此在設計 Android App 的時候，首先就是要規劃總共需要哪些視窗畫面，並依此設計出負責每個畫面的程式邏輯。對於簡單的 Android App 來說，可能只需要一個畫面就可以處理所有的工作，所以只需要設計一個 Activity 就可以了。本書要到第 8 章開始，才會出現使用到多個 Activity 的範例。

實際的狀況是這樣

Android App 是由**一個個的畫面**所組成，每一個畫面都負責一項工作。以內建的**聯絡人**為例，開啟之後會先顯示聯絡人清單的畫面。如果點選任何一位聯絡人，就會開啟新的畫面顯示這位聯絡人的詳細資料；若是在聯絡人清單畫面按搜尋功能的按鈕，則會顯示搜尋聯絡人的畫面：

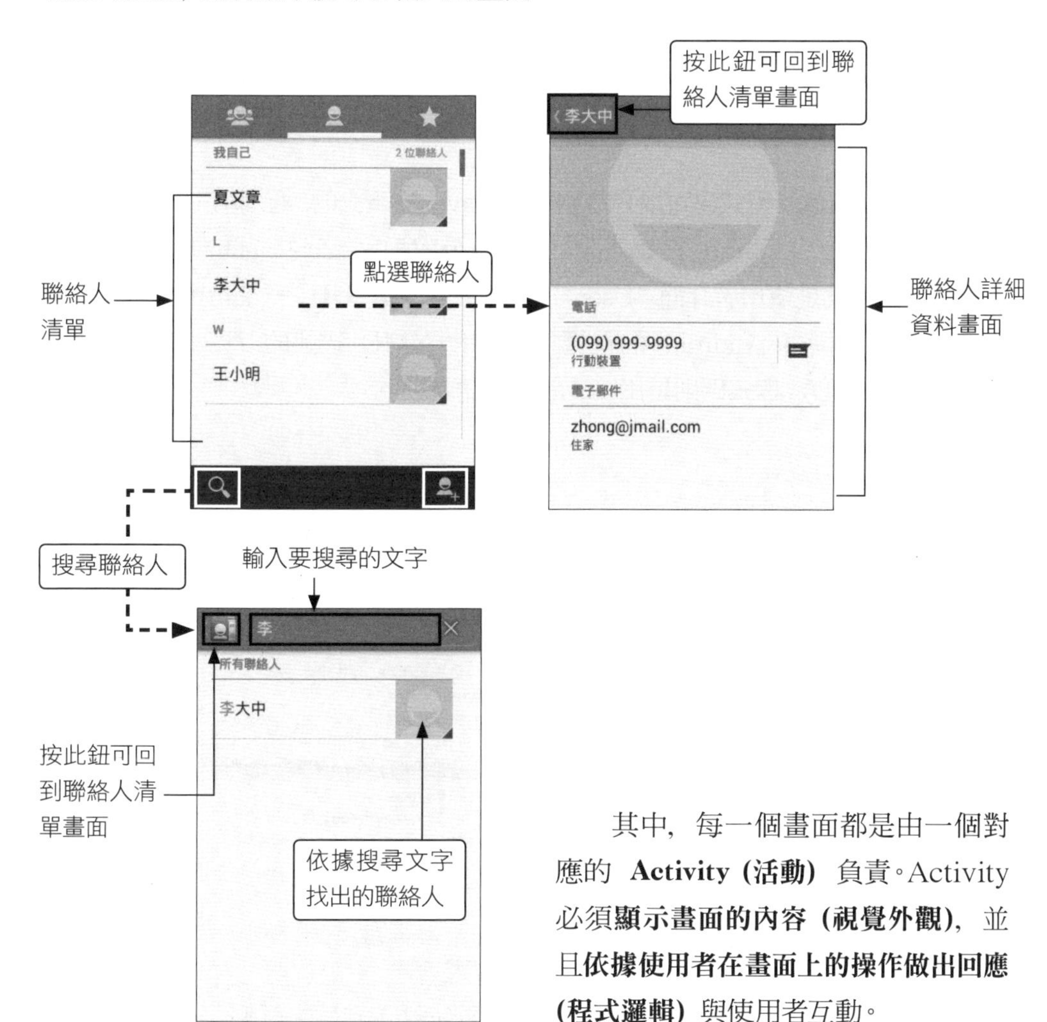

其中，每一個畫面都是由一個對應的 **Activity (活動)** 負責。Activity 必須**顯示畫面的內容 (視覺外觀)**，並且**依據使用者在畫面上的操作做出回應 (程式邏輯)** 與使用者互動。

Activity 是由視窗畫面和程式邏輯組成，
而 Android 程式設計也是如此...

2-2 Android 程式的設計流程

Android 程式的設計流程 (或稱規範 Paradigm), 是把**程式碼**和**資源 (Resource)** 分開設計的。所謂的『資源』包含畫面的設計、字串物件、圖形物件、音樂物件、...等, 這些物件都以檔案的方式放在專案的 res 資料夾下, 再組建 (Build) 起來成為 .apk 檔, 最後再由使用者下載安裝到手機上使用。

視覺設計 + 程式邏輯

原本 Android 程式是可以一路到底用 Java 寫下去的, 但那往往工程浩大又十分複雜, 因此 Android 把程式設計的工作分成兩大部分：一部份專責做程式的視覺設計 (也就是使用者介面, User Interface, 簡稱 **UI**), 一部份則負責程式碼 (程式邏輯) 的撰寫。Android 的視覺設計是用 XML 描述的 (見本章最後之延伸閱讀及附錄 D), 程式碼則是用 Java 程式語言寫的。

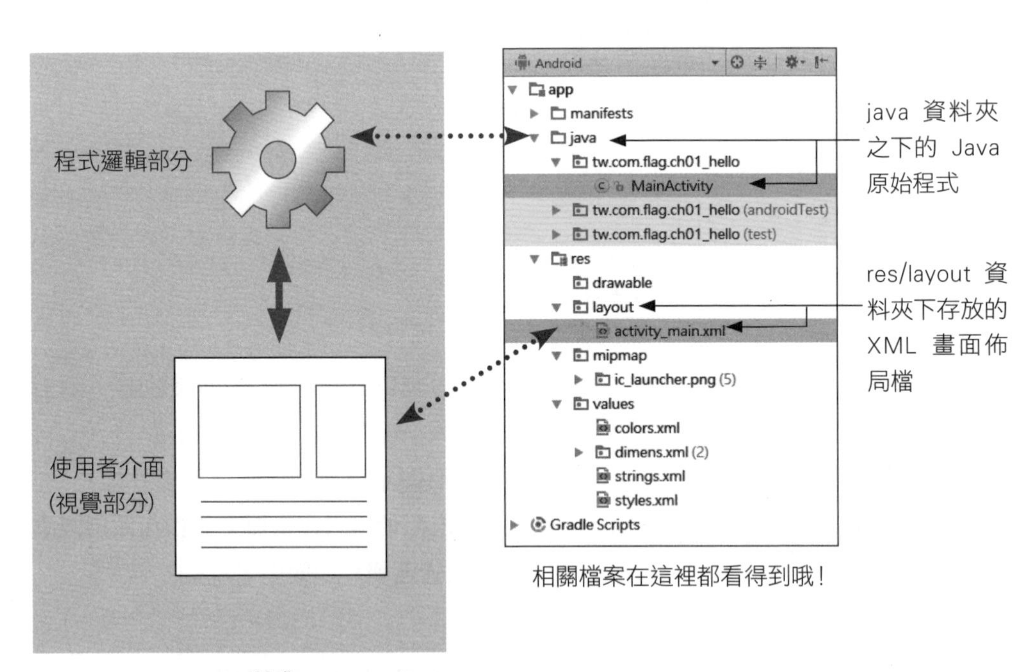

Android 程式

把視覺設計和程式邏輯分開 (Android 官方文件叫做 Externalization) 有許多好處：

❶ 首先是，程式人員不一定擅長視覺設計，視覺設計的人員也往往不熟悉程式設計工作，因此如果能在設計階段把二者分離，然後在最後組建 (Build) 的階段再組合起來，勢必對團隊運作的順暢度會很有幫助。就像目前的網頁設計也是採用同樣的團隊運作方式。再者，把視覺設計和程式邏輯分開可以讓專案維護簡單化，尤其是除錯的時候，錯誤來源不會糾纏難以區隔。該是視覺的部分就屬視覺，該是程式的問題就屬程式，很容易區分出來。

❷ 另外，把視覺設計和程式邏輯分開之後，如果視覺設計作了更改，只要不動到程式邏輯，則程式的部分可以完全不用更動，只要重新再 Build 就可以了。同樣的，當程式邏輯更動了，如果視覺設計不必更動，那也只要拿原來的視覺設計檔案再 Build 一次即可。

❸ **這點最重要！**目前手機和平板型號眾多、機種各異，把視覺設計分離出來後對於程式設計人員實在是一大福音，因為我們只要把各種尺寸、解析度、語系...以及手持裝置在垂直或水平持握的狀態都給予不同的資源檔，然後全部 Build 到 .apk 裡頭，當 App 執行時，手機的 Android 系統就會依使用者手機裡的設定值 (例如該手機是繁體中文、4.5 吋、高解析度、...) 以及直、橫持握狀態來取用 .apk 裡頭的資源檔。這樣程式就可以適用於多機種及多國語言了！

其做法是由 Android 統一規範各種設備、語系的設定值，並且由 Android 依手機的設定值來選取 App 提供的資源，而非由 App 去判斷選擇，所以程式碼就不用處理這一部份，程式的維護和堅固性就更好了。

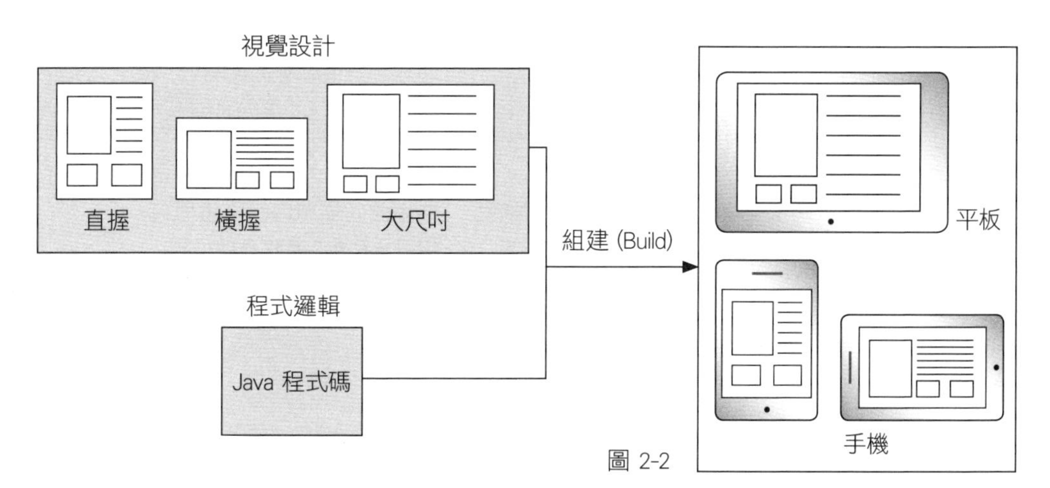

圖 2-2

用圖形化介面來做視覺設計

Android 採用 XML 來描述其 UI(User Interface) 設計。其優點是可以讓 UI 的層次一目了然, 容易維護;缺點則是 XML 碼撰寫不易, 而且也無法看到所要呈現的視覺效果。因此 Android Studio 也提供了所見即所得 (What You See Is What You Get, 簡稱 WYSIWYG) 的圖形佈局編輯器, 讓我們只要用**拉曳物件**以及**設定屬性**的方式, 就可以完成視覺畫面佈局的工作。Android Studio 會自動把我們設計好的畫面佈局轉成 XML 佈局 (Layout) 檔, 然後和 Java 程式 Build (組建) 成 App (.apk) 檔。

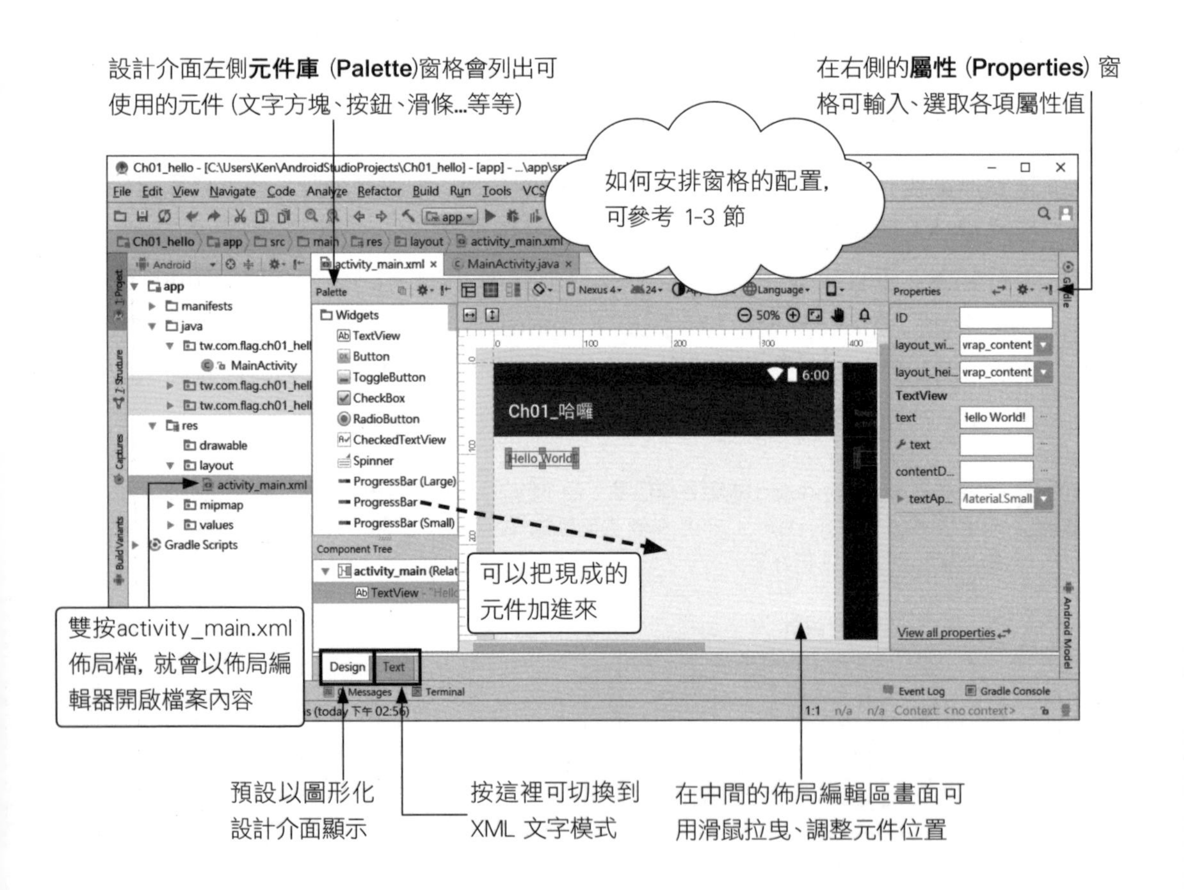

用 Java 來寫程式邏輯

Android 採用 Java 語言來撰寫程式邏輯。在我們建立新專案的時候, Android Studio 已經幫我們建立好 Java 程式的骨架, 因此在第一章中什麼程式都不用寫就可以直接執行, 並且在手機畫面上看到顯示 "Hello World!" 訊息了。

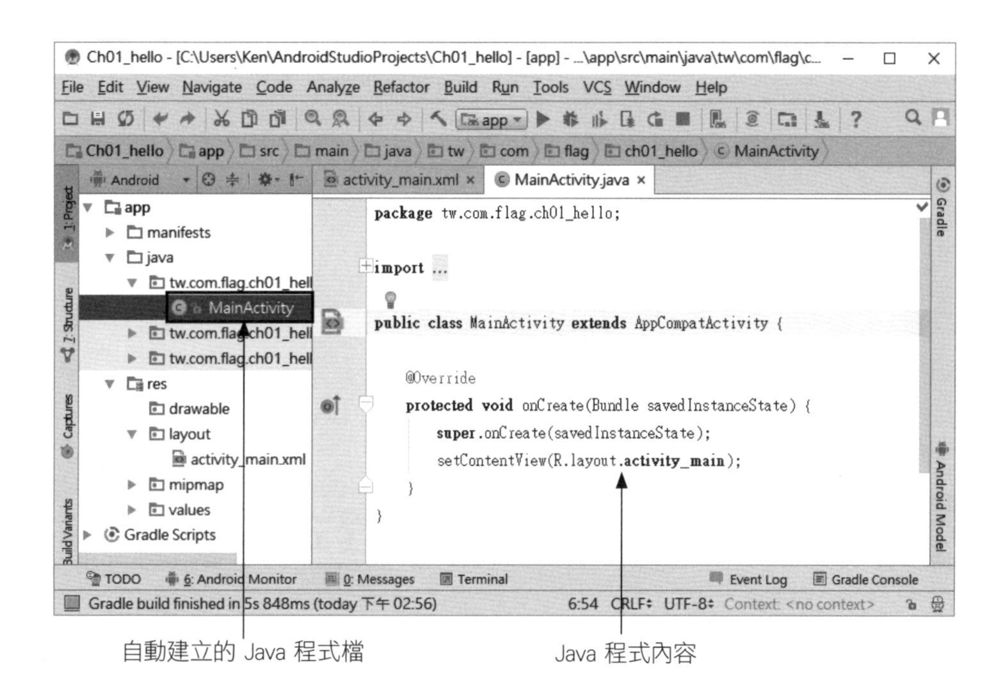

在撰寫程式的過程中, Android Studio 會提供許多工具幫助我們自動產生程式碼, 避免語法上的錯誤, 只要發揮三成 Java 功力, 將焦點集中在 Android 架構的學習上, 就可以開發 Android App 了。

Android 是一個物件導向 (Object-Oriented, 簡稱 OO) 的作業系統, 因此 App 的設計中 OO 的影子無所不在, 我們在附錄 A 有 **OO 概念快速養成**的短文, 讓不熟悉 Java 物件導向語言的讀者能夠快速掌握 OO 的要點, 閱讀本書各章節時, 可隨時翻閱附錄 A 加以比對, 對學習效果將有莫大助益。另外, 本書在必要時, 也隨時提供有關 Java 重要 keyword 的說明, 以利學習的順利進行。至於有意深入 Java 的讀者, 可參考旗標公司出版的『最新 Java 8 程式語言』和『Java 7 教學手冊』等書。

最後把視覺設計與程式碼組建 (Build) 起來

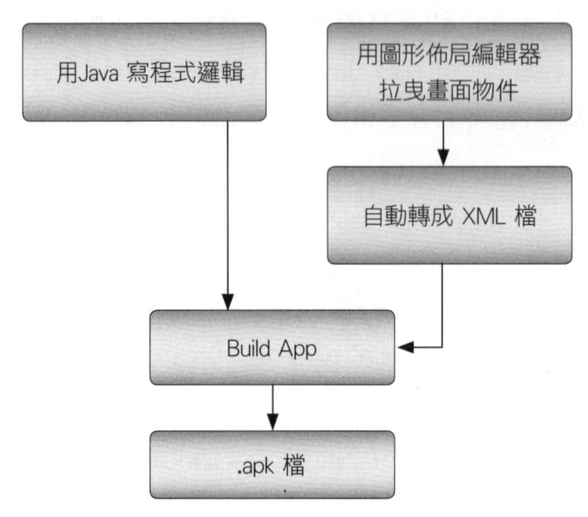

圖 2-3 Android 程式設計的基本流程

2-3 認識 Activity 的基本程式邏輯

做好了 Activity 的視覺設計後 (其實是還沒做, 要到 2-5 節動手實做才看得到)，接著就要讓程式可以和使用者互動。這必須要撰寫 Java 程式, 由程式來控制視覺元件的行為, 做出與使用者互動的功能。

初識 MainActivity 框架

回顧新增 Android 專案的最後 2 步：我們先選擇使用空白的 Activity (Empty Activity), 下一步精靈就會詢問這個 Empty Activity 的 Activity 名稱及其 Layout (佈局檔) 的名稱 (參見下圖, 目前都採用預設值)。Activity 名稱會成為此專案中 Java 主程式的類別名稱及其檔案名稱 (Java 主程式的類別名稱需與檔案名稱相同)。並且這個 Activity 就會成為程式的主畫面, 也就是程式執行時第一個顯示的畫面, 等於是整個程式的起點。所以預設的名稱 "MainActivity" 就是**主** Activity 的意思。

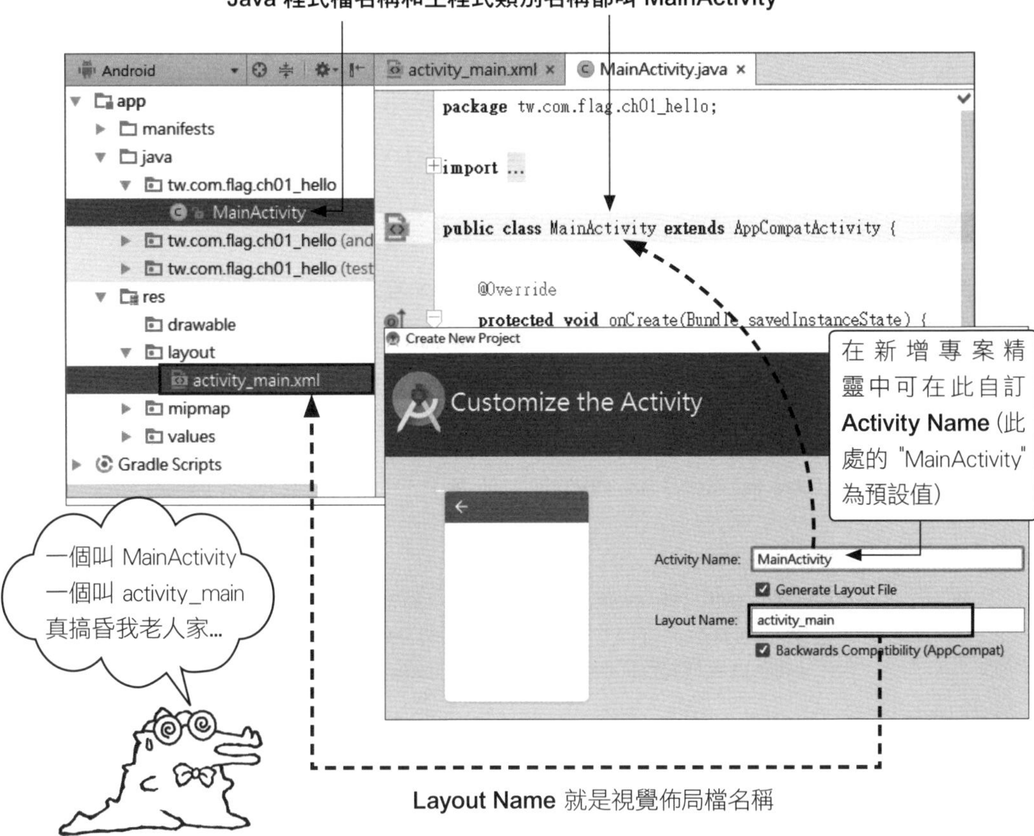

此外, Activity 名稱也會記錄在專案的 AndroidManifest.xml 檔中。當使用者啟動程式時, Android 系統會根據 AndroidManifest.xml 的內容, 找到啟動所要載入的 Activity 名稱 (目前預設 MainActivity 會第一個被啟動)。

Manifest 就是清單的意思啦！在 AndroidManifest.xml 中記錄了 Android App 的基本資訊, 請不要任意更動其內容。在後面的章節, 會説明如何在其中加入程式的設定、權限…等資訊。

onCreate(): MainActivity 第一件要做的事

新專案一建立, Android Studio 就會自動產生一個 MainActivity.java 的 Java 程式 (檔名會依你在新建專案時設定的 Activity 名稱而不同), 其內容如下:

程式 2-1 新建專案時 Android Studio 自動產生的 Java 程式框架

```
1   package tw.com.flag.ch01_hello;   ← 我們之前設定的套件(package)名稱, 這是 Java 的標準語法
2
3   import ...
5
6   public class MainActivity extends AppCompatActivity {
7
8       @Override
9       protected void onCreate(Bundle savedInstanceState) {
10          super.onCreate(savedInstanceState);   ← 先呼叫父類別的 onCreate() 來做該做的事
11          setContentView(R.layout.activity_main);   ← 然後我才來做我要做的
12      }
13  }
14
15
```

Android 啟動任何一個 Activity 時, 它會完成一些必要的初始工作, 然後就去呼叫該 Activity 的 **onCreate()** 方法。

由於任何一個 Activity 都是繼承 (extends) 自 Android 原始定義的 **Activity** 類別或 **AppCompatActivity** 類別 (後者是能與舊版系統相容的 Activity 類別, 如前面程式中的第 6 行) , 所以 Android 原始的 Activity 類別早就很體貼的替我們把 onCreate() 方法寫好了, 一些該做的事都做了！唯一它不知道的就是我們的畫面要長成怎樣？以及使用者對手機的操作要做出怎樣的反應？所以 Android 原始 Activity 的 onCreate() 立意良好, 但不能直接『繼承』使用!

為何要用上述的 AppCompatActivity 類別來與舊版系統相容呢？舉例來說，Activity 類別是從 API 21 版開始才有 ToolBar (多功能的標題列) 功能，並在後續的 API 版本中不斷加強其功能。而上述的 AppCompatActivity 類別，本身已內建了最新且完整的 ToolBar 功能，因此無論在哪一個舊版的 API 上執行都能呈現一致的效果。

既然是這樣，我們就自己來寫 onCreate()，它的寫法很簡單，就是先呼叫父類別的 onCreate() 把該做的事做好，然後再把畫面顯示出來就對了！這就是程式第 9~12 行所做的事。它寫了一個叫 onCreate() 的方法，這個方法和它的父類別的方法同名，所以會取代 (override) 父類別的同名方法，當 Android 呼叫 MainActivity 的 onCreate() 方法時，它會呼叫到這個方法而不會去呼叫父類別的同名方法。

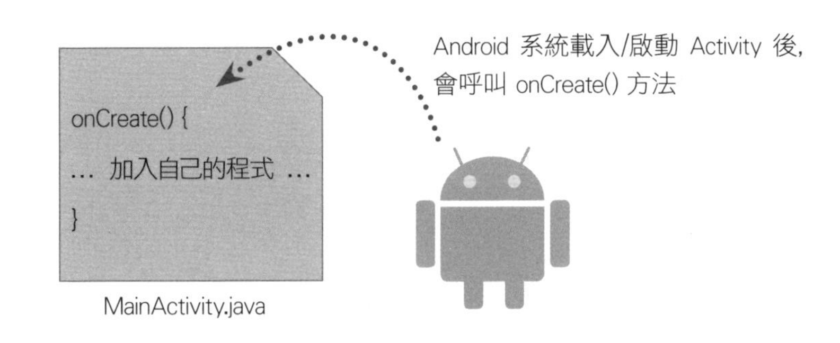

程式第 10 行的 super 就是指定要呼叫父類別的 onCreate(), 然後第 11 行呼叫 setContentView() 把畫面 (view) 的內容 (content) 顯示出來。其中, onCreate() 的參數 savedInstanceState 是把目前系統所記載該 Activity 之前的狀態傳進來, 這是因為 onCreate() 不一定是程式第一次執行才被呼叫, 當程式被系統強制停止之後又恢復時也會被呼叫, 此時, 就要把中斷前被系統所保存 (save) 的執行狀態 (Instance State), 例如輸入到一半的地址等等, 傳給 onCreate(), 這些輸入到一半的資料才不會遺失。

當 onCreate() 方法結束後, 就會返回系統。接下來就要等到有特定的事件發生, 像是使用者按了某個按鈕, 或是在文字輸入欄位中輸入了資料時, Android 系統才會通知 MainActivity 來處理。如果要處理這些事件, 就必須在 MainActivity.java 中加入對應的方法, 讓系統在發生事件時自動呼叫這些方法來處理。

有一點要特別注意, 就是**在事件方法中必須盡快把工作做完**, 然後結束方法把控制權還給系統, 以便系統繼續偵測及處理其他的事件。若耽擱太久, 有可能會被系統視為逾時而強制停止程式。

什麼是 @Override?

在 MainActivity.java 中, 會看到 onCreate() 方法的前面有一行 @Override, 這是 Java 的特殊功能, 稱為『**Annotation**』。Annotation 是給編譯器看的提示, 以這裡的程式為例, @Override 就是告訴編譯器『下一行的方法 (本例就是 onCreate) 是重新定義父類別中的同名方法, 請幫我確認一下是否完全同名(包含參數、傳回值及其型別都要相同)』, 如果編譯器發現不是同名(例如打錯字), 就無法編譯成功, 並且會發出錯誤訊息。

雖然把 @Override 這一行刪除也可以正確編譯執行, 但加上 @Override 的好處是可以避免輸入錯誤的方法名稱。比如說如果我們將 onCreate() 誤打成大寫開頭的 **O**nCreate(), 那麼當系統建立好 Activity, 接著就只會呼叫到父類別中的 onCreate() 方法(因此結果就是不會顯示我們的畫面, 因為沒有呼叫 setContentView() 方法) , 而不會呼叫到 MainActivity 中我們自行設計但名稱打錯的 **O**nCreate() 了。

Annotation 有許多功能, @Override 是最常用到的一個。使用 Android Studio 自動產生的程式碼, 都會在重新定義父類別的方法時加上 @Override, 若是不小心打字錯誤, 變成不同名稱, 就會由編譯器檢查出來, 協助你發現並修正錯誤。

setContentView()：載入佈局檔

在 onCreate() 方法中，除了先呼叫父類別的同名方法進行必要的工作外，我們還呼叫了 setContentView() 方法：

```
setContentView(R.layout.activity_main);
```

這個方法會把 Activity 所對應的佈局檔 (也就是視窗畫面) 顯示到螢幕上，傳入的參數 R.layout.activity_main 就是佈局檔的資源 ID，透過這個ID，就可以找到對應的 activity_main 佈局檔。接著我們就來說明資源 ID 的運作原理。

資源的 ID

當我們把視覺和程式分開設計時，會有一個問題產生，那就是程式和視覺元件如何聯繫起來呢？因為它們是分開來的，那要如何由程式去取得這些視覺資源呢？關鍵就在 R.java 和資源 ID。使用 Android Studio 建立的新專案，例如第一章我們一行都沒寫的那個程式，其 R.java 類別檔中就已經幫我們建立了所有資源的 ID。

將插入點移到程式的 "R.layout.activity_main" 中，然後執行『**Navigate/Implemention(s)**』命令 (或按 Ctrl + Alt + B 鍵，或按住 Ctrl + Alt 鍵再用滑鼠點選 "activity_main")，即可在編輯區中開啟 R.java 檔。其內的系統資源相當多，底下只摘要出與我們資源有關的部份：

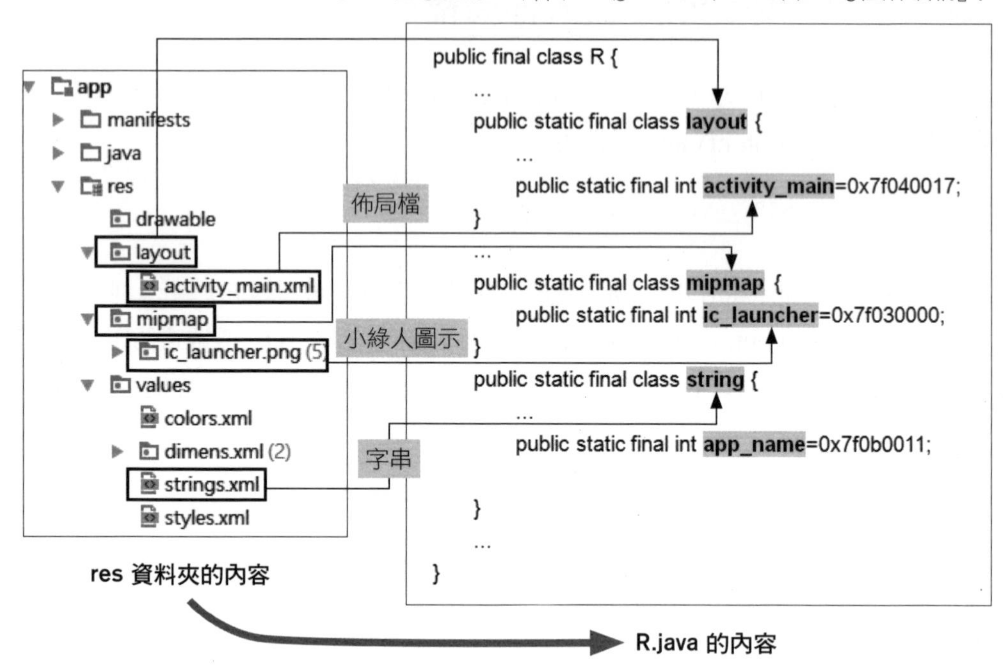

建立資源時 (例如:加入新的佈局檔、在佈局中加入元件、加入圖檔、加入字串、...), Android Studio 會自動在專案的 R.java 中建立代表這些資源的**資源 ID**, 其格式為『R.資源類別.資源名稱』。每個資源在 R.java 中都有一個對應的資源 ID。因此, 在程式中就可以用『R.資源類別.資源名稱』的格式, 來存取 res 資料夾下的各項資源。

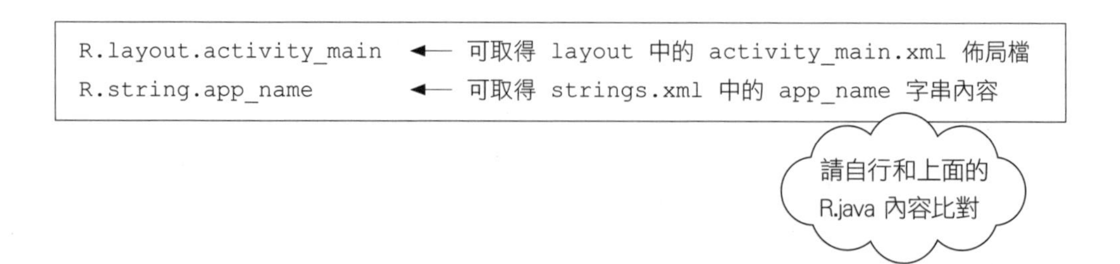

如果 XML 檔中可以儲存多個資源項目 (例如字串), 那麼通常就會用 XML 檔來儲存該類資源 (例如 strings.xml), 並將檔案存放到 \values 之下。這類資源的**資源類別**是標示在 XML 檔中, 與檔名無關 (檔名只是方便識別而已)。

這就是在呼叫 setContentView() 時, 傳入 R.layout.activity_main 這個資源 ID 就可以載入 res 中對應的 activity_main.xml 佈局檔的原因。

從 R.java 的內容可以看到資源 ID 都是以 final 宣告, 是固定的常數, 其值是由 Android Studio 設定, 請勿自行更動!

2-4 元件的佈局與屬性設定

為了方便我們設計 App, Android Studio 事先設計好許多常用的視覺元件 , 我們只要把這些元件加到佈局檔的佈局編輯區 (或按下方的 **Text** 頁籤切到文字模式加入元件的標籤), 就可以很快的建立按鈕、文字方塊、輸入欄位、多選鈕、...甚至圖形等視覺元件。

每一個元件在程式執行時都有一個對應的 Java 物件，這個物件的類別通常就跟在圖形化的佈局編輯器中看到的元件類別相同。例如顯示 "Hello World!" 文字的是 TextView 類別的元件，實際程式執行時就會有一個 TextView 類別的對應物件，只要能取得這個對應的物件，就可以呼叫該物件的方法，操控畫面上的元件，像是改變文字大小、變更顯示的文字等等。

元件、物件傻傻分不清？

Android 對於視覺看得到的東西都以元件 (Android 官網叫 element 或 widget) 來稱呼，每個元件都對應到 XML 佈局檔內的一個 element，最終在程式執行時都會轉化為物件實體！(例如：利用 findViewById() 這個方法就可以取得物件實體)，然而，有時候元件與物件實體並不用特別去區分，因此本書後續除非特別有區分的必要，否則會混用『元件』與『物件』，泛指在佈局編輯器中畫面上的元件，或是程式中對應的 Java 物件。

把元件拉到佈局編輯區之後，接著要設定它的屬性，以設定它的大小、色彩、文字、...以及功能等等 (這就等於在 XML 設定標籤的屬性是一樣的)。

任何元件都有一大堆屬性可以設定，到底有哪些屬性呢？我們可以在圖形化的佈局編輯器中先選取元件，然後在右側的 **Properties** 窗格下看到這些屬性的設定欄位，依元件而有所不同。如果你找不到想要的屬性，可以按 ▶ 展開子屬性來找找看：

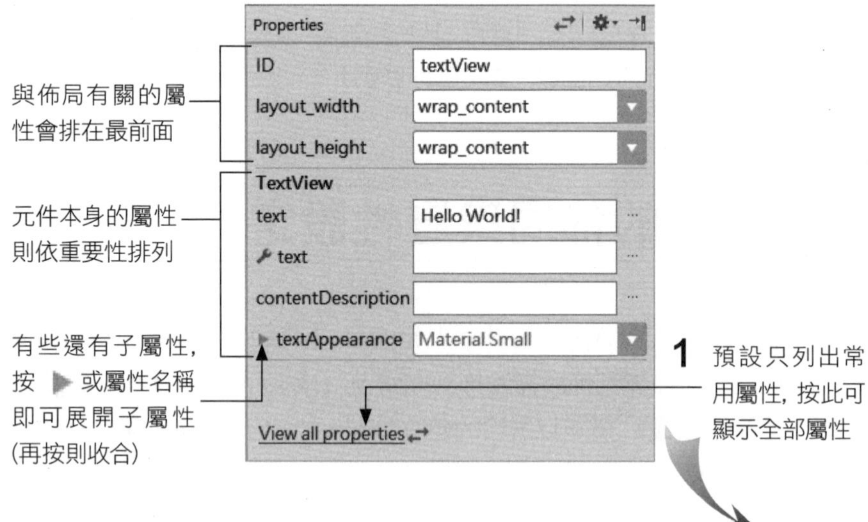

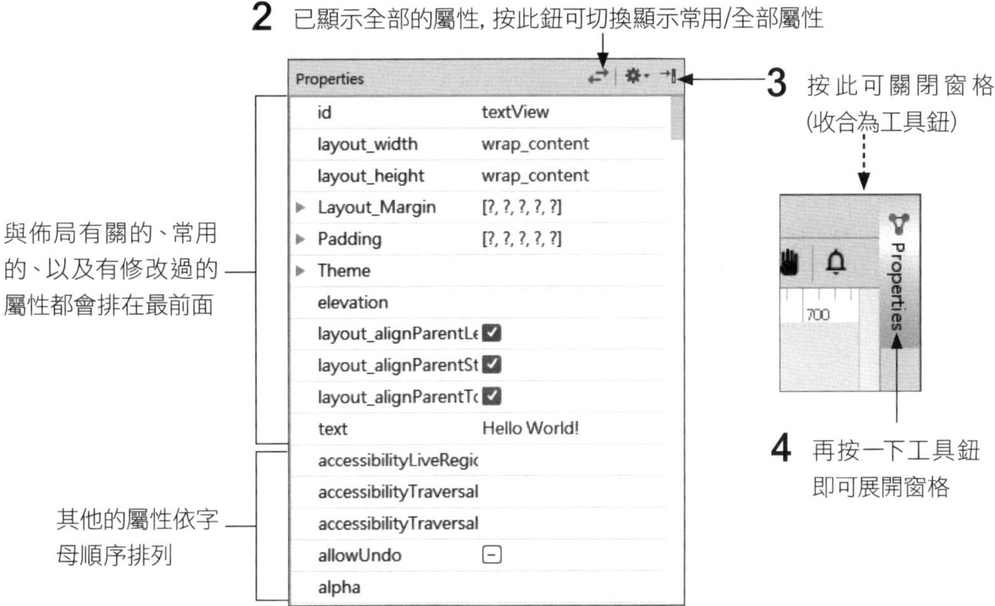

在屬性窗格中快速找出要設定的欄位

在**屬性**窗格中顯示全部的屬性時, 與佈局 (空間配置) 有關的、常用的、以及有修改過的屬性都會排在最前面, 其他屬性則依字母順序排列。除了用捲動方式來尋找屬性外, 也可用滑鼠按一下**屬性**窗格左側的任一個屬性名稱, 然後輸入要找的屬性名稱來搜尋, 例如要找 "visible":

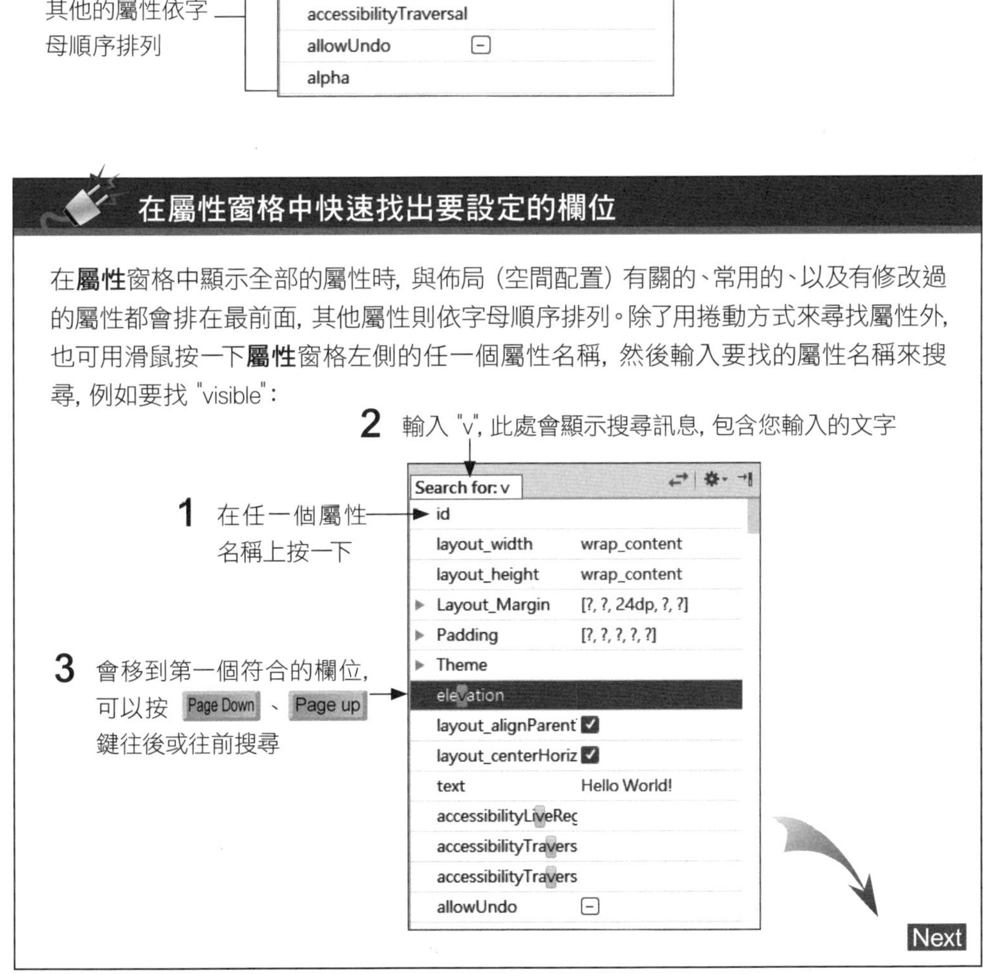

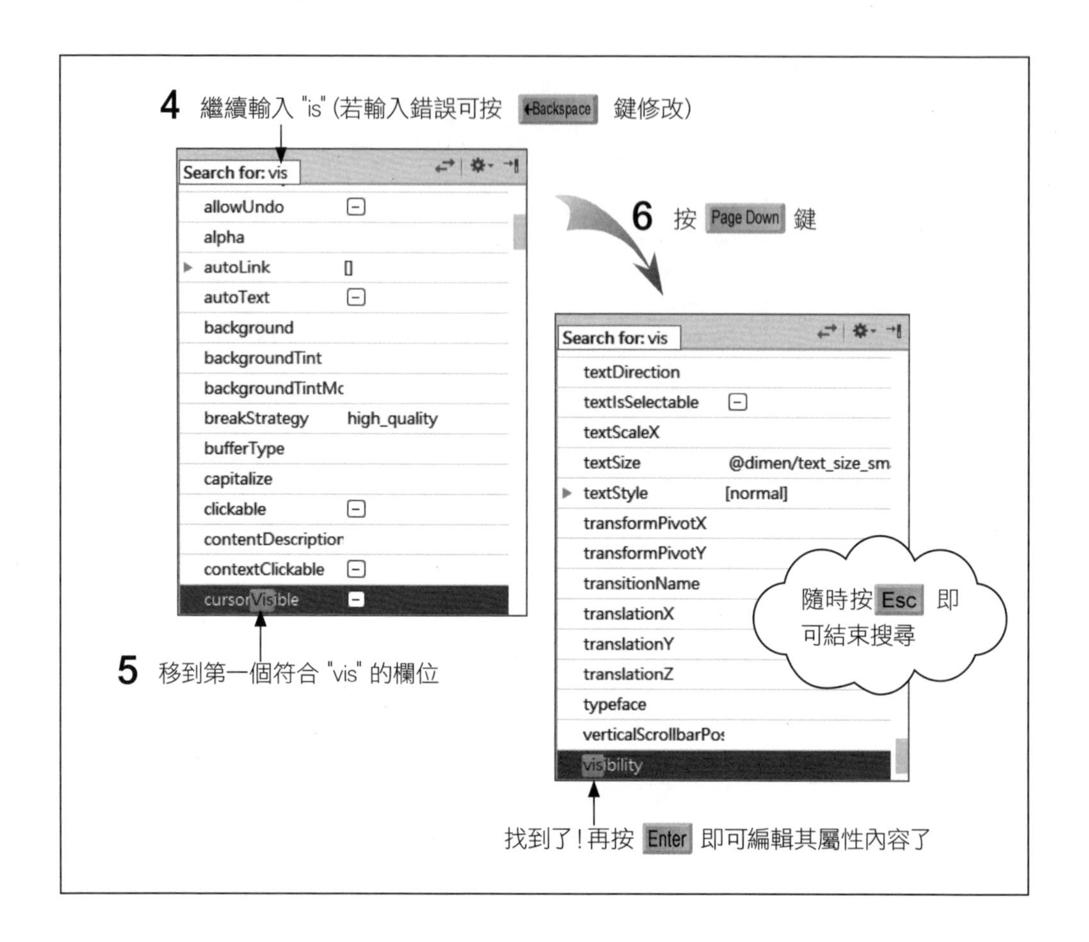

id 屬性

我們在視覺設計時建立的元件, 要如何在 Java 程式中取用呢?要做到這件事, 最重要的就是幫元件設定其 **id** 屬性值, 來為元件命名。當元件設定了 id 屬性後, 就會在上一節介紹過的 R.java 中產生對應的資源 ID。Android 把所有可以放到圖形化佈局編輯區的元件都歸屬於一個資源類別, 也就是 id 類別, 因此對於 id 類別的這些元件, 其**資源 ID** 就是 "R.id.資源名稱"。例如若將一個 TextView 經由 id 屬性命名為 txv, 我們就可以用 R.id.txv 來存取該 TextView。

如果元件不需要在程式中存取, 那麼也可以不設定 id。

findViewById() 方法

透過元件的資源 ID, 就可以使用 Activity 類別所具有的 findViewById() 方法, 在程式中取得該元件對應的物件。

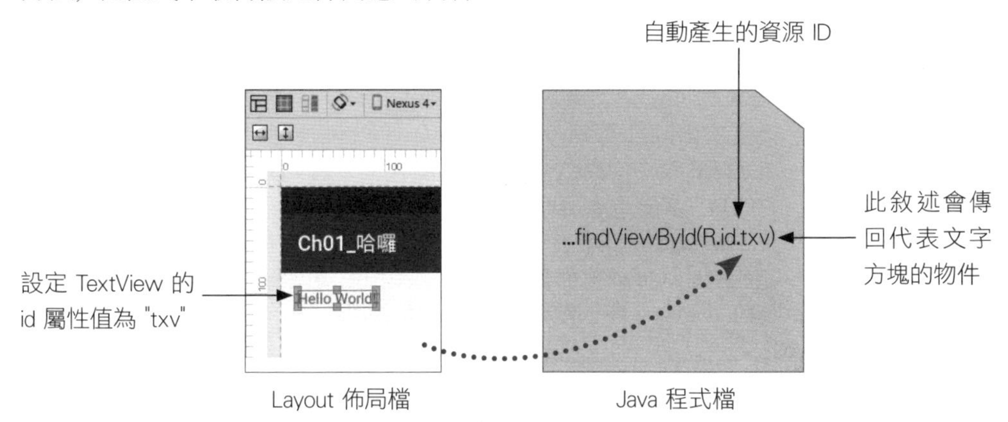

findViewById() 顧名思義, 就是 "find view by id", 也就是依據指定的資源 ID 找出對應的 View 物件的意思。由於 findViewById() 傳回的是 View 類別的物件, 因此需要強制轉型為元件真正所屬的類別, 才能使用到元件特有的功能:

```
 // 取得 TextView 物件                    ┌── 它傳回的是 View 基礎類別的物件
TextView myTxv = (TextView) findViewById(R.id.txv);
                     └────── 轉換成 TextView 類別
// 呼叫 TextView 類別的 setText() 方法
myTxv.setText("請問芳名");  ◄── 設定(set)元件顯示的文字(Text)為 "請問芳名"
```

畫面上的元件是在執行 setContentView(R.layout.activity_main) 載入佈局檔後, 才依據佈局檔的內容建立物件, 所以 findViewById() 必須在 setContentView() 之後執行, 否則會找不到物件。

為什麼是 findViewById 而不是 findButtonById 或是 findTextViewById 呢？

View 是 Android 定義的視窗基本類別，所有的視覺元件都繼承自此類別。findViewById() 就是針對此基本類別的方法。因為 View 是基本類別，所以繼承自它的類別都能 find，因而就不必有 findButtonById、findTextViewById 了。只不過它會把找到的物件當成的是 View 物件傳回，我們必須強制轉型為例如 TextView 等子類別的物件後才能使用。

~~~這幾頁有點抽象？做完接下來的實作再回頭來比對就會比較踏實啦！~~~

textView 的常用屬性

除了 id 屬性以外，元件還有許多其他屬性，我們在本書後文會陸續介紹，此處先來看一下 textView 的幾個常用屬性：

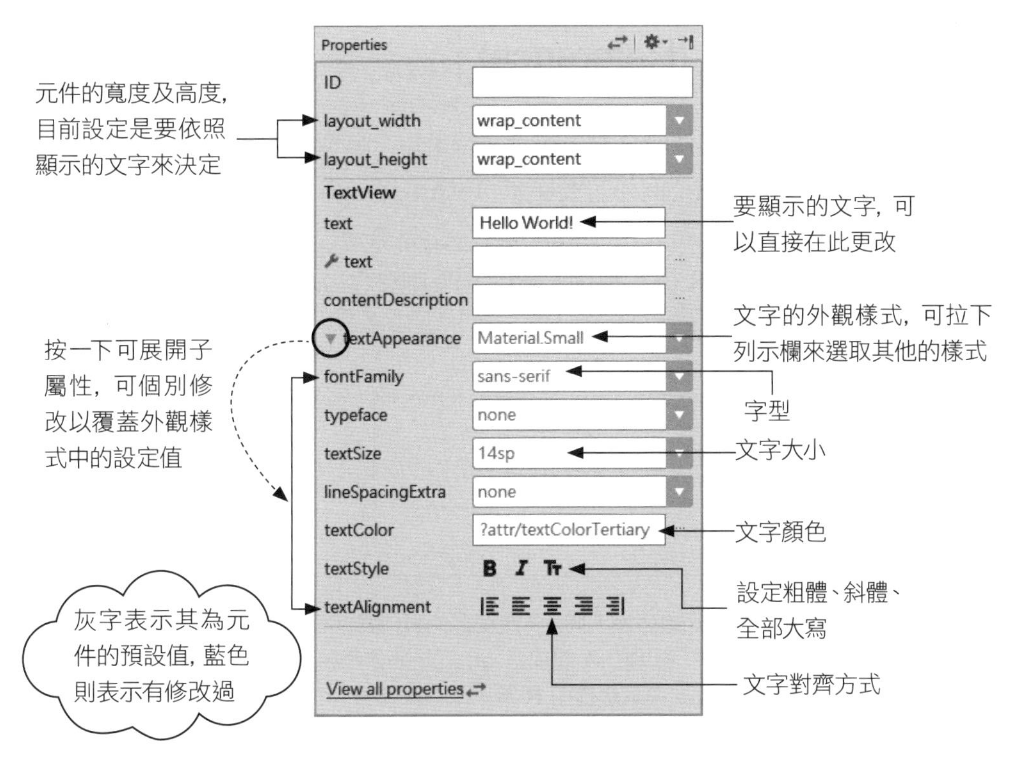

查看屬性的相關說明

將滑鼠移到屬性的名稱或按鈕上停頓一下，即會彈出相關說明供您參考，例如：

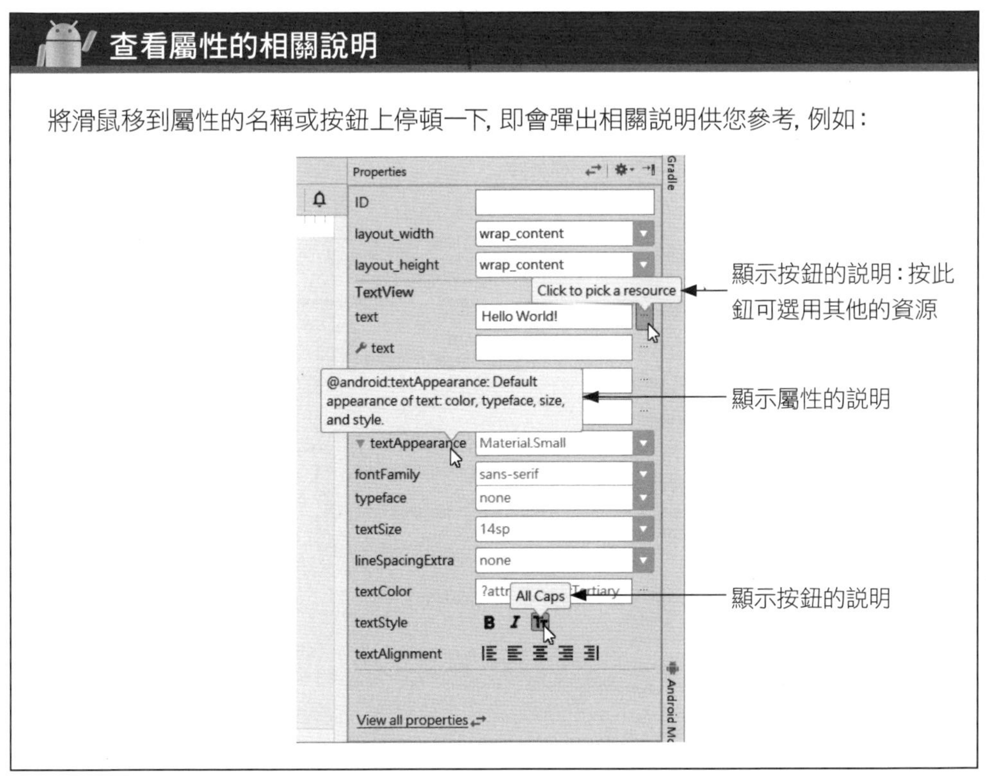

在屬性中設參照 (Reference)

有些屬性必須參照其他的資源，在設定時是以 "@資源類別/資源名稱" 的格式來指定所要使用的資源，例如若要顯示 res/mipmap/ic_launcher.png 圖示檔，就可將參照設為 "@mipmap/ic_launcher"。這是資源在 XML (例如佈局設定檔) 的寫法，而之前的 "**R.**資源類別**.**資源名稱" 則是在 Java 程式中的寫法 (例如 R.mipmap.ic_launcher)。

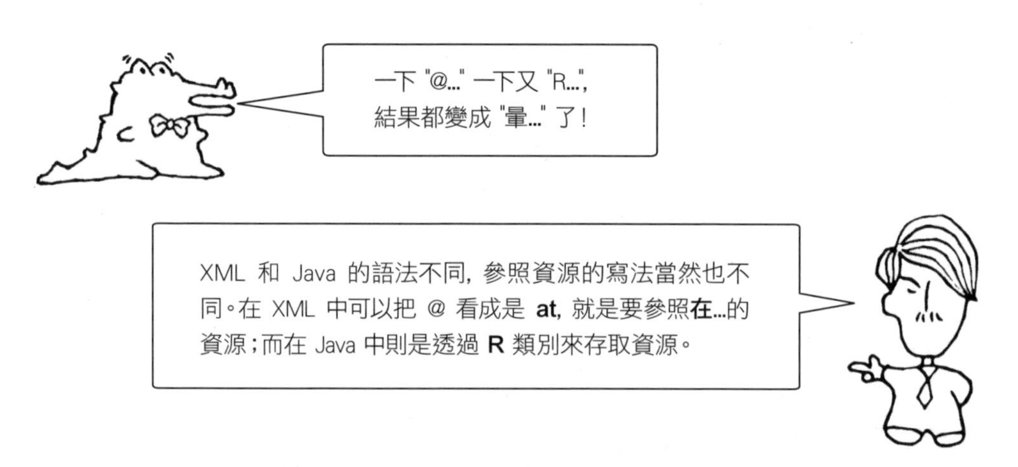

有些屬性可以直接設值，也可以參照資源，像是設定元件所要顯示文字的 text 屬性，就可以直接在屬性欄位填入要顯示的文字，或是使用定義在 res/values 資料夾下 strings.xml 檔中的字串，例如：

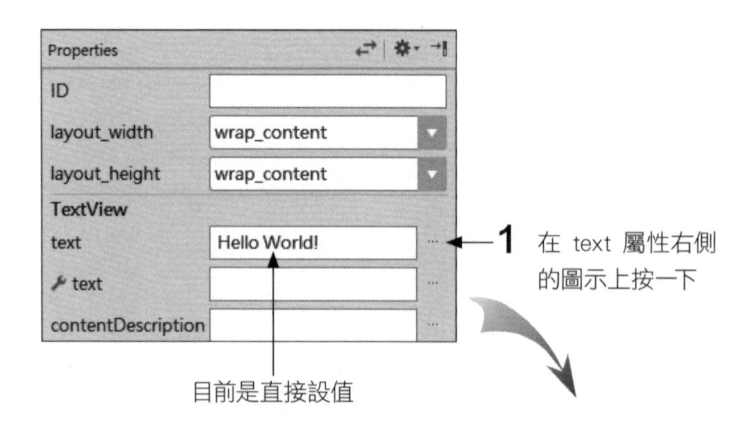

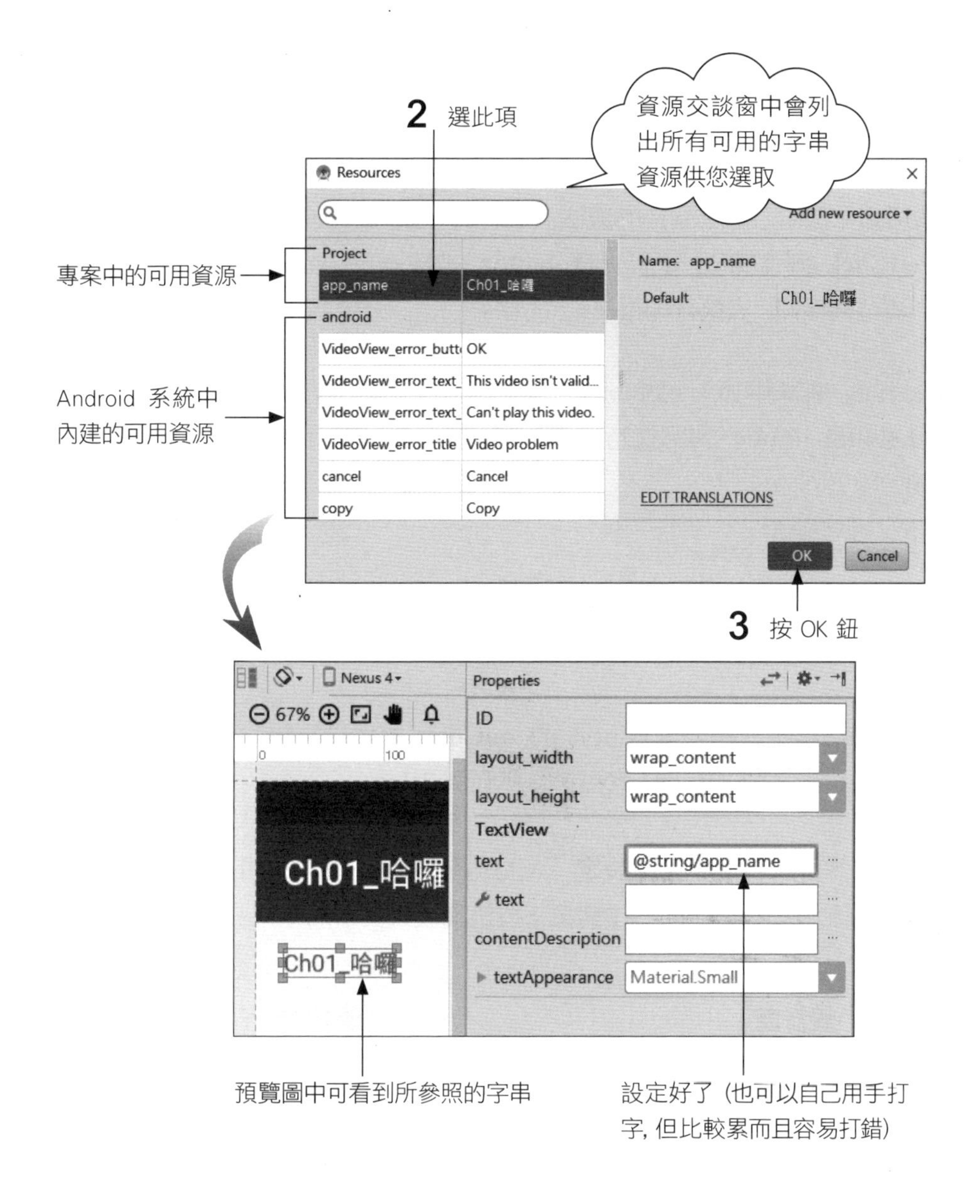

使用參照資源的好處, 就是未來可以依據國別提供不同的資源檔案, 讓系統自動選取符合該國別的文字、圖形等, 而不需要更改任何一行程式碼。

畫面上的視覺元件也可以用同樣的格式來參照："@id/資源名稱"，例如將 textView 的 id 設為 txv, 則可用 "@id/txv" 來參照它。

在屬性中設方法的名稱

有些屬性會參照到一個方法 (Method) 而不是資源 (Resource)。例如:下一節馬上會用到一個叫 bigger() 的方法, 我們如果把 bigger 填入 button 按鈕元件的 **onClick** 屬性欄位, 之後凡是 button 被按一下, Android 系統就會依據 **onClick** 欄位的參照, 去執行 bigger() 方法:

- 在 Activity 程式中加入一個 bigger() 的方法, 此方法的功能就是放大文字。此方法**必須為 public**、傳回值為 void (就是無傳回值)、且有一個 View 類別的參數。

```
public void bigger(View v) {
  ...// 放大 TextView 文字的程式碼
}
```

- 在圖形化佈局編輯器中, 將 button 的 **onClick** 屬性設為此方法的名稱 (例如上列的 bigger, 不需加括號, 實際操作見範例 2-1)。

完成上述的自訂方法與屬性設定, Android 就會自動在使用者按下按鈕時, 呼叫我們的自訂方法 (bigger) , 達到按下按鈕就放大文字的效果。

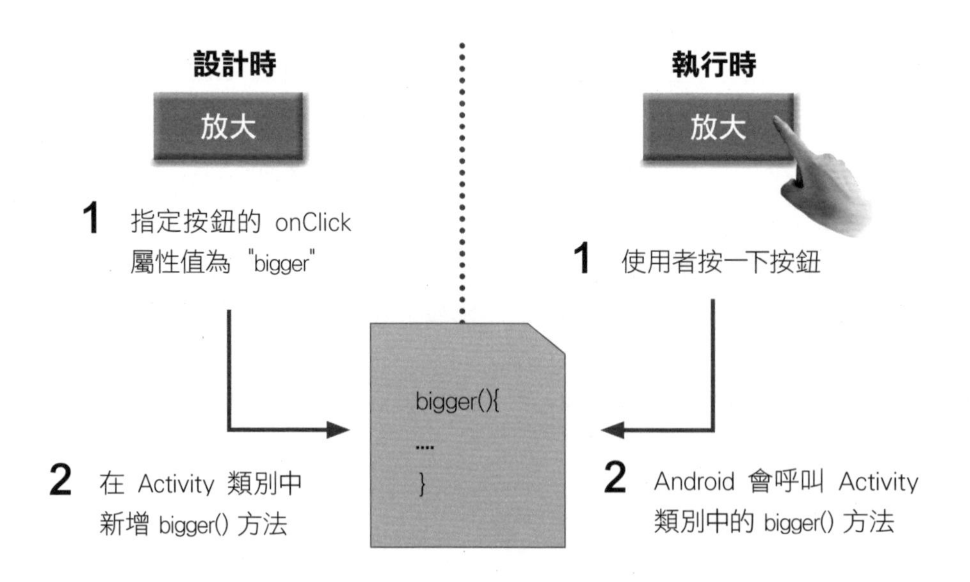

2-5 開始動手寫程式

在這一節中，我們將會帶著大家製作第一個互動 Android App。這個範例執行後會顯示 "Hello world!" 字串，並且可在使用者按一下螢幕上的按鈕時，自動放大文字：

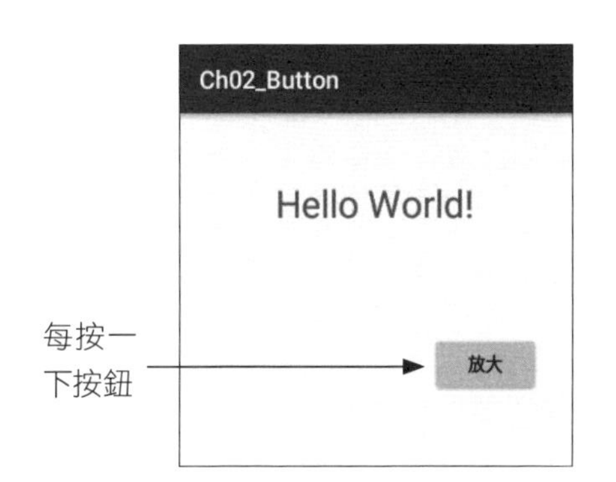

我們會依循設計 Android App 的流程，**先將視覺外觀的部份設計好，再加入控制互動行為的程式邏輯**。透過實際演練這個範例，就可以對 Android App 的設計有更清楚的認識。

範例 2-1：按一下按鈕就放大顯示的文字

首先還是從建立新專案開始：

step 1 **先關閉不必要的專案** (執行『**File/Close Project**』命令)，從本章開始，我們將陸續在 Android Studio 中新增專案，為避免在學習時開啟多個專案造成混淆，請先確認已關閉不需要的專案。

step 2 **建立新專案**。請在 Android Studio 的歡迎視窗中按 **Start a new Android Studio project** 新增一個專案：

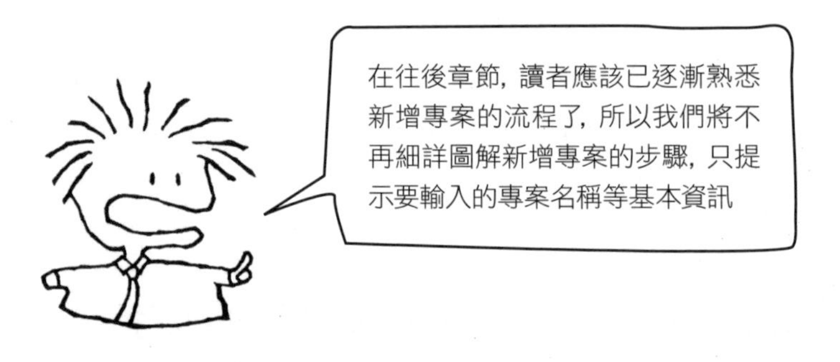

完成後按 Next 到下一交談窗, 只勾選 **Phone and Tablet** 項目, **Minimum SDK** 可依需要設定 (若不確定可設為預設的 API15 即可)。然後按 Next 到下一交談窗, 選擇 **Empty Activity** (空的 Activity) 再按 Next 到最後一個畫面:

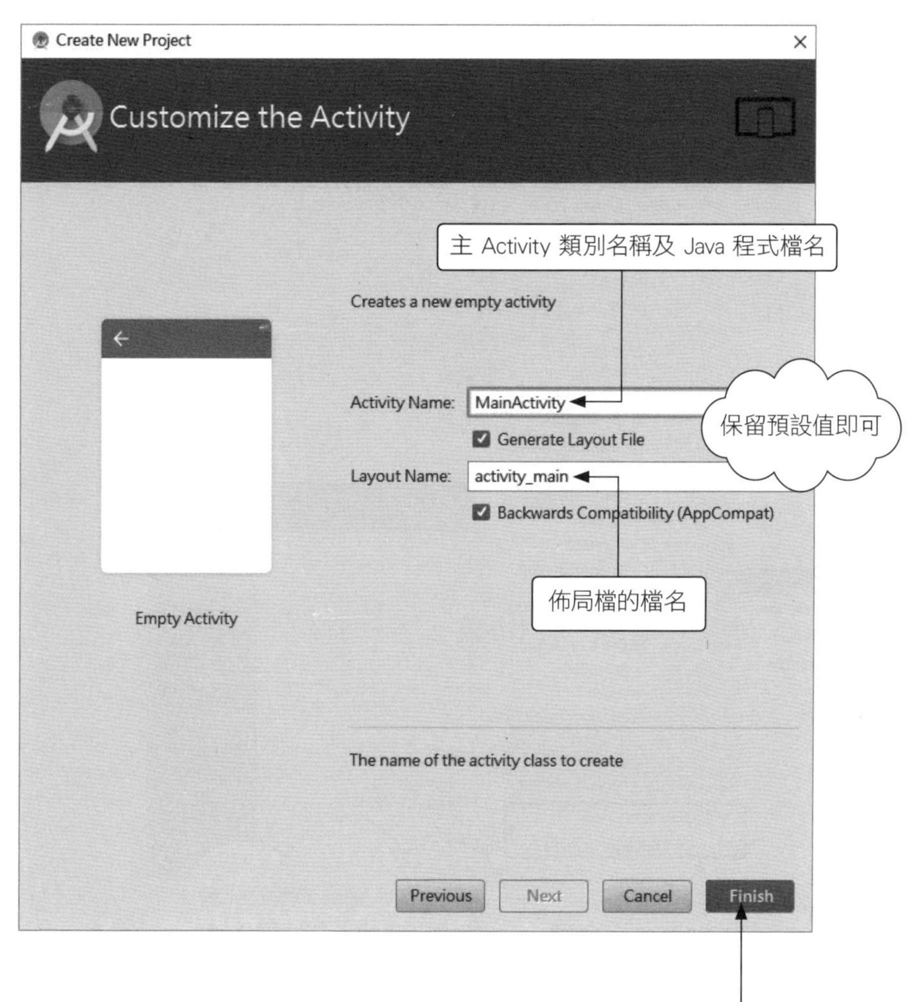

3 按 **Finish** 鈕產生專案

產生專案後會自動開啟專案, 請切換到佈局檔:

新建的 Android 專案, 預設的佈局內含兩個元件:

- **TextView 元件**:可稱為『文字標籤』或『文字方塊』, 它的用途就是用來顯示一段文字, 例如預設顯示 "Hello world!" 字串。

● **ConstraintLayout：Layout** (佈局元件) 是專門用來放置其他元件的容器，有多種不同的佈局元件可以選用。其中的 **ConstraintLayout** (約束佈局) 是透過『對其內部元件設定約束 (Constraint)』的方式來配置元件位置。而所謂的約束，則是指『元件與約束佈局』或『元件與元件』之間的對齊、距離等關係。

不過 ConstraintLayout 對初學者來說有點複雜，因此請先將之換成較簡單的 RelativeLayout 來學習。此佈局元件是透過『相對 (Relative) 位置』來規劃其內部元件的位置。更換佈局元件的方式如下：

2 用滑鼠選取約束佈局的名稱

"android.support.constraint.ConstraintLayout"

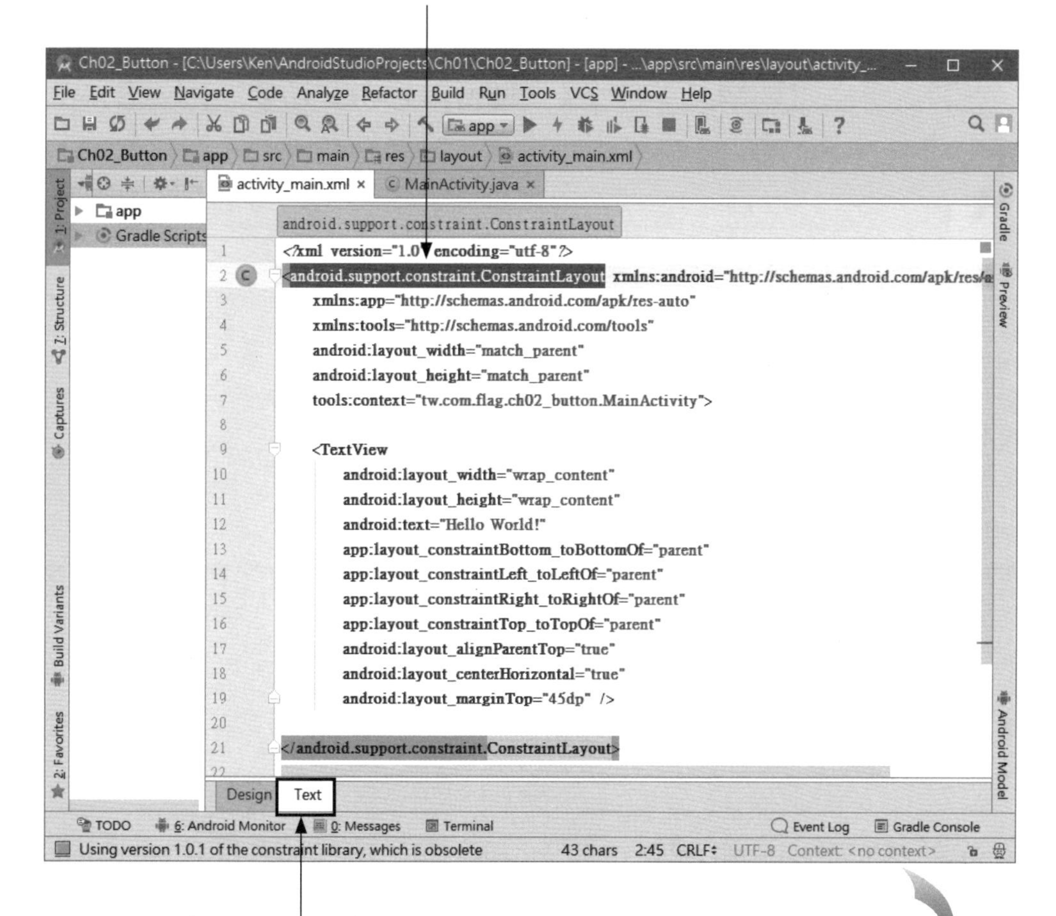

1 按此標籤頁切到文字模式

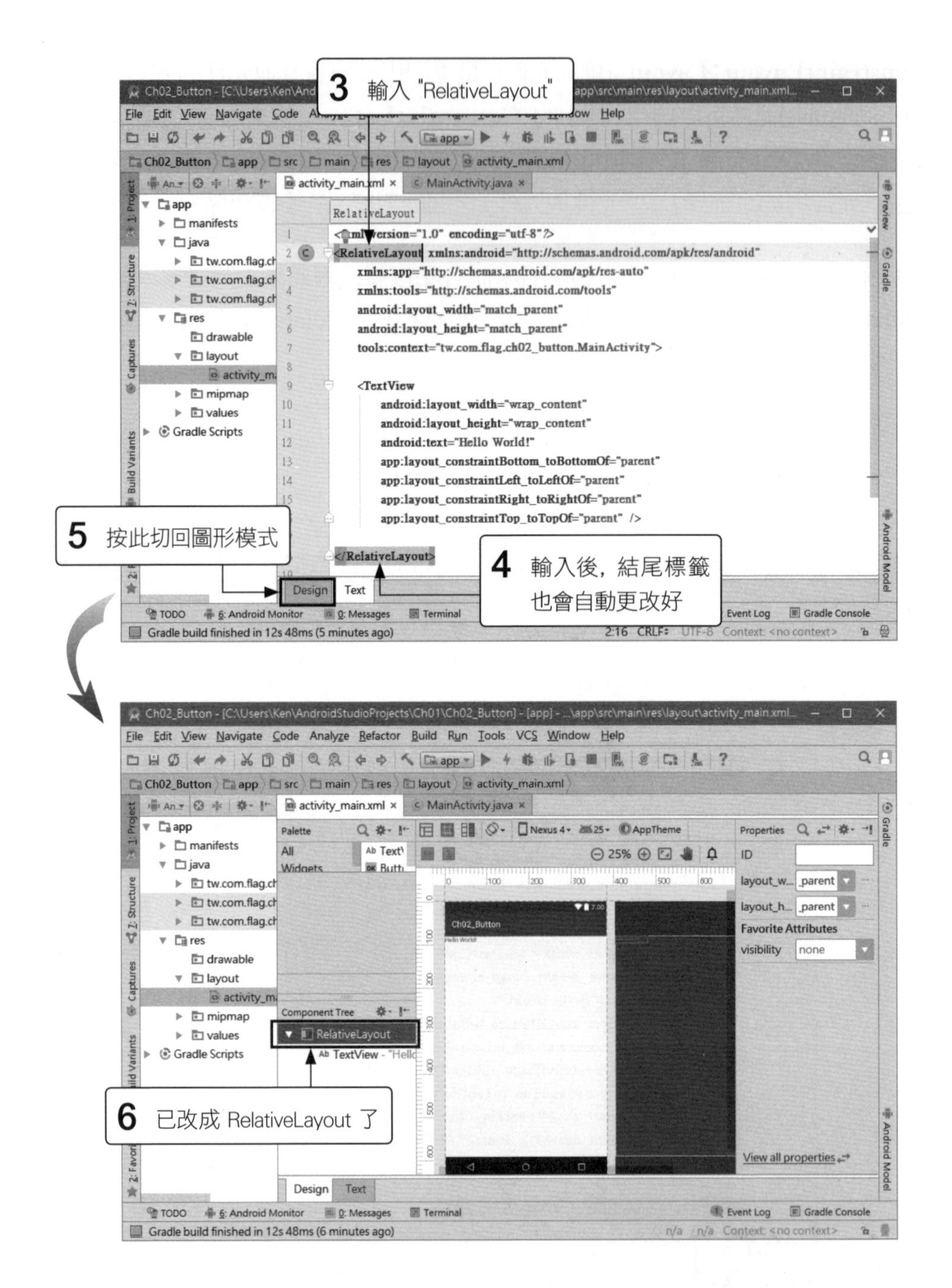

step 3 **選取元件以便進行編修**。在圖形化編輯器中，左下的**元件樹 (Component Tree) 窗格**會列出佈局中所有元件的階層 (包含) 關係及順序，右邊的**屬性 (Properties) 窗格**則會顯示目前選取元件的『屬性』，例如元件的 id、大小、文字內容...等等。我們可以如下選取元件並更改設定：

TIP 除了可以在**元件樹**窗格中選取元件, 也可在**設計**或**藍圖**畫面中直接選取元件。

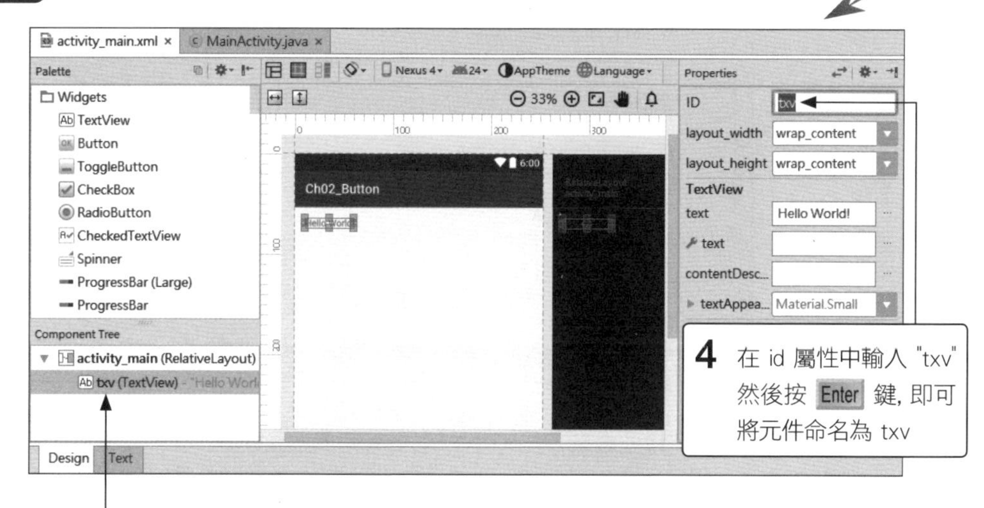

5 在**元件樹**窗格會顯示新的名稱：txv

在**元件樹**窗格中沒有 id 的元件只會顯示元件的類型, 例如："TextView"；有 id 的元件則會顯示 "元件id(類型)", 例如："txv(TextView)"。

設定 id 時雖然也可以使用中文, 就像 Java 的識別字 (變數、類別、函式等名稱) 可以使用中文一樣, 但仍建議使用英文, 以避免中英文混雜而造成困擾, 或因編碼不同而變成亂碼。

在上圖的 id 欄中輸入 "txv" 後, Android Studio 會自動轉換成 "@+id/txv" 後再儲存到佈局檔中。您可切換到文字模式來檢視實際的儲存內容：

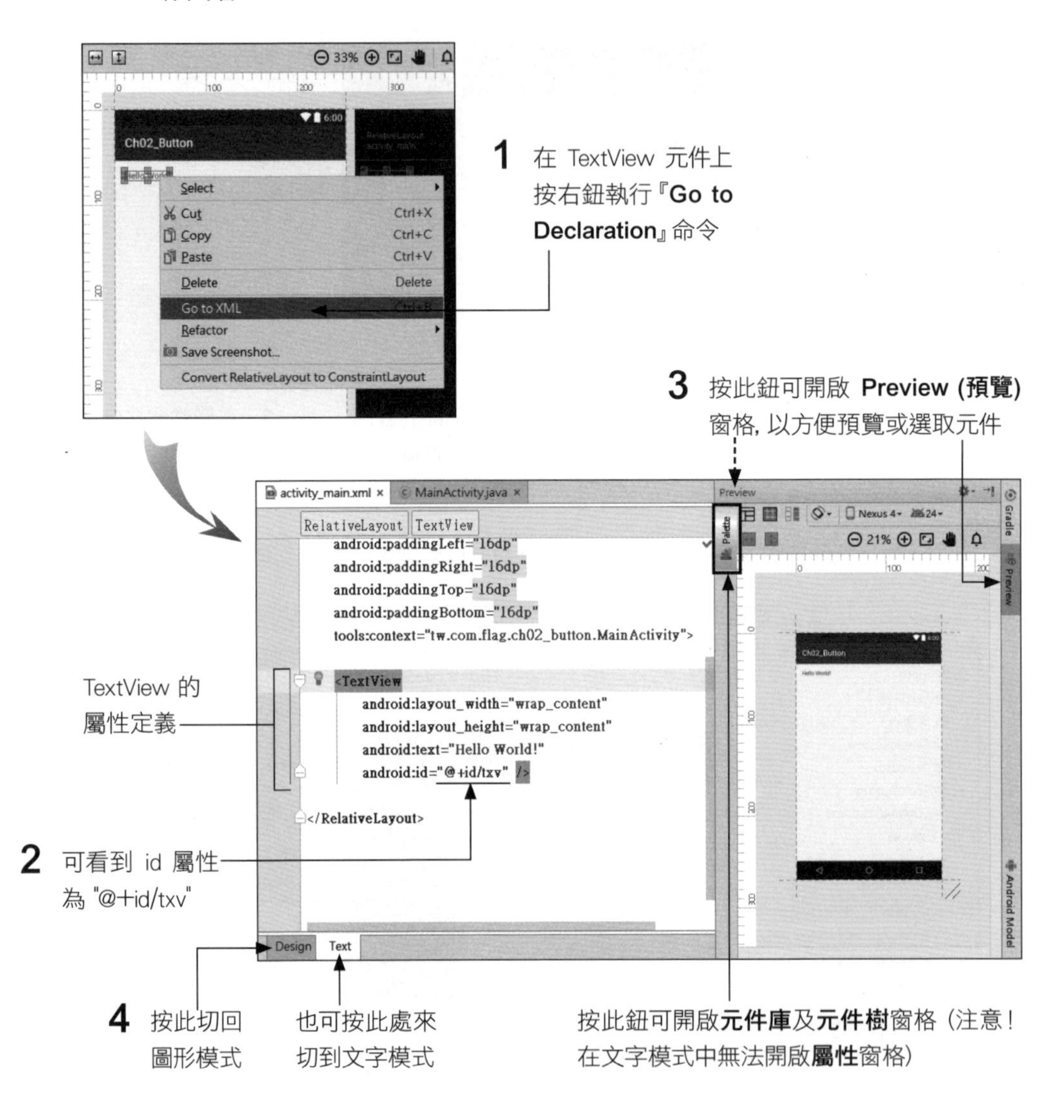

TIP 請注意, "@+id" 中的 "+" 表示要為該元件設定一個 id (即上例中的 "txv")。若為 "@id/txv" 則只表示要參照到 id 為 txv 的元件。在實務上, "@+id" 也可以用在 "@id" 的場合, 意思是若 id 已存在則參照之, 若不存在則建立之。

step 4 接著將 txv 元件**向右下方拉曳，設為水平置中**：

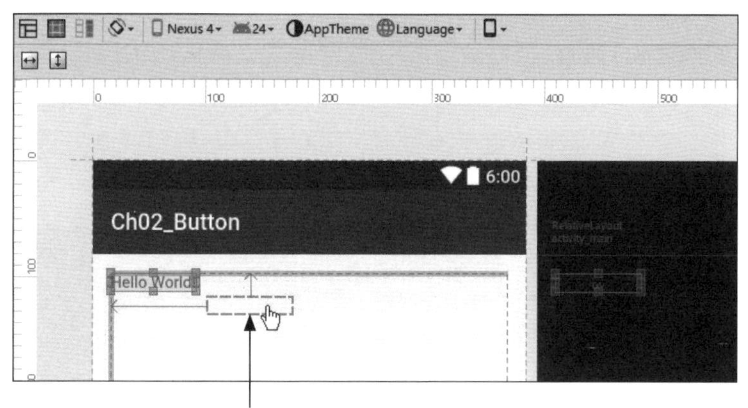

1 將元件往右下拉曳。在拉曳時會顯示向上及向左的箭頭線條，表示向上及向左的相對位置 (相對於佈局元件的邊界)

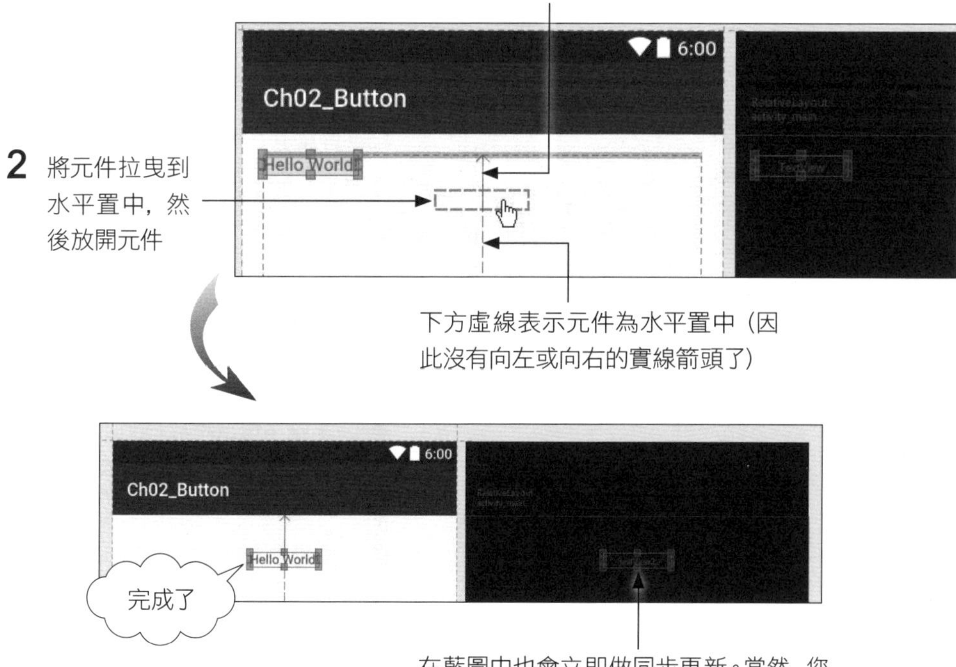

在藍圖中也會立即做同步更新。當然，您也可改為在藍圖中拉曳元件，設定好之後設計圖也會同步更新

step 5 接著在佈局中加入按鈕元件：

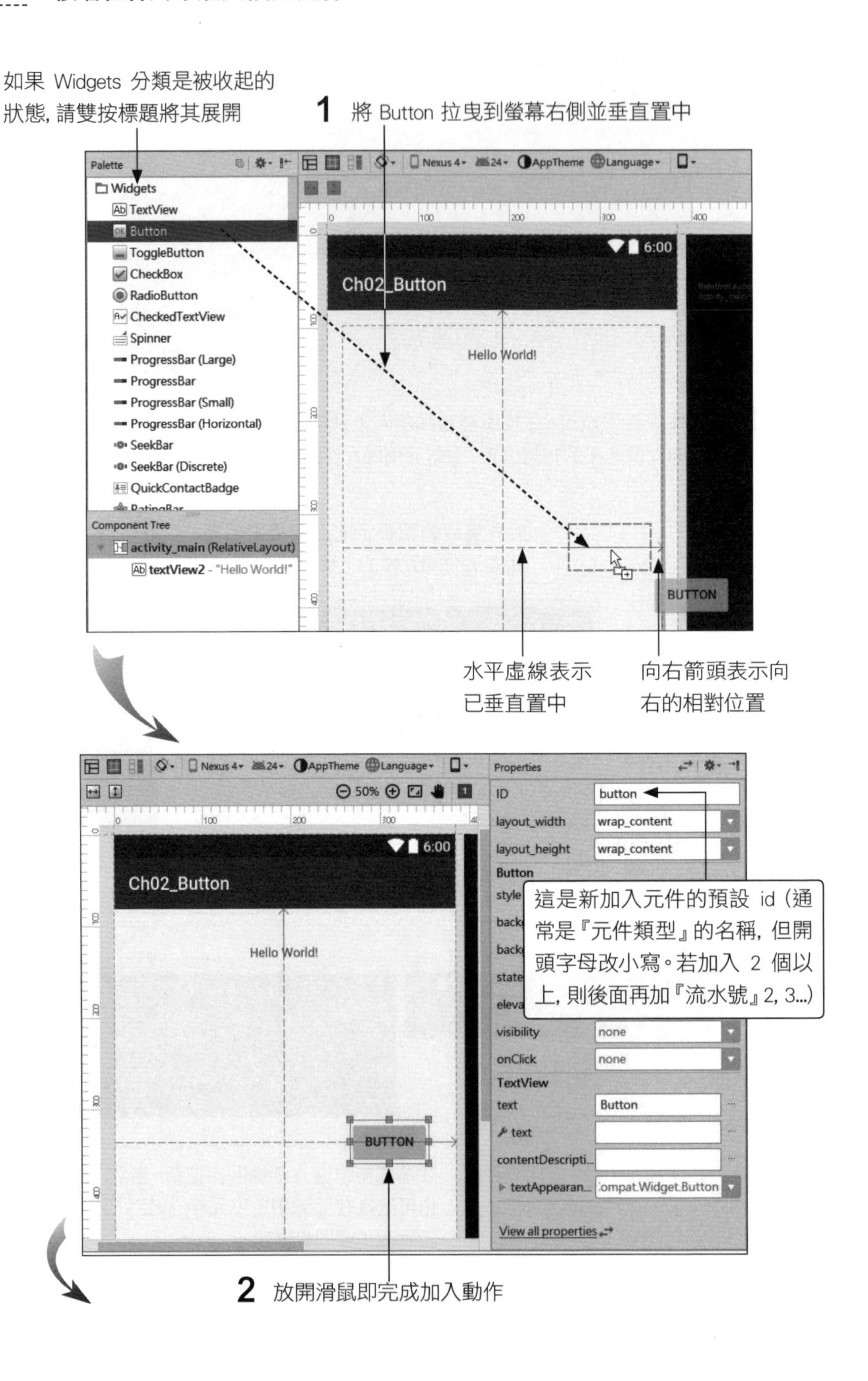

4 會顯示出新設定的文字

3 將 text 屬性改為按鈕上要顯示的文字："放大"

在設計佈局的過程中, Android Studio 的語法檢查程式 lint 會持續檢查 XML 的內容, 若有問題則提出錯誤或警告。對於錯誤, 我們當然要將之排除才行, 否則就無法建立程式執行檔；至於警告, 許多是 Android 的建議, 在學習階段可先忽略之。例如剛才加入的按鈕：

如果 Lint 發現有問題(警告或錯誤), 會在這裡顯示紅色圖示並標明問題的數量

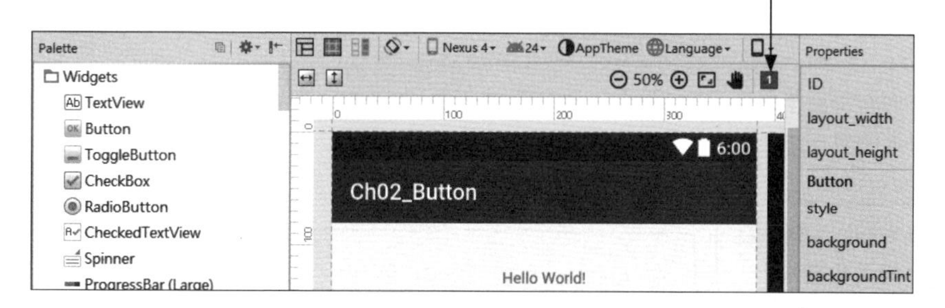

1 按一下紅色 lint 圖示, 會顯示問題清單及說明

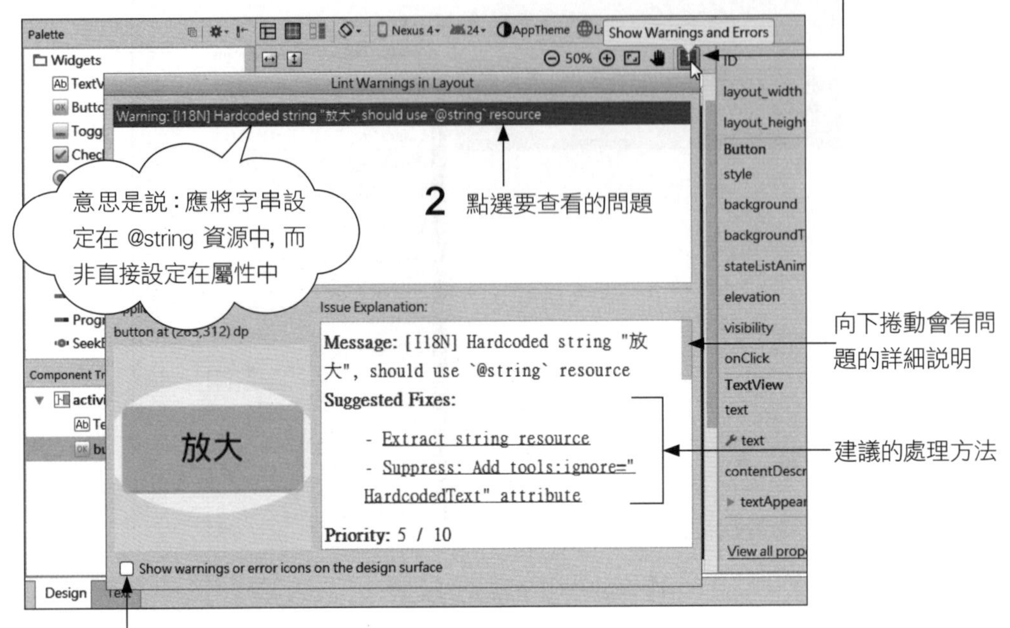

若勾選此項則會在設計圖中顯示警告或錯誤的圖示，
例如：放大 (右上角的黃色三角型即為警告圖示)

為因應國際化，Android 建議不要將字串直接設定在屬性中 (也就是上面警告訊息中的 "Hardcoded")，而應該定義在 res/values/strings.xml 資源檔中，然後在 text 屬性中設定參照：

將所有字串集中放在資源檔中，不僅容易管理，未來程式要支援多國語言時，也只需準備好各國語言字串的資源檔即可。

既然可以忽略，為什麼又要警告？

在 Android 程式設計中，對 XML 檔和 Java 程式都有一些特別的規範。其中有些規範算是『建議』性質，但不強制大家遵守，所以 lint 會用『警告』的方式提示。在初學階段，暫時忽略這些警告，可簡化專案設計的步驟，讓我們更快看到成果。但往後著手設計較大的專案時，您會發現遵循這些規範會很有幫助。

快速排除警告 (或錯誤)

如果您想要排除警告, 可以直接點選 lint 圖示, 即會出現選單列出警告訊息 (可能有一或多個)。再按一下選單中的訊息則可進行修正:

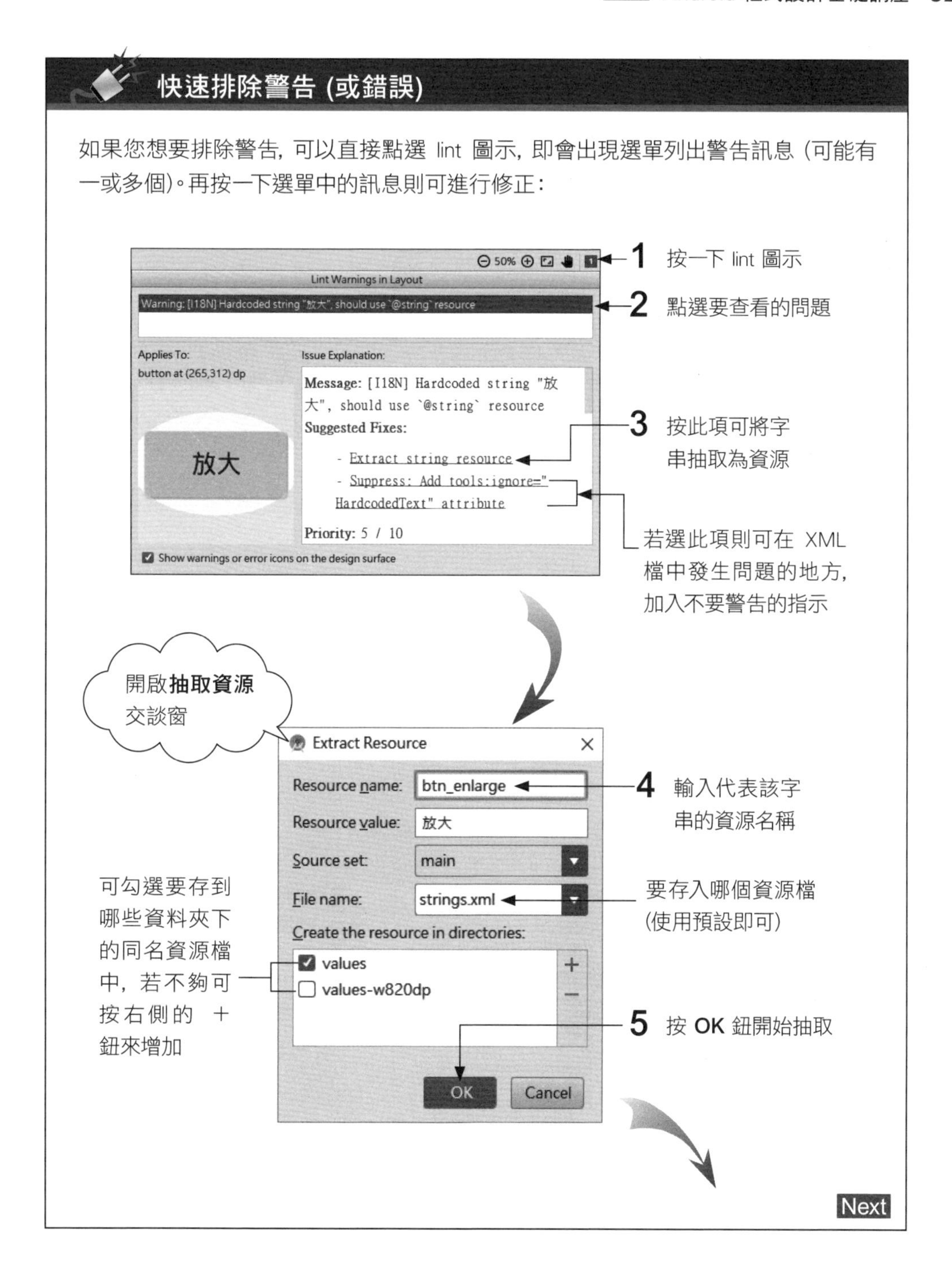

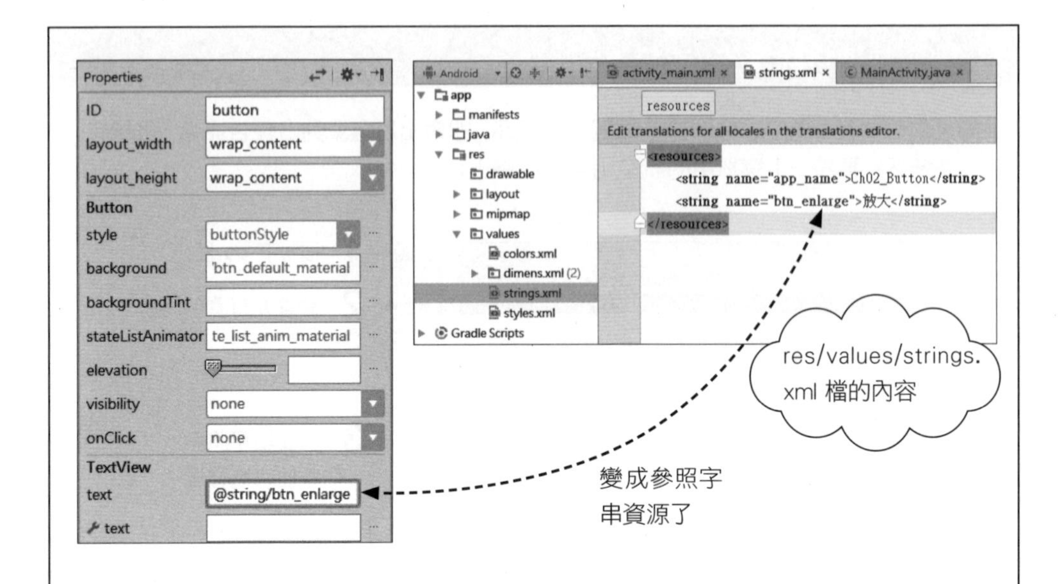

如果不想排除警告，並且希望不要再對這類問題提出警告，那麼可以執行『**File/Settings**』命令，然後：

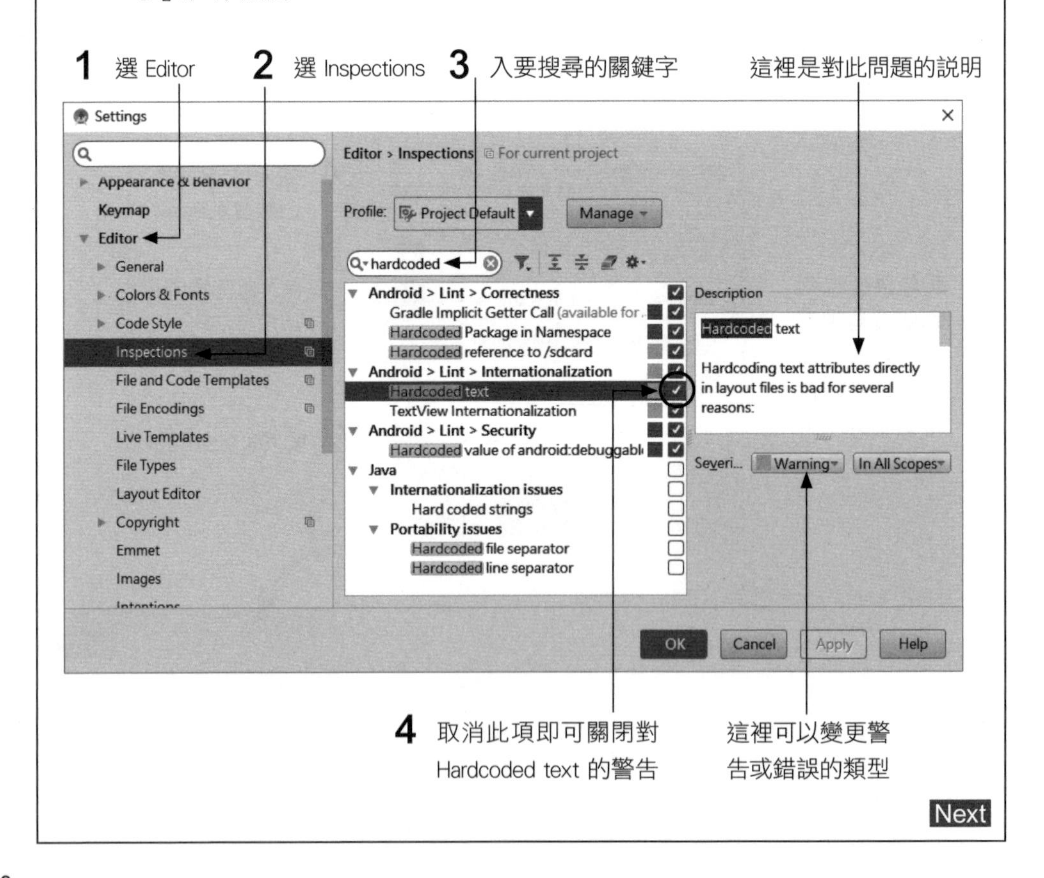

Next

以上都是針對目前專案做設定，若要修改 Android Studio 的預設設定，或是做更進一步的設定，請參考附錄 B-6 的說明。

在修正 Hardcoded text 的警告後，會發現 lint 圖示又出現另一個警告：

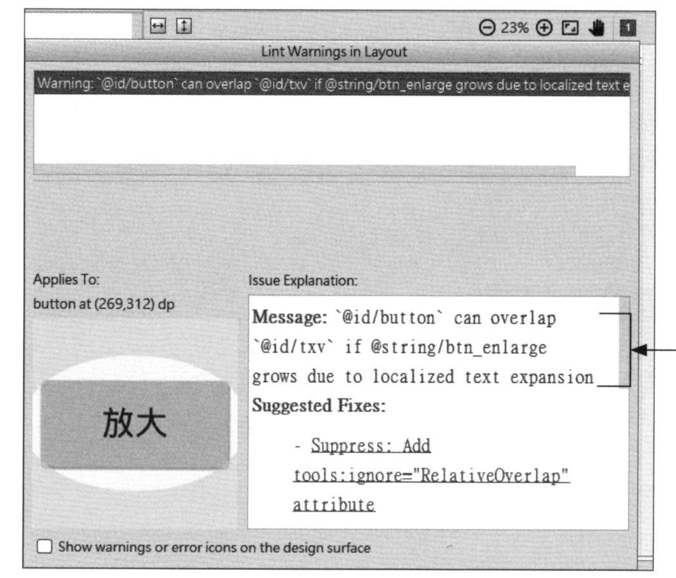

由於按鈕是設為垂直置中對齊，所以當它變大時 (因顯示他國語言而文字變多) 可能會和上面或下面的元件重疊。不過由於 2 個元件的距離還很遠，可以忽略此警告。

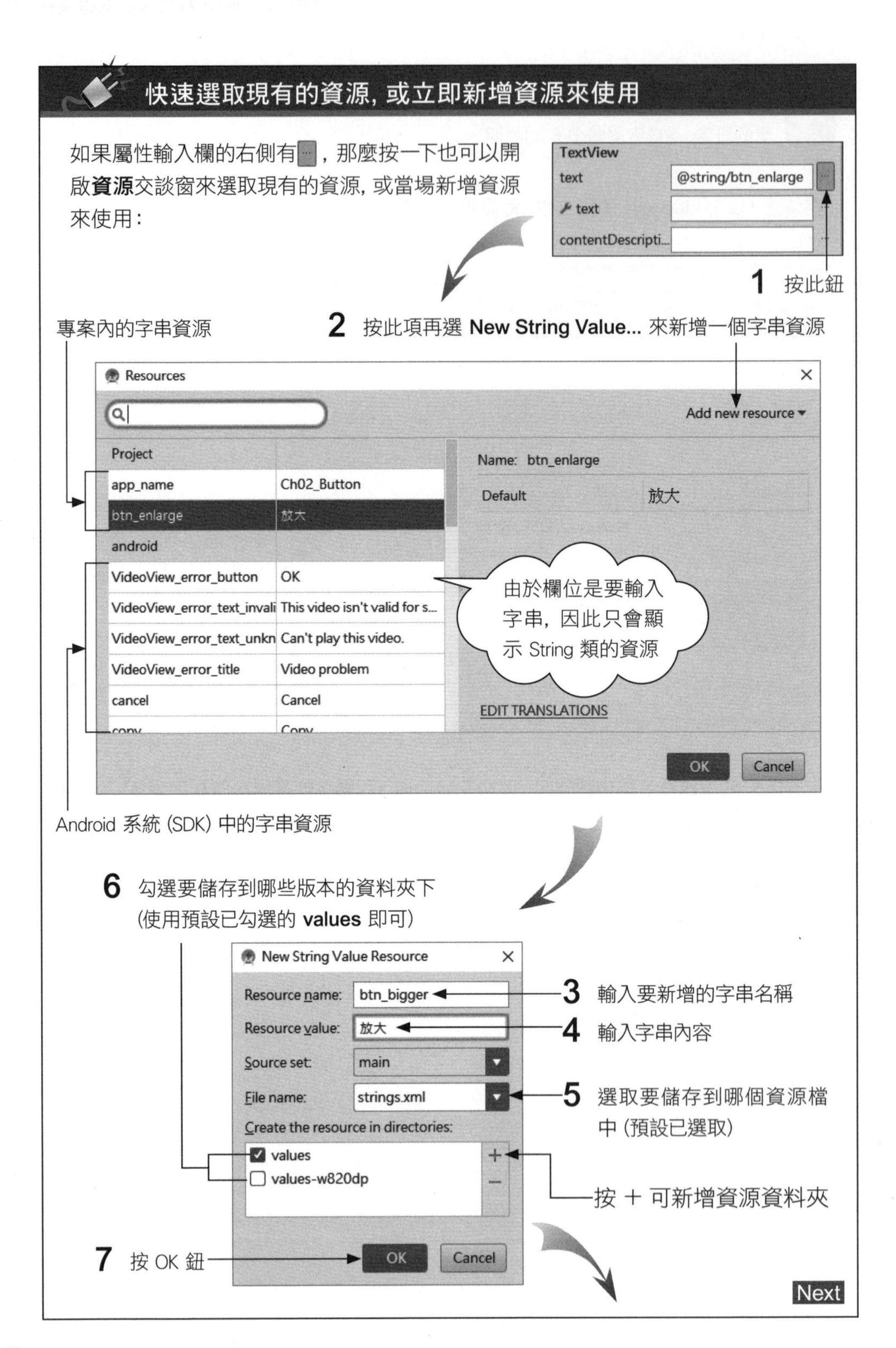

快速選取現有的資源, 或立即新增資源來使用
如果屬性輸入欄的右側有 ..., 那麼按一下也可以開啟資源交談窗來選取現有的資源, 或當場新增資源來使用:
TextView
text
@string/btn_enlarge
text
contentDescripti...
1 按此鈕
2 按此項再選 New String Value... 來新增一個字串資源
專案內的字串資源
Resources
Add new resource
Project
app_name
Ch02_Button
btn_enlarge
放大
android
VideoView_error_button
OK
VideoView_error_text_invali
This video isn't valid for s...
VideoView_error_text_unkn
Can't play this video.
VideoView_error_title
Video problem
cancel
Cancel
Name: btn_enlarge
Default
放大
由於欄位是要輸入字串, 因此只會顯示 String 類的資源
EDIT TRANSLATIONS
OK
Cancel
Android 系統 (SDK) 中的字串資源
6 勾選要儲存到哪些版本的資料夾下 (使用預設已勾選的 values 即可)
New String Value Resource
Resource name:
btn_bigger
3 輸入要新增的字串名稱
Resource value:
放大
4 輸入字串內容
Source set:
main
File name:
strings.xml
5 選取要儲存到哪個資源檔中 (預設已選取)
Create the resource in directories:
values
values-w820dp
按 + 可新增資源資料夾
7 按 OK 鈕
OK
Cancel
Next

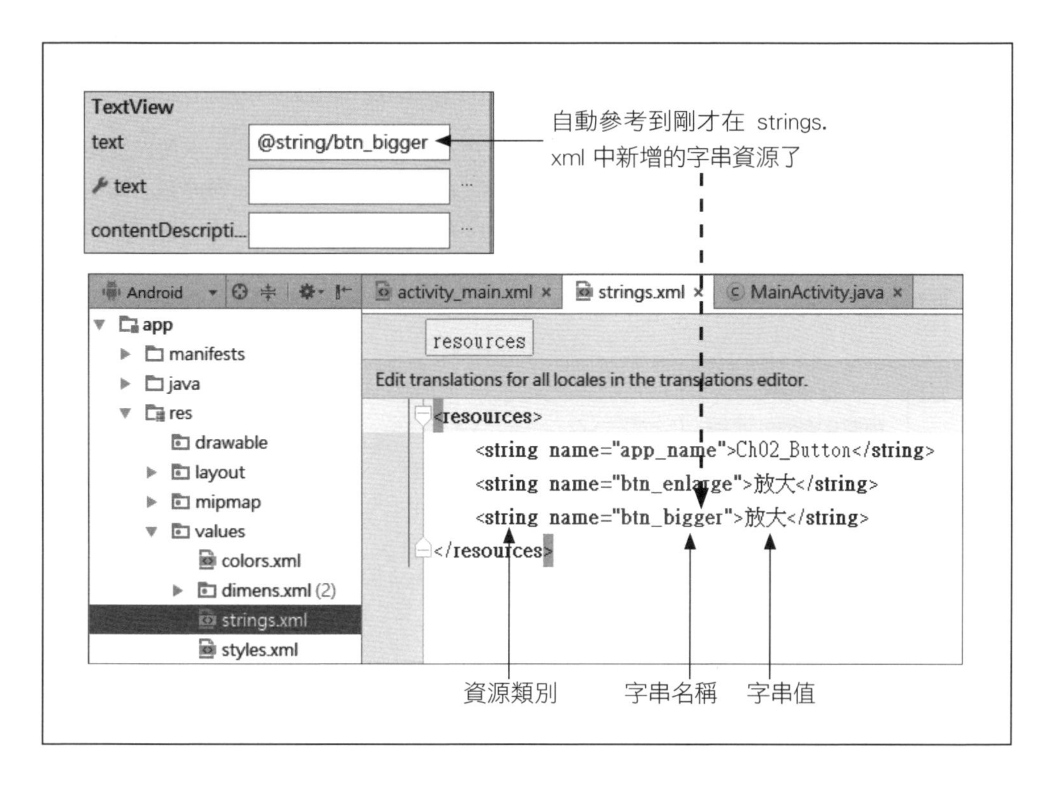

step6 接著請將 TextView 元件的文字大小設為 30sp, 以顯示較大的文字:

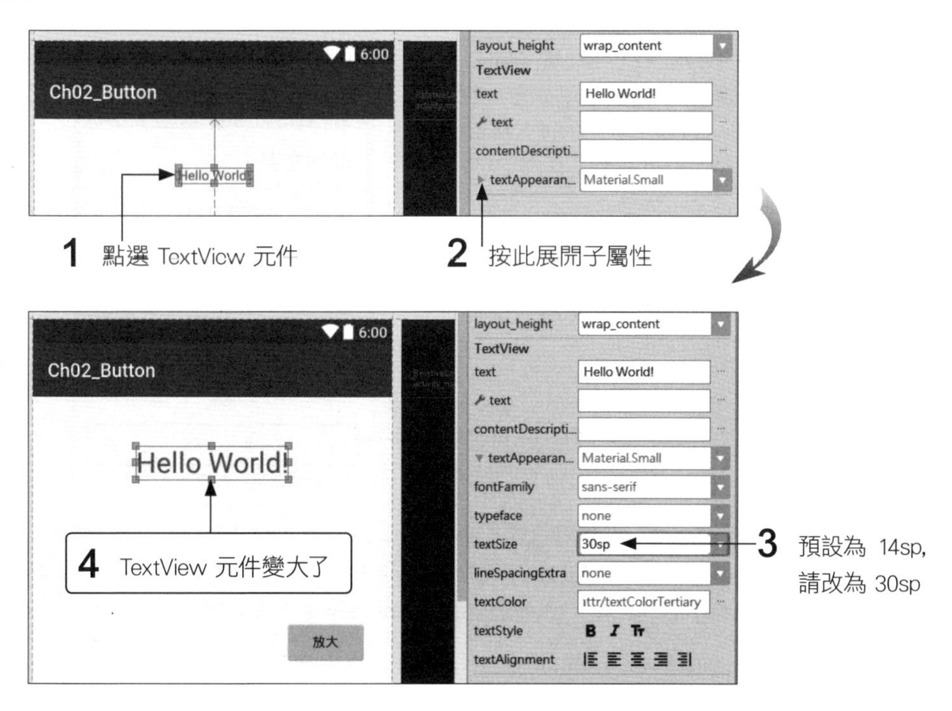

Android 的尺寸單位

在電腦上通常用像素 (Pixel, px) 來表示畫面尺寸、影像長寬, 但 Android 手機裝置使用的液晶螢幕解析度、長寬尺寸/比例各有不同, 為了讓 Android App 畫面在不同手機上, 儘量保持一致, 所以 Android 特別提供了 **sp** (Scale-independent Pixels) 和 **dp** (Density-independent Pixels) 兩種邏輯單位, 例如在高解析/大尺寸的螢幕上的 1dp, 會和低解析度/小尺寸螢幕上的 1dp 差不多大。

其中 sp 和 dp 的分別, 在於 sp 還會再依使用者手機設定的 **顯示/字型大小**值調整 (4.X 版才提供), 例如使用者選『大』字型, sp 的實際尺寸就會變大, 但 dp 則不受影響。

因此 Android 官方文件建議用 dp 設定元件大小、用 sp 設定字型大小。若您希望文字不會隨**顯示/字型大小**的設定值改變, 當然也可用 dp 指定字型大小。

除了 **dp** 及 **sp** 外, 可使用的單位還有 **px**(pixel, 像素/畫素)、**in**(inche, 英吋) 和 **mm**(millimeter, 毫米=0.1公分)。其中只有 px 的長度會依螢幕解析度而變動, 例如 160dpi 螢幕中的 1px = 1/160in, 若為 320dpi 螢幕則 1px = 1/320in。

1**dp** = 1/160**in**, 1**in** = 25.4**mm**。

~~ 到這裡視覺設計完畢！接下來是程式設計的部分 ~~

step 7 首先設定按鈕元件的 **onClick** 屬性為 bigger, 則當使用者按一下按鈕時, 即會執行 Activity 中的 bigger() 方法：

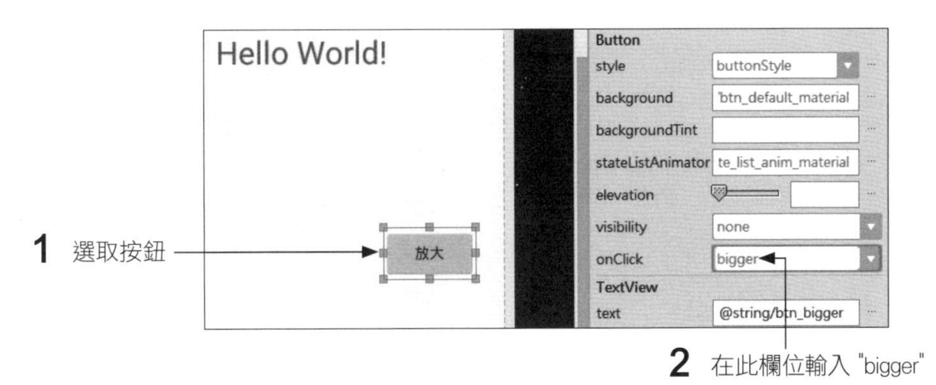

step 8 開啟 MainActivity.java, 並如下新增 bigger() 方法：

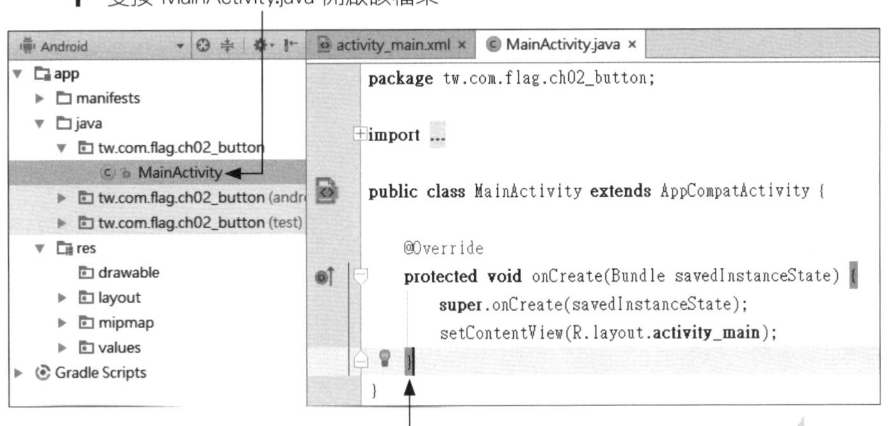

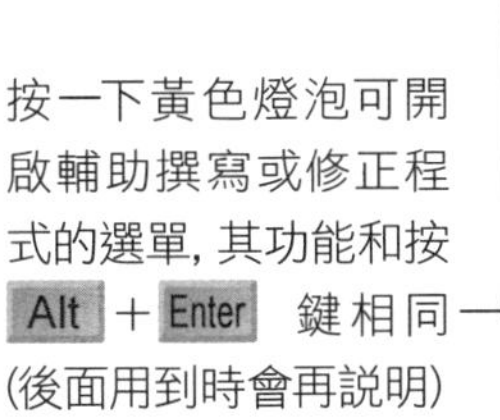

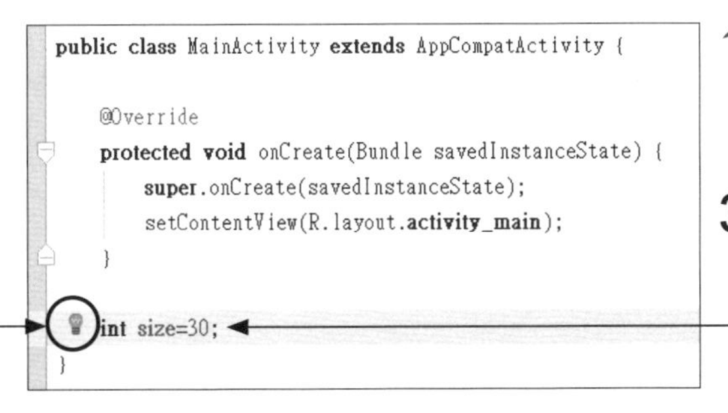

4 按 Enter 鍵新增一行, 然後輸入 p, 會立即出現自動完成 (AutoComplete) 的選單, 您可從中選取要輸入的項目來自動輸入, 或是暫不管它繼續輸入

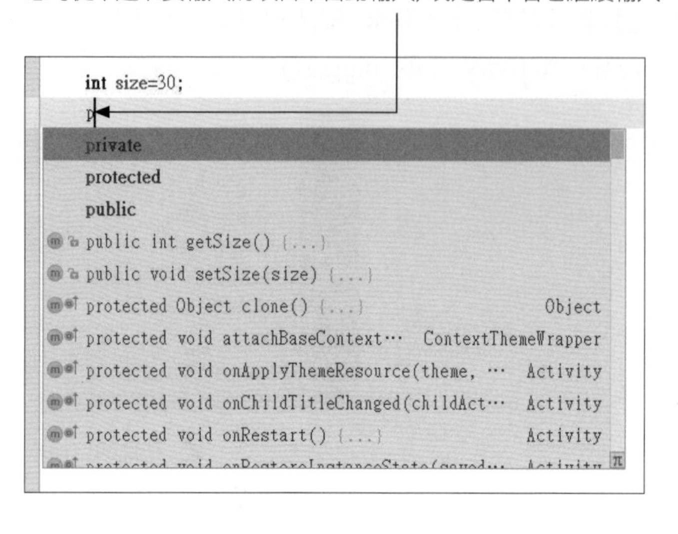

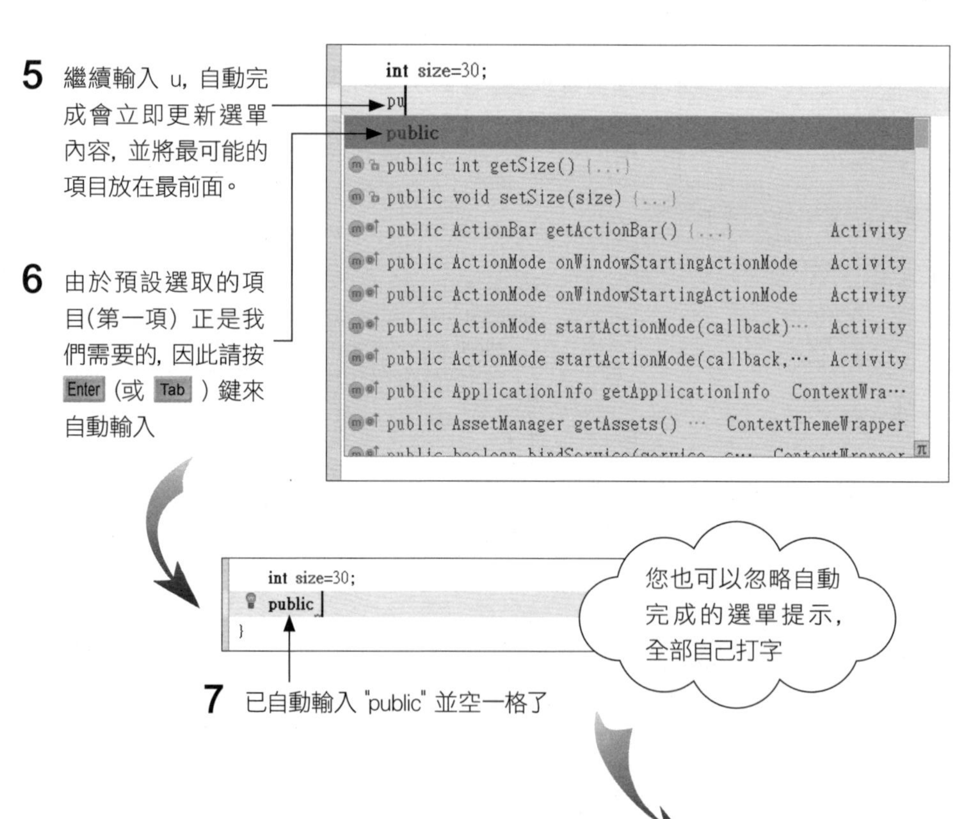

5 繼續輸入 u, 自動完成會立即更新選單內容, 並將最可能的項目放在最前面。

6 由於預設選取的項目(第一項) 正是我們需要的, 因此請按 Enter (或 Tab) 鍵來自動輸入

7 已自動輸入 "public" 並空一格了

8 請繼續輸入 "v" 然後按 Enter 自動完成 "void ", 接著輸入 "bigger(Vi", 然後按向下鍵選取 View 再按 Enter 自動完成

9 繼續依圖輸入 "v", 最後面會出現紅色波浪底線表示有錯誤, 這是因為後面還沒加 { 及 }, 所以不符合語法

捲動軸上方的色塊會變紅色驚探號

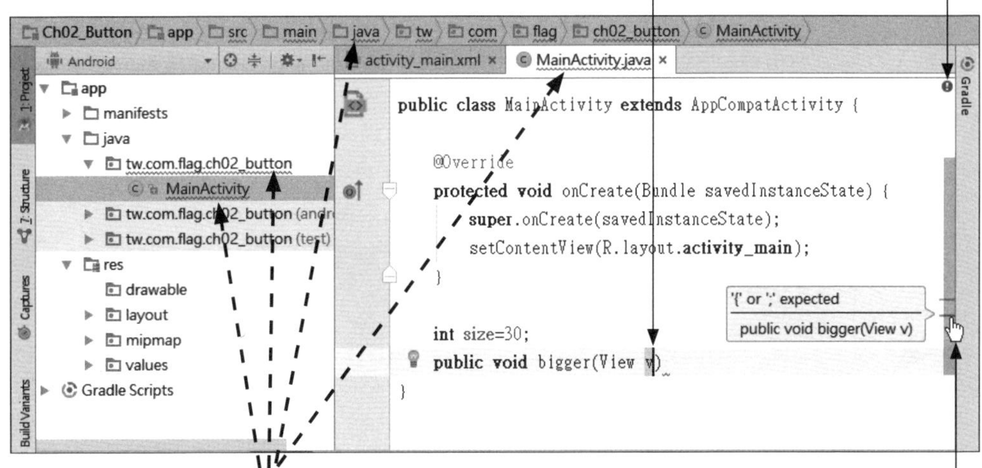

錯誤所在的檔案及資料夾路徑均會出現紅色波浪底線

在有錯誤的位置也會顯示紅色(或灰色)線條, 將滑鼠移上去還可觀看錯誤訊息, 按一下則可捲動到錯誤的地方

10 請按 Ctrl + Shift + Enter 鍵即可全自動補上語法中缺少的部份

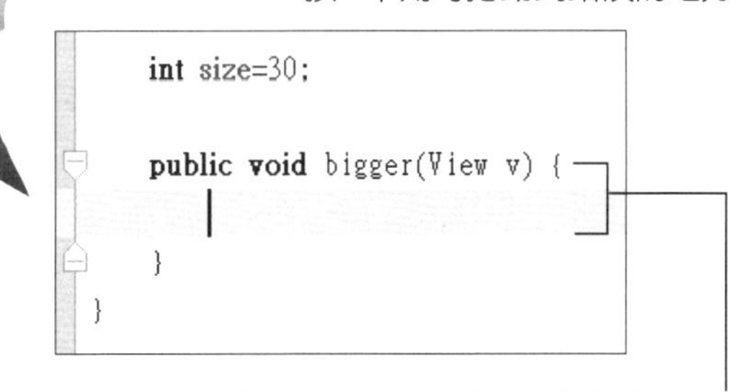

已自動補上 { 及 }, 並將插入點移到新行以方便輸入程式 (您當然也可以改為自己手動輸入 { 及 })

捲動軸上方若為紅色驚探號方塊表示有錯誤, 為黃色方塊表示有警告, 若都沒問題則顯示綠色打勾圖示。

修正後仍會有黃色警告, 那是因為我們宣告了 size 變數卻沒有使用, 等稍後寫完程式就不會有此警告了。

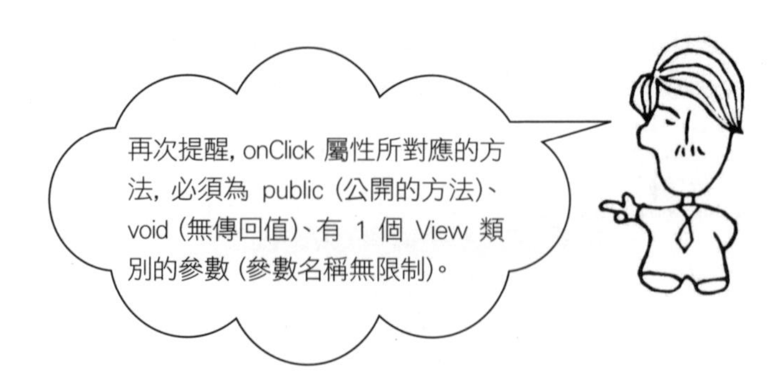

step 9 再來是輸入 bigger() 方法的內容:

1 輸入 "TextV" 然後按向下鍵選取 TextView 再按 Enter 自動輸入 TextView (如果你之前選擇過 TextView, 那麼可能輸入 "T" 之後 TextView 就會排在最前面了)

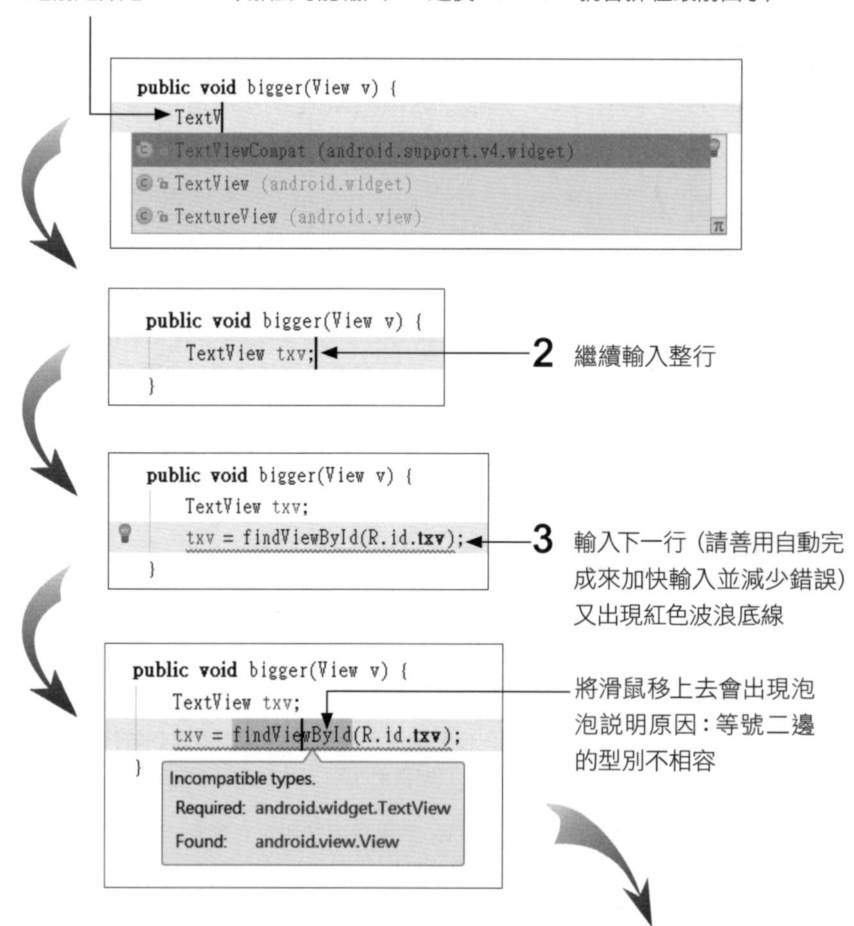

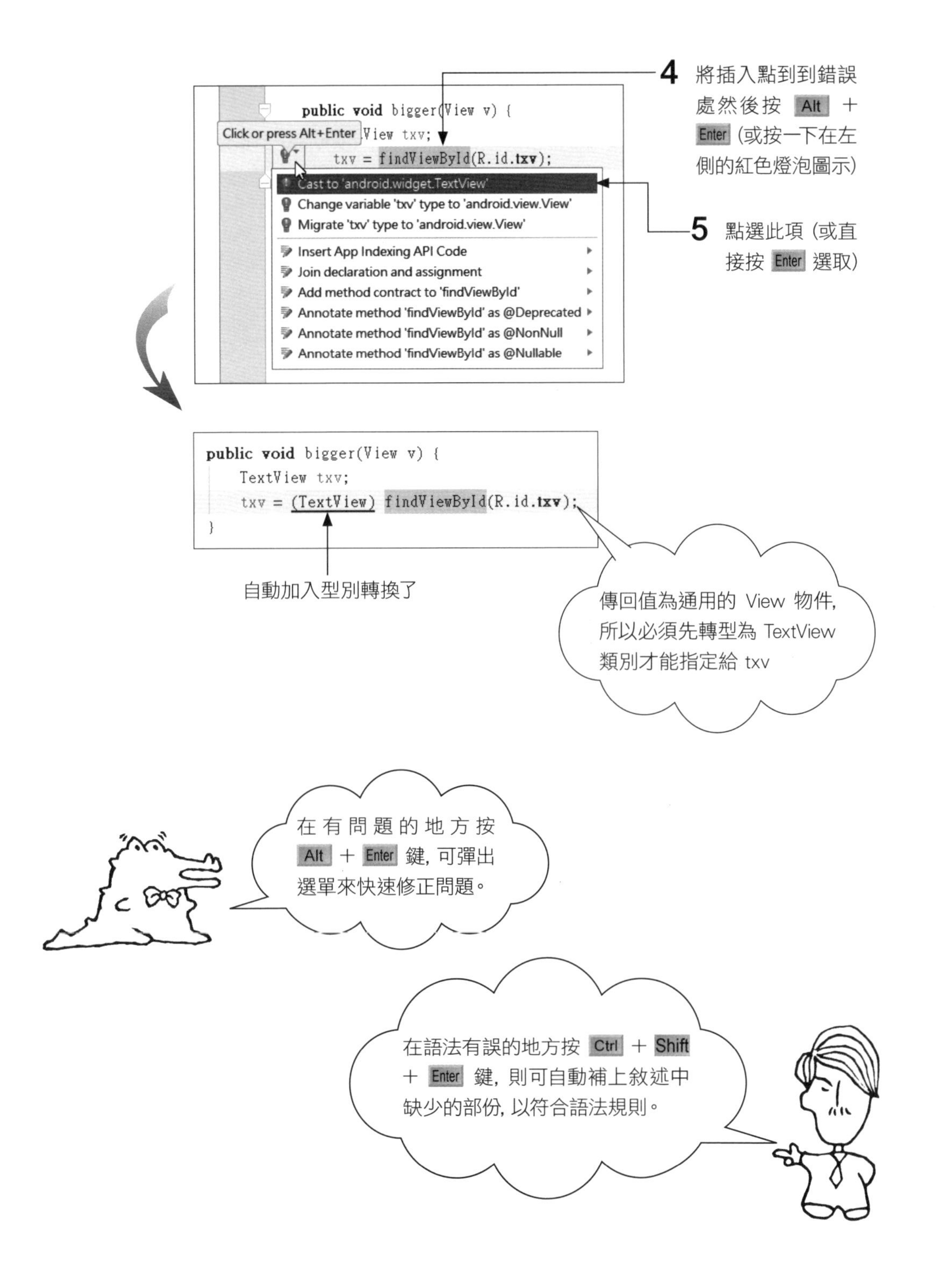

public void bigger(View v) {
Click or press Alt+Enter
View txv;
txv = findViewById(R.id.txv);
Cast to 'android.widget.TextView'
Change variable 'txv' type to 'android.view.View'
Migrate 'txv' type to 'android.view.View'
Insert App Indexing API Code
Join declaration and assignment
Add method contract to 'findViewById'
Annotate method 'findViewById' as @Deprecated
Annotate method 'findViewById' as @NonNull
Annotate method 'findViewById' as @Nullable
4 將插入點到到錯誤處然後按 Alt + Enter (或按一下在左側的紅色燈泡圖示)
5 點選此項 (或直接按 Enter 選取)
public void bigger(View v) {
TextView txv;
txv = (TextView) findViewById(R.id.txv);
}
自動加入型別轉換了
傳回值為通用的 View 物件, 所以必須先轉型為 TextView 類別才能指定給 txv
在有問題的地方按 Alt + Enter 鍵, 可彈出選單來快速修正問題。
在語法有誤的地方按 Ctrl + Shift + Enter 鍵, 則可自動補上敘述中缺少的部份, 以符合語法規則。

自動匯入程式中需要的套件類別

由於 View 類別是定義在 android.view.View 套件中, 而 TextView 則是定義在 android.widget 套件中, 所以必須將此 2 套件 import (匯入) 到程式中才能直接使用其類別名稱 (否則必須使用完整的套件名稱才行)。

當我們使用自動完成來輸入 View 或 TextView 時, 即會自動匯入程式中需要的套件類別:

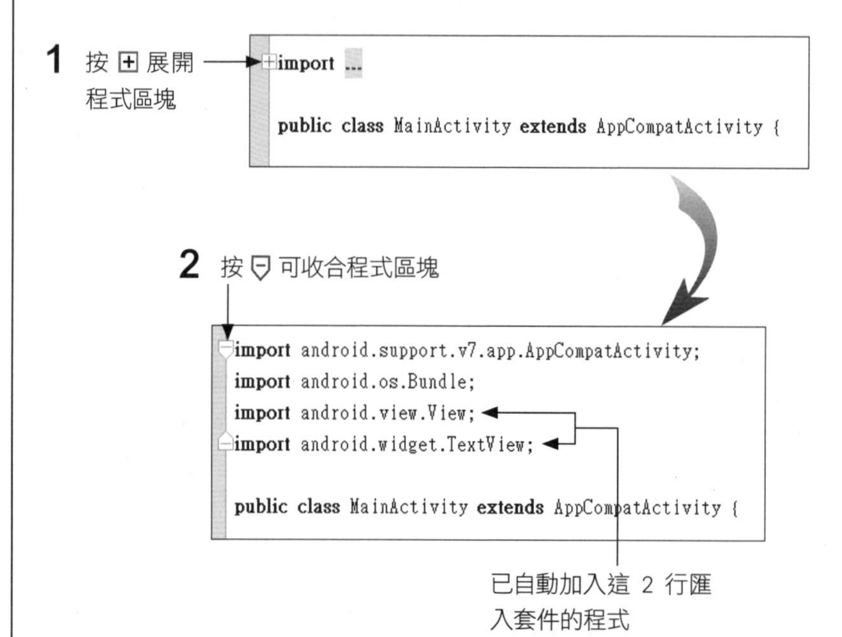

之前在輸入 View 或 TextView 時如果沒有使用自動完成, 那麼就會因未匯入相關套件而出現錯誤:

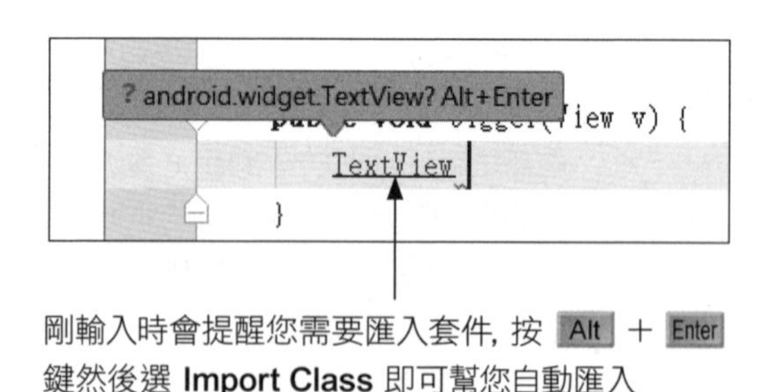

剛輸入時會提醒您需要匯入套件, 按 Alt + Enter 鍵然後選 **Import Class** 即可幫您自動匯入

Next

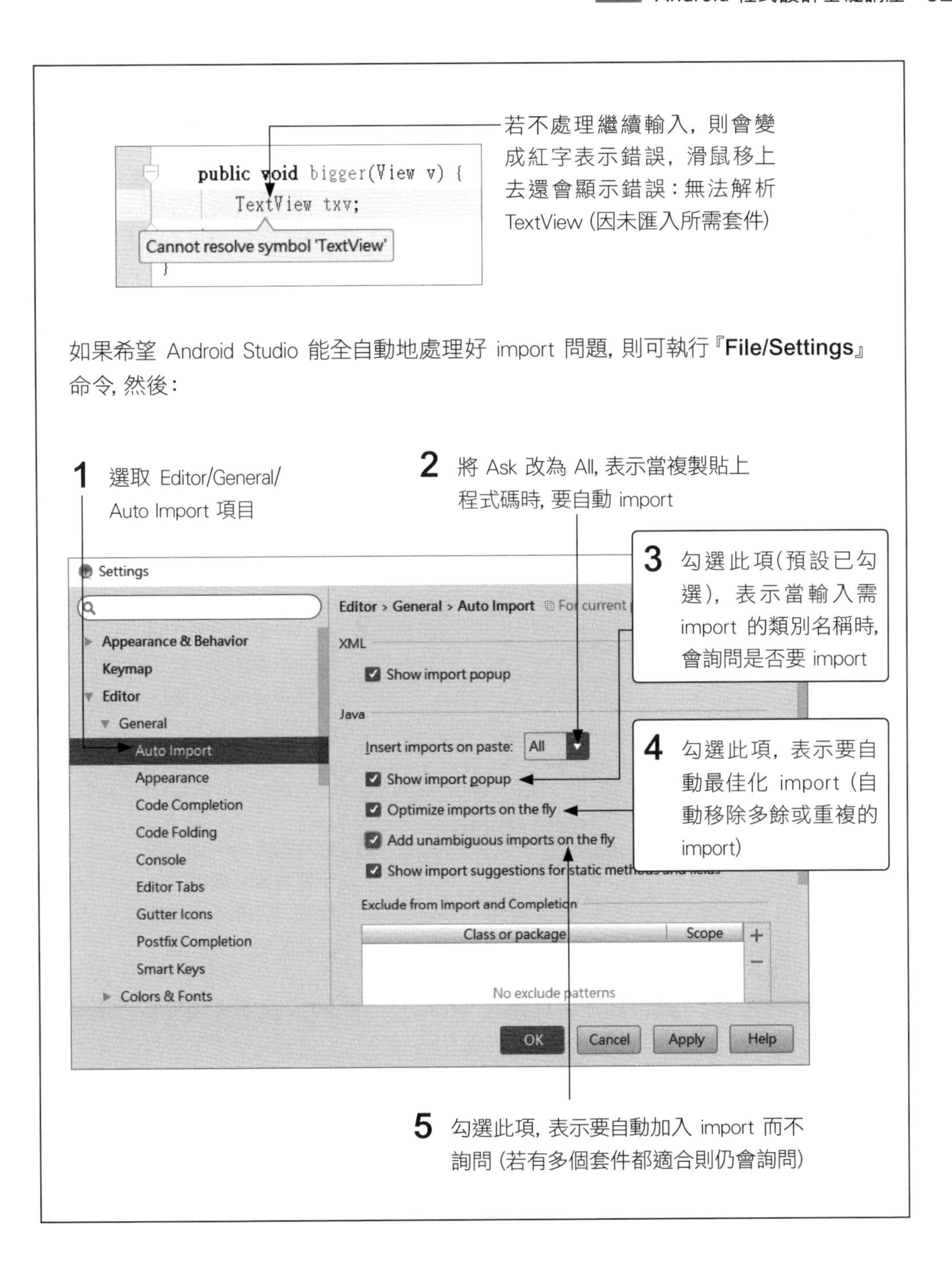

public void bigger(View v) {
TextView txv;
Cannot resolve symbol 'TextView'
若不處理繼續輸入，則會變成紅字表示錯誤，滑鼠移上去還會顯示錯誤：無法解析 TextView (因未匯入所需套件)
如果希望 Android Studio 能全自動地處理好 import 問題，則可執行『File/Settings』命令，然後：
1 選取 Editor/General/Auto Import 項目
2 將 Ask 改為 All，表示當複製貼上程式碼時，要自動 import
3 勾選此項(預設已勾選)，表示當輸入需 import 的類別名稱時，會詢問是否要 import
4 勾選此項，表示要自動最佳化 import (自動移除多餘或重複的 import)
5 勾選此項，表示要自動加入 import 而不詢問 (若有多個套件都適合則仍會詢問)
Settings
Appearance & Behavior
Keymap
Editor
General
Auto Import
Appearance
Code Completion
Code Folding
Console
Editor Tabs
Gutter Icons
Postfix Completion
Smart Keys
Colors & Fonts
Editor > General > Auto Import
XML
Show import popup
Java
Insert imports on paste:
All
Show import popup
Optimize imports on the fly
Add unambiguous imports on the fly
Exclude from Import and Completion
Class or package
Scope
No exclude patterns
OK
Cancel
Apply
Help

step10 要改變 TextView 物件的字型大小, 可呼叫其 setTextSize() 方法, 而參數就是新的大小 (單位為 sp)。底下請輸入可讓 TextView 大小加 1 的程式:

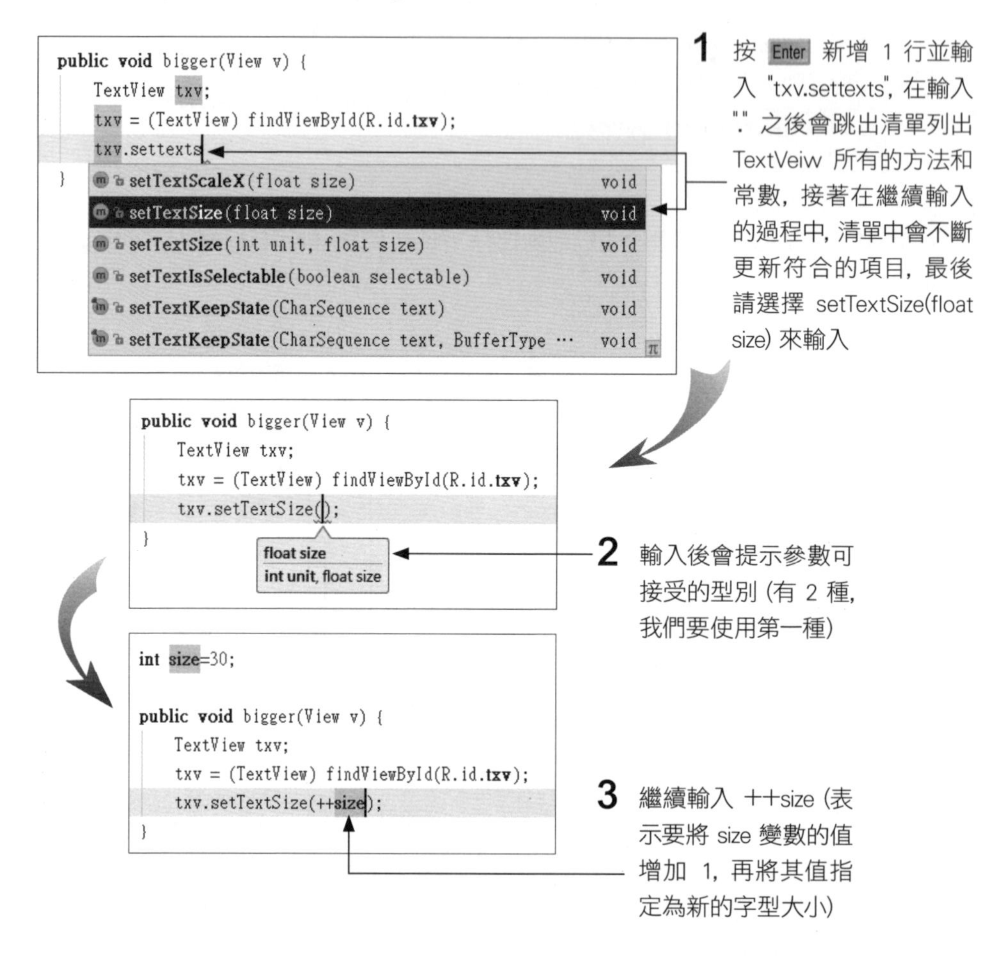

step11 終於完成了!最後請按工具列的 Run 鈕 ▶ 將程式部署到模擬器上執行看看:

Select Deployment Target
Connected Devices
emulator-5580 [null]
emulator-5584 [null]
Available Virtual Devices
3.2 HVGA API 24
Nexus 5 API 24
Create New Virtual Device
Don't see your device?
Use same selection for future launches
OK Cancel

1 選擇要使用的模擬器

2 按 OK 鈕

在本例中，當文字變大時，下方的按鈕並會不受其影響而往下移。這是因為當 TextView 字型變大而使元件『長高』時，雖然其所佔的空間變大了，但由於在佈局中按鈕是被設為垂直置中，所以依然顯示在螢幕垂直的中央位置。

練習 2-1

請在範例中加入一個 "縮小" 鈕，按此鈕可縮小 TextView 的文字，並用程式限制縮小的底限，例如最多只能縮小到 30sp。

提示

在佈局中加入另一個 Button 元件，Text 設為 "縮小"、onClick 屬性設為 "smaller"，並在程式中加入如下方法：

```
public void smaller(View v){
    if(size>30) {                              ← 字型大於 30(sp) 時才會處理
        TextView txv=(TextView)findViewById(R.id.txv);
        txv.setTextSize(--size);               ← 將字型大小遞減
    }
}
```

2-6 輸入欄位 EditText 元件

除了按鈕外, 另一種常見的基本輸入元件就是 EditText 元件。

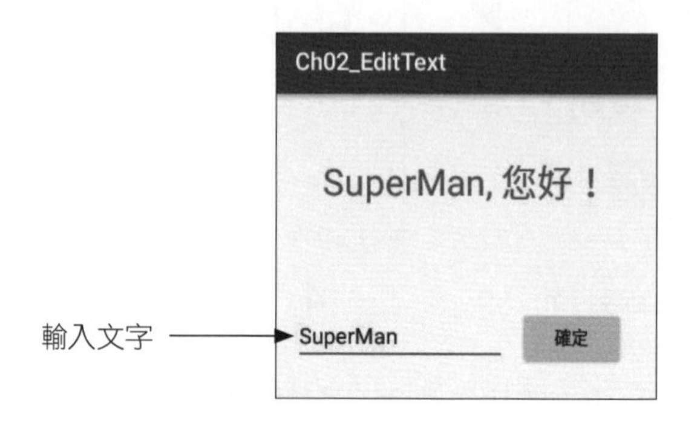

getText()：取得使用者輸入的文字

EditText 元件的用途就是讓使用者輸入文字, 在程式中則可用 getText() 取得使用者輸入的內容:

```
EditText edit = (EditText) findViewById(R.id.edit);
String str = edit.getText().toString();
```

若佈局中的元件 id 屬性命名為 edit

取得文字

有在佈局中設定 id 屬性的元件才會自動產生資源 ID 喔!

getText() 方法傳回的是 Android SDK 中定義的 Editable 型別的物件, 因此要當字串處理, 必須再呼叫 toString() 方法做轉換。

setText()：設定 TextView 顯示的文字

如果要設定 TextView 元件上顯示的文字, 可以呼叫 TextView 類別的 setText() 方法, 例如若 txv 為 TextView 類別的物件:

```
txv.setText("您好！");
```

就是設定讓 TextView 顯示 "您好!"。

範例 2-2：加入 EditText 元件

在這個範例要使用 EditText 元件，並用程式讀取使用者輸入的內容，再顯示於 TextView。

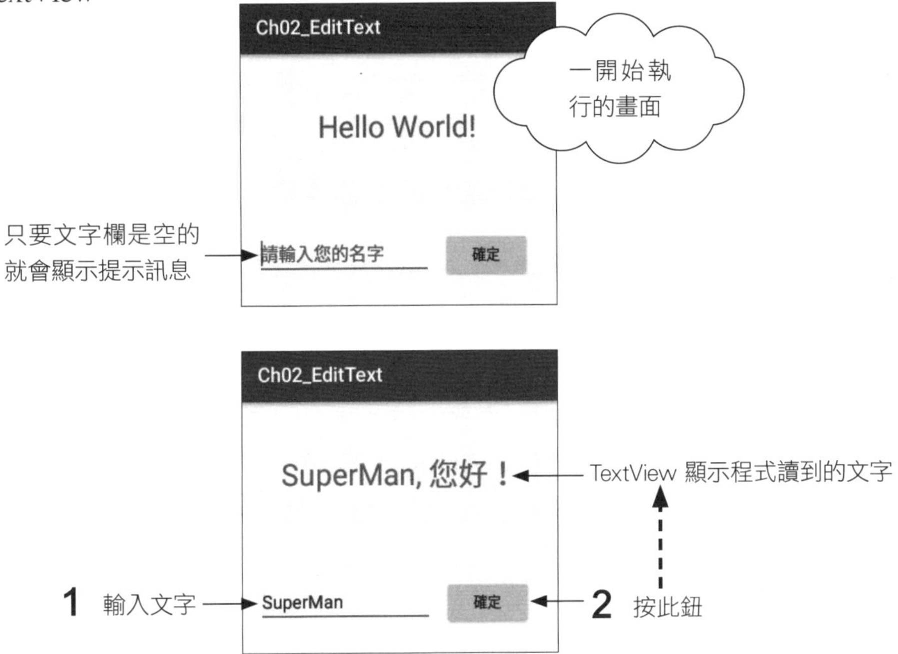

在這個範例中我們要使用複製專案的技巧。若要設計的新專案與現有的專案在佈局及功能上有許多相似的地方，就可以利用這個技巧，以現有的專案為基礎，避免浪費時間製作重複的功能。

step 1 請先關閉所有的專案，然後依照第 1-3 節介紹的方法將 Ch02_Button 資料夾複製一份為 Ch02_EditText：

step 2 在 Android Studio 的歡迎視窗中點選 **Open an existing Android Studio project** (或在主視窗中執行『**File/Open**』命令) 來開啟新複製的專案：

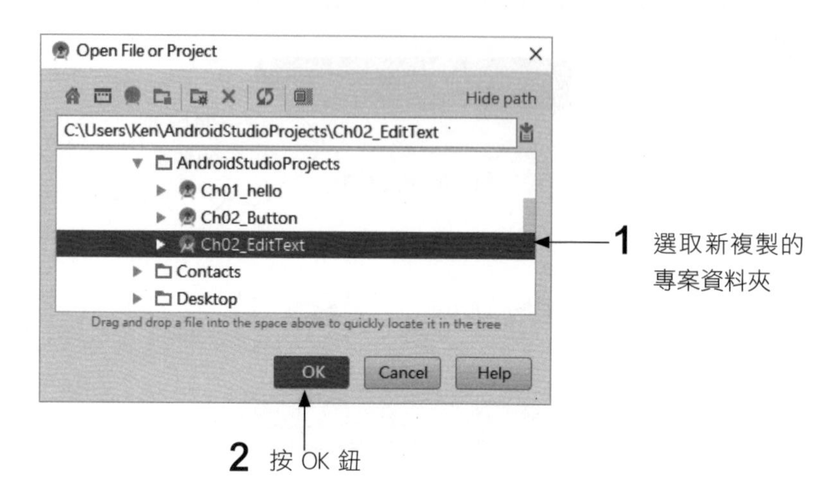

由於專案資料夾的路徑改變了, Android Studio 會自動重建 Gradle 資訊 (以更新 Gradle 中與專案路徑有關的部份, 過程中如果出現錯誤訊息也請暫時忽略), 請稍待一會兒。完成後如果沒有開啟 Project 窗格, 請自行按左側的 Project 鈕將之開啟：

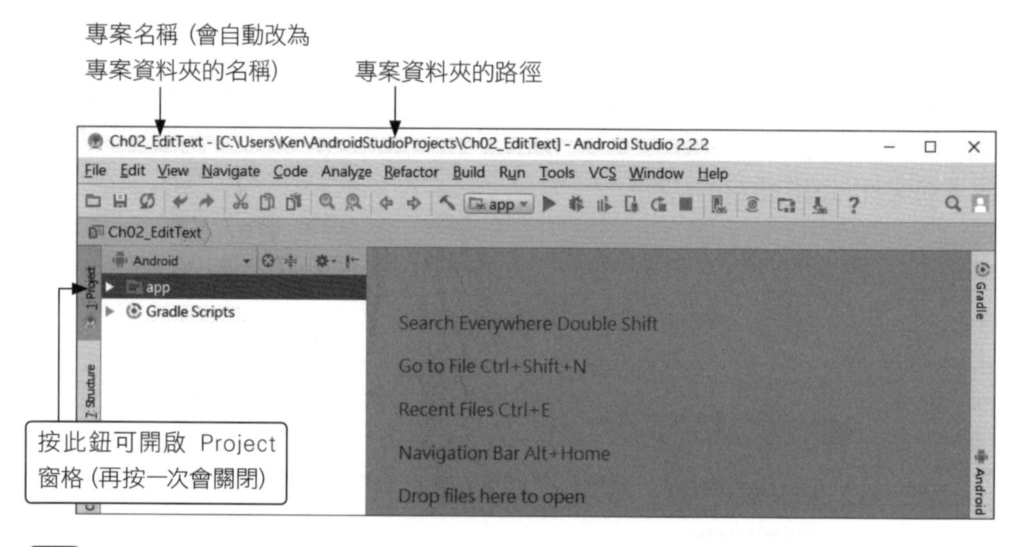

專案名稱只做為識別專案之用, 因此會保持和『專案資料夾名稱』相同。

step 3 修改應用程式名稱：

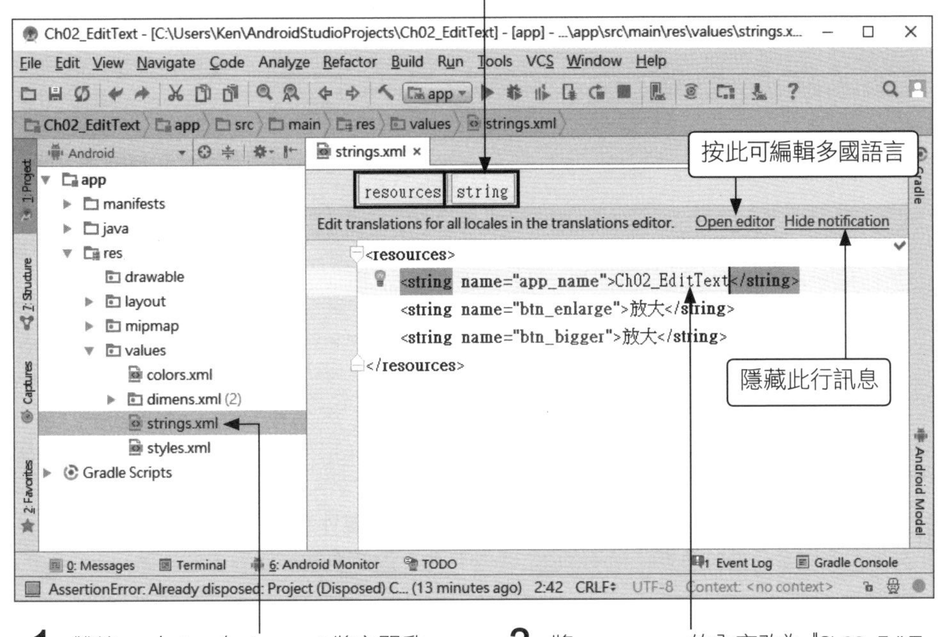

step 4 開啟佈局檔，加入 EditText 元件：

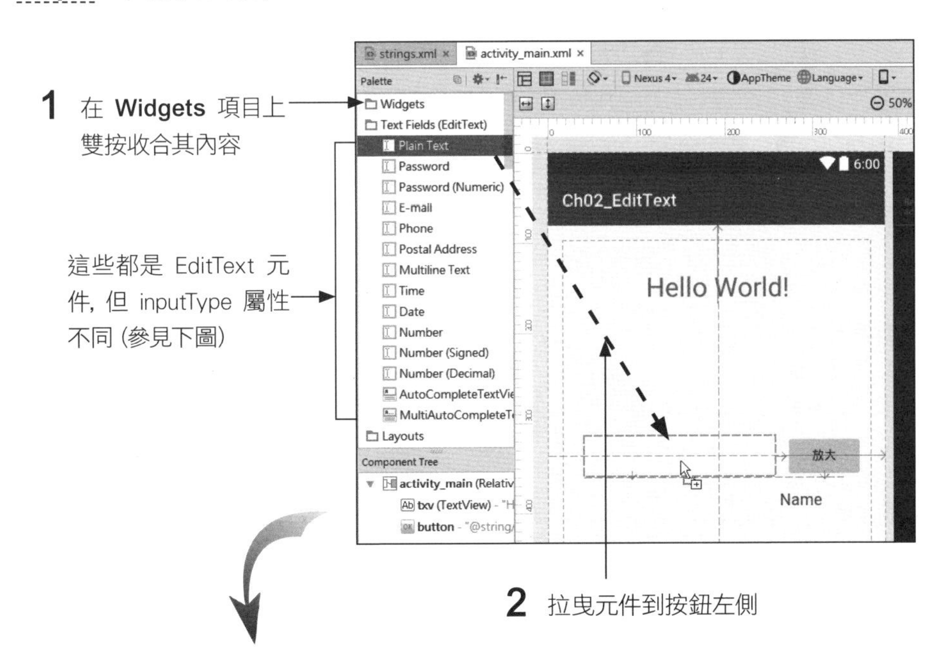

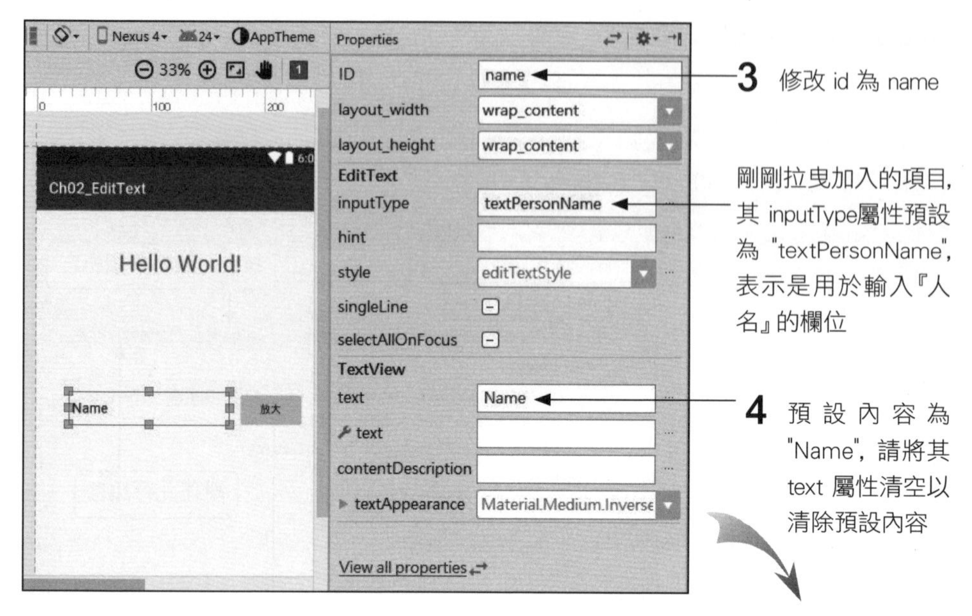

修改元件的 id 後，如果其他地方 (例如程式中或元件屬性等) 有參照到此 id，則會出現交談窗詢問是否要將專案中所有的舊 id 都自動更改為新 id，以省去您手動一一修改的麻煩。

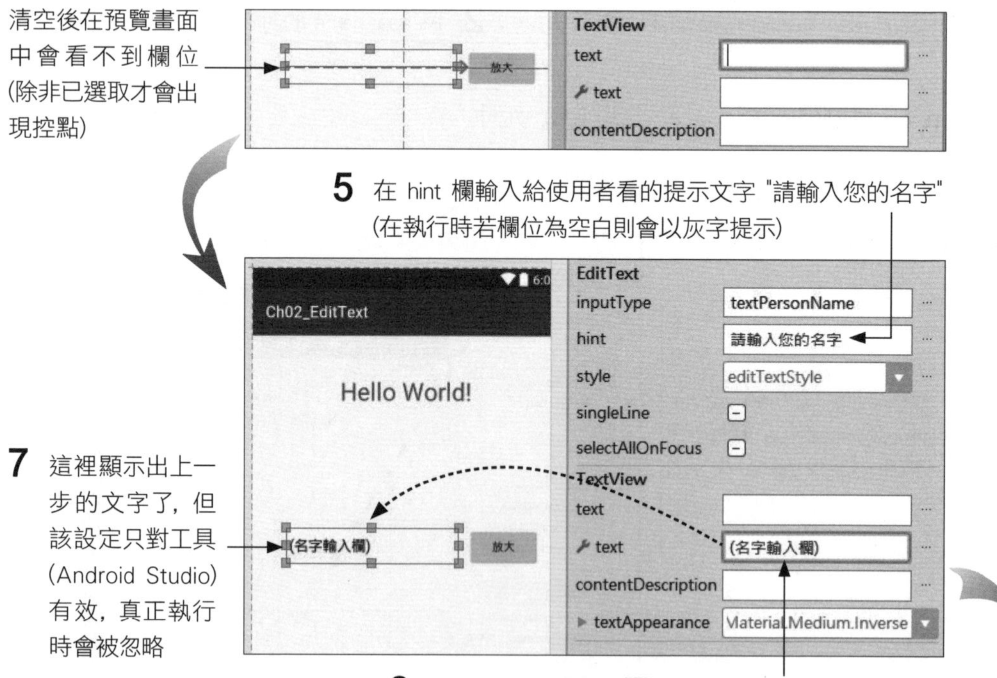

凡是前面有工具圖示 的屬性，都是給開發工具 (Android Studio) 看的，在真正執行時會被忽略掉。

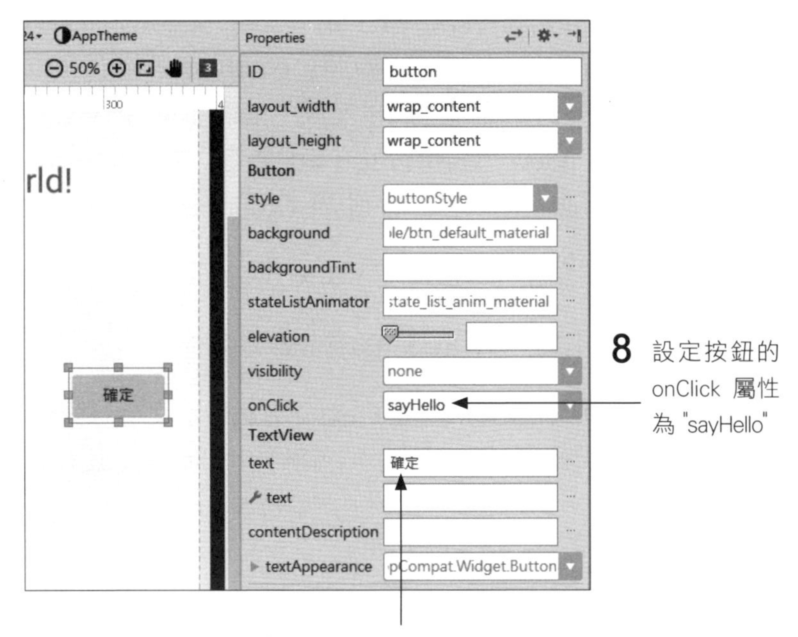

step 5 我們要將程式改成：使用者輸入名稱並按下按鈕時，將其名稱顯示在 TextView。所以請開啟 MainActivity.java，先將原有的 bigger() 方法改名為 sayHello()，再改寫方法內容 (原本的 size 變數也不再需要，請刪除之)：

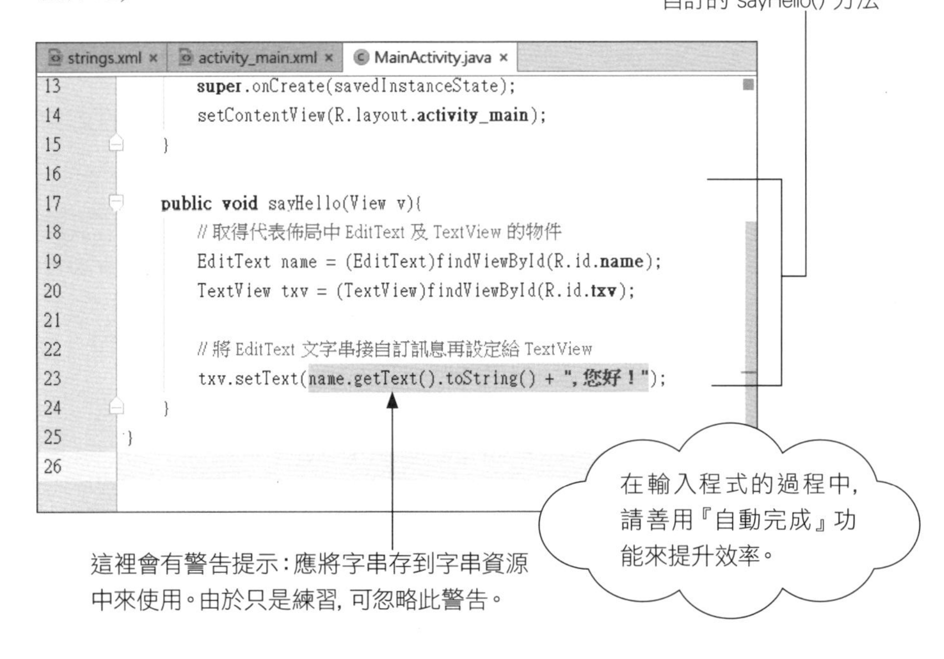


```java
13        super.onCreate(savedInstanceState);
14        setContentView(R.layout.activity_main);
15    }
16
17    public void sayHello(View v){
18        // 取得代表佈局中 EditText 及 TextView 的物件
19        EditText name = (EditText)findViewById(R.id.name);
20        TextView txv = (TextView)findViewById(R.id.txv);
21
22        // 將 EditText 文字串接自訂訊息再設定給 TextView
23        txv.setText(name.getText().toString() + ", 您好！");
24    }
25 }
26
```

- 第 17 行是自訂方法開頭，請注意，方法名稱必須與按鈕 onClick 屬性值相同，其它如可見度 (public)、傳回值 (void)、參數型別 (View 類別物件) 都必須與此處所列的內容相同，若定義不正確：例如未宣告成 public、傳回值非 void、參數非 View 型別或不止一個參數等，都會使 Android 無法找到所要呼叫的方法，並產生執行時期的錯誤 (Runtime Error)。
- 第 19 行使用資源 ID 取得 EditText 的物件。
- 第 20 行使用資源 ID 取得 TextView 的物件。
- 第 23 行呼叫 TextView 的 setText() 方法設定文字，其參數是用 EditText 的 getText() 取得使用者輸入的文字，再用字串相加的方式，串接 ", 您好!" 訊息。

step 6 將專案部署到模擬器上執行。

練習 2-2 在前面的範例，若不輸入任何內容就按按鈕，會使 TextView 的內容變成 ", 您好!" 的奇怪內容。請修改程式，讓程式會檢查 EditText 的內容是否為空白，若是空白，則顯示 "請輸入大名!"。

提示 可利用 if/else 判斷 EditText 中輸入的內容，再決定輸出的文字內容。

```
01 public void sayHello(View v){
02     EditText name=(EditText) findViewById(R.id.name);
03     TextView txv =(TextView) findViewById(R.id.txv);
04
05     String str = name.getText().toString().trim();
06     if (str.length() == 0)
07         txv.setText("請輸入大名!");
08     else
09         txv.setText(str + ", 您好!");
10 }
```

第 5 行呼叫的 trim() 方法是 Java String 類別內建的方法，它會去除 String 物件前後的空白字元，再將字串傳回。第 6 行的 length() 會傳回字串長度 (字元數)。

2-7 使用 USB 線將程式部署到手機上執行

先前都是在模擬器上測試程式執行結果，若想將寫好的程式直接放在 Android 手機上執行，可用手機附的 USB 線連接手機與電腦，再從 Android Studio 中直接將程式上傳到手機執行。使用 USB 連線的方式，必須**開啟手機偵錯功能**。

不用模擬器了，直接在
手機上執行 App，實
彈演練哦！刺激啊！

開啟手機偵錯功能

請進入手機的**設定**畫面，依照下面步驟設定，啟用手機偵錯功能（不同廠牌/型號手機，其設定項目的名稱、位置可能略有不同）：

請注意！在 Android 4.2 之後的版本中，底下步驟 1 的『**開發人員選項**』預設是隱藏的，必須先進入**設定**畫面最後面的**關於手機**（或**關於**）項目，按 7 次 Build number（**版本號碼**、**軟體版本**、或**建置號碼...**中文翻譯各家可能不同，也可能放在子項目中，例如**關於/軟體資訊/更多/**）來取消隱藏，然後再依照下圖做設定。

1 在設定項目清單中，選**開發人員選項**項目

2 開啟 **USB 偵錯**，表示允許電腦透過 USB 將程式傳送到手機

Android 2.X 手機的相關設定則是在**應用程式**項目下。

透過 USB 將 Android App 傳送到手機安裝與執行

要用手機連線 USB，還要安裝手機的 USB 驅動程式，少數手機可使用 SDK 內附的 "Google USB Drive"，多數手機則建議使用其專屬驅動程式。若您尚未安裝手機的 USB 驅動程式，也不知如何下載，可連線到 Android 開發者網站 (https://developer.android.com/studio/run/oem-usb.html，或在網站中以 "oem driver" 搜尋)：

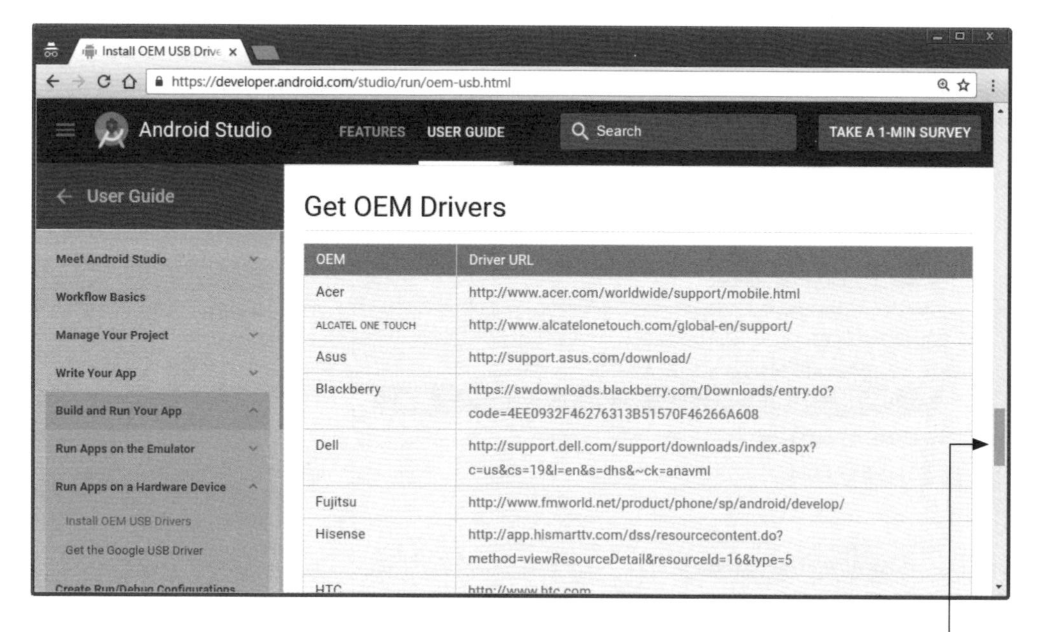

將網頁向下捲動, 即可看到各廠商的下載網址連結

多數手機的 USB 驅動程式都是下載後直接執行即可安裝, 在此就不一一介紹。安裝好手機驅動程式、並將手機接上電腦時, 在**控制台/系統/裝置管理員** (若為 Windows 10, 請在左下角的視窗圖示上按右鈕, 再選擇**裝置管理員**) 中會看到有 "ADB" 或 "Android" 字樣的手機裝置, 即表示安裝成功:

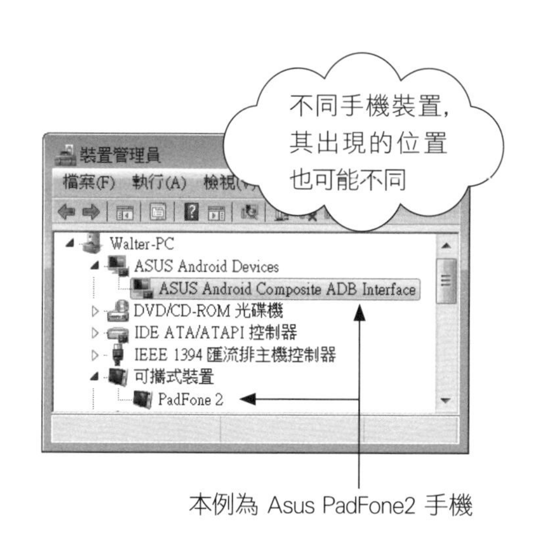

本例為 Asus PadFone2 手機

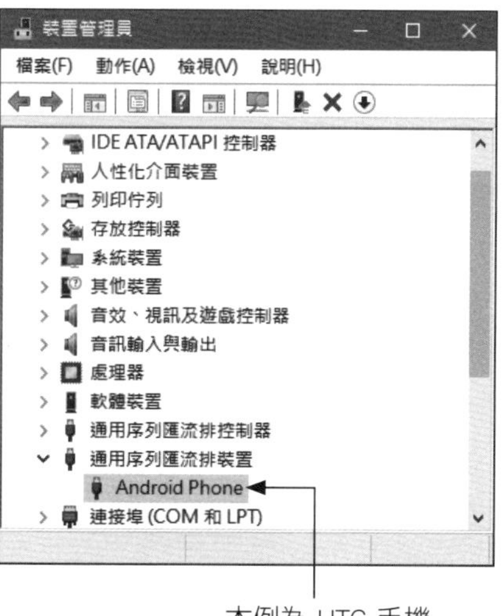

本例為 HTC 手機

確認手機成功連到電腦後，在執行專案時即會出現如下選擇畫面：

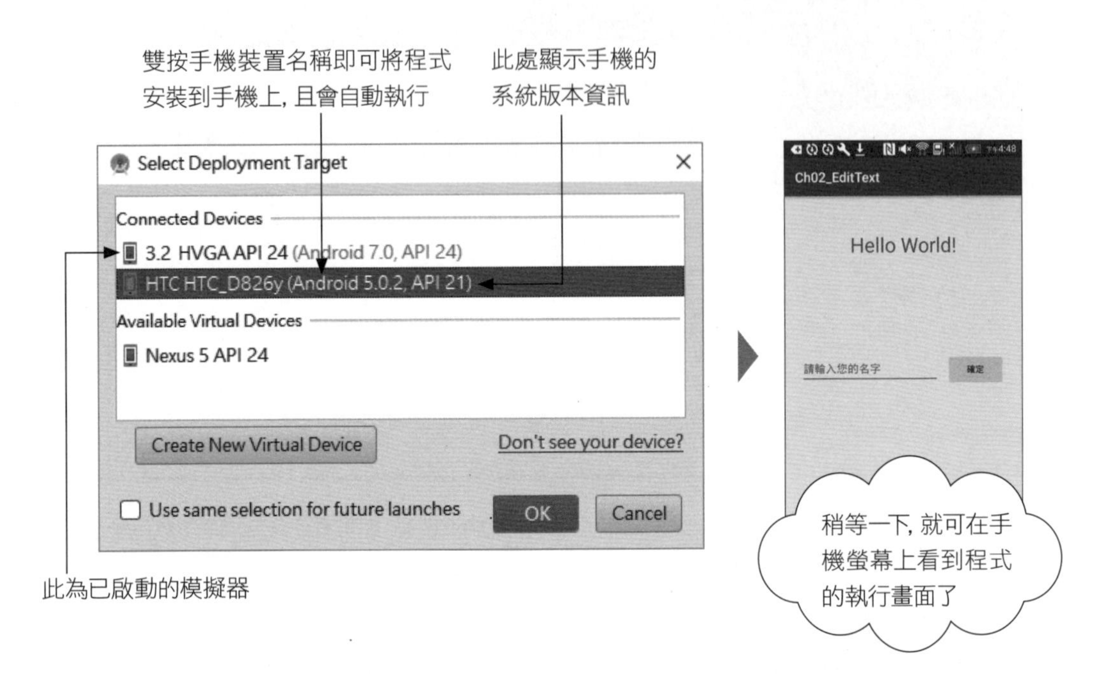

Androud Studio 需要安裝手機的 SDK 版本?

Android Studio 的 Instant Run 功能可加快將程式傳送到手機執行的速度，但必須已有安裝和手機相同版本的 SDK 系統才行。因此在第一次將程式傳到手機時，可能會出現以下交談窗：

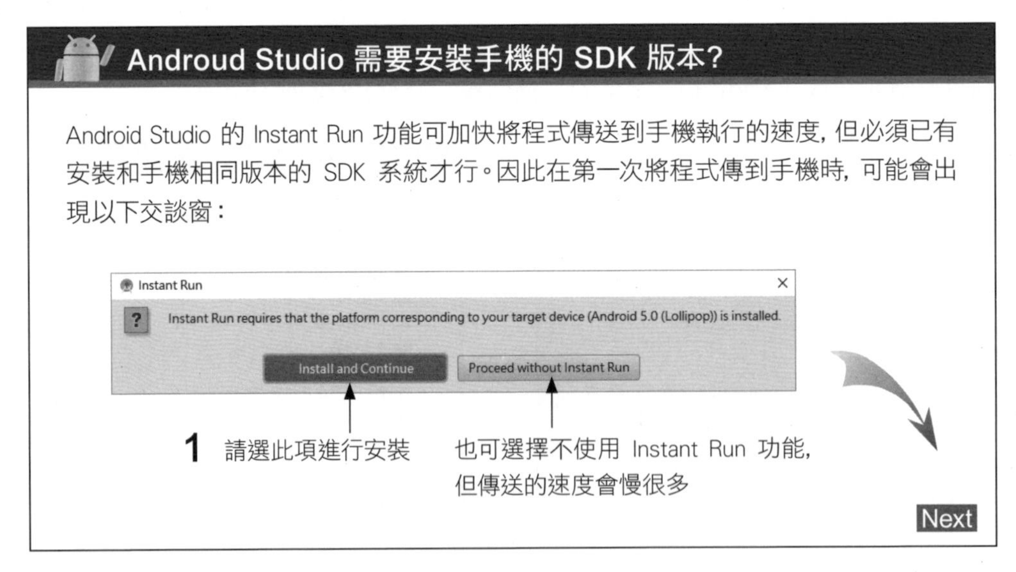

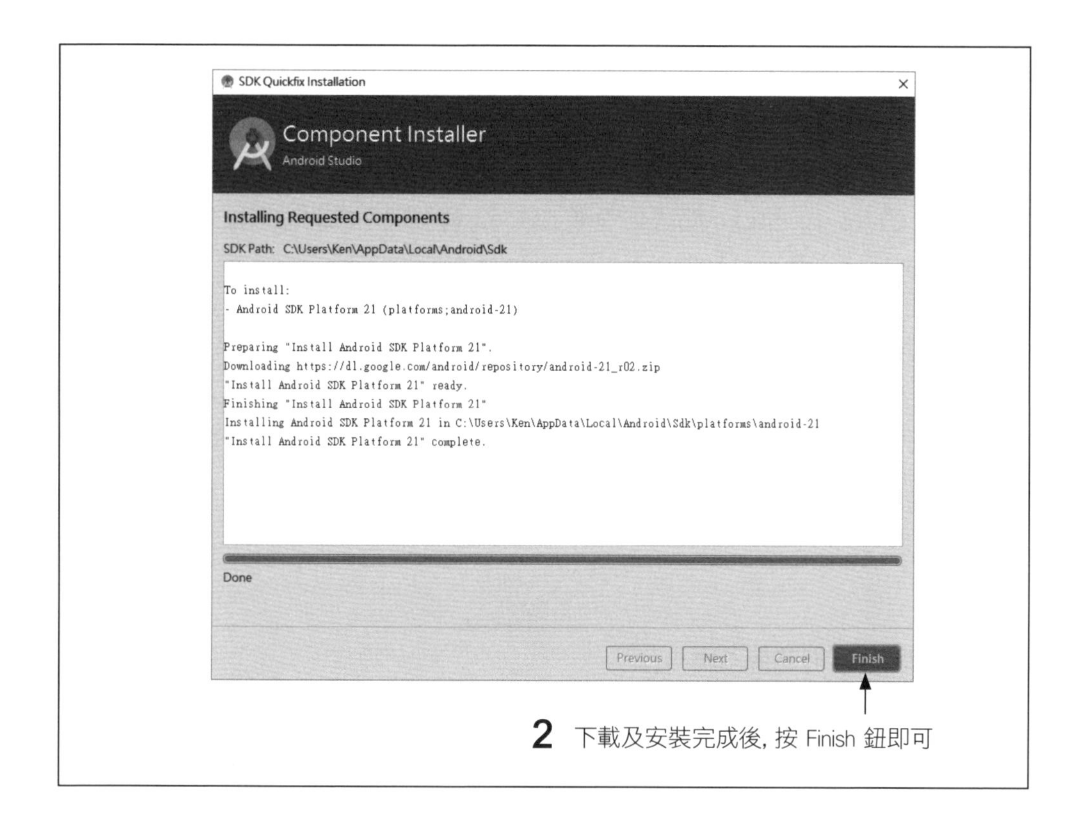

執行已安裝的程式

安裝好的程式, 和一般的 Android App 一樣, 會存在手機記憶體中, 您可隨時進入手機的應用程式清單, 在手機已安裝的程式中尋找專案的應用程式名稱、圖示, 點選後即可執行:

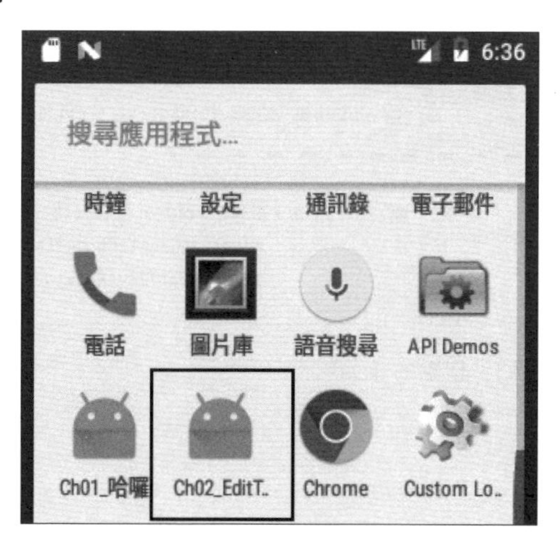

2-8 修改專案的套件名稱和應用程式 ID

如果你將 2-5 節的 Ch02_Button 範例部署到手機上執行, 然後又把 2-6 節的範例 Ch02_ExitText 部署到手機上執行, 會發現手機的應用程式清單中只有 Ch02_ExitText, 但卻沒有 Ch02_Button!

這是因為我們在第 1 章曾經提過, 套件名稱是 Android App 在手機上的身分證 ID, 而 Ch02_ExitText 專案是從 Ch02_Button 複製而來, 他們的套件名稱相同 (tw.flag.com.ch02_button), 因此後來部署到手機上的 Ch02_ExitText 會蓋掉之前的 Ch02_Button。

其實在 Android Studio 的專案中, 有 3 個地方和套件名稱有關:

1. Java 類別程式的套件名稱:

所有的 Java 程式 (例如 MainActivity 程式) 都必須指定套件名稱, 這是 Java 規定的, 以便讓每個類別名稱都是全世界唯一的。例如:

2. 應用程式的套件名稱：

這是用來做為 App 的身分證 ID，另外專案的資源類別 (R.java) 也會以此做為其所屬的套件名稱。此名稱是定義在 AndroidManifest.xml 中：

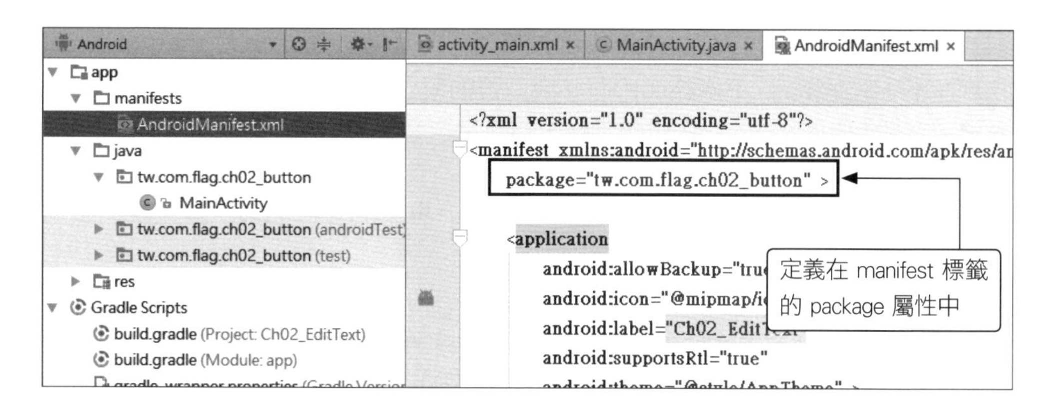

3. 在 Gradle 中設定的應用程式 ID (Application Id)：

Android Studio 是使用 Gradle 系統來建構 (Build) 程式，由於同一個專案可以建構出多種不同的 apk 程式 (例如免費版、專業版等)，因此在 Gradle 中可以針對每種 apk 指定不同的『應用程式 ID』，以便在建構時取代 AndroidManifest.xml 中的套件名稱，而成為 apk 最後的身分證 ID。

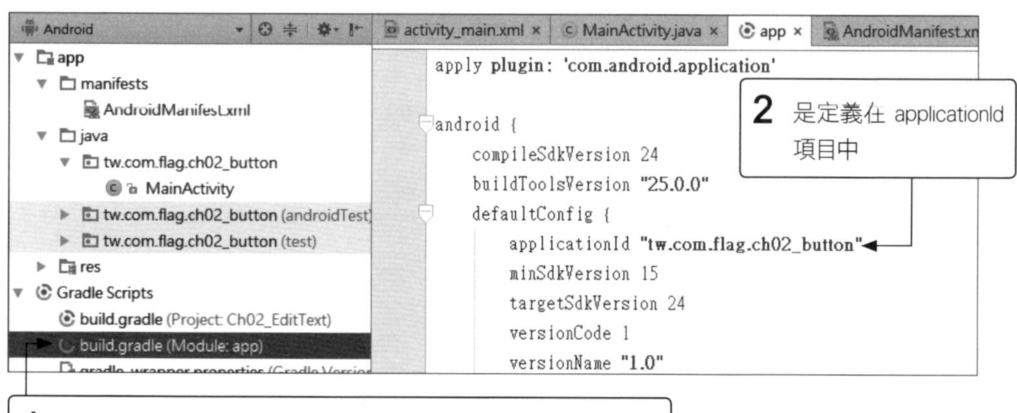

定義在 AndroidManifest.xml 中的套件名稱，由於在 build 時會被應用程式 ID 所覆蓋，因此其功能就只剩下做為資源類別 (R.java) 的套件名稱了。您可以把它看成是 app 的對內套件名稱 (用來識別內部資源)，而應用程式 ID 則為 app 的對外套件名稱 (供其他程式識別 App 之用的身分證 ID)。

以上 3 種名稱預設都會相同 (例如都是 "tw.com.flag.ch02_button")，但其實並不一定要相同。不過除非確有必要，否則還是保持一致比較好 才不會造成混淆。

底下就來示範如何修改 Ch02_EditText 專案的套件名稱，首先我們使用 **Refactor** (重構) 功能來快速修改前 2 項名稱：

1 在程式的路徑上按右鈕執行『**Refactor/Rename...**』命令

或在 AndroidManifest.xml 檔中要修改的套件名稱上按右鈕執行『**Refactor/Rename...**』命令

```
<?xml version="1.0" encoding="utf-8"?>
<manifest xmlns:android="http://schemas.android.com/apk/res/an
    package="tw.com.flag.ch02_button">

    <application
        android:allowBackup="true"
        android:icon="@mipmap/ic_launcher"
        android:label="Ch02_EditText"
        android:supportsRtl="true"
```

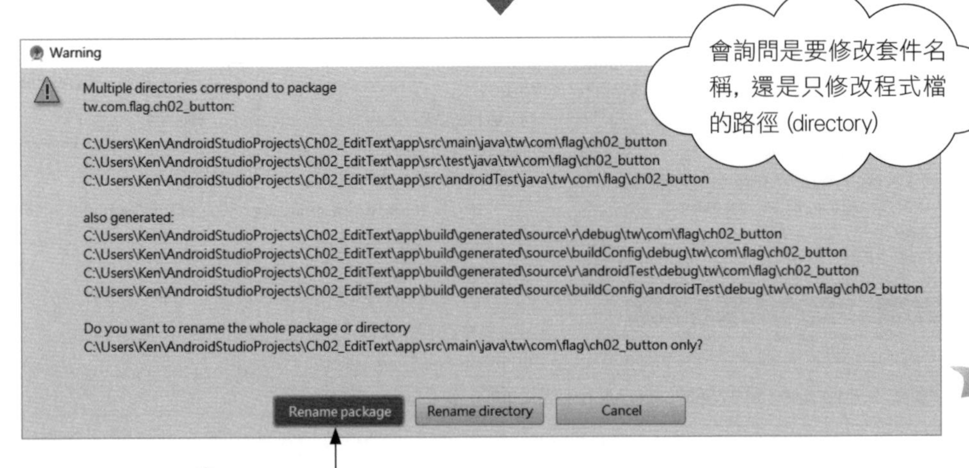

2 選擇要 Rename package

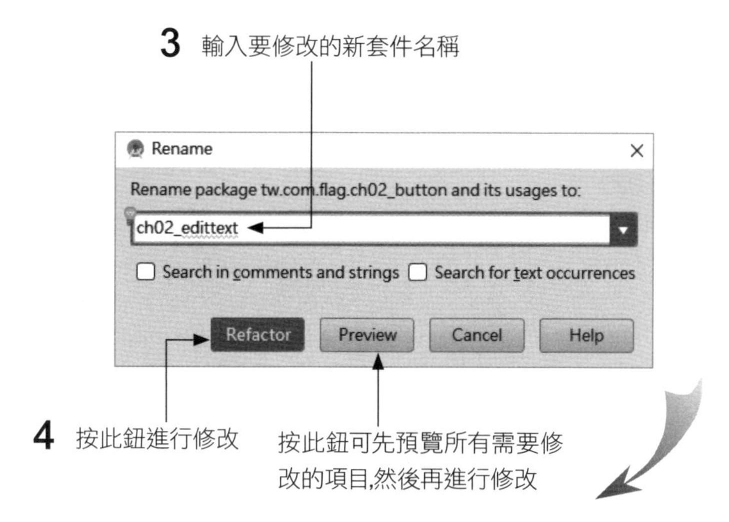

TIP 如果按 **Refactor** 鈕後並未修改，且下方出現 **Find** 窗格顯示預覽修改的內容，請按 **Do Refactor** 即可進行修改。

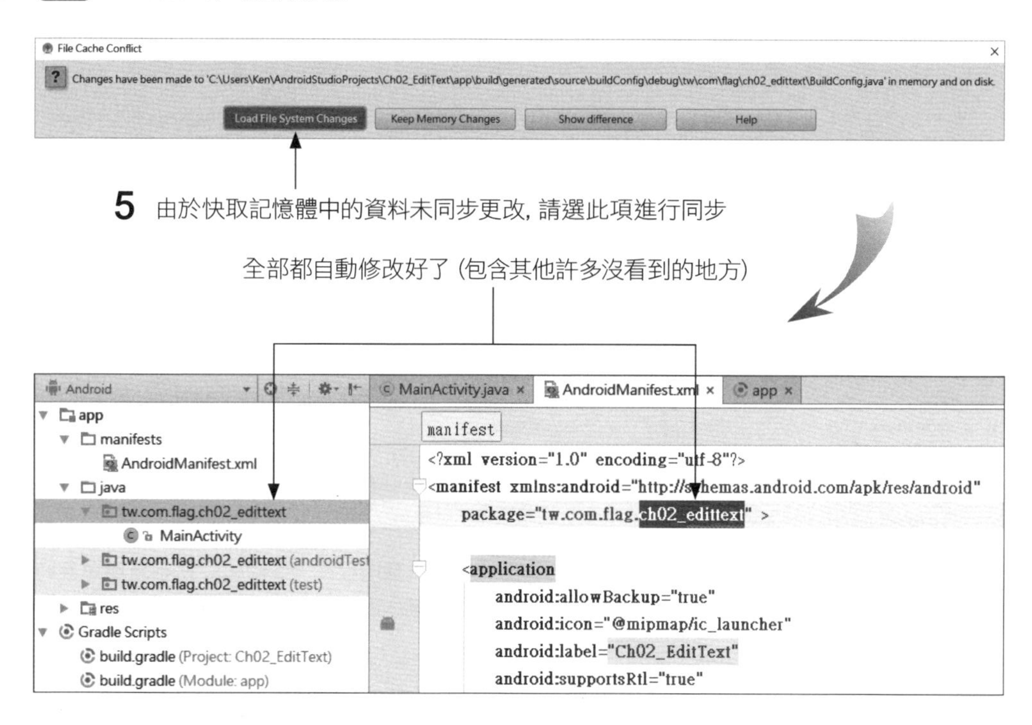

接著來修改應用程式 ID，雖然可以直接開啟前述的 Gradle 檔做修改，但怕會改錯或漏改，而且改完還要重建 Gradle，所以還是利用 Android Studio 提供的界面來修改，會比較直覺而且安全。請執行『**File/Project Structure...**』命令，然後如下操作：

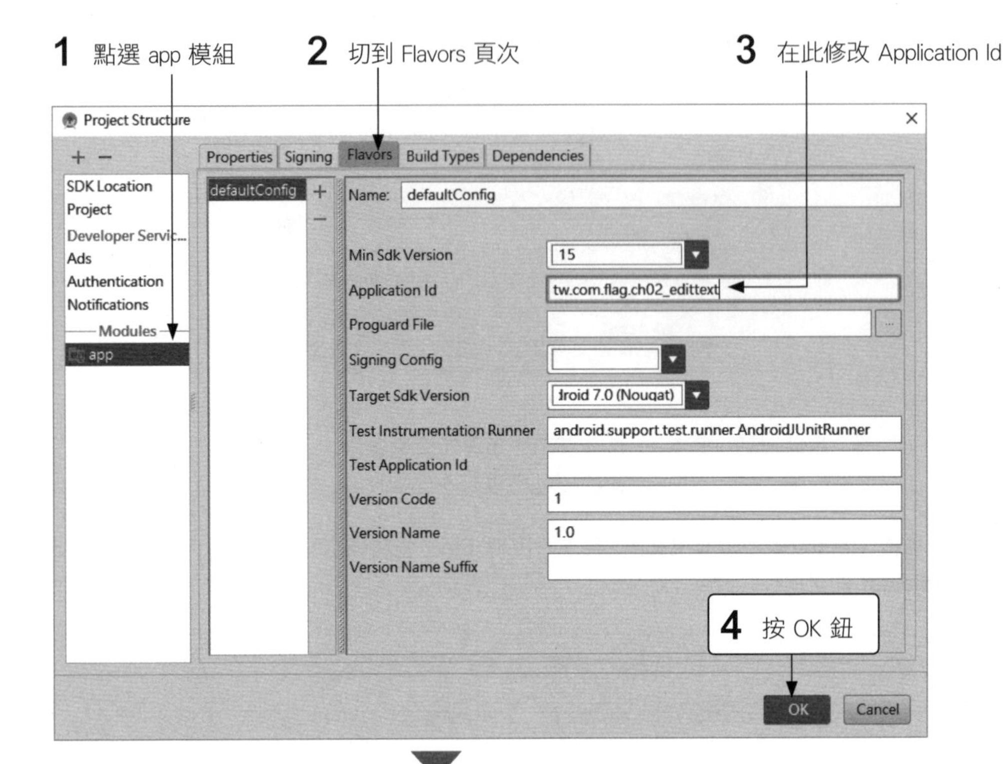

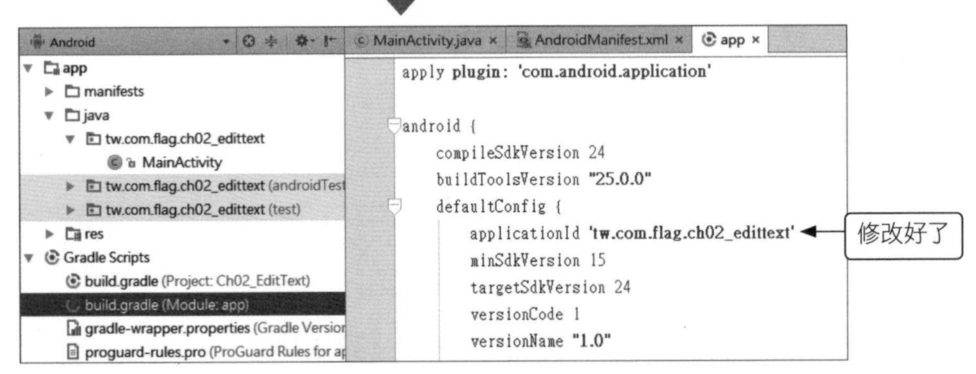

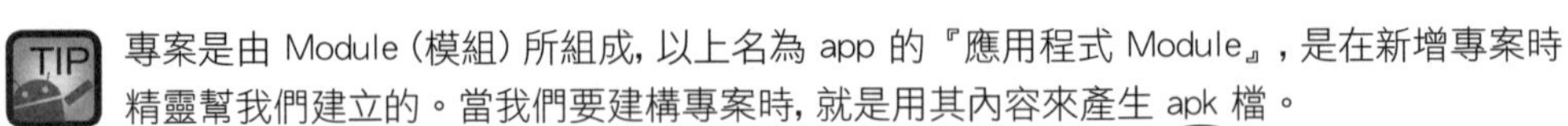
專案是由 Module (模組) 所組成, 以上名為 app 的『應用程式 Module』, 是在新增專案時精靈幫我們建立的。當我們要建構專案時, 就是用其內容來產生 apk 檔。

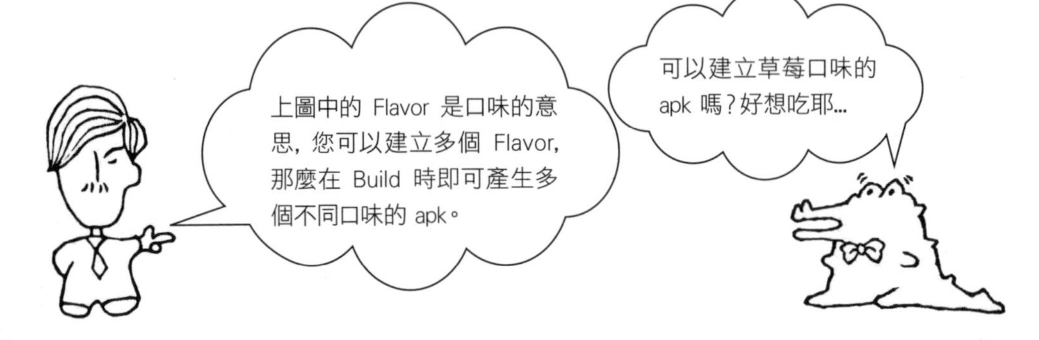

延伸閱讀

1. 如果想查詢各元件有哪些屬性、方法，或是想看更詳細的說明，可連到 Android 開發者網站 (developer.android.com) 然後以元件或功能的名稱做搜尋，例如：

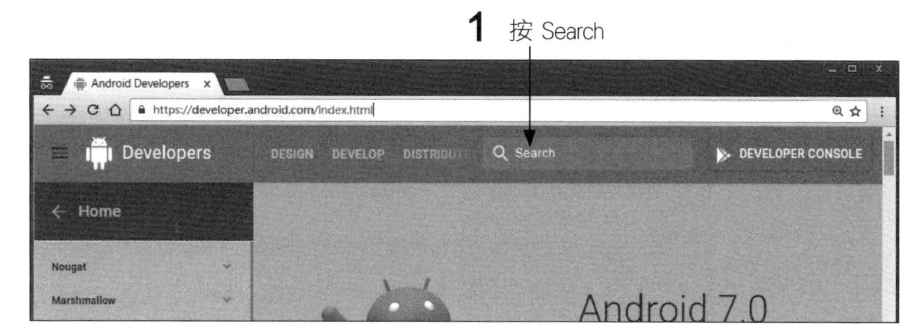

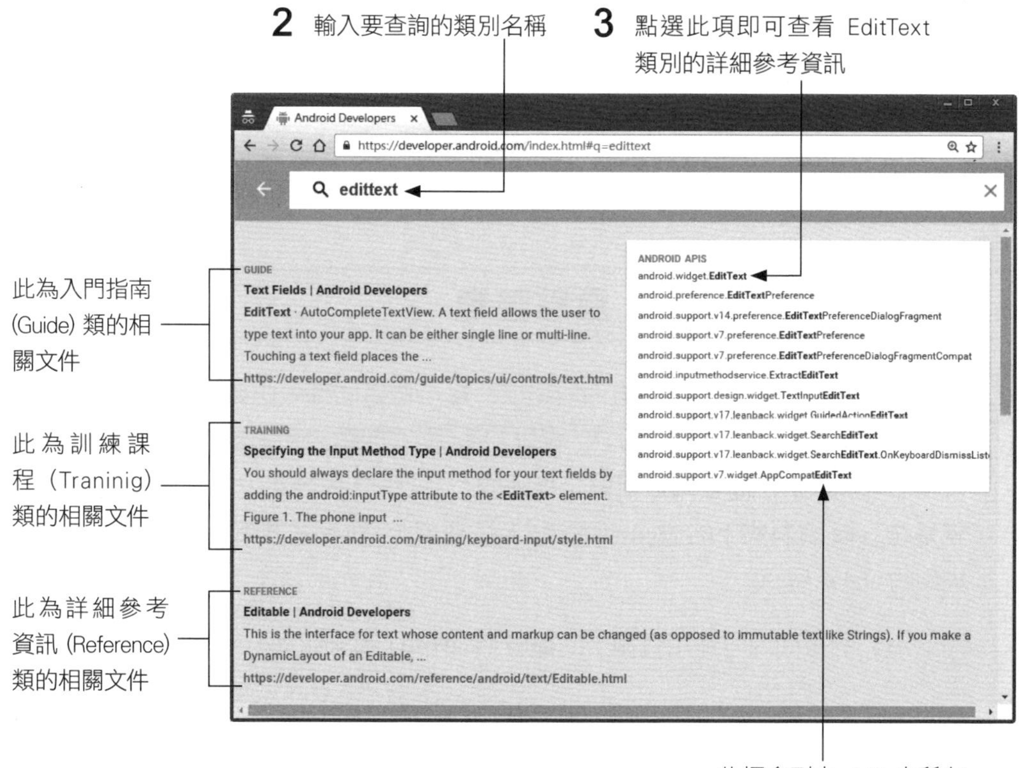

2. 有關 TextView、EditText、Button 的其他屬性與方法, 可到 Android 開發者網站分別以其類別名稱做搜尋。

3. 有關 Android lyaout 佈局檔的 XML 撰寫格式, 可到 Android 開發者網站以 "Layout XML" 做搜尋。

4. 有關 Application Id 和 Package Name 的詳細解說, 可到 Android 開發者網站以 "Application Id" 做搜尋:

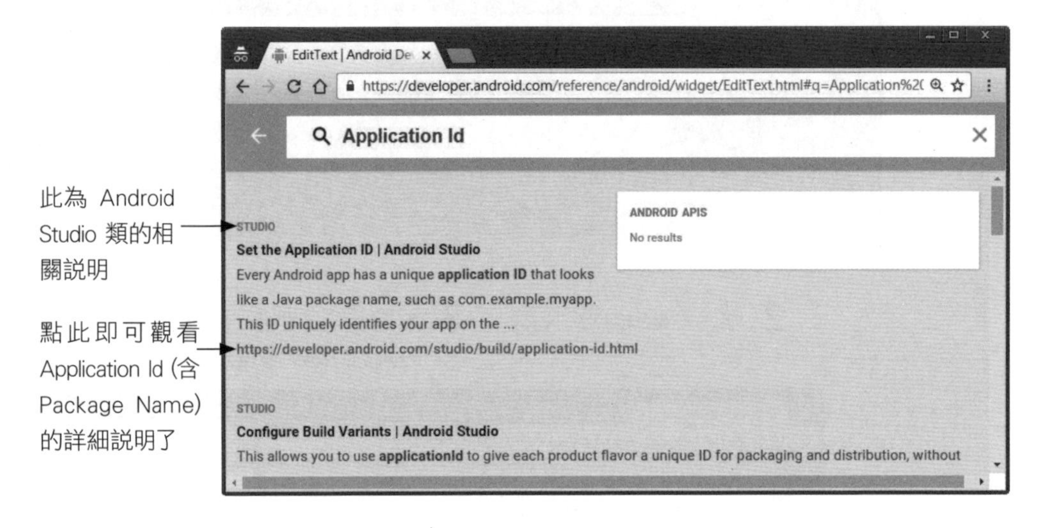

重點整理

*1. Android App 是由一個個畫面所組成, 每一個畫面都是由個別的 Activity 來負責。Activity 的組成可分成『視覺』與『程式邏輯』兩個部分:**視覺**也就是使用者介面設計, 而**程式邏輯**就是程式的行為設計。在專案中, 視覺部份主要就是在 **res 資料夾**下的畫面佈局檔以及各種資源;而程式邏輯則是 **java 資料夾**中的 Java 程式。

*2. Activity 的畫面內容是用資源中的**佈局 (Layout)** 檔來定義。

3. Android 專案精靈建立的預設佈局包含兩個元件:**RelativeLayout** 佈局元件是透過『相對 (Relative) 位置』來規劃元件的位置;**TextView** 元件是用來顯示一段文字, 例如預設顯示 "Hello world!" 字串。

*4. 在佈局中替元件的 id 屬性命名，在程式中就能透過元件的資源 ID 來存取元件。在佈局編輯器的 Text 頁次中設定名稱時，其格式為『@+id/名稱』。在程式中存取時的資源 ID 就是『R.id.名稱』。

5. Android 支援多種尺寸單位，其中 **sp、dp** 是建議使用的邏輯單位，它會隨手機螢幕實際大小、解析度而調整。sp 還會隨手機設定中的**字型大小**調整，所以比較適用於元件的 textSize 屬性。

6. 在複製舊專案來使用時，由於 Android App 是以套件名稱來分辨程式，因此在複製後需更改套件名稱，才會被識別為不同的應用程式。不過在實際建構 (Build) 專案時，會以 Gradle 中設定的應用程式 ID 覆蓋掉 apk 的套件名稱，因此也要一併修改應用程式 ID 才行。

*7. 當使用者執行 Android App 時，系統會先找出要先啟動的 Activity，並建立所要啟動的 Activity 物件，再呼叫其 **onCreate() 方法**。在此方法內加入自己的程式，當 Activity 被啟動時 (Android App 被執行時)，就會執行到我們的程式。

*8. 在 res 資料夾加入資源時，會自動在專案中建立代表該項資源的資源 ID。在程式中可用『R.資源類別.資源名稱』的格式，存取該資源。

*9. 以『R.資源類別.資源名稱』為參數呼叫 findViewById() 會傳回代表該元件的 View 類別物件，使用時通常要將之轉型為元件專屬的類別 (例如 TextView)。

10. 編輯 Java 程式時，在有問題的地方按 Alt + Enter 鍵，可彈出選單來快速修正問題 (例如幫你加入 import 敘述來匯入所需的套件)；在語法有誤的地方按 Ctrl + Shift + Enter 鍵，則可自動補上敘述中缺少的部份，以符合語法規則。

11. TextView 類別的 setText() 方法可設定顯示的文字。

12. 按鈕的 onClick 屬性可指定為 Activity 類別中 public 的方法名稱，當使用者按下按鈕時，Android 就會呼叫該方法。則若方法的定義不對、名稱不符合，則使用者按下按鈕時會產生錯誤。

13. 若想將寫好的程式直接放在手機上執行，可用 USB 線連接手機與電腦，再從 Android Studio 中直接將程式上傳到手機執行。

> 標示 * 的項目最重要！請務必透徹理解。這將是你學習 Android 程式設計的任督二脈，打通了，路就開了...

習題

1. Android App 是由一個個畫面組成，每個畫面都由一個 __________ 負責。

2. Android App 啟動時，系統會依據設定找出要啟動的 Activity，並呼叫它的 ______________ 方法。要載入佈局檔，可呼叫 Activity 類別的 ______________ 方法。

3. 請說明以下檔案的用途：

   ① MainActivity.java　　② activity_main.xml

   ③ strings.xml　　④ ic_launcher.png

4. 假設有一元件的 id 屬性設為 "dog"，那麼其在儲存在 XML 檔中的 id 值會是 @____/_____；若要在 XML 檔中指定此元件，寫法為 @____/_____。若是要在程式中存取此元件，那麼要寫成 R.____._____。

5. 請說明 App 的『套件名稱』和『應用程式 ID』有何不同。

6. 請建立一個新專案，在預設的 RelativeLayout 中，除原有的 TextView 外，再加入 1 個 TextView，並設為顯示相同的 "Hello World!" 訊息，但 2 個 TextView 的 id 屬性分別設為 big、small；textSize 則分別為 30sp、20sp。

7. 請建立一個新專案，在預設的 RelativeLayout 中加入 3 個按鈕，按 3 個按鈕分別會在預設的 TextView 顯示 "早安"、"午安"、"晚安"。

8. 請建立一個新專案，在預設的 RelativeLayout 中加入 1 個按鈕及 1 個 EditText 欄位，使用者按按鈕時，程式會顯示 EditText 中已輸入的字串長度。

TIP 字串長度可用 String 類別內建的 length() 方法取得。

03 Android App 介面設計

Chapter

3-1 View 與 ViewGroup(Layout)：元件與佈局

Android 的畫面是以 View 和 ViewGroup 兩種類別為基礎架構出來的樹狀系統。View 類別為**具體可見的視覺元件**，在其內不能再置入其他的元件。而 ViewGroup 類別則是**不可見的容器元件**，用來設定其容器內的 View 和 ViewGroup 元件的排列規則。要注意的是 ViewGroup 除了可以放入 View 元件外，也可以放入其他的 ViewGroup 容器元件，因此可透過層層的容器，以樹狀結構建構出豐富的使用者介面。

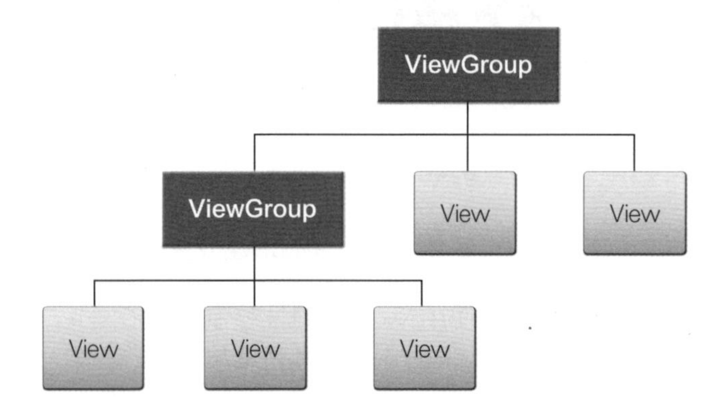

我們之前使用過的 TextView、Button、EditText、...等視覺元件都屬於 View 類別，而 ViewGroup 類別則主要包含各種版面的佈局 (Layout)：

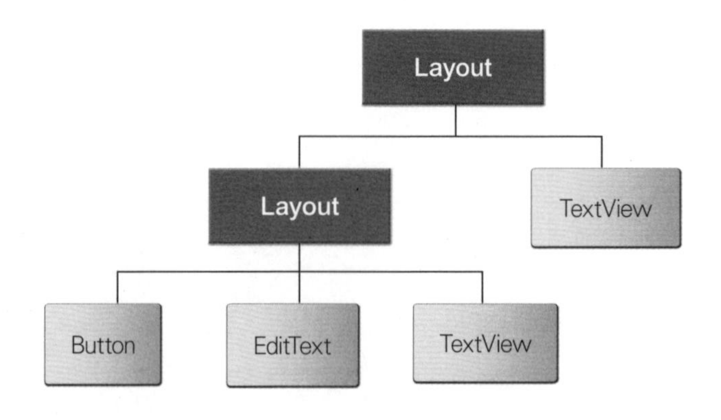

View：視覺元件

常用的 View 視覺元件包含：

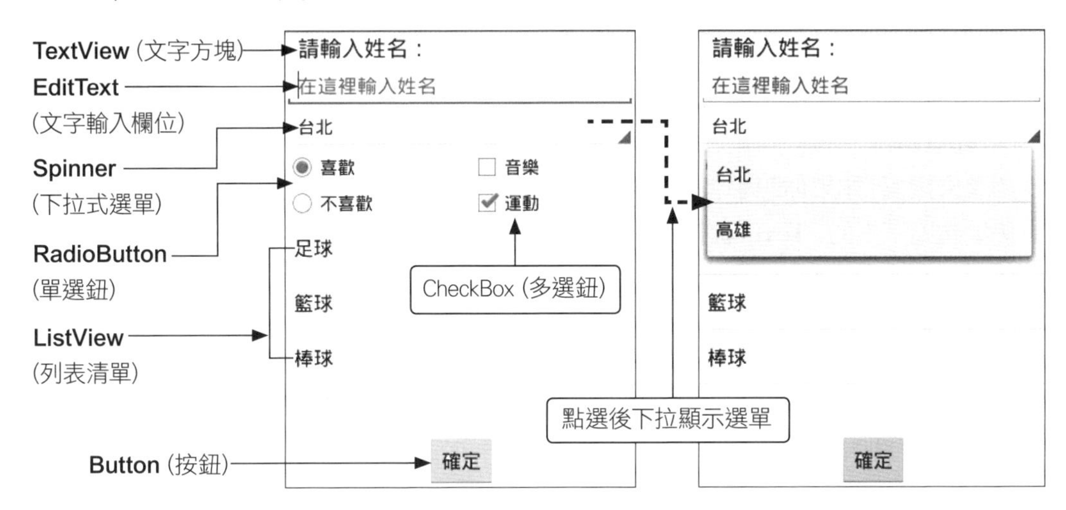

Android Studio 的佈局編輯器在其**元件庫** (Palette) 窗格中提供了各種常用的視覺元件, 並分別放在各個分類當中, 只要把這些元件從**元件庫**窗格加到編輯區, 然後設定其各種屬性, 就可完成 App 的 UI (使用者介面) 設計。

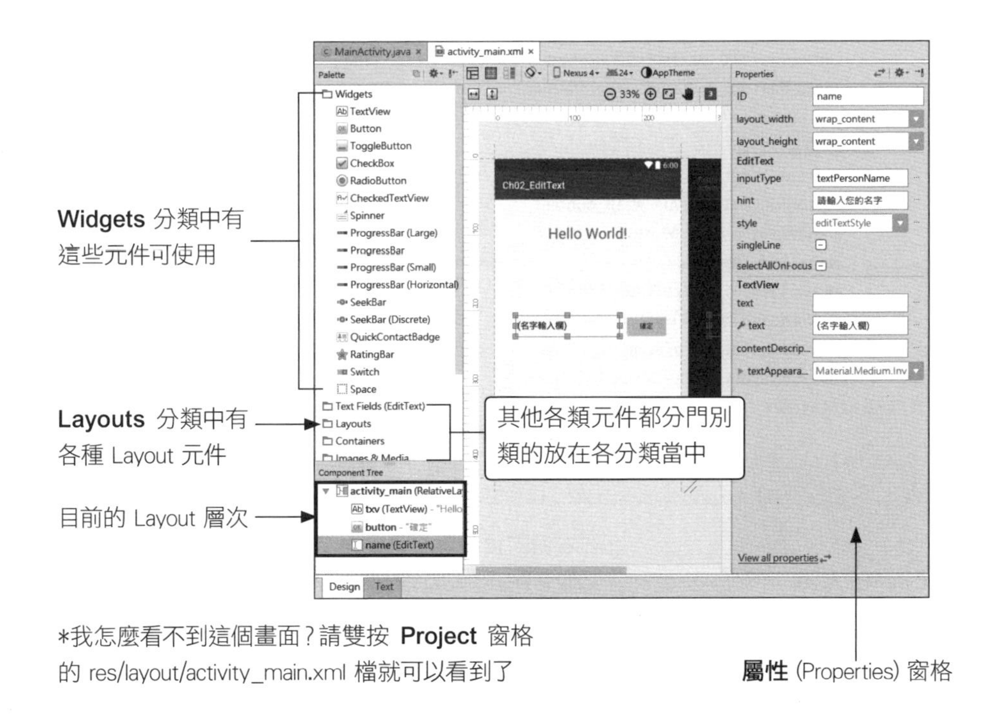

View 元件的屬性與設定

在第 2-4 節我們已介紹過元件的一些屬性欄位。各種屬性欄位的設定各有不同，例如：直接填入數值 123 或 "字串"，但也可以填入資源的參照位置 "@string/字串名稱" 或 "@mipmap/圖檔名稱"...。這些屬性的設定，除了在**屬性 (Properties)** 窗格中填入之外，我們也可以在編輯區以 Android 規定的 XML 語彙來撰寫。如果你想學習如何撰寫這些 XML 設定，可以在填完屬性欄位之後，按編輯區下方的 **Text** 頁籤切換到文字編輯模式觀察比對其內容，這將有助於你對 Android XML 的理解。

如果要檢視特定元件的 XML 碼，也可在元件上按右鈕執行『**Go To XML**』命令，即可快速切換到 Text 模式並標示出元件對應的 XML 碼，例如 Hello World! 元件：

按此可顯示/隱藏預覽窗格

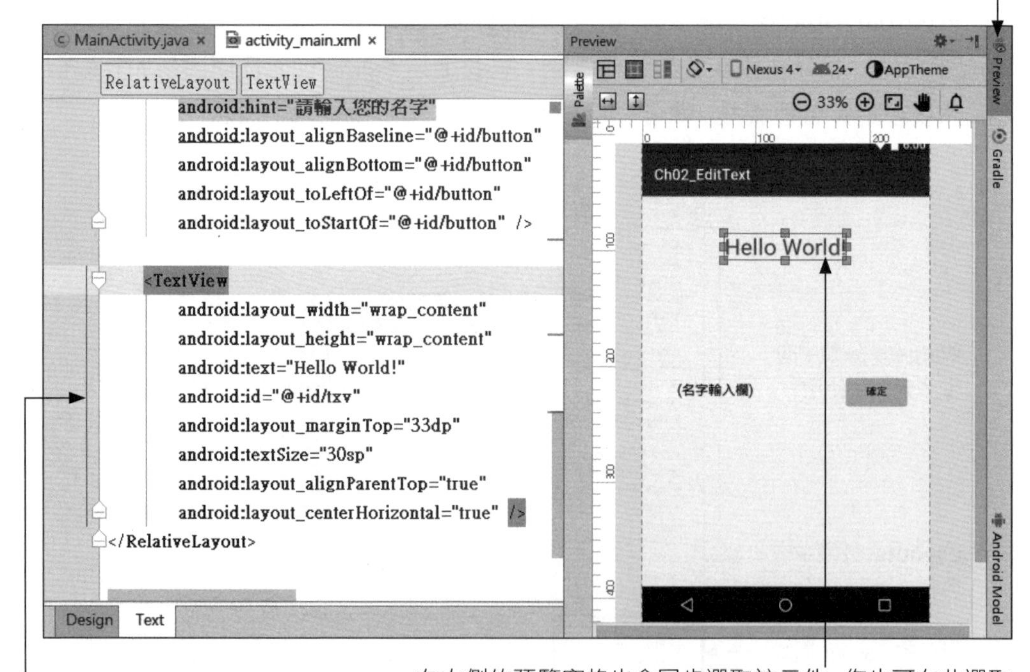

標示出 TextView 的範圍

在右側的預覽窗格也會同步選取該元件。您也可在此選取其他元件或 Layout，左側即會標示出對應的 XML 碼供檢視如果是在元件屬性中填入字串參照的名稱 (例如:@string/app_name), 那麼可再開啟 res/values 的 strings.xml, 利用 XML 編輯器來建立或修改字串資源:

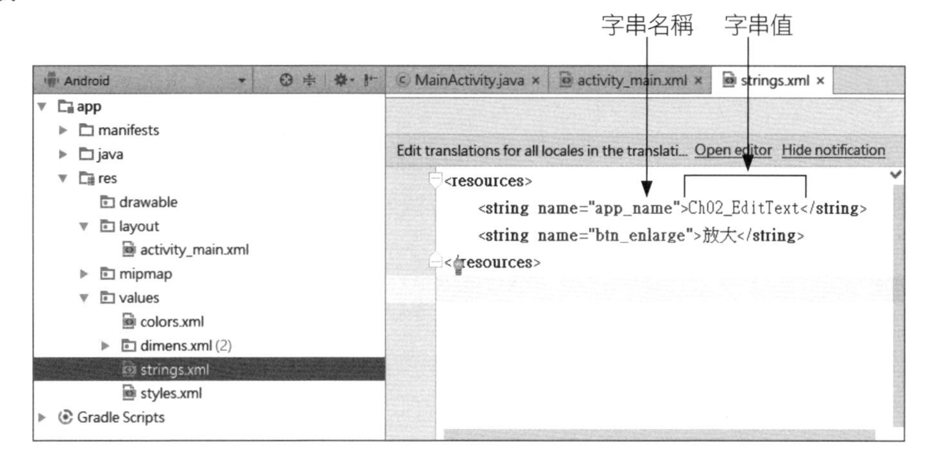

另外, 也可以直接在屬性欄右側的 ... 上按鈕, 開啟 Resources 交談窗來選取、檢視、或新增資源, 這在第 2 章的範例 2-1 已介紹過, 可參考第 2-38 頁的說明框。

再談 id 屬性

每個 View 元件的屬性欄位中都有 id 欄位, 可見其重要性。id 欄位是用來替 View 元件命名, 其格式為 "@+id/元件名稱"。請注意! 每個 View 元件在程式執行時都會轉化為一個 Java 物件, 所以我們等於是在為一個 Java 物件命名。命名之後我們就可以在 Java 程式中以 findViewById() 方法來取得『R.id.元件名稱』的物件 (註:『R.id.元件名稱』是巢狀 (Nested) 的類別定義, id 是定義在 R 類別內的類別, 而『元件名稱』是定義在 id 類別中的常數喔! 詳見第 2-14 頁)

除此之外, 我們也會在元件中參照使用到其他元件的名稱, 例如在 button 元件的屬性欄位, 為了對齊元件位置而需要填入某個名為 "txv" 的 TextView 元件時, 欄位內就會填入 "@id/txv" 之類的參照。

更仔細來看, "@+id/名稱XX" 的意思是說『如果』在 R.java (從第 2 章你已知它是什麼) 檔案內的 id 類別中找不到 "名稱XX" 這個常數, 那就為此名稱建個新 id (定義新常數, 用來代表此元件);若 "名稱XX" 已存在, 那就直接用它吧!不用在 R.java 的 id 類別中再建新的名稱了。所以名為 txv 的 TextView 若已命名, 那 button 參照它時, 寫成 @+id/txv 或 @id/txv 都沒關係。

為了方便我們設定 id, 在圖形化佈局編輯器中設定 id 屬性時, 只要直接輸入元件的 id 即可, Android Studio 會自動為我們轉換:

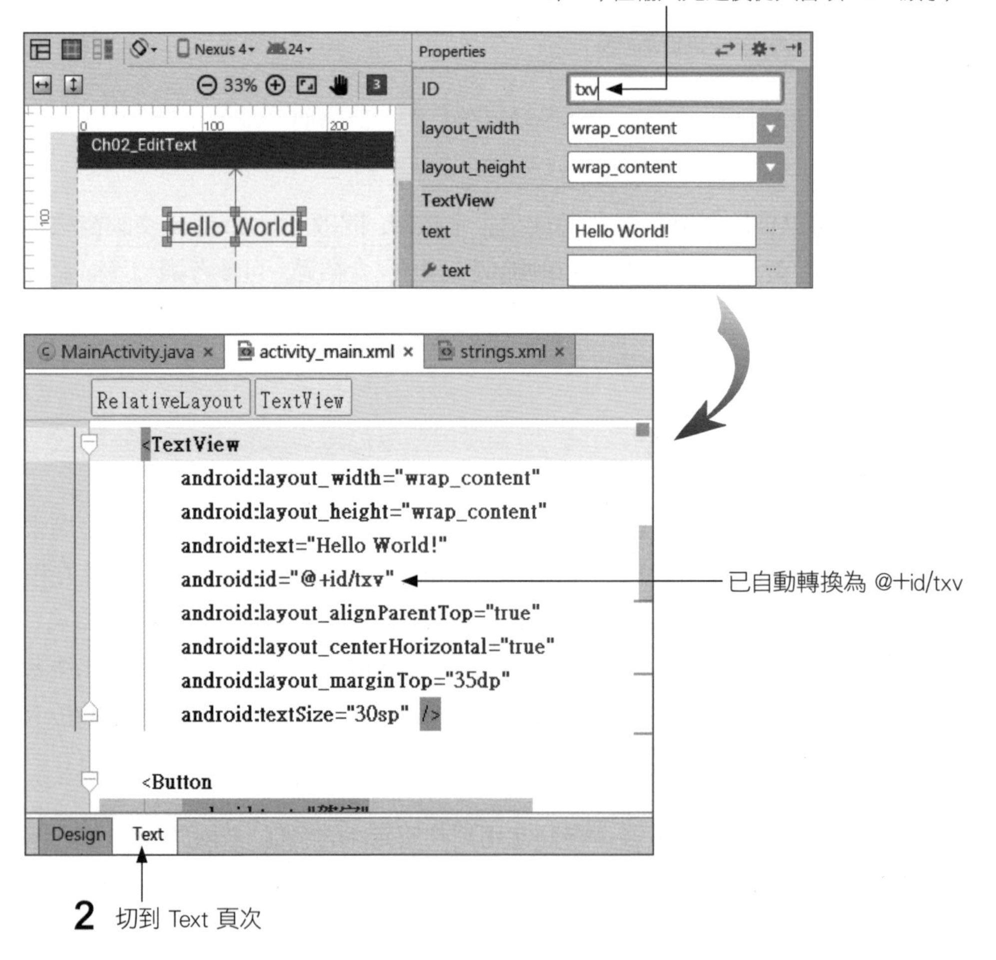

另外當我們在屬性欄設定『參照其他元件』的屬性時，會自動列出可用的元件供選擇，例如：

如果沒看到圖中的屬性，可按此切換顯示所有的屬性

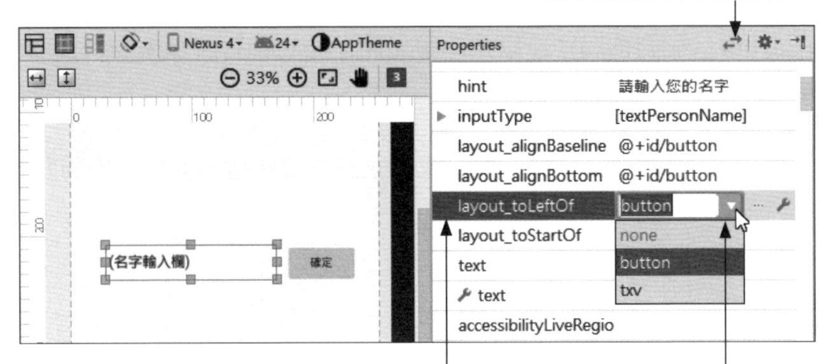

layout_toLeftOf 的意思是說，本元件要顯示在哪個元件的左側 (Left)

設定元件的相對位置時，在向下箭頭按一下即可選取要對齊的元件

請注意，在選取可參照的元件時，所有已經直接或間接參照到自己的元件並不會列出喔！

舉例來說，如果 A 參照到 B 而 B 又參照到 C，那麼在設定 C 的參照時，就不會列出 A 和 B，以避免循環參照 (例如：**A**→B→C→**A**)。

在屬性欄的右側如果有工具圖示，則按一下就會顯示出同名的工具屬性供您設定：

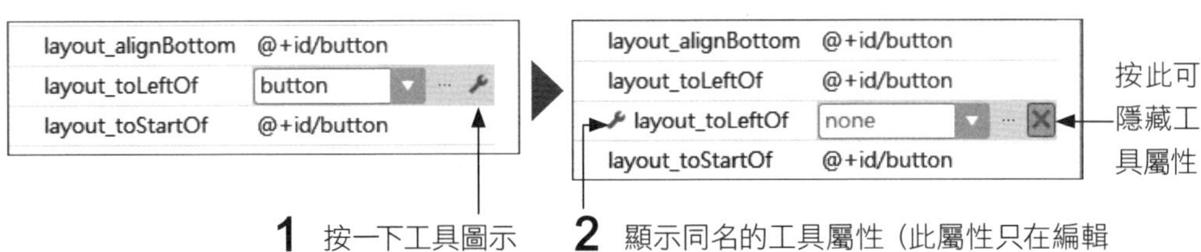

1 按一下工具圖示

2 顯示同名的工具屬性 (此屬性只在編輯工具中有效並且優先採用，在實際執行時則會被忽略)

Layout：畫面佈局

常用的 Layout 包含：

- **RelativeLayout** (相對佈局)：是以元件與元件之間的相對關係來安排佈局，在上一章的範例都是使用這種佈局方式。
- **LinearLayout** (線性佈局)：是從上到下或從左到右依序擺放元件的佈局方式。

- **ConstraintLayout** (約束佈局)：這是 Android Studio 2.2 版才開始支援的新佈局，其功能和 RelativeLayout 類似，但更有彈性。它可以單獨用來設計各種複雜的版面，而不必層層套疊多個佈局，讓設計更簡潔並提升執行效率。
- **TableLayout** (表格佈局)：是以表格方式將個別元件放置在指定儲存格的佈局方式。

	第 1 行	第 2 行	第 3 行
第 1 列	元件 1	元件 2	元件 3
第 2 列	元件 4	元件 5	元件 6

上列這些螢幕上常用的元件及佈局，Android Studio 都幫我們準備好了，我們只要在圖形化佈局編輯器中拉進來擺設並設定屬性就可以使用了，完全不用花時間動手設計！

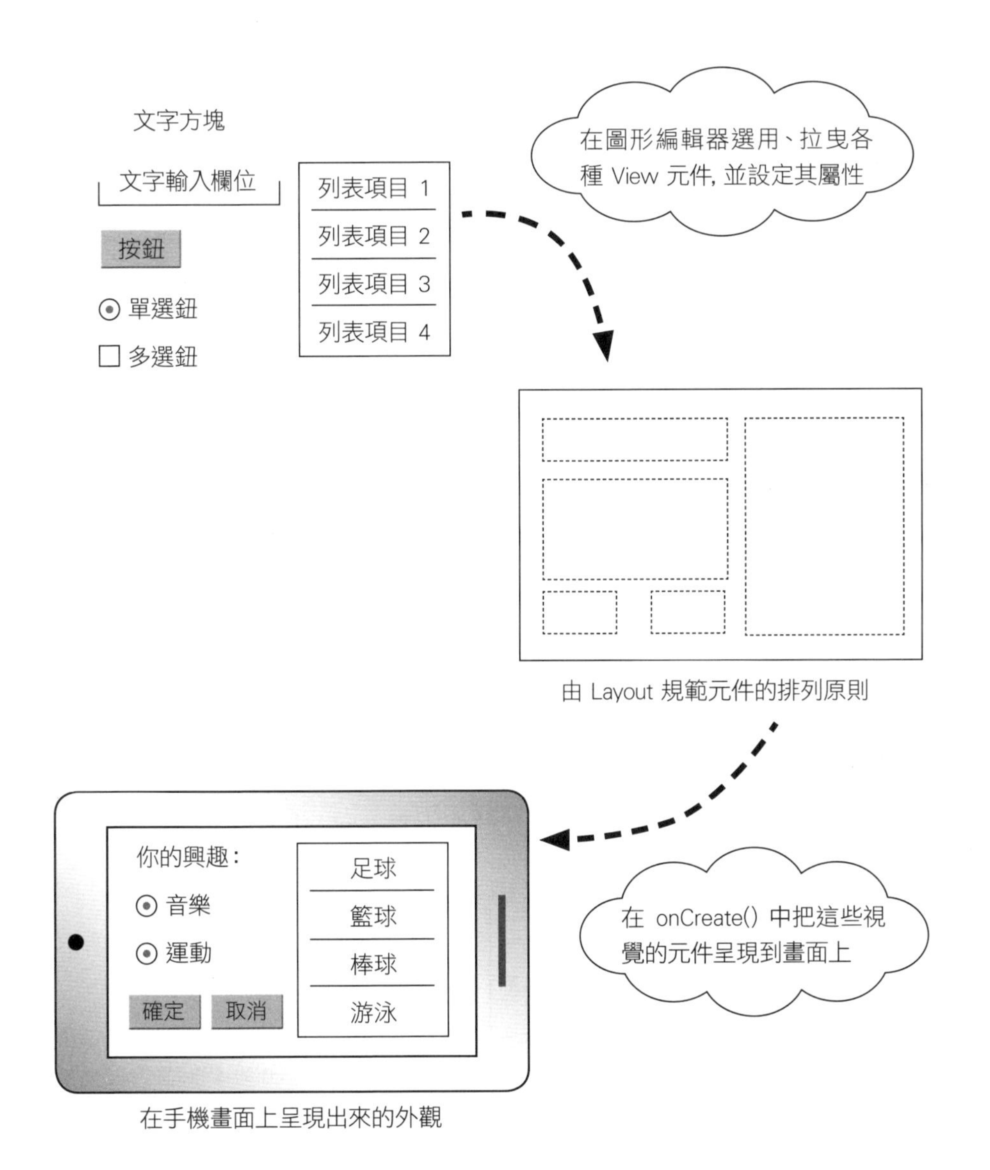
文字方塊
文字輸入欄位
按鈕
單選鈕
多選鈕
列表項目 1
列表項目 2
列表項目 3
列表項目 4
在圖形編輯器選用、拉曳各種 View 元件, 並設定其屬性
由 Layout 規範元件的排列原則
你的興趣:
音樂
運動
確定
取消
足球
籃球
棒球
游泳
在 onCreate() 中把這些視覺的元件呈現到畫面上
在手機畫面上呈現出來的外觀

3-2 使用 LinearLayout 建立畫面佈局

專案預設使用的 RelativeLayout，是以『相對』(Relative) 位置來設定其內各項元件的位置。不過當 RelativeLayout 佈局中包含較多元件時，在佈局編輯器中很容易因為拉曳某一個元件的位置、修改其大小、或修改屬性、...等操作，而使各元件參考的相對關係消失或變動，導致元件位置大亂。

對初學階段而言，建議可以先學習較為直覺的 LinearLayout，然後再學習功能強大又容易使用的 ConstrainLayout。。

LinearLayout：依序排列元件

LinearLayout 的特點就是 "Linear (線性的)"，亦即所有加到佈局中的元件，都會『依序直線排列』。而其直線排列的方向又可分 2 種：

- **LinearLayout (horizontal)**：將其內的元件依水平方向，由左至右直線排列。
- **LinearLayout (vertical)**：將其內的元件依垂直方向，由上而下直線排列。

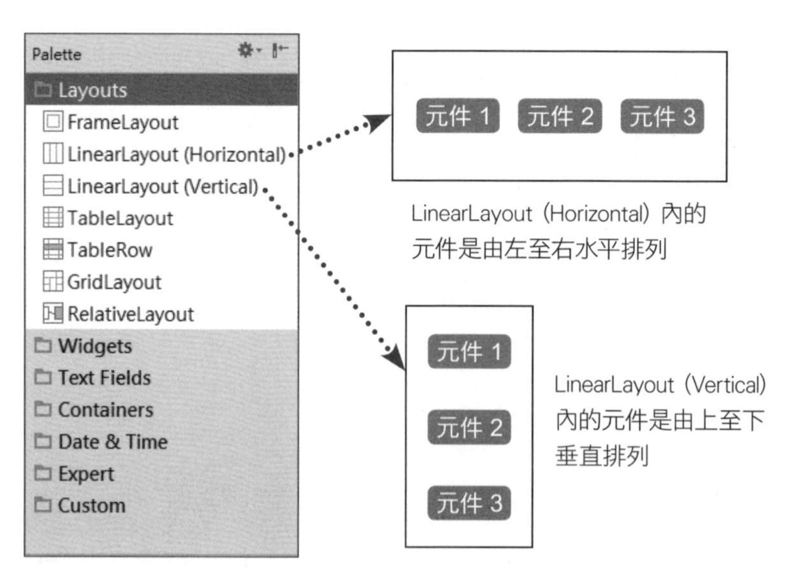

LinearLayout (Horizontal) 和 LinearLayout (Vertical) 其實是同一個元件，前者的 **orientation** (方向) 屬性值為 **horizontal** 或不設定(留白)，後者的 **orientation** 屬性值為 **vertical**。

在 Android 佈局中，Layout 本身也可以當成是一個元件放到另一個 Layout 中。例如使用 LinearLayout 時，通常會以『垂直』的 LinearLayout 當做畫面主結構，然後加入多個『水平』的 LinearLayout 成為一列列由上而下的 Layout 版面，最後再於水平的 LinearLayout 加入所需的元件：

最外層 (最上層) 是 LinearLayout (vertical)

3 個 LinearLayout (horizontal)

TextView 元件　EditText 元件

下層放 3 個水平的 LinearLayout

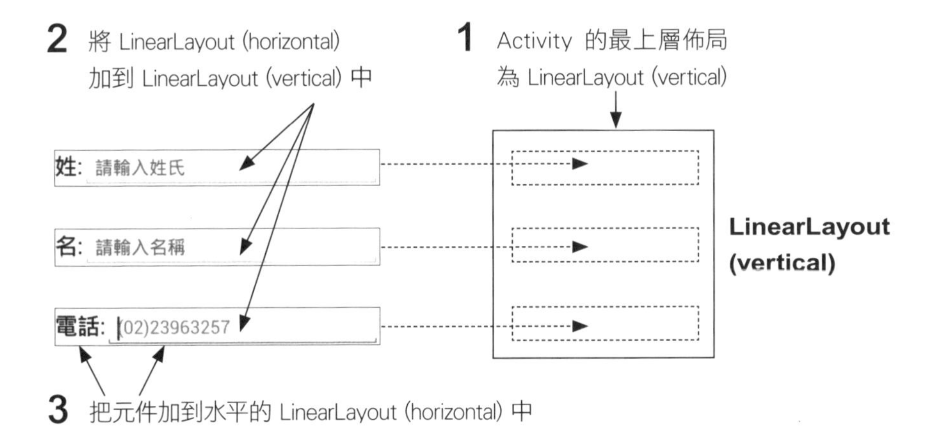

範例 3-1：在佈局中使用 LinearLayout

step 1 請建立新專案 "Ch03_LinearLayout"。由於預設是使用 RelativeLayout，我們可用如下的方式，將它換成 LinearLayout (vertical)：

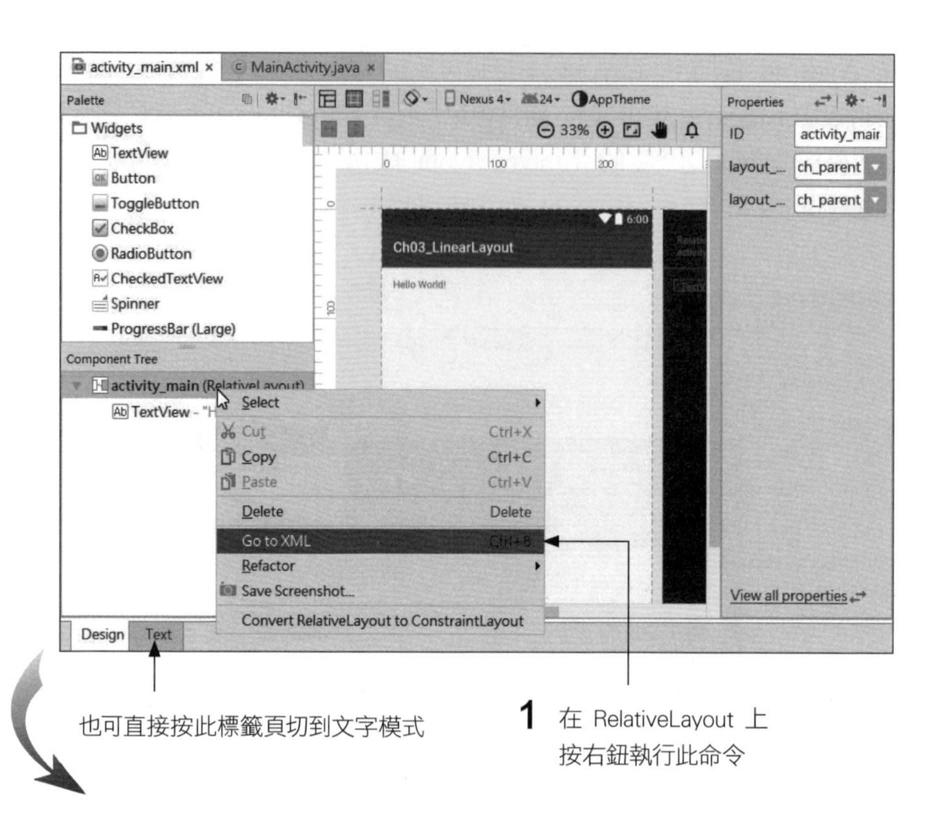

2 在 "RelativeLayout" 上雙按滑鼠將之選取

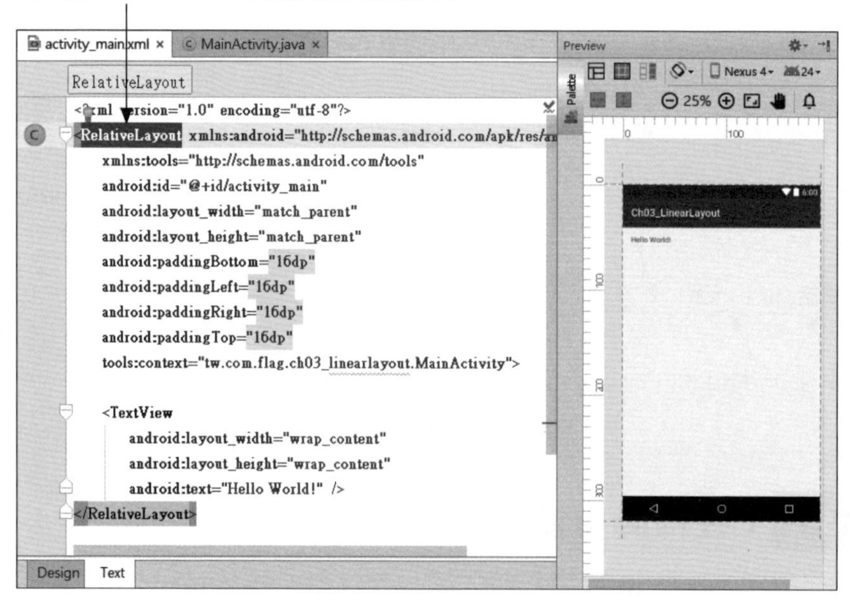

Layout 的屬性設定 (例如寬高及邊界留白等) 仍可保留

3 輸入 "LinearLayout" (請善用自動完成功能)

4 按此切回圖形模式　　輸入後, 結尾標籤也會自動更改好

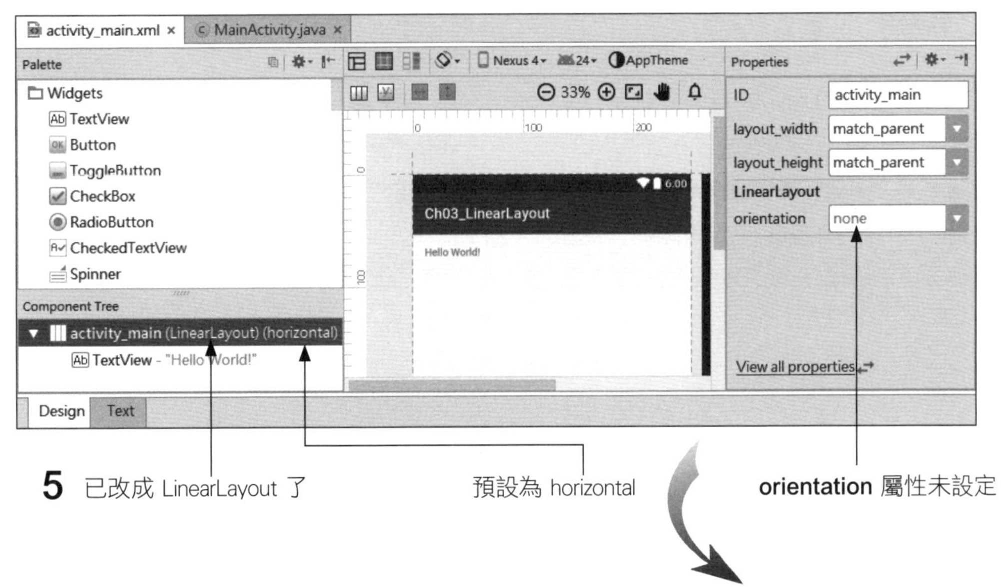

5 已改成 LinearLayout 了　　預設為 horizontal　　**orientation** 屬性未設定

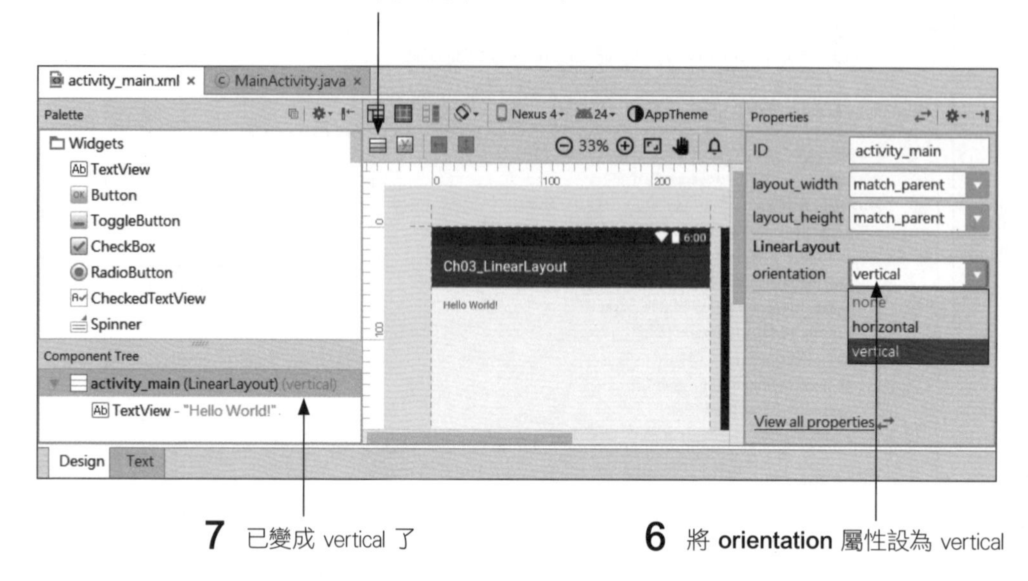

使用以上方法改變 Layout 元件後, 仍會保留 Layout 中原有的元件, 只不過那些元件會依照新 Layout 的特性重新排列而已。

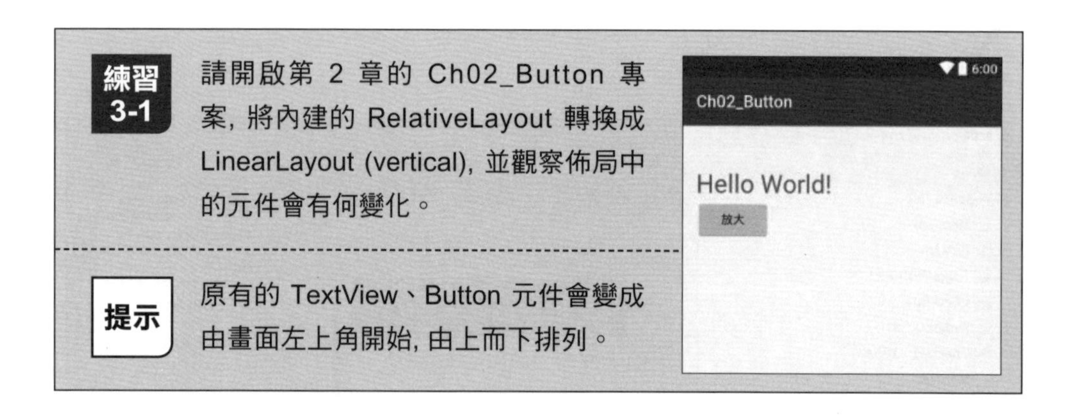

練習 3-1 請開啟第 2 章的 Ch02_Button 專案, 將內建的 RelativeLayout 轉換成 LinearLayout (vertical), 並觀察佈局中的元件會有何變化。

提示 原有的 TextView、Button 元件會變成由畫面左上角開始, 由上而下排列。

範例 3-2：使用 LinearLayout (horizontal) 建立表單

首先，我們將建立如 3-11 頁的聯絡人輸入表單。在這個範例中，會先完成姓名的部分，等到下個範例，會再加上輸入電話的特殊元件，以及互動效果的程式。

step 1 請依照第 1-3 節介紹的方法，將先前的 Ch03_LinearLayout 專案複製為 Ch03_LinearLayout2 來使用。接著點選 "Hello world!" 這個元件，按 Del 鍵把畫面清空，然後如下加入 LinearLayout (horizontal) 元件：

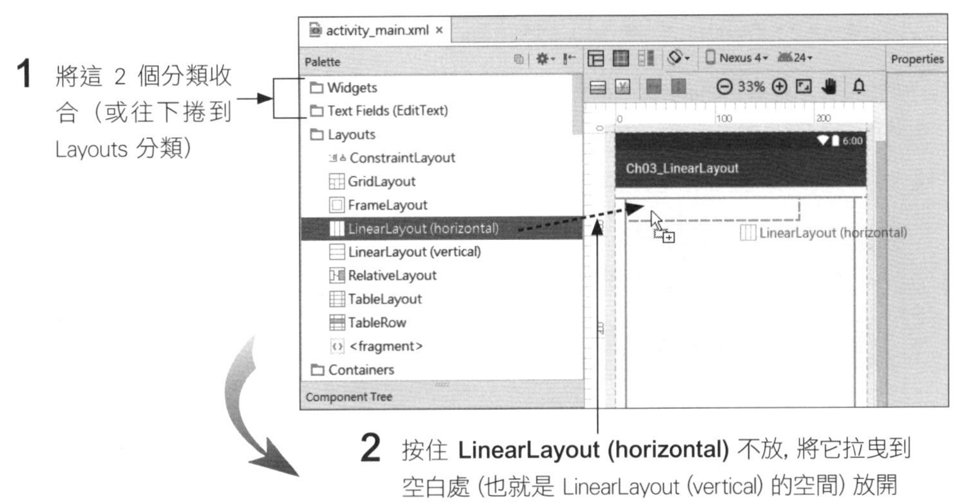

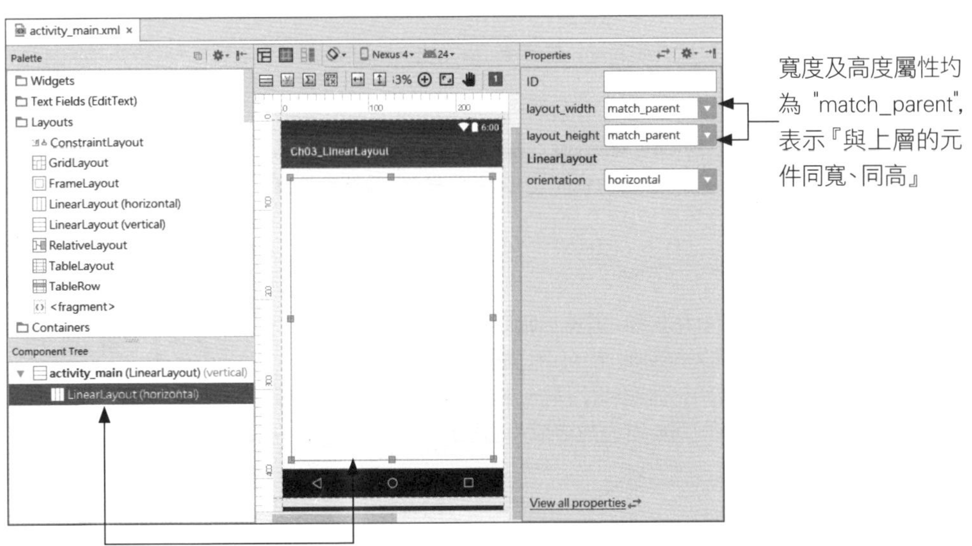

width 與 height 屬性

上圖中的 layout_width 與 layout_height (由於是與外部 Layout 有關的屬性, 名稱前面會加 "layout_" 是所有元件與 Layout 都可以使用的屬性, 會控制元件的寬度與高度。設定為 match_parent 表示與上層的元件同寬或同高, 例如:

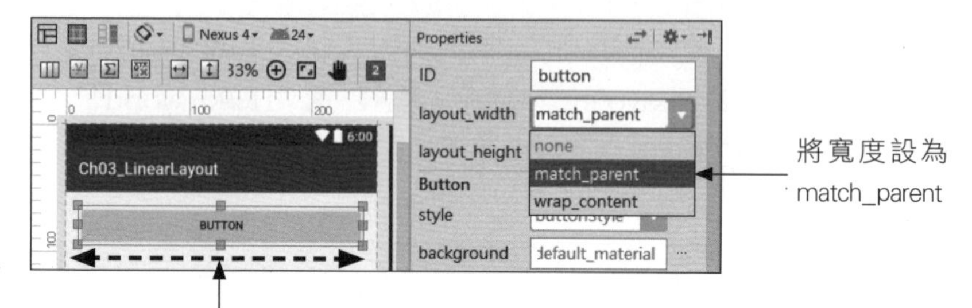

寬度延伸為整個畫面的寬度, 但因為最外層 Layout 有設定邊界留白 (詳見第 3-4 節), 所以只能擴展到留白區的內緣

若設定為 wrap_content, 則是依據元件的內容自動調整為最小的寬度或高度:

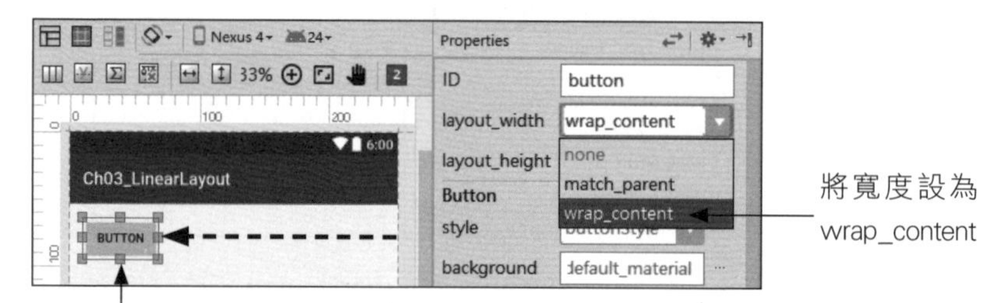

寬度縮小成內含文字的寬度

會影影元件寬度 (或高度) 的還有 **layout_weight** 屬性, 請看下一個說明框的介紹。

凡是與外部 Layout 有關的屬性, 在屬性名稱前面都會加上 "layout_" 字樣, 但為避免佔用篇幅, 後文中有時會將 "layout_" 省略, 請讀者注意。

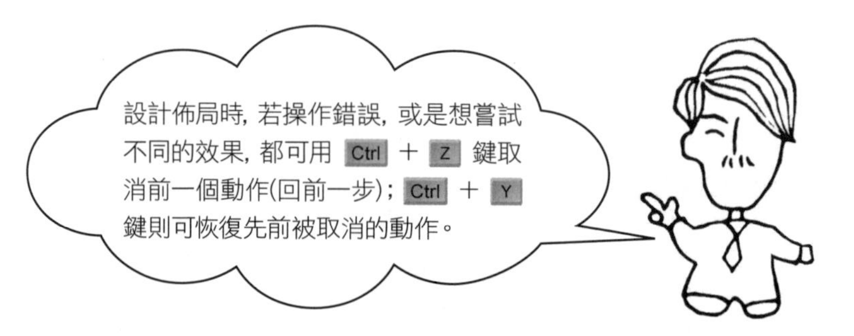

使用 weight 屬性控制元件的寬/高

在 LinearLayout 中如果有多個元件，有時會希望能用比例來分配其寬度 (或高度)，例如：

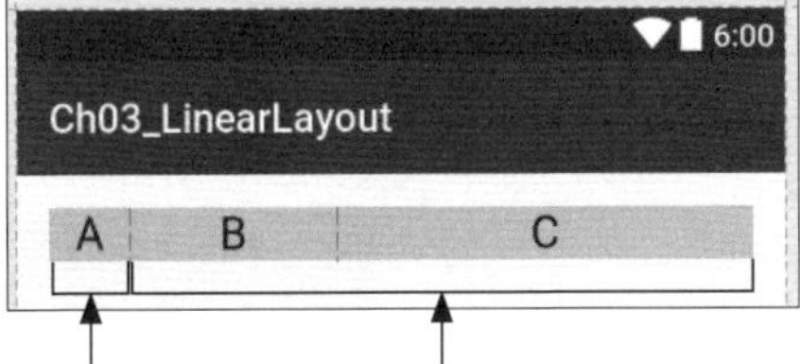

A 以固定寬度顯示　　B、C 以 1:2 分配剩餘的寬度

此時即可利用 layout_weight 屬性來設定 B、C 的分配比例。weight 屬性只適用於『放在 LinearLayout 中』的元件，其功能是設定『剩餘空間的分配比例』，會依比例來分配佈局剩餘的空間 (剩餘空間=全部空間-所有元件依width 屬性所佔用的空間)。

以上圖來說，各元件的 width 及 weight 屬性可設定如下：

屬性	A	B	C
layout_width	40dp	0dp	0dp
layout_weight	(未設定)	1	2

weight 屬若未設定則其值為 0，因此 A、B、C 的剩餘空間分配比例為 0:1:2，而剩餘空間則為：(全部空間-40dp-0dp-0dp)。各元件最後的寬度計算如下：

元件	寬度計算	計算結果
A	40dp + 剩餘空間*(0/3)	固定 40dp 寬
B	0dp + 剩餘空間*(1/3)	(外層佈局元件寬度-40dp)*1/3
C	0dp + 剩餘空間*(2/3)	(外層佈局元件寬度-40dp)*2/3

由於 weight 屬性只是比例值，所以設計好的佈局在不同大小的螢幕中，B、C 元件的寬度比例都能維持 1:2。

如果將 B 和 C 的 width 都改為 30dp，那麼剩餘空間會變成 (全部空間-40dp-30dp-30dp)，也因此 B 和 C 的比例不會是 1:2 喔！而會是 (30dp+剩餘空間*1/3):(30dp+剩餘空間*2/3)。

weight 屬性在水平的 LinearLayout 中，是用來設定元件**寬度**的剩餘空間分配比例；在垂直的 LinearLayout 中，則是設定元件**高度**的剩餘空間分配比例。

另外請注意，在設定 weight 屬性時，最好同時『將 width (或 height) 屬性設為 0dp』，如此一來就相當於只用 weight 屬性控制元件寬度，而省去了處理 width 屬性的時間，因此可以提高執行效率。

step 2 接著要加入一個 TextView 元件：

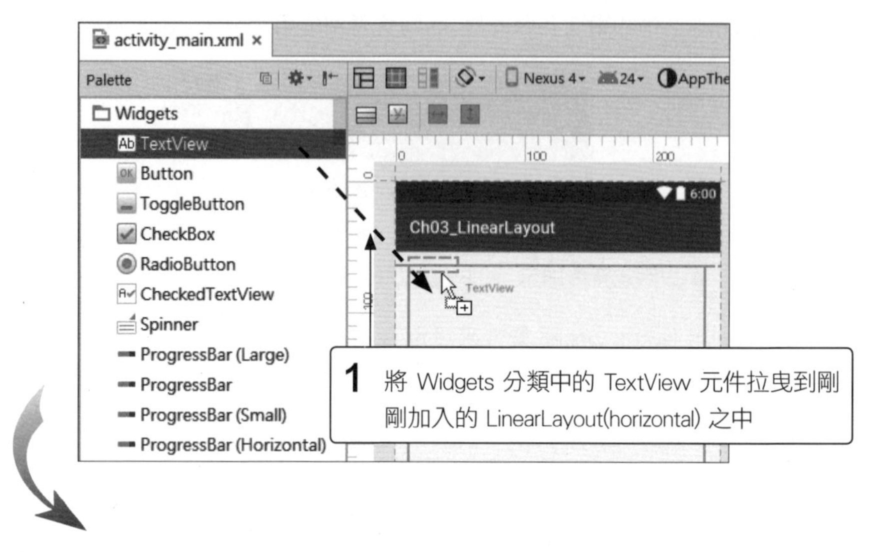

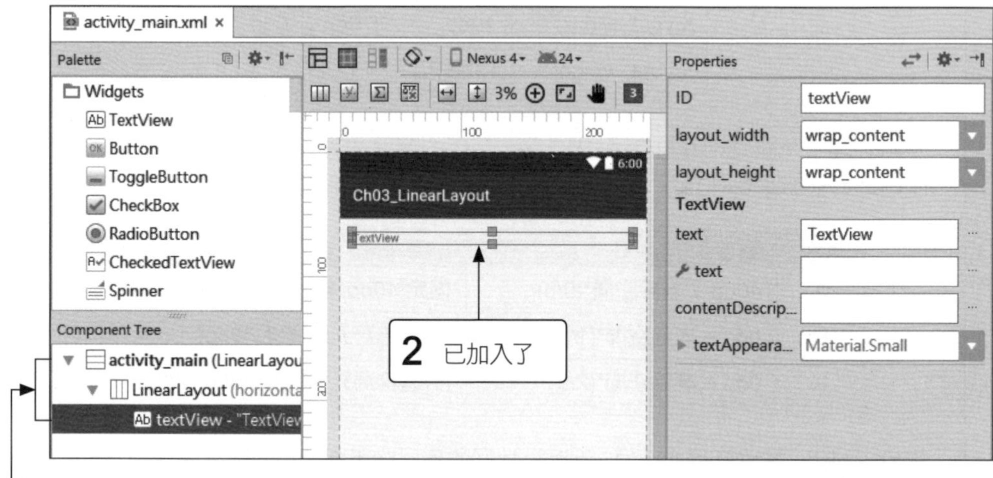

這裡的階層即代表彼此的 "包含" 關係，你也可直接將元件拉曳到此來加入元件(可拉曳到不同的 Layout 中，或是拉曳到某元件之前、之後的位置)

Properties
ID
textView
layout_width
0dp
layout_height
wrap_content
TextView
text
姓：
text
contentDescript...
textAppearan...
Material.Small
fontFamily
sans-serif
typeface
none
textSize
22sp
lineSpacingExtra
none
textColor
ttr/textColorTertiary
Ch03_LinearLayout
3 將 text 屬性設為 "姓："
5 將 textSize 屬性設為 22sp
6 文字變大了
4 按此展開 textAppearance 屬性
7 按此切換為顯示全部屬性
id
textView
layout_width
wrap_content
layout_height
wrap_content
Layout_Margin
[?, ?, ?, ?, ?]
Padding
[?, ?, ?, ?, ?]
Theme
elevation
1dp
layout_weight
1
text
姓：
textSize
22sp
雖然 width 設為 wrap_content 但 weight 設為 1, 因此元件的寬度會填滿整個外部 LinearLayout
按此鈕可將選取元件的 weight 屬性設為 1 (如果其 width 屬性為 wrap_content, 那麼也會自動將之設為 0dp)
按此鈕也可將選取元件的 weight 屬性清空
8 將 weight 屬性清空
9 寬度變成 wrap_content 了

step 3 接著加入 EditText 元件當成姓氏輸入欄位, 並設定提示文字, 以及將它設為只限單行 (讓使用者輸入時不能換行, 因為姓氏不可能超過一行):

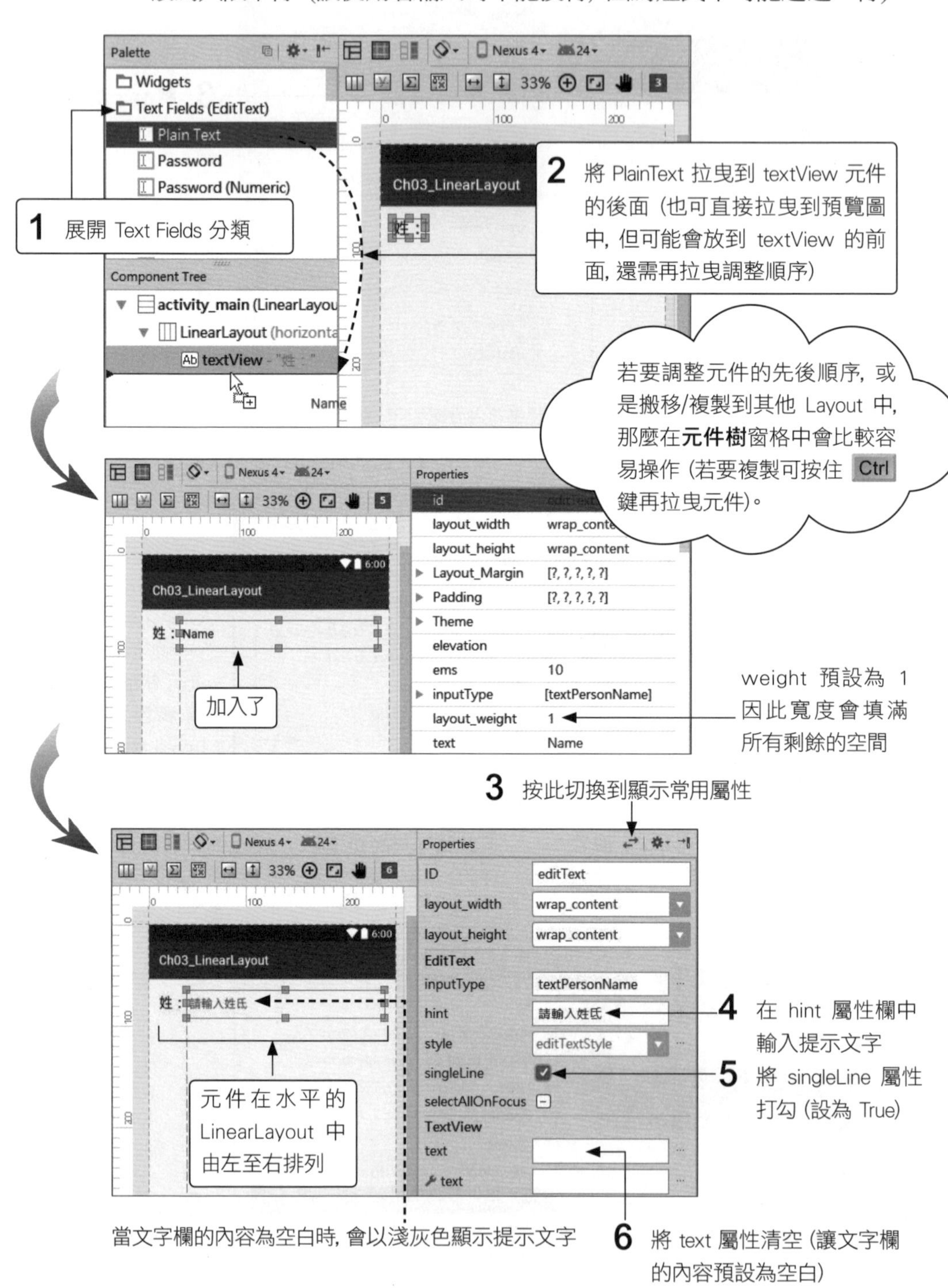

step 4 由於之前加的外層 LinearLayout(horizontal) 其高度預設為 match_parent，因此會填滿整個畫面。若要在其下方增加其他的元件，則必須將之縮減高度，才能讓下方的元件顯示出來：

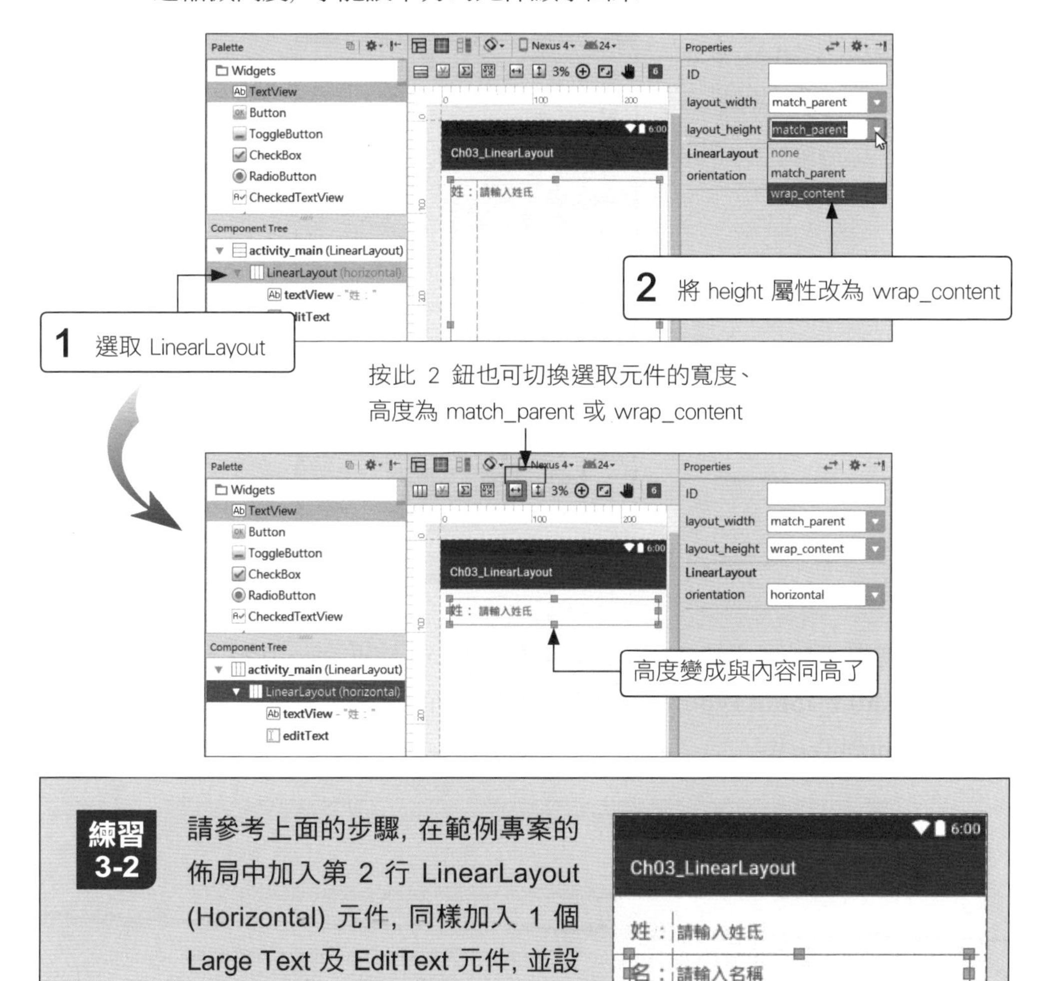

練習 3-2 請參考上面的步驟，在範例專案的佈局中加入第 2 行 LinearLayout (Horizontal) 元件，同樣加入 1 個 Large Text 及 EditText 元件，並設定成如右圖所示的內容：

inputType 屬性：設定輸入欄位種類

前面拉曳元件時，可看到 **Text Fields** 項目中有多個元件可選，它們都代表 EditText 元件，只是 **inputType** 屬性值不同。**inputType** 屬性可控制 EditText 欄位可輸入的內容，例如電話號碼、電子郵件地址、日期、時間、數字...等，請參見以下範例。

範例 3-3：加入輸入電話專用的 EditText

接著我們要加入輸入電話專用的元件，完成輸入表單的設計，最後的結果如下圖：

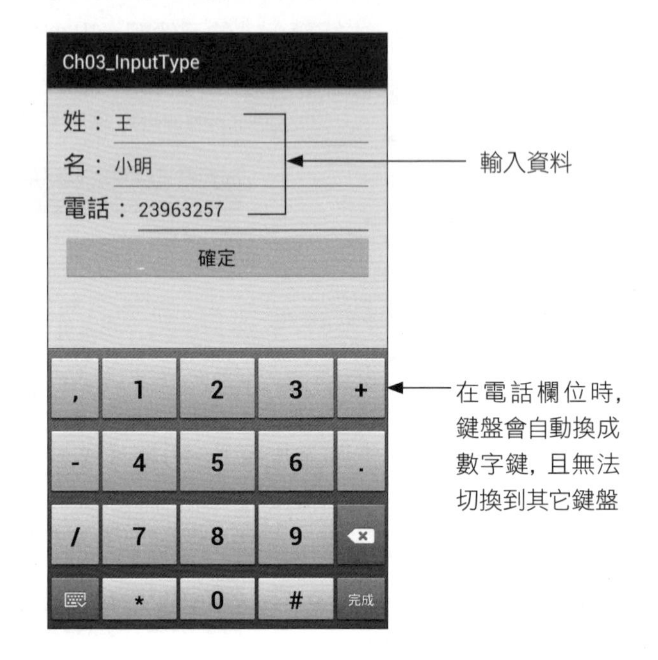

step 1 請用複製專案的方式，由 Ch03_LinearLayout2 複製出新專案 **Ch03_InputType**，然後將字串資源中的 "app_name" 改為 "Ch03_InputType"。

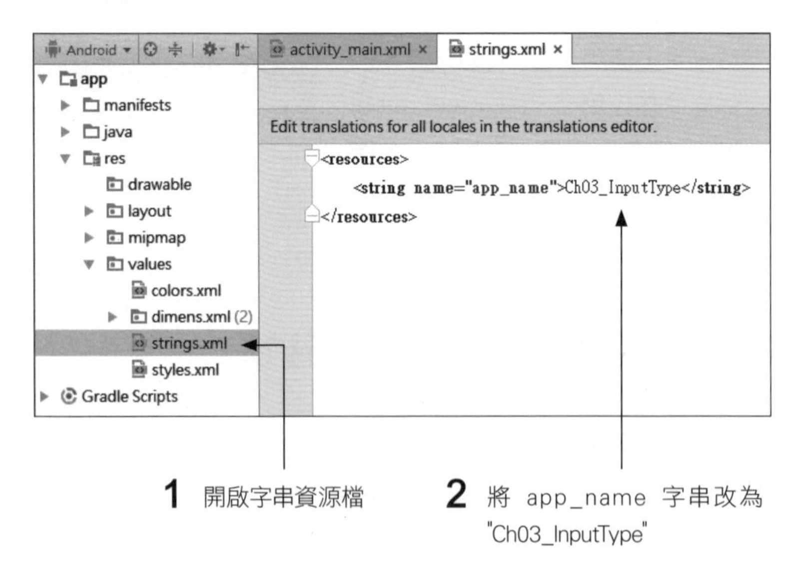

step 2 開啟 res/layout/activity_main.xml，若您還未進行前面加入『名：』輸入欄位的練習，請先加入 "名：" 欄位。

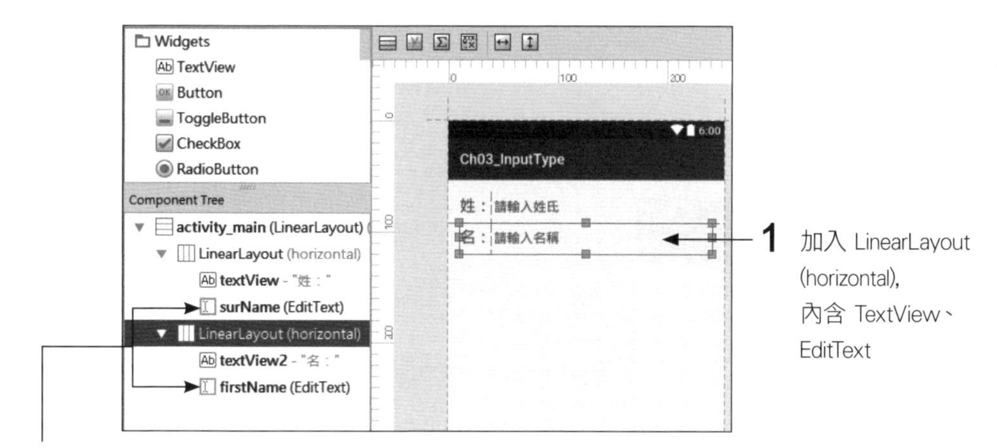

step 3 加入另一列 LinearLayout (horizontal)，同樣加入 TextView，並如下加入適用於輸入電話的 EditText：

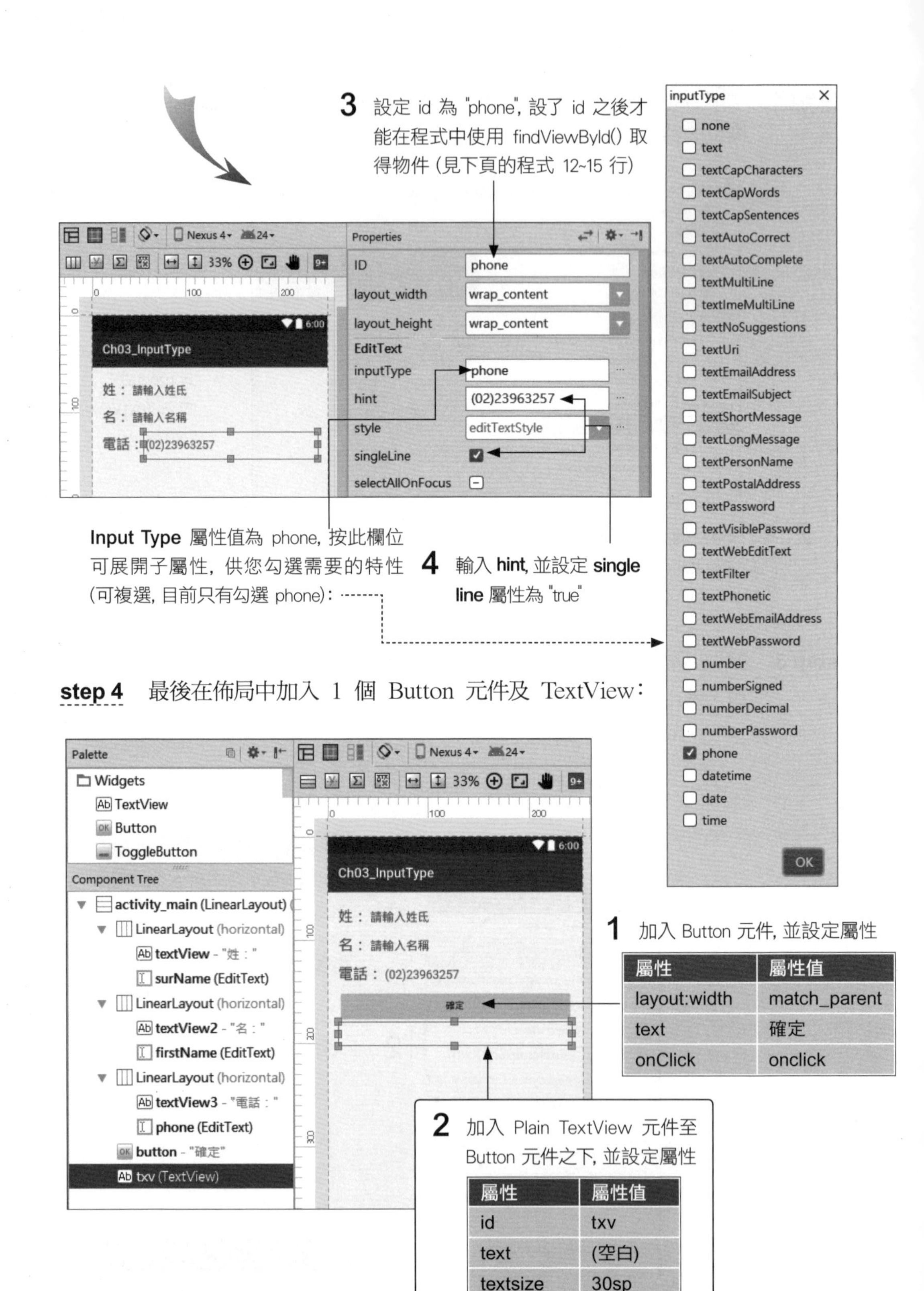

step 4 最後在佈局中加入 1 個 Button 元件及 TextView：

屬性	屬性值
layout:width	match_parent
text	確定
onClick	onclick

屬性	屬性值
id	txv
text	(空白)
textsize	30sp

step 5 開啟 MainActivity.java 修改程式。這次我們要在 onCreate() 加入用 findViewById() 取得元件物件的程式碼，並在類別中宣告存放 EditText、TextView 物件的變數，請輸入以下標示灰色的程式：

```
01 public class MainActivity extends AppCompatActivity {
02     // 宣告代表 UI 元件的變數
03     EditText sname,fname,phone;
04     TextView txv;
05
06     @Override
07     protected void onCreate(Bundle savedInstanceState) {
08         super.onCreate(savedInstanceState);
09         setContentView(R.layout.activity_main);
10
11         // 初始化變數
12         sname = (EditText) findViewById(R.id.surName);
13         fname = (EditText) findViewById(R.id.firstName);
14         phone = (EditText) findViewById(R.id.phone);
15         txv = (TextView) findViewById(R.id.txv);
16     }
...
25     public void onclick(View v){
26         txv.setText(sname.getText().toString()+      ← 取得姓
27                     fname.getText()+                 ← 取得名
28                     "的電話是 "+ phone.getText());   ← 取得電話
29     }
30 }
```

- 第 3~4 行宣告用來存放代表 UI 元件的各項物件變數，因為它們會在不同方法用到，所以需宣告在類別之內、方法之外。
- 第 12~15 行在 onCreate() 方法中用 findViewById() 取得代表 UI 元件的物件並設定給前面宣告的變數。因為 onCreate() 只會在 Activity 啟動時被呼叫，表示在此做 findViewById() 的動作只會被執行 1 次；若是仍像第 2 章的範例在按鈕事件中 findViewById()，則每次使用者按按鈕都要重做一次，當元件數較多時，將會影響程式效能。

- 第 25~29 行是當使用者按下**確定**鈕時會執行的方法，方法中會將各輸入值以 getText() 讀取並用 + 號串接起來，然後再用 setText() 顯示在最下面的 txv 元件中(這些在第 2 章都已介紹過了)。值得注意的是，getText() 會傳回 Editable 型別的物件，因此要再呼叫 toString() 將之轉換為字串才行，不過只需轉換第一個 (sname) 就好，後面 2 個 (fname、phone) 在用 + 串接時會自動轉換為字串，因此 toString() 可以省略 (當然，要加也是可以)。

step 6 將程式佈署到手機/模擬器上執行，測試輸入欄位的效果。以下是在手機上執行的結果 (以方便輸入中文做測試)：

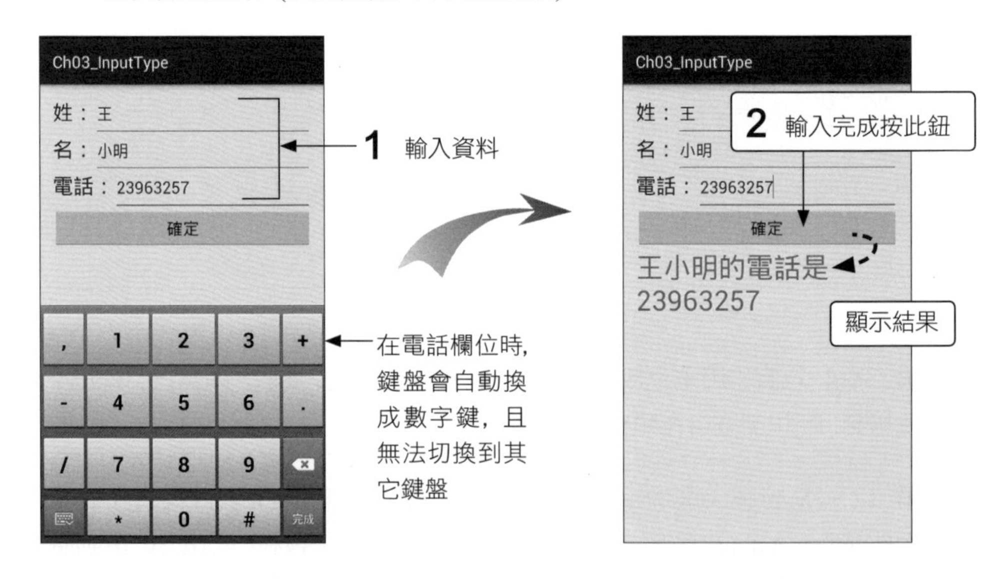

練習 3-3

請用在範例中建立第 4 排輸入欄位, 新的 EditText 元件之 inputType 屬性設為 textPassword, 將之放到手機/模擬器上測試, 請問在該欄位輸入內容時, 畫面上會有何效果?

提示

可以直接拉曳Password 或 Password (Numeric)元件, 或拉曳一般 EditText 後再將 InputType 設為 textPassword (展開子屬性並勾選)。在此類欄位輸入內容時, 會變成以 · 或 * 顯示。

3-3 使用 weight 屬性控制元件的寬/高

在建立類似前面表單範例的佈局, 有時我們會希望上、下欄位能『對齊』。例如將範例中的 "姓:"、"名:" 都改成 2 個字的 "姓氏:"、"名稱:", 就能和下面的 "電話:" 同寬, 達到對齊的效果。但若遇到不方便對齊的情況 (例如使用的不是文字元件, 不便隨意增刪字數...等), 就可利用上一節介紹過的 layout_weight 屬性來調整。

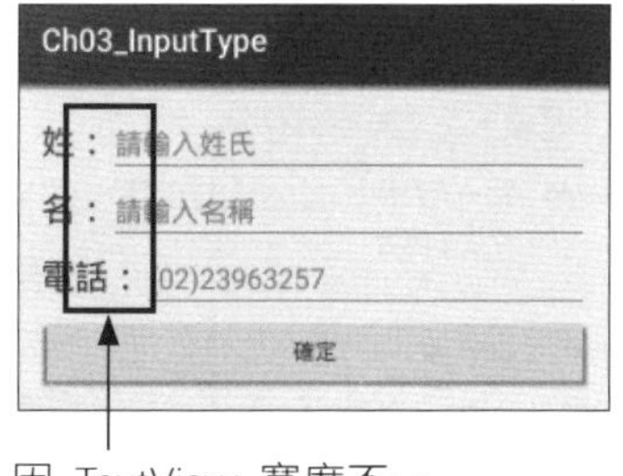

因 TextView 寬度不一, 所以元件未對齊

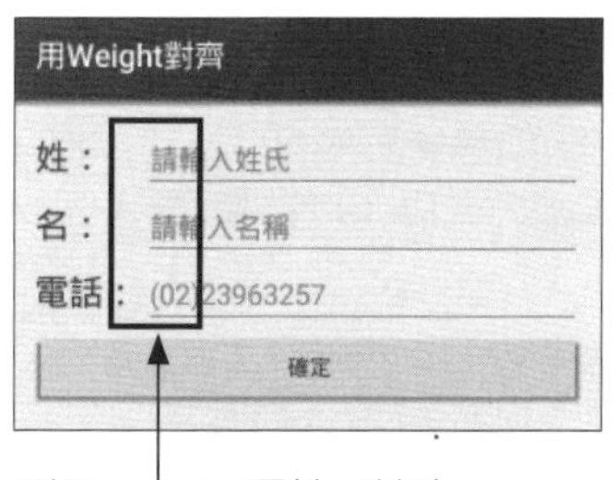

利用 weight 屬性可讓寬度不一的元件對齊

凡是與外部 Layout 有關的屬性, 在屬性名稱前面都會加上 "layout_" 字樣, 但為避免佔用篇幅, 本書有時會將 "layout_" 省略, 請讀者注意。

範例 3-4：利用 weight 屬性對齊元件

接著，我們就利用上述的技巧改進前一節的範例，使用 weight 屬性來讓聯絡人輸入表單上的欄位對齊。

step 1 為了與先前的範例區分，請利用複製專案的技巧，將 "Ch03_InputType" 範例複製為新專案 "Ch03_LinearWeight"，再將 app_name 字串改為 "用Weight對齊"，並開啟其 activity_main.xml 進行演練。

step 2 首先調整第 1 列，然後再調整第 2、3 列：

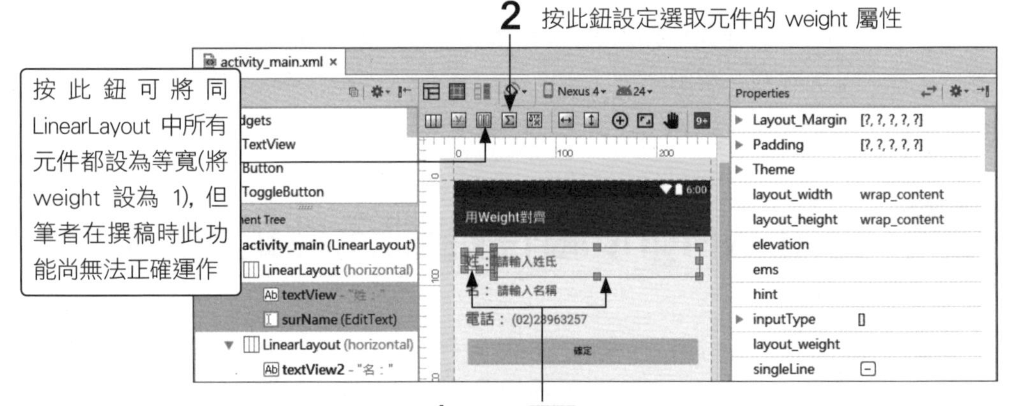

在預覽圖中按住 Shift 鍵可用滑鼠加選元件(或減選已選取元件)；在**元件樹**窗格中則是要按住 Ctrl 鍵來加(減)選，若按住 Shift 鍵則可選取 2 次點選之間的所有元件。另外，也可以在預覽圖中由空白處拉曳一個範圍來選取所有被含蓋到的元件(沾到邊都算)。

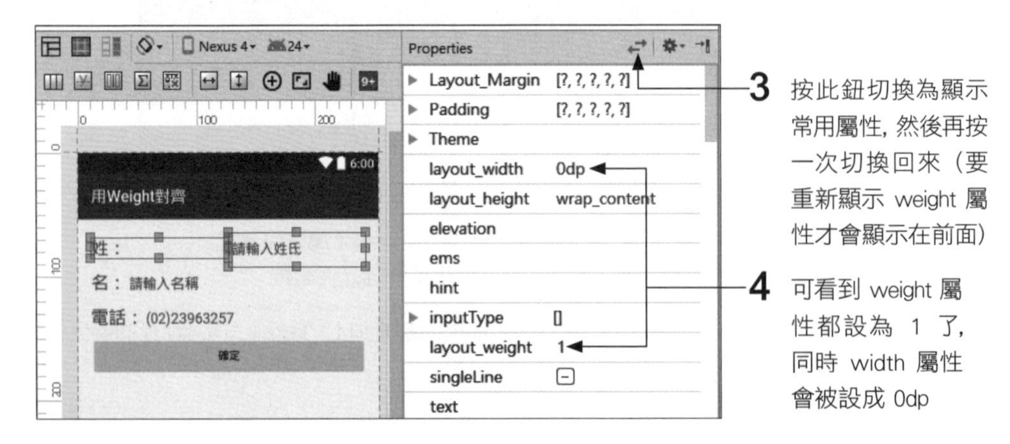

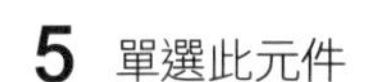

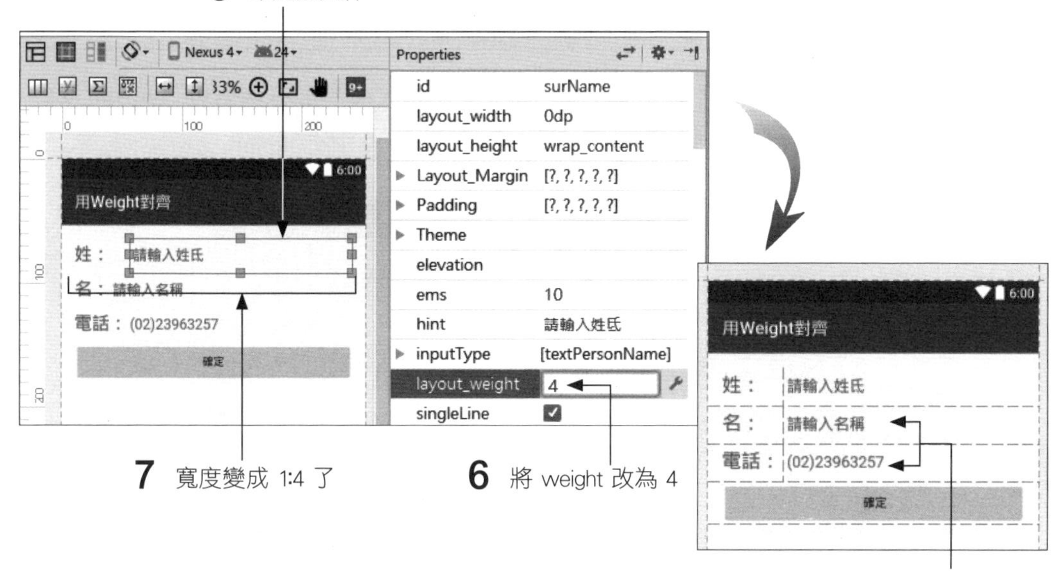

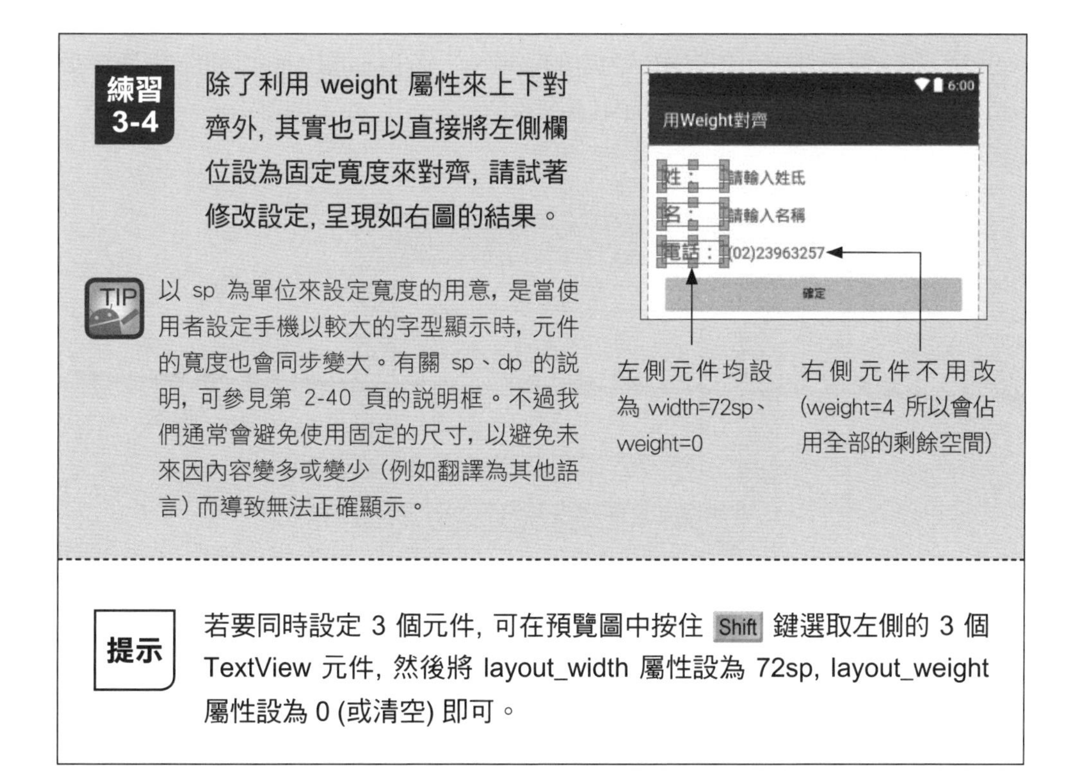

練習 3-4

除了利用 weight 屬性來上下對齊外, 其實也可以直接將左側欄位設為固定寬度來對齊, 請試著修改設定, 呈現如右圖的結果。

TIP 以 sp 為單位來設定寬度的用意, 是當使用者設定手機以較大的字型顯示時, 元件的寬度也會同步變大。有關 sp、dp 的說明, 可參見第 2-40 頁的說明框。不過我們通常會避免使用固定的尺寸, 以避免未來因內容變多或變少 (例如翻譯為其他語言) 而導致無法正確顯示。

提示 若要同時設定 3 個元件, 可在預覽圖中按住 Shift 鍵選取左側的 3 個 TextView 元件, 然後將 layout_width 屬性設為 72sp, layout_weight 屬性設為 0 (或清空) 即可。

3-4 透過屬性美化外觀

前 1 節介紹了 LinearLayout 佈局用法，本節要進一步介紹邊界、顏色與『外觀』相關的屬性。以下簡介各種屬性設定原理，並將之套用到前面的表單範例。

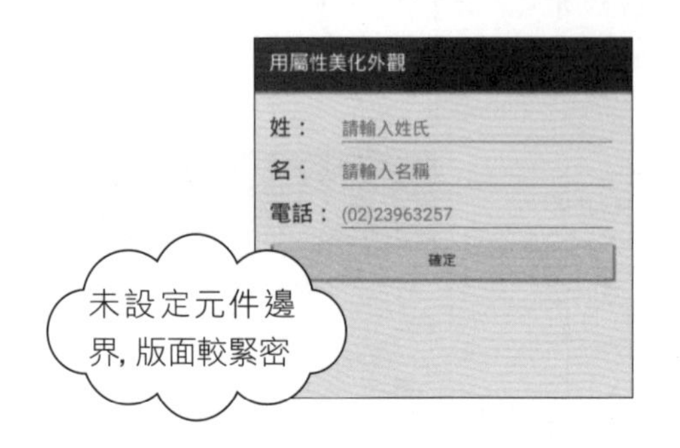

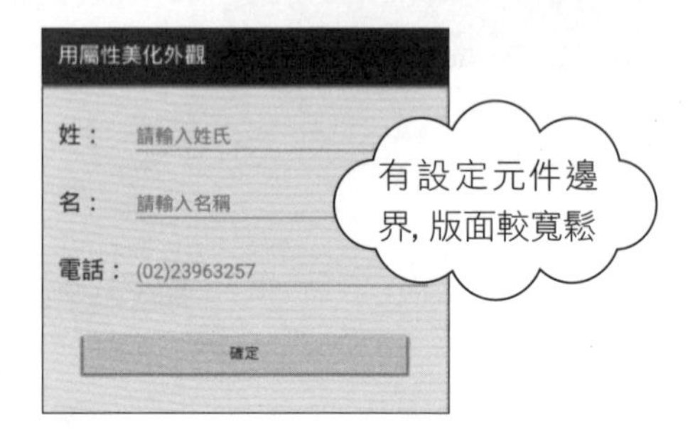

元件的邊界：margin 與 padding

當元件被放到佈局中時，在屬性中可設定元件的 width (寬)、height (高)、weight 等，但元件中可用來顯示內容的區域、以及在佈局上佔的空間，則還會受 padding、margin 兩組屬性影響 (兩者預設值都是 0)，如下圖所示。

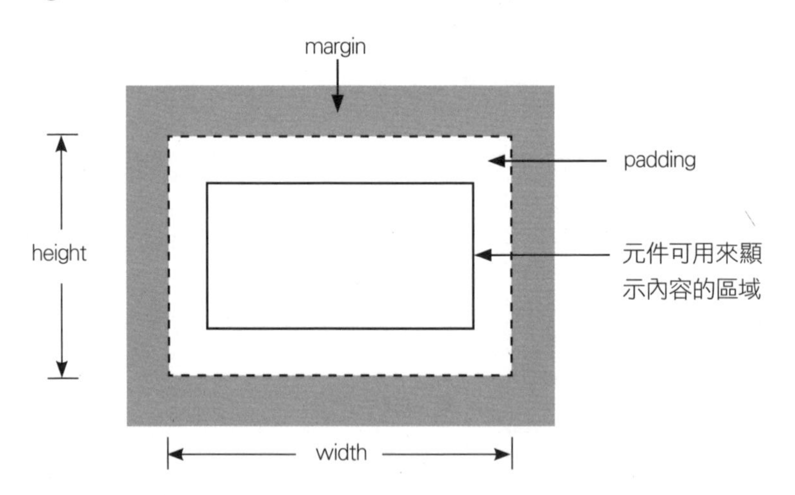

如圖所示，padding 是包含在 width/height 之內，所以在 width/height 固定的情況下，指定 padding 時會佔用元件的空間，也就是會使元件可用來顯示內容的區域『變小』。舉例來說，若設定 Layout 的 padding 屬性讓其邊緣留白，則在 Layout 中加入元件時，元件將不能佔用 padding 留白的空間。

例如之前我們用精靈所新增的專案，其最外層的 Layout 預設就有設定 padding 屬性：

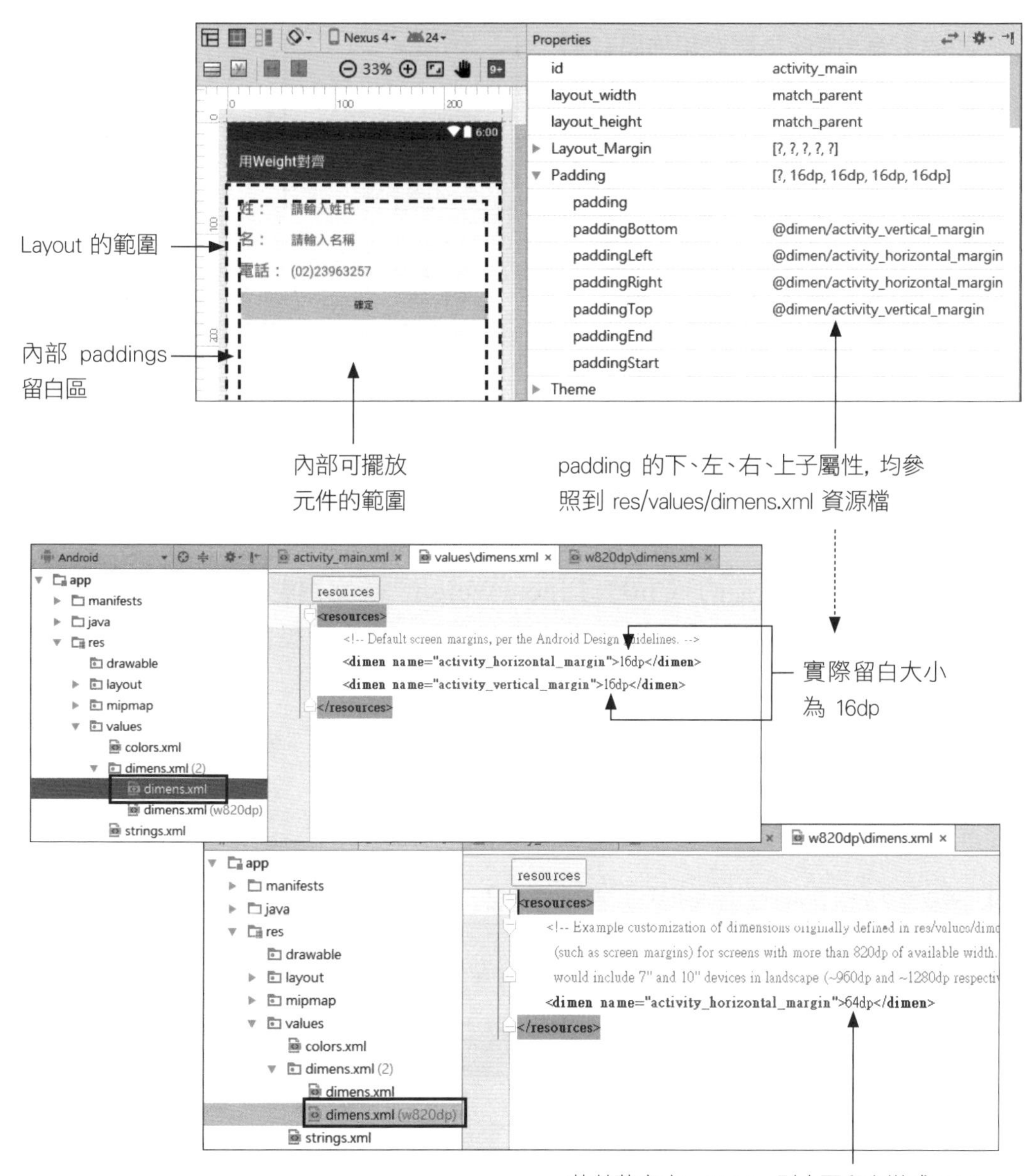

若設定 padding 中的 padding 子屬性，則其值會成為其他所有屬性的預設值（其他屬性未設定時即使用該預設值），可省去上下左右一一設定的麻煩。

最後的 paddingEnd 和 paddingStart 屬性，是針對由右到左書寫順序的系統所設計，初學者可暫不管他。

至於 margin，則是在 width/height 之外的留白，所以『原則上』不會影響元件大小，而是影響元件彼此間的距離。由於是屬於和佈局有關的屬性，因此屬性名稱前面會加上 layout_：

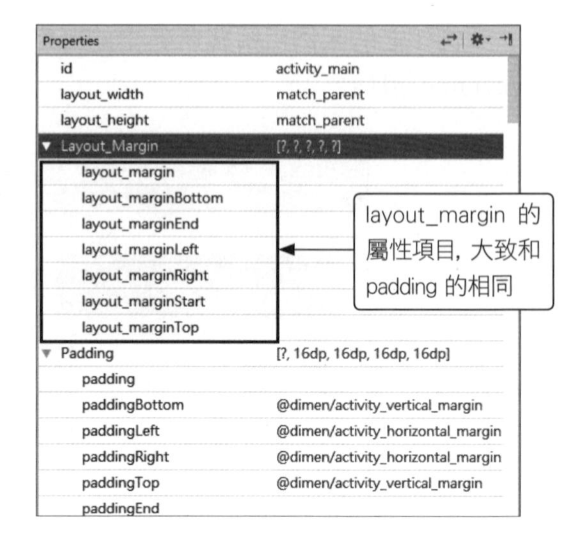

由於手機畫面有限，如果 margin 加上 width/height 超過畫面大小，結果可能是元件大小被壓縮，或是 margin 被壓縮，實際情況視屬性設定方式不同而有不同結果，在此就不詳細探討。

範例 3-5：設定邊界讓輸入表單版面變寬鬆

以下就來練習將邊界屬性應用到先前建立的表單中。

step 1 請先用前一節的 Ch03_LinearWeight 專案複製出新專案 **Ch03_Beautify**，再將 app_name 字串改為 "用屬性美化外觀"，並開啟其 activity_layout.xml 佈局檔。

step 2 在原專案中，元件都集中在上方，下方一大塊空白，看起來不太平衡，可如下設定 **margin** 屬性：

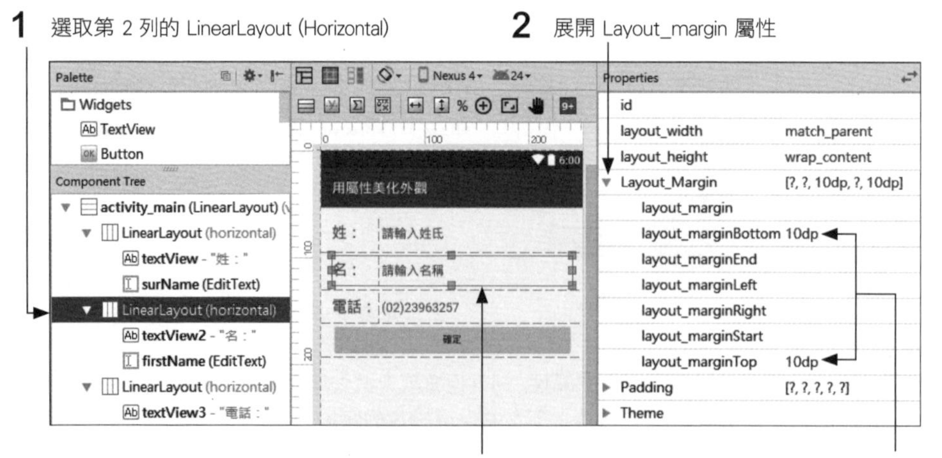

練習 3-5 請將範例佈局第 1、3 列的 LinearLayout (Horizontal) 也設定上、下邊界為 10 dp, 然後將 Button 設定上、下、左、右邊界為 20dp (只要設定 layout_margin 屬性為 20dp 即可)。

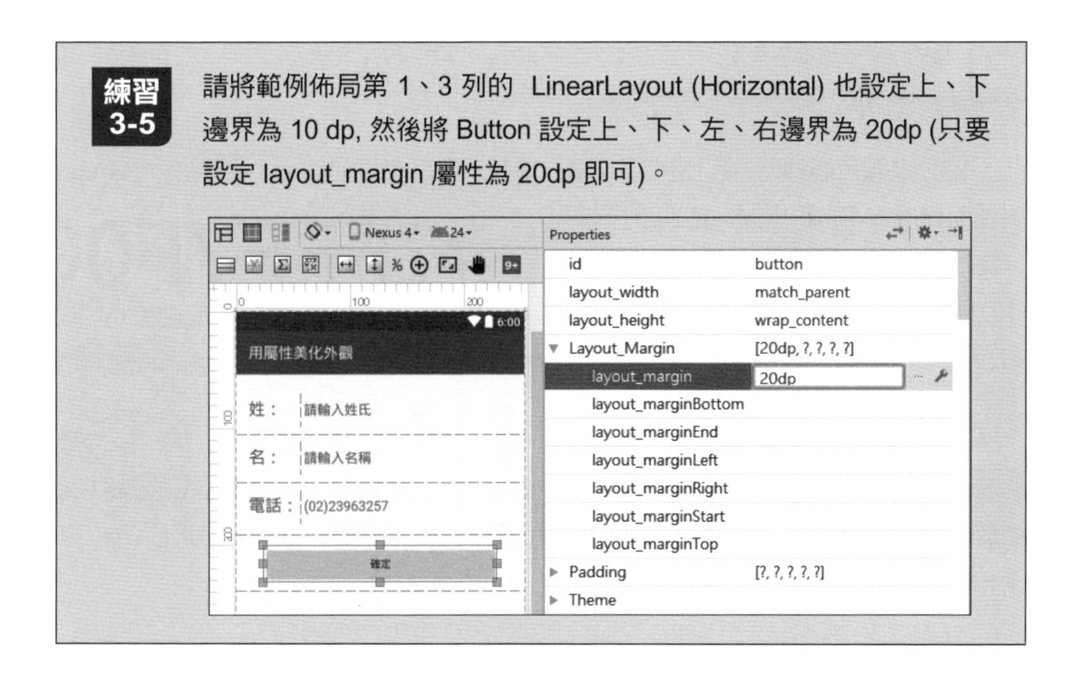

顏色：以 RGB 值指定文字或背景顏色

在設計介面時, 可指定顏色的屬性有文字顏色 (textColor) 和背景 (background)。

在 Android 專案中, 指定顏色的方式有很多種, 例如指定成佈景主題中的現有**樣式**, 或是直接指定**顏色值**。我們在此先介紹顏色值的指定方式, 也就是自行以紅綠藍 (**RGB**) 三原色的值 (以 16 進位表示) 來指定所要使用的顏色, 其語法為:

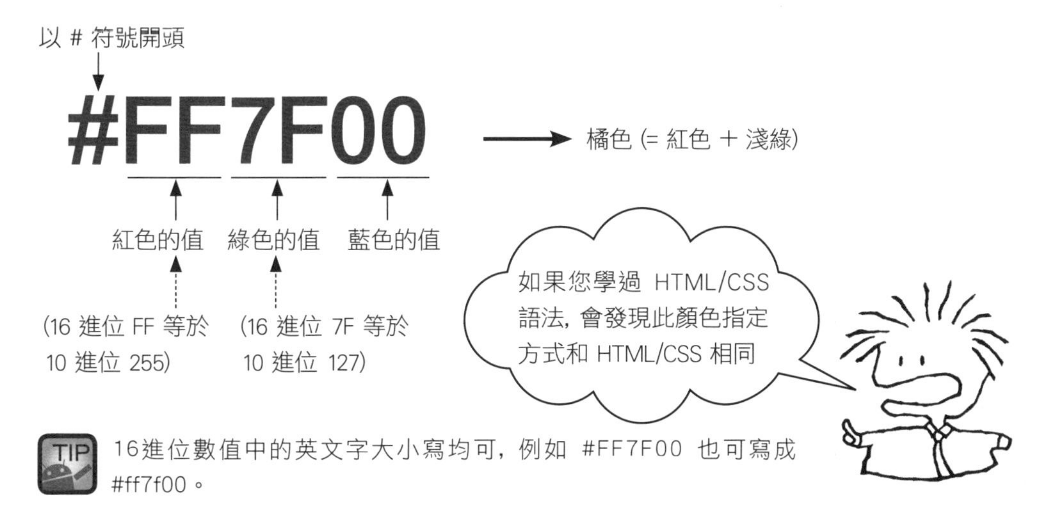

TIP 16進位數值中的英文字大小寫均可, 例如 #FF7F00 也可寫成 #ff7f00。

樣式就是多種屬性設定 (例如字型、文字大小...等) 的集合, Android 內建了許多現成的樣式, 以方便我們使用, 並能設計出風格一致的介面。

在設定顏色屬性時 除了指定 RGB 以外, 還可在最前面加上透明度 (Alpha) 屬性而變成 **ARGB** 格式。透明度同樣可分為 0~255 等, 0 表示完全透明, 255 (16 進位的 FF) 則為完全不透明。例如右方設定為半透明的橘色:

半透明 (16 進位 7F 等於 10 進位 127)

若省略透明度, 則預設為完全不透明 (#FF)。另外, 也可指定 4 或 3 位數的顏色值, 表示每個數字皆重複一次, 例如:#BFA 就是指 #BBFFAA (淺綠色), 由於省略透明度 (預設為不透明), 因此其顏色會和 #FBFA (#FFBBFFAA) 完全相同。

範例 3-6 :設定文字及背景顏色

step 1 接續前面『練習 3-5』的佈局 (若未做練習也可開啟書附範例的 Ch03_Beautify2 專案), 再來設定元件的文字及背景顏色。對於多個 TextView 元件, 可用多選方式同時設定其文字顏色:

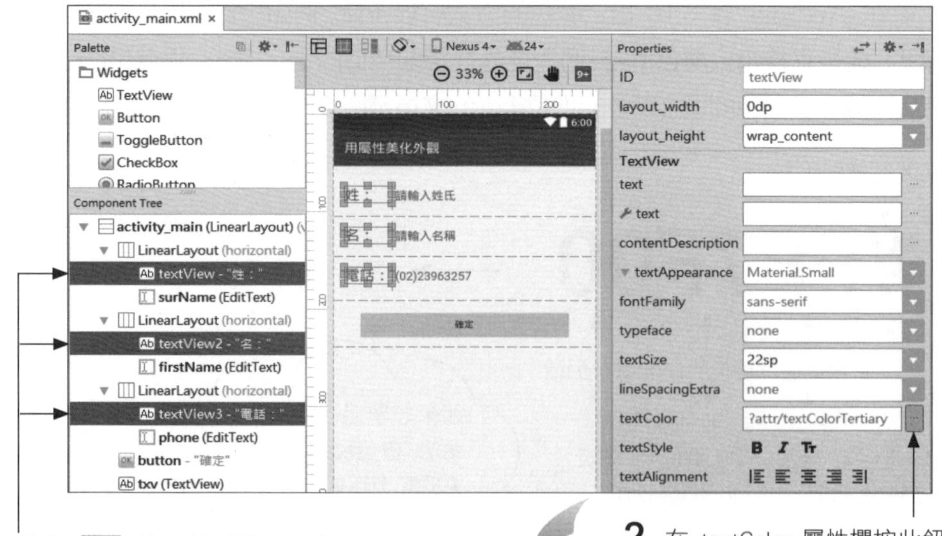

1 按住 Ctrl 鍵不放, 選取 3 個 TextView 項目 (也可在預覽畫面中按住 Shift 鍵多選)

2 在 textColor 屬性欄按此鈕, 開啟 Resources 資源交談窗

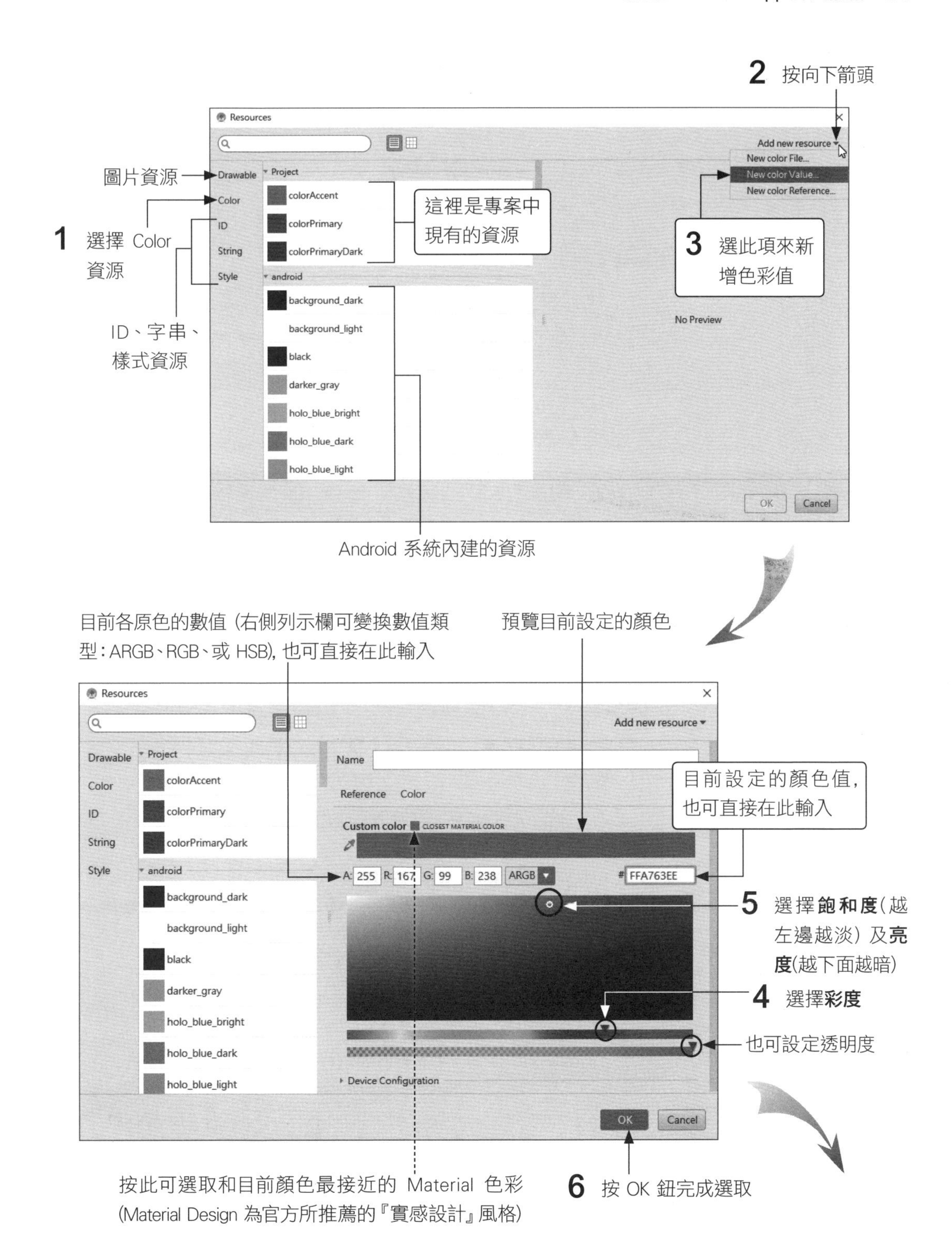

2 按向下箭頭
Resources
Add new resource
New color File...
New color Value...
New color Reference...
圖片資源
Drawable
Color
ID
String
Style
Project
colorAccent
colorPrimary
colorPrimaryDark
android
background_dark
background_light
black
darker_gray
holo_blue_bright
holo_blue_dark
holo_blue_light
1 選擇 Color 資源
ID、字串、樣式資源
這裡是專案中現有的資源
3 選此項來新增色彩值
No Preview
OK
Cancel
Android 系統內建的資源
目前各原色的數值 (右側列示欄可變換數值類型：ARGB、RGB、或 HSB), 也可直接在此輸入
預覽目前設定的顏色
Name
Reference Color
Custom color
CLOSEST MATERIAL COLOR
A: 255 R: 167 G: 99 B: 238 ARGB
FFA763EE
目前設定的顏色值，也可直接在此輸入
5 選擇飽和度(越左邊越淡) 及亮度(越下面越暗)
4 選擇彩度
也可設定透明度
Device Configuration
按此可選取和目前顏色最接近的 Material 色彩 (Material Design 為官方所推薦的『實感設計』風格)
6 按 OK 鈕完成選取

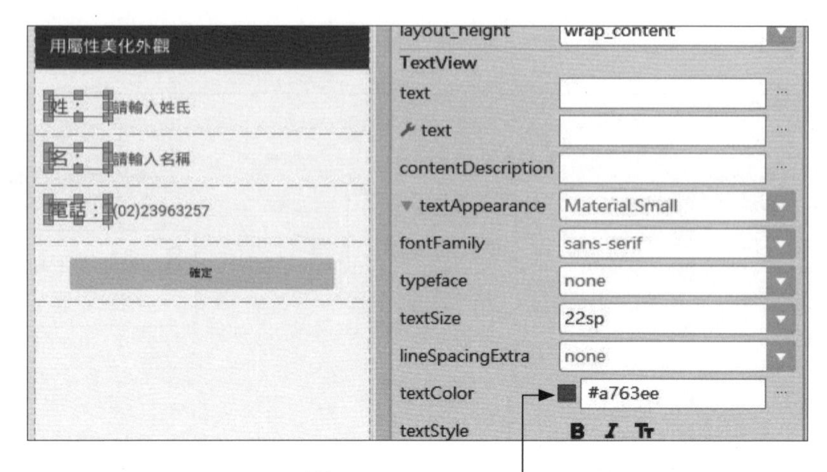

將顏色儲存為資源

對於要重複使用的顏色, 最好將之儲存為資源, 以後就可以直接選取使用, 未來若要統一變更顏色也會比較方便。

要將顏色儲存為 Color 資源, 在前面新增顏色的交談窗中即可設定, 例如:

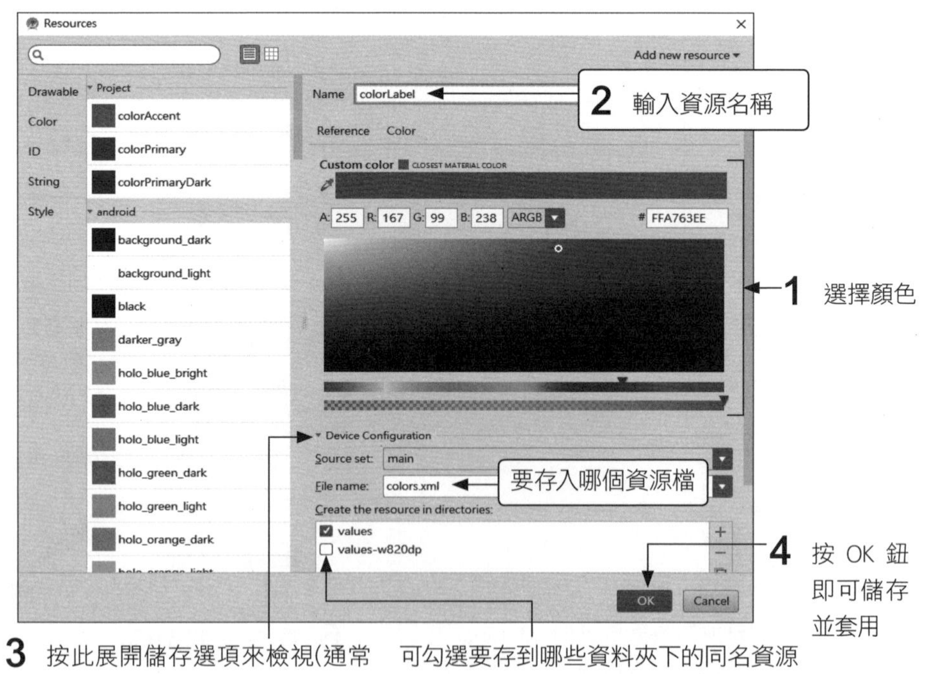

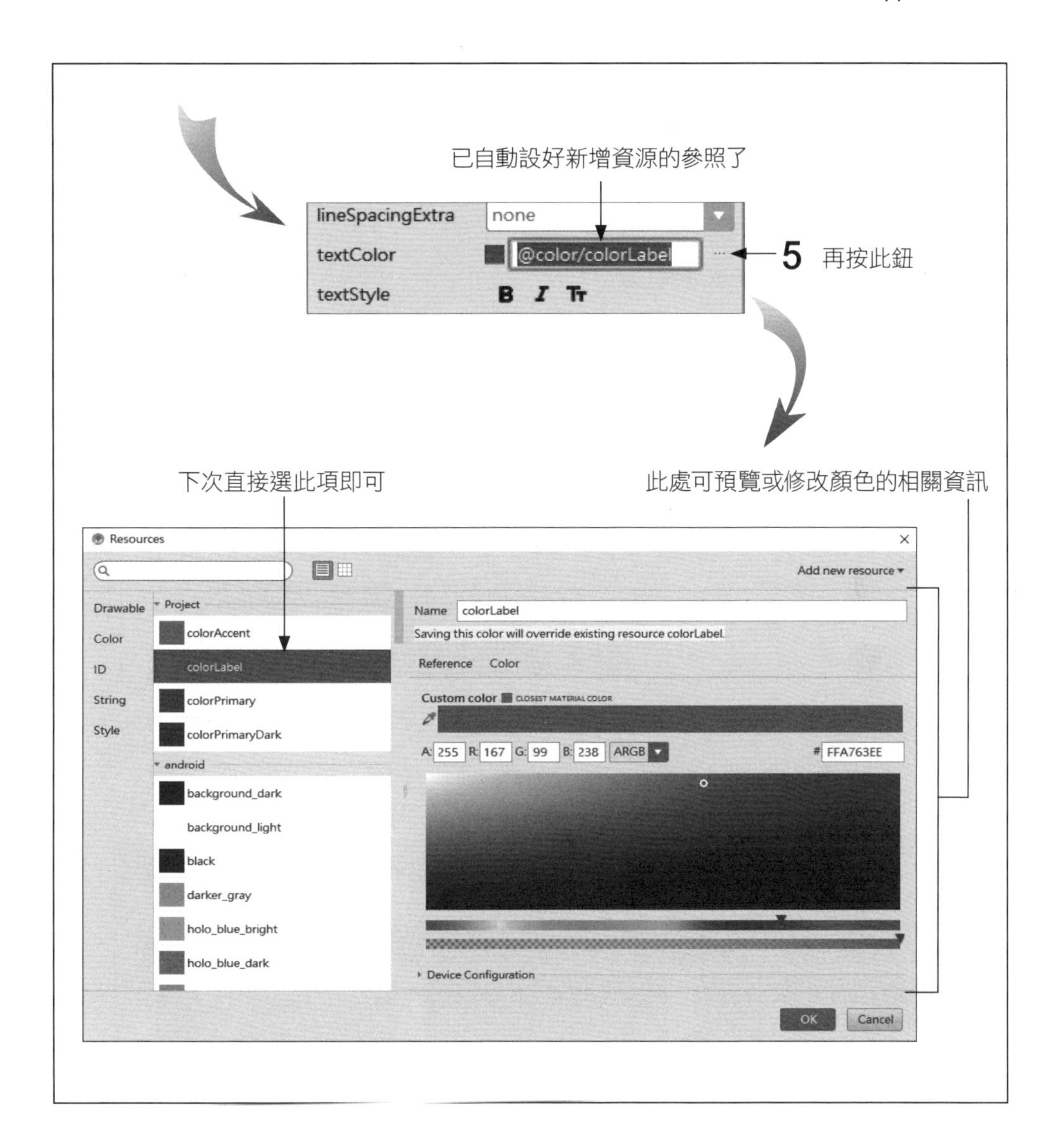
已自動設好新增資源的參照了
lineSpacingExtra
none
textColor
@color/colorLabel
textStyle
5 再按此鈕
下次直接選此項即可
此處可預覽或修改顏色的相關資訊
Resources
Add new resource
Drawable
Color
ID
String
Style
Project
colorAccent
colorLabel
colorPrimary
colorPrimaryDark
android
background_dark
background_light
black
darker_gray
holo_blue_bright
holo_blue_dark
Name
colorLabel
Saving this color will override existing resource colorLabel.
Reference
Color
Custom color
A: 255 R: 167 G: 99 B: 238 ARGB
FFA763EE
Device Configuration
OK
Cancel

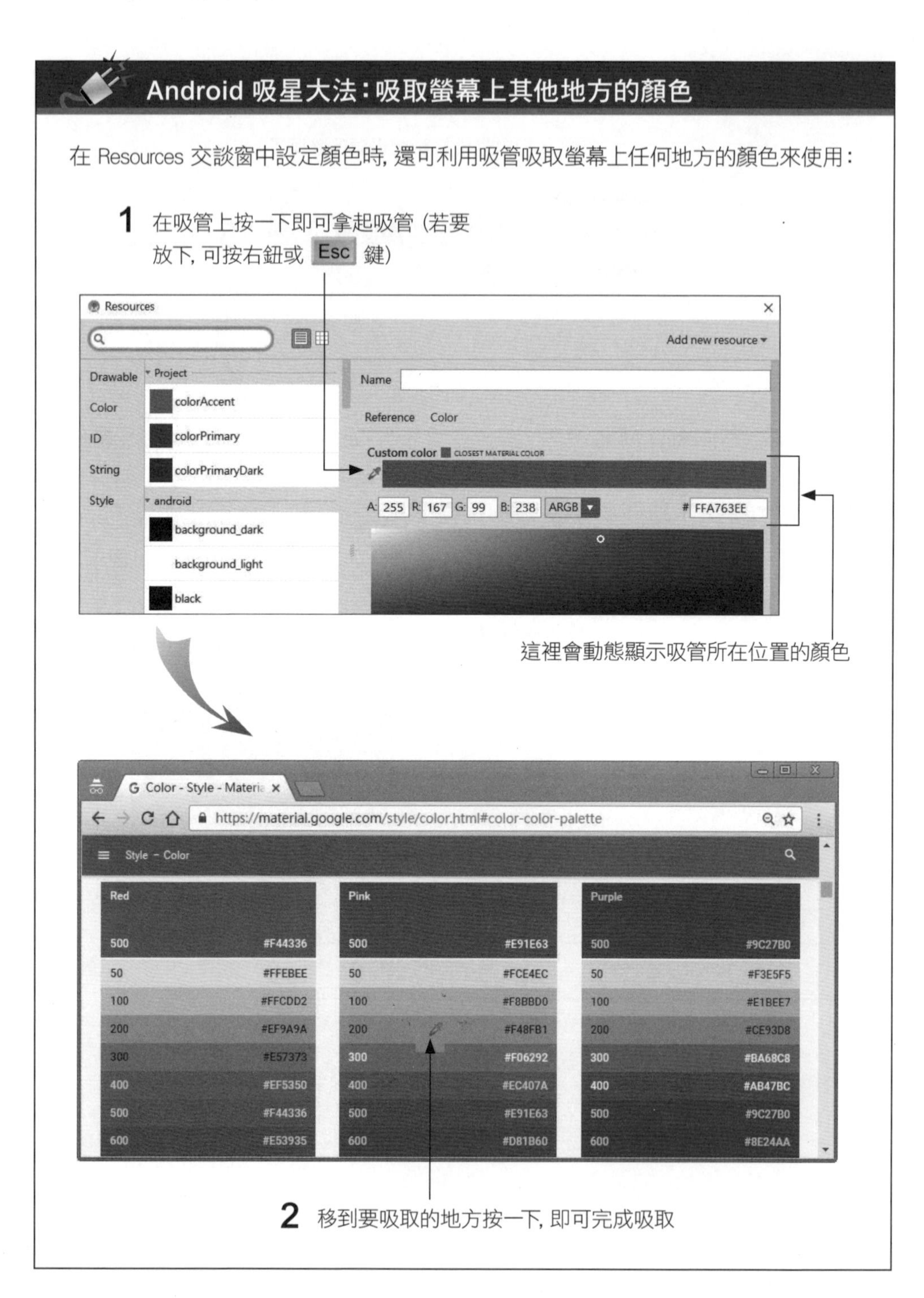

step 2 接著來更改最外層 Layout 的 background 屬性值, 以變更整個畫面的背景顏色：

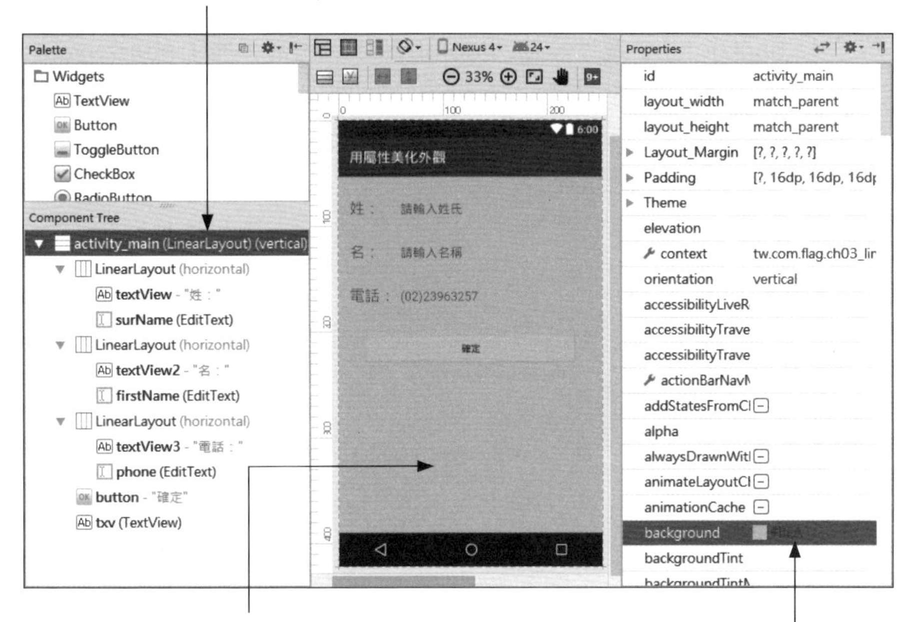

練習 3-6 請練習將 "確定" button 的文字顏色設為藍色, 背景設為半透明的淺黃色, 然後再將最外層 LinearLayout 的背景設為程式的啟動圖示：

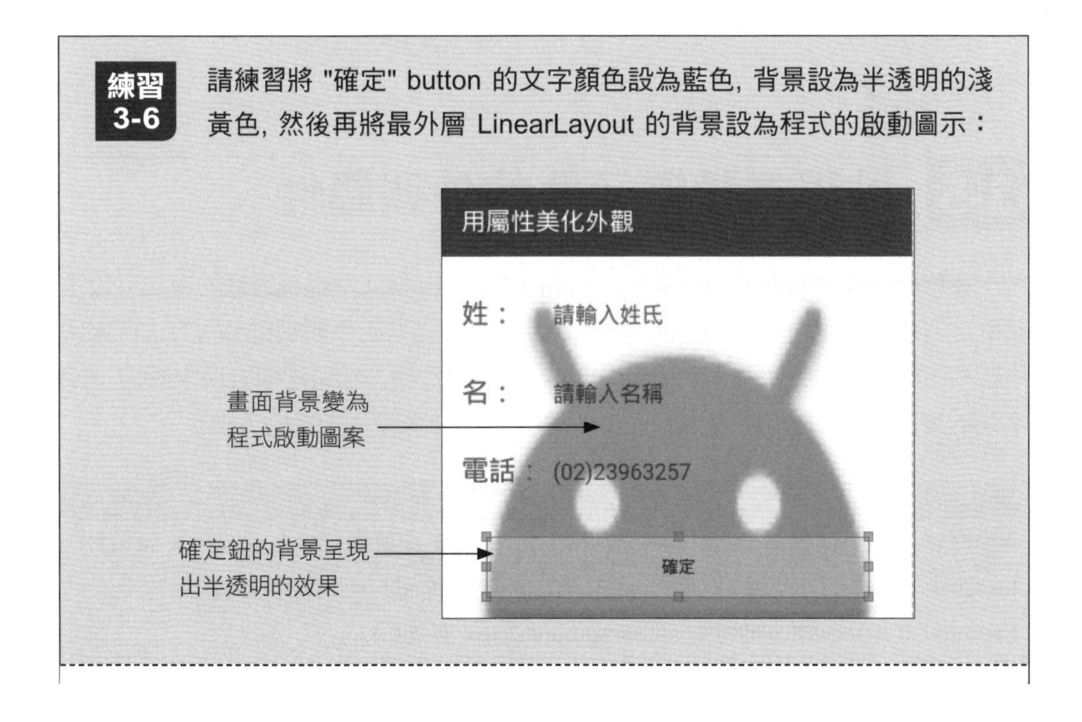

提示 可將 button 的 textColor 屬性設為 "#00F" (或 "#FF0000FF"), background 屬性設為 "#80feff79", 再將最外層 LinearLayout 的 background 屬性設為 "@mipmap/ic_launcher"。最後一項的圖片設定, 可開啟 Resource 交談窗, 在 Drawable 類型的 Project 區中選取 ic_launcher 項目即可：

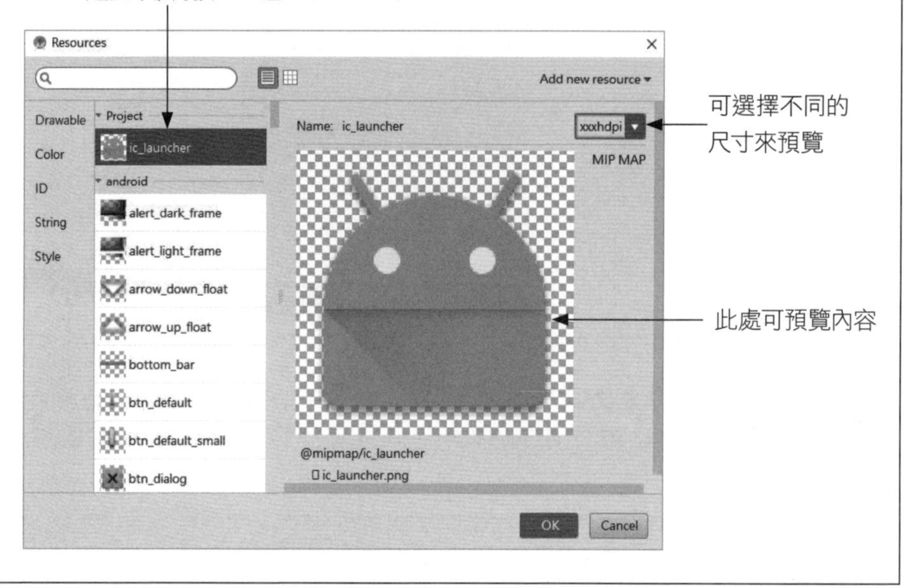

3-5 以程式設定元件的外觀屬性

在佈局編輯器看到的眾多屬性, 大部份在 Java 程式中都有對應的方法可設定其值 (有些是繼承自 View 類別的方法, 有些則是各元件類別自己的方法)。要使用這些方法, 必須先用 findViewById() 取得物件後, 即可呼叫方法來設定 (文字類的屬性, 需將物件轉成 TextView 型別物件才能使用對應的方法)：

屬性名稱	在程式中設定的方式
paddings	(View 類別的物件).setPaddings(5,10,5,10); ←參數順序為：左、上、右、下 (順時針)
textColor	(TextView 類別的物件).setTextColor(Color.Red); ←將文字設為紅色
background	(View 類別的物件).setBackgroundColor(顏色值);
textSize	(TextView 類別的物件).setTextSize(30) ←設定文字大小 (單位為 sp)

setTextColor()：改變文字顏色

具備文字的元件，可利用 setTextColor() 來改變文字顏色，而參數可以是 android.graphics.Color 類別中定義的顏色名稱，或使用 Color 類別本身的 rgb() 方法指定 RGB 值，或用 argb() 指定包含透明度的顏色：

```
TextView txv = (TextView) findViewById(R.id.txv);
// 以下 3 行都是將文字設為紅色
txv.setTextColor(Color.RED);
txv.setTextColor(Color.rgb(255,0,0));  ← rgb() 三個參數分別是紅、綠、藍
                                          三原色的強度，可為 0～255
txv.setTextColor(Color.argb(255,255,0,0));← agrb() 多了一個透明度參數
                                             (第1個參數，0~255)
// 以下兩行都是將文字設為黃色
txv.setTextColor(Color.YELLOW);
txv.setTextColor(Color.rgb(255,255,0));
```

如果想用 16 進位格式，則需改用 parseColor() 方法：

```
// Color.rgb(255, 0, 255), 紫色
Color.parseColor("#FF00FF");  ← 參數必須以字串表示
```

同樣的，若要設定 Layout 或元件的背景顏色，則可用 SetBackground Color() 方法，參數同樣可用 Color 類別內建的顏色名稱或用 rgb()、parseColor() 方法產生，詳見稍後的範例。

如果要設定 background 屬性為背景圖案，可用 setBackgroundResource (int resid)，其中 resid 為資源 ID，例如 R.mipmap.ic_launcher。

範例 3-7：變色龍 - 以亂數設定顏色屬性

以下我們就來練習使用上面介紹的內容，實作以按鈕動作來改變文字顏色的功能。在處理按鈕動作的自訂方法中，將使用 java.util.Random 類別來產生 0~255 的亂數，當成 R、G、B 顏色，所以每次按下按鈕都會出現不同顏色。

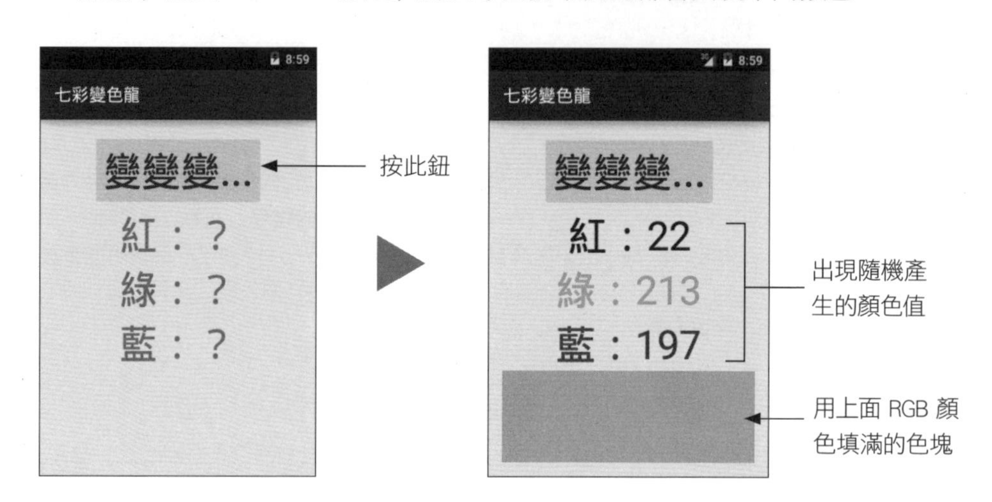

step 1 建立新專案 "Ch03_RandomColor"，將 app_name 字串改為 "七彩變色龍"，接著如下設定介面：

修改 app_name 字串即可變更應用程式的名稱，詳細的改法可參考第 2-53 頁步驟 3。

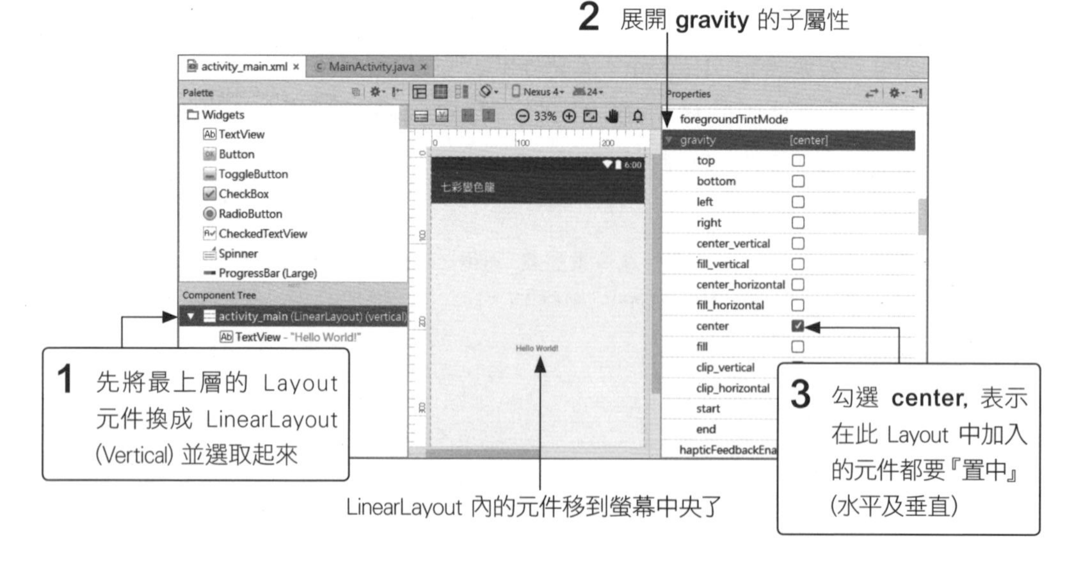

設定元件對外及對內的對齊方式：gravity 屬性

Gravity 是重力或地心引力的意思，其實就是用來設定對齊方式，可分為對外及對內 2 種屬性：

- **layout_gravity**：元件相對於外部容器的對齊方式，例如將其 center 子屬性設為 both，那麼該元件就會置於外部容器的正中央。

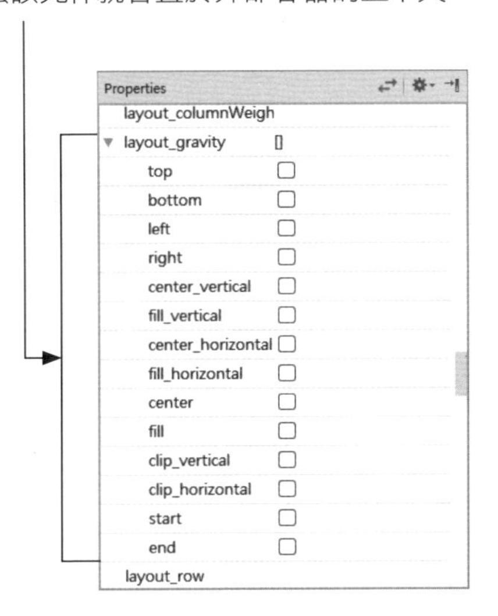

- **gravity**：元件內部資料的對齊方式，例如前面範例中將 textView 的 gravity 設為(勾選) center，會使其內的文字置中對齊。

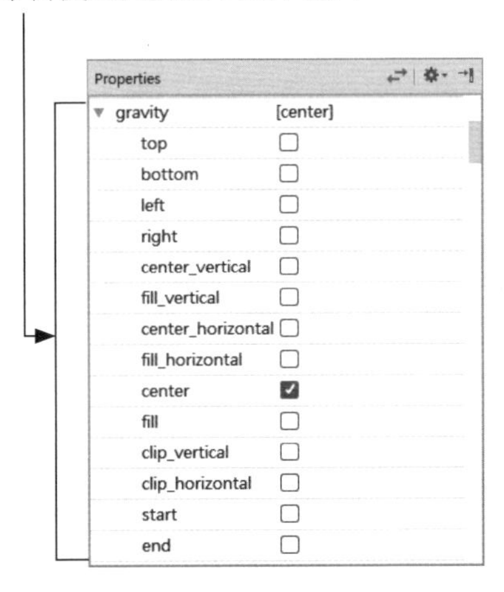

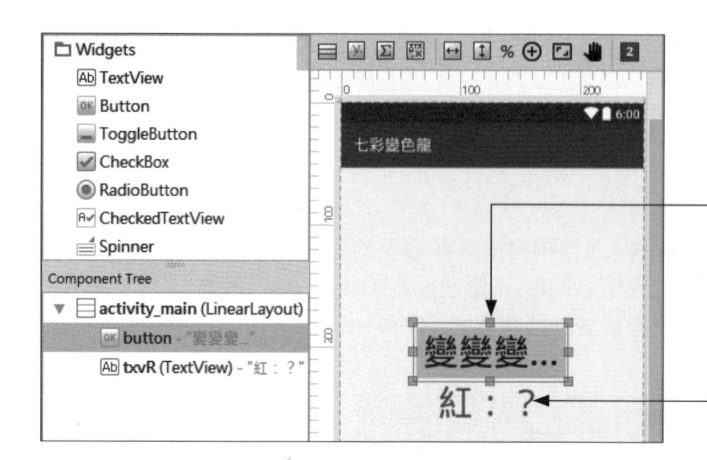

4 加入一個按鈕元件：

屬性	值
text	變變變...
textSize	45sp
onClick	changeColor
layout_width	wrap_content

5 修改預設 "Hello world!"元件的屬性：

屬性	值
id	txvR
text	紅：?
textSize	45sp

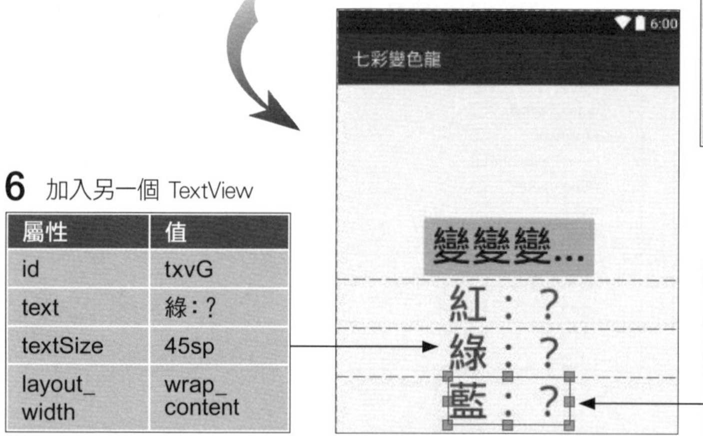

6 加入另一個 TextView

屬性	值
id	txvG
text	綠：?
textSize	45sp
layout_width	wrap_content

7 再加第 3 個 TextView：

屬性	值
id	txvB
text	藍：?
textSize	45sp
layout_width	wrap_content

8 在最下方加入一個 LinearLayout (horizontal)

屬性	值
id	colorBlock
height	0dp
weight	1

step 2 開啟 java/套件名稱/MainActivity.java，在類別開頭加入 4 個物件變數宣告、並在 onCreate() 中初始化：

```
01 public class MainActivity extends AppCompatActivity {
02     TextView txvR,txvG,txvB;
03     View colorBlock;
04     @Override
05     protected void onCreate(Bundle savedInstanceState) {
06         super.onCreate(savedInstanceState);
07         setContentView(R.layout.activity_main);
08
09         // 取得 3 個 TextView 的物件，及畫面最下方的 LinearLayout
10         txvR = (TextView) findViewById(R.id.txvR);
11         txvG= (TextView) findViewById(R.id.txvG);
12         txvB= (TextView) findViewById(R.id.txvB);
13         colorBlock = findViewById(R.id.colorBlock);
14     }
...
```

- 第 2、3 行宣告程式要用到的 TextView 物件變數及 View 物件變數。
- 第 10～13 用 findViewById() 取得各項物件。第 13 行取得代表畫面最下方的 LinearLayout 的 View 物件，不需做型別轉換，因為後面在 changeColor() 自訂方法中呼叫的 setBackgroudColor() 方法是 View 類別提供的，所以此處取得的 View 物件就可用來直接呼叫 setBackgroudColor() 方法。

step 3 在 MainActivity 類別內，加入 changeColor() 自訂方法：

```
01 public void changeColor(View v){
02     // 取得亂數物件, 產生3個亂數值(rgb值)
03     Random x=new Random();
04     int red=x.nextInt(256);                     ← 取0～255之間的亂數
05     txvR.setText("紅："+ red);                   ← 顯示亂數值
06     txvR.setTextColor(Color.rgb(red,0,0));     ← 將文字設為亂數顏(紅)色值
07
```

```
08      int green=x.nextInt(256);
09      txvG.setText("綠："+ green);
10      txvG.setTextColor(Color.rgb(0,green,0)); ◀— 將文字設為亂數顏(綠)色值
11
12      int blue=x.nextInt(256);
13      txvB.setText("藍："+ blue);
14      txvB.setTextColor(Color.rgb(0,0,blue)); ◀— 將文字設為亂數顏(藍)色值
15
16      // 設定畫面最下方的空白 LinearLayout 之背景顏色
17      colorBlock.setBackgroundColor(Color.rgb(red, green, blue));
18 }
```

- 第 1 行是自訂方法開頭, 如第 2 章所述, 除了名稱必須與按鈕的 onClick 屬性值相同, 方法的簽名 (Signature) 都需與此處所列的內容相同。
- 第 3 行取得 Random 亂數類別物件 x, 第 4、8、12 行呼叫 NextInt(256) 取得 3 個隨機的整數來做為 RGB 值, 參數 256 表示讓 NextInt() 傳回 0~255 之間的任意整數。
- 第 5 行用 setText 將 "紅：" 連同 red 的值設定給 TextView。例如若 red 的值是 100, 則文字方塊的文字會變成『紅：100』。
- 第 6 行先用 Color.rgb(red,0,0) 的方式取得紅色的顏色值, 再用 setTextColor() 將之設為文字方塊中的文字顏色。
- 第 9~10 行則是以相同方式設定『綠色：』文字方塊物件；第 13~14 行則是以相同方式設定『藍色：』文字方塊物件。
- 第 17 行呼叫 setBackgroundColor() 將背景顏色設為 Color.rgb(red, green, blue) 傳回的顏色。因為 red、green、blue 的值是隨機的變數, 所以每次按下按鈕, 都會在這個『空白』LinearLayout 顯示不同顏色。

step 4 在模擬器或手機執行程式, 每次按按鈕就會出現隨機產生的顏色值和色塊。

請修改程式, 將原本指定給 LinearLayout 的背景顏色, 同時也設為按鈕的文字顏色。

提示 先宣告一個 Button 變數 btn, 並在 onCreate() 中以 R.id.button 資源 ID 取得按鈕物件：

```
public class MainActivity extends Activity {
    TextView txvR, txvG, txvB;
    Button btn;
    @Override
    protected void onCreate(Bundle savedInstanceState) {
        ...
        btn = (Button)findViewById(R.id.button);
    }
```

就可以在 changeColor() 中使用 Button 類別的 setTextColor() 方法更改按鈕上文字的顏色了：

```
public void changeColor(View v){
        ...
        btn.setTextColor(Color.rgb(red, green, blue));
 }
```

本章介紹了在圖形化介面設定 Layout 以及 View 元件屬性的方法, 並學習如何使用程式控制元件外觀。另外也透過 onClick 屬性處理使用者按鈕的動作, 配合 Java 的 Random 類別實作一些互動效果。不過 onClick 只能算是 Android 『事件處理』初步, 下一章會進一步介紹 Android 的事件處理機制。

3-6 使用 ConstraintLayout 提升設計與執行的效能

ConstraintLayout (約束佈局) 是 Android 最新推出的佈局元件，它和 RelativeLayout 類似，都是利用元件與元件之間的相對關係來設計佈局，但具備了更多的彈性而且更容易使用。

其特色是可以用扁平(單層)的結構來設計複雜的版面，而不像 LinearLayout 必須垂直、水平套疊好幾層，因此可以提升執行時的佈局及存取效率。

ConstraintLayout 最低可向前相容到 Android 2.3 版 (API9)，而開發工具則是從 Android Studio 2.2 版才開始支援。

ConstraintLayout 的運作原理

英文 Constraint 就是『約束』(或限制) 的意思，而我們在 ContraintLayout 中，也就是要在元件的上、下、左、右方向設置約束，來安排元件的位置及大小。

基本上，約束就是要定義元件『在某方向與其他元件(包括外層容器)的對齊或距離關係』，因此每個元件至少要設定 2 個約束 (在水平與垂直方向各 1 個) 才能控制其位置，不過通常都會設定更多的約束，讓元件可以依不同狀況而調整其顯示位置與大小。例如：

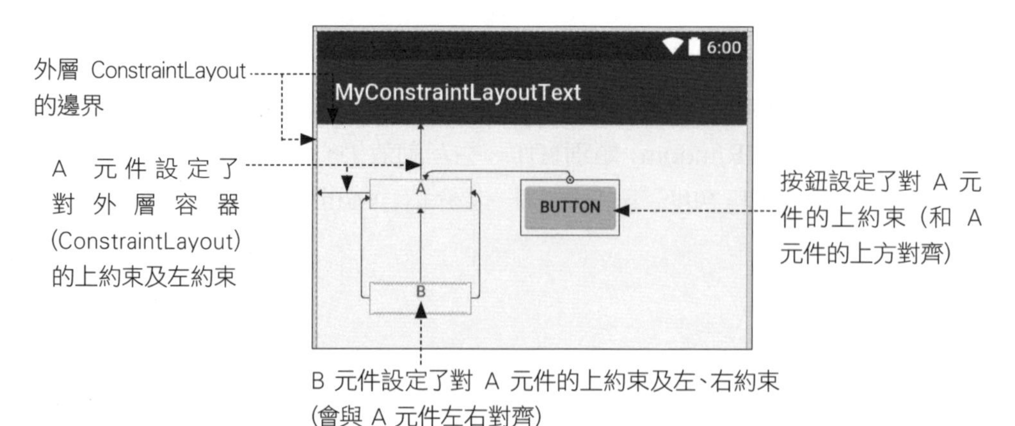

請注意！如果元件在水平或垂直方向未設定約束，那麼雖然在設計時元件會顯示在我們擺放的位置（以方便我們操作），但在執行時則會因沒有約束而向外層容器（ConstraintLayout）的左邊界、上邊界靠齊。例如上圖右邊的按鈕因未設定水平方向的約束，在執行時會顯示如右：

當元件在水平或垂直方向未設定約束時，雖然仍可正常建構、執行，但佈局編輯器會將之視為錯誤（因為執行時位置會跑掉），按一下編輯器右上角的 5 即可看到相關錯誤訊息。

範例 3-8：學習 ConstraintLayout 的使用

接著我們就以實作來學習 ConstraintLayout 的各項使用技巧。由於 ConstraintLayout 是屬於外加的函式庫，因此請依底下的說明框來檢查檢是否已安裝最新版本。

檢查 ConstraintLayout 函式庫的安裝版本

請執行『**Tools/Android/SDK Manager**』命令（或按工具列的 鈕），然後：

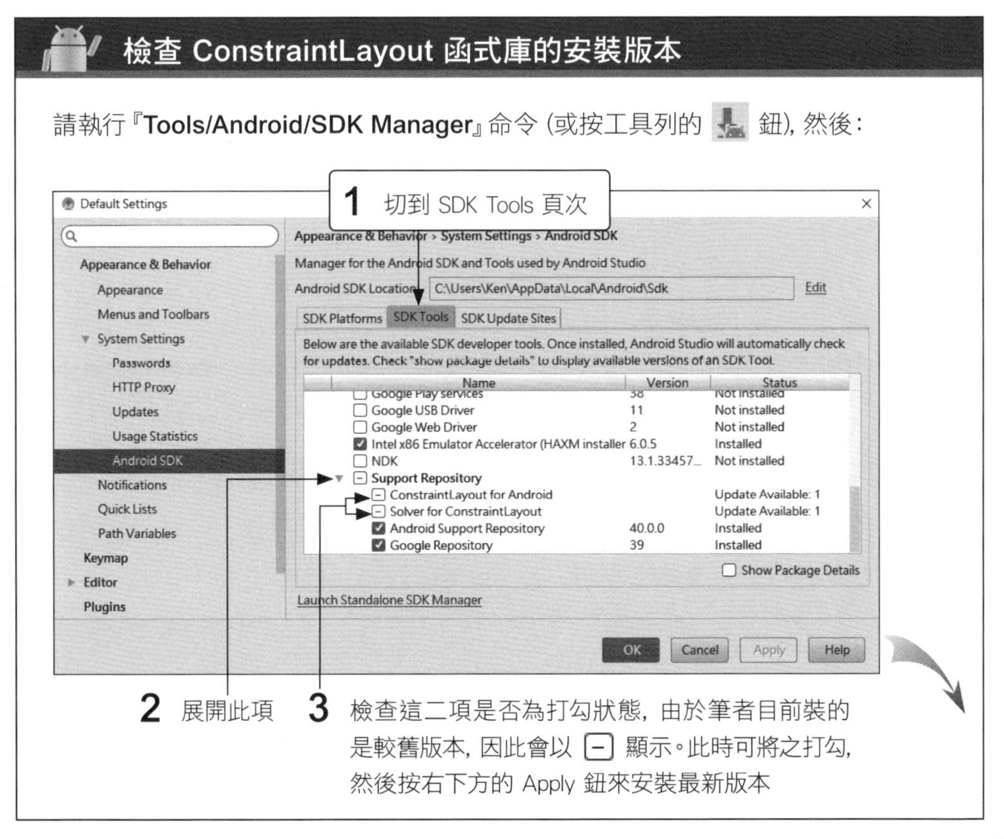

Name	Version	Status
☐ Google Web Driver	2	Not installed
☑ Intel x86 Emulator Accelerator (HAXM installer	6.0.5	Installed
☐ NDK	13.1.33457...	Not installed
☑ Support Repository		
☑ ConstraintLayout for Android		Installed
☑ Solver for ConstraintLayout		Installed
☑ Android Support Repository	40.0.0	Installed
☑ Google Repository	39	Installed

☐ Show Package Details

4 安裝最新版本後, 會呈打勾狀態

5 勾選此項, 即可觀看已安裝了哪些版本

Name	Version	Status
⊟ Support Repository		
⊟ ConstraintLayout for Android		
☐ 1.0.0-alpha2	1	Not installed
☐ 1.0.0-alpha3	1	Not installed
☐ 1.0.0-alpha4	1	Not installed
☐ 1.0.0-alpha5	1	Not installed
☐ 1.0.0-alpha6	1	Not installed
☐ 1.0.0-alpha7	1	Not installed
☐ 1.0.0-alpha8	1	Not installed
☐ 1.0.0-alpha9	1	Not installed
☐ 1.0.0-beta1	1	Not installed
☐ 1.0.0-beta2	1	Not installed
☑ 1.0.0-beta3	1	Installed
☑ 1.0.0-beta4	1	Installed
⊟ Solver for ConstraintLayout		
☐ 1.0.0-alpha2	1	Not installed
☐ 1.0.0-alpha3	1	Not installed
☐ 1.0.0-alpha4	1	Not installed
☐ 1.0.0-alpha5	1	Not installed
☐ 1.0.0-alpha6	1	Not installed
☐ 1.0.0-alpha7	1	Not installed
☐ 1.0.0-alpha8	1	Not installed
☐ 1.0.0-alpha9	1	Not installed
☐ 1.0.0-beta1	1	Not installed
☐ 1.0.0-beta2	1	Not installed
☑ 1.0.0-beta3	1	Installed
☑ 1.0.0-beta4	1	Installed
☑ Android Support Repository	40.0.0	Installed

打勾為目前已安裝的版本 (也可在此打勾
或取消打勾來安裝/移除特定版本)

由於筆者撰稿時 ConstraintLayout 仍在開發階段, 因此在版本編號中會有 beta 字樣。

step 1 建立新專案 "Ch03_ConstraintLayout"，然後開啟 activity_main.xml 佈局檔如下操作：

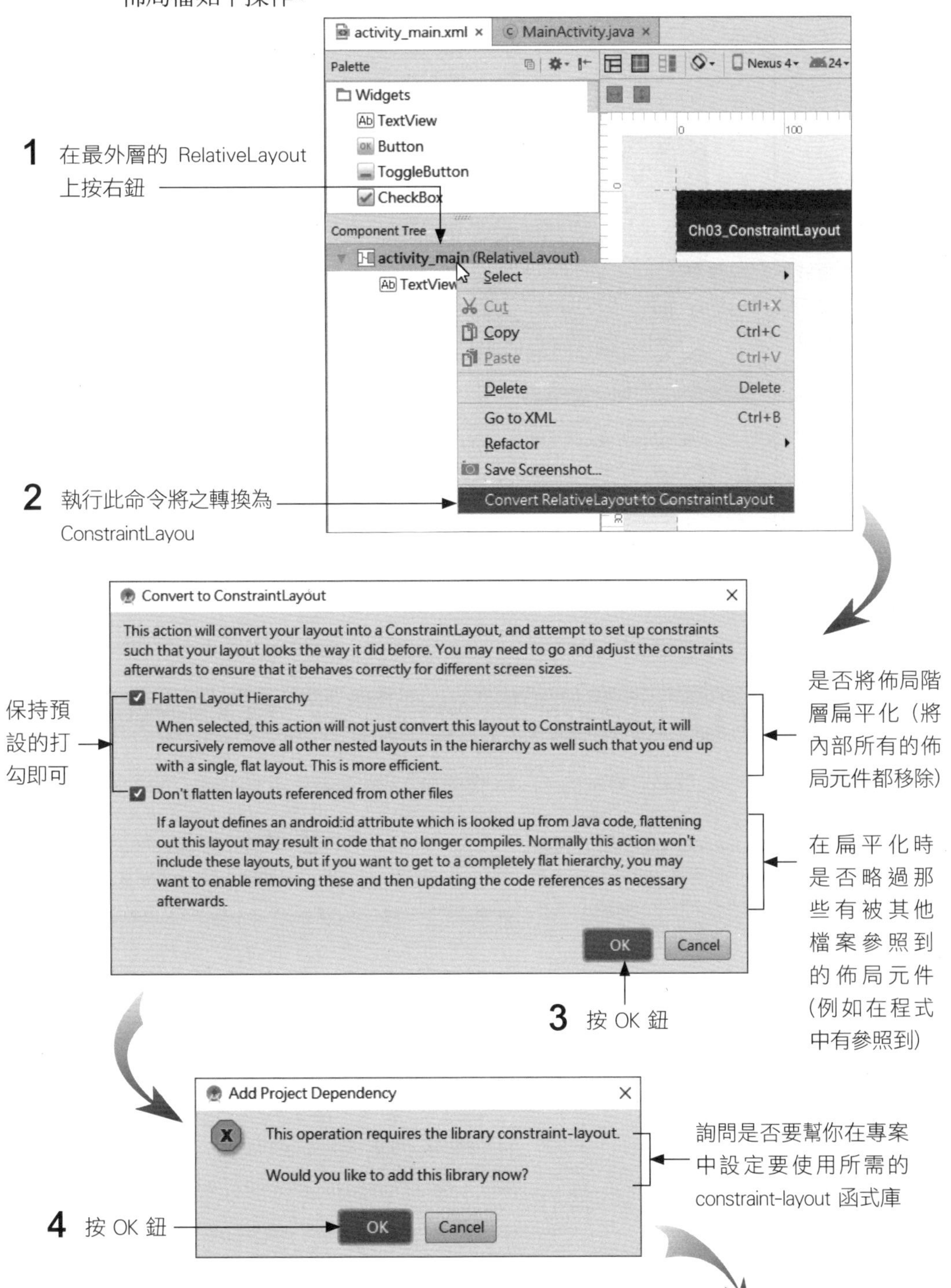

轉換為約束佈局時如果出現『找不到函式庫』的錯誤訊息

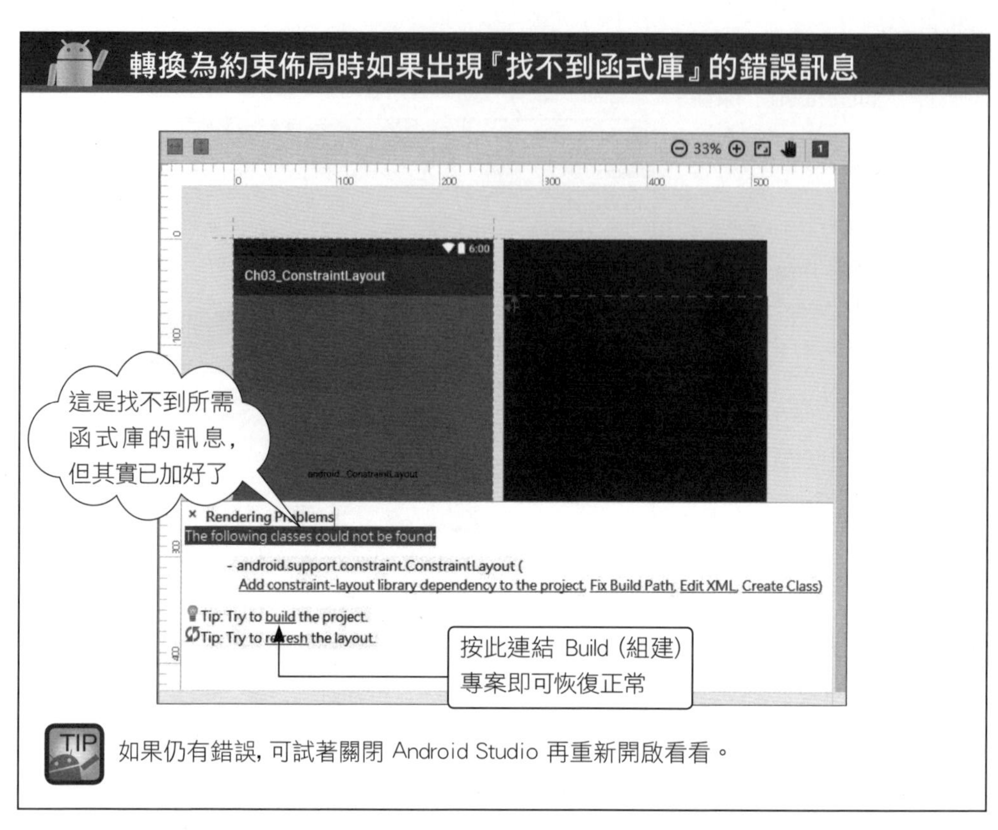

TIP 如果仍有錯誤，可試著關閉 Android Studio 再重新開啟看看。

設定專案要使用 ConstraintLayout 函式庫

所謂使用函式庫，就是在專案的 Gradle 檔中加入『編譯(並使用)函式庫』的設定：

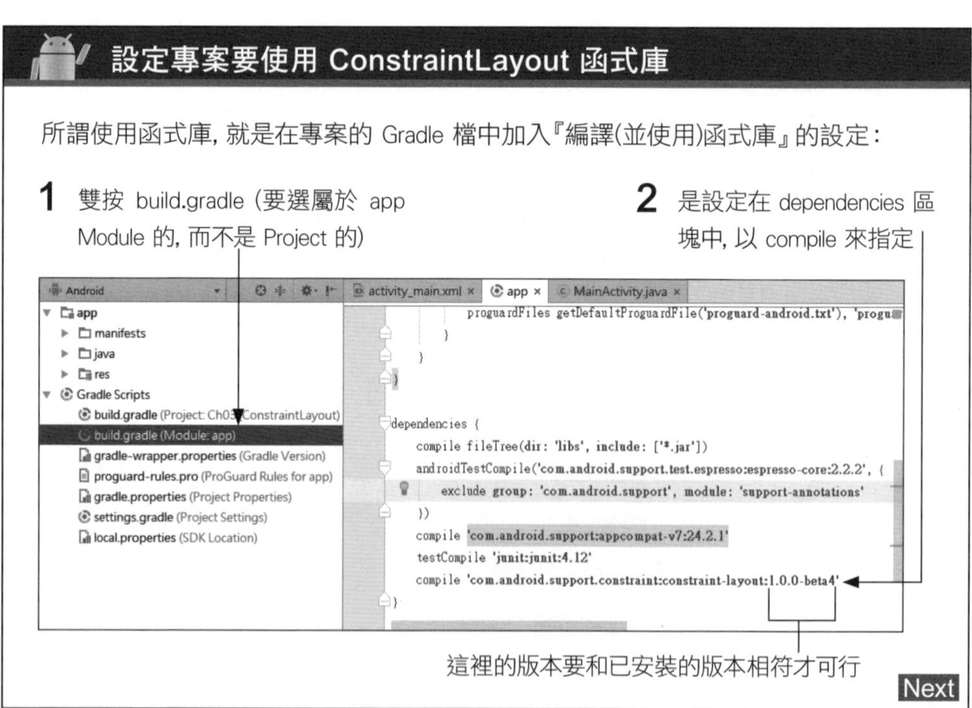

Next

另外, 也可執行『**File/Project Structure...**』命令 (或按工具列的 鈕) 開啟 Project Structure 交談窗來檢視 (或修改):

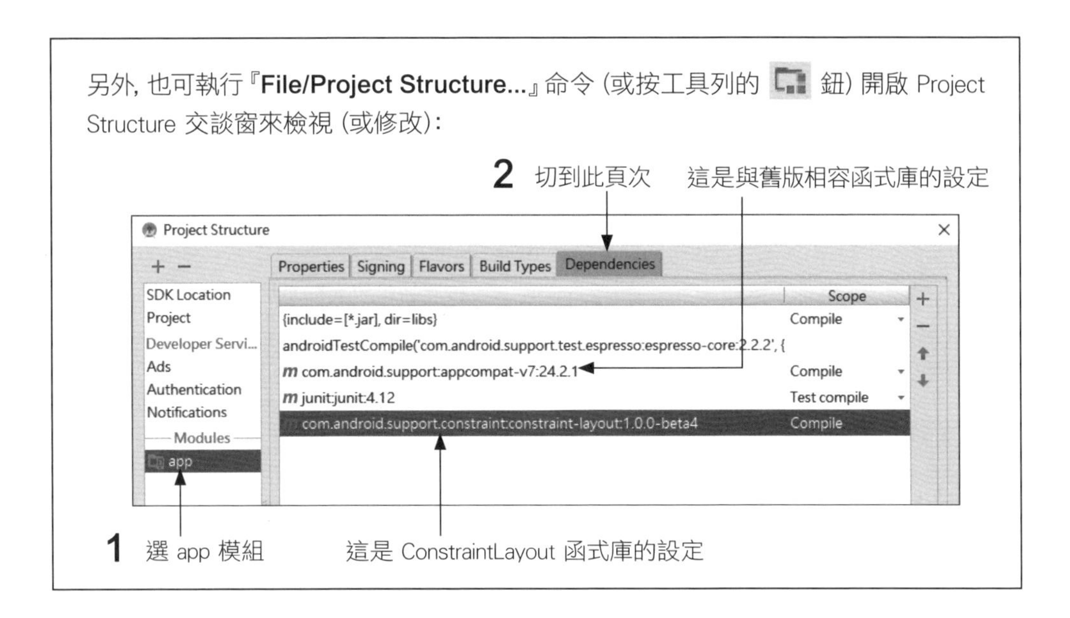

轉換好了

在滑鼠移開的狀態下, 預覽圖可供您預覽顯示效果, 藍圖則可看到代表約束設定的箭頭

藍圖主要是用來檢視佈局的結構, 因此可看到比較多的佈局設定資訊。不過在二種圖中的操作都是一樣的, 底下我們將以預覽圖的操作為主。

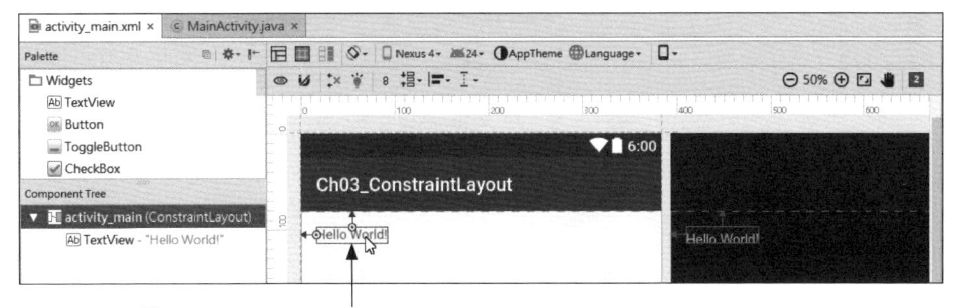

5 將滑鼠移到預覽圖中的元件上, 則同樣會顯示出約束設定

step 2 請選取元件，並將顯示比例放大一點：

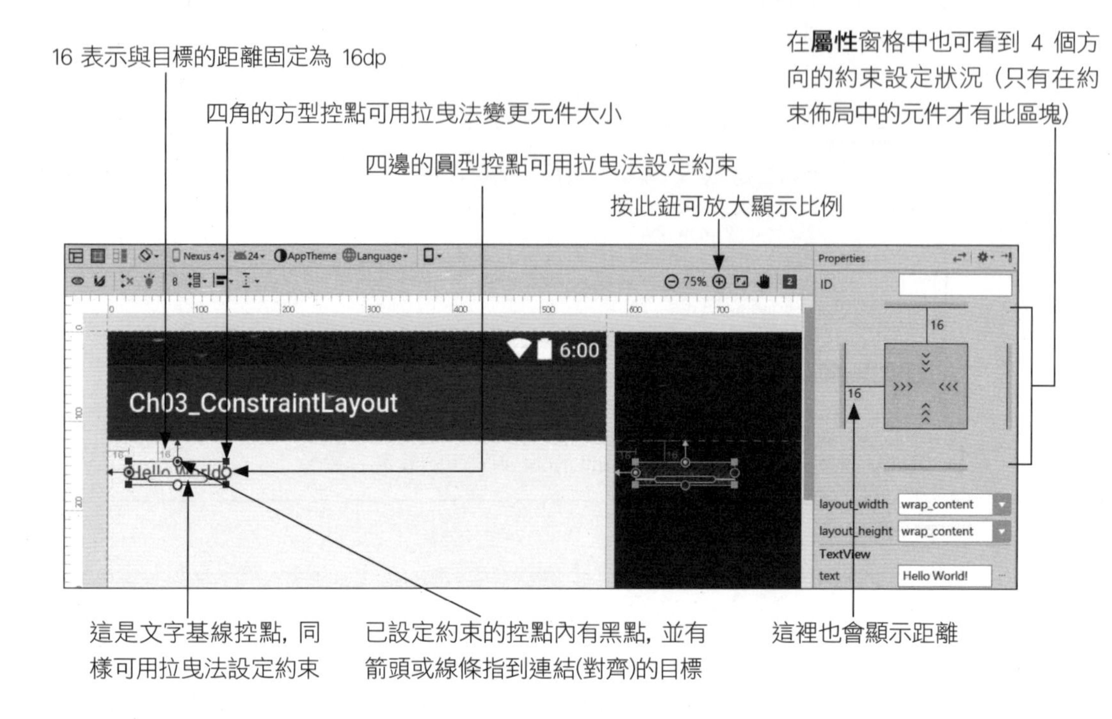

step 3 加入一個 Button 元件，並如下設定：

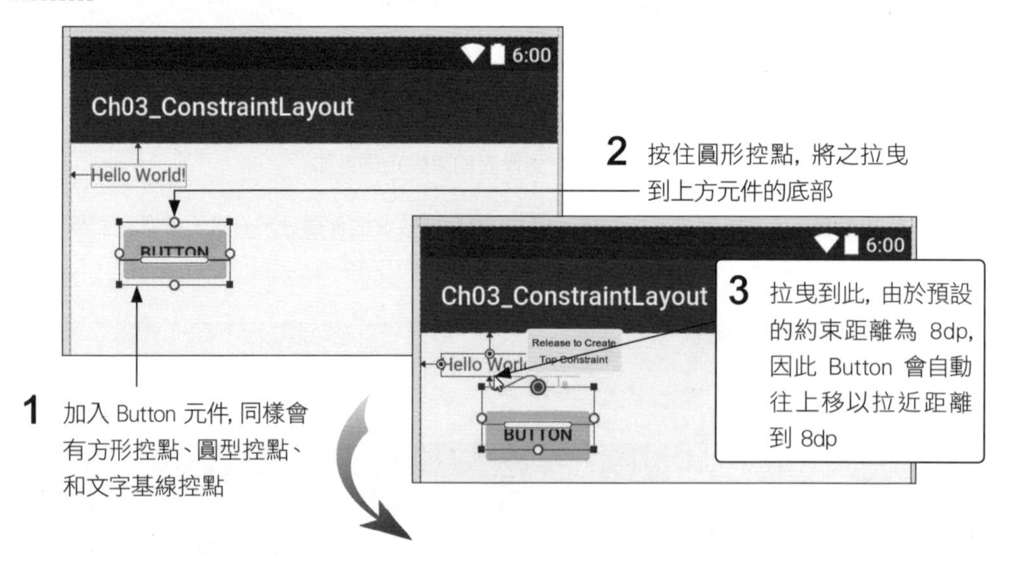

TIP 可按工具列的 8 鈕來變更預設的約束距離，更改後該按鈕會顯示出新的設定值，例如 16 即表示為 16dp。

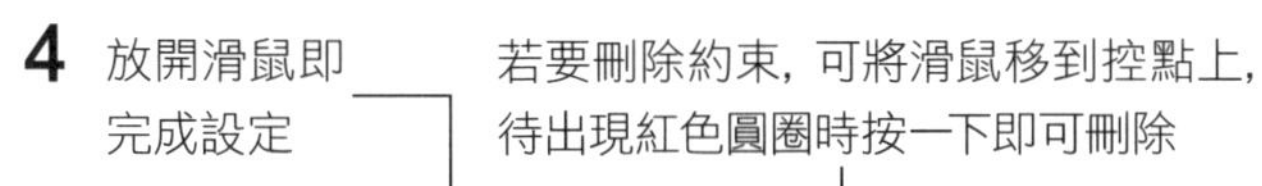

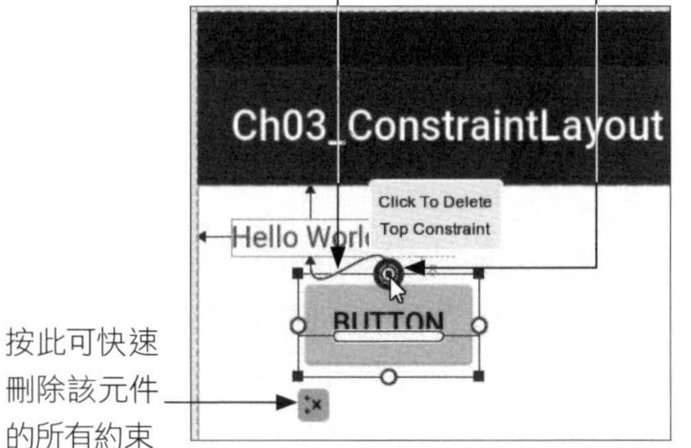

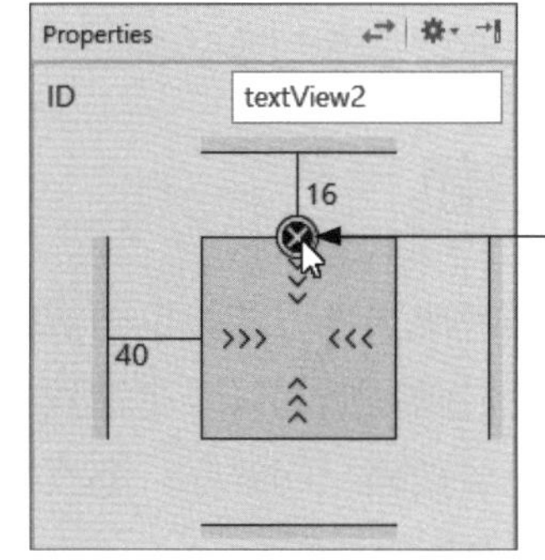

在屬性窗格中將滑鼠移到控點的位置上，也會出現刪除約束的按鈕

按此可快速刪除該元件的所有約束

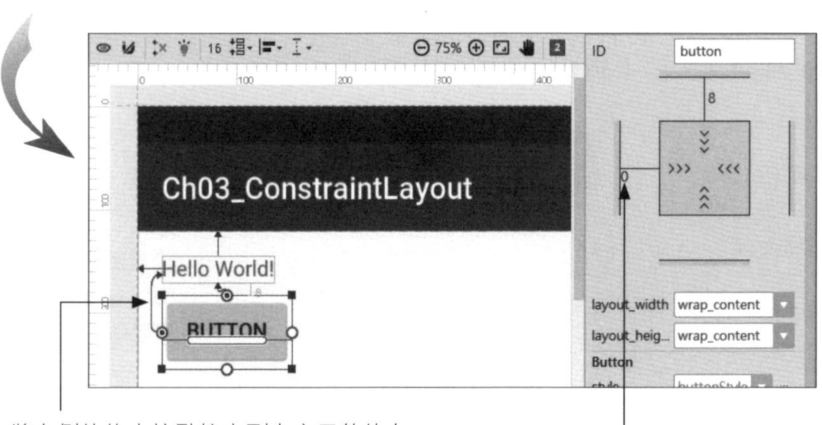

5 將左側的約束控點拉曳到上方元件的左側，即可與上方元件的左側對齊

設為對齊時距離預設為 0，但可以更改

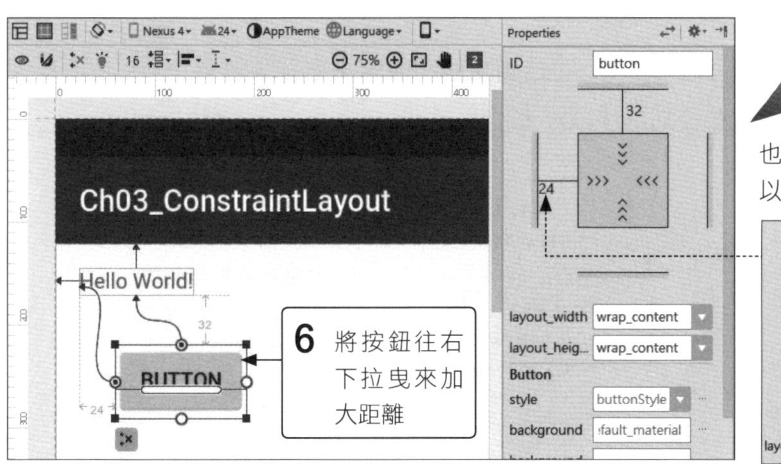

6 將按鈕往右下拉曳來加大距離

也可在**屬性**窗格中直接以數值更改距離，例如：

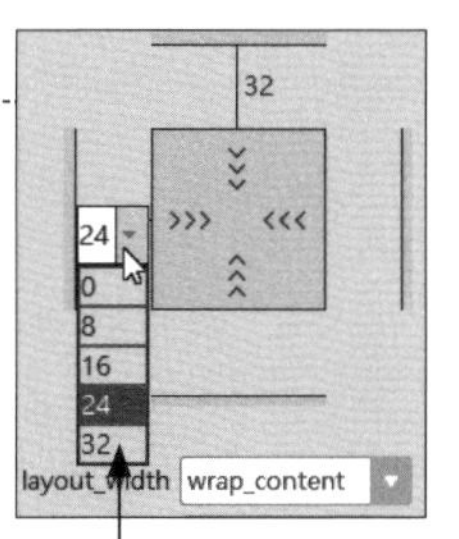

可選取的距離會以 8 的倍數成長，但也可自行輸入其他數值

若要變更約束的連結對象，請先刪除約束然後再重新建立。

step 4 由於 ConstraintLayout 的設計方式都很直覺，底下我們將以功能介紹為主，請讀者利用本專案自行練習與測試。也請善用 ↩ 鈕來回復操作，以便進行各種不同的測試。

約束的種類

每個約束控點最多只能設定一個約束，並且只能連結到相同水平或垂直方向的約束，例如左側控點就只能連結到其他元件左側或右側的錨點 (被連結的控點稱為**錨點**)。至於被連結的錨點，則沒有約束數量的限制，例如某錨點可以被任意數量的元件做為對齊目標。

約束的種類有以下 4 種：

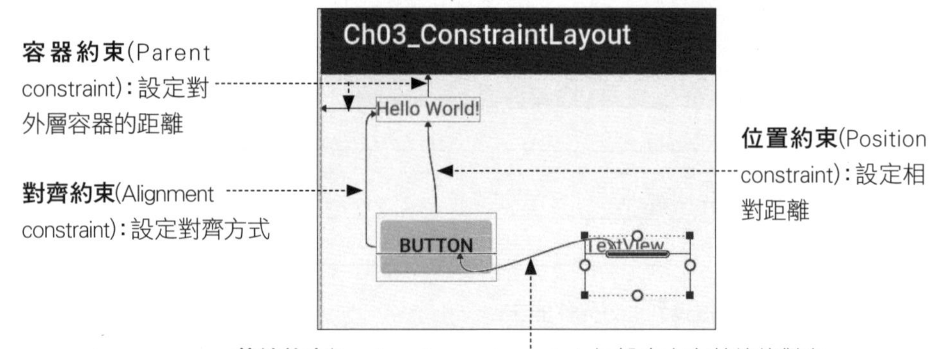

請注意，文字基線控點只能連結到其他元件的文字基線控點上。在設置基線約束時，請將滑鼠指標移到基線控點上稍停一下：

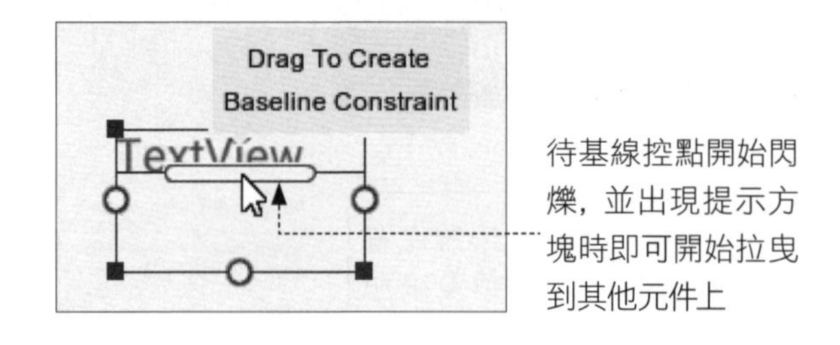

若要刪除基線控點，同樣是將滑鼠移到控點上稍停一下，待出現紅色圓圈時按一下即可刪除。

讓元件可以動態調整大小與位置

如果希望元件的寬度可以動態佔滿整個佈局剩餘的空間，或是顯示在某個區域的中央，都可利用『雙向約束』來達成，也就是在左、右（或上、下）二端都設定約束，此時會對元件產生雙向的拉力：

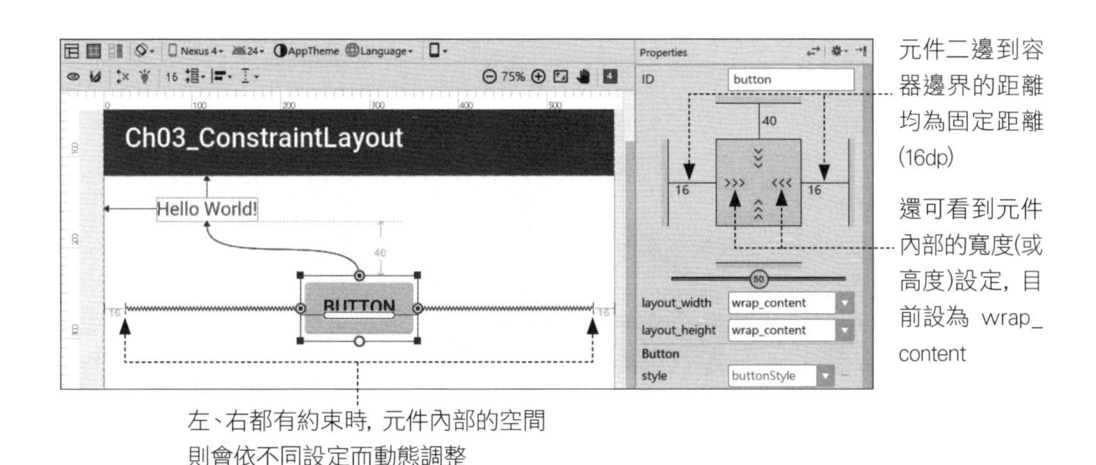

元件內部的寬度（或高度）設定有 3 種，在屬性窗格中會以不同的圖示顯示，**在圖示上按一下可循環切換**這 3 種設定：

1. **符合內容大小** (wrap_content)：

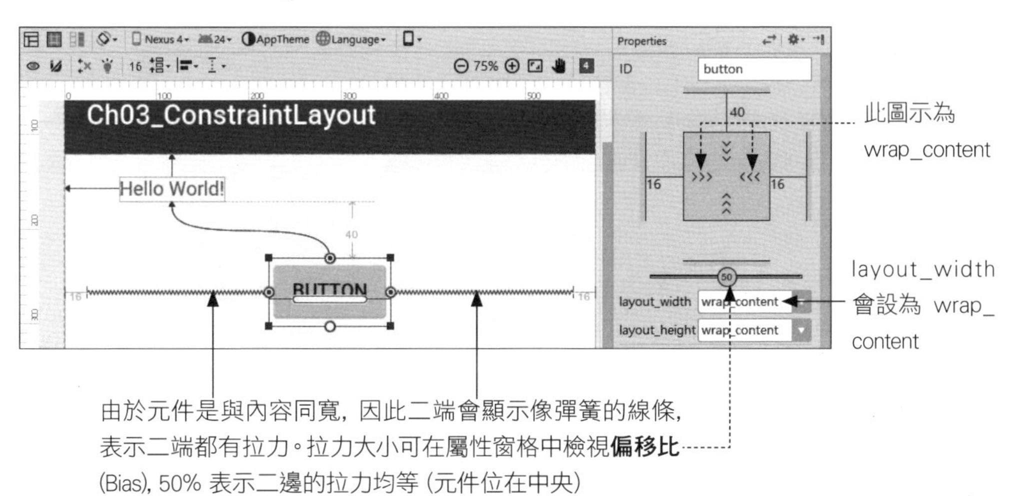

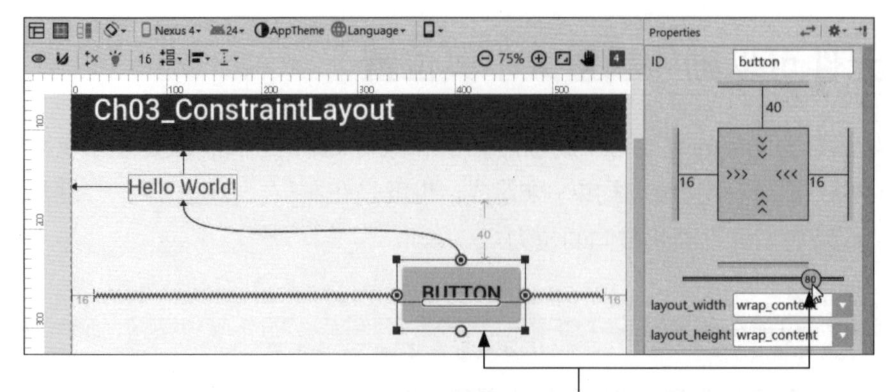

左右拉曳預覽圖中的元件或屬性窗格中的圓鈕, 都可調整偏移比 (0% 會移到最左邊, 100% 則移到最右邊)

2. **固定大小** (Fixed)：

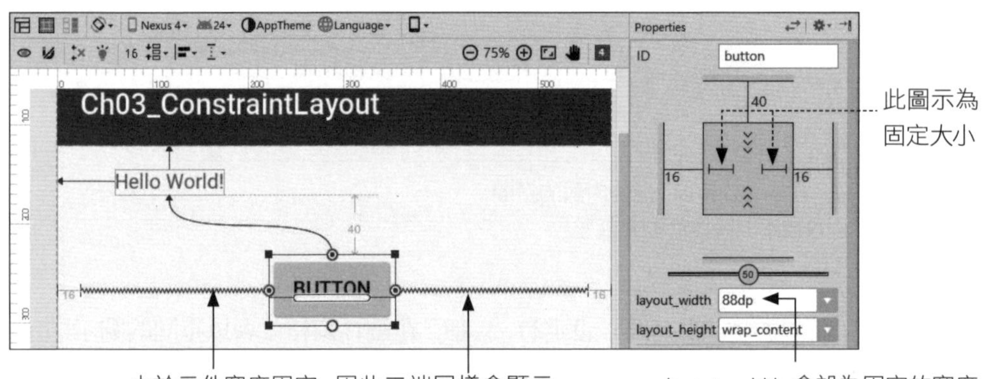

由於元件寬度固定, 因此二端同樣會顯示像彈簧的線條, 並且也可以調整偏移比

layout_width 會設為固定的寬度

3. 任何大小 (Any Size)：

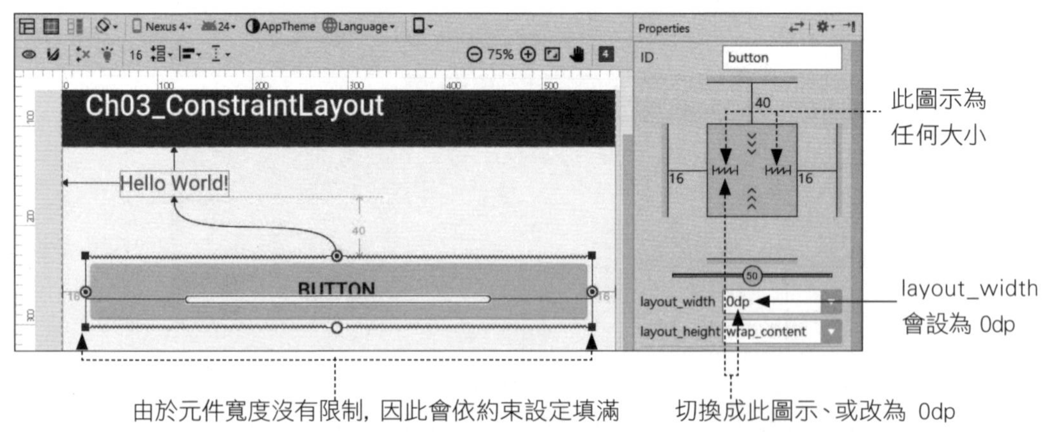

由於元件寬度沒有限制, 因此會依約束設定填滿全部的可用空間 (也就沒有偏移比了, 因已填滿)

切換成此圖示、或改為 0dp 都可設定成 Any Size

請注意, 在 ConstraintLayout 中應避免將 layout_width (或 layout_height) 屬性設為 "match_parent", 而應以 Any Size 的方式來設定 (此時 layout_width 要設為 0dp)。

如果在水平 (或垂直) 方向有 2 個以上的元件, 那麼將只有最右邊 (或最下面) 的元件會動態調整, 例如:

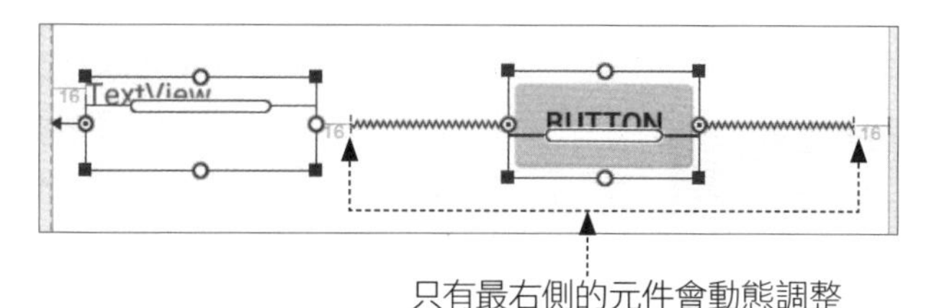

如果希望 2 個元件都能動態調整, 那麼可利用稍後介紹的導線功能。

以上是針對寬度做示範, 而高度的設定也完全相同, 請讀者自行練習試看看。

使用隱形的導線

除了和容器的邊界對齊之外, 也可以加入水平或垂直的**導線** (Guideline) 來輔助對齊。導線也是一種元件, 但只在設計時可見, 在執行時是看不到的。

導線有水平和垂直 2 種, 必須用相對於容器邊界的固定距離或比例來設定其位置:

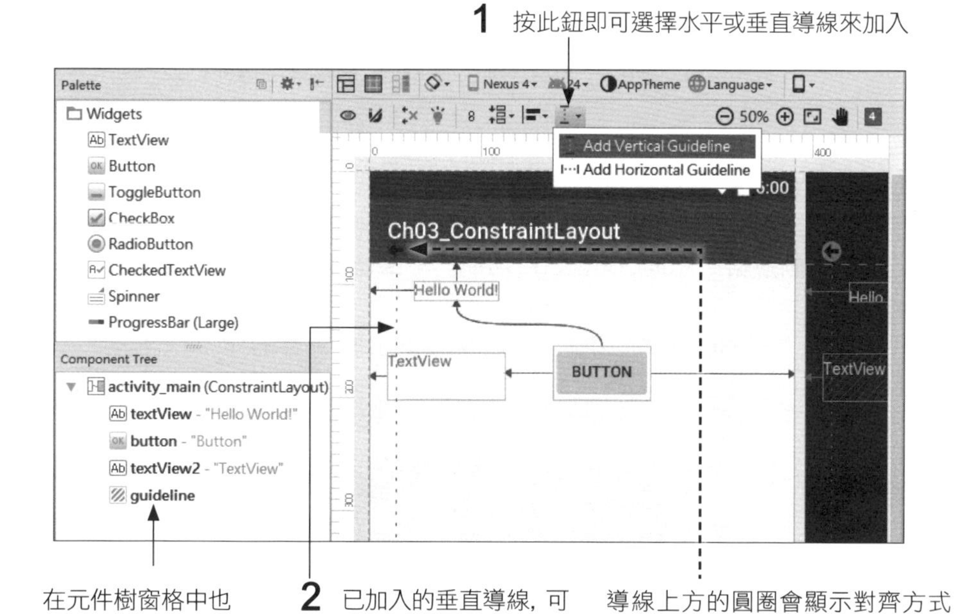

按一下垂直導線上方 (或水平導線左方) 的圓圈圖示, 即可循環切換 、、 3 種對齊方式:

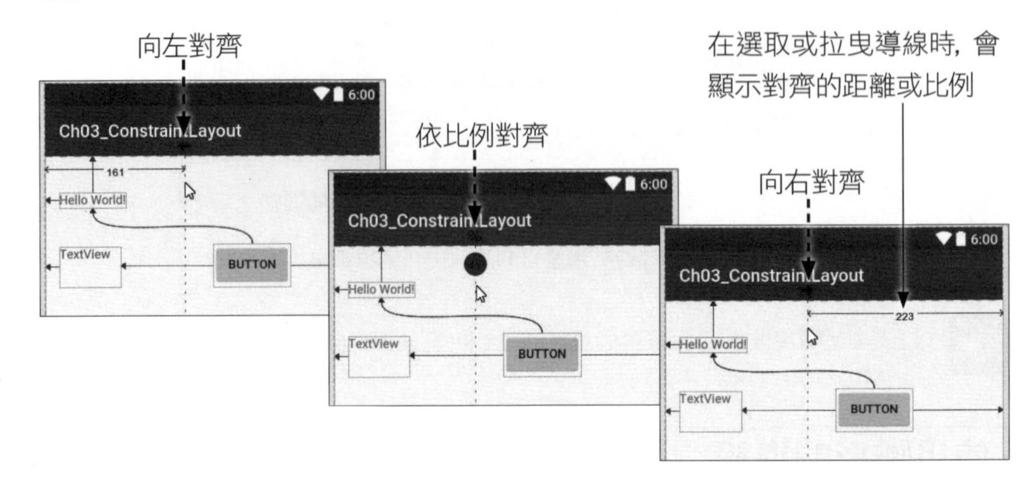

您可以加入多條導線, 也可以像元件一樣將之刪除。有了導線, 就可以把容器劃分成許多虛擬的子空間來供元件對齊了, 例如:

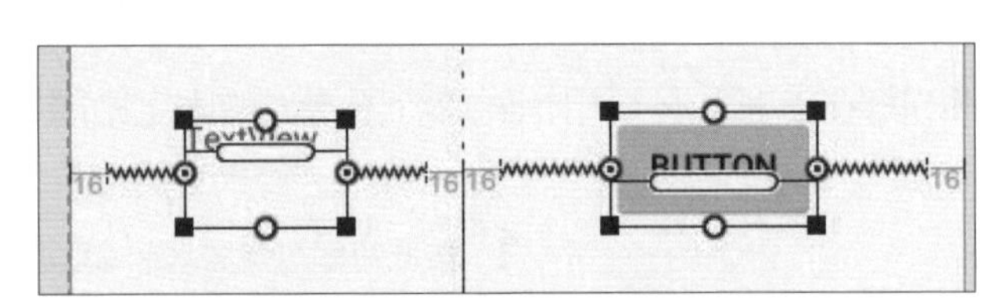

善用導線來做隔間, 可讓元件的佈局更加方便、更有彈性!

自動連結與智慧補加約束

若開啟**自動連結** (Autoconnect) 功能, 那麼每當在佈局中加入元件時即會自動設置約束:

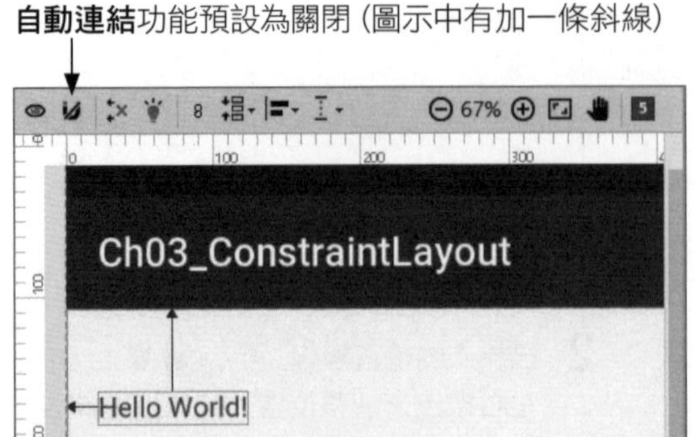

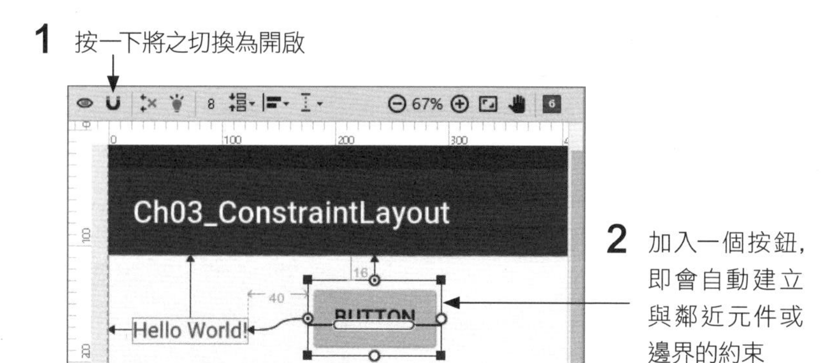

加在不同的位置, 可能會建立不同的約束, 例如上圖在加入按鈕時, 若放的稍微下面一點:

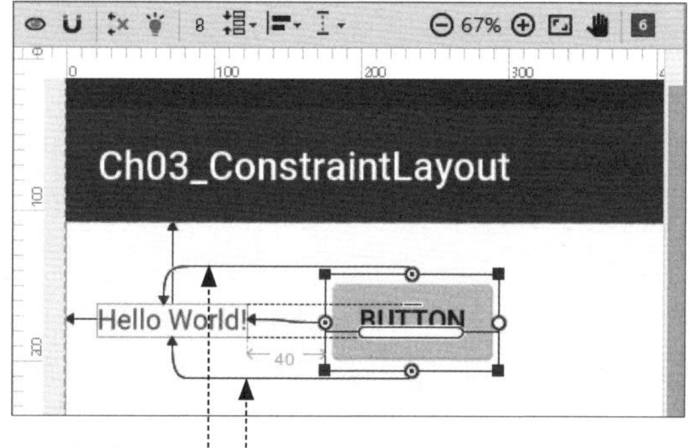

垂直方向的約束會改成上下都向左側元件的上下邊界對齊 (由於上下拉力預設為50%, 因此等同於向左側元件水平置中對齊)

如果約束的種類或對象不是你想要的, 可先將之刪除然後再自己重建。

自動連結功能只在新加入元件、或是拉曳無約束元件時有作用, 而且必須放置在適合建立約束的位置才行。如果想將已加入、但未設定(或已刪除)約束的元件全部都自動加上約束, 則可按一下工具列的**智慧補加約束** (Infer Constraints) 鈕, 例如:

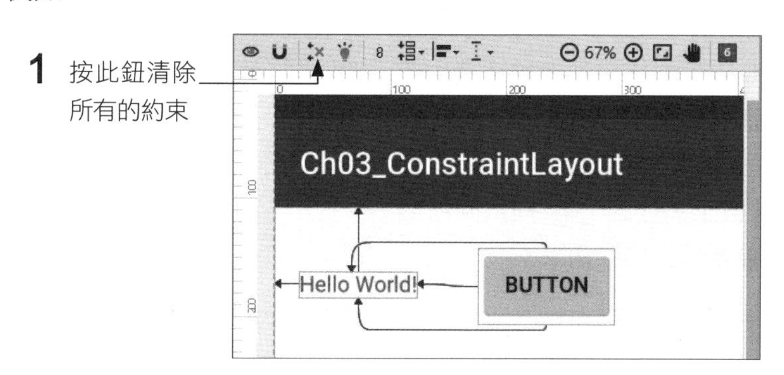

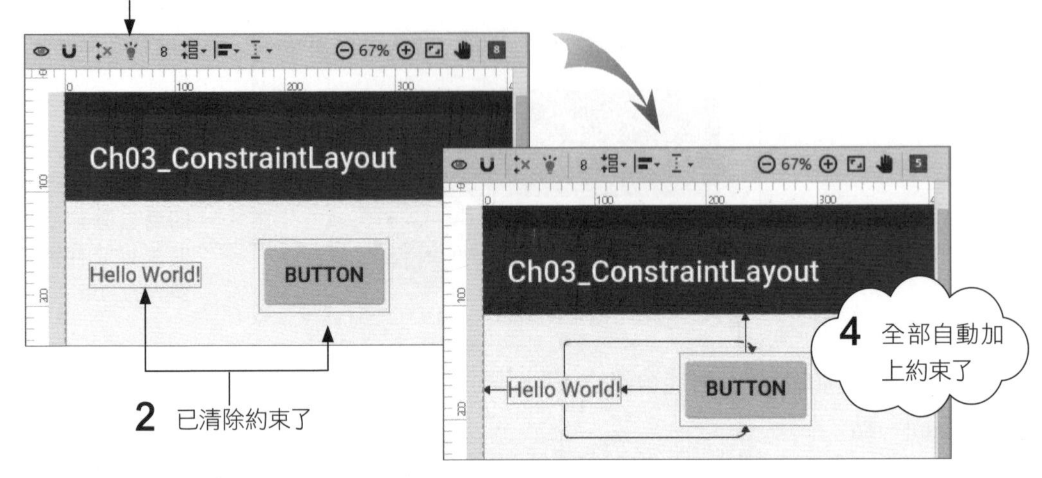

智慧補加約束會努力建立具有最佳執行效率的佈局，但未必是我們想要的佈局，所以通常還需要再檢查一下，將部份不適合的約束刪除，然後改成我們想要的約束。

自動連結在開啟後會持續有作用，您可隨時視需將之開啟或關閉。**智慧補加約束**則是一次性的功能，沒有開關切換。

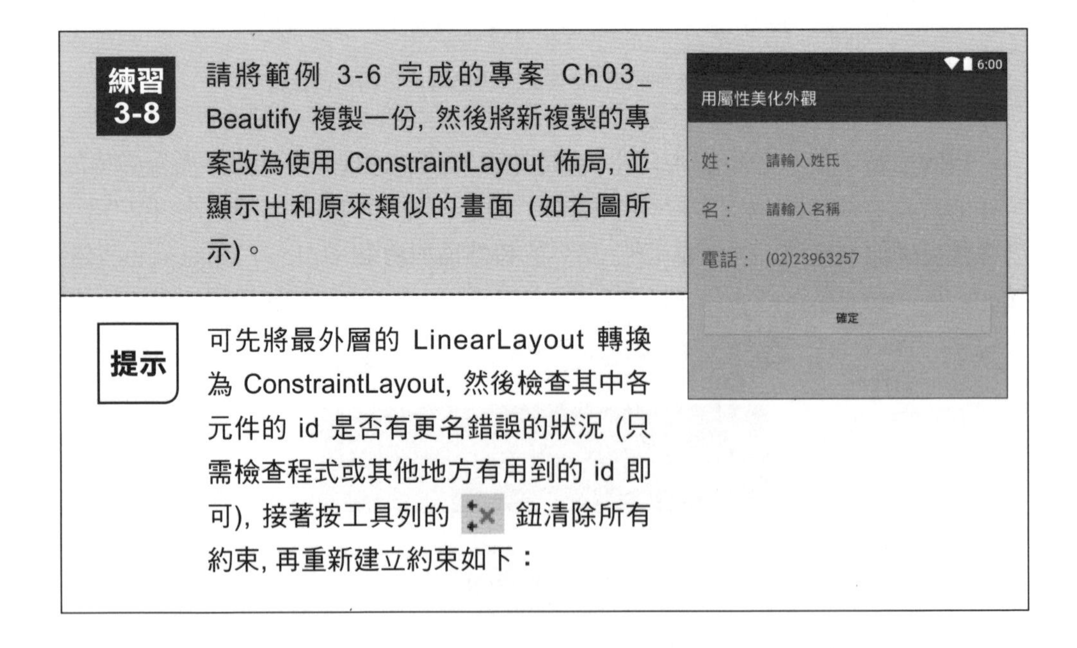

練習 3-8 請將範例 3-6 完成的專案 Ch03_Beautify 複製一份，然後將新複製的專案改為使用 ConstraintLayout 佈局，並顯示出和原來類似的畫面 (如右圖所示)。

提示 可先將最外層的 LinearLayout 轉換為 ConstraintLayout，然後檢查其中各元件的 id 是否有更名錯誤的狀況 (只需檢查程式或其他地方有用到的 id 即可)，接著按工具列的 ![] 鈕清除所有約束，再重新建立約束如下：

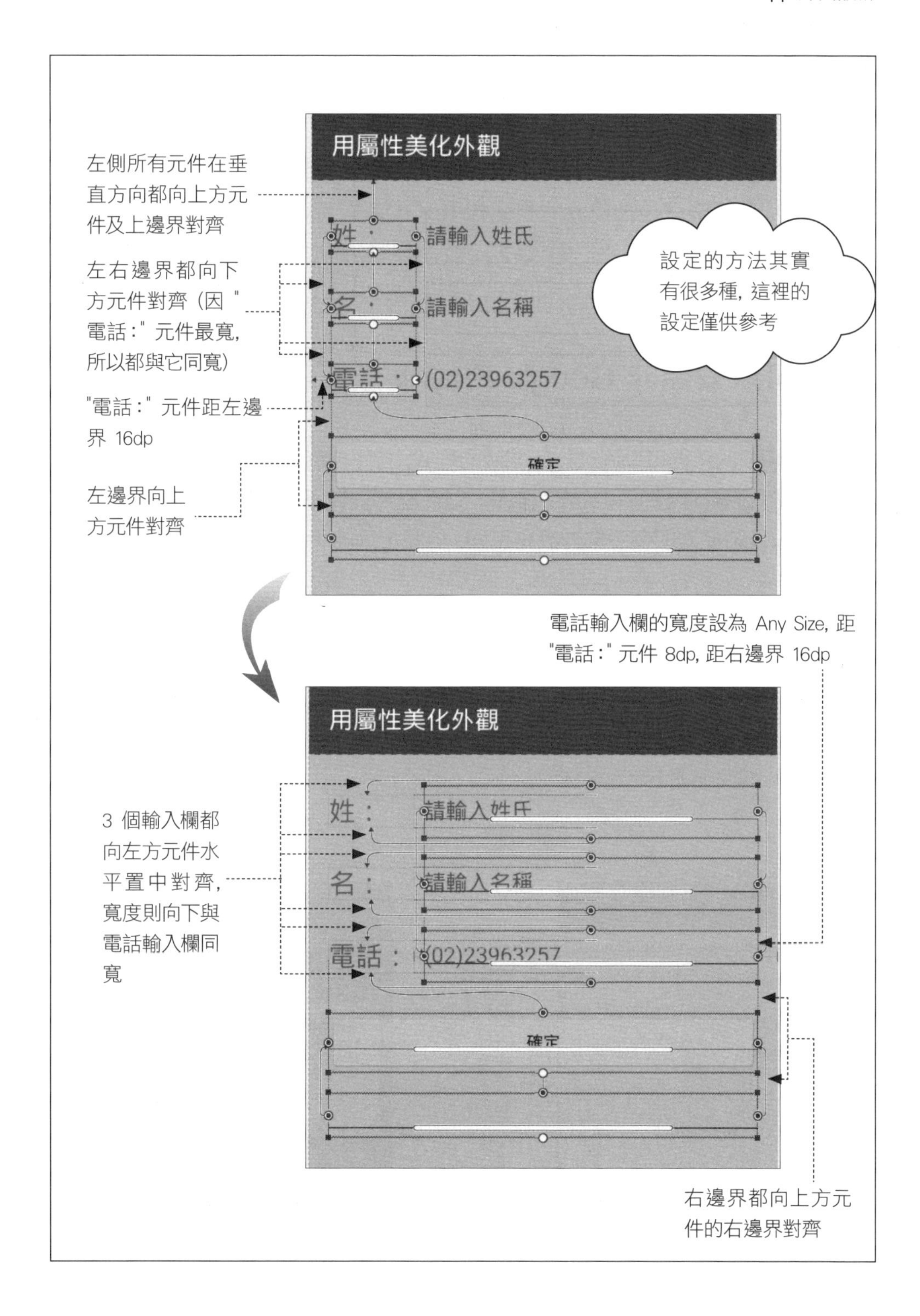
用屬性美化外觀
左側所有元件在垂直方向都向上方元件及上邊界對齊
姓：
請輸入姓氏
左右邊界都向下方元件對齊 (因 "電話：" 元件最寬, 所以都與它同寬)
名：
請輸入名稱
設定的方法其實有很多種, 這裡的設定僅供參考
電話：
(02)23963257
"電話：" 元件距左邊界 16dp
確定
左邊界向上方元件對齊
電話輸入欄的寬度設為 Any Size, 距 "電話：" 元件 8dp, 距右邊界 16dp
用屬性美化外觀
3 個輸入欄都向左方元件水平置中對齊, 寬度則向下與電話輸入欄同寬
姓：
請輸入姓氏
名：
請輸入名稱
電話：
(02)23963257
確定
右邊界都向上方元件的右邊界對齊

3-7 使用 Gmail 將程式寄給朋友測試

寫好的 Android App 除了自己進行測試以外，通常也會想請別人測試，這時候最方便的方法就是把建立的程式檔用 Gmail 寄給對方。由於 Gmail 是 Android 手機都會有的功能，因此對方一定可以收到，而且 Gmail 對於程式檔附件預設的動作就是安裝到手機，即使是不熟開發的朋友也可以協助測試。

設定可以安裝非 Google Play 商店下載的程式

要讓朋友的手機可以測試您所開發的程式，除了要能在手機上用 Gmail 收信外，還必須先解除手機的程式安裝限制，以便能夠安裝不是由 Google Play 商店下載的程式。請進入朋友手機的**設定**畫面，依照下面的步驟設定：

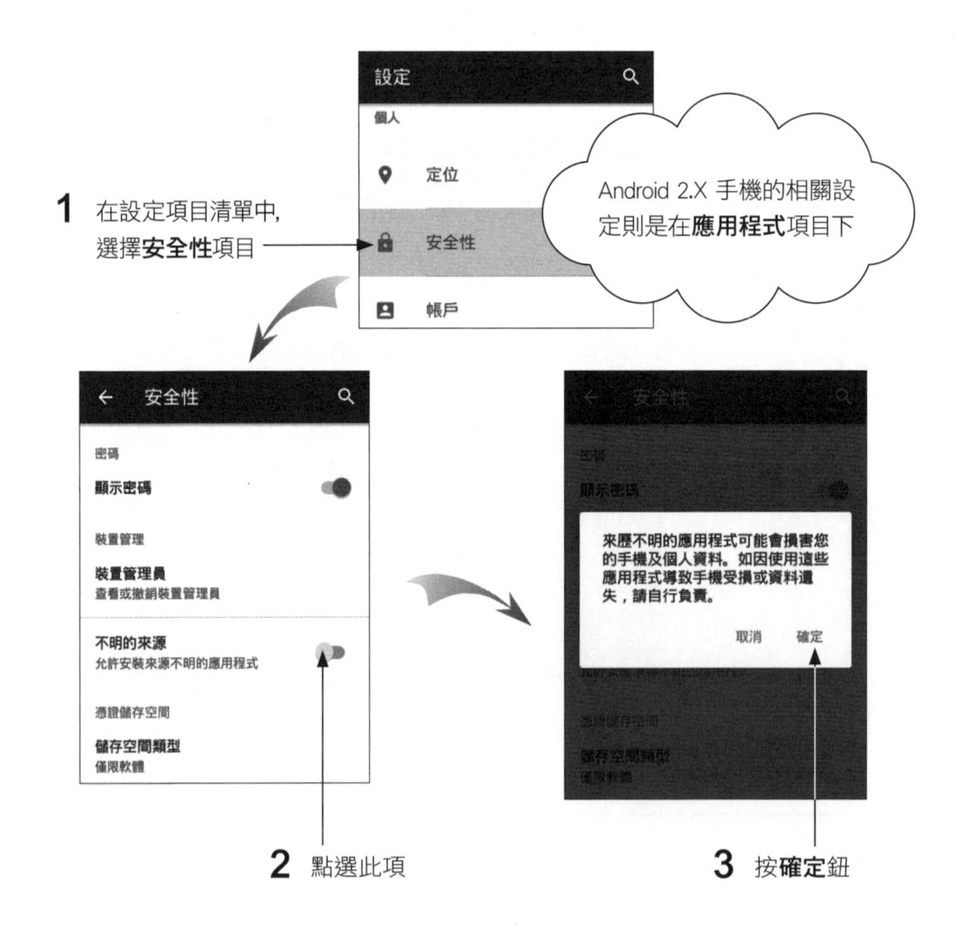

將程式寄給朋友安裝

完成設定後, 請開啟**檔案總管**切換到專案資料夾下的 app/build/outputs/apk/ 資料夾, 即可找到檔名為 "app-debug.apk" 的執行檔, 例如第 3-5 節的 Ch03_RandomColor 專案:

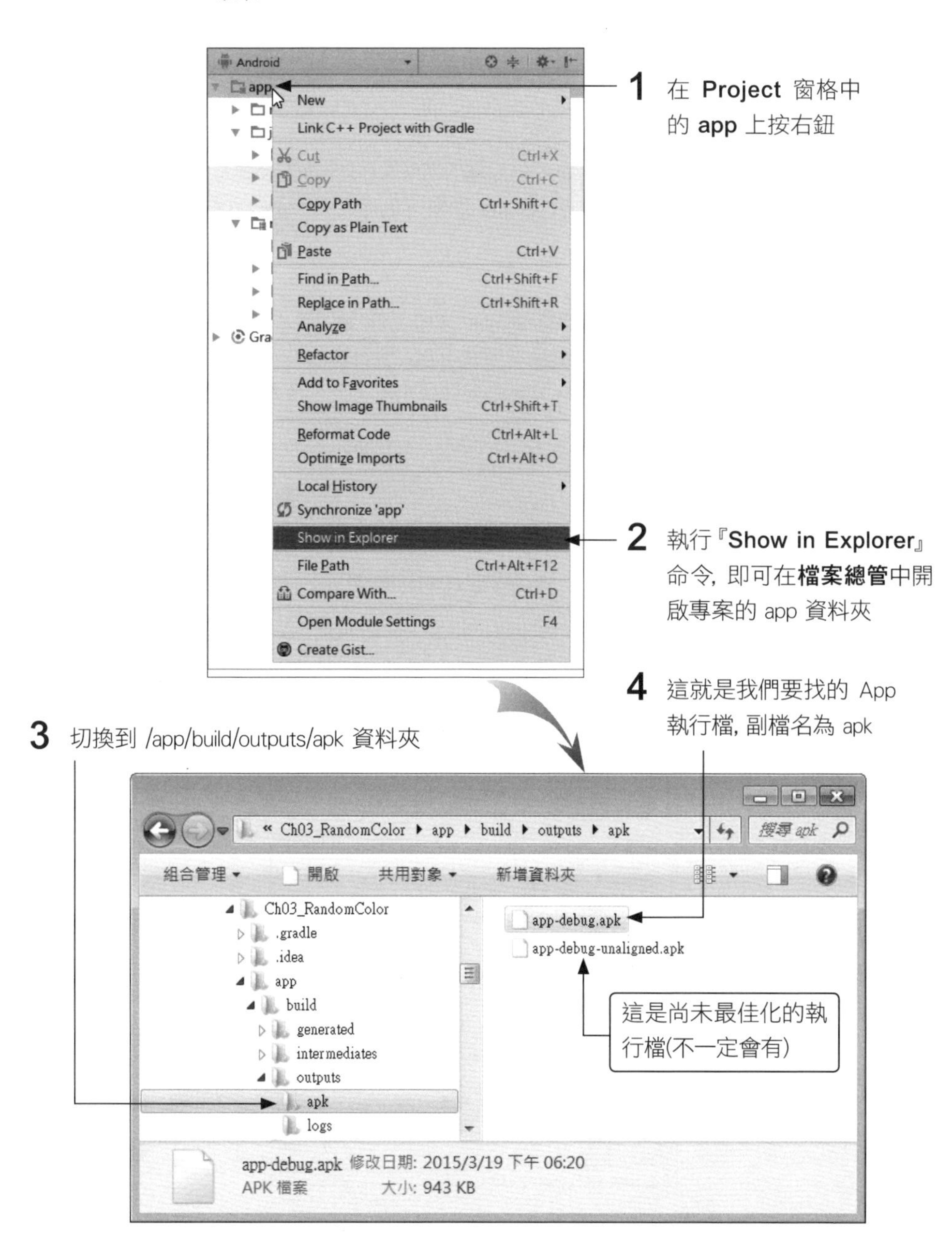

Android Studio 預先提供了 2 種 apk 的組建方式 (Build Type)：debug 和 release，預設為 debug，因此產生的 apk 在檔名中有 debug 字樣。若使用 release 方式，則產生的檔名為 app-release。

在組建 apk 時必須使用數位憑證來簽署 apk，以證明該 apk 是由我們所建立 (例如在改版時可證明是同一個人所發行)。不過為了方便測試，預設的 debug 方式會以一個測試專用的 Debug 數位憑證 (在安裝 Android Studio 時會自動產生) 來簽署 apk，省去我們準備數位憑證的麻煩。

請將此執行檔更名為有意義的檔名 (例如："RandomColor.apk")，然後以電子郵件附件的方式，寄到手機的 Gmail 帳號。寄出後請開啟手機內建的 Gmail 程式收信，開啟信件後接著如下操作：

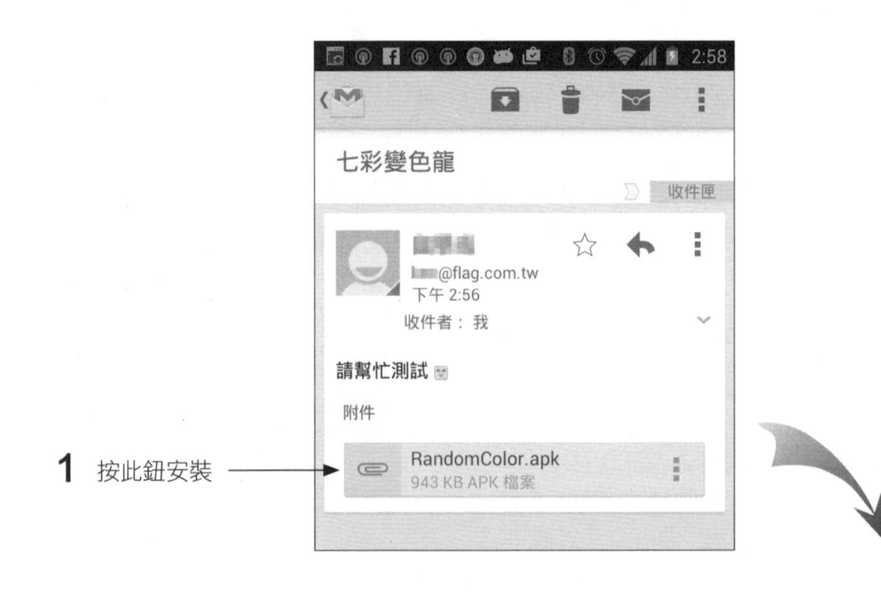

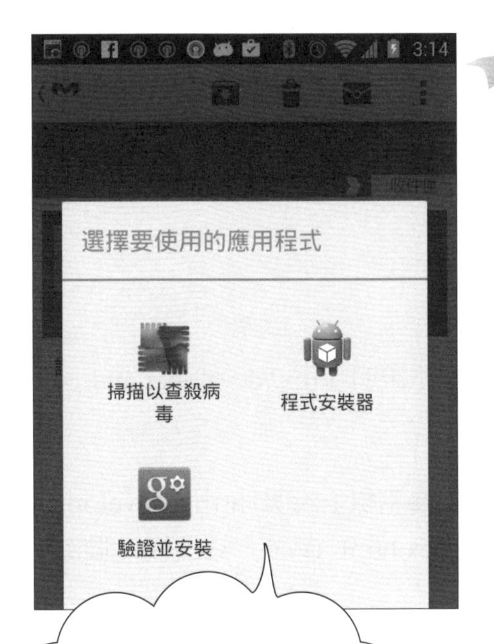

若手機有安裝防毒軟體等工具，則系統會詢問開啟檔案的方式，請選『程式安裝器』

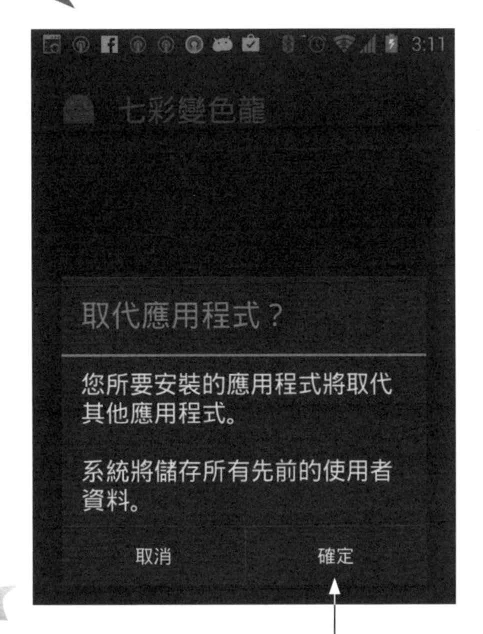

2 按**確定**鈕 (如果已安裝過同一程式，例如先前用 USB 上傳，才會進入此畫面)

3 按**安裝**鈕

4 按**開啟**鈕就會啟動 Android App

延伸閱讀

1. 更多關於在佈局中顯示圖案的說明可參見第 5 章，而設定圖案為背景可參見線上說明：http://developer.android.com/guide/topics/resources/drawable-resource.html。

2. 想在佈局中使用更多元件，請參見 5、6 章。

3. 關於設計使用者介面的其它說明，可參見線上說明：http://developer.android.com/guide/topics/ui/index.html。

4. 有關 ConstraintLayout 的更多說明，可參見線上說明：http://developer.android.com/training/constraint-layout/index.html (或在 Android 開發者網站以 "ConstraintLayout" 做搜尋)。

重點整理

1. LinearLayout 的特點是讓其內的元件『依序直線排列』。LinearLayout (Horizontal) 是將其內的元件依水平方向，由左至右排列；LinearLayout (Vertical) 則是讓元件依垂直方向，由上而下排列。

2. 在 width/height 屬性可指定："match_parent" 表示『與上層元件同寬/高』；"wrap_content" 表示『符合所含元件的寬/高』；或是直接指定尺寸。

3. LinearLayout 中的元件可利用 weight 屬性，設定『剩餘空間的分配比例』。在佈局中有許多元件時，可利用此屬性來『對齊』元件。比較有效率的做法，是將元件寬、高設為 0dp，然後只用 weight 屬性來設定元件在佈局中的寬、高佔畫面的比例。

4. 在設計介面時，可用 textColor 屬性指定文字顏色、用 background 屬性指定背景顏色。

5. 在屬性欄可用 #RRGGBB 指定顏色值, RR、GG、BB 分別為紅、綠、藍三原色的 16 進位強度值 (00~FF)。另外還可在顏色值的最前面加上透明度而變成 #AARRGGBB (AA 為 16 進位的不透明值, 數值範圍 00~FF)。

6. View 類別的 setPaddings() 方法可指定元件的 paddings 邊界; setBackground() 可指定背景圖案; setBackgroundColor() 可指定背景顏色。

7. TextView 類別的 setText() 可設定顯示的文字; setTextColor() 可指定文字顏色; setTextSize() 可指定文字大小。

8. ConstraintLayout (約束佈局) 的特色是可以用扁平的結構來設計複雜版面, 而不像 LinearLayout 必須套疊好幾層, 因此可以提升執行效率。

9. 基本上, 約束就是在定義元件『在某方向與其他元件 (或外層容器) 的對齊或距離關係』, 因此每個元件至少要設定 2 個約束 (在水平與垂直方向各 1 個) 才能控制其位置。

10. 約束有 4 種: **容器約束**(設定對外層容器的距離)、**位置約束**(設定相對距離)、**對齊約束**(設定對齊方式)、**基線約束**(設定文字基線的對齊)。

11. 如果想讓元件能夠動態調整大小與位置, 則可在約束佈局中設定『雙向約束』, 也就是在左、右 (或上、下) 二端都設定約束, 對元件產生雙向的拉力。此時元件內部的空間則會依不同設定而動態調整, 內部空間設定有 3 種: **符合內容大小**(wrap_content)、**固定大小**(Fixed)、及**任何大小**(Any Size)。

12. 在約束佈局中可以加入水平或垂直的**導線** (Guideline) 來輔助對齊。導線也是一種元件, 但只在設計時可見, 在執行時是看不到的。

13. 執行專案時所產生的 apk 檔, 是存放在專案的 /app/build/outputs/apk/ 資料夾中, 檔名為 app-debug.apk。若要請朋友幫忙測試, 可將之 E-mail 到朋友的手機中進行安裝。

習題

1. width/height 屬性若設為 ________________，表示要與上層的元件同寬或是同高，或是設為 ________________，表示符合所含元件的寬/高或是直接指定尺寸。

2. 在 LinearLayout 中要對齊元件，可以使用 ________________ 屬性，分配佈局中的剩餘空間。

3. 請建立一個新專案，並將預設的 RelativeLayout 改成 LinearLayout (vertical)，且讓原本的 "Hello world!" 訊息顯示在畫面正中間，但文字需改為紫色，大小為 30sp。

4. 請分別利用 LinearLayout 及 ConstraintLayout 設計九宮格形式的鍵盤 (含數字 0～9、#、*)，並且要能顯示輸入的結果。完成後請分別在模擬器中測試，二者的執行畫面必須相近似才行。

5. 請修改範例 Ch03_Beautify2，當使用者按畫面中的『確定』鈕時，會檢查使用者是否已輸入姓、名、電話 3 個欄位。只要有一個欄位未輸入，就以紅色文字顯示提示訊息；若已全部輸入，則將使用者輸入的內容以黑色文字顯示。

6. 請參考範例 "Ch03_RandomColor" 的亂數用法，設計一個 Android App 程式，佈局中包含預先建立的 "Hello world!" TextView，以及一個按鈕。使用者每次按按鈕時，"Hello world!" 的字型大小就會改變。且需避免因為亂數值太大或太小，使得字型大小變成過大或過小的情況。

7. 請將上一題所產生的 apk 檔，用 E-mail 方式寄到自己的手機中，然後在手機上由信件中安裝程式並執行看看。

04 與使用者互動 - 事件處理

Chapter

4-1 事件處理的機制

當使用者對手機進行各種操作時, 即會產生對應的**事件** (Event), 例如當使用者按一下按鈕時, 會產生該按鈕的 onClick 事件。而我們就是藉由撰寫各種事件的處理程式, 來和使用者進行互動。

在前面的章節中, 雖然可以透過 onClick 屬性處理『按一下』按鈕的事件, 但是無法處理像是『長按』等其他事件。在這一章中, 我們將會學習可以處理各種事件的標準方式。

來源物件與監聽物件

事件發生的來源 (例如某個按鈕), 稱為該事件的**來源物件**。如果想要處理這個事件, 必須準備一個能處理該事件的**監聽物件** (或稱為**監聽器**, Listener), 然後**將之登錄到來源物件中**, 那麼當來源物件有事件發生時, 就會自動呼叫監聽物件中對應該事件的處理方法來進行處理:

● **在程式啟動時:**

登錄到

加 1

監聽物件

來源物件

● **當程式持續執行時:**

發生事件

加 1

來源物件

自動執行**監聽物件**中對應於此事件的方法

Java 的介面 (Interface)

要成為特定事件的監聽物件，首先**必須符合該事件的規範**。在 Android 中，是以 Java 的**介面 (Interface)** 來規範處理事件的方法，凡是要成為某類事件的監聽物件就需要提供符合其介面規定格式的方法。例如剛剛提到的『按一下』(onClick) 事件，對應的規範就是 **OnClickListener 介面**，該介面規定了監聽物件必須提供的 onClick() 方法的規格，我們必須依其規格撰寫 onClick() 的方法才能處理『按一下』事件。當按鈕被按一下時，Android 系統就會呼叫監聽物件的 onClick() 方法。

此介面非彼介面

這裡的介面 (Interface) 是指 Java 程式語言中的介面，和顯示在畫面上供使用者操作的使用者介面是不同的東西喔！對於 Java 介面不熟悉，可參考附錄 A，或本章末的延伸閱讀與其他 Java 相關書籍。

監聽物件類別一開始必須宣告要成為哪個事件的監聽物件，才能登錄為監聽物件。這個宣告的動作，就稱為『**實作 (implements) XX 介面**』(XX 為介面的名稱)。舉例來說，若是要讓 MainActivity 物件成為『按一下』(onClick)事件的監聽物件，在 Java 程式中定義 MainActivity 類別時，就必須這樣寫：

```
public class MainActivity extends Activity
    implements OnClickListener {  ◄— 明確宣告要成為『按一下』事件的監聽物件
    ...
    public void OnClick(View v) {  ◄— 然後在監聽物件中依介面規格撰寫能夠
                                       處理『按一下』事件的方法
        ...
    }
}
```

其中的 **implements OnClickListener** 就表示在類別中要『實作』OnClickListener 介面，而 onClick() 就是 OnClickListener 介面中規定必須撰寫的方法，讓 MainActivity 具備可以處理『按一下』事件的能力。

介面

介面其實就是一份方法 (method) 的『規格書』, 它規定了方法的名稱、參數及傳回值, 但不規定內容。因此程式設計者只要依其規格來撰寫程式, 即符合 Interface 的規範, 至於內容則由我們自行安排。當類別 C 『實作』介面 I 時, 就代表類別 C 宣示自己『具有』介面 I 的功能。舉例來說, 剛剛的 MainActivity 實作了 OnClickListener 介面, 就宣示 MainActivity 具備 OnClickListner 介面規格的方法, 能夠處理『按一下』事件, 所以 MainActivity 就能夠登錄成為『按一下』事件的監聽物件。

一個介面只代表一組功能, 但一個類別可以同時實作多個介面, 讓這個類別擁有多組功能。在 4-3 節中, 我們就會看到讓 MainActivity 實作多種監聽介面, 處理不同事件的實例。

準備好監聽物件後, 接著**登錄**到來源物件中。Android 已事先為各個常用的物件定義出許多登錄監聽物件的方法。舉例來說, Button 就定義有 set**OnClick**Listener() 方法, 可以用來登錄 (set) 『按一下』事件的監聽物件。

在本書中, 都是以 MainActivity 作為監聽物件, 來處理各種事件。舉例來說, 如果要讓 MainActivity 監聽並處理按鈕的『按一下』事件, 其宣示、登錄、監聽、處理的過程如下:

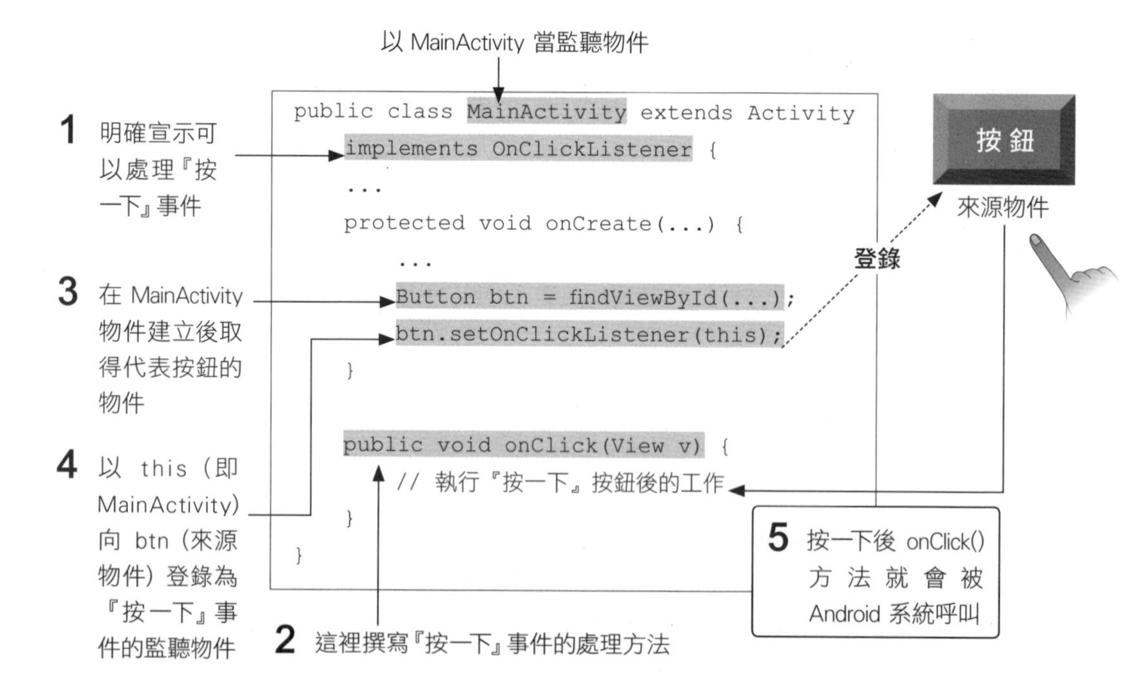

什麼是 this?

在類別的方法中, 我們可以用 this 來代表『目前的物件』, 也就是『目前執行中方法所屬的物件』。例如:

```
class Student {
    ...
    void log() {
        register(this);  ◀— this 代表 log()執行時所屬的 Student 物件
        ...
    }
}

Student joe = new Student("Joe"), sam = new Student("Sam");
...
joe.log();    ◀— 此時在 log() 中的 this 是指 joe 物件
sam.log();    ◀— 此時在 log() 中的 this 是指 sam 物件
```

前一頁的程式 setOnClickListener() 是在 onCreate() 方法內被執行, 因此 btn.setOnClickListener(this) 中的『this』, 指的就是 onCreate() 方法所屬的物件, 也就是 MainActivity 物件本身。利用這個特性, 我們就可以將 MainActivity 物件登錄成按鈕的監聽器了。

所以只要讓 MainActivity 實作特定的介面, 就可以處理對應的事件囉?

實作 (Implement) 介面其實只是一個宣告而已, 真正要做的是 ❶ **撰寫符合該介面規格 (方法名稱、參數、傳回值) 的方法 (method)** 以及 ❷ **向來源物件登錄自己成為該事件的監聽物件**。還有, 處理『按一下』事件的方法, 名字為什麼叫 onClick()? 那是 OnClickListener 介面定義好的啦! 因為是依介面實作, 所以非叫這個名稱不可! 反之, 若是不叫這個名稱, 不只編譯會錯誤, 『按一下』事件發生時, Android 也會呼叫不到 onClick()!

在下一節中, 我們會用範例來體驗完整的事件處理流程。

4-2 『按一下』事件的處理

本節我們來設計一個能處理『按一下』事件的『好用計數器』程式, 執行時的畫面如下:

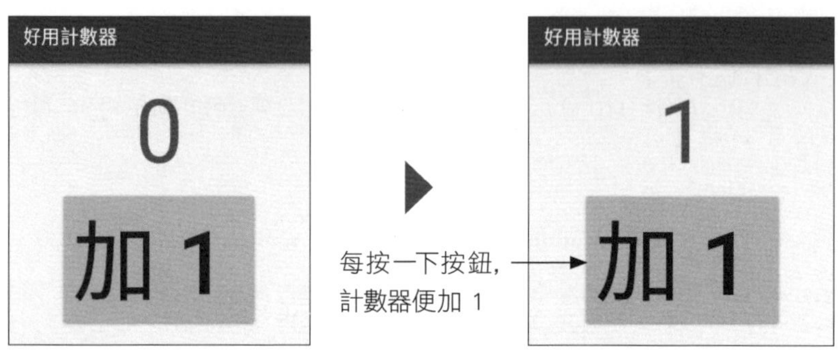

範例 4-1 :每按一下按鈕, 就讓計數器加 1

step 1 首先請新增一個名為 Ch04_EzCounter 專案, 並將應用程式名稱設定為 "好用計數器"。

step 2 在畫面設計的部分, 請先將活動預設的 RelativeLayout 換成 ConstraintLayout (轉換方法參見第 3-6 節), 然後加入一個 Button 元件 (先隨便放置就好), 並如下設定:

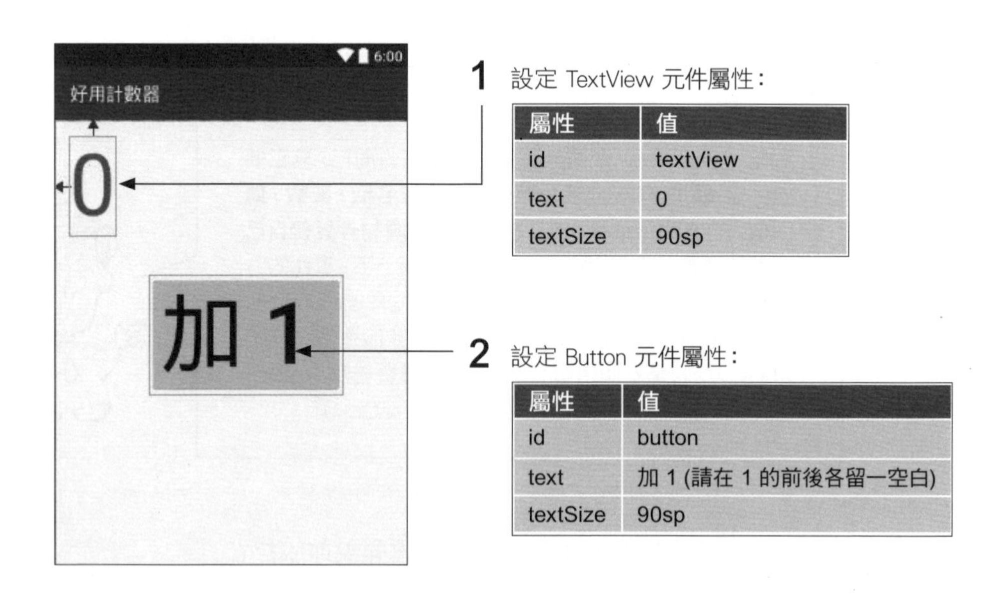

1 設定 TextView 元件屬性:

屬性	值
id	textView
text	0
textSize	90sp

2 設定 Button 元件屬性:

屬性	值
id	button
text	加 1 (請在 1 的前後各留一空白)
textSize	90sp

此例，為了簡化設定步驟，我們直接將 TextView 及 Button 元件的 text 屬性設為 "0" 及 " 加 1 "，這是在正式開發程式時較不建議的作法，因此在佈局編輯器的右上角會顯示 3 的警告圖示。比較正規的做法是將字串值都放在 res/values 下的 strings.xml 檔案中，然後再從資源中讀入給元件來使用，這樣才比較容易維護，並可支援多國語言。

step 3 接著來將按鈕設為水平、垂直置中對齊：

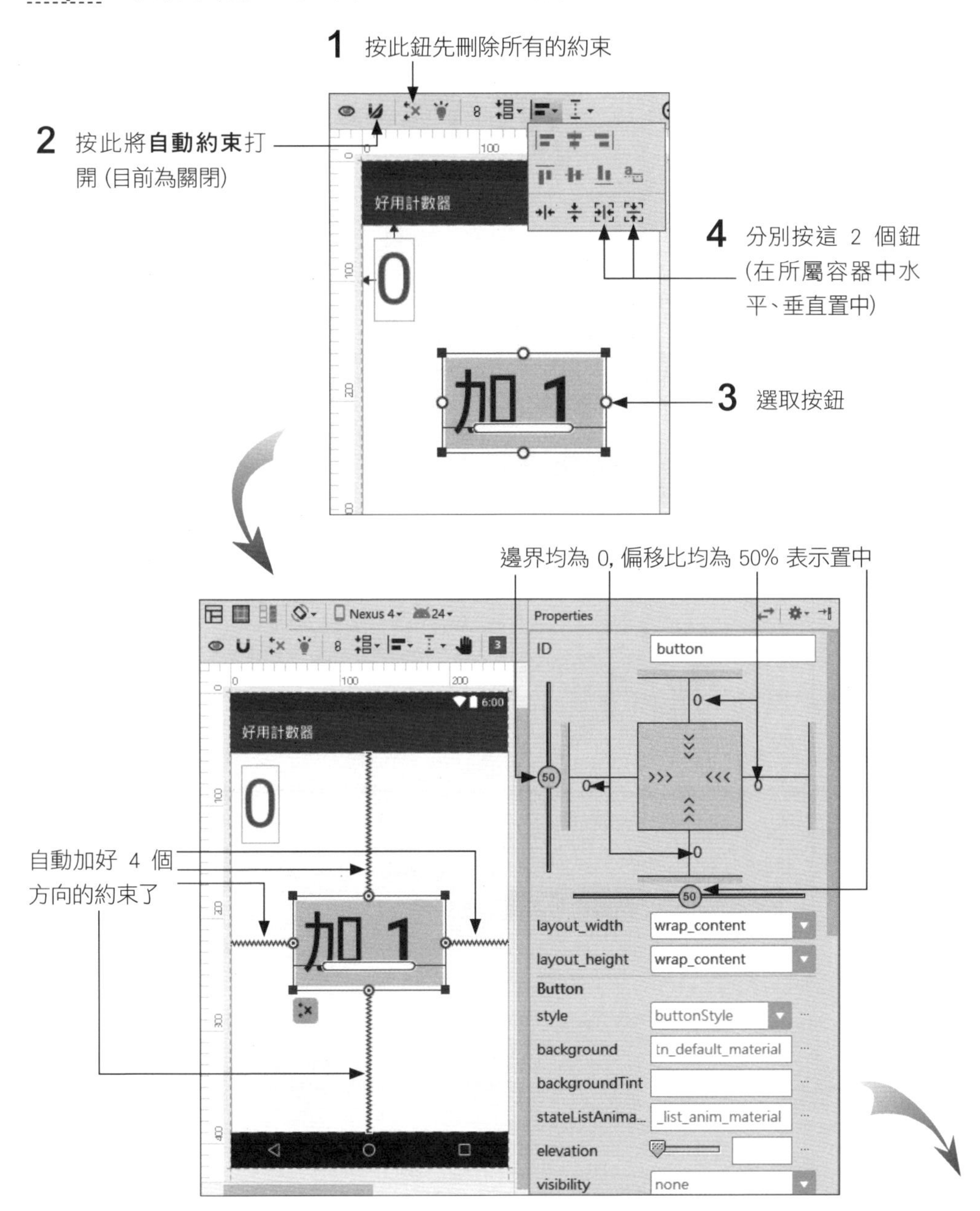

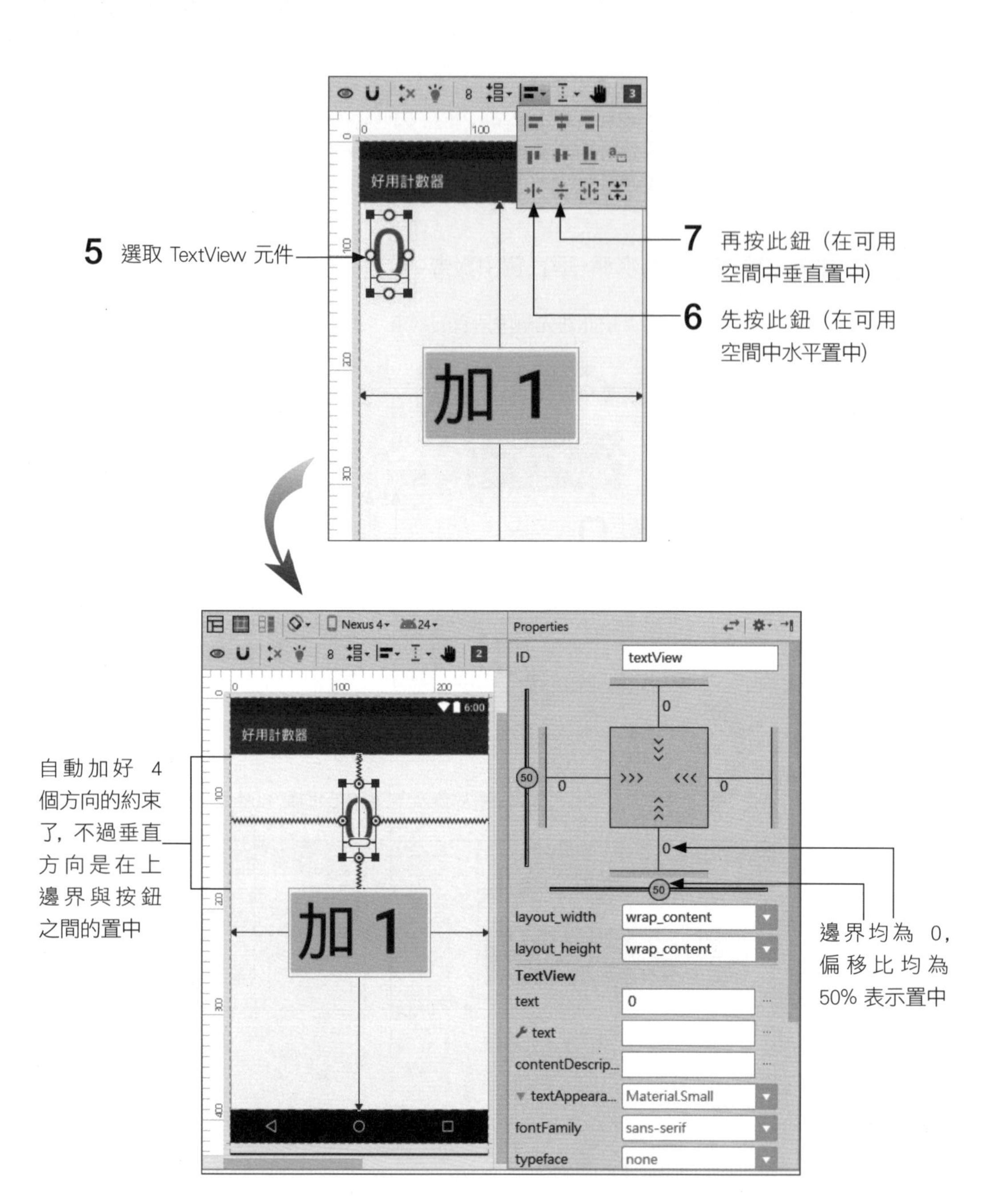
好用計數器
5 選取 TextView 元件
7 再按此鈕 (在可用空間中垂直置中)
6 先按此鈕 (在可用空間中水平置中)
加 1
Nexus 4
24
Properties
ID
textView
自動加好 4 個方向的約束了, 不過垂直方向是在上邊界與按鈕之間的置中
邊界均為 0, 偏移比均為 50% 表示置中
layout_width
wrap_content
layout_height
wrap_content
TextView
text
0
contentDescrip...
textAppeara...
Material.Small
fontFamily
sans-serif
typeface
none

step 4 接著來修改 MainActivity.java 程式，請先加入介面的宣告：

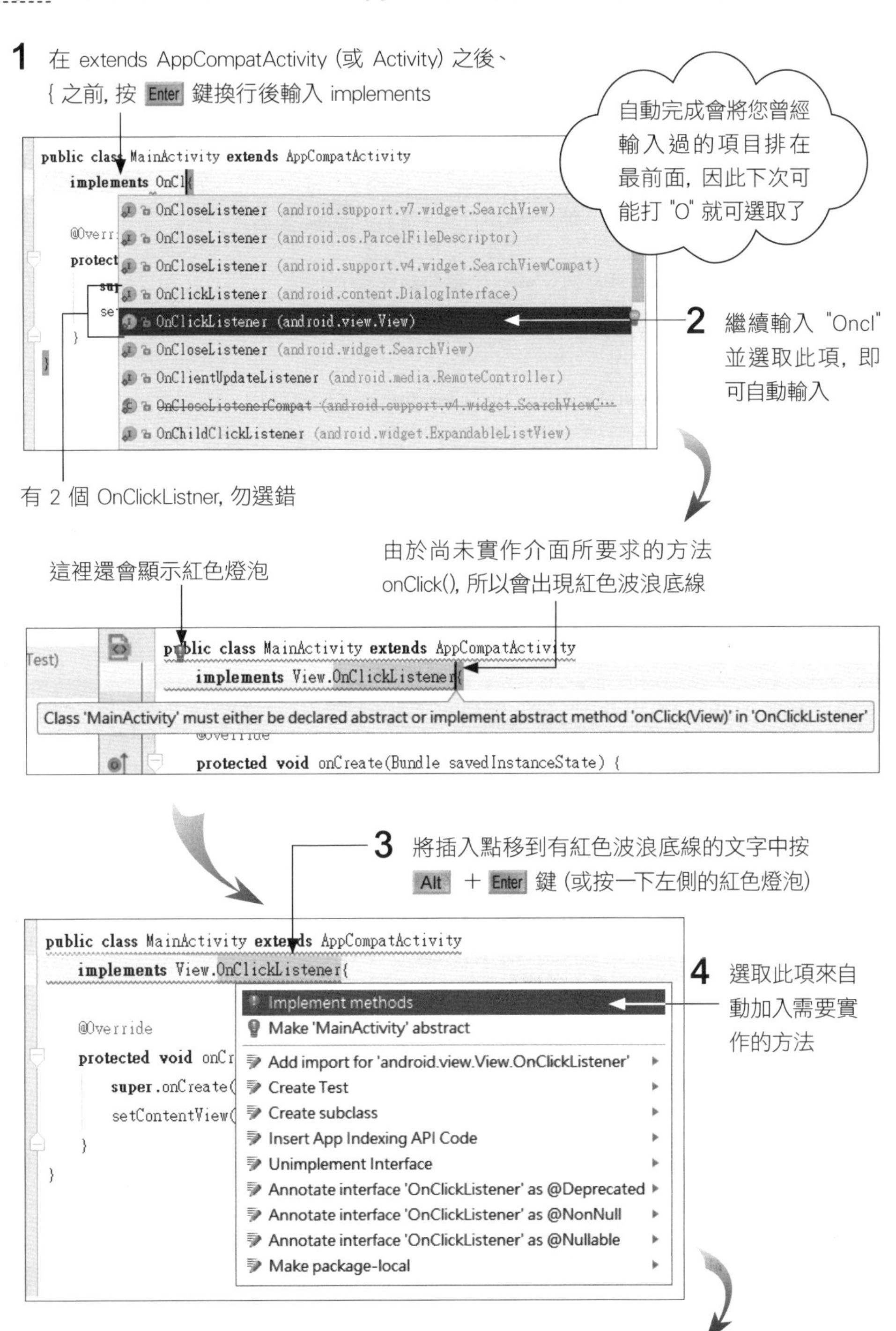

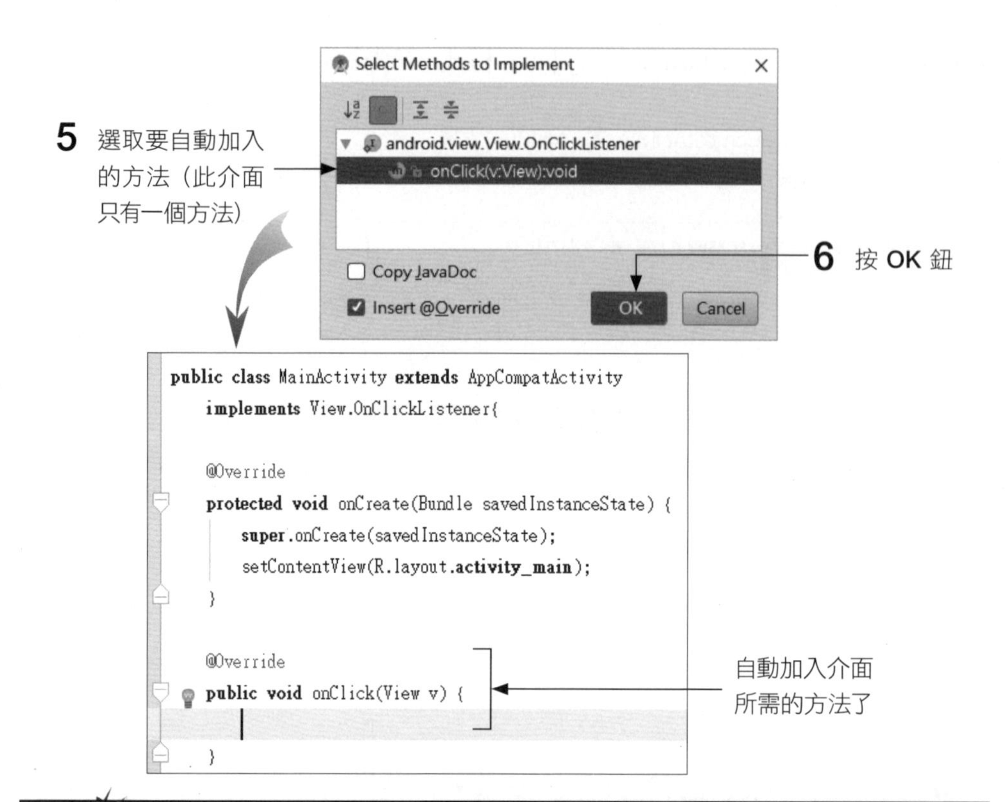

不同套件中的同名介面 (或類別)

由於在 android.view.View 和 android.content.DialogInterface 套件中都有 OnClickListener 介面, 所以前面在選取自動完成選項後, 會自動加入 **View.**OnClickListener, 以避免被誤認為是 **DialogInterface.**OnClickListener。

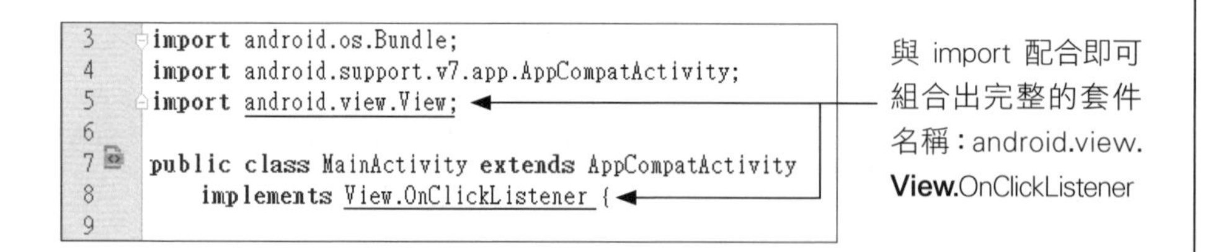

建議參照附錄 B-5 的說明, 讓 Android Studio 全自動幫我們處理好 import 問題 (例如在修改程式後, 可自動刪除多餘的 import 敘述)。

View. OnClickListener 的寫法比較明確不易混淆, 但名稱會比較長。如果想要名稱精簡一點, 也可改寫成：

Next

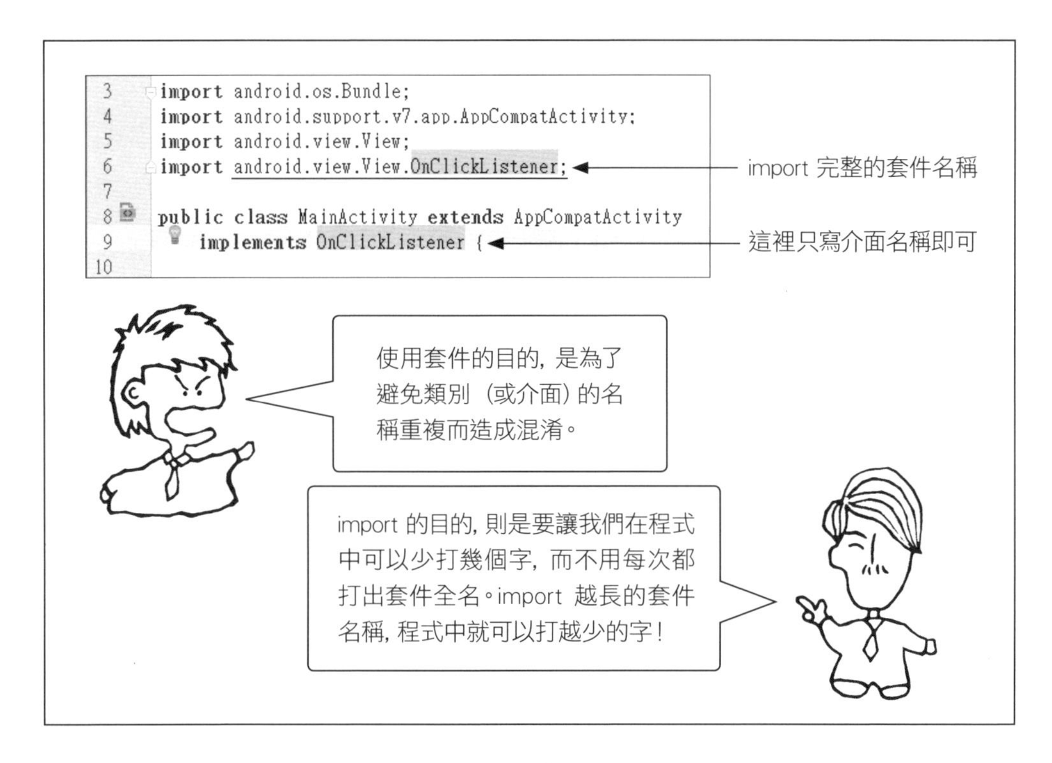

step 5 接著請加入所需的變數, 並撰寫『按一下』事件的計數功能:

```
01 package tw.com.flag.ch04_ezcounter;
02
03 import ...
10
11 public class MainActivity extends AppCompatActivity
12         implements View.OnClickListener {
                              宣告要實作 OnClickListener 介面成為監聽物件
13     TextView txv;          ← 用來操作 textView 元件的變數
14     Button btn;            ← 用來操作 button 元件的變數
15     int counter = 0;       ← 用來儲存計數的值, 初值為 0
16
17     @Override
18     protected void onCreate(Bundle savedInstanceState) {
19         super.onCreate(savedInstanceState);
20         setContentView(R.layout.activity_main);
21
                                                              Next
```

```
22         txv = (TextView) findViewById(R.id.textView);◄─┐
                                                  找出要操作的物件
23         btn = (Button) findViewById(R.id.button);◄── 找出要操作的物件
24
25         btn.setOnClickListener(this);◄── 登錄 (set) 監聽物件,
                                  this 表示 MainActivity 物件本身
26     }
27
28     @Override
29     public void onClick(View v) { ◄── 在這裡撰寫監聽器介面中定義的 onClick 方法
30         txv.setText(String.valueOf(++counter));◄──將計數值加 1,然後
                                                  轉成字串顯示出來
31     }
32 }
```

- 第 12 行宣告 MainActivity 類別將會實作 OnClickListener 監聽器介面。
- 在 13~15 行宣告了 txv、btn、及 counter 等 3 個變數, 請注意這 3 個變數必須宣告在最外層的類別中, 而不可宣告在第 18 行的 onCreate() 方法內, 否則將只能在 onCreate() 方法的內部使用, 而無法在 29 行的 onClick() 方法中使用 (例如:第 30 行使用了 txv)。
- 接著在 onCreate() 方法內的第 25 行, 利用 btn (button) 的 setOnClickListener() 方法將代表 MainActivity 本身的 this 登錄為監聽物件。
- 在 29~31 行, 則依 OnClickListener 介面所要求的規格實作了 onClick() 方法, 此方法會將計數值加 1 並顯示在 textView 元件上。

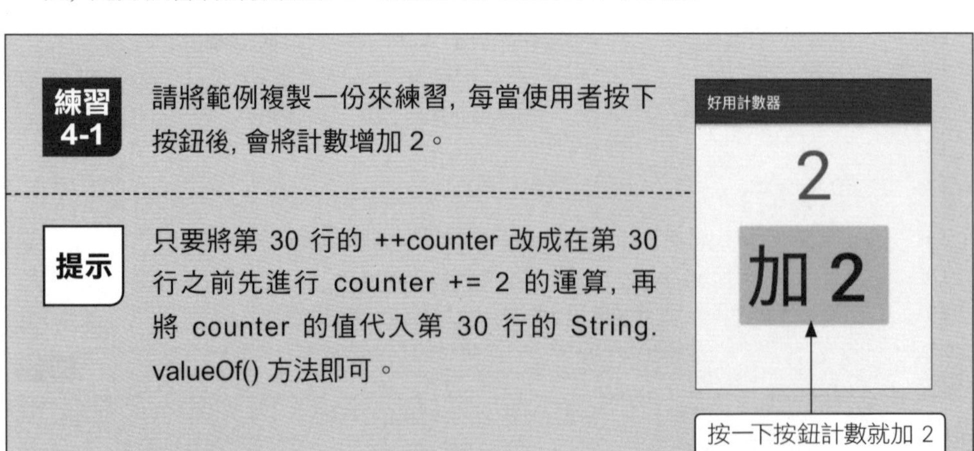

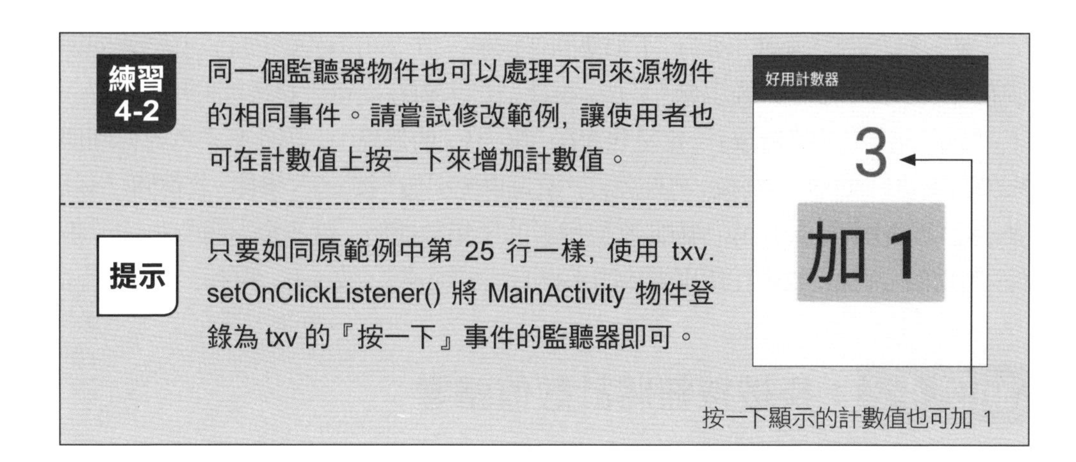

練習 4-2 同一個監聽器物件也可以處理不同來源物件的相同事件。請嘗試修改範例，讓使用者也可在計數值上按一下來增加計數值。

提示 只要如同原範例中第 25 行一樣，使用 txv.setOnClickListener() 將 MainActivity 物件登錄為 txv 的『按一下』事件的監聽器即可。

4-3 監聽『長按』事件

前面的『好用計數器』只有加 1 的功能，底下我們來增加在按鈕上『長按』(按住不放約 1 秒) 時，可以將計數器歸零的功能。

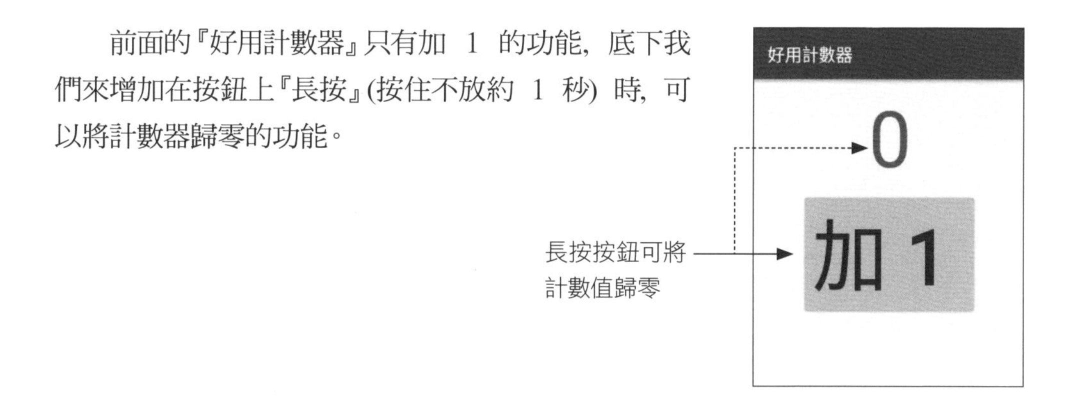

onLongClick()：處理『長按』事件

要處理長按事件，必須準備一個實作 OnLongClickListener 介面的監聽物件，並且實作介面定義的 onLongClick() 方法：

```
public boolean onLongClick(View v) {
    ...
}
```

前一節介紹的 onClick() 不須傳回任何值，但 onLongClick() 必須傳回一個布林值，表示是否只要引發『長按』事件還是也要在之後手指放開時引發『按一下』事件。這是因為**『長按』一定是包含在『按一下』的過程**中，因此必須依靠傳回值來告訴系統只要引發『長按』事件就好，還是也要引發『按一下』事件。若傳回 true，表示這次的操作到此結束，因此當使用者的手指放開時，就不會引發『按一下』事件；若傳回 false，就會在使用者放開手指時，立刻引發『按一下』事件。

範例 4-2：長按按鈕將計數值歸零

step 1 請將前面專案複製為 Ch04_EzCounter2 來使用，然後讓 MainActivity 類別多實作一個 On**Long**ClickListener 介面，並登錄到 button 的長按事件上：

```
...
11
12 public class MainActivity extends AppCompatActivity       ← 實作兩個介面
13         implements View.OnClickListener, View.OnLongClickListener
           {
14     TextView txv;            ← 用來操作 textView 元件的變數
15     Button btn;              ← 用來操作 button1 元件的變數
16     int counter = 0;         ← 用來儲存計數的值，初值為 0
17
18     @Override
19     protected void onCreate(Bundle savedInstanceState) {
20         super.onCreate(savedInstanceState);
21         setContentView(R.layout.activity_main);
22
23         txv = (TextView) findViewById(R.id.textView);← 找出要操作的物件
24         btn = (Button) findViewById(R.id.button);← 找出要操作的物件
25
26         btn.setOnClickListener(this);← 登錄監聽物件，this 表示活動物件本身
27         btn.setOnLongClickListener(this);← 將 MainActivity 物件登錄為按鈕的長按監聽器
28     }
29
```
Next

```
30      @Override
31      public void onClick(View v) {      ◄── 實作監聽器介面中定義的 onClick 方法
32          txv.setText(String.valueOf(++counter));  ◄┐
                                       將計數值加 1, 然後轉成字串顯示出來
33      }
34
35      @Override                  實作長按 (OnLongClickListener) 介面定義的方法
36      public boolean onLongClick(View v) {  ◄┘
37          counter = 0;
38          txv.setText("0");
39          return true;
40      }
41  }
```

- 在第 13 行除了前一個範例實作的 OnClickListener 介面外, 再增加實作 OnLongClickListener 介面, 以便讓 MainActivity 物件可以作為長按事件的監聽器。

- 在第 36 行實作的 onLongClick() 方法中, 除了將計數值歸零外, 本例因為是要利用長按將計數值歸零, 長按後不應該再引發『按一下』的事件, 因此最後傳回 true 表示事件已處理完畢。如果改為傳回 false, 計數值就會在歸零後立即加 1, 這樣程式行為就不對了。

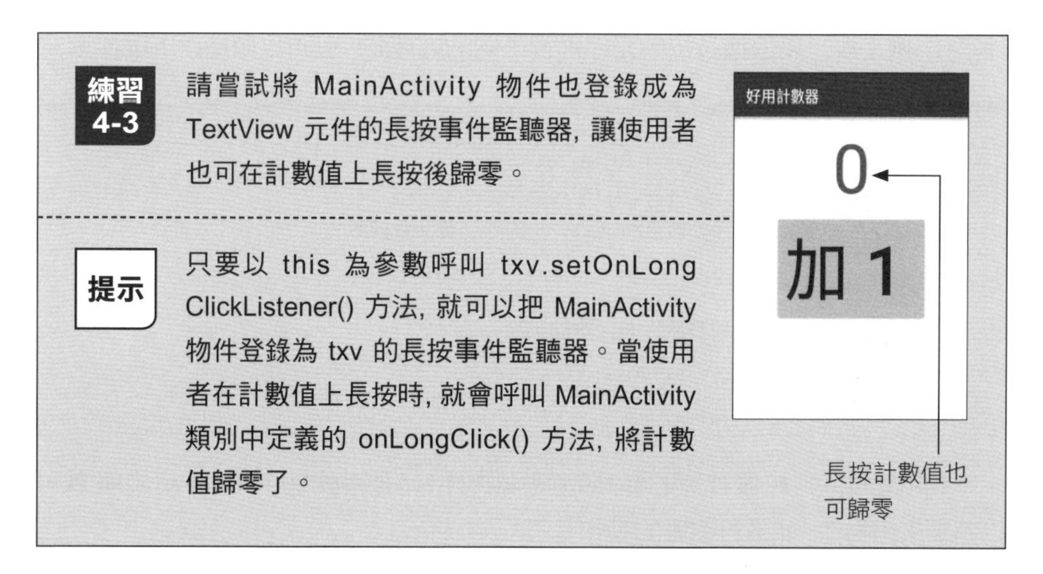

4-4 處理不同來源物件的相同事件

在開發程式時，常會需要處理來自不同元件的同類事件。舉例來說，如果希望『好用計數器』可以在長按按鈕時將計數值加 2，但若是在計數值上長按則將計數值歸零，也就是對不同物件長按會有不同的結果，這時就必須在事件處理的方法中分辨事件的來源物件，並依據來源進行不同的動作。

getId()：判斷事件的來源物件

在前兩節的範例中，不論是處理『按一下』事件的 onClick() 方法，或是處理『長按』事件的 onLongClick() 方法，都有一個沒有使用到的參數 v：

```
public void onClick(View v) {
    ...
}

public boolean onLongClick(View v) {
    ...
}
```

這個參數 v 就是事件的來源物件，由於它是 View 類別的物件，可以使用 getId() 方法取得來源物件的資源 ID，藉由資源 ID 就可以區別引發事件的元件了。舉例來說，要依據長按的元件進行不同的處理時，就可以像是以下這樣撰寫程式：

```
public boolean onLongClick(View v) {
    if(v.getId() == R.id.textView) {
        // 使用者在顯示計數值的 txv 上長按，將計數歸零
    }
    else {
        // 使用者在按鈕長按，將計數加 2
    }
}
```

利用簡單的比較運算，就可以知道來源物件 v 是否就是 textView，如此就可以判別來源物件，並進行對應的動作。

範例 4-3：長按按鈕計數加 2, 長按計數值可歸零

step 1 請將前面專案複製為 Ch04_EzCounter3 來使用，然後依底下程式修改 MainActivity.java：

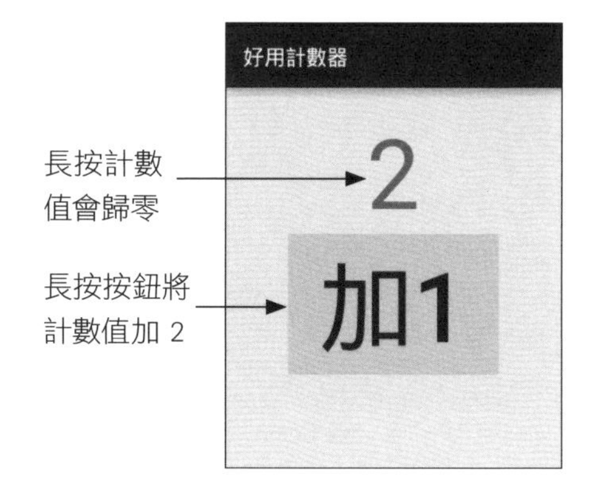


```
01 public class MainActivity extends AppCompatActivity
02         implements View.OnClickListener, View.OnLongClickListener {
                                    實作 OnLongClickListener 介面
03     TextView txv;            ← 用來操作 textView 元件的變數
04     Button btn;              ← 用來操作 button 元件的變數
05     int counter = 0;         ← 用來儲存計數的值，初值為 0
06
07     @Override
08     protected void onCreate(Bundle savedInstanceState) {
09         super.onCreate(savedInstanceState);
10         setContentView(R.layout.activity_main);
11
12         txv = (TextView) findViewById(R.id.textView); ←
                                                   找出要操作的物件
13         btn - (Button) findVicwById(R.id.button); ← 找出要操作的物件
14
15         btn.setOnClickListener(this); ← 登錄監聽物件, this 表示
                                         MainActivity 物件本身
16         btn.setOnLongClickListener(this);← 將 MainActivity 物件
                                            登錄為按鈕的長按監聽器
17         txv.setOnLongClickListener(this);← 將 MainActivity 物件
                                            登錄為文字標籤的長按監聽器
18     }
19
...
```

Next

```
25      @Override                    實作長按 (OnLongClickListener 介面) 的方法
26      public boolean onLongClick(View v) { ←
27          if(v.getId() == R.id.textView) { ← 判斷來源物件是否為顯示計數值的
                                               TextView, 若是就將計數歸零
28              counter = 0;
29              txv.setText("0");
30          }
31          else { ← 來源物件為按鈕, 將計數值加 2
32              counter += 2;
33              txv.setText(String.valueOf(counter));
34          }
35          return true;
36      }
37  }
```

- 先在第 17 行將 MainActivity 物件登錄為 txv 的長按事件監聽器。
- 接著在第 27 行處理長按事件的 onLongClick() 方法中, 加上 if 判斷參數 v 是否為顯示計數值的 TextView 物件, 若是就將計數值歸零, 否則就把計數值加 2。

step 2 修改完後請執行看看, 確認在按鈕與計數值上長按的動作是否正確。

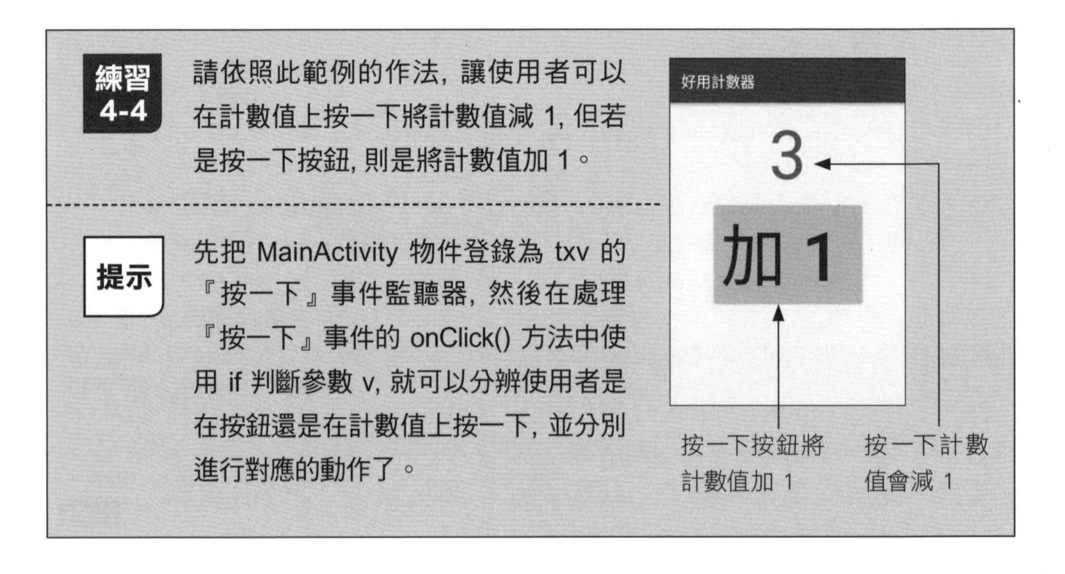

使用『匿名類別』建立事件的監聽物件

為了簡化學習的複雜度，以上我們都是直接用『活動物件』來做為各種事件的監聽物件。不過在實際開發程式時，一般都會另外建立專用的監聽物件，以增加程式的可讀性並方便維護 (因為可以不用把一堆事件的方法都寫成活動類別的方法)。

要另外建立監聽物件，可先定義一個實作監聽介面的類別，然後用它來新增所需的物件。例如底下先定義一個 MyOnClickListener 類別，然後用它來新增一個 myListener 物件做為按鈕的監聽物件：

```
   ...
09 public class MainActivity extends AppCompatActivity {
10     TextView txv;        ◄— 用來參照 textView 元件的變數
11     Button btn;          ◄— 用來參照 button 元件的變數
12     int counter = 0;     ◄— 用來儲存計數的值，初值為 0
13                          ┌— 定義一個實作監聽介面的類別
14    class MyOnClickListener implements View.OnClickListener {
15         public void onClick(View v) {
16             txv.setText(String.valueOf(++counter));
17         }
18     }                              ┌— 建立監聽物件
19     View.OnClickListener myListener = new MyOnClickListener();
20
21     @Override
22     protected void onCreate(Bundle savedInstanceState) {
23         super.onCreate(savedInstanceState);
24         setContentView(R.layout.activity_main);
25
26         txv = (TextView) findViewById(R.id.textView);◄— 找出要參照的物件
27         btn = (Button) findViewById(R.id.button); ◄— 找出要參照的物件
28
29         btn.setOnClickListener(myListener); ◄— 登錄監聽物件
30     }
31 }
```

不過以上的寫法有點累贅，因為我們只是需要一個監聽物件，類別 MyOnClickListener 及物件 myListener 的 "名稱" 其實是多餘的(因為用完就不再需要了)。因此，如果監聽物件只需使用一次 (設定給單一事件)，那麼就可改用『匿名類別』的寫法 (匿名就是省略名稱的意思)，例如：

Next

```
    ...
09 public class MainActivity extends AppCompatActivity {
10     TextView txv;          ◄— 用來參照 textView 元件的變數
11     Button btn;            ◄— 用來參照 button 元件的變數
12     int counter = 0;       ◄— 用來儲存計數的值, 初值為 0
13
14     @Override
15     protected void onCreate(Bundle savedInstanceState) {
16         super.onCreate(savedInstanceState);
17         setContentView(R.layout.activity_main);
18
19         txv = (TextView) findViewById(R.id.textView); ◄— 找出要參照的物件
20         btn = (Button) findViewById(R.id.button);  ◄— 找出要參照的物件
21                                        ┌—動態建立物件來登錄為監聽物件
22         btn.setOnClickListener(new View.OnClickListener(){
23             @Override
24             public void onClick(View v) {
25                 txv.setText(String.valueOf(++counter));
26             }
27         });
28     }
29 }
```

以上 22~27 行的寫法, 就是直接 new 一個『**現做的**匿名類別』的物件, 來做為 setOnClickListener() 的參數。第 23~26 行則是匿名類別的內容, 實作了 OnClickListener 介面所需的方法。(以上 2 種寫法的實作可參見 Ch04_EzCounter4 專案。)

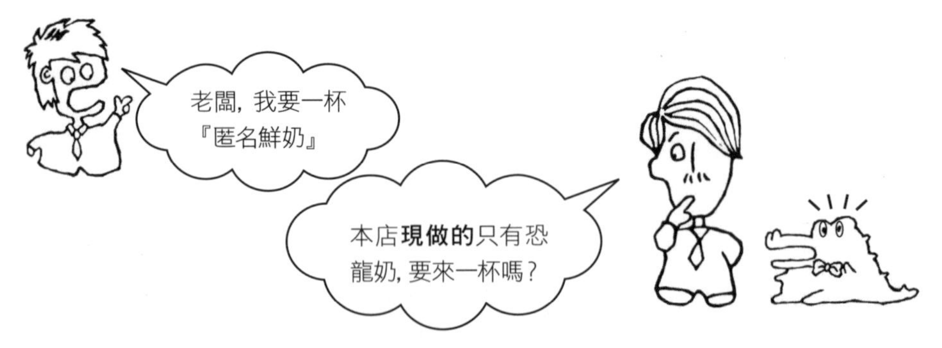

在 Android Studio 中要使用匿名類別其實很容易, 只要在 setOnXxxListener() 的括號中輸入 "new O" (大寫的 O), 就會出現選單供選取:

Next

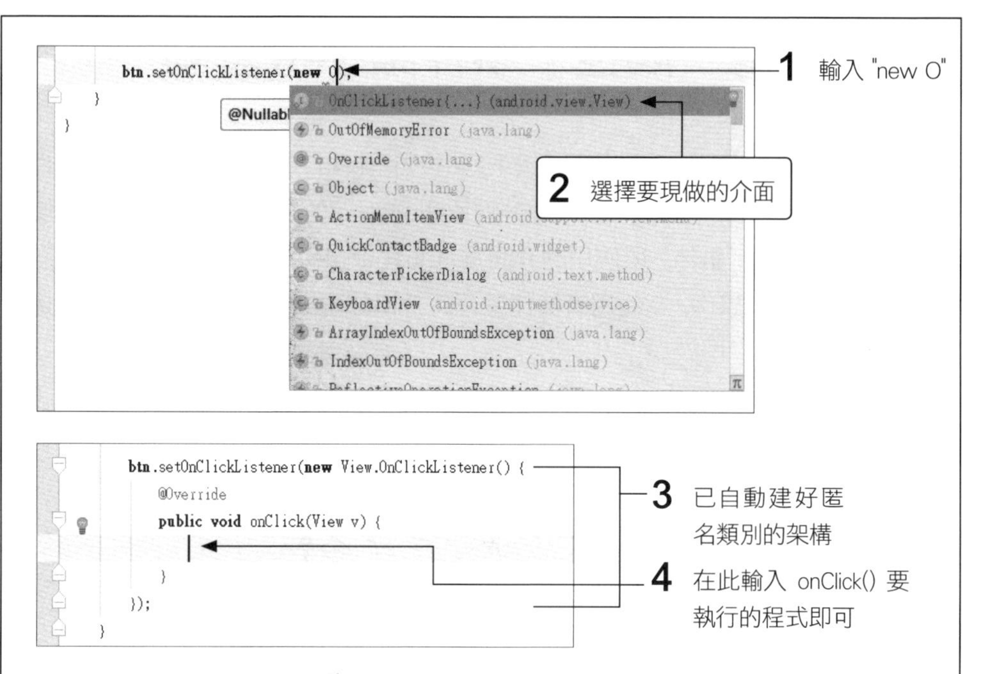

此外，當您按一下左邊的 將程式區塊收合，或是重新開啟程式檔時，都會以 "(v)→{ onClick()的內容 }" 來顯示匿名類別：

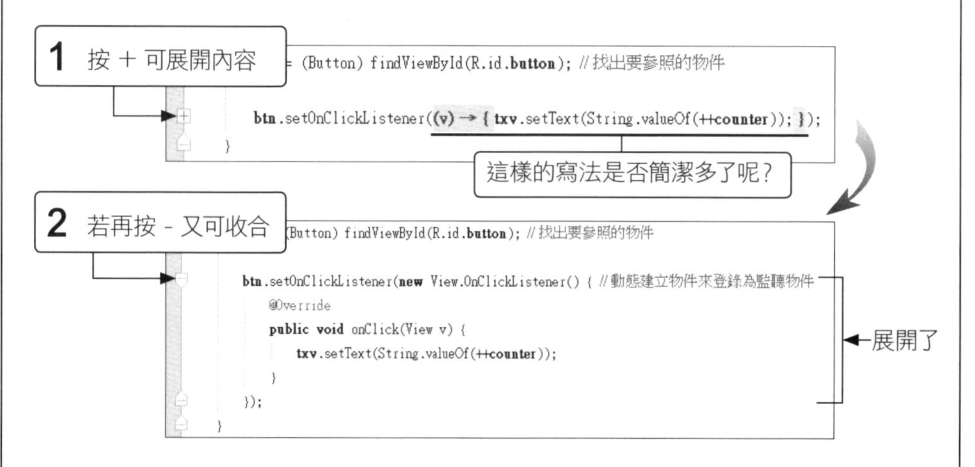

以上 "(v)→{ onClick()的內容 }" 的寫法，就稱為 **Lambda** 運算式。不過以上只有顯示功能，而無法直接以 Lambda 的語法輸入。

若想直接以 Lambda 的語法輸入，必須先做一些額外的設定，另外 Java 也要使用 8 以上的版本才行，限於篇幅就不多做介紹了。有興趣的讀者可參考 Android 開發者網站的說明(https://developer.android.com/guide/platform/j8-jack.html，或以 Lambda 搜尋)，若想了解 Lambda 運算式的語法，則可參考 Java 線上說明 (https://docs.oracle.com/javase/tutorial/java/javaOO/lambdaexpressions.html)。

4-5 監聽『觸控』事件讓手機震動

前面介紹的『**按一下**』, 其實是『按下』然後再『放開』的動作, 而『**長按**』事件則是『**按下**』約 1 秒不『放開』。如果想分別偵測『按下』與『放開』的動作, 則可使用『**觸控**』(onTouch) 事件, 所使用的介面為 OnTouchListener。本節我們就設計一個程式來偵測觸控事件, 當使用者按住螢幕時手機即會開始震動, 直到放開或是震動 5 秒為止。

按很久再放開時, 會陸續產生 4 種事件:

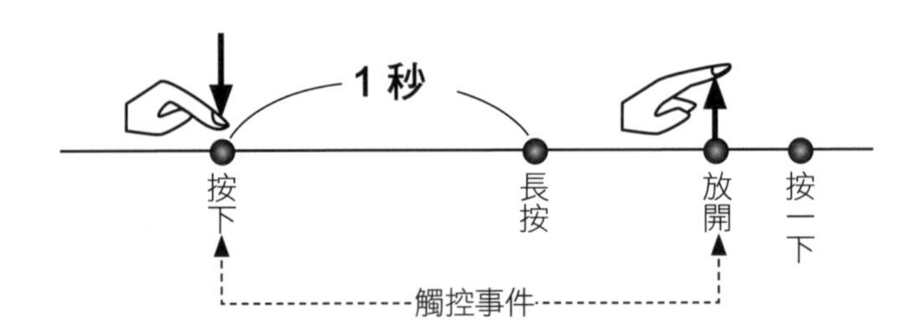

onTouch() ：觸控事件的處理

OnTouchListener 介面中定義有 onTouch() 方法:

```
public boolean onTouch(View v, MotionEvent e) {
    ...
}
```

其中參數 v 是事件來源物件, 而 e 是儲存有觸控資訊的物件, 透過呼叫 e 的方法, 就可以取得各項資訊。像是 e.getAction() 方法可以取得觸控的動作種類, 若傳回值為 MotionEvent.ACTION_DOWN, 就表示為手指觸碰到螢幕, 若為 MotionEvent.ACTION_UP, 則為手指離開螢幕。

onTouch() 必須傳回一個布林值, 表示是否要處理接續的觸控事件。如果傳回 false, 表示一直到使用者手指放開為止, 都不要再處理接續的觸控事件。

如何讓手機震動

要讓手機震動, 可執行 getSystemService(Context.VIBRATOR_SERVICE) 來取得 Vibrator 震動物件, 此物件有 2 個常用的方法, 底下以程式說明:

Context.VIBRATOR_SERVICE 為 Context 類別中所定義的字串常數, 代表震動服務。

```
//取得震動物件
Vibrator vb = (Vibrator) getSystemService(Context.VIBRATOR_SERVICE);

//震動與停止
vb.vibrate(5000);   ◄— 震動 5 秒 (5000ms)
vb.cancel();        ◄— 停止震動
```

要使用手機的震動功能, 還必須先在程式中登記『震動』的權限才行, 方法詳見下面的範例。

範例 4-4 : 監聽 TextView 的觸控事件

step 1 請先新增一個名為 Ch04_Massager 的專案, 並將應用程式名稱設為 "舒筋按摩器"。然後將外層 RelativeLayout 換成 ConstraintLayout, 再修改畫面如下:

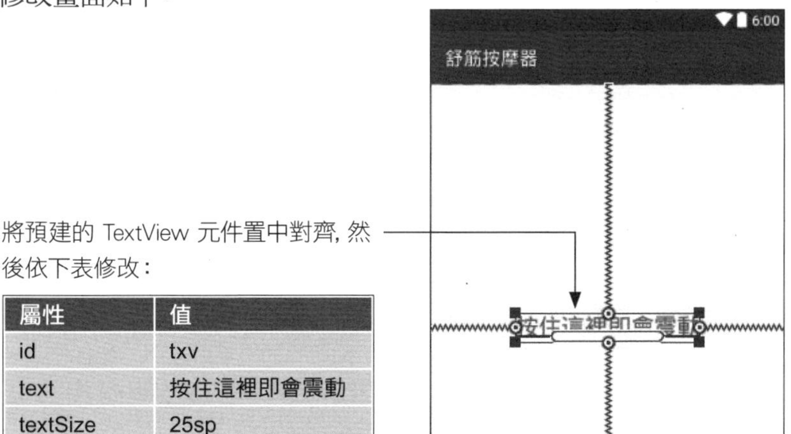

屬性	值
id	txv
text	按住這裡即會震動
textSize	25sp

step 2 接著開啟 MainActivity.java 程式, 修改如下:

```
01 package tw.com.flag.ch04_massager;
   ...
11 public class MainActivity extends AppCompatActivity
12                         implements View.OnTouchListener {
13
14     @Override
15     protected void onCreate(Bundle savedInstanceState) {
16         super.onCreate(savedInstanceState);
17         setContentView(R.layout.activity_main);
18
19         TextView txv = (TextView) findViewById(R.id.txv);
20         txv.setOnTouchListener(this); ← 登錄觸控監聽物件
21     }
22
23     @Override
24     public boolean onTouch(View v, MotionEvent event) { ←┐
                          實作 OnTouchListener 觸控監聽器介面的方法
25         Vibrator vb = (Vibrator) getSystemService(
                Context.VIBRATOR_SERVICE);
26         if(event.getAction() == MotionEvent.ACTION_DOWN) {
                                          └─ 按下螢幕中間的文字
27             vb.vibrate(5000); ← 震動 5 秒
28         }
29         else if(event.getAction() == MotionEvent.ACTION_UP){
                                                └─放開螢幕中間的文字
30             vb.cancel();      ← 停止震動
31         }
32         return true;
33     }
34 }
```

- 在 24 行的 onTouch() 方法中, 就利用 MotionEvent 參數的 getAction() 來取得觸控動作的種類 (按下或放開), 以便進行不同的運作。
- 要特別留意的是第 32 行傳回 true, 表示要處理接續的觸控事件, 這樣才能收到手指放開的觸控事件, 並即時停止震動。

程式寫好之後, 還要登記『震動』的使用權限, 請繼續依下文操作。

在程式中登記『震動』的使用權限

step 3 因為使用到手機的震動功能，還必須在程式中登記『震動』的使用權限才行，請開啟專案根目錄中的 AndroidManifest.xml，然後如下操作：

在程式中，凡是有使用到會影響使用者操作體驗（例如震動）或安全性（例如連線網路、存取檔案系統等）的功能，都必須在 AndroidManifest.xml 中登記使用權限才行（否則程式在執行時會因錯誤而終止）。當使用者在安裝我們的程式時，系統會詢問使用者是否同意授與這些權限給程式，同意後才能進行安裝。

自 Android 6.0 (API23) 開始，將使用權限分為**一般權限**(Normal Permission) 與**危險權限**(Dangerous Permission) 2 種。震動是屬於一般權限，只需在 Manifest 中宣告即可；危險權限(例如拍照) 管制較嚴格，詳情請參閱第 10 章。

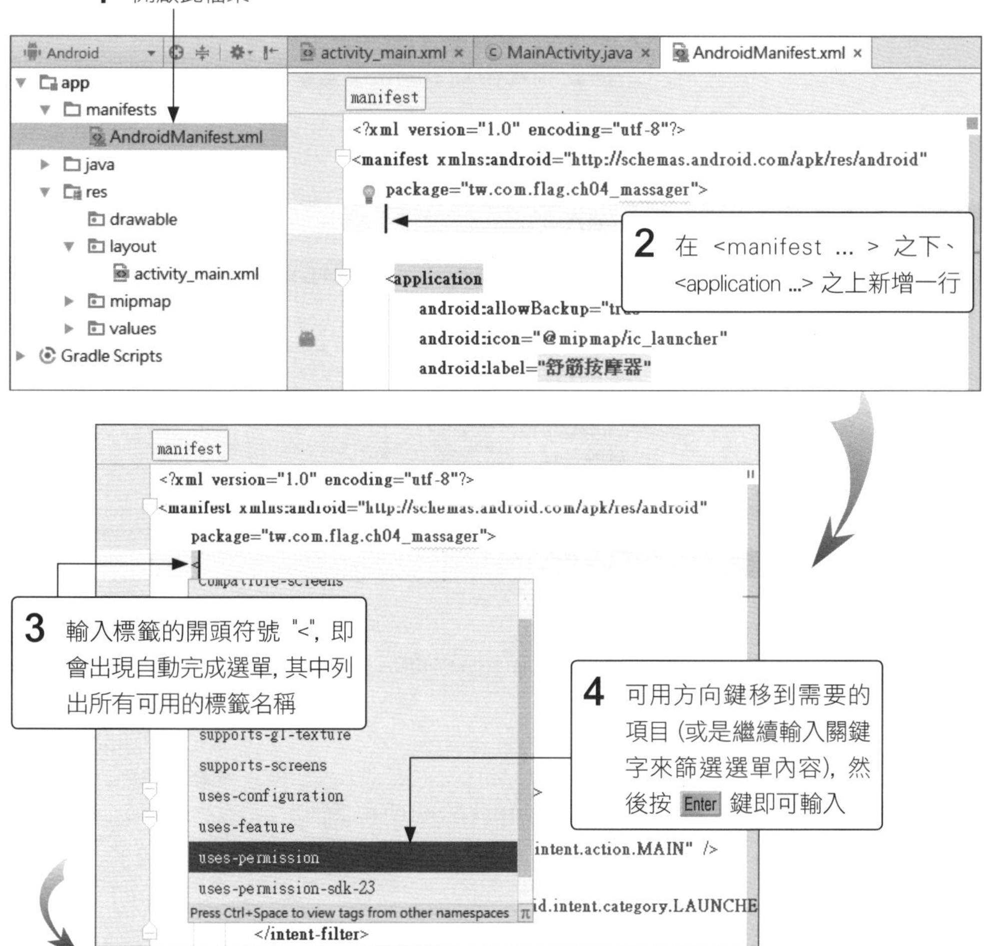

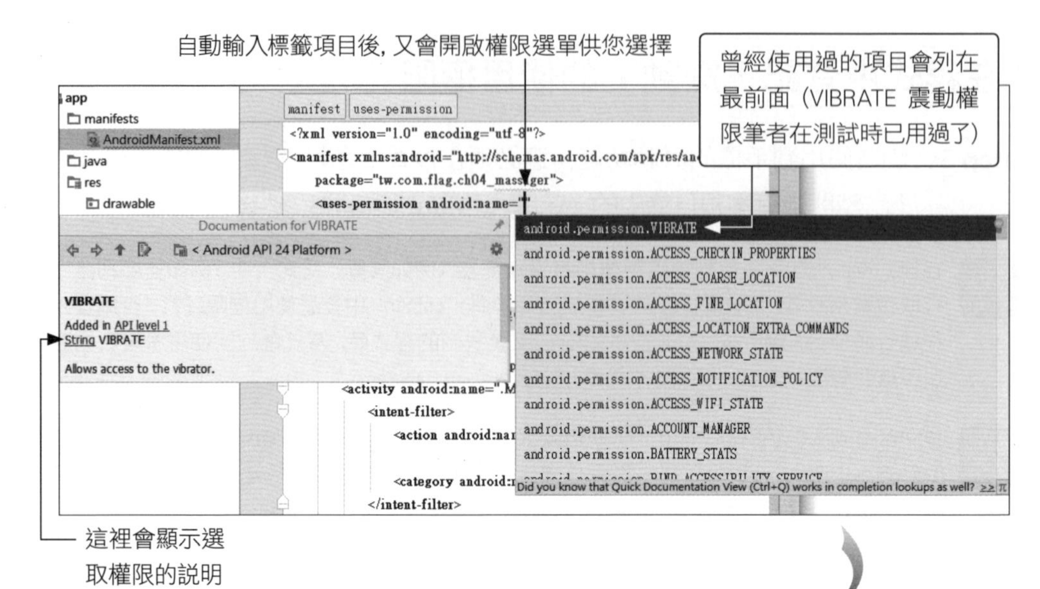

5 直接輸入關鍵字 "v" 做篩選 (也可用向上、下鍵尋找), 找到後按 Enter 鍵

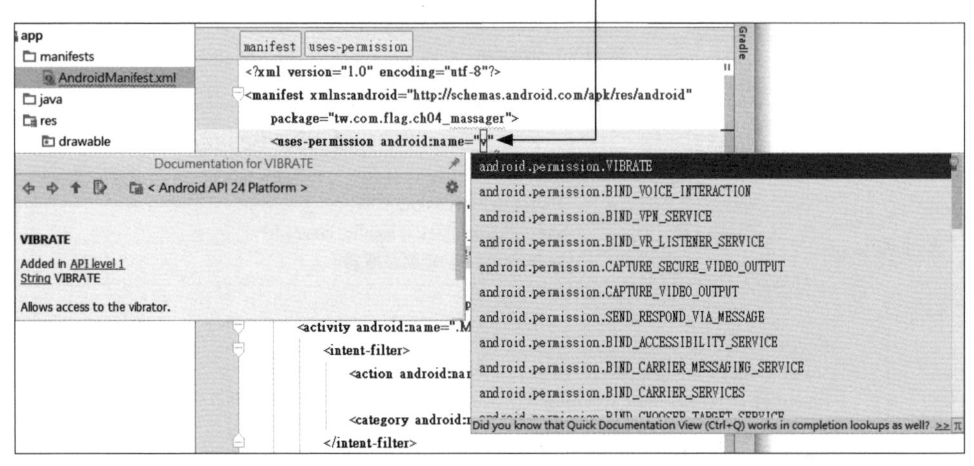

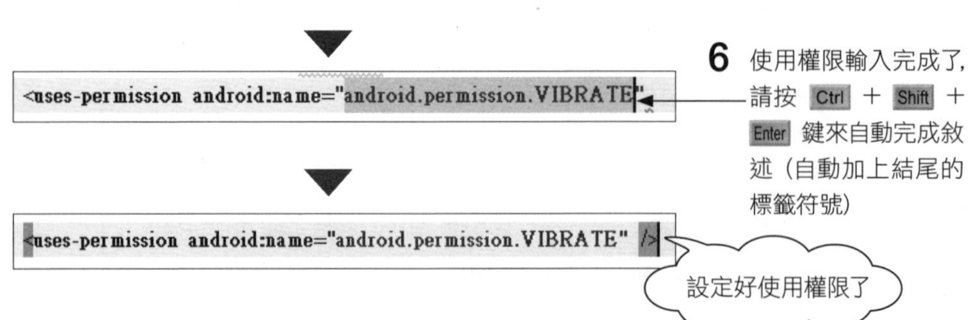

6 使用權限輸入完成了, 請按 Ctrl + Shift + Enter 鍵來自動完成敘述 (自動加上結尾的標籤符號)

按 Ctrl + Shift + Enter 鍵可自動幫您完成符合語法的敘述，例如在 Java 程式中幫您加結尾的分號，或是在 XML 中加結尾的標籤符號。

之前介紹過的 Alt + Enter 鍵則是用來快速修復錯誤，例如幫您 import 缺少的套件。若有多種修復方案，還會列出清單供您選擇。

step 4 完成之後，請把程式載入手機中進行測試 (因為模擬器沒有震動的能力)。

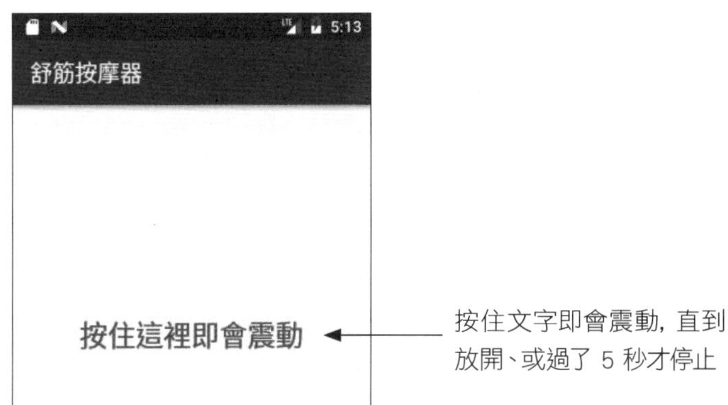

練習 4-5

在 MotionEvent.getAction() 傳回的觸控類型中，有一個是 MotionEvent.ACTION_MOVE，會在手指按住後有移動時發生。由於手指在按住時多少都會不斷有些移動，因此請利用這個觸控事件，讓剛剛的範例在手指未放開之前會持續震動，而不是 5 秒後就會停止震動。

提示

只要在範例中 onTouch() 方法內的 if 敘述再加上一個 else if，當判斷是 MotionEvent.ACTION_MOVE 時一樣呼叫 Vibrator 的 vibrate() 方法讓手機震動，就可以了。

```
...
else if(e.getAction() == MotionEvent.ACTION_MOVE) {
    vb.vibrate(5000); // 震動 5 秒
}
...
```

監聽整個螢幕的觸控事件, 以及進階的震動手機方法

上述範例是偵測 TextView 元件的觸控事件, 如果想要監聽整個螢幕的觸控事件, 則監聽的對象應改為 Activity 物件 (即由 MainActivity 類別所產生的物件)。不過 MainActivity 類別是繼承自 Activity (或 AppCompatActivity) 類別, 而此類別本身即已內建了觸控監聽功能：當觸控事件發生時會呼叫其內建的 onTouchEvent() 方法, 因此無需再另外建立或登錄監聽物件：

```
public boolean onTouchEvent(MotionEvent e) {
    ...
}
```

參數 e 的意義與用法和 onTouch() 方法中的參數 e 一樣。

另外, Vibrator 的 vibrate() 方法也可以指定週期性的震動, 例如：

```
// 震動樣式陣列：{停止時間,震動時間,停止時間,震動時間,...}

long[] pattern = { 0, 100, 2000, 300 };  ← //單位是 ms(1000ms = 1秒)
vb.vibrate(pattern, 2);
```


以上 vibrate() 的第 1 個參數是用一個樣式陣列來定義如何震動, 第 2 個參數則是指定要從樣式陣列的第幾個元素 (由 0 算起) 開始不斷重複, 若設為 -1 表示不要重複。因此以上程式的執行效果為：

停0秒 → 震0.1秒 → **停2秒 → 震0.3秒** → 停2秒 → 震0.3秒 →...

以上粗體的部份 (第 2、3 元素) 會不斷重複。請參考以下程式 (範例 Ch04_Massager2), 即可進一步瞭解如何監聽整個螢幕的觸控事件, 以及進階的震動手機方法：

Next

```
01 package tw.com.flag.ch04_massager;
   ...
09 public class MainActivity extends AppCompatActivity {
10
11     @Override
12     protected void onCreate(Bundle savedInstanceState) {
13         super.onCreate(savedInstanceState);
14         setContentView(R.layout.activity_main);
15     }
16
17     // 修改繼承自 Activity (或 AppCompatActivity) 的 onTouchEvent
       觸控監聽方法
18     @Override
19     public boolean onTouchEvent(MotionEvent e) {
20         Vibrator vb = (Vibrator) getSystemService(Context.
           VIBRATOR_SERVICE);
21         if(e.getAction() == MotionEvent.ACTION_DOWN){ ← 按下螢幕
22             vb.vibrate(new long[]{0,100,1000,100}, 2); ←
                                          每秒震動0.1秒,不斷重複
23         }
24         else if(e.getAction() == MotionEvent.ACTION_UP){ ←
                                                     放開螢幕
25             vb.cancel(); ← 停止震動
26         }
27         return true;
28     }
29 }
```

延伸閱讀

1. 有關事件處理的機制, 也可參考 Android Developer 網站上的 API Guide 文件 (http://developer.android.com/guide/topics/ui/ui-events.html), 或以 "ui event" 搜尋。

2. 有關 this 的其他用法, 可參考 Oracle 網站上 Java 程式語言教學文件 (http://docs.oracle.com/javase/tutorial/java/javaOO/thiskey.html)。

3. 有關 Interface 的進階說明, 可參考旗標出版『最新 Java 8 程式語言』一書; 或參考 Oracle 網站上 Java 程式語言教學文件 (http://docs.oracle.com/javase/tutorial/java/IandI/createinterface.html)。

4. 有關匿名類別(第 4-19 頁)的語法, 有興趣的讀者可參考旗標出版『最新 Java 8 程式語言』一書第 18-3-3 小節『內部類別』。

重點整理

1. 當使用者對手機進行各種操作時, 即會產生對應的**事件** (Event)。而我們就是藉由撰寫各種事件的處理程式, 來和使用者進行互動。

2. 事件發生的來源, 稱為該事件的**來源物件**。我們可先建立一個能處理該事件的**監聽物件** (**監聽器**, Listener), 然後將之登錄到來源物件中, 那麼當事件發生時, 就會自動執行監聽物件中的方法。

3. **介面** (Interface) 和類別很像, 但是它只定義功能的架構而無實質內容。在 Android 的類別庫中, 已經提供了各種監聽器介面, 以供我們實作出監聽類別並用來產生監聽物件。

4. 實作介面和繼承類別很類似, 只不過實作介面時是用 **implements** 關鍵字, 而繼承類別是用 **extends**。

5. 實作介面時, 必須在類別中實作介面中所定義的方法。下表列出常用事件的介面和方法、以及註冊方式:

事件	監聽器介面	介面中的方法	註冊到來源物件的方法
按一下	OnClickListener	onClick()	setOnClickListener()
長按	OnLongClickListener	onLongClick()	setOnLongClickListener()
觸控	OnTouchListener	onTouch()	setOnTouchListener()

6. 我們可以使用現成的 Activity 類別 (即 MainActivity) 來實作監聽器介面, 這樣就完全不用增加新的監聽類別了。

7. 要讓手機震動, 可執行 **getSystemService(Context.VIBRATOR_SERVICE)** 來取得 Vibrator 震動物件, 然後用其 **vibrate()** 方法來產生震動。另外, 還必須先在 AndroidManifest.xml 中登記 **android.permission.VIBRATE** 權限才行。

8. 如果要監聽整個螢幕的觸控事件, 只要修改由 Activity (或 AppCompatActivity) 類別繼承而來的 **onTouchEvent()** 方法即可。

習題

1. 請說明什麼是『事件』、『事件的來源物件』、及『事件的監聽物件』?

2. 請列舉 3 種常見的事件。

3. 請說明介面的用途, 並比較在定義子類別時, 『實做 (implements) 某介面』與『繼承 (extends) 某類別』的使用時機及差異。

4. 要用 MainActivity 類別物件監聽按鈕的『按一下』事件, 需在 MainActivity 類別定義中實作 ____________ 介面, 及實作此介面的 ______() 方法。然後還要呼叫按鈕物件的 ________________() 方法將 MainActivity 類別物件設為監聽物件。

5. 請接續第 4 節的好用計數器範例, 再增加『減 1』及『結束程式』的按鈕, 如下圖所示:

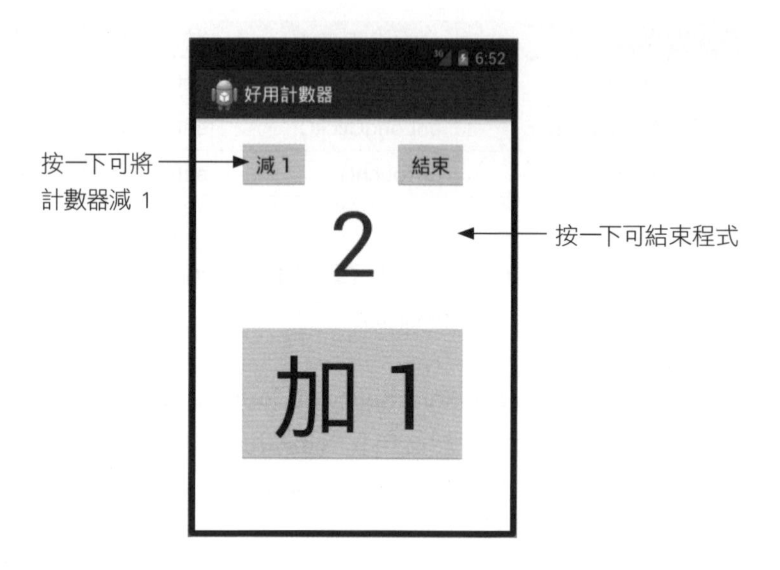

在 Activity 中可以呼叫 **finish()** 來結束程式。

05 使用者介面的基本元件

Chapter

在前面幾章中, 我們已經使用過按鈕 (Button)、文字方塊 (TextView)、文字輸入欄位 (EditText) 等元件。Android 還提供有許多不同的元件, 本章將介紹常用的另外三種元件:單選鈕 (RadioButton)、核取方塊 (CheckButton)、以及可顯示圖形的 ImageView。

5-1 多選一的單選鈕 (RadioButton)

一般所說的『單選鈕』, 是指使用者每次只能選擇一個項目的元件。然而 RadioButton 本身其實並不提供『單選』的機制, 也就是說只放幾個 RadioButton 在佈局中, 程式執行時, 使用者將可選取多個 RadioButton, 而無法達到單選的目的!

RadioButton 與 RadioGroup 元件

要讓一組 RadioButton 『每次只有一個能被選取』, 就必須將它們放在 RadioGroup 元件之中。RadioGroup 負責控制其內 RadioButton 的狀態, 當使用者選取任一個項目時, 就會取消其它 RadioButton 的選取狀態, 保持同時間只有一個 RadioButton 被選取的情況。

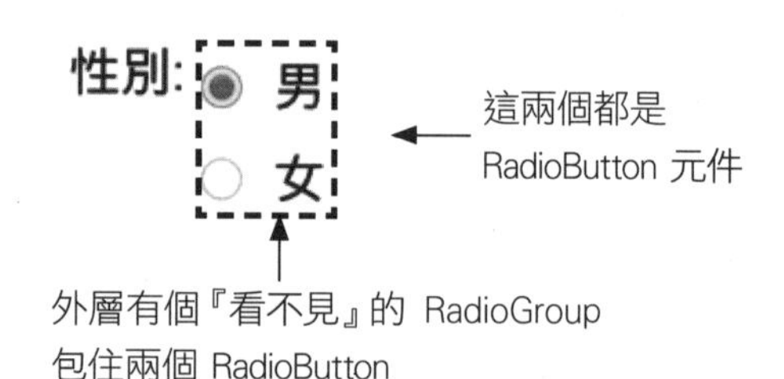

getCheckedRadioButtonId():讀取單選鈕狀態

由於 RadioButton 通常是組合在 RadioGroup 之下, 因此在程式中要判斷使用者選擇了哪一個 RadioButton, 可透過 RadioGroup 的 getCheckedRadioButtonId() 方法, 取得被選取 RadioButton 的資源 ID。接著利用 if/else 語法就可以決定程式的走向, 例如:

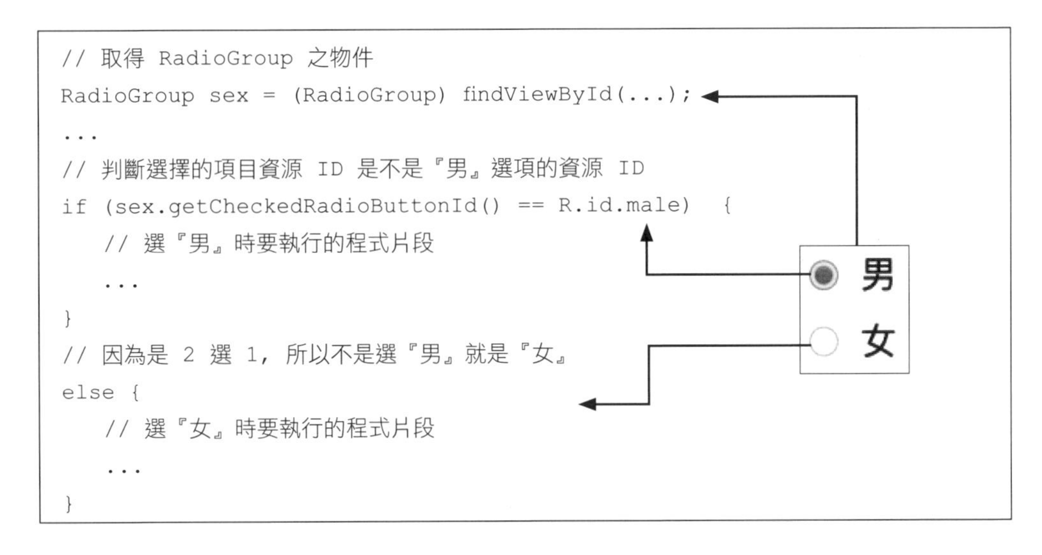

```
// 取得 RadioGroup 之物件
RadioGroup sex = (RadioGroup) findViewById(...);
...
// 判斷選擇的項目資源 ID 是不是『男』選項的資源 ID
if (sex.getCheckedRadioButtonId() == R.id.male)  {
    // 選『男』時要執行的程式片段
    ...
}
// 因為是 2 選 1, 所以不是選『男』就是『女』
else {
    // 選『女』時要執行的程式片段
    ...
}
```


若有 2 個以上的 RadioButton，則可於後面加 else if 或用 switch/case 的方式判斷。另外，如果都沒有選取的話，getCheckedRadioButtonId() 會傳回 -1。您也可指定一個預設就已選取的選項，只須將該 RadioButton 元件的 checked 屬性設為 true 即可 (如此可避免未選取的狀況)；另外，也可改用 RadioGroup 的 checkedButton 屬性來指定預設選取的選項 ID，此方法具有較高的優先權。。

範例 5-1：讀取 RadioGroup 的選取項目

第 1 個範例我們先練習建立含有 3 個 RadioButton 的 RadioGroup，並用程式讀取使用者選取的項目。

Ch05_BuyTicket

全票
半票
敬老票
確定
買半票

按下按鈕，程式就會讀取、顯示使用者選取的項目

step 1 請建立新專案 "Ch05_BuyTicket"，進入佈局編輯器後，先將活動的 RelativeLayout 換成 ConstraintLayout (轉換方法參見第 3-6 節)，然後關閉**自動約束**並清除所有的約束，接著加入一個 Button 元件並如下設定屬性及位置 (位置先大概放就好，稍後再加約束)：

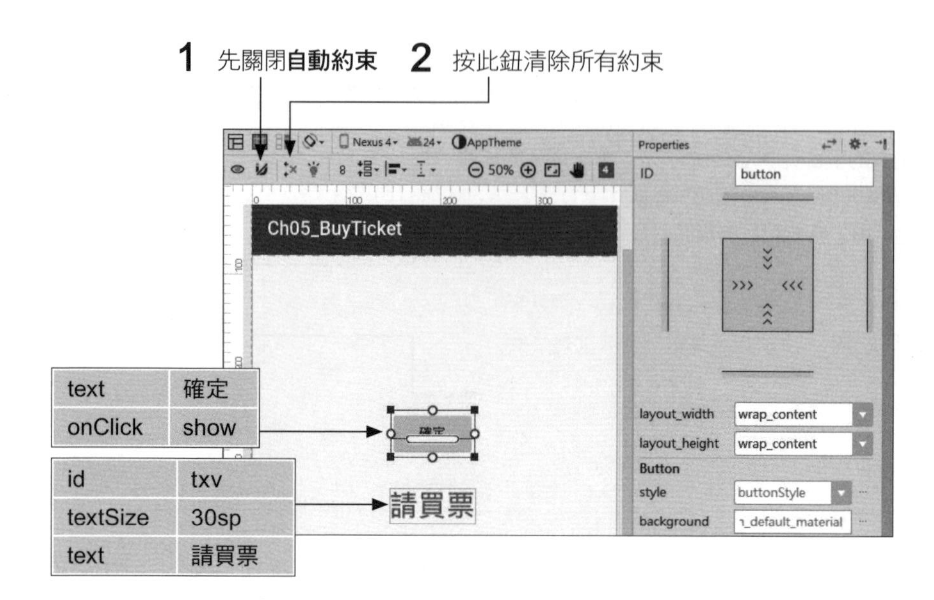

step 2 接著加入 RadioGroup 元件, 然後再放入 3 個 RadioButton 元件, 請一一設定其中各 RadioButton 的屬性:

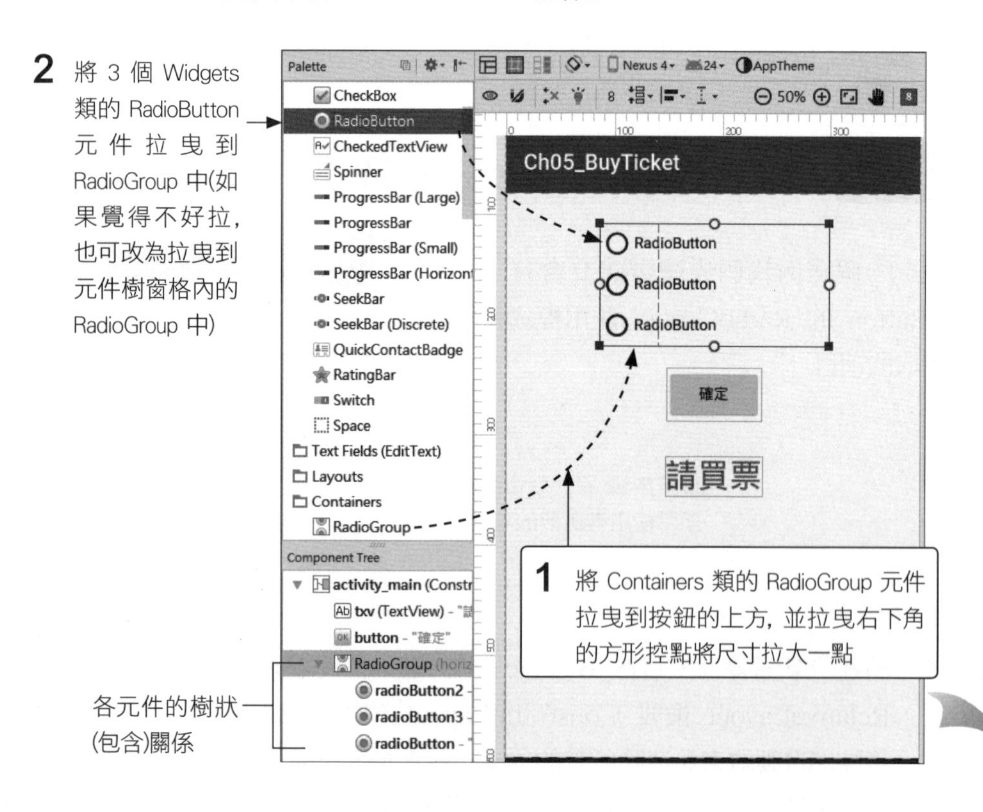

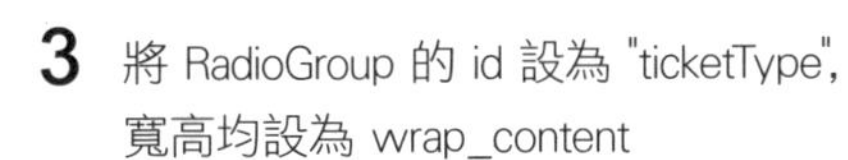

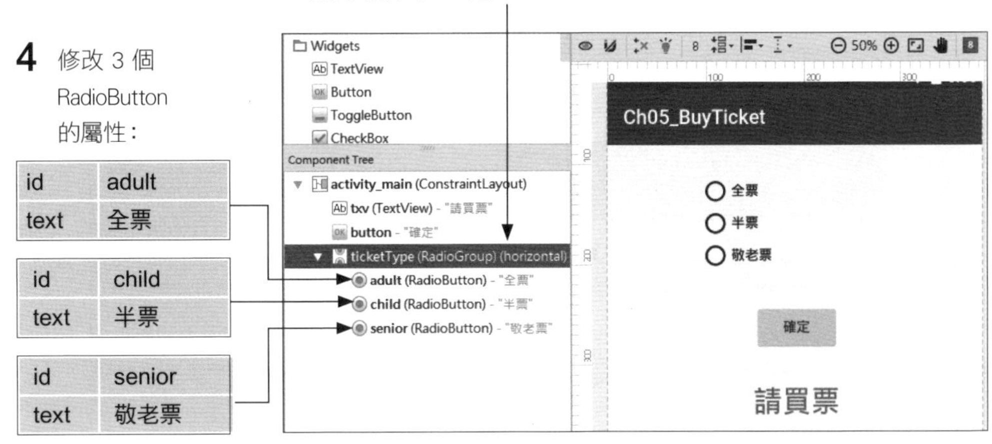

step 3 接著來設定約束，請如下操作：

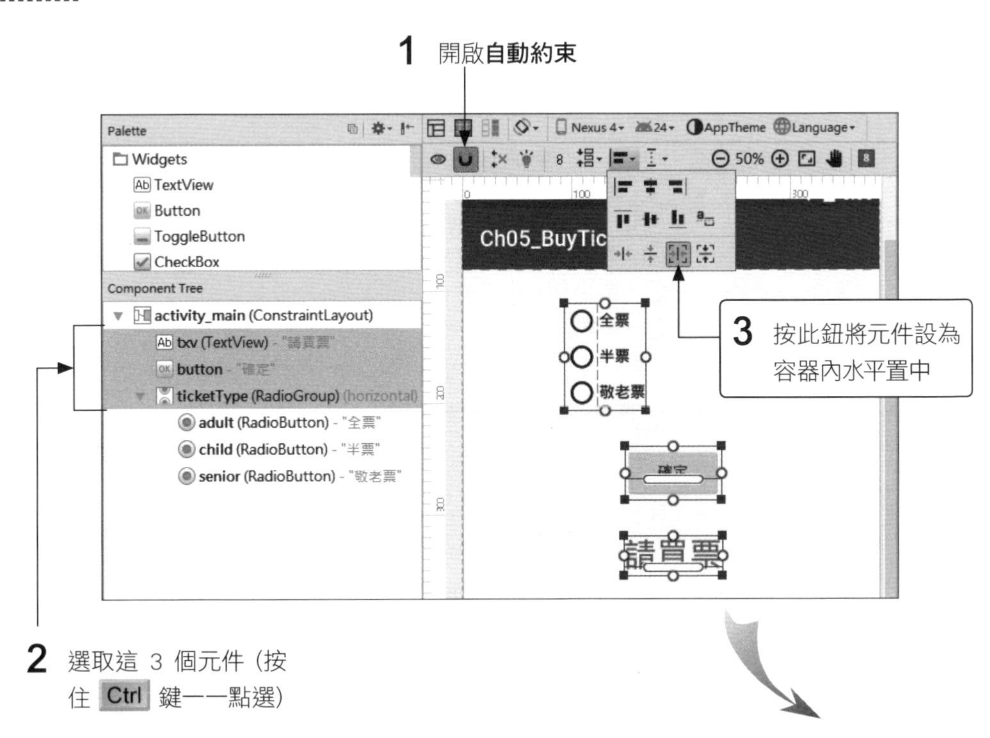

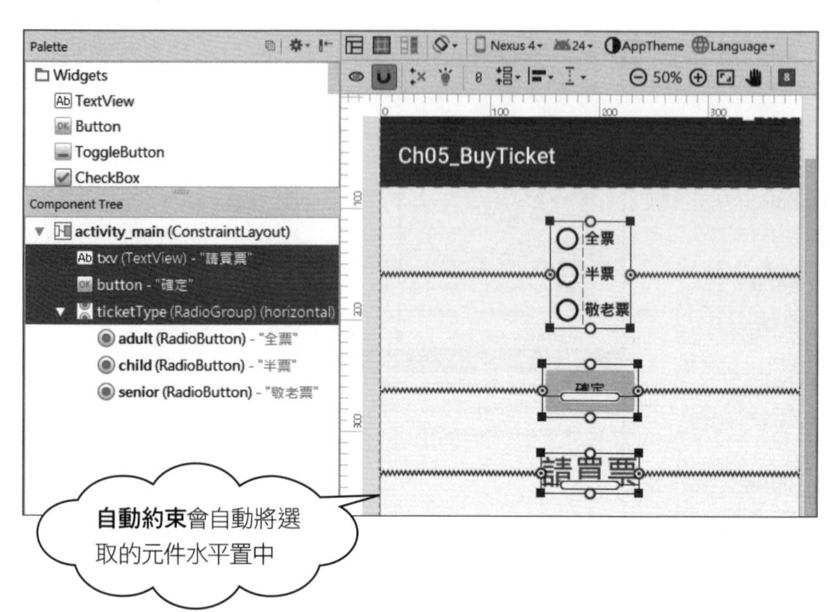

5 按此鈕將之在可用空間內垂直置中 **4** 選取 TextView **6** 已自動設好垂直方向的雙向約束, 請拉曳到約 81 的位置

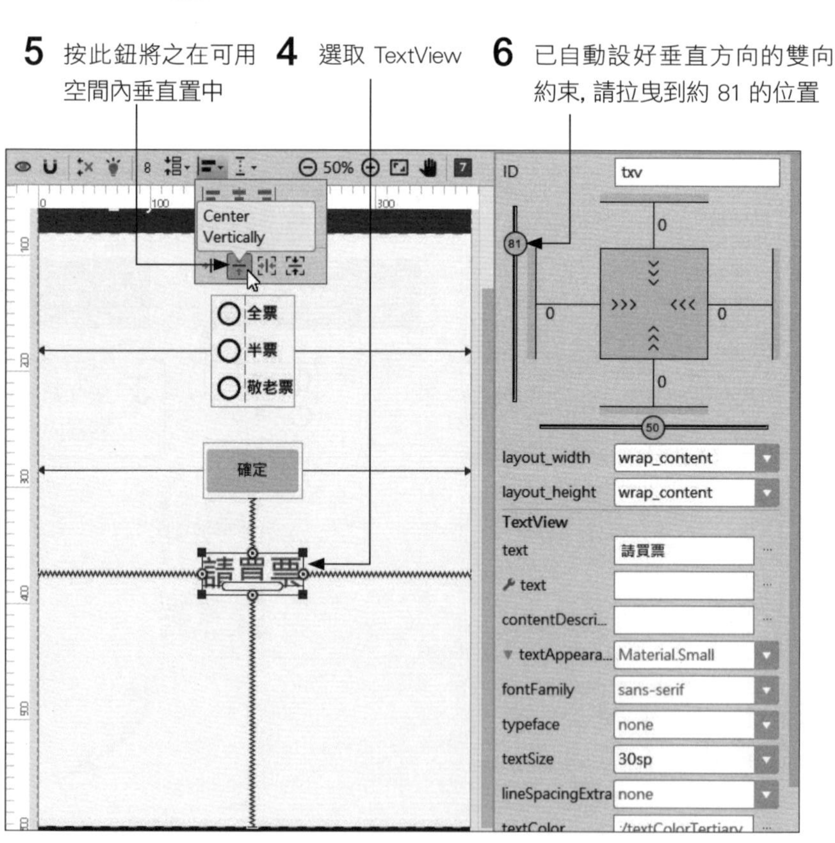

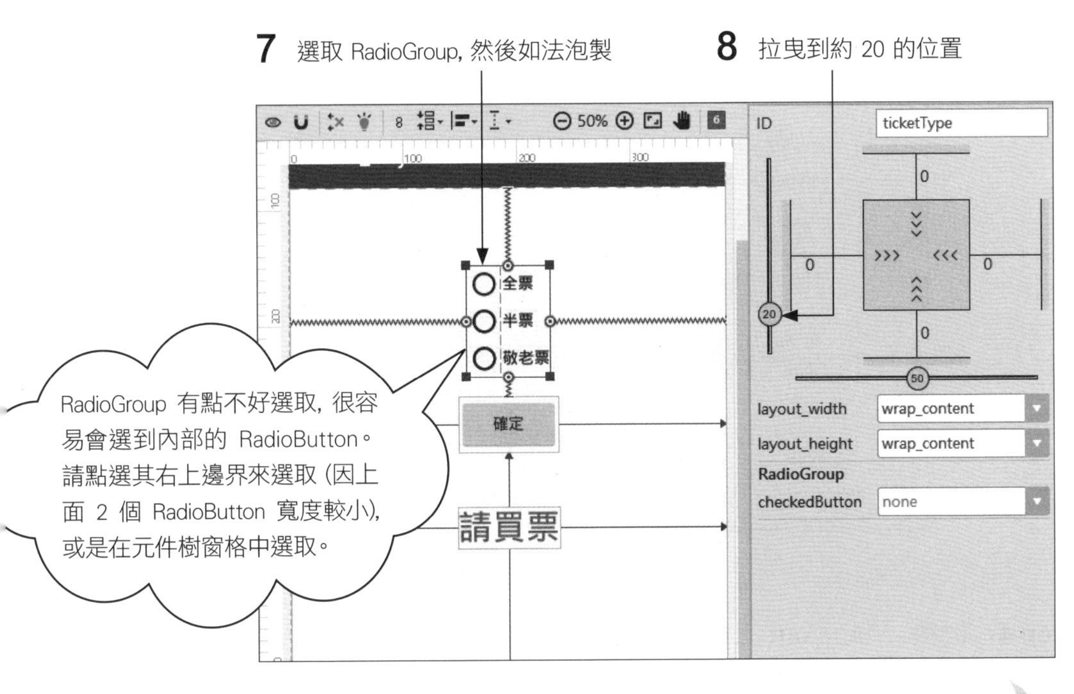
7 選取 RadioGroup, 然後如法泡製
8 拉曳到約 20 的位置
ID
ticketType
全票
半票
敬老票
確定
請買票
layout_width
wrap_content
layout_height
wrap_content
RadioGroup
checkedButton
none
RadioGroup 有點不好選取, 很容易會選到內部的 RadioButton。請點選其右上邊界來選取 (因上面 2 個 RadioButton 寬度較小), 或是在元件樹窗格中選取。

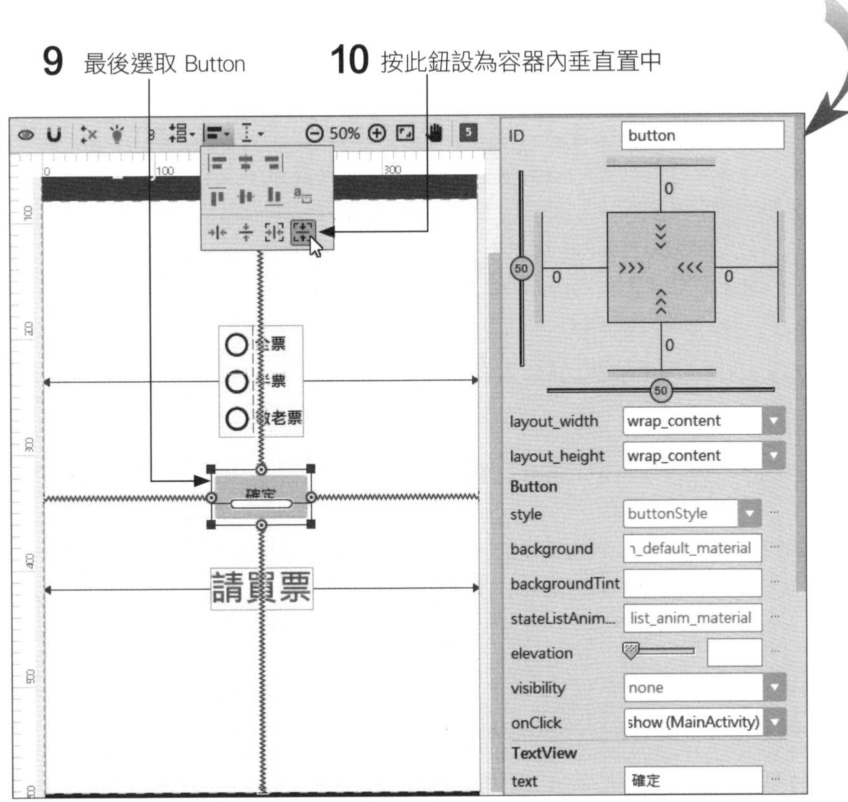
9 最後選取 Button
10 按此鈕設為容器內垂直置中
ID
button
全票
半票
敬老票
請買票
layout_width
wrap_content
layout_height
wrap_content
Button
style
buttonStyle
background
backgroundTint
stateListAnim...
list_anim_material
elevation
visibility
none
onClick
show (MainActivity)
TextView
text
確定

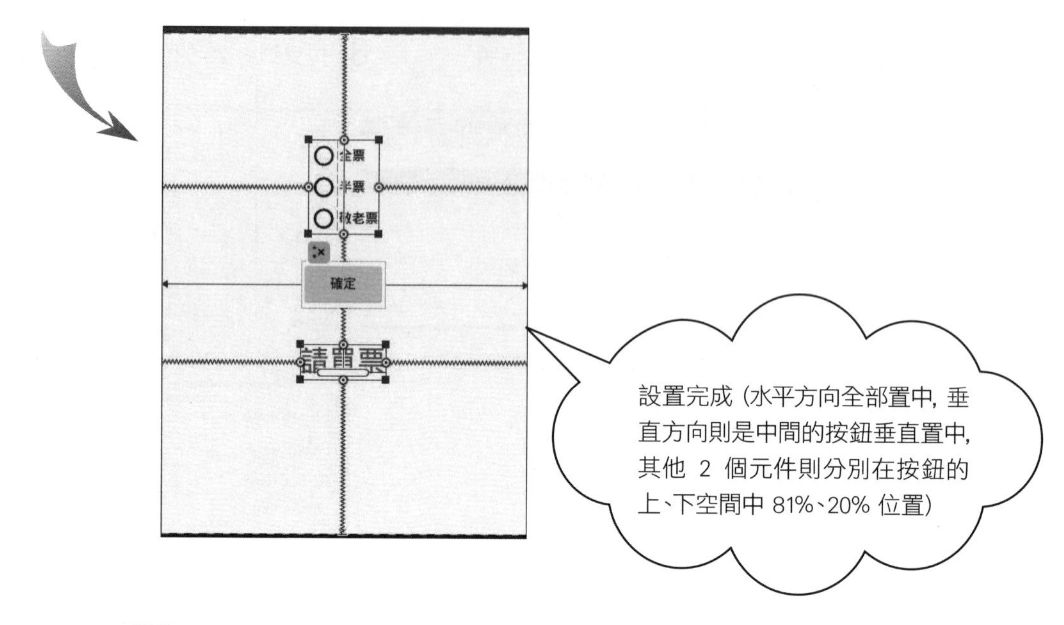

step 4 開啟 MainActivity.java 程式檔, 加入按鈕 onClick 屬性所對應的 show() 方法:

```
01 public void show(View v){
02      TextView txv=(TextView)findViewById(R.id.txv);
03      RadioGroup ticketType =
04                        (RadioGroup) findViewById(R.id.ticketType);
05
06      // 依選取項目顯示不同訊息
07      switch(ticketType.getCheckedRadioButtonId()){
08        case R.id.adult:           ◄— 選全票
09              txv.setText("買全票");
10              break;
11        case R.id.child:           ◄— 選半票
12              txv.setText("買半票");
13              break;
14        case R.id.senior:          ◄— 選敬老票
15              txv.setText("買敬老票");
16              break;
17      }
18 }
```

別忘了, R.id.XXX 都是在 R.java 中以 final 宣告的常數, 其值是固定不變的, 因此可用在 switch 敘述中用來區別選取的單選鈕

- 第 2、3 行分別用 findViewById() 取得代表佈局中 TextView 及 RadioGroup 的物件。
- 第 7~17 行利用 switch/case 結構判斷 getCheckedRadioButtonId() 方法的傳回值, 並根據使用者選取的項目, 顯示不同的訊息。

step 4 將程式佈署到手機或模擬器上測試:

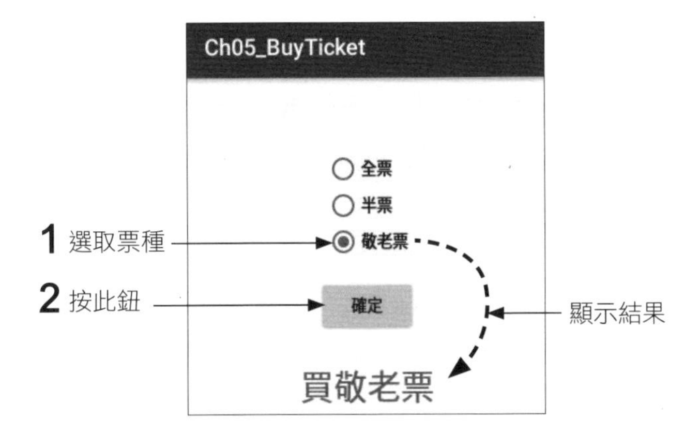

練習 5-1 上述範例不使用 switch/case 或 if/else 結構亦可, 請試著直接由使用者選取的 RadioButton 項目, 取得要輸出的文字。

提示 因為 getCheckedRadioButtonId() 方法的傳回值就是 RadioButton 項目的資源 ID, 所以可用它呼叫 findViewById() 取得被選取的 RadioButton 物件, 再用後者呼叫 getText() 方法取得文字。所以 show() 方法可簡化成:

```
01 public void show(View v){
02     TextView txv=(TextView)findViewById(R.id.txv);
03     RadioGroup ticketType =
04                 (RadioGroup) findViewById(R.id.ticketType);
05
06     int id=ticketType.getCheckedRadioButtonId();
07     RadioButton select = (RadioButton)findViewById(id);
08     txv.setText("買"+select.getText());  ◀— 輸出選取項目的文字
09 }
```

練習 5-2 請在範例程式中加入另一組 RadioGroup, 提供買 1、2、3、4 張票等選項, 使用者按按鈕時, 程式會顯示選擇的票種及張數。另外, 請將**全票**及 **1 張**設為預設選項 (在程式啟動時就是已選取狀態)。

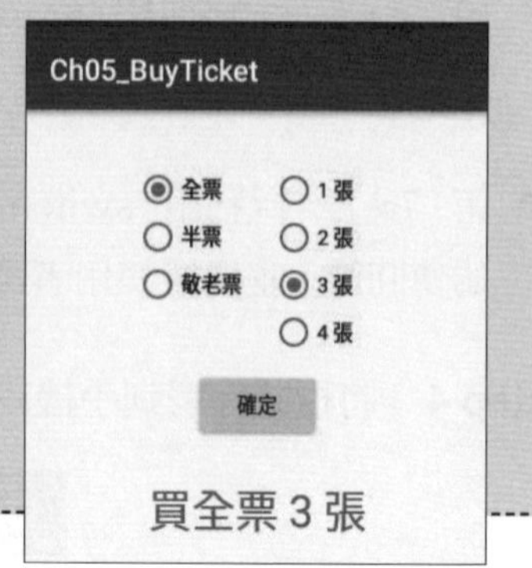

提示 可先關閉自動約束, 然後取消 **ticketType** RadioGroup 的所有約束(選取後按左下角的 [圖示]), 接著加入一個新的 RadioGroup 並將 id 設為 **ticketNumber**, 再如下操作：

1 加入一個 LinearLayout(horizontal), 並將 2 個 RadioGroup 拉進來 (階層如圖)

4 將這 2 個 RadioButton 的 checked 屬性打勾 (設為 true)

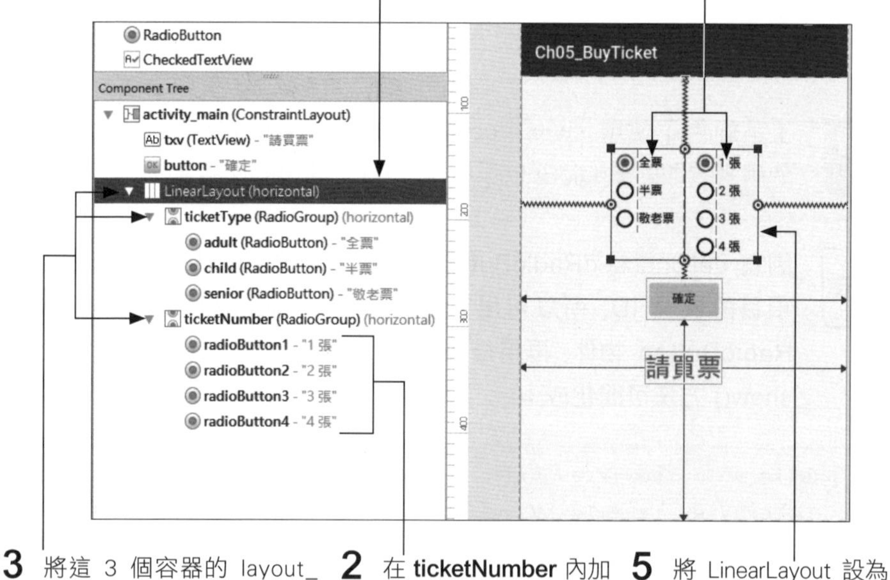

3 將這 3 個容器的 layout_width 及 layout_height 都設為 wrap_content, 並將 2 個 RadioGroup 的 layout_marginRight 設為 20dp

2 在 **ticketNumber** 內加入 4 個 RadioButton, 並依圖設定 text 屬性

5 將 LinearLayout 設為水平置中, 垂直位於按鈕上方 20% 處

使用 LinearLayout 只是圖個方便, 讀者也可改用約束或其他方法來設置。

Next

接著開啟 MainActivity.java, 如下修改按鈕事件的 show() 方法：

```
01  public void show(View v){
02      TextView txv=(TextView)findViewById(R.id.txv);
03      RadioGroup ticketType =
04              (RadioGroup) findViewById(R.id.ticketType);
05      RadioGroup ticketNumber =
06              (RadioGroup) findViewById(R.id.ticketNumber);
07
08      RadioButton type = (RadioButton)findViewById(
09              ticketType.getCheckedRadioButtonId());    ← 票種
10      RadioButton number = (RadioButton)findViewById(
11              ticketNumber.getCheckedRadioButtonId()); ← 張數
12      txv.setText("買" + type.getText() + " " + number.getText());
13  }
```

以上第 8~9 行是用 findViewById() 找出 ticketType 中被選取的單選鈕, 然後在第 12 行中以單選鈕的 getText() 取得其 text 屬性值(例如 "全票")。第 10~11 行也是一樣的用法。

onCheckedChanged()：選項改變的事件

前一章介紹了按鈕『按一下』的 onClick 等事件及監聽物件的用法。對於按鈕以外的元件, 要處理的就不一定是按一下的動作, 例如對 RadioButton/RadioGroup 元件, 較重要的是使用者『改變選項』的事件。

各種元件要處理的事件各有不同, 但事件處理的架構都與第 4 章介紹的按一下、長按等事件相同, 都需實作監聽物件的事件處理方法, 並對來源物件註冊監聽物件。

『改變選項』事件的監聽物件需實作 RadioGroup.OnCheckedChangeListener 介面, 並只需實作一個方法：

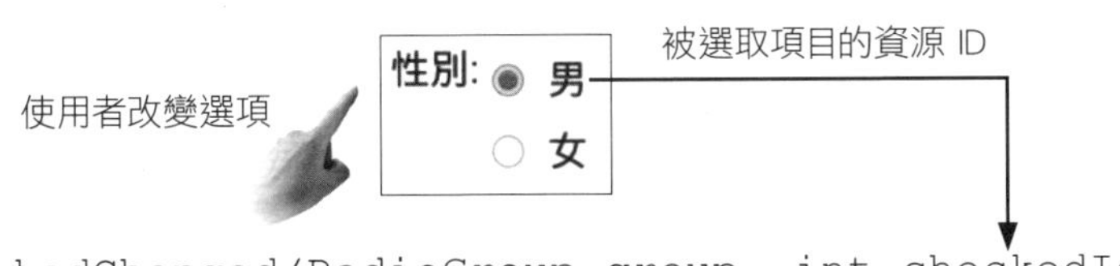

通常會用到的是第 2 個參數 checkedId, 也就是被選取的 RadioButton 的資源 ID, 第 1 個參數則是 RadioGroup 元件本身。和按鈕事件一樣, 我們必須在來源物件 RadioGroup **註冊**『改變選項』事件的監聽物件, 註冊的方式是呼叫 setOnCheckedChangeListener(), 參見下面範例。

範例 5-2：利用 RadioButton 選擇溫度轉換單位

以下就利用剛剛介紹的內容, 以單選鈕實作一個簡單的溫度轉換程式, 程式提供 2 個選項, 可選擇要輸入攝氏或華氏溫度, 讓程式進行換算。除了單選鈕功能, 此範例還會使用另一個技巧：實作文字輸入欄的輸入事件 (TextWatcher 介面) 的監聽物件, 讓程式可在使用者輸入任何數值時, 立即進行換算。

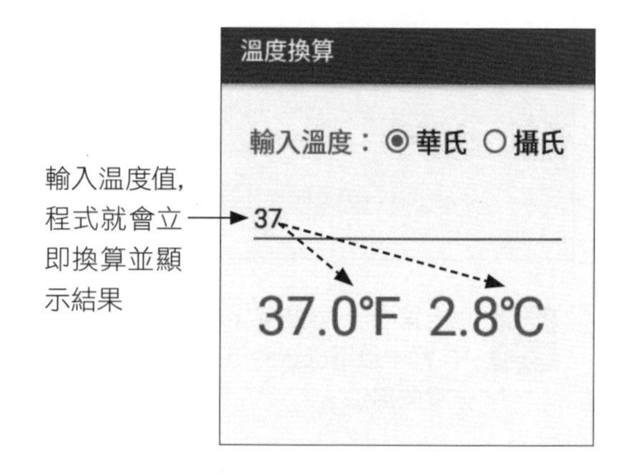

step 1 請建立新專案 "Ch05_TempConversion", 將 App 名稱設為 "溫度換算"。在畫面中需顯示 ℃、°F 溫度符號, 一種方式是使用 Unicode 特殊字元, 另一種是用圖案。此處選用第 1 種, 並將它建成字串資源。請開啟專案中的 res/values/strings.xml, 如下建立字串項目並輸入 Unicode：

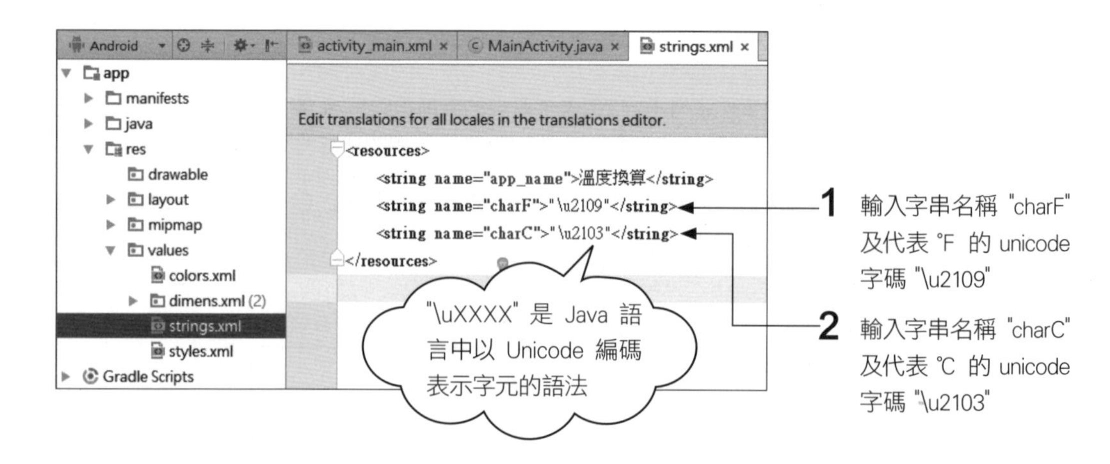

step 2 進入 Layout 設計介面後，將最上層 Layout 換成 ConstraintLayout，然後關閉**自動約束**，再加入以下元件：

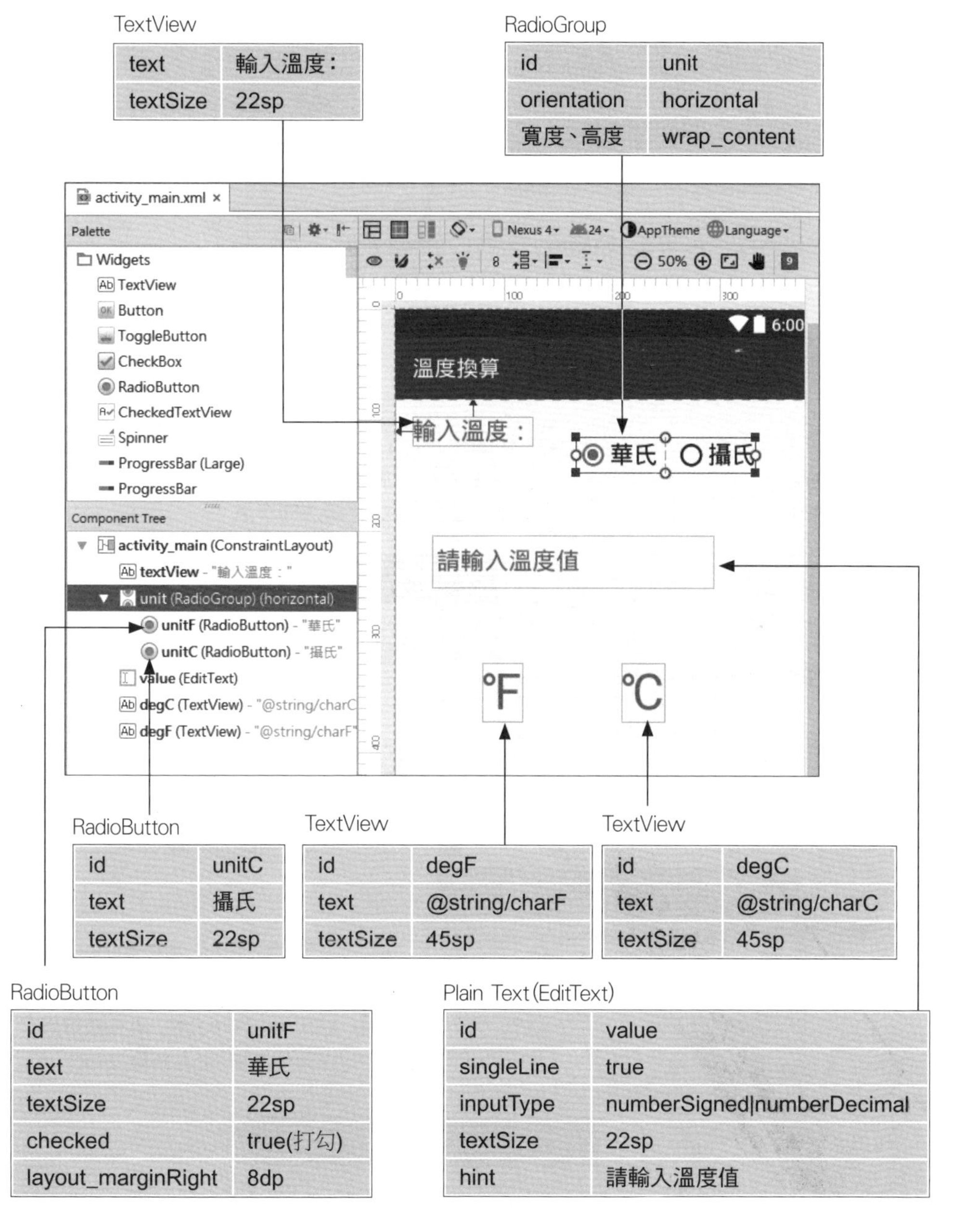

TextView

text	輸入溫度：
textSize	22sp

RadioGroup

id	unit
orientation	horizontal
寬度、高度	wrap_content

RadioButton

id	unitC
text	攝氏
textSize	22sp

TextView

id	degF
text	@string/charF
textSize	45sp

TextView

id	degC
text	@string/charC
textSize	45sp

RadioButton

id	unitF
text	華氏
textSize	22sp
checked	true(打勾)
layout_marginRight	8dp

Plain Text (EditText)

id	value
singleLine	true
inputType	numberSigned|numberDecimal
textSize	22sp
hint	請輸入溫度值

說明：本書往後若不特別説明，將以 id 代表元件的 id 屬性或其設定值，以 ID 代表資源 ID。

step 3 接著來設定佈局約束，請先開啟**自動約束**，然後如下操作 (使用**自動約束**可以比較省力，若加錯了可先刪除約束再手動設定)：

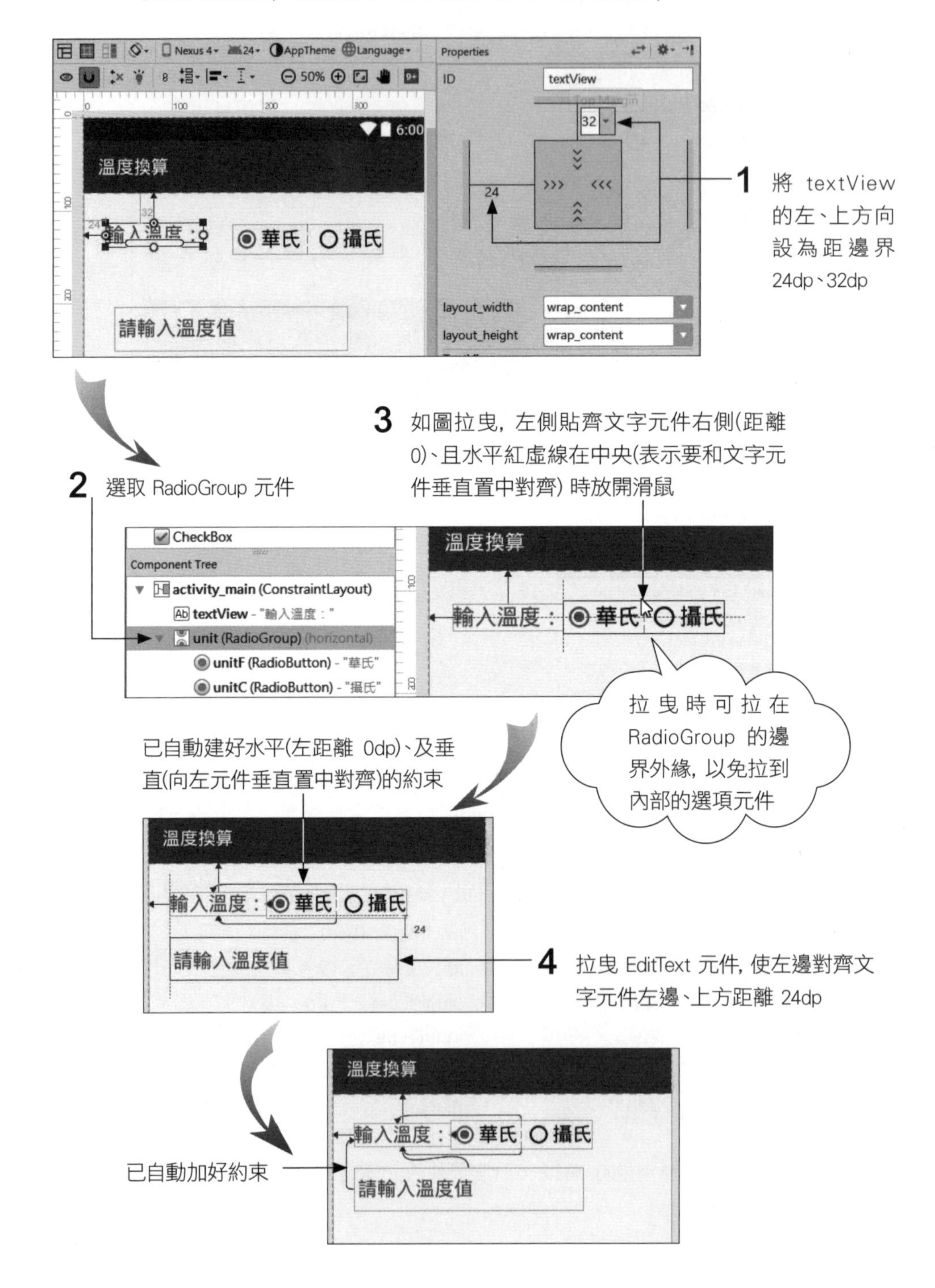

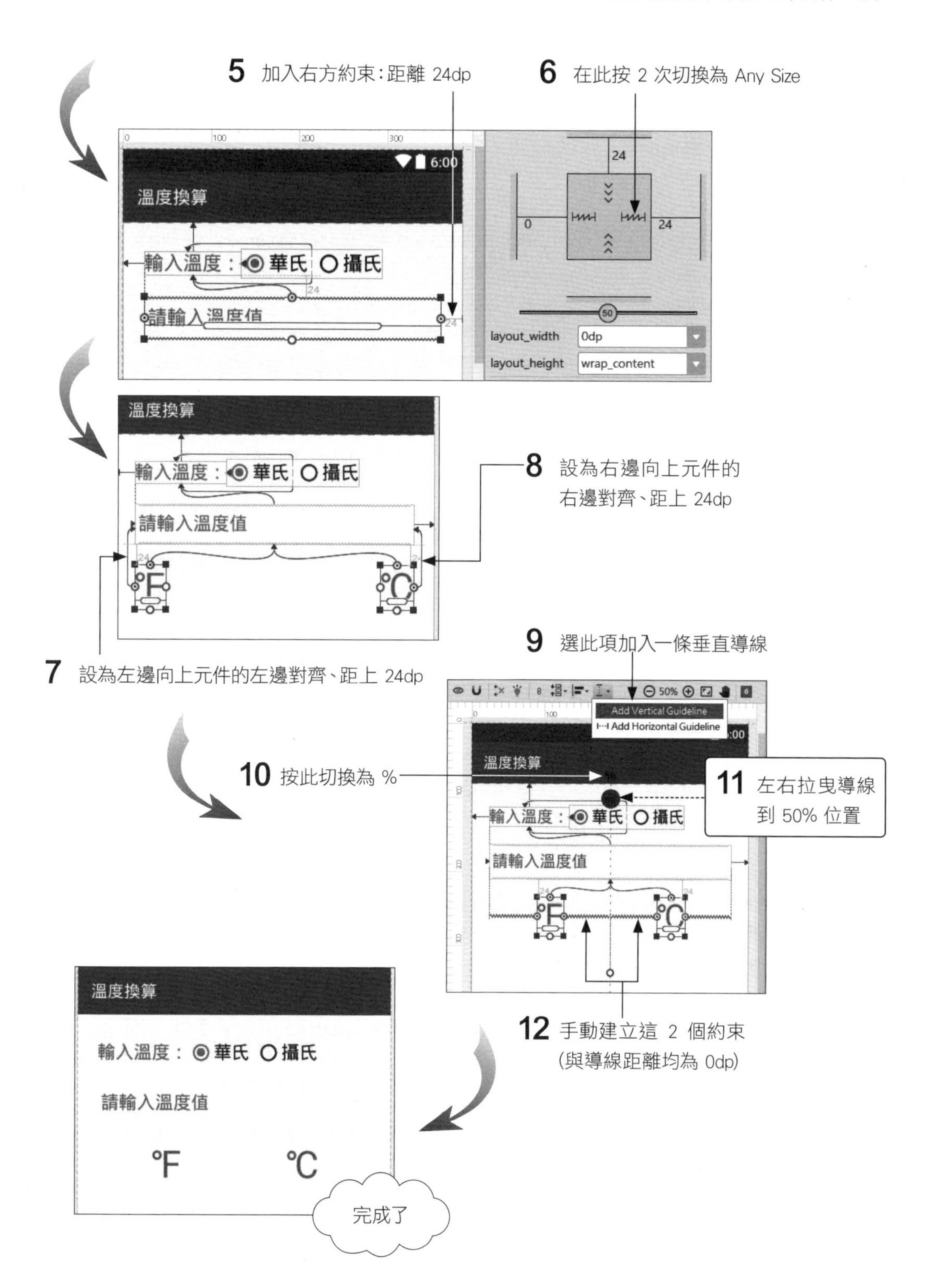
5 加入右方約束：距離 24dp
6 在此按 2 次切換為 Any Size
溫度換算
輸入溫度： 華氏 攝氏
請輸入溫度值
layout_width 0dp
layout_height wrap_content
8 設為右邊向上元件的右邊對齊、距上 24dp
7 設為左邊向上元件的左邊對齊、距上 24dp
9 選此項加入一條垂直導線
Add Vertical Guideline
Add Horizontal Guideline
10 按此切換為 %
11 左右拉曳導線到 50% 位置
12 手動建立這 2 個約束(與導線距離均為 0dp)
°F
°C
完成了

step 4 設計好使用者介面後，請開啟 MainActivity.java 檔。先在 MainActivity 類別開頭加入如下變數宣告，並於 onCreate() 方法中設定初值：

```
01 public class MainActivity extends AppCompatActivity
02         implements RadioGroup.OnCheckedChangeListener, TextWatcher {
03     RadioGroup unit;      ← 單選鈕群組
04     EditText value;       ← 輸入欄
05     TextView degF;        ← 文字方塊
06     TextView degC;        ← 文字方塊
07
08     @Override
09     protected void onCreate(Bundle savedInstanceState) {
10         super.onCreate(savedInstanceState);
11         setContentView(R.layout.activity_main);
12
13         unit  = (RadioGroup)findViewById(R.id.unit);  ← 取得『單位』單選鈕群組
14         unit.setOnCheckedChangeListener(this);      ← 設定 this 為監聽器
15
16         value = (EditText)  findViewById(R.id.value); ← 取得輸入欄位
17         value.addTextChangedListener(this);          ← 設定 this 為監聽器
18
19         degF = (TextView) findViewById(R.id.degF); ← 取得文字方塊
20         degC = (TextView) findViewById(R.id.degC); ← 取得文字方塊
21     }
```

- 第 2 行宣告實作 RadioGroup.OnCheckedChangeListener 和 TextWatcher 介面後，編輯器會在 MainActivity 下方顯示紅色波浪，表示還未實作介面中定義的方法，稍後實作這些方法後，紅色波浪線就會消失。

- 第 14 行是用前面介紹的 setOnCheckedChangeListener() 方法，將 this 設為選項變動事件的監聽器。

- 第 17 行是用 addTextChangedListener() 方法，將 this 設為 EditText 文字變動事件的監聽器。

可針對文字變動事件進行處理的 TextWatcher 介面

當我們想針對 EditText 元件中文字變動的事件，做即時處理，就可實作 TextWatcher 介面，並用 EditText 元件呼叫 addTextChangedListener() 註冊 TextWatcher 的監聽器 (如上面程式第 14 行)。

TextWatcher 介面有 3 個方法，依被呼叫的順序分別是：

方法名稱	被呼叫時機
beforeTextChanged()	在文字即將變動之前
onTextChanged()	在文字剛變動完成時
afterTextChanged()	在文字變動完成後

在範例中只需取得變動後的文字內容，所以只需用到 afterTextChanged() 方法即可。但請注意，實作介面時，必須完整實作介面的所有方法，所以另外兩個方法雖然不會用到，仍需在程式中列出，但方法中可以沒有任何程式 (參見範例的程式片段)。

step 5 接著來實作 RadioGroup.OnCheckedChangeListener 介面的 onCheckedChanged() 方法，以及 TextWatcher 介面的 3 個方法。請將插入點移到前面程式第 1 行有紅色波浪線的地方，然後按 Alt + Enter 鍵來自動加入各介面所需的方法：

在 onCheckedChanged() 與 afterTextChanged() 中要做的事情都是做溫度換算的動作，所以在此將實際的換算動作另外獨立成自訂的 calc() 方法 (稍後加入)，在監聽的方法只加入呼叫 calc() 的敘述：

```
01 public void beforeTextChanged(CharSequence arg0, int arg1, int arg2,
02                 int arg3) {
03     // TextWatcher 介面的方法, 此處不會用到
04 }
05
06 public void onTextChanged(CharSequence arg0, int arg1, int arg2, int arg3) {
07     // TextWatcher 介面的方法, 此處不會用到
08 }
09
10 public void afterTextChanged(Editable arg0) {
11     calc();
12 }
13
14 public void onCheckedChanged(RadioGroup arg0, int arg1) {
15     calc();
16 }
```

- 第 10~12 行是我們要用到的 **after**TextChanged(), 由名稱可看出, 此方法是在文字改變『之後』才會被系統呼叫。TextWatcher 介面定義的另外 2 個方法在本範例中不會用到。
- 第 11、15 行呼叫自訂方法 calc(), 下一步就會實作此方法的內容。

step 6 實際進行單位換算的程式都放在自訂方法 calc() 之中, 所以前述的事件處理方法都只需呼叫 calc(), 就可在適當時機 (使用者選取不同單位、改變數字時) 立即進行換算, 請在剛才輸入的程式後面繼續輸入如下自訂方法 calc():

```
01 protected void calc() {
02     double val, f, c;                          ◀— 儲存溫度值換算結果
03     String str = value.getText().toString();   ◀— 讀取輸入資料並轉為字串
04     try {  // 如果下面程式執行時發生錯誤, 會跳到 catch() 中執行
05         val = Double.parseDouble(str);     ◀— 將輸入資料轉為 Double 數值
06     } catch (Exception e) {
07         val = 0;
08     }
```

Next

```
09     if(unit.getCheckedRadioButtonId()==R.id.unitF){  ◀— 若選擇華氏溫度
10         f = val;
11         c = (f-32)*5/9;   ◀— 華氏 => 攝氏
12     } else{   ◀— 若選擇攝氏溫度
13         c = val;
14         f = c*9/5+32;     ◀— 攝氏 => 華氏
15     }
16
17     degC.setText(String.format("%.1f",c) +   ◀— 只顯示到小數點後 1 位
18             getResources().getString(R.string.charC));◀— 載入字串資源°C符號
19     degF.setText(String.format("%.1f",f) +   ◀— 只顯示到小數點後 1 位
20             getResources().getString(R.string.charF));◀— 載入字串資源°F符號
21 }
```

- 第 3 行先取得使用者輸入的資料, 並轉換為字串。

- 第 4~8 行將輸入資料轉為 Double 數值, 由於轉換可能有誤 (例如輸入 "-"、"+"、或 "." 時), 所以加上了 try...catch... 的錯誤處理機制 (詳見後面的說明框), 以免程式因發生錯誤而中止。當有錯誤發生時, 會改為執行 catch() 中的程式, 也就是將 val 設為 0。

- 第 9~15 行就是根據使用者選擇攝氏或華氏時, 做不同的計算。第 9 行呼叫 getCheckedRadioButtonId() 取得目前被選取的 RadioButton 的資源 ID 值, 並與 R.id.unitF 比對：若相等就用輸入的華氏溫度值算出攝氏溫度；若不等, 則用輸入的攝氏溫度值算出華氏溫度。

- 第 17、19 行用 setText() 設定要輸出的溫度值字串。溫度值字串由溫度值及溫度符號相連而成。因為換算的結果可能是有好幾位的小數, 為避免字數過多, 此處利用 String.format() 將數值格式化成只有 1 位小數的字串 (String.format() 參數的說明請參見後面說明框)。

- 第 18、20 行是載入字串資源的方法, getResource() 是 Activity 內建的方法, 它會傳回 Resource 類別的物件, 透過此物件可存取應用程式本身的資源。例如使用字串的資源 ID 為參數呼叫此物件的 getString() 方法, 就會傳回該字串的內容。

使用 try/catch 處理例外狀況

以上第 5 行是將輸入資料轉為 Double 數值, 但若只輸入非數字的字元, 例如 "-" 則會發生執行錯誤, 這在 Java 中稱為**例外** (Exception)。要避免因發生例外而導致程式意外結束, 最好的方法就是將那些可能發生例外的程式碼, 全都包在 try 區塊中, 並用 catch 區塊來欄截並處理例外狀況。

以本例來說, 當執行 val = Double.parseDouble(str); 發生例外時, 即會自動跳到 catch 的區塊執行, 因此會將 val 設為 0。catch(Exception e) 的參數 e 是例外物件, 我們可以由 e.toString() 來取得發生例外的原因説明。

請注意, 如果在 try 中沒有發生例外, 則並不會執行 catch 中的程式, 而會跳到 try/catch 之後的程式繼續執行。若發生例外, 則會跳到 catch 中執行, 然後再執行 try/catch 之後的程式。

有關例外處理的更多説明, 可參考章末的延伸閱讀第 4 項。

使用 String.format() 方法做格式化輸出

當我們需要將整數、浮點數等資料轉成字串的形式輸出, 雖然可使用對應的 Integer、Double 等類別的 toString() 方法, 不過如需指定輸出的格式, 例如不顯示小數、最多只能顯示 2 位小數、開頭要加正負號...等, 此時使用『格式化輸出』功能比較方便。

要做『格式化輸出』可透過 String.format() 方法, 此方法第 1 個參數是所謂的**格式化字串**, 字串中可包含一般字串內容以及**格式化參數**。以先前範例程式用到的 "%.1f" 字串為例, 其中的 %.1f 就是格式化參數, 意思是説此處要轉換為字串的是浮點數 (f), 而格式為限制最多顯示小數點後 1 位 (.1), 至於要被轉換的浮點數就放在格式化字串之後:

轉換完成後, 傳回轉換後的字串

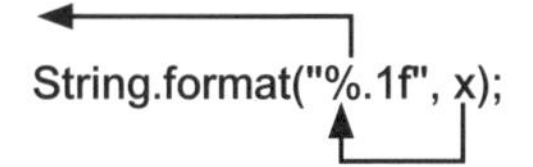

x 的值代入格式化參數, 並轉成指定的格式

例:

```
String.format("%.1f", 3.14159);   ──► 傳回字串 "3.1"
String.format("%d 是質數", 17);    ──► 傳回字串 "17 是質數"
                ▲
                └──────%d  代表要轉換的是整數
```

如果字串中要格式化多個變數, 可在格式化字串中列出各變數的格式化參數, 而各個變數也可一一列在 format() 方法的參數列中。

step 7 執行程式，即可測試單選鈕的功能。

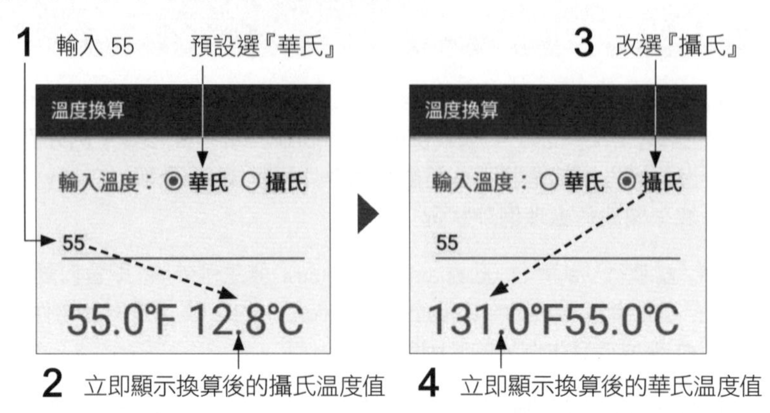

練習 5-3

請改良範例，加上第 3 個選項『絕對溫度』，讓使用者可輸入絕對溫度值進行換算，同時將輸出部份改為可同時輸出華氏、攝氏、絕對溫度 3 個值 (『絕對溫度 = 攝氏溫度 + 273.15』)。請顯示到小數後 2 位。

提示 可在 RadioGroup 加入第三個單選鈕，id 屬性值設為 unitK。不過由於寬度不足，請把 RadioGroup 與輸入溫度的 EditText 位置交換。然後加入顯示絕對溫度的 TextView，id 屬性值設為 degK。為了美化版面，可讓三個 TextView 上下排列。

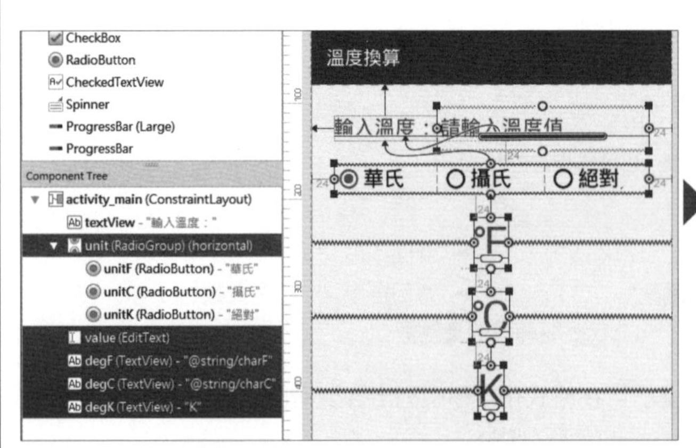

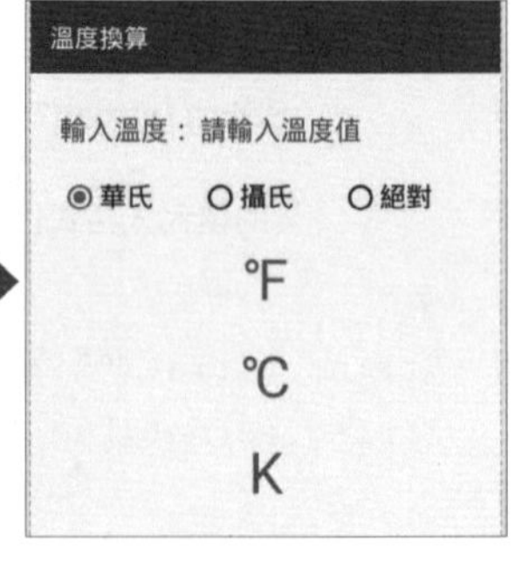

Next

另外, 請在 calc() 中加入另一個判斷, 區別華氏與絕對溫度的選項：

```
double val, f, c, k; ◄— 增加變數 k

if(unit.getChckedRadioButtonId() == R.id.unitF) {
    ...
    k = c + 273.15; ◄— 計算絕對溫度
}
else if (unit.getChckedRadioButtonId() == R.id.unitC) { ◄— 若是選擇輸入攝氏溫度
    ...
    k = c + 273.15; ◄— 計算絕對溫度
}
else { ◄— 若是選擇輸入絕對溫度
    k = val;
    c = k - 273.15; ◄— 絕對 -> 攝氏
    f = c * 9/5 +32; ◄— 攝氏 -> 華氏
}
```

在 calc() 最後也要加上以小數 2 位的格式顯示絕對溫度的程式：

```
degK.setText(String.format("%.2fK", k));
```

5-2 可複選的核取方塊 (CheckBox)

核取方塊 (Checkbox) 也是一種提供選擇的介面元件, 但不同於單選鈕 (RadioButton/RadioGroup) 一次只能選取一項, 核取方塊的用途就是提供可複選的選擇元件。

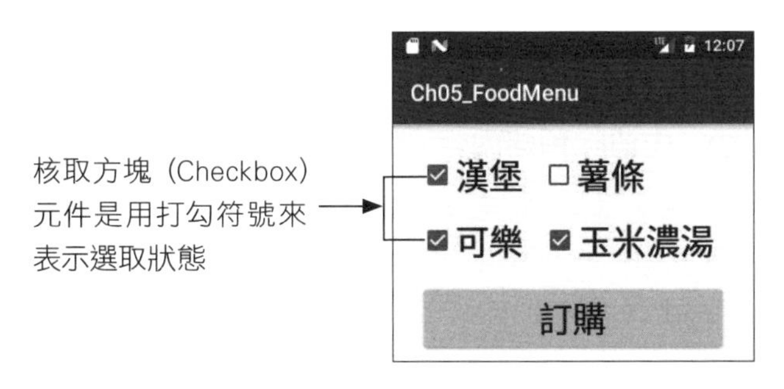

isChecked()：檢查是否被選取

核取方塊 (Checkbox) 和單選鈕的用法很相似，要檢查核取方塊是否被選取，只要用其物件呼叫 isChecked() 方法，它會傳回 true 或 false，表示目前是被勾選或取消 (未被勾選)。

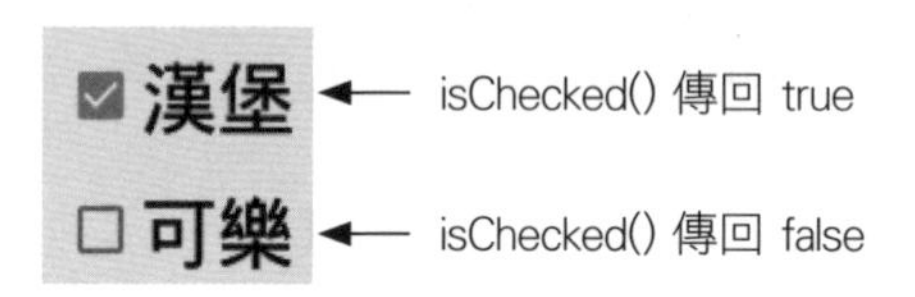

範例 5-3：以核取方塊建立餐點選單

以下就用核取方塊及 isChecked() 方法建立一個簡單的菜單範例，使用者可任意選取所要的項目，按**訂購**鈕時，程式會列出所點的餐點項目：

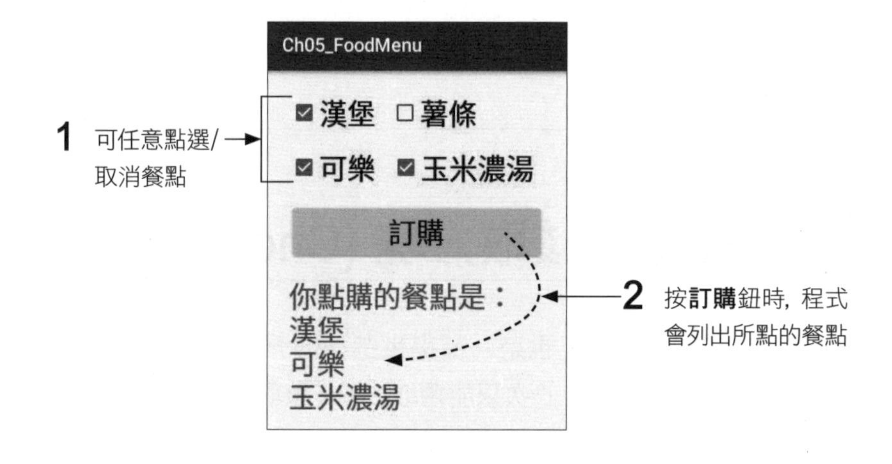

step 1 請建立新專案 "Ch05_FoodMenu"。

step 2 進入圖形化編輯器後，先清除預建內容、改用 ConstraintLayout，並加入如下項目：

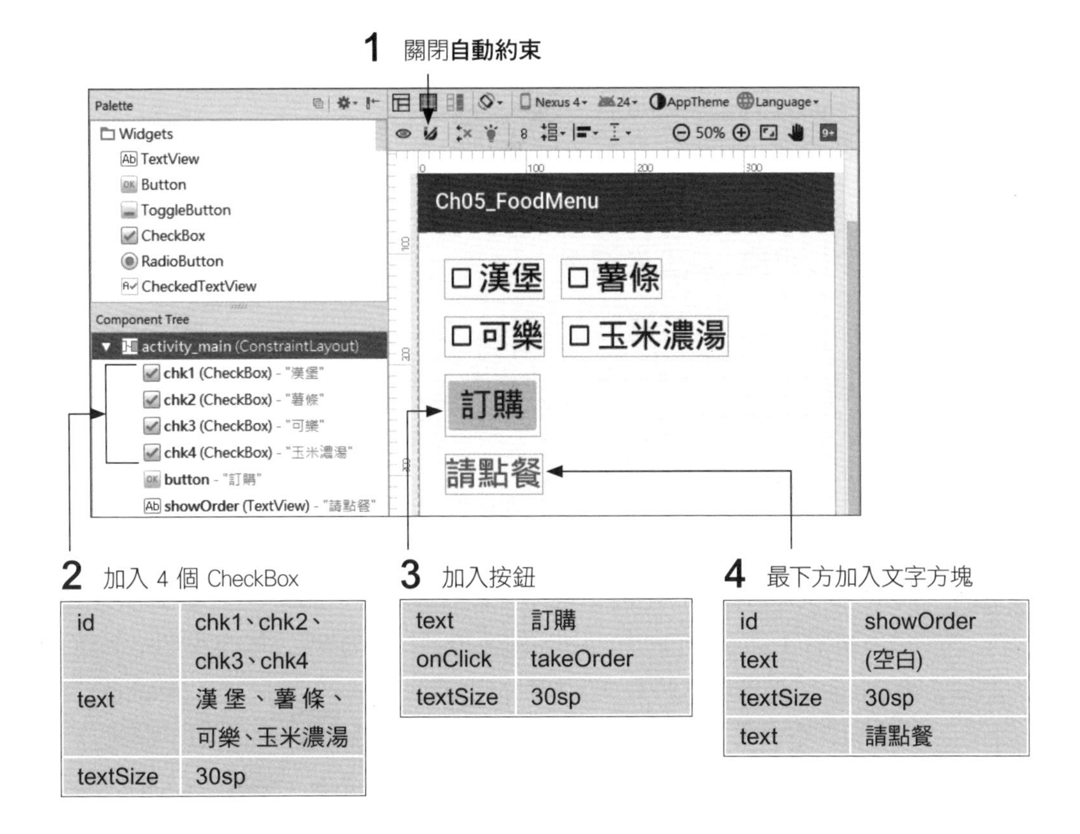

id	chk1、chk2、chk3、chk4
text	漢堡、薯條、可樂、玉米濃湯
textSize	30sp

text	訂購
onClick	takeOrder
textSize	30sp

id	showOrder
text	(空白)
textSize	30sp
text	請點餐

step 3 接著來設定約束，請先依照上圖擺好各元件的位置，然後按**智慧補加約束鈕**：

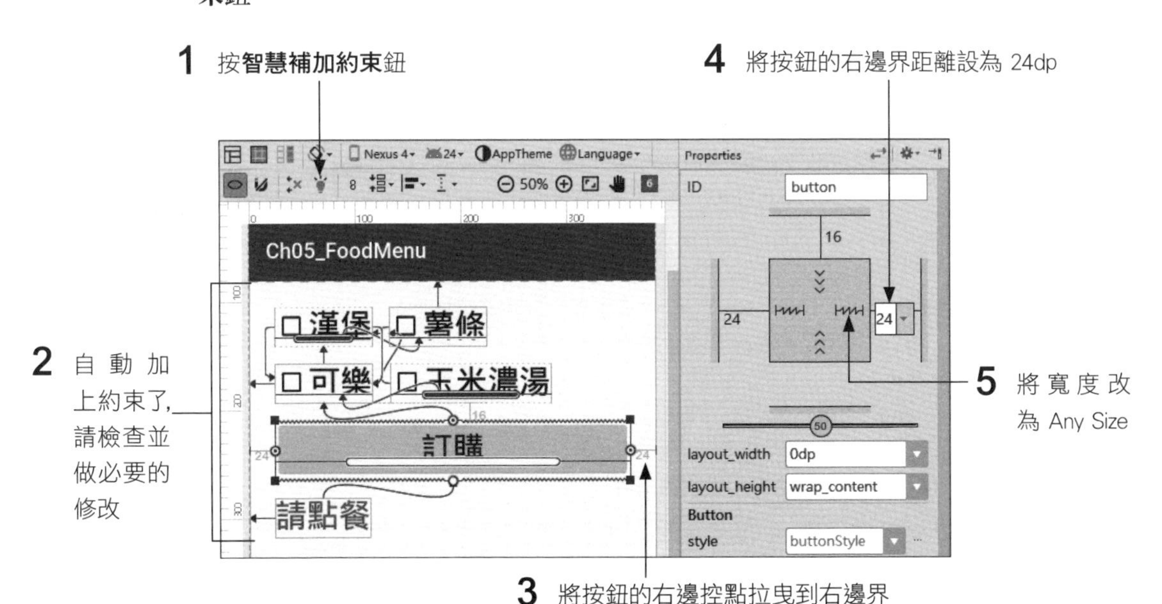

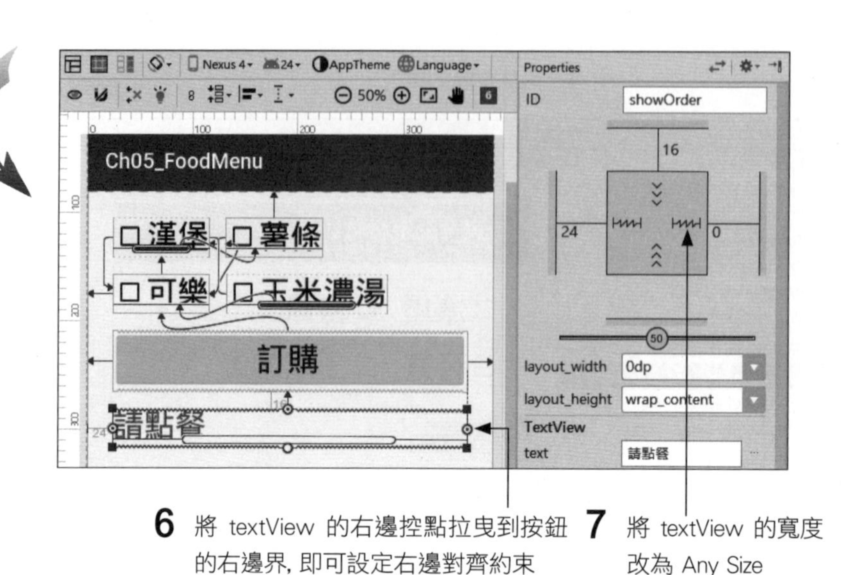

6 將 textView 的右邊控點拉曳到按鈕的右邊界, 即可設定右邊對齊約束

7 將 textView 的寬度改為 Any Size

step 4 開啟 MainActivity.java, 我們要撰寫的程式僅有處理按鈕事件之 takeOrder() 方法。在此方法中以迴圈逐一呼叫各核取方塊的 isChecked() 方法, 若已被選取就將其文字加到文字方塊中顯示。請在 onCreate() 方法之後的空白處 (必須在 MainActivity 的大括號內) 加入如下程式:

```
01 public void takeOrder(View v) {
02     CheckBox chk;
03     String msg="";          ← 存放要顯示在畫面上的文字訊息
04                                         用陣列存放所有 CheckBox 元件的 ID
05     int[] id={R.id.chk1, R.id.chk2, R.id.chk3, R.id.chk4}; ←┘
06
07     for(int i:id){      ← 以迴圈逐一檢視各 CheckBox 是否被選取
08         chk = (CheckBox) findViewById(i);
09         if(chk.isChecked())              ← 若有被選取
10             msg+="\n"+chk.getText();     ← 將換行字元及選項文字
11     }                                       附加到 msg 字串後面
12
13     if(msg.length()>0) ← 有點餐 (字串長度大於0)
14       msg ="你點購的餐點是："+msg;
15     else
16       msg ="請點餐!";
17
18     // 在文字方塊中顯示點購的項目
19     ((TextView) findViewById(R.id.showOrder)).setText(msg);
20 }
```

- 第 5 行宣告一個整數陣列, 其內容就是每個核取方塊的資源 ID。
- 第 7~11 行以 for 迴圈逐一用陣列中的資源 ID 呼叫 findViewById() 取得核取方塊物件, 並呼叫 isChecked() 方法查看它是否被選取。若是被選取, 就呼叫 getText() 方法取得其文字 (餐點名稱), 連同換行字元 "\n" 一起附加到 msg 字串, 所以顯示 msg 字串時, 每個餐點名稱會列在單獨一行 (參見後面執行結果)。
- 第 13 行判斷 msg 字串長度是否大於 0 (若大於 0 表示迴圈有加內容到字串, 也就是有點餐), 並根據結果設定訊息字串。
- 第 19 行取得文字方塊物件並顯示訊息。

step 4 將程式放到模擬器/手機上執行, 並測試結果。

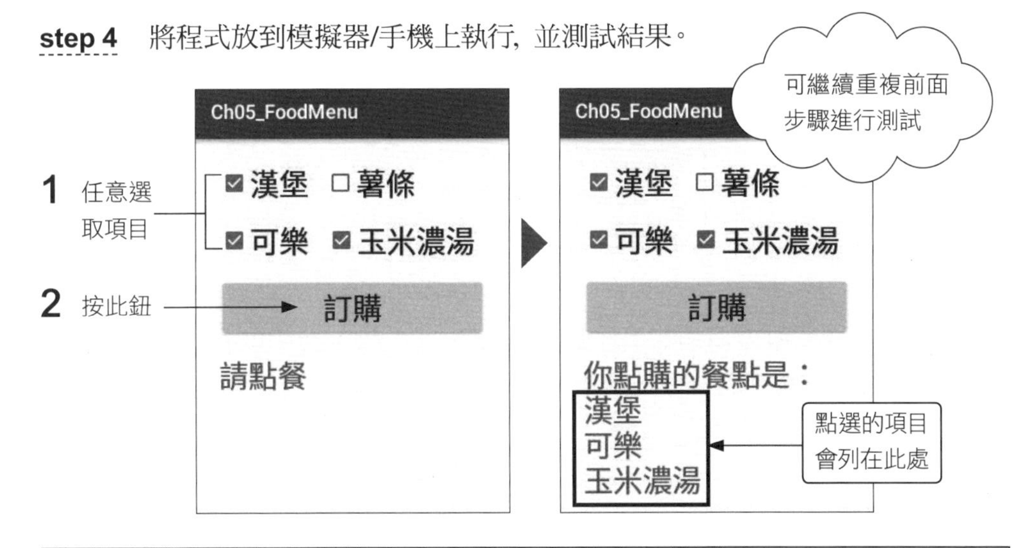

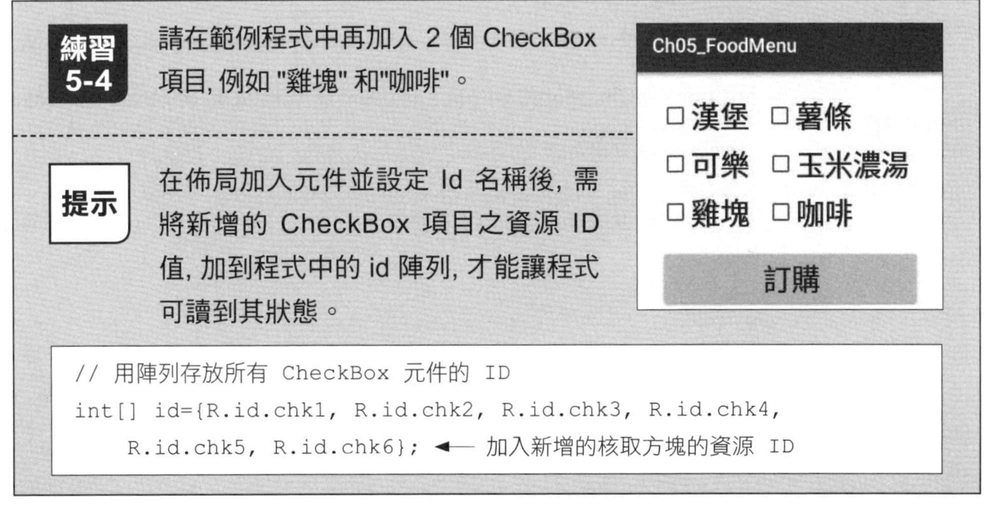

練習 5-4 請在範例程式中再加入 2 個 CheckBox 項目, 例如 "雞塊" 和"咖啡"。

提示 在佈局加入元件並設定 Id 名稱後, 需將新增的 CheckBox 項目之資源 ID 值, 加到程式中的 id 陣列, 才能讓程式可讀到其狀態。

```
// 用陣列存放所有 CheckBox 元件的 ID
int[] id={R.id.chk1, R.id.chk2, R.id.chk3, R.id.chk4,
    R.id.chk5, R.id.chk6}; ◀— 加入新增的核取方塊的資源 ID
```

onCheckedChanged()：選取/取消核取方塊的事件

前一個例子我們只使用 isChecked() 檢查核取方塊狀態，本節繼續來看使用 setOnCheckedChangeListener() 方法來設定核取方塊被選取/取消的事件監聽物件。

使用單選鈕時，只要用 RadioGroup 物件設定好監聽物件，就可監控同一組、數個 RadioButton 的選取事件；但是核取方塊可獨立被選取/取消，因此我們需個別為每個核取方塊設定監聽物件。

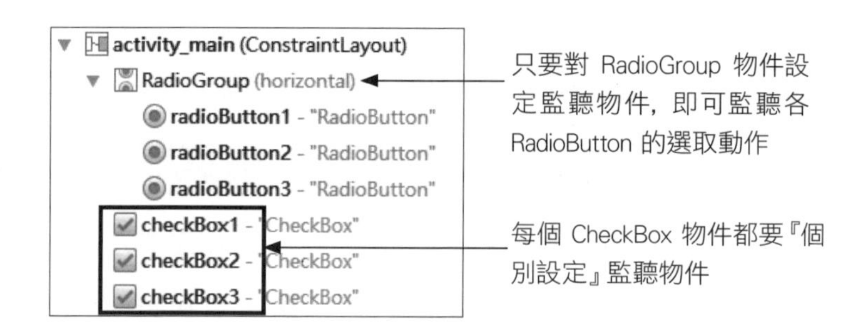

CheckBox 選取/取消的事件監聽介面為 CompoundButton.OnCheckedChangeListener，此介面只有一個方法：

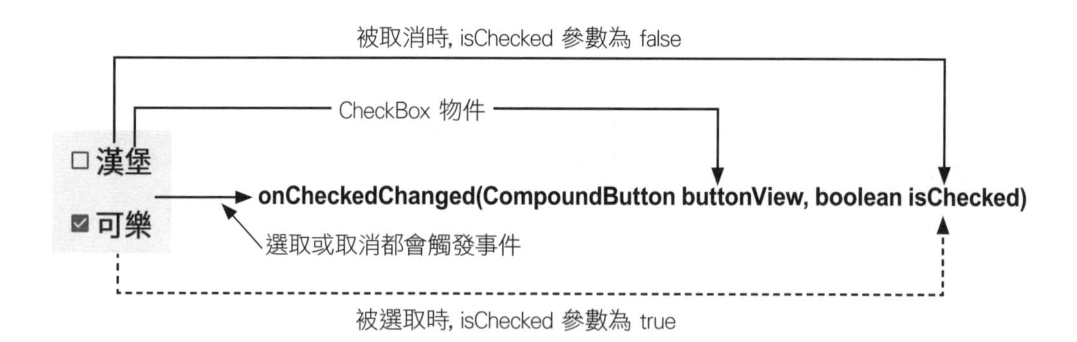

範例 5-4：利用選取事件即時修改訂單

在此我們就沿用前一個範例，但將程式改成每次使用者選取/取消餐點，就即時記錄已選取的項目，在按鈕事件中就只單純顯示結果，不再用 isChecked() 方法逐一檢查。

您可以想像一下，當程式中有好幾個 CheckBox 元件要設定監聽物件時，雖然可用剪貼的方式複製出好幾段 findViewById()、setOnCheckedChangeListener() ...敘述，但程式會變得稍冗長而不易閱讀。在此會利用類似前一個範例的小技巧：將物件的資源 ID 放在陣列中，再用迴圈逐一執行 findViewById()、setOnCheckedChangeListener() 敘述。

step 1 複製 "Ch05_FoodMenu" 專案為 "Ch05_FoodMenuEvent"，然後將 app_name 字串改為 "FoofMenu事件處理"。

step 2 接著開啟 res/layout/main_activity.xml，加入 4 個新的選項：

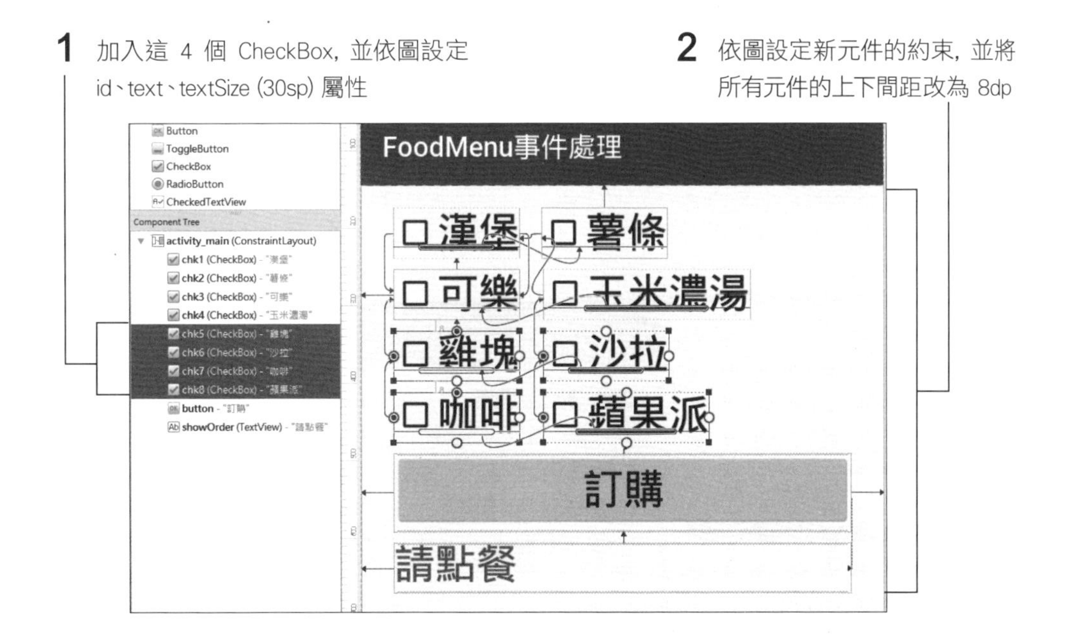

要修改約束時，請先刪除舊約束再設定新約束，必要時可先關閉**自動約束**，待有需要時再開啟。

step 3 若仍要照前一個範例的作法，在 TextView 列出使用者點的餐點，由於這次加入多個餐點項目，在畫面較『短』的手機上，可能會使項目列表超出畫面範圍，所以我們要用 ScrollView 元件包住 (Wrap) TextView，讓使用者可捲動 TextView 的內容，操作方式如下：

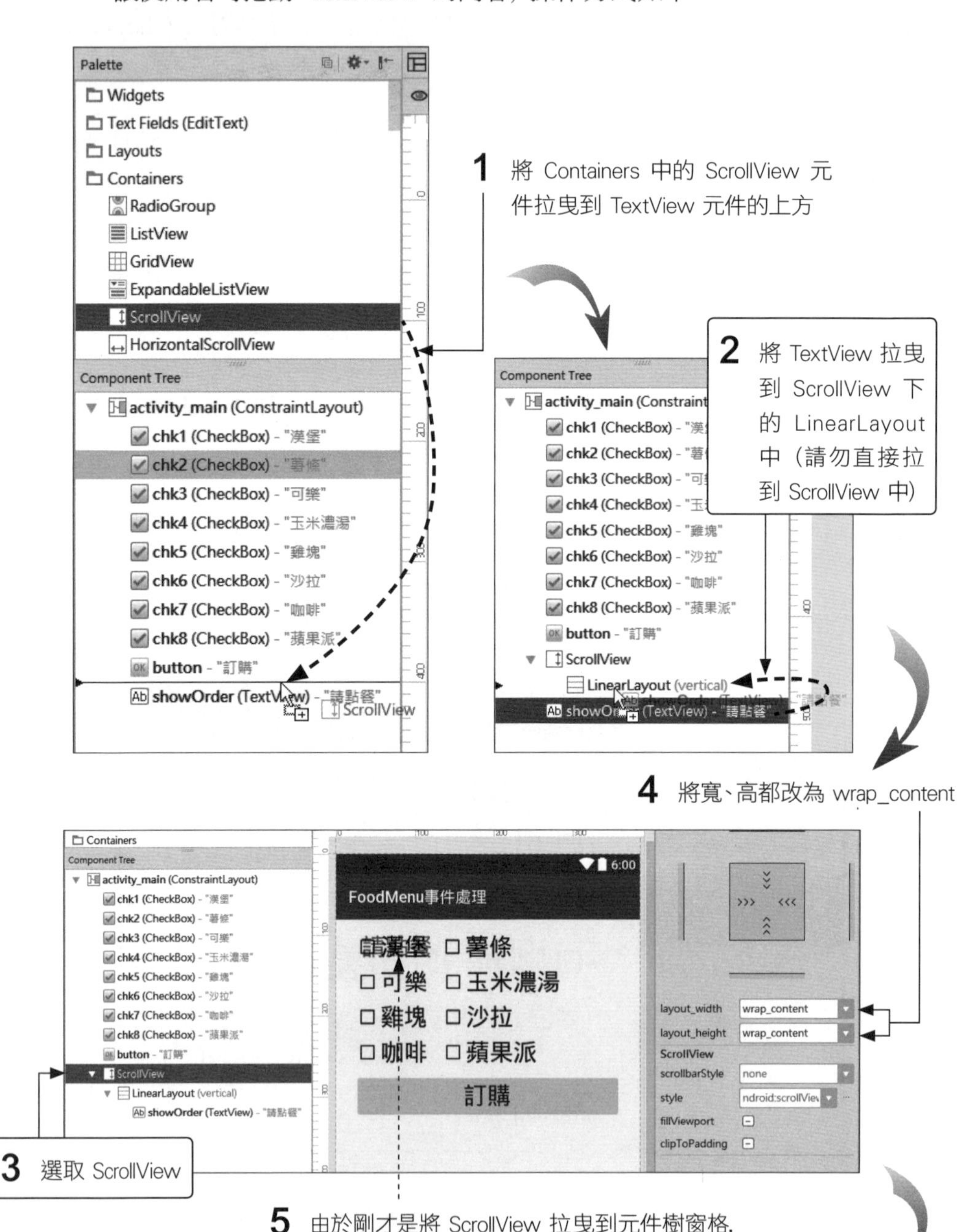

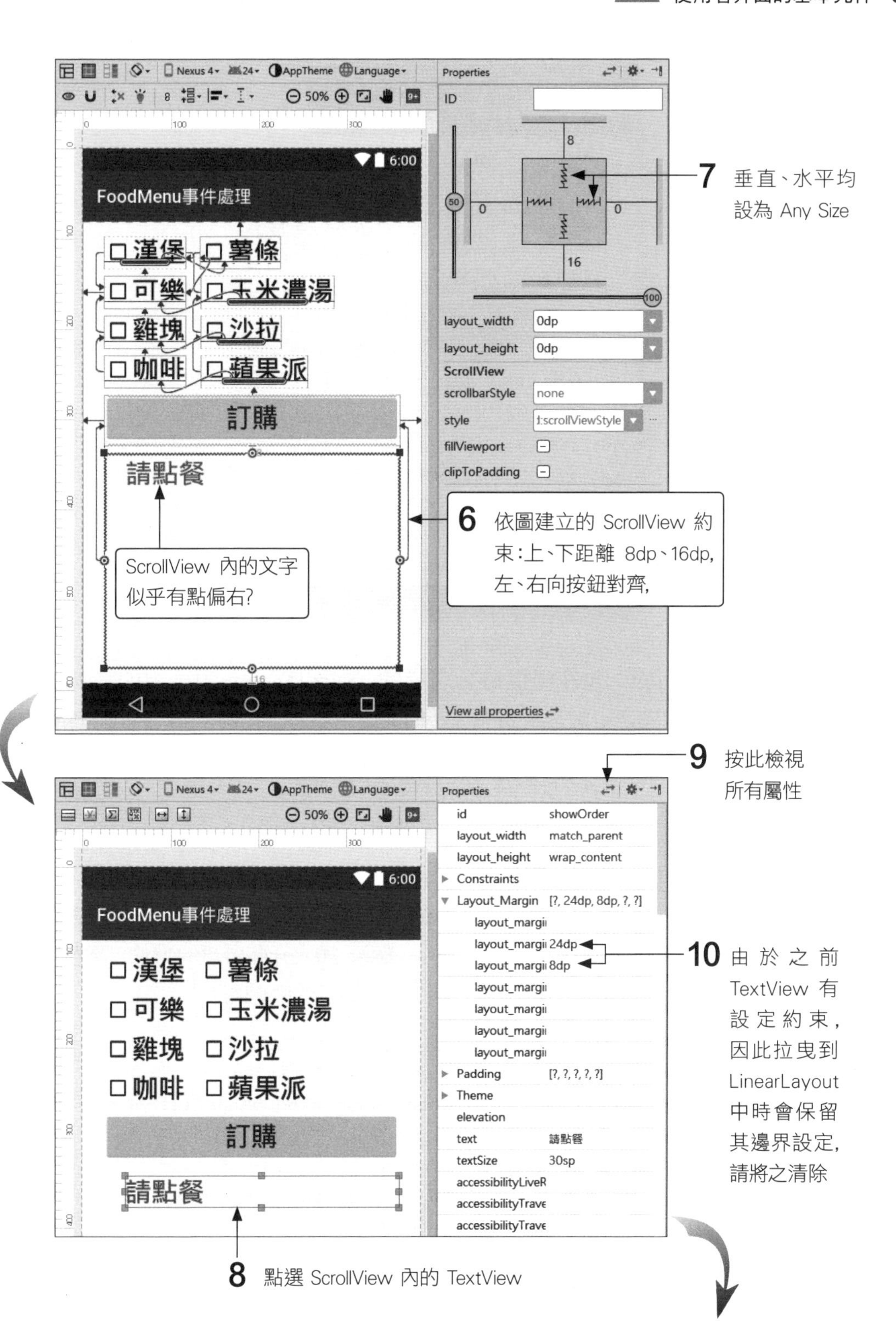

Properties
ID
8
50
0
0
16
100
layout_width 0dp
layout_height 0dp
ScrollView
scrollbarStyle none
style l:scrollViewStyle
fillViewport
clipToPadding
View all properties
FoodMenu事件處理
6:00
漢堡
薯條
可樂
玉米濃湯
雞塊
沙拉
咖啡
蘋果派
訂購
請點餐
ScrollView 內的文字似乎有點偏右?
6 依圖建立的 ScrollView 約束:上、下距離 8dp、16dp,左、右向按鈕對齊,
7 垂直、水平均設為 Any Size
9 按此檢視所有屬性
id showOrder
layout_width match_parent
layout_height wrap_content
Constraints
Layout_Margin [?, 24dp, 8dp, ?, ?]
layout_margi 24dp
layout_margi 8dp
Padding [?, ?, ?, ?, ?]
Theme
elevation
text 請點餐
textSize 30sp
10 由於之前 TextView 有設定約束,因此拉曳到 LinearLayout 中時會保留其邊界設定,請將之清除
8 點選 ScrollView 內的 TextView

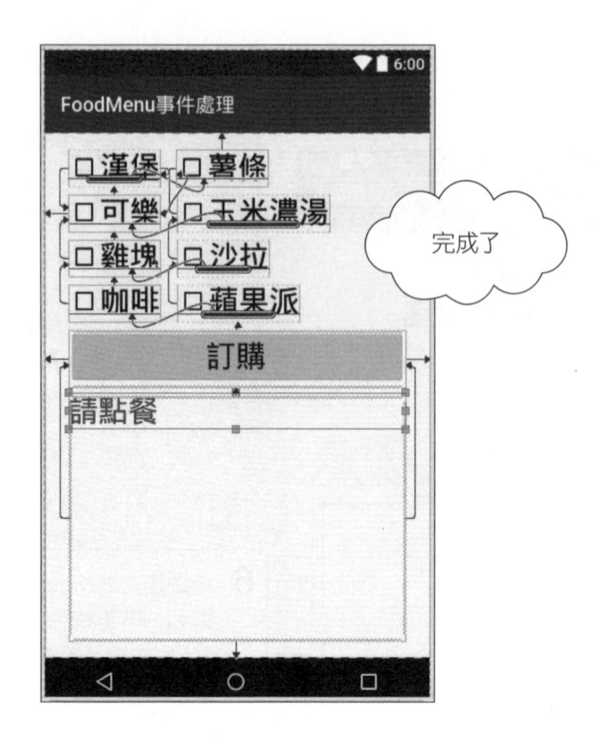

將 TextView 包在提供捲動功能的 ScrollView 中，如此一來當 TextView 顯示行數超過螢幕大小時，使用者將可捲動 TextView 的內容 (參見後面執行結果)。

step 4 開啟 MainActivity.java，如下在類別加入 "implements **CompoundButton**.OnCheckedChangeListener" 宣告 (注意別選錯，不是單選鈕的 **RadioGroup**.OnCheckedChangeListener 喔)，接著在宣告上 (會有紅色波浪線) 按 Alt + Enter 加入介面所需的方法，然後在 onCreate() 將 this 註冊為所有 CheckBox 的監聽器：

```
01 public class MainActivity extends AppCompatActivity
              implements CompoundButton.OnCheckedChangeListener  {
02
03     @Override
04     protected void onCreate(Bundle savedInstanceState) {
05         super.onCreate(savedInstanceState);
06         setContentView(R.layout.activity_main);
```
Next

```
07
08         // 所有核取方塊 ID 的陣列
09         int[] chk_id={R.id.chk1, R.id.chk2, R.id.chk3, R.id.chk4,
10                       R.id.chk5, R.id.chk6, R.id.chk7, R.id.chk8};
11
12         for(int id:chk_id){ ◄— 用迴圈替所有核取方塊註冊監聽物件
13             CheckBox chk=(CheckBox) findViewById(id);
14             chk.setOnCheckedChangeListener(this);
15         }
16     }
...
```

- 第 1 行宣告實作 OnCheckedChangeListener 介面，由於有同名的介面，此時要選用 **CompoundButton.OnCheckedChangeListener**。
- 第 9~10 行仿前一個範例，宣告一個包含所有 CheckBox 的資源 ID 值的整數陣列。
- 第 12~15 行利用 for 迴圈，逐一用陣列中的資源 ID 值取得 CheckBox 物件，並註冊其監聽物件為 Activity 本身。

step 5 透過 onCheckedChanged() 的參數，我們就能得知使用者點什麼餐點、或取消什麼餐點，並在程式中記錄下來。在此我們要使用 Java 語言內建的集合物件 ArrayList 來存放目前選取的 CheckBox 物件：

```
01 // 用來儲存已選取項目的集合物件
02 ArrayList<CompoundButton> selected=new ArrayList<>();
03
04 public void onCheckedChanged(CompoundButton buttonView, boolean isChecked) {
05
06     if (isChecked)                       ◄— 若項目被選取
07         selected.add(buttonView);        ◄— 加到集合之中
08     else                                 ◄— 若項目被取消
09         selected.remove(buttonView);     ◄— 自集合中移除
10 }
```

- 第 2 行在 MainActivity 類別中加入一個 ArrayList，在選取事件的方法及按鈕事件方法都會用到它，所以將它宣告於方法之外。<...> 是宣告此集合物件所存放的資料型別，此處的 ArrayList<CompoundButton> 表示這個集合是存放 CompoundButton (CheckBox 的父類別) 物件。

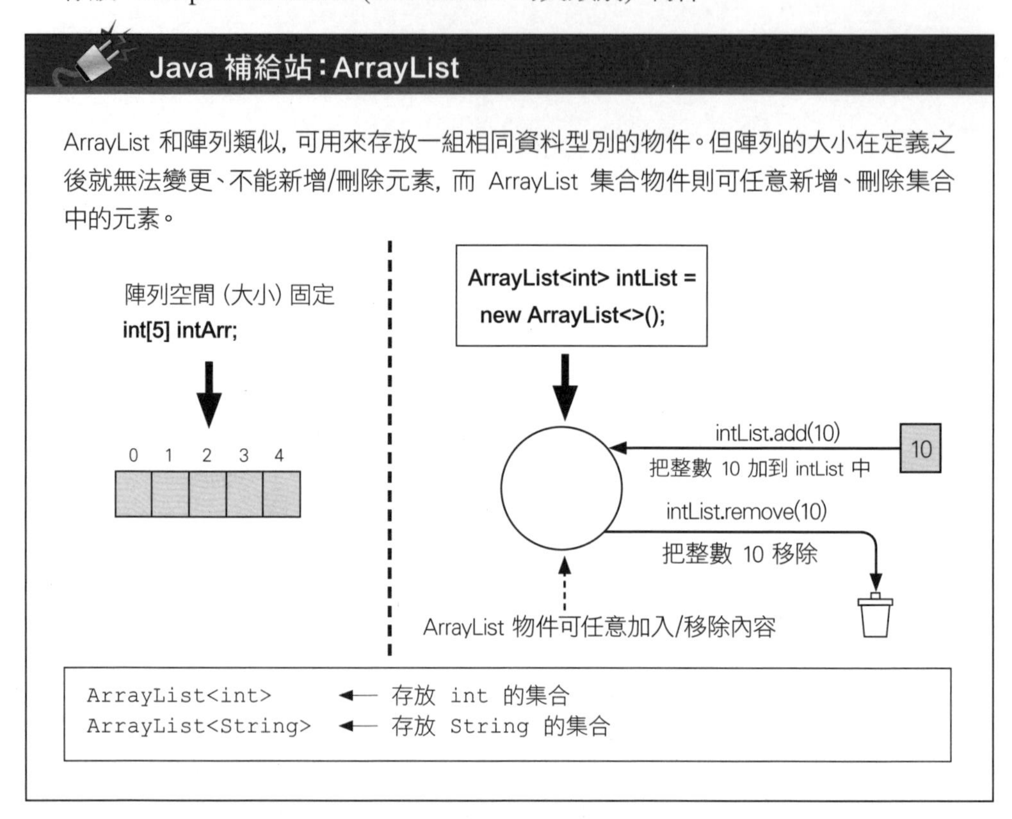

- 第 4 行就是 onCheckedChanged() 方法。在此可看到方法的第 1 個參數是 CompoundButton 型別，CompoundButton 為 CheckBox 的父類別；這是第 2 行宣告 ArrayList<CompoundButton> 的原因，如此在方法中就能直接將參數物件加入 ArrayList 中。如果將 ArrayList 物件宣告為 ArrayList<CheckBox>，則在此方法中，要先將 CompoundButton 物件強制轉型為 CheckBox 物件，才能將它加到 ArrayList 物件中。

- 第 6 行先判斷傳入的參數 isChecked：若是 true 表示使用者選取了該 CheckBox，所以在第 7 行用 add() 方法將它加到集合中；若是 false 表示被取消，所以在第 9 行用 remove() 方法將它自集合中移除。

step 6 最後要調整按鈕事件方法 takeOrder() 的內容，前一版是逐一用核取方塊呼叫 isChecked() 方法查看其是否被選取 (參見 5-26 頁)。現在這項工作已在先前的選取事件方法 onCheckedChanged() 做完了，所以 takeOrder() 只需把 ArrayList 中的每個物件的文字取出並顯示：

```
01 public void takeOrder(View v) {
02     String msg="";  ◄— 儲存訊息的字串
03 
04     for(CompoundButton chk:selected) ◄— 以迴圈逐一將換行字元及
05         msg += "\n"+chk.getText();   ◄— 選項文字附加到 msg 字串後面
06 
07     if(msg.length()>0) ◄— 有點餐
08             msg ="你點購的餐點是："+msg;
09     else
10             msg ="請點餐!";
11 
12     // 在文字方塊中顯示點購的項目
13     ((TextView) findViewById(R.id.showOrder)).setText(msg);
14 }
```

● 第 4 行利用 for 迴圈讀取 selected 集合中的所有 CompoundButton (CheckBox)，因為只有已被選取的項目會加到集合中，所以此處直接用 getText() 取得其文字，並連同換行字元附加到 msg 字串後。此部份的處理及後續顯示的動作，都和前一個範例相同。

step 7 將程式佈署到模擬器或手機上執行，測試監聽物件及 ScrollView 的效果。

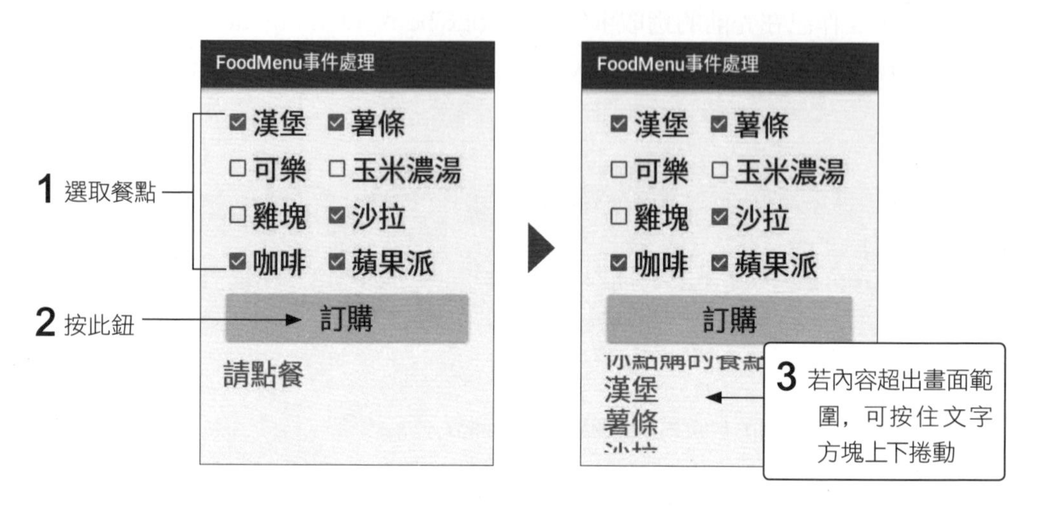

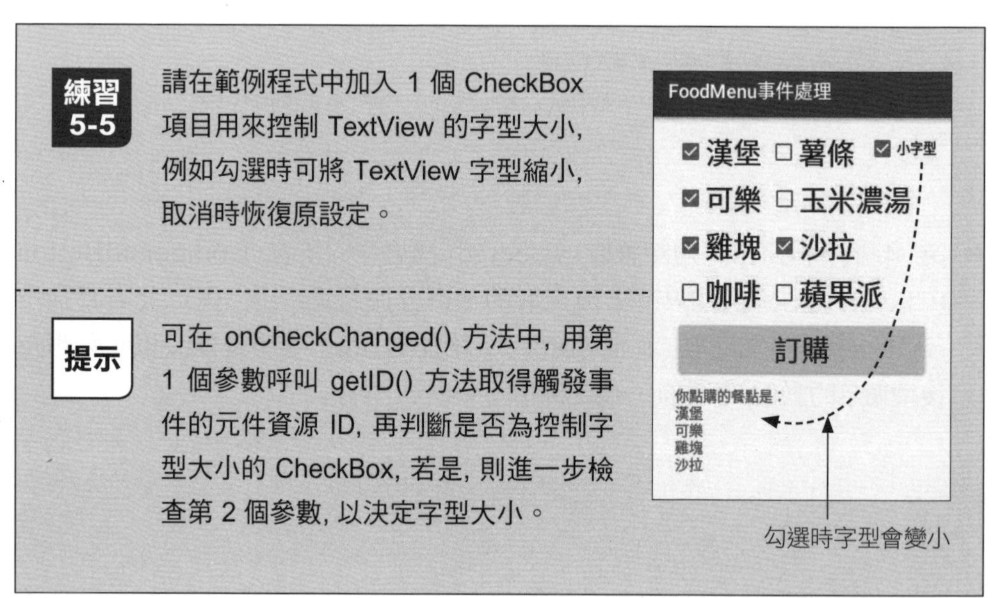

練習 5-5

請在範例程式中加入 1 個 CheckBox 項目用來控制 TextView 的字型大小，例如勾選時可將 TextView 字型縮小，取消時恢復原設定。

提示

可在 onCheckChanged() 方法中，用第 1 個參數呼叫 getID() 方法取得觸發事件的元件資源 ID，再判斷是否為控制字型大小的 CheckBox，若是，則進一步檢查第 2 個參數，以決定字型大小。

```
01 protected void onCreate(Bundle savedInstanceState) {
...
05     // 所有核取方塊的資源 ID 的陣列
06     int[] chk_id={R.id.chk1,R.id.chk2,R.id.chk3,R.id.chk4,
07              R.id.chk5,R.id.chk6,R.id.chk7,R.id.chk8,R.id.small};
08
09     for(int id:chk_id){ ◀— 用迴圈替所有核取方塊加上監聽物件
10          CheckBox chk=(CheckBox) findViewById(id);
11          chk.setOnCheckedChangeListener(this);
12     }
...
39 public void onCheckedChanged(CompoundButton buttonView,
                                    boolean isChecked) {
41     // 檢查異動項目的 ID 是否為『小字型』的 ID
42     if(buttonView.getId()==R.id.small){
43        TextView txv=(TextView) findViewById(R.id.showOrder);
44        if(isChecked)          ◀— 被選取
45            txv.setTextSize(15);
46        else                   ◀— 被取消
47            txv.setTextSize(30);
48        return;                ◀— 處理完即返回，所以『小字型』選項
49     }                            不會被加到點菜的 ArrayList
...
```

- 第 7 行將新增的『小字型』CheckBox 的資源 ID 加到陣列中, 如此在第 11 行的程式才會替它設定選取事件的監聽器。
- 第 42 行在選取異動事件中, 先取得觸發事件的元件之資源 ID, 再比對是否等於『小字型』CheckBox 的資源 ID。
- 第 44 行檢查方法參數 isChecked 是否為 true (被選取), 若是就將字型設為 15sp。第 46、47 行則是在 false (被取消) 時設定字型為 30sp。

5-3 顯示圖形的 ImageView

到目前為止，我們所使用的元件都是以文字為主，本節要介紹可在 Layout 置入圖形的 ImageView 元件。其用法相當簡單，將 ImageView 元件拉曳到佈局中，再把該元件的 **srcCompat** 屬性設為圖形資源即可。至於圖形資源則有兩個來源，分別是 Android 系統本身內建的圖形資源，以及專案的圖形資源，以下分別說明其用法。

ImageView 的 src 屬性只能指定點陣圖，而 srcCompat 屬性則可指定點陣圖或向量圖，因此建議全部用 srcCompat 屬性來設定即可。

使用 Android 系統內建的圖形資源

在 Android 系統中已內建許多圖形資源，用**檔案總管**檢視 Android SDK 所在資料夾 (C:\Users\(使用者帳號)\AppData\Local\Android\sdk) 下的 "\platforms\android-(SDK版本)\data\res\drawable-mdpi" 資料夾，就可看到系統內建的圖案 (大多是圖示)：

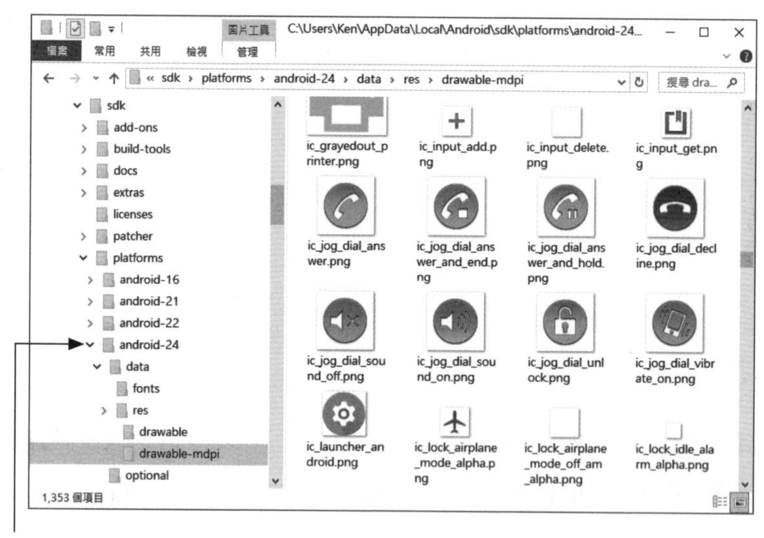

本例檢視的是 android-24 中的資源 (您的電腦可能會看到其它 SDK 版本的資料夾名稱)

在 ImageView 元件的 **srcCompat** 屬性，可以使用 "@android:drawable/圖檔主檔名" 的格式指定圖檔，即可顯示這些內建的圖形。

範例 5-5：顯示系統內建圖形

在此我們就先示範如何在佈局中加入 ImageView 元件，並設定使用內建圖形資源，結果如圖所示：

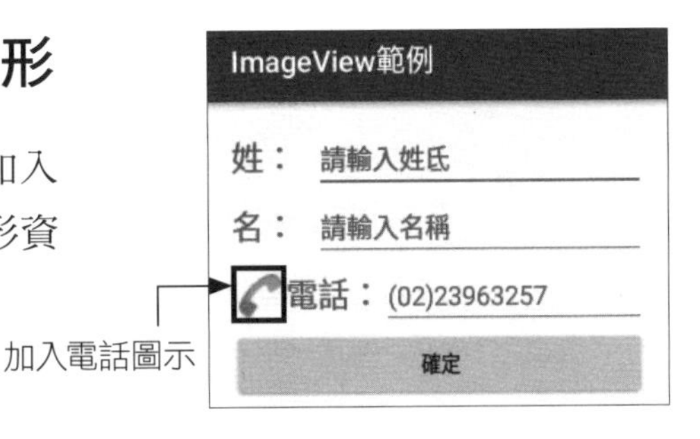

step 1 請先將第 3 章的 Ch03_LinearWeight 專案複製成 "Ch05_ImageView" 專案，再將 app_name 字串改為 "ImageView範例"，然後開啟 layout/activity_main.xml，我們要在原有的 TextView 前加上 ImageView 圖示。

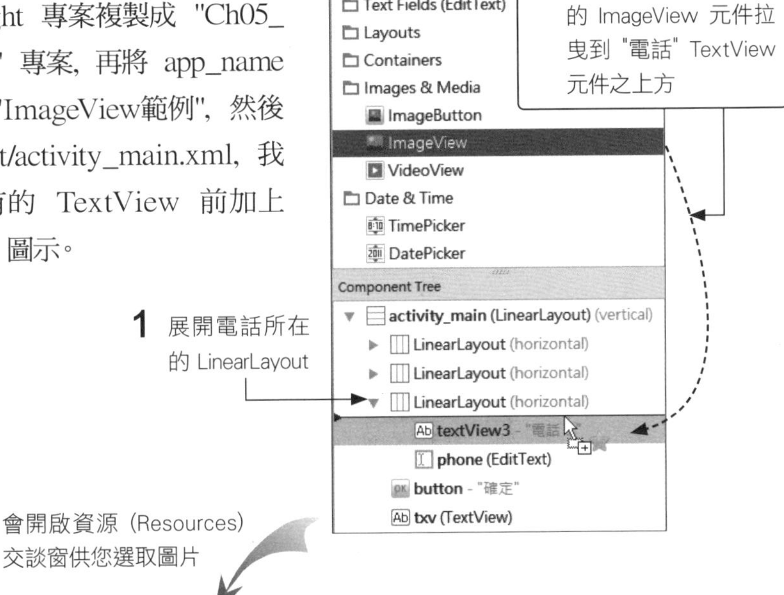

會開啟資源 (Resources) 交談窗供您選取圖片

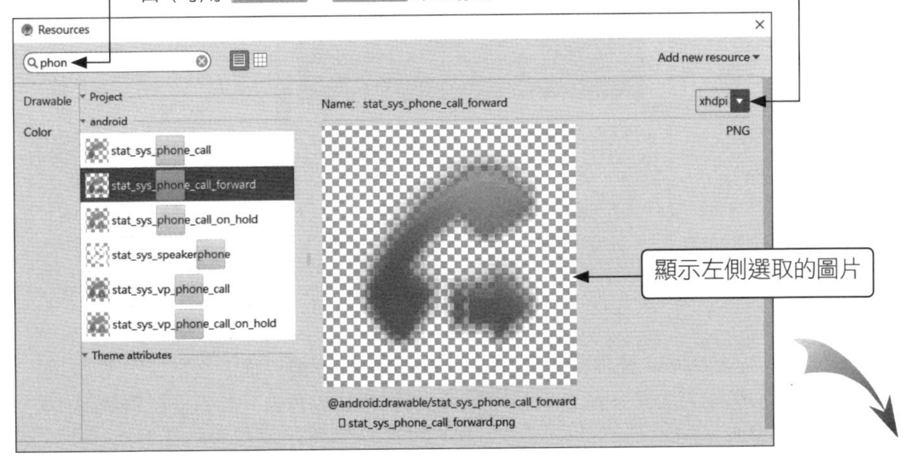

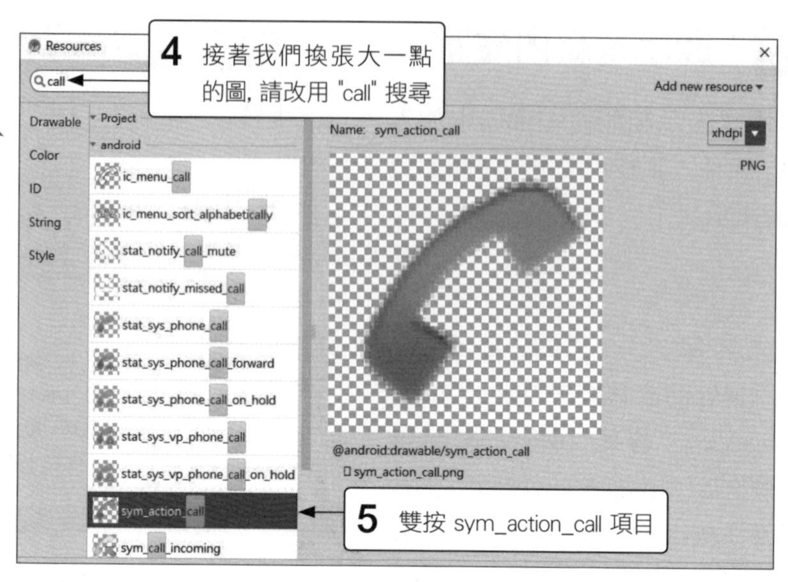

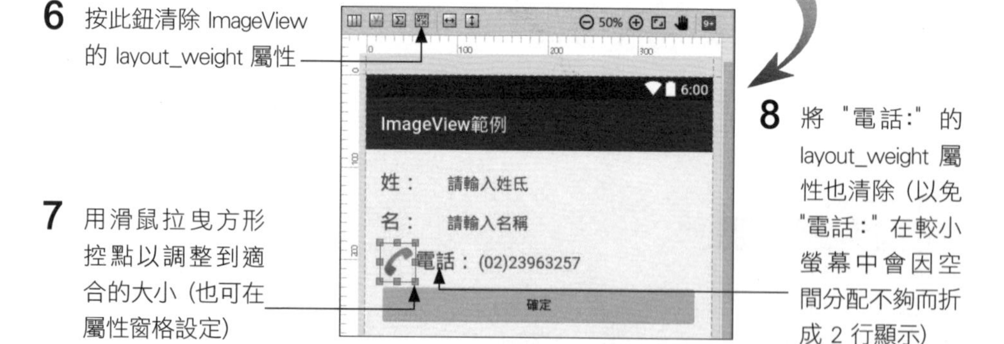

TIP Google 建議使用 ImageView 元件時，應於 contentDescription 屬性提供文字說明 (以方便視障者判讀)，所以若點右上角的紅色按鈕 9+，可看到相關的警告。為方便初學練習，本書暫且忽略此類警告。

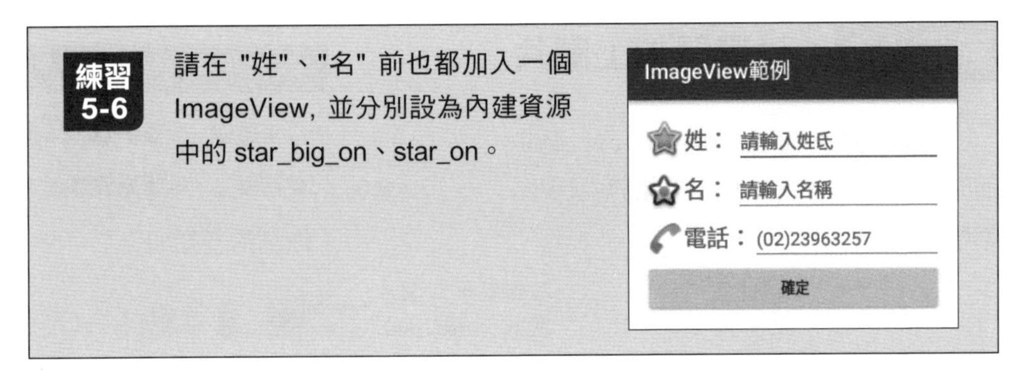

您可能會發現，在 Resources 交談窗中，不會列出在 **檔案總管** 看到的『全部』圖案名稱，這是因為有部份圖案被歸類為非公開 (non-public)。若仍想使用這些圖案，可參考下一節的方式，將圖檔加到專案中成為專案本身的資源。

使用自行提供的圖形資源

只要將圖檔放到專案 res/drawable (或 res/drawable-XXX，XXX=mdpi、hdpi、xdpi...) 資料夾中 (步驟請見下頁範例)，再將元件的 **srcCompat** 屬性設為 "@drawable/圖檔的主檔名"，元件中就會出現該圖檔的內容 (請注意！圖檔主檔名不可為中文)。

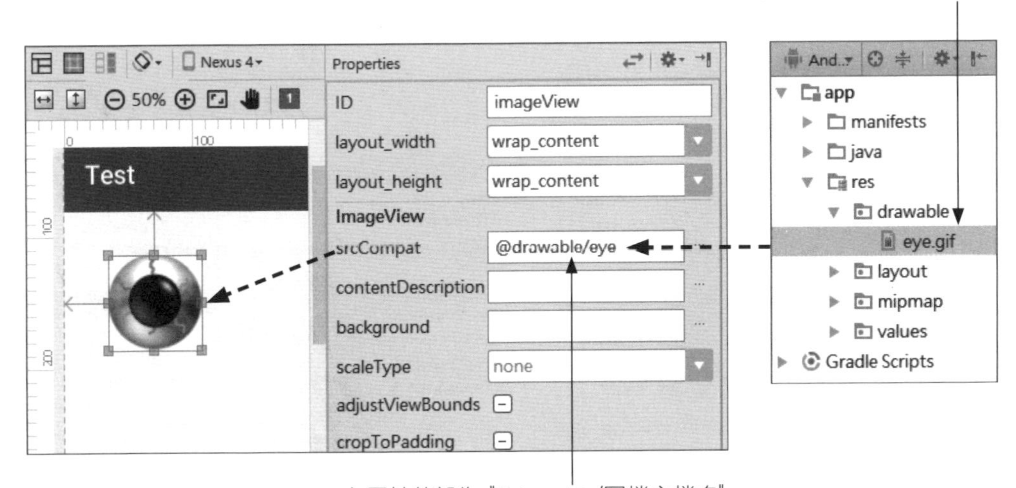

還記得嗎？使用系統內建的圖形資源時，格式為 "**@android:**drawable/圖檔主檔名"，而使用自行提供的圖檔時，格式為 "@drawable/圖檔主檔名" 喔！

若想為自己的 Android App 找一些圖片來使用，可到 http://search.creativecommons.org/ 網站搜尋，但找到中意的圖片後，請詳讀其授權的範圍。

範例 5-6：替選單加上圖片

在此我們就利用 ImageView 為先前的點餐範例加上圖案，並以圖案呈現點餐結果：

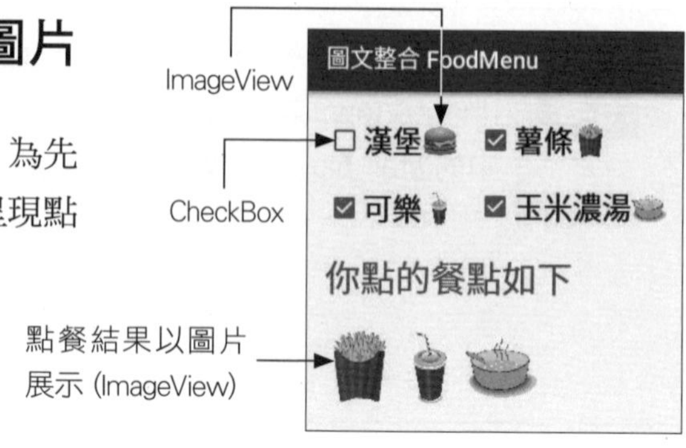

除了以圖片顯示點餐結果外，本範例也改成不使用按鈕元件顯示點餐結果，而是直接利用 onCheckedChanged() 方法，在使用者選取/取消餐點時，就顯示/隱藏餐點的圖片。

step 1 請先將 Ch05_FoodMenu 專案複製成 Ch05_FoodImgMenu，並將 app_name 字串改為 "圖文整合 FoodMenu"。

step 2 設計介面前需先備妥所要使用的圖片、影像檔，請在**檔案總管**中複製圖檔，再貼到專案中：

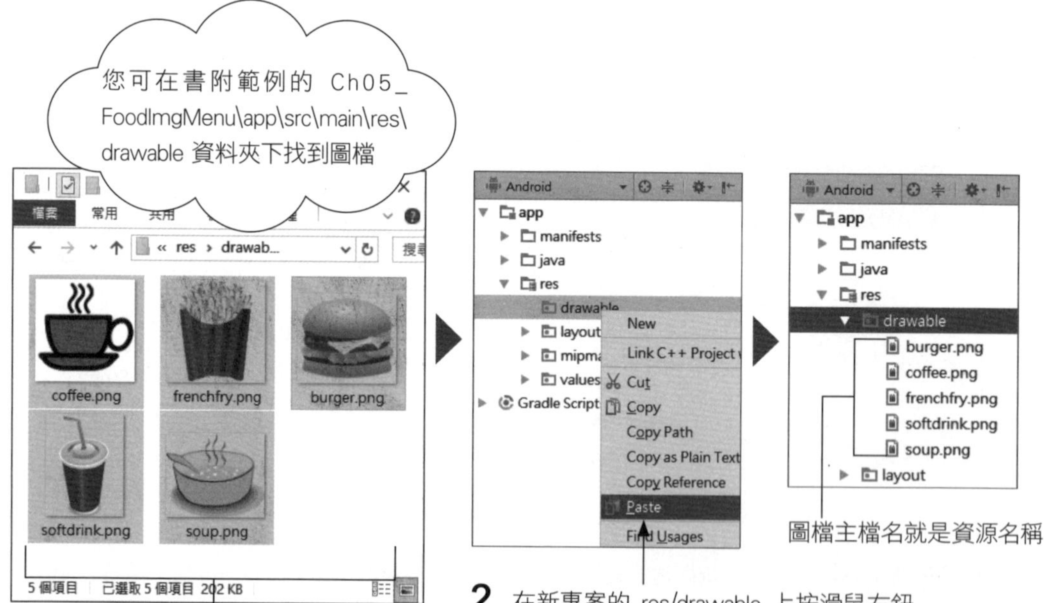

1 在**檔案總管**中選取圖檔後，按右鈕執行『**複製**』命令(或按 Ctrl + C 鍵)

2 在新專案的 res/drawable 上按滑鼠右鈕，執行『**Paste**』命令貼上檔案(會出現確認複製路徑的交談窗，請按 OK 鈕)

step 3 進入佈局編輯器後如下操作:

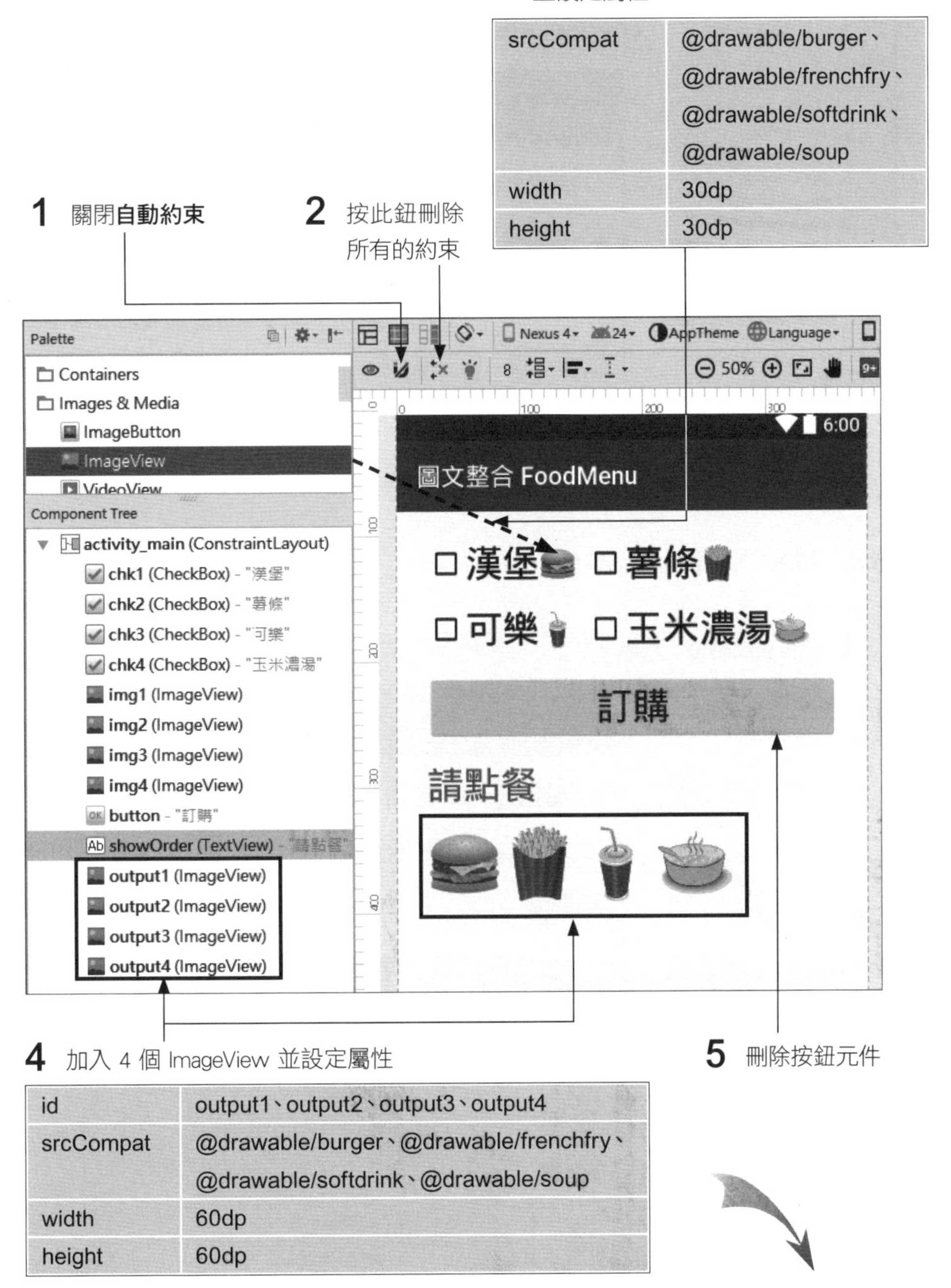

1 關閉**自動約束**

2 按此鈕刪除所有的約束

3 在每個 CheckBox 後面加入 ImageView, 並設定屬性

srcCompat	@drawable/burger、@drawable/frenchfry、@drawable/softdrink、@drawable/soup
width	30dp
height	30dp

4 加入 4 個 ImageView 並設定屬性

id	output1、output2、output3、output4
srcCompat	@drawable/burger、@drawable/frenchfry、@drawable/softdrink、@drawable/soup
width	60dp
height	60dp

5 刪除按鈕元件

在**元件樹**窗格中, 可按住 Ctrl 鍵拉曳 ImageView 元件到其他位置來進行複製。複製出的新元件在預覽圖中會和原始元件重疊, 接著將之搬移位置再變更 id 及圖片內容即可。

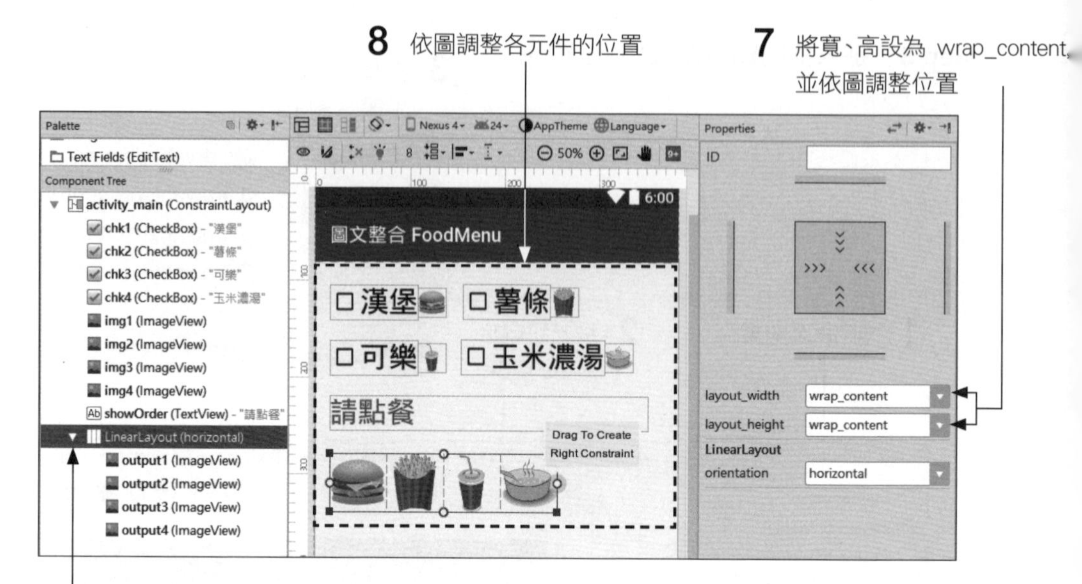

step 4 接著來設定約束, 請如下操作:

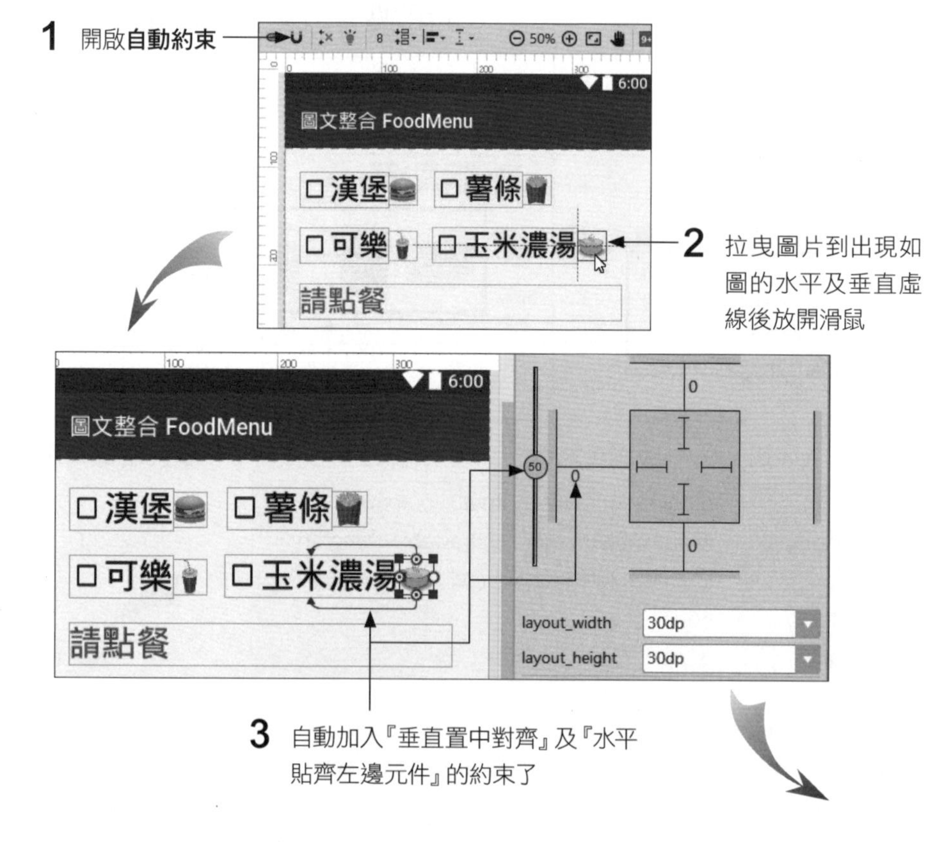

4 其他 3 個圖也如法泡製 (若自動加的不正確, 可暫時關閉**自動約束**改為手動設定)

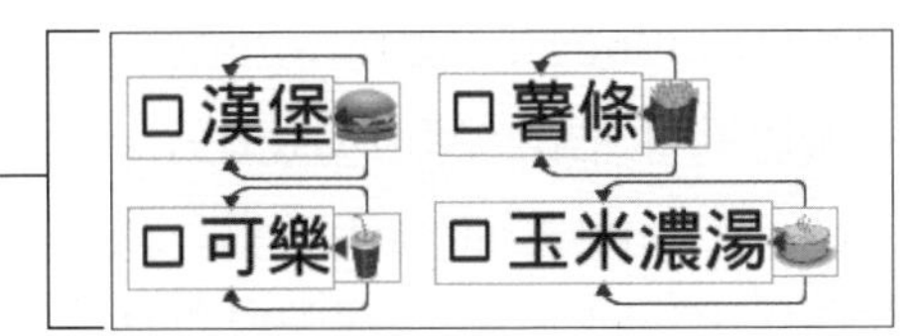

5 按此鈕將所有未設約束的方向都自動補加約束

6 都加好了, 請檢查一下並做必要的修正 (如果測試的手機螢幕寬度較窄, 可將多選鈕的字體都縮小一點, 例如 25sp)

7 按住 Ctrl 鍵選取最下面 4 個 ImageView

9 圖案會消失

8 將 visibility 屬性都設為 gone

step 5 因為要用 onCheckedChanged() 方法控制顯示/隱藏餐點圖片的動作，所以同樣先在 MainActivity 加上實作 CompoundButton.OnCheckedChangeListener 介面，及相關方法實作，在 onCreate() 方法中則需為 CheckBox 註冊監聽物件，另外也請將原來的 takeOrder() 方法刪除：

```
01 public class MainActivity extends AppCompatActivity
02                implements CompoundButton.OnCheckedChangeListener {
03     @Override
04     protected void onCreate(Bundle savedInstanceState) {
05         super.onCreate(savedInstanceState);
06         setContentView(R.layout.activity_main);
07
08         int[] chk_id={R.id.chk1,R.id.chk2,R.id.chk3,R.id.chk4};
09         for (int id:chk_id)    ◄— 為每個 CheckBox 註冊監聽物件
10             ((CheckBox)findViewById(id)).setOnCheckedChangeListener(this);
11     }
12
13     int items=0;    ◄— 記錄目前選取餐點的數量
14     public void onCheckedChanged(CompoundButton buttonView,
                                     boolean isChecked) {
15         int visible;       ◄— CheckBox 顯示狀態
16         if(isChecked){     ◄— 被選取時
17             items++;       ◄— 數量加 1
18             visible=View.VISIBLE; ◄┐
                         應使用的 visibility 屬性值為 VISIBLE (可見)
19         }
20         else{              ◄— 被取消時
21             items--;       ◄— 數量減 1
22             visible=View.GONE; ◄┐
                         應使用的 visibility 屬性值為 GONE (不可見)
23         }
24
25         switch (buttonView.getId()){  ◄—依選取項目的資源 ID,
                                          決定要更改的 ImageView
26         case R.id.chk1:
27             findViewById(R.id.output1).setVisibility(visible);
28             break;
```

Next

```
29          case R.id.chk2:
30              findViewById(R.id.output2).setVisibility(visible);
31              break;
32          case R.id.chk3:
33              findViewById(R.id.output3).setVisibility(visible);
34              break;
35          case R.id.chk4:
36              findViewById(R.id.output4).setVisibility(visible);
37              break;
38          }
39
40          String msg;
41          if(items>0)  ◄— 選取項目大於 0, 顯示有點餐的訊息
42              msg= "你點的餐點如下:";
43          else         ◄— 否則顯示請點餐的訊息
44              msg= "請點餐!";
45          ((TextView)findViewById(R.id.showOrder)).setText(msg);
46      }
47 ...
```

- 第 2 行在 MainActivity 類別實作 CompoundButton.OnCheckedChangeListener 介面, 實作介面的 onCheckedChanged() 方法是在第 14 行。

- 第 8 行宣告包含 4 個 CheckBox 的資源 ID 的 int 陣列, 第 9、10 行則用迴圈為每個 CheckBox 註冊監聽物件。

- 第 13 行宣告一個 int 變數 items, 用來記錄目前有幾個 CheckBox 被選取, 初始值 0 表示沒有 CheckBox 被選取。

- 第 14～46 行為 CheckBox 事件處理方法。方法中會利用 View 類別的 setVisibility() 方法來設定是否顯示 ImageView 元件。setVisibility() 參數可為下列 3 個常數之一:

setVisibility() 參數值	visibility 屬性值	說明
VIEW.VISIBLE	visible	預設值, 表示元件會正常顯示。
VIEW.INVISIBLE	invisible	元件看不到, 但會占用佈局空間, 例如 3 個 ImageView 排在一起, 若中間的被設為 VIEW.INVISIBLE, 則其前後 ImageView 之間將留白。
VIEW.GONE	gone	元件看不到, 也『不占用』佈局空間, 同樣 3 個 ImageView 排列的情況, 若中間的被設為 VIEW.GONE, 則其前後 ImageView 將會變成相鄰的元件。

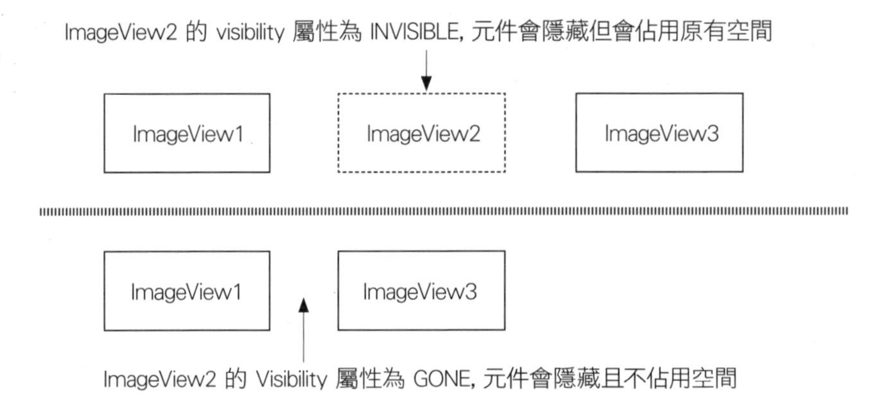

- 第 16~23 行根據參數 isChecked 做不同處理：若是『選取』事件就將 items 數值加 1、並設定顯示狀態值為 VIEW.VISIBLE；若是『取消』事件就將 items 數值減 1、並設定顯示狀態值為 VIEW.GONE。
- 第 25~38 行利用 switch/case 判斷目前被選取 (或取消) 的 CheckBox 是哪一個, 並將該項目對應的 ImageView 設為顯示或隱藏。
- 第 40~45 行檢查 items (目前選取的項目總數) 是否大於 0, 並根據結果在 TextView 顯示不同的訊息。此處直接將字串放在程式中, 您可自行改用字串資源的方式來處理。

step 5 將程式佈署到手機或模擬器上執行測試效果。

練習 5-7 在書附範例專案的 res 資料夾中還有一個咖啡 coffee.png 圖示，請在範例中加入『咖啡』 CheckBox 及圖案，並以圖案表示選取的狀態。

提示 除了在佈局中加入項目、ImageView 外，也要記得將新項目的資源ID 及代表點餐結果的圖示加到 onCreate()、onCheckedChange() 中處理 (若咖啡的 CheckBox id 屬性值為 chk5, 代表點選咖啡的圖示 id 屬性值為 output5)：

```
...
protected void onCreate(Bundle savedInstanceState) {
    ...
    int[] chk_id={R.id.chk1,R.id.chk2,R.id.chk3,R.id.chk4,R.id.chk5};
    ...
}

public void onCheckedChanged(CompoundButton buttonView, boolean
isChecked) {
    ....
    switch (buttonView.getId()){  ◄— 依項目 ID, 決定要更改的 ImageView ID
    ...
    case R.id.chk5:
        findViewById(R.id.output5).setVisibility(visible);
        break;
    }
    ....
}
```

你也可以自行拍攝或上網找照片來做為餐點的圖示哦！

用程式設定 ImageView 顯示的圖形

若要在程式中設定 ImageView 顯示的圖形, 可使用 ImageView 的物件呼叫其 setImageResource() 方法。如果要使用內建的圖形資源, 可以如下撰寫程式:

```
ImageView img=(ImageView)findViewById(R.id.img); ◀—取得 ImageView 元件
img.setImageResource(android.R.drawable.sym_action_call);◀┐
                                                顯示內建的電話圖示
```

如果要使用的是專案中的圖形資源, 則可如下撰寫程式:

```
ImageView img=(ImageView)findViewById(R.id.img); ◀—取得 ImageView 元件
img.setImageResource(R.drawable.burger); ◀— 使用專案資源中的圖形
```

setImageResource() 方法的參數就是所要顯示的圖形資源。另外, 若想顯示外部圖檔, 例如手機相簿中的相片, 則需使用 setImageBitmap() 方法並搭配使用 BitmapFactory 類別, 詳細介紹請參見第 10 章『拍照與顯示相片』。

資源 ID 在 Java 與 XML 的表達方法

資源 ID 在 Java 程式內與程式外(通常是 XML 檔案中)的寫法是不一樣的, 在 Java 中是以類別的方式來表達;在程式外 (通常是 XML 檔案中) 則是以 @ 開頭(@ 就是 at 的意思)。若是要存取系統內建的資源, 則前面要多加 "android." 或 "android:", 詳見下面的範例:

資源位置	在 Java 程式中	在程式外 (XML 檔)
專案中的資源	R.id.img	@id/img (或@+id/img 表示若無此id則新增一個)
	R.drawable.soup	@drawable/soup
系統內建資源	**android.**R.drawable/star_on	@**android:**drawable/star_on

圖形的縮放控制

將圖片指定給 ImageView 時, 圖片顯示的大小, 預設取決於 2 個因素:元件的寬高 (width、height) 設定、圖片本身的大小 (像素)。

- 若 ImageView 元件寬高是設為 wrap_content, 在圖片大小不超過佈局本身的限制下, 會以原尺寸的方式顯示圖片內容。

- 若元件寬高是設為 wrap_content, 但圖片大小超過佈局本身大小的限制時 (例如圖片比螢幕畫面還大, 或佈局中有其它元件已佔用一些空間), 圖片會縮放到符合其可顯示空間的大小。

- 若元件寬高是設為 match_parent 或特定的尺寸 (例如 100dp 等), 則圖片會縮放至符合元件寬高的大小。

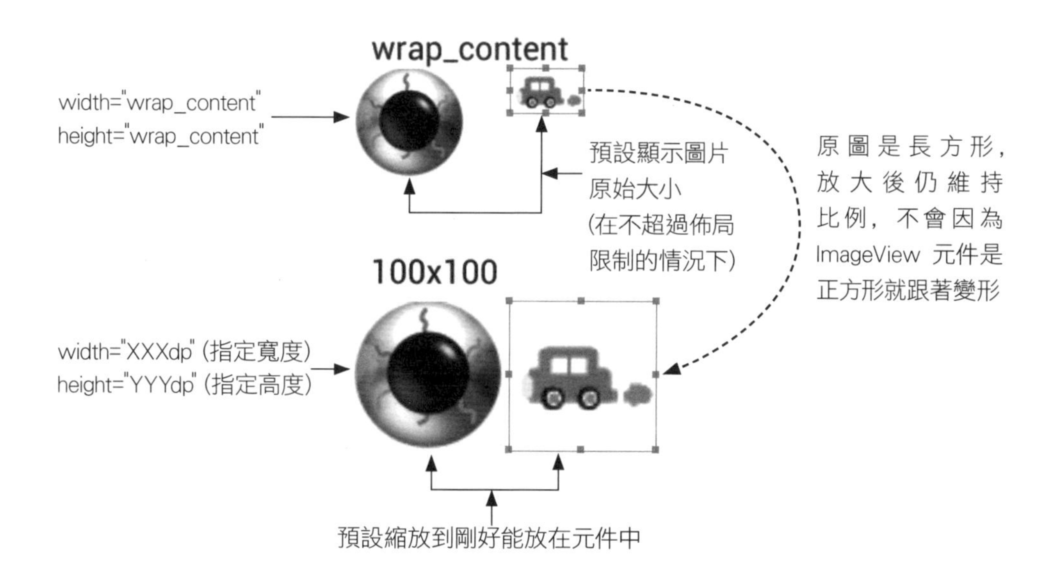

上述縮放圖片的情況, 預設都是以**不改變原圖比例**的方式縮放, 例如若圖片的寬高比為 5:3 (長方形), 而元件大小是正方形 (1:1), 則圖片縮放後仍會維持長方形, 所以只會填滿正方形元件的一部份, 而使元件上下 (或左右) 留空。若想要改變縮放的方式 (例如不要留空), 則需進一步在 ImageView 的 **scaleType** 屬性指定縮放方式, 可使用的屬性值請參見以下說明框。

改變 ImageView 中圖片縮放方式

ImageView 的 scaleType 屬性，可指定圖片的縮放方式，而在某些情況下也會改變圖片在元件中的位置 (對齊方式) 及是否裁切圖片，此屬性可設定的值如下表所示：

屬性值	縮放方式	對齊位置	是否裁切
matrix	原圖尺寸	對齊元件左上	若圖片比元件還大，就會被裁切
center	原圖尺寸	置中	若圖片比元件還大，就會被裁切
centerCrop	以符合元件寬或高 (取較大者) 的方式縮放	置中	若圖片寬高比與元件寬高比不同，就會被裁切
centerInside	原圖尺寸比元件小時不縮放，否則同 FitCenter	置中	否
fitXY	以符合元件寬高的方式縮放 (若圖片寬高比與元件不同，則圖片會變形)	置中	否
fitStart	以符合元件寬或高 (取較小者) 的方式縮放	對齊元件左上	否
fitCenter (預設值)	以符合元件寬或高 (取較小者) 的方式縮放	置中	否
fitEnd	以符合元件寬或高 (取較小者) 的方式縮放	對齊元件右下	否

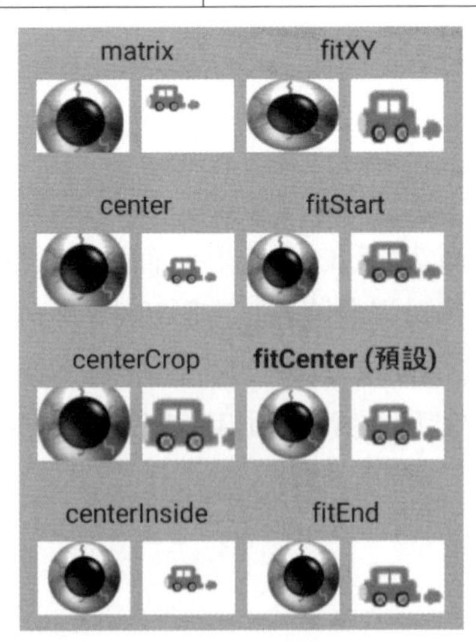

有興趣的讀者可開啟 Ch05_ImgScaleTypeDemo 範例，來實測一下各種縮放效果。

延伸閱讀

1. 有關格式化參數、format() 的詳細語法, 以及相關的應用, 請參考 java.lang.Formatter 類別的說明文件 (http://developer.android.com/reference/java/util/Formatter.html)。

2. 有關 ArrayList 的詳細說明, 可參考 Java 說明文件 (http://docs.oracle.com/javase/8/docs/api/java/util/ArrayList.html)。

3. 有關使用 for 迴圈處理陣列與集合中所有元素的語法, 可參考 Java 說明文件 (http://docs.oracle.com/javase/1.5.0/docs/guide/language/foreach.html)。

4. 有關 Java 例外處理 (try/catch) 的詳細解說, 可參考旗標出版的『最新 Java 8 程式語言 第四版』或『Java 7 教學手冊』書籍。

重點整理

1. 將多個 RadioButton 放在 RadioGroup 元件中, 就會讓這些 RadioButton 具有單選的功能, 只要使用者選取了其中一個 RadioButton, 就會取消其他 RadioButton 的選取狀態。

2. 對 RadioGroup 元件可呼叫其 getCheckedRadioButtonId() 方法取得目前被選取 RadioButton 的資源 ID。

3. 要設定 RadioGroup 元件的『選項改變事件』的監聽物件, 需呼叫 setOnCheckedChangeListener() 方法。至於監聽物件則需實作 RadioGroup.OnCheckedChangeListener 介面, 此介面只有一個 onCheckedChanged(RadioGroup group, int checkedId) 方法。

4. 使用 String.format() 方法可做格式化輸出, 例如指定變數輸出時是否顯示小數、可顯示幾位小數、開頭要加正負號...等。

5. 核取方塊 (Checkbox) 的用途是提供可複選的選擇元件。要檢查核取方塊是否被選取, 可用核取方塊的物件呼叫 isChecked() 方法, 傳回值 true/false 就表示目前是被勾選/取消 (未被勾選)。

6. 要設定 Checkbox 元件的『選項改變事件』的監聽物件, 需呼叫 setOnCheckedChangeListener() 方法。至於監聽物件則需實作 CompoundButton.OnCheckedChangeListener 介面, 此介面只有一個 onCheckedChanged (CompoundButton buttonView, boolean isChecked) 方法。

7. Android 系統內建許多圖形, 可用 ImageView 元件顯示, 設定方式是在 ImageView 元件的 srcCompat 屬性指定內建圖形資源的名稱, 指定的格式為 "@android:drawable/內建圖形資源名稱"。

8. 要用 ImageView 顯示自訂的圖形, 最簡單的用法即是將圖檔放到專案 res/drawable (或 res/drawable-XXX, XXX=mdpi、hdpi、xdpi...) 資料夾中, 再以 "@drawable/圖檔主檔名" 的格式設定 ImageView 元件的 srcCompat 屬性, 元件中就會顯示該圖檔的內容。

9. 若 ImageView 元件寬高是設為 wrap_content, 在不超過佈局本身的限制下, 會以原尺寸的方式顯示圖片內容;若超過佈局本身的限制、或者元件寬高是設為 match_parent 或自訂大小, 此時圖片會縮放到符合其可顯示空間的大小。

10. 佈局中的元件都可利用 visibility 屬性設定是否顯示、佔用佈局空間:預設為 visible 表示要顯示, invisible 表示不顯示, gone 表示不顯示且不佔佈局空間。若要用程式控制則可呼叫 setVisibility(), 參數可為 VIEW.VISIBLE、VIEW.INVISIBLE、VIEW.GONE 等常數值。

習題

1. 對 RadioGroup 元件呼叫 ____________________ 方法, 可以取得目前被選取的 RadioButton 的資源 ID。

2. 以 ImageView 元件顯示內建圖形時指定 **srcCompat** 屬性的格式為 ____________________。

3. 對 CheckBox 元件呼叫 ________________ 方法, 可以檢查是否有被勾選。

4. 請建立一個簡單的表單, 內建用 RadioButton 建立的性別、學歷選項, 並用程式讀取、顯示使用者選取的結果。

5. 請利用單選鈕設計一個背景顏色選擇功能, 讓使用者可透過單選鈕選擇預先設定的背景顏色 (例如紅、綠、藍、黃...等), 使用者選取時, 程式要將結果立即套用到 Layout 元件。

6. 某自助餐店選 3 樣菜 50 元、4 樣菜 60 元, 請用 CheckBox 列出一組菜色, 模擬選菜動作, 必須選 3 樣或 4 樣菜時才能結帳, 結帳時要顯示正確的金額;選太少或太多菜則顯示提示訊息。

7. 在 "sdk\platforms\(版本名稱)\data\res\drawable-hdpi" 可看到幾個檔名以 "emo" 開頭的表情圖案 (例如 "emo_im_happy"), 請試選用其中之一, 拉曳到專案的 res/drawable 資料夾中, 並顯示在程式中。

MEMO

06 進階 UI 元件：Spinner 與 ListView

Chapter

6-1 Spinner 選單元件

在 Android 中的 Spinner 選單元件，是以下拉式清單或交談窗列出選項，供使用者選取：

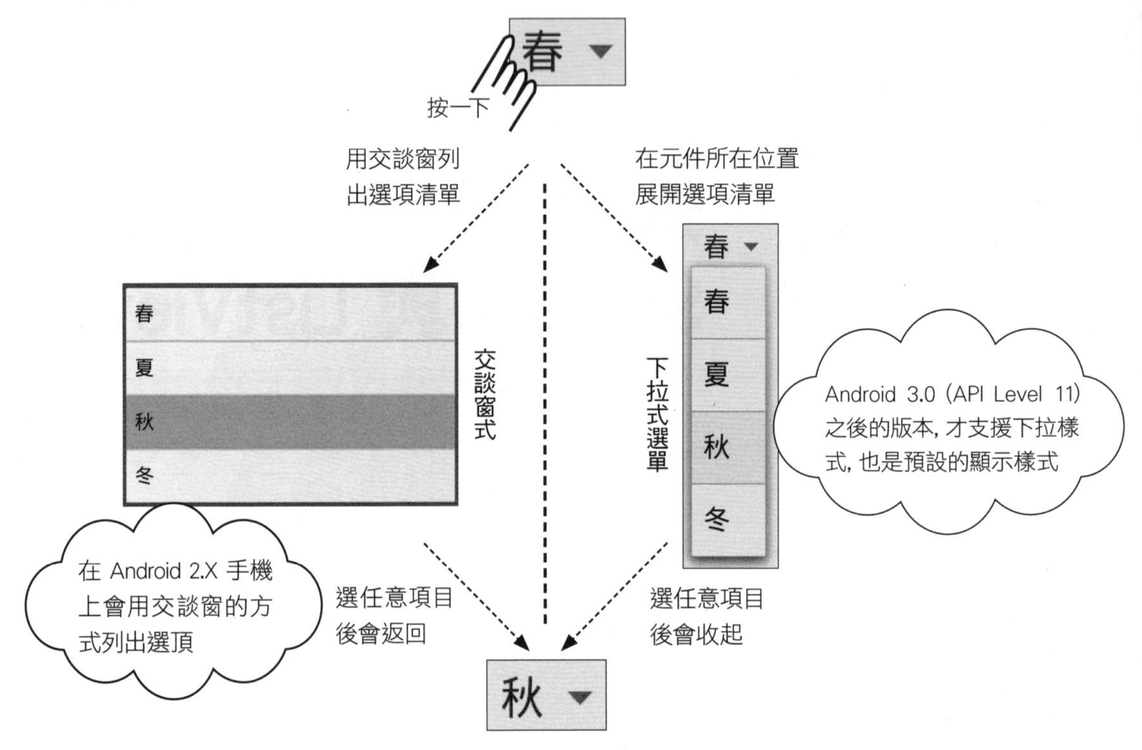

在 Android 3.0 以上的系統，將 Spinner 元件的 spinnerMode 屬性設為 "dialog" (預設為 "dropdown")，也可改為交談窗方式呈現。

Spinner 元件的屬性設定

建立 Spinner 元件時，只需設定一項 **entries** 屬性即可使用，此屬性是設定要列在清單中的文字內容，不過在此不能像 TextView 的 text 屬性直接指定要顯示的字串，而是必須先在 values/strings.xml 中建立字串陣列 (建立方式參見稍後範例)，再將陣列名稱指定給 entries 屬性，當程式執行時 Spinner 就會列出陣列內容。

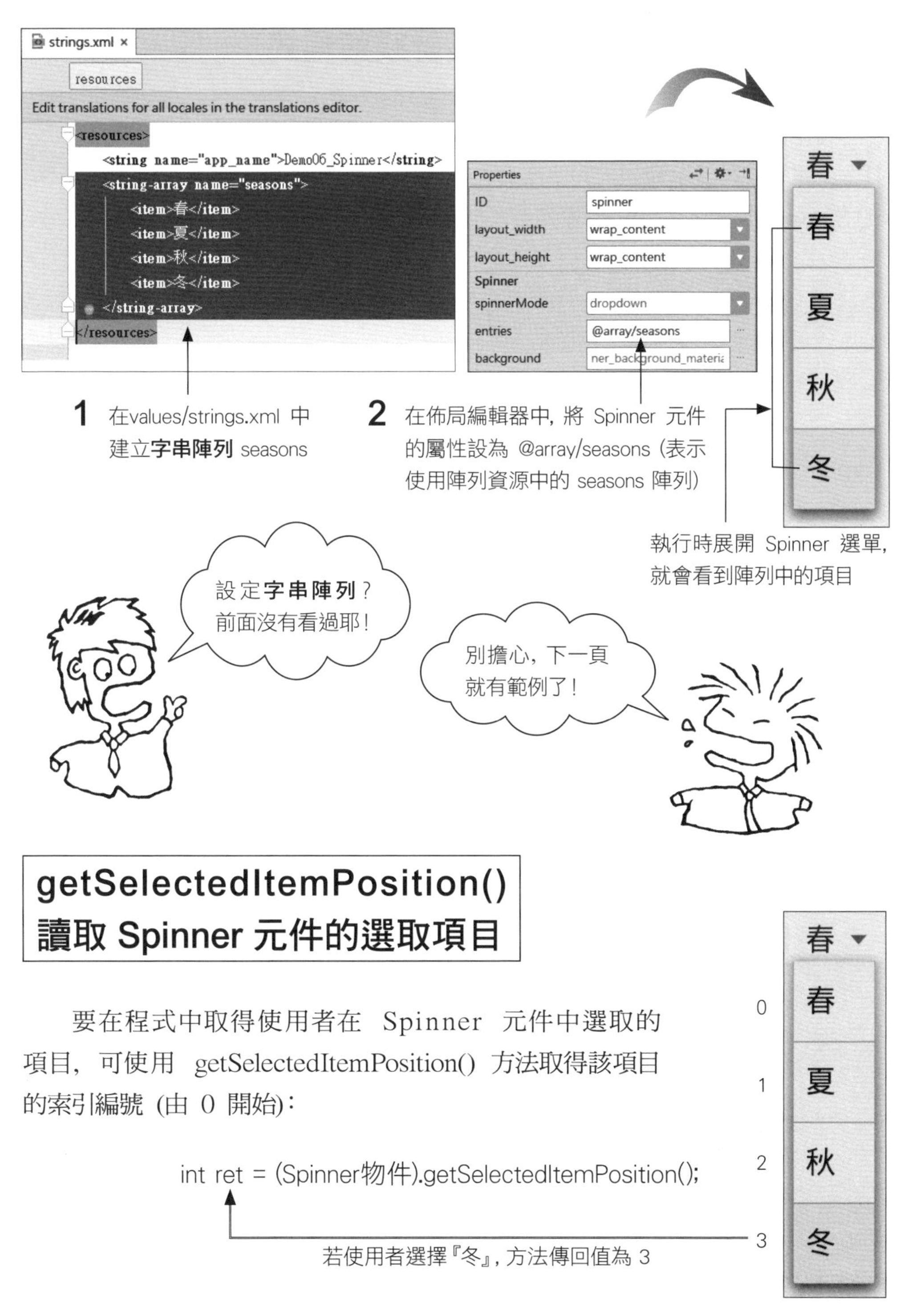

getSelectedItemPosition() 讀取 Spinner 元件的選取項目

要在程式中取得使用者在 Spinner 元件中選取的項目，可使用 getSelectedItemPosition() 方法取得該項目的索引編號 (由 0 開始)：

```
int ret = (Spinner物件).getSelectedItemPosition();
```

透過這種方式，就能得知使用者的選擇，並在程式中做進一步的處理。

範例 6-1：使用 Spinner 設計購票程式

在本例將用 Spinner 讓使用者選擇所要訂票的電影院，並示範如何在字串資源中，建立 Spinner 所要使用的字串陣列。

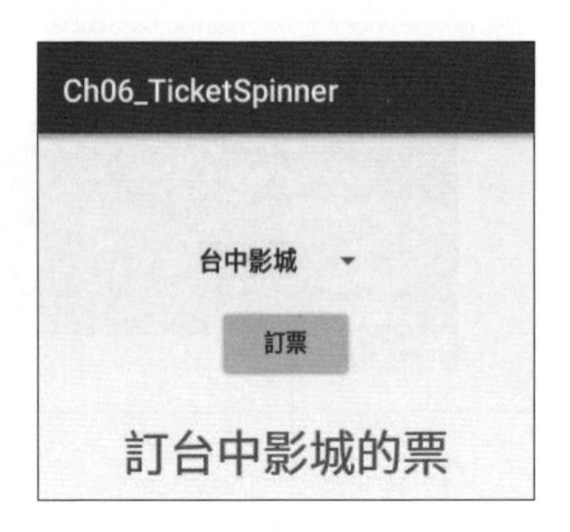

step 1 新增專案 "Ch06_TicketSpinner"。

step 2 進入專案後，開啟 res/values/strings.xml，如下建立字串陣列 (String Array)：

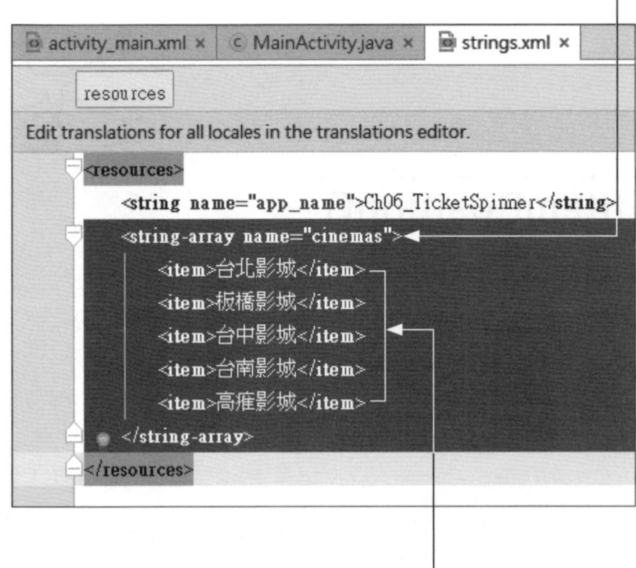

step 3 回到佈局編輯器，將活動的 RelativeLayout 換成 ConstraintLayout，然後如下操作：

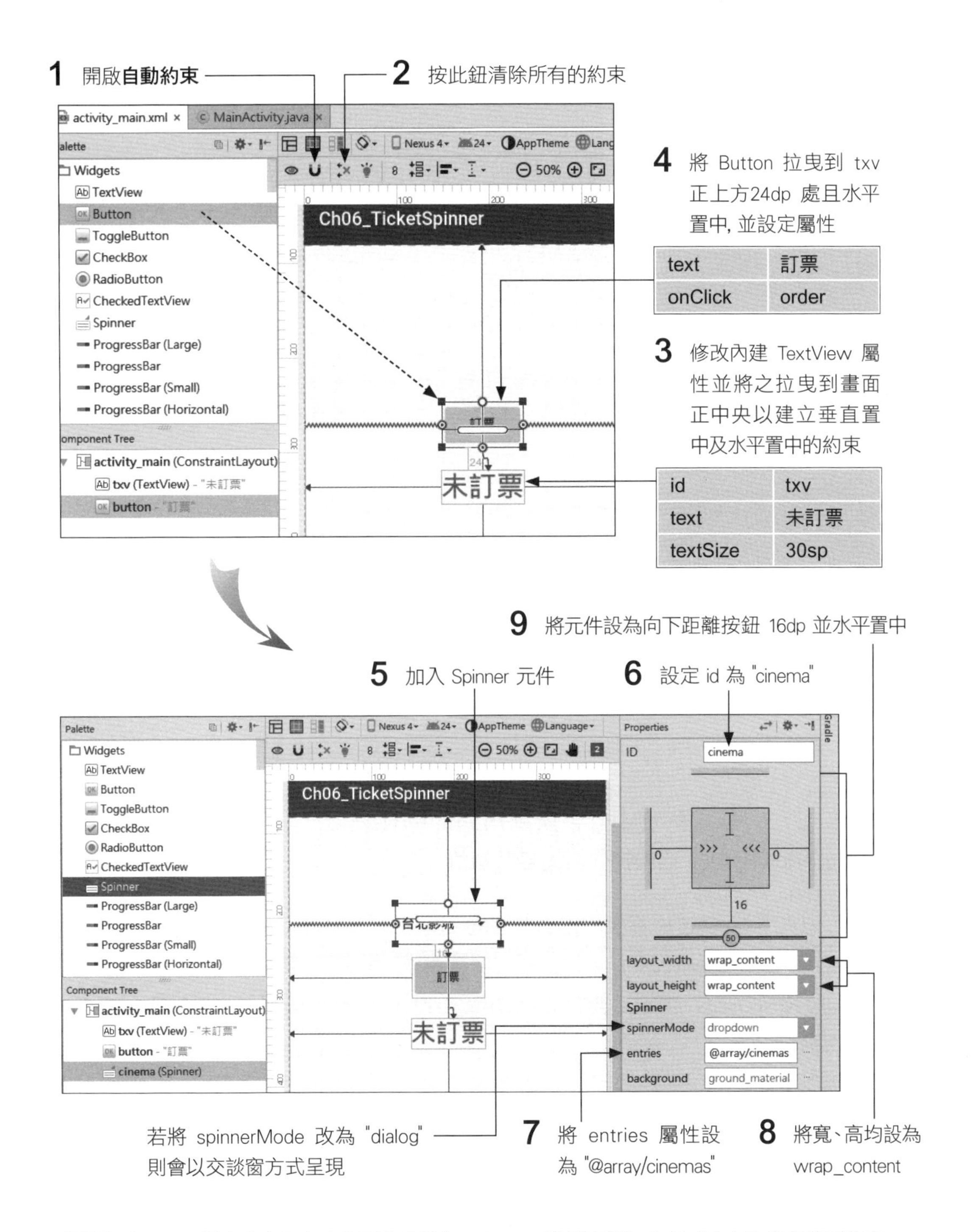

TIP 在 XML 檔案中存取字串陣列的寫法為 "**@array/陣列名稱**"，在程式中存取字串陣列的寫法為 "**R.array.陣列名稱**"。

step 4 開啟 MainActivity.java, 加入按鈕的 order() 方法:

```
01 public class MainActivity extends AppCompatActivity {
02     TextView txv;
03     Spinner cinema; ◄— 顯示戲院清單的 Spinner 物件
04     @Override
05     protected void onCreate(Bundle savedInstanceState) {
06         super.onCreate(savedInstanceState);
07         setContentView(R.layout.activity_main);
08
09         txv = (TextView)findViewById(R.id.txv); ◄— 取得 TextView 物件
10         cinema = (Spinner) findViewById(R.id.cinema); ◄┐
11     }                                               取得 Spinner 物件
...
20     public void order(View v){
21         String[] cinemas=getResources(). ◄— 取得字串資源中的字串陣列
22                 getStringArray(R.array.cinemas);
23                                                     取得 Spinner 中
24         int index=cinema.getSelectedItemPosition();◄— 被選取項目的位置
25         txv.setText("訂"+cinemas[index]+"的票");    ◄— 顯示選取的項目
26     }
27 }
```

- 第 2、3 行在類別中宣告所要用到的物件變數, 並在第 9、10 行用 findViewById() 取得物件設定變數初值。

- 第 21、22 行是透過程式取得資源中的 cinemas 字串陣列。只要使用 Activity 類別的 getResources() 方法, 即可傳回可讀取資源的 Resources 類別物件。藉由 Resources 類別定義的 getStringArray() 方法, 就可以取得指定資源 ID 的字串陣列。

getResources() 方法

getResources() 方法傳回的 Resources 物件提供有許多方法, 可以讀取各種資源。除了前面程式中使用的 getStringArray() 外, 常用的還有 getString(), 可讀取指定資源 ID 的字串, getDrawable() 則可取得放置在 drawable-XXX 資料夾下的圖形資源。

- 第 24 行呼叫 Spinner 物件的 getSelectedItemPosition() 方法, 取得被選取的項目的『位置』, 也就是其在陣列中從 0 起算的索引值。
- 第 25 行用前面取得的索引值, 由字串陣列中取出對應的字串, 並顯示在 TextView 中。

step 5 將程式佈署到手機/模擬器上測試結果：

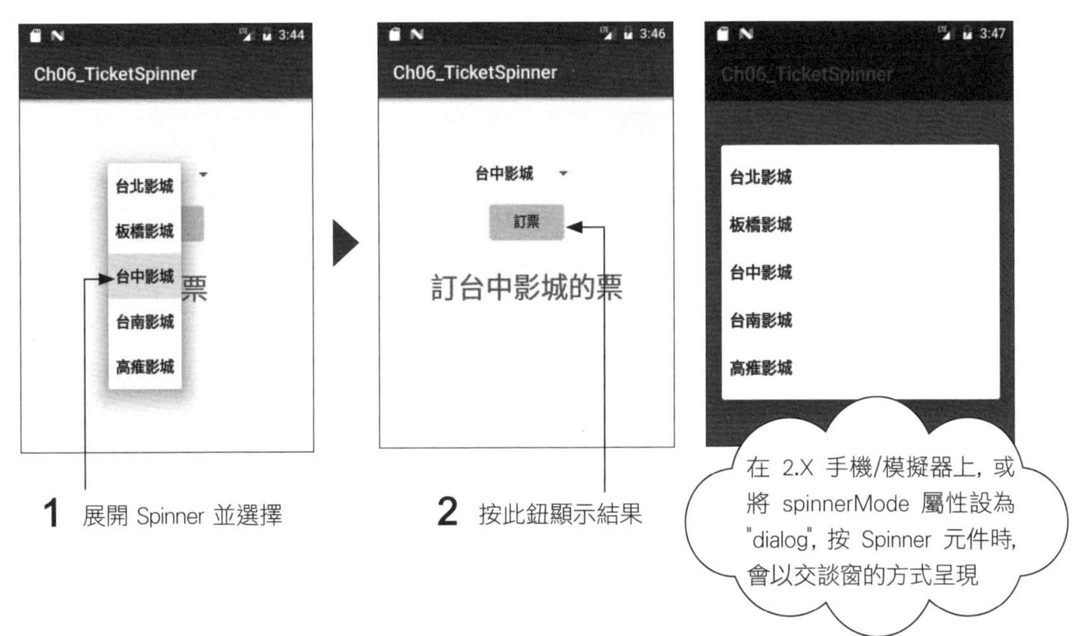

練習 6-1 請在範例中再加入 1 個 Spinner 元件, 提供場次的選擇。

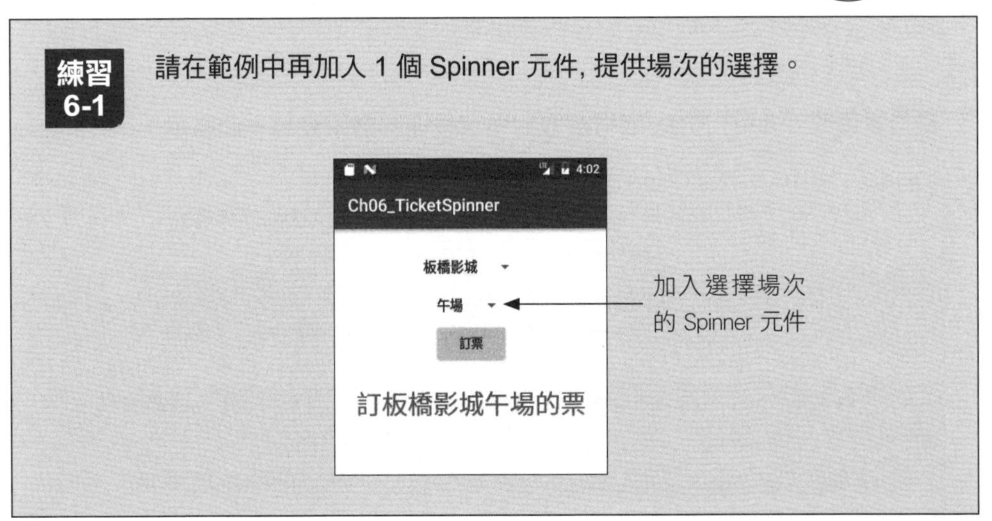

提示 先在資源中新增場次的字串陣列 (例如 "早場"、"午場"、"晚場")；並指定給佈局中新加入的 Spinner 元件之 Entries 屬性：

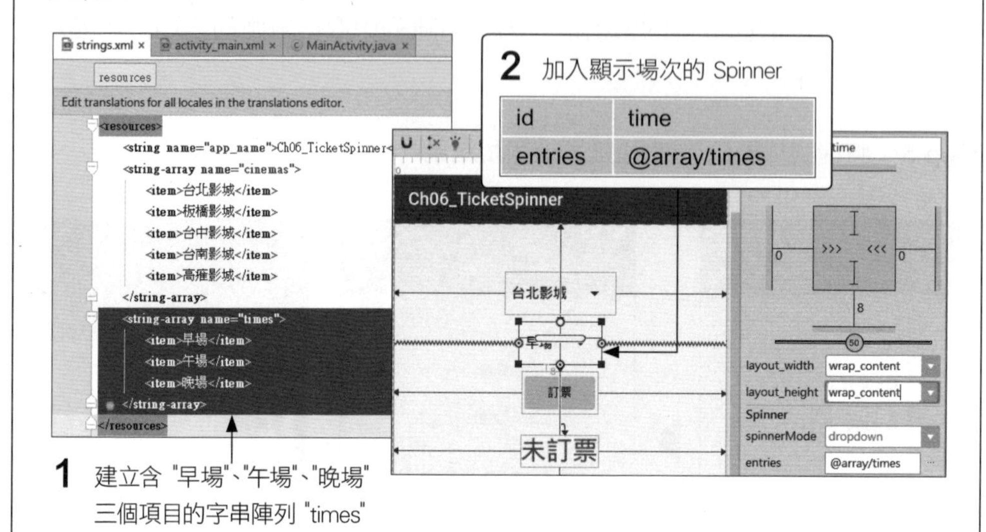

接著在 MainActivity 中宣告代表新增的 Spinner 的物件變數, 然後在 onCreate() 方法中設定初值：

```
public class MainActivity extends AppCompatActivity {
    TextView txv;
    Spinner cinema,  time;  ←— 戲院、場次清單物件
    @Override
    protected void onCreate(Bundle savedInstanceState) {
        ...
        time = (Spinner) findViewById(R.id.time);
    }
```

最後再修改 order() 方法, 取得選取的場次後連同戲院資料一起顯示：

```
public void order(View v){
    String[] cinemas=getResources().    ←— 取得戲院字串陣列
                    getStringArray(R.array.cinemas);
    String[] times=getResources().      ←— 取得場次字串陣列
                    getStringArray(R.array.times);
    int idxCinema=cinema.getSelectedItemPosition(); ←— 選取的戲院
    int idxTime  =time.getSelectedItemPosition();   ←— 選取的場次

    txv.setText("訂"+cinemas[idxCinema]+times[idxTime]+"的票");
}
```

onItemSelected()：Spinner 元件的選擇事件

若要在使用者一選取項目時就進行對應的動作，則可用 setOnItem SelectedListener() 方法設定實作 OnItemSelectedListener 介面的監聽物件。此介面有 2 個方法：

- onItemSelected()：當使用者選擇清單中的項目時會呼叫此方法。此方法有 4 個參數，最常用的是第 3 個參數，也就是選取項目的編號。

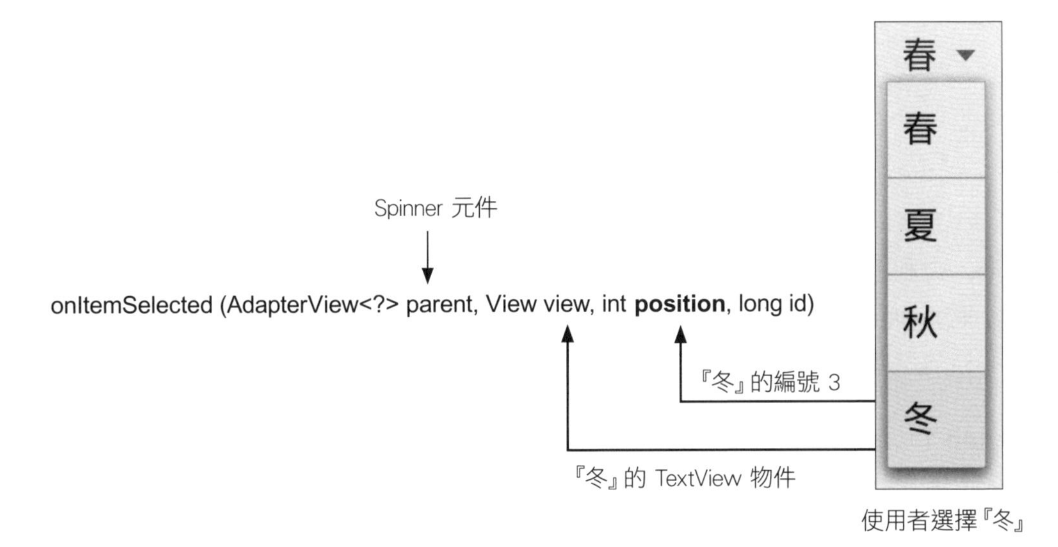

最後一個 id 參數，在使用字串陣列的 Spinner 中，其值會和 position 相同。

- onNothingSelected()：當使用者『拉下選單但沒有選取項目』(例如按手機的返回鈕) 時會呼叫此方法。通常都不處理此動作，但因實作介面時，要定義介面中所有的方法，所以定義監聽器時，仍要列出一個沒有內容的 onNothingSelected() 方法(參見後面範例)。

範例 6-2：運動能量消耗計算機

在此我們就用 Spinner 來實作如圖的**運動能量消耗計算機**。使用者由 Spinner 選擇運動類型，再輸入體重、運動時間，即可算出此項運動預估消耗的熱量。

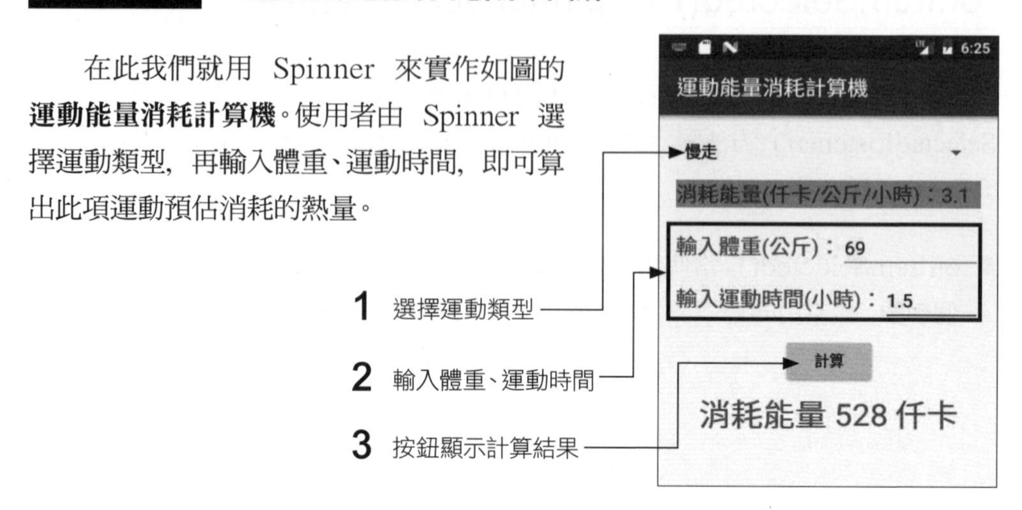

為了練習前面介紹的內容，範例程式設計成當使用者選擇不同運動項目時，會利用 onItemSelected() 方法即時顯示該項運動的消耗能量 (仟卡/公斤/小時)，而按下『**計算**』鈕時則會用 getSelectedItemPosition() 取得 Spinner 中目前選取的項目，然後依照輸入的體重及運動時間算出實際的消耗能量。

step 1 新增專案 "Ch06_EnergyCalculator"。

step2 開啟 res/values/strings.xml，將 App 名稱設為 "運動能量消耗計算機"，然後加入運動項目的字串陣列：

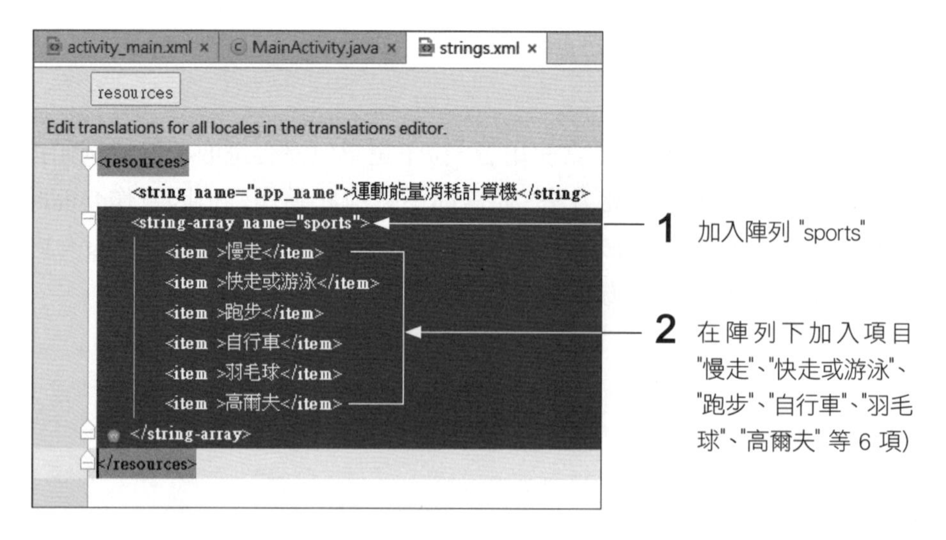

step 3 進入佈局編輯器，先刪除預建的 "Hello world" 元件並轉換佈局為 ConstraintLayout，如下設計畫面：

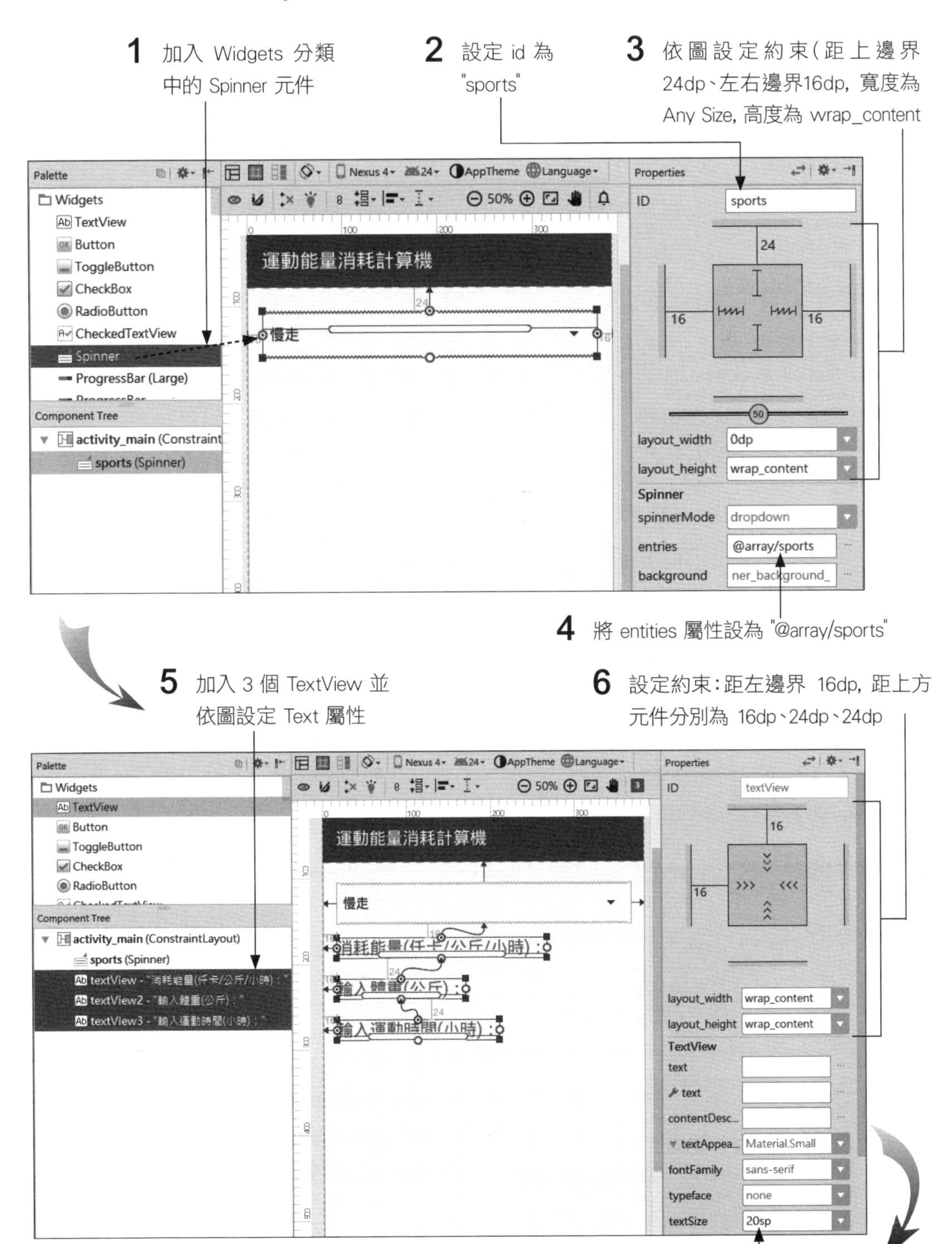

8 加入 TextView 並設定屬性：

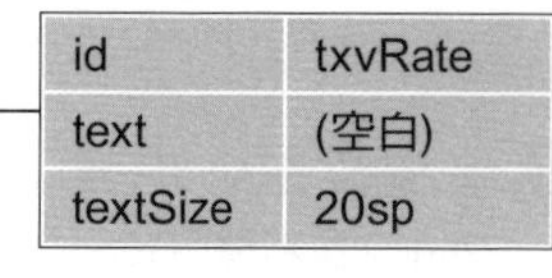

id	txvRate
text	(空白)
textSize	20sp

10 依圖設定 3 個元件的屬性 (距左元件 0dp 且 baseline 對齊, 距右邊界 16dp, 寬為 Any Size)

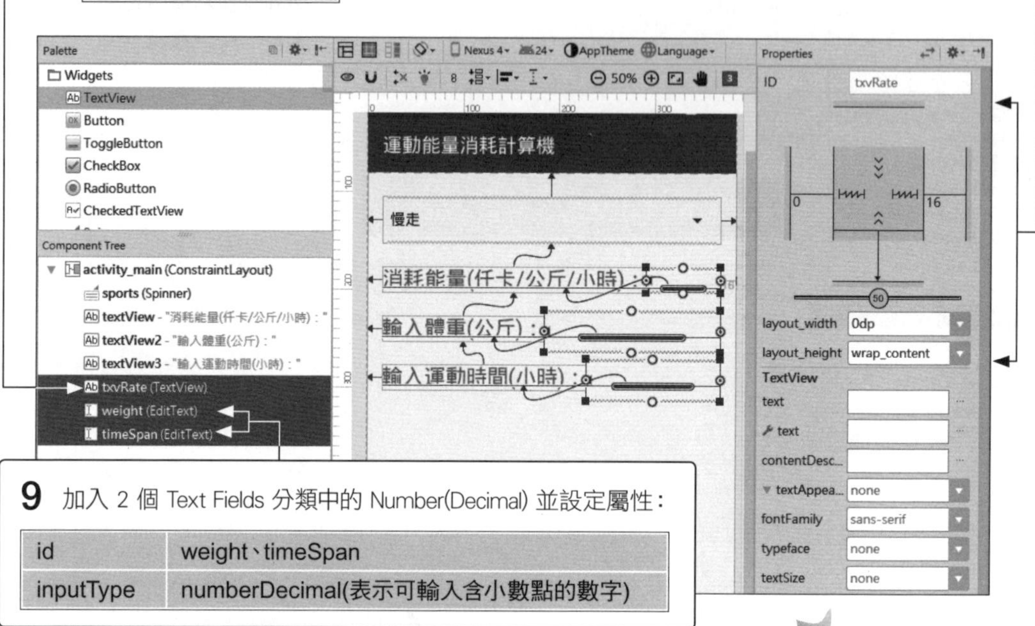

9 加入 2 個 Text Fields 分類中的 Number(Decimal) 並設定屬性：

id	weight、timeSpan
inputType	numberDecimal(表示可輸入含小數點的數字)

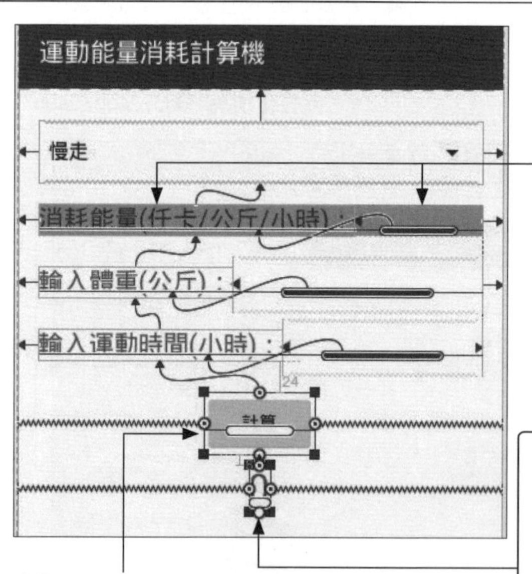

11 將這 2 個元件的 background 屬性設為 #AAA (灰色背景)

12 加入 Button 並設定屬性

text	計算
onClick	calc
約束	水平置中對齊, 距上元件 24dp

13 加入 TextView 並設定屬性

id	total
text	0
textSize	30sp
約束	水平置中對齊, 距上元件 8dp

step 4 開啟 MainActivity.java 進行編輯，對 MainActivity 類別要實作 **AdapterView.OnItemSelectedListener** 介面，在 onCreate() 方法中則要將 Spinner 的選取事件監聽器註冊為 this：

```
01 public class MainActivity extends AppCompatActivity
                    implements AdapterView.OnItemSelectedListener {
02                                字串陣列中各項運動的能量消耗率：『仟卡/公斤/小時』
03     double[] energyRate={3.1, 4.4, 13.2, 9.7, 5.1, 3.7};◄┘
04     EditText weight,time;          ◄— 體重及運動時間欄位
05     TextView total,txvRate;        ◄— 顯示能量消耗率、計算結果的 TextView
06     Spinner sports;                ◄— 運動項目清單
07
08     @Override
09     protected void onCreate(Bundle savedInstanceState) {
10         super.onCreate(savedInstanceState);
11         setContentView(R.layout.activity_main);
12         // 設定變數初值
13         weight= (EditText)findViewById(R.id.weight);
14         time= (EditText)findViewById(R.id.timeSpan);
15         total= (TextView)findViewById(R.id.total);
16         txvRate= (TextView)findViewById(R.id.txvRate);
17         sports=(Spinner) findViewById(R.id.sports);
18         sports.setOnItemSelectedListener(this); ◄— 註冊監聽器
19     }
20
21     public void onItemSelected(AdapterView<?> parent, View view,
                                int position, long id) {
22
23         // 顯示選取的運動項目的基本能量消耗率
24         txvRate.setText(String.valueOf(energyRate[position]));
25     }
26
27     public void onNothingSelected(AdapterView<?> parent) {
28         // 此事件方法不會用到，但仍需定義一個沒有內容的方法
29     }
...
```

- 第 3 行的 energyRate 陣列存放各項運動的能量消耗率 (不包括基礎代謝率), 其數值單位為『仟卡(大卡)/公斤//小時』, 例如體重 60 公斤、走路 1 小時所消耗的能量就是 60*1*3.1=186 仟卡。
- 第 4~6 行宣告畫面上各元件的物件變數, 以便在 MainActivity 中的所有方法都可以存取。接著第 11~17 行在 onCreate() 中呼叫 setContentView() 建立個別元件之後, 設定對應的物件變數初值。
- 第 18 行將 Spinner 選取事件的監聽器設為 this (就是 MainActivity 本身) 。
- 第 21~25 行是 onItemSelected() 方法, 此方法會在使用者選任一項運動時被呼叫, 在此只需用到第 3 個參數 position (項目在清單中的編號)。程式會在使用者選取任一個運動項目時, 將其能量消耗率顯示出來, 此處就利用 position 為索引, 直接到 energyRate 陣列取出該數值並顯示到 TextView。
- 第 27 行是必須要實作的 onNothingSelected() 方法 (使用者『未』選取項目時被呼叫), 由於不需對『未』選取的動作做處理, 所以此處保持空白方法內容。

step 5 接著繼續在類別中加入按鈕 onClick 事件的處理方法 calc():

```
01 public void calc(View v){
02     String w = weight.getText().toString();  ◄— 取得使用者輸入的體重
03     String t = time.getText().toString(); ◄—取得使用者輸入的運動時間長度
04     if(w.isEmpty() || w.equals(".") || t.isEmpty() ||
              t.equals(".")) { ◄— 如果輸入空白或 "." 則不計算
05         total.setText("請輸入體重及運動時間");  ◄— 顯示提示訊息
06         return;
07     }
08
09     int pos = sports.getSelectedItemPosition(); ◄— 取得目前選取項目的索引
10
11     // 計算消耗能量=能量消耗率*體重*運動時間長度
12     long kcal = Math.round( energyRate[pos]
13                   * Double.parseDouble(w) * Double.parseDouble(t));
14
15     total.setText(String.format("消耗能量 %d 仟卡", kcal)); ◄— 顯示計算結果
16 }
```

- 第 2~7 行取得使用者輸入的體重及運動時間，並檢查是否輸入錯誤 (為空白或 ".")。

您也可改用 try/catch 的方式來防止因輸入非數值的資料，而發生轉換錯誤導致程式中止。有關 try/catch 的用法可參見第 5-21 頁的說明框。

- 第 9 行取得 Spinner 中使用者目前所選取的項目索引值，在第 12 行即用此索引值由 energyRate 陣列取得該項運動的能量消耗率。
- 第 13 行用 Double 類別的 parseDouble() 方法將使用者輸入的體重及運動時間轉成浮點數，以便計算消耗能量。
- 第 12~13 行將 "能量消耗率"、"體重"、"運動時間" 相乘，以得到消耗能量，由於算出來的是浮點數，因此再用 Java 的 Math.round() 方法，將此數值 4 捨 5 入後取得整數。
- 第 15 行將計算結果顯示出來。有關 String 類別的 format() 方法可參考第 5-21 頁的說明。

step 6 將專案佈署到模擬器或手機上執行，並測試其效果。

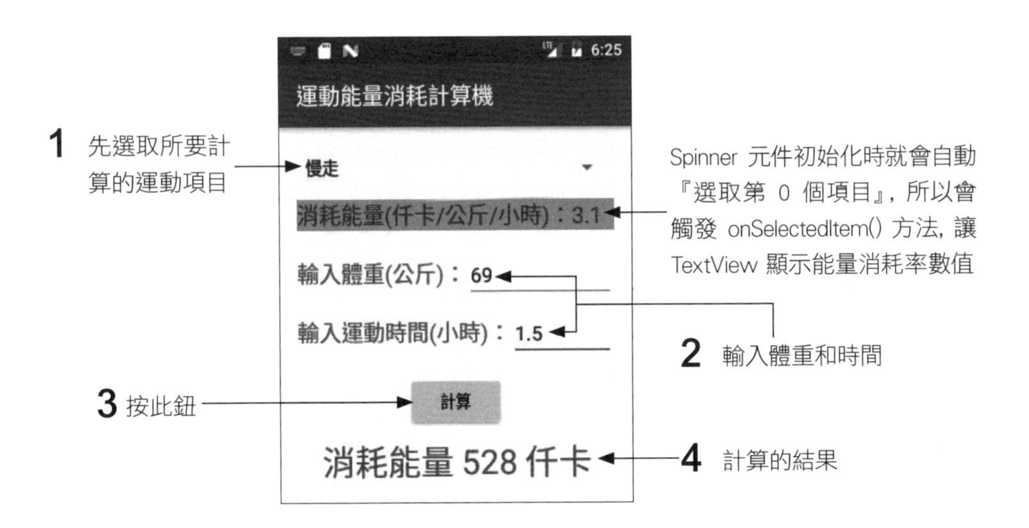

練習 6-2 請試修改程式, 讓使用者在 Spinner 改選運動時, 就即時算出消耗的能量。

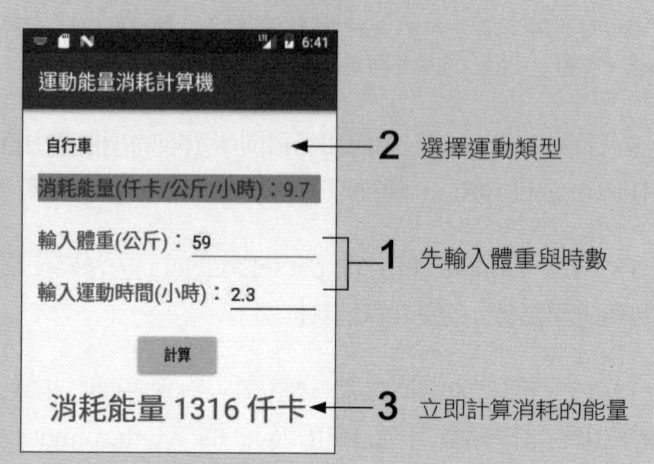

提示 只要在 onItemSelected() 中呼叫 calc() 就可以在使用者選擇運動類型時, 立刻算出並顯示消耗的能量。要注意的是呼叫 calc() 需要傳入一個 View 類別的參數, 不過因為這個參數在 calc() 中並不會用到, 傳入任何 View 類別的物件都沒關係, 所以只要傳入 onItemSelected() 本身的第 2 個參數即可符合要求 (或傳入 null 也可以)：

```
public void onItemSelected(AdapterView<?> parent, View view, int
                    position, long id) {
        // 顯示選取的運動項目, 其基本的能量消耗率
        txvRate.setText(String.valueOf(energyRate[position]));
        calc(view);        ◄— 呼叫按鈕 onClick 屬性所指的方法
}
```

6-2 ListView 清單方塊

ListView (清單方塊) 是以條列的方式來顯示資料，其用法和 Spinner 類似：只要將要列出的項目先建立成字串陣資列資源，再於 **entries** 屬性指定，程式執行時，ListView 就會替我們自動列出陣列內容。

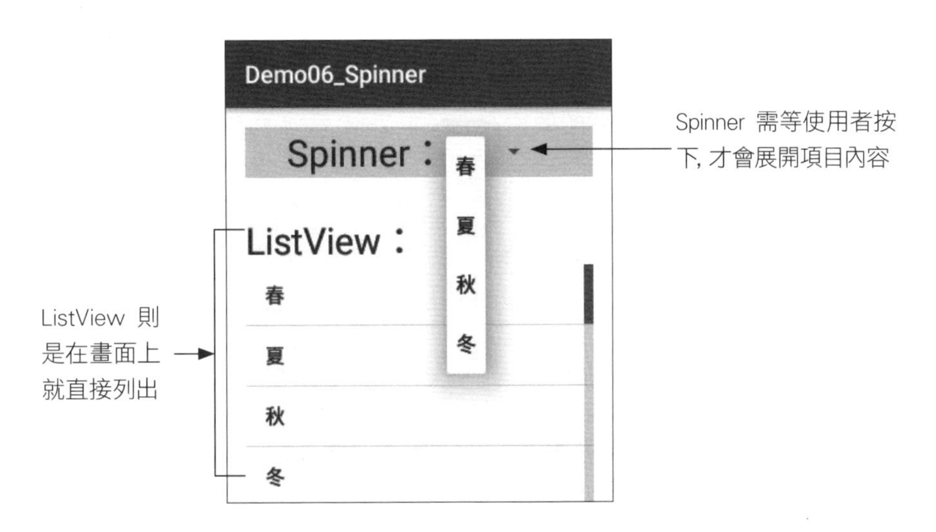

除了外觀的差異，ListView 和 Spinner 選取事件監聽器所使用的介面也不同。

onItemClick(): ListView 的按一下事件

雖然 ListView 的用法和 Spinner 非常相似，但 ListView 的預設行為沒有選取事件。使用者按下清單項目觸發的是**按一下**事件，而非選取事件。要監聽此事件，必須用如下方法設定：

```
// 設定按一下事件的監聽物件
setOnItemClickListener(...)
```

監聽物件參數需實作的介面為 OnItemClickListener，必須實作的方法只有 1 個：

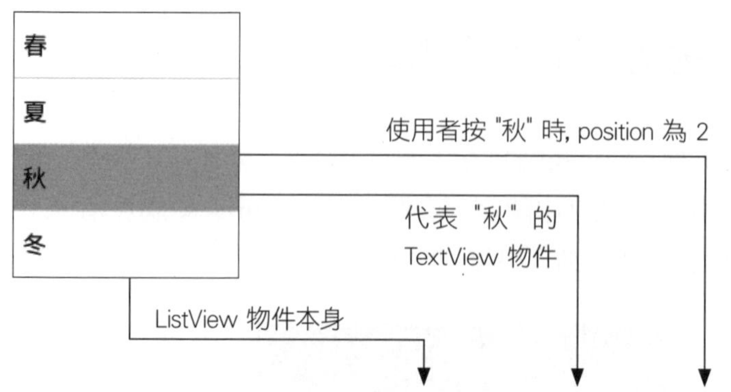

ListView 和 Spinner 都是繼承自 AdapterView 類別, 各種事件的設定方法, 也都是繼承自 AdapterView。選取、按一下事件方法的第 1 個參數都是 AdapterView 型別, 代表物件本身。

範例 6-3：使用 ListView 建立選單

此處就利用字串資源建立 ListView 清單, 以及實作 OnItemClickListener 監聽物件來設計和前一章類似的點餐程式。程式設計成『按一下』當做選取, 若再『按一下』則是取消選取。

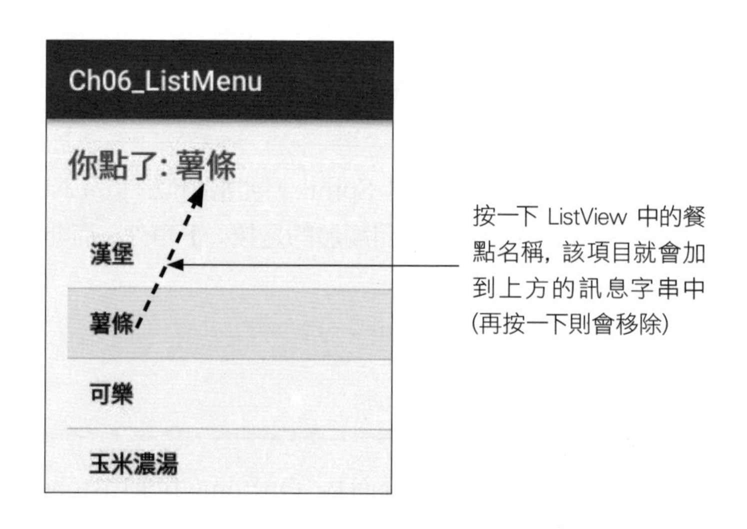

step 1 請建立新專案 "Ch06_ListMenu"，參考本章第 1 節的範例先在 res/values/strings.xml 中建立字串陣列，並在其中輸入餐點名稱：

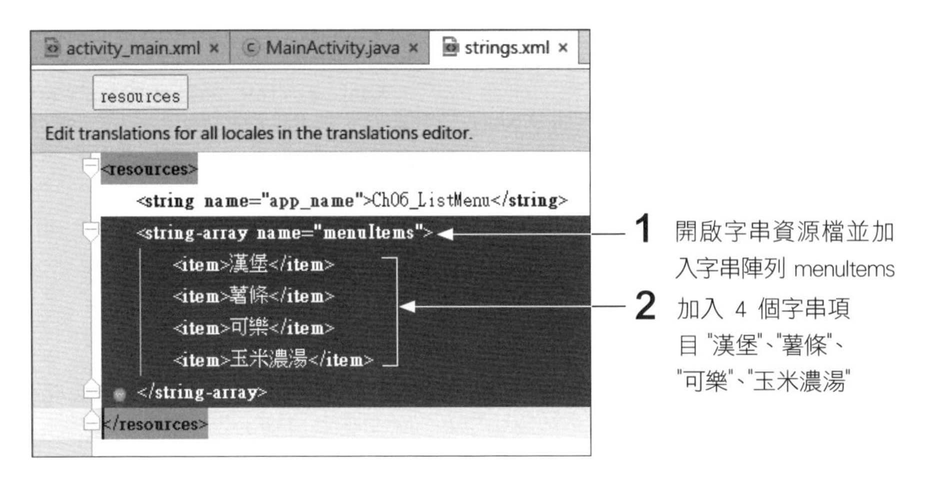

step 2 進入佈局編輯器後，將預設的 RelativeLayout 換成 ConstraintLayout，並如下加入 ListView 元件：

step 3 接著開啟 MainActivity.java, 替 MainActivity 類別實作 OnItemClickListener 監聽器的介面, 並在 onCreate() 方法中輸入以下標示的程式內容:

```
01 public class MainActivity extends AppCompatActivity implements
                                              AdapterView.OnItemClickListener {
02
03     @Override
04     protected void onCreate(Bundle savedInstanceState) {
05             super.onCreate(savedInstanceState);
06             setContentView(R.layout.activity_main);
07
08             // 取得 ListView 物件, 並設定按下動作的監聽器
09             ListView lv=(ListView) findViewById(R.id.lv);
10             lv.setOnItemClickListener(this);
11     }
...
```

- 第 9 行取得 ListView 物件, 接著在第 10 行設定 this 為按下事件的監聽物件。

step 4 在 MainActivity 類別中 onCreate() 方法之後加入實作介面的方法:

```
01 ArrayList<String> selected=new ArrayList<>();
02                        ↑———— 儲存已選取的項目(餐點)名稱字串
03 @Override
04 public void onItemClick(AdapterView<?> parent, View view, int position,
                                    long id) {
05     TextView txv = (TextView) view; ◄┐
                                  將被按下的 View 物件轉成 TextView 物件
06     String item=txv.getText().toString(); ◄— 取得項目中的文字
07
08     if(selected.contains(item)) ◄— 若 selected 中已有同名項目
09         selected.remove(item);  ◄— 就將它移除
10     else                        ◄— 若 selected 沒有同名項目
11         selected.add(item);     ◄— 就將它加到 selected 中,
12                                    成為已選取項目的一員
```

Next

```
13      String msg;
14      if(selected.size()>0){      ◀— 若 selected 中的項目數大於 0
15          msg="你點了:";
16          for(String str:selected)
17                  msg+=" "+str;       ◀— 每個項目(餐點)名稱前空一格
18      }                                   並附加到訊息字串後面
19      else                        ◀— 若 selected 中的項目數等於 0
20          msg="請點餐!";
21
22      TextView msgTxv=(TextView) findViewById(R.id.msgTxv);
23      msgTxv.setText(msg);    ◀— 顯示訊息字串
24 }
```

- 第 1 行在類別中宣告一個存放字串的 ArrayList 物件, 稍後程式會利用它來存放已選取項目的餐點名稱。
- 第 5、6 行先由按下事件方法的參數 View view, 取得被按一下的項目 (是一個 TextView) 內的字串值 (也就是餐點名稱)。
- 第 8~11 行是處理『選取』餐點、『取消』餐點的部份。程式先檢查被按一下的項目是否已存於 ArrayList 中, 若不存在就將它加入;若已存在則移除之。因此程式執行時, 使用者在任一個項目按一下, 就相當於『選取』;再按一次則是取消。
- 第 14~23 行負責顯示已選取項目, 或是在沒有項目被選取時顯示 "請點餐!"。

step 5 將程式佈署到手機/模擬器上測試：

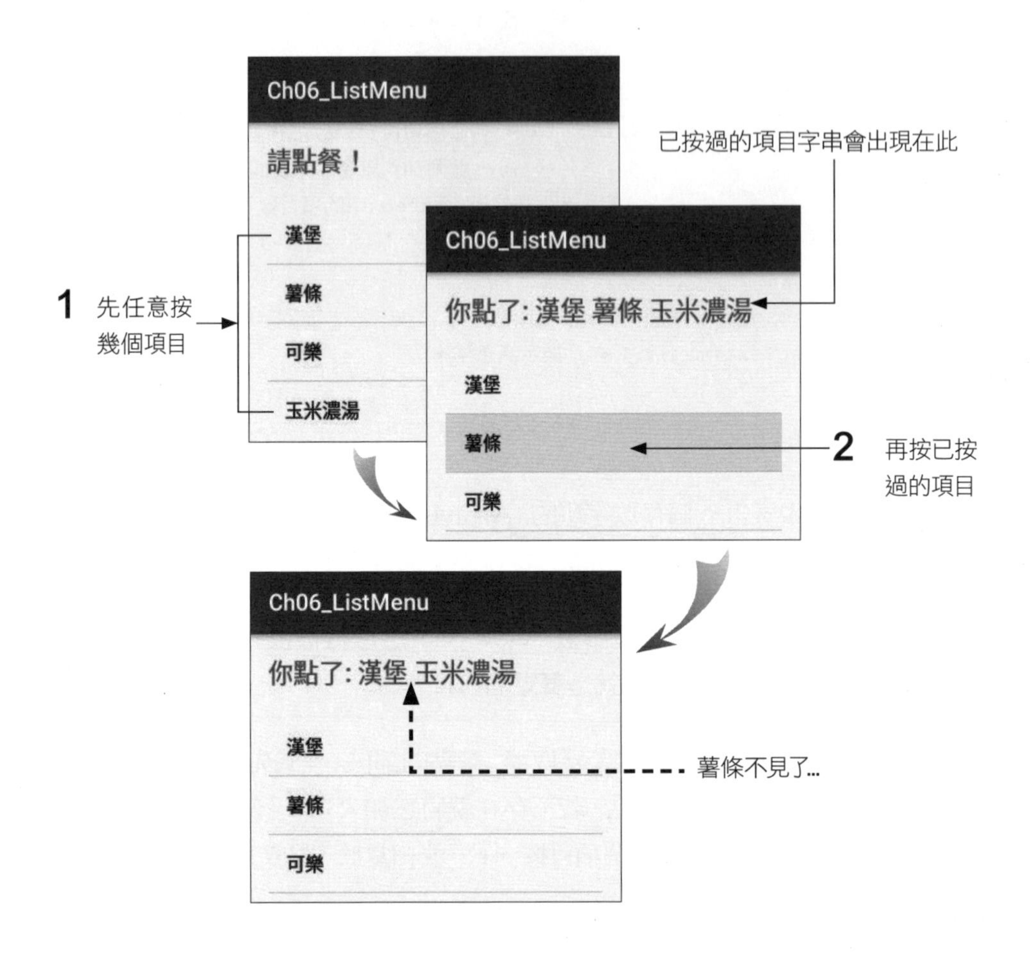

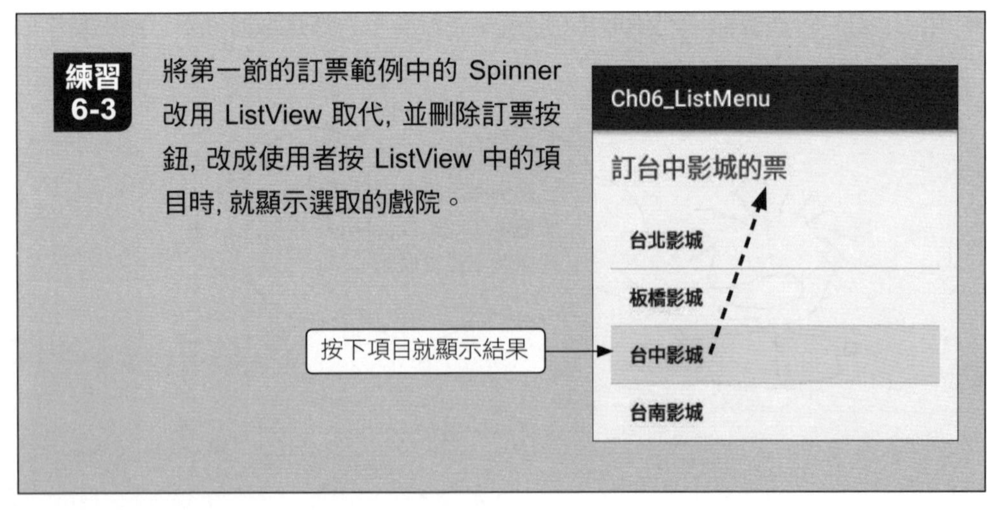

提示 你可直接複製本節的 Ch06_ListMenu 專案來練習。首先要將 menuItems 字串陣列的內容改為 "台北影城"、"板橋影城"、"台中影城"、"台南影城"、"高雄影城" 這 5 個項目：

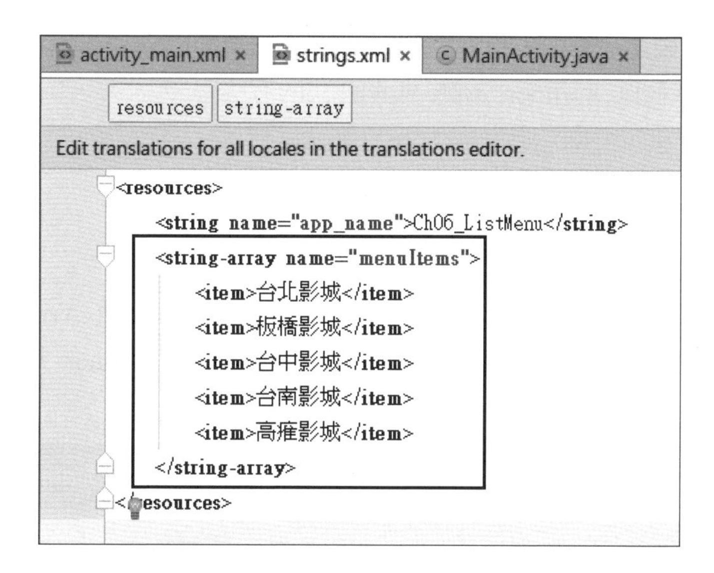

接著只要修改 onItemClickListener() 方法，在使用者按一下訂票的影城時，將訂票訊息顯示在上方的 TextView 即可：

```
@Override
public void onItemClick(AdapterView<?> parent, View view,
                        int position, long id) {
    TextView txv = (TextView) view;  ← 將被按下的 View 物件轉成 TextView
    TextView msgTxv=(TextView) findViewById(R.id.msgTxv);
    msgTxv.setText("訂" + txv.getText() + "的票");← 顯示訊息字串
}
```

原來範例程式中的 selected 變數不會使用到，所以可以刪除。

6-3 在程式中變更 Spinner 的顯示項目

前兩節在使用 Spinner 或是 ListView 時，都是將要顯示的清單項目預先列在 strings.xml 的陣列中，再透過 entries 屬性來指定。但如果要顯示的清單項目無法在執行前確定，或是要在程式執行的過程中變更項目內容，前兩節的做法就行不通了。以下我們以 Spinner 為例，說明解決的方法。

ArrayAdapter：Spinner 與資料的橋樑

要在程式執行的時候變動 Spinner 的顯示項目，必須藉助 ArrayAdapter 物件，它會從指定的資料來源中取出每一項資料，再提供給 Spinner 元件顯示：

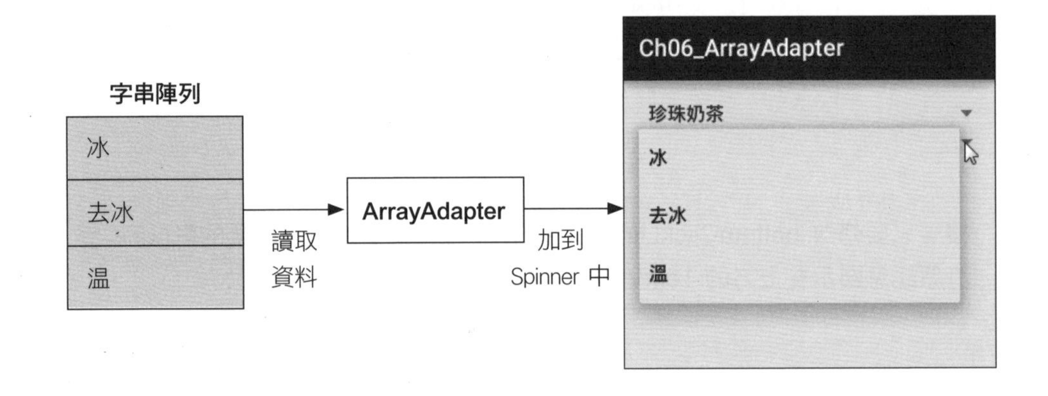

ArrayAdapter()：建立 ArrayAdapter 物件

使用 ArrayAdapter 的第一個步驟就是建立 ArrayAdapter 的物件，這只要使用 new 運算子即可。例如：

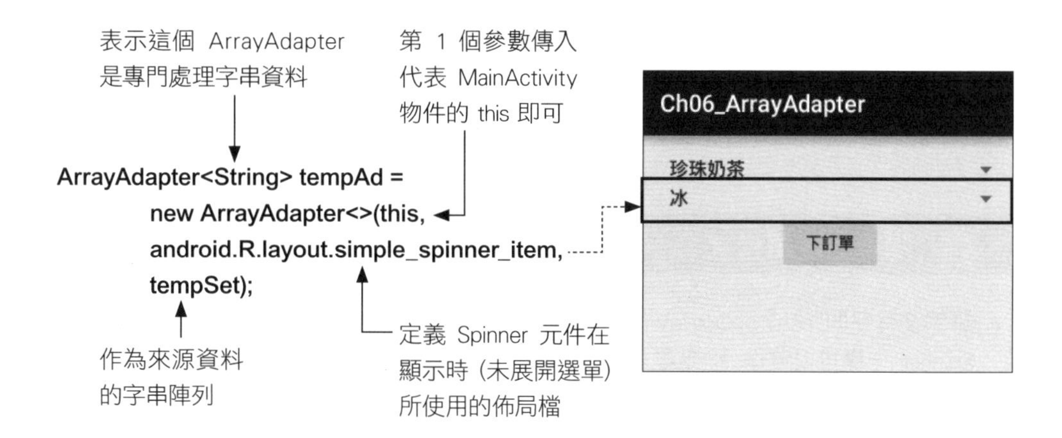

第 2 個參數通常都是使用系統提供的 android.R.layout.simple_spinner_item 佈局，這個佈局檔中只有 1 個 TextView 元件，ArrayAdapter 會使用此佈局檔為範本，將目前選取項目顯示在 Spinner 中。

ArrayAdapter 建立的 TextView 元件也就是在處理 Spinner 的選取事件時，傳入 onItemSelected() 的第 2 個參數 (或是 ListView 選取事件 onItemClick() 的第 2 個參數)，因此在 6-20、6-23 頁的程式中，可以將該參數強制轉型為 TextView 來使用。

setDropDownViewResource()：設定選單項目的顯示樣式

剛剛在建立 ArrayAdapter 物件時，指定了顯示目前選取項目的佈局檔。不過 Spinner 會在使用者點選後以選單顯示所有的項目，因此還必須為選單指定顯示時所使用的佈局檔，這必須呼叫 ArrayAdapter 類別的 setDropDownViewResource() 方法：

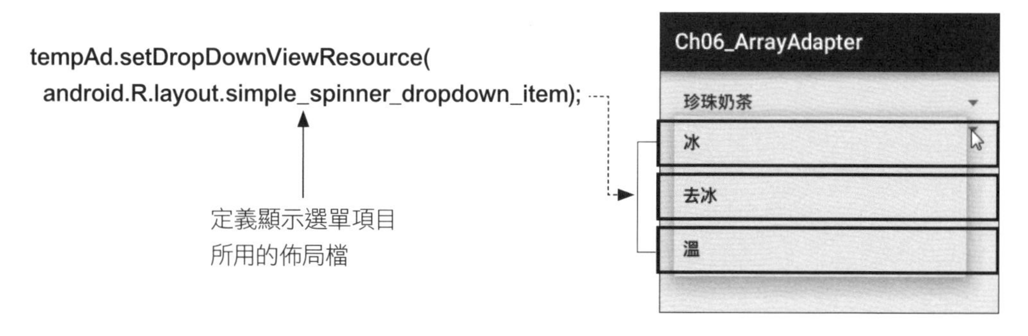

呼叫時通常都是傳入系統提供的 android.R.layout.simple_spinner_dropdown_item 佈局資源 (這也是只有 1 個 TextView 的佈局, 但是設定了適當的字體大小、背景顏色與邊界, 讓使用者容易點選顯示的項目)。

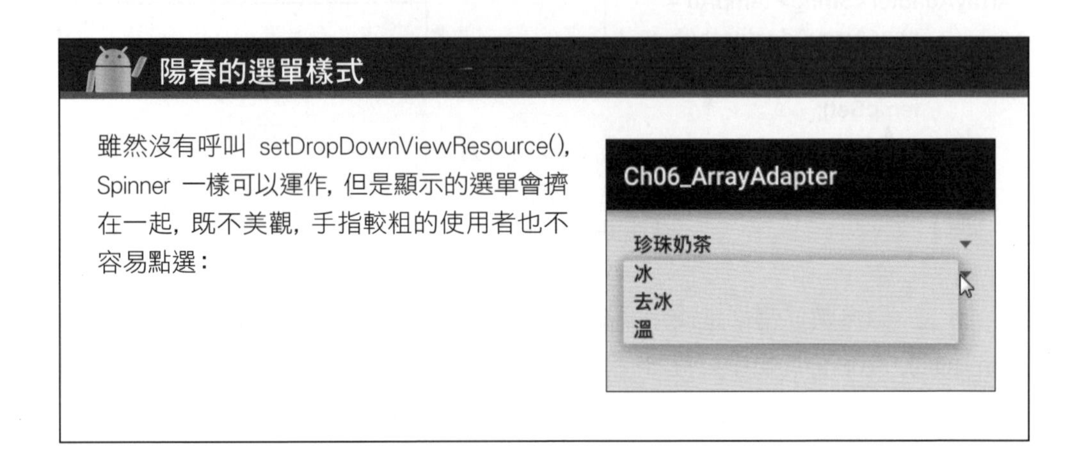

setAdapter()：將 ArrayAdapter 與 Spinner 綁在一起

最後, 還要將建好的 ArrayAdapter 物件當成參數, 呼叫 Spinner 類別的 setAdapter() 方法, 設定 Spinner 要使用的 ArrayAdapter 物件。設定後 Spinner 就會依據建立 ArrayAdapter 時指定的資料來源和佈局, 來顯示項目和選單。

```
ArrayAdapter<String> tempAd = ...;          ◄— 1. 建立 Adapter
tempAd.setDropDownViewResource(...);        ◄— 2. 設定下拉時的項目佈局
Spinner sp = (Spinner) findViewById(...);
sp.setAdapter(tempAd);                      ◄— 3. 指定使用 Adapter
```

範例 6-4：使用 Spinner 製作飲料訂單

接著我們就利用以上的說明設計一個飲料訂單的範例，先點選飲料品項後，就可以選擇冰、去冰或是溫熱的選項。不過像是檸檬汁這樣的飲料，應該沒有人點溫的，所以我們會變更溫度的選項，只提供加冰與去冰。程式的執行結果如下：

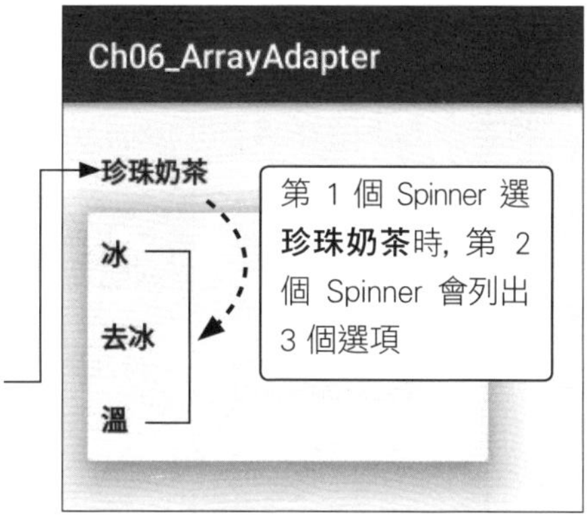

Ch06_ArrayAdapter

珍珠奶茶

冰

去冰

溫

第 1 個 Spinner 選**珍珠奶茶**時，第 2 個 Spinner 會列出 3 個選項

1 先按此處，改選**檸檬汁**

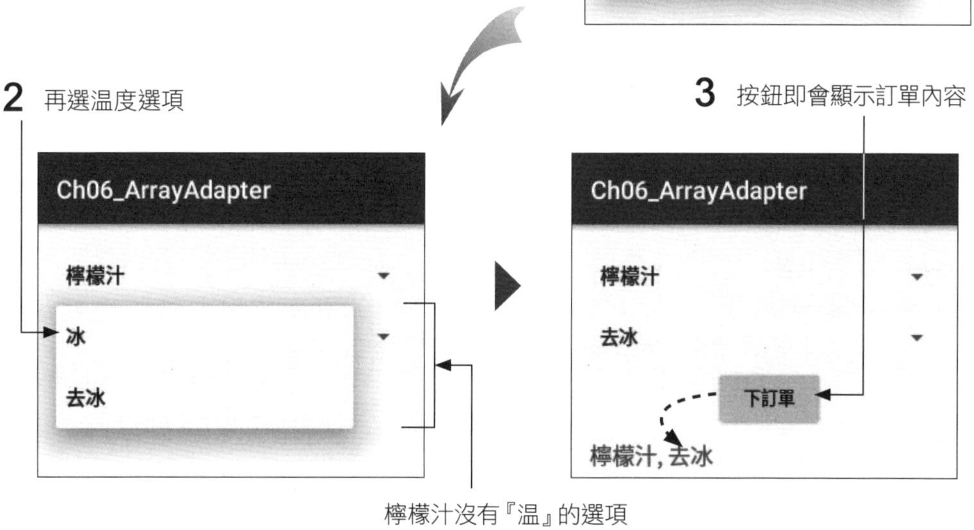

2 再選溫度選項

Ch06_ArrayAdapter

檸檬汁

冰

去冰

3 按鈕即會顯示訂單內容

Ch06_ArrayAdapter

檸檬汁

去冰

下訂單

檸檬汁, 去冰

檸檬汁沒有『溫』的選項

step 1 首先建立一個新專案，專案名稱為 Ch06_ArrayAdapter。

step 2 接著開啟 strings.xml 檔，建立一個 drinkname 的字串陣列，陣列內容為右表中的飲料品項：

珍珠奶茶
波霸奶茶
仙草凍奶茶
檸檬汁

step 3 開啟 activity_main.xml 佈局檔，將預設的 RelativeLayout 換成 ConstraintLayout，然後將預設顯示 "Hello World!" 的 TextView 刪除。

step 4 接著如下設計飲料訂單的佈局：

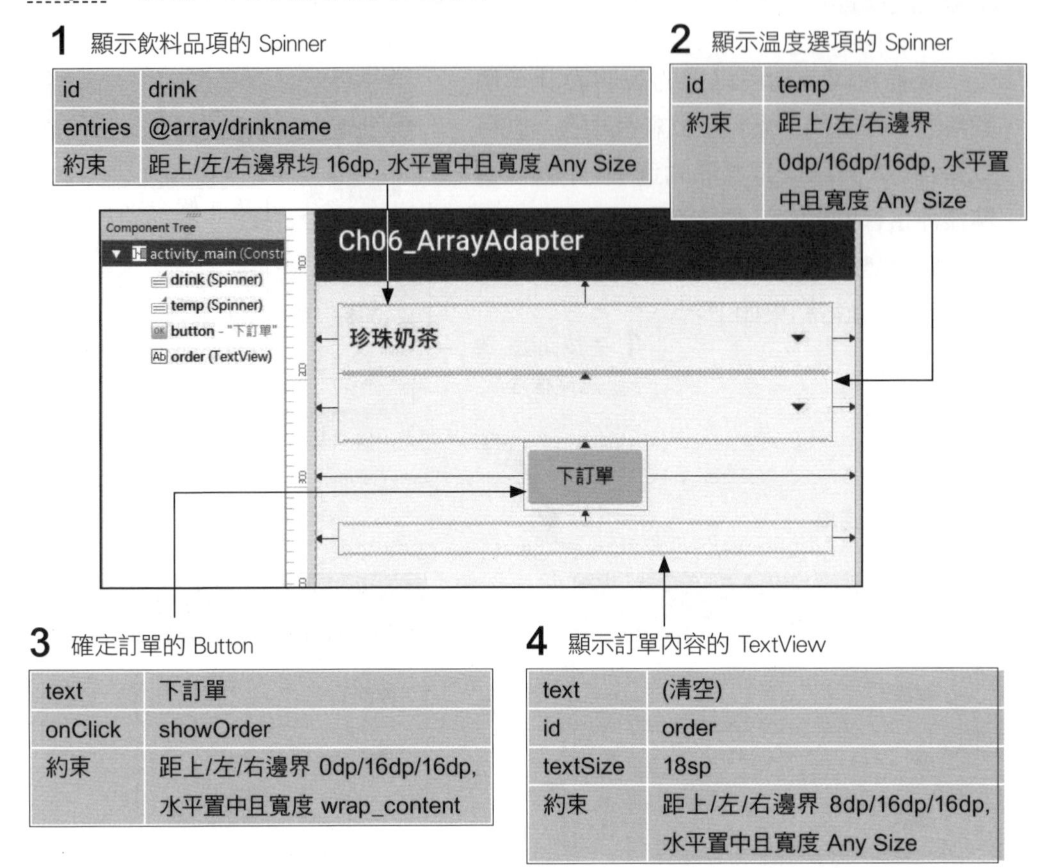

1 顯示飲料品項的 Spinner

id	drink
entries	@array/drinkname
約束	距上/左/右邊界均 16dp, 水平置中且寬度 Any Size

2 顯示溫度選項的 Spinner

id	temp
約束	距上/左/右邊界 0dp/16dp/16dp, 水平置中且寬度 Any Size

3 確定訂單的 Button

text	下訂單
onClick	showOrder
約束	距上/左/右邊界 0dp/16dp/16dp, 水平置中且寬度 wrap_content

4 顯示訂單內容的 TextView

text	(清空)
id	order
textSize	18sp
約束	距上/左/右邊界 8dp/16dp/16dp, 水平置中且寬度 Any Size

step 5 開啟 MainActivity.java, 首先宣告各方法中需要用到的變數：

```
01  public class MainActivity extends AppCompatActivity
02          implements AdapterView.OnItemSelectedListener {
03
04      Spinner drink, temp;          ◄— 顯示飲品項目與溫度選項的 Spinner
05      TextView txv;                 ◄— 顯示訂單內容的 TextView
06      String[] tempSet1 = { "冰", "去冰", "溫" };      ◄— 三種溫度
07      String[] tempSet2 = { "冰", "去冰" };            ◄— 兩種溫度
```

● 第 2 行實作 OnItemSelectedListener 介面, 讓 MainActivity 可以監聽 Spinner 的選取事件, 以便在選取不同飲料時變更溫度選項。

● 第 6、7 行的陣列就是溫度的選項, 稍後就會依飲料品項而選用不同的陣列建立 ArrayAdapter 物件。

step 6 接著修改 onCreate() 方法：

```
01      protected void onCreate(Bundle savedInstanceState) {
02          super.onCreate(savedInstanceState);
03          setContentView(R.layout.activity_main);
04
05          txv = (TextView) findViewById(R.id.order);
06          temp = (Spinner) findViewById(R.id.temp);   ← 取得顯示溫度的 Spinner
07          drink = (Spinner) findViewById(R.id.drink);  ← 取得顯示飲品項目的 Spinner
08          drink.setOnItemSelectedListener(this);  ← 設定飲料品項 Spinner 選取事件的監聽器
09      }
```

- 第 5~7 行是找出對應於畫面上個別元件的物件。
- 第 8 行設定讓 MainActivity 物件監聽顯示飲料品項的 Spinner 的選取事件。

step 7 在 MainActivity 類別中加入處理 Spinner 選取事件的方法：

```
01      public void onItemSelected(AdapterView<?> parent, View view,
02              int position, long id) {
03
04          String[] tempSet;
05          if (position == 3)        ← 若選取檸檬汁 (清單中第 4 個項目)
06              tempSet = tempSet2;← 溫度選項沒有『溫』
07          else
08              tempSet = tempSet1;
09          ArrayAdapter<String> tempAd = ←依據溫度選項建立 ArrayAdapter
10              new ArrayAdapter<>(this,
11              android.R.layout.simple_spinner_item, ← 選單未打開時的顯示樣式
12              tempSet); ← 溫度選項
13          tempAd.setDropDownViewResource( ← 設定下拉選單的選項樣式
14              android.R.layout.simple_spinner_dropdown_item);
15          temp.setAdapter(tempAd); ← 設定使用 Adapter 物件
16      }
17
18      @Override
19      public void onNothingSelected(AdapterView<?> parent) { ← 不處理
20
21      }
```

- 第 5~8 行是依據選取項目的位置索引，判斷是否為檸檬汁，據此取用不同的溫度資料陣列。

- 第 9~12 行就是使用第 5~8 行取得的陣列建立 ArrayAdapter 物件，同時設定目前選取項目的顯示樣式。

- 第 13、14 行則是設定選單項目的顯示樣式。

- 第 15 行設定讓溫度選單使用剛剛建立的 ArrayAdapter 物件，如此就可依據飲料品項設定不同的溫度選項了。

- 第 19~21 行是 OnItemSelectedListener 介面規定要實作的方法，範例中雖然不會用到，但還是要加入這個方法。

step 8 最後是按一下按鈕時會呼叫的 showOrder() 方法：

```
01      public void showOrder(View v) {
02          // 將飲料名稱及溫度選擇組成一個字串
03          String msg = drink.getSelectedItem() + ", " + ◄— 取得飲料名稱
04              temp.getSelectedItem(); ◄— 取得甜度選項
05
06          // 將訂單內容顯示在文字方塊中
07          txv.setText(msg);
08      }
```

- 3、4 行取出選取的飲品及溫度選項串接在一起。Spinner 物件的 getSelectedItem() 可傳回選取的項目，以本例來說即為選取的字串。

- 第 7 行就把串接好的字串顯示在畫面下方的 TextView 中。

step 9 請執行程式測試，確認執行結果。

在程式中設定 ListView 使用的 ArrayAdapter 物件

本節介紹的 ArrayAdapter 用法也適用於 ListView 元件，而且不用像 Spinner 要另外呼叫 setDropDownViewResource() 設定下拉的佈局資源。不過在 ArrayAdapter() 建構方法中要改用 android.R.layout.simple_list_item_1 為項目的佈局資源，所以在 ListView 元件使用 ArrayAdapter<String> 的方式為：

Next

```
                                ┌─❶ 建立 Adapter
ArrayAdapter<String> tempAd = new ArrayAdapter<>(this,
                              android.R.layout.simple_list_item_1,
                              new String[] {"春", "夏", "秋", "冬"});
ListView lv = (ListView) findViewById(...);
lv.setAdapter(tempAd);  ◄── ❷ 指定使用 Adapter
```

下一章第 1 個範例就會示範此用法。

請把範例中顯示飲料品項的 Spinner 也改為利用 ArrayAdapter 物件來設定資料來源與顯示樣式。

提示 只要新增 drinks 陣列如下：

```
String[] tempSet1 = { "冰", "去冰", "溫" }; ◄── 三種溫度
String[] tempSet2 = { "冰", "去冰" };       ◄── 兩種溫度
String[] drinks = {"珍珠奶茶", "波霸奶茶", "仙草凍奶茶", "檸檬汁"}; ◄─ 飲料
```

再修改 onCreate() 新增建立 ArrayAdapter 物件的程式即可：

```
protected void onCreate(Bundle savedInstanceState) {
    ...                                              找出顯示飲品項目
    drink = (Spinner) findViewById(R.id.drink); ◄── 的 Spinner
    ArrayAdapter<String> drinkAd = ◄── 建立飲料品項的 ArrayAdapter
            new ArrayAdapter<>(this,
            android.R.layout.simple_spinner_item,
            drinks);                          ◄── 飲料品項
    drinkAd.setDropDownViewResource(          ◄── 選單項目的選項樣式
            android.R.layout.simple_spinner_dropdown_item);
    drink.setAdapter(drinkAd);  ◄── 設定使用 Adapter 物件

    drink.setOnItemSelectedListener(this); ◄── 設定監聽選取事件
}
```

延伸閱讀

1. 從 getResources() 取得的 Resources 物件, 也可用來取得專案中的圖檔、字串等其它資源, 關於 Resources 類別的說明請參見:http://developer.android.com/reference/android/content/res/Resources.html。

2. 若想對 Spinner、ListView 做更多的控制 (例如自訂元件列出項目的外觀), 需配合使用 Adapter 物件, 相關說明請參見:http://developer.android.com/reference/android/widget/Adapter.html。

重點整理

1. Spinner 清單元件會用條列的方式, 顯示 **Entries** 屬性所指的字串陣列內容。在 Android 3.0 以前的系統, 僅支援使用交談窗樣式顯示;在 Android 3.0 及其後的系統, 則預設為下拉式清單樣式。

2. 以 Spinner 物件呼叫 getSelectedItemPosition(), 即可取得使用者選取項目的索引編號 (由 0 開始)。

3. 要在使用者選取項目時就進行處理, 需用 setOnItemSelectedListener() 設定實作 AdapterView.OnItemSelectedListener 介面的監聽物件。此介面的方法有 2 個:

   - onItemSelected():表示使用者有選擇清單中的項目, 此方法有 4 個參數, 最常用的是第 3 個參數, 也就是選取項目的編號。

   - onNothingSelected():表示使用者按返回鍵而『沒有選取項目』, 通常不需處理此動作。

4. ListView 和 Spinner 都是繼承自 AdapterView 類別，功能及用法也很類似，它們都是以條列方式顯示資料項目的元件。兩者不同處在於 Spinner 元件是使用者按下後才會列出項目清單，但 ListView 則是直接列出清單內容，使用者可直接選取，省去展開清單的動作。

5. 利用 ListView 的 Entries 屬性可設定項目內容，當使用者按一下項目時會觸發按一下事件，按一下事件的監聽物件可用 setOnItemClickListener() 方法設定。

6. Spinner 與 ListView 都可以透過 ArrayAdapter 在程式執行時才設定要顯示的項目內容，也可隨時更換項目內容。

習題

1. 要即時處理 Spinner 元件的選取項目事件，需用 setOnItem ________ Listener() 方法設定實作 AdapterView.OnItem ________ Listener 介面的監聽物件；要即時處理 ListView 元件的選取項目事件，則需用 setOnItem ________ Listener() 方法設定實作 AdapterView.OnItem ________ Listener 介面的監聽物件。

2. 請用 Spinner 建立一個交通工具選單，使用者可選擇其通勤方式，程式要讀取及顯示使用者選擇的結果。

3. 將上一題的選單改用 ListView 建立。

4. 請用 Spinner 建立一個飲料選單，例如包含 "咖啡"、"紅茶"、"奶茶" ...等，再用另一個 Spinner 讓使用者選擇幾杯。程式要顯示使用者選擇的結果，及金額小計。

5. 將上一題的飲料選單改用 ListView 建立, 杯數改用 EditText 元件讓使用者輸入。

6. 請修改 6-1 節訂票範例程式, 將原本使用字串資源和 **Entries** 屬性設定的項目文字, 改成在程式中宣告字串陣列, 並建立 ArrayAdapter 物件供 Spinner 元件使用。

07 即時訊息與交談窗

Chapter

7-1 使用 Toast 顯示即時訊息

使用 Toast 功能可在螢幕上顯示一小段即時訊息，並在幾秒鐘後自動消失；而使用交談窗功能（見下一節）則可在螢幕最上層顯示訊息框並攔截所有輸入，使用者必須做出回應並關閉交談窗後，才能繼續原來的操作。

Toast 即時訊息

Alert 交談窗

Toast 訊息、及交談窗的外觀，會因 Android 系統版本而有所不同

在不同版本的 Android 系統上執行時，交談窗的外觀及按鈕位置都可能不一樣（不過功能是一樣的），右圖是在 Android 4.4.2 版上執行的效果：

Toast 即時訊息

Alert 交談窗

本節先來介紹 Toast 功能，它在顯示訊息的時候，使用者仍能繼續操作。例如：

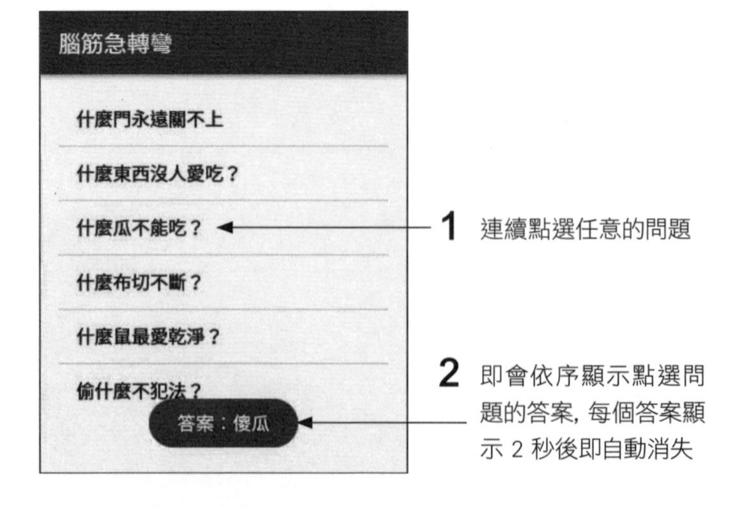

Toast 類別

Toast 提供了便利的 makeText() 方法, 可依照指定的顯示訊息及時間長短來建立一個 Toast 物件, 我們再呼叫這個物件的 show() 方法即可顯示訊息, 例如:

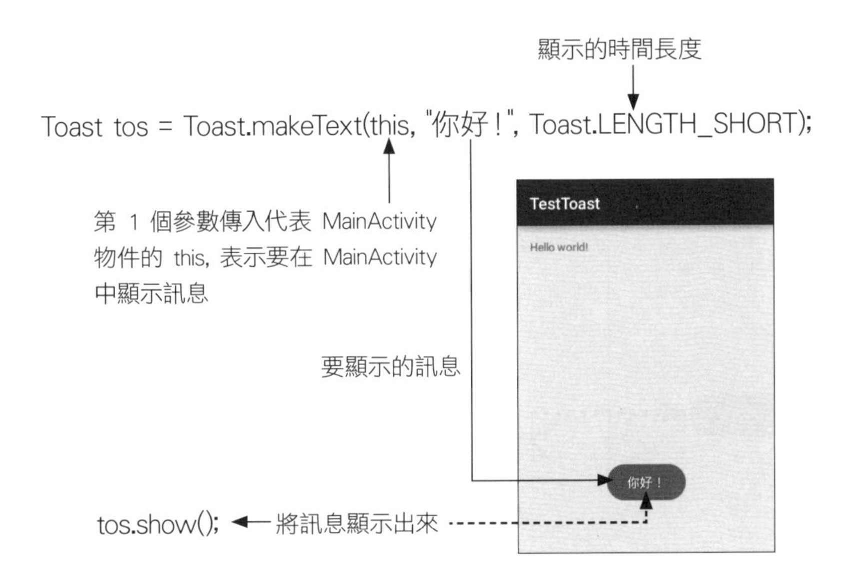

其中顯示時間指定為 Toast.LENGTH_SHORT 為 2 秒, 若指定為 Toast.LENGTH_LONG 則為 3.5 秒。

Toast.makeText() 可以產生新物件並設定好內容及顯示時間, 然後將此新物件傳回。由於 makeText() 會傳回 Toast 物件, 因此也可用 "." 串接呼叫 show():

```
Toast.makeText(this, "你好！", Toast.LENGTH_SHORT).show();
```

Toast 類別和前幾章使用的 UI 元件 Button、EditText、Spinner ...等類別一樣, 都屬 android.widget 套件。

範例 7-1：腦筋急轉彎-用 Toast 顯示答案

接著我們就來撰寫一個『腦筋急轉彎』程式，程式中會用上一章介紹的 ArrayAdapter 建立含腦筋急轉彎題目的 ListView，使用者按下任一題，程式就會用 Toast 顯示答案：

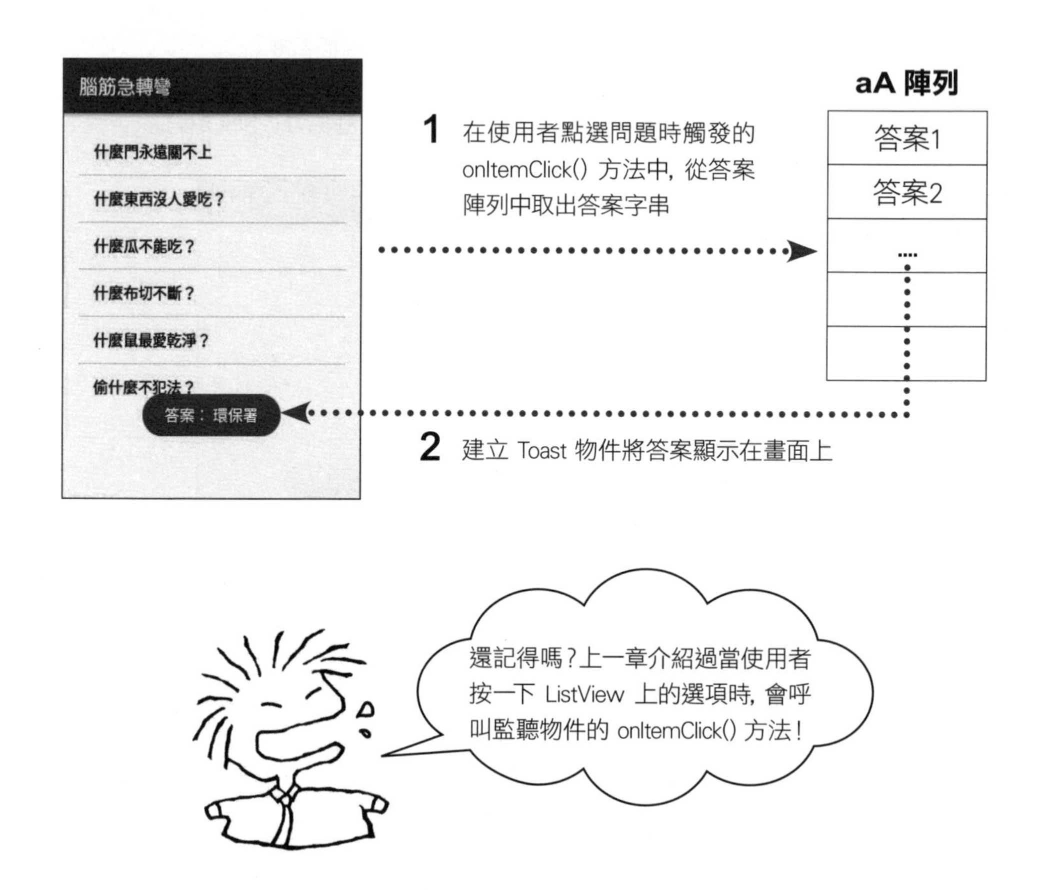

step 1 請新增一個 Ch07_BrainTeaser 專案，並將應用程式名稱設為 "腦筋急轉彎"。

step 2 將佈局中原有的 "Hello world!" 元件刪除，再加入一個 **Containers** 中的 ListView 元件：

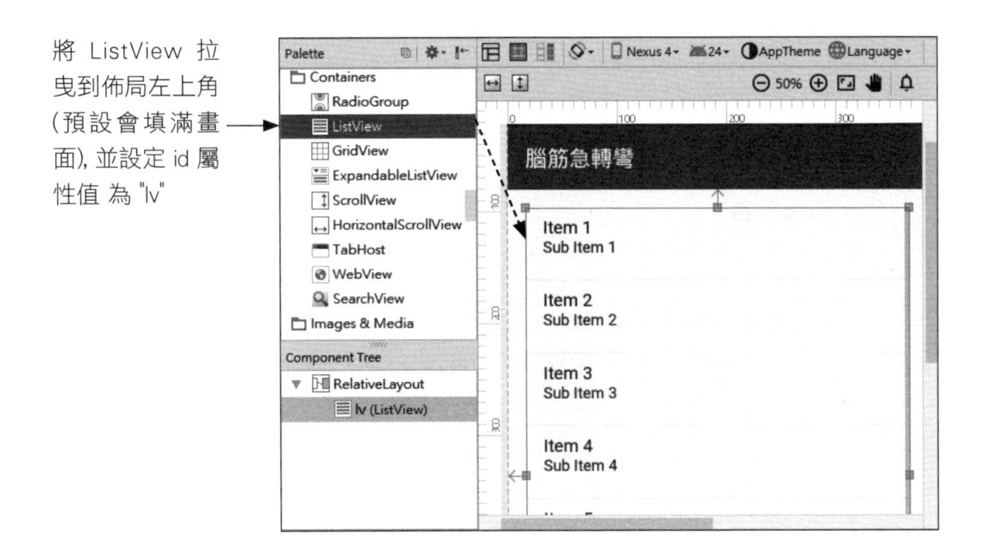

step 3 接著撰寫程式如下:

```
01 public class MainActivity extends AppCompatActivity
02                     implements AdapterView.OnItemClickListener {
03                                                           建立問題陣列
04     String[] queArr = {"什麼門永遠關不上?","什麼東西沒人愛吃?",
05                        "什麼瓜不能吃?","什麼布切不斷?",
06                        "什麼鼠最愛乾淨?","偷什麼不犯法?"};
07     String[] ansArr = { "球門", "虧",          ◄— 建立答案陣列
08                         "傻瓜","瀑布",
09                         "環保署","偷笑" };
10
11     @Override
12     protected void onCreate(Bundle savedInstanceState) {
13         super.onCreate(savedInstanceState);
14         setContentView(R.layout.activity_main);
15                                          建立供 ListView 使
16                                          用的 ArrayAdapter 物件
17         ArrayAdapter<String> adapter = new ArrayAdapter<>(
18                 this,                          使用內建的佈局資源
19                 android.R.layout.simple_list_item_1,
20                 queArr);           ◄— 以 queArr 陣列當資料來源
21                                                  取得 ListView
22         ListView lv = (ListView)findViewById(R.id.lv);
```

Next

```
23        lv.setAdapter(adapter);        ◄— 設定 ListView 使用的 Adapter
24        lv.setOnItemClickListener(this); ◄— 設定 ListView 項目
25    }                                        被按時的事件監聽器
26
27    @Override
28    public void onItemClick(AdapterView<?> parent, View view,
29                                int position, long id) {
30        Toast.makeText(this,
31                "答案：" + ansArr[position], ◄— 由 ansArr 陣列取得答案
32                Toast.LENGTH_SHORT).show();
33    }
...
```

- 第 4~9 行建立 2 個字串陣列, 第 4 行的 queArr 陣列用來儲存問題, 第 7 行的 ansArr 陣列用來儲存答案。

- 第 17 行建立供 ListView 使用的 ArrayAdapter<String> 物件, 第 19 行建構方法第 2 個參數設定的 android.R.layout.simple_list_item_1, 是 Android 內建用來顯示單一項目的佈局資源 ID, 第 20 行設定資料來源為 queArr 問題字串陣列。

- 第 23、24 行替 ListView 設定 Adapter 及項目被按事件的監聽器。

- 第 28~33 行為項目被按下的 onItemClick() 事件方法, 使用者按下某個問題時, 參數 position 即為該項目的位置, 利用此位置當索引即可由答案陣列找到對應的答案, 接著就用 Toast 物件顯示答案內容。

step 4 將程式部署到手機/模擬器上測試效果：

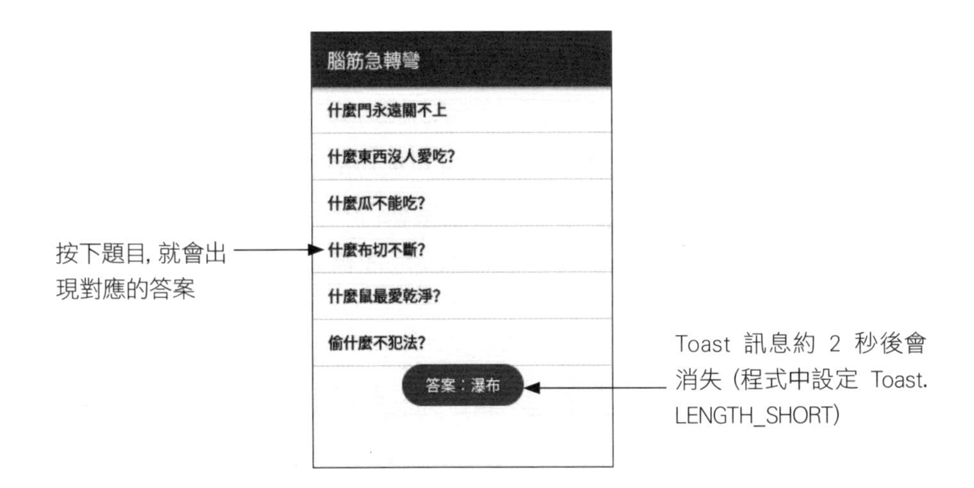

有一點要特別注意, 如果連續有多個 Toast 物件要顯示時, 會等第一個顯示完才顯示第二個, 以此類推。因此, 若在以上程式中快速選取多個項目, 則答案並不會跟著快速顯示, 而會等上一個顯示完後才顯示下一個。

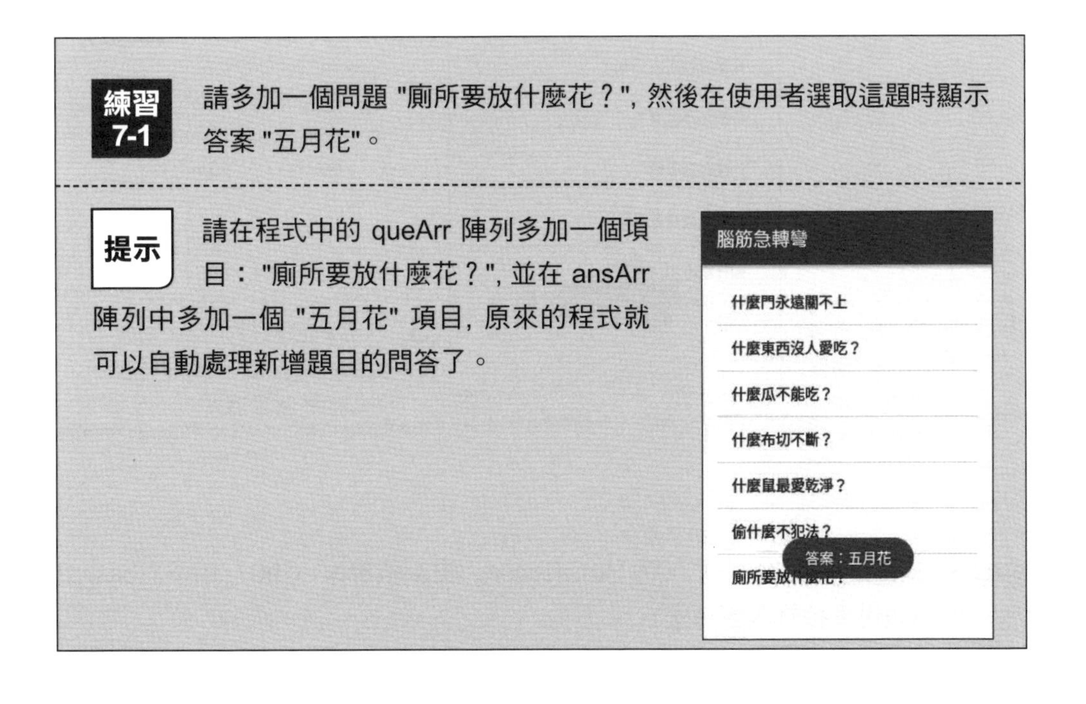

練習 7-1 請多加一個問題 "廁所要放什麼花？", 然後在使用者選取這題時顯示答案 "五月花"。

提示 請在程式中的 queArr 陣列多加一個項目："廁所要放什麼花？", 並在 ansArr 陣列中多加一個 "五月花" 項目, 原來的程式就可以自動處理新增題目的問答了。

Toast 訊息的取消顯示與更新顯示

我們可以執行 Toast 物件的 cancel() 來取消顯示, 或用 setText() 來更改訊息內容。另外, 同一個 Toast 物件在連續執行 show() 時, 均會立即重新顯示而不等待 (只有不同的 Toast 物件連續顯示時才需要排隊)。

範例 7-2 :即時顯示答案的腦筋急轉彎

底下我們修改前面的範例, 讓使用者在連續點選多個問題時, 均能立即顯示最後點選的答案:

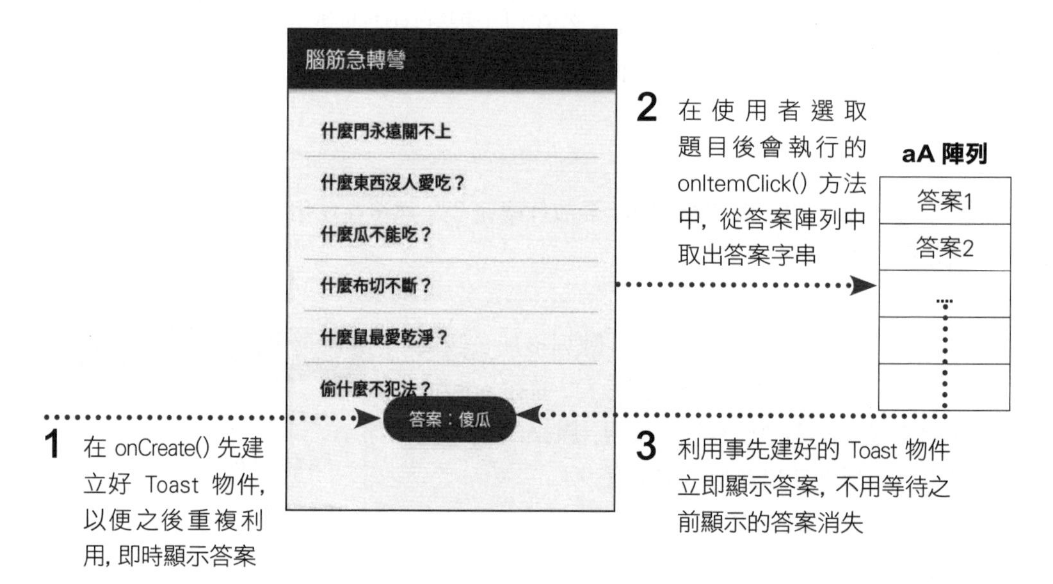

step 1 請將前一個範例 Ch07_BrainTeaser 複製新專案 Ch07_BrainTeaser2 (也可直接修改原專案)。

step 2 開啟程式檔 MainActivity.java, 並如下修改程式:

```
01 public class MainActivity extends AppCompatActivity
...
07     // 建立答案陣列
08     String[] ansArr = { "球門", "虧",
09                         "傻瓜","瀑布",
10                         "環保署","偷笑"};
11     Toast tos; ◄— 宣告 Toast 物件
12
13     @Override
14     protected void onCreate(Bundle savedInstanceState) {
           ...                                        建立 Toast 物件
27         tos = Toast.makeText(this, "", Toast.LENGTH_SHORT); ◄┘
28     }
29
30     @Override
31     public void onItemClick(AdapterView<?> parent, View view,
32                             int position, long id) {
33         tos.setText("答案："+ansArr[position]);◄— 變更 Toast 物件
34         tos.show();        ◄— 立即重新顯示        的文字內容
35     }
36 }
```

- 程式第 11 行是在 MainActivity 內宣告中選宣告一個『可重複使用的 Toast』，並在第 27 行使用 makeText() 建立物件。

- 每當使用者按下問題時，即會引發第 31 行的 onItcmClick() 方法，然後將新的答案設給 tos 物件，並立即重新顯示出來。

step 3 將程式部署到手機/模擬器上，則可測試『連續按不同問題時，都能立即顯示答案』的效果。

練習 7-2

除了可以使用 setText() 更改顯示內容外, Toast 還提供 setDuration() 方法可以更改顯示的時間長度。這個方法只有一個參數, 可傳入的值和 makeText() 的第 3 個參數一樣。請試試看在使用者選取單數題時, 將顯示時間設定為 Toast.LENGTH_SHORT, 而雙數題時設定為 Toast.LENGTH_LONG。

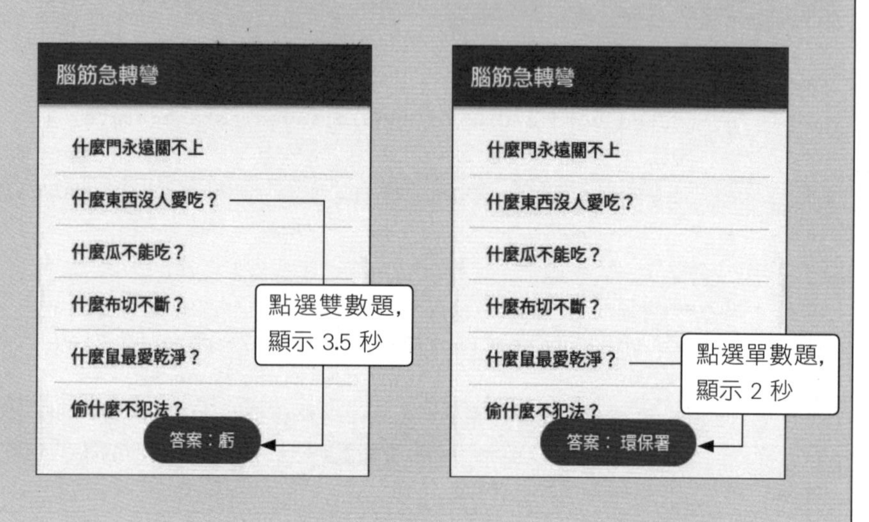

提示 只要在 onItemClick() 中呼叫 tos.show() 之前加入以下的程式即可：

```
if(position % 2 == 0)
    tos.setDuration(Toast.LENGTH_SHORT);
else
    tos.setDuration(Toast.LENGTH_LONG);
```

要注意的是 % 是取餘數的運算, 所以若是 position 除以 2 的餘數是 0, 表示 position 為偶數, 但因為 position 是從 0 開始算起, 所以 position 為偶數時代表的是單數題。

改變 Toast 的顯示位置

如果想改變 Toast 的顯示位置, 可使用 setGravity(int gravity, int xOffset, int yOffset) 方法, 其中 gravity 參數是用來指定對齊位置, 第 2、3 參數則可指定要在水平及垂直位移多少距離。例如我們想將訊息顯示在右上角 (向右上對齊), 且距離頂端 50 dp 的位置 (即向下移 50dp), 那麼可以在前面程式第 27 行的下方插入程式碼:

```
tos.setGravity(Gravity.TOP | Gravity.RIGHT, 0, 50);
```

← 顯示在右上角且向下移 50 dp

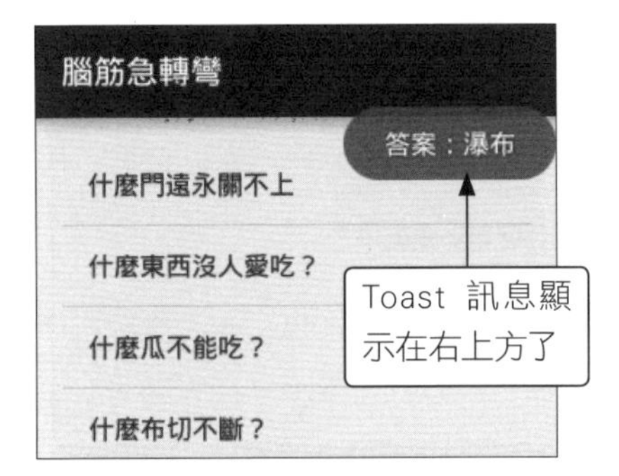

如果是向右對齊, 則 xOffset 是設定要向左移多少位移距離, 反之如果是向左對齊, 則 xOffset 是設定要向右移多少位移距離；若是向中對齊, 則 xOffset 是負值向左、正值向右位移。同理, yOffset 的效果同樣會依向上、向下、或向中對齊而有不同。

7-2 使用 Snackbar 顯示即時訊息

顯示 Toast 顯示訊息時, 可能會發生使用者已經離開 App 了, 但是訊息還遺留在畫面上的狀況:

不知道是哪一個 App 顯示的 Toast 訊息

為了改善這個問題，Android 5.x 開始提供了一個新的 Snackbar 功能可以顯示訊息，Snackbar 只有在 App 顯示時才會出現，一旦離開 App 後便不會再顯示訊息：

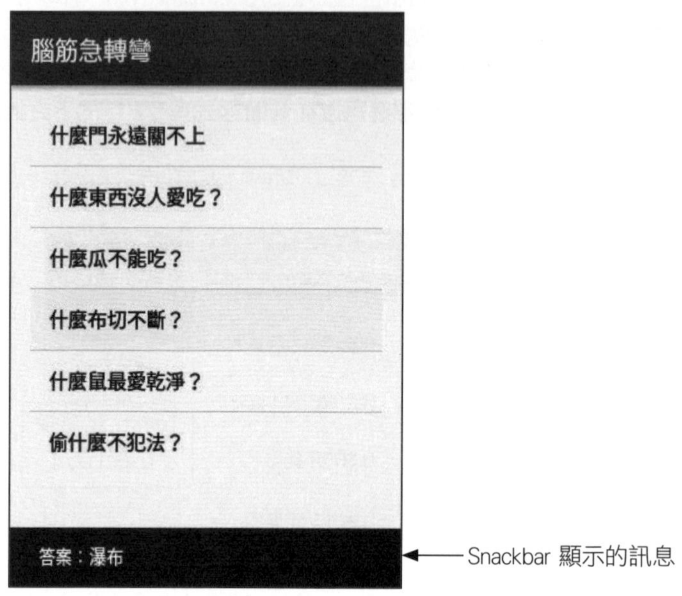

Snackbar 的使用方法與 Toast 類似：

```
Snackbar.make(view, "訊息", Snackbar.LENGTH_SHORT).show();
```

Snackbar 的第一個參數必須傳入 Activity 中的佈局元件，Snackbar 即會在此佈局元件內顯示訊息，所以一旦離開 Activity 後 Snackbar 也會跟著消失。

範例 7-3 ：腦筋急轉彎 - 用 Snackbar 顯示答案

我們將修改前面的範例，讓腦筋急轉彎的答案改用 Snackbar 顯示：

1. 請將前一個範例 Ch07_BrainTeaser2 複製新專案 Ch07_BrainTeaser3 (也可直接修改原專案)。

2. 執行『**File/Project Structure**』命令，如下加入必要的函式庫：

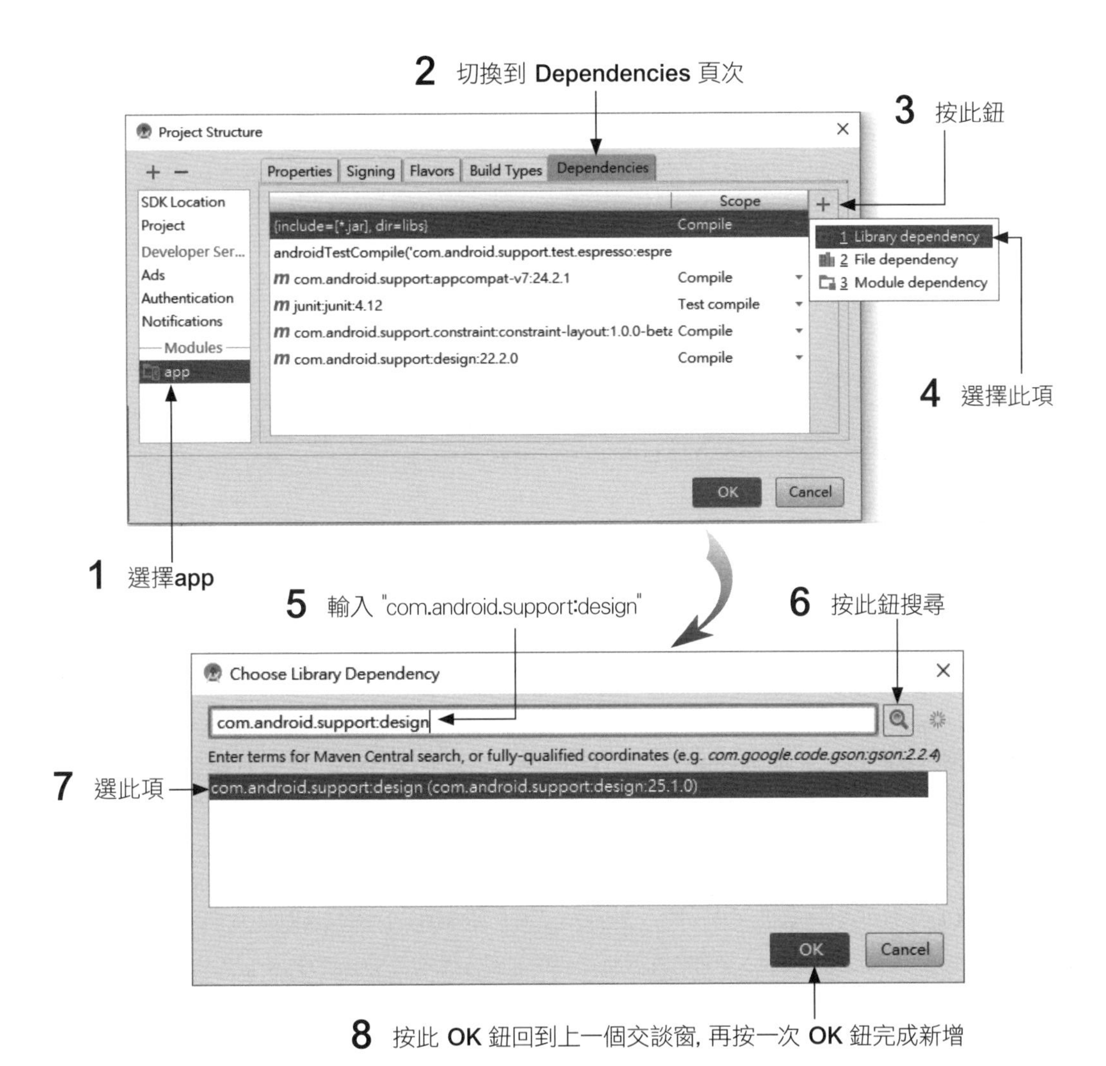

部份 Activity 會自動加入 com.android.support:design:xx.x.x 這個函式庫, 所以若您在 **Dependencies** 頁次已經看到該函式庫, 就不需要再另行新增了。

3. 開啟佈局檔, 如右操作:

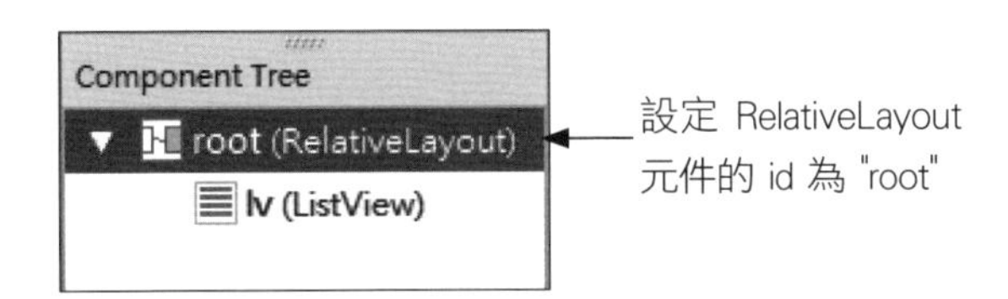

4. 開啟程式檔 MainActivity.java, 然後如下修改程式:

```
01 public class MainActivity extends AppCompatActivity
...
30     @Override
31     public void onItemClick(AdapterView<?> parent, View view,
32                             int position, long id) {
33     //tos.setText("答案:"+ansArr[position]);  ─┐
34     //tos.show();                            ─┘◄─ 刪除或註解這兩行
35     Snackbar.make(findViewById(R.id.root),        ─┐
36             "答案:"+ansArr[position],              ├◄─ 改用 Snackbar
37             Snackbar.LENGTH_SHORT).show();        ─┘   顯示答案
38     }
```

如果連續點選題目時, Snackbar 會立即關閉舊的訊息再顯示新的, 並且會有轉場動畫效果。

5. 將程式部署到手機/模擬器上, 則可測試 Snackbar 的效果。

練習 7-3 請改成 7-2 節的作法, 先建立固定的 Snackbar 物件, 然後在點選題目時用 setText() 設定答案並顯示出來。

提示 可如下修改程式:

```
...
Snackbar sbar; ◄─ 宣告 Snackbar 物件

@Override
protected void onCreate(Bundle savedInstanceState) {
...
    sbar = Snackbar.make(findViewById(R.id.root),◄─┐
          "", Snackbar.LENGTH_SHORT);      建立 Snackbar 物件
}

@Override
public void onItemClick(AdapterView<?> parent,
                        View view, int position, long id) {
    sbar.setText(ansArr[position]); ◄─ 設定答案
    sbar.show(); ◄─ 顯示訊息
}
```

用此方法在連續點選題目時, 只會立即更新答案, 但不會有轉場動畫的效果。

7-3 使用 Alert 交談窗

『交談窗』(Dialog) 可以用來顯示一段訊息，並要求使用者輸入一些資訊，例如按下確定或取消鈕、輸入帳號及密碼、或顯示清單方塊讓使用者選擇...等。此時輸入焦點會集中在交談窗上，必須等交談窗關閉後，使用者才能進行其他的操作。

Android 提供了 3 種交談窗類別供我們使用：

AlertDialog

DatePickerDialog

TimePickerDialog

交談窗的外觀，會因 Android 系統版本而有所不同

在不同版本的 Android 系統上執行時，交談窗的外觀及按鈕位置都可能不一樣 (不過功能是一樣的)。以下是在 Android 4.4.2 版上執行的效果：

AlertDialog

DatePickerDialog

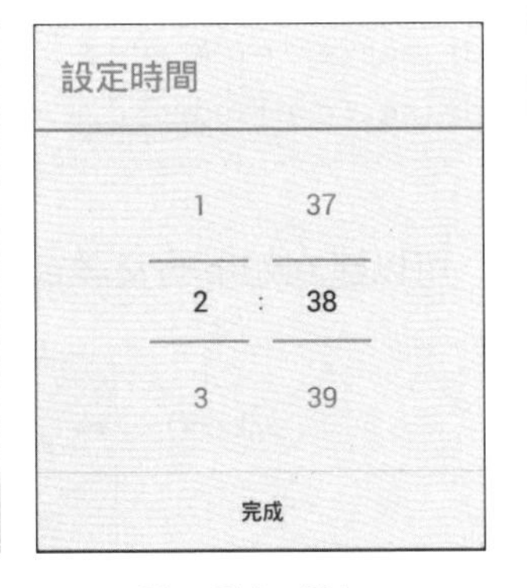

TimePickerDialog

AlertDialog 類別

本節先來介紹 AlertDialog 類別, 此交談窗可依需要而顯示出以下幾種項目:

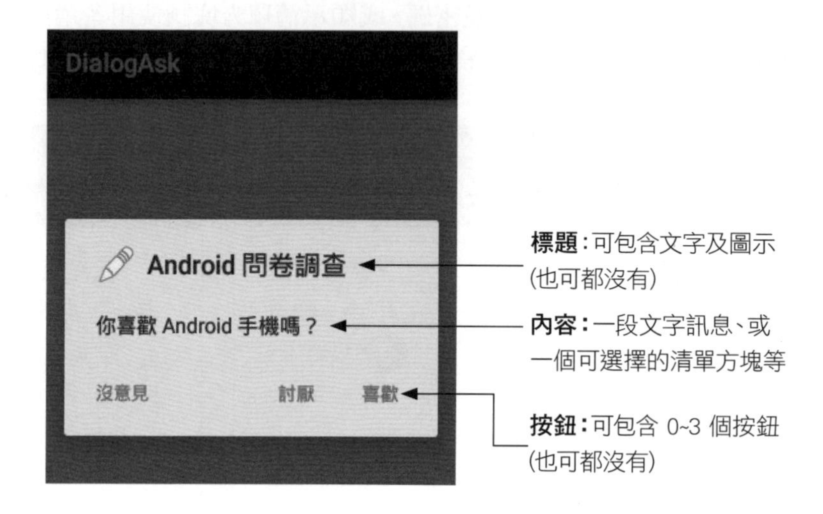

AlertDialog.Builder:設定與建立 Alert 交談窗

要顯示 Alert 交談窗, 請先使用特製的類別 **AlertDialog.Builder** 建立 AlertDialog.Builder 物件, 然後用此物件來設定交談窗所需的元素及屬性後, 再產生實際的 AlertDialog 物件並顯示出來。例如:

```
AlertDialog.Builder bdr = new AlertDialog.Builder(this);
bdr.setMessage("交談窗示範教學！");
bdr.setTitle("歡迎");
bdr.setIcon(android.R.drawable.presence_away);
```

可以建立如下的交談窗, 各個方法的作用如圖所示:

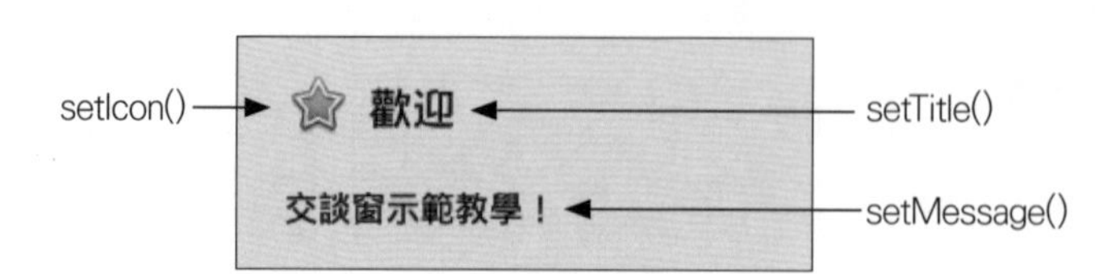

其中 setIcon() 方法必須傳入圖示的資源 ID, 可以像是上例中使用系統內建的圖示, 或是自己準備的圖示。

AlertDialog 所屬的套件為 android.app。

setCancelable()：設定可按返回鍵關閉交談窗

AlertDialog.Builder 還有一個 setCancelable() 方法, 若傳入 true 呼叫此方法, 表示使用者可按手機的返回鍵 (或在交談窗以外的區域按一下) 來關閉交談窗；如果傳入 false, 交談窗上就必須提供取消按鈕, 否則使用者將無法關閉交談窗。系統預設為 true。

show()：建立並顯示交談窗

用 AlertDialog.Builder 設定好交談窗所需的元素與屬性後, 即可呼叫 AlertDialog.Builder 的 show() 方法建立 AlertDialog 物件, 並且自動呼叫 AlertDialog 的 show() 方法顯示交談窗：

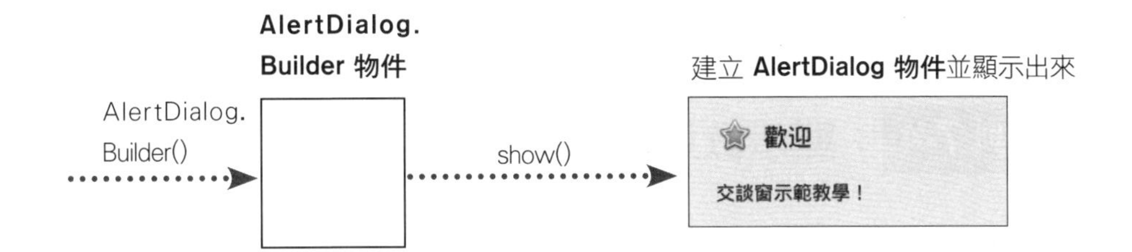

在 Android 中, 有許多功能都會像 AlertDialog 一樣設計有 Builder 類別來協助建立物件。為了避免混淆, 所以在程式中都會連同 AlertDialog 類別名稱寫出來, 表示是使用 AlertDialog 中的 Builder 類別。

建立 Alert 交談窗的簡潔寫法

由於 AlertDialog.Builder 中的方法都會傳回 AlertDialog.Builder 物件自己, 因此可以直接將多個方法用 "." 運算子串接起來, 例如：

```
AlertDialog.Builder bdr = new AlertDialog.Builder(this);
bdr.setMessage("交談窗示範教學！)
    .setTitle("歡迎");
    .setIcon(android.R.drawable.presence_away)
    .show();
```

甚至還可直接串接 new 運算的結果物件, 省掉宣告變數的寫法, 變成:

```
new AlertDialog.Builder(this).
     .setMessage("交談窗示範教學！)
     .setTitle("歡迎");
     .setIcon(android.R.drawable.presence_away)
     .show();
```

由於通常程式中都不需要保留 AlertDialog.Builder 物件, 因此常常都會採用上述簡潔的寫法。

範例 7-4 : 顯示歡迎訊息的交談窗

接著我們就來實作顯示交談窗的範例, 其執行結果如下:

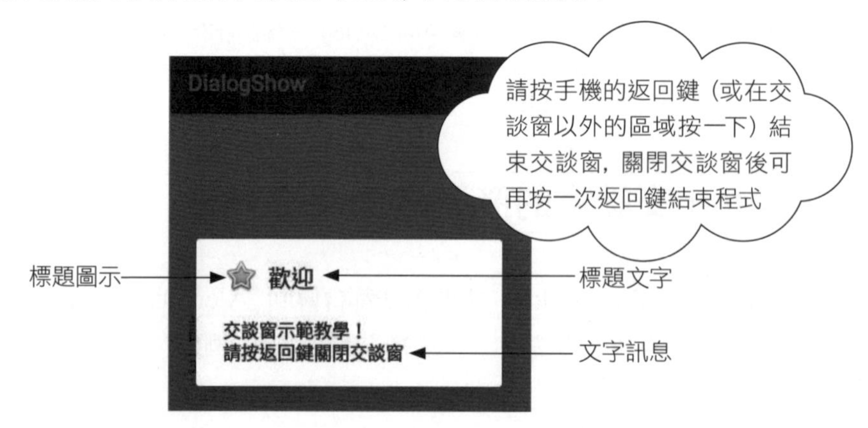

step 1 請新增名為 Ch07_DialogShow 專案，並將應用程式名稱設為 "DialogShow"。

step 2 請將預設的 TextView 元件拉曳到螢幕正中央，然後修改屬性如下：

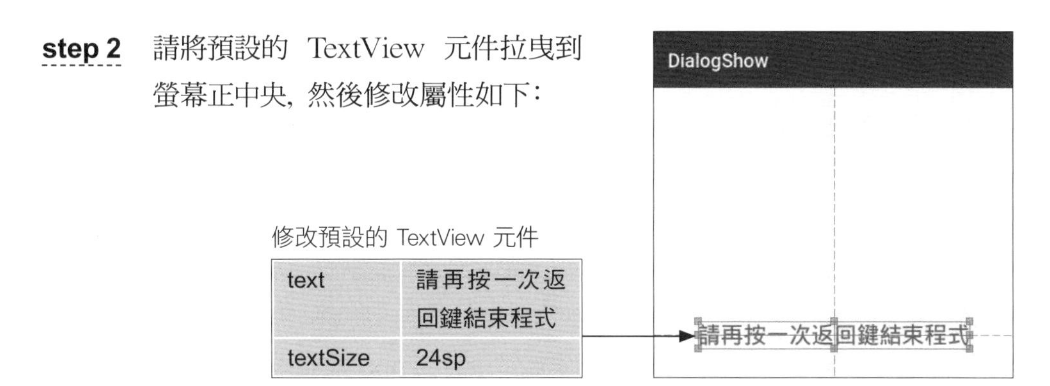

修改預設的 TextView 元件

text	請再按一次返回鍵結束程式
textSize	24sp

step 3 修改程式中的 onCreate() 方法如下：

```
01 protected void onCreate(Bundle savedInstanceState) {
02     super.onCreate(savedInstanceState);
03     setContentView(R.layout.activity_main);
04
05     AlertDialog.Builder bdr = new AlertDialog.Builder(this);
06     bdr.setMessage("交談窗示範教學！\n"      ← 加入文字訊息
07                 + "請按返回鍵關閉交談窗");
08     bdr.setTitle("歡迎");              ← 加入標題
09     bdr.setIcon(android.R.drawable.btn_star_big_on); ← 加入圖示
10     bdr.setCancelable(true);       ← 允許按返回鍵關閉交談窗
11     bdr.show();
12 }
```

● 第 9 行加入的交談窗圖示為 Android 的系統圖示 (android.R.drawable.btn_star_big_on)，您也可改為自己準備的圖示。在程式中指定圖形資源後，編輯器的左側會以小圖顯示該圖形，以方便您檢視：

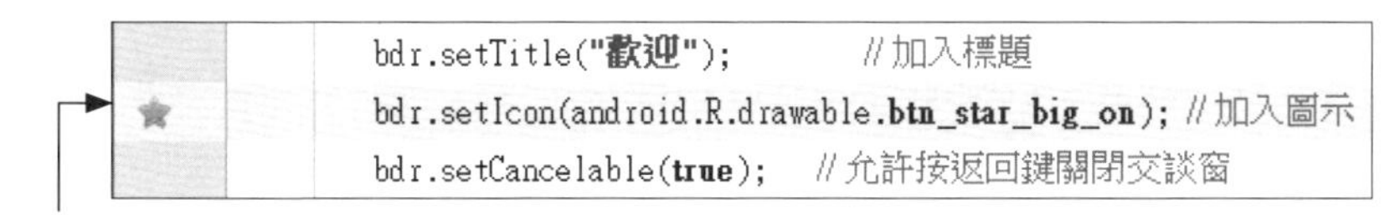

以小圖顯示程式中指定的圖形資源

● 第 10 行設定了『允許使用返回鍵關閉交談窗』。

step 4 將程式部署到手機/模擬器上，則可看到程式一執行時即顯示交談窗 (參見上頁執行結果圖)。

取得系統的圖示

Android 系統預設就有許多可用的圖示，這些圖示的資源 ID 都定義在 android.R.drawable 類別中。如果想知道個別圖示的樣貌，可以參考第 5-3 節在安裝 Android SDK 的資料夾下 \sdk\platforms\平台版本\data\res\drawable-mdpi 中找到與資源 ID 同名的圖檔，挑選適用的圖示。

請將交談窗的圖示改為使用專案預設的 App 圖示。

提示 專案預設的圖示其資源 ID 為 R.mipmap.ic_launcher，請把程式中呼叫 setIcon() 的參數修改為此資源 ID 即可。

在交談窗中加入按鈕

在 Alert 交談窗中最多可以加入 3 個按鈕，分別代表**否** (Negative)、**中性** (Neutral)、及**是** (Positive)。加入的方法則為 setXxxButton()，其中的 Xxx = Negative、Neutral、或 Positive，例如以下串接呼叫的例子：

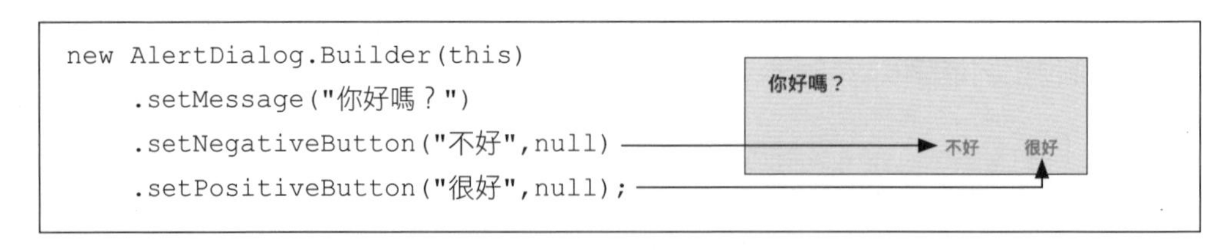

```
new AlertDialog.Builder(this)
    .setMessage("你好嗎？")
    .setNegativeButton("不好",null)
    .setPositiveButton("很好",null);
```


以上方法的第 1 個參數為按鈕中要顯示的字串，第二個參數必須傳入實作 DialogInterface.OnClickListener 介面的物件，以做為按下該按鈕時的 onClick 監聽器。若設為 null 表示不處理這個按鈕事件。

DialogInterface.OnClickListener 是定義在 android.content.DialogInterface 類別內的介面，所以使用時要先匯入 android.content.DialogInterface 類別。

舉例來說，若是要讓 MainActivity 監聽交談窗中按鈕的事件，就要先讓 MainActivity 實作 DialogInterface.OnClickListener 介面：

```
public class MainActivity extends AppCompatActivity
        implements DialogInterface.OnClickListener {
```

DialogInterface.OnClickListener 介面中只定義有一個 onClick() 方法：

```
public void onClick(DialogInterface dialog, int which) {
    if(which == DialogInterface.BUTTON_POSITIVE) {
        ... // 按下『是』按鈕時的處理
    }
    else if(which == DialogInterface.BUTTON_NEGATIVE) {
        ... // 按下『否』按鈕時的處理
    }
}
```

onClick() 方法的第 1 個參數是指向交談窗的物件。第 2 個參數是引發事件按鈕的 ID，可透過與 DialogInterface 介面中定義的常數比較：

代表按鈕的常數

常數名稱	意義
BUTTON_NEGATIVE	按了代表『否』的按鈕
BUTTON_NEUTRAL	按了代表『中性』的按鈕
BUTTON_POSITIVE	按了代表『是』的按鈕

這樣就可以依據不同的按鈕進行個別的動作。

交談窗上的按鈕每一種最多只能顯示 1 個，所以最多就是 3 個按鈕，而且會以『**中**(靠左)，**否**、**是**(靠右)』或『**否**、**中**、**是**(由左到右)』的順序顯示 (依照程式所套用的樣式而有不同)。

OnClickListener 介面在許多套件及類別中都有，它們都是不同的介面。此處是 android.content.**DialogInterface** 類別中的介面，它和一般按鈕 (Button) 位在 android.view.**View** 類別中的介面不同，請勿弄混了。

範例 7-5：Android 問卷調查

接著我們就來實作一個範例，程式執行後會開啟交談窗詢問使用者對 Android 手機的喜好程度，並在使用者按鈕選擇後關閉交談窗，在畫面上顯示選取的結果：

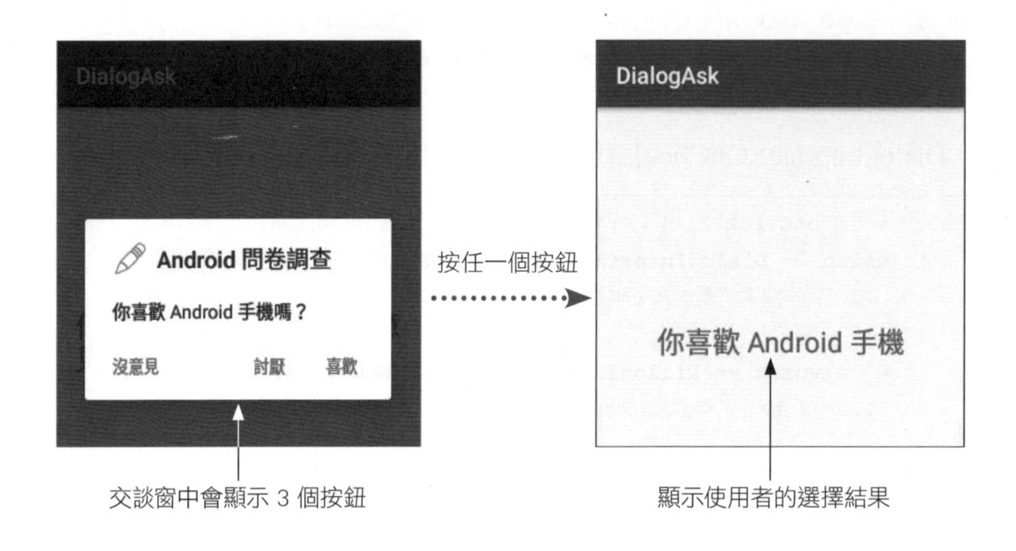

step 1 請新增一個名為 Ch07_DialogAsk 專案，並將專案名稱設為 "DialogAsk"。

step 2 請將預設的 TextView 元件拉曳到螢幕正中央，然後修改屬性如下：

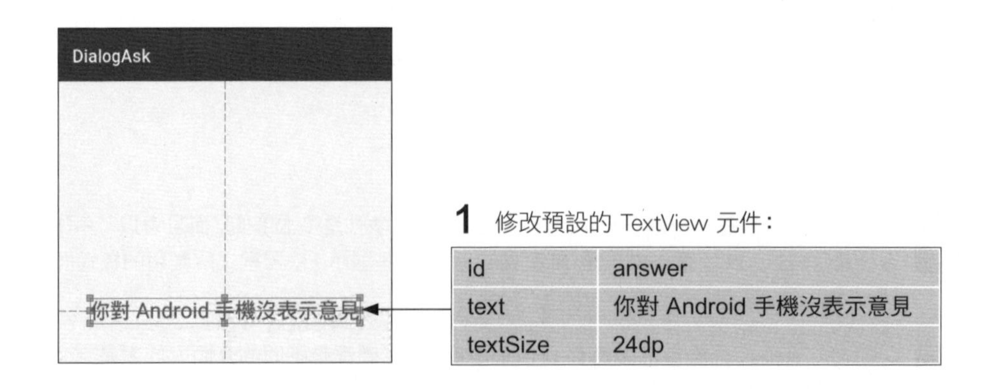

id	answer
text	你對 Android 手機沒表示意見
textSize	24dp

step 3 如下修改程式中的 onCreate() 方法及加入按鈕事件的方法：

```
01 package tw.com.flag.ch07_dialogask;
02
03 import android.os.Bundle;
04 import android.app.Activity;
05 import android.app.AlertDialog;
06 import android.content.DialogInterface;
07 import android.view.Menu;
08 import android.widget.TextView;
09
10 protected class MainActivity extends AppCompatActivity
11         implements DialogInterface.OnClickListener {◄— 實作監聽介面
12
13     TextView txv; ◄— 記錄預設的 TextView 元件
14
15     @Override
16     public void onCreate(Bundle savedInstanceState) {
17         super.onCreate(savedInstanceState);
18         setContentView(R.layout.activity_main);
19
20         txv = (TextView)findViewById(R.id.answer); ◄— 找出預設的 TextView
21         new AlertDialog.Builder(this) ◄— 建立 Builder 物件
22             .setMessage("你喜歡 Android 手機嗎？") ◄— 設定顯示訊息
23             .setCancelable(false) ◄— 禁用返回鍵關閉交談窗
24             .setIcon(android.R.drawable.ic_menu_edit)◄—採用內建的圖示
25             .setTitle("Android 問卷調查") ◄— 設定交談窗的標題
26             .setPositiveButton("喜歡", this)◄— 加入肯定按鈕並監聽事件
27             .setNegativeButton("討厭", this)◄— 加入否定按鈕並監聽事件
28             .setNeutralButton("沒意見",null)◄— 不監聽中性按鈕
29             .show(); ◄— 顯示交談窗
30     }
31
32     @Override
33     public void onClick(DialogInterface dialog, int which) { ◄— 實作監聽介面定義的方法
34         if(which == DialogInterface.BUTTON_POSITIVE) {◄— 如果按下肯定的『喜歡』
35             txv.setText("你喜歡 Android 手機");
36         }
37         else if(which == DialogInterface.BUTTON_NEGATIVE) { ◄— 如果按下否定的『討厭』
```

Next

```
38              txv.setText("你討厭 Android 手機");
39          }
40      }
```

- 第 11 行讓 MainActivity 實作 DialogInterface.OnClickListener 介面, 以便處理交談窗上按鈕的事件。
- 第 26~28 行加入了 3 個按鈕, 讓使用者可以選擇對 Android 手機的喜愛程度。
- 第 33~40 行實作了 onClick() 方法, 並依據按下的按鈕更改畫面上 TextView 元件顯示的文字。

step 4 將程式部署到手機/模擬器上, 測試交談窗中不同按鍵的效果:

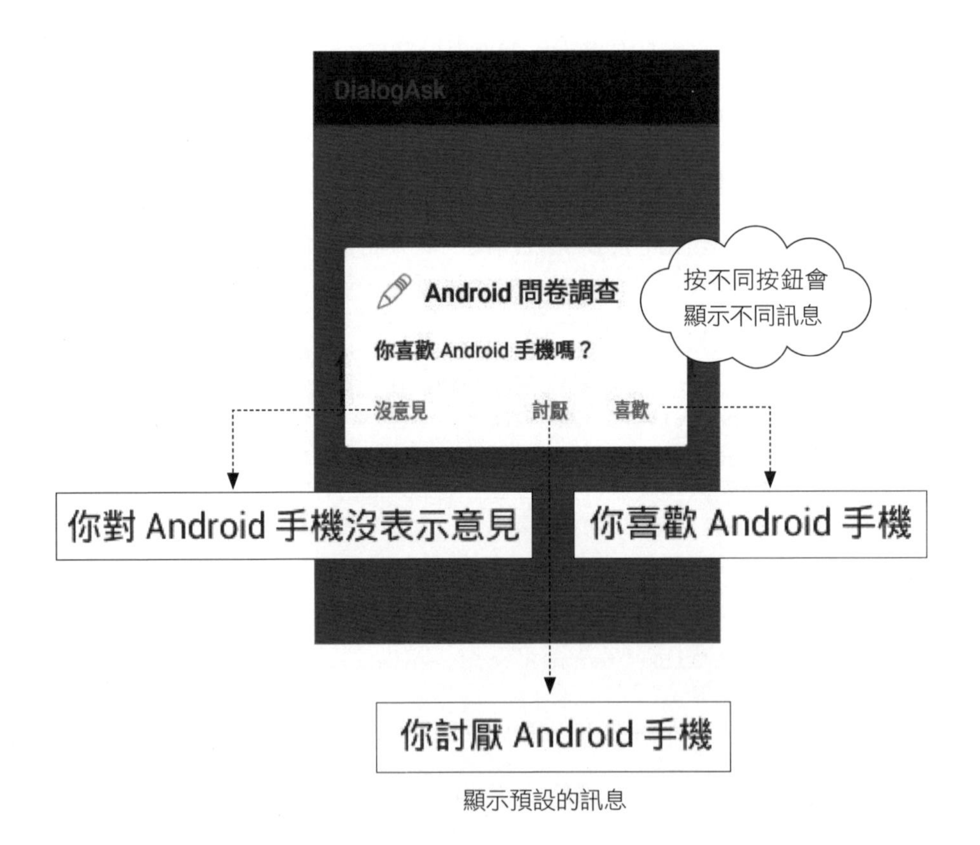

顯示預設的訊息

練習 7-5 請在使用者按了沒意見按鈕時, 將螢幕上顯示的字串改為 "要不要試用看看 Android 手機呢？"。

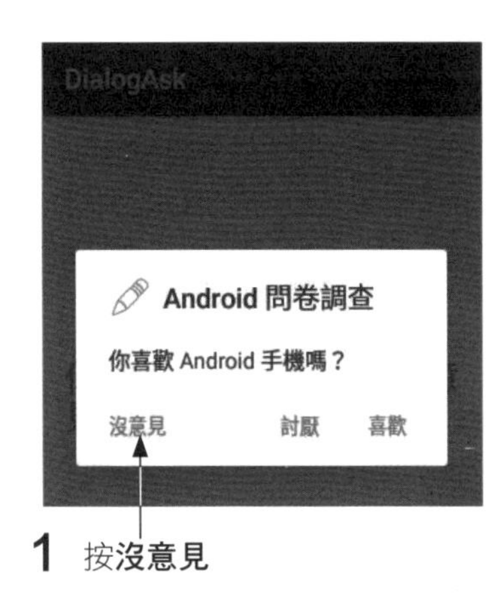

1 按沒意見

2 顯示建議試用的訊息

提示 請在原範例的 onClick() 後再加上一個 else if 的判斷, 若 which 的值是 DialogInterface.BUTTON_NEUTRAL, 就用 setText() 方法設定螢幕上顯示的文字。最後, 要記得修改建立交談窗時呼叫的 setNeutralButton() 方法的內容, 把沒意見按鈕的監聽物件設為 this, 由 MainActivity 處理按鈕事件。

```
    new AlertDialog.Builder(this)  ← 建立 Builder 物件
            ...
            .setNeutralButton("沒意見", this)  ← 加入沒意見按鈕
...

public void onClick(DialogInterface dialog, int which) {  ← 實作監聽介面定義的方法
    ...
    else if(which == DialogInterface.BUTTON_NEUTRAL) {
            txv.setText("要不要試用看看 Android 手機呢？");
    }
```

7-4 使用日期、時間交談窗

日期、時間交談窗可讓使用者以選取的方式來輸入日期及時間, 以確保輸入資料的正確性。

DatePickerDialog 與 TimePickerDialog 類別

我們可以用 **DatePickerDialog** 及 **TimePickerDialog** 類別來建立日期、時間交談窗。例如底下是以串接方式執行 show() 顯示出來的例子:

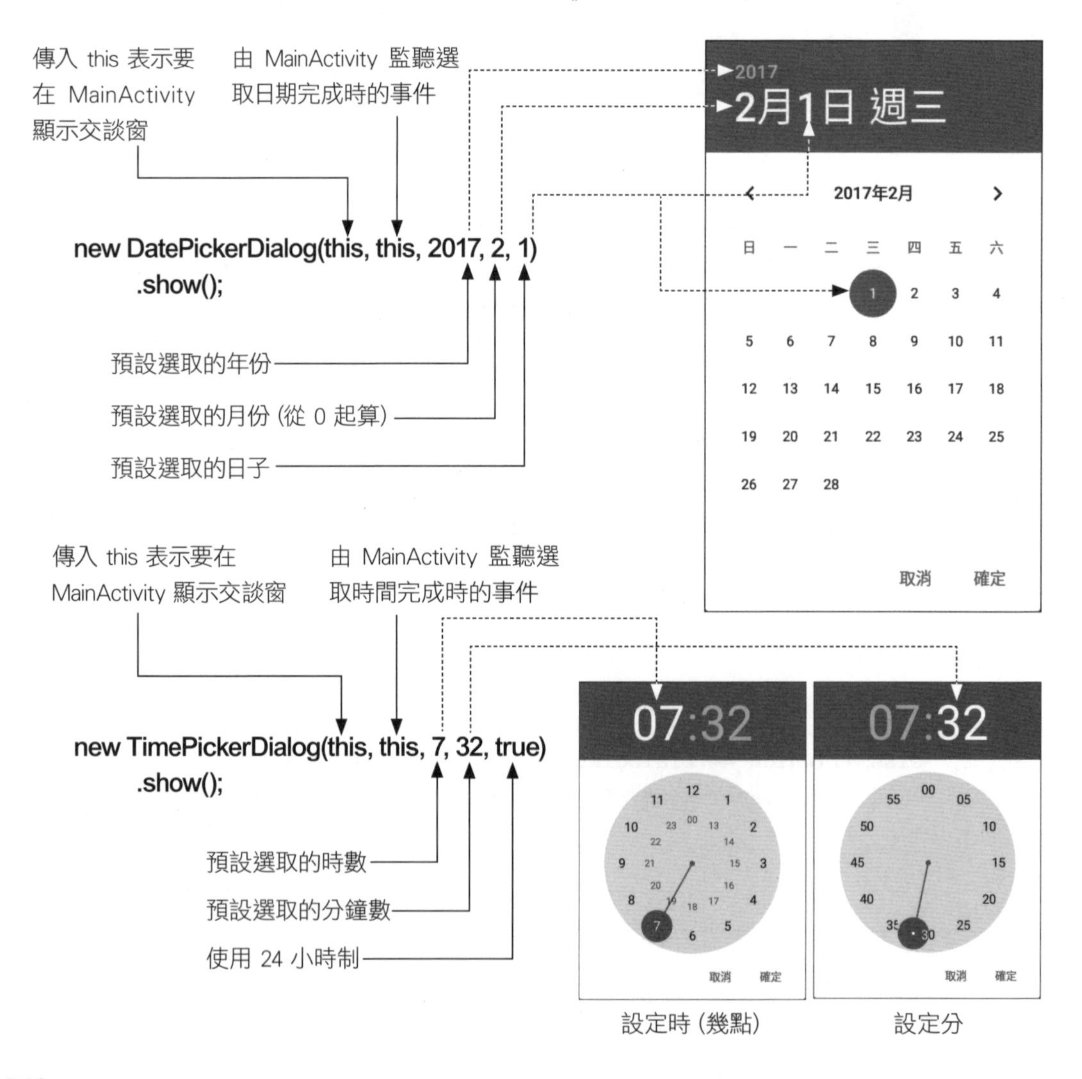

設定時 (幾點)　　設定分

請注意，參數『月』是由 0 開始算起，而參數『使用 24 小時制』若設為 false，則交談窗中會多出『上午/下午』的選擇。

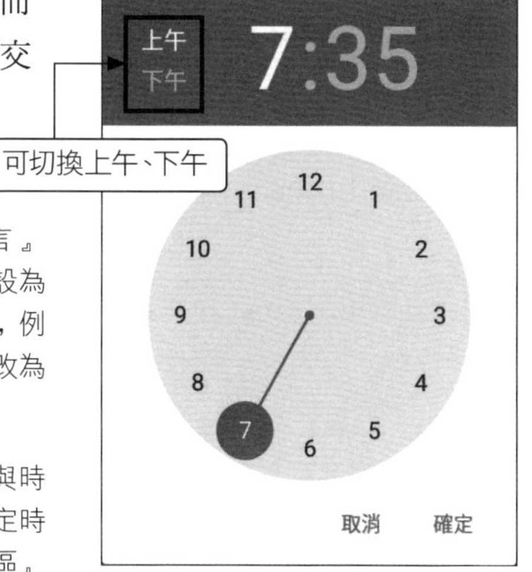

如果模擬器的『設定/語言與輸入/語言』(Settings/language & Input/Language) 項目是設為 English，那麼交談窗中的文字也會是英文的，例如 Cancel、OK 鈕及 AM、PM 等。你可將之改為『中文 (繁體)』以顯示中文。

如果模擬器的時間不對，請到『設定/日期與時間/』(Settings/Date & time)中取消『自動判定時區』(Automatic time zone)，然後在『選取時區』(Select time zone) 項目中選擇『台北標準時間 GMT+08:00』(Taipei GMT+08:00)。

交談窗的外觀，會因 Android 系統版本而有所不同

在不同版本的 Android 系統上執行時，交談窗的外觀及按鈕位置都可能不一樣。以下是在 Android 4.4.2 版模擬器中執行的結果：

2017年2月10日週五

2016	1	09
2017	2	10
2018	3	11

完成

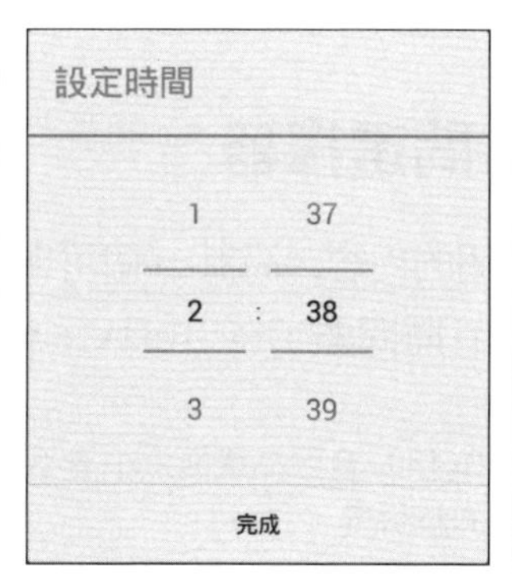

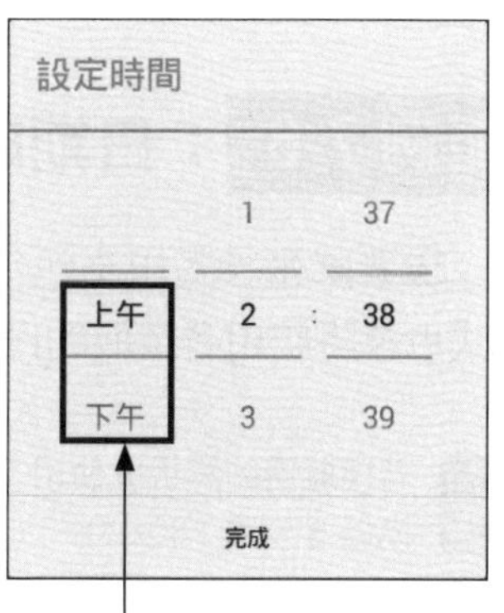

onDateSet() 與 onTimeSet()：取得選取的日期與時間

如果是 DatePickerDialog, 監聽物件必須實作 DatePickerDialog. OnDateSetListener 介面中定義的 onDateSet() 方法:

```
public void onDateSet(DatePicker v, int y, int mon, int d) {
    ...
}
```

參數 v 是日期交談窗物件, 而 mon 參數是由 0 起算的月份, 參數 y 與 d 則是選取的年份與日子。

如果是 TimePickerDialog, 監聽物件必須實作 TimePickerDialog. OnTimeSetListener 介面中定義的 onTimeSet() 方法:

```
public void onTimeSet(TimePicker v, int h, int m) {
    ...
}
```

參數 h 與 m 分別是使用者選取的時與分

範例 7-6：日期時間選擇器

接著就來練習用本節介紹的內容, 設計一個可顯示日期、時間交談窗的程式, 程式也會將使用者選取的日期、時間顯示在 TextView 中。

若模擬器的解析度使用 320x480, 會因為畫面太小看不到日期交談窗下方的日期, 請修改模擬器改用 480x800 以上的解析度。

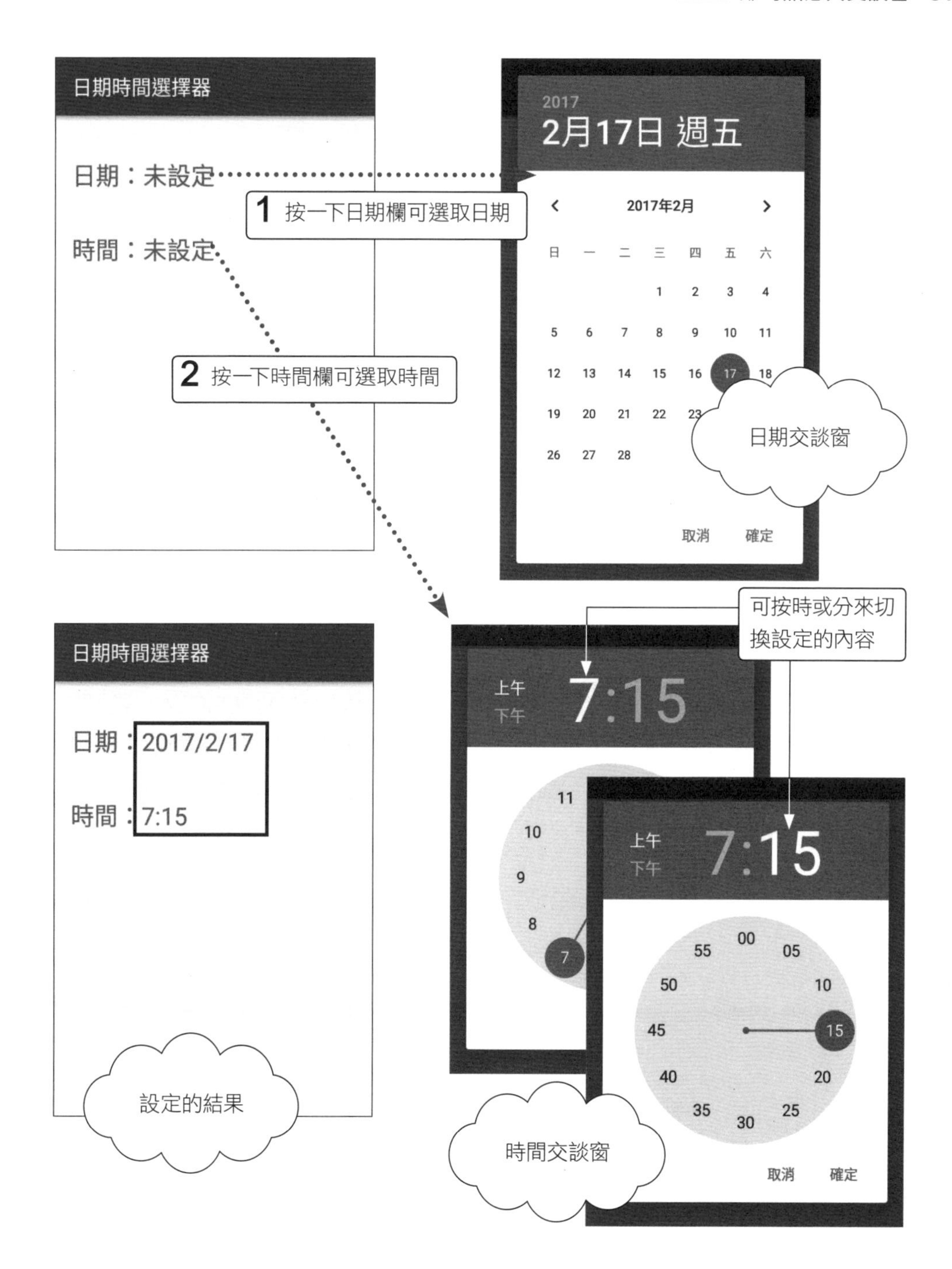

step 1 請新增一個 Ch07_DateTimePicker 專案，並將應用程式名稱設為 "日期時間選擇器"。

step 2 接著將佈局中原有的 "Hello World!" 元件刪除，然後修改如下：

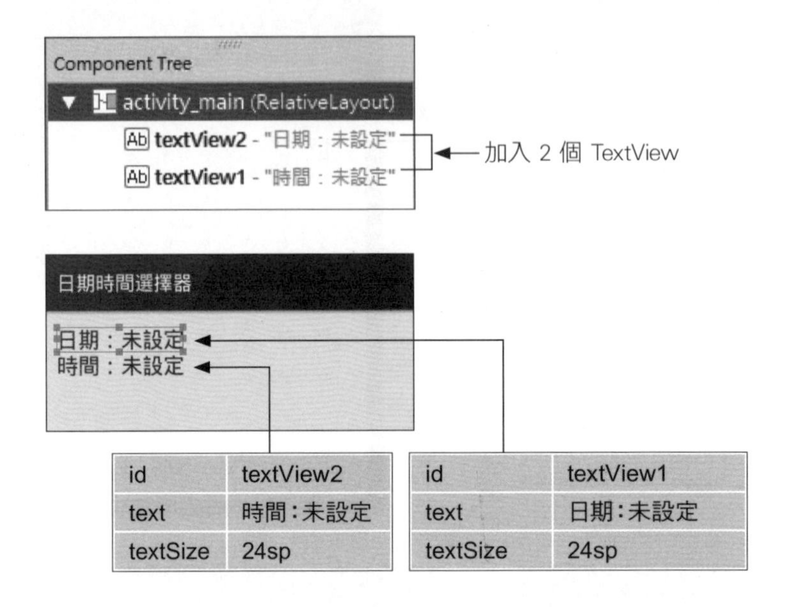

在程式的部份，主要是設定畫面中 2 個 TextView 的 OnClick 監聽物件，並在監聽物件的 onClick 方法中開啟日期、時間交談窗供使用者設定。當使用者在日期、時間交談窗中設定好並按**確定**鈕時，則會通知其監聽物件，將所設定的日期、時間顯示於 TextView 上。

step 3 底下分 3 段介紹，首先是宣告程式需要用到的物件：

```
01 public class MainActivity extends AppCompatActivity
02     implements OnClickListener,◄─出現紅色波浪線時，可按 Alt + Enter 鍵
                                    然後選擇 Implement Method 來自動加
                                    入實作介面的方法
03         DatePickerDialog.OnDateSetListener, ◄┐
                                    實作監聽日期交談窗事件的介面
04         TimePickerDialog.OnTimeSetListener { ◄┐
                                    實作監聽時間交談窗事件的介面
05
06     Calendar c = Calendar.getInstance(); ◄─ 建立日曆物件
07     TextView txDate; ◄─ 記錄日期文字的元件
08     TextView txTime; ◄─ 記錄時間文字的元件
```

- 第 2~4 先讓 MainActivity 實作監聽介面, 以便能夠處理按一下的事件, 以及在日期、時間交談窗選取完成時的事件。

- 第 6 行的 Calendar 物件可用來查詢目前的日期及時間, 以便做為日期/時間交談窗的預設值, 此物件為系統資源, 必須用 Calendar.getInstance() 來取得。稍後會用 c.get(Calendar.YEAR)、c.get(Calendar.MONTH) 等, 來取得目前的年月日及時間資料。

step 4 接著在 onCreate() 方法中如下設定:

```
01    protected void onCreate(Bundle savedInstanceState) {
02        super.onCreate(savedInstanceState);
03        setContentView(R.layout.activity_main);
04
05        txDate = (TextView)findViewById(R.id.textView1); ◄─┐
                                          取得用來顯示日期的 TextView
06        txTime = (TextView)findViewById(R.id.textView2); ◄─┐
                                          取得用來顯示時間的 TextView
07
08        txDate.setOnClickListener(this);◄── 設定按下日期文字時的監聽物件
09        txTime.setOnClickListener(this);◄── 設定按下時間文字時的監聽物件
10    }
```

- 第 8~9 行設定由 MainActivity 物件來監聽日期與時間文字的按一下事件, 以便顯示日期與時間的交談窗。

step 5 再來撰寫處理 OnClick 事件的方法:

```
01    public void onClick(View v) {
02        if(v == txDate) { ◄── 按的是日期文字
03            //建立日期選擇交談窗, 並傳入設定完成時的監聽物件
04            new DatePickerDialog(this, this, ◄── 由 MainActivity
                                                  物件監聽事件
05                c.get(Calendar.YEAR), ◄──由 Calendar 物件取得目前的西元年
06                c.get(Calendar.MONTH),       ◄── 取得目前月 (由 0 算起)
07                c.get(Calendar.DAY_OF_MONTH)) ◄── 取得目前日          Next
```

```
08              .show();  ◄— 顯示交談窗
09          }
10          else if(v == txTime) {  ◄— 按的是時間文字
11              //建立時間選擇交談窗，並傳入設定完成時的監聽物件
12              new TimePickerDialog(this, this,◄— 由 MainActivity 監聽事件
13                  c.get(Calendar.HOUR_OF_DAY),  ◄— 取得目前的時(24小時制)
14                  c.get(Calendar.MINUTE),       ◄— 取得目前的分
15                  true)                         ◄— 使用 24 小時制
16              .show();  ◄— 顯示交談窗
17          }
18      }
```

- 第 2 與 10 行分別判斷發生按一下事件的是日期文字還是時間文字。
- 第 4~8 建立日期交談窗，由 Calendar 物件取得目前的日期作為初始選取值，並設定由 MainActivity 當監聽物件。
- 第 11~16 建立時間交談窗，由 Calendar 物件取得目前的時間作為初始選取值，一樣設定由 MainActivity 當監聽物件。

step 6 最後，撰寫處理日期、時間選取完成時的方法：

```
01      public void onDateSet(DatePicker v, int y, int m, int d) { ◄┐
                                                        選定日期後的處理方法
02          txDate.setText("日期：" + y + "/" + (m+1) + "/" + d);◄┐
03      }                                               將選定日期顯示在螢幕上
04
05      @Override                                       選定時間後的處理方法
06      public void onTimeSet(TimePicker v, int h, int m) {  ◄┘
07          txTime.setText("時間：" + h + ":" + m); ◄┐
08      }                                       將選定的時間顯示在螢幕上
```

- 第 2 行依據參數顯示選取的日期, 要注意的是第 3 個參數 m 是從 0 起算的月份, 所以顯示時要多加 1。

- 第 7 行依據參數顯示選取的時間。

step 7 將程式部署到手機/模擬器上, 即可測試日期、時間交談窗的功效 (執行結果參見 7-29 頁)。

練習 7-6 請修改範例, 當選取的日期是教師節 (9 月 28 日), 就在螢幕上顯示 "跟老師說聲「老師好！」", 否則就顯示選取的日期。

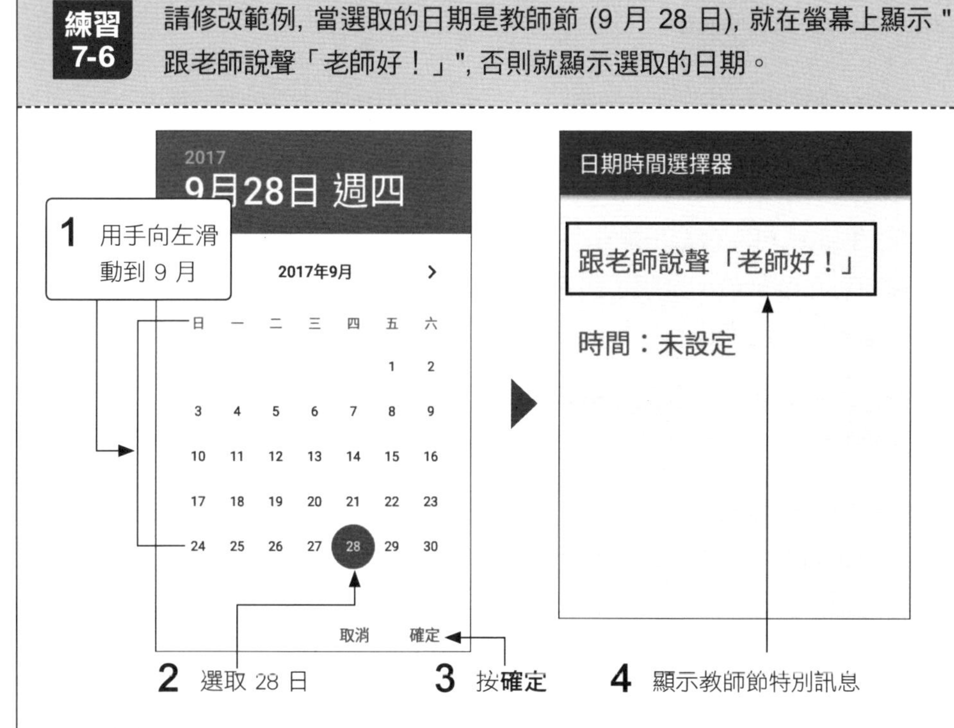

提示 只要在 onDateSet() 中檢查第 3 與第 4 個參數是否為 9 月 28 日即可, 重點在於第 3 個參數的月份是從 0 開始, 因此 9 月是 8, 不是 9。

```
public void onDateSet(DatePicker v, int y, int m, int d) {
    if(m == 8 && d == 28)  ← 判斷日期是否為 9 月 28 日
        txDate.setText("跟老師說聲「老師好！」");
    else
        txDate.setText("日期：" + y + "/" + (m+1) + "/" + d);
}
```

延伸閱讀

1. 有關使用 Alert 交談窗顯示單選鈕清單或是多選鈕清單，可參考旗標出版『Android App 程式開發實務』一書第 10 章，或是 Android 線上文件 (http://developer.android.com/guide/topics/ui/dialogs.html#AddingAList)。

2. 如果想要自訂 Alert 交談窗的佈局，顯示客製的內容，請參考 Android 線上文件 (http://developer.android.com/guide/topics/ui/dialogs.html#CustomLayout)。

重點整理

1. 使用 **Toast** 可在螢幕上顯示一小段即時訊息，並在幾秒鐘後自動消失；而**交談窗**則可在螢幕最上層顯示訊息框並攔截所有輸入，使用者必須做出回應後才能繼續原來的操作。

2. 我們通常會串接執行 **Toast.makeText(...).show()** 來建立並顯示出 Toast 即時訊息。

3. Toast 物件的 **setText()** 方法可更改訊息內容、**setGravity()** 方法可指定顯示位置、**cancel()** 方法可取消顯示。

4. 如果連續有多個 Toast 物件要顯示，會等第一個顯示完才顯示第二個，以此類推。若要即時顯示最新的訊息，則應使用同一個 Toast 物件搭配 setText() 方法及 show() 方法來更新顯示。

5. **Snackbar** 的用途與 Toast 類似，可以在畫面的底部顯示即時訊息，但是與 Toast 不同之處在於當 App 關閉時，Toast 訊息可能還會遺留在畫面上，而 Snackbar 只有在 App 顯示時才會出現，一旦離開 App 後便不會再顯示訊息。

6. Android 主要提供了 3 種交談窗類別供我們使用：**AlertDialog**、**DatePickerDialog**、**TimePickerDialog**。

7. AlertDialog 可依需要而顯示出：標題 (可包含文字及圖示)、內容 (一段文字訊息或清單方塊等)、及 1～3 個按鈕。

8. 要顯示 Alert 交談窗，可先用 **AlertDialog.Builder** 建立 Builder 物件，然後設定交談窗所需的元素及屬性，最後產生實際的 AlertDialog 物件並顯示出來。一般會用串接執行的方法來實作，例如：New AlertDialog.Builder(this).setTitle("Hi").setMessage("Hello").show()。

9. Alert 交談窗中最多可有 3 個按鈕，分別代表**否** (Negative)、**中性** (Neutral)、及**是** (Positive)。在加入按鈕時還可指定其 onClick 監聽器。

10. 以 DatePickerDialog 類別物件呼叫 show() 方法，可顯示選擇日期的交談窗。要取得使用者在交談窗中選的日期，需實作 DatePickerDialog.OnDateSetListener 介面，在介面的 onDateSet() 方法中，可由參數取得使用者選取的年、月、日。

11. 以 TimePickerDialog 類別物件呼叫 show() 方法，可顯示選擇時間的交談窗。要取得使用者在交談窗中選的時間，需實作 TimePickerDialog.OnTimeSetListener 介面，在介面的 onTimeSet() 方法中，可由參數取得使用者選取的時、分、秒。

12. Java 語言內建的 java.util.Calendar 類別的 getInstance() 方法可取得代表目前日期時間的 Calendar 物件，再用此物件呼叫 get() 方法，並以日期時間欄位名稱常數為參數，即可取得對應的日期時間欄位值。

習題

1. 請說明 Toast、Snackbar、和交談窗的用途, 以及 3 者的差別。

2. 請寫出以下幾種交談窗的類別名稱:Alert 交談窗 ___________ , 日期交談窗 ___________________ , 時間交談窗 ________________。

3. 請說明 Calendar 類別的用途為何?

4. 請寫一支程式, 可顯示內含標題、自訂圖示及 2 個按鈕的 Alert 交談窗。

5. 請撰寫程式, 使用 ListView 顯示 5 種飲料, 讓使用者選取後以 Toast 顯示飲料名稱在畫面上。

6. 請將上題改用 Snackbar 顯示。

08 用 Intent 啟動程式中的其他 Activity

Chapter

8-1 在程式中新增 Activity

第 2 章曾經說明過 Android App 通常是由 Activity 組成，每 1 個 Activity 就代表一個畫面，也是一個可執行的獨立單元。

程式中如果需要多個畫面，可以建立多個 Activity。底下範例先建立專案，然後新增一個 Activity。

範例 8-1：在專案中新增 Activity

step 1 請建立一個 Ch08_MultiActivity 專案。

step 2 在 Project 窗格的 app 模組上按右鈕，執行『**New/Activity/Empty Activity**』命令：

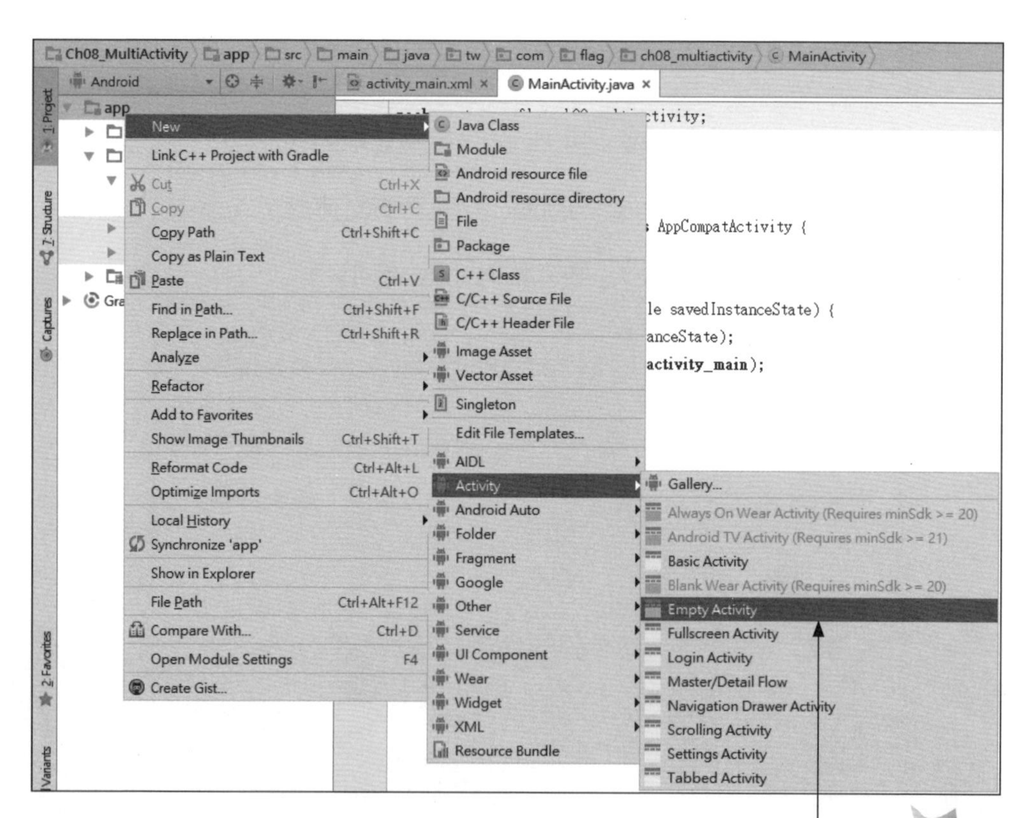

1 執行此命令

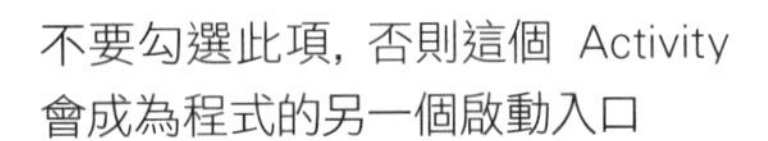

2 輸入新 Activity 的類別名稱，
佈局檔會自動更名

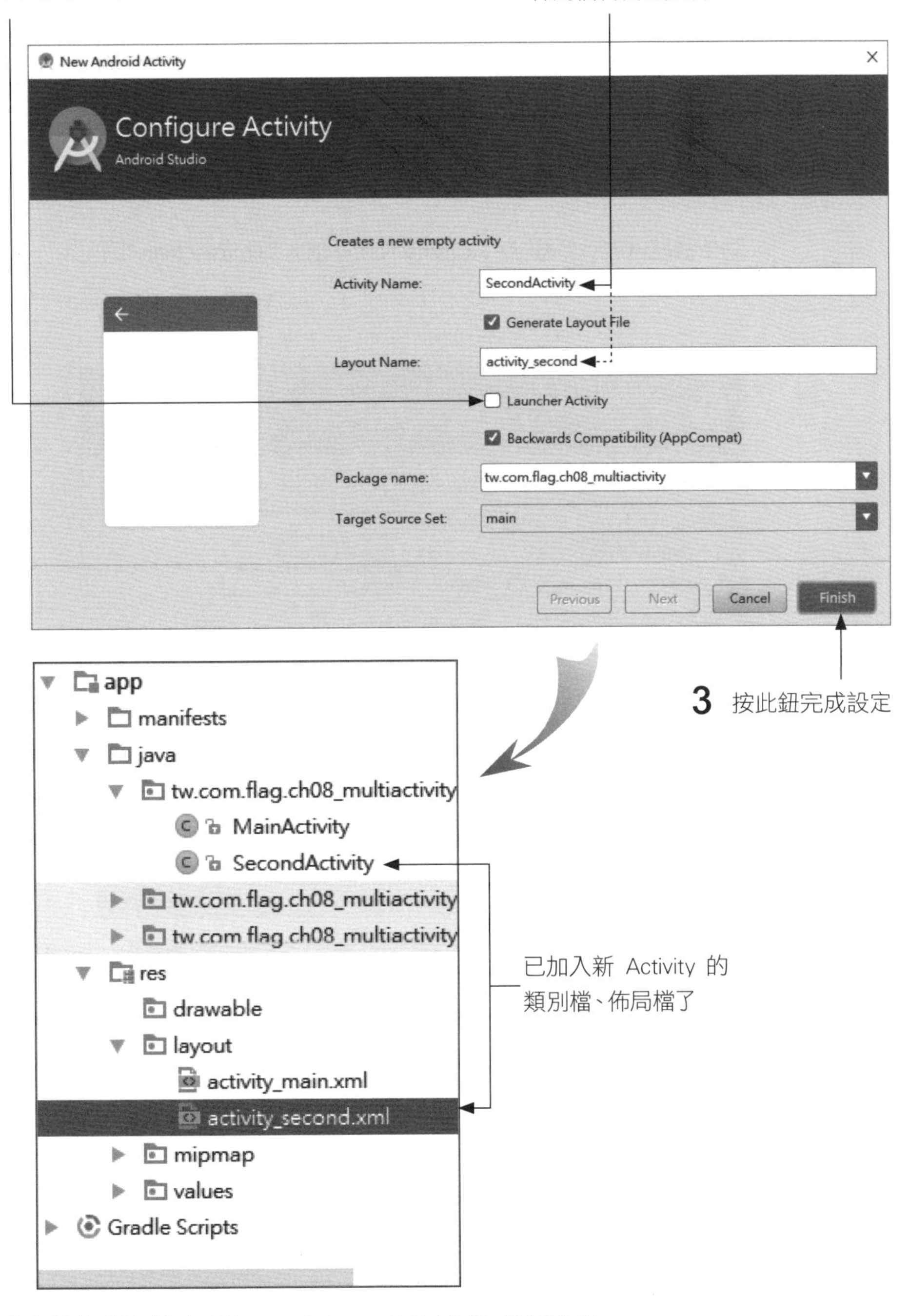

如果還要建立更多的 Activity，只要如法泡製即可。

不過當這個程式啟動時，只會自動執行 MainActivity (也就是第一個建立的 Activity)，其他的 Activity 必須用程式來啟動，這部份在下一節將有詳細說明。

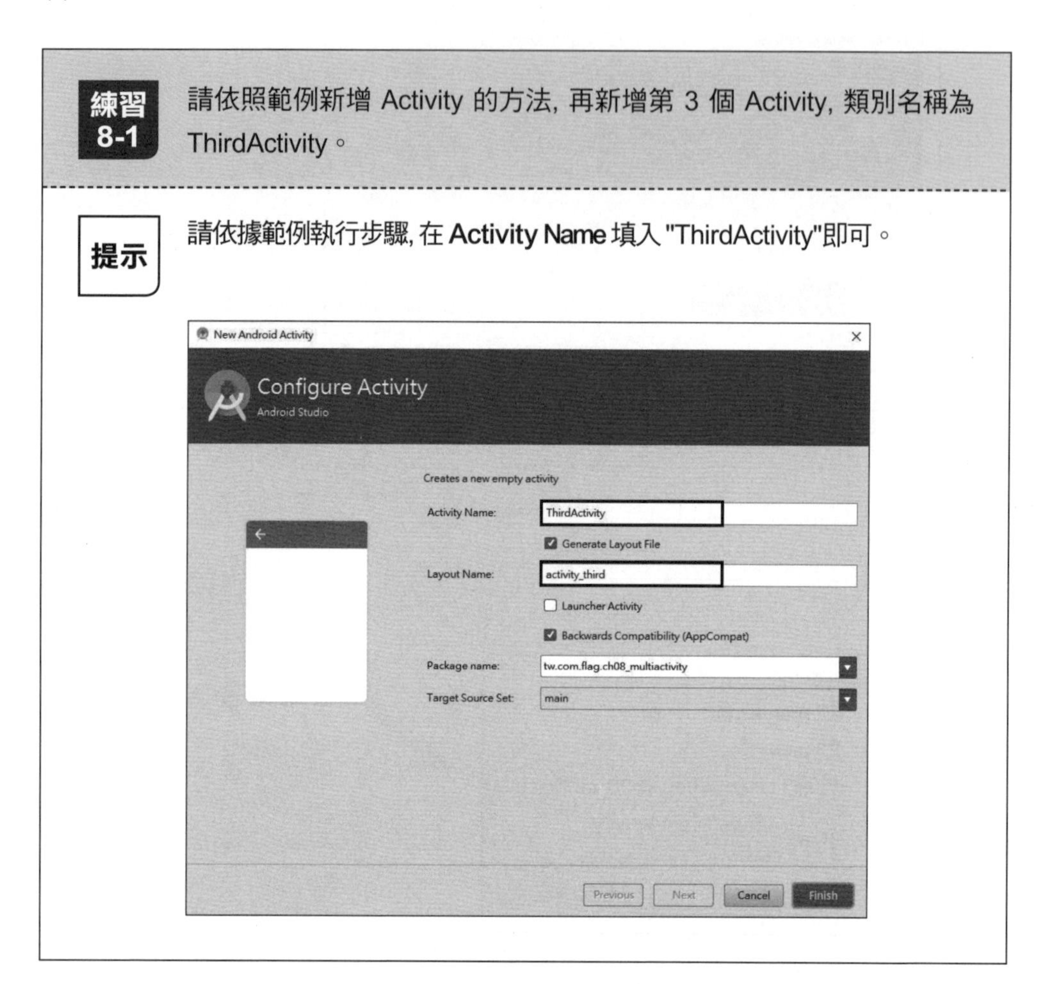

練習 8-1 請依照範例新增 Activity 的方法，再新增第 3 個 Activity，類別名稱為 ThirdActivity。

提示 請依據範例執行步驟，在 **Activity Name** 填入 "ThirdActivity"即可。

8-2 用 Intent 啟動程式中的 Activity

我們可以用 **Intent** (意圖) 來啟動手機中的 Activity, 依照啟動方式可分為二類:

- **明示 Intent** (Explicit Intent):就是直接以『類別名稱』來指定要啟動哪一個 Activity, 通常是用來啟動我們自己程式中的 Activity , 例如上一節所新增的 SecondActivity。

- **暗示 Intent** (Implicit Intent):所謂暗示, 就是只在 Intent 中指出想要進行的**動作** (例如撥號、顯示、編輯、搜尋等) 及**資料** (例如電話號碼、E-mail地址、網址等), 讓系統幫我們找出適合的 Activity 來執行相關操作。

本章先介紹**明示 Intent** , 下一章再為您介紹**暗示 Intent**。

startActivity():用明示 Intent 啟動 Activity

明示 Intent 的用法如下:(假設要啟動同一個程式中, 類別名稱為 Act2 的 Activity)

```
Intent it = new Intent();            ◄— 建立 Intent 物件
it.setClass(this, Act2.class);       ◄— 設定要啟動的 Activity 類別
startActivity(it);                   ◄— 啟動目標 Activity
```

以上 setClass() 的第一個參數要傳入目前所在的 Activity 物件, 而第二個參數則傳入要啟動的類別 (在類別名稱之後加 .class 即代表類別本身)。

以上 1、2 行也可以合併如下 (在建立 Intent 物件時一次完成):

```
Intent it = new Intent(this,  Act2.class);  ← 建立 Intent 物件並設定要啟動的 Activity 類別
startActivity(it);        ← 啟動目標 Activity
```

最後, 以上的程式還可再簡化如下, 讓程式更加精簡:

```
startActivity(new Intent(this, Act2.class)); ← 就地建立 Intent 物件來啟動
```

finish():結束 Activity

startActivity(Intent) 可以啟動新 Activity , 而 finish() 則可結束目前的 Activity 。當啟動新 Activity 時, 新 Activity 會在前景執行, 而原本的 Activity 則被推到背景中暫停執行;當新 Activity 結束時, 在背景中的 Activity 又會被提到前景來執行。

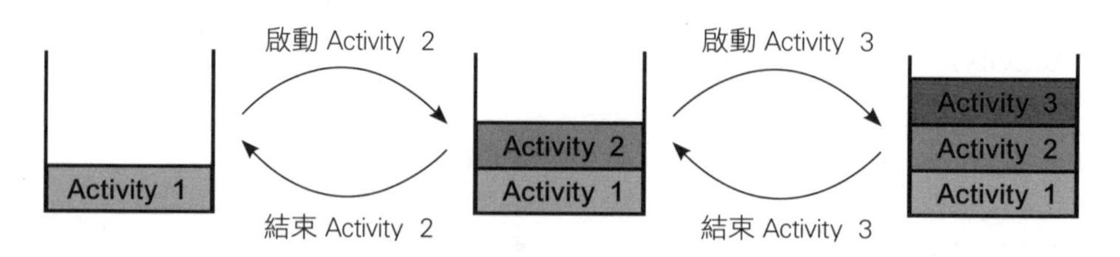

TIP 按手機上的返回 (Back) 鍵也可以結束目前 Activity,而回到上一個 Activity,效果等同於 finish()。

請注意, startActivity(Intent) 和 finish() 都是繼承自 Activity 類別的方法, 因此可以在我們的 Activity 類別中直接呼叫。

範例 8-2：用 Intent 來啟動 Activity

接著就來體驗使用 Intent 啟動 Activity 的功能, 我們所要實作的範例如下：

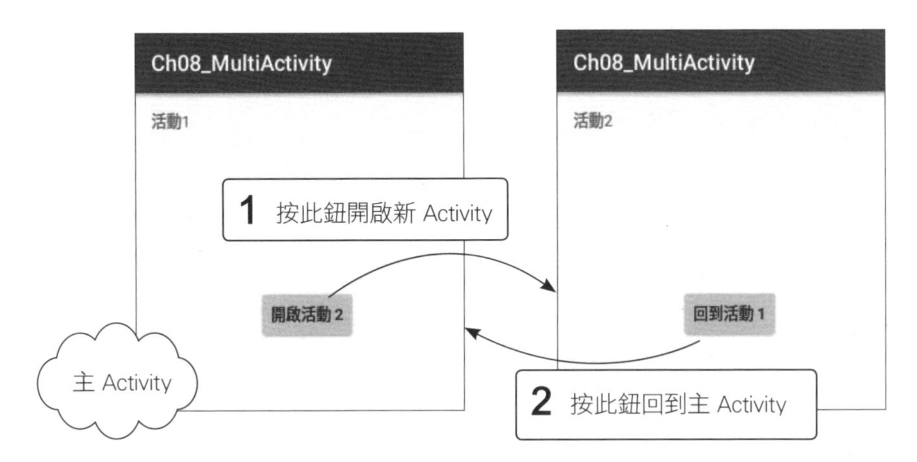

step 1 請從 Ch08_MultiActivity 專案複製出新專案, 專案名稱設為 Ch08_MultiActivity2。

step 2 開啟主 Activity 的佈局檔 (activity_main.xml), 然後如下設定：

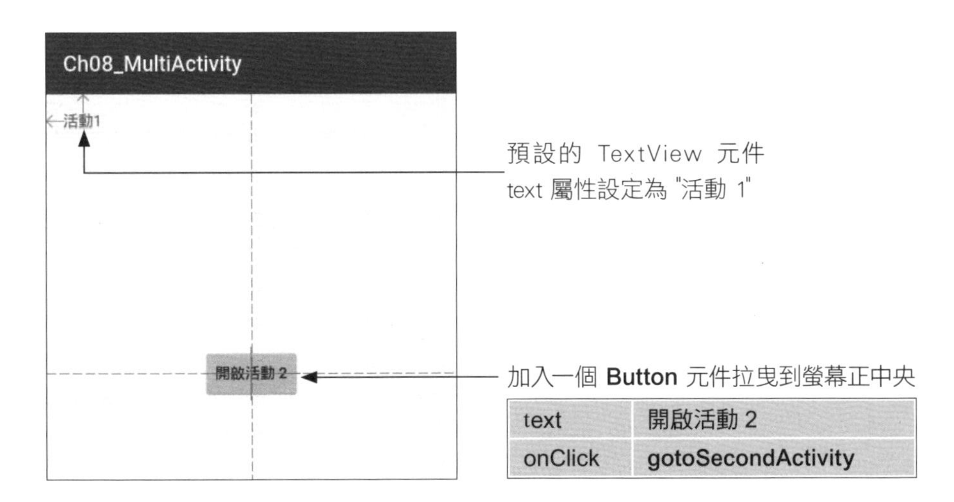

text	開啟活動 2
onClick	gotoSecondActivity

step 3 開啟主 Activity 的類別檔 (MainActivity.java)，加入 onClick() 方法如下：

```
01 public class MainActivity extends AppCompatActivity {
02
03     @Override
04     protected void onCreate(Bundle savedInstanceState) {
05         super.onCreate(savedInstanceState);
06         setContentView(R.layout.activity_main);
07     }
08
09     public void gotoSecondActivity(View v) {
10         Intent it = new Intent(this, SecondActivity.class);  ← 建立 Intent 並設定目標 Activity
11         startActivity(it);  ← 啟動 Intent 中的目標 Activity
12     }
13
14 }
```

step 4 開啟第 2 個 Activity 的佈局檔 (activity_second.xml)，然後如下設定：

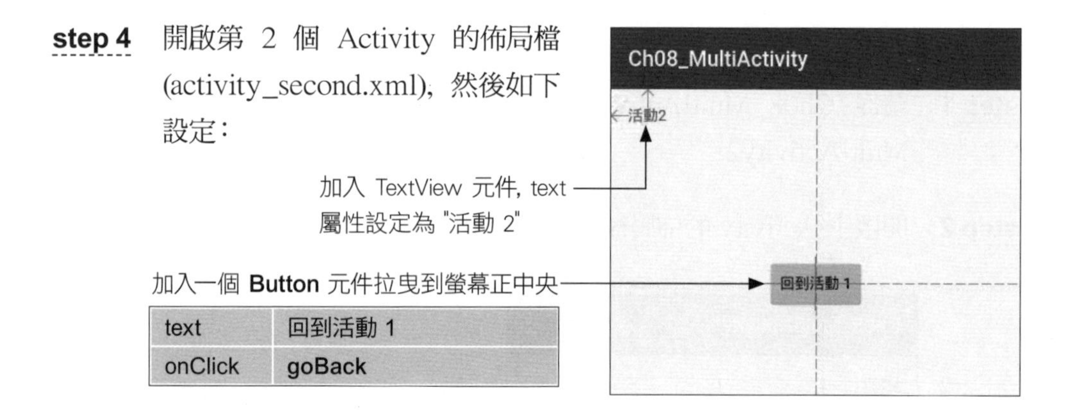

text	回到活動 1
onClick	goBack

step 5 開啟新 Activity 的類別檔 (SecondActivity.java)，加入 goBack() 方法如下：

```
01     public void goBack(View v) {
02         finish();   ← 結束 Activity，即可回到前一個 Activity
03     }
```

修改好之後請執行程式測試。

練習 8-2

請新增第 3 個 Activity，類別名稱為 ThirdActivity，並在佈局上放置一個 "回到活動2" 按鈕，按一下之後結束 ThirdActivity。接著在 SecondActivty 的佈局中新增一個 "開啟活動3" 的按鈕，按一下之後可開啟 ThirdActivity。最後程式即可如下執行：

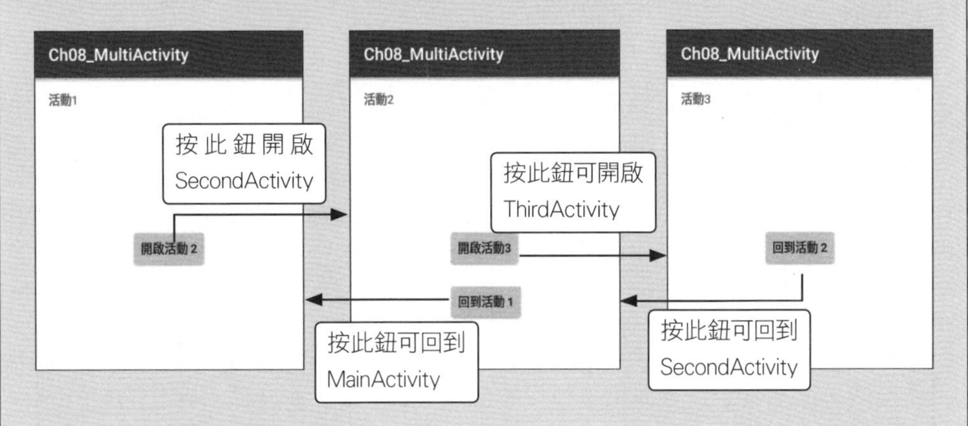

提示

請先依照範例 8-1 的方式新增 Activity，在 **Activity Name** 填入 "ThirdActivity"。接著開啟 activity_third.xml 佈局檔，加入一個新的按鈕，text屬性設為 "回到活動3"，**On Click** 屬性為 "goBack"。存檔後開啟 ThirdActivity.java 檔，加入以下的 goBack() 方法:

```
public void goBack(View v) {
    finish();   ◄— 按一下按鈕就結束 ThirdActivity
}
```

存檔後開啟 activity_second.xml 佈局檔，加入一個新的按鈕，text屬性設為 "開啟活動3"，**On Click** 屬性設為 "gotoThirdActivity"。存檔後開啟 SecondActivity.java，加入以下的 gotoThirdActivity() 方法：

```
public void gotoThirdActivity(View v) {
    startActivity(new Intent(this, ThirdActivity.class));
}
```

8-3 在 Intent 中夾帶資料傳給新 Activity

當我們利用 Intent 啟動新 Activity 時，也可以將資料放入 Intent 中傳送給新 Activity。例如底下將圖片的 "說明" 及 "編號" 由『Activity 1』傳給『Activity 2』：

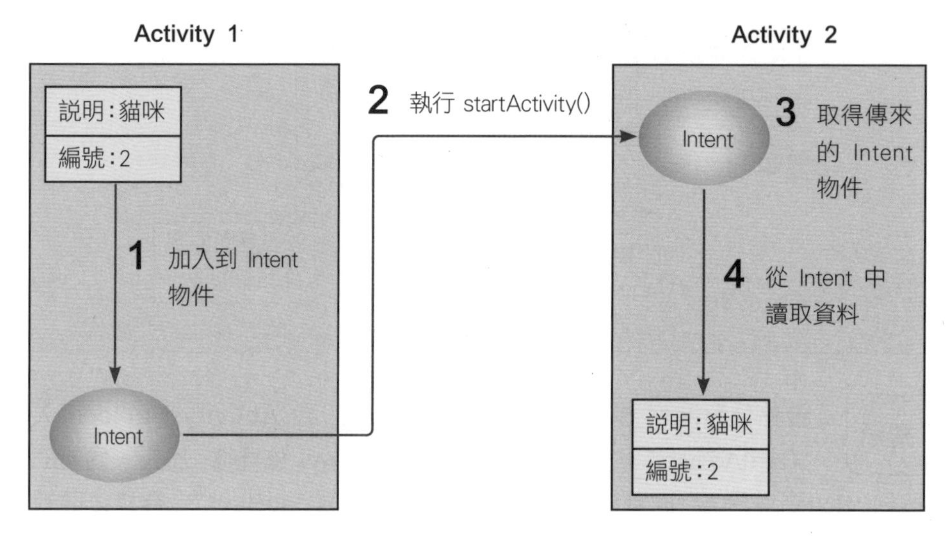

圖 8-1 夾帶資料傳給新 Activity

putExtra()：附加資料到 Intent 中

我們可以使用 Intent 的 **putExtra(資料名稱, 資料)** 方法將資料附加到 Intent 中，其參數說明如下：

- 第 1 個參數要傳入字串型別的資料名稱 (或稱為鍵值)，以便稍後以此名稱來讀出資料。
- 第 2 個參數為要實際附加的資料，其型別可以是 byte、char、int、short、long、float、double、boolean、String 等常用型別，或是這些型別的陣列。

例如：

```
String favor[] = { "魚肉","小魚干","貓餅干" };
Intent it = new Intent(this, Act2.class);
it.putExtra("編號", 2);          ◄— 入名稱為 "編號" 的 2 (Int 型別)
it.putExtra("說明", "貓咪");◄— 加入名稱為 "說明" 的 "貓咪" (String 型別)
it.putExtra("愛吃", favor); ◄— 加入名稱為 "愛吃" 的 String 陣列型別
startActivity(it);             ◄— 啟動新 Activity Act2
```

getIntent() 與 getXxxExtra()：從 Intent 中取出資料

在新 Activity 中, 則可用 **getIntent()** 來取得傳入的 Intent 物件, 然後再用 Intent 的 **getXxxExtra(資料名稱, 預設值)** 方法來讀取資料。其中 Xxx 為資料的型別名稱, 例如 Int、String 等；而第 2 個參數則是預設值, 當 Intent 中找不到指定名稱的資料時, 就會將此預設值傳回。如果存入的是陣列, 則要用 **getXxxArrayExtra(資料名稱)** 來讀取。

例如在 Act2 類別中要讀取前面傳入的資料：

```
Intent it = getIntent();                  ◄— 取得傳入的 Intent 物件
int no = it.getIntExtra("編號", 0);       ◄— 讀出名為 "編號" 的 Int 資料,
                                              若沒有則傳回 0
String da = it.getStringExtra("說明"); ◄┐
                 讀出名為 "說明" 的 String 資料, 若沒有則傳回 null
String a[] = it.getStringArrayExtra("愛吃");◄┐
                 讀出名為 "愛吃" 的 String[] 資料, 若沒有則傳回 null
```

請注意, getStringExtra() 及 getXxxArrayExtra() 都只能傳入一個參數, 若無此資料則會傳回 null 值。

範例 8-3：在啟動新 Activity 時傳送資料

接著我們來寫一個『迷你備忘錄』程式, 畫面操作如下:

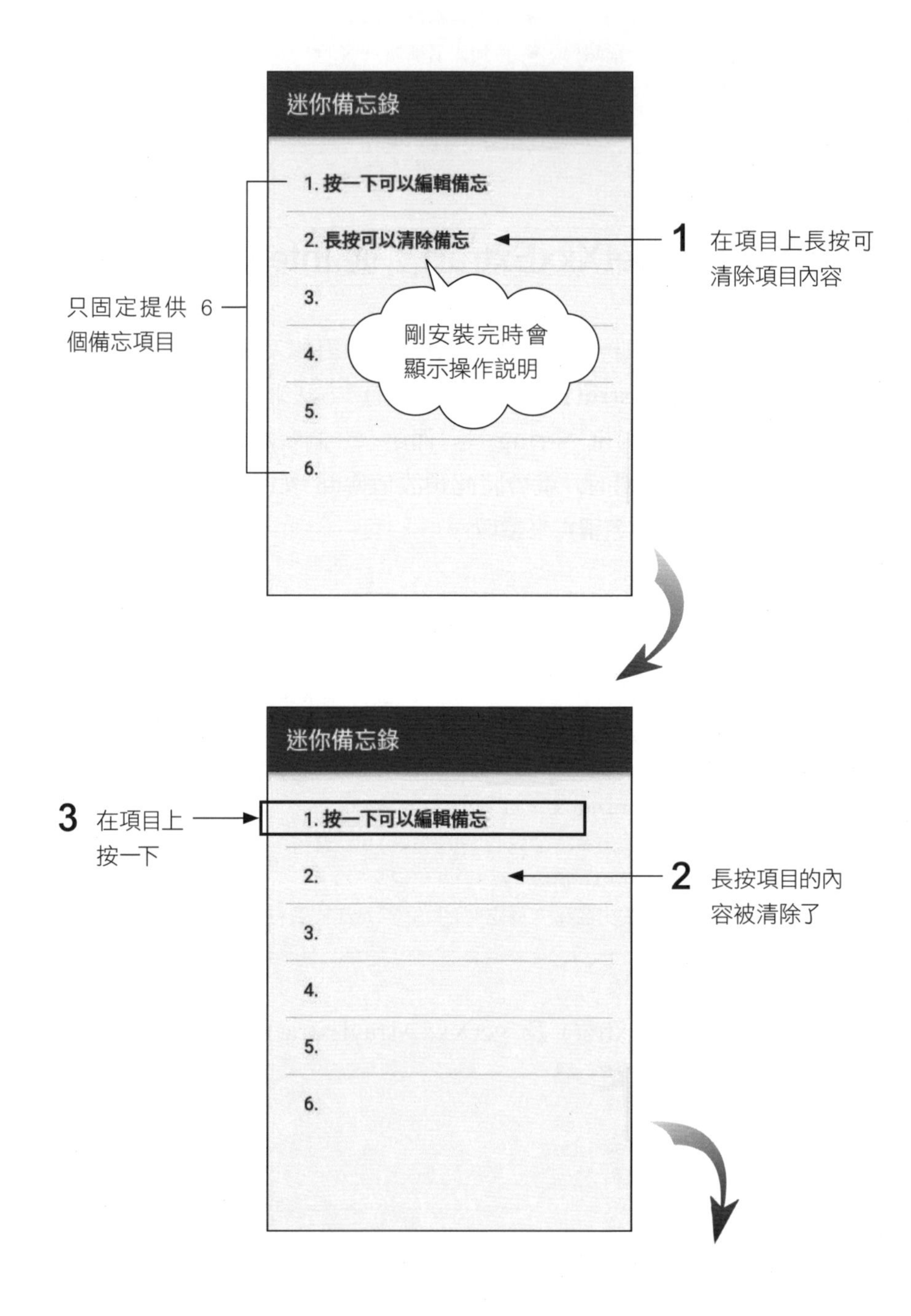

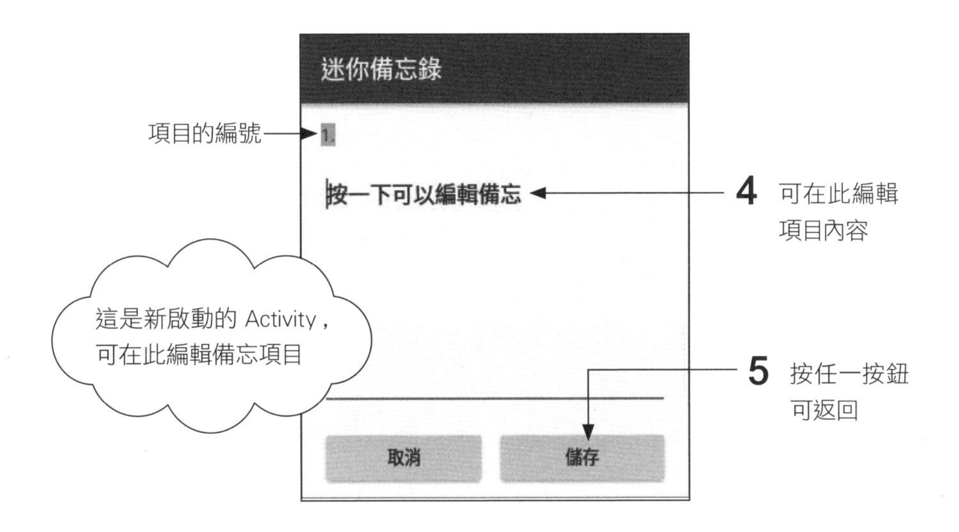

以上第 3 步在項目上按一下時，會啟動新的 Activity 來編輯項目內容，編輯完之後按**儲存**或**取消**鈕即可返回。不過，目前新 Activity 還無法將編輯後的資料傳回給 MainActivity，因此無法顯示及儲存在新 Activity 中修改的資料，這部份留到下一節再來實作。

step 1 請新增一個 Ch08_Memo 專案，並將程式名稱設為 "迷你備忘錄"。

step 2 將佈局檔中的 "Hello Word!" 元件刪除，然後加入一個 ListView 元件：

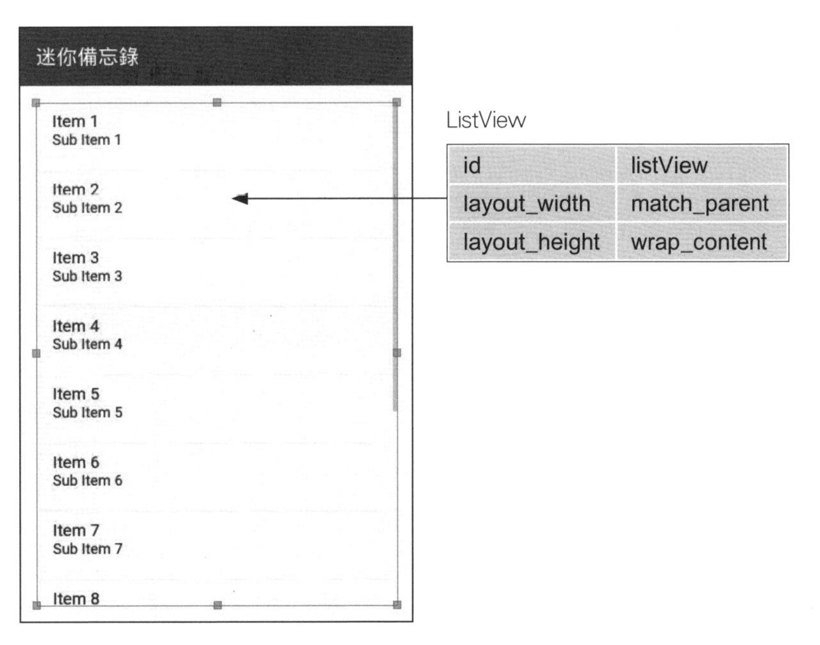

id	listView
layout_width	match_parent
layout_height	wrap_content

step 3 在 Project 窗格的 app 模組上按右鈕, 執行『**New/Activity/Empty Activity**』命令, 建立用來編輯備忘內容的 Activity:

step 4 在新 Activity 的佈局檔 (activity_edit.xml) 中, 將 "Hello World!" 元件刪除, 然後將 Layout 換成 ConstraintLayout, 再設計如下:

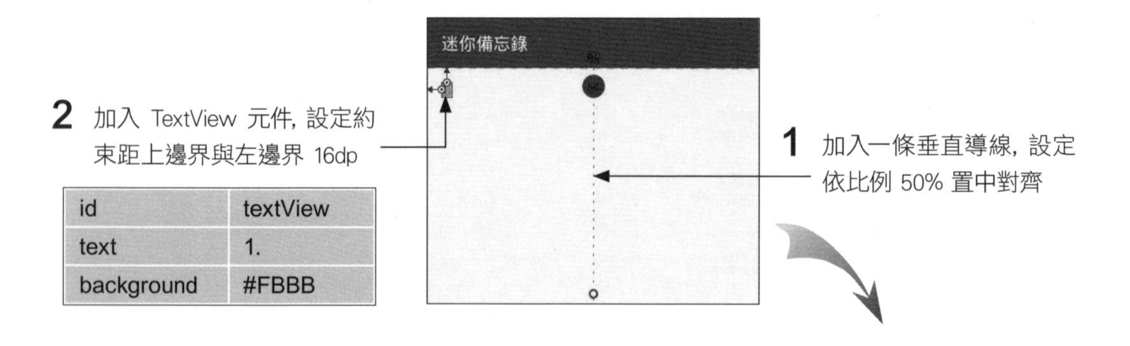

id	textView
text	1.
background	#FBBB

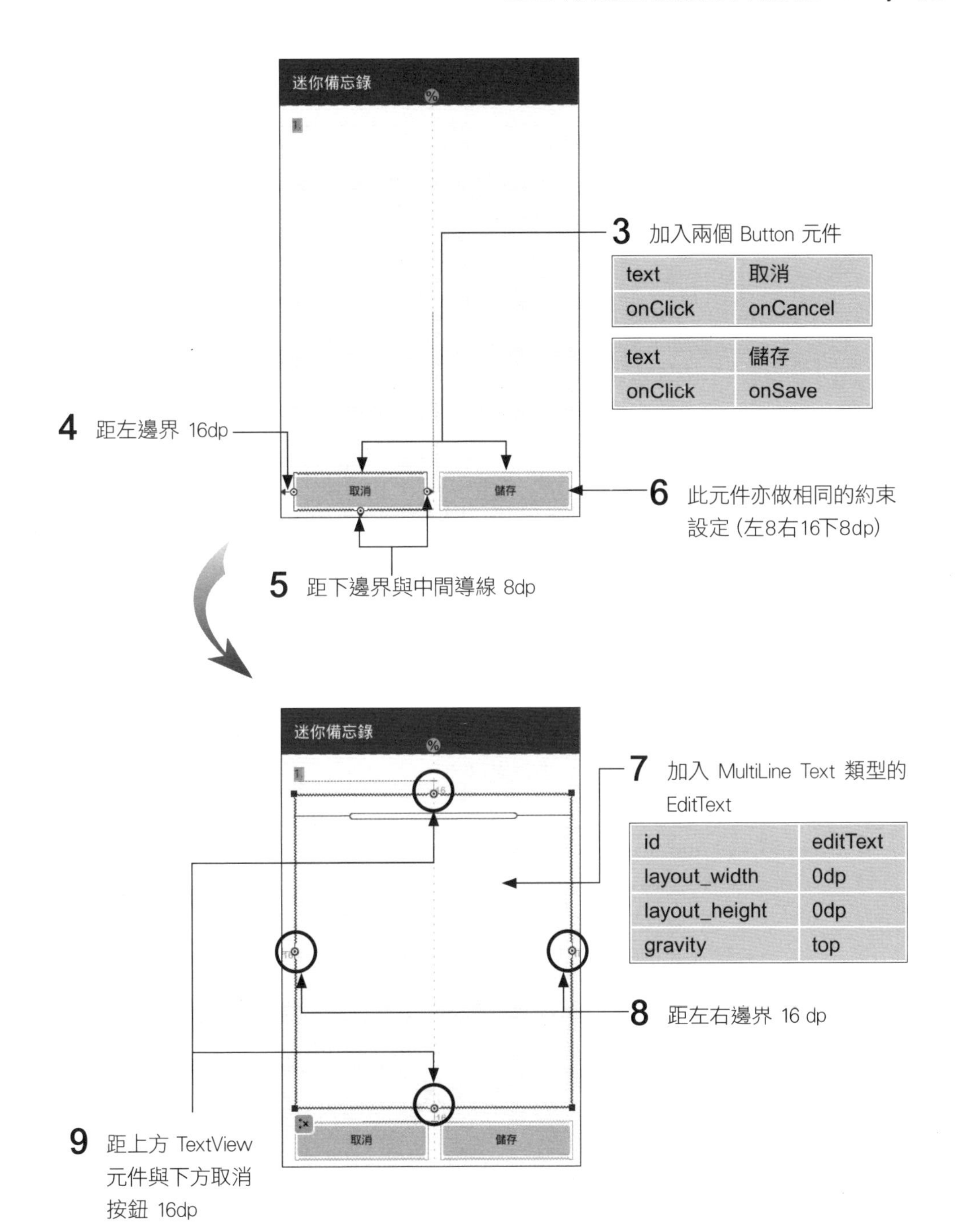

迷你備忘錄
3 加入兩個 Button 元件
text | 取消
onClick | onCancel
text | 儲存
onClick | onSave
4 距左邊界 16dp
取消
儲存
6 此元件亦做相同的約束設定 (左8右16下8dp)
5 距下邊界與中間導線 8dp
迷你備忘錄
7 加入 MultiLine Text 類型的 EditText
id | editText
layout_width | 0dp
layout_height | 0dp
gravity | top
8 距左右邊界 16 dp
9 距上方 TextView 元件與下方取消按鈕 16dp
取消
儲存

step 5 開啟 MainActivity.java, 首先宣告變數:

```
01  public class MainActivity extends AppCompatActivity
02      implements AdapterView.OnItemClickListener, AdapterView.
          OnItemLongClickListener{
03
04      String[] aMemo = { ◄— 預設的備忘內容
05              "1. 按一下可以編輯備忘",
06              "2. 長按可以清除備忘", "3.", "4.", "5.", "6." };
07      ListView lv; ◄— 顯示備忘錄的 ListView
08      ArrayAdapter<String> aa; ◄— ListView 與備忘資料 aMemo 的橋樑
09
```

- 第 2 行讓 MainActivity 可以監聽 ListView 的按一下與長按事件。
- 第 4 行宣告用來儲存備忘資料的陣列, 並預先放入提示用法的內容。
- 第 7、8 行宣告用來顯示備忘資料的 ListView 與中介的 ArrayAdapter。

如果不記得 ArrayAdapter 的用法, 可以回頭參考 6-3 節。

step 6 接著修改 onCreate() 方法如下:

```
01      @Override
02      protected void onCreate(Bundle savedInstanceState) {
03          super.onCreate(savedInstanceState);
04          setContentView(R.layout.activity_main);
05
06          lv = (ListView)findViewById(R.id.listView);
07          aa = new ArrayAdapter<>(this,
08                  android.R.layout.simple_list_item_1, aMemo);
09
10          lv.setAdapter(aa);      ◄— 設定 listView 的內容
11
12          //設定 listView 被按一下的監聽器
13          lv.setOnItemClickListener(this);
14          //設定 listView 被長按的監聽器
15          lv.setOnItemLongClickListener(this);
16      }
```

● 第 6~10 行設定顯示備忘項目的 ListView 元件。

● 第 13、15 行設定讓 MainActivity 監聽 ListView 的按一下與長按事件。

step 7 接著加入處理 ListView 按一下與長按的事件處理方法：

```
01      public void onItemClick(AdapterView<?> a,
02                              View v, int pos, long id) {
03          Intent it = new Intent(this, Edit.class);
04          it.putExtra("編號", pos+1);        ◀— 附加編號
05          it.putExtra("備忘", aMemo[pos]); ◀— 附加備忘項目的內容
06          startActivity(it);                 ◀— 啟動 Edit 活動
07      }
08
09      public boolean onItemLongClick(AdapterView<?> a,
10              View v, int pos, long id) {
11          aMemo[pos] = (pos+1) + "."; ◀— 將內容清除 (只剩編號)
12          aa.notifyDataSetChanged(); ◀— 通知 ListView 要更新顯示的內容
13          return true;               ◀— 傳回 true 表示此事件已處理
14      }
```

● 第 1 及 9 行分別撰寫『按一下』及『長按』清單項目時的事件處理方法。

● 第 3~6 行宣告 Intent 物件並附加被按項目的相關資料，然後啟動新 Activity。由於傳入的 pos 參數是從 0 算起，所以要先加 1 才是編號值。

● 第 11~13 行將長按項目重設為編號加句點 (例如："1.")。請注意，在 11 行更改字串陣列內容後，還要執行 notifyDataSetChanged() 來通知 ListView 物件更新其顯示的內容 (見下下頁的方框說明)。

step 8 開啟新 Activity 的 Edit.java 程式，修改 onCreate() 方法，然後加入 2 個按鈕事件的處理方法如下：

```
01  protected void onCreate(Bundle savedInstanceState) {
02      super.onCreate(savedInstanceState);
03      setContentView(R.layout.activity_edit);
04
05      Intent it = getIntent();                    ◄— 取得傳入的 Intent 物件
06      int no = it.getIntExtra("編號", 0);  ◄┐
                         讀出名為 "編號" 的 Int 資料, 若沒有則傳回 0
07      String s = it.getStringExtra("備忘");  ◄┐
                                   讀出名為 "備忘" 的 String 資料
08
09      TextView txv = (TextView)findViewById(R.id.textView);
10      txv.setText(no + ".");      ◄— 在畫面左上角顯示編號
11      EditText edt = (EditText)findViewById(R.id.editText);
12      if(s.length() > 3)
13          edt.setText(s.substring(3));  ◄┐
                  將傳來的備忘資料去除前3個字, 然後填入 EditText 元件中
14  }
15
16  public void onCancel(View v) {   ◄— 按取消鈕時
17      finish();   ◄— 結束 Activity
18  }
19  public void onSave(View v) {   ◄— 按儲存鈕時
20      finish();   ◄— 結束 Activity
21  }
```

- 第 5~7 行取得主 Activity 傳來的 Intent 物件並讀取其中的資料, 然後在 10 及 13 行將資料填入畫面的元件中。請注意, 只有當傳來備忘字串的長度大於 3 時, 才截取第 3 個字元之後的資料放入 EditText 元件中, 例如傳來 "2.長按..." 時, 則截取出 "長按..." 放入 EditText 元件中。

- 第 16、19 行是**取消**鈕及**儲存**鈕的事件處理方法, 此處只用 finish() 來結束 Activity 。(在下一節中會改寫, 以便將修改後的資料傳回主 Activity 中。)

Java 補給站：用 substring() 截取子字串

String 物件的 substring() 方法可用來截取子字串, 有 2 種用法：

- **substring(int start)**：截取由 start 位置(由 0 算起)開始, 到字串結束的所有字元。例如 "abcde".substring(1) 的結果為 "bcde"。
- **substring(int start, int end)**：截取由 start 到 (end-**1**) 之間的字元。例如 "abcde".substring(1,3) 的結果為 "bc"。

notifyDataSetChanged()：更新 ListView 的顯示項目

在第 6 章我們介紹過 ArrayAdapter, 除了直接更換 ArrayAdapter 物件來變更顯示的項目外, 也可以如同本例中的作法, 直接修改作為 ArrayAdapter 物件資料來源的陣列內容, 再呼叫 ArrayAdapter 的 notifyDataSetChanged() 方法, Spinner 或是 ListView 就會更新其顯示內容。

練習 8-3 請修改範例程式, 多傳目前日期時間給 Edit, 並在 Edit 中顯示在 EditText 中。

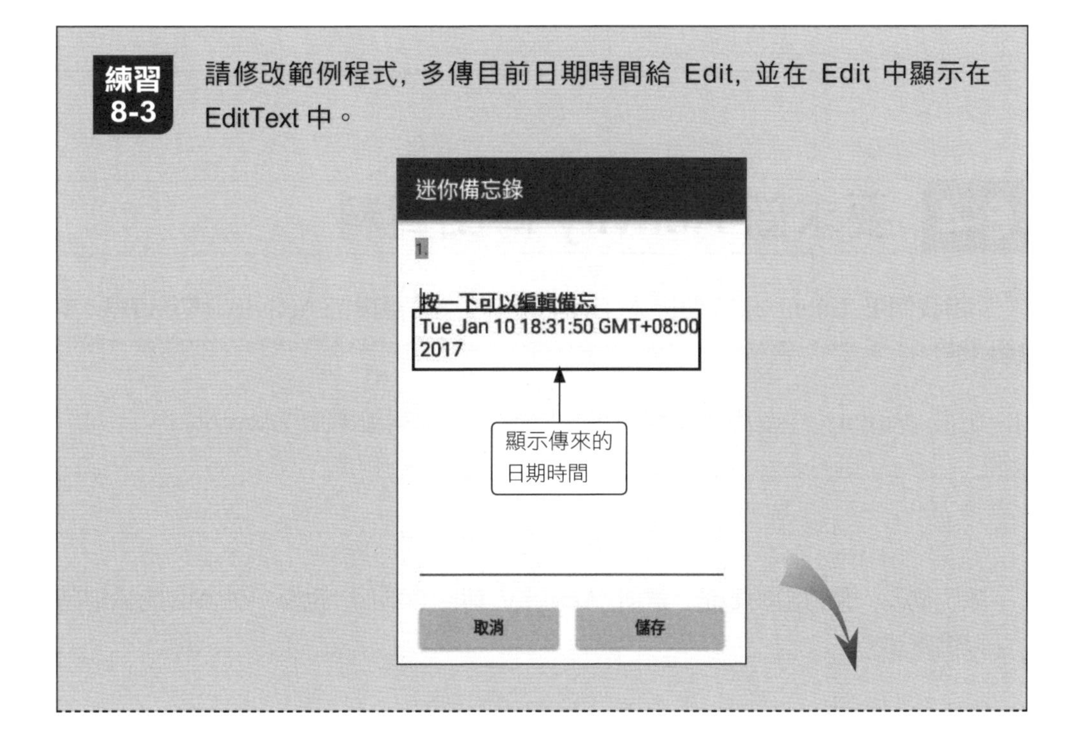

提示 只要修改 MainActivity.java 的 onItemClick() 方法, 使用 java.util.Date 類別建立物件, 即可用 toString() 方法取得目前日期時間的字串：

```
public void onItemClick(AdapterView<?> a, View v, int pos, long
id) {
    ...
    it.putExtra("日期",  new Date().toString()); ◄— 取得日期時間
    startActivity(it);                         ◄— 啟動 Edit 活動
}
```

在 Edit.java 類別中就可以透過 getStringExtra() 取出顯示：

```
protected void onCreate(Bundle savedInstanceState) {
    ...
    String ds = it.getStringExtra("日期");
    if(s.length() > 3)
        edt.setText(s.substring(3) + "\n" + ds); ◄┐
                                        加上收到的日期時間字串
}
```

8-4 要求新 Activity 傳回資料

當我們用 Intent 來啟動新 Activity 時, 如果想要讓新 Activity 傳回資料, 步驟如下:

1. 在主 Activity 中改用 startActivityForResult() 來啟動新 Activity:

```
startActivityForResult(Intent it, int 識別碼)
```

識別碼為一個自訂的數值, 當新 Activity 傳回資料時, 也會一併傳回此識別碼以供辨識。

2. 新 Activity 在結束前使用 setResult() 傳回執行的結果與資料：

```
setResult(int 結果碼, Intent it)
```

結果碼可以設定為 Activity 類別中定義的 RESULT_OK 或是 RESULT_CANCELED 常數；it 則為 Intent 物件，可用來夾帶資料，但若不需要也可以設為 null。

3. 在主 Activity 中加入 onActivityResult() 方法接收傳回的資料：

```
onActivityResult(int 識別碼, int 結果碼, Intent it)
```

在這個方法中應檢查識別碼是否與步驟 1 的相符，然後依結果碼而做不同的處理，並由 it 中讀取傳回的資料。

以下是整個執行流程的示意圖：

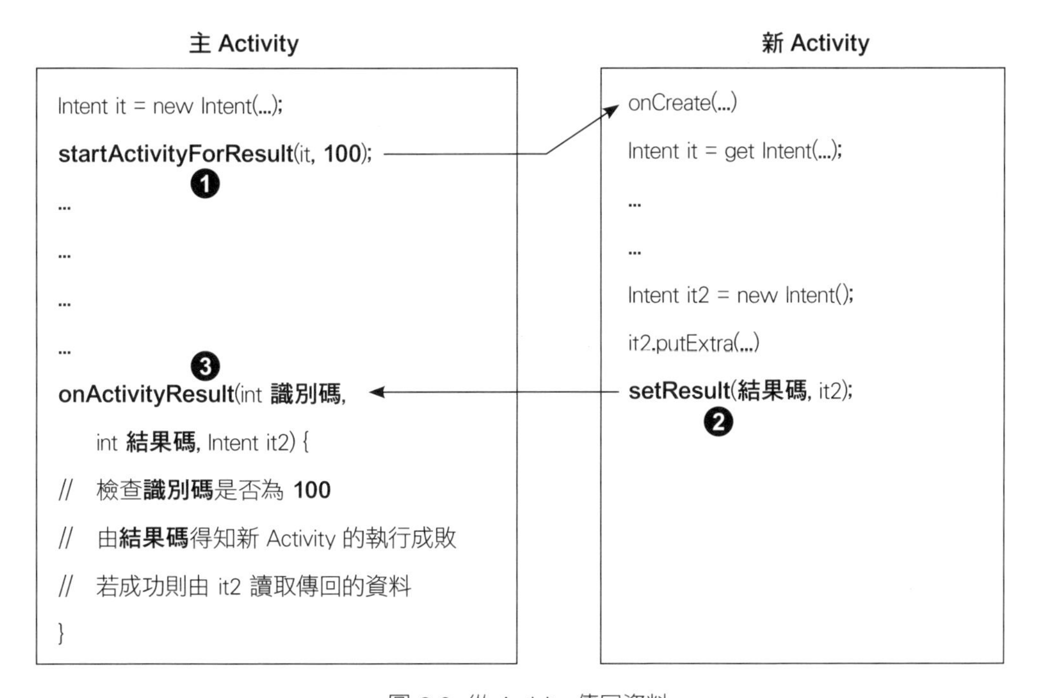

圖 8-2 從 Activity 傳回資料

範例 8-4：在新 Activity 結束時將資料傳回

接著我們要修改前面的範例，以便讓新 Activity 中修改的備忘內容能傳回主 Activity 中。

由於啟動新 Activity 時多了一個**識別碼**參數可用，因此我們改用此識別碼來傳送編輯項目的位置 (由 0 算起)，而不再將項目編號附加到 Intent 物件中了；當新 Activity 傳回資料時，也會自動傳回此識別碼。

step 1 請將 Ch08_Memo 專案複製一份，並命名為 Ch08_Memo2。

step 2 開啟主 Activity 的 MainActivity.java 程式檔，修改 onItemClick()方法如下：

```
01      public void onItemClick(AdapterView<?> a, View v,
02              int pos, long id) {
03          Intent it = new Intent(this, Edit.class);
04          it.putExtra("備忘", aMemo[pos]); ◄— 只附加備忘項目的內容
05          startActivityForResult(it, pos); ◄┐(而不用再附加編號)
                                 啟動 Edit 並以項目位置為識別碼
06      }
```

- 第 5 行將原來的 startActivity(it) 改為 startActivityForResult(it, pos)，以便讓新 Activity 可以傳回資料。第 1 個參數為夾帶資料的 Intent 物件；第 2 個參數為識別碼，此處是傳入要編輯項目的位置 (由 0 算起)。

step 3 接著新增 onActivityResult() 方法如下：

```
01      protected void onActivityResult(int requestCode,
02              int resultCode, Intent it) {
03          if(resultCode == RESULT_OK) {
04              aMemo[requestCode] = it.getStringExtra("備忘"); ◄┐
                                         使用傳回的資料更新陣列內容
05              aa.notifyDataSetChanged(); ◄— 通知 Adapter 陣列內容有更新
06          }
07      }
```

- 第 1 個參數 (requestCode) 是識別碼 (代表編輯項目的位置)，第 2 個參數可用來在第 3 行判定編輯是否成功，第 3 個參數則為夾帶資料的 Intent 物件。

- 第 4 行由 Intent 物件中取出編輯後的備忘資料, 然後存到第 requestCode 位置的備忘項目中。第 5 行則通知 ListView 要更新顯示的內容。

step 4 開啟新 Activity 的 Edit.java 程式檔, 修改如下:

```
01 public class Edit extends AppCompatActivity {
02     TextView txv;  ┐
03     EditText edt;  ┘◄— 將原本 12、14 行的變數宣告移到此處
04
05     @Override
06     protected  void onCreate(Bundle savedInstanceState) {
07         super.onCreate(savedInstanceState);
08         setContentView(R.layout.activity_edit);
09
10         Intent it = getIntent();          ◄— 取得傳入的 Intent 物件
11         String s = it.getStringExtra("備忘"); ◄┐
                        讀出名為 "備忘" 的 String 資料(而不用再讀取編號資料)
12         txv = (TextView)findViewById(R.id.textView); ◄┐
                                                  將 txv 改在第 2 行宣告
13         txv.setText(s.substring(0, 2));  ◄— 將編號顯示在畫面左上角
14         edt = (EditText)findViewById(R.id.editText); ◄┐
15         if(s.length() > 3)                      將 edt 改在第 3 行宣告
16             edt.setText(s.substring(3)); ◄— 將備忘資料去除前3個字,
17     }                                       再填入編輯元件中
18
19     public void onCancel(View v) {      ◄— 按取消鈕時
20         setResult(RESULT_CANCELED);     ◄— 傳回取消訊息
21         finish();                       ◄— 結束 Activity
22     }
23     public void onSave(View v) {        ◄— 按儲存鈕時
24         Intent it2 = new Intent();
25         it2.putExtra("備忘", txv.getText() + " " + edt.getText());◄┐
                                       附加項目編號與修改後的內容 ───┘
26         setResult(RESULT_OK, it2);      ◄— 傳回成功訊息, 及修改後的資料
27         finish();                   ◄— 結束 Activity
28     }
...
```

- 第 13 行直接由傳來的備忘資料中，截取前 2 個字 (項目編號) 顯示在左上角的 TextView 中。
- 第 20 行為按下**取消**鈕時，將取消的結果碼 (RESULT_CANCELED) 傳回主 Activity。
- 第 25 行為按下**儲存**鈕時，將『TextView 中的項目編號』與『EditText 中的修改內容』中間加一空白合併起來，然後附加到 Intent 物件中，再於第 26 行將成功的結果碼 (RESULT_OK) 與 Intent 物件一起傳回主 Activity 。

step 4 執行程式看看，如果要輸入中文，建議在實機上測試會比較方便：

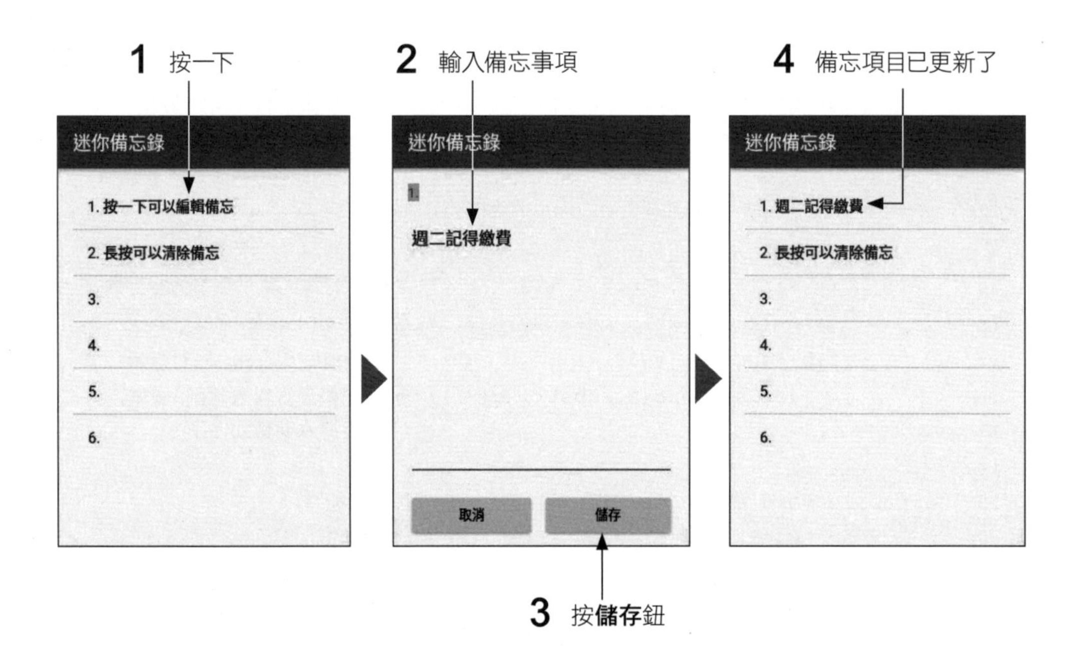

請將按下儲存按鈕時的日期時間傳回給 MainActivity, 並在 MainActivity 中以 Toast 顯示修改時間。

提示 請在 Edit.java 的 onSave() 方法中將目前時間存入 Intent：

```
public void onSave(View v) {      ← 按儲存鈕時
    ...
    it2.putExtra("日期", new Date().toString());←附加修改日期時間
    setResult(RESULT_OK, it2);← 傳回代表成功的結果碼, 以及修改的資料
    finish();      ← 結束活動
}
```

就可以在 MainActivity 的 onActivityResult() 中取得修改日期, 並以 Toast 顯示：

```
protected void onActivityResult(int requestCode,
    ...
    Toast.makeText(this,
        "備忘資料於\n" + it.getStringExtra("日期") + "\n 修改",
        Toast.LENGTH_LONG)
        .show();
    }
}
```

延伸閱讀

1. 有關 Intent 的完整說明, 可參考 Android 線上文件 (http://developer.android.com/guide/components/intents-filters.html)。

2. Intent 除了可以用來啟動新的 Activity 外, 也可以啟動所謂的 Service, 相關內容可參考 Android 說明文件 (http://developer.android.com/guide/components/services.html)。

重點整理

1. 一個 Activity 即代表一個畫面, 也是程式中的一個執行單元。

2. 一個程式中可以包含多個 Activity , 每個 Activity 都必須:

   - 設計一個繼承 **Activity** 或 **AppCompatActivity** (要相容舊版 API 時使用) 的子類別, 並儲存成同名的類別檔 (類別名稱.java)。

   - 設計一個佈局檔 (.xml), 以做為 Activity 要顯示的畫面。

3. **Intent** 可用來啟動手機中的各種 Activity, 依照啟動方式可分為二類:

   - **明示 Intent** (Explicit Intent):直接以『類別名稱』來指定要啟動哪個 Activity , 通常是用來啟動我們自己程式中的 Activity 。

   - **暗示 Intent** (Implicit Intent):只在 Intent 中指出想要進行的**動作**及**資料**, 讓系統幫我們找出適合的程式來執行相關操作。

4. 我們可以在建構 Intent 物件時直接指定要啟動的 Activity 類別，或是用 Intent 的 setClass() 方法來設定。

5. startActivity(Intent) 可以啟動新 Activity，而 finish() 則可結束目前的 Activity。

6. 當啟動新 Activity 時，新 Activity 會在前景執行，而舊 Activity 則被推到背景中暫停執行;當新 Activity 結束時，則下層的舊 Activity 又會被提到前景來執行。

7. 在啟動新 Activity 時，可以用 **putExtra(資料名稱, 資料)** 方法將各種資料放入 Intent 中傳送給新 Activity。

8. 在新 Activity 中，可用 getIntent() 來取得傳入的 Intent 物件，然後用 **getXxxExtra(資料名稱, 預設值)**來讀取資料，其中 Xxx 為資料的型別名稱。如果存入的是陣列，則要改用 **getXxxArrayExtra(資料名稱)** 來讀取。

9. 如果想讓新 Activity 傳回資料，則要改用 **startActivityForResult**(Intent it, int 識別碼) 來啟動新 Activity。

10. 在新 Activity 中要結束前，可使用 **setResult**(結果碼, Intent) 傳回執行的結果與資料。

11. 在原 Activity 中可撰寫 **onActivityResult**(識別碼, 結果碼, Intent) 來接收新 Activity 傳回的資料。在此方法中應檢查識別碼是否正確，然後依結果碼而做不同的處理，並由 Intent 參數中讀取傳回的資料。

習題

1. 在專案中的每一個 Activity，都必須有一個繼承 ____________ 的子類別, 並設計一個 ____________ 檔以做為 Activity 要顯示的畫面, 其副檔名為 ____________ 。

2. 我們可以用 ____________ 來啟動手機中的各種 Activity。

3. Intent 可分為 ____________ 及 ____________ 二類。

4. 請說明 startActivity()、finish() 和 startActivityForResult() 的功能為何？

5. 請寫一支包含 3 個 Activity 的程式, 每個 Activity 的功能如下：

   - 在 Activity 1 中可以啟動 Activity 2 或結束 Activity 。
   - 在 Activity 2 中可以啟動 Activity 3 或結束 Activity 。
   - 在 Activity 3 中則可啟動 Activity 1 或結束 Activity 。

   在轉移 Activity 時必須傳遞資料以記錄移動的路徑, 並在每一個 Activity 中都能顯示最新的移動路徑, 例如：1 → 2 → 3 → 2 → 3 → 1 → 3 → 2 → 1。

09 用 Intent 啟動手機內的各種程式

Chapter

9-1 使用 Intent 啟動程式的方式

Intent 有**明示** Intent (Explicit Intent) 及**暗示** Intent (Implicit Intent) 二種。明示 Intent 在上一章已經介紹過了, 本章就來說明暗示 Intent 的各種用法。

所謂暗示 Intent, 就是只在 Intent 中設定要進行的**動作** (例如撥號、編輯、搜尋等) 及**資料** (例如電話號碼、E-mail 地址、網址等), 然後讓系統自動找出適合的程式來執行。

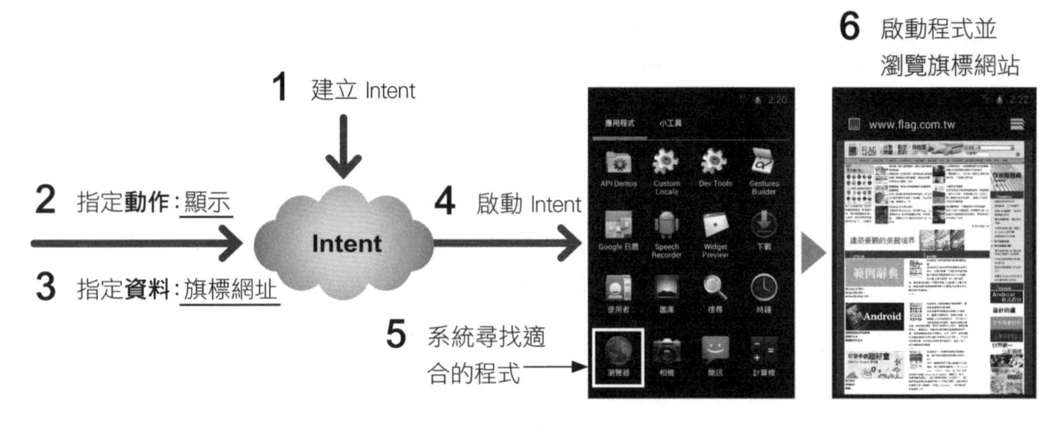

圖 9-1 暗示 Intent

此外, 如果手機中有多個適合的程式, 還會彈出清單供使用者選擇, 例如:

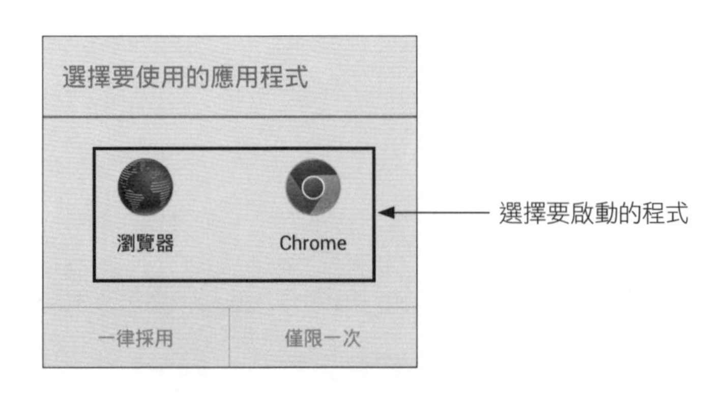

暗示 Intent 可使用的動作有很多，例如：

動作	說明
ACTION_VIEW	顯示資料
ACTION_EDIT	編輯資料
ACTION_PICK	挑選資料
ACTION_GET_CONTENT	取得資料
ACTION_DIAL	開啟撥號程式
ACTION_CALL	直接撥出電話
ACTION_SEND	傳送資料
ACTION_SENDTO	傳送到資料所指定的對象
ACTION_SEARCH	搜尋資料
ACTION_WEB_SEARCH	搜尋 Web 資料

setAction() 及 setData()：加入動作及資料到 Intent 中

Intent 本身其實就是一個『包含啟動資訊』的物件，以暗示 Intent 來說，可以用 setAction() 及 setData() 來填入要執行的動作及資料，然後再用 startActivity() 啟動適合的程式。例如：

```
Intent it = new Intent();                       ◄— 建立 Intent 物件
it.setAction(Intent.ACTION_VIEW);               ◄— 設定動作：顯示
Uri uri = Uri.parse("http://flag.com.tw");      ◄— 將網址字串轉換為 Uri 物件
it.setData(uri);                                ◄— 設定資料：內含旗標
                                                    網址的 Uri 物件
startActivity(it);                             ◄— 啟動適合 Intent 的 Activity
```

Uri：Intent 的資料

動作 Intent.ACTION_VIEW 代表要『顯示』特定資料，這是最常用的動作；而資料則要以 URI 格式呈現 (例如 "http://...")，並用 Uri.parse() 轉換為 URI 物件來做為 setData() 的參數。

什麼是 URI?

URI 是 **U**niform **R**esource **I**dentifier 的首字母縮寫, 用來指出物品的位置, 實際的格式會依物品的種類而不同。大家最熟悉用來瀏覽網路的 URL (http://www.flag.com.tw/) 就是 URI 的一種, 專門用來指出網路上的網頁、圖片等的位址。

將**動作**及**資料**搭配起來, 系統便會自動尋找並開啟適合的程式, 並將資料帶入程式中執行。例如將動作 Intent.ACTION_VIEW 搭配以下資料:

資料種類	Uri 格式	啟動的程式	執行結果
網址	"http://flag.com.tw"	瀏覽器	瀏覽網頁
電話號碼	"tel:800"	撥號程式	將 800 填入號碼欄

在建立 Intent 時直接指定動作及資料

在建立 Intent 時也可直接指定動作, 或同時指定動作及資料:

```
//建立 Intent 物件並指定動作
Intent it = new Intent(Intent.ACTION_VIEW);

//建立 Intent 物件並指定動作及資料
Intent it = new Intent(Intent.ACTION_VIEW, Uri.parse("tel:800"));
```

範例 9-1：快速撥號程式

底下範例使用 Intent 來啟動系統內建的撥號程式, 並將要撥打的電話號碼自動填入撥號欄中:

以上 800 是中華電信的免費服務電話, 您可將程式中的號碼換成您所屬電信公司的免費服務電話。

如果是國際電話號碼, 最前面要多加一個 + 號及國際碼, 例如："tel:+886-2-23963257" (就是把區域號碼或手機號碼前的 0 換成 "+國際碼", 例如台灣為 +886)。

step 1 請新建一個 Ch09_FastDialer 專案, 並將程式名稱設為 "快速撥號程式"。

step 2 在 Layout 畫面中將預設的 "Hello World!" 元件刪除, 然後修改如下：

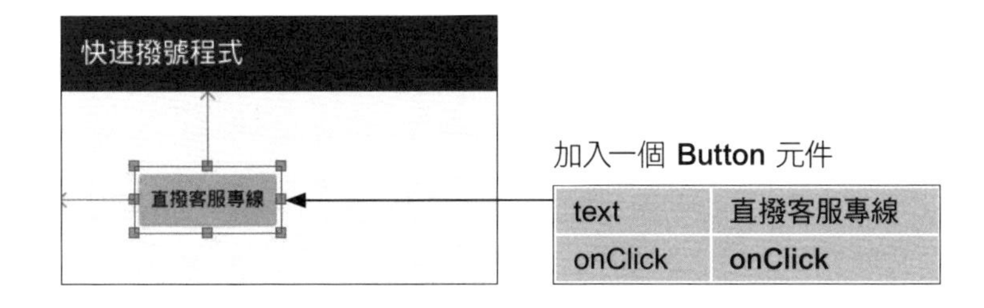

text	直撥客服專線
onClick	onClick

step 3 在 MainActivity 類別中加入 onClick() 方法如下：

```
01 public class MainActivity extends AppCompatActivity {
02
03     public void onClick(View v) {
04         Intent it = new Intent();                  ← 新建 Intent 物件
05         it.setAction(Intent.ACTION_VIEW);  ← 設定動作：顯示資料
06         it.setData(Uri.parse("tel:800"));  ←┐
                                   設定資料：用 URI 指定電話號碼
07         startActivity(it);            ← 啟動適合 Intent 的 Activity
08     }
       ...
23 }
```

● 第 6 行是直接呼叫 Uri.parse() 來產生 Uri 物件，並做為 setData() 的參數。

直接撥出電話

本例中的 ACTION_VIEW 也可換成 ACTION_DIAL，效果是一樣的。但若換成 **ACTION_CALL**，則可以直接撥出電話，不過此時必須在 AndroidManifest.xml 中加上『撥打電話』的使用權限 **"android.permission.CALL_PHONE"** 才行：

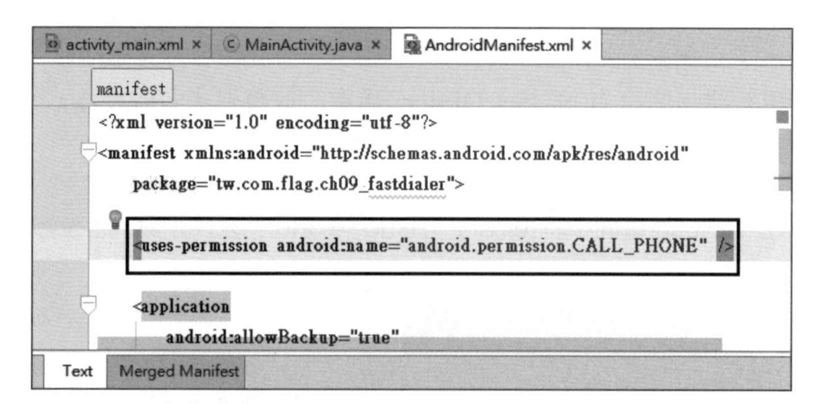

請注意，CALL_PHONE 直接撥出電話會產生費用，所以被歸類於危險權限，若 App 要相容於 Android 6.x 以上的系統，必須參考 10-2 節的說明，使用 ActivityCompat.requestPermissions() 向使用者要求允許權限。

練習 9-2 請將範例修改為按鈕後會將電話號碼加入使用者的通訊錄。

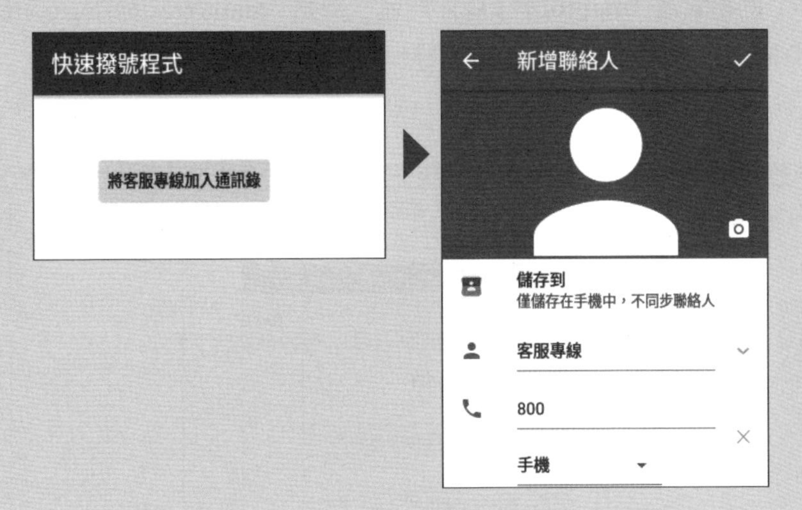

提示 將動作改為 ContactsContract.Intents.Insert.ACTION 即可將號碼加入通訊錄, 程式碼如下：

```
it.setAction(ContactsContract.Intents.Insert.ACTION);◄─ 設定動作：加入通訊錄
it.setType(ContactsContract.RawContacts.CONTENT_TYPE);
it.putExtra(ContactsContract.Intents.Insert.NAME, "客服專線")
  .putExtra(ContactsContract.Intents.Insert.PHONE, "800");
```

9-2 使用 Intent 啟動電子郵件、簡訊、瀏覽器、地圖、與 Web 搜尋

若上一節範例的 "tel:800" 換成各種不同類型的 URI, 則可開啟各種不同的應用程式來處理資料, 例如電子郵件地址、簡訊、網址、經緯度座標值等, 底下分別說明。

電子郵件地址

URI 的格式為 "**mailto:**電子郵件地址", 例如 "mailto:test@flag.com.tw"。另外還可以將副本收件人、主旨、內容等資料一併附加在 URI 之後, 例如:

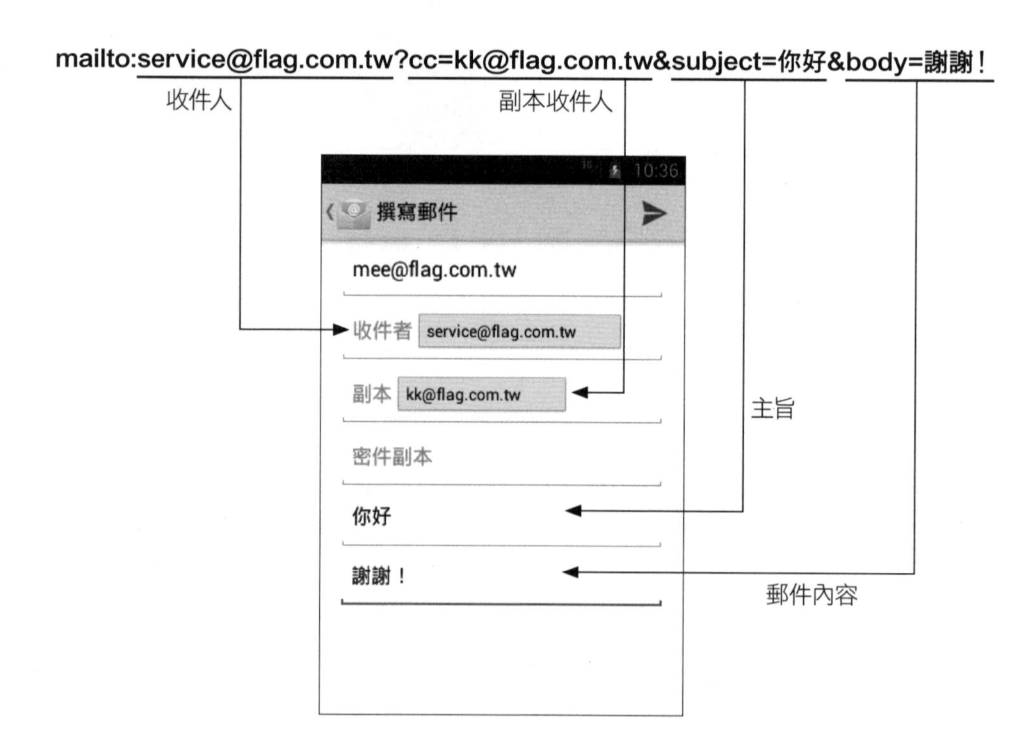

附加的格式要以 "?" 開頭，然後用『名稱=資料』的格式來附加，而各項項目之間則要以 "&" 隔開。可用的項目名稱有：cc (副本收件人)、bcc (密件副本收件人)、subject (主旨)、及 body (郵件內容)。

此外，也可改用 Intent 的 **putExtra(類型, 資料)** 來指定額外資訊，包括 EXTRA_CC (副本收件人)、EXTRA_BCC (密件副本收件人)、EXTRA_SUBJECT (主旨)、EXTRA_TEXT (郵件內容) 等，例如：

```
Intent it = new Intent(Intent.ACTION_VIEW); ← 建立 Intent 並指定預設動作
it.setData(Uri.parse("mailto:service@flag.com.tw"));
it.putExtra(Intent.EXTRA_CC,
            new String[] {"kk@flag.tw"});      ← 設定一或多個副本收件人
it.putExtra(Intent.EXTRA_SUBJECT, "資料已收到");          ← 設定主旨
it.putExtra(Intent.EXTRA_TEXT, "您好,\n已收到, 謝謝！"); ← 設定內容
```

請注意，副本及密件副本收件人的資料須為『字串陣列』，如此才可指定多個收件人。

在啟動電子郵件時，也可將 Intent.ACTION_VIEW 動作改為 Intent.ACTION_SENDTO，效果相同。但由於 ACTION_SENDTO 的意思更為明確，讀者在實際撰寫程式時，建議優先採用。

簡訊

URI 的格式為 "**sms:電話號碼**"，例如 "sms:0999-123456"。若要附加簡訊內容，則可寫成：

```
"sms:0999-123456?body=簡訊內容"
```

此外也可和 E-mial 一樣，改用 putExtra() 來附加簡訊內容，例如：

```
it.putExtra("sms_body", "您好！");
```

網址

URI 的格式為 "**http://**網址", 例如 "http://www.flag.com.tw"。

經緯度座標值

URI 的格式為 "geo:緯度, 經度", 例如 "geo:25.047095, 121.517308" 就是台北車站的位置。經緯度座標值的 URI 預設會開啟地圖顯示指定的位置。

搜尋 Web 資料

前面幾項都是以 ACTION_VIEW 動作來啟動相關程式, 若要搜尋 Web 資料, 必須將動作改為 ACTION_WEB_SEARCH, 並直接用 putExtra(SearchManager.QUERY, "關鍵字") 來指定搜尋關鍵字, 例如:

```
it.putExtra(SearchManager.QUERY, "旗標出版");
```

此功能不需使用 setData() 設定搜尋網站, 系統會自動開啟 http://www.google.com 來搜尋。

範例 9-2:使用 Intent 啟動電子郵件、簡訊、瀏覽器、地圖、與 Web 搜尋

本節我們要寫一個 App 啟動器, 可以用來啟動電子郵件、簡訊、瀏覽器、地圖、及 Web 搜尋。建議讀者在實機上測試較為方便, 否則必須依 9-12 頁的說明設定模擬器。

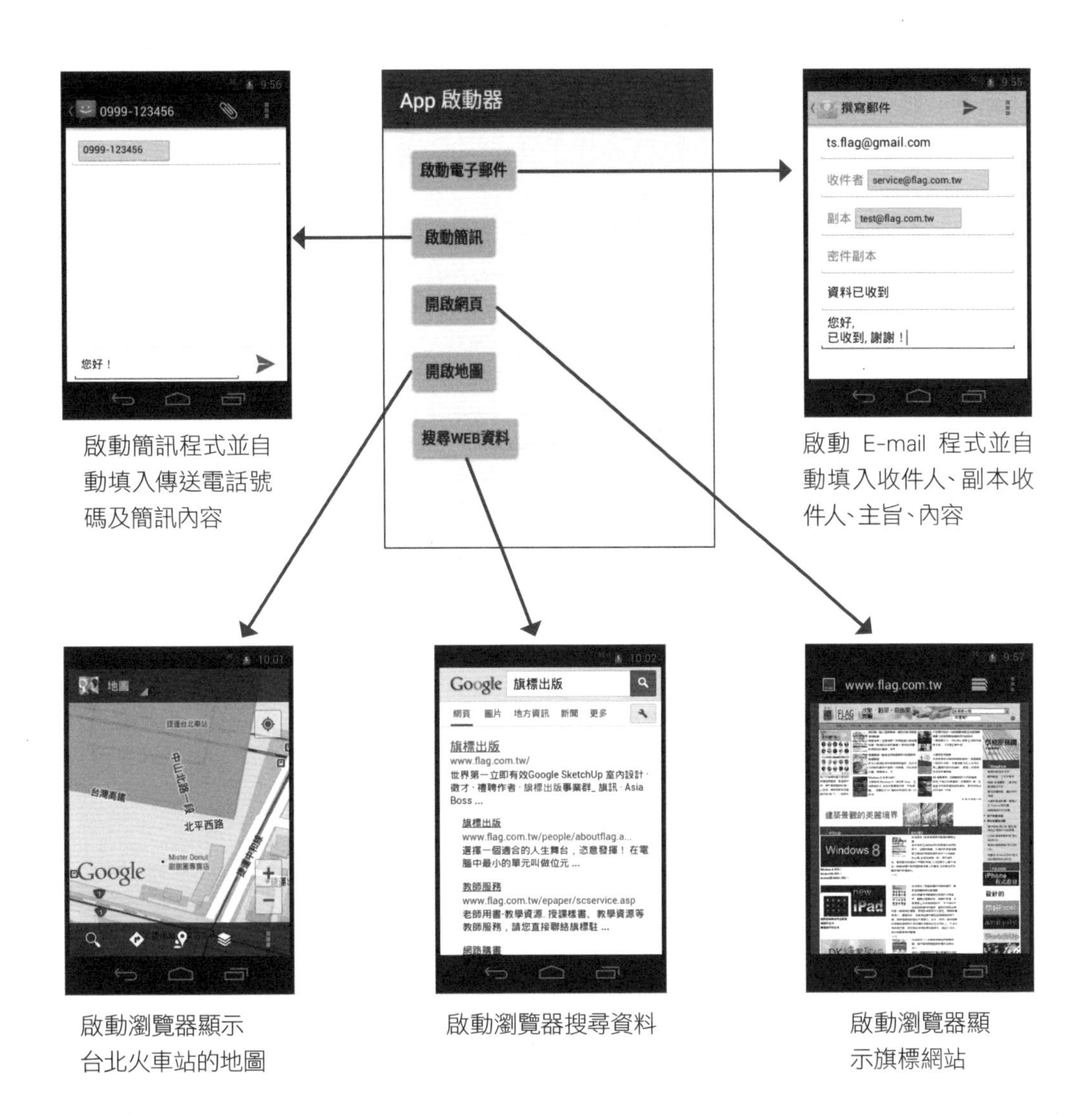

啟動簡訊程式並自動填入傳送電話號碼及簡訊內容

啟動 E-mail 程式並自動填入收件人、副本收件人、主旨、內容

啟動瀏覽器顯示台北火車站的地圖

啟動瀏覽器搜尋資料

啟動瀏覽器顯示旗標網站

TIP 在啟動新 Activity 後, 可按返回鍵回到原 Activity 中。另外, 在瀏覽器中點兩下, 可以放大/縮小網頁內容。

step 1 新增一個 Ch09_IntentStarter 專案, 並將程式名稱設為 "App 啟動器"。

step 2 將 Layout 畫面中的 "Hello world!" 元件刪除, 然後將預設的 RelativeLayout 換成 ConstraintLayout, 並加入以下元件:

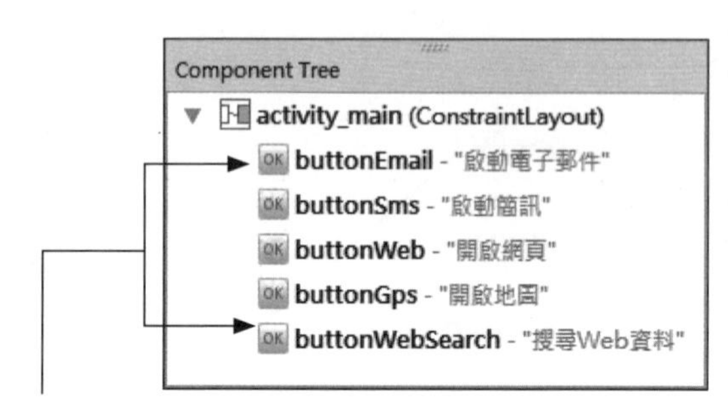

加入 5 個按鈕

id	text	onClick
buttonEmail	啟動電子郵件	onClick
buttonSms	啟動簡訊	onClick
buttonWeb	開啟網頁	onClick
buttonGps	開啟地圖	onClick
buttonWebSearch	搜尋Web資料	onClick

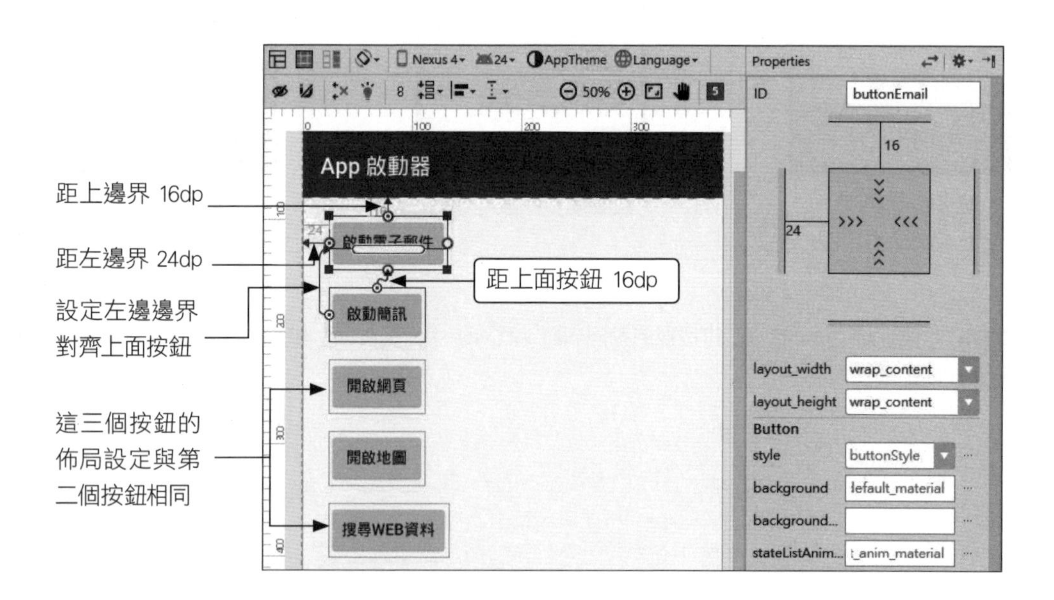

step 3 接著修改程式，由於已經將 5 個按鈕的 **onClick** 屬性均設為 onClick，因此只需在 MainActivity 類別中加入 onClick() 方法，然後再依照按鈕的資源 ID 來分別處理即可：

```
01 public void onClick(View v) {
02     Intent it = new Intent(Intent.ACTION_VIEW); ← 建立Intent並指定預設動作
03
04     switch(v.getId()) { ← 讀取按鈕的資源 ID 來做相關處理
05     case R.id.buttonEmail: ← 指定 E-mail 地址
06         it.setData(Uri.parse("mailto:service@flag.com.tw"));
07         it.putExtra(Intent.EXTRA_CC,        ← 設定副本收件人
08                 new String[] {"test@flag.com.tw"});
09         it.putExtra(Intent.EXTRA_SUBJECT, "資料已收到"); ← 設定主旨
10         it.putExtra(Intent.EXTRA_TEXT, "您好,\n已收到, 謝謝！"); ← 設定內容
11         break;
12     case R.id.buttonSms: ← 指定簡訊的傳送對象及內容
13         it.setData(Uri.parse("sms:0999-123456?body=您好！"));
14         break;              ↑ 請換成適當的號碼
15     case R.id.buttonWeb: ← 指定網址
16         it.setData(Uri.parse("http://www.flag.com.tw"));
17         break;
18     case R.id.buttonGps: ← 指定 GPS 座標：台北火車站
19         it.setData(Uri.parse("geo:25.047095,121.517308"));
20         break;
21     case R.id.buttonWebSearch: ← 搜尋 Web 資料
22         it.setAction(Intent.ACTION_WEB_SEARCH); ← 將動作改為搜尋
23         it.putExtra(SearchManager.QUERY, "旗標出版");
24         break;
25     }
26     startActivity(it); ← 啟動適合Intent的程式
27 }
```

- 第 4 行利用在第 1 行傳入的 View 物件 v, 執行其 v.getId() 方法取得被按下的按鈕的資源 ID, 然後用 switch 依資源 ID 來做不同的處理。最後在第 26 行執行 startActivity() 啟動Intent。
- 第 22 行將 Intent 預設的 ACTION_VIEW 動作 (在第 2 行設定) 改為 ACTION_WEB_SEARCH, 以便搜尋 Web 資料。

當有多個適合開啟 Intent 的程式時

在啟動 Intent 時, 若有多個適合的程式, 則系統會自動顯示程式清單供使用者選擇。例如手機中裝了二個瀏覽器時, 那麼在啟動內含網址或搜尋 Web 的 Intent 時, 會出現以下選單:

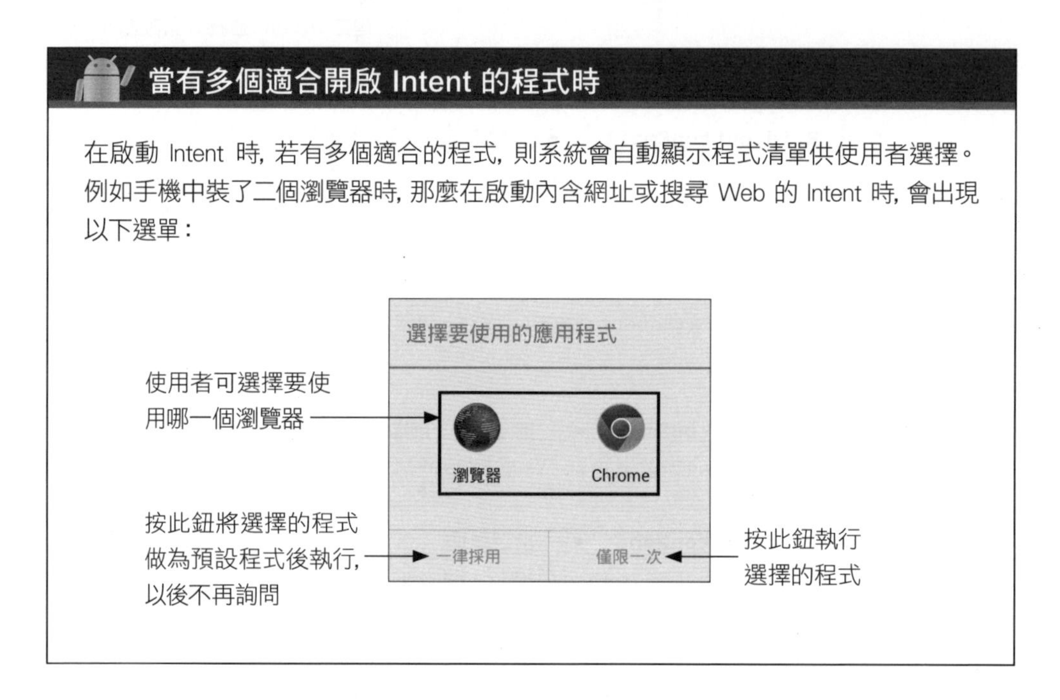

ACTION_SEARCH:通用的搜尋功能

若將前例中的 Web 搜尋由 ACTION_WEB_SEARCH 改為 ACTION_SEARCH, 則會列出系統中所有支援搜尋功能的程式供使用者選取:

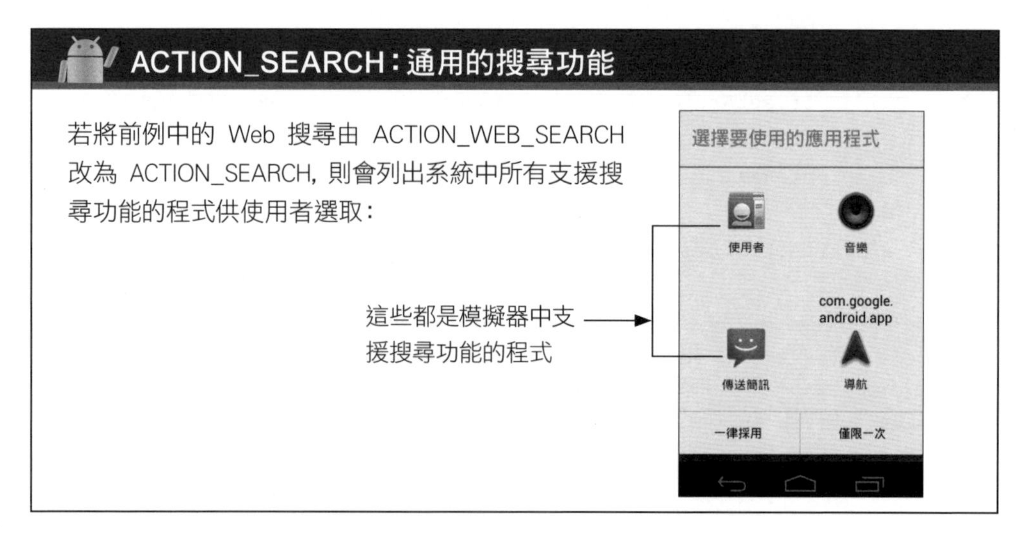

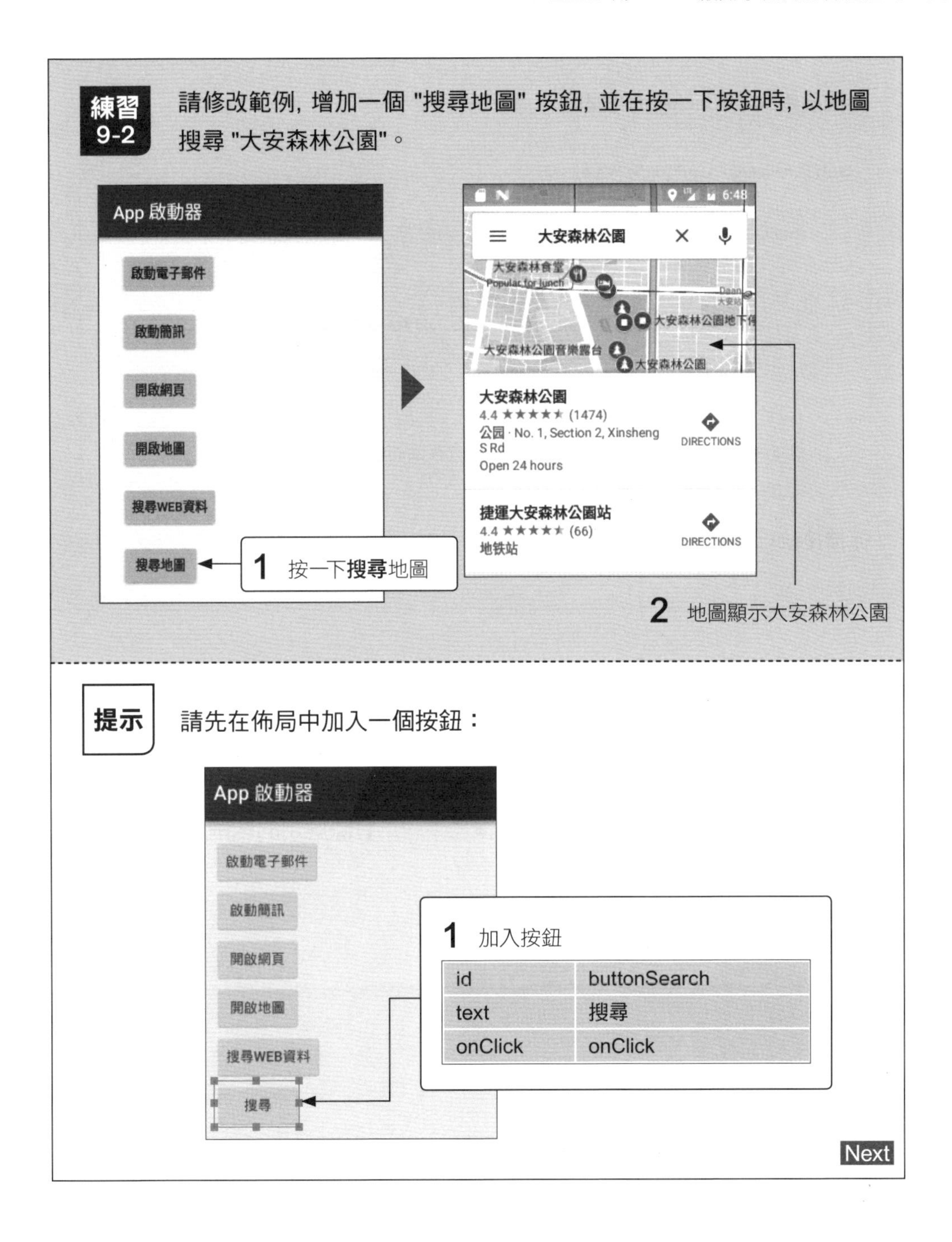

id	buttonSearch
text	搜尋
onClick	onClick

存檔後修改 onClick() 方法如下：

```
public void onClick(View v) {
    ...
    switch(v.getId()) {◄— 讀取按鈕的資源 ID 來做相關處理
    ...
        case R.id.buttonMapSearch:
        it.setData(Uri.parse("geo:0,0?q=大安森林公園"));
        break;
                                          ▲
                                       搜尋地名
    }
    startActivity(it);  ◄— 啟動適合意圖的程式
}
```

存檔後執行程式就可以了。

從啟動的程式傳回資料

從啟動的程式也可以傳回資料，啟動與接收的步驟都與上一章從啟動的 Activity 傳回資料一樣，詳細的作法請參考下一章實際應用的範例。

延伸閱讀

1. 有關 Intent 可指定動作的完整列表，請參考 Android 說明文件 (http://developer.android.com/reference/android/content/Intent.html#constants)。

2. 除了啟動其他程式外，Intent 也可以用來啟動可在背景執行不被使用者操作中斷的 Service (服務)，有關此主題可參考 Android 說明文件 (http://developer.android.com/guide/components/services.html)。

重點整理

1. 所謂暗示 Intent，就是只在 Intent 中設定要進行的**動作** (例如撥號、編輯、搜尋等) 及**資料** (例如電話號碼、E-mail 地址、網址等)，然後讓系統自動找出適合的程式來執行。

2. 動作 Intent.ACTION_VIEW 代表要『顯示』特定資料，這是最常用的動作；而資料則要以 URI 格式呈現。

3. 在程式中若要直接撥出電話，必須在 AndroidManifest.xml 中加入 android.permission.CALL_PHONE 的使用者授權。同理，若要查詢聯絡人資料，則要加入 android.permission.READ_CONTACTS 的使用者權限。

4. 在 Uri 字串中可以附加額外資訊，例如 Email 的 Uri："mailto:srv@flag.tw**?**cc=kk@flag.tw**&**subject=你好**&**body=謝謝！"。附加的格式要以 "?" 開頭，然後用『名稱=資料』的格式來附加，而各項項目之間則要以 & 隔開。

5. 我們也可以用 Intent 的 **putExtra (類型, 資料)** 來指定額外資訊，例如：it.putExtra(**Intent.EXTRA_CC**, new String[] {"kk@flag.tw"});。

6. 簡訊的 URI 格式為 "**sms:**電話號碼", 例如 "sms:0999-123456"。若要附加簡訊內容, 則可寫成 "sms:0999-123456?body=您好!", 或是寫成 it.putExtra("**sms_body**", "您好!");。

7. 網址的 URI 格式為 "**http:**//網址", 例如 "http://www.flag.com.tw"。後面同樣可以用 ? 附加額外資料, 但其內容則要依網站的要求來設定。

8. 經緯度座標的 URI 格式為 "**geo:**經緯度座標值", 例如 "geo:25.047095,121.517308"。

9. 用 Intent 搜尋 Web 資料時, 動作要設為 ACTION_WEB_SEARCH, 並直接用 putExtra(SearchManager.QUERY, 關鍵字) 來指定搜尋關鍵字。

習題

1. 請說明『暗示 Intent』和『明示 Intent』有何不同?並舉例說明。

2. 請寫出以下 5 種暗示 Intent 動作的意義:

   Intent.ACTION_VIEW : ________________

   Intent.ACTION_EDIT : ________________

   Intent.ACTION_PICK : ________________

   Intent.ACTION_DIAL : ________________

   Intent.ACTION_CALL : ________________

3. 請寫出 Email 的 Uri, 收件人為 abc@flag.com.tw, 副本收件人為 d1@flag.com.tw, 主旨為 "請教問題", 內容為 "什麼是 Uri?"。

4. 請問 android.permission.CALL_PHONE 的功用為何?

5. 請寫一支程式, 可以讓使用者輸入關鍵字, 然後透過網路搜尋輸入的關鍵字。

10 拍照與顯示相片

Chapter

10-1 使用 Intent 啟動系統的相機程式

幾乎所有的 Android 手機都具備相機功能, 如果在程式中需要拍照, 那麼最簡單的方法, 就是用 Intent 來啟動系統的『相機』程式, 讓它幫我們拍照。

例如底下的程式碼就可以啟動相機程式, 並在拍照後將相片的縮圖傳回程式中:

```
Intent it = new Intent(MediaStore.ACTION_IMAGE_CAPTURE); ←— 建立 Intent
startActivityForResult(it, 100);    ←— 用 Intent 啟動程式, 並要求傳回資料
```

Intent 的『動作』要設為 MediaStore.ACTION_IMAGE_CAPTURE, 然後再用 startActivity**ForResult**() 來啟動 Intent, 此方法的第 2 個參數 100 是我們自訂的識別碼 (你也可以設定其它的值), 當相機程式在完拍照將資料傳回時, 可以做為識別之用, 例如:

```
protected void onActivityResult(int reqCode, int resCode, Intent data){
    super.onActivityResult(reqCode, resCode, data);
    if(resCode == Activity.RESULT_OK && reqCode==100) { ←— 有拍到照片時
        //處理傳回的資料
    }
    else {  ←— 沒拍到照片時
        Toast.makeText(this, "沒有拍到照片", Toast.LENGTH_LONG).show();
    }
}
```

利用 Bundle 取出 Intent 中附帶的 Bitmap 物件

用 Intent 啟動的相機程式在拍照後，預設會將相片的縮圖打包成 Bitmap 物件放在 Intent 中傳回，因此我們可以從 Intent 中取出 Bitmap 資料來顯示。不過，由於 Intent 並未提供直接取出 "物件" (如 Bitmap) 的方法，因此要先將 Intent 的附加資料轉成 Bundle 物件，再用 Bundle 的 get() 來取出：

```
protected void onActivityResult(int reqCode, int resCode, Intent data){
    super.onActivityResult(reqCode, resCode, data);
    if(resCode == Activity.RESULT_OK && reqCode==100) {  ◄— 有拍到照片時
        Bundle bdl = data.getExtras(); ◄— 將 Intent 的附加資料轉
                                          為 Bundle 物件
        Bitmap bmp = (Bitmap) bdl.get("data"); ◄┐
                              由 Bundle 取出名為 "data" 的 Bitmap 資料
        ImageView imv = (ImageView)findViewById(R.id.imageView1);
        imv.setImageBitmap(bmp);  ◄— 將 Bitmap 資料顯示在 ImageView 中
    }
    else { ◄— 沒拍到照片時
        Toast.makeText(this, "沒有拍到照片", Toast.LENGTH_LONG).show();
    }
}
```

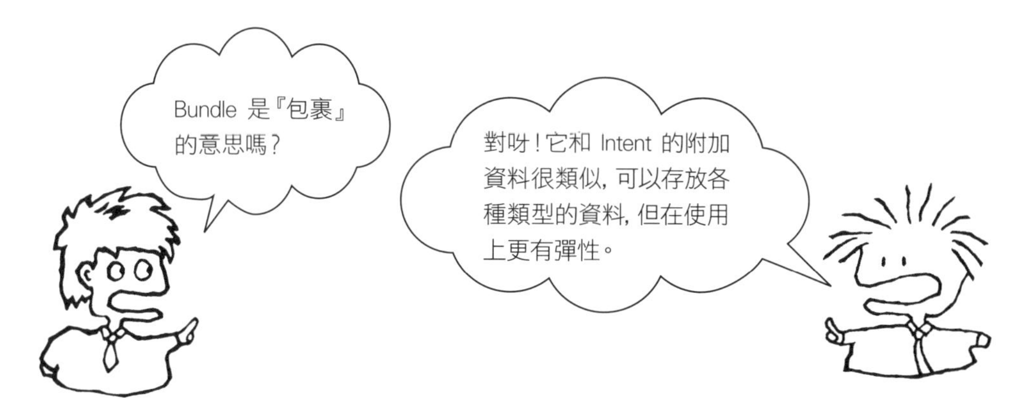

範例 10-1：利用系統的相機程式來拍照

學會利用 Intent 拍照的技巧後，馬上來實作一個『Ez 照相機』範例吧！此範例由於用到拍照功能，所以必須在手機上測試，執行結果如下：

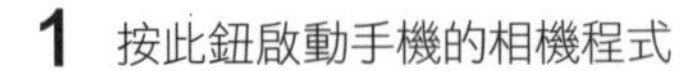

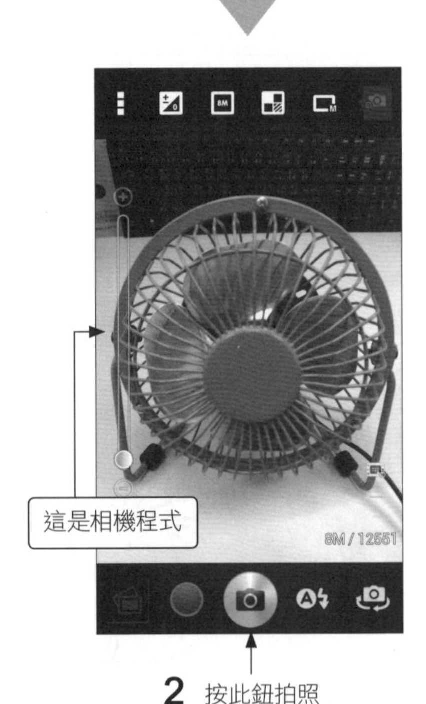

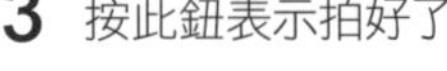

返回我們的程式

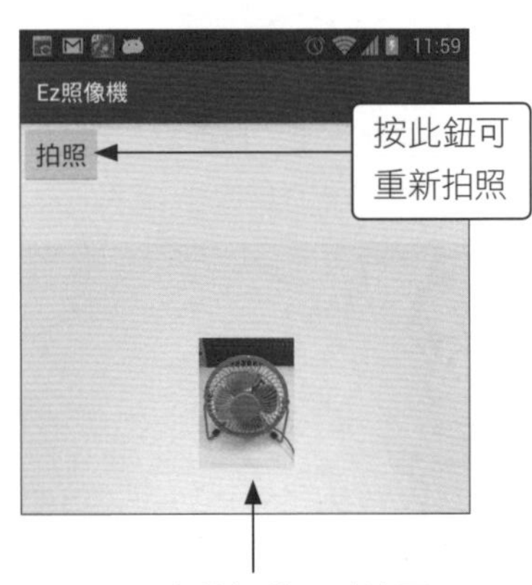

顯示出拍好的照片縮圖

啟動相機程式後若不想拍照，可按手機的返回鍵回到我們的程式中，此時會顯示 沒有拍到照片 Toast 訊息。

step 1 請新增 Ch10_Camera 專案，並將程式名稱設為 "Ez照相機"。

step 2 在 Layout 畫面中將預設的 "Hello World!" 元件刪除，再將佈局轉換成 ConstraintLayout，如下加入元件並設定各元件的約束：

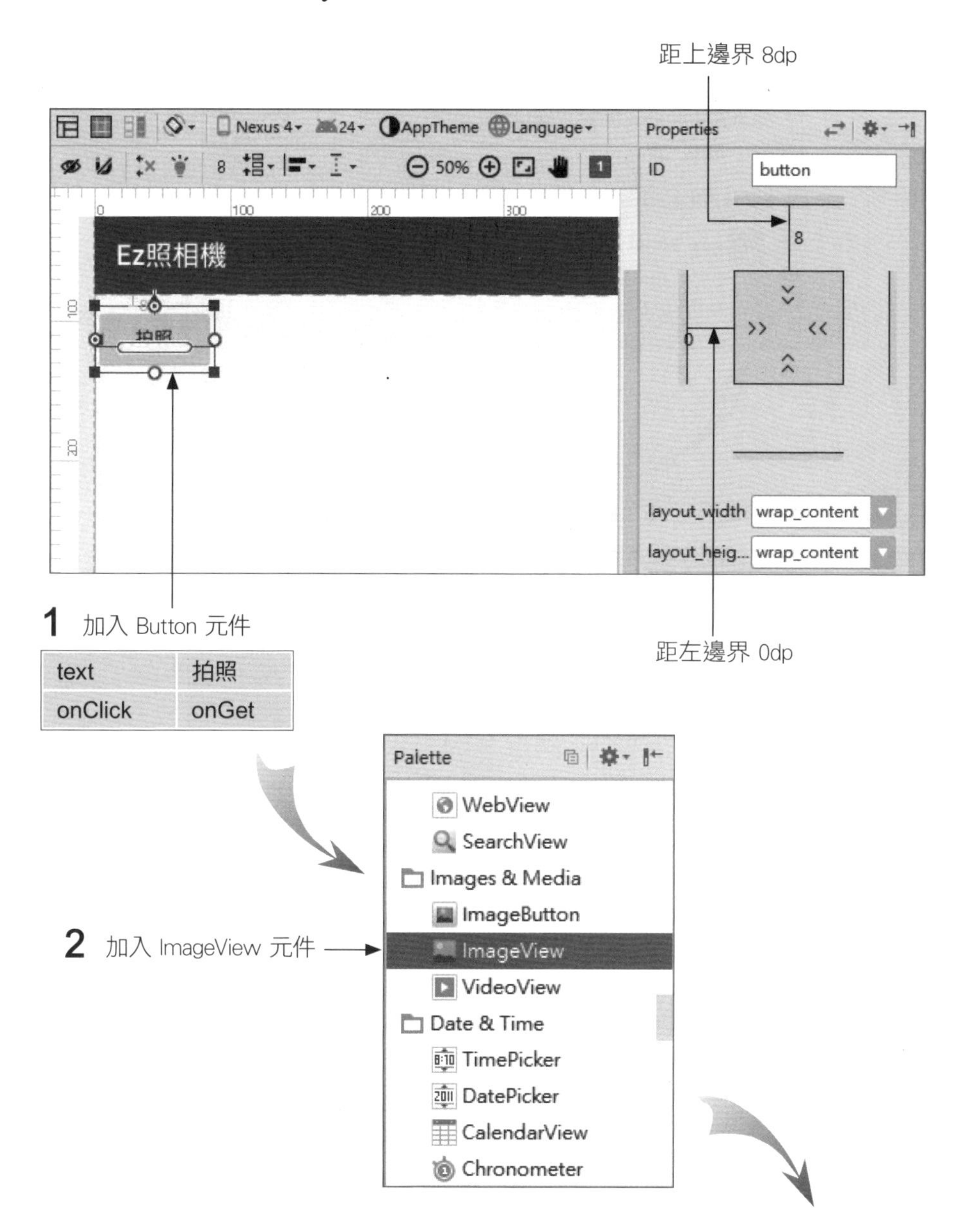

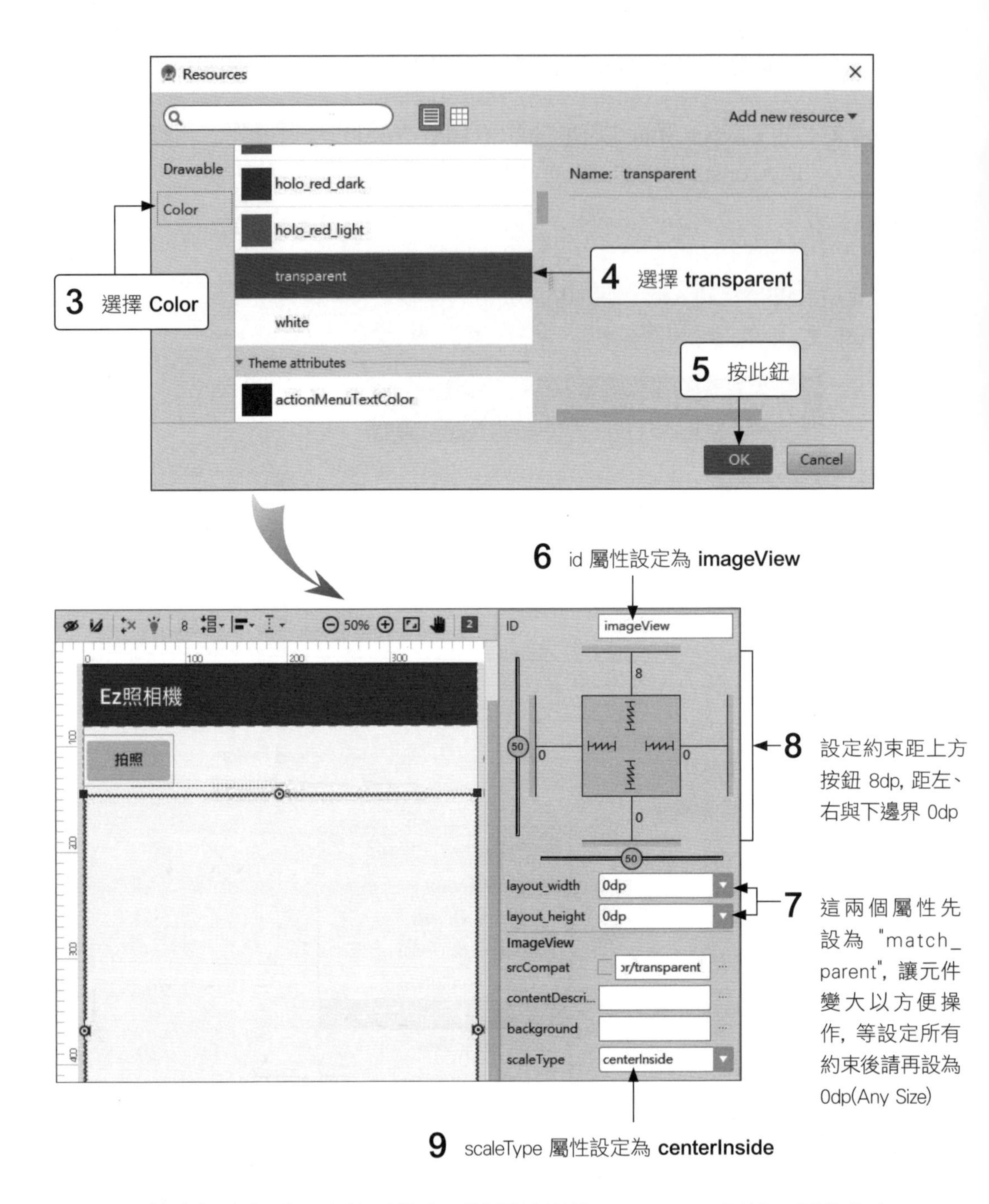

step 3 接著撰寫程式, 由於已設定了**拍照**按鈕的 onClick 屬性, 因此先在 MainActivity 中加入 onGet() 事件處理方法, 然後再加入拍照完會被執行的 onActivityResult() 方法:

```
01 package tw.com.flag.ch10_camera;
02
03 import ...
04
12
13 public class MainActivity extends AppCompatActivity {
14
15     @Override
16     protected void onCreate(Bundle savedInstanceState) {
17         super.onCreate(savedInstanceState);
18         setContentView(R.layout.activity_main);
19     }
20
21     public void onGet(View v) {
22         Intent it = new Intent(MediaStore.ACTION_IMAGE_CAPTURE); ←┐
                                               建立動作為拍照的 Intent
23         startActivityForResult(it, 100); ← 啟動 Intent 並要求傳回資料
24     }
25
26     protected void onActivityResult(int requestCode, int resultCode,
                                       Intent data) {
27         super.onActivityResult(requestCode, resultCode, data);
28
29         if(resultCode == Activity.RESULT_OK && requestCode==100) {
30             Bundle extras = data.getExtras(); ←┐
                                  將 Intent 的附加資料轉為 Bundle 物件
31             Bitmap bmp = (Bitmap) extras.get("data"); ←┐
                               由 Bundle 取出名為 "data" 的 Bitmap 資料
32             ImageView imv = (ImageView)findViewById (
                               R.id.imageView);
33             imv.setImageBitmap(bmp); ← 將 Bitmap 資料顯示在
                                         ImageView 中
34         }
35         else {
36             Toast.makeText(this, "沒有拍到照片", Toast.LENGTH_LONG).
                 show();
37         }
38     }
39 }
```

● 第 21~24 行是當使用者按下**拍照**鈕時會執行的方法。

● 第 26~38 行是當使用者拍完照後會被執行的方法，而拍照的照片縮圖會放在傳回的 Intent 參數 data 中。

step 4　完成後，請在實機中測試結果，看看是否和本範例最前面的示範相同。

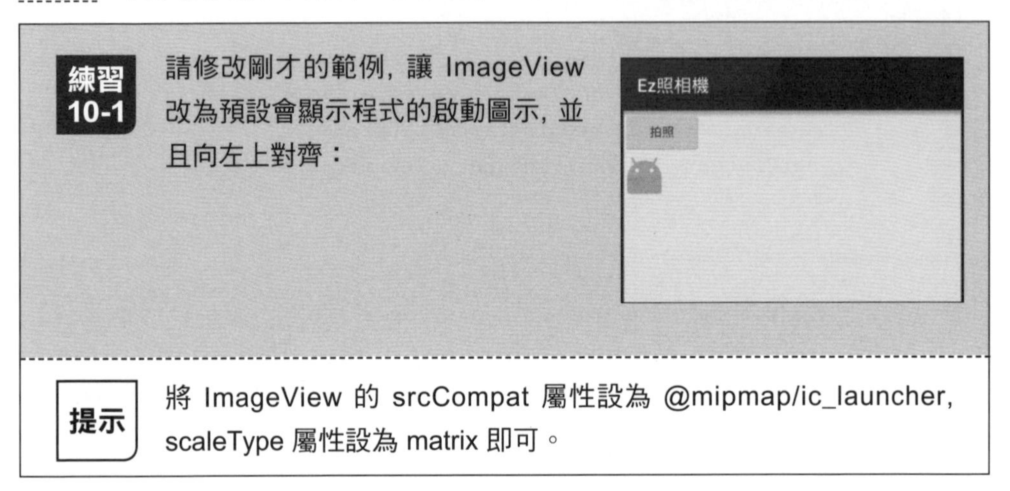

練習 10-1　請修改剛才的範例，讓 ImageView 改為預設會顯示程式的啟動圖示，並且向左上對齊：

提示　將 ImageView 的 srcCompat 屬性設為 @mipmap/ic_launcher，scaleType 屬性設為 matrix 即可。

10-2 要求相機程式存檔

準備代表圖檔路徑的 Uri

由於相機程式預設只會傳回相片縮圖，如果想要相機程式將原始相片存檔，必須將想要存檔的路徑做成 Uri 物件加入 Intent 中，那麼相機程式就會依照 Uri 所指定路徑存檔。

Uri 物件內存放 URI (Uniform Resource Identifier) 位址 (參見第 9 章)，在 Android 系統中可用來定義各種資料與多媒體檔案等資源的**虛擬路徑**。有了 URI 之後，就可以透過系統的內容資料庫(後詳)來存取該URI 所參照的資源。

URI 會以系統內定的編號來代表各個檔案：

```
content://media/external/images/media/7     ◄— 編號為 7 的圖片檔
content://media/external/video/media/12     ◄— 編號為 12 的影片檔
```

URI 裡面的 external 代表『程式外部』的公用路徑, 所有 App 都可以存取該路徑;若是 internal 則代表『程式內部』的私有路徑, 只有自己可以存取。

為了讓手機中的各種資料 (如聯絡人、瀏覽器書籤等) 以及多媒體檔案 (圖檔、影片、音樂等) 可以公開給所有的程式使用, Android 內建了一個內容資料庫 (Content Provider), 在其中儲存著所有可共用資料的相關資訊。

基於安全性的考量, Android 4.4 開始對於真實路徑的使用進行限制, 到了 Android 7.x 更是完全禁止 App 將真實路徑加到 Intent 的額外資料, 只能傳遞 URI, 讓資源的存取一律透過內容資料庫, 以便統一管控權限避免不當的存取。

我們將自訂一個 savePhoto () 方法來拍照並存檔:

```
01 private void savePhoto () {
02   imgUri =  getContentResolver().insert( ◄— 透過內容資料庫新增一個圖片檔
03                MediaStore.Images.Media.EXTERNAL_CONTENT_URI,
04                new ContentValues());
05   Intent it = new Intent( "android.media.action.IMAGE_CAPTURE" );
06   it.putExtra(MediaStore.EXTRA_OUTPUT, imgUri); ◄┐
                                     將 uri 加到拍照 Intent 的額外資料中
07   startActivityForResult(it, 100);
08 }
```

第 2 行的 getContentResolver() 是用來取得系統的內容資料庫, 然後透過內容資料庫在手機公用圖檔路徑裡面新增一個檔案, 並回傳該檔案的 Uri 物件存放在 imgUri 變數。

通常公用圖檔路徑會位於手機儲存空間的 /Pictures 資料夾。

第 6 行將此 Uri 物件加到 Intent 的額外資料中, 並以 MediaStore.EXTRA_OUTPUT 為名, 相機程式會用這個名稱來讀取未來拍照存檔的 URI。

讀寫檔案的危險權限

若要將照片儲存在手機儲存空間，必須先在專案的 AndroidManifest.xml 中加入下列使用權限才行：

```
<uses-permission android:name=" android.permission.READ_EXTERNAL_
STORAGE" />                                      ← 讀檔權限
<uses-permission android:name=" android.permission.WRITE_EXTERNAL_
STORAGE" />                                      ← 寫檔權限
```

在 Android 5.x 與之前的版本中，以上設定就可以讓 App 取得在手機儲存空間讀寫檔案的權限。但是到了 Android 6.x 與之後的版本，為了增加手機的安全性，系統將可讀寫資料的權限都列為危險權限，這些危險權限必須透過額外的步驟才能取得權限。

READ_EXTERNAL_STORAGE 與 WRITE_EXTERNAL_STORAGE 同屬於 STORAGE 權限群組，只要有一個權限被允許後，其他同類權限也同自動允許。關於危險權限的分類與完整列表，請參見網址 https://developer.android.com/guide/topics/permissions/requesting.html#normal-dangerous。

為了讓 App 在 Android 6.x 以上的系統取得危險權限，必須使用以下程式：

```
01 if (ActivityCompat.checkSelfPermission(this,  ← 檢查是否已取得寫入權限
02         Manifest.permission.WRITE_EXTERNAL_STORAGE) !=
03         PackageManager.PERMISSION_GRANTED) {
04     ActivityCompat.requestPermissions(this,  ← 若尚未取得權限，則向
                                                   使用者要求允許寫入權限
05         new String[]{Manifest.permission.WRITE_EXTERNAL_STORAGE},
06         200);
07 }
```

第 1、2 行的 ActivityCompat.checkSelfPermission(this, Manifest.permission.WRITE_EXTERNAL_STORAGE) 用來檢查程式是否已經具備 WRITE_EXTERNAL_STORAGE 權限，若該權限已經被此用者允許，則會回傳 PackageManager.PERMISSION_GRANTED。

第 4 行的 ActivityCompat.requestPermissions() 則是向使用者要求允許權限，此方法的第二個參數代表要求的權限，必須以陣列的格式傳入，所以程式可以一次要求多個權限。此處我們只需要寫入權限，因此第 5 行的陣列中只有一個元素值。

ActivityCompat.requestPermissions() 會產生如右交談窗，向使用者詢問是否允許權限：

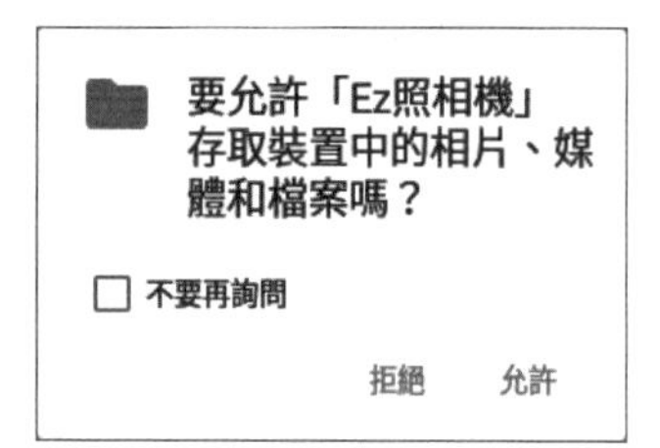

使用者允許授權之後，其授權會持續有效，直到程式被移除為止。另外，使用者也可進入手機設定中的**應用程式**項目，然後點選相關程式再點選其**權限**項目，即可直接允許或拒絕該程式所需的各項授權。

ActivityCompat.requestPermissions() 的第 3 個參數 200 是自訂的識別碼 (亦可設定其他值)，當使用者在上述交談窗允許或拒絕權限之後，程式可以透過 onRequestPermissionsResult() 來接收結果，此時可以做為識別之用：

```
01 public void onRequestPermissionsResult(int requestCode,
                                String[] permissions, int[] grantResults) {
02   if (requestCode == 200){
03     if (grantResults[0] == PackageManager.PERMISSION_GRANTED){  ← 使用者允許權限
04       savePhoto();  ←拍照並存檔
05     }
06     else {  ← 使用者拒絕權限
07       Toast.makeText(this,
              "程式需要寫入權限才能運作", Toast.LENGTH_SHORT).show();
08     }
09   }
10 }
```

第 3 行的 grantResults[] 陣列內存放使用者允許或拒絕的結果，存放順序與 ActivityCompat.requestPermissions() 第 2 個參數傳入的陣列相同。前面要求權限的程式中傳入的陣列是 String[]{Manifest.permission.WRITE_EXTERNAL_STORAGE}，所以 grantResults[0] 便表示允許或拒絕寫入權限的結果。若需要多個權限，則可如下處理：

```
ActivityCompat.requestPermissions(this,
  new String[]{權限1, 權限2},
  200);

...

public void onRequestPermissionsResult(int requestCode,
                  String[] permissions, int[] grantResults) {
  if (requestCode == 200){
    if (grantResults[0] == PackageManager.PERMISSION_GRANTED){  ←┐
                                                    權限1被允許 ─┘

    }
    if (grantResults[1] == PackageManager.PERMISSION_GRANTED){  ←┐
                                                    權限2被允許 ─┘

    }
  }
}
```

用 BitmapFactory 類別讀取圖檔

當相機程式拍好照並依照指定 Uri 存檔之後，可以用 BitmapFactory 類別來讀取圖檔內容，然後將之顯示在 ImageView 中。底下假設 imgUri 為我們指定的圖檔路徑 Uri，imv 為 ImageView 物件：

```
Bitmap bmp = BitmapFactory.decodeStream( getContentResolver().
                         openInputStream(imgUri), null, null);←┐
                          讀取圖檔內容並儲存為 Bitmap 物件 ─┘
imv.setImageBitmap(bmp); ← 將 Bitmap 物件顯示在 ImageView 中
```

範例 10-2：要求相機程式存檔並在程式中顯示出來

接著就來修改前面的範例，以便在拍照後可將照片儲存到手機儲存空間的 \Picture 資料夾中，然後讀取圖檔以顯示在程式的 ImageView 中：

step 1 請將前面的 Ch10_Camera 專案複製為 Ch10_Camera2 專案來修改。

step 2 開啟專案的 AndroidManifest.xml 檔，加入寫入儲存空間的使用權限：

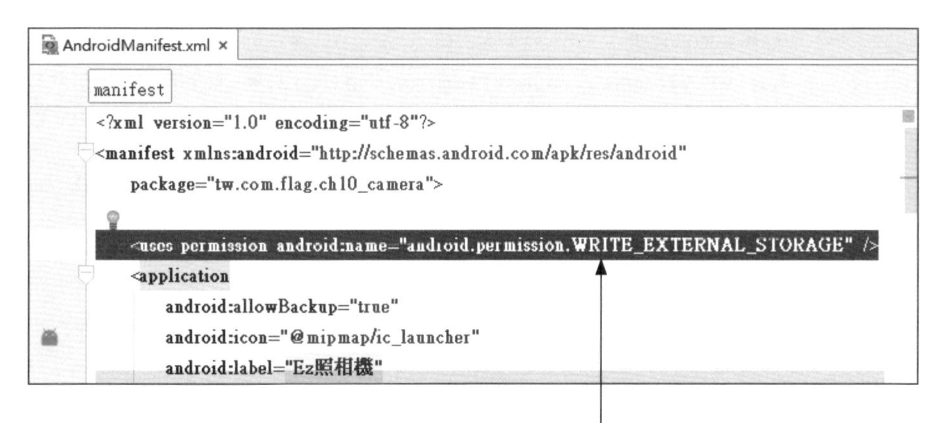
AndroidManifest.xml ×

manifest

```
<?xml version="1.0" encoding="utf-8"?>
<manifest xmlns:android="http://schemas.android.com/apk/res/android"
    package="tw.com.flag.ch10_camera">

    <uses-permission android:name="android.permission.WRITE_EXTERNAL_STORAGE" />
    <application
        android:allowBackup="true"
        android:icon="@mipmap/ic_launcher"
        android:label="Ez照相機"
```

step 3 接著修改程式, 首先在 MainActivity 中宣告 2 個變數, 以方便在所有的方法中使用, 並修改 onCreate() 方法如下:

```
01 public class MainActivity extends Activity {
02     Uri imgUri;          ←拍照存檔的 Uri 物件
03     ImageView imv;       ←ImageView 物件
04
05     @Override
06     protected void onCreate(Bundle savedInstanceState) {
07         super.onCreate(savedInstanceState);
08         setContentView(R.layout.activity_main);
09         imv = (ImageView)findViewById(R.id.imageView);←┐
                                     參照 Layout 中的 ImageView 元件
10     }
```

step 4 請修改按下拍照鈕時執行的方法 onGet(), 加入要求寫入權限的程式碼:

```
01 public void onGet(View v) {
02     if (ActivityCompat.checkSelfPermission(this,←檢查是否已取得寫入權限
03             Manifest.permission.WRITE_EXTERNAL_STORAGE) !=
04             PackageManager.PERMISSION_GRANTED) {
05         //尚未取得權限
06         ActivityCompat.requestPermissions(this,←向使用者要求允許寫入權限
07             new String[]{Manifest.permission.WRITE_EXTERNAL_STORAGE},
08             200);
09     }
10     else {
11         //已經取得權限
12         savePhoto();  ←拍照並存檔
13     }
14 }
```

step 5 接著加入 onRequestPermissionsResult() 方法, 接收使用者允許或拒絕權限的結果:

```
01 @Override
02 public void onRequestPermissionsResult(int requestCode,
                        String[] permissions, int[] grantResults) {
03     if (requestCode == 200){
04         if (grantResults[0] == PackageManager.PERMISSION_GRANTED){ ← 使用者允許權限
05           savePhoto();  ←拍照並存檔
06         }
07         else {  ←使用者拒絕權限
08           Toast.makeText(this,
               "程式需要寫入權限才能運作", Toast.LENGTH_SHORT).show();
09         }
10     }
11 }
```

step 6 加入拍照並存檔的 savePhoto() 方法：

```
01 private void savePhoto() {
02     imgUri =  getContentResolver().insert(←透過內容資料庫新增一個圖片檔
03                     MediaStore.Images.Media.EXTERNAL_CONTENT_URI,
04                     new ContentValues());
05     Intent it = new Intent( "android.media.action.IMAGE_CAPTURE" );
06     it.putExtra(MediaStore.EXTRA_OUTPUT, imgUri); ←將 uri 加到拍照
                                                 Intent 的額外資料中
07     startActivityForResult(it, 100); ←啟動 Intent 並要求傳回資料
08 }
```

step 7 最後請如下修改拍照完成後會被執行的 onActivityResult() 方法：

```
01 protected void onActivityResult (int requestCode,
                                     int resultCode, Intent data) {
02     super.onActivityResult(requestCode, resultCode, data);
03
04     if(resultCode == Activity.RESULT_OK && requestCode==100) {
```

Next

```
05        Bitmap bmp = null;
06        try {
07          bmp = BitmapFactory.decodeStream(
08            getContentResolver().openInputStream(imgUri), null, null);◄┐
                                        讀取圖檔內容轉換為 Bitmap 物件
09        } catch (IOException e) {
10          Toast.makeText(this,"無法讀取照片",Toast.LENGTH_LONG).show();
11        }
12        imv.setImageBitmap(bmp); ←將 Bitmap 物件顯示在 ImageView 中
13      }
14      else {
15        Toast.makeText(this, "沒有拍到照片", Toast.LENGTH_LONG).show();
16      }
17 }
```

● 第 7、8 行會依照 Uri 讀取圖檔轉換為 Bitmap 物件, 由於 Uri 可能有誤, 所以最好加上 try...catch... 的錯誤處理機制, 以免程式因發生錯誤而中止。有關例外處理的更多說明, 可參考 5-21 頁。

step 8 請在手機上測試結果。注意, 在拍照時請選取解析度較低的拍照模式, 因為如果照片太大 (例如 1300 萬畫素), 在顯示時可能會因記憶體不足而導致程式中止!下一節我們會教您如何避免這個問題。

練習 10-2 請修改本節範例, 將照片儲存的 Uri 以 Toast 訊息顯示。

可以使用以下程式碼來顯示:

```
Toast.makeText(this,
            照片Uri: " + imgUri.toString(), Toast.LENGTH_SHORT).show();
```

10-3 解決相片過大問題

由於 Android 可以同時執行很多個程式，因此分配給每個程式的可用記憶體並不多，如果程式中載入太大的圖檔，很容易就會因記憶體不足而導致程式中止。

要避免這個問題並不難，只要依照螢幕中 ImageView 的大小來載入圖檔即可，其實載入再大的圖檔也沒用，因為還是必須縮小後才能在 ImageView 中完整顯示。

用 BitmapFactory.Options 設定載入圖檔的選項

在使用 BitmapFactory 類別時，我們可以用 BitmapFactory.Options 類別來控制載入圖檔的方式，例如只讀取圖檔的寬高資訊、依指定的縮小比例載入圖檔等。底下先來看如何讀取圖檔的寬高資訊：

```
01 //查詢圖檔的寬、高
02 BitmapFactory.Options option = new BitmapFactory.Options(); ← 建立選項物件
03 option.inJustDecodeBounds = true; ← 設定選項：只讀取圖檔資訊而不載入圖檔
04 BitmapFactory.decodeStream( getContentResolver().
                openInputStream(imgUri), null, option); ← 讀取圖檔資訊存入 Option 中
05 iw = option.outWidth;  ← 由 option 中讀出圖檔寬度
06 ih = option.outHeight; ← 由 option 中讀出圖檔高度
```

在第 4 行執行 decodeStream() 後，會將讀取到的圖檔資訊存入 Options 物件中，接著讀取 option 的 outWidth、outHeight 屬性來取得寬高資訊。

接著來看如何依指定的縮小比例載入圖檔：

```
option.inSampleSize = 2; ← 設定縮小比例為 2，則寬高都將縮小為原來的 1/2
Bitmap bmp = BitmapFactory.decodeStream( getContentResolver().
          openInputStream(imgUri), null, option); ← 載入圖檔
```

縮小的比例必須為整數，如果大於 1 則在載入圖檔時會將寬度及高度都依比例縮小，例如為 2 時會將寬高都縮小為原來的 1/2，因此整個 Bitmap 的內容會減少為原來的 1/4 (1/2 x 1/2)。另外，如果縮小比例小於或等於 1，則不會縮小。

系統只會盡量依照我們要求的比例來縮小，但不保證會完全遵照。例如縮小 1/3 時，有時會只縮小 1/2 (當縮小比例為 2 的次方時，會是最有效率的，例如 2、4、8...)。

範例 10-3：依顯示尺寸來載入縮小的圖檔

接著來修改範例，我們會將顯示照片的程式區塊獨立為一個 showImg() 方法，在此方法中先取得圖檔及 ImageView 的寬高，然後用它們來計算縮小比例，以載入較小的 Bitmap 圖形。

step 1 請將前面的 Ch10_Camera2 專案複製為 Ch10_Camera3 專案。

step 2 修改程式如下：

```
01  protected void onActivityResult (int requestCode, int resultCode,
                                     Intent data) {
02      super.onActivityResult(requestCode, resultCode, data);
03
04      if(resultCode == Activity.RESULT_OK && requestCode==100) {
05          showImg();
06       }
07      else {
08          Toast.makeText(this, "沒有拍到照片", Toast.LENGTH_LONG).
                    show();
09      }
10  }
11
12  void showImg() {       ┌── ImageView 元件的寬高
13      int iw, ih, vw, vh;
14           └── 圖片的寬高
15      BitmapFactory.Options option = new BitmapFactory.Options();
                                           └── 建立選項物件
16      option.inJustDecodeBounds = true; ◄── 設定選項：只讀取圖檔資訊而
                                              不載入圖檔
```
Next

```
17      try {
18          BitmapFactory.decodeStream(
              getContentResolver().openInputStream(imgUri),null, option); ◄┐
                                              讀取圖檔資訊存入 Option 中 ─┘
19      }
20      catch (IOException e) {
21          Toast.makeText(this,
                      "讀取照片資訊時發生錯誤", Toast.LENGTH_LONG).show();
22          return;
23      }
24      iw = option.outWidth;      ◄── 由 option 中讀出圖檔寬度
25      ih = option.outHeight;     ◄── 由 option 中讀出圖檔高度
26      vw = imv.getWidth();       ◄── 取得 ImageView 的寬度
27      vh = imv.getHeight();      ◄── 取得 ImageView 的高度
28
29      int scaleFactor = Math.min(iw/vw, ih/vh); ◄── 計算縮小比率
30
31      option.inJustDecodeBounds = false; ◄── 關閉只載入圖檔資訊的選項
32      option.inSampleSize = scaleFactor; ◄── 設定縮小比例, 例如 3 則長
                                                寬都將縮小為原來的 1/3
33
34      Bitmap bmp = null;
35      try {
36        bmp = BitmapFactory.decodeStream(
37          getContentResolver().openInputStream(imgUri), null, option);◄┐
                                                           載入圖檔 ─┘
        } catch (IOException e) {
38          Toast.makeText(this, "無法取得照片", Toast.LENGTH_LONG).show();
39      }
40      imv.setImageBitmap(bmp);  ◄── 顯示照片
41  }
```

- 第 5 行改為呼叫 showImg() 來載入及顯示圖檔。
- 第 15~23 行是讀取圖檔的寬高資訊。
- 第 29 行計算縮小比例, 其中 Math.min (寬的縮小比例, 高的縮小比例) 會傳回較小值, 也就是長/寬縮小比例中縮小比較少的, 以免因縮太小而影響顯示品質。另外請注意, iw、ih、vw、vh 均為整數, 而整數除以整數的結果仍為整數, 例如 5/2 的結果為 2, 因此縮小比例為 1/2。

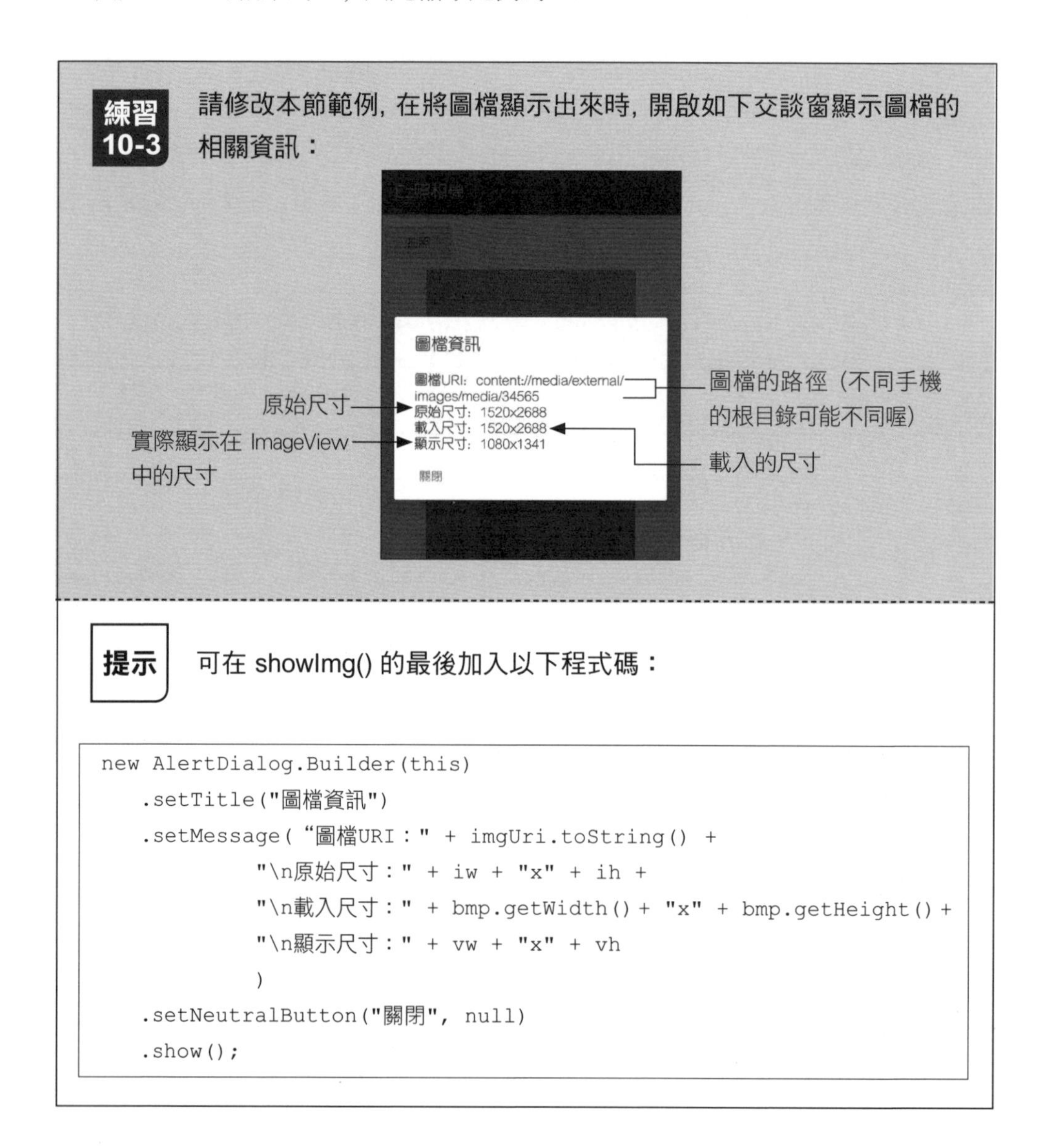

練習 10-3 請修改本節範例, 在將圖檔顯示出來時, 開啟如下交談窗顯示圖檔的相關資訊：

提示 可在 showImg() 的最後加入以下程式碼：

```
new AlertDialog.Builder(this)
    .setTitle("圖檔資訊")
    .setMessage( "圖檔URI：" + imgUri.toString() +
            "\n原始尺寸：" + iw + "x" + ih +
            "\n載入尺寸：" + bmp.getWidth() + "x" + bmp.getHeight() +
            "\n顯示尺寸：" + vw + "x" + vh
            )
    .setNeutralButton("關閉", null)
    .show();
```

10-4 旋轉手機與旋轉相片

當我們旋轉手機時，例如由直拿轉成橫著拿，那麼螢幕的內容通常都會跟著轉，以方便我們觀看。

事實上，每當使用者旋轉螢幕時，Android 都會重新啟動螢幕中的 Activity，然後再以旋轉後的方向來重新顯示畫面。不過，那些在程式執行後才由程式所變更的畫面內容，則必須由程式自己來重新顯示 (因為 Android 也不知道要如何顯示)。

以我們前面做好的範例來說，當拍好的照片顯示在畫面上時，若旋轉螢幕，則螢幕中的按鈕及文字都會跟著旋轉，但畫面中的照片卻變不見了，就像程式剛啟動時一樣：

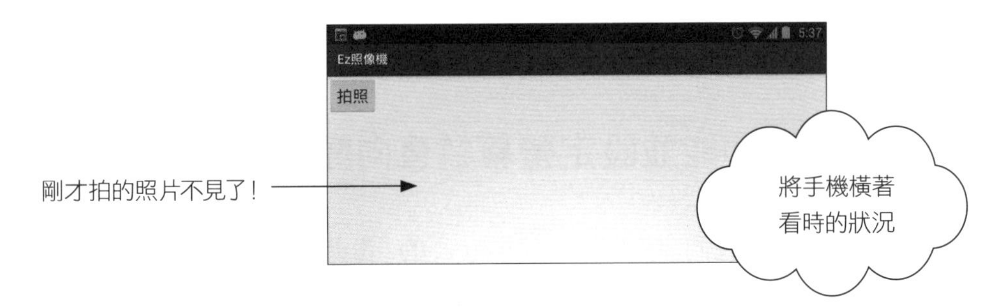

要解決這個問題，通常有 2 種方法：

- 方法 1：在發生旋轉時，立即將所顯示照片的 Uri 儲存起來，等旋轉完成並重新啟動 Activity 後，再依照儲存的 Uri 將照片顯示出來。另外，還可依照旋轉的方向而載入不同的畫面 Layout 檔來顯示。

- 方法 2：關閉手機的畫面自動旋轉功能。

由於使用者在用手機拍照時，可能直拍也可能橫拍，而最簡單有效的方法，就是由程式自己決定要不要旋轉圖片，以求最佳的顯示效果，而不要隨著手機的旋轉而旋轉：

若是橫拍的照片，
就由程式自己將照
片旋轉 90 度顯示

關閉自動旋轉功能並設定螢幕為直向顯示

依照前述的要求，我們要先關閉 Activity 的『畫面自動隨手機旋轉』功能，然後再將螢幕設定為直向顯示，以防使用者將手機橫過來執行我們的程式。這 2 項功能都可以用 setRequestedOrientation() 來設定：

```
setRequestedOrientation(ActivityInfo.SCREEN_ORIENTATION_NOSENSOR);
                                                    設定螢幕不隨手機旋轉
setRequestedOrientation(ActivityInfo.SCREEN_ORIENTATION_PORTRAIT);
                                                    設定螢幕直向顯示
```

若要設定螢幕為橫向顯示，可改用 ActivityInfo.SCREEN_ORIENTATION_LANDSCAPE 做為參數。

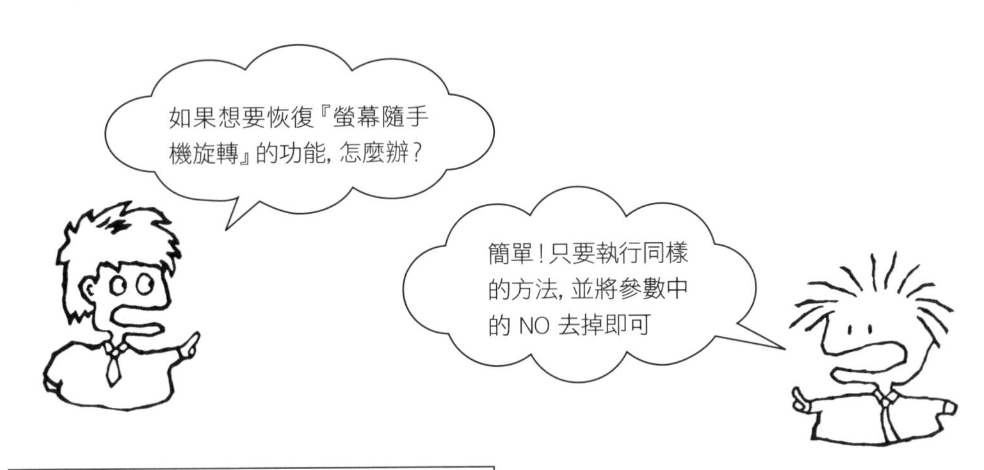

用 Matrix 物件來旋轉圖片

若要旋轉 Bitmap 圖片, 可使用 Matrix (android.graphics.Matrix) 物件來進行:

```
Matrix matrix = new Matrix();                  ◄— 建立 Matrix 矩陣物件
matrix.postRotate(90);                         ◄— 設定矩陣的順時針旋轉角度
bmp = Bitmap.createBitmap(bmp , 0, 0,          ◄— 用原來的 Bitmap
                          bmp.getWidth(),          產生一個新的 Bitmap
                          bmp.getHeight(),
                          matrix, true);
```

以上的 matrix 是一個旋轉矩陣, 當我們用 Bitmap.createBitmap() 來建立新 Bitmap 時, 可以用它來旋轉圖片。createBitmap() 的參數如下:

```
createBitmap (Bitmap src, int x, int y, int width, int height,
              Matrix m, boolean filter)
```

- src 為要複製的來源 Bitmap 物件。
- x、y 是指定要由來源 Bitmap 的哪個位置開始複製 (由左上角算起)。
- width、height 為新 Bitmap 的寬、高。
- m 是旋轉矩陣, 而最後一個參數 filter 當有設定旋轉時要傳入 true。

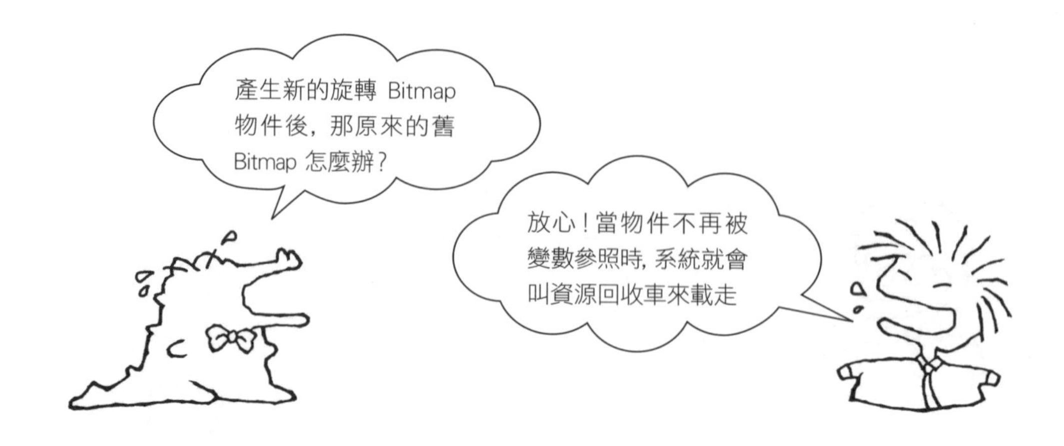

範例 10-4：依相片是直拍或橫拍而自動旋轉相片

要判斷相片是直拍或橫拍，只要檢查相片的寬、高即可，當寬度比較大時就是橫拍。接著就來修改範例，讓程式能依相片是直拍或橫拍而自動旋轉相片（並不會隨手機旋轉而旋轉）：

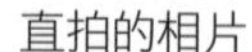

直拍的相片　　橫拍的相片

step 1 請將前面的 Ch10_Camera3 專案複製為 Ch10_Camera4 專案來修改。

step 2 修改程式中的 onCreate() 如下, 以便關閉自動旋轉功能並設定螢幕為直向顯示:

```
01  protected void onCreate(Bundle savedInstanceState) {
02      super.onCreate(savedInstanceState);
03      setContentView(R.layout.activity_main);
04
05      setRequestedOrientation(                          設定螢幕不隨手機旋轉
            ActivityInfo.SCREEN_ORIENTATION_NOSENSOR); ←┘
                                                      設定螢幕直向顯示
06      setRequestedOrientation(
            ActivityInfo.SCREEN_ORIENTATION_PORTRAIT); ←┘
07      imv = (ImageView)findViewById(R.id.imageView); ←┐
08  }                               取得 Layout 中的 ImageView 元件
```

step 3 修改程式中的 showImg() 如下:

```
01  void showImg() {
02      int iw, ih, vw, vh;
03      boolean needRotate; ← 用來儲存是否需要旋轉
04
05      BitmapFactory.Options option = new BitmapFactory.Options();
                                         └ 建立選項物件
06      option.inJustDecodeBounds = true;  ← 設定選項:只讀取圖檔
                                             資訊而不載入圖檔
07      try {
08          BitmapFactory.decodeStream(
            getContentResolver().openInputStream(imgUri),null, option); ←┐
                                                  讀取圖檔資訊存入 Option 中 ┘
09      }
10      catch (IOException e) {
11          Toast.makeText(this,
                    "讀取照片資訊時發生錯誤", Toast.LENGTH_LONG).show();
12          return;
13      }
14      iw = option.outWidth;      ← 由 option 中讀出圖檔寬度
15      ih = option.outHeight;     ← 由 option 中讀出圖檔高度
16      vw = imv.getWidth();       ← 取得 ImageView 元件的寬度
17      vh = imv.getHeight();      ← 取得 ImageView 元件的高度
18                                                              Next
```

```
19        int scaleFactor;
20        if(iw < ih) {                  ◄── 如果圖片的寬度小於高度
21            needRotate = false;        ◄── 不需要旋轉
22            scaleFactor = Math.min(iw/vw, ih/vh);   ◄── 計算縮小比率
23        }
24        else {
25            needRotate = true;      ◄── 需要旋轉
26            scaleFactor = Math.min(ih/vw, iw/vh);◄── 改用旋轉後的圖片寬、
27        }                                           高來計算縮小比例
28
29        option.inJustDecodeBounds = false;  ◄── 關閉只載入圖檔資訊的選項
30        option.inSampleSize = scaleFactor;  ◄── 設定縮小比例, 例如 2 則長
                                                  寬都將縮小為原來的 1/2
31
32        Bitmap bmp = null;
33        try {
34           bmp = BitmapFactory.decodeStream(
35            getContentResolver().openInputStream(imgUri),null, option);◄─┐
                                                                  載入圖檔 ─┘
          } catch (IOException e) {
36            Toast.makeText(this, "無法取得照片", Toast.LENGTH_LONG).show();
37        }
38
39         if(needRotate) {   ◄── 如果需要旋轉
40            Matrix matrix = new Matrix(); ◄── 建立 Matrix 物件
41            matrix.postRotate(90);        ◄── 設定旋轉角度 (順時針 90°)
42            bmp = Bitmap.createBitmap(bmp , ◄── 用原來的圖片產生
                                                一個新的圖片
43                    0, 0, bmp.getWidth(), bmp.getHeight(), matrix, true);
44         }
45         imv.setImageBitmap(bmp);    ◄── 顯示圖片
46  }
```

- 第 19~27 行是判斷是否需要旋轉, 並依是否旋轉用不同的方式來計算縮小比例。
- 第 39~44 行是當需要旋轉時, 利用旋轉矩陣及 createBitmap() 來產生一個新的圖片。請注意, 使用 Matrix 類別需 import android.graphics.Matrix (而非 android.opengl.Matrix)。

step 4 請在手機中測試結果, 看看是否和 10-24 頁的示範相同。

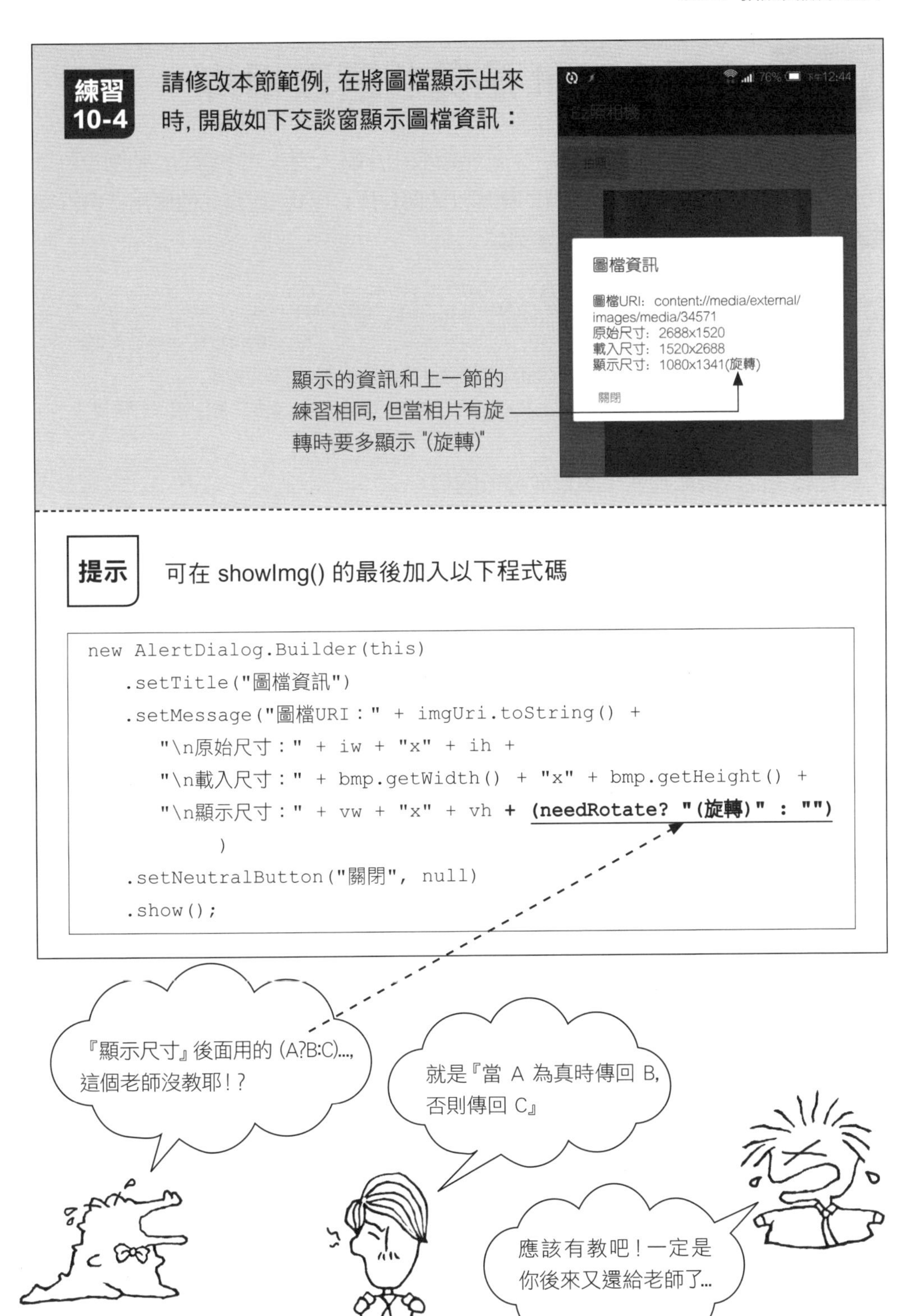

練習 10-4 請修改本節範例，在將圖檔顯示出來時，開啟如下交談窗顯示圖檔資訊：

提示 可在 showImg() 的最後加入以下程式碼

```
new AlertDialog.Builder(this)
    .setTitle("圖檔資訊")
    .setMessage("圖檔URI：" + imgUri.toString() +
        "\n原始尺寸：" + iw + "x" + ih +
        "\n載入尺寸：" + bmp.getWidth() + "x" + bmp.getHeight() +
        "\n顯示尺寸：" + vw + "x" + vh + (needRotate? "(旋轉)" : "")
            )
    .setNeutralButton("關閉", null)
    .show();
```

10-5 使用 Intent 瀏覽並選取相片

如果想要瀏覽所有拍好的相片，並能選取相片載入到程式中觀看，那麼也可以利用 Intent 功能，叫出系統內建的**圖庫**（或**圖片庫**）程式、或是其他使用者自行安裝的秀圖程式來瀏覽並選取圖片。例如：

```
Intent it = new Intent(Intent.ACTION_GET_CONTENT); ← 動作設為 "選取內容"
it.setType("image/*");  ← 設定選取的媒體類型為『所有類型的圖片』
startActivityForResult(it, 101); ← 啟動 Intent，並要求傳回選取的圖檔
```

此時會開啟**圖庫**程式來瀏覽並選取圖檔：

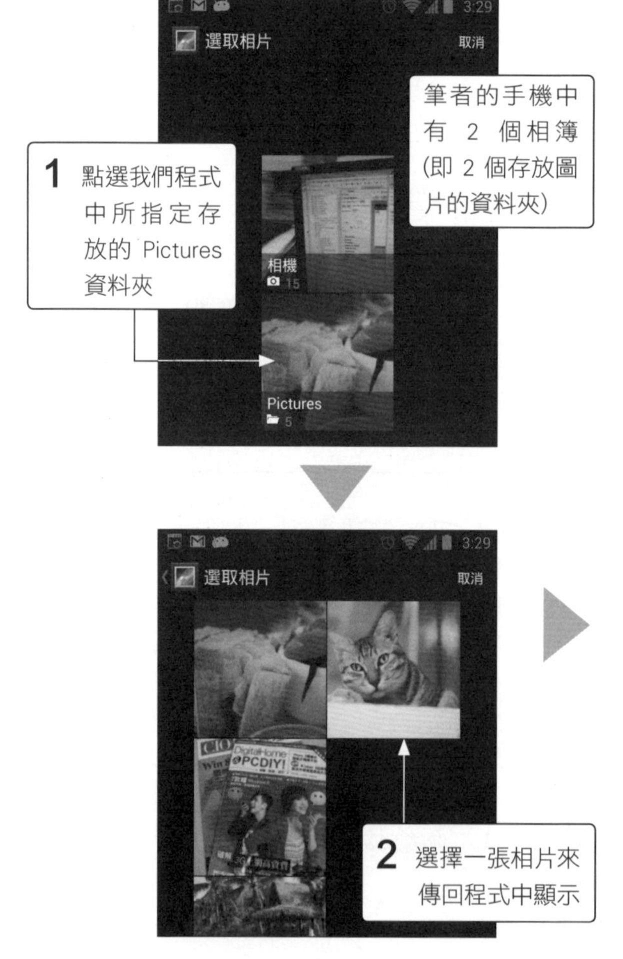

回到程式並顯示選取的相片

在我們的程式中，就和前面接收相機程式傳回的資料類似，也是要在 onActivityResult() 中接收**圖庫**程式所傳回的相片 Uri。以下是利用識別碼來分別是由**相機**程式或**圖庫**程式所傳回：(在前面程式中是分別以 100、101 為識別碼)：

```
01  protected void onActivityResult (int requestCode, int resultCode,
                                     Intent data) {
02      super.onActivityResult(requestCode, resultCode, data);
03
04      if(resultCode == Activity.RESULT_OK) { ← 要求的 Intent
05          switch(requestCode) {                 執行成功了
06          case 100:  ← 拍照
07              showImg();
08              break;
09          case 101:  ← 選取相片
10              imgUri = data.getData(); ← 取得選取相片的 Uri
11              showImg();
12              break;
13          }
14      }
15  }
```

第 10~11 行就是在處理**圖庫**程式所傳回的相片 Uri，它會儲存在傳回 Intent (即參數 data) 的資料 Uri 中，因此在第 10 行是以 data.getData() 來讀取。

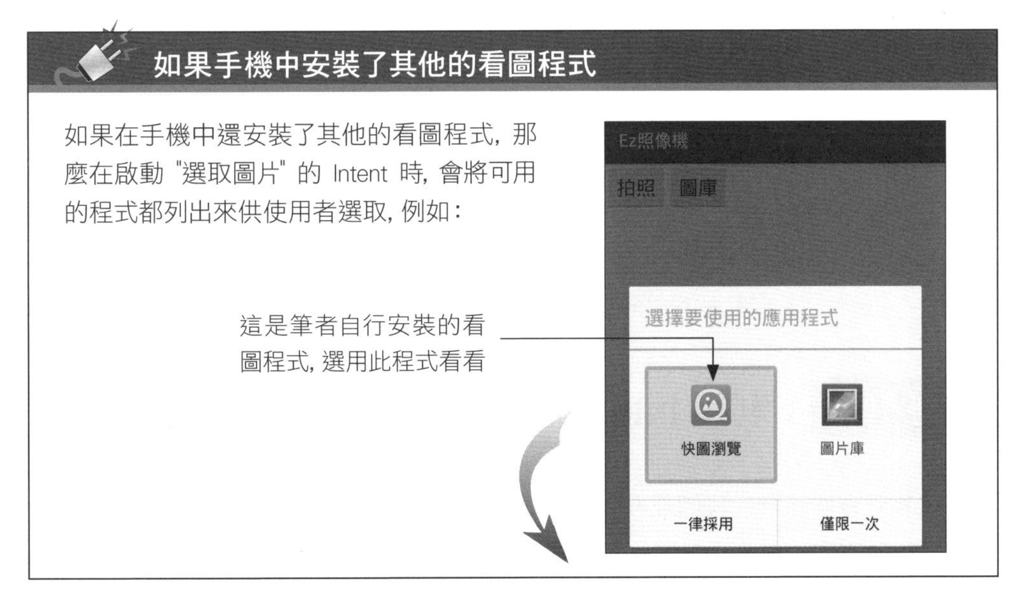

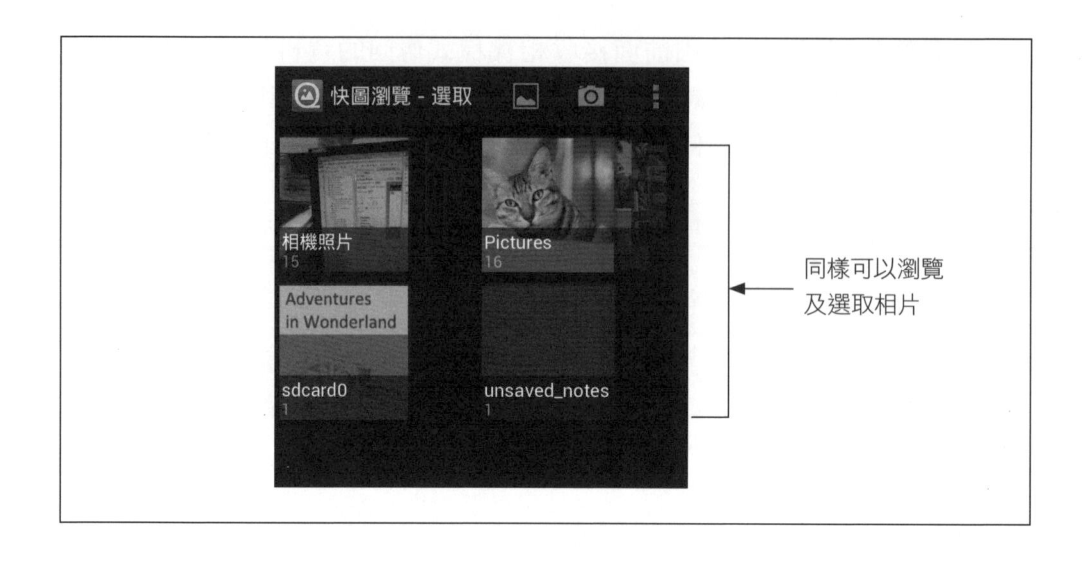

將相片改為可供系統共用的檔案

10-2 節提到 Android 內建了一個內容資料庫，其中儲存著各種資料與多媒體檔案等共用資料的相關資訊。

而 Android 內建的**圖庫**程式，其實就是由這個資料庫中讀取可共用的圖片檔案資訊，然後列出來供我們瀏覽及選取。因此，如果我們想將程式中的相片也設為系統共用檔案，可用以下『廣播 Intent』的方式來通知系統：

```
Intent it = new Intent(Intent.ACTION_MEDIA_SCANNER_SCAN_FILE,
                       imgUri);  ◄— 將 imgUri 所指的檔案
                                     設定為系統共享媒體檔
sendBroadcast(it); ◄— 用廣播方式將 Intent 傳送給系統
```

當重新啟動手機時，Android 也會自動掃瞄那些專門存放共用媒體的資料夾，例如 /Pictures、/Movies、/Music 等，然後將新掃瞄到的檔案加入內容資料庫中。

範例 10-5：利用 Intent 瀏覽並選取已拍好的相片

接著來實作範例，我們要在畫面上方多加一個**圖庫**鈕，按一下即可開啟**圖庫**程式來瀏覽並選取已拍好的相片，然後返回程式中顯示選取的相片：

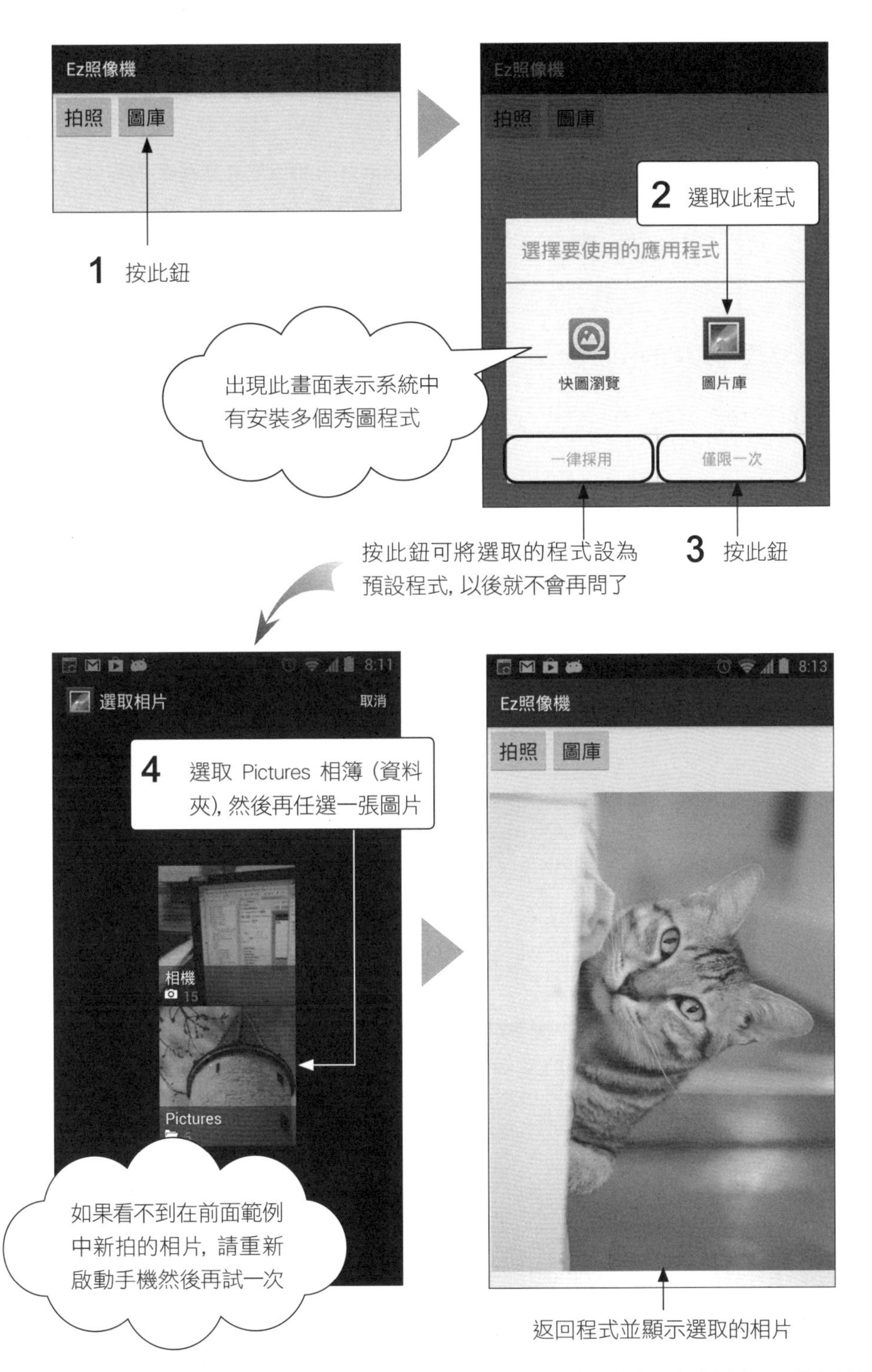

請注意，由於之前的範例程式並未將拍好的相片加入到系統的內容資料庫，因此之前拍的相片在**圖庫**程式中可能會看不到，此時可重新啟動手機讓系統自動掃瞄這些相片。

step 1 請將前面的 Ch10_Camera4 專案複製為 Ch10_Camera5 專案。

step 2 在畫面 Layout 中加入一個 Button:

step 3 修改程式中的 onActivityResult(), 以便依照識別碼做不同的處理:

```
01  protected void onActivityResult(int requestCode, int resultCode,
                                     Intent data) {
02      super.onActivityResult(requestCode, resultCode, data);
03
04      if(resultCode == Activity.RESULT_OK) { ◄— 要求的Intent成功了
05          switch(requestCode) {
06          case 100:  ◄— 拍照
07              Intent it = new Intent(Intent.ACTION_MEDIA_SCANNER_
                                          SCAN_FILE, imgUri);◄┐
08              sendBroadcast(it);                     設為系統共享媒體檔
09              break;
10          case 101:  ◄— 選取相片
11              imgUri = data.getData(); ◄┐
                                   取得選取相片的 Uri
12              break;
13          }
14          showImg();  ◄— 顯示相片
15      }
16      else {          ◄— 要求的Intent沒有成功
17          Toast.makeText(this, requestCode==100? "沒有拍到照片":
                           "沒有選取相片", Toast.LENGTH_LONG)
18                         .show();
19      }
20  }
```

- 第 7~8 行是將剛拍攝好的照片用廣播方式設定為系統共用資源。
- 第 11 行是取得使用者選取相片的 Uri。
- 第 14 行可將 imgUri 所指定的相片顯示出來。
- 第 17 行是當要求的 Intent 沒有成功時, 用 Toast 顯示相關訊息。

step 4 加入按下**圖庫**鈕時要執行的方法：

```
01 public void onPick(View v) {                       動作設為 "選取內容"
02     Intent it = new Intent(Intent.ACTION_GET_CONTENT); ◄┘
03     it.setType("image/*");  ◄— 設定要選取的媒體類型為：所有類型的圖片
04     startActivityForResult(it, 101);  ◄— 啟動 Intent, 並
05 }                                        要求傳回選取的圖檔
```

step 5 請在手機上測試，先用程式拍一張照片，然後到**圖庫**程式中找看看有沒有，再任選一張圖片回來檢視。

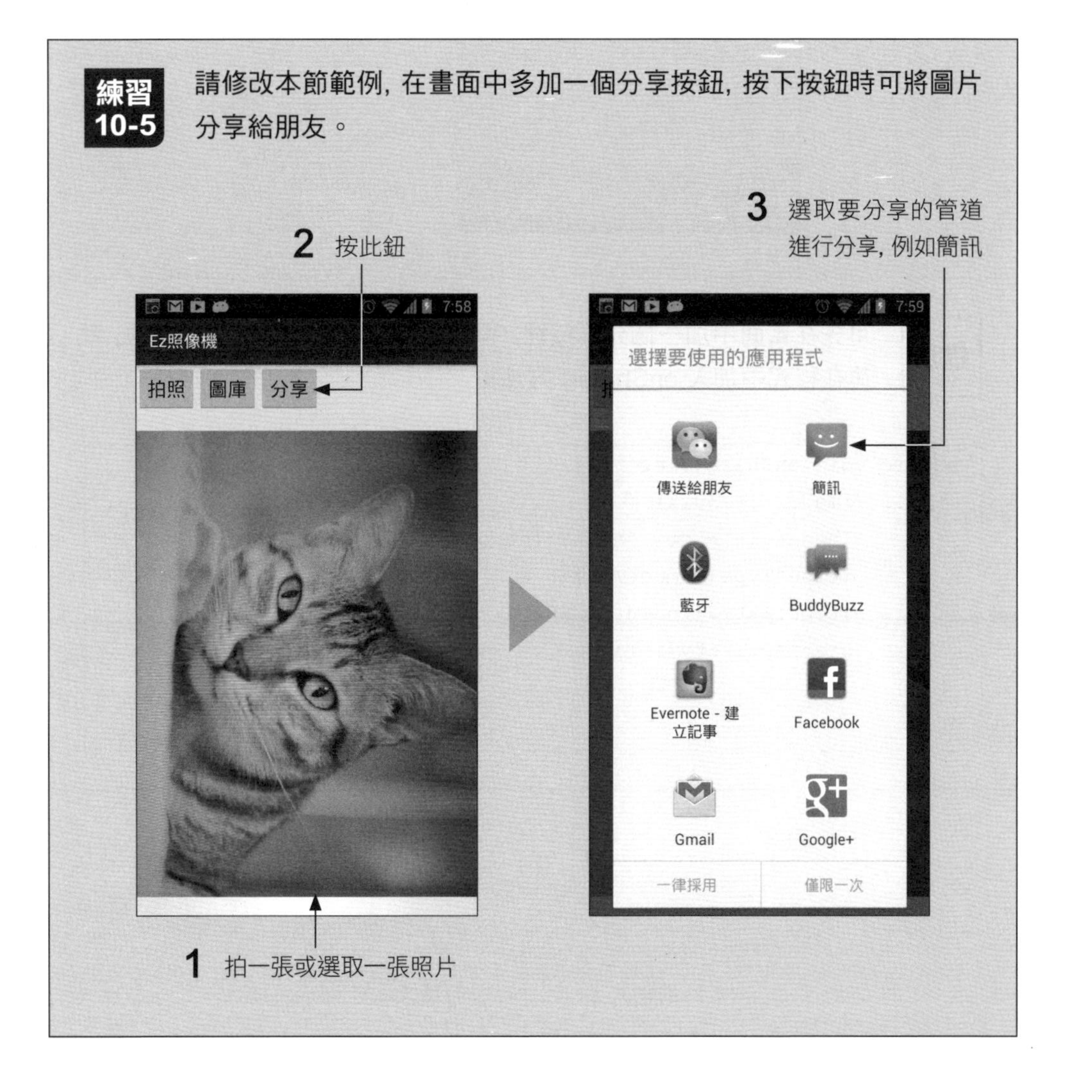

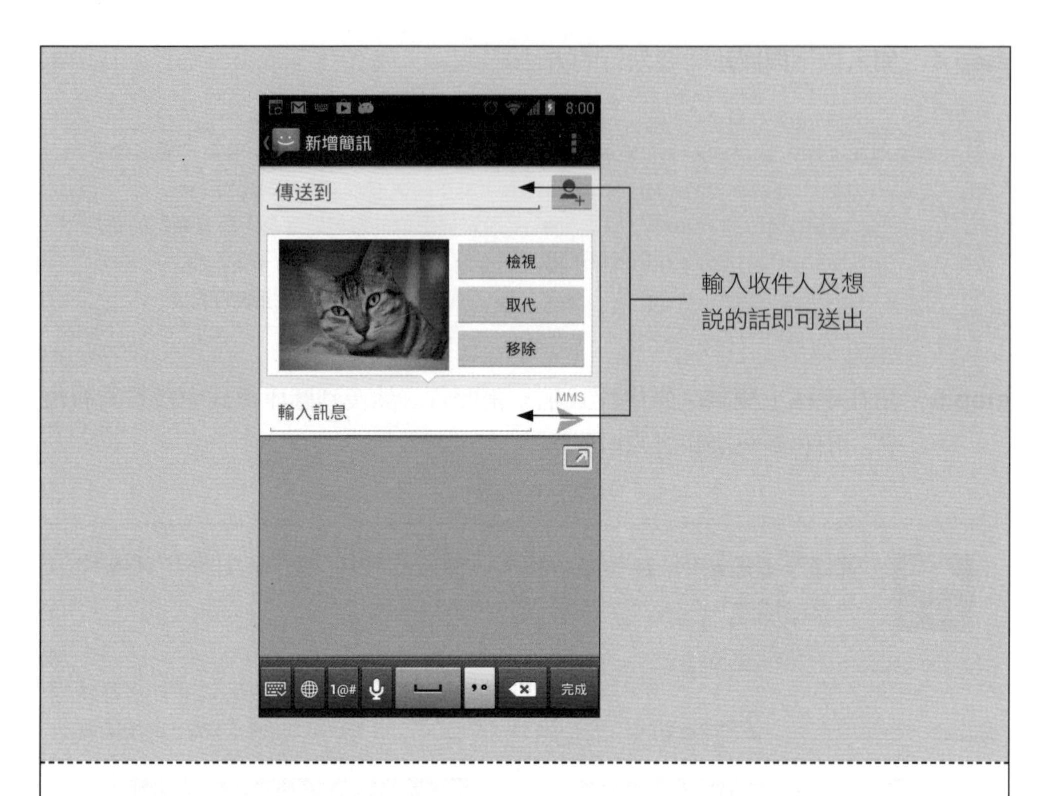

提示 可先在畫面中加一個分享按鈕, 並將 onClick 屬性設為 onShare, 然後在程式中加入 onShare() 方法：

```
public void onShare(View v) {
    if (imgUri != null) {
        Intent it = new Intent(Intent.ACTION_SEND);
        it.setType("image/*");
        it.putExtra(Intent.EXTRA_STREAM, imgUri);
        startActivity(it);
    }
}
```

延伸閱讀

1. URI (Uniform Resource Identifier) 在 Android 系統中是用來定義各種資料與多媒體檔案等資源的虛擬路徑, 有關 URI 的詳細格式說明, 可在 http://developer.android.com/reference/java/net/URI.html 查閱。

2. 有關 BitmapFactor 及 BitmapFactory.Options 類別的進一步用法, 可參考官方說明文件 http://developer.android.com/reference/android/graphics/BitmapFactory.html。

3. Android 內建了一個內容資料庫, 在其中儲存著所有可共用資料的相關資訊, 有關如何存取這些資料的說明, 可參考 http://developer.android.com/guide/topics/providers/content-provider-basics.html。

重點整理

1. 如果在程式中需要拍照, 可以用 Intent 來啟動系統的『相機』程式幫我們拍照。此時 Intent 的動作要設定為 **MediaStore.ACTION_IMAGE_CAPTURE**。

2. 相機程式在拍照後, 預設會將相片的縮圖打包成 Bitmap 物件放在 Intent 中傳回, 我們可以由傳回的 Intent 參數中取出 Bitmap 資料來顯示。取出的方法是先將 Intent 的附加資料轉成 Bundle 物件, 再用 Bundle 的 get() 來取出。

3. 將 ImageView 的 **scaleType** 屬性設為 "centerInside", 表示當圖片較小時要置中顯示, 太大時則要等比例縮小為剛好可以顯示全圖。

4. 如果想要相機程式將原始相片存檔, 可將想要存檔的路徑做成 Uri 物件, 然後加入 Intnet 中來啟動相機程式。

5. 讀寫檔案、取得通訊錄/定位等隱私性資料的權限被列為危險權限, 必須使用額外步驟向使用者要求允許, 然後才可以正常使用這些權限。

6. 我們可以用 BitmapFactor 類別來讀取圖檔內容, 而 BitmapFactory.Options 則可用來設定讀取圖檔時的選項。

7. Uri 的 toString() 方法則會傳回字串格式的 Uri。

8. 由於程式的可用記憶體並不多, 所以要避免在程式中載入太大的圖檔, 以免因記憶體不足而導致程式中止。

9. BitmapFactory.Options 的 inSampleSize 屬性可設定載入圖檔時的縮小比例。

10. 每當旋轉手機時, 螢幕的內容通常也會跟著轉, 此時 Android 會重新啟動螢幕中的 Activity。不過我們可以用程式來關閉手機的畫面自動旋轉功能, 另外也可以設定手機為直向顯示或橫向顯示。

11. 要旋轉圖片, 可用 Matrix 類別搭配 Bitmap.createBitmap() 來達成。

12. 要使用 Intent 來瀏覽並選取相片, 可將 Intent 的動作設為 Intent.ACTION_GET_CONTENT, 媒體類型設為 "image/*" (使用 Intent 的 setType("image/*") 來設定)。

13. **圖庫**程式所傳回的相片 Uri, 會儲存在傳回 Intent 的資料中, 因此可以用 Intent 的 getData() 來讀取。

14. 如果想將程式中的相片設為系統共用檔案, 可用以『廣播 Intent』的方式來通知系統。

習題

1. 請簡單說明Uri 的意義。

2. 請寫出以下 Intent 動作的意義：

   MediaStore.ACTION_IMAGE_CAPTURE ____________________

   Intent.ACTION_GET_CONTENT ____________________

   Intent.ACTION_MEDIA_SCANNER_SCAN_FILE ________________

3. 在使用 Intent 來啟動其他程式時，使用 setType("image/*"); 方法的用途為何？

4. 請說明以下方法的功用：

   ImageView 的 setImageBitmap() 方法 ____________________

   Bundle 的 get() 方法 ____________________

   BitmapFactory 的 decodeFile 方法 ____________________

   Bitmap 的 createBitmap() 方法 ______________________

5. 如果程式在顯示大型圖檔，或同時顯示多個大圖時，突然出現錯誤而中止，可能的原因是什麼？有什麼方法可以避免？

6. 請寫一支名為 "Ez攝影機" 程式, 可用 Intent 啟動**相機**程式來攝影, 並在攝影完成後返回程式時, 將拍攝的影片 Uri 顯示出來:

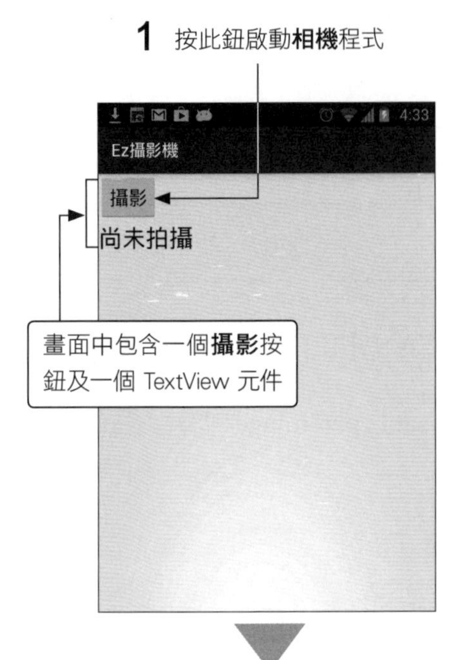

2 按此鈕開始攝影, 攝影完成時再按一下此鈕結束攝影

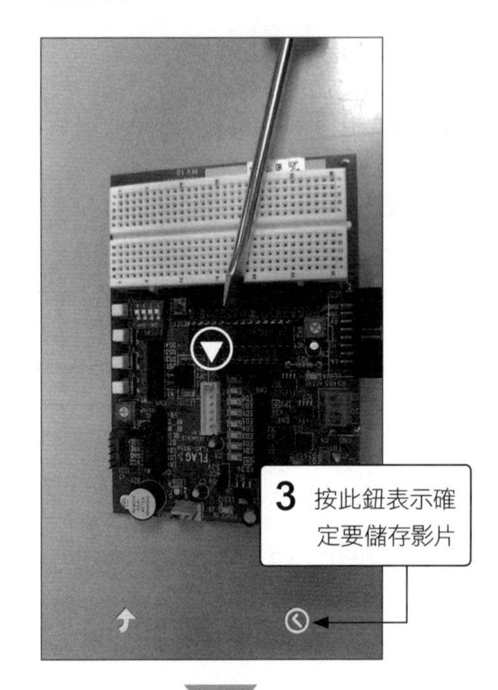

4 返回程式後, 會顯示影片的 Uri

將 Intent 的動作設為 MediaStore.ACTION_VIDEO_CAPTURE 即可用來啟動**相機**程式來攝影。當攝影完成後返回程式時, 可在 onActivityResult() 方法中執行 Uri uri = data.getData(); 來取得影片的 Uri。

11 播放音樂與影片

Chapter

本章我們要來製作一個簡單的影音播放器，讓使用者可以選取想聽的音樂或想看的影片，然後按**播放**鈕來聆聽或觀賞。這個範例將分 4 節來完成，第 1 節先加入選取影音檔的功能，第 2 節再加入播放音樂的功能，而第 3 節加入播放影片的功能，而第 4 節則教您如何讓程式能夠在 Android 7 的多視窗模式下播放影音。

11-1 使用 Intent 來選取音樂或影片

首先來設計『選取音樂檔或影片檔』的功能。在上一章 10-5 節利用 Intent 來選取相片時，是將動作設為 Intent.**ACTION_GET_CONTENT**，並將資料類型設為 "**image/***"，如果要改為選取音樂或影片，只需更改資料類型即可：

```
01 //選取音樂
02 Intent it = new Intent(Intent.ACTION_GET_CONTENT);
03 it.setType("audio/*");                    ← 要選取所有音樂類型
04 startActivityForResult(it, 100);          ← 以識別編號 100 來啟動外部程式
05
06 //選取影片
07 Intent it = new Intent(Intent.ACTION_GET_CONTENT);
08 it.setType("video/*");                    ← 要選取所有影片類型
09 startActivityForResult(it, 101);          ← 以識別編號 101 來啟動外部程式
```

以上的 * 是代表所有類型，如有需要也可將之改為特定類型，例如：" image/jpeg" (jpeg 圖片類型)、" audio/mp3" (mp3 音樂類型)、" video/mp4" (mp4 影片類型)。

Intent.ACTION_GET_CONTENT vs Intent.ACTION_PICK

Intent.ACTION_**GET_CONTENT** 和 Intent.**ACTION_PICK** 都可以用來選取資料：

- **Intent.ACTION _ GET _ CONTENT** 較常搭配 setType() 來設定要選取的資料類型。由於支援這類 Intent 的程式較多 (系統內建或使用者自行安裝), 因此系統通常會先開啟交談窗列出所有『可支援指定資料類型的程式』, 讓使用者選擇要用哪個程式來選取資料, 例如：

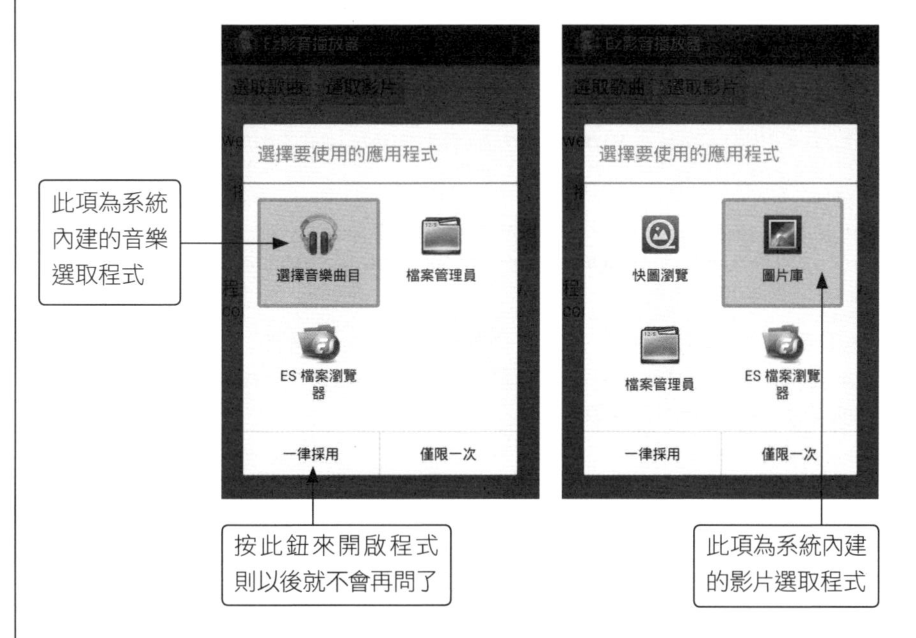

- 如果是在 Android 2.x 版的手機, 則交談窗的樣子略有不同, 例如在選取影片時：

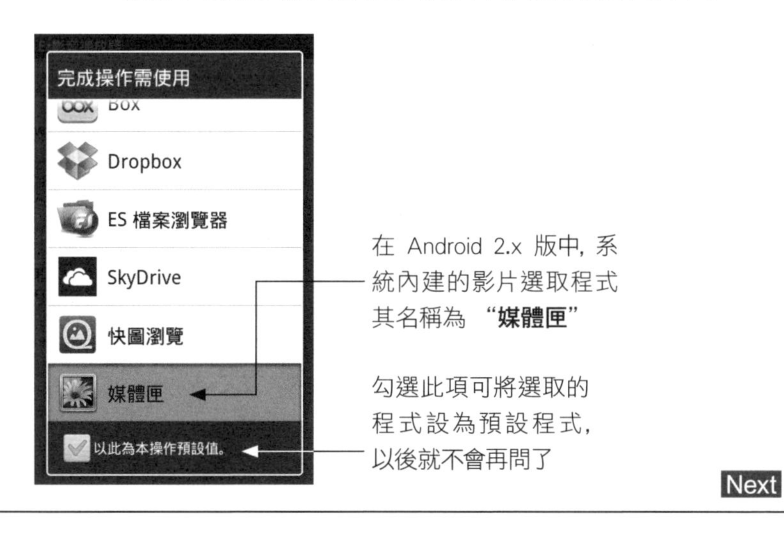

Next

- 由於每個程式所支援的功能都不盡相同, 所以在實際操作時, 建議使用系統內建的音樂/影片選取程式, 比較不會發生問題。
- **Intent.ACTION_PICK** 較常搭配 setData(特定的 Uri 常數), 直接開啟系統內建程式來選取檔案, 例如:

```
//選取音樂
Intent it = new Intent(Intent.ACTION_PICK);
it.setData(MediaStore.Audio.Media.EXTERNAL_CONTENT_URI);

//選取影片
Intent it = new Intent(Intent.ACTION_PICK);
it.setData(MediaStore.Video.Media.EXTERNAL_CONTENT_URI);

//選取圖片
Intent it = new Intent(Intent.ACTION_PICK);
it.setData(MediaStore.Images.Media.EXTERNAL_CONTENT_URI);
```

EXTERNAL_CONTENT_URI 的 EXTERNAL 代表『程式外部』的公用路徑, 所有 App 都可以存取該路徑;若是 INTERNAL_CONTENT_URI 則代表『程式內部』的私有路徑, 只有自己可以存取。

將 Intent 的資料設為以上的 Uri 常數時, 由於支援這類 Intent 的程式較少, 因此通常會直接啟動系統內建的程式來讓使用者挑選音樂、影片、或圖片。但如果系統中有安裝其他也可支援這類 Uri 常數的程式, 則仍會開啟交談窗列出程式供使用者選用。

另外請注意, 在 Android 2.x 版的手機中, 若使用第 2 種方法 (Intent.ACTION_PICK) 來啟動**媒體匣**選取影片, 將會變成直接播放影片而無法傳回選取影片的 Uri!因此若考慮與較舊版本的相容性, 使用第 1 種方法會比較安全。

讀取預存在程式中的多媒體檔案

在程式中除了可以存放圖檔之外, 也可以預先存放其他類型的檔案, 包括音樂檔及影片檔在內。

我們通常會在專案的 res 資料夾中, 再建一個名稱固定為 raw 的資料夾來存放這些檔案, Android 在編譯程式時, 會將 raw 資料夾中的檔案原封不動地加到執行檔中。而當程式在執行時, 則可用以下的 Uri 來存取這些檔案:

```
//假設是要存取專案中 \res\raw\test.mp3 檔
uri = Uri.parse("android.resource://" + getPackageName() + "/" +
               R.raw.test);
```

getPackageName() 會傳回專案本身的套件名稱，而 R.raw.test 則是 Android 在編譯程式時自動替 test.mp3 所定義的資源 ID。因此整個 Uri 的意思，就是指在自己本身所屬的套件中資源 ID 為 R.raw.test 的資源檔。

請注意，資源 ID "R.raw.test" 之後不可加副檔名 (.mp3)。

範例 11-1：讓使用者挑選影音檔

影音播放器的第一個工作，自然是要讓使用者能夠挑選想要播放的影音檔，底下我們就來設計這項功能。另外，我們還會在程式中預存一個音樂檔，讓使用者不用選檔即可直接進行測試：

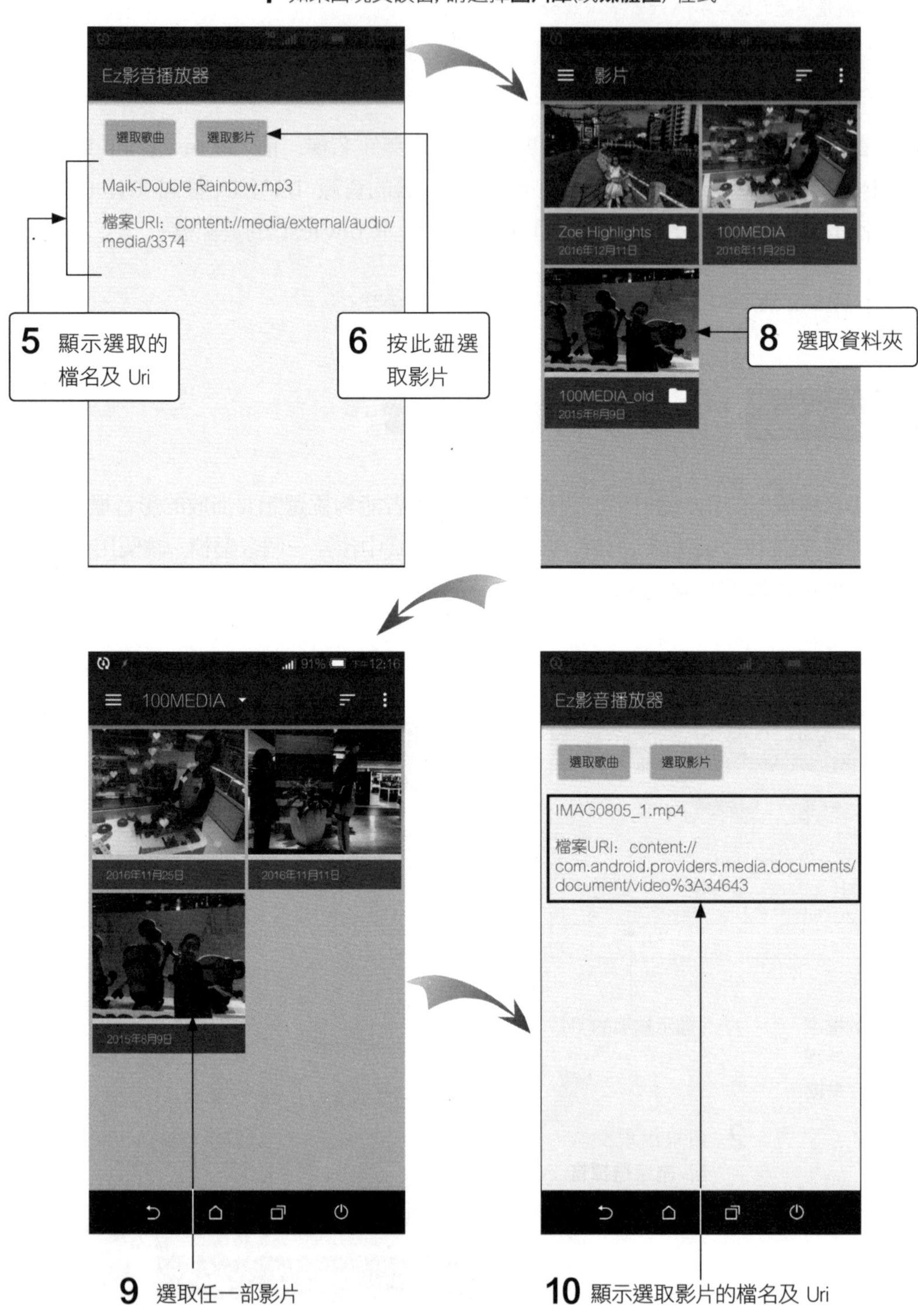
7 如果出現交談窗, 請選擇圖片庫(或媒體匣) 程式
Ez影音播放器
選取歌曲
選取影片
Maik-Double Rainbow.mp3
檔案URI: content://media/external/audio/media/3374
5 顯示選取的檔名及 Uri
6 按此鈕選取影片
影片
Zoe Highlights
2016年12月11日
100MEDIA
2016年11月25日
100MEDIA_old
2015年8月9日
8 選取資料夾
100MEDIA
2016年11月25日
2016年11月11日
2015年8月9日
Ez影音播放器
選取歌曲
選取影片
IMAG0805_1.mp4
檔案URI: content://com.android.providers.media.documents/document/video%3A34643
9 選取任一部影片
10 顯示選取影片的檔名及 Uri

當使用者選取歌曲或影片後, 會所傳回代表該檔案的 Uri 物件, 這個 Uri 物件內存放 URI 位址, 在 Android 系統中是用來定義各種資源的虛擬路徑。

URI 會以系統內定的編號來代表各個檔案, 一般人難以瞭解編號對應的是哪一個檔案。所以為了明確顯示目前正在播放哪一個檔案, 可以用以下的 getFilename(), 以 URI 向內容資料庫中查詢其檔名:

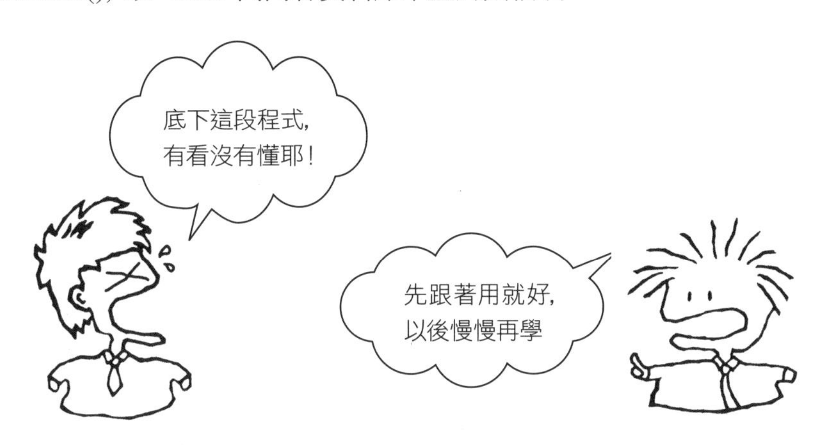


```
String getFilename(Uri uri) { ◄— 以 URI 向內容資料庫查詢檔名
    String fileName = null;
    String[] colName = {MediaStore.MediaColumns.DISPLAY_NAME};◄┐
                                                    宣告要查詢的欄位
    Cursor cursor = getContentResolver().query(uri, colName,◄┐
            null, null, null);                    以 uri 進行查詢
    cursor.moveToFirst();    ◄— 移到查詢結果的第一筆記錄
    fileName = cursor.getString(0);
    cursor.close();       ◄— 關閉查詢結果
    return fileName;     ◄— 傳回檔名
}
```

關於 Uri 物件與內容資料庫的説明請參見 10-2 章。

step 1 請新增 Ch11_Player 專案, 並將程式名稱設為 "Ez影音播放器"。

step 2 在 Project 窗格中專案的 res 資料夾上按右鈕執行『**New/Directory**』命令, 新增一個名為 raw 的資料夾。接著在檔案總管中選取一個適合測試用的 mp3 檔案, 按 Ctrl + C 鍵複製起來, 然後如下操作:

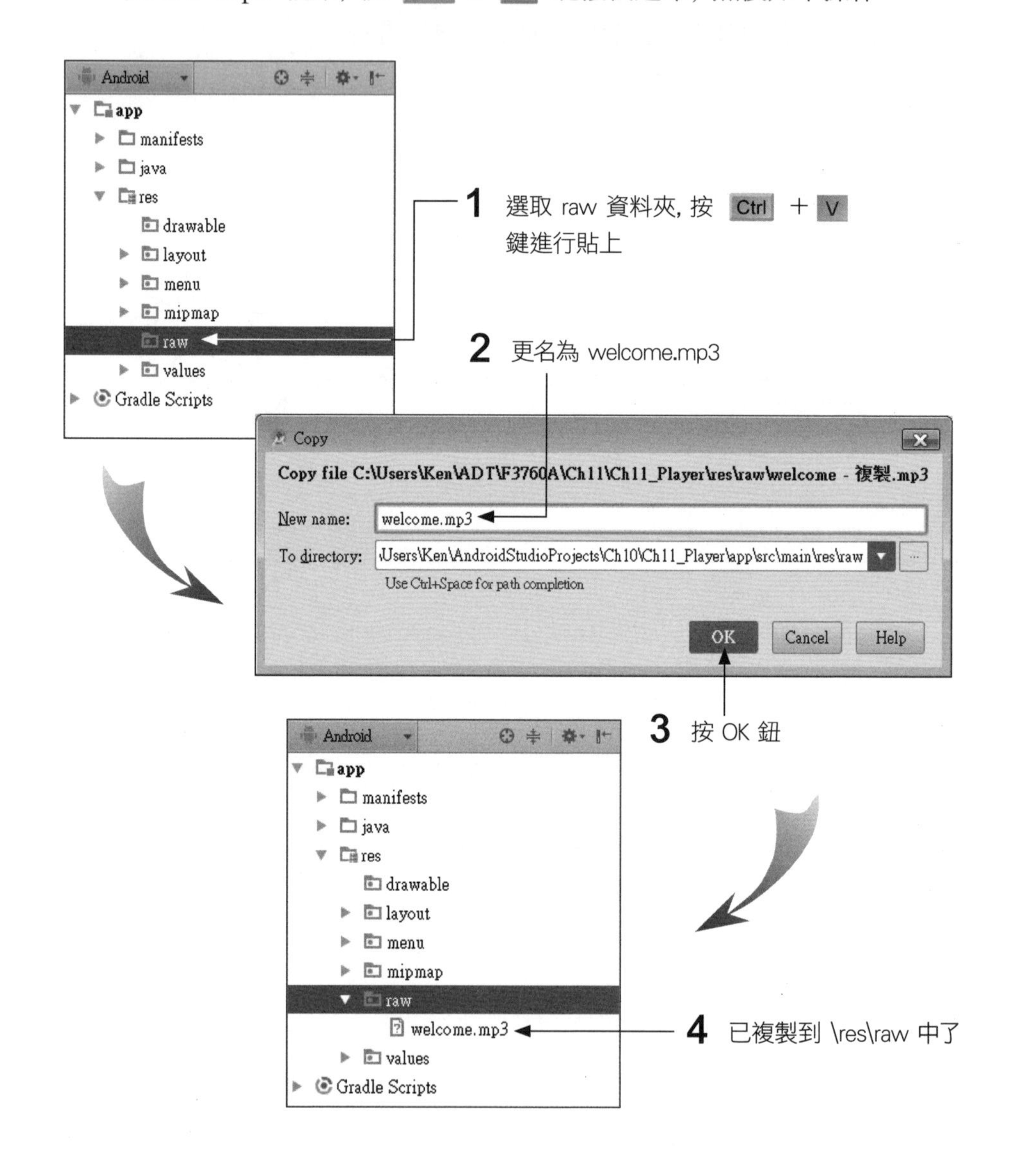

step 3 在 Layout 畫面中將預設的 "Hello World!" 元件刪除, 再將佈局轉換成 ConstraintLayout, 如下加入元件並設定各元件的屬性與約束:

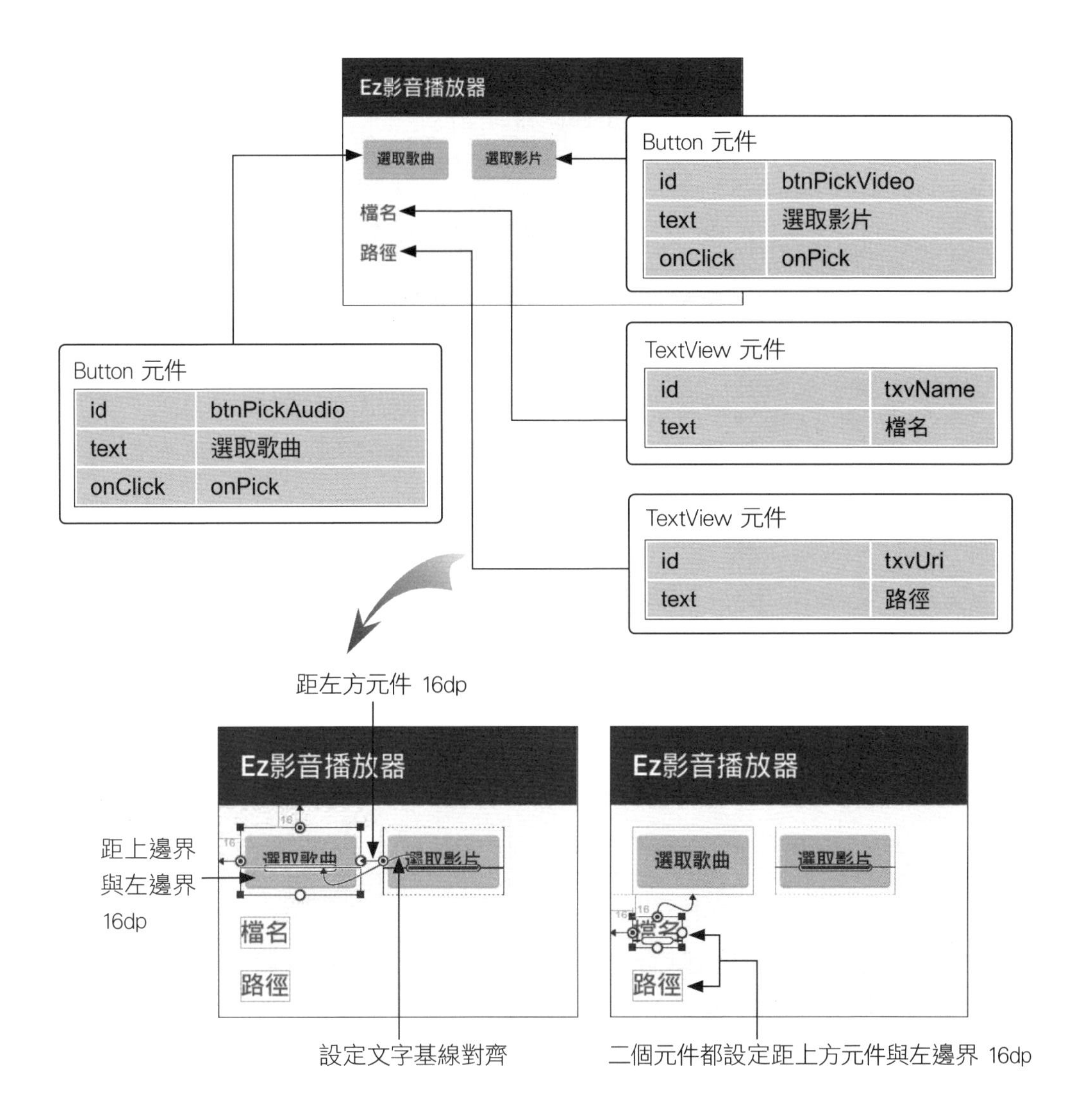

step 4 接著撰寫程式, 首先在 MainActivity 中宣告變數, 並在 onCreate() 中做一些基本設定:

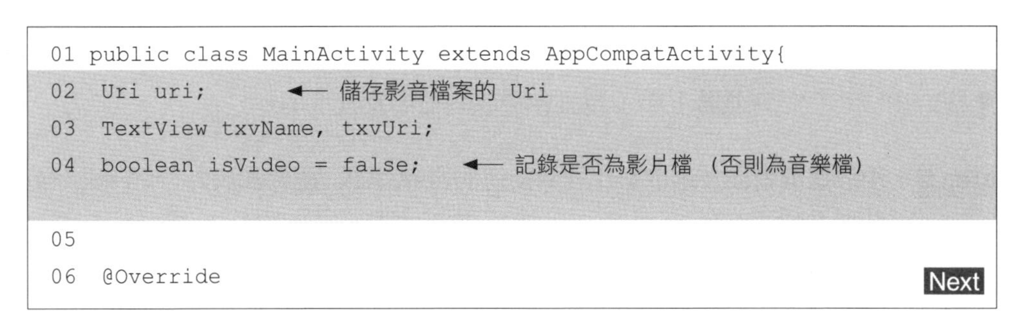

```
01 public class MainActivity extends AppCompatActivity{
02  Uri uri;          ← 儲存影音檔案的 Uri
03  TextView txvName, txvUri;
04  boolean isVideo = false;   ← 記錄是否為影片檔 (否則為音樂檔)
05
06  @Override
```

Next

```
07  protected void onCreate(Bundle savedInstanceState) {
08      super.onCreate(savedInstanceState);
09      setContentView(R.layout.activity_main);
10
11      //設定螢幕不隨手機旋轉、以及畫面直向顯示
12      setRequestedOrientation(ActivityInfo.
                    SCREEN_ORIENTATION_NOSENSOR);◄— 設定螢幕不隨手機旋轉
13      setRequestedOrientation(ActivityInfo.
                    SCREEN_ORIENTATION_PORTRAIT);◄— 設定螢幕直向顯示
14
15      txvName = (TextView)findViewById(R.id.txvName); ◄┐
                                                取得"檔案"文字元件
16      txvUri = (TextView)findViewById(R.id.txvUri);◄┐
                                                取得"路徑"文字元件
17
18      uri = Uri.parse("android.resource://" +
19                  getPackageName() + "/" + R.raw.welcome); ◄┐
                                    預設會播放程式內的音樂檔 welcome.mp3
20      txvName.setText("welcome.mp3");          ◄— 在畫面中顯示檔名
21      txvUri.setText("程式內的樂曲:"+ uri.toString());◄— 顯示內建音樂檔
                                                        的 Uri 路徑
22  }
```

- 第 2 行宣告的 uri 是用來儲存使用者選取檔案的 Uri, 在第 18 行會先將之設為指向程式內附的 welcome.mp3。

- 第 4 行宣告一個 isVideo 來記錄是否選取了影片檔 (true 是影片檔, false 是音樂檔)。

- 第 12、13 行是設定螢幕不隨手機旋轉、以及畫面要直向顯示, 這二個功能在上一章已介紹過了。

- 第 20、21 行是在螢幕上顯示預設會播放的檔名及其 Uri。

step 5 由於**選取歌曲**及**選取影片**兩個按鈕的 onClick 屬性都設為 onPick, 因此要在程式中加入 onPick() 事件處理方法:

```
01 public void onPick(View v) {
02  Intent it = new Intent(Intent.ACTION_GET_CONTENT ); ◄┐
                                    建立動作為 "選取內容" 的 Intent
03  if(v.getId() == R.id.btnPickAudio) { ◄— 如果是 "選取歌曲" 鈕
04      it.setType( “audio/*” );        ◄— 要選取所有音樂類型
05      startActivityForResult(it, 100); ◄— 以識別編號 100 來啟動外部程式
06  }
07  else {                           ◄— 否則就是 "選取影片" 鈕
08      it.setType( “video/*” );       ◄— 要選取所有影片類型
09      startActivityForResult(it, 101);◄— 以識別編號 101 來啟動外部程式
10  }
11 }
```

● 第 3 行是利用傳入的 View 參數 v, 執行 v.getId() 來取出被按元件的資源 ID, 再比對是選取歌曲鈕還是選取影片鈕。

● 第 5 及第 9 行是用 Intent 來啟動選取音樂或影片的程式, 並分別指定不同的識別碼 (100、101)。

step 6 接著要加入「選取影音檔」完成而返回程式時, 會被引發的 onActivityResult() 事件方法:

```
01 protected void onActivityResult (int requestCode, int resultCode,
02                                  Intent data) {
03  super.onActivityResult(requestCode, resultCode, data);
04
05  if(resultCode == Activity.RESULT_OK) {  ◄— 如果選取成功
06      isVideo = (requestCode == 101);◄— 記錄是否選取了影片檔
                                        (當識別碼為 101 時)
07      uri = data.getData(); ◄—  取得選取檔案的 Uri
08      txvName.setText(getFilename(uri)); ◄—顯示檔名
09      txvUri.setText("檔案 URI：" + uri.toString());◄— 顯示檔案的 URI
10  }
11 }
12                                                              Next
```

```
13 String getFilename(Uri uri) { ◀— 以 URL 向內容資料庫查詢檔名
14     String fileName = null;
15     String[] colName = {MediaStore.MediaColumns.DISPLAY_NAME};
16     Cursor cursor = getContentResolver().query(uri, colName, ◀┐
17             null, null, null);                        以 uri 進行查詢
18     cursor.moveToFirst();        ◀— 移到查詢結果的第一筆記錄
19     fileName = cursor.getString(0);
20     cursor.close();        ◀— 關閉查詢結果
21     return fileName;      ◀— 傳回檔名
22 }
```

- 第 6 行依傳回的識別碼來決定是否為影片檔。
- 第 8 行的 getfilename(uri) 可傳回 uri 的檔名。
- 第 9 行以 uri.toString() 取出檔案路徑來顯示。

step 7 請在手機上測試結果, 看看是否和本範例最前面的示範相同。

練習 11-1 請修改本節範例, 當使用者選取檔案後, 要在畫面中多顯示選取檔案的類型如右：

提示 可將前面程式第 8 行改成：

```
txvName.setText((isVideo? "影片：" : "歌曲：") +
        getfilename(uri));◀— 顯示檔名
```

11-2 用 MediaPlayer 播放音樂

Android 的 MediaPlayer 類別可以用來播放音樂或影片，本節先示範如何播放音樂。

MediaPlayer 的音樂播放流程

用 MediaPlayer 來播放音樂時，整個流程大致如下：

1. 首先當然是要建立 MediaPlayer 物件：

```
mper = new MediaPlayer();  ◄— 建立 MediaPlayer 物件
```

2. 要播放一首新的音樂時，必須先設定音樂的 Uri 並做好準備工作：

```
mper.reset();              ◄— 如果之前有播放過其他音樂，則要先 reset
mper.setDataSource(this, uri);  ◄— 指定音樂檔的 Uri
mper.prepareAsync();       ◄— 準備播放，當準備好時會引發一個『音樂
                               準備好了』的事件(稍後會介紹)
```

3. 當音樂準備好後，即可用以下的方法來播放、暫停、或停止播放。另外，也可以設定是否要不斷地重複播放：

```
mper.start();    ◄— 開始播放
mper.pause();    ◄— 暫停播放
mper.stop();     ◄— 停止播放
mper.setLooping(true);  ◄— 設定是否要重複播放 (true 為要)
```

請注意，執行 stop() 停止播放後，若想再播放相同的歌，則必須先重新執行前面的 prepareAsync() 來準備播放。而執行 pause() 暫停後，則可直接用 start() 來繼續播放。

4. MediaPlayer 會記住目前的播放位置 (以秒數為單位), 而我們也可以用程式來取得或移動播放位置:

```
int len = mper.getDuration();                ◀— 取得音樂的總長度 (秒數)
int pos = mper.getCurrentPosition();         ◀— 取得目前的播放位置 (秒數)
mper.seekTo(pos);                            ◀— 移動播放位置到第 pos 秒的位置
```

5. 最後, 當不再需要播放時, 必須將 MediaPlayer 物件釋放掉:

```
mper.release();     ◀— 釋放 MediaPlayer 物件
```

MediaPlayer 可引發的 3 個重要事件

除了以上介紹的播放流程與控制之外, 我們還可以處理 MediaPlayer 的 3 個重要事件, 就是當**音樂準備好時**、**音樂播放完畢時**、以及**音樂播放發生錯誤時**所引發的事件。程式的寫法如下:

每次執行 mper.prepareAsync() 來準備播放時, 當音樂準備好了即會引發『音樂準備好』的事件。

1. 用 MainActivity 類別來實作 MediaPlayer 的 3 個事件監聽介面:

```
public class MainActivity extends Activity implements
            MediaPlayer.OnPreparedListener,        ◀— 音樂準備好時
            MediaPlayer.OnErrorListener,           ◀— 發生錯誤時
            MediaPlayer.OnCompletionListener {     ◀— 播放完畢時
```

2. 由於前面是用 MainActivity 來實作以上 3 個監聽介面, 因此可用此類別的物件 this 做為事件監聽器:

```
mper.setOnPreparedListener(this);        ◀— 設定音樂準備好時的事件監聽器
mper.setOnErrorListener(this);           ◀— 設定發生錯誤時的事件監聽器
mper.setOnCompletionListener(this);      ◀— 設定播放完畢時的事件監聽器
```

3. 最後, 要撰寫這 3 個監聽介面的事件處理方法:

```
public void onPrepared(MediaPlayer arg0) {     ◀— 執行 prepareAsync()
    //音樂準備好時要做的事情...                      後, 當音樂準備好了即會
}                                                 引發此方法

public boolean onError(MediaPlayer arg0, int arg1, int arg2) {
    //發生錯誤時要做的事情...
    return true;  ◀— 傳回 true 表示錯誤已處理了
}

public void onCompletion(MediaPlayer arg0) {
    //播放完畢時要做的事情...
}
```

處理在播放音樂時切換到其他程式的狀況

當音樂在播放時, 使用者可能會突然切換到別的程式, 甚至按返回鍵將程式結束掉了, 像這些狀況都必須做妥善的處理, 否則當程式結束後還在繼續播放音樂, 豈不怪哉!

其實 Activity 由啟動到結束之間, 還有許多種狀態的變化, 每當狀態改變時即會引發特定的事件, 例如底下是幾種常用的事件:

事件	說明
onCreate()	當 Activity 啟動時
onResume()	當 Activity 獲得輸入焦點時
onPause()	當 Activity 失去輸入焦點時 (例如切換到手機的首頁或其他程式)
onDestroy()	當 Activity 結束時

Activity 由啟動到結束之間的各種狀態變化, 統稱為 Activity 的**生命週期** (Life Cycle)。下圖為簡化後的示意圖:

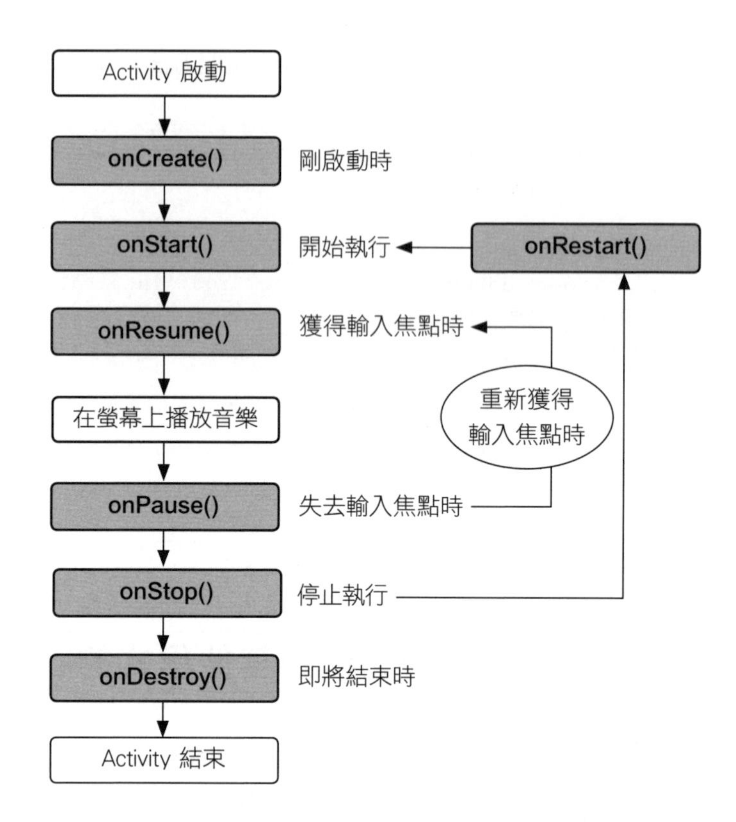

後面範例若有提及 Activiy 生命週期，因為狀態變化事件相當多，我們會直接省略該範例沒有用到的事件。關於 Activiy 生命週期的狀態變化事件的詳細說明，請到 Android 開發者網站以 Lifecycle 搜尋，或是直接瀏覽 developer.android.com/guide/components/activities/activity-lifecycle.html 及developer.android.com/training/basics/activity-lifecycle。

以本範例而言，當 Activity 失去輸入焦點時 (例如切換到其他程式)，要將音樂暫停播放，而當 Activity 要結束時，則要將 MediaPlayer 物件釋放：

```
01 protected void onPause() {
02     super.onPause(); ◄— 執行父類別的事件方法以處理必要事宜
03
04     //如果正在播放，就暫停...
05 }
06
07 protected void onDestroy() {
08     //釋放 MediaPlayer 物件...
09
10     super.onDestroy(); ◄— 執行父類別的事件方法以處理必要事宜
11 }
```

如果希望當 Activity 失去輸入焦點後又重新獲得時要繼續播放，那麼可以在 onResume() 中讓音樂繼續播放。不過本範例的做法是保持暫停而不要自動繼續播放，以免嚇到使用者。

讓螢幕不進入休眠狀態

當手機一段時間沒用時，例如 30 秒或一分鐘，就會自動關閉螢幕進入休眠狀態。此時 Activity 也會因失去焦點而引發 onPause() 事件，而導致播放中的音樂被暫停（因為我們會在 onPause() 中暫停播放音樂）。

想要讓螢幕不會進入休眠狀態，可在 onCreate() 中加入底下灰底的程式：

```
01 protected void onCreate(Bundle savedInstanceState) {
02   super.onCreate(savedInstanceState);
03   setContentView(R.layout.activity_main);
04
05   //設定螢幕不隨手機旋轉、畫面要直向顯示、以及螢幕不進入休眠
06   setRequestedOrientation(ActivityInfo.
                          SCREEN_ORIENTATION_NOSENSOR);  ← 設定螢幕不隨手機旋轉
07   setRequestedOrientation(ActivityInfo.
                          SCREEN_ORIENTATION_PORTRAIT);  ← 設定螢幕直向顯示
08   getWindow().addFlags(WindowManager.LayoutParams.
                        FLAG_KEEP_SCREEN_ON);  ← 設定螢幕不進入休眠
09   ...
10 }
```

以上第 8 行是針對目前的 Activity 做設定，因此『讓螢幕不進入休眠』的效果，也只有當目前的 Activity 顯示在螢幕中時才有效。

範例 11-2：用 MediaPlayer 播放音樂

學會播放音樂的相關知識後，就趕快來大顯身手吧！底下是程式完成後執行狀況：

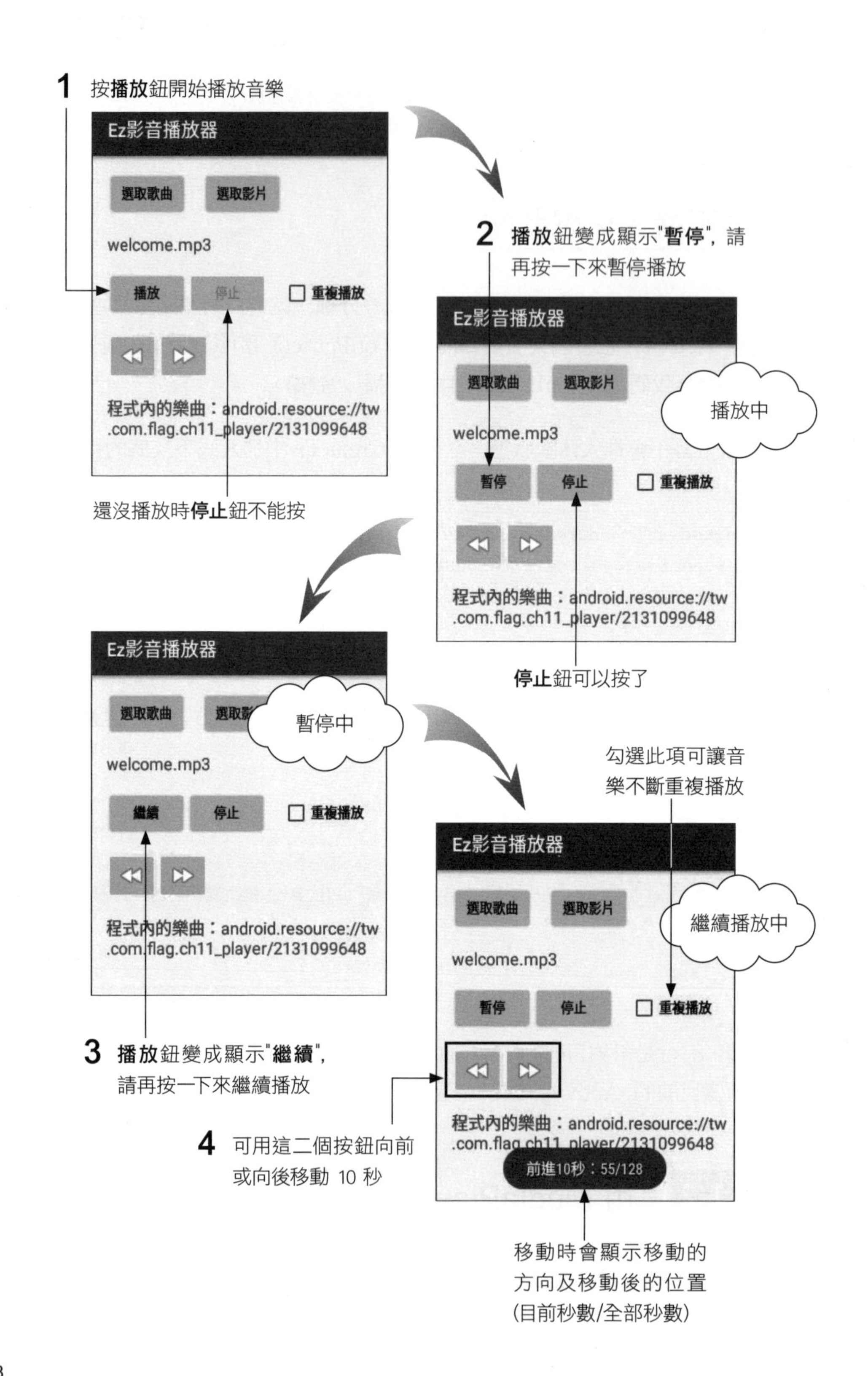
1 按播放鈕開始播放音樂
Ez影音播放器
選取歌曲
選取影片
welcome.mp3
播放
停止
重複播放
程式內的樂曲：android.resource://tw.com.flag.ch11_player/2131099648
還沒播放時停止鈕不能按
2 播放鈕變成顯示"暫停"，請再按一下來暫停播放
播放中
暫停
停止鈕可以按了
暫停中
繼續
3 播放鈕變成顯示"繼續"，請再按一下來繼續播放
勾選此項可讓音樂不斷重複播放
繼續播放中
4 可用這二個按鈕向前或向後移動 10 秒
前進10秒：55/128
移動時會顯示移動的方向及移動後的位置(目前秒數/全部秒數)

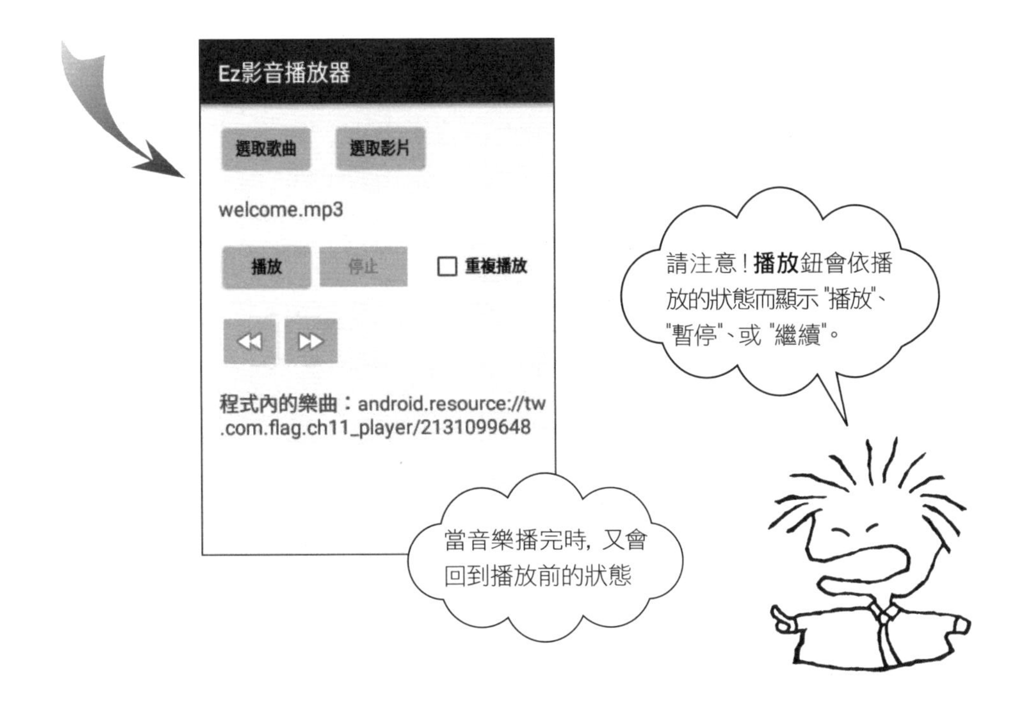

step 1 請將前面的 Ch11_Player 專案複製為 Ch11_Player2 專案來修改。

step 2 開啟專案的畫面 Layout 檔，在兩個 TextView 中間加入 4 個 Button 與 1 個 CheckBox 元件，由於要加入較多的元件，建議直接由書附範例中的同名檔案複製過來即可：

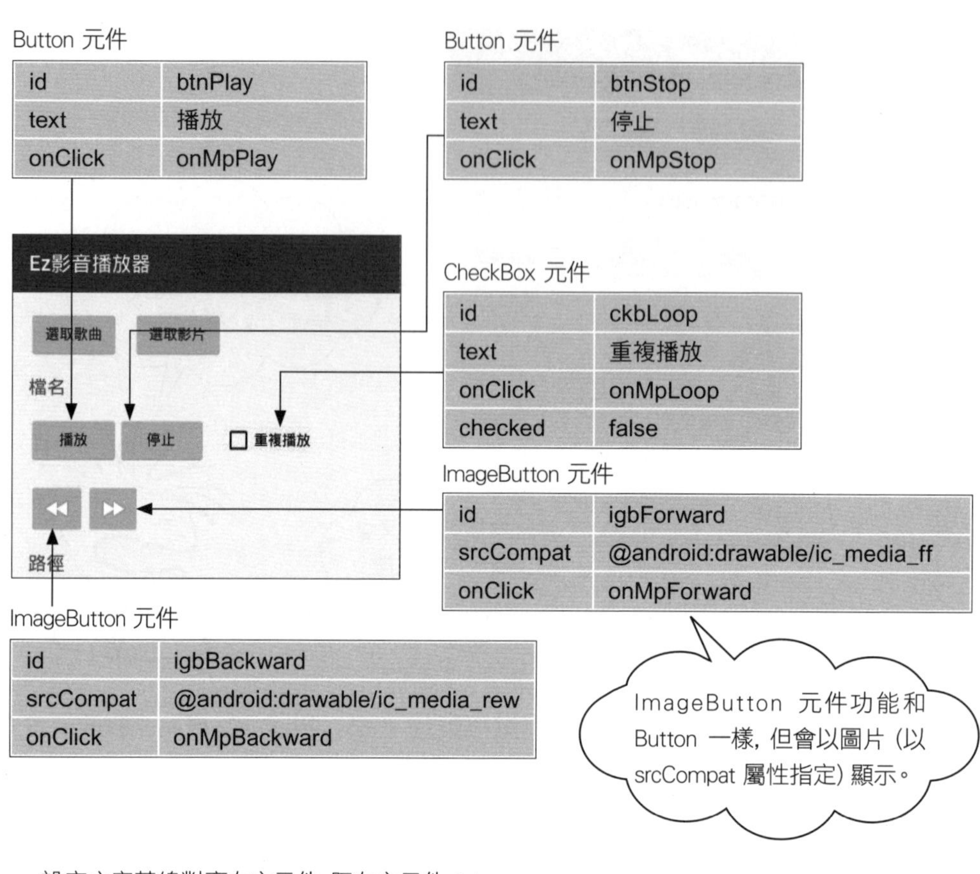
Button 元件
id
btnPlay
text
播放
onClick
onMpPlay
Button 元件
id
btnStop
text
停止
onClick
onMpStop
Ez影音播放器
選取歌曲
選取影片
檔名
播放
停止
重複播放
路徑
CheckBox 元件
id
ckbLoop
text
重複播放
onClick
onMpLoop
checked
false
ImageButton 元件
id
igbForward
srcCompat
@android:drawable/ic_media_ff
onClick
onMpForward
ImageButton 元件
id
igbBackward
srcCompat
@android:drawable/ic_media_rew
onClick
onMpBackward
ImageButton 元件功能和 Button 一樣, 但會以圖片 (以 srcCompat 屬性指定) 顯示。

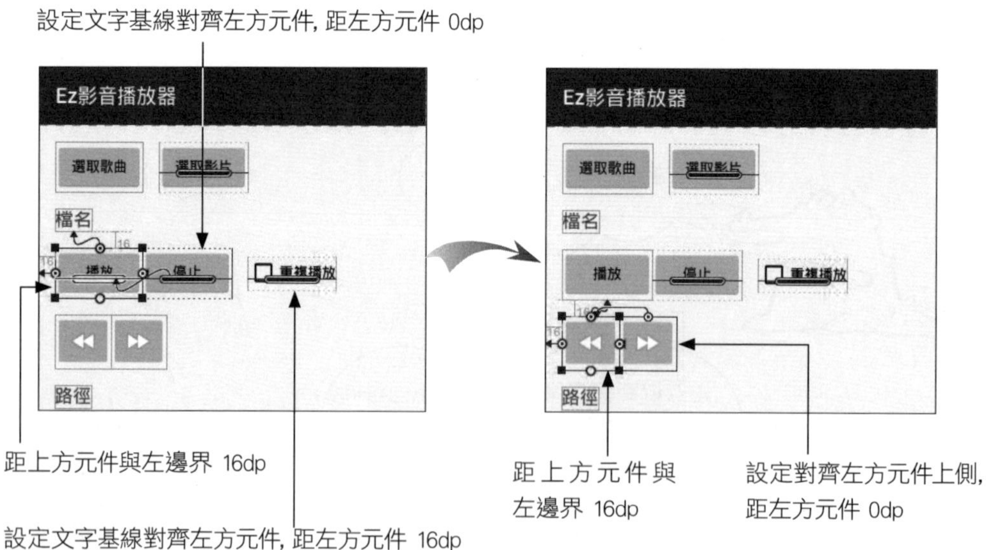
設定文字基線對齊左方元件, 距左方元件 0dp
Ez影音播放器
選取歌曲
選取影片
檔名
播放
停止
重複播放
路徑
距上方元件與左邊界 16dp
設定文字基線對齊左方元件, 距左方元件 16dp
距上方元件與左邊界 16dp
設定對齊左方元件上側, 距左方元件 0dp

step 3 接著修改程式, 首先在 MainActivity 的開頭, 要實作 MediaPlayer 的 3 個監聽介面, 並宣告幾個變數如下:

```
01 public class MainActivity extends AppCompatActivity implements
02         MediaPlayer.OnPreparedListener,        實作 MediaPlayer 的
03         MediaPlayer.OnErrorListener,           3 個的事件監聽介面
04         MediaPlayer.OnCompletionListener {
05     Uri uri;                          ← 儲存影音檔案的 Uri
06     TextView txvName, txvUri;         ← 用來參照到畫面中的元件
07     boolean isVideo = false;          ← 用來記錄是否為影片檔
08
09     Button btnPlay, btnStop;          ← 用來參照播放鈕、停止鈕
10     CheckBox ckbLoop;                 ← 用來參照重複播放多選鈕
11     MediaPlayer mper;                 ← 用來參照 MediaPlayer 物件
12     Toast tos;                        ← 用來參照 Toast 物件 (顯示訊息之用)
```

- 在第 1~4 行輸入完 3 個監聽介面後, MainActivity 的文字會出現紅色波浪底線, 此時可將插入點移到紅線的文字上, 然後按 Alt + Enter 鍵並選取 **Implement methods**, 然後在彈出的 **Select methods to implement** 交談窗中按 **OK** 鈕, 即可幫您自動加入這些介面所需實作的方法 (這些方法的後續處裡請看步驟 6)。

step 4 在 onCreate() 中請先設定螢幕不進入休眠, 接著建立及設定 MediaPlayer 物件, 以及建立一個 Toast 物件以供稍後顯示訊息之用, 最後再呼叫 prepareMedia() 方法 (下一步驟才會建立) 來準備播放音樂。

```
01 protected void onCreate(Bundle savedInstanceState) {
02  super.onCreate(savedInstanceState);
03  setContentView(R.layout.activity_main);
04
05  //設定螢幕不隨手機旋轉、畫面要直向顯示、以及螢幕不進入休眠
06  setRequestedOrientation(ActivityInfo.
                          SCREEN_ORIENTATION_NOSENSOR);←── 設定螢幕不
                                                            隨手機旋轉
07  setRequestedOrientation(ActivityInfo.SCREEN_ORIENTATION_
                          PORTRAIT);←── 設定螢幕直向顯示
08  getWindow().addFlags(WindowManager.LayoutParams.FLAG_KEEP_SCREEN_
                        ON);←── 設定螢幕不進入休眠
09
10  txvName = (TextView)findViewById(R.id.txvName); ←── 取得第1個文字元件
11  txvUri = (TextView)findViewById(R.id.txvUri);   ←── 取得第2個文字元件
12  btnPlay = (Button)findViewById(R.id.btnPlay);   ←── 取得播放鈕
13  btnStop = (Button)findViewById(R.id.btnStop);   ←── 取得停止鈕
14  ckbLoop = (CheckBox)findViewById(R.id.ckbLoop); ←── 取得重複播放多選鈕
15
16  uri = Uri.parse("android.resource://" + ←── 預設會播放程式內的音樂檔
17              getPackageName() + "/" + R.raw.welcome);
18  txvName.setText("welcome.mp3");          ←── 在畫面中顯示檔名
19  txvUri.setText("程式內的樂曲："+ uri.toString());←── 顯示 Uri
20
21  mper = new MediaPlayer();                ←── 建立 MediaPlayer 物件
22  mper.setOnPreparedListener(this);     ─┐
23  mper.setOnErrorListener(this);         ├←── 設定 3 個事件監聽器
24  mper.setOnCompletionListener(this);   ─┘
25  tos = Toast.makeText(this, “”, Toast.LENGTH_SHORT); ←── 建立 Toast 物件
26
27  prepareMedia();    ←── 準備預設音樂 (welcome.mp3) 的播放
28 }
```

step 5 接著撰寫準備播放新影音檔的 prepareMedia() 方法：

```
01 void prepareMedia() {
02     btnPlay.setText("播放");           ◄— 將按鈕文字顯示為 "播放"
03     btnPlay.setEnabled(false);  ◄— 使播放鈕不能按 (要等準備好才能按)
04     btnStop.setEnabled(false);  ◄— 使停止鈕不能按
05
06     try {
07         mper.reset();           ◄— 如果之前有播過歌, 必須 reset 後才能換歌
08         mper.setDataSource(this, uri);  ◄— 指定影音檔來源
09         mper.setLooping(ckbLoop.isChecked());  ◄— 設定是否重複播放
10         mper.prepareAsync();  ◄— 要求 MediaPlayer 準備播放指定的影音檔
11     } catch (Exception e) {   ◄— 攔截錯誤並顯示訊息
12         tos.setText("指定音樂檔錯誤！" + e.toString());
13         tos.show();
14     }
15 }
```

- 第 2 行是設定**播放**鈕要顯示 "播放"。由於在播放的過程中此鈕可能會被改為 "暫停" 或 "繼續", 因此在準備播放新歌時要將之還原為 "播放"。

- 第 3~4 行是設定**播放**鈕與**停止**鈕為 "尚未準備好" 的狀態, 也就是都禁用 (不能按)。要等到音樂準備好時 (會引發 onPrepared() 事件), 才會將之設為可用 (可以按)。

- 第 7、8 行是變更 MediaPlayer 要播放的音樂, 由於 Uri 可能有誤, 所以最好加上 try...catch... 的錯誤處理機制 (詳見 5-21 頁) 以免程式因發生錯誤而中止。

- 第 9 行是設定重複播放功能。ckbLoop 是畫面中的 CheckBox 元件, 執行其 isChecked() 方法可傳回是否已勾選, 然後再用它來設定是否要重複播放。

- 第 10 行是執行 prepareAsync() 要求 MediaPlayer 準備播放指定的音樂。當 MediaPlayer 準備好時, 會引發 onPrepared 事件, 這個事件在下一步驟會介紹。

step 6 接著來撰寫 3 個事件監聽介面所必須實做的事件處理方法：

```
01 @Override
02 public void onPrepared(MediaPlayer mp) {
03     btnPlay.setEnabled(true);    ◄— 當準備好時，讓播放鈕有作用(可以按)
04 }
05
06 @Override
07 public void onCompletion(MediaPlayer mp) {  ◄— 當音樂播完畢時
08     mper.seekTo(0);             ◄— 將播放位置歸 0
09     btnPlay.setText("播放"); ◄— 讓播放鈕顯示 "播放"
10     btnStop.setEnabled(false); ◄— 讓停止鈕禁用(不能按)，因為音樂已經停止播放
11 }
12
13 @Override
14 public boolean onError(MediaPlayer mp, int what, int extra {
15     tos.setText("發生錯誤，停止播放");  ◄— 當發生錯誤時，顯示錯誤訊息
16     tos.show();
17     return true;
18 }
```

- 第 3 行是當音樂準備好時，就讓**播放**鈕有作用，使用者按下即可播放音樂。

- 第 8~10 行是當播放完成時，將播放位置歸 0，然後讓**播放**鈕顯示 "播放"，並讓**停止**鈕不能按 (因為已停止播放)。請注意，**播放**鈕只有在準備播放時才會設為禁用，而在準備好時即改為可用，所以此處不必多做設定。。

step 7 每當使用者按**選取歌曲**鈕選了新的音樂時，我們就要執行 prepareMedia() 來準備播放音樂，因此請在 onActivityResult() 中加入以下灰底的程式：

```
01 protected void onActivityResult(int requestCode,
                                   int resultCode, Intent data) {
02     super.onActivityResult(requestCode, resultCode, data);
03
04     if (resultCode == Activity.RESULT_OK) {    記錄是否選取了影片檔
05         isVideo = (requestCode == 101); ←———(當識別碼為101時)
06         uri = data.getData();  ←— 取得選取檔案的 Uri
07         txvName.setText(getFilename(uri)); ←— 顯示檔名
08         txvUri.setText("檔案URI：" + uri.toString()); ←— 顯示檔案的 URI
09         prepareMedia();  ←重新準備播放剛選擇的影音檔
10     }
11 }
```

step 8 接著要撰寫當使用者按下**播放**、**停止**...等各種控制按鈕時，所引發的事件處理方法：

```
01 public void onMpPlay(View v) {          ←— 按下播放鈕時
02     if (mper.isPlaying()) {             ←— 如果正在播，就暫停
03         mper.pause();                   ←— 暫停播放
04         btnPlay.setText("繼續");
05     }
06     else {                              ←— 如果沒有在播，就開始播
07         mper.start();                   ←— 開始播放
08         btnPlay.setText("暫停");         ←— 讓播放鈕顯示 "暫停"
09         btnStop.setEnabled(true);       ←— 音樂已經播放，所以讓停止鈕有作用
10     }
11 }
12                                                                    Next
```

```
13 public void onMpStop(View v) {      ← 按下停止鈕時
14     mper.pause();     ← 暫停播放
15     mper.seekTo(0); ← 移到音樂中 0 秒的位置
16     btnPlay.setText("播放");
17     btnStop.setEnabled(false);     ← 讓停止鈕不能再按了
18 }
19
20 public void onMpLoop(View v) {      ← 按下重複播放多選鈕時
21     if (ckbLoop.isChecked())
22         mper.setLooping(true);     ← 設定要重複播放
23     else
24         mper.setLooping(false);    ← 設定不要重複播放
25 }
26
27 public void onMpBackward(View v) {     ← 按下倒退圖形鈕時
28     if(!btnPlay.isEnabled()) return;  ←┐
                            如果還沒準備好(播放鈕不能按), 則不處理
29     int len = mper.getDuration();            ← 讀取音樂長度
30     int pos = mper.getCurrentPosition();← 讀取目前播放位置
31     pos -= 10000;                            ← 倒退 10 秒 (10000ms)
32     if(pos <0) pos = 0;                      ← 不可小於 0
33     mper.seekTo(pos);                        ← 移動播放位置
34     tos.setText("倒退10秒:" + pos/1000 + "/" + len/1000);  ← 顯示訊息
35     tos.show();
36 }
37
38 public void onMpForward(View v) {         ← 按下前進圖形鈕時
39     if(!btnPlay.isEnabled()) return;     ←┐
                            如果還沒準備好(播放鈕不能按), 則不處理
40     int len = mper.getDuration();            ← 讀取音樂長度
41     int pos = mper.getCurrentPosition();← 讀取目前播放位置
42     pos += 10000;                            ← 前進 10 秒 (10000ms)
43     if(pos > len) pos = len;                 ← 不可大於總秒數
44     mper.seekTo(pos);                        ← 移動播放位置
45     tos.setText("前進10秒:" + pos/1000 + "/" + len/1000);  ← 顯示訊息
46     tos.show();
47 }
```

- 第 1~11 行是當使用者按下**播放**鈕時, 要先判斷目前是否正在播放, 以決定要如何處理。

- 第 13~18 行是當使用者按下**停止**鈕時, 要將音樂暫停並將播放位置歸 0。此處並不執行 mper.stop() 來停止播放, 因為執行 stop() 後若要再播放同一首歌, 必須再次執行 mper.prepareAsync() 重新準備。

- 第 20~47 行則是在處理其他 3 個按鈕事件, 由於程式的註解中已有詳細說明, 就不再贅述。

step 9 最後, 別忘了要撰寫當 Activity 被暫停、或被結束時所要做的工作:

```
01 @Override
02 protected void onPause() {
03     super.onPause();       ◄— 執行父類別的事件方法以處理必要事宜
04
05     if (mper.isPlaying()) {  ◄— 如果正在播, 就暫停
06         btnPlay.setText("繼續");
07         mper.pause();    ◄— 暫停播放
08     }
09 }
10
11 @Override
12 protected void onDestroy() {
13     mper.release();        ◄— 釋放 MediaPlayer 物件
14     super.onDestroy();     ◄— 執行父類別的事件方法以處理必要事宜
15 }
```

- 第 5~8 行是當 Activity 被暫停時, 如果正在播放音樂的話, 就將之暫停。

- 第 13 行是當 Activity 被結束時, 就將 MediaPlayer 物件釋放掉。

step10 請在手機上實機測試結果, 看看是否和本範例最前面的示範相同。

練習 11-2 請修改本節範例, 在畫面中多加一個 ⓘ 鈕, 按下此鈕可顯示目前播放的位置：

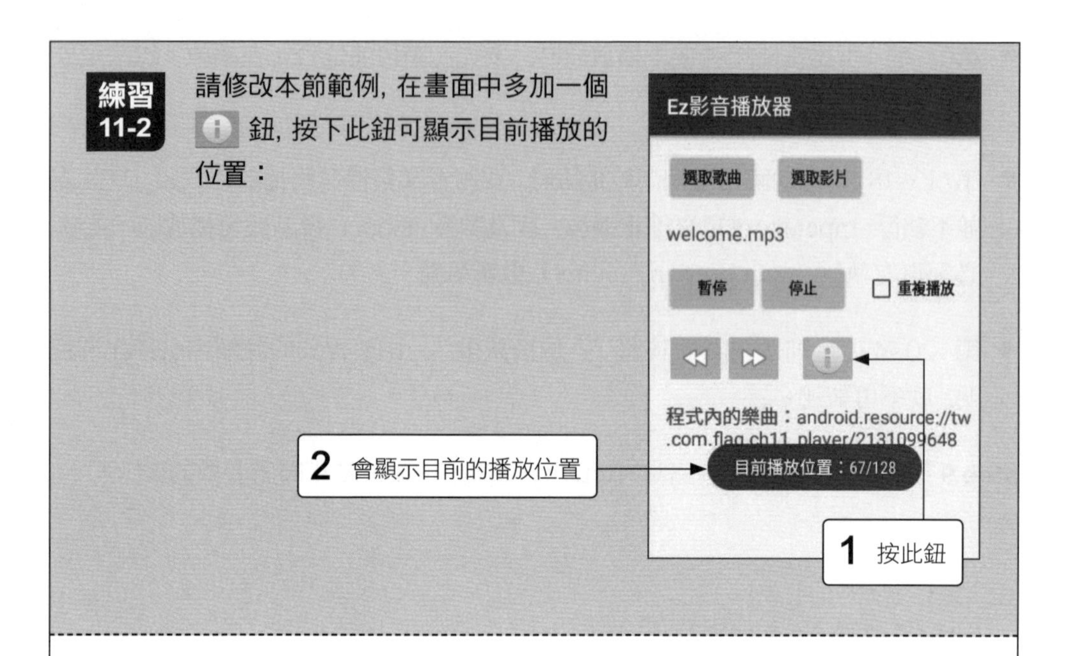

提示 可在程式的畫面 Layout 中加入一個 ImageButton 元件：

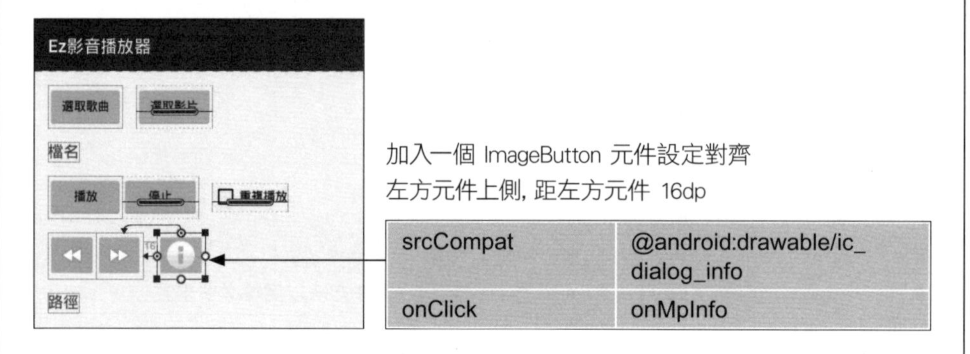

srcCompat	@android:drawable/ic_dialog_info
onClick	onMpInfo

並在程式中加入 onMpInfo() 方法如下：

```
public void onMpInfo(View v) {     ← 按下目前進度鈕時
    if(!btnPlay.isEnabled()) return;  ← 如果還沒準備好(播放鈕不能按),
                                         則不處理
    int len = mper.getDuration();        ← 讀取音樂長度
    int pos = mper.getCurrentPosition(); ← 讀取目前播放位置
    tos.setText("目前播放位置：" + pos/1000 + "/" + len/1000); ← 顯示訊息
    tos.show();
}
```

11-3 用 VideoView 播放影片

雖然 MediaPlayer 也可以用來播放影片，但必須自己準備顯示影像的元件、播放的進度條、以及控制按鈕等，相當麻煩。還好 Android 另外提供了好用的 VideoView 元件，不但內建顯示影像功能，還可以直接加入 MediaController 物件做為播放控制介面。

使用 VideoView 搭配 MediaController 來播放影片

VideoView 元件位在 Palette 窗格的 **Containers** 區，在使用前要先將之拉曳到畫面 Layout 中，然後設定其顯示位置與大小，再到程式中新增一個 MediaController 物件做為播放控制介面：

```
vdv = (VideoView)findViewById(R.id.videoView1); ◄─ 取得畫面中的 VideoView 元件
MediaController mediaCtrl = new MediaController(this);◄─ 建立播放控制物件
vdv.setMediaController(mediaCtrl); ◄─ 設定要使用播放控制物件
```

使用 MediaController 時請 import android.widget.MediaController。

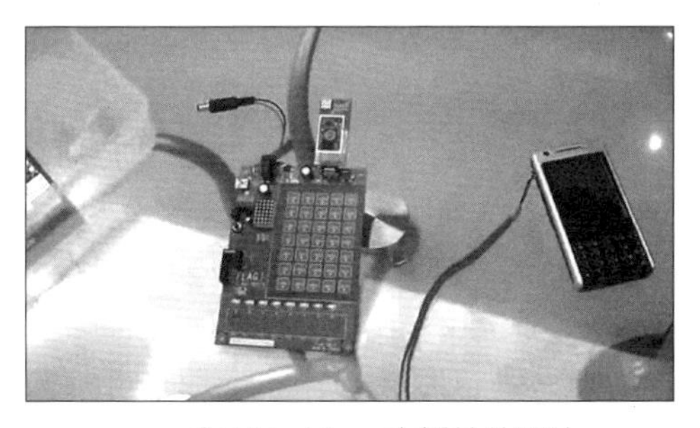

在 VideoView 中播放的影片

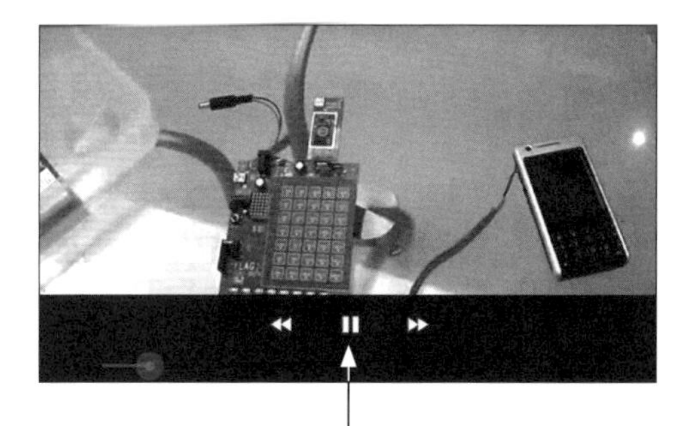

按一下螢幕，即會出現 MediaController 控制列

用程式控制 VideoView 的影片播放

前述的 MediaController 控制列主要是給使用者操作的, 若要在程式中控制影片的播放, 則可使用 VideoView 所提供的方法來操作:

```
vdv.setVideoURI(uri);    ◄— 設定要播放影片的 Uri

vdv.start();           ◄— 開始播放
vdv.pause();           ◄— 暫停播放
vdv.stopPlayback();    ◄— 停止播放

boolean b = vdv.isPlaying();            ◄— 是否在播放中

int len = vdv.getDuration();            ◄— 讀取影片長度 (秒)
int pos = vdv.getCurrentPosition();◄— 讀取目前的播放位置 (秒)
vdv.seekTo(pos);                        ◄— 設定播放位置 (秒)
```

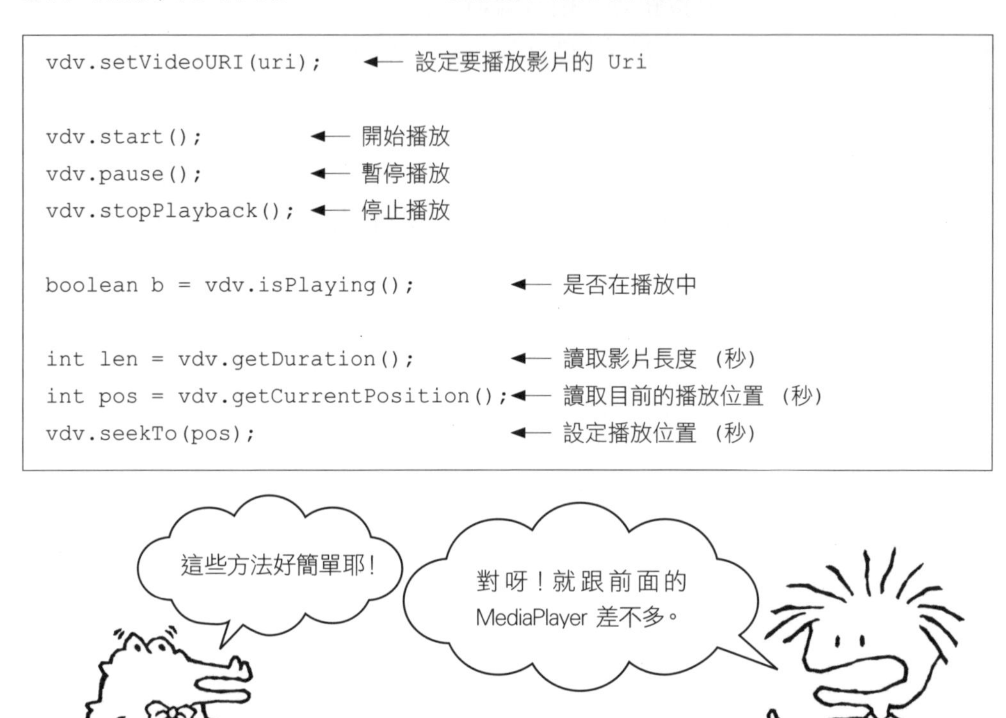

設定全螢幕顯示

Android 在執行程式時, 螢幕上通常都會出現系統的狀態列, 以及 Activity 的標題列, 例如:

不過在播放影片時，我們通常會盡量讓顯示影片的區域越大越好，此時就可將狀態列及標題列都隱藏起來，而達到全螢幕播放的效果：

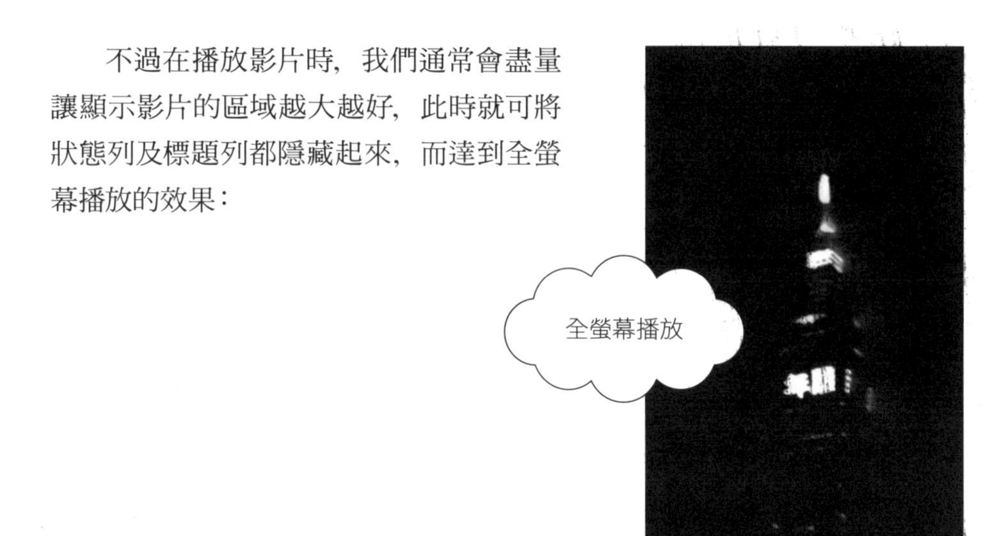

隱藏狀態列及標題列的方法如下：

```
01 getWindow().addFlags(WindowManager.LayoutParams.
                        FLAG_FULLSCREEN);◄— 隱藏系統的狀態列
02 getSupportActionBar().hide(); ◄— 隱藏 Activity 的標題列
03
04 setContentView(R.layout.activity_video);
05
06 getWindow().addFlags(WindowManager.LayoutParams.
                        FLAG_KEEP_SCREEN_ON);◄— 保持螢幕一直開著
                                              (不要自動休眠)
```

以上第 1、2 行可隱藏狀態列及標題列，這 2 行必須在第 4 行 setContentView() 之前執行才會有效果。另外，程式第 6 行是設定螢幕不要自動休眠，以免影片看沒多久就突然暗掉。

請注意，由於本書範例都是設為要和舊版 Android 系統相容，因此活動類別都是繼承 AppCompatActivity 而非 Activity，所以在上面第 2 行也必須使用相容函式庫 (Support Library) 的寫法。如果活動類別是繼承 Activity (不使用相容函式庫)，請將第 2 行改為『getActionBar().hide();』。

還有一點要特別注意，就是以上 3 項設定只對目前的 Activity 有效，因此若程式中有多個 Activity，這些設定並不會相互影響。

處理在播放影片時切換到首頁或其他程式的狀況

在播放影片時, 如果使用者突然切換到首頁或其他程式, 那麼我們應該要暫停播放影片, 直到使用者又切換回來時才繼續播放。

要處理這個狀況, 可以利用 Activity 生命週期中的 onPause() 及 onResume() 二個時機:

```
public class VideoActivity extends AppCompatActivity  {
    int pos = 0;  ← 用來記錄前次的播放位置, 預設為 0
    ...
    protected void onResume() { ← 當 Activity 獲得輸入焦點
        super.onResume();
        vdv.seekTo(pos); ← 移到 pos 的播放位置
        vdv.start();     ← 開始播放
    }

    protected void onPause() { ← 當 Activity 失去輸入焦點時(例如切換到其他程式)
        super.onPause();
        pos = vdv.getCurrentPosition();  ← 儲存播放位置
        vdv.stopPlayback();              ← 停止播放
    }
}
```

以上程式一開始時先將 pos 設為 0, 接著在 onResume() 中會跳到 pos 的位置開始播放;在 onPause() 中則會將當時的播放位置儲存到 pos 中。因此 Activity 一開始啟動時會由位置 0 開始播放, 而當使用者切換到其他程式又切回來時, 則會由在 onPasue() 中儲存的位置開始播放:

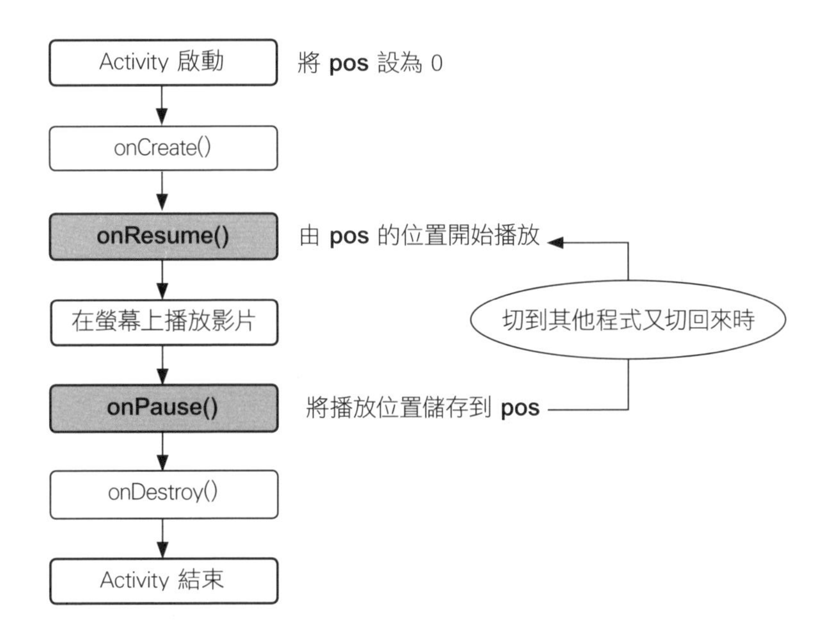

處理在播放時旋轉手機的狀況

在上一章曾經介紹過, 當我們旋轉手機時, 例如由直拿轉成橫著拿, 那麼螢幕的內容也會跟著旋轉, 以方便我們觀看。而每當螢幕內容跟著手機旋轉時, Android 都會重新啟動螢幕中正在顯示的 Activity, 然後再以旋轉後的方向來重新顯示畫面。

上一章的範例是採用較簡單的『關閉手機的畫面自動旋轉功能』, 來處理手機旋轉的狀況。而本章的範例則要改用另一種方法, 就是讓螢幕內容能跟著手機旋轉:

1. 當手機因旋轉而造成 Activity 重新啟動前，會引發只有此狀況才特有的 onSaveInstanceState(Bundle **sb**) 事件，在此事件中我們可以將當時的播放位置儲存到參數 **sb** 中(它是一個系統的 Bundle 物件)。

2. 當 Activity 重新啟動時，onCreate(Bundle **sb**) 的 **sb** 參數即為上一步驟所儲存的系統 Bundle 物件，因此我們可以由 **sb** 來讀取上一步驟所儲存的播放位置。

若將此流程加到前面『切換到其他程式』的流程，則結果如下：

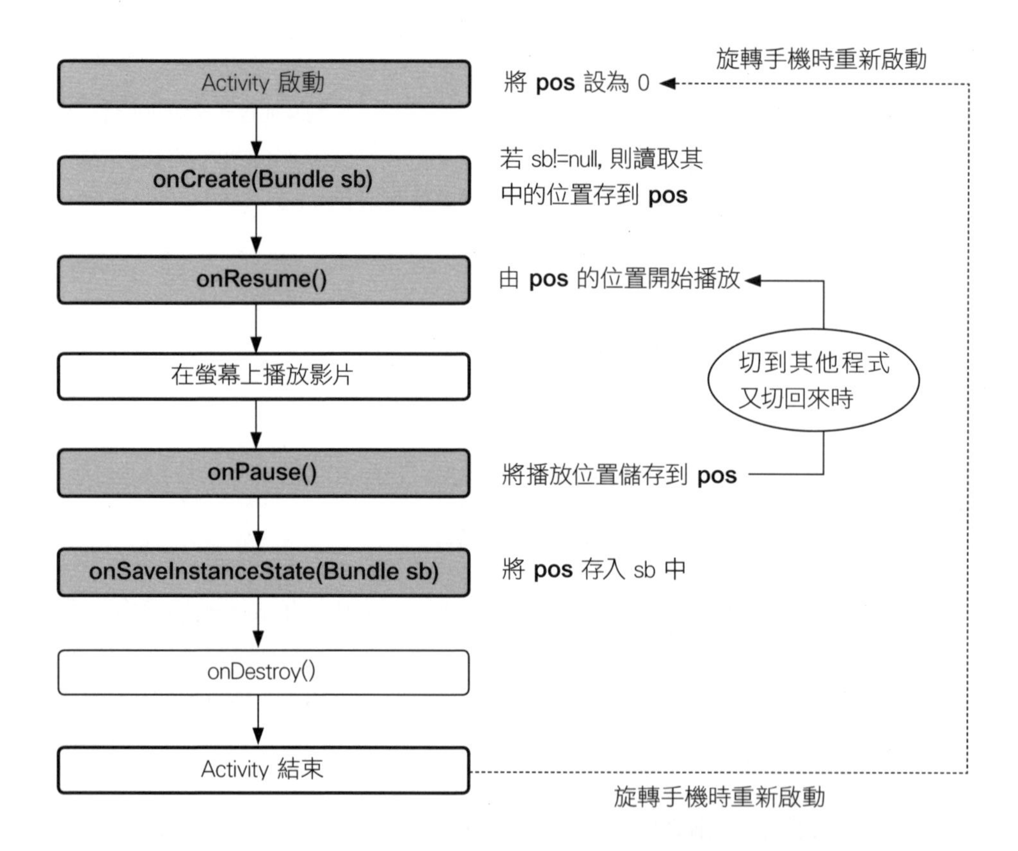

請特別注意, 由於在引發 onSaveInstanceState() 時影片已經被系統停止播放了, 因此不可在此事件中讀取影片的播放位置。還好在引發此事件之前會先引發 onPause() 事件, 所以在此事件中只須直接儲存 pos 的值即可。

範例 11-3：開啟新的 Activity 來播放影片

接著我們就來替本章範例加上『播放影片』的功能, 也就是當使用者按**選取影片**鈕選取了影片, 然後再按**播放**鈕時, 就會開啟一個新的 Activity 在全螢幕中播放影片：

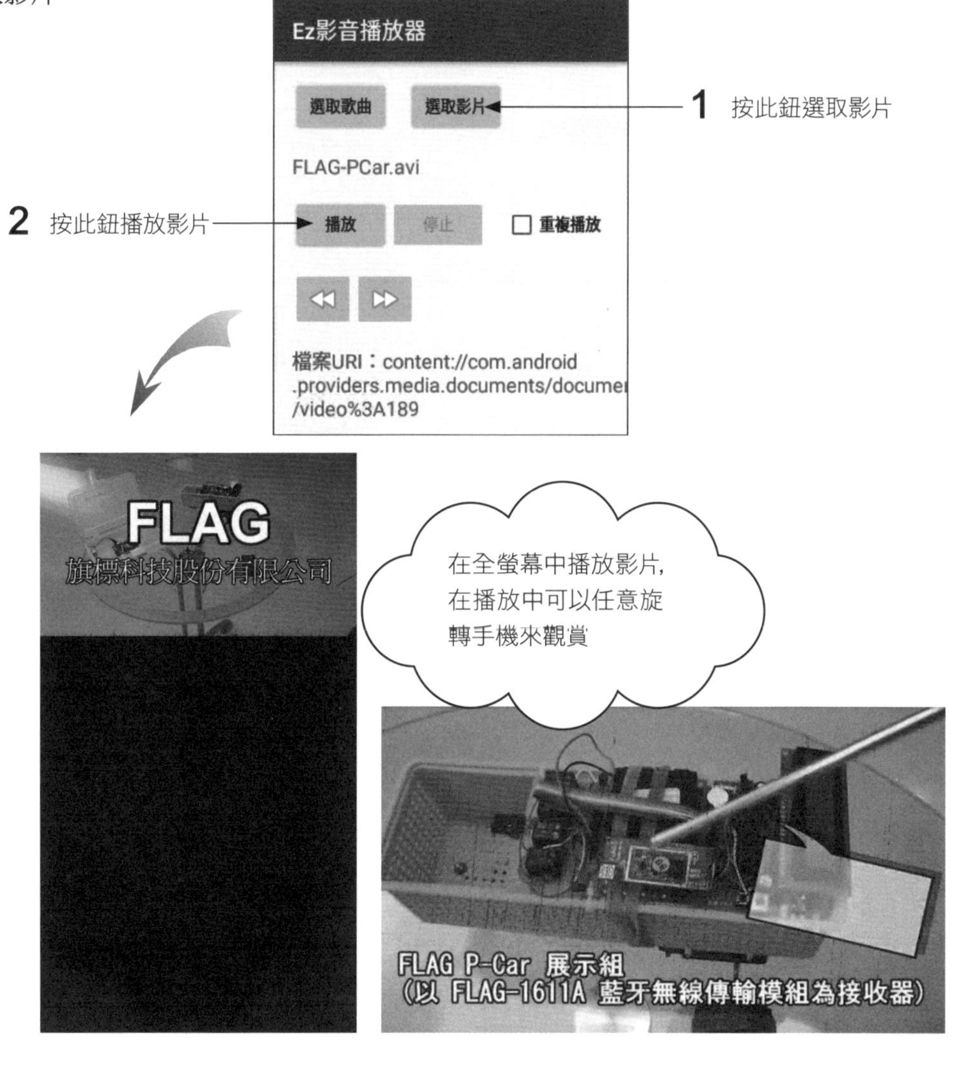

在播放時也可切換到首頁或切換到其他程式, 則影片會停止播放, 直到再切換回本程式時, 則會由之前停止的位置繼續播放。

step 1 請將前面的 Ch11_Player2 專案複製為 Ch11_Player3 專案來修改。

step 2 在 Project 窗格的 **app** 模組上按右鈕, 執行『**New/Activity/Empty Activity**』命令, 然後如下操作來新增一個 Activity:

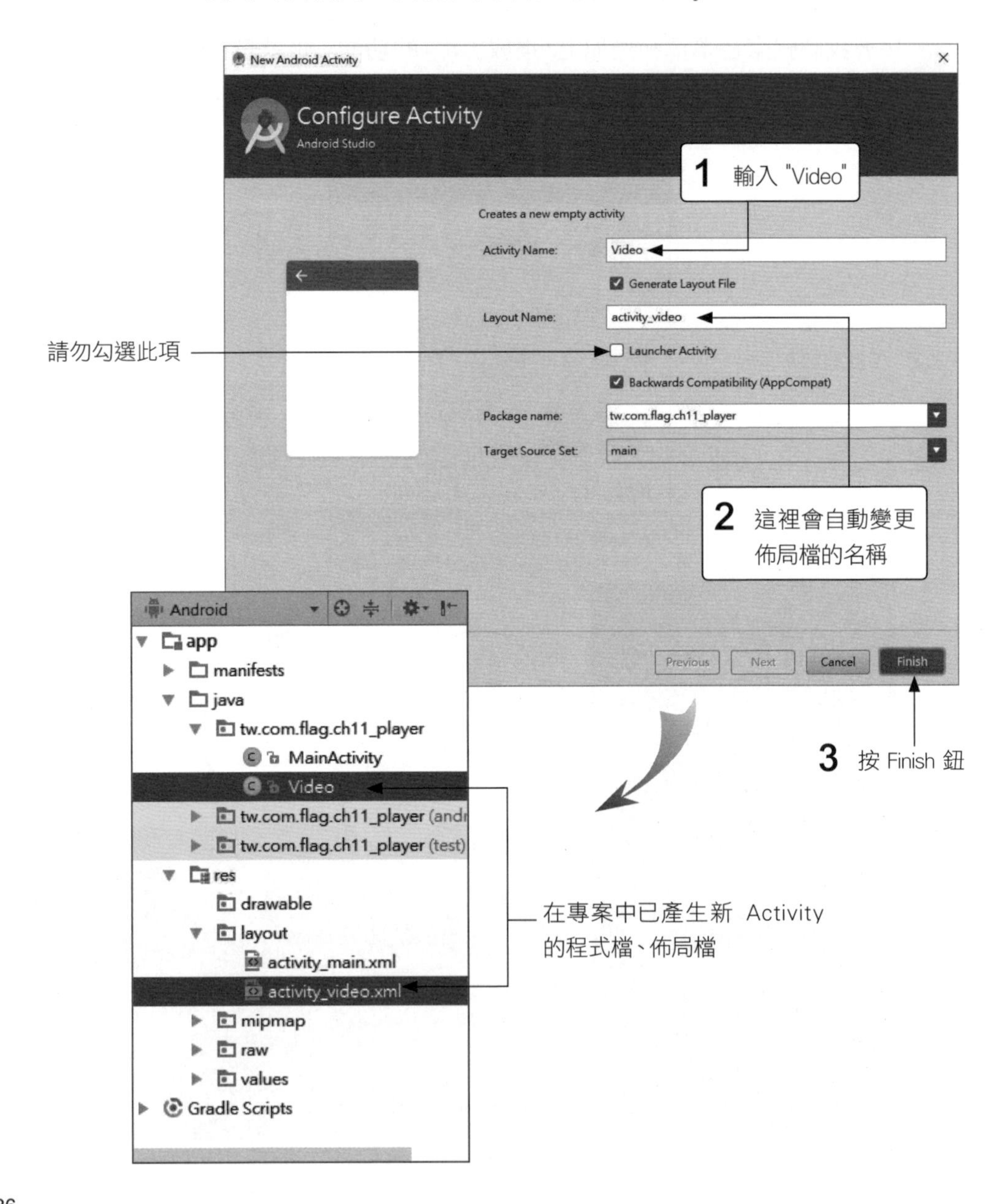

step 3 在新的 Layout 檔 (activity_video.xml) 中將 RelativeLayout 的 padding 屬性全部清空 (使周圍不要留白), 然後加入 1 個 VideoView 元件:

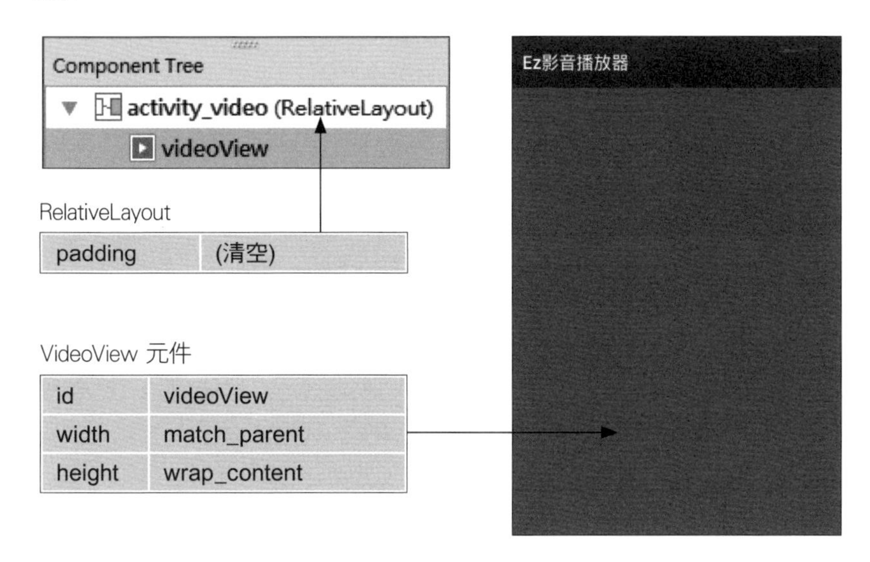

step 4 接著在 MainActivity 類別的 onMpPlay() 方法中, 加入當按下**播放**鈕時, 如果是影片則要開啟新的 Activity 來播放:

```
01 public void onMpPlay(View v) {     ← 按下播放鈕時
02   if(isVideo) {    ← 如果是影片
03       Intent it = new Intent(this, Video.class); ← 建立開啟 Video
                                                       Activity 的 Intent
04       it.putExtra("uri", uri.toString()); ← 將影片的 Uri 以 "uri"
                                               為名加入 Intent 中
05       startActivity(it);     ← 啟動 Video Activity
06       return;   ← 結束本方法
07   }
08
09   if (mper.isPlaying()) {  ← 如果正在播, 就暫停
10       mper.pause();   ← 暫停播放
11       btnPlay.setText("繼續");
12   }
```
Next

```
13 else {  ◄— 如果沒有在播, 就開始播
14     mper.start();    ◄— 開始播放
15     btnPlay.setText("暫停");
16     btnStop.setEnabled(true);
17  }
18 }
```

- 第 2~7 行就是新加的程式, 有關如何啟動程式中的其他 Activity, 以及傳遞參數的技巧, 可參考第 8 章的介紹。請注意, 在第 4 行是以 "uri" 為名將影片的 Uri 存到 Intent 中, 因此稍後在 Video 類別中, 也要以 "uri" 為名來取出影片的 Uri。

step 5 請開啟新 Activity 的程式檔 Video.java, 然後宣告 2 個變數並修改 onCreate() 方法如下:

```
01 public class Video extends AppCompatActivity {
02
03  VideoView vdv;  ◄— 宣告 VideoView 物件
04  int pos = 0;    ◄— 用來記錄前次的播放位置
05
06  @Override
07  protected void onCreate(Bundle savedInstanceState) {
08      super.onCreate(savedInstanceState);
09
10      getWindow().addFlags(WindowManager.LayoutParams.
                             FLAG_FULLSCREEN);◄— 隱藏系統的狀態列
11      getSupportActionBar().hide(); ◄┐
                          隱藏 Activity 的標題列
12      setContentView(R.layout.activity_video); ◄— 以上2項設定必須在
                                                  本方法之前呼叫
13      getWindow().addFlags(WindowManager.LayoutParams.
                             FLAG_KEEP_SCREEN_ON);◄— 保持螢幕一直開著
14                                                不會自動休眠
15      Intent it = getIntent();      ◄— 取得傳入的 Intent 物件
16      Uri uri = Uri.parse(it.getStringExtra("uri")); ◄┐
                                          取出要播放影片的 Uri
```

Next

```
17      if(savedInstanceState != null)  ◄— 如果是因旋轉而重新啟動 Activity

18          pos = savedInstanceState.getInt("pos", 0); ◄— 取出旋轉前所
19                                                         儲存的播放位置
20      vdv = (VideoView)findViewById(R.id.videoView);  ◄┐
                                  取得到畫面中的 VideoView 元件
21      MediaController mediaCtrl = new MediaController(this);◄┐
                                                    建立播放控制物件
22      vdv.setMediaController(mediaCtrl);◄— 設定播放控制物件
23      vdv.setVideoURI(uri);     ◄— 設定要播放影片的 Uri
24  }
```

- 第 10、11、及 13 行是要隱藏系統的狀態列、隱藏 Activity 的標題列、以及設定螢幕不要自動休眠。
- 第 15、16 行是由 Intent 中以 "uri" 為名取出影片的 Uri。
- 第 17、18 行是檢查 onCreate() 的 Bundle 參數, 若不是空的即表示之前有因旋轉手機而重新啟動 Activity, 因此會由此參數中以 "pos" 為名讀取重新啟動前的播放位置, 並存到 pos 變數中, 以便稍後在 onResume() 時由該位置繼續播放。
- 第 20~23 行是取得 VideoView 元件並設定其控制項, 以及設定要播放影片的 Uri。請注意, MediaController 要 import android.widget.MediaController 套件。

step 6 最後, 再加入 onResume() 及 onPause() 二個 Activity 的事件處理方法, 以及當旋轉手機而重新啟動 Activity 前會引發的 onSaveInstanceState() 方法:

```
01 @Override
02 protected void onResume() { ◄— 當 Activity 啟動、或由暫停狀態回到互動狀態時
03     super.onResume();
04     vdv.seekTo(pos); ◄— 移到 pos 的播放位置
05     vdv.start();      ◄— 開始播放
06 }
07
08 @Override
09 protected void onPause() { ◄— 當 Activity 進入暫停狀態時
10     super.onPause();
11     pos = vdv.getCurrentPosition(); ◄— 儲存播放位置
12     vdv.stopPlayback();      ◄— 停止播放
13 }
14
15 @Override
16 protected void onSaveInstanceState(Bundle outState) {
17     super.onSaveInstanceState(outState);
18     outState.putInt("pos", pos);◄— 將 onPause() 中所取得的
                                    播放位置儲存到 bundle
19 }
```

- 第 4、5 行先將播放位置移到 pos 處，然後開始播放。
- 第 11、12 行會先將目前播放位置存到 pos 中，然後停止播放。
- 第 18 行會將 onPause() 時所取得的播放位置儲存到 outState 中。outState 為一個系統的 Bundle 物件，可以執行 putInt() 來存入 int 資料。此處是以 "pos" 為名來儲存播放位置，以便在重新啟動後，可在 onCreate() 中取出此 int 資料 (參見前面的步驟 5 的第 18 行程式)。

step 7 請在手機中測試結果，看看是否和本範例最前面所示範的相同。

請修改本節範例, 當影片播放完畢時, 要能自動結束 Activity 而回到前一個 Activity。

提示 VideoView 和 MediaPlayer 類似, 也可以實作 MediaPlayer.OnCompletionListener(播放完畢時)、MediaPlayer.OnErrorListener(發生錯誤時) 等方法來處理特定事件。此處只要實作播放完畢的事件即可:

```
public class Video extends AppCompatActivity
        implements MediaPlayer.OnCompletionListener { ◄─ 實作播放完畢的事件監聽介面
    VideoView vdv;    ◄─ 用來參照 VideoView 物件
    int pos = 0;      ◄─ 用來記錄前次的播放位置

    @Override
    protected void onCreate(Bundle savedInstanceState) {
        super.onCreate(savedInstanceState);
        ...
        vdv = (VideoView)findViewById(R.id.videoView); ◄─ 參照到畫面中的 VideoView 元件
        MediaController mediaCtrl = new MediaController(this); ◄─ 建立播放控制物件
        vdv.setMediaController(mediaCtrl);◄─ 設定要用播放控制物件來控制播放
        vdv.setVideoURI(uri);   ◄─ 設定要播放影片的 Uri
        vdv.setOnCompletionListener(this);  ◄─ 設定播放完畢時的監聽器
    }

    @Override
    public void onCompletion(MediaPlayer mp) { ◄─ 當播放完畢時
        finish(); ◄─ 結束目前的 Activity
    }
    ...
}
```

11-4 在 Android 7 的多視窗模式下播放影音

Android 7.x 開始新增了一個多視窗 (Multi-Window) 模式，可以在手機畫面上同時顯示兩個 App：

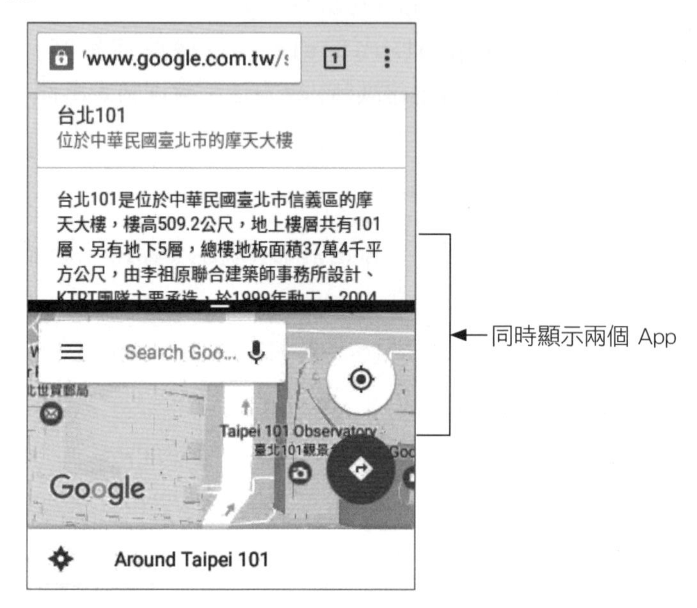

當兩個 App 同時顯示在畫面上的時候，使用者操作的 App 會是輸入焦點的狀態，而另一個則是處於暫停 (Pause) 的狀態。前面我們製作的播放器 App 會在 onPause() 事件中暫停播放，所以無法在多視窗模式下讓使用者一邊處理其他事情一邊播放影音。

範例 11-4：讓播放器支援多視窗模式

為了讓 App 在多視窗模式下順利運作，我們只要將停止播放的程式碼從 onPause() 搬到 onStop()，然後將開始播放的程式碼從 onResume() 搬到 onStart() 就好了。

step 1 請將前面的 Ch11_Player3 專案複製為 Ch11_Player4 專案來修改。

step 2 接著開啟 MainActivity.java 如下修改程式：

```
@Override
protected void onPause() {
    super.onPause();

}

@Override
protected void onStop() {  ◀— 加入 onStop() 事件處理方法
    super.onStop();

    if (mper.isPlaying()) {  //如果正在播，就暫停
        btnPlay.setText("繼續");
        mper.pause();  //暫停播放
    }
}
```

將暫停播放的程式碼搬過去

step 3 最後開啟 Video.java 如下修改程式：

```
@Override
protected void onStart() {  ◀— 加入 onStart() 事件處理方法
    super.onStart();
    vdv.seekTo(pos);    //移到 pos 的播放位置
    vdv.start();        //開始播放
}

@Override
protected void onResume() {
    super.onResume();

}

@Override
protected void onPause() {
    super.onPause();
    pos = vdv.getCurrentPosition(); //儲存播放位置

}

@Override
protected void onStop() {  ◀— 加入 onStop() 事件處理方法
    super.onStop();

    vdv.stopPlayback();    //停止播放 ◀
}
```

將開始播放的程式碼搬過去

將停止播放的程式碼搬過去

step 4 完成後，請在 Android 7.x 以上的手機或模擬器中測試結果：

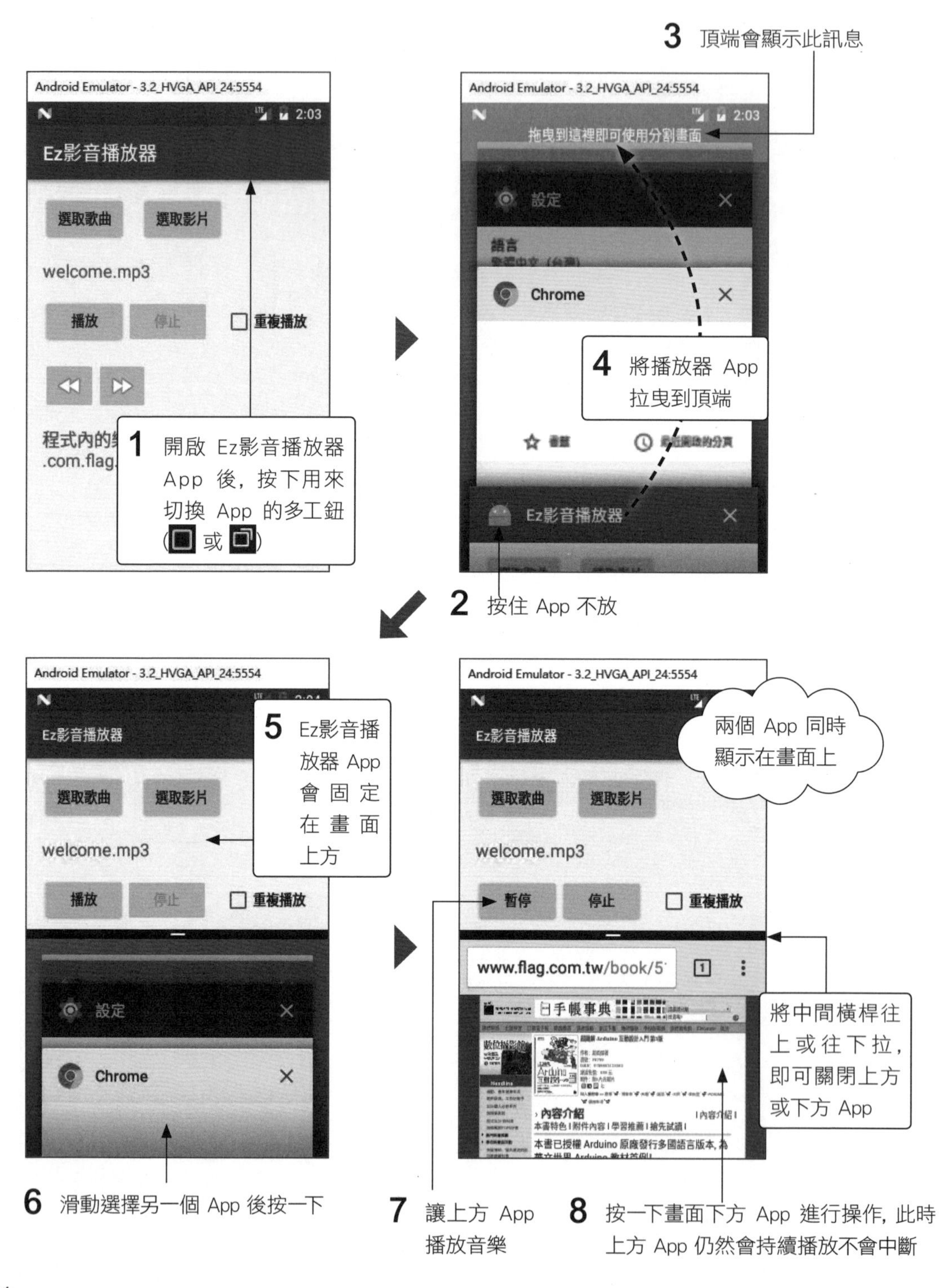

延伸閱讀

1. 有關 MediaPlayer 類別的進一步介紹，可參見 http://developer.android.com/reference/android/media/MediaPlayer.html。
2. 有關 Android 可支援的多媒體類型 (圖片、音樂、及影片)，可參考 http://developer.android.com/guide/appendix/media-formats.html。
3. 有關 Activity 的生命週期，可參見『Android App 程式開發實務』第 5-2 節。
4. 如果希望可以直接播放網路上的音樂及影片，可參閱 http://developer.android.com/reference/android/media/MediaPlayer.html。
5. 有關 Android 7 多視窗模式的進一步介紹，可參見 https://developer.android.com/guide/topics/ui/multi-window.html。

重點整理

1. 要用 Internt 來選取音樂檔時，可將動作設為 Intent.ACTION_GET_CONTENT，然後用 setType("**audio/***") 來指定要選取所有音樂類型的資料。若要改為選取影片檔，則可改用 setType("**video/***") 來指定要選取所有影片類型的資料。
2. 若要將音樂檔或影片檔放在程式中，則要放到專案的 \res\raw 資料夾中，Android 在編譯程式時，會將此資料夾中的檔案原封不動地加到執行檔內。
3. 假設要存取專案中 \res\raw\test.mp3 檔，則可將其 Uri 設定為 Uri.parse("android.resource://" + getPackageName() + "/" + R.raw.test)。
4. 使用 MediaPlayer 類別來播放音樂時，要先執行 setDataSource() 來設定音樂的 Uri，並執行 prepareAsync() 來準備播放。另外還可處理 MediaPlayer 的 3 個事件：OnPrepared (音樂準備好時)、OnError(發生錯誤時)、及 OnCompletion (播放完畢時)。

5. 使用 MediaPlayer 類別來播放音樂時的控制方法有：

方法	說明	方法	說明
start()	開始播放	getDuration()	取得音樂的總長度 (秒)
pause()	暫停播放	getCurrentPosition()	取得目前的播放位置 (秒)
stop()	停止播放	seekTo()	移動播放位置到第 pos 秒的位置
setLooping()	設定是否要重複播放	release()	釋放 MediaPlayer 物件
isPlaying()	是否在播放中		

6. 在 Activity 的生命週期中發生狀態改變時，即會引發特定的事件，底下是幾種常用的事件：

事件	說明
onCreate()	當 Activity 啟動時
onResume()	當 Activity 獲得輸入焦點時
onPause()	當 Activity 失去輸入焦點時 (例如切換到首頁或其他程式)
onDestroy()	當 Activity 結束時

7. 若要讓螢幕不進入休眠狀態，可執行 getWindow().addFlags(WindowManager.LayoutParams.FLAG_KEEP_SCREEN_ON);。

8. Android 提供了好用的 VideoView 元件來播放影片，不但內建了顯示影像的功能，還可以直接加入 MediaController 物件做為播放控制介面。

9. VideoView 提供以下的方法來控制影片播放：

方法	說明	方法	說明
setVideoURI()	設定影片的 Uri	getDuration()	讀取影片長度 (秒)
start()	開始播放	getCurrentPosition()	讀取目前的播放位置 (秒)
pause()	暫停播放	seekTo()	設定播放位置 (秒)
stopPlayback()	停止播放	isPlaying()	是否在播放中

10. 若要設定全螢幕顯示，可在 onCreate() 中 setContentView() 之前，執行以下 2 行程式：

```
01 getWindow().addFlags(WindowManager.LayoutParams.
                         FLAG_FULLSCREEN);◄— 隱藏系統的狀態列
02 getSupportActionBar().hide();◄— 隱藏 Activity 的標題列
```

11. 當手機因旋轉而造成 Activity 重新啟動前，會引發特有的 onSaveInstanceState(Bundle **sb**) 事件，在此事件中我們可以將要儲存的資料存到參數 **sb** 中(它是一個系統的 Bundle 物件)。當 Activity 重新啟動時，則可在 onCreate(Bundle **sb**) 中由 **sb** 參數讀取之前所儲存的資料。

習題

1. 我們可以使用 ______________ 類別來播放音樂，若要播放影片，則使用 ______________ 元件比較方便。

2. 當我們在程式中要存取放在 \res\raw 資料夾中的 dance.mp3 時，可將其 Uri 設為 Uri.parse("android.resource://" + getPackageName() + "/" + R.______________.______________)。

3. 當 Activity 被其他程式遮蓋而失去輸入焦點時，會引發 ______________ 事件，當 Activity 又在次獲得輸入焦點時，則會引發 ______________ 事件。

4. 請寫出底下 5 行程式碼的作用：

```
01 setRequestedOrientation(ActivityInfo.SCREEN_ORIENTATION_NOSENSOR);
02 setRequestedOrientation(ActivityInfo.SCREEN_ORIENTATION_PORTRAIT);
03 getSupportActionBar().hide();
04 getWindow().addFlags(WindowManager.LayoutParams.FLAG_FULLSCREEN);
05 getWindow().addFlags(WindowManager.LayoutParams.FLAG_KEEP_SCREEN_ON);
```

01: ______________ 02: ______________ 03: ______________

04: ______________ 05: ______________

5. 請發揮創意，將 Ch11_Player3 範例的操作介面加以美化。

MEMO

12 用感測器製作水平儀與體感控制

Chapter

- 12-1 讀取加速感測器的值
- 12-2 利用 x、y 軸的加速度值來製作水平儀
- 12-3 利用加速感測器來做體感控制

12-1 讀取加速感測器的值

大多數智慧型手機都會搭載多種的感測器, 例如加速感測器、地磁感測器、距離感測器、亮度感測器...等。

本章將教您如何讀取加速感測器的值, 然後用它來製作一個簡易的水平儀, 最後則用它來為上一章的影音播放器加上體感控制功能。

認識加速感測器

加速感測器可以偵測手機在 x、y、z 三個方向的加速度值:

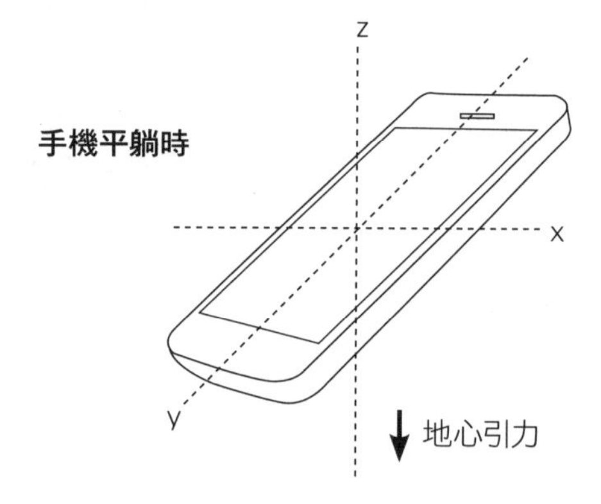

當手機平躺不動時, 在 x、y 軸的加速度都是 0, 而 z 軸則因地心引力的作用而有加速度, 其值為 10 (單位是 m/s^2, 地表重力加速度約為 9.8 m/s^2, 本章為簡化計算, 均以 10 表示)。

若將手機慢慢地直立起來, 則 y 軸會逐漸受地心引力的作用而慢慢由 0 變成 10, z 軸則會由 10 慢慢變成 0:

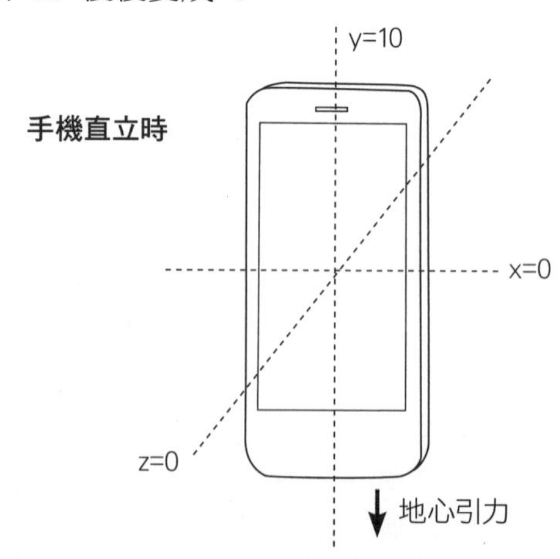

如果將手機倒過來直立, 則 y 軸會變成 -10 的加速度, 而 x、y 軸均為 0。利用這個特性, 我們就可以利用手機在 x、y 軸的加速度值, 算出手機的傾斜程度與傾斜方向。

不過以上是針對手機不動的狀況, 如果將手機平躺並朝 x 軸用力搖動, 那麼除了 z 軸依然受地心引力而固定有 10 的加速度外, 在 x 軸也會產生加速度, 而且還會著隨搖動方向一正一負地變換, 例如 7、-7、6、-6..., 搖的越用力則加速度值會越大。

因此, 如果想偵測手機是否搖動, 那麼比較簡單的做法, 就是將手機在 x、y、z 軸的加速度取絕對值後再加總, 然後檢查若大於 32 (手機靜止時為 10) 就表示手機正在搖動中。

以上的 32 是筆者自己測出來的, 讀者可依需要自行調大或調小 (調小時會比較敏感)。

取得系統的感測器物件

要讀取加速感測器的值, 首先要取得系統的**感測器管理員**以及**加速感測器**物件。例如:

```
SensorManager sm;
sm = (SensorManager) getSystemService(SENSOR_SERVICE);   ← 由系統服務取得感測器管理員

Sensor sr;
sr = sm.getDefaultSensor(Sensor.TYPE_ACCELEROMETER);   ← 取得加速感測器
```

以上程式需要 import 二個套件：android.hardware.SensorManager 及 android.hardware.Sensor。

最後 1 行的 Sensor.TYPE_ACCELEROMETER 是定義在 Sensor 類別中, 代表加速感測器 (AcceleroMeter) 的常數。各種常見的感測器種類如下表所示:

常數	感測器種類	常數	感測器種類
TYPE_ACCELEROMETER	加速感測器	TYPE_AMBIENT_TEMPERATURE	溫度感測器
TYPE_MAGNETIC_FIELD	地磁感測器	TYPE_GYROSCOPE	陀螺儀 (可偵測旋轉)
TYPE_LIGHT	亮度感測器	TYPE_LINEAR_ACCELERATION	直線加速感測器
TYPE_PROXIMITY	距離感測器	TYPE_RELATIVE_HUMIDITY	相對濕度感測器
TYPE_PRESSURE	大氣壓力感測器	TYPE_ROTATION_VECTOR	旋轉向量感測器
TYPE_GRAVITY	重力感測器		

讀取感測器的值

由於感測器的值隨時都可能有變化, 因此在 Android 中是以『引發監聽事件』的方式來傳送感測器的值。例如底下是利用 MainActivity 來實作 SensorEventListener 監聽介面, 此介面有 2 個監聽方法必須由我們來實作:

```
01 public class MainActivity extends AppCompatActivity
02              implements SensorEventListener {   ◄── 實作感測器監聽介面
03  ...
04  @Override                  ┌── 每當感測器的值改變時即會呼叫此方法
05  public void onSensorChanged(SensorEvent event) {
06      //可由參數 event 來讀取感測器的值, 然後再做後續處理
07  }
08  @Override                        ┌── 每當感測器的精確度改變時即會呼叫此方法
09  public final void onAccuracyChanged(Sensor sensor, int accuracy) {
10      //可由參數 accuracy 來讀取改變後的精確度
11  }
12      ...
13 }
```

以上程式需要 import 二個套件：android.hardware.SensorEvent 及 android.hardware.SensorEventListener。

以上第 5 行 onSensorChanged() 的參數 event 物件中, 即內含了感測器所傳來的值。例如底下是讀取加速感測器的 x、y、z 軸加速度值:

```
01 float x = event.values[0];   ◄── x 軸加速度值
02 float y = event.values[1];   ◄── y 軸加速度值
03 float z = event.values[2];   ◄── z 軸加速度值
```

實作好監聽介面之後, 即可利用 MainActivity 物件做為監聽器來向感測器註冊。例如:

```
sm.registerListener(this, sr, SensorManager.SENSOR_DELAY_NORMAL);◄─┐
                     將 this 註冊為 sr (加速感測器物件) 的監聽器
```

以上方法的第 1 個參數 this 就是做為監聽器的 MainActivity 物件, 第 2 個參數 sr 為要被註冊的感測器物件, 而第 3 個參數則為引發事件的頻率, 可選擇的頻率如下:

事件頻率	適用時機
SENSOR_DELAY_NORMAL	一般狀況 (約 0.2 秒的延遲)
SENSOR_DELAY_UI	適合操作介面用 (約 0.06 秒的延遲)
SENSOR_DELAY_GAME	適合遊戲用 (約 0.02 秒的延遲)
SENSOR_DELAY_FASTEST	最快的速度 (不做延遲)

最後, 當我們不再需要監聽時, 應盡快將監聽物件解除註冊, 以免浪費系統資源:

```
sm.unregisterListener(this);   ◄── 將監聽物件解除註冊
```

一般來說, 我們都會在 Activity 的 onResume() 事件中進行註冊, 並在 onPause() 事件中解除註冊。如此當 Activity 的畫面被其他程式覆蓋時 (例如切換到其它程式) 就會停止偵測, 當畫面再次顯現時則又可繼續偵測。

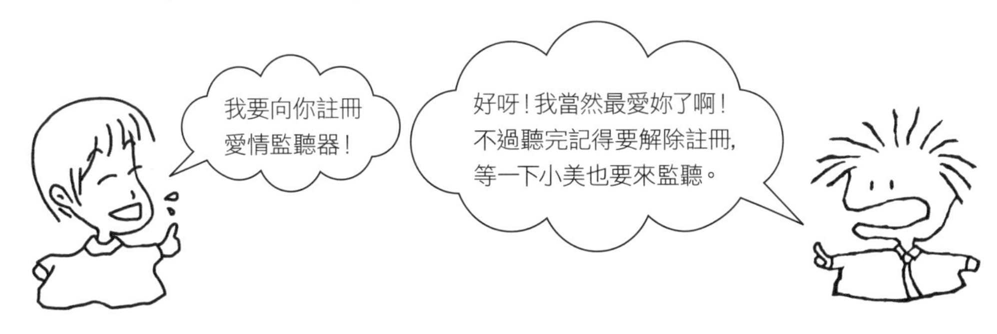

範例 12-1：顯示加速感測器的加速度值

看完以上介紹後，就馬上來實作範例吧！右邊是範例的執行結果：

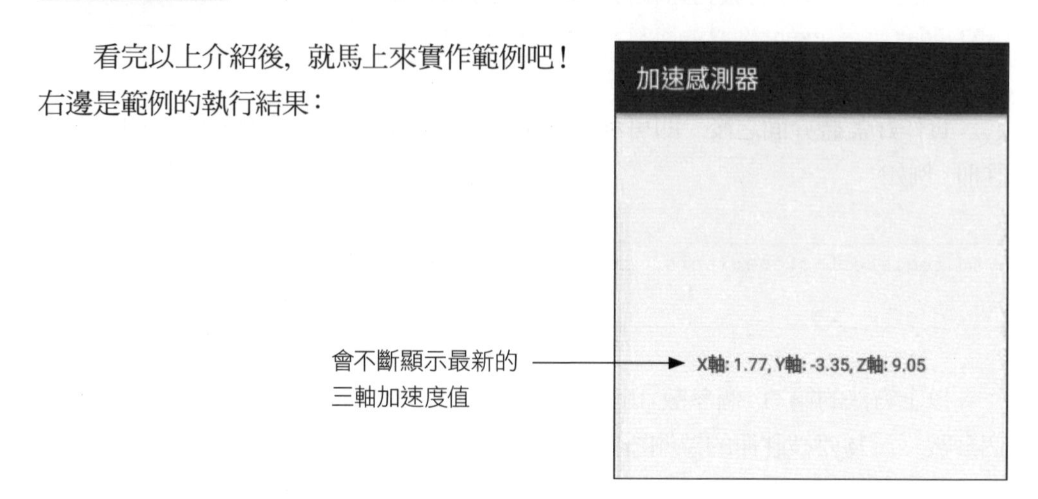

step 1 請新增 Ch12_AccSensor 專案，並將程式名稱設為 "加速感測器"。

step 2 在 Layout 畫面中將預設的 RelativeLayout 換成 ConstraintLayout，然後如下將預設的 Hello World 元件設定為置中 (請參見第 3-6 節)：

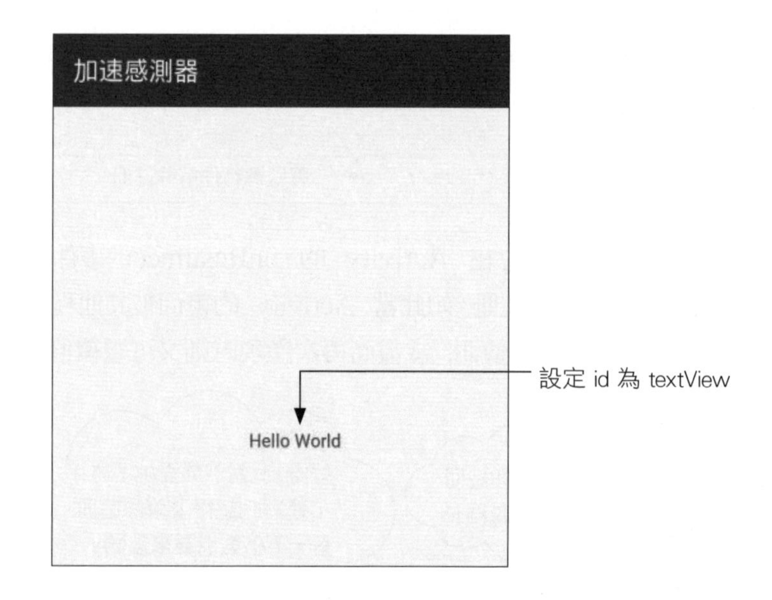

step 3 接著撰寫程式, 首先讓 MainActivity 實作感測器的 SensorEventListener 監聽介面, 然後在 MainActivity 中宣告 3 個變數, 並在 onCreate() 中取得感測器管理員及加速感測器物件：

```
01 public class MainActivity extends Activity
02                     implements SensorEventListener {
03
04  SensorManager sm;        ◄— 感測器管理員
05  Sensor sr;               ◄— 加速感測器物件
06  TextView txv;            ◄— 畫面中的文字元件
07
08  @Override
09  protected void onCreate(Bundle savedInstanceState) {
10      super.onCreate(savedInstanceState);
11      setContentView(R.layout.activity_main);
12
13      sm = (SensorManager) getSystemService(SENSOR_SERVICE);◄┐
                                          由系統服務取得感測器管理員
14      sr = sm.getDefaultSensor(Sensor.TYPE_ACCELEROMETER);◄┐
                                                  取得加速感測器
15      txv = (TextView) findViewById(R.id.textView); ◄┐
                                            取得 TextView 元件
16  }
```

step 4 接著加入監聽介面所需實作的 2 個事件方法。不過在使用加速感測器時,『精確度改變』的事件不用處理, 因此留白就好：

```
01 @Override
02 public void onSensorChanged(SensorEvent event) { ◄— 加速度值改變時
03     txv.setText(String.format("X軸: %1.2f, Y軸: %1.2f, Z軸: %1.2f",
04         event.values[0], event.values[1], event.values[2]));
05 }
06
07 @Override
08 public void onAccuracyChanged(Sensor arg0, int arg1) {  }◄┐
                                          精確度改變時不需處理
```

● 第 3 行是將參數 event.values[] 中的 x、y、z 加速度值顯示到 TextView 上。其中的 String.format() 可以將數值格式化, 其用法和 printf() 類似, 而 %1.2f 則表示要將 float 數值格式化為包含二位小數的字串。

step 5 最後是在 onResume() 及 onPause() 中進行監聽物件的註冊與取消註冊動作:

```
01 @Override
02 protected void onResume() {  ◄— 當 Activity 畫面顯示出來時
03     super.onResume();
04     sm.registerListener(this, sr, SensorManager.
                   SENSOR_DELAY_NORMAL); ◄— 向加速感測器 (sr)
05 }                                       註冊監聽物件 (this)
06 @Override
07 protected void onPause() {  ◄— 當 Activity 畫面被覆蓋時 (切換到其它程式)
08     super.onPause();
09     sm.unregisterListener(this); ◄— 取消監聽物件 (this) 的註冊
10 }
```

step 6 請在手機上測試結果, 看看是否和本範例最前面的示範相同。

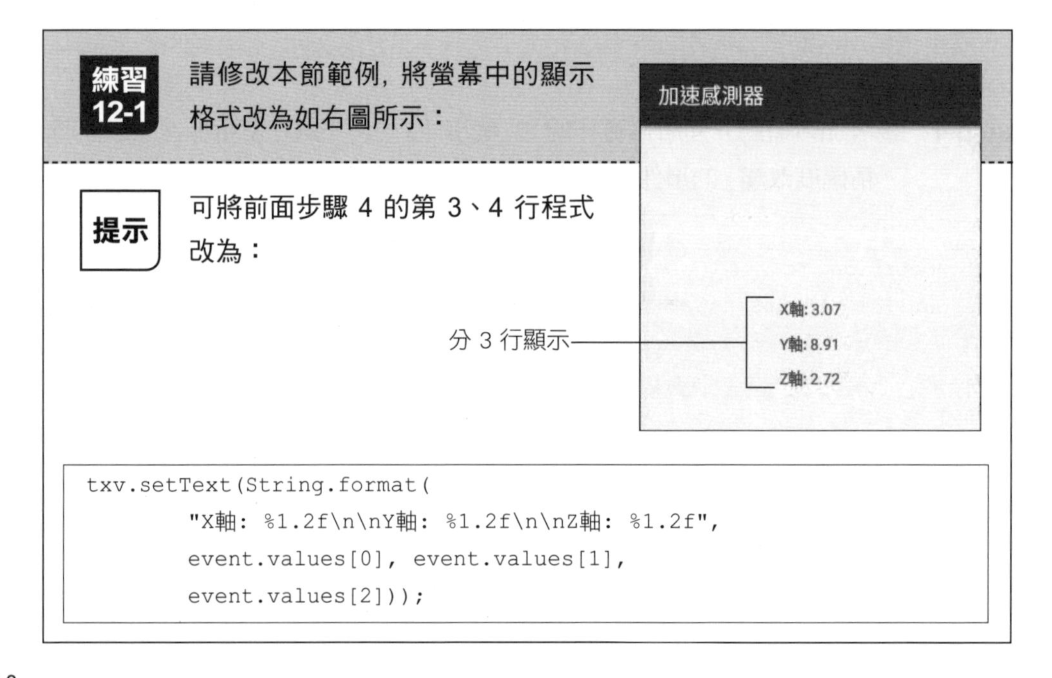

12-2 利用 x、y 軸的加速度值來製作水平儀

當 x、y 軸的加速度均為 0 時，表示手機正處於水平的狀態；若將手機的頭部往上抬起，則 y 軸的值會變大，若反方向抬則 y 軸的值會變成負數且越來越小。若將手機的右側或左側抬起，則 x 軸的值也會有類似變化，如下圖所示：

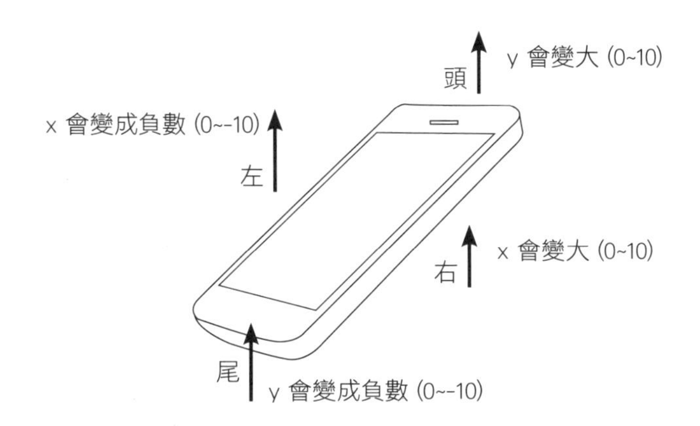

利用 x、y 軸加速度值的變化，就可以用手機做出一個有趣的水平儀了：

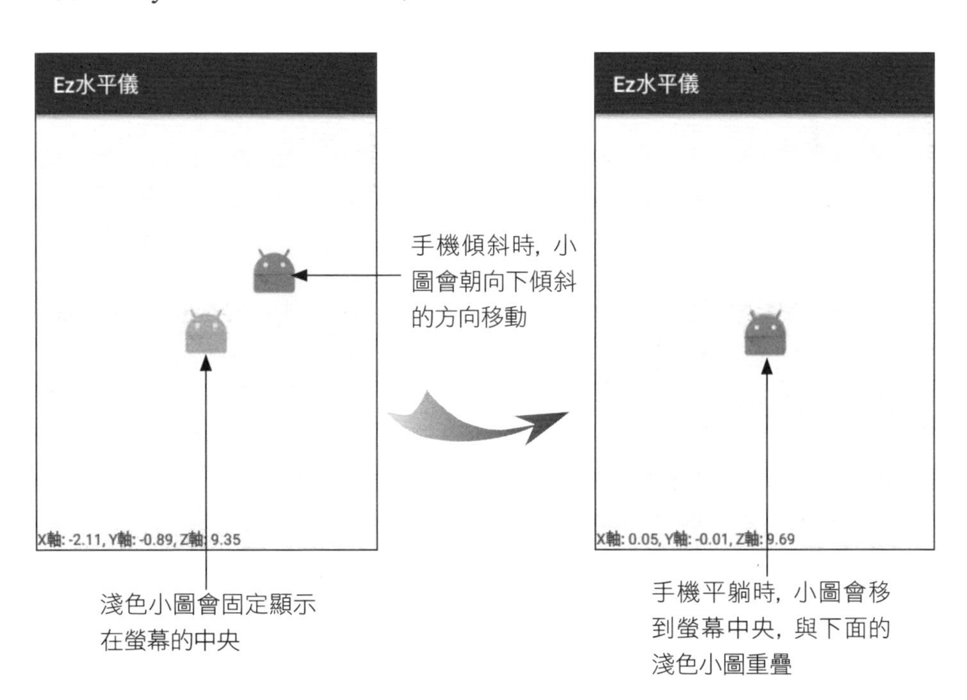

利用左邊界與上邊界來移動圖片

為了讓前述的小圖能隨手機傾斜而移動, 我們使用比較簡單的做法, 就是先將小圖放在畫面的左上角並向 Layout 的左、上對齊, 然後再變更左邊界與上邊界來移動圖片, 例如將左邊界設為 50、上邊界設為 80 時, 小圖即會分別向右及向下位移 50 及 80 個單位(像素)。

由於 x、y 軸加速度在單一方向的變化值範圍為 -10~10, 因此我們可以將水平 (x) 與垂直 (y) 的移動範圍各份成 20 等份, 則在 x 及 y 方向每一等份的大小為:

```
mx = (ow - iw)/20;
my = (oh - ih)/20;
```

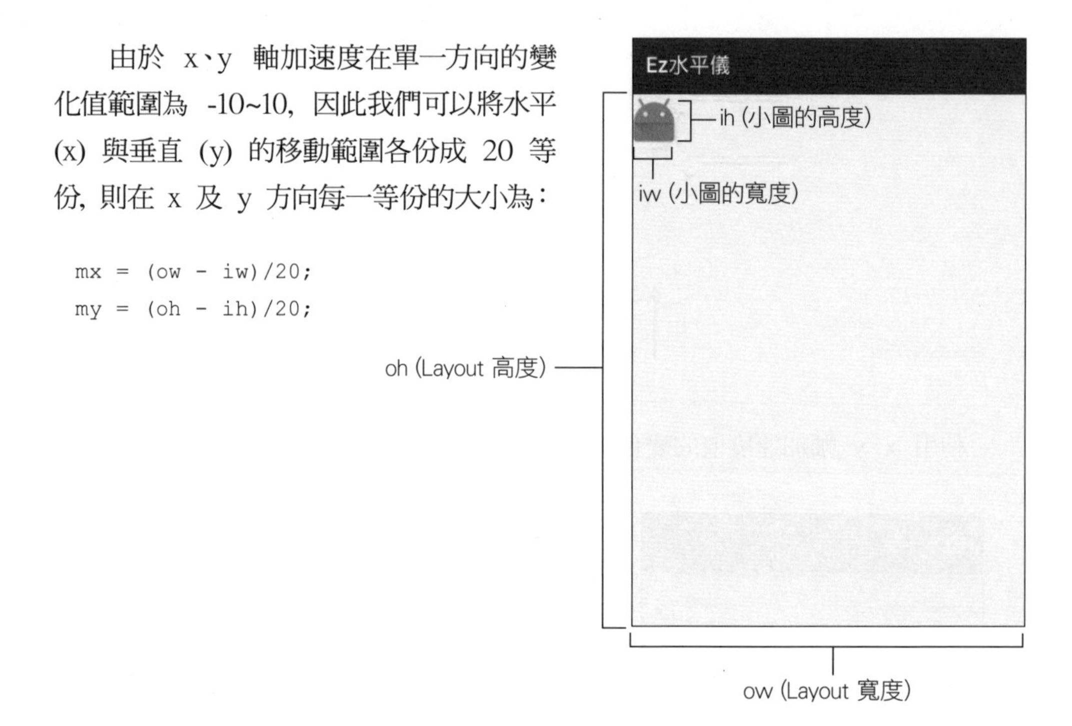

算出 x 及 y 方向每一等份的大小後, 再分別乘上『加 10 後的 x、y 軸加速度值』, 就等於小圖要移動的左邊界及上邊界了。接著就可利用 LayoutParams 物件來設定小圖的邊界:

```
01 //底下假設 layout 為填滿畫面的 RelativeLayout 物件,
02 //         igv 為顯示小圖的 ImageView 物件
03 double mx = (layout.getWidth()-igv.getWidth()) /20.0; ← 計算 x 方向每一等份的大小
04 double my = (layout.getHeight()-igv.getHeight()) /20.0; ← 計算 y 方向每一等份的大小
05
```
Next

```
06 RelativeLayout.LayoutParams parms =  ◀— 取得小圖的 LayoutParams 物件
07     (RelativeLayout.LayoutParams) igv.getLayoutParams();
08 parms.leftMargin = (int)((10-event.values[0]) * mx); ◀┐
                                     設定左邊界(加速度越大邊界越小)
09 parms.topMargin = (int)((10+event.values[1]) * my); ◀┐
                                     設定上邊界(加速度越大邊界越大)
10 igv.setLayoutParams(parms);◀— 將小圖套用 LayoutParams, 使邊界設定生效
```

以上第 3、4 行是利用 getWidth() 及 getHeight 方法來取得各元件的寬及高, 然後計算 x 及 y 方向每一等份的大小 (mx、my)。另外, 我們刻意除以 20.0 (而非整數的 20), 讓計算結果為 double 以提高精確度 (否則整數除整數的結果仍為整數)。

第 6~10 行則是用 ImageView 的 getLayoutParams() 來取得 LayoutParams 物件, 然後用它來設定左及上邊界, 再執行 ImageView 的 setLayoutParams() 來使邊界設定生效。

請注意, 由於當手機右邊抬起時 (x 軸加速度會變大), 小圖要往左邊跑 (要讓左邊界變小), 因此在第 8 行會使用 -event.values[0] 來使加速度值正負相反。

範例 12-2：利用加速感測器製作水平儀

介紹完原理後, 就立即來實作吧!本範例除了利用小圖來顯示傾斜狀態外, 還會在畫面的底部顯示 x、y、z 軸的加速度值:

step 1 請新增 Ch12_Level 專案, 並將程式名稱設為 "Ez水平儀"。

step 2 在畫面中將預設的 "Hello World!" 元件刪除, 並將 RelativeLayout padding 屬性清空 (使周圍不要留白), 然後加入 2 個 ImageView 元件及 1 個 TextView 元件, 再將預設的 RelativeLayout 元件命名為 layout:

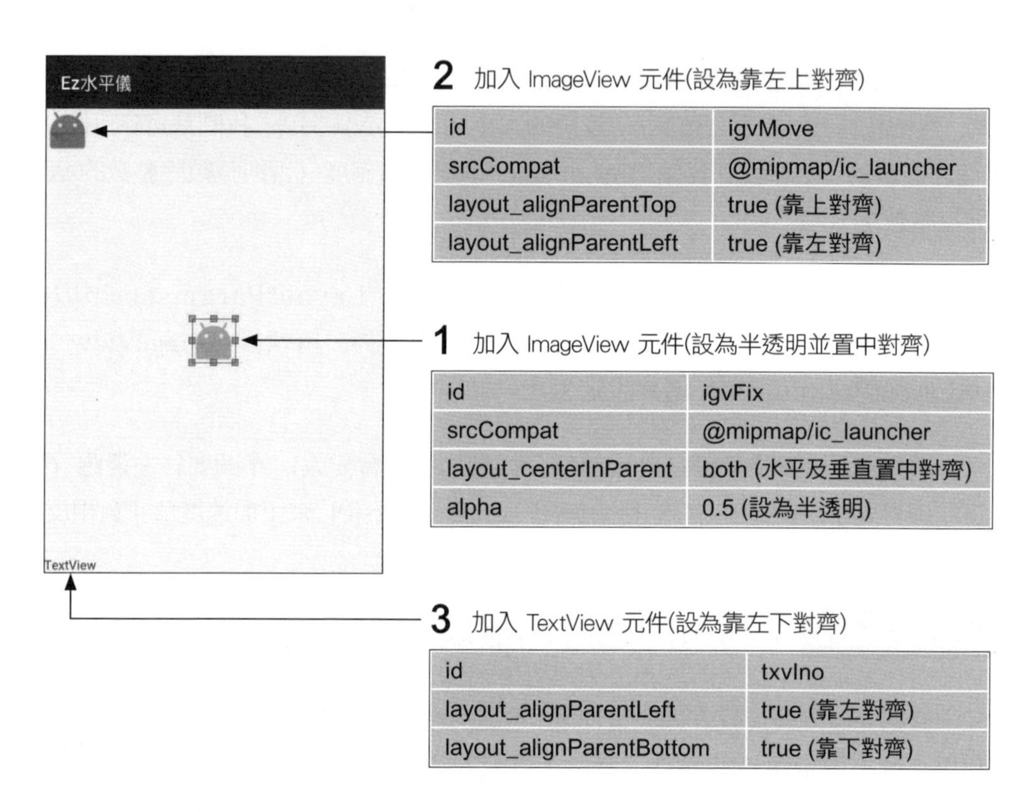

id	igvMove
srcCompat	@mipmap/ic_launcher
layout_alignParentTop	true (靠上對齊)
layout_alignParentLeft	true (靠左對齊)

id	igvFix
srcCompat	@mipmap/ic_launcher
layout_centerInParent	both (水平及垂直置中對齊)
alpha	0.5 (設為半透明)

id	txvIno
layout_alignParentLeft	true (靠左對齊)
layout_alignParentBottom	true (靠下對齊)

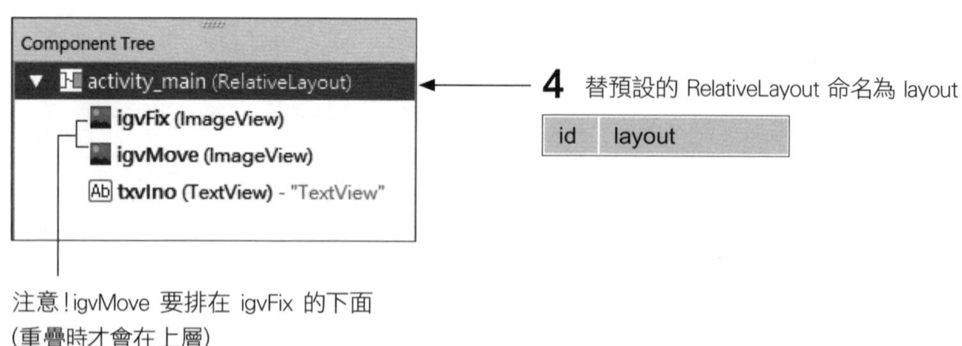

id	layout

step 3 接著撰寫程式，大部份都和上一節的範例相同，底下將不同處以灰底標示：

```
01 public class MainActivity extends AppCompatActivity
02 implements SensorEventListener {  ◄— 實作感測器監聽介面
03  SensorManager sm;         ◄— 感測器管理員
04  Sensor sr;                ◄— 加速感測器物件
05  TextView txv;             ◄— 畫面中的文字元件
06  ImageView igv;            ◄— 畫面中要移動的小圖
07  RelativeLayout layout;  ◄— 畫面的 Layout 元件
08  double mx = 0, my = 0;  ◄— 儲存 x,y 方向每一等份的大小 (預設值:0)
09
10  @Override
11  protected void onCreate(Bundle savedInstanceState) {
12      super.onCreate(savedInstanceState);
13      setContentView(R.layout.activity_main);
14
15      setRequestedOrientation(ActivityInfo.          設定螢幕不隨手機旋轉
                          SCREEN_ORIENTATION_NOSENSOR); ◄┘
16
17      sm = (SensorManager) getSystemService(SENSOR_SERVICE); ◄┐
                                        由系統服務取得感測器管理員
18      sr = sm.getDefaultSensor(Sensor.TYPE_ACCELEROMETER); ◄┐
                                                  取得加速感測器
19      txv = (TextView) findViewById(R.id.txvIno);  ◄┐
                                        取得 TextView 元件
20      igv = (ImageView) findViewById(R.id.igvMove); ◄┐
                                   取得要移動的 ImageView 元件
21      layout = (RelativeLayout) findViewById(R.id.layout); ◄┐
                                              取得 layout 元件
22  }
23
24  @Override
25  public void onSensorChanged(SensorEvent event) {
26      if(mx == 0) { ◄— 如果還沒計算過
27          mx = (layout.getWidth()-igv.getWidth()) /20.0; ◄┐
                                        計算 x 方向每一等份的大小
28          my = (layout.getHeight()-igv.getHeight()) /20.0; ◄┐
                                        計算 y 方向每一等份的大小
```

Next

```
29      }
30                                    取得小圖的 LayoutParams 物件
31      RelativeLayout.LayoutParams parms = ◄─┘
32              (RelativeLayout.LayoutParams) igv.getLayoutParams();
33      parms.leftMargin = (int)((10-event.values[0]) * mx);◄─┐
                                                           設定左邊界
34      parms.topMargin = (int)((10+event.values[1]) * my); ◄─┐
                                                           設定上邊界
35      igv.setLayoutParams(parms);     ◄── 將小圖套用 LayoutParams,
                                            使邊界設定生效
36
37      txv.setText(String.format
          ("X軸: %1.2f, Y軸: %1.2f, Z軸: %1.2f",  ◄── 顯示感測器的資料
38              event.values[0], event.values[1], event.values[2]));
39  }
40
41  @Override
42  public void onAccuracyChanged(Sensor arg0, int arg1) {   }◄─┐
43                                                           不需處理
44  @Override
45  protected void onResume() {
46      super.onResume();
47      sm.registerListener(this, sr, SensorManager.
          SENSOR_DELAY_NORMAL); ◄── 向加速感測器 (sr) 註冊監聽物件(this)
48  }
49  @Override
50  protected void onPause() {
51      super.onPause();
52      sm.unregisterListener(this);◄── 取消監聽物件(this) 的註冊
53  }
54
55  @Override
56  public boolean onCreateOptionsMenu(Menu menu) {
57      // Inflate the menu;
58      getMenuInflater().inflate(R.menu.activity_main, menu);
59      return true;
60  }
61 }
```

- 由於水平儀一定會轉來轉去的，因此在第 15 行設定螢幕不隨手機旋轉，以免螢幕跟著亂轉一通。

- 第 26~29 行是讀取 Layout 及 ImageView 的寬高，以計算 x、y 軸的移動等份大小。由於只需計算一次，因此在第 26 行會先檢查，只有在還沒計算過 (mx == 0) 時，才要進行計算。

- 第 31~35 行依照傳來的 x、y 軸加速度值，計算小圖的左、上邊界大小，然後進行設定。

step 4 請在手機上測試結果，看看是否和本範例最前面的示範相同。

請修改本節範例，讓水平儀的敏感度加倍。也就是約傾斜到 45 度時，小圖即會移到螢幕邊界了 (原來要 90 度才會到邊界)。

提示 可修改前例步驟 3 的第 33、34 行如下：

```
parms.leftMargin=(int)((5-event.values[0])*2*mx); ◄— 設定左邊界
parms.topMargin =(int)((5+event.values[1])*2*my); ◄— 設定上邊界
```

12-3 利用加速感測器來做體感控制

本節我們要強化上一章的『Ez影音播放器』程式, 利用加速感測器來加入 2 種體感控制功能:

1. 當使用者將手機面朝下平放時, 要能暫停播放音樂。
2. 當使用者搖動手機時, 要能切換播放狀態 (即切換『播放』與『暫停』二種狀態)。

偵測手機面朝下平放的狀態

當使用者將手機面朝下平放時, x、y 軸的加速度會變成 0, 而 z 軸則為 -10。當然, 難免都會有一點誤差, 因此下面程式以 1 做為誤差範圍 (底下假設 x、y、z 為 x、y、z 軸的加速度):

```
01 if(Math.abs(x) < 1 && Math.abs(y) < 1 && z < -9) {  ← 如果手機面朝下平放
02     if(mper.isPlaying()) {  ← 如果正在播放, 就要暫停
03         btnPlay.setText("繼續");
04         mper.pause();        ← 暫停播放
05     }
06 }
```

以上第 1 行利用 Math.abs() 來取得 x 及 y 軸加速度的絕對值, 只要都小於 1 就視為平躺狀態;而當 z < -9 時則表示是面朝下的狀態。

第 2 行則判斷是否正在播放, 若是才要暫停播放。

偵測手機搖動

當使用者搖動手機時會產生加速度, 因此 x、y、z 軸的加速度絕對值總和會變大 (靜止時為 10)。經測試, 一般大於 32 時可視為有在搖動, 因此程式可撰寫如下:

```
01 if(Math.abs(x) + Math.abs(y) +Math.abs(z) > 32) {◄— 加速度總合超過 32
02     if(btnPlay.isEnabled()) ◄— 如果音樂已準備好(可以播放)
03         onMpPlay(null);     ◄— 模擬按下播放鈕(切換『播放』與『暫停』狀態)
04 }
```

以上第 2 行是檢查播放鈕是否可按下, 來判斷音樂是否已準備好可以播放了。第 3 行則是執行播放鈕的事件處理方法 (onMpPlay()), 其效果就相當於使用者按下播放鈕一樣, 因此可以在『播放』與『暫停』之間切換。

此外, 當使用者搖動手機時, 往往在短時間內會產生好幾次加速度總和大於 32 的事件, 因此在程式偵測到搖動時, 可用一個 delay 變數來讓後續的 5 個事件不做檢查:

```
01 if(delay > 0) {  ◄— delay大於 0 時, 表示要略過這次的偵測
02     delay--;     ◄— 將次數減 1, 直到 0 為止
03 }
04 else {
05     if(Math.abs(x) + Math.abs(y) + Math.abs(z) > 32) {◄┐
                                             如果加速度總合超過 32
06         if(btnPlay.isEnabled()) ◄— 如果音樂已準備好(可以播放)
07             onMpPlay(null);     ◄— 模擬按下播放鈕(切換『播放』與『暫停』狀態)
08         delay = 5;              ◄— 延遲 5 次不偵測(約 1 秒)
09     }
10 }
```

以上第 1、2 行是判斷當 delay 大於 0 時, 就只將 delay 減 1, 而不偵測搖動。而第 8 行則是當偵測到搖動時要將 delay 設為 5, 那麼後續 5 次事件都不會再偵測搖動。

由於我們會將加速感測器的事件頻率設為 SENSOR_DELAY_NORMAL, 因此事件發生的頻率約為 0.2 秒, 而 5 次就差不多有 1 秒的延遲。

範例 12-3：利用加速感測器來控制音樂播放

接著我們就來替上一章的『Ez影音播放器』加上體感控制功能, 當手機面朝下平躺時要暫停播放音樂, 搖動手機時則要切換播放狀態。

step 1 請將上一章的 Ch11_Player3 專案複製為 Ch12_Player4 專案來修改。

step 2 接著修改程式, 首先讓 MainActivity 類別多實作一個 SensorEventListener 介面, 並多宣告 3 個變數如下：

```
01 public class MainActivity extends AppCompatActivity implements
02         MediaPlayer.OnPreparedListener,         ┐
03         MediaPlayer.OnErrorListener,            ├←─ 實作 MediaPlayer 的 3 個的事件監聽介面
04         MediaPlayer.OnCompletionListener,       ┘
05         SensorEventListener {  ←─ 實作感測器監聽介面
06     SensorManager sm;          ←─ 感測器管理員
07     Sensor sr;                 ←─ 加速感測器物件
08     int delay = 0;             ←─ 用來延遲體感控制的偵測間隔
09 ...
```

step 3 在 onCreate() 的最後面加入底下 2 行來取得感測器管理員及加速感測器物件：

```
01 protected void onCreate(Bundle savedInstanceState) {
02     super.onCreate(savedInstanceState);
03     setContentView(R.layout.activity_main);
04     ...
05                                                    由系統服務取得感測器管理員
06     sm = (SensorManager) getSystemService(SENSOR_SERVICE); ←┘
07     sr = sm.getDefaultSensor(Sensor.TYPE_ACCELEROMETER); ←┐
08 }                                                    取得加速感測器
```

step 4 接著要加入 onResume() 方法來註冊加速感測器的事件監聽器，並在 onPause() 中取消註冊：

```
01 @Override
02 protected void onResume() {
03     super.onResume();                    ← 向加速感測器 (sr) 註冊監聽物件(this)
04     sm.registerListener(this, sr,        ← 約 0.2 秒傳一次
                    SensorManager.SENSOR_DELAY_NORMAL);
05 }
06
07 @Override
08 protected void onPause() {
09     super.onPause();
10
11     if (mper.isPlaying()) {          ← 如果正在播，就暫停
12         btnPlay.setText("繼續");
13         mper.pause();                ← 暫停播放
14     }
15     sm.unregisterListener(this);     ← 取消監聽物件(this) 的註冊
16 }
```

step 5 最後，在加速感測器的 onSensorChanged() 監聽方法中加入體感控制功能：

```
01 // 實作 SensorEventListener 介面的監聽方法
02 @Override
03 public void onAccuracyChanged(Sensor arg0, int arg1) { } ← 不需處理
04
05 @Override
06 public void onSensorChanged(SensorEvent event) {
07     float x, y, z;
08     x = event.values[0]; ┐
09     y = event.values[1]; ├← x, y, z 軸的加速度值
10     z = event.values[2]; ┘
11
```

Next

```
12      if(Math.abs(x) < 1 && Math.abs(y) < 1 && z < -9) { ◄─┐
                                                    如果手機面朝下平放
13          if(mper.isPlaying()) { ◄─ 如果正在播放, 就暫停
14              btnPlay.setText("繼續");
15              mper.pause();
16           }
17      }
18      else {
19          if(delay > 0) { ◄─ delay 大於 0 時, 表示要略過這次的偵測
20              delay--;     ◄─ 將次數減 1, 直到 0 為止
21          }
22          else {
23              if(Math.abs(x) + Math.abs(y) + Math.abs(z) > 32) { ◄─┐
                                                      加速度總合超過 32
24                  if(btnPlay.isEnabled()) ◄─ 如果音樂已準備好(可以播放)
25                      onMpPlay(null);     ◄─ 模擬按下播放鈕(切換
                                               『播放』與『暫停』狀態)
26                  delay = 5; ◄─ 延遲 5 次不偵測(約 1 秒)
27              }
28          }
29      }
30 }
```

- 第 8~10 行是讀取 x、y、z 的加速度值。
- 第 12~17 行偵測手機面朝下平躺的狀態, 若是則暫停播放。
- 第 19~28 行是偵測手機搖動狀態, 若是則切換『播放』與『暫停』狀態, 並用 delay 設定後續 5 次事件都不再檢查。

step 6 完成後請在手機中測試結果。

請修改本節範例, 將影片播放功能也加入相同的體感控制。

可開啟專案中的 Video.java 程式, 然後依照前面的步驟修改程式即可。底下灰底區為 onSensorChanged() 中和前面步驟不同的地方：

```
public void onSensorChanged(SensorEvent event) {
    float x, y, z;
    x = event.values[0];
    y = event.values[1];
    z = event.values[2];
                                                      如果手機面朝下平放
    if(Math.abs(x) < 1 && Math.abs(y) < 1 && z < -9) {  ◄┘
        if(vdv.isPlaying()) { ◄— 如果正在播放, 就要暫停
            vdv.pause();
        }
    }
    else {
        if(delay > 0) { ◄— delay大於 0 時, 表示要略過這次的偵測
            delay--;    ◄— 將次數減 1, 直到 0 為止
        }
        else {                                        加速度總合超過 32
            if(Math.abs(x) + Math.abs(y) + Math.abs(z) > 32)◄┘
                if(vdv.isPlaying()) { ◄— 如果正在播放, 就要暫停
                    vdv.pause();
                }
                else {       ◄— 否則繼續播放
                    vdv.start();     ◄— 開始播放
                }
                delay = 5;   ◄— 延遲  5  次不偵測 (約 1 秒)
            }
        }
    }
}
```

延伸閱讀

1. 有關各種感測器的進一步說明, 可參考 Android 官網的學習指南:http://developer.android.com/guide/topics/sensors/sensors_overview.html。

重點整理

1. 加速感測器可以偵測手機在 x、y、z 三個方向的加速度值。

2. 當手機平躺不動時, 在 x、y 軸的加速度都是 0, 而 z 軸則因地心引力的作用而有加速度, 其值為 10 (單位是 m/s^2, 地表重力加速度約為 9.8 m/s^2, 本章為簡化計算, 均以 10 表示)。

3. 要讀取加速感測器的值, 首先要取得系統的感測器管理員以及加速感測器物件, 然後在 MainActivity 類別實作 SensorEventListener 監聽介面, 以及介面中的 onSensorChanged() 及 onAccuracyChanged() 二個事件處理方法。

4. 我們可以由 onSensorChanged(SensorEvent event) 的 event 參數來讀取感測器的值。以加速感測器來說, event.values[] 陣列中的 3 個元素值, 即為其 x、y、z 軸的加速度值。

5. 實作好監聽介面之後, 還要向感測器進行監聽器的註冊。當不再需要監聽時, 則應將監聽物件解除註冊, 以免浪費系統資源。

6. 我們一般都會在 Activity 的 onResume() 事件中進行感測器的監聽註冊, 並在 onPause() 事件中解除註冊。如此當 Activity 的畫面被其他程式覆蓋時就會停止偵測, 當畫面再次顯現時則又可繼續偵測。

7. 我們可以先將 ImageView 元件放在畫面的左上角並向 Layout 的左、上對齊, 然後再變更左邊界與上邊界來移動 ImageView 元件。

8. 當使用者將手機面朝下平放時，x、y 軸的加速度會變成 0，而 z 軸則為 -10。

9. 當使用者搖動手機時會產生加速度，因此 x、y、z 軸的加速度絕對值總和會變大 (靜止時為 10)。

10. 如果想偵測手機是否搖動，比較簡單的做法是將手機在 x、y、z 軸的加速度取絕對值後再加總，然後檢查若大於 32 就表示手機正在搖動中。

11. 當使用者搖動手機時，往往在短時間內會產生好幾次加速度總和大於 32 的事件，因此在程式偵測到搖動時，需等待一段時間後再進行偵測。

習題

1. 請列舉 5 種手機上常見的感測器。

2. 加速感測器可以偵測手機在 ________、________、________ 三個方向的加速度值。

3. 當手機面朝下平躺不動時，三軸的加速度值大約會是多少？

4. 我們一般都會在 Activity 的 onResume() 事件中進行感測器的監聽註冊，並在 onPause() 事件中解除註冊。請說明為什麼？

5. 請修改本章的 Ch12_Player4 範例：在播放音樂時，若將手機橫擺，螢幕朝右立著，要前進 10 秒；螢幕朝左立著時，則要退後 10 秒。若持續立著，則會不斷地前進 (或後退)。

MEMO

13 WebView 與 SharedPreferences

Chapter

本章將介紹 2 個主題：WebView 與 SharedPreferences。WebView 是 Android SDK 中用來顯示 HTML 網頁的元件。而 SharedPreferences 則是 Android 程式儲存資料的機制，適合用於存放簡單、少量的資料，像是應用程式的設定 (所以 SharedPreferences 通常翻譯為『偏好設定』)。

13-1 使用 WebView 顯示網頁

在第 9 章曾經介紹過，在程式中可使用 Intent 來啟動系統內建的瀏覽器並開啟指定的網址。不過，如果想在自己的 Activity 中顯示網頁內容，則需使用 WebView 元件。

WebView 元件具備載入、解析、顯示網頁的功能，使用方式如下：

- 在佈局中加入 WebView 元件。
- 在程式中呼叫 WebView 的 loadURL() 方法指定要載入的網址。
- 在 AndroidManifest.xml 中設定存取網際網路的權限。

我們就先建立一個簡單的範例，讓 WebView 開啟指定網址，並藉此瞭解 WebView 的基本運作。

範例 13-1：顯示旗標網站

step 1 請建立新專案 "Ch13_HelloWebView", 然後先刪除佈局中預建的 Hello Word! 元件, 再如下操作：

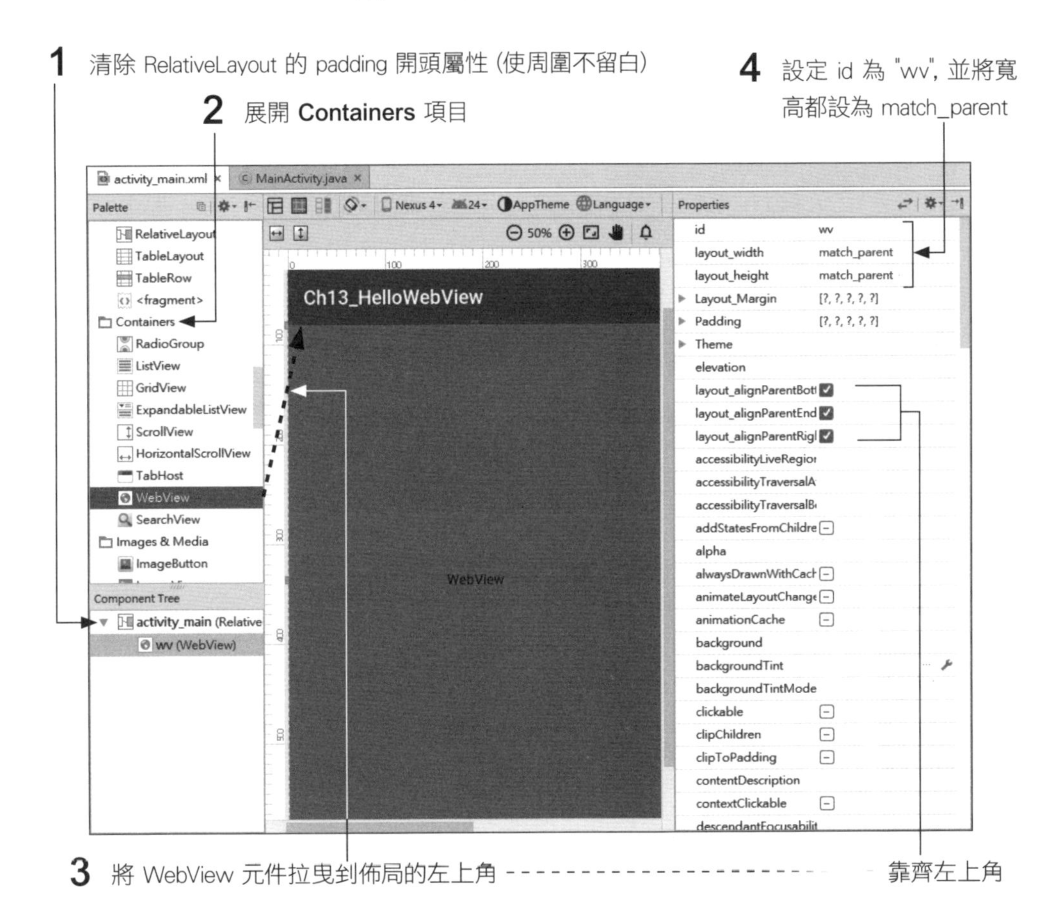

step 2 開啟 MainActivity.java 程式檔, 在 onCreate() 方法中加入如下內容：

```
01  protected void onCreate(Bundle savedInstanceState) {
02      super.onCreate(savedInstanceState);
03      setContentView(R.layout.activity_main);
04
05      WebView wv = (WebView) findViewById(R.id.wv);◀── 取得 WebView元件
06      wv.loadUrl("http://www.flag.com.tw/index.asp");◀┐
                                                  連到旗標網站
07  }
```

請注意, 第 6 行呼叫 loadUrl() 時, 參數中必須是完整的 URL, 不可省略網址最前面的 http://, 例如 "www.flag.com.tw", 如此會造成瀏覽網站失敗。另外, 最好也包含網址最後面的網頁檔檔名, 否則如有自動轉址等狀況, 可能會無法顯示網頁內容, 或在轉址時會自動開啟瀏覽器來顯示。(Webview 預設只有陽春的顯示網頁功能, 稍後會介紹如何加強)

step 3 開啟 AndroidManifest.xml, 如下設定允許程式存取網際網路:

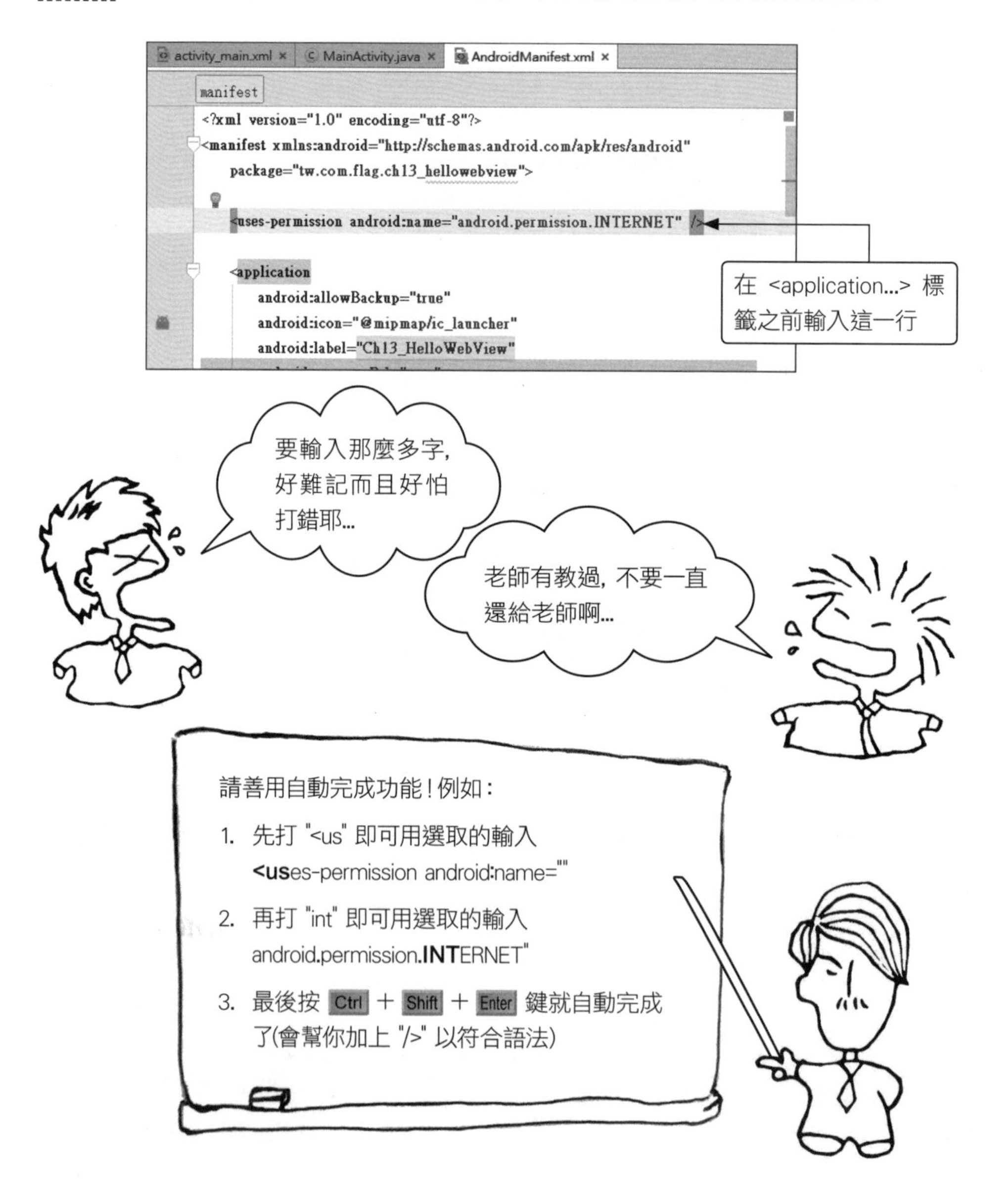

step 4 確定手機/電腦有連上網路，將程式佈署到手機/模擬器上。程式啟動後，要稍候一下，程式就會將讀到的網頁顯示在畫面中。並進行如下操作：

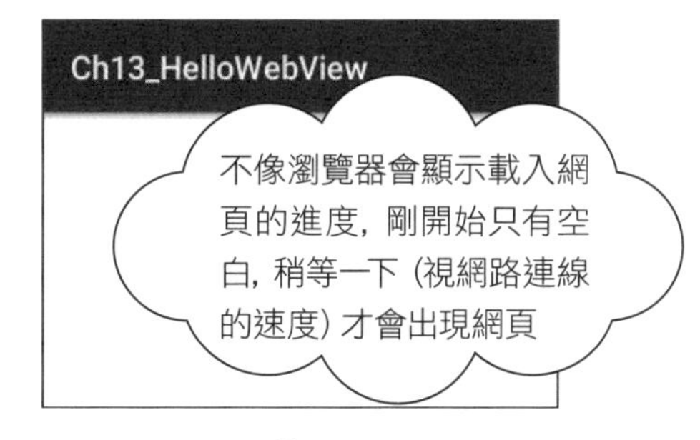

預設就是以 100% 比例 (『正常』比例) 顯示網頁，且無法縮放

1 先捲動到畫面『最右側』

2 按網頁中的 "Go" 鈕

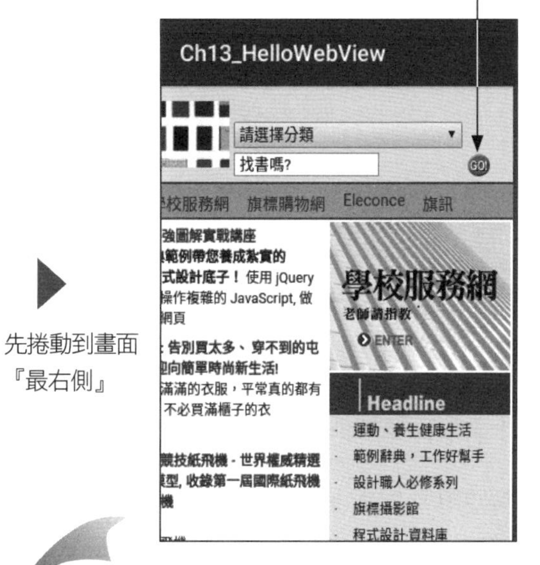

結果是離開我們的程式，另外開啟瀏覽器檢視網頁

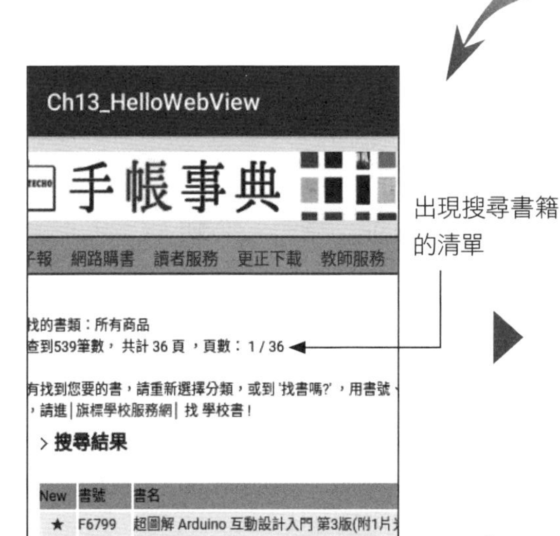

出現搜尋書籍的清單

3 按下某本書的連結

4 按『返回』鍵

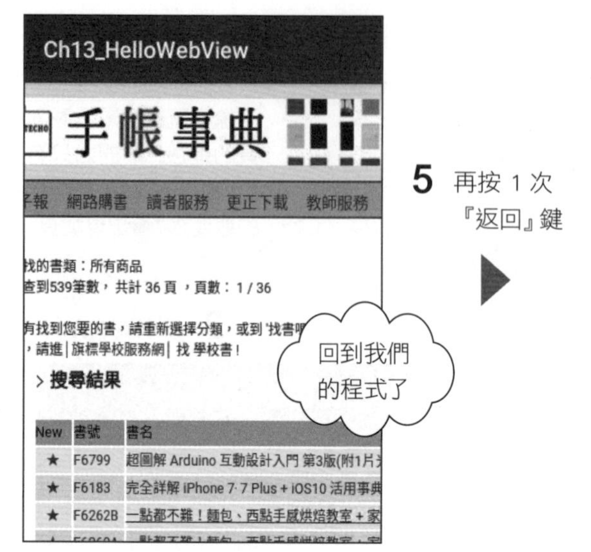

由上面的操作範例可發現使用 WebView 雖然能載入及顯示網頁，但其預設的操作行為仍和手機瀏覽器有很大不同，例如：

- 不支援縮放功能。
- 當使用者在 WebView 內按下網頁中的連結時 (步驟 3)，並非直接在 WebView 瀏覽該網頁，而是**啟動系統的瀏覽器**來開啟網頁。

至於剛才操作過程中按網頁中 "Go" 鈕(步驟 2)，是利用網頁中的表單 (form) 功能送出查詢，所以查尋結果的網頁仍會顯示在 WebView 元件中。

- 無『回上一頁』功能：在前述的範例操作中，WebView 除了顯示首頁，也顯示了查詢書籍的結果網頁，但在結果網頁按『返回』鍵時 (步驟 5)，並非讓 WebView 返回首頁，而是直接結束程式。

另外，基於安全性考量，WebView 預設亦未開啟 JavaScript 功能，所以若網頁中有任何以 JavaScript 製作的下拉式選單、按鈕等功能，在 WebView 中預設都無法運作。

練習 13-1 修改範例程式中 loadUrl() 所載入的網址, 例如改為 "developer.android.com/index.html" (或您的學校/組織網站首頁的 URL), 並測試效果。

提示 loadUrl() 的參數必須是完整的 URL, 例如：

```
loadUrl("https://developer.android.com/index.html");
```

13-2 改進 WebView 功能

由於 WebView 預設的行為只具備『呈現網頁』的功能, 若想讓 WebView 具備多一些功能, 就要搭配 android.webkit 套件下的其它類別, 其中最重要的是 WebSettings、WebViewClient 和 WebChromeClient：

● WebSettings：用於控制 WebView 的基本設定，例如啟用網頁縮放、啟用 JavaScript 功能等。

● WebViewClient：用於控制 WebView 本身的行為，透過此類別物件，可取得網頁相關事件，例如若想在使用者按下網頁中超連結、網頁載入的開始/結束...等時機做控制，即可利用此類別實作。

● WebChromeClient：用於製作和網頁有關、但屬於 WebView 『之外』的效果。舉例來說，WebView 在載入網頁時要顯示進度，就要利用 WebChromeClient 來實作。

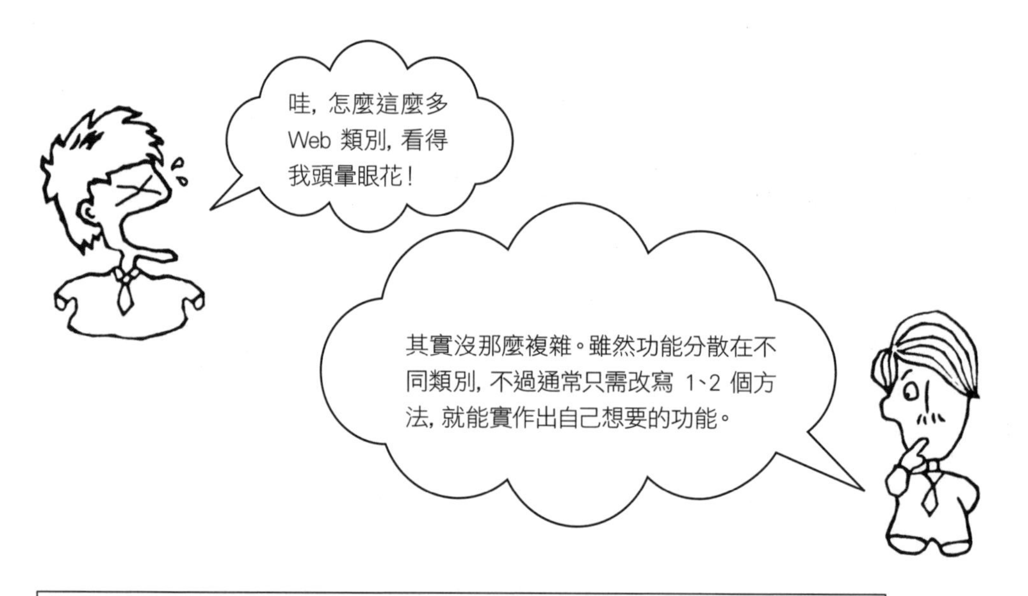

使用 WebSettings 啟用網頁縮放及 JavaScript

在程式中呼叫 WebView 的 getSettings() 方法即可取得其 WebSettings 物件。由於使用 WebSettings，通常只是將某些項設定打開，所以可如下利用串接的方式呼叫，而不需要在程式中產生一個 WebSettings 物件：

```
WebView wv = (WebView) findViewById(R.id.wv);
wv.getSettings().setBuiltInZoomControls(true);  ◄— 啟用縮放功能
wv.getSettings().setJavaScriptEnabled(true);    ◄— 啟用 JavaScript
```

啟用縮放功能後，即可用多點觸控的方式縮放畫面。若想像瀏覽器會顯示縮放控制元件 ，則需再呼叫 WebView 的 invokeZoomPicker() 方法。

TIP 關於 setJavaScriptEnabled(true) 方法，雖然它會啟用 WebView 的 JavaScript 功能，但 JavaScript 執行的效果（網頁特效），WebView 不一定能完整呈現。舉例來說，網頁使用 JavaScript 顯示訊息窗，還需進一步使用 WebViewClient 和 WebChromeClient 來配合。

使用 WebViewClient 處理開啟超連結動作

WebViewClient 是 Android SDK 中的類別，其預建的內容，已可解決在前面的範例程式中，使用者按下網頁中超連結會另開瀏覽器的問題。所以只要用 WebViewClient 類別建立物件，再設定給 WebView 物件，就能讓 WebView 開啟使用者按下的超連結：

```
// 建立 WebViewClient 物件並設定給 WebView
wv.setWebViewClient(new WebViewClient());
```

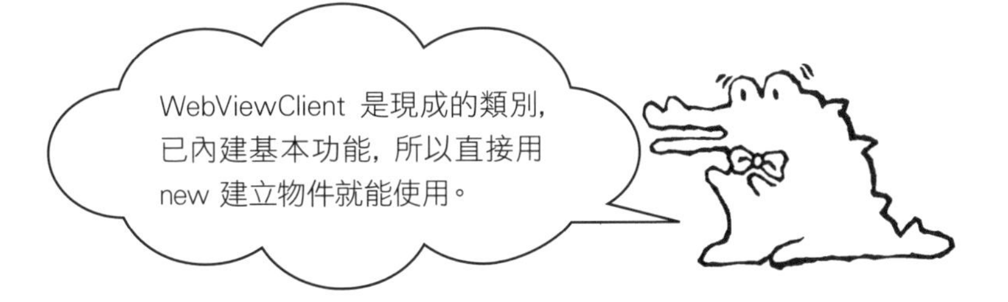

使用 WebChromeClient 建立網頁載入進度介面

如果要改寫 WebViewClient 和 WebChromeClient 中的方法，則需繼承類別後，在衍生類別中改寫所需的方法 (就像我們專案中的 MainActivity 類別繼承了 Activity 類別，並改寫 onCreate() 方法)。

為了方便存取 MainActivity 中的 UI 元件等變數，一般自訂的 WebViewClient 或 WebChromeClient 衍生類別會直接定義在 MainActivity 類別中。而且通常為省略『定義類別 - 建立物件』的動作，會利用『匿名類別』的語法一次直接定義類別、建立物件、設定給 WebView 使用：

```
 wv.setWebViewClient(new WebViewClient(){
    ... ◄— 改寫 WebViewClient 的方法
});

wv.setWebChromeClient(new WebChromeClient(){
    ... ◄— 改寫 WebChromeClient 的方法
});
```

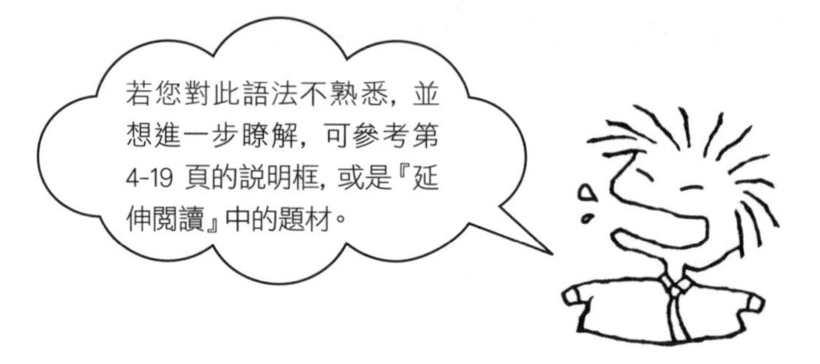

舉例來說，我們若想讓程式能像瀏覽器一樣，在載入網頁時顯示進度資訊，可改寫 WebChromeClient 的 onProgressChanged() 方法：

```
wv.setWebChromeClient(new WebChromeClient(){
    public void onProgressChanged(WebView view, int progress)   {
            // 加入自己的處理程式
    }
});
```

onProgressChanged() 方法會在載入進度有異動時被呼叫，所以在此可加入想顯示進度的相關程式，例如用 Toast 或其它方式顯示進度。方法的第 2 個參數就是進度值：

onProgressChanged() 被呼叫的頻率、次數並非固定，參數 progress 的值也通常不會連續，例如某網頁由載入開始到結束，onProgressChanged() 可能只被呼叫 3 次，進度值如 20、50、100。

至於顯示進度則有各種不同方法，例如可用文字 (TextView) 或 Toast 來顯示進度百分比，不過一般較常見的作法，是用 ProgressBar 元件來顯示進度條。底下即為您說明 ProgressBar 的使用技巧。

使用 ProgressBar 顯示進度條

ProgressBar 可分為『有進度的進度條』和『沒有進度的轉圈圈』 2 種：

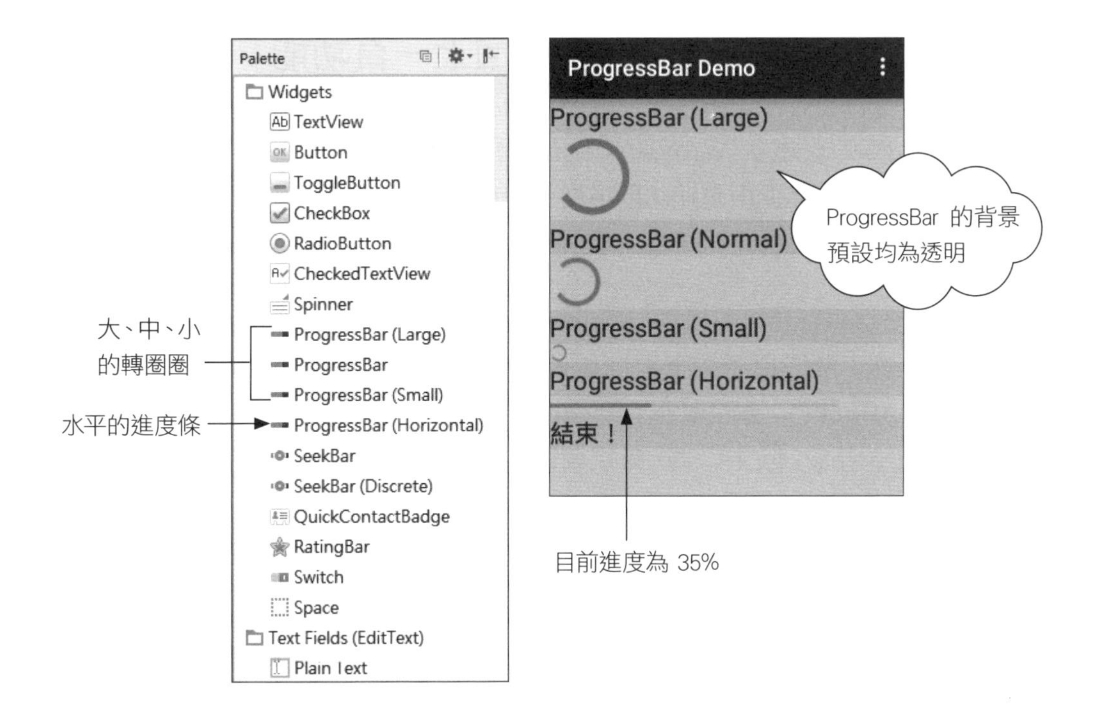

以上最後一個水平進度條 ProgressBar (Horizontal)，可以用 **progress** 屬性設定目前的進度值，由於進度範圍預設是 0~100，所以若進度值設為 35，那麼就是 35/100=35% 的進度。若有需要，也可用 **max** 屬性來更改進度範圍的最大值。

在撰寫程式時, 則可用 setProgress(int progress) 來改變進度值。另外, 也可用 setVisibility(int v) 來顯示或隱藏進度條, 其參數 v 可設為以下 3 種:

View.VISIBLE	顯示
View.INVISIBLE	隱藏 (但仍會佔用空間)
View.GONE	消失 (隱藏且不佔空間)

當進度完成時, 就可以讓進度條自動消失, 以增加美觀並節省空間。

使用 onBackPressed() 實作回上一頁功能

利用 13-9 頁建立 WebViewClient 物件並設定給 WebView 的方式, 即可讓 WebView 直接開啟超連結所指網頁, 而不會另開瀏覽器。但當使用者按手機的返回鍵時, 程式仍會立即結束, 而不會使 WebView 回到前一次瀏覽的網頁。

要改變這項行為, 可以在 MainActivity 中改寫 onBackPressed() 事件處理方法, 當使用者按下返回鍵時, 就會觸發此方法。此外, WebView 的 canGoBack() 方法會在有上一頁時傳回 true, 而 goBack() 方法則可讓 WebView 回上一頁。所以要讓 WebView 可返回上一頁, 可改寫 onBackPressed() 方法如下:

```
@Override
public void onBackPressed() {
    if(wv.canGoBack()){ ◄— 如果 WebView 有上一頁
        wv.goBack();    ◄— 回上一頁
        return;
    }
    super.onBackPressed(); ◄— 呼叫父類別的同名方法, 以執行預設動作(結束程式)
}
```

以上最後一行, 是在沒有上一頁可回的情況下, 呼叫父類別的同名方法以進行預設的返回鍵處理, 也就是結束程式。

範例 13-2：改善 WebView 行為

在此就利用上面介紹的內容，來強化 WebView 的功能，改善使用者操作 WebView 元件時的體驗。

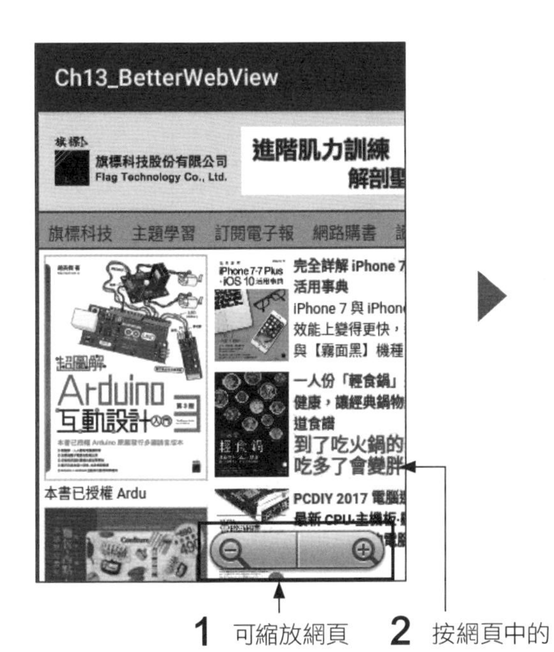

1 可縮放網頁

2 按網頁中的超連結

會在 WebView 中開啟超連結，不另開瀏覽器

step 1 請先將前一個專案 Ch13_HelloWebView 複製成新專案 **Ch13_BetterWebView**，並修改標題 app_name 為 "Ch13_BetterWebView"。接著在佈局檔 layout_main.xml 中加入 ProgressBar (Horizontal) 元件：

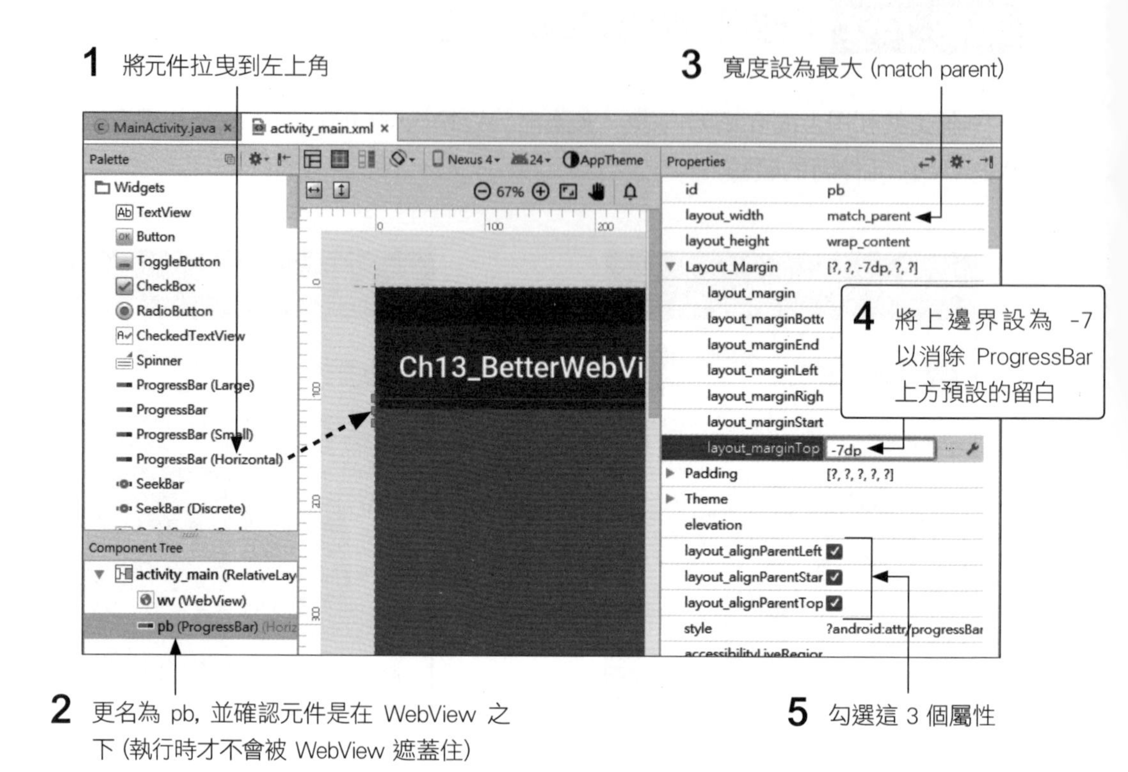

step 2 開啟 MainActivity.java, 在類別中加入 WebView 及 ProgressBar 的變數並在 onCreate() 初始化及做相關設定：

```
01 public class MainActivity extends AppCompatActivity {
02     WebView wv;
03     ProgressBar pb;
04     @Override
05     protected void onCreate(Bundle savedInstanceState) {
06         super.onCreate(savedInstanceState);
07         setContentView(R.layout.activity_main);
08         wv = (WebView) findViewById(R.id.wv);
09         pb = (ProgressBar) findViewById(R.id.pb);      啟用 JavaScript
10         wv.getSettings().setJavaScriptEnabled(true); ←
11         wv.getSettings().setBuiltInZoomControls(true); ← 啟用縮放功能
12         wv.invokeZoomPicker(); ← 顯示縮放小工具
```

Next

```
13         wv.setWebViewClient(new WebViewClient()); ←
                                        建立及使用 WebViewClient 物件
14         wv.setWebChromeClient(new WebChromeClient() {
15             public void onProgressChanged(WebView view, int progress){
16                 pb.setProgress(progress);     ← 設定進度
17                 pb.setVisibility(progress < 100? View.VISIBLE:
                   View.GONE); ← 依進度來讓進度條顯示或消失
18             }
19         });                          連到旗標網站, 可以不用加網頁的檔名了
20         wv.loadUrl("http://www.flag.com.tw"); ←
21     }
....
```

- 第 10、11 行呼叫 WebView 的 getSettings() 取得 WebSettings 物件, 並直接用傳回的物件呼叫 setJavaScriptEnabled(true)、setBuiltInZoomControls(true) 開啟 WebView 的 JavaScript 支援及縮放功能。

由於啟用 JavaScript 有安全性的疑慮, 所以該行敘述在編輯視窗中會有黃色警告。

- 第 12 行呼叫 WebView 的 invokeZoomPicker() 讓元件會顯示縮放控制元件 。因模擬器在本書寫作時仍不支援多點觸控, 為方便在模擬器上測試, 故加上此行敘述。

- 第 13 行建立 WebViewClient 物件, 並呼叫 WebView 的 setWebViewClient() 將物件設定給 WebView。

- 第 14~19 行即為建立自訂的 WebChromeClient 物件並指定給 WebView 使用。其中第 15~18 行改寫 WebChromeClient 的 onProgressChanged() 方法, 此處呼叫 ProgressBar 的 setProgress() 設定顯示的進度, 並依照進度值決定 ProgressBar 是要顯示或消失。

step 3 請在 MainActivity 類別中加入 onBackPressed() 方法攔截返回鍵的動作：

```
01 @Override
02 public void onBackPressed() {
03     if(wv.canGoBack()){  ◄— 如果 WebView 有上一頁
04         wv.goBack();     ◄— 回上一頁
05         return;
06     }
07     super.onBackPressed();  ◄— 呼叫父類別的同名方法, 以
08 }                              執行預設動作(結束程式)
```

- 第 3~6 行檢查是否有上一頁, 若有則返回上一頁然後結束事件處理方法。
- 第 7 行是在沒有上一頁可回的情況下, 呼叫父類別的同名方法以進行預設的返回鍵處理, 也就是結束程式。

step 4 將程式佈署到手機/模擬器上執行, 並可如下測試：

1 用多點觸控的方式或按放大鈕放大網頁 (拖拉網頁時就會出現縮放工具)

網頁內容放大了

2 按網頁中的某個連結

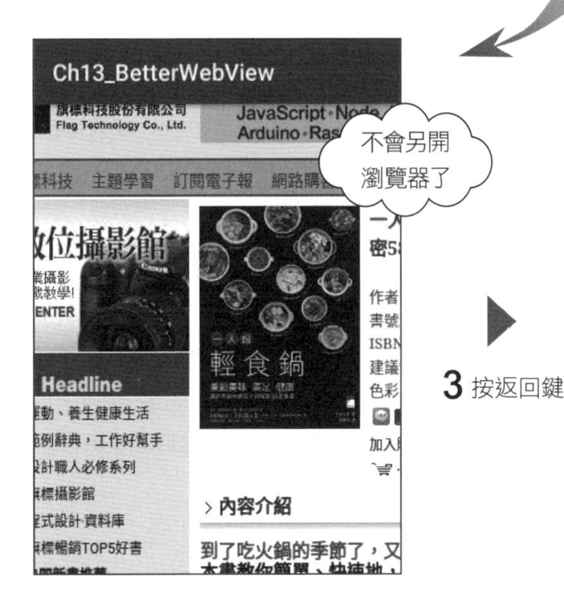

3 按返回鍵

回到前一個畫面 (再按返回鍵則結束畫面)

練習 13-2 WebView 預設使用 100% 的縮放比例顯示網頁，要修改可呼叫 WebView 的 setInitialScale() 方法，參數為百分比數值，例如要設為 33%，可呼叫 setInitialScale(33)。請在範例程式中加入一行敘述，讓 WebView 預設以 50% 的比例顯示網頁。

提示 可在 onCreate() 中加入此敘述：

```
protected void onCreate(Bundle savedInstanceState) {
    super.onCreate(savedInstanceState);
    setContentView(R.layout.activity_main);

    wv = (WebView) findViewById(R.id.wv);
    wv.setInitialScale(50);
    ...
```

使用 WebSettings、WebViewClient、WebChromeClient、onBackPressed() 之後，使用 WebView 的效果就比較接近一般使用瀏覽器的樣子。

不過 WebView 元件的功用，並不是為了讓大家設計自己的瀏覽器，而是讓程式設計人員有個現成的元件可顯示 HTML 網頁，並依需要附加所需的元件與功能。例如下一節將介紹在 Android App 中儲存資料的機制，然後會將它結合 WebView 製作一個用來搜尋 flickr 照片網站的應用程式。

13-3 使用 Preferences (偏好設定) 記錄資訊

在 Android 中有數種不同儲存狀態的機制，包括儲存於 Android 提供的偏好設定物件 (SharedPreferences)、存成檔案、存成資料庫 (SQLite)、存到網路上 (透過 HTTP 或其它網路通訊協定)。本節將介紹使用 SharedPreferences 儲存資料，第 15 章會介紹使用 SQLite 資料庫。

其實使用偏好設定也是儲存到檔案 (XML 格式)，只不過 Android SDK 將原本存取檔案、讀寫資料的複雜動作，包裝成較簡易的操作方式，讓我們能以簡單的方法儲存資料。

使用 SharedPreferences 物件儲存資料

使用 SharedPreferences 物件儲存資料可分 3 步驟：取得物件的編輯器、修改資料、存檔。分別說明如下：

1. **取得物件的編輯器**。在 Activity 中用 getPreferences() 方法取得 SharedPreferences 物件，再用傳回的物件呼叫 edit() 方法取得 SharedPreferences.Editor 編輯器：

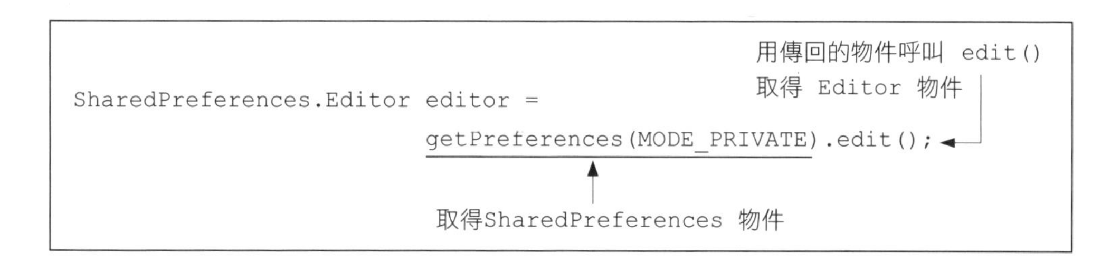
```
SharedPreferences.Editor editor =
                    getPreferences(MODE_PRIVATE).edit();
```


getSharedPreferences() 中的參數 MODE_PRIVATE，表示建立的偏好設定檔僅供目前的 Activity 存取。

2. **修改資料**。取得編輯器物件後, 可用下列方法寫入各種型別的資料:

```
putBoolean(String key, boolean value);
putFloat(String key, float value);
putInt(String key, int value);
putLong(String key, long value);
putString(String key, String value);
```

key 為資料名稱
value 為資料值
例如 putInt("金額", 1500);

簡單的說, 要儲存一個值, 就必須指定代表這個值的名稱 (或稱『鍵』-key);

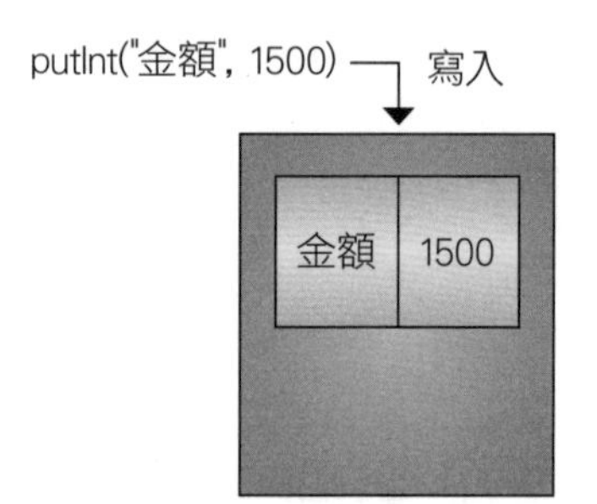

偏好設定檔

若需移除資料, 可呼叫 Editor 物件的 remove(String key) 方法移除指定的鍵值, 或 clear() 方法全部清除。

3. **存檔**。呼叫 Editor 物件的 comit() 方法完成實際的存檔動作。若未呼叫此方法, 則先前呼叫 putXXX() 寫入的資料, 並不會真的被儲存。

讀取偏好設定資料

要讀取先前儲存的資料, 同樣要先取得 SharedPreferences 物件, 接著再以要取得的資料項目名稱 (資料鍵) 為參數呼叫對應的 getXXX() 方法 (不需取得 Editor 物件):

```
getInt("金額", 1000);          ← 若偏好設定資料中沒有 "金額" 就會傳回 1000
getString("name", "John");    ← 若沒有 "name" 項目, 就傳回 "John"
// 其它 getBoolean()、getFloat()、getLong() 用法都相似
```

第 2 個參數是指定預設值, 亦即若 getXxx() 方法找不到指定的 key 時, 就會用第 2 個參數當傳回值:

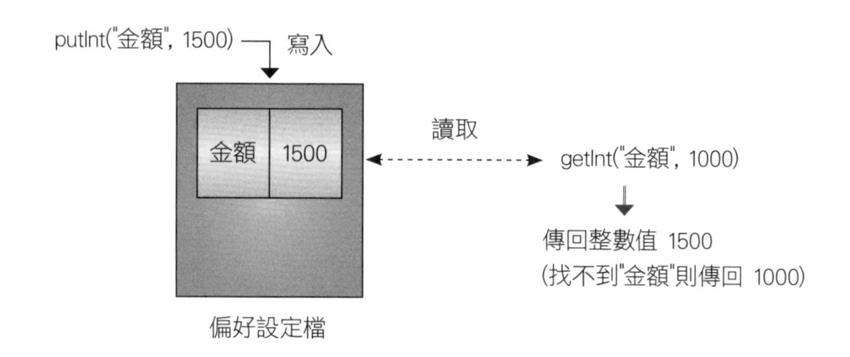

儲存/回存資料的時機：onPause()/onResume()

有了 SharedPreferences 這個可儲存設定的機制, 就可依程式所需的功能, 在適當的時機利用 SharedPreferences 存放設定, 在必要時則讀取設定。一般程式最常使用的時機就是 Activity 類別的 onPause()、onResume() 方法。

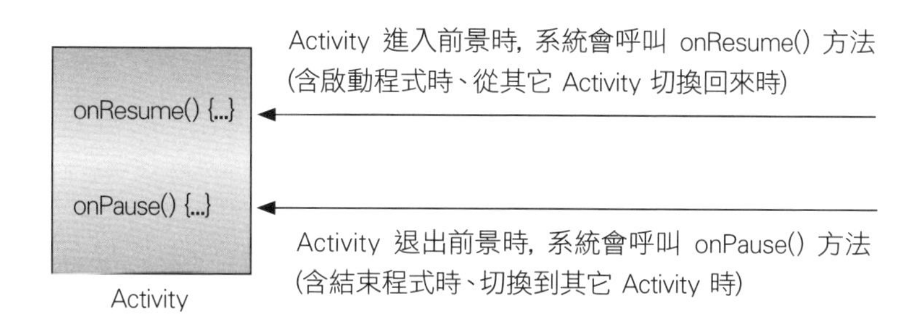

舉例來說, 我們想用 WebView 製作具備搜尋功能的瀏覽器, 同時讓程式能用 SharedPreferences 記錄搜尋的關鍵字 (例如 "Taipei"), 當使用者下次開啟程式時, 程式會記得前次使用的關鍵字。這時候, 就可:

- 在 onPause() 方法取得 SharedPreferences.Editor 物件, 並儲存關鍵字。

- 在 onResume() 用 getString() 讀取關鍵字，而且 getString() 可設定初始值，所以就算讀不到指定的鍵值，程式仍可正常運作。

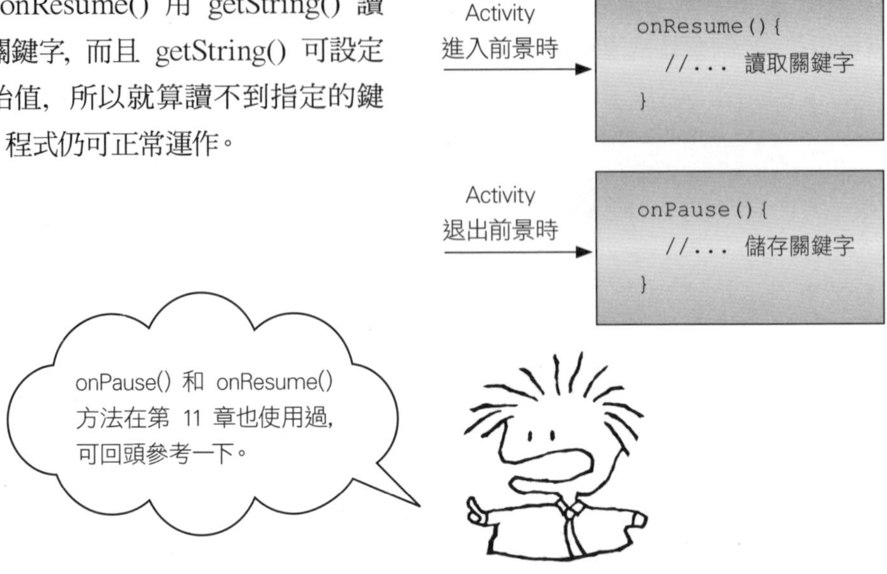

範例 13-3：flickr 相片快搜

現在就將本章所介紹到的功能整合起來製作一個『flickr 相片快搜』程式。使用者可在程式介面中輸入要搜尋的照片關鍵字，程式則用 WebView 呈現搜尋結果。而使用者離開程式時，則會將目前的關鍵字存於偏好設定檔，下次執行程式時會讀取偏好設定檔內存的關鍵字，立即進行搜尋。

step 1 請建立專案 Ch13_SearchFlickr，將 app_name 字串改為 "flickr 相片快搜"，再將佈局轉換成 ConstraintLayout，然後刪除預設的 Hello World 元件，並如下加入元件並設定各元件的約束：:

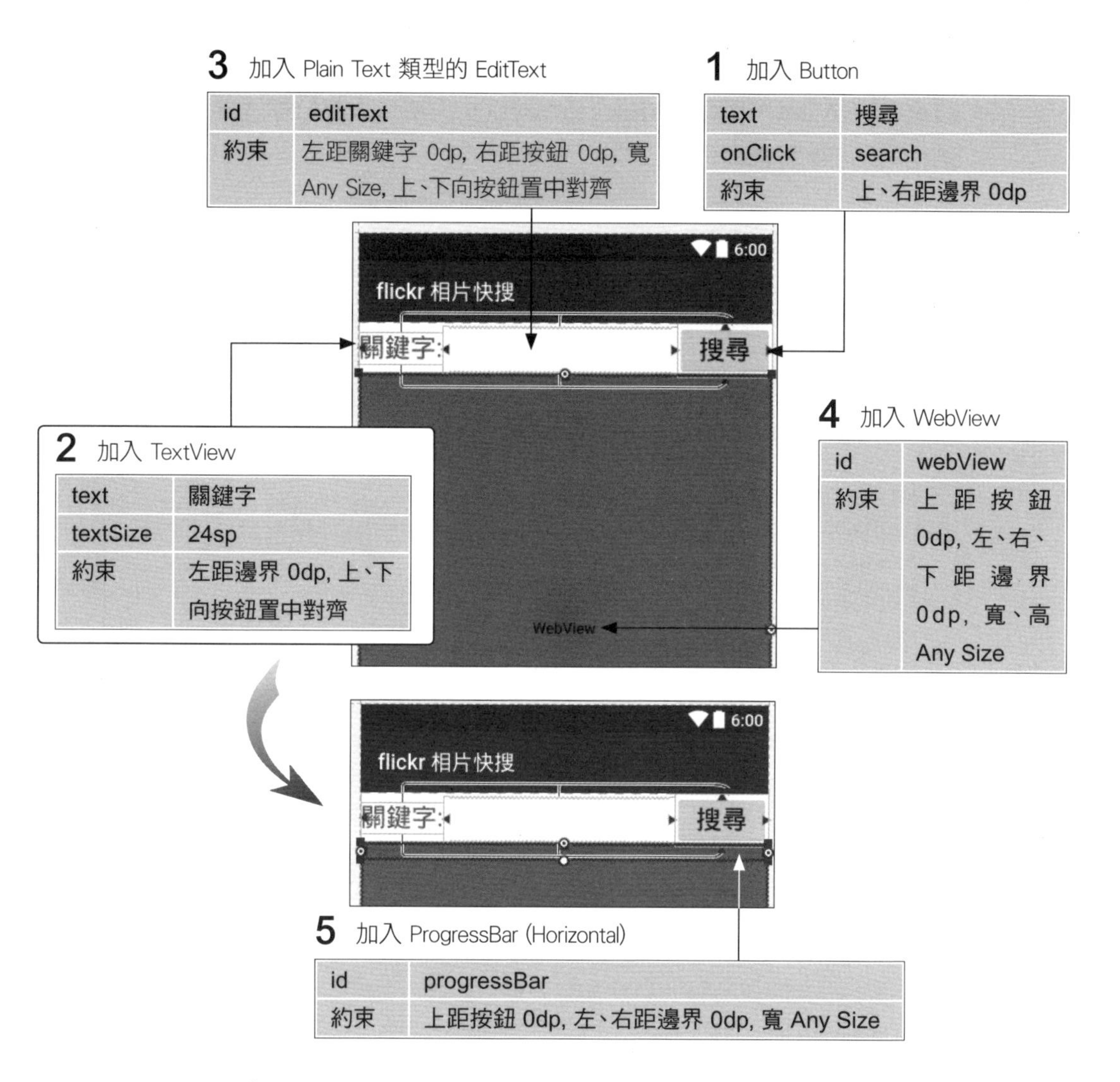

step 2 開啟 AndroidManifest.xml, 在 <application...> 標籤之前輸入 <uses-permission android:name="android.permission.INTERNET" /> 允許程式存取網際網路:

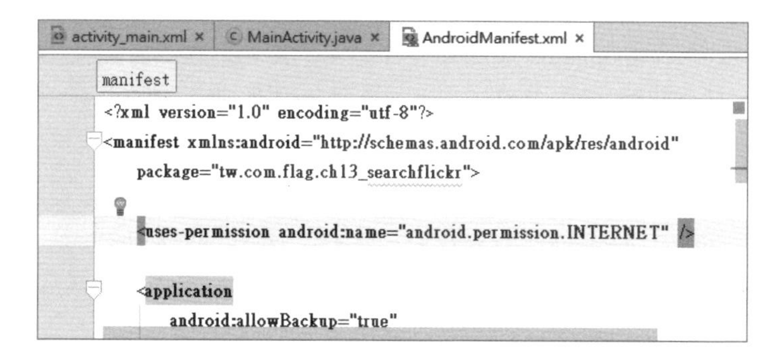


```
<?xml version="1.0" encoding="utf-8"?>
<manifest xmlns:android="http://schemas.android.com/apk/res/android"
    package="tw.com.flag.ch13_searchflickr">

    <uses-permission android:name="android.permission.INTERNET" />

    <application
        android:allowBackup="true"
```

step 3 開啟 MainActivity.java，在類別中宣告必要的變數，並在 onCreate() 設定 WebView、改寫 onBackPressed() 方法 (大部份程式碼與前一範例相同，可複製過來再修改)：

```
01 public class MainActivity extends AppCompatActivity {
02     WebView wv;
03     ProgressBar pb;
04     EditText keyText;
05     String keyword;    ◀— 用來記錄關鍵字
06     String baseURL="https://m.flickr.com/#/search/advanced_QM_q_IS_";
07
08     @Override
09     protected void onCreate(Bundle savedInstanceState) {
10         super.onCreate(savedInstanceState);
11         setContentView(R.layout.activity_main);
12
13         wv = (WebView) findViewById(R.id.webView);
14         pb = (ProgressBar) findViewById(R.id.progressBar);
15         keyText=(EditText)findViewById(R.id.editText);
16                                                   啟用 JavaScript
17         wv.getSettings().setJavaScriptEnabled(true); ◀┘
18         wv.setWebViewClient(new WebViewClient());    ◀┐
                                      建立及使用 WebViewClient 物件
19         wv.setWebChromeClient(new WebChromeClient() {
20             public void onProgressChanged(WebView view, int progress) {
21                 pb.setProgress(progress); ◀— 設定進度
22                 pb.setVisibility(progress < 100 ? View.VISIBLE :
                       View.GONE); ◀— 依進度來讓進度條顯示或消失
23             }
24         });
25     }
26
27     @Override
28     public void onBackPressed() {     ◀— 按下返回鍵時的事件處理
29         if(wv.canGoBack()){           ◀— 如果 WebView 有上一頁
30             wv.goBack();              ◀— 回上一頁
31             return;
32         }
33         super.onBackPressed();        ◀— 呼叫父類別的同名方法，以
34     }                                     執行預設動作(結束程式)
...
```

- 第 5、6 行是記錄查詢關鍵字功能所需的字串變數。我們事先用瀏覽器檢視行動版 flickr 網站測試，發現其搜尋功能所使用的 URL 結構為 "https://m.flickr.com/#/search/advanced_QM_q_IS_關鍵字1+關鍵字2+關鍵字3..."，因此決定將關鍵字之前的部份存成第 6 行的 baseURL 字串，而後面的參數部分則存於第 5 行的 keyword 變數。

- 第 9 行 onCreate() 的內容大部份和前一個範例相同，不同的地方包括：
  - 未啟用 WebView 縮放功能。因為本例是瀏覽為行動裝置設計的網站，原則上不需要縮放網頁，故未加入啟用 WebView 縮放功能、顯示縮放元件的相關程式。
  - 在方法最後未呼叫 loadURL() 方法載入網頁。載入網頁的工作改成在 onResume() 方法中，取得偏好設定中儲存的搜尋關鍵字後再呼叫。

step 4 接著先加入 "搜尋" 按鈕的 onClick 屬性所設的 search() 方法：

```
01 public void search(View v){
02     keyword = keyText.getText().toString().replaceAll("\\s+", "+");
                              將字串中的單一或連續空白置換成 "+"
03     wv.loadUrl(baseURL + keyword);
04 }
```

● 第 2 行利用 String 類別的 replaceAll() 方法將使用者輸入內容中的單一或連續空白，全部置換成 "+"，然後以字串傳回。例如:

使用 replaceAll() 來置換字串中的特定資料

replaceAll(原字串, 新字串) 方法可快速將字串中所有的**原子串**更換為**新子串**，例如 replaceAll(" ", "+") 就會將字串中全部的空白均置換為 "+"。

但若使用者不小心輸入連續多個空白，例如 "台北　101"，則 replaceAll(" ", "+") 會傳回 "台北+++101" 而導致過多的 + 號！所以此處改用規則運算式 (Regular Expression) 的表示法 "\\s+"，『\s』表示空白、定位 (Tab) 等字元 (因為在字串中 "\" 是用來表示 "\n" 之類的控制字元，所以要用 "\\" 表示 "\")，『+』表示 1 或多個。所以 "\\s+" 表示要將 1 或多個**連續**空白字元置換成 1 個 "+"。

關於『規則運算式』的介紹可參見章末的延伸閱讀題材。

● 第 3 行將 baseURL、keyword 字串連接在一起成為完整的 URL。

step 5 最後要加入儲存、讀取偏好設定的 onPause()、onResume() 方法：

```
01 @Override
02 protected void onPause() {
03     super.onPause();
04     SharedPreferences.Editor editor =          ← 取得編輯器物件
05         getPreferences(MODE_PRIVATE).edit();
06
07     editor.putString("關鍵字", keyword);     ← 儲存目前的搜尋參數
08     editor.commit();
09 }
10
11 @Override
```

```
12 protected void onResume() {
13     super.onResume();
14     SharedPreferences myPref = getPreferences(MODE_PRIVATE);
15     keyword=myPref.getString("關鍵字","Taipei+101");
16
17     if(wv.getUrl()==null)
18         wv.loadUrl(baseURL+keyword);
19 }
```

取得偏好設定物件（第 14 行）

讀取儲存的字串項目，若項目不存在，則傳回預設值 "Taipei+101"（第 15 行）

- 第 2~9 行為 onPause() 方法，在此方法中，會利用偏好設定將參數字串儲存起來。
- 第 7 行用 putString() 方法寫入字串，第 1 個參數是自訂的項目名稱 "關鍵字"，第 2 個參數則是要寫入的值，也就是 keyword 字串變數。
- 第 8 行呼叫 commit() 存檔。
- 第 12~19 行為 onResume()，在此會讀取偏好設定的資料 (搜尋參數)，並回存到 keyword 字串變數。
- 第 15 行讀出項目名稱為 "關鍵字" 的資料，並設定給 keyword 字串。
- 第 17 行呼叫 WebView 的 getUrl() 方法取得其目前顯示網頁的的 URL，若為 null 才會執行第 18 行載入網頁的動作。因為在手機切換到其他程式，返回 Activity 時會呼叫到 onResume()，但有時 WebView 還會保存之前的網頁內容，此時就不需重新載入網頁了。

step 6 將程式部署到手機、模擬器上執行, 測試效果:

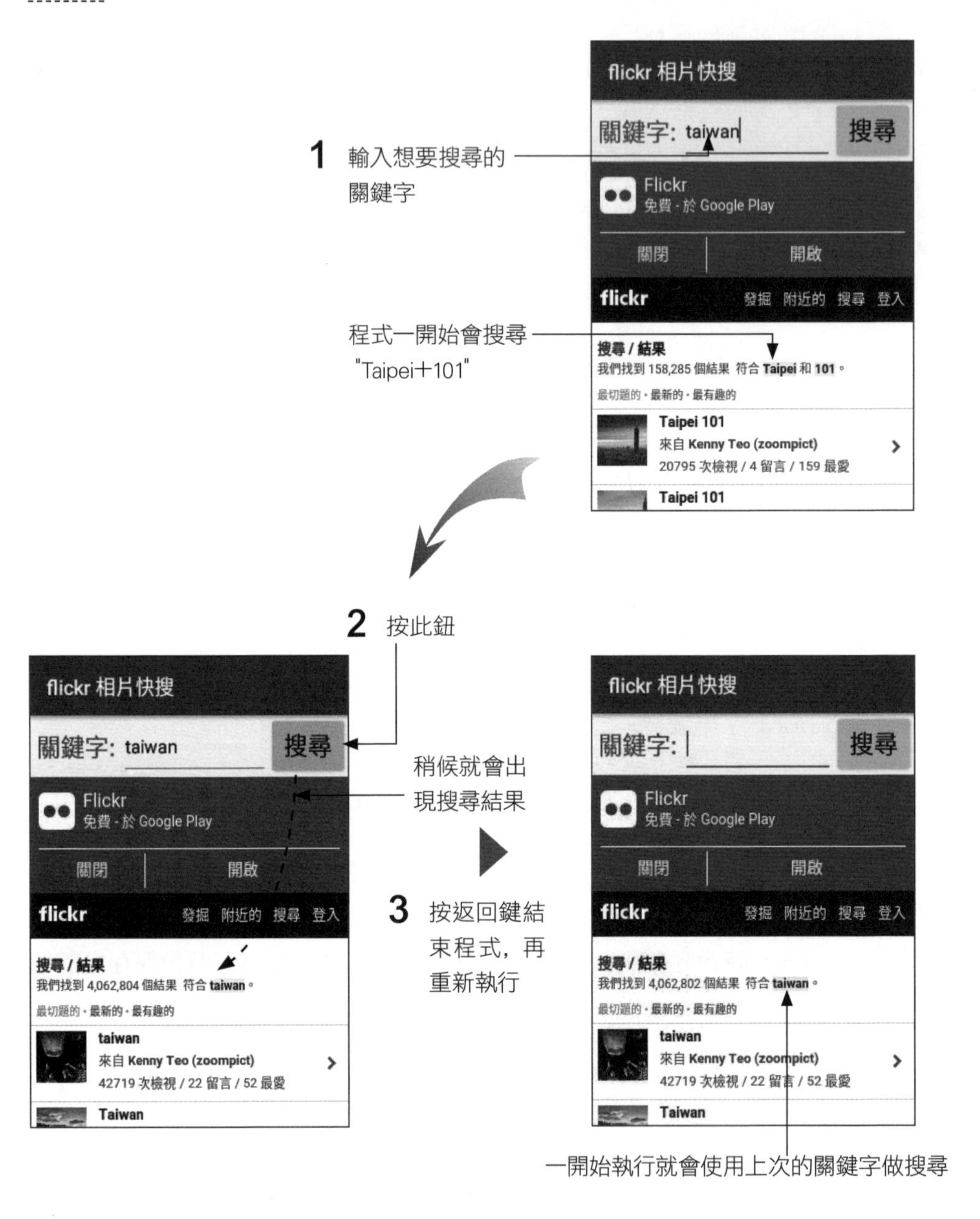

清除程式的 SharedPreferences 設定

在手機的『**設定/應用程式**』管理畫面中, 可檢視程式是否有儲存資料:

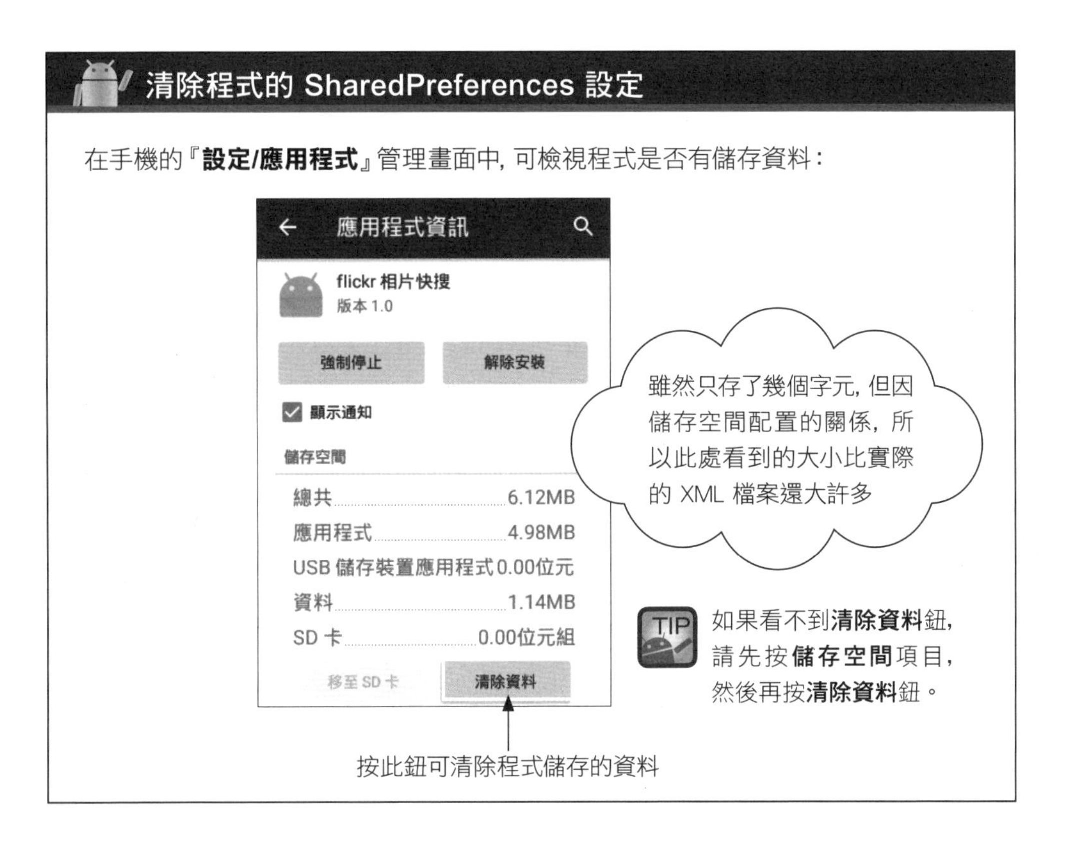

TIP 如果看不到**清除資料**鈕, 請先按**儲存空間**項目, 然後再按**清除資料**鈕。

練習 13-3 請修改範例中 getString() 取資料時的預設值, 例如改成 "玉山"。看是否程式一啟動就會用 "玉山" 當關鍵字做搜尋。

提示 除了將 onResume() 中呼叫 getString() 的敘述改成:

```
query=myPref.getString("關鍵字","玉山");
```

還必須先在手機/模擬器『**設定/應用程式**』的管理畫面中 (參見前面說明), 按**清除資料**鈕刪除先前儲存的資料 (或移除程式), 新的『預設值』才會生效。否則程式執行都會讀到先前儲存的資料, 使 getString() 永遠都不會用到預設值。

延伸閱讀

1. 想利用 WebView 建立網頁應用程式, 可參考官方指南:http://developer.android.com/guide/webapps/webview.html。

2. 關於 WebViewClient 的更多方法請參見:http://developer.android.com/reference/android/webkit/WebViewClient.html。

3. 關於 WebChromeClient 的更多方法請參見:http://developer.android.com/reference/android/webkit/WebChromeClient.html。

4. 有關一次直接定義類別、建立物件的語法, 可以參考旗標出版『Java 7 教學手冊』一書第 9-5 節『內部類別』, 或是『最新 Java 8 程式語言』一書第 18-3-3 小節『內部類別』。

5. 若想讓行動網頁可使用手機的定位資料, 除了要使用 WebChromeClient 的 onGeolocationPermissionsShowPrompt() 方法 (用法參見官網說明), 還需設定專案取得手機定位資訊的權限, 詳見第 14 章。

6. 有關 Java 語言中『規則運算式』的用法介紹參見 Java 的 Pattern 類別文件:http://developer.android.com/reference/java/util/regex/Pattern.html。也可參考 Oracle 提供的線上教學 **Lesson: Regular Expressions**:http://docs.oracle.com/javase/tutorial/essential/regex/。

重點整理

1. 要在 Activity 內顯示網頁內容, 則需使用 WebView 元件。且需在 AndroidManifest.xml 中設定存取網際網路的權限。

2. 呼叫 WebView 的 loadURL() 方法可載入指定網址的網頁, 參數的網址必須是完整的 URL;getUrl() 方法會傳回目前顯示網頁的 URL。

3. WebView 預設不支援縮放功能、JavaScript。在元件中按超連結時，會以 Intent 的方式啟動系統的瀏覽器來開啟網頁。

4. 要讓 WebView 多具備類似瀏覽器基本功能或自訂行為，要搭配 android.webkit 套件下的 WebSettings、WebViewClient、WebChromeClient 類別。

5. WebSettings 用於控制 WebView 的基本設定，例如啟用網頁縮放、啟用 JavaScript 功能等。呼叫 WebView 的 getSettings() 方法即可取得其 WebSettings 物件。

6. WebViewClient 用於控制 WebView 本身的行為，透過此類別物件，可取得使用者按下網頁中超連結、網頁載入的開始/結束...等事件的控制權。

7. WebChromeClient 用於製作和網頁有關、但屬於 WebView『之外』的效果。舉例來說，WebView 在載入網頁時要顯示進度，就要利用 WebChromeClient 來實作。

8. WebChromeClient 的 onProgressChanged() 會在網頁載入進度有異動時被呼叫，參數為載入進度的百分比數值 (0～100)。

9. 改寫 Activity 類別的 onBackPressed() 事件處理方法，即可攔截使用者按下返回鍵的事件。在此方法中，也可再呼叫父類別的同名方法 super.onBackPressed(); 來執行系統預設的動作 (結束程式)。

10. 偏好設定物件 (SharedPreferences) 可用於儲存少量的資料，其實際的存取檔案 (XML 格式) 動作已封裝在相關類別中，不需我們處理。

11. 要儲存偏好設定，需先呼叫 getPreferences(MODE_PRIVATE) 取得 SharedPreferences 物件，再呼叫 edit() 取得 SharedPreferences.Editor 編輯器物件。

12. 使用 SharedPreferences.Editor 編輯器物件的 putXXX() 方法可儲存資料，參數為儲存的資料項目名稱，及實際的資料值。最後要呼叫 comit() 方法完成實際的存檔動作。

13. 要讀取先前儲存的偏好設定, 要先取得 SharedPreferences 物件, 接著再以資料項目名稱為參數, 呼叫對應的 getXXX() 方法 (不需取得 Editor 物件), 第 2 個參數為找不到項目時所需傳回的預設值。

14. 在一般程式中, 都是在 Activity 的 onPause() 方法進行儲存資料的動作, 在 onResume() 方法讀取先前儲存的資料, 以回存 Activity 的相關狀態。

習　題

1. 呼叫 WebView 的 ______() 方法可載入指定網址的網頁, 參數的網址必須是完整的 URL；______() 方法會傳回目前顯示網頁的 URL；______() 方法可取得其 WebSettings 物件。

2. 請利用 WebView 設計一個簡易的瀏覽器程式, 在佈局中加入 EditText 供使用者輸入網址, 並在 WebView 中顯示該網址所指的網頁內容。

3. 續上題, 讓程式會在網頁載入時, 用 Toast 呈現載入進度。

4. 請設計一個簡單的輸入表單 (例如可輸入姓名、電話、Email), 並利用偏好設定檔儲存使用者輸入的內容。當程式結束, 再重新啟動時, 會自動載入前次輸入的資料並顯示在各欄位。

5. 請修改第 5 章的溫度換算程式, 同樣利用偏好設定檔儲存 EditText 中的溫度值, 同時也要儲存 RadioGroup 目前選取的項目, 並在程式下次啟動時回復。

6. 請修改第 8 章的範例 8-4, 同樣利用偏好設定檔儲存迷你備忘錄中的備忘資料, 並在程式下次啟動時回復。

14 GPS 定位、地圖、功能表

Chapter

14-1 取得手機定位資料

14-2 定位資訊與地址查詢

14-3 在程式中顯示 Google Map

14-4 幫 Activity 加上功能表

本章將介紹在手機應用相當熱門的定位與地圖應用, 我們將告訴讀者如何使用手機的定位服務 (GPS 定位及網路定位) 取得定位資訊 (經緯度)、查詢地址、以及在地圖顯示目前位置。

另外本章也會介紹如何製作功能表 (Menu), 並在使用者選擇功能表命令時, 執行指定的工作。

14-1 取得手機定位資料

LocationManager:系統的定位管理員

要使用手機的定位功能取得定位資料 (經緯度、高度), 必須先取得系統提供的 LocationManager 物件 (以下簡稱定位管理員):

```
LocationManager locmgr = (LocationManager)
        getSystemService(Context.LOCATION_SERVICE);
```

取得系統的定位管理員

取得定位管理員後, 可進一步做下列 2 項動作:

- 取得系統的 LocationProvider (定位提供者):定位提供者負責提供我們所需的定位資料。
- 註冊『位置事件』(包含位置更新、定位提供者狀態改變等) 的監聽器。

本節及下一節所用到的定位功能相關類別, 都歸類於 android.Location 套件。

定位提供者

一般人口頭上常說:『用 GPS 定位』, 其實 GPS 只是眾多定位提供者之一, 目前手機大多支援 3 種定位提供者 (在程式中取得的定位提供者名稱都是英文小寫):

- gps：利用手機接收分佈在地球上空的 GPS (全球定位系統, Global Position System) 衛星所發出的訊號, 進而計算出手機目前所在的位置。優點是定位較精準, 缺點是耗電、無法接收到衛星訊號 (例如在室內、墜道中) 就無法定位, 而且初始定位時要花較久時間才能取得正確定位資料。

- network (無線網路)：利用行動電話/Wi-Fi 基地台、AGPS (Assisted GPS, 輔助式 GPS) 來定位, 優點是在室內也可定位, 缺點是精準度稍差。

- passive (被動式定位)：其實此項也是利用前 2 個提供者的服務, 而『被動』的意思是指必須有其它的 Android App 使用定位服務取得定位資料, 我們的程式也才會取得相關定位資料。因此通常是在需在背景運作的程式, 才會選用此定位提供者, 以減少佔用的系統資源。

Android API 中也提供了以下常數來對應 gps 與 network 這兩個定位供應者：

LocationManager.GPS_PROVIDER	gps
LocationManager.NETWORK_PROVIDER	network

當您在程式中輸入常數時, Android Studio 會自動補全所有字數, 並且編譯時也可以事先偵測到是否打錯字, 而不必等佈署到手機執行發生錯誤時才發現, 所以建議您多加利用這兩個常數。

用 getBestProvider() 方法取得定位提供者名稱

想利用定位提供者取得定位資訊, 可先利用 getBestProvider() 方法取得目前可用的『最佳定位提供者』名稱：

```
LocationManager mgr =...;    ◀── 取得定位管理員
String provider = mgr.getBestProvider(new Criteria(),  ◀── 提供者的規格
                                 true);◀── 是否只傳回已啟用的提供者
```

getBestProvider() 方法有兩個參數, 第 1 個參數是設定所要求的規格條件 (例如耗電量、有無提供高度資料等), 為簡化處理, 可如上建立空的 Creteria() 物件當參數, 表示無限制；第 2 個參數則是設定是否只傳回『系統中已啟用的提供者』。

getBestProvider() 方法會傳回參數指定條件中最佳的提供者名稱，例如："gps"、"network"、"passive"。取得最佳定位提供者名稱後，我們就可進一步用後面介紹的方法來取得定位資訊。

要求使用者授權

要使用定位提供者，專案也必須設定相關權限，包括 android.permission.ACCESS_COARSE_LOCATION 和 android.permission.ACCESS_FINE_LOCATION 兩個權限：

使用的定位提供者	必要的權限
gps	android.permission.ACCESS_FINE_LOCATION
network	android.permission.ACCESS_COARSE_LOCATION android.permission.ACCESS_FINE_LOCATION
passive	android.permission.ACCESS_FINE_LOCATION

手機定位屬於隱私性的資訊，所以被歸類於危險權限，若 App 要相容於 Android 6.x 以上的系統，必須參考 10-2 節的說明，使用 ActivityCompat.requestPermissions() 向使用者要求允許定位權限（方法參見後面的範例）。

用 requestLocationUpdates() 註冊位置事件的監聽器

若想讓定位提供者每次取得新的定位資料，就通知程式（例如每移動一段距離，就自動更新顯示的定位資料），必須用定位管理員呼叫 requestLocationUpdates() 方法註冊『位置事件』的監聽器。

```
public class MainActivity extends Activity
            implements LocationListener {
    ...
  mgr.requestLocationUpdates("gps",          ← 定位提供者名稱
                             5000,           ← 間隔超過 5 秒才通知
                             5,              ← 距離超過 5 公尺才通知
                             this);          ← 監聽物件
    ...
```

由於定位提供者更新的時間不固定, 而當手機沒有移動時也不需更新, 所以可如上在第 2、3 個參數指定至少間隔多久, **並且**移動距離多遠才需通知監聽器。

用 isProviderEnabled() 方法檢查定位提供者是否可以使用

程式中可利用 isProviderEnabled() 方法取得某一個定位提供者是否可以使用, 確認可用後再使用 requestLocationUpdates() 向該定位提供者註冊更新位置的監聽器:

```
LocationManager mgr =...;
boolean isGPSEnabled = mgr.isProviderEnabled("gps"); ←─檢查 GPS 是否可用

if (isGPSEnabled)
  mgr.requestLocationUpdates("gps", 5000, 5, this);
```

實作 LocationListener 介面

『位置事件』監聽器需實作 LocationListener 介面, 此介面共有 4 個方法:

- onLocationChanged():位置更新
- onProviderDisabled():定位提供者被停用
- onProviderEnabled():定位提供者被啟用
- onStatusChanged():定位提供者狀態改變

要取得位置資訊時, 只需使用其中的 onLocationChanged() 方法, 其參數就是內含位置資訊的 Location 物件:

```
@Override
public void onLocationChanged(Location loc) {
    // 用參數 loc.getXXX() 取得定位資料
    loc.getAltitude()     ◄— 取得高度 (公尺)
    loc.getLatitude()     ◄— 取得緯度
    loc.getLongitude()    ◄— 取得經度
    loc.getSpeed()        ◄— 取得速度 (公尺/秒)
}
```

有些定位提供者無法提供上述所有的資料，此時可利用 hasAltitude()、hasSpeed() 方法檢查 Location 物件中有無包含高度、速度資料 (傳回值均為 boolean)。

用 getLastKnownLocation() 方法取得最近一次的定位資料

除了透過 onLocationChanged() 持續取得定位資料外，定位管理員也提供了一個 getLastKnownLocation() 方法可用以取得最近一次的定位資料。

getBestProvider() 方法傳回值為定位提供者的名稱字串，例如 "gps"、"network"、"passive"。取得此名稱字串後，即可如下呼叫定位管理員的 getLastKnownLocation() 取得最近一次的定位資料：

```
Location l_gps = mgr.getLastKnownLocation("gps"); ◄┐
                                    取得最近一次 GPS 定位資料

Location l_net = mgr.getLastKnownLocation("network"); ◄┐
                                    取得最近一次網路定位資料
```

getLastKnownLocation() 取得的是『上一次』的定位資料，有可能因為手機開機後從未使用過定位功能，導致傳回的 Location 物件為 null，另外也有可能上次定位時間相隔甚久，所以上一次的位置與目前位置相差很遠，因此在使用 getLastKnownLocation() 時必須注意這樣的狀況。

不過因為 getLastKnownLocation() 是從系統快取中取得資料，幾乎可以瞬間獲得一個定位的位置，所以目前許多需要定位的 App 一啟動之後會先以 getLastKnownLocation() 的定位作為初始位置，後續再慢慢等待 GPS 或是網路定位資料，這樣使用者一打開 App 後就可以立刻操作，改善使用者的使用體驗。

用 removeUpdate() 方法取消註冊監聽器

當我們用 requestLocationUpdate() 註冊『位置事件』監聽器後, 手機定位硬體就會持續運作, 若使用的是 GPS, 將會耗用大量電力。

因此一般程式都會在 onResume() (Activity 在前景時) 中註冊監聽器, 在 onPause() (Activity 被移到背景時) 中呼叫定位管理員的 removeUpdate() 方法取消註冊。若程式不需一直取得更新, 也可在取得定位資訊後, 就立即呼叫 removeUpdate() 方法取消註冊。

範例 14-1:取得所在位置 (經緯度)

以下就利用本節介紹的內容, 撰寫一個簡單的定位程式, 程式會顯示目前手機的位置 (經緯度、高度), 另外還有一個按鈕, 可啟動系統的定位設定畫面 (利用第 9 章介紹的 Intent 功能)。

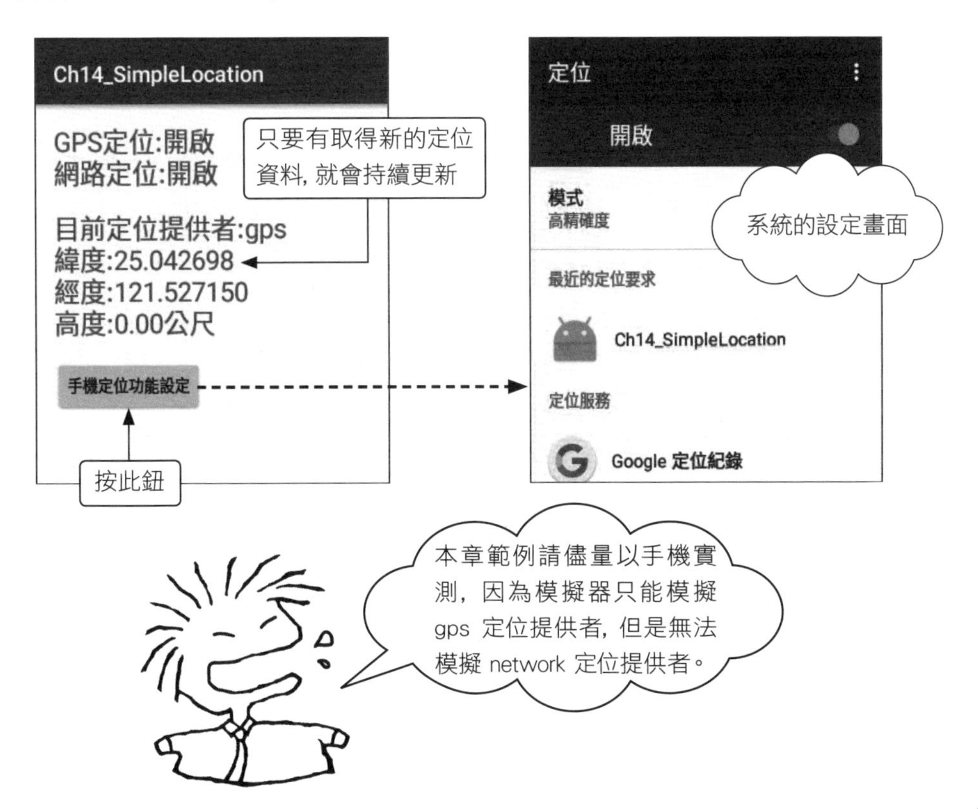

step 1 請建立新專案 "Ch14_SimpleLocation", 在 Layout 畫面中將預設的 "Hello World!" 元件刪除, 再將佈局轉換成 ConstraintLayout, 如下加入元件並設定各元件的屬性與約束:

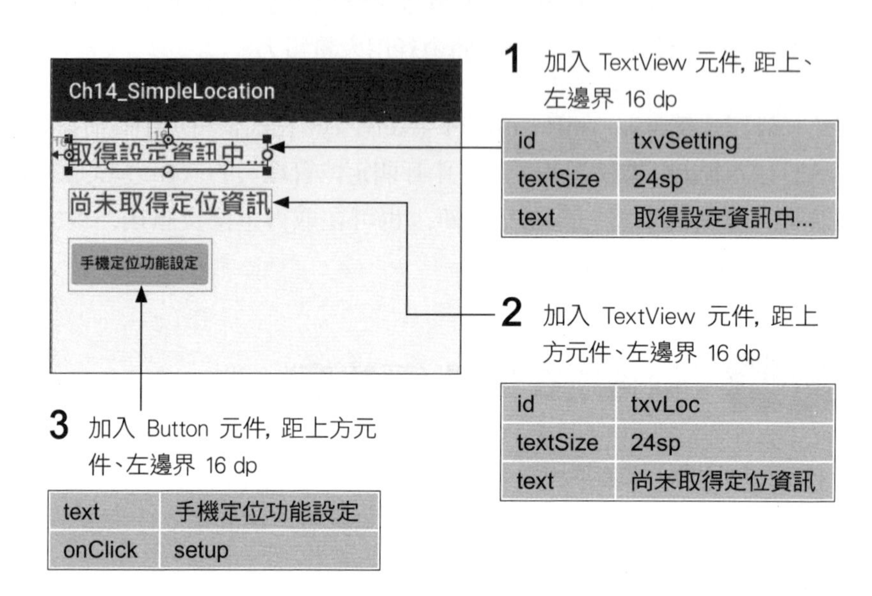

step 2 接著請開啟 AndroidManifest.xml 檔, 加入如圖所示權限:

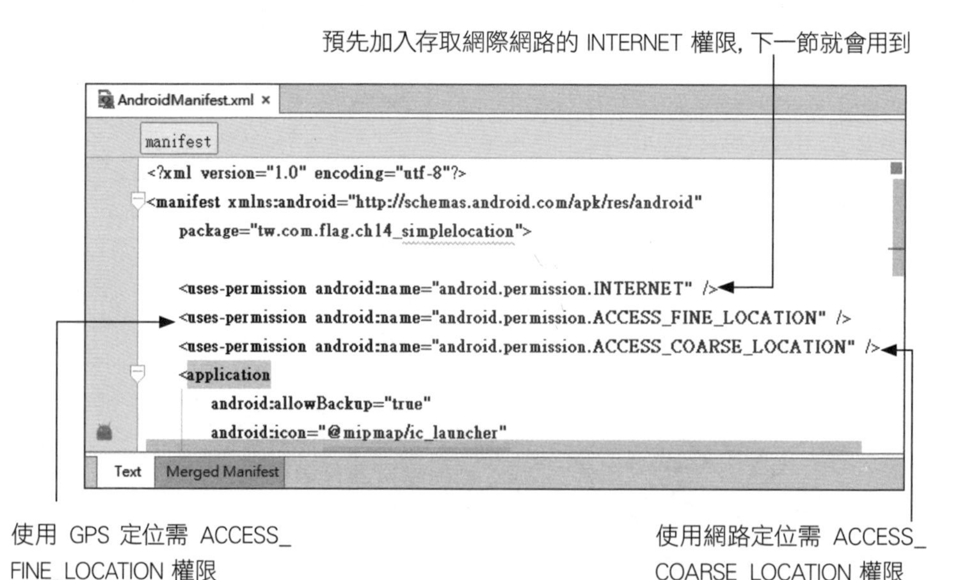

step 3 開啟 MainActivity.java，先在類別中加入下列變數及初始化動作：

```
01 public class MainActivity extends AppCompatActivity
02                              implements LocationListener {
03   static final int MIN_TIME = 5000; ←位置更新條件：5000 毫秒
04   static final float MIN_DIST = 0; ←位置更新條件：5 公尺
05   LocationManager mgr;      ←定位管理員
06   TextView txvLoc;
07   TextView txvSetting;
08
09   boolean isGPSEnabled;        ←GPS定位是否可用
10   boolean isNetworkEnabled;   ←網路定位是否可用
11
12   @Override
13   protected void onCreate(Bundle savedInstanceState) {
14       super.onCreate(savedInstanceState);
15       setContentView(R.layout.activity_main);
16
17       txvLoc = (TextView) findViewById(R.id.txvLoc);
18       txvSetting = (TextView) findViewById(R.id.txvSetting);
19
20       // 取得系統服務的LocationManager物件
21       mgr = (LocationManager) getSystemService(LOCATION_SERVICE);
22
23       checkPermission(); ←檢查若尚未授權，則向使用者要求定位權限
24   }
25
26   @Override
27   protected void onResume() {
28       super.onResume();
29
30       txvLoc.setText("尚未取得定位資訊"); ←清除之前的定位資訊
31
32       enableLocationUpdates(true);     ←開啟定位更新功能
33
34       String str="GPS定位:"+ (isGPSEnabled?"開啟":"關閉");
35       str += "\n網路定位:"+ (isNetworkEnabled?"開啟":"關閉");
36       txvSetting.setText(str);     ←顯示 GPS 與網路定位是否可用
37   }
38
```

Next

```
39   @Override
40   protected void onPause() {
41       super.onPause();
42
43       enableLocationUpdates(false);      ←關閉定位更新功能
44   }
```

- 第 2 行在類別宣告後加上 "implements LocationListener" 實作位置更新監聽器介面，介面的事件會在下一個步驟加入。
- 第 9~10 行宣告的變數是用於 enableLocationUpdates() 方法，這是我們自訂的方法，可以用來開啟或關閉定位更新功能，稍後會再說明。
- 第 21 行呼叫 getSystemService(LOCATION_SERVICE) 取得系統的定位管理員。
- 第 23 行呼叫我們自訂的 checkPermission() 方法來檢查是否具備定位的權限，若否的話則會向使用者要求權限。
- 第 32 行先呼叫 enableLocationUpdates() 開啟定位更新功能，enableLocationUpdates() 會更新 isGPSEnabled 與 isNetworkEnabled 變數的值，所以 34~36 行即可使用這兩個變數來顯示 GPS 與網路定位是否可用。

step 4 接著加入 LocationListener 介面的事件方法，以及**手機定位功能設定**按鈕的 onClick 事件方法：

```
01 @Override
02 public void onLocationChanged(Location location) {  ← 位置變更事件
03  String str="定位提供者:"+location.getProvider();
04  str+= String.format("\n緯度:%.5f\n經度:%.5f\n高度:%.2f公尺",
05              location.getLatitude(),          ← 緯度
06              location.getLongitude(),         ← 經度
07              location.getAltitude());         ← 高度
08  txvLoc.setText(str);
09 }
```

Next

```
10
11 @Override
12 public void onProviderDisabled(String provider) { }     ◄— 不處理
13 @Override
14 public void onProviderEnabled(String provider) { }      ◄— 不處理
15 @Override
16 public void onStatusChanged(String provider, int status, Bundle extras) { }
17                                                              ▲
18 // 顯示手機定位畫面                                         不處理
19 public void setup(View v) {
20  Intent it =        ◄— 使用Intent物件啟動"定位"設定程式
21          new Intent(Settings.ACTION_LOCATION_SOURCE_SETTINGS);
22  startActivity(it);
23 }
```

- 第 1~16 行都是 LocationListener 介面的方法, 我們只用到 onLocationChanged() 位置變更事件, 其它 3 個事件都未用到因此不處理。
- 第 2~9 行在 onLocationChanged() 取得參數 Location 物件, 接著就用它呼叫 getXXX() 方法取得各項資訊並放在 str 字串變數。此處利用 String.format() 方法做格式化輸出。
- 第 19~23 行是**手機定位功能設定**鈕的按鈕事件方法, 使用者按此按鈕時, 程式會用 Intent 的方式呼叫系統設定中的定位設定 Activity。

step05 最後加入取得危險權限的 checkPermission() 和 onRequestPermissionsResult() 方法, 以及開啟/關閉定位更新功能的 enableLocationUpdates() 方法:

```
01 //檢查若尚未授權, 則向使用者要求定位權限
02 private void checkPermission() {
03   if (ActivityCompat.checkSelfPermission(this,
04            Manifest.permission.ACCESS_FINE_LOCATION)
05        != PackageManager.PERMISSION_GRANTED)
06   {
07      ActivityCompat.requestPermissions(this,
```

Next

```
08        new String[]{Manifest.permission.ACCESS_COARSE_LOCATION},200);
09    }
10 }
11
12 @Override
13 public void onRequestPermissionsResult(int requestCode,
                                String[] permissions, int[] grantResults) {
14   if (requestCode == 200){
15        if (grantResults.length >= 1 &&
16               grantResults[0] != PackageManager.PERMISSION_GRANTED) {◄─ 使用者不允許權限
17             Toast.makeText(this,
                 "程式需要定位權限才能運作", Toast.LENGTH_LONG).show();
18        }
19    }
20 }
21
22 //開啟或關閉定位更新功能
23 private void enableLocationUpdates(boolean isTurnOn) {
24   if (ActivityCompat.checkSelfPermission(this,
25               Manifest.permission.ACCESS_FINE_LOCATION)
26        == PackageManager.PERMISSION_GRANTED)
27   {  // 使用者已經允許定位權限
28     if (isTurnOn) {
29        //檢查 GPS 與網路定位是否可用
30        isGPSEnabled =
              mgr.isProviderEnabled(LocationManager.GPS_PROVIDER);
31        isNetworkEnabled =
              mgr.isProviderEnabled(LocationManager.NETWORK_PROVIDER);
32
33        if (!isGPSEnabled && !isNetworkEnabled) {
34             // 無提供者, 顯示提示訊息
35             Toast.makeText(this,
                    "請確認已開啟定位功能!", Toast.LENGTH_LONG).show();
36        }
37        else {
38             Toast.makeText(this,
                    "取得定位資訊中...", Toast.LENGTH_LONG).show();
39             if (isGPSEnabled)
```

請注意！在呼叫需要危險權限的方法之前，最好都加上這段檢查是否授權的判斷式，否則可能會視為錯誤而出現紅色波浪底線（不過仍可編譯執行）。

Next

```
40                mgr.requestLocationUpdates(          向 GPS 定位提供者
41                  LocationManager.GPS_PROVIDER,◄── 註冊位置事件監聽器
                                      MIN_TIME, MIN_DIST, this);
42            if (isNetworkEnabled)
43                mgr.requestLocationUpdates(              向網路定位提供者註
44                  LocationManager.NETWORK_PROVIDER,◄──冊位置事件監聽器
                                      MIN_TIME, MIN_DIST, this);
45          }
46        }
47        else {
48          mgr.removeUpdates(this);      ◄── 停止監聽位置事件
49        }
50      }
51  }
```

- 第 2~20 行向使用者要求允許危險權限, 並檢查使用者是否允許危險權限。其中第 4 行我們只要求了 GPS 需要的 ACCESS_FINE_LOCATION 權限, 並未要求網路定位需要的 ACCESS_COARSE_LOCATION 權限, 這是因為這兩個權限屬於同一群組, 只要有一個權限被允許後, 另外一個也會自動允許。關於危險權限的取得與檢查方式, 請參見 10-2 節。

- 第 30~31 行會檢查 gps 與 network 定位提供者是否可用, 若可用則第 39~44 行將向各個定位提供者註冊位置事件監聽器。一般來說 network 定位會比較快, 所以若兩者皆可用, 畫面上將先顯示 network 定位資訊, 然後等到取得更精細的 gps 定位資訊後會再顯示於畫面, 這樣可以避免使用者等待過久。

step 6 將程式部署到手機上即可如下測試 (若使用模擬器, 可參考後面方框來設定測試用的經緯度):

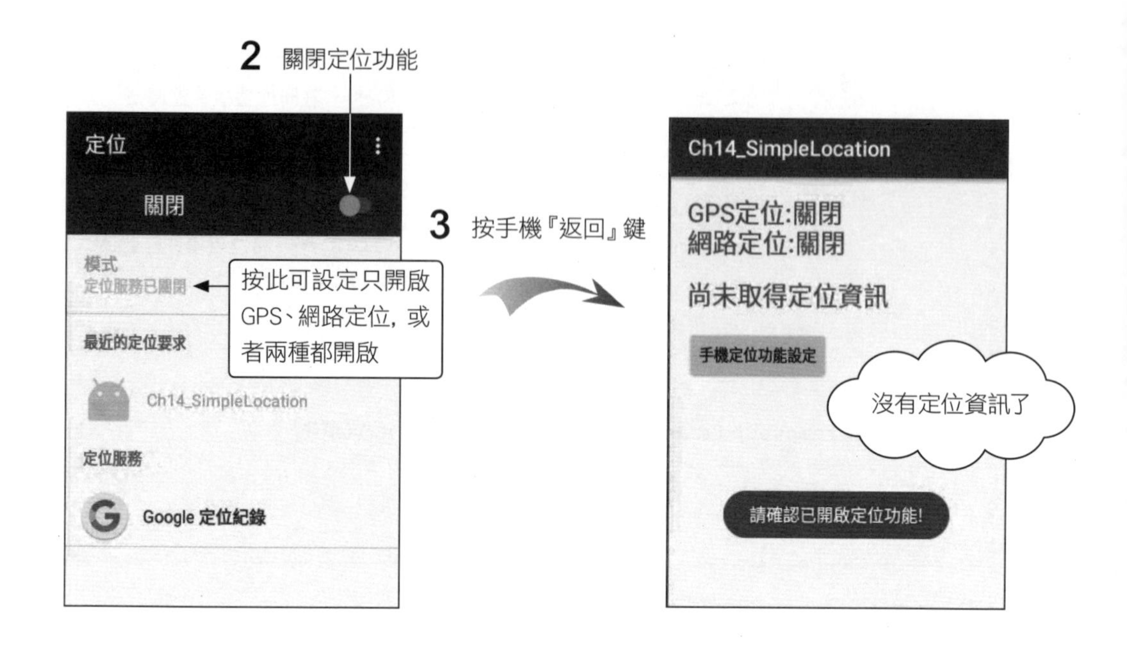

若您的手機系統版本在 Android 6.x 以上，啟動 App 時會看到是否允許位置資訊的對話窗，當您允許授權此權限後，只要 App 不移除，授權便永久有效，下次不會再重複詢問您。若事後想要取消授權，請進入手機定位功能設定中，如下操作：

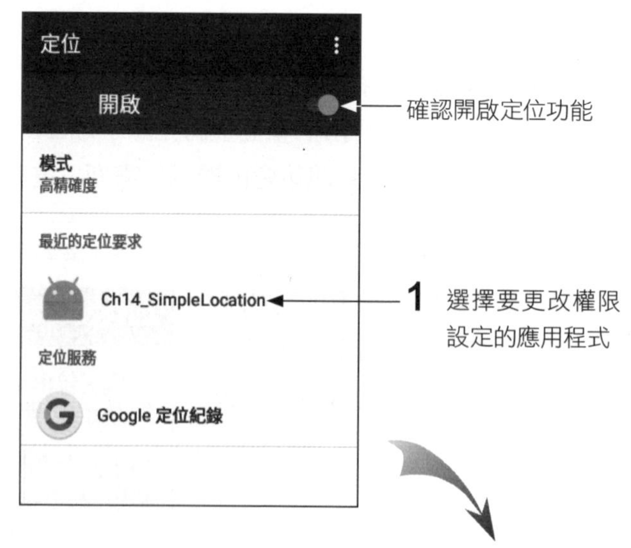

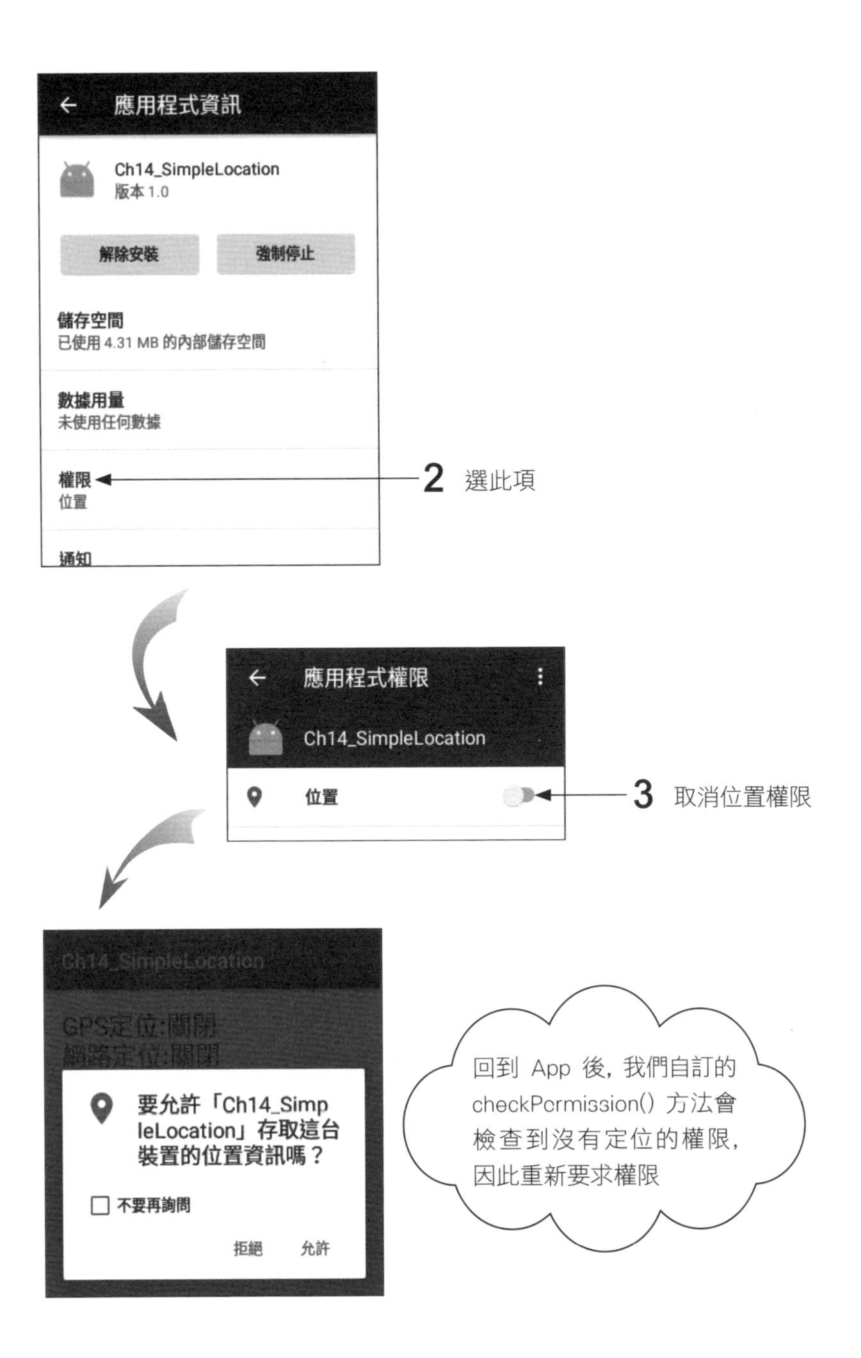
應用程式資訊
Ch14_SimpleLocation
版本 1.0
解除安裝
強制停止
儲存空間
已使用 4.31 MB 的內部儲存空間
數據用量
未使用任何數據
權限
位置
通知
2 選此項
應用程式權限
Ch14_SimpleLocation
位置
3 取消位置權限
Ch14_SimpleLocation
GPS定位:關閉
網路定位:關閉
要允許「Ch14_SimpleLocation」存取這台裝置的位置資訊嗎？
不要再詢問
拒絕
允許
回到 App 後，我們自訂的 checkPermission() 方法會檢查到沒有定位的權限，因此重新要求權限

練習 14-1 許多景點資料、或導航裝置會用『度、分、秒』的格式表示經緯度。而我們則可用 Location.convert() 方法取得以『度、分、秒』格式表示的經緯度字串：

```
Location.convert(12.3,                          ← 將 12.3 度轉成
          Location.FORMAT_SECONDS);             ← 『度:分:秒』格式的字串
Location.convert(56.7,                          ← 將 56.7 度轉成
          Location.FORMAT_MINUTES);             ← 『度:分』格式的字串
```

請修改前面的範例程式，讓輸出的經緯度是用『度:分:秒』格式表示。

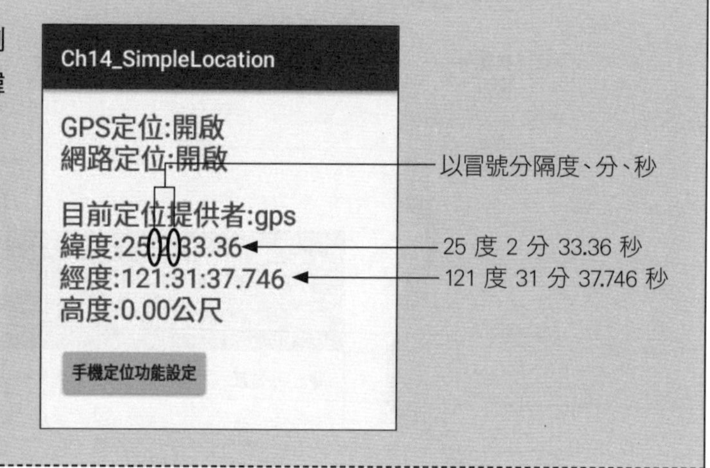

提示 可修改範例程式 onLocationChange() 方法，將輸出經緯度的部份改成使用 Location.convert() 取得轉換後的字串再輸出：

```
str+= String.format("\n緯度:%s\n經度:%s\n高度:%.2f公尺",
        Location.convert(location.getLatitude(),    ← 取得緯度
                Location.FORMAT_SECONDS),           ← 用『度:分:秒』格式
        Location.convert(location.getLongitude(),   ← 取得經度
                Location.FORMAT_SECONDS),           ← 用『度:分:秒』格式
        location.getAltitude());        ← 高度
```

因為 Location.convert() 傳回的是字串，所以 String.format() 中的格式化字串參數也要改用 %s。若想將冒號代換成 ° (度) 和 ' (分) 符號，則需進一步處理，此部份就留給讀自行練習。

設定模擬器定位資訊

若想在模擬器上測試定位相關程式，可如下操作送出經緯度座標到模擬器的 GPS 上：

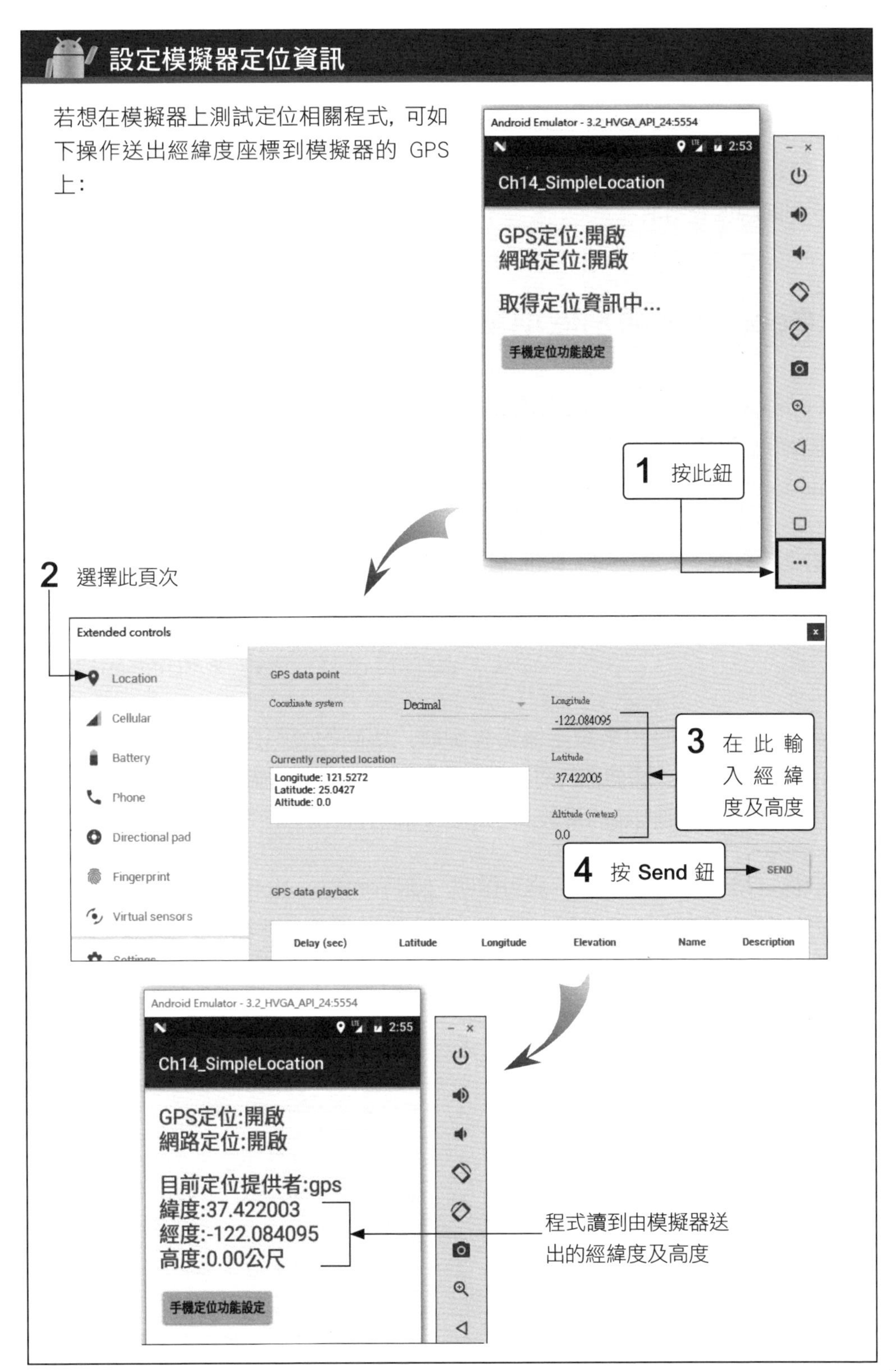

14-2 定位資訊與地址查詢

一般人無法利用經緯度來判斷所在位置，此時我們可進一步利用 Geocoder 類別，用經緯度查出地址。

用 Geocoder 類別做地址查詢

Geocoder 類別提供的功能就是做經緯度和地址的查詢，此項服務是透過網際網路連到 Google 提供的服務進行查詢，所以專案也要具備 android.permission.INTERNET 的權限，且使用時，手機必須已連上網際網路。

要進行查詢，必須先如下取得 Geocoder 物件：

```
Geocoder geo= new Geocoder(this,                    ◄— MainActivity 物件
                           Locale.getDefault());    ◄— 取得目前系統使用的語系
```

第 2 個參數是用來設定後續查詢時，傳回的資料所使用的語系、文字。Locale.getDefault() 會傳回目前系統使用的語系，若要明確指定所要使用的語系，可使用 Locale 類別內建的常數，例如 Locale.TAIWAN、Locale.US 等。

取得 Geocoder 物件後，就可呼叫 getFromLocation() 方法進行查詢，由於此方法有可能會拋出 IOException 例外，故依 Java 規定，呼叫的敘述需放在 try/catch 段落中：

```
try{
  geo.getFromLocation(25.0427, 121.5271,  ◄— 用經緯度查地址
                      1);                 ◄— 傳回的資料筆數
  ...
}
catch(...) {
  ...
}
```

getFromLocation() 方法前 2 個參數就是所要查詢的經緯度, 最後 1 個參數是限制傳回的查詢結果筆數。傳回值則是 Address 型別的 List 物件 (List<Address>), 其內的 Address 物件就包含著查詢到的地址資料;若查詢失敗則傳回 null 或沒有內容的 List 物件。

上面程式片段在 getFromLocation() 第 3 個參數指定只要 1 筆, 因此傳回的 List 物件內最多只會有 1 筆 Address 物件。

Address 地址物件

Address 地址物件的用法和前一節用過的 Location 物件類似, 只要用它呼叫下列 getXXX() 方法即會傳回對應的資料:

```
Address addr = ...;           ◄— 取得查詢到的地址物件
addr.getLatitude()            ◄— 傳回緯度 (double)
addr.getLongitude()           ◄— 傳回經度 (double)
addr.getCountryName()         ◄— 傳回所在的國家名稱字串
addr.getCountryCode()         ◄— 傳回國碼, 例如 TW、US 等
addr.getPhone()               ◄— 傳回電話字串
addr.getPostalCode()          ◄— 傳回郵遞區號字串
addr.getAddressLine()         ◄— 傳回地址
```

若傳回的字串為 "null", 表示物件不包含該項資訊。至於物件是否含經緯度, 可呼叫 hasLatitude()、hasLongitude() 方法查詢, 有包含時會傳回 true。

其中 getAddressLine() 方法必需指定參數表示要取得地址的第幾行, 由於我們事先不知地址有幾行, 所以需呼叫 getMaxAddressLineIndex() 取得地址行數, 再利用如下的迴圈逐行讀取:

```
Address addr = ...; ◄— 取得查詢到的地址物件
for (i=0;i< addr.getMaxAddressLineIndex();i++) {
    ... = getAddressLine(i);  ◄— 取得各行地址
}
```

範例 14-2：地址專家 - 用經緯度查詢地址

在此就利用本節介紹的內容，建立可用經緯度查詢地址的定位應用程式。我們會以上一節建立的範例為基礎，讓程式仍持續由定位提供者取得新的定位資料，而使用者可利用手機的定位資料、或自行輸入經緯度來進行查詢。

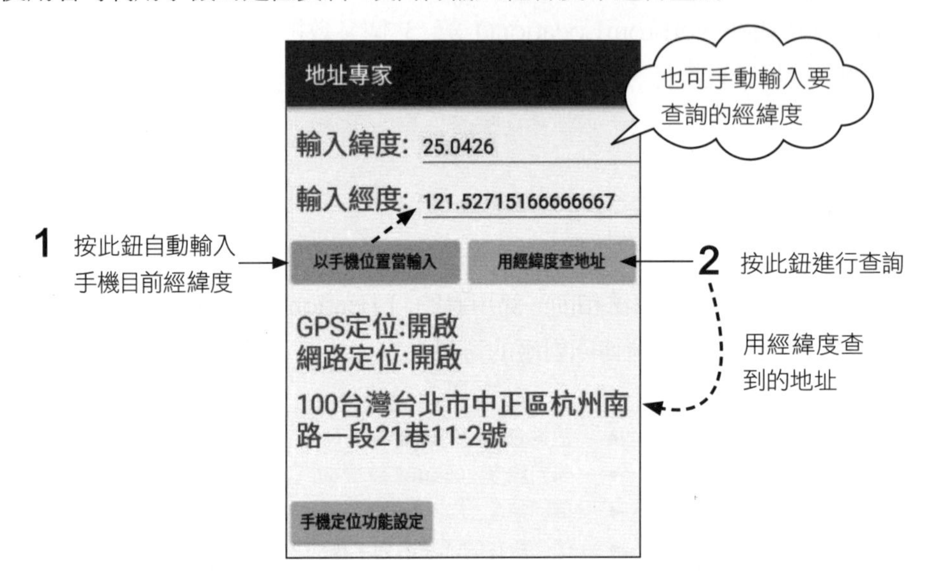

step 1 請將上一節的 Ch14_SimpleLocation 範例複製成新專案 **Ch14_Geocoder**，並將新專案字串資源中的 app_name 的值更改為 "地址專家"。

step 2 開啟佈局檔，新增下列元件：

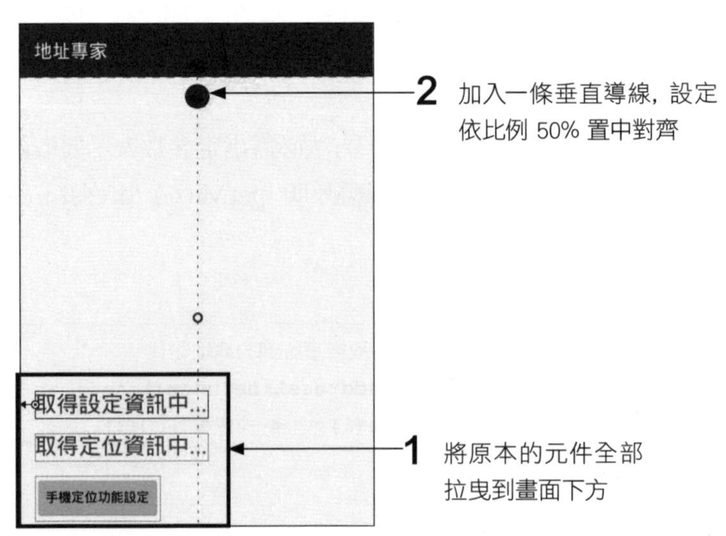

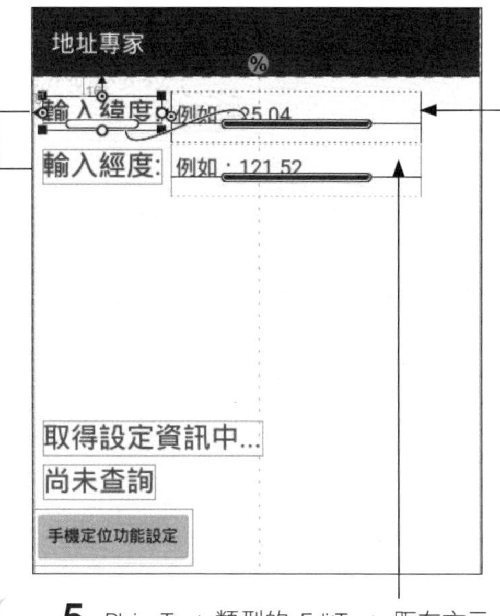

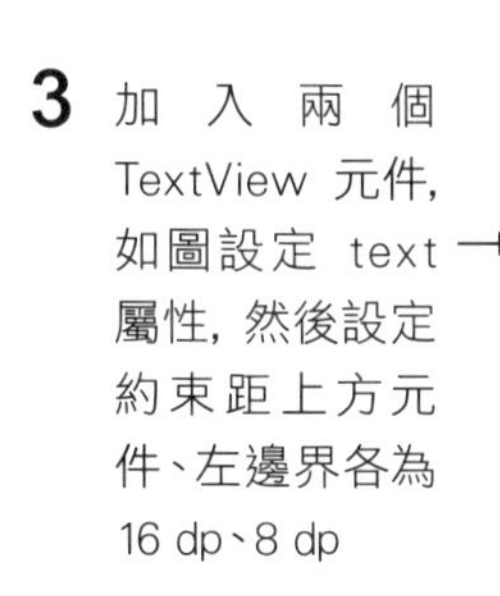

3 加入兩個 TextView 元件，如圖設定 text 屬性，然後設定約束距上方元件、左邊界各為 16 dp、8 dp

4 Plain Text 類型的 EditText，距左方元件 8 dp，並且文字基線對齊左方元件

id	edtLan
tex	(空白)
hint	例如：25.04

5 Plain Text 類型的 EditText，距左方元件 8 dp，並且文字基線對齊左方元件

id	edtLon
text	(空白)
hint	例如：121.52

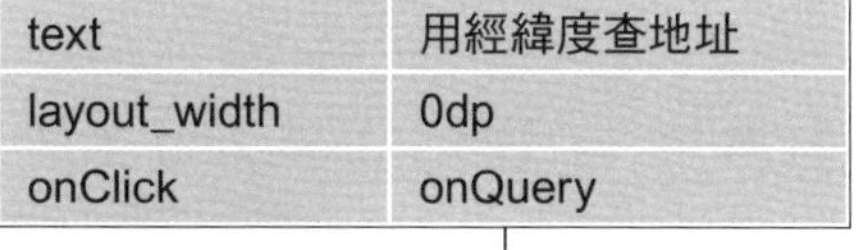

6 Button，距左邊界與中間導線 0 dp，距上方 TextView 元件 16 dp

text	以手機位置當輸入
layout_width	0dp
onClick	getLocation

7 Button，距右邊界與中間導線 0 dp，文字基線對齊左方按鈕

text	用經緯度查地址
layout_width	0dp
onClick	onQuery

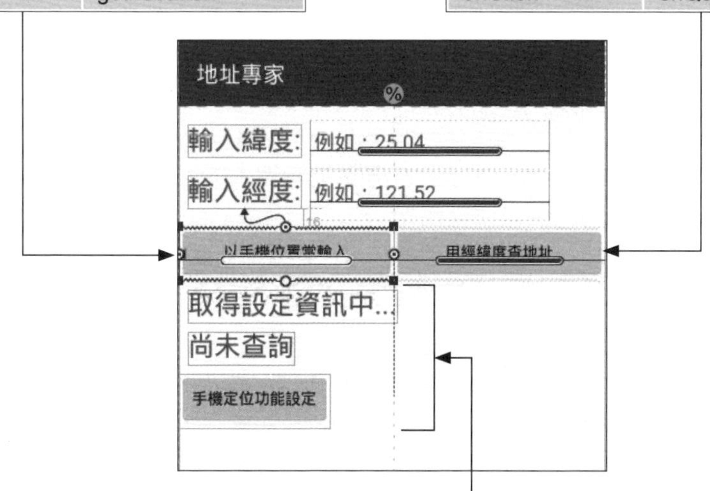

8 調整位置，全部元件距上方元件、左邊界 8 dp

step 3 開啟 MainActivity.java, 先加入新的類別變數及做部份修改：

```
01 public class MainActivity extends AppCompatActivity
                               implements LocationListener {
...
06     Location myLocation;      ◄— 儲存最近的定位資料
07     Geocoder geocoder;        ◄— 用來查詢地址的 Geocoder 物件
08     EditText edtLat,edtLon; ◄— 經緯度輸入欄位
09
10     @Override
11     protected void onCreate(Bundle savedInstanceState) {
...

18         edtLat = (EditText) findViewById(R.id.edtLan);
19         edtLon = (EditText) findViewById(R.id.edtLon);
20         geocoder = new Geocoder(this,    ◄— 建立 Geocoder 物件
21                                 Locale.getDefault());
22     }
...
45     @Override
46     public void onLocationChanged(Location location) {◄— 位置變更事件
47         myLocation=location;      ◄— 儲存定位資料
48     }
```

Next

- 第 6 行宣告的 Location 物件變數, 是用來儲存在『位置變更』事件 (第 47 行) 所取得的新定位資料。當使用者按畫面中的**以手機位置當輸入**鈕, 程式就會將此物件的經緯度加到 EditText 中, 以便使用者可用它來查詢目前所在地的地址 (此段程式會在步驟 4 加入)。

- 第 18~21 行在 onCreate() 方法中初始化新加入的類別變數 , 第 21 行在 Geoocder() 建構方法第 2 個參數用 Locale.getDefault() 取得系統目前預設語系, 稍後用 Geocode 物件進行查詢時, 查詢結果將會以手機目前的語系、文字傳回。

- 第 47 行在 onLocationChanged() 方法中, 將這次傳入的定位資料存於類別變數 myLocation 中。

step 4 接著加入這次新加入的 2 個按鈕的 onClick 屬性對應的按鈕事件處理方法：

```
01 public void getLocation(View v) {  ◄— "以手機位置當輸入"鈕的On Click 事件
02     if(myLocation!=null){  ◄— 若位置物件非null
03         edtLat.setText(Double.toString(          ◄— 將經度轉成字串
04                         myLocation.getLatitude()));
05         edtLon.setText(Double.toString(          ◄— 將緯度值轉成字串
06                         myLocation.getLongitude()));
07     }
08     else
09         txvLoc.setText("無法取得定位資料！");
10 }
11
12 public void onQuery(View view) {  ◄— "用經緯度查地址"鈕的On Click 事件
13     String strLat = edtLat.getText().toString();◄— 取輸入的緯度字串
14     String strLon = edtLon.getText().toString(); ◄— 取輸入的經度字串
15     if(strLat.length() == 0 || strLon.length() == 0) ◄— 當字串為空白時
16             return;                              ◄— 結束處理
17
18     txvLoc.setText("讀取中...");
19     double latitude = Double.parseDouble(strLat);  ◄— 取得緯度值
20     double longitude = Double.parseDouble(strLon); ◄— 取得經度值
21
22     String strAddr = "";     ◄— 用來建立所要顯示的訊息字串 (地址字串)
23     try {
24         List<Address> listAddr = geocoder.            用經緯度查地址
25                     getFromLocation(latitude, longitude,◄—┘
26                                     1);        ◄— 只需傳回1筆地址資料
27
28         if (listAddr == null || listAddr.size() == 0) ◄— 檢查是否有
29             strAddr += "無法取得地址資料!";                取得地址
30         else {                                     取 List 中的第一筆
31             Address addr = listAddr.get(0);     ◄— (也是唯一的一筆)
32             for (int i = 0; i <= addr.getMaxAddressLineIndex(); i++)
33                     strAddr += addr.getAddressLine(i) + "\n";
34         }
35     } catch (Exception ex) {
36         strAddr += "取得地址發生錯誤:" + ex.toString();
37     }
38     txvLoc.setText(strAddr);
39 }
```

- 第 1~10 行是前面提過的**以手機位置當輸入**鈕被按下時執行的方法，程式檢查內部儲存的 myLocation 所指的物件非 null 時，就將物件內的經緯度加到 EditText 中，當成使用者輸入的值，以便使用者可立即按**查詢**來查詢目前所在地的地址

- 第 12~39 行是**用經緯度查地址**鈕被按下時執行的 onQuery() 方法，程式先在第 13~16 行讀取 EditText 元件中的字串，並判斷是否為空字串，若為空字串則立即返回不繼續處理。

- 第 23~37 行是呼叫 Geocoder 的 getFromLocation() 方法的 try/catch 段落，第 24~26 行呼叫方法並取得傳回的 List 物件。

- 第 30~34 行會在傳回的 List 包含 Address 物件時，以迴圈呼叫 getAddressLine() 逐行讀取地址，並附加換行字元組成輸出的訊息字串。

step 5 將程式部署到手機上測試：

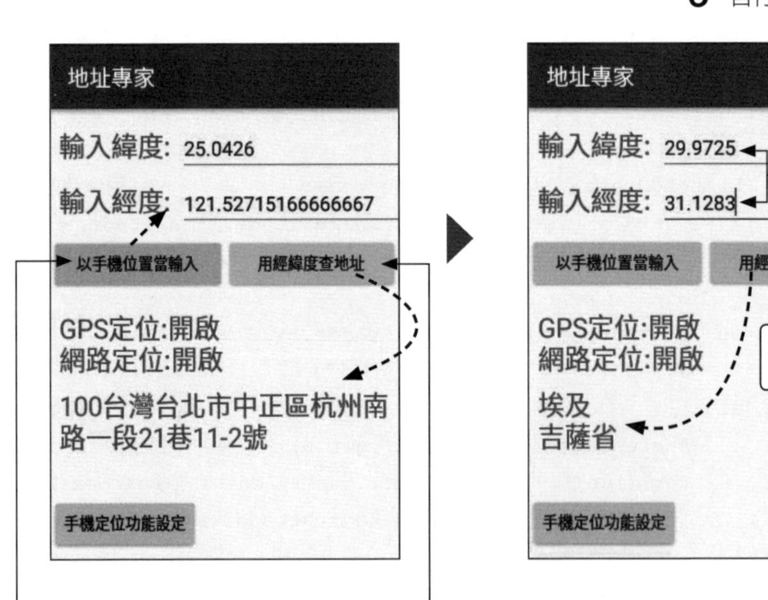

請修改程式, 讓查詢地址的功能除顯示地址之外, 也顯示所在地的國家代碼。

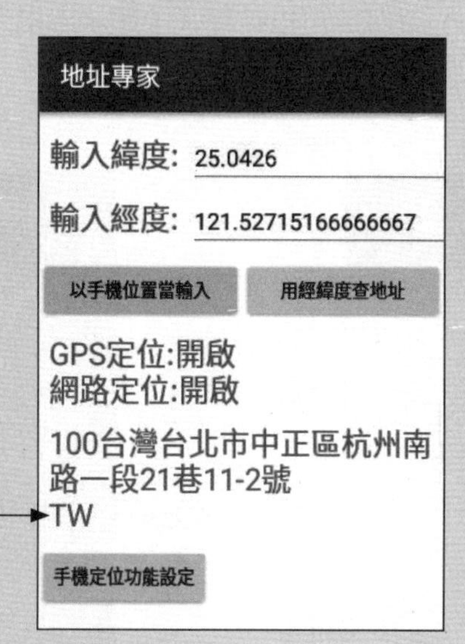

提示

以查詢結果的 Address 物件呼叫 getCountryCode() 即可取得國碼字串 (但要注意若物件不含此資訊, 會傳回 null)。所以可在原程式 onQuery() 方法中 (見 14-22 頁) 附加如下粗體部份的程式碼：

```
Address addr = listAddr.get(0);    ← 取 List 中的第一筆
for (int i = 0; i <= addr.getMaxAddressLineIndex(); i++)
    strAddr += addr.getAddressLine(i) + "\n";
if (addr.getCountryCode()!=null)
    strAddr += addr.getCountryCode(); ← 查國碼
```

14-3 在程式中顯示 Google Map

利用『Google Map』功能，可以在程式中顯示出指定地點的地圖，並做出許多與地圖有關的應用，讓我們的程式更加實用。例如：

使用 Google Map 的前置準備

由於 Google Map Android API v2 是屬於 Google Play services 中的一個功能，因此必須先下載並安裝 Google Play services SDK 才行。如果還沒安裝的話 (預設不會安裝)，請在 Android Studio 中執行『**File/Settings**』命令啟動 **Settings** 交談窗來安裝：

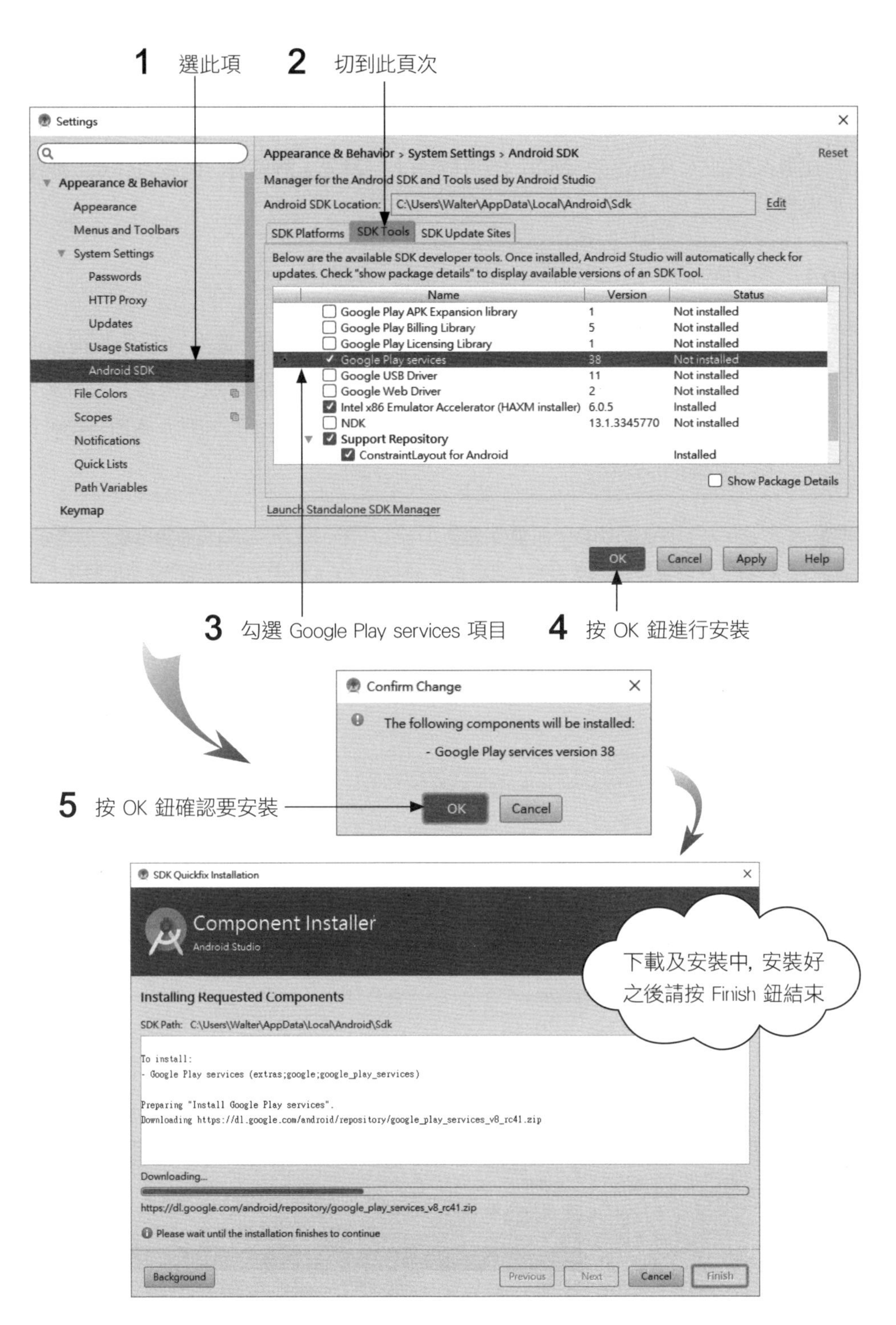

由於 Google Map 是屬於 Google Play services 的功能，因此您的手機必須有安裝 Google Play 程式才能執行。

如何使用 Google Map

在專案中加入 Google Map 的步驟如下：(**請先了解就好**, 稍後實作範例時再動手操做)

step 1 向 Google 公司申請 Google Maps API Key。

申請時需先以您的 Google 帳號 (Gmail 帳號) 登入 https://console.developers.google.com 網站, 然後使用您的**數位憑證** (後述) 及專案的**套件名稱**申請即可。申請好之後, 可以隨時回到此網站進行 API Key 的修改或刪除等操作。

每個 app 都必須先以開發者的**數位憑證** (Digital Certificate, 或稱為**憑證指紋**) 做簽名後才能被執行, 其目的是要讓 Android 系統或 Google Paly 市場能夠辨識開發者的身份。

Android Studio 在安裝時會自動產生一個測試用的 **Debug 數位憑證** (儲存在 debug.keystore 檔中, 每台電腦都不一樣), 以方便我們在開發階段測試使用。不過未來如果要正式發佈 app, 那就必須使用正式的數位憑證才行。

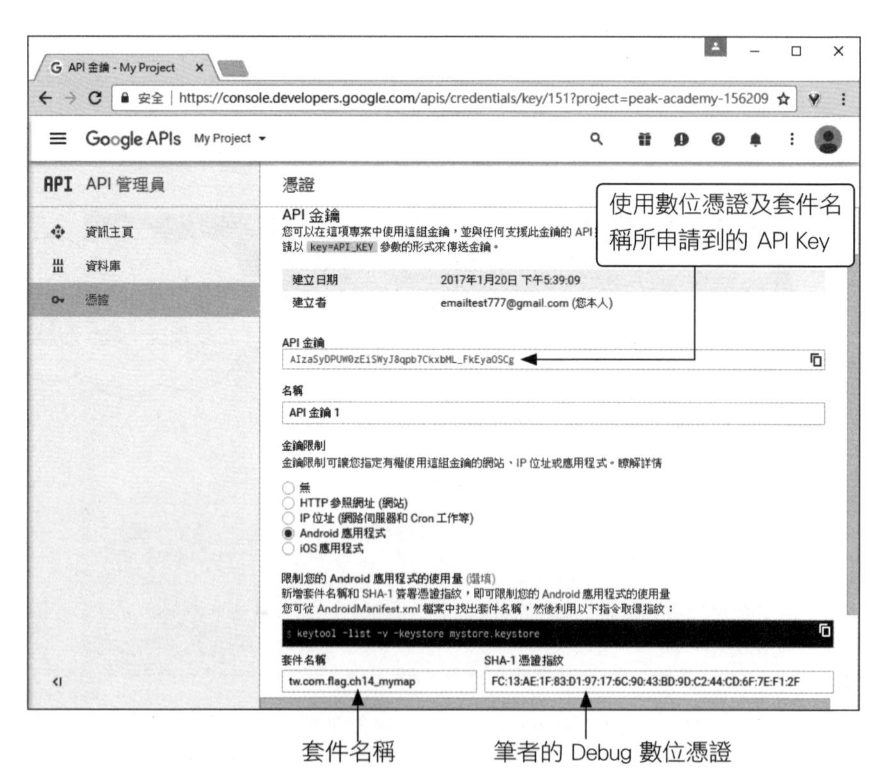

step 2 在專案中設定要使用 Google Play services 的 gms (Google Map Service) 函式庫。

您可直接開啟專案的 build.gradle(Module:app) 檔在 dependencies 項目中加入設定，或是開啟 **Project Structure** 交談窗用選取的方式做設定 (請先了解就好，稍後再動手實做)：

● 方法 1：

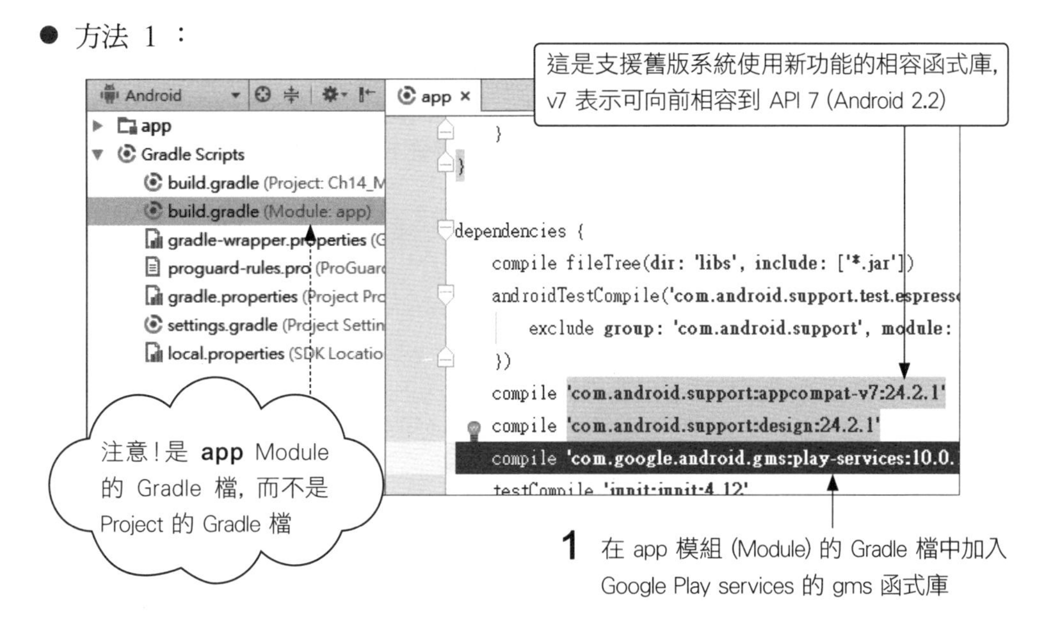

● 方法 2：

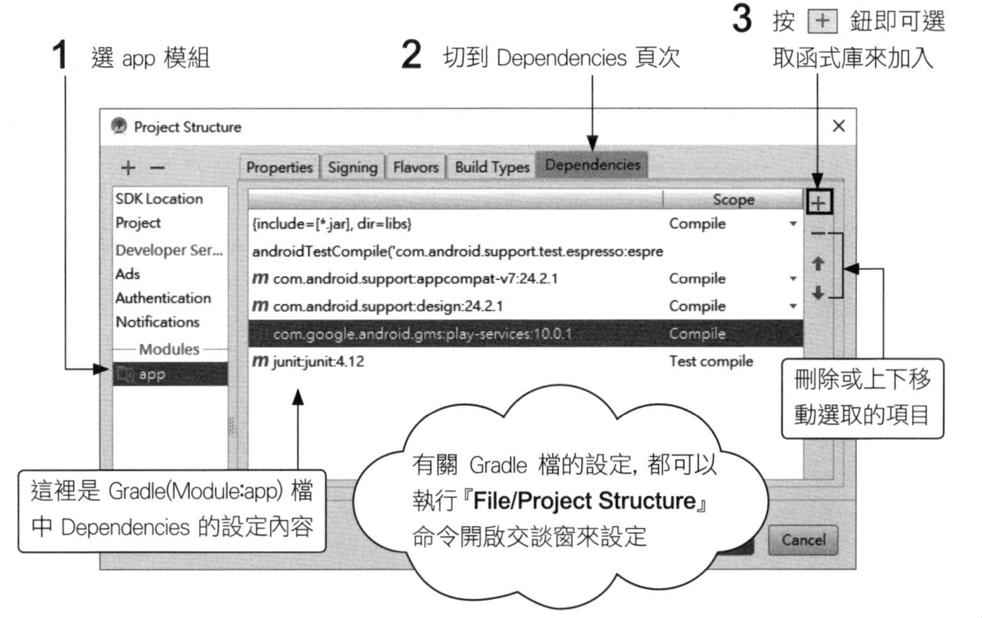

gms 函式庫 9.x.x 以上的版本很容易發生方法總數量超過 64K 的問題, 請您參考 14-37 頁解決此問題。

step 3 在專案的 manifest 檔中加入相關設定。

相關設定包括 2 項使用權限 (uses-permission)、1 項使用功能 (uses-feature)、以及 1 項 Google Map 設定:(請先了解就好)

這 2 項是非必要的『手機定位』權限 (前 2 節已介紹過), 若程式不需使用定位功能, 則可不用加入

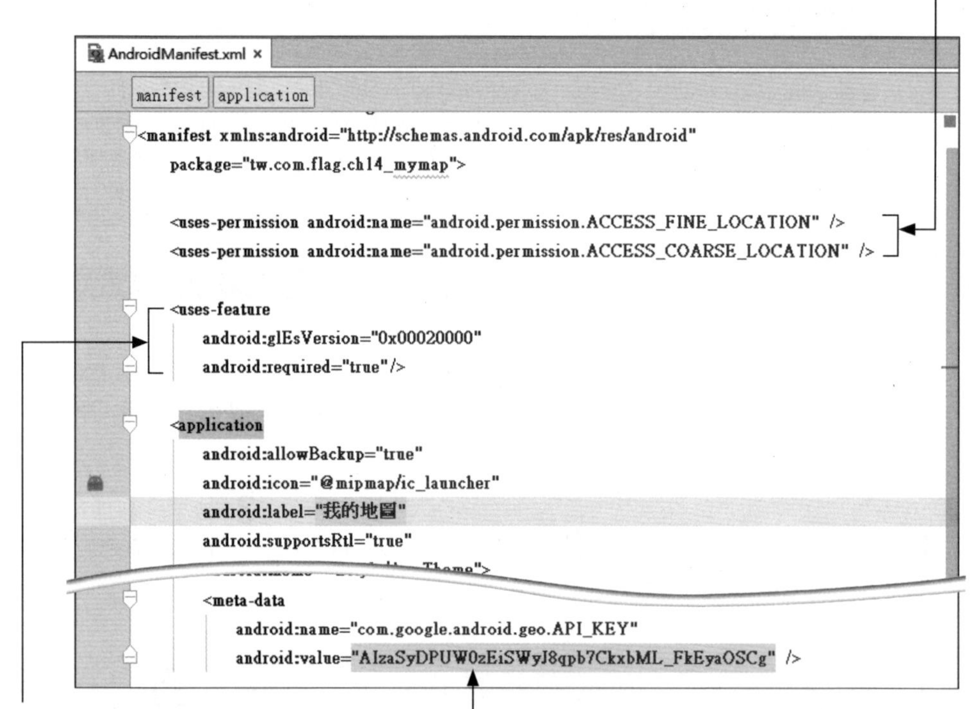

宣告使用功能:指明裝置必須具備 OpenGL ES v2 的功能, 才能從 Google Play 下載及安裝

在 <application> 標籤中宣告 Google Maps API Key 資訊

由於 Google Maps v2 會使用到 OpenGL ES v2 的功能來繪製地圖，因此最好加上相關使用功能的宣告，讓無此功能的手機在 Google Play 中看不到也無法下載我們的程式，以免發生下載安裝後卻無法使用的窘境。

step 4 在專案的佈局檔中加入 Google Map 的 MapFragment 元件。

由於 Google Maps 是以嵌入 <fragment> 元件的方式來呈現，因此要加入 name 屬性為 MapFragment 的 <fragment> 元件(請先了解就好，稍後再動手實做)。

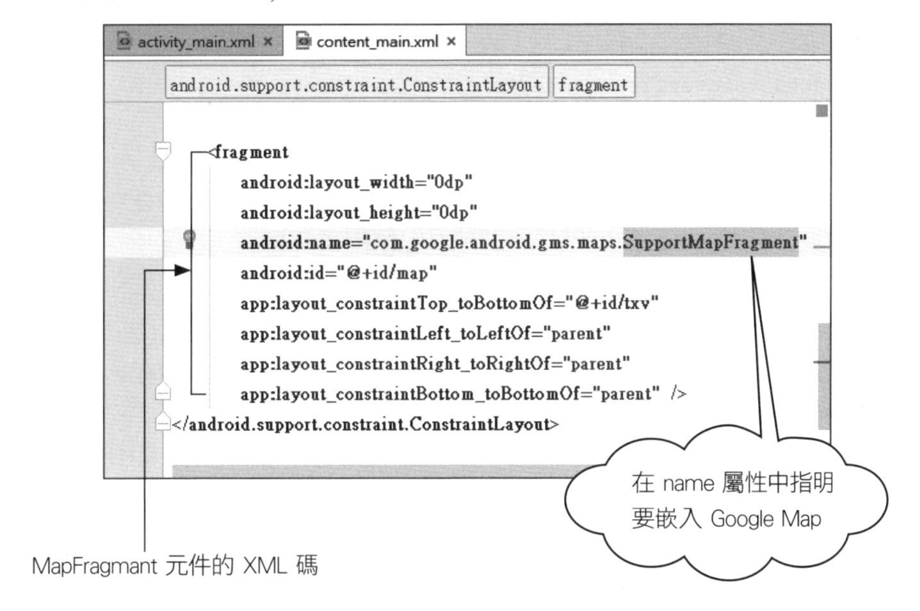

由於我們的專案是設定要與舊版 Android 相容，因此在功能或函式名稱上都會有 Support 字樣，例如：SupportMapFragment。若專案設定為不需與舊版相容，就要將 Support 字樣都刪掉，例如：MapFragment。

step 5 在程式中取得並操控 Google Map 物件。

由於 Google Map 是屬於 Google Play services 的一項功能，因此當程式在手機中執行時，會自動檢查裝置是否已安裝了最新版的 Google Play 程式，若不是最新版，則會要求使用者進行安裝，安裝後會再返回我們的程式繼續執行 (此時會觸發程式的 onResume() 事件)。

在程式中, 可利用在佈局檔加入的 MapFragment 元件來取得 Google Map 物件。不過因為 Google Map 啟動時需要一些時間來進行初始化, 依照手機與網路的不同, 可以開始操控 Google Map 的時間也不一定, 因此程式中必須實作 OnMapReadyCallback 介面, 這個介面有一個 onMapReady() 方法, 當 Google Map 啟動完畢時會呼叫此方法:

```
public class MainActivity extends AppCompatActivity
      implements OnMapReadyCallback { ◄— 實作 OnMapReadyCallback 介面

  private GoogleMap map    ◄— 宣告 GoogleMap 變數

  protected void onCreate(Bundle savedInstanceState) {
      ...
      SupportMapFragment mapFragment =          ◄— 取得佈局上的 map 元件
              (SupportMapFragment) getSupportFragmentManager()
                      .findFragmentById(R.id.map);
      mapFragment.getMapAsync(this); ◄— 註冊 Google Map onMapReady 事件監聽器
  }
  ...                                         當 Google Map
  @Override                                   啟動完畢可以使用
  public void onMapReady(GoogleMap googleMap) { ◄┘
      map = googleMap;  ◄— 取得 Google Map 物件, 此物件可以操控地圖

      map.setMapType(GoogleMap.MAP_TYPE_NORMAL); ◄— 設定地圖為普通街道模式
      map.moveCamera(CameraUpdateFactory.zoomTo(18)); ◄┐
  }                                              將地圖縮放級數改為 18
```

- 最後一行的 moveCamera() 可以改變地圖的顯示位置、縮放級數...等, 它需要一個表示改變模式的 CameraUpdate 物件做為參數, 你可以利用 CameraUpdateFactory 類別所提供的多種方法快速建立 CameraUpdate 物件。

- 上例中就是用 zoomTo() 建立一個改變地圖縮放級數的 CameraUpdate 物件。另外, 您也可以利用 newLatLng() 方法產生改變地圖顯示位置到指定經緯度的 CameraUpdate 物件, 稍後在範例中就會看到。

底下再列出幾個 GoogleMap 常用的方法, 在稍後的範例中都會用到:

GoogleMap 的方法	說明
animateCamera()	用法和 moveCamera() 相同, 但在改變地圖狀態時會用動畫效果展現
getCameraPosition()	可傳回目前地圖的相機拍攝位置, 包括地點(target, 為一個 LatLng 物件)、縮放比例 (zoom)、拍攝傾斜角度 (tilt) 等資訊
addMarker()	在地圖中加上標記, 其參數可傳入 new MarkerOptions().position (LatLng 物件).title (標記文字)

上表第 2、3 項中所提到的 LatLng 物件, 是一個內含經緯度資訊的物件, 可用其 latitude、longitude 屬性來取得經、緯度, 也可用 new LatLng (緯度, 經度) 來產生此物件。例如底下程式可在地圖的目前位置加上一個標記:

```
map.addMarker( new MarkerOptions().position(map.getCameraPosition().
target).title("目前位置") );
```

以上步驟看似煩瑣，但其實只要利用精靈來新增一個 Google Map 活動 (或專案)，那麼大部份工作都會 "自動" 完成，而且還會協助您上網申請 API Key，相當輕鬆喔！

範例 14-3：在 Google Map 中顯示目前所在位置

接著就來實作範例。右邊是程式的執行成果：

step 1 請新增 Ch14_MyMap 專案，請注意新增精靈的第 2 步 Minimum SDK 必須設為 API 9:Android 2.3 以上的版本，因為 Google Play services 函式庫最低只支援到此版本。另外第 3 步選擇 Activity 時請選擇 **Basic Activity**，因為我們稍後會在 App 加上功能表，而 Basic Activity 已經內建功能表相關設定，可以方便我們使用：

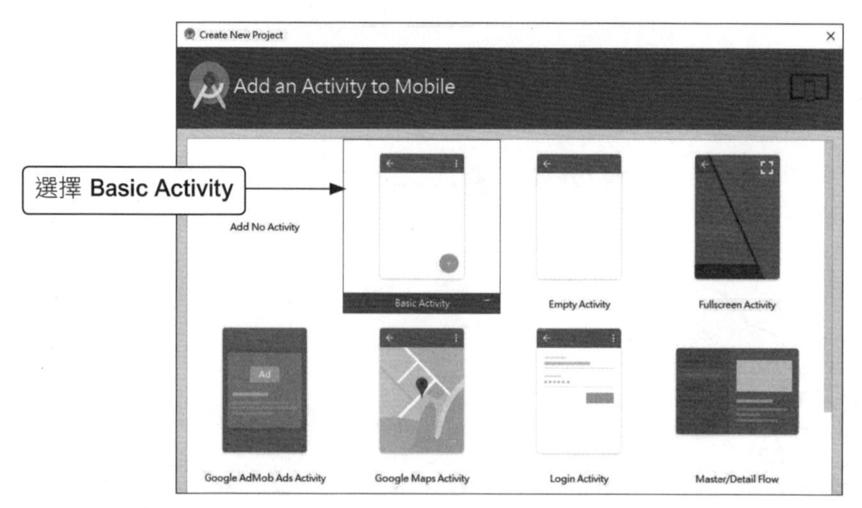

建好之後，請將程式名稱改為 "我的地圖"。

step 2 接著先新增一個 Google Map 活動，以便讓精靈來協助我們完成使用地圖的設置工作：

1 在 app 上按右鈕

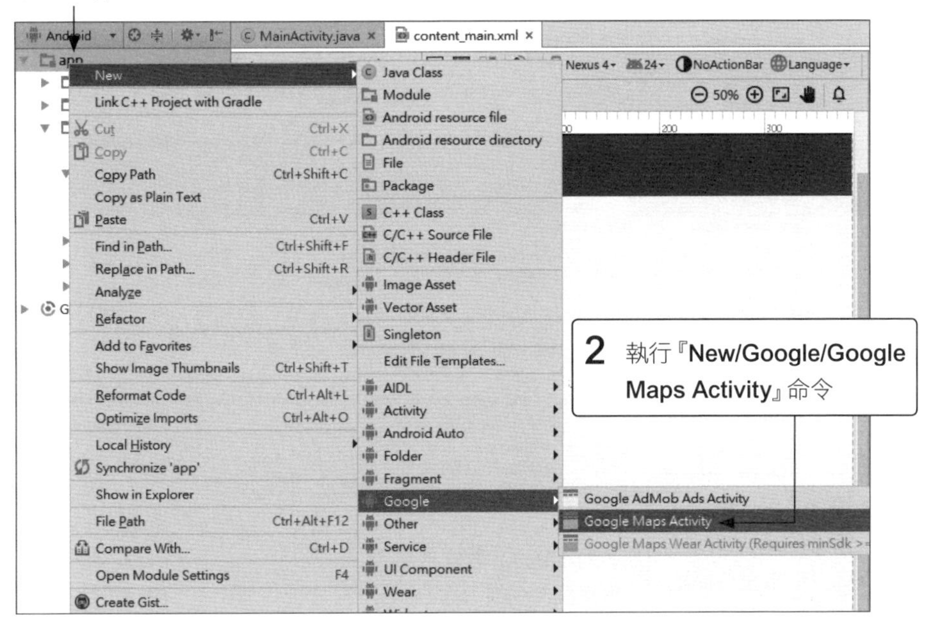

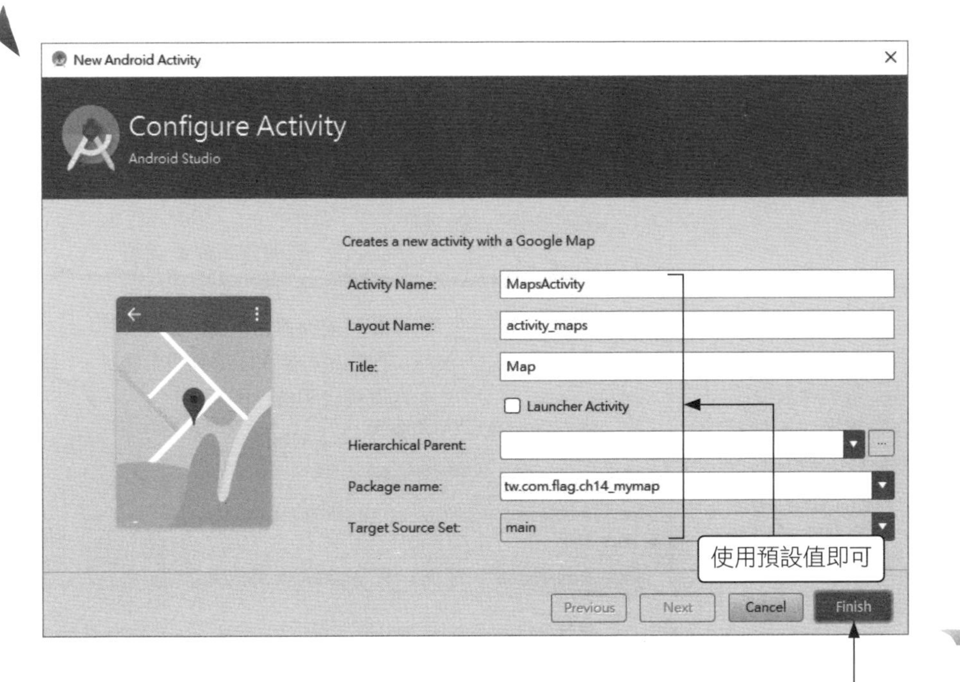

3 按此鈕即可新增一個活動

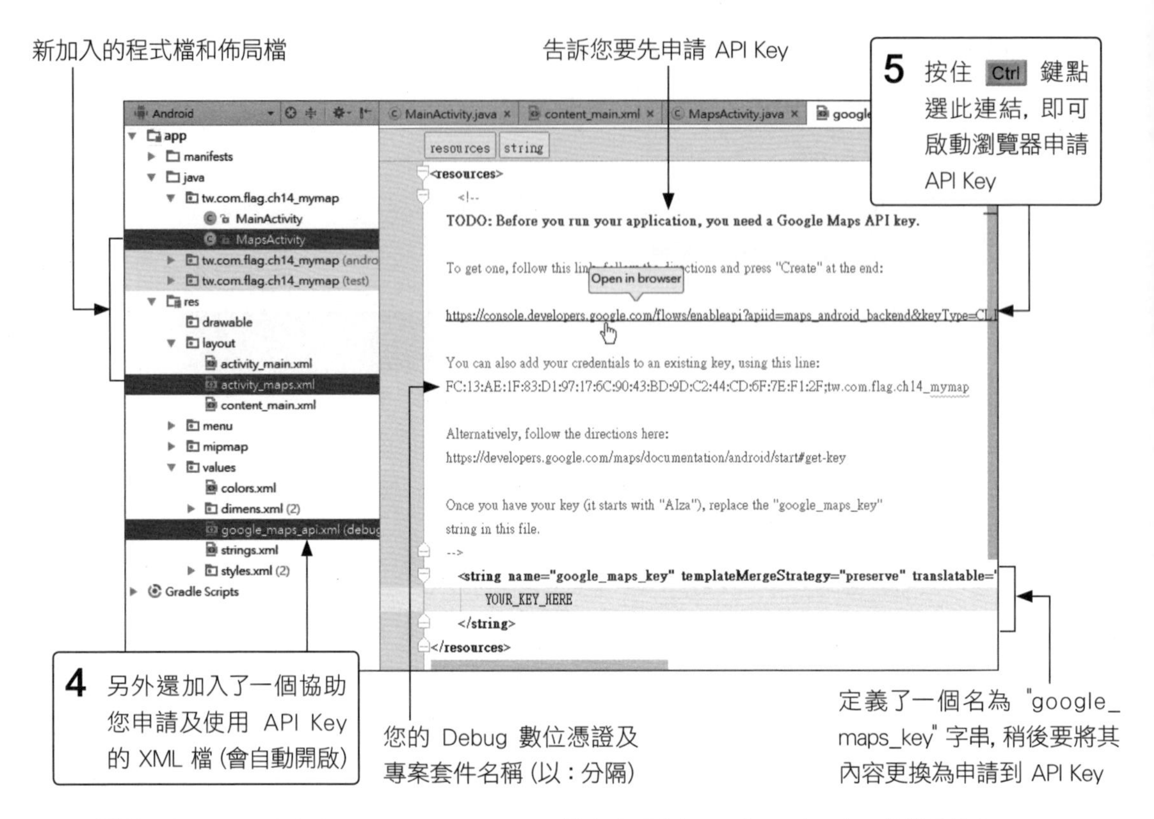

TIP 在 Project 窗格中 google_maps_api.xml 檔名後面有標示 "(debug)", 表示此檔是位在 debug 資料夾 (因為是用 Debug 數位憑證申請), 實際路徑為 \app\src\debug\res\values。

step 3 接著用您的 Google (Gmail) 帳號登入 Google Developers Console 網站, 然後如下操作來申請 API Key:

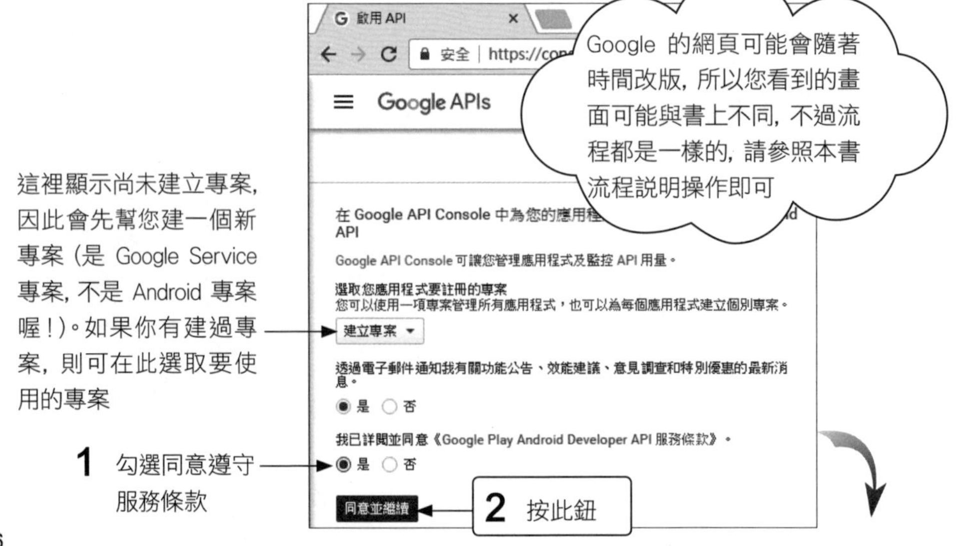

4 選取申請到的 API Key, 將之複製起來

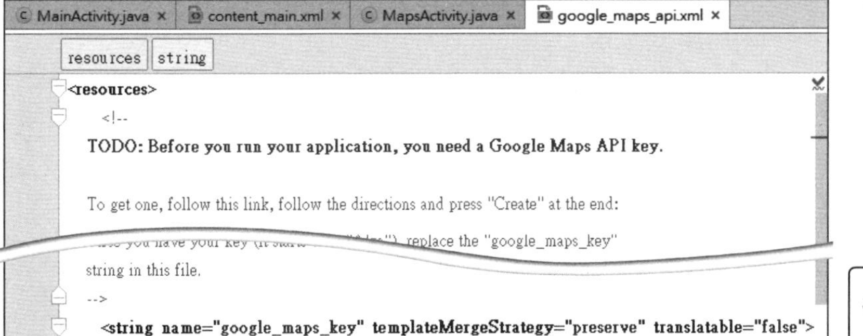

5 回到 google_maps_api.xml 檔, 將 API Key 貼到此處

step 4 前面新增 Google Map 活動時，精靈會自動為專案新增 Google Play services 的 gms 函式庫。筆者寫作時 gms 函式庫最新的版本是 10.0.1，依照筆者的測試，這個版本會導致 App 編譯時產生 Execution failed for task ':app:transformClassesWithDexForXXX' 錯誤。

這是因為 Android App 設計上的限制，App 本身與其函式庫所定義物件的方法總數量不得超過 64K，若超過的話則無法編譯或安裝。而 gms 9.x.x 以上版本因為方法數較多，所以很容易導致方法總數量超過 64K。

關於方法總數量上限 64K 的詳細說明，請參見 https://developer.android.com/studio/build/multidex.html

Google 官方已經有提出解決的方法，不過這個方法只適用於 Android 5.x 以上，必須再增加額外的處理才能支援 Android 4.x 以下版本。為了避免增加學習上的複雜度，我們將直接改用舊版的 gms 函式庫來降低方法數。請如下修改 gms 版本：

step 5 開啟 AndroidManifest.xml 檔，請加入定位需要的權限與 OpenGL ES v2 的使用功能：

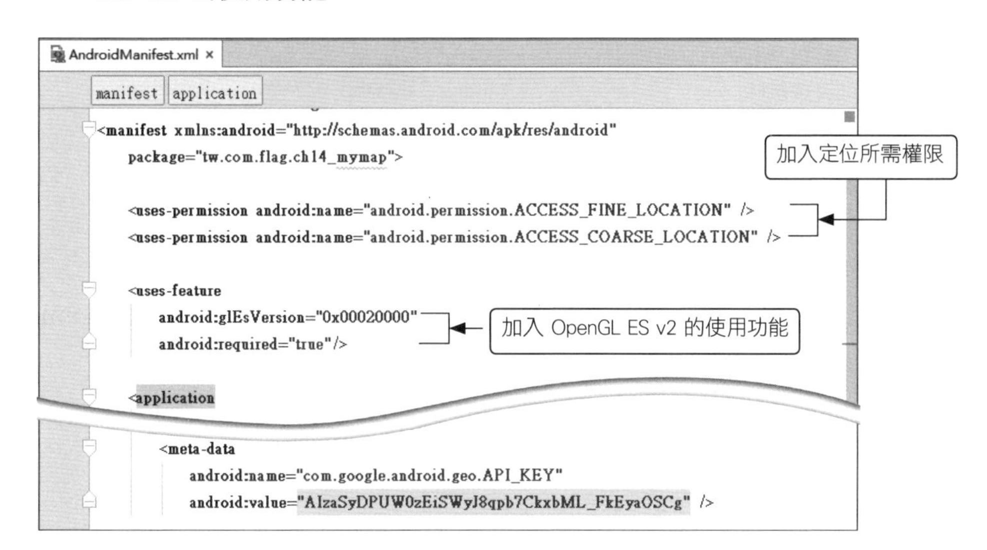

TIP 注意，以上宣告的值若為粗體灰字，表示是參照到其他資源，例如 API Key 是參照到 @string/google_maps_key。將滑鼠移到值上或在值上按一下，即可看到參照的資源名稱（再按 Ctrl + − 可恢復）。

step 6 設置工作都完成後，請先刪除剛才加入的 Google Map 活動，以免造成混淆：

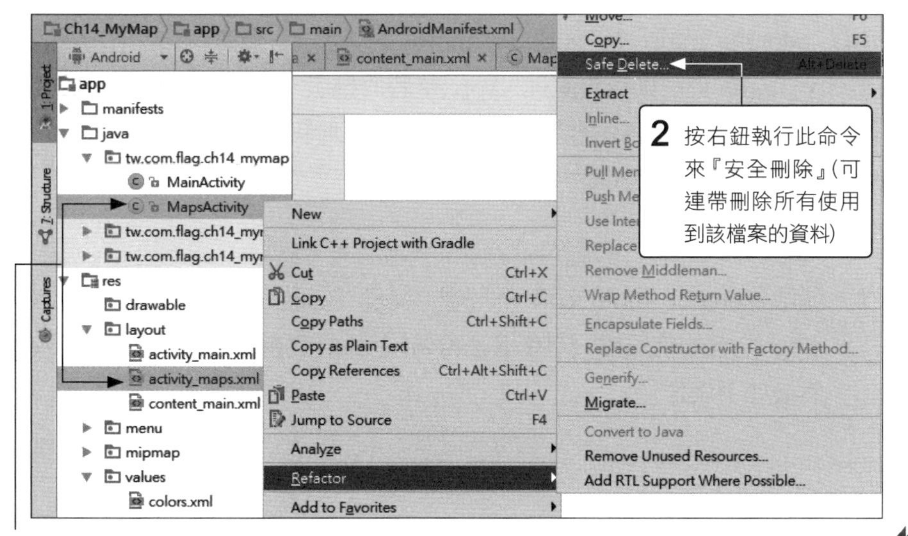

1 按住 Ctrl 鍵選取 Google Map 活動的程式檔及佈局檔

3 按 OK 鈕, 稍待一下即完成刪除

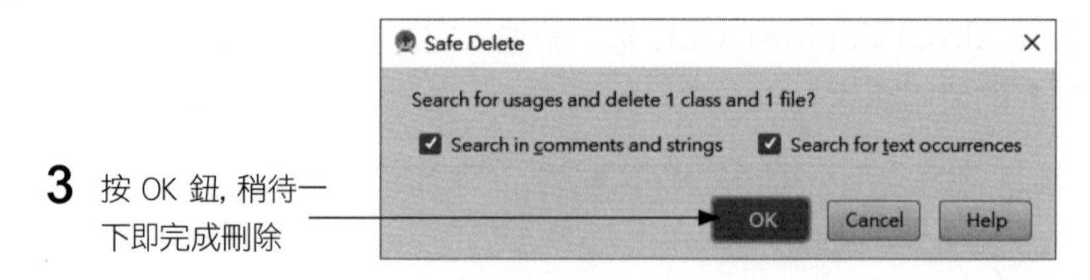

以上在選取檔案後, 也可直接按 Delete 鍵, 然後勾選 Safe Delete 來安全刪除。

在上圖中可以看到 Basic Activity 有 2 個佈局檔：activity_main.xml 與 content_main.xml, 其中 activity_main 是主要的佈局檔, 其內容如下：

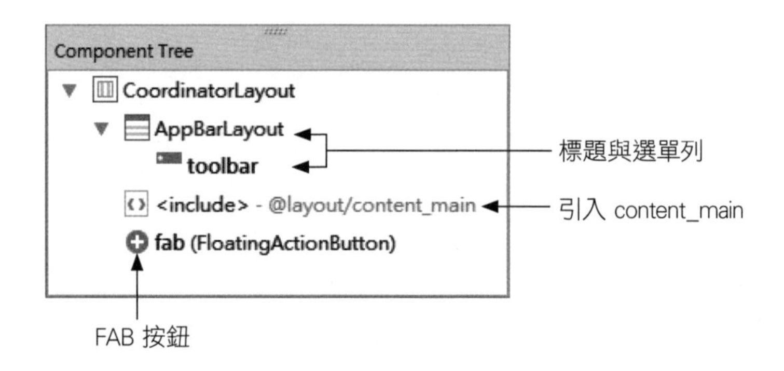

所以 content_main 是 activity_main 的一部分, 負責 App 內容的配置。而 activity_main 自己則負責處理 App 整體的排版、標題、選單、FAB 按鈕 (稍後會再說明) 等。這樣子將內容與版面配置分開成兩個檔案, 可以避免放在一起元件過多而不方便編輯或設計。

step 7 開啟 content_main.xml 佈局檔, 這是 Basic Activity 中用來放置 App 內容的佈局檔。請將 RelativeLayout 更換為 ConstraintLayout, 然後如下操作：

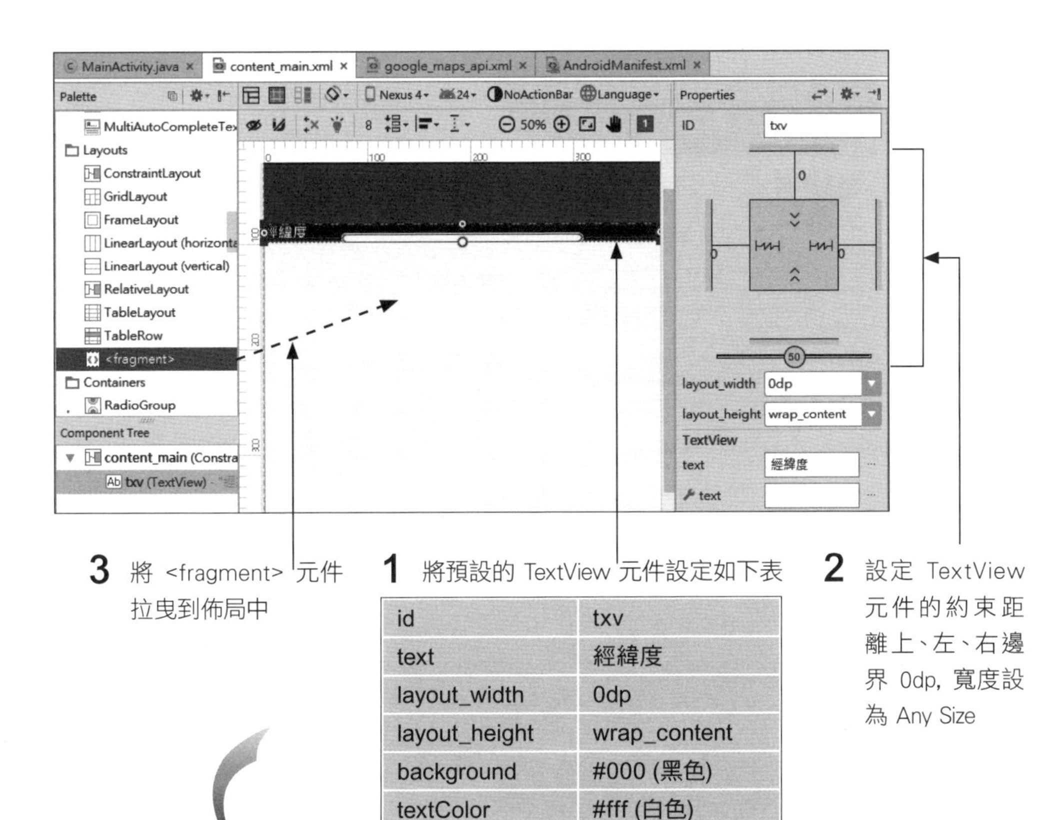

3 將 <fragment> 元件拉曳到佈局中

1 將預設的 TextView 元件設定如下表

id	txv
text	經緯度
layout_width	0dp
layout_height	wrap_content
background	#000 (黑色)
textColor	#fff (白色)

2 設定 TextView 元件的約束距離上、左、右邊界 0dp, 寬度設為 Any Size

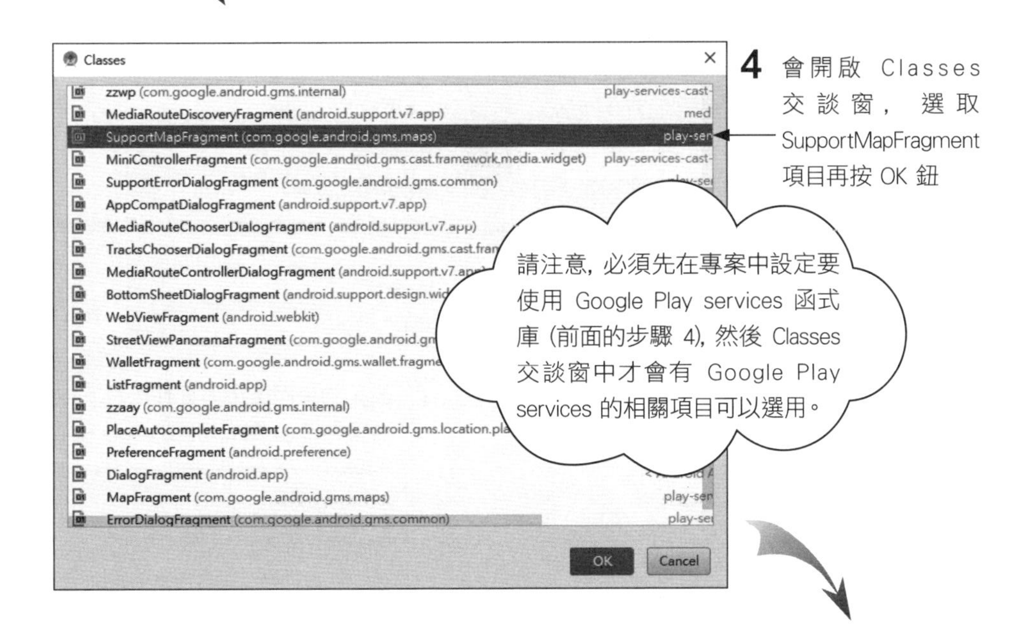

4 會開啟 Classes 交談窗，選取 SupportMapFragment 項目再按 OK 鈕

請注意, 必須先在專案中設定要使用 Google Play services 函式庫 (前面的步驟 4), 然後 Classes 交談窗中才會有 Google Play services 的相關項目可以選用。

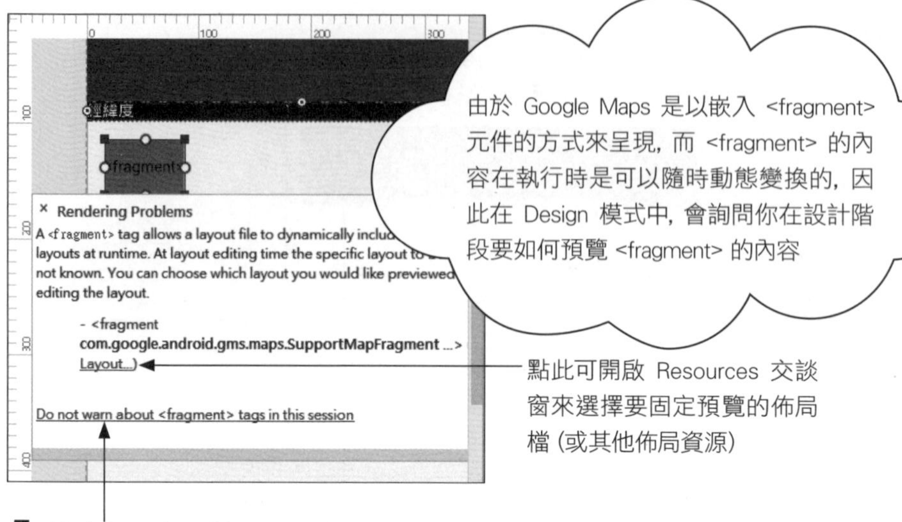

5 請點此項, 表示我們不要預覽 (因為 Google Maps 無法預覽)

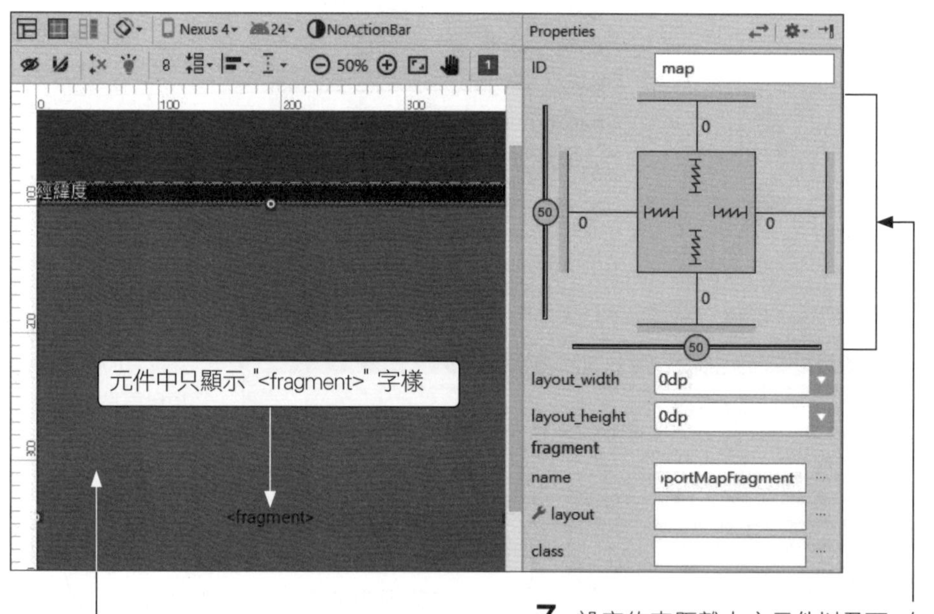

6 設定 SupportMapFragment 元件的屬性

7 設定約束距離上方元件以及下、左、右邊界 0dp, 寬高均設為 Any Size

id	map
layout_width	0dp (Any Size)
layout_height	0dp (Any Size)
name	com.google.android.gms.maps.SupportMapFragment (已設定好, 不需更改)

step 8 開啟 activity_main.xml 佈局檔，刪除右下角的 FAB 按鈕：

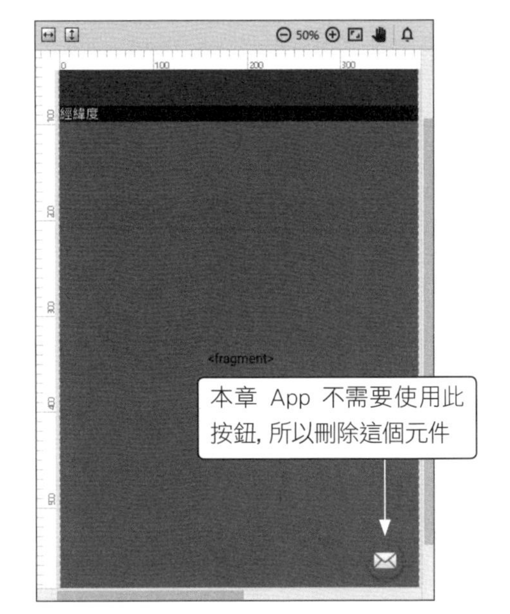

FAB (Floating Action Button) 按鈕會固定浮現在 App 畫面的右下角，可以用來實作 App 最常用的功能，例如記事 App 就可以將這個按鈕作為新增記事鈕，這樣使用者不論在 App 的任何畫面都可以快速新增記事。

step 9 接著要撰寫程式，由於此範例需要使用到 14-1 節介紹的『讀取定位』功能，因此請將 14-1 節 Ch14_SimpleLocation 程式碼 (MainActivity.java) 中的 enableLocationUpdates()、checkPermisson()與 onRequestPermissionsResult() 方法複製到新專案中。然後加入程式如下：

```
public class MainActivity extends AppCompatActivity
    implements LocationListener {      ← 實作位置更新監聽器介面

  static final int MIN_TIME = 5000;  ← 位置更新條件：5000 毫秒
  static final float MIN_DIST = 0;  ← 位置更新條件：5 公尺
  LocationManager mgr;          ← 定位管理員

  boolean isGPSEnabled;         ← GPS定位是否可用
  boolean isNetworkEnabled;     ← 網路定位是否可用

  @Override
  protected void onCreate(Bundle savedInstanceState) {
      super.onCreate(savedInstanceState);
      setContentView(R.layout.activity_main);
```

Next

```
    Toolbar toolbar = (Toolbar) findViewById(R.id.toolbar);
    setSupportActionBar(toolbar);                刪除或註解這些程式碼

    //FloatingActionButton fab =
                (FloatingActionButton) findViewById(R.id.fab);
    //fab.setOnClickListener(new View.OnClickListener() {
    //    @Override
    //    public void onClick(View view) {
    //        Snackbar.make(view, "Replace with your own action",
                                              Snackbar.LENGTH_LONG)
    //        .setAction("Action", null).show();
    //    }
    //});

    mgr = (LocationManager) getSystemService(LOCATION_SERVICE);
                                  取得系統服務的LocationManager物件
    checkPermission(); ← 檢查若尚未授權, 則向使用者要求定位權限
}

  @Override
  protected void onResume() {
    super.onResume();
    enableLocationUpdates(true);    ← 開啟定位更新功能
  }
                                                    加入
                                                    onResume()
  @Override                                         與 onPause()
  protected void onPause() {                        事件方法
    super.onPause();
    enableLocationUpdates(false);   ← 關閉定位更新功能
  }

                                       加入 LocationListener
  ...                                  介面的事件方法

  @Override
  public void onLocationChanged(Location location) {

    // onLocationChanged() 裡面請先留空
  }

  @Override
  public void onStatusChanged(String provider,
                              int status, Bundle extras) {
```

Next

```
    }

    @Override
    public void onProviderEnabled(String provider) {
    }

    @Override
    public void onProviderDisabled(String provider) {       ┘ 加入14-1節
    }                                                          的三個方法的

    private void enableLocationUpdates(boolean isTurnOn) {
        ...
    }

    @Override
    public void onRequestPermissionsResult(...)
        ...
    }
    private void checkPermission() { ... }
}
```

step10 如下新增 Google Map 相關程式碼：

```
public class MainActivity extends AppCompatActivity
        implements LocationListener, OnMapReadyCallback { ◄─ 實作 OnMapReadyCallback 介面
    private GoogleMap map;  ◄─ 操控地圖的物件
    LatLng currPoint;  ◄─ 儲存目前的位置
    TextView txv;  ◄─ 宣告 TextView 變數
    ...

    @Override
    protected void onCreate(Bundle savedInstanceState) {
        ...
        // 取得系統服務的LocationManager物件
        mgr = (LocationManager) getSystemService(LOCATION_SERVICE);
        txv = (TextView) findViewById(R.id.txv); ◄─ 參照佈局上的 TextView 元件
```

Next

```
    SupportMapFragment mapFragment =              ◄— 取得佈局上的 map 元件
            (SupportMapFragment) getSupportFragmentManager()
                    .findFragmentById(R.id.map);
    mapFragment.getMapAsync(this);  ◄— 註冊 Google Map onMapReady 事件監聽器
}

@Override
public void onLocationChanged(Location location) {
    if(location != null) { ◄— 如果可以取得座標
        txv.setText(
            String.format("緯度 %.4f, 經度 %.4f (%s 定位 )",
            location.getLatitude(),    ◄— 目前緯度
            location.getLongitude(),   ◄— 目前經度
            location.getProvider()));  ◄— 定位方式

        currPoint = new LatLng(location.getLatitude(), ◄┐
                location.getLongitude());  依照目前經緯度建立 LatLng 物件
        if (map != null) { ◄— 如果 Google Map 已經啟動完畢

            map.animateCamera(
                    CameraUpdateFactory.newLatLng(currPoint));◄┐
                                                將地圖中心點移到目前位置
            map.addMarker(new MarkerOptions().
                    position(currPoint).title("目前位置")); ◄— 標記目前位置
        }
    }
    else {◄— 無法取得座標
        txv.setText("暫時無法取得定位資訊...");
    }
}
...
@Override
public void onMapReady(GoogleMap googleMap) { ◄┐
                                   Google Map 啟動完畢可以使用
    map = googleMap;  ←取得 Google Map 物件, 此物件可以操控地圖

    map.setMapType(GoogleMap.MAP_TYPE_NORMAL); ◄— 設定地圖為普通街道模式
    map.moveCamera(CameraUpdateFactory.zoomTo(18));◄┐
                                            將地圖縮放級數改為 18
}
```

- 以上 Google Map 物件的使用方法請參考本節前面的說明。

step11 請在手機上測試結果, 看看是否和本範例最前面的示範相同。

練習 14-3 請修改本節範例, 將地圖的預設縮放比例設為 16, 並且要顯示衛星圖:

提示 可將前面步驟 10 的最後 2 行程式改為:

```
map.setMapType(GoogleMap.MAP_TYPE_SATELLITE);
map.moveCamera(CameraUpdateFactory.zoomTo(16));
```

14-4 幫 Activity 加上功能表

有時候會需要在程式中加上一些額外的功能或設定，例如是否要加上衛星圖、交通狀況，或讓使用者可以變更手機的定位設定...等，這時候就可以幫 Activity 加上一個功能表 (Option Menu)，例如：

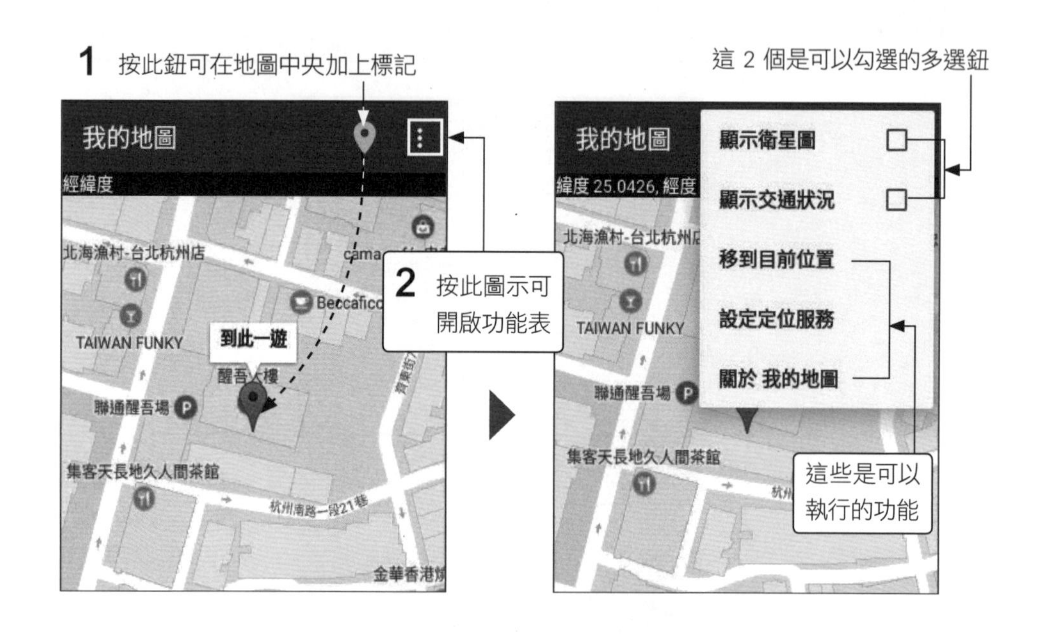

請注意，以上是 Android 3.0 以上版本的畫面，若是在 2.x 版中且未使用相容函式庫，則要按手機上的功能表鈕來開啟功能表，而且功能表是在螢幕的下方：

在 2.x 版中是以類似按鈕的樣子來顯示功能表

Activity 預設的功能表

其實當我們以 Basic Activity 建立專案時，精靈就已經自動幫 MainActivity 建立了一個功能表的架構：

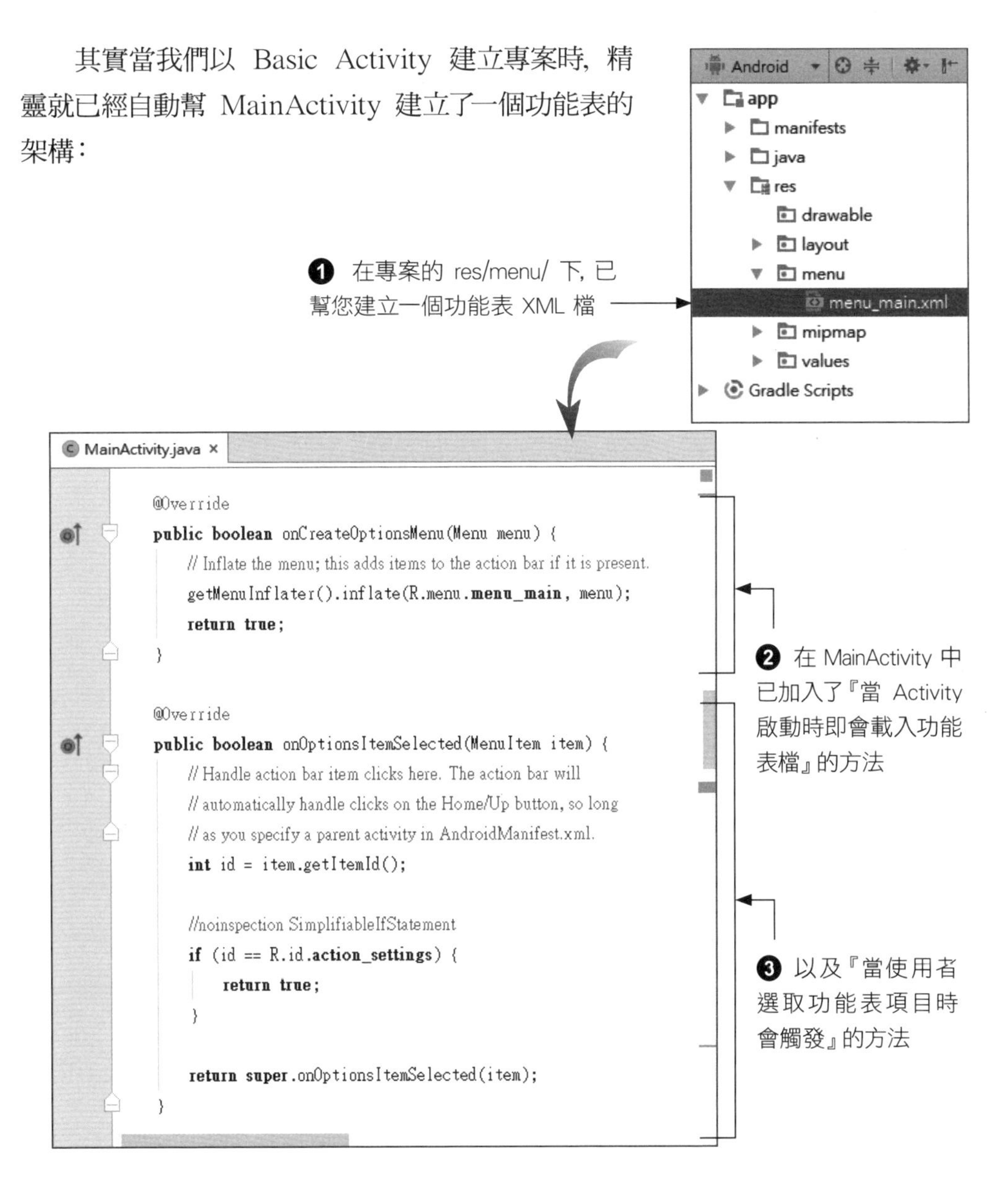

由於已預先做好了功能表的架構，所以要加入功能表相當容易，只需二個步驟：

1. 開啟 res/**menu**/menu_main.xml 檔加入功能表的選項，可以是一般的命令選項，或是可打勾的選項。

2. 在程式的 onOptionsItemSelected() 方法中, 加入當使用者選取選項時所要做的事情。

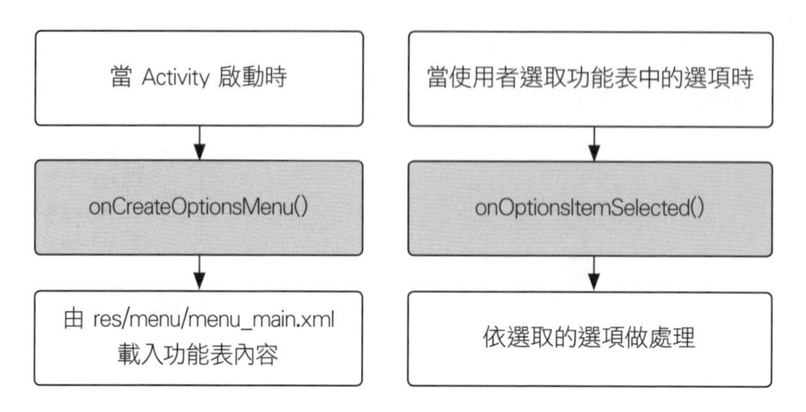

設定功能表的內容

直接開啟 res/menu/menu_main.xml 檔, 即可編輯或加入更多的選項:

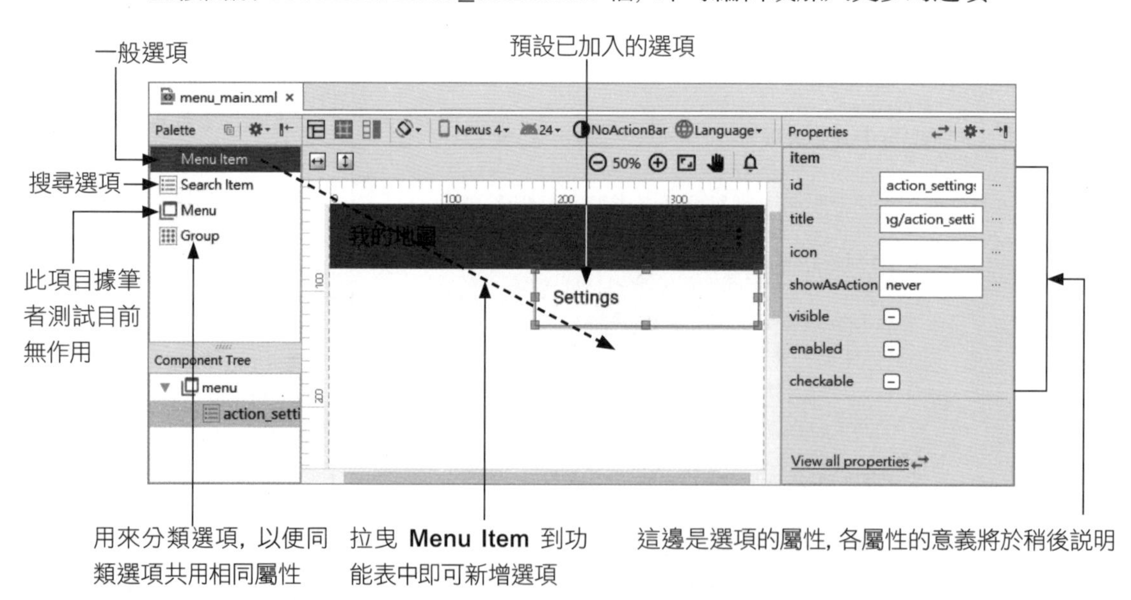

為了說明方便, 稍後我們將以 XML 來示範, 讀者可依照後面的屬性說明, 自行改用圖形設計介面。

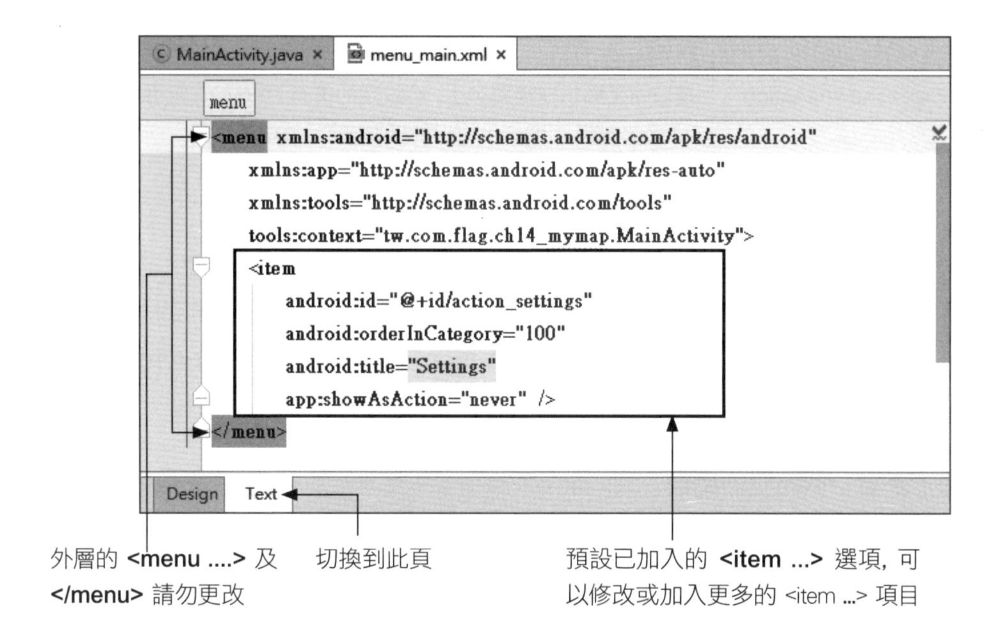

一個 <item ...> 標籤即代表一個選項, 此標籤中最常用的幾個屬性如下:

屬性	說明
android:id	選項的 ID
android:title	選項的標題文字 (顯示在功能表中的文字)
android:checkable	如果設為 true, 表示為可打勾的選項 (預設為 false)
android:checked	在 Activity 啟動時的預設勾選狀態 (預設為 false)
android:visible	如果設為 false 可將選項隱藏起來 (預設為 true)
android:enabled	如果設為 false 可讓選項灰掉無法點選 (預設為 true)

如果只是簡單的功能表, 那麼使用以上幾個屬性就足夠了。另外, 選項也能以圖示固定顯示在標題列 (Action Bar) 上, 此時需再加上 2 個屬性:

屬性	說明
android:showAsAction	是否固定顯示在標題列上，可設定的值有："never"(否,預設), "always"(是), "ifRoom"(如果空間夠的話就顯示)...等
android:icon	指定要顯示在標題列中的圖示

如果標題列有可能空間不夠的話，建議使用 "ifRoom" 比較安全，否則放不下時會造成圖示的重疊。另外請特別注意，如果專案是使用相容函式庫的話，要將 **android**:showAsAction 改為 **app**:showAsAction (app 是在外層 <item> 標籤中宣告的 xmlns:app 名稱空間)。

底下來看一個簡單的範例：

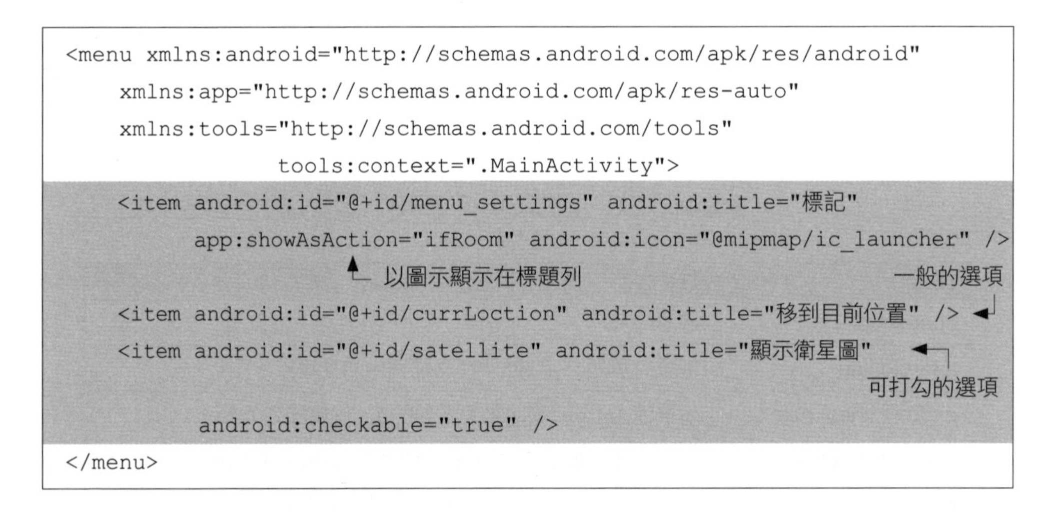

```
<menu xmlns:android="http://schemas.android.com/apk/res/android"
    xmlns:app="http://schemas.android.com/apk/res-auto"
    xmlns:tools="http://schemas.android.com/tools"
              tools:context=".MainActivity">
    <item android:id="@+id/menu_settings" android:title="標記"
          app:showAsAction="ifRoom" android:icon="@mipmap/ic_launcher" />
    <item android:id="@+id/currLoction" android:title="移到目前位置" />
    <item android:id="@+id/satellite" android:title="顯示衛星圖"
          android:checkable="true" />
</menu>
```


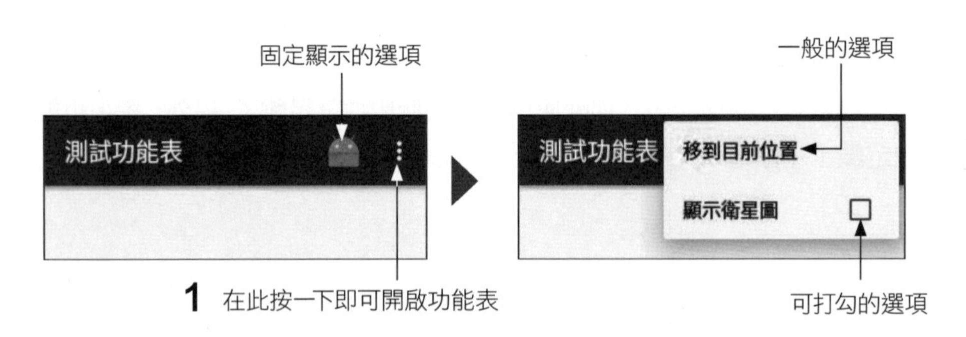

撰寫功能表所需的 2 個方法

如前所述, 第一個 onCreateOptionsMenu() 預設就已經加好了:

```
public boolean onCreateOptionsMenu(Menu menu) {
    getMenuInflater().inflate(R.menu.menu_main, menu);  ← 將功能表載入到 menu 物件
    return true;
}
```

(R.menu. 標註: 凡是放在專案 /res/menu 之下的功能表設定檔, 在程式中都是以『R.menu.檔案名稱』(不含副檔名 .xml) 為其資源 ID)

以上第 2 行的 inflate() 會將功能表載入到 menu 物件中, 其第一個參數 R.menu.menu_main 就是指專案中的 res/menu/menu_main.xml 檔, 第二個參數 menu 則是用來儲存載入的功能表物件。

接著來看看當選項被選取時, 會引發的 onOptionsItemSelected() 方法:

```
01 @Override
02 public boolean onOptionsItemSelected(MenuItem item) {  ← 傳入被選取的選項
03     switch(item.getItemId()) {  ← 取出選項的 ID
04     case R.id.menu_settings:
05       //處理此選項要做的工作
06       break;
07     case R.id.satellite:
08       //處理此選項要做的工作
09       break;
10     case ...
11     }
12     return super.onOptionsItemSelected(item);  ← 執行父類別的同名方法, 以處理內部的一些必要工作
13 }
```

以上第 3 行的 getItemId() 方法可讀取選項的資源 ID, 然後在各個 case 中做不同的處理。

範例 14-4：為程式加上功能表

接著我們要為前一節做好的範例加上功能表，如下圖所示：

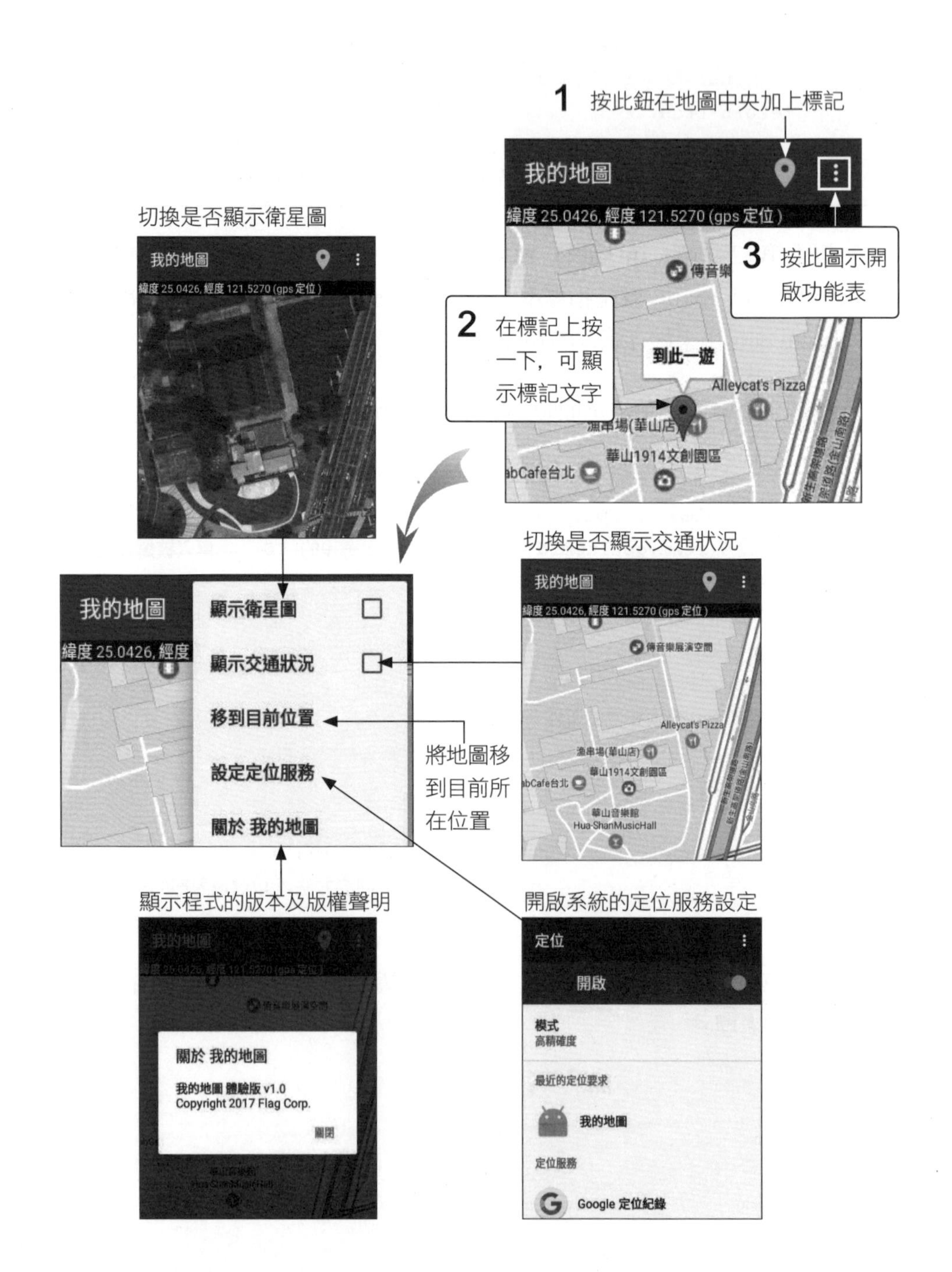

step 1 請將前面的 Ch14_MyMap 專案複製為 Ch14_MyMap2 專案來修改。

step 2 首先來製作一個適合顯示在標題列 (Action Bar) 的圖示, 請如下操作:

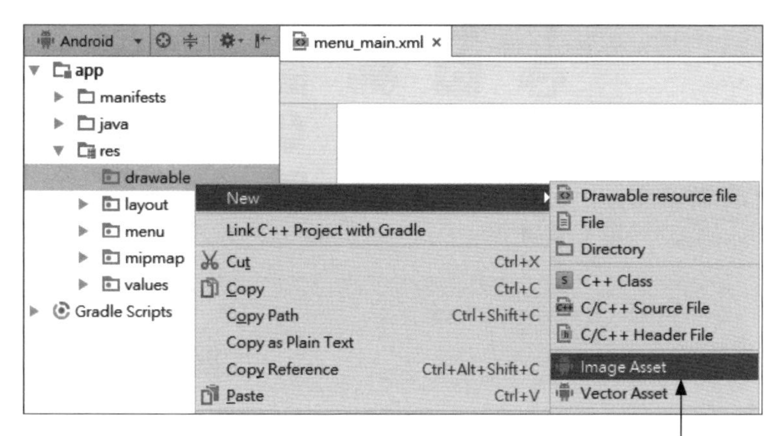

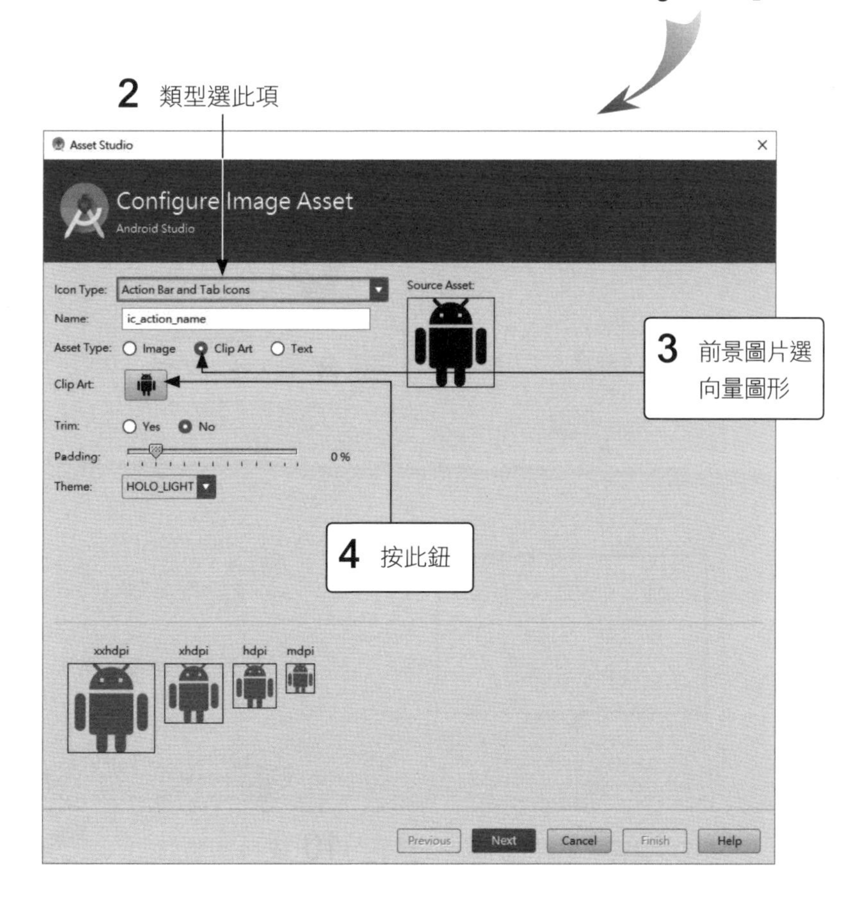

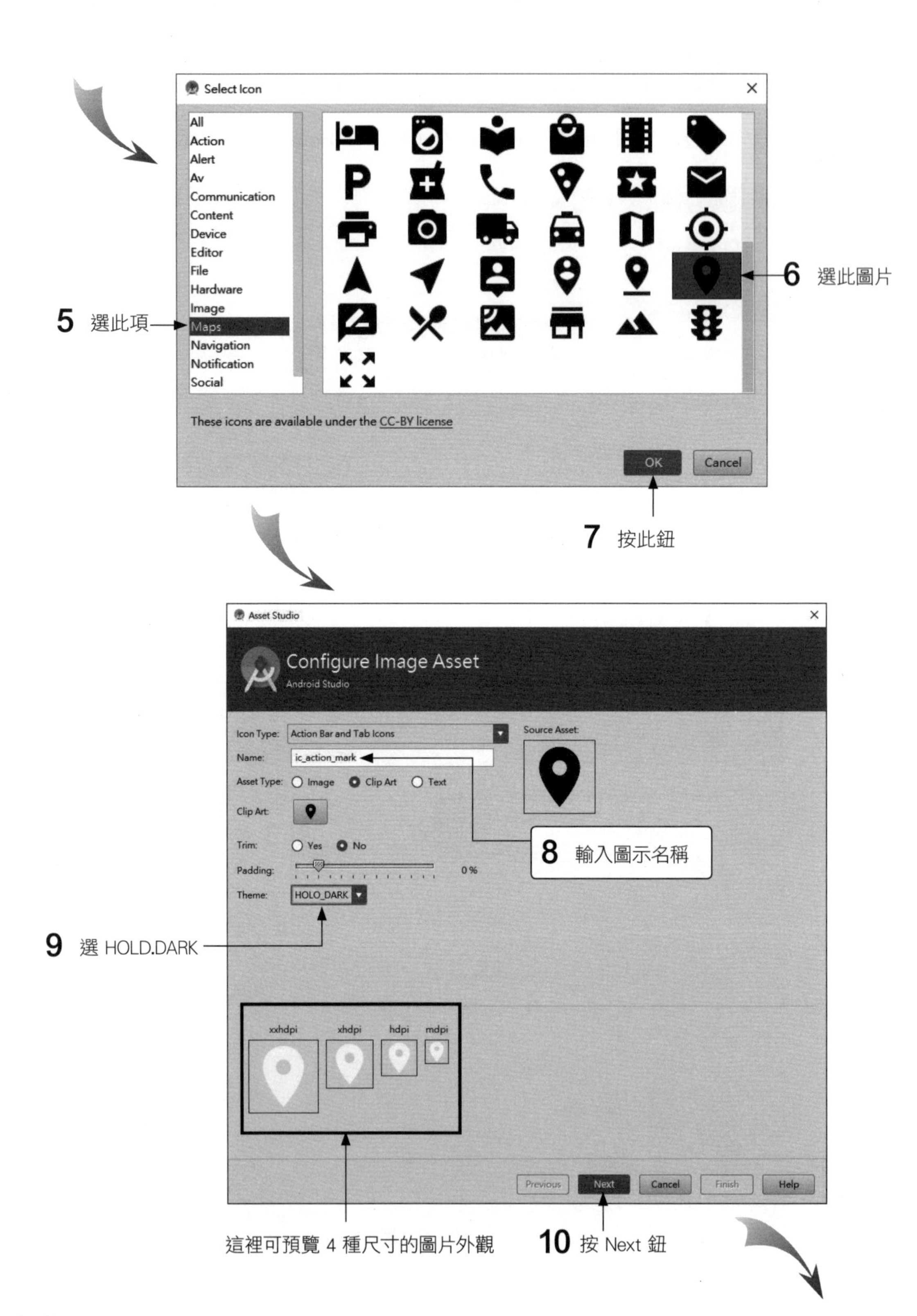
Select Icon
All
Action
Alert
Av
Communication
Content
Device
Editor
File
Hardware
Image
Maps
Navigation
Notification
Social
These icons are available under the CC-BY license
OK
Cancel
5 選此項
6 選此圖片
7 按此鈕
Asset Studio
Configure Image Asset
Android Studio
Icon Type: Action Bar and Tab Icons
Name: ic_action_mark
Asset Type: Image Clip Art Text
Clip Art:
Trim: Yes No
Padding: 0 %
Theme: HOLO_DARK
Source Asset:
8 輸入圖示名稱
9 選 HOLD.DARK
xxhdpi
xhdpi
hdpi
mdpi
Previous
Next
Cancel
Finish
Help
這裡可預覽 4 種尺寸的圖片外觀
10 按 Next 鈕

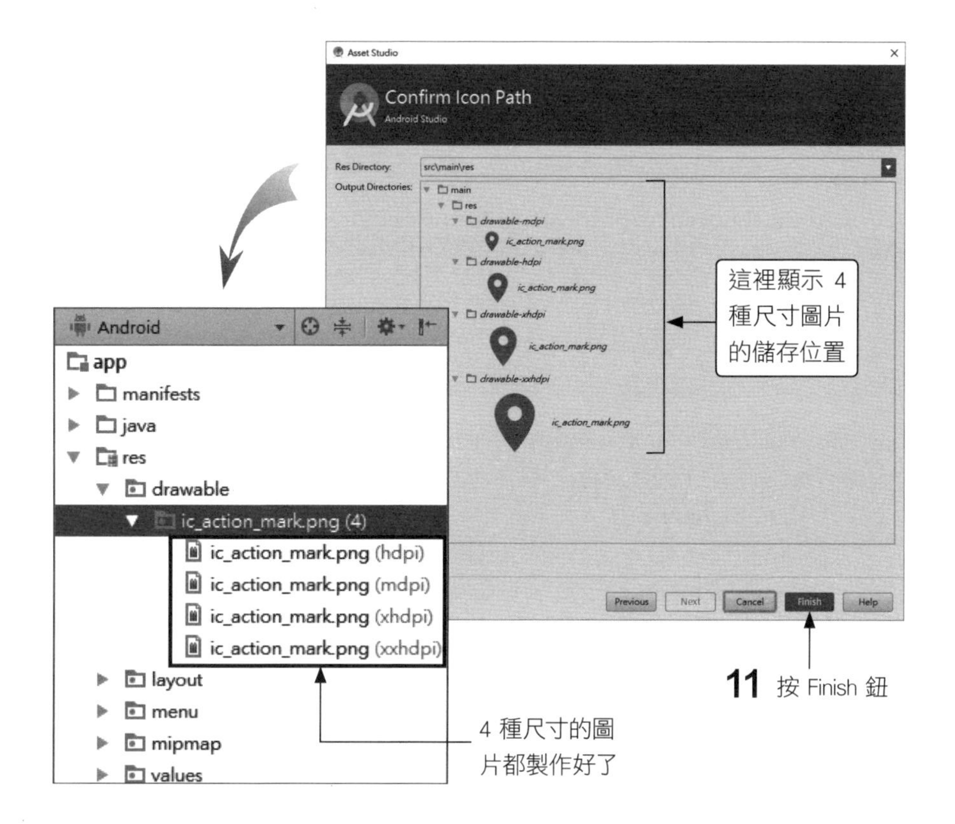

step3 開啟專案的 res/menu/menu_main.xml 檔, 加入 6 個選項如下:

```
<menu xmlns:android="http://schemas.android.com/apk/res/android"
    xmlns:app="http://schemas.android.com/apk/res-auto"
    xmlns:tools="http://schemas.android.com/tools"
            tools:context=".MainActivity">
    <item android:id="@+id/mark" android:title="標記"
        app:showAsAction="ifRoom" android:icon="@drawable/ic_action_mark" />
    <item android:id="@+id/satellite" android:title="顯示衛星圖"
        android:checkable="true" />
    <item android:id="@+id/traffic" android:title="顯示交通狀況"
        android:checkable="true" />
    <item android:id="@+id/currLoction" android:title="移到目前位置" />
    <item android:id="@+id/setGPS" android:title="設定定位服務" />
    <item android:id="@+id/about" android:title="關於 我的地圖" />
</menu>
```

step 4 最後, 來撰寫載入及處理功能表的 2 個方法 (如果之前已將這 2 個方法刪除了, 可先新增一個專案, 再將其中的相關方法複製過來):

```
01 @Override
02 public boolean onCreateOptionsMenu(Menu menu) {
03     getMenuInflater().inflate(R.menu.menu_main, menu);
04     return true;
05 }
06
07 @Override
08 public boolean onOptionsItemSelected(MenuItem item) {
09     switch(item.getItemId()) { ◄— 依照選項的 id 來處理
10         case R.id.mark:
11             map.clear(); ◄— 清除所有標記
12             map.addMarker(new MarkerOptions() ◄— 在目前位置加入標記
13                     .position(map.getCameraPosition().target)
14                     .title("到此一遊"));
15             break;
16         case R.id.satellite:                          切換功能表項
17             item.setChecked(!item.isChecked());◄— 目的打勾狀態
18             if(item.isChecked())◄— 設定是否顯示衛星圖
19                 map.setMapType(GoogleMap.MAP_TYPE_SATELLITE);
20             else
21                 map.setMapType(GoogleMap.MAP_TYPE_NORMAL);
22             break;
23         case R.id.traffic:                      切換功能表項目的打勾狀態
24             item.setChecked(!item.isChecked()); ◄┘
25             map.setTrafficEnabled(item.isChecked());◄— 設定是否顯示
26             break;                                         交通圖
27         case R.id.currLoction:
28             map.animateCamera( ◄— 在地圖中移動到目前位置
29                     CameraUpdateFactory.newLatLng(currPoint));
30             break;
31         case R.id.setGPS:                   利用 Intent 啟動系
32             Intent i = new Intent( ◄— 統的定位服務設定
33                     Settings.ACTION_LOCATION_SOURCE_SETTINGS);
34             startActivity(i);
35             break;
```

Next

```
36          case R.id.about:                          用交談窗顯示程式
37              new AlertDialog.Builder(this) ◄── 版本與版權聲明
38                      .setTitle("關於 我的地圖")
39                      .setMessage(
                         "我的地圖 體驗版 v1.0\nCopyright 2017 Flag Corp.")
40                      .setPositiveButton("關閉", null)
41                      .show();
42              break;
43      }
44      return super.onOptionsItemSelected(item);
45 }
```

- 第 11 行是清除之前所加的標記 (如果有的話), 第 12 行會在地圖的中央設置新標記, 設置的地點可以由 map.getCameraPosition().target 取得。

- 由於選項的打勾狀態是要由我們自行控制, 因此在第 17 行會先利用 item 的 isChecked() 及 setChecked() 來切換打勾狀態, 然後第 18~21 行再依打勾的狀態來切換是否顯示衛星圖。item 是本方法所傳入的參數, 代表著被選取的選項物件。

- 第 24、25 行的作用和上一項相同, 只是將設定的對象改為是否加上交通狀況而已。

- 第 32~34 行是利用意圖來啟動系統的定位服務設定, 這在 14-1 節已介紹過了。

- 第 37~41 行是利用 Alert 交談窗來顯示程式的版本及版權聲明。有關 Alert 交談窗的介紹可參閱第 7 章。

step 5 請在手機上測試結果, 看看是否和本範例最前面的示範相同。

練習 14-4 請修改本節範例, 利用第 2 節介紹過的查詢地址技巧, 讓程式可以用實際的地址做為標記文字。另外, 還要在功能表中多加一個『結束程式』選項, 當使用者選此項目時要結束程式:

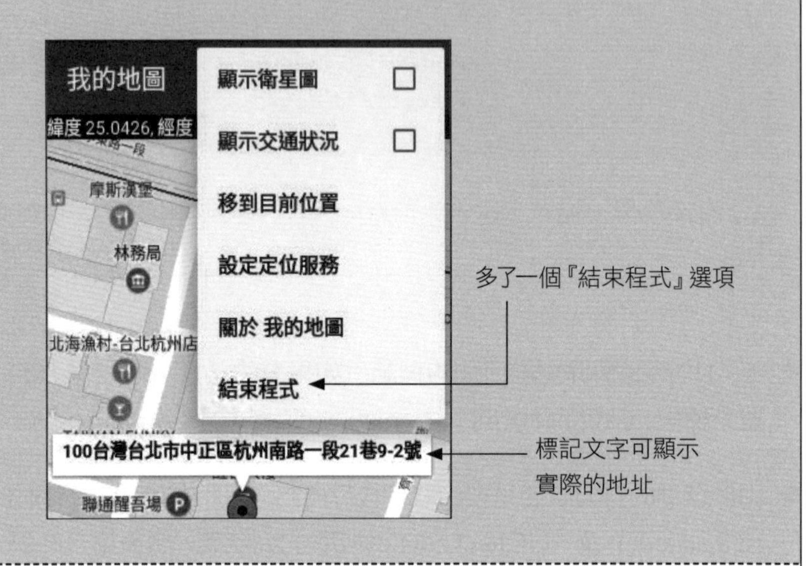

提示 可在程式的功能表 XML 檔中多加一個選項, 並在 onOptionsItem Selected() 中加入相關處理:

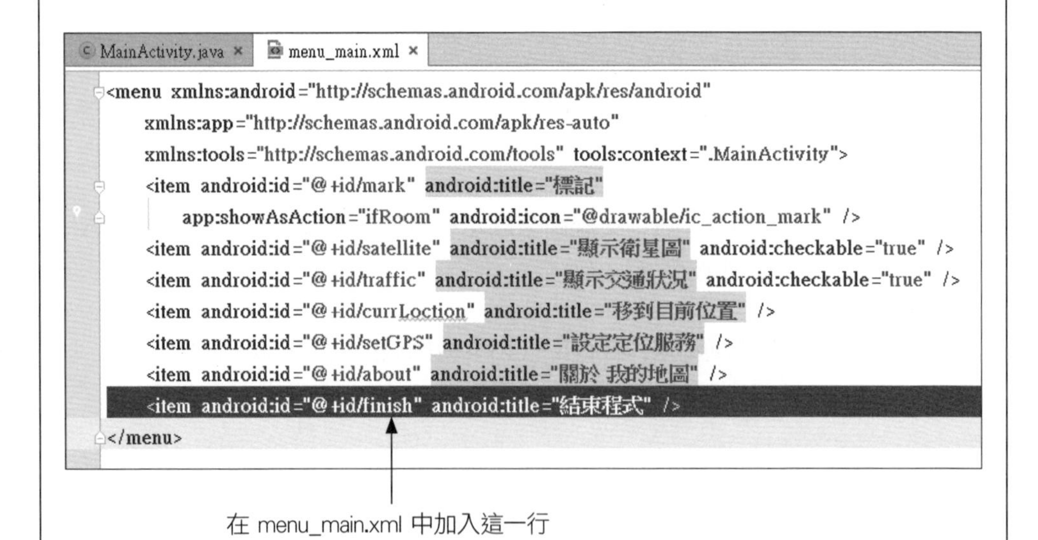

```
<menu xmlns:android="http://schemas.android.com/apk/res/android"
    xmlns:app="http://schemas.android.com/apk/res-auto"
    xmlns:tools="http://schemas.android.com/tools" tools:context=".MainActivity">
    <item android:id="@+id/mark" android:title="標記"
        app:showAsAction="ifRoom" android:icon="@drawable/ic_action_mark" />
    <item android:id="@+id/satellite" android:title="顯示衛星圖" android:checkable="true" />
    <item android:id="@+id/traffic" android:title="顯示交通狀況" android:checkable="true" />
    <item android:id="@+id/currLoction" android:title="移到目前位置" />
    <item android:id="@+id/setGPS" android:title="設定定位服務" />
    <item android:id="@+id/about" android:title="關於 我的地圖" />
    <item android:id="@+id/finish" android:title="結束程式" />
</menu>
```


Next

```
01 public boolean onOptionsItemSelected(MenuItem item) {
02     switch(item.getItemId()) { ◄— 依照選項的 id 來處理
03         case R.id.mark:
04             map.clear();
05             map.addMarker(new MarkerOptions()
06                     .position(map.getCameraPosition().target)
07                     .title(getAddress()));
08             break;
09         case R.id.satellite:
           ...
36         case R.id.finish:
37             finish(); ◄— 結束活動 (也就結束程式了)
38             break;
39     }
40     return super.onOptionsItemSelected(item);
41 }
42
43 String getAddress() {
44     LatLng target = map.getCameraPosition().target; ◄— 取得地圖
45     try {                                                 目前位置
46         List<Address> listAddr =
               new Geocoder(this, Locale.getDefault()).
47             getFromLocation(target.latitude, target.longitude, 1);
                 ▲_ 用經緯度查地址                    檢查是否有取得地址
48         if (listAddr == null || listAddr.size() == 0) { ◄┘
49             return "未知地址：" + String.format("緯度 %.4f, 經度 %.4f",
50                                 target.latitude, target.longitude);
51         }
52         else {                          用來儲存地址
53             String strAddr = ""; ◄┘              取 List 中的第一
54             Address addr = listAddr.get(0); ◄— 筆(也是唯一的一筆)
55             for (int i = 0; i <= addr.getMaxAddressLineIndex(); i++)
56                 strAddr += addr.getAddressLine(i) + "\n";
57             return strAddr;
58         }
59     } catch (Exception ex) {
60         return "未知地址：" + String.format("緯度 %.4f, 經度 %.4f",
61                         target.latitude, target.longitude);
62     }
63 }
```

延伸閱讀

1. 要實作完整的 LocationListener 介面方法，請參考 Location文件說明：http://developer.android.com/reference/android/location/LocationListener.html。

2. 關於設計具備定位功能的 Android App 應注意事項可參考官網 **Location Strategies** 指南 http://developer.android.com/guide/topics/location/strategies.html。

3. 關於功能表的各種應用，可參考官網的 Menus 指南：http://developer.android.com/guide/topics/ui/menus.html。

重點整理

1. 要使用手機定位功能，必須先取得能表系統提供的 LocationManager 物件 (定位總管)。取得定位總管後，可進一步取得系統的 LocationProvider (定位提供者)、以及註冊位置事件的監聽器。

2. 目前手機大多支援 gps、network、passive 3 種定位提供者。呼叫 LocationManager 的 getProvider() 即可取得參數所指的定位提供者；或是用 getBestProvider() 以指定條件的方式，取得最佳的提供者。

3. 要使用定位提供者，專案也必須設定使用 android.permission.ACCESS_COARSE_LOCATION 和 android.permission.ACCESS_FINE_LOCATION 兩個權限。

4. 透過定位提供者物件呼叫 getLastKnownLocation() 方法，可傳回包含最近一次定位資料的 Location 物件。以此物件呼叫 getLatitude()、getLongitude() 即可取得經緯度。

5. 想讓定位提供者每次取得新的定位資料，就通知程式，則需用定位總管呼叫 requestLocationUpdates() 方法註冊『位置事件』的監聽器。

6. 『位置事件』監聽器需實作 LocationListener 介面, 此介面共有 4 個方法, 但只要取得位置資訊時, 只需使用其中的 onLocationChanged() 方法, 其參數就是包含新位置的 Location 物件。

7. Geocoder 類別提供經緯度、地址的查詢功能, 由於需透過網際網路連到 Google 提供的服務進行查詢, 所以使用時必須已連上網際網路, 而專案也要具備 android.permission.INTERNET 的權限。

8. 用 Geocoder 物件呼叫 getFromLocation() 可用經緯度查地址, 這個方法有可能會拋出 IOException 例外, 所以必需將呼叫的敘述放在 try/catch 段落中。

9. Geocoder 物件查詢結果是放在 Address 型別的 List 物件 (List<Address>), 必須由 List 中取出 Address 物件, 再呼叫 getAddress() 等方法中才能讀取查詢到的資料。

10. 利用『Google Map』功能, 可以在程式中顯示出地圖, 並做出許多有關地圖的應用。但在使用之前, 要先向 Google 公司申請 Google Maps API Key 才行。

11. 在專案中要使用 Google Map 時, 必須引用 Google Play services 程式庫, 另外還要在 AndroidManifest.xml 中加入 API Key 及 Google Play services 版本資訊 , 以及適當的權限。

12. 在程式中是使用 Layout 中的 MapFragment 元件來取得 GoogleMap 物件, 然後可用此物件來進行各項設定, 例如加上衛星空照圖、交通狀況圖等。

13. 若要幫 Activity 加上功能表 (Option Menu), 可先開啟 res/menu/menu_main.xml 檔加入所需的選項, 然後在程式的 onCreateOptionsMenu() 中載入功能表, 並在 onOptionsItemSelected() 中處理當使用者選取選項時所要做的事情。

習題

1. 想讓定位提供者每次取得新的定位資料，就通知程式，則需用定位管理員物件呼叫 __________ LocationUpdates() 方法註冊『位置事件』的監聽器。

2. 『位置事件』監聽器需實作 LocationListener 介面，此介面中的 on_______________() 會在位置更新時被呼叫，其參數就是包含新位置的 ________ 類別的物件，以此物件呼叫 get_____tude() 方法即可取得緯度、呼叫 get______tude() 可取得經度。

3. 請修改本章第 1 個範例程式 Ch14_SimpleLocation，在程式中加入一個按鈕，按下就會以 Intent 開啟地圖顯示目前位置。(提示：開啟地圖的 URI 格式為 "geo:緯度,經度?z=18")。

4. 請說明 Google Map 是做什麼用的？以及在使用之前要向 Google 申請什麼東西？

5. 請設計一個具備功能表的程式，在功能表中至少要包含 2 個固定顯示在標題列的圖示、2 個可打勾的選項、2 個可用 Intent 啟動其他應用程式的選項、結束程式的選項、以及顯示版本和版權聲明的選項。

15 SQLite 資料庫

Chapter

15-1 認識 SQLite 資料庫

15-2 查詢資料及使用 Cursor 物件

15-3 熱線通訊家

本章將介紹如何使用 Android 內建的 SQLite 資料庫儲存資料。另外還會說明如何將查詢到的資料透過 Adapter 物件顯示到 ListView。

15-1 認識 SQLite 資料庫

SQLite 是一套開放原始碼的資料庫引擎，Android 內建了 SQLite 功能，讓 Android App 可以很方便地利用它儲存資料。SQLite 支援關聯式資料庫的查詢語言 SQL 大部份的語法，所以讀者若有用過 SQL Server、MySQL 等關聯式資料庫，就能很快上手。

Android SDK 提供的類別庫已簡化使用 SQLite 資料庫的操作，使用時只需要用到一些基本 SQL 語法。以下先簡單說明建立資料表、新增資料的 SQL 語法。

資料庫其實也是一個檔案，不過它是由 SQLite 維護，程式不需直接讀取它，而是使用 Android SDK 中的 SQLite 相關類別來存取資料庫的內容。

資料庫、資料表、資料欄位

要利用 SQLite 資料庫儲存資料，必須先建立資料庫 (此部份可透過 Activity 內建的方法來達成，參見 15-4 頁)。要儲存資料，則需先在資料庫中建立**資料表 (Table)**。我們可以把資料表視為一個 2 維的表格，例如簡單的『通訊』資料表可能有如下內容：

欄位

欄位 (Column) 名稱 →

name	phone	email
孫小小	(02)23963257	small@flag.com.tw
盧拉拉	(02)23211271	lala@flag.com.tw
陳章章	(02)23975215	chacha@flag.com.tw

← 記錄 (Record)

縱向的一行稱為欄位 (Column), 代表著一項特定意義的資料, 例如『name』欄用來儲存客戶的名稱。橫向的一列則稱為記錄 (Record, 或 Row), 每一筆記錄都儲存著一筆完整的資料, 例如上圖第 2 筆記錄, 就儲存著『盧拉拉』這個客戶的連絡資料。

使用 CREATE TABLE 敘述建立資料表

建立資料表的 SQL 敘述為 "CREATE TABLE", 語法如下 (SQL 敘述不分大小寫, 但為了方便辨識, 以下介紹語法時, SQL 關鍵字都使用大寫):

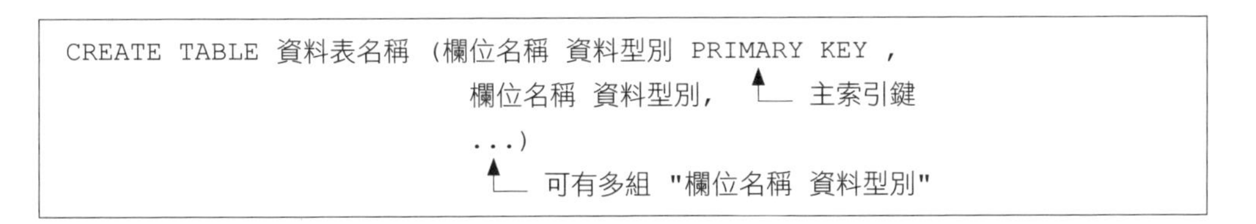

```
CREATE TABLE 資料表名稱 (欄位名稱 資料型別 PRIMARY KEY ,
                         欄位名稱 資料型別,
                         ...)
```

TIP 欄位名稱有指定 "PRIMARY KEY" 時, 表示要以該欄位的值建立主索引鍵, 每個資料表只能有一個欄位設為主索引鍵。每筆資料的主索引欄位值都必須是唯一的, 不可以重複。

所以前面範例『通訊』資料表就可用如下的語法建立:

```
CREATE TABLE customers (name VARCHAR(32),
                        phone VARCHAR(16),
                        email VARCHAR(32))
```

name	phone	email
孫小小	(02)23963257	small@flag.com.tw
盧拉拉	(02)23211271	lala@flag.com.tw
陳章章	(02)23975215	chacha@flag.com.tw

其中 VARCHAR 表示是可變動長度的字元, 括號中的數字表示字元數上限, 例如 VARCHAR(32) 表示最多可存 32 個字元。

TIP SQLite 支援的資料型別相當多, 在此就不逐一說明。

使用 openOrCreateDatabase() 建立資料庫

在專案的 MainActivity 類別, 有一個 openOrCreateDatabase() 方法可建立及開啟資料庫, 如名稱所示, 此方法會**開啟 (open)** 參數所指的資料庫, 若資料庫不存在, 則會先**建立 (create)** 再開啟它, 其參數如下:

```
openOrCreateDatabase("customer",                ← 資料庫名稱
                     Context.MODE_PRIVATE,      ← 建立資料庫檔的模式
                     null);                     ← 傳回查詢結果的類別
```

- 資料庫名稱:這是最重要的參數。
- 運作模式:建立此資料庫**檔案**的方式。一般會設成 0 或如上使用常數 Context.MODE_PRIVATE, 表示是僅供自己使用的資料庫。
- 第 3 個參數是指定對此資料庫查詢時, 傳回查詢結果的類別。一般使用 null 即可, 表示使用系統預設的類別。

openOrCreateDatabase() 執行成功, 會傳回代表資料庫的 SQLiteDatabase 物件。SQLiteDatabase 類別已內建許多方法可用以執行 SQL 敘述、寫入資料、進行查詢、清除資料...等。以下先介紹如何建立資料表及寫入資料。

用 execSQL() 方法執行 "CREATE TABLE" 敘述

使用 SQLiteDatabase 物件建立資料表, 必須用前面介紹的 "CREATE TABLE" 敘述當參數, 呼叫 execSQL() 方法, 例如:

```
SQLiteDatabase db = openOrCreateDatabase(...);  ← 取得資料庫物件
String sql ="CREATE TABLE test " +  ← 建立 "test" 資料表的 SQL 語法字串
            "(name VARCHAR(32), " +
            "phone VARCHAR(32)," +
            "email VARCHAR(32))";
db.execSQL(sql);  ← 執行上面的 CREATE TABLE 敘述
```

用 insert() 方法及 ContentValues 物件新增資料

建立資料表後，可使用 insert() 方法新增資料，此方法需配合 ContentValues 物件使用。我們可將 ContentValues 看成是 "欄位名稱=>欄位值" 鍵值對 (Key-Value pair) 的集合，所有要新增的資料都要用 put() 方法存到 ContentValues 物件中：

```
ContentValues cv = new ContentValues(3);  ← 建立含 3 個欄位的
                                            ContentValues 物件
cv.put("name", "孫小小");                ← name 欄位為 "孫小小"
cv.put("phone", "(02)23963257");        ← phone 欄位為 "(02)23963257"
cv.put("email", "small@flag.com.tw");   ← email 欄位為 "small@flag.com.tw"
db.insert("customers", null, cv)        ← 將上列內容寫入 customers 資料表，
                                           新增 1 筆記錄
```

孫小小	(02)23963257	small@flag.com.tw

customers 資料表

insert() 方法的第 2 個參數，是設定當 ContentValues 物件參數未包含內容時，插入空資料的處理方式，一般不會用到，故設為 null。

範例 15-1：建立資料庫及資料表

以下就用前面介紹內容試著建立一個資料庫。

step 1 建立新專案，命名為 "Ch15_HelloSQLite"。

step 2 本範例還無法查詢及顯示資料，所以只能將建立的資料庫基本資訊列出，請將預建佈局 TextView 設定 id 及 textSize 屬性：

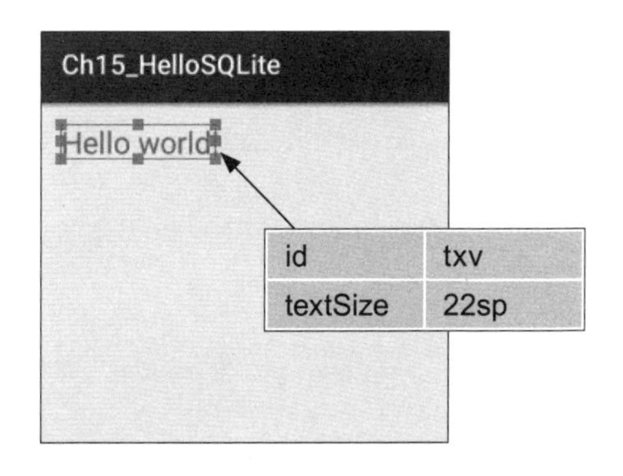

step 3 開啟 MainActivity.java，加入如下類別變數，以及在 onCreate() 方法中加入建立資料庫的程式碼：

```
01 public class MainActivity extends AppCompatActivity {
02     static final String db_name="testDB";      ← 資料庫名稱
03     static final String tb_name="test";        ← 資料表名稱
04     SQLiteDatabase db;                          ← 資料庫物件
05     @Override
06     protected void onCreate(Bundle savedInstanceState) {
07         super.onCreate(savedInstanceState);
08         setContentView(R.layout.activity_main);
09
10         // 開啟或建立資料庫
11         db = openOrCreateDatabase(db_name,
                                    Context.MODE_PRIVATE, null);
12
13         String createTable="CREATE TABLE IF NOT EXISTS " +
14                       tb_name +                  ← 資料表名稱
15                       "(name VARCHAR(32), " +    ← 姓名欄位
16                       "phone VARCHAR(16), " +    ← 電話欄位
17                       "email VARCHAR(64))";      ← Email欄位
18         db.execSQL(createTable);                 ← 建立資料表
19
20         // 呼叫自訂的 addData() 方法寫入 2 筆資料
21         addData("Flag Publishing Co.","02-23963257","service@flag.
               com.tw");
22         addData("PCDIY Magazine","02-23214335","service@pcdiy.com.tw");
23
24         TextView txv=(TextView)findViewById(R.id.txv);         取得及顯
25         txv.setText("資料庫檔路徑: "+db.getPath()+ "\n" +  ← 示資料庫
                                                              資訊
26                     "資料庫分頁大小: "+db.getPageSize() + " Bytes\n" +
27                     "資料量上限: "+db.getMaximumSize() + " Bytes\n");
28
29         db.close();                   ← 關閉資料庫
30     }
31
32     private void addData(String name, String phone, String email) {
33         ContentValues cv=new ContentValues(3);   ←┐
                                  建立含3個資料項目的物件
```

Next

```
34          cv.put("name", name);
35          cv.put("phone", phone);
36          cv.put("email", email);
37
38          db.insert(tb_name, null, cv);    ◄— 將資料加到資料表
39      }
...
```

- 第 11 行呼叫 openOrCreateDatabase() 取得資料庫物件。方法中第 1 個參數使用第 2 行定義的資料庫名稱，第 2 個參數使用內建常數 Context.MODE_PRIVATE 將資料庫設為僅供自己使用。

- 第 13~17 行建立 "CREATE TABLE" 的 SQL 語法字串。第 13 行在 "CREATE TABLE" 後面加上 "IF NOT EXISTS"，表示指定的資料表 "test" (tb_name 的值) 不存於資料庫時，才會進行建立資料表，否則就不建立。所以第 2 次執行程式時，就不會再執行建立的動作。

在 "CREATE TABLE" 敘述中加上 "IF NOT EXIST" 的技巧相當實用，可簡化設計邏輯。

- 第 18 行用資料庫物件呼叫 execSQL() 方法，執行 "CREATE TABLE..." 敘述。

- 第 21、22 行呼叫自訂的 addData() 在資料表新增 2 筆記錄。

- 第 24~28 行將一些基本的資料庫資訊輸出到 TextView 上。其中呼叫的 getXXX() 方法都是 SQLiteDatabase 內建方法，它們會傳回資料庫物件的相關資訊。

- 第 29 行呼叫 close() 方法關閉資料庫連線。

- 第 32~39 是自訂的 addData() 方法，其功用就是將 3 個參數字串加到資料表中成為一筆新記錄。

- 第 33 行建立含 3 個項目的 ContentValues 物件，並接著用 put() 方法將名稱、電話、電子郵件字串加到物件中。

● 第 38 行用資料庫物件的 insert() 方法將 ContentValues 物件內容新增到資料表中。

step 4 將程式佈署到手機、模擬器上執行, 就會看到如下結果:

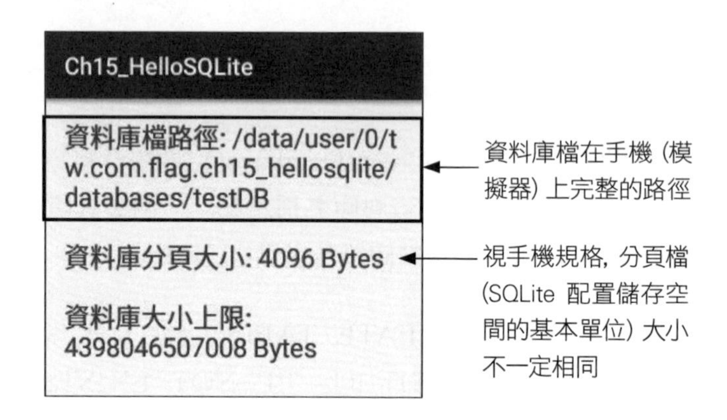

由於尚未介紹查詢的 SQL 語法, 及如何處理查詢結果, 所以本節只寫入資料而未讀取寫入的資料。若想查看資料存放的情形, 可參考後面說明框中的介紹, 或用下一節介紹的內容讀出資料。

練習 15-1 請將範例程式建立的資料庫改為自訂的名稱, 例如改成 "myDatabase", 並查看執行結果。

提示 您可修改範例程式中類別變數 db_name 的字串值, 或直接修改 openOrCreateDatabase() 敘述為:『openOrCreateDatabase("myDatabase", Context.MODE_PRIVATE, null);』。

檢視資料庫所佔用的空間大小

和第 13 章使用偏好設定 (Preferences) 儲存資料一樣，程式若有使用 SQLite 資料庫儲存資料，則可在手機的『**設定/應用程式**』中查看其佔用的空間：

15-2 查詢資料及使用 Cursor 物件

使用 SELECT 敘述進行資料查詢

使用 SQLiteDatabase 物件查詢資料表中的資料，需用到 SQL 的 **SELECT** 敘述。以下將快速介紹 SQL 中的查詢敘述，再說明如何在程式中讀取查詢的結果。

SELECT 敘述基本語法如下：

```
SELECT 欄位名稱 FROM 資料表名稱
```

『欄位名稱』的部份可列出資料表中的一或多個欄位 (以逗號分隔), 或是用星號 '*' 代表『所有欄位』, 例如對範例 test 資料表, 下面 2 個敘述是一樣的意思:

```
SELECT * FROM test    ◄— 直接用 * 代表『所有欄位』
SELECT name,phone,email FROM test
```

使用 Cursor 物件取得查詢結果

要執行查詢, 需用 SQLiteDatabase 物件的 rawQuery() 方法, 第 1 個參數為 SELECT 敘述, 第 2 個參數設為 null 即可:

```
rawQuery("SELECT * FROM test", null);   ◄— 傳回 test 資料表的所有記錄
```

上一節建立資料表所用的 execSQL() 方法沒有傳回值, 所以不適用於有傳回值的 SELECT 敘述。

rawQuery() 方法傳回的查詢結果為 Cursor 類別的物件。Cursor 可稱為『資料指標』, 簡單的說, 要讀取查詢結果中某一筆記錄, 就必須將 Cursor 指標指到它, 之後才能讀取其內容 (後詳)。一般處理資料時大多是循序處理, 此時可用如下 2 組方法來移動 Cursor 物件的指標:

moveToFirst()	移到第一筆	moveToLast()	移到最後一筆
moveToNext()	移到下一筆	moveToPrevious()	移到前一筆

這些方法都會在移動成功時傳回 true; 失敗傳回 false。對 moveToFirst()、moveToLast() 來說, 失敗表示查詢結果中『沒有任何資料』, 而 moveToNext() 傳回失敗則表示已經到最後 1 筆, 沒有下一筆了。moveToPrevious() 傳回失敗則表示已經到第 1 筆了, 無法再往前了。所以要逐筆取得查詢結果中所有的記錄, 可用如下的迴圈來處理:

```
Cursor cur=db.rawQuery("SELECT * FROM test");    ◄— 執行查詢

if( cur.moveToFirst() )                     ◄— 查詢結果中有資料才繼續
  do {                                      ◄— 利用 do/while 迴圈逐筆讀取
     ... // 讀取『指標』所指的資料
  } while (cur.moveToNext());               ◄— 若還有下一筆, 就繼續 do/while 迴圈
```

要判斷查詢結果是否有資料, 也可用 Cursor 的 getCount() 方法, 傳回值就是資料筆數。若傳回 0, 表示沒有資料。

使用 Cursor 物件的 getXXX() 方法讀取資料

用 Cursor 物件讀取資料的方式, 是以『欄位索引編號』(由 0 起算) 為參數, 呼叫對應的 getXXX() 方法即可傳回該欄位的內容:

```
getDouble(欄位索引)      ◄— 讀取 double  資料
getFloat(欄位索引)       ◄— 讀取 float   資料
getInt(欄位索引)         ◄— 讀取 int     資料
getLong(欄位索引)        ◄— 讀取 long    資料
getShort(欄位索引)       ◄— 讀取 short   資料
getString(欄位索引)      ◄— 讀取字串
```

以之前包含 "name"、"phone"、"email" 三個字串欄位的資料表為例, 讀取資料的方式為:

```
Cursor c = db.rawQuery("SELECT * FROM test");
...
c.getString(0); ◄— 讀 "name" 欄位的值
c.getString(1); ◄— 讀 "phone" 欄位的值
c.getString(2); ◄— 讀 "email" 欄位的值
```

如果想用『欄位名稱』取資料, 則必需先用 getColumnIndex() 方法取得欄位索引, 例如:

```
c.getString(getColumnIndex("name"));
c.getString(getColumnIndex("phone"));
c.getString(getColumnIndex("email"));
```

在後面的範例中, 會先用看起來比較簡捷的方式:直接使用索引值呼叫 getXXX()。但讀者自行開發程式時要注意, 如果查詢的 SELECT 敘述中只查詢了部份欄位、或改變了欄位順序, 此時用 getColumnIndex() 先取得欄位索引, 比較不會取錯欄位。

範例 15-2:使用 Cursor 物件讀取查詢結果

在此就將上一節的範例加上查詢動作, 及利用 Cursor 讀取查詢結果的功能。並將資料顯示在 TextView:

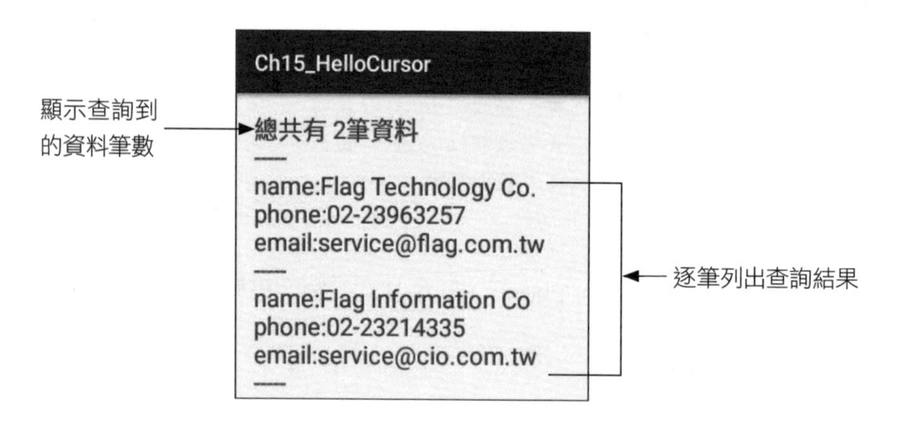

step 1 請將前 1 節的範例 Ch15_HelloSQLite 專案複製成 Ch15_HelloCursor, 佈局不需修改。

step 2 開啟 MainActivity.java, 將 onCreate() 後半段程式修改如下:

```
01 protected void onCreate(Bundle savedInstanceState) {
02     super.onCreate(savedInstanceState);
03     setContentView(R.layout.activity_main);
04
05     // 開啟或建立資料庫
06     db = openOrCreateDatabase(db_name,  Context.MODE_PRIVATE, null);
07
08     String createTable="CREATE TABLE IF NOT EXISTS " +
09                 tb_name +
10                 "(name VARCHAR(32), " +
11                 "phone VARCHAR(16), " +
12                 "email VARCHAR(64))";
13     db.execSQL(createTable);          ← 建立資料表
14
15     Cursor c=db.rawQuery("SELECT * FROM "+tb_name, null); ←┐
                                    查詢tb_name資料表中的所有資料
16     if (c.getCount()==0){    ← 若無資料, 則立即新增 2筆資料
17         addData("Flag Publishing Co.","02-23963257","service@flag.
                com.tw");
18         addData("PCDIY Magazine","02-23214335","service@pcdiy.com.tw");
19         c=db.rawQuery("SELECT * FROM "+tb_name, null);  ← 重新查詢
20     }
21
22     if (c.moveToFirst()) {     ← 移到第 1 筆資料 (若有資料才繼續)
23         String str="總共有 "+c.getCount()+"筆資料\n";
24         str+="-----\n";
25
26         do{  ← 逐筆讀出資料, 並串接成訊息字串
27             str+="name:"+c.getString(0)+"\n";  ← name  欄位
28             str+="phone:"+c.getString(1)+"\n"; ← phone 欄位
29             str+="email:"+c.getString(2)+"\n"; ← email 欄位
30             str+="-----\n";
31         } while(c.moveToNext());        ← 有下一筆就繼續迴圈
32
33         TextView txv=(TextView)findViewById(R.id.txv);
34         txv.setText(str);   ← 顯示訊息字串
35     }
36
37     db.close();              ← 關閉資料庫
38 }
```

- 第 15 行呼叫 rawQuery() 執行 SELECT 查詢敘述，並將結果設定給 Cursor 物件 c。
- 第 16 行檢查查詢結果的資料筆數是否為 0，若是 0 (沒有資料) 就執行 addData() 方法加入資料，並在第 20 行重新執行查詢。
- 第 22~35 行即是在有資料的情況下 (這次改用 moveFirst() 檢查)，逐筆讀取資料內容，並顯示到 TextView。
- 第 23 行建立要顯示在 TextView 的訊息字串，此處先加入總共有幾筆資料的訊息。
- 第 26~31 行為逐筆讀取資料的 do-while 迴圈，迴圈中將 getString() 讀到的字串連同欄名稱一起附加到字串中。
- 第 33、34 行將剛才建好的字串設定到 TextView。

step 3 將程式部署到手機、模擬器上就會看到如下畫面：

練習 15-2

請修改範例程式，讓程式顯示的資料是由最後一筆開始，然後向前逐筆顯示。

提示

只需在原程式中，將移動 Cursor 的方法 moveFirst() 改成 moveLast()、moveNext() 改成 movePrevious() 即可：

```
if (c.moveToLast()){        ← 移到最後 1 筆資料
    String str="總共有 "+c.getCount()+"筆資料\n";
    str+="-----\n";

    do{                     ← 逐筆讀出資料
        str+="name:"+c.getString(0)+"\n";
        str+="phone:"+c.getString(1)+"\n";
        str+="email:"+c.getString(2)+"\n";
        str+="-----\n";
    } while(c.moveToPrevious());     ← 有前一筆就繼續迴圈

    TextView txv=(TextView)findViewById(R.id.txv);
    txv.setText(str);
}
```

15-3 熱線通訊家

認識 SQLite 資料庫的基本用法後，就可更進一步利用 ListView 來顯示 Cursor 物件的內容，設計出實用的應用程式。

本節要教大家設計一個『熱線通訊』程式：雖然手機內建通訊錄的功能，但通常我們都會輸入相當多的連絡人資訊，導致有時想打電話給某位重要的親友時，還得花時間搜尋一下。本節要設計的就是一個輔助性的通訊錄程式，使用者可輸入少數幾位重要人士的通訊資訊，有需要時，開啟程式就能立即撥打電話，或發送電子郵件給對方，省去在通訊錄中搜尋的不便。

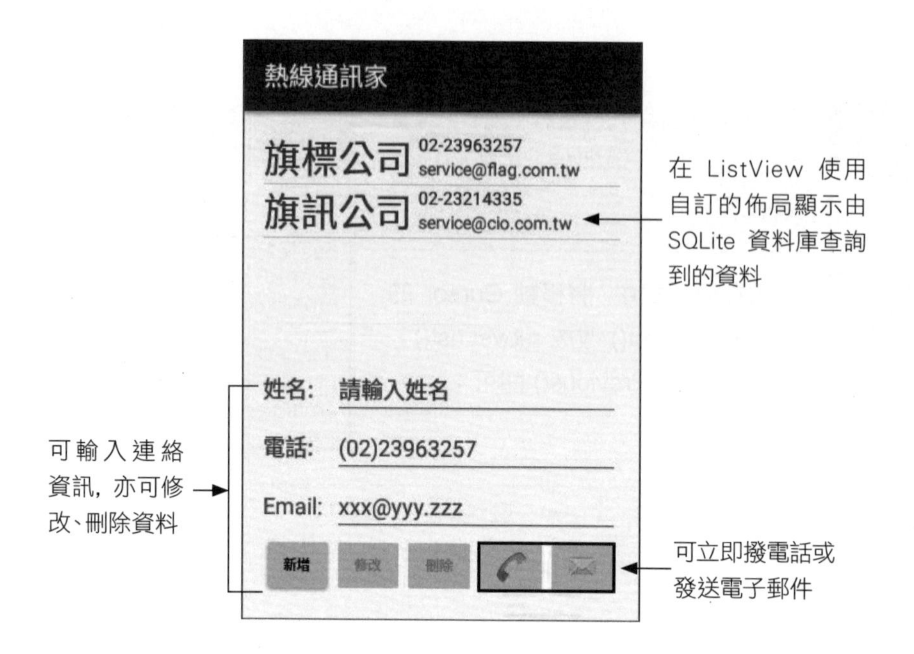

使用 SimpleCursorAdapter 自訂 ListView 版面

第 6 章曾介紹過可使用 ArrayAdapter 來設定 ListView 元件的資料來源 (當時是使用字串陣列為資料來源, 參見第 6 章)。如果想直接使用 Cursor 物件為資料來源, 則需改用 SimpleCursorAdapter 類別建立 Adapter 物件, 再呼叫 setAdapter() 方法設定給 ListView。

但使用 SimpleCursorAdapter 時, 由於資料來源 Cursor 物件中包含了多個欄位 (例如前 1 節的 name、phone、email 欄位), 所以在建構方法中必須指定各個欄位的資料, 要如何對應到清單項目各個元件。

```
SimpleCursorAdapter (MainActivity.this,
                     int layout,      ← 在 ListView 中顯示每個資料項目
                                        所用的佈局
                     Cursor c,        ← 以 Cursor 物件為資料來源
                     String[] from,  ← Cursor 中的欄位名稱陣列
                     int[] to,  ← layout (第 2 個參數) 中的元件 ID 陣列
                     0);     ← 指定 Adapter 運作模式, 本例不使用, 故設為 0
```

簡單的說, from 陣列中的欄位, 會對應到 to 陣列所指的某個 TextView。舉例來說, 範例程式查詢到的欄位名稱包括 {"name"、"phone"、"email"}, 而項目佈局內有 3 個 TextView, 其資源 ID 為 {R.id.name, R.id.phone, R.id.email}, 所以將它們設為上列的 from、to 參數, 就能讓 Cursor 中每筆資料一一顯示在項目佈局中適當的 TextView 中:

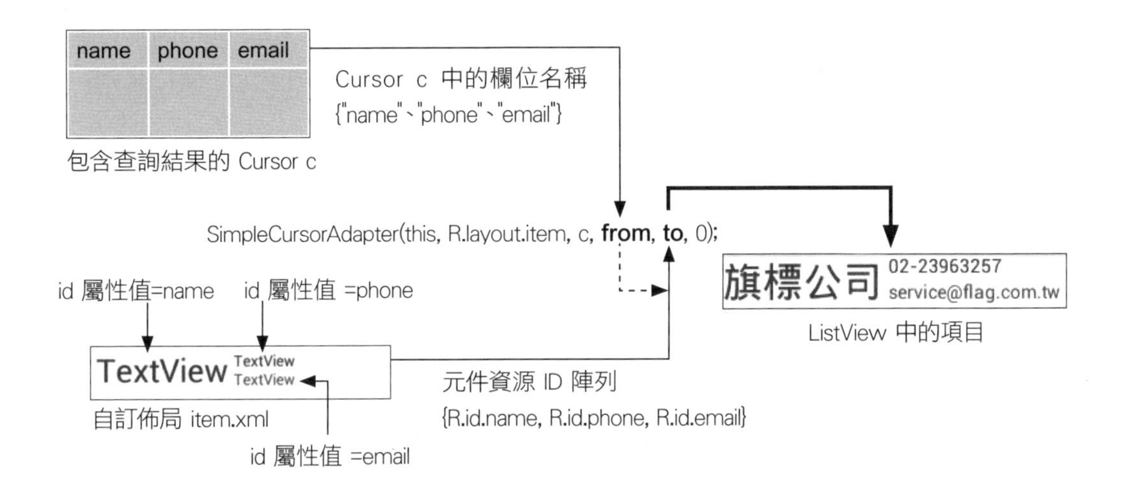

上圖中含 3 個 TextView 的佈局是自訂的佈局, 只要在專案中新增一個佈局檔, 並依平常設計 Activity 的方式設計好其內容, 再指定為 SimpleCursorAdapter 建構方法第 2 個參數, 最後再將 SimpleCursorAdapter 物件設為 ListView 的 Adapter, ListView 就會使用我們自訂的佈局來顯示資料了。

資料表的 '_id' 欄位

在 SimpleCursorAdapter 建構方法中**指定的 Cursor 物件, 其資料欄位中必須包含一個整數欄位 '_id',** SimpleCursorAdapter 內部會用到這個欄位, 所以在範例程式中, 會將建立資料表的 CREATE TABLE 敘述改為:

```
CREATE TABLE hotlist (_id INTEGER PRIMARY KEY AUTOINCREMENT,
                      name VARCHAR(32),
                      phone VARCHAR(16),
                      email VARCHAR(32))
```

其中 INTEGER：表示**整數**資料型別，AUTOINCREMENT 表示欄位值是自動 (AUTO) 遞增 (INCREMENT) 的，**不需自行設定**。例如加入第 1 筆資料時，其 "_id" 欄位會自動為 1、加入第 2 筆資料時，其 "_id" 欄位會自動為 2...依此類推。

建立如上資料表並加入資料後，用 "SELECT * FROM hotlist" 查詢所得到的 Cursor 物件，就會包含 '_id' 欄位，可以設定給 SimpleCursorAdapter 使用。另一方面，程式中在做資料更新/刪除動作時，也會利用這個 '_id' 欄位來指定所要更新/刪除的資料，是資料庫中的哪一筆。

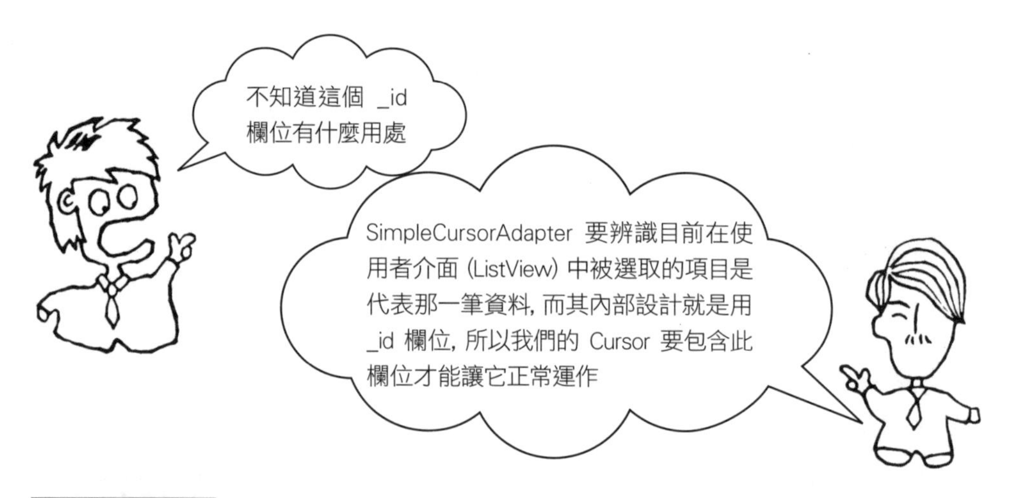

範例 15-3：熱線通訊家

step 1 請建立新專案 Ch15_MyHotline，並將 app_name 改為 "熱線通訊家"。進入佈局編輯器後，將預建佈局的 RelativeLayout 換成 LinearLayout (請參見 3-11 頁)，並加入如右元件：

加入 ListView

Component Tree
- LinearLayout (vertical)
  - lv (ListView)
  - LinearLayout (horizontal)
    - TextView - "姓名:"
    - etName (EditText)
  - LinearLayout (horizontal)
    - textView2 - "電話:"
    - etPhone (EditText)
  - LinearLayout (horizontal)
    - TextView3 - "Email:"
    - etEmail (EditText)
  - LinearLayout (horizontal)
    - btInsert (Button) - "新增"
    - btUpdate (Button) - "修改"
    - btDelete (Button) - "刪除"

加入 4 個 LinearLayout (Horizontal)

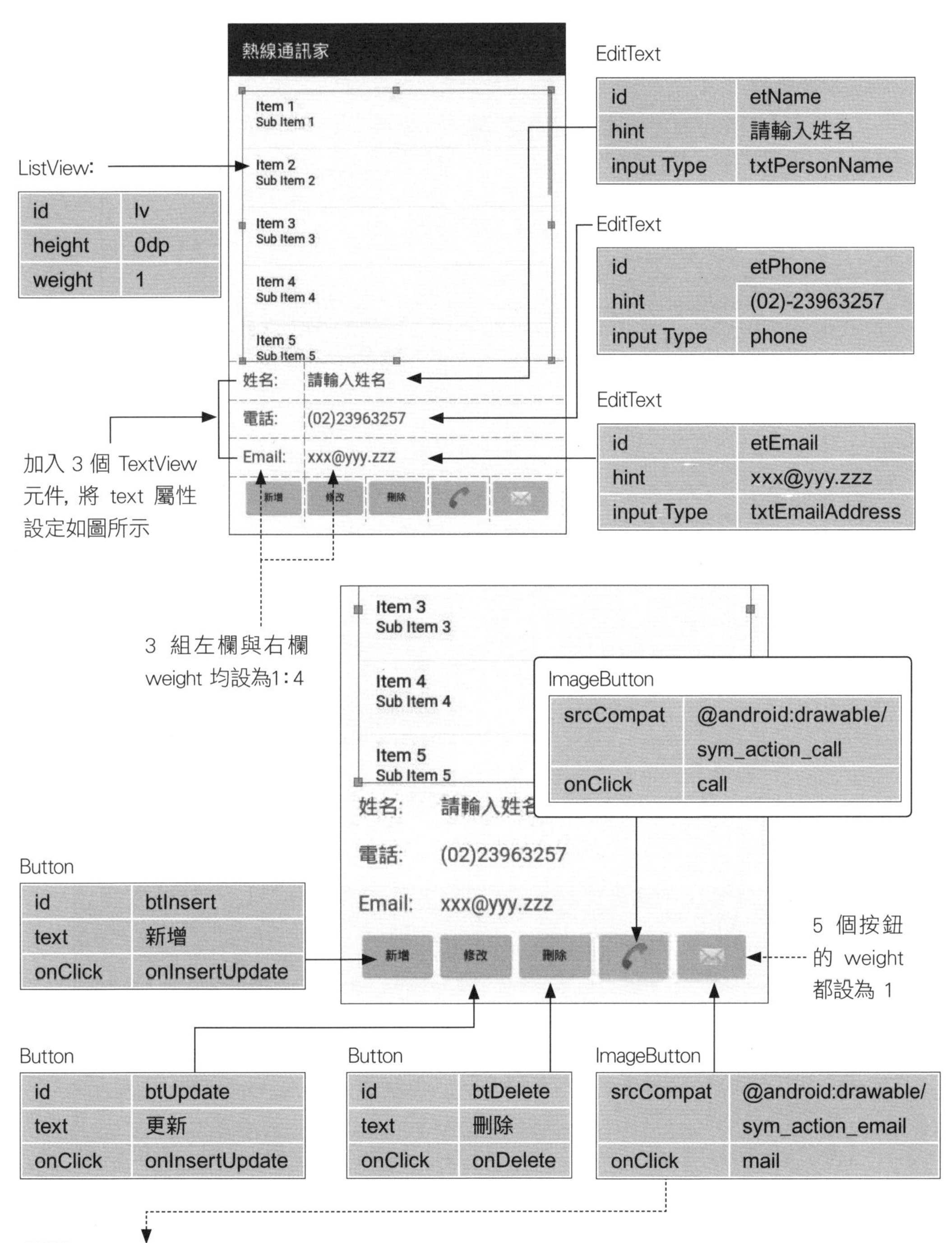

TIP ImageButton 是可顯示圖案的 Button 元件, 設定 srcCompat 屬性的方式類似 ImageView (見第 5 章), 並可直接指定 onClick 屬性指定按下時要執行的方法名稱 。

step 2 接著請依如下方式在專案中加入新的佈局:

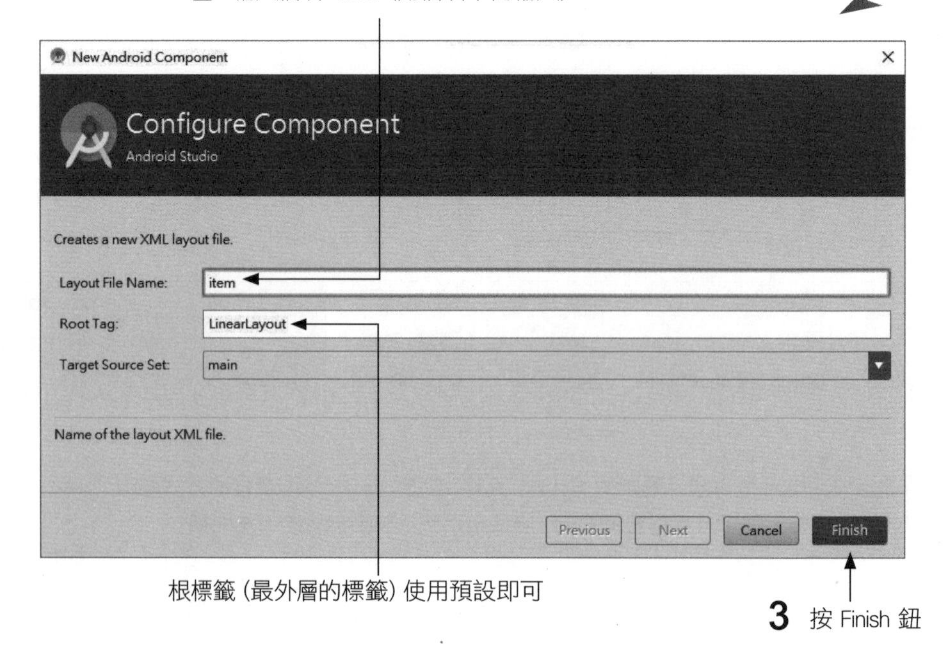

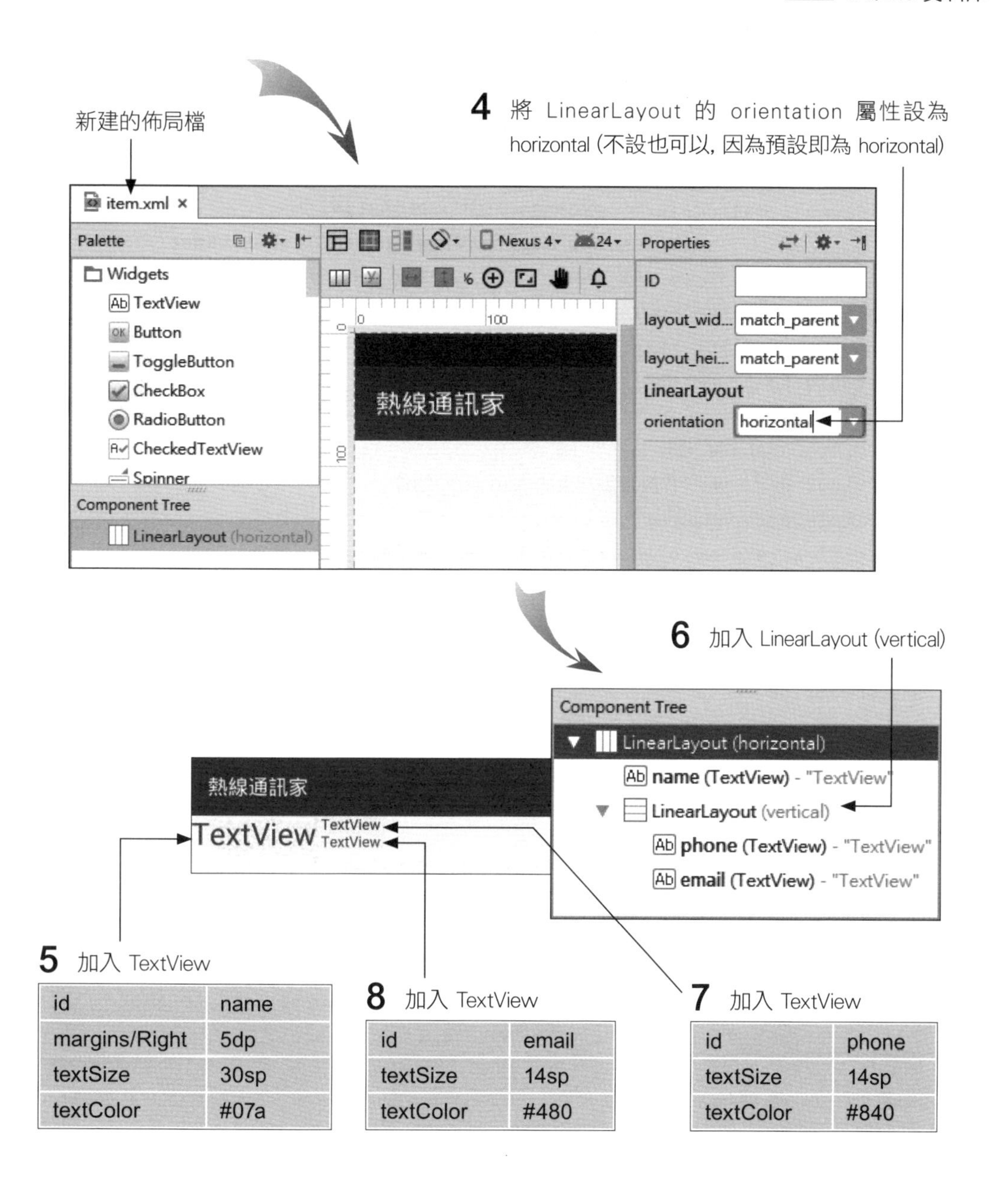

id	name
margins/Right	5dp
textSize	30sp
textColor	#07a

id	email
textSize	14sp
textColor	#480

id	phone
textSize	14sp
textColor	#840

step 3 接著開啟 MainActivity.java，建立如下類別變數，以及在 onCreate() 中初始化：

```
01 public class MainActivity extends AppCompatActivity
                      implements AdapterView.OnItemClickListener{
02     static final String DB_NAME="HotlineDB";  ◄— 資料庫名稱
03     static final String TB_NAME="hotlist";     ◄— 資料表名稱
04     static final int MAX=8;                ◄— 程式記錄的通訊資料筆數上限
05     static final String[] FROM =           ◄— 資料表欄位名稱字串陣列
06                   new String[] {"name","phone","email"};
07     SQLiteDatabase db;
08     Cursor cur; ◄— 存放查詢結果的 Cursor 物件
09     SimpleCursorAdapter adapter;
10     EditText etName,etPhone,etEmail;◄— 用於輸入姓名、電話、Email 的欄位
11     Button btInsert, btUpdate, btDelete; ◄— 新增、修改、刪除按鈕
12     ListView lv;
13
14     @Override
15     protected void onCreate(Bundle savedInstanceState) {
16         super.onCreate(savedInstanceState);
17         setContentView(R.layout.activity_main);
18
19         etName=(EditText)findViewById(R.id.etName);          ┐
20         etPhone=(EditText)findViewById(R.id.etPhone);        │
21         etEmail=(EditText)findViewById(R.id.etEmail);        │◄— 取得畫面
22         btInsert =(Button)findViewById(R.id.btInsert);       │    上的元件
23         btUpdate =(Button)findViewById(R.id.btInsert);       │
24         btDelete =(Button)findViewById(R.id.btInsert);       ┘
25
26         // 開啟或建立資料庫
27         db = openOrCreateDatabase(DB_NAME, Context.MODE_PRIVATE, null);
28
29         // 建立資料表
30         String createTable="CREATE TABLE IF NOT EXISTS " + TB_NAME +
31                     ┌─►  "(_id INTEGER PRIMARY KEY AUTOINCREMENT, " +
32              索引欄位      "name VARCHAR(32), " +
33                          "phone VARCHAR(16), " +
34                          "email VARCHAR(64))";
35         db.execSQL(createTable);
```

Next

```
36
37          cur=db.rawQuery("SELECT * FROM "+ TB_NAME, null); ◀— 查詢資料
38
39          // 若是空的則寫入測試資料
40          if(cur.getCount()==0){
41             addData("旗標公司","02-23963257","service@flag.com.tw");
42             addData("旗訊公司","02-23763257","service@pcdiy.com.tw");
43          }
44
45          // 建立 Adapter 物件
46          adapter=new SimpleCursorAdapter(this,
47                         R.layout.item, cur, ◀— 自訂的 Layout, Cursor 物件
48                         FROM,      ◀— 欄位名稱陣列
49                         new int[] {R.id.name,R.id.phone,R.id.email},
                           0);                  └─TextView 資源 ID 陣列
50
51          lv=(ListView)findViewById(R.id.lv);
52          lv.setAdapter(adapter);          ◀— 設定 Adapter
53          lv.setOnItemClickListener(this); ◀— 設定按下事件的監聽器
54          requery();        ◀— 呼叫自訂方法重新查詢及設定按鈕狀態
55      }
```

- 第 1 行將 MainActivity 類別宣告要實作 AdapterView.OnItemClickListener 事件, 稍後會加入必要的 onItemClick() 方法。

- 第 2~6 行是程式中要用到的常數, 第 4 行的 MAX 限制程式中可加入的連絡人數量, 第 5 行則是將資料表中經常使用的欄位名稱存於陣列, 而且也可直接當成參數用在 SimpleCursorAdapter 建構方法中 (見第 48 行)。

TIP 在輸入 SimpleCursorAdapter 類別名稱時, 由於有 2 個套件包含此類別, 請選擇 "**android.support.v4.widget.SimpleCursorAdapter**" 這一項, 程式才能在 2.X 的手機上執行。

- 第 31 行在資料表中加入必要的 '_id' 索引欄位, 除了供 SimpleCursorAdapter 使用, 程式在更新、刪除資料時, 也會用到此欄位。

- 第 41、42 行加入 2 筆測試資料。此處沒有像本章前 2 個範例立即重新查詢, 而是在第 54 行才重新查詢 (後詳)。

- 第 46~49 行建構 SimpleCursorAdapter 物件：
    - 第 2 個參數 (第 47 行) 是先前建立的自訂佈局。
    - 第 4 個參數 (第 48 行) 直接使用第 5 行定義的欄位名稱陣列。
    - 第 5 個參數 (第 49 行) 是自訂佈局 item.xml 中各個 TextView 的資源 ID 陣列。
- 第 52、53 行設定 ListView 的 Adapter 物件, 以及設定監聽器。
- 第 54 行呼叫的 requery() 是自訂的方法 (見下段第 19~28 行)。此方法會更新 Adapter 的 Cursor 內容, 並調整按鈕狀態 (例如在資料筆數已達 MAX 上限值時, 停用『新增』鈕, 讓使用者無法再新增連絡人)。

step 4 接著加入新增資料、更新資料、重新查詢等的自訂方法：

```
01 private void addData(String name, String phone, String email) {
02     ContentValues cv=new ContentValues(3);
03     cv.put(FROM[0], name);
04     cv.put(FROM[1], phone);
05     cv.put(FROM[2], email);
06
07     db.insert(TB_NAME, null, cv);
08 }
09
10 private void update(String name, String phone,
                       String email, int id) {
11     ContentValues cv=new ContentValues(3);
12     cv.put(FROM[0], name);
13     cv.put(FROM[1], phone);
14     cv.put(FROM[2], email);
15
16     db.update(TB_NAME, cv, "_id="+id, null);    ← 更新 _id 所指
17 }                                                 的記錄
18
19 private void requery() {            ← 重新查詢的自訂方法
20     cur=db.rawQuery("SELECT * FROM "+tb_name, null);
```

Next

```
21      adapter.changeCursor(cur);        ◄— 更改 Adapter 的 Cursor
22      if(cur.getCount()==max) ◄— 已達上限, 停用新增鈕
23              btInsert.setEnabled(false);
24      else
25              btInsert.setEnabled(true);
26      btUpdate.setEnabled(false); ◄— 停用更新鈕, 待使用者選取項目後再啟用
27      btDelete.setEnabled(false); ◄— 停用刪除鈕, 待使用者選取項目後再啟用
28 }
```

- 第 1~8 行是新增資料的方法, 其內容和本章先前使用的 addData() 方法類似, 只是欄位名稱改由程式中定義的 FROM 字串陣列取得。

- 第 10~16 行則是更新資料的方法, 第 16 行呼叫的是 SQLiteDatabase 類別內建的 update() 方法。方法第 3 個參數是用來設定更新的條件, 此處設定『"_id="+id』表示是利用 _id 欄位來指定所要更新的記錄是哪一筆:

```
db.update(TB_NAME,          ◄— 要更新的資料表
          cv,               ◄— 內含新資料的 ContentValues 物件
          "_id="+id,        ◄— 更新的條件式
          null);            ◄— 此參數本例不使用, 故設為 null
```

- 第 19~28 行為重新查詢資料表的自訂方法, 第 20 行會執行查詢, 並在第 21 行呼叫 SimpleCursorAdapter 的 changeCursor() 方法更新資料, 同時也會更新 ListView 顯示的資料。

- 第 22~27 行則是調整各按鈕的狀態, 第 22 行檢查資料筆數, 若已達 MAX 上限值時, 就停用『新增』鈕。第 26、27 行則是將更新、刪除鈕設為停用, 使用者重新選取項目時, 才會重新啟用 (在 onItemClick() 方法中設定)。

step 5 最後加入 ListView 的 onItemClick() 方法及各按鈕的 On Click 事件的方法:

```
01 @Override
02 public void onItemClick(AdapterView<?> parent, View v,
                              int position, long id) {
03     cur.moveToPosition(position); ◄— 移動 Cursor 至使用者選取的項目
04     // 讀出姓名,電話,Email資料並顯示
05     etName.setText(cur.getString(
06                         cur.getColumnIndex(FROM[0])));
07     etPhone.setText(cur.getString(
08                         cur.getColumnIndex(FROM[1])));
09     etEmail.setText(cur.getString(
10                         cur.getColumnIndex(FROM[2])));
11
12     btUpdate.setEnabled(true);        ◄— 啟用更新鈕
13     btDelete.setEnabled(true);        ◄— 啟用刪除鈕
14 }
15
16 public void onInsertUpdate(View v){
17     String nameStr=etName.getText().toString().trim();
18     String phoneStr=etPhone.getText().toString().trim();
19     String emailStr=etEmail.getText().toString().trim();
20     if(nameStr.length()==0 ||           ◄— 任一欄位沒有內容即返回
21        phoneStr.length()==0 ||
22        emailStr.length()==0) return;
23
24     if(v.getId()==R.id.btUpdate)       ◄— 按更新鈕
25          update(nameStr, phoneStr, emailStr, cur.getInt(0));
26     else                               ◄— 按新增鈕      ▲
27          addData(nameStr, phoneStr, emailStr);    取得 _id 值, 更新
28                                                   含此 _id 的記錄
29     requery();          ◄— 更新 Cursor 內容
30 }
31
32 public void onDelete(View v){     ◄— 刪除鈕的On Click事件方法
33     db.delete(tb_name, "_id="+cur.getInt(0), null);
34     requery();          ◄— 更新 Cursor 內容
35 }
36
37 public void call(View v){         ◄— 打電話
38     String uri="tel:" + cur.getString(
```

Next

```
                                              ┌─ "phone" 欄位
39                    cur.getColumnIndex(FROM[1]));
40     Intent it = new Intent(Intent.ACTION_VIEW,Uri.parse(uri));
41     startActivity(it);
42 }
43
44 public void mail(View v){          ◄── 寄送電子郵件
45     String uri="mailto:"+cur.getString(      ┌─ "email" 欄位
46                    cur.getColumnIndex(FROM[2]));
47     Intent it = new Intent(Intent.ACTION_SENDTO, Uri.parse(uri));
48     startActivity(it);
49 }
```

- 第 2~14 行為 ListView 項目被按下時呼叫的 onItemClick() 方法, 第 3 行先用 Cursor 的 moveToPosition() 移到使用者所選的項目, 然後由 Cursor 讀取資料, 並顯示在畫面下方的 EditText 元件。最後會在 12、13 行啟用畫面上的『更新』及『刪除』鈕。

- 第 16~30 行是『新增』、『修改』鈕 On Click 屬性所指的按鈕事件方法, 因為『新增』、『修改』的處理動作中讀取輸入的部分相同, 所以此處為簡化設計故讓它們共用同一個方法。

- 第 17~22 行取得並檢查所有欄位是否為空白, 若有任一欄位為空白即直接 return, 不進行處理。

- 第 24~27 行判斷被按下的按鈕, 以決定要呼叫自訂的 update() 或 addData() 方法。第 29 行在處理完成後呼叫 requery() 更新 ListView 及調整按鈕狀態。

- 第 32~35 行是『刪除』鈕 On Click 屬性所指的按鈕事件方法, 此處直接呼叫 SQLiteDatabase() 的 delete() 方法, 此方法只需指定資料表名稱及要刪除的條件式, 這裏同樣用 "_id=XXX" 的語法來指定要刪除的記錄:

```
db.delete(tb_name,                  ◄── 資料表名稱
          "_id="+cur.getInt(0),     ◄── 刪除的條件式
          null);                    ◄── 此參數本例不使用, 故設為 null
```

- 第 37~42 行是打電話鈕 On Click 屬性所指的按鈕事件方法, 此處使用第 9 章介紹的內容, 建立及啟動撥打電話的 Intent。

- 第 44~49 行是發信鈕 On Click 屬性所指的按鈕事件方法, 此處使用第 9 章介紹的內容, 建立及啟動發送 Email 的 Intent。

step 6 將程式部署到手機、模擬器測試:

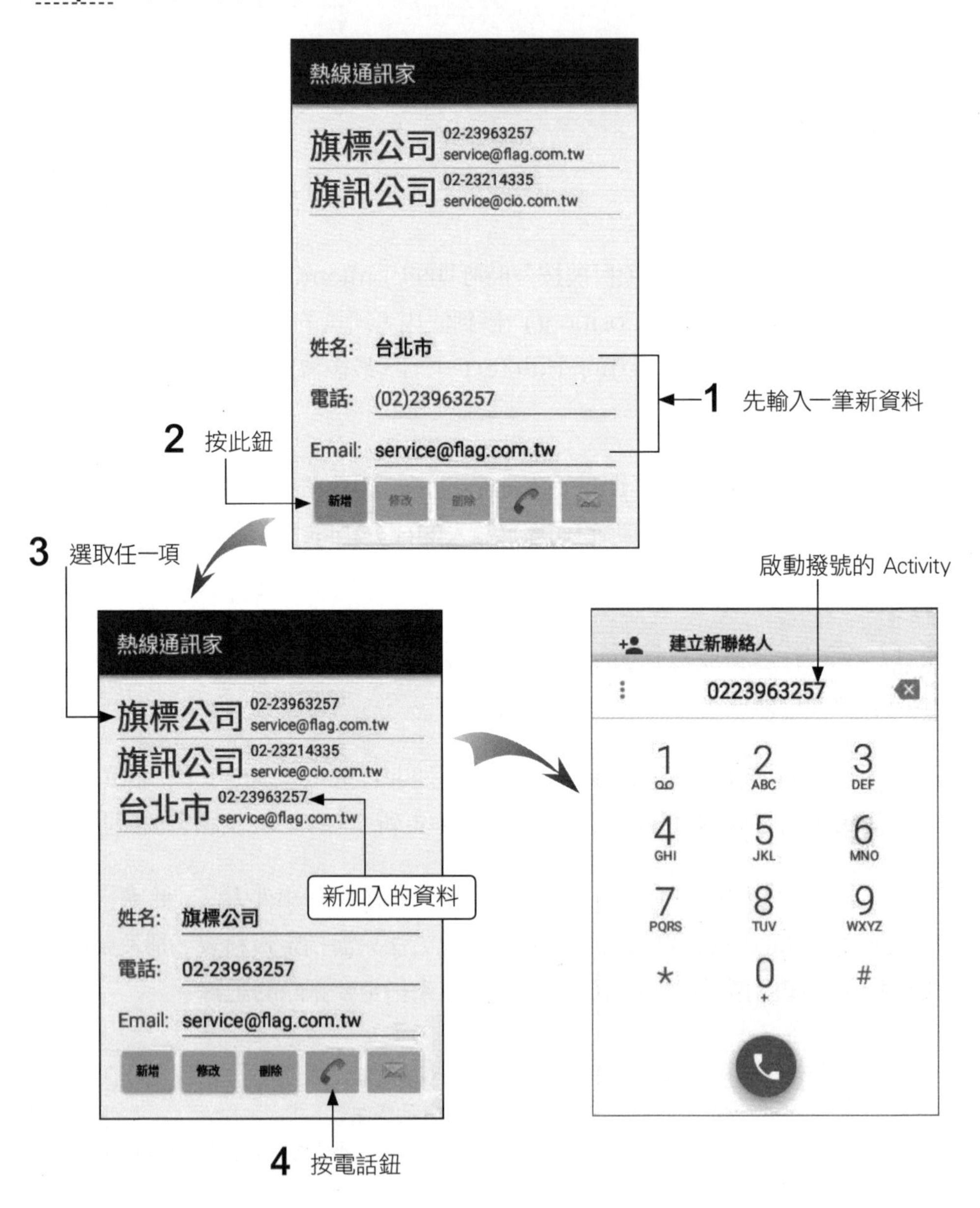

請修改範例程式, 增加當長按某一項目時, 可選取該項目並立即撥號。

熱線通訊家
旗標公司 02-23963257 service@flag.com.tw
旗訊公司 02-23214335 service@cio.com.tw
02-23963257

長按 (約 2 秒) 時, 會選取該項目並立即撥號

提示 只要增加一個 ListView 的『長按項目』事件監聽器, 然後在其 onItemLongClick() 方法中, 先呼叫『選取項目』的 onItemClick() 方法, 再呼叫撥號的 call() 方法即可。

```
public class MainActivity extends AppCompatActivity
            implements AdapterView.OnItemClickListener
               , AdapterView.OnItemLongClickListener {◄— 宣告實作介面
    ...

    @Override
    protected void onCreate(Bundle savedInstanceState) {
        ...
        lv.setOnItemClickListener(this); ◄— 設定『按下項目』事件的監聽器
        lv.setOnItemLongClickListener(this);◄— 設定『長按項目』事件的監聽器
        requery();
    }

    ...

    @Override
    public void onItemClick(AdapterView<?> parent, View v, int
                            position, long id) {
        ...
    }
    @Override
    public boolean onItemLongClick(AdapterView<?> parent, View view,
                                   int position, long id) {
        onItemClick(parent, view, position, id); ◄— 呼叫『選取項目』
        call(view); ◄— 呼叫撥號的方法                的事件處理方法
        return true; ◄— 表示已處理好了, 不需再引發後續事件
    }
    ....
}
```

延伸閱讀

1. 關於 SQLite 的介紹、文件、下載，可至官網查詢：http://www.sqlite.org/。

2. 建立/開啟資料庫，也可使用 SQLiteOpenHelper 類別，用法請參見：http://developer.android.com/reference/android/database/sqlite/SQLiteOpenHelper.html。

3. 想進一步將資料庫內容提供給其它 App 使用，可透過 Android 的 Content Provider 機制，相關說明可至 Android 開發者網站以 ContentProvider 搜尋，或是直接瀏覽網頁 https://developer.android.com/guide/topics/providers/content-providers.html。

重點整理

1. Android 內建了開放原始碼的嵌入式資料庫引擎 SQLite，讓 Android App 可以很方便地利用它儲存資料。

2. 要建立或開啟資料庫，可在 MainActivity 類別中呼叫 openOrCreateDatabase() 方法，指定的資料庫名稱若不存在，就會立即建立新資料庫並開啟之；已存在則直接開啟。傳回值為代表資料庫的 SQLiteDatabase 物件。

3. SQLiteDatabase 類別已內建許多方法可進行一般資料維護及查詢，要執行非 SELECT 的 SQL 敘述，可使用 execSQL() 方法；新增、更新資料可使用 insert()、update() 方法，且需搭配 ContentValues 類別物件指定所要新增/更新的資料；刪除的 delete() 方法則只需指定資料表、要刪除的條件即可。

4. SQLiteDatabase 的 rawQuery() 方法可用以執行 SELECT 查詢，傳回值為包含查詢結果的 Cursor 物件。

5. 使用 Cursor 物件存取查詢結果時，可用 moveToFirst() (移到第一筆)、 moveToLast() (移到最後一筆)、moveToNext() (移到下一筆)、moveToPrevious() (移到前一筆) 移動 Cursor。getCount() 方法則會傳回查詢結果中的記錄筆數。

6. 呼叫 moveToFirst()、moveToLast() 若傳回 false，表示查詢結果中『沒有資料』；而 moveToNext()、moveToPrevious() 傳回 false 則表示無法再向後/向前移動了。

7. 用 Cursor 物件以『欄位索引編號』(由 0 起算) 為參數，呼叫對應的 getXXX() 方法，即可傳回該欄位的資料。若不能確定欄位索引值，可用欄位名稱呼叫 getColumnIndex() 取得欄位索引。

8. 要用 Cursor 物件做為 ListView 顯示項目的資料來源，需用 Cursor 建立 SimpleCursorAdapter 物件。再以此物件為參數，呼叫 ListView 的 setAdapter() 方法。

9. 在 SimpleCursorAdapter() 建構方法的第 4，第 5 個參數，要用字串陣列的方式指定要顯示的欄位名稱，並用 int 陣列指定佈局中元件的資源 ID，表示用這些元件來顯示各欄位的內容。

10. 用在 SimpleCursorAdapter 的 Cursor 物件，其資料欄位中必須包含一個整數欄位 '_id'，供 SimpleCursorAdapter 辨識所處理的資料是哪一筆。

習題

1. 要用 SQLiteDatabase 類別物件執行非 SELECT 的 SQL 敘述, 可使用 _________() 方法;要新增、更新、刪除資料可使用 ______()、______()、______() 方法;執行 SELECT 查詢可使用 ______() 方法。

2. 請簡單說明取得含查詢結果的 Cursor 指標物件後, 要如何逐筆讀取查詢結果中每一筆記錄。

3. 請練習設計一個產品資料庫, 其內的 product 資料表有產品編號 (_id)、品名 (name)、價格 (price) 3 個欄位, 並用程式建立此資料庫。

4. 承上題, 設計一個簡單的輸入介面, 可輸入新資料。

5. 請利用自訂項目佈局的方式, 在 ListView 中顯示 product 資料表內的名稱及價格資訊。

16 Android 互動設計－藍牙遙控自走車 iTank

Chapter

16-1 讓 Android 與外部的裝置互動

16-2 點亮 iTank 控制板上的 LED 燈

16-3 手機藍牙遙控 iTank

16-1 讓 Android 與外部的裝置互動

前面章節的範例，都侷限在 Android 手機本身，如果能讓我們撰寫的 Android App 與外部的裝置互動，例如由 Android 手機控制電器的開關，或是透過 Android 手機即時感測溫濕度，就可以讓 Android 手機變成智慧遙控器，自動依據溫度的變化開關風扇，邁入智慧家庭生活應用。在這一章中，我們將透過由旗標科技公司開發的 **FLAG AIAD Android 互動程式設計教學套件中的 iTank 智慧型移動平台基本款**，示範使用 Android 程式與外部裝置互動的效果。

iTank 智慧型移動平台基本款簡介

iTank 智慧型移動動平台 (以下簡稱 iTank) 是一台履帶車，車體上方的控制板有一顆微處理器，我們可以透過它的 UART 或是 I2C 介面下達指令，即可控制 iTank：

iTank 智慧型移動平台基本款

在控制板上具備有 UART 插座，可搭配旗標科技公司的 F1611A 藍牙無線傳輸模組使用，即可由手機端以藍牙連線遠端控制 iTank：

插上藍牙模組

UART 插座會將藍牙模組的 UART 介面連接到控制板上微處理器的 UART 介面，在手機端透過藍牙與藍牙模組連線後，就相當於建立了一條無線傳輸通道，連接手機與控制板的 UART 介面，即可由手機送出指令給控制板上的微處理器控制 iTank。

FlagAPI 簡介

由於 Android SDK 中有關藍牙的 API 在使用上較為繁瑣，我們特別將相關 API 包裝為簡單易用的方式，稱為 FlagAPI。使用 FlagAPI 的步驟如下：

1. **複製程式庫檔**：將書附範例中 FlagAPI 資料夾下的 FlagAPI.jar 程式庫檔案複製到專案的 libs 資料夾下，即可在專案中使用 FlagAPI。

2. **加入藍牙權限**：專案必須加入藍牙相關的權限，Android 程式才能使用手機的藍牙功能，否則執行時會發生錯誤。

3. **匯入 FlagAPI 的類別**：FlagAPI 中的類別，例如提供藍牙基礎功能的 FlagBt，都是定義在 tw.com.flag.api 套件中，在程式中必須匯入相關類別才能使用。

4. **建立藍牙物件**：使用 FlagBt 類別建立負責藍牙傳輸的物件，所有藍牙連線、傳輸的工作，都是由此物件負責。

5. **管理藍牙連線**：使用 FlagBt 類別提供的 connect() 方法，可以和已配對的藍牙裝置連線，stop() 方法則可中斷目前的連線。

6. **處理藍牙事件**：呼叫 FlagBt 類別的 connect() 方法後，會產生一連串與藍牙相關的事件，程式必須實作 OnFlagMsgListener 介面，並以介面中定義的 onFlagMsg() 方法處理這些事件，或是接收其他裝置透過藍牙傳來的資料。

詳細的使用方法我們會在後續的範例中說明。

16-2 點亮 iTank 控制板上的 LED 燈

iTank 控制板上有兩顆 LED, 分別標示為 LED0 與 LED1:

本節的範例就是要點亮左邊標示為 LED1 的燈。

點亮 LED 的指令

要點亮控制板上的 LED, 手機端程式可以透過藍牙傳遞以下 8 個 bytes 長度的指令 (均為 16 進位數值):

```
FF FF 03 00 data FF FF 00
```

其中 data 是 1 個 byte 的資料, 由其中的 4 個 bits 控制兩個 LED:

LED	對應的控制位元
LED0	bit4 + bit0
LED1	bit5 + bit1

個別兩個 bits 的組合值會決定對應的 LED 狀態：

bits 組合值	LED 狀態
00	變暗
01	變亮
10	保持目前狀態
11	不合法的指令, 捨棄不處理

因此, 要點亮 LED1, 就必須傳送以下指令：

```
FF FF 03 00 02 FF FF 00
```

範例 16-1 ：點亮 LED1

瞭解了 iTank 的概念與點亮 LED1 的指令格式後, 就可以動手實作範例, 以下是程式的執行畫面。

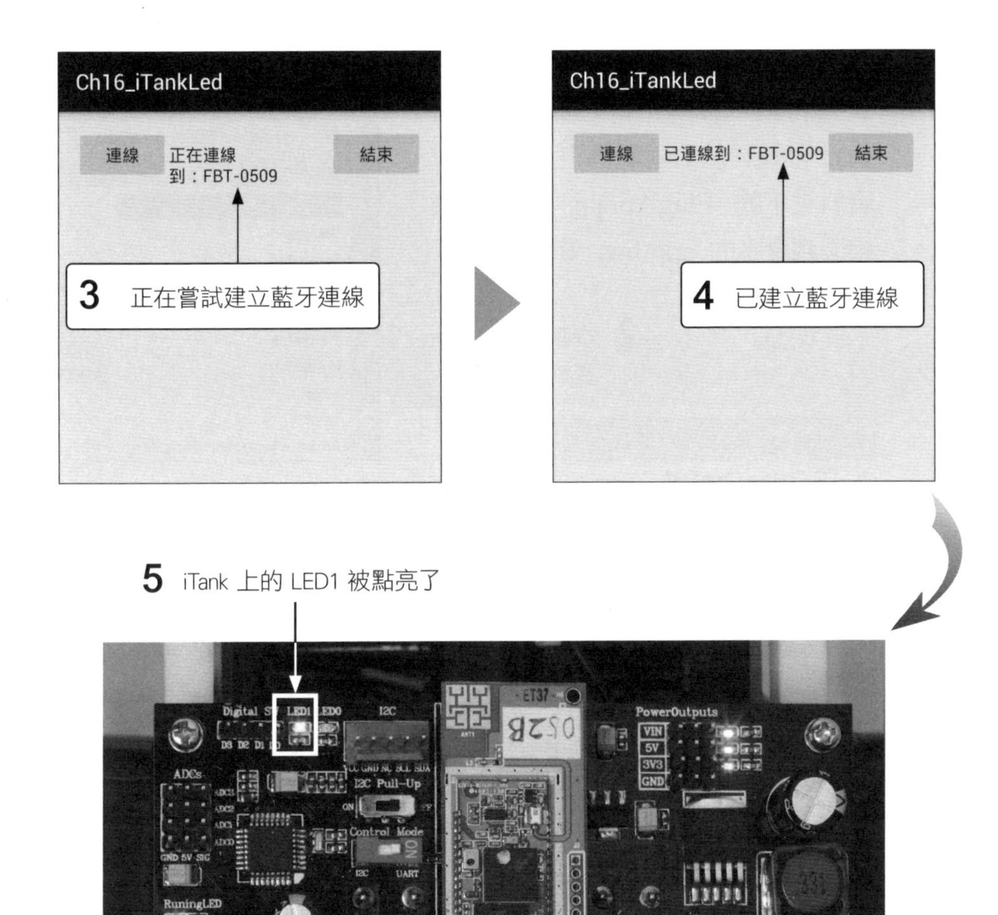

本範例會在藍牙連線一建立就傳送點亮 LED 的指令給 iTank, 因此看到已連線的訊息時, iTank 控制板上的 LED1 就會被點亮。

step 1 請新增 Ch16_iTankLed 專案。

step 2 將 Project 窗格切換為 **Project** 模式 (可顯示專案完整的樹狀檔案結構), 然後再將書附範例中 FlagAPI 資料夾下的 FlagApi.jar 程式庫檔, 複製到專案的 app\libs 資料夾下:

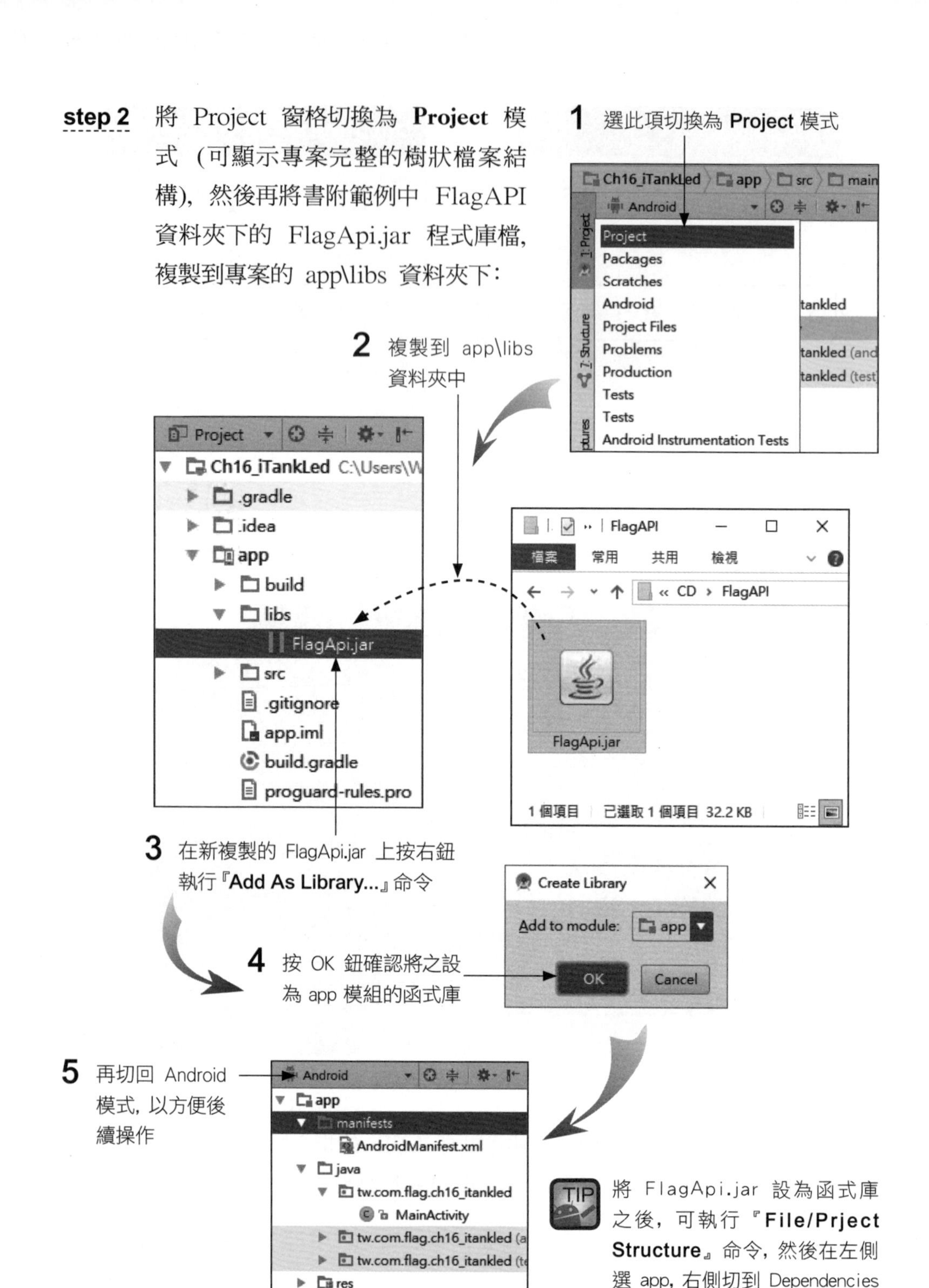

TIP 將 FlagApi.jar 設為函式庫之後, 可執行『**File/Prject Structure**』命令, 然後在左側選 app, 右側切到 Dependencies 頁次來確認是否已正確設定。

step 3 開啟 AndroidManaifest.xml 檔，然後如下操作：

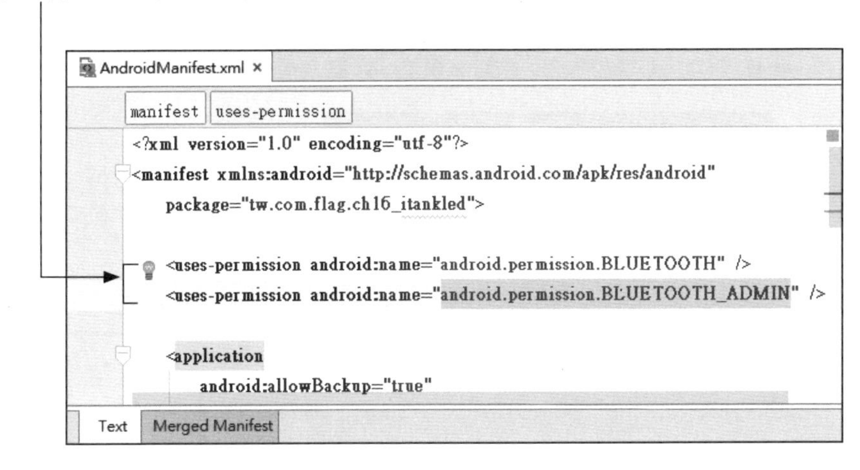

step 4 在 Layout 畫面中將預設的 RelativeLayout 更換成 ConstraintLayout，然後加入以下元件：

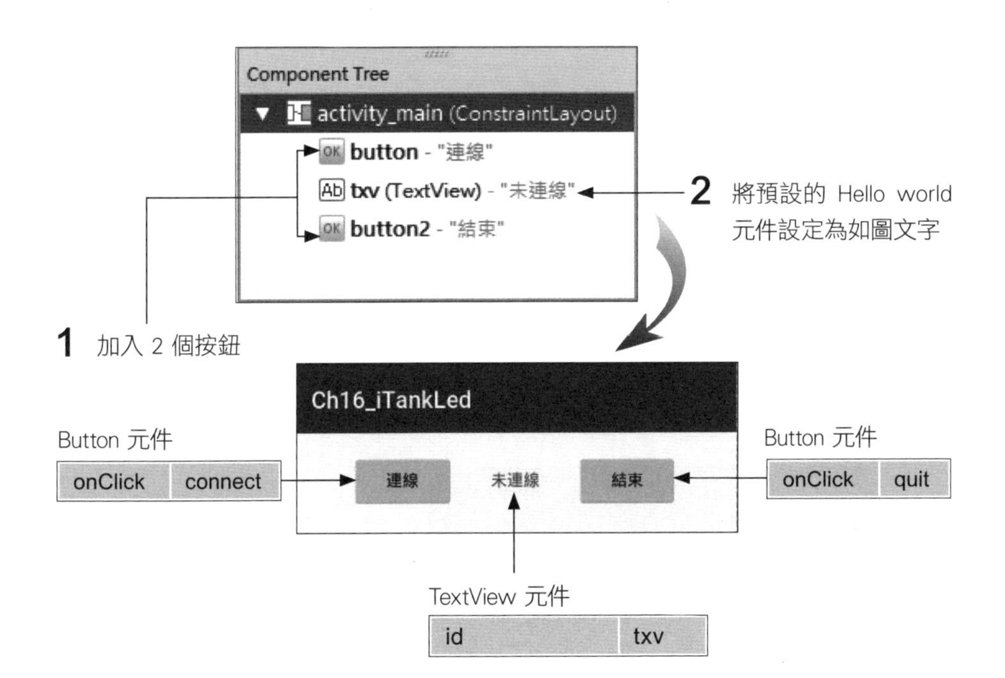

依下圖設定各元件的約束：

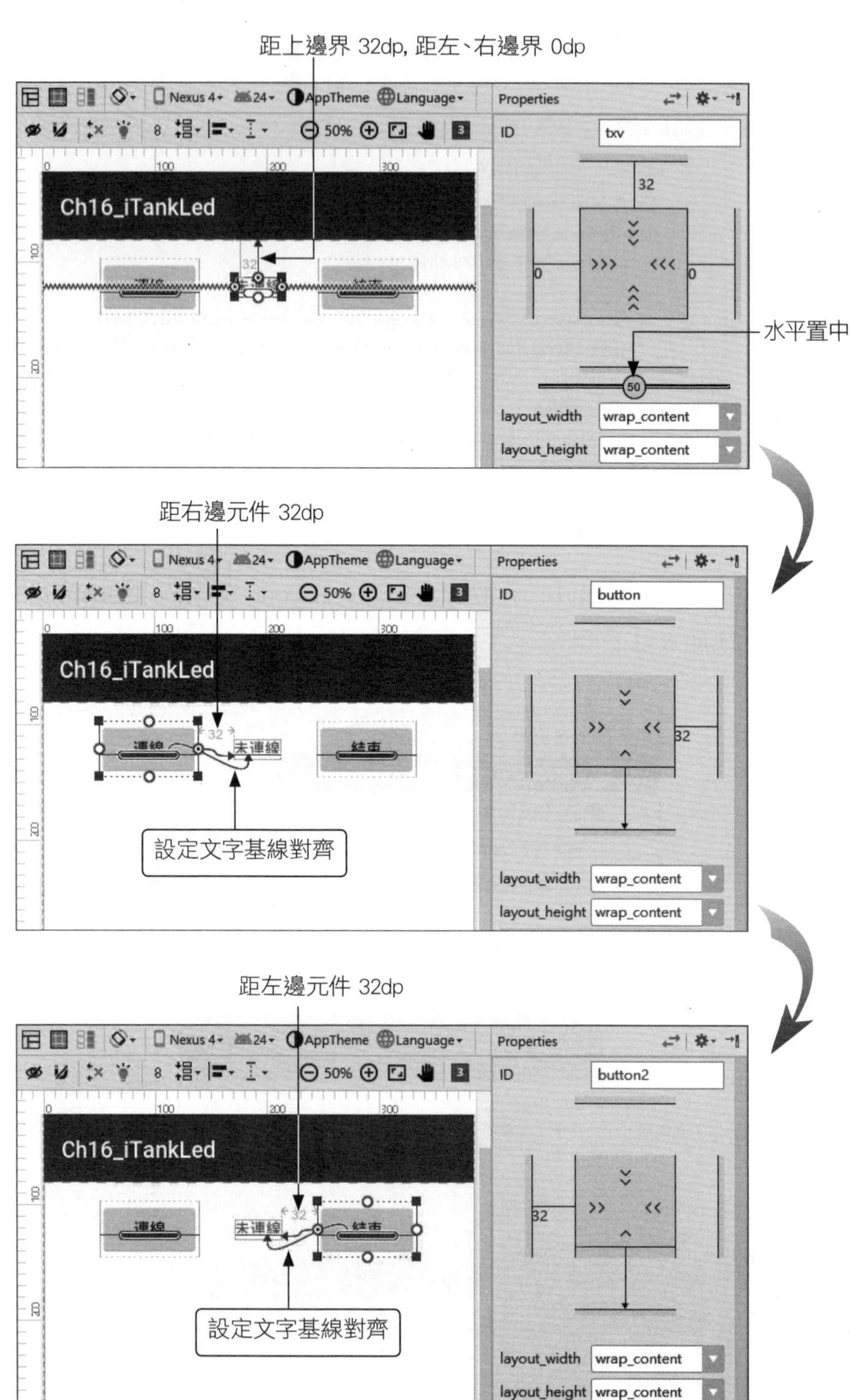

step 5 接著撰寫程式，其中主要是如同上一節的說明，使用 FlagAPI 來操作藍牙：

```
01  public class MainActivity extends AppCompatActivity
02      implements OnFlagMsgListener { ◄── 藍牙事件的介面
03
04      FlagBt bt; ◄── 宣告藍牙物件
05      TextView txv;
06      byte[] ledCmd ={ ◄──點亮 LED1 的指令
07          (byte)0xFF, (byte)0xFF,
08          (byte)0x03, (byte)0x00, (byte)0x02,
09          (byte)0xFF, (byte)0xFF, (byte)0x00
10      };
11
12      @Override
13      protected void onCreate(Bundle savedInstanceState) {
14          super.onCreate(savedInstanceState);
15          setContentView(R.layout.activity_main);
16
17          this.setRequestedOrientation( ◄── 讓手機螢幕保持直立模式
18                  ActivityInfo.SCREEN_ORIENTATION_PORTRAIT);
19
20          txv = (TextView)findViewById(R.id.txv);
21          bt = new FlagBt(this); ◄── 建立藍牙物件
22      }
```

- 第 2 行是實作處理藍牙事件所需要的 OnFlagMsgListener 介面。
- 第 4 行則是宣告要指向藍牙物件的變數。
- 第 6~9 行就是點亮 LED1 的指令，稍後會在藍牙連線成功時送出此指令給 iTank。
- 第 17~18 行則是將手機螢幕固定為直立模式，避免手機自動將螢幕轉向時，重新啟動程式而造成藍牙連線中斷的問題。
- 第 21 行則是建立用來處理藍牙的物件，傳入 this 表示要由 MainActivity 自己處理藍牙事件。

step 6 接著撰寫管理藍牙物件的程式：

```
01      public void onDestroy() {
02          bt.stop(); ◄—— 確保程式結束前會停止藍牙連線
03          super.onDestroy();
04      }
05
06      public void connect(View v) {
07          if(!bt.connect()) ◄—— 選取已配對裝置進行連線
08              txv.setText("找不到任何已配對裝置");
09      }
10
11      public void quit(View v) {
12          bt.stop();
13          finish();
14      }
```

- 第 1 行是程式被強制結束前會自動呼叫的方法，在此呼叫 FlagBt 的 stop() 方法可以強制中斷藍牙連線，避免程式意外結束後仍佔用藍牙連線，導致 iTank 無法與其他裝置連線。
- 第 6 行是使用者按下**連線**鈕後執行的方法，在此呼叫 FlagBt 的 connect() 方法列出已配對的裝置，讓使用者選取要連線的裝置。若沒有已配對的裝置，或是使用者按下返回鈕取消連線，會傳回 false，第 8 行就顯示錯誤狀態。
- 第 11 行是按下**結束**鈕後執行的方法，一樣先呼叫 FlagBt 的 stop() 方法中斷藍牙連線，再呼叫 Acticity 的 finish() 方法結束程式。

step 7 接著就是處理藍牙事件：

```
01  public void onFlagMsg(Message msg) {
02      switch(msg.what) {
03      case FlagBt.CONNECTING: ◄—— 嘗試與已配對裝置連線
04          txv.setText("正在連線到：" + bt.getDeviceName());
05          break;
```

Next

```
06      case FlagBt.CONNECTED: ◄── 與已配對裝置連線成功
07          txv.setText("已連線到：" + bt.getDeviceName());
08          bt.write(ledCmd); ◄── 送出點亮 LED1 的指令
09          break;
10      case FlagBt.CONNECT_FAIL: ◄── 連線失敗
11          txv.setText("連線失敗！請重連");
12          break;
13      case FlagBt.CONNECT_LOST: ◄── 目前連線中斷
14          txv.setText("連線中斷!請重連");
15          break;
16      }
17  }
```

- 第 2 行使用 switch 結構根據參數 msg 的 what 屬性判別事件種類，以下各行就依據不同的事件在手機螢幕顯示對應的訊息，其中 FlagBt 類別的 getDeviceName() 方法可以傳回連線裝置的名稱。

- 第 8 行是在連線成功後立即傳送點亮 LED1 的指令給 iTank，此時即可看到 iTank 控制板上的 LED1 燈被點亮。FlagBt 類別的 write() 方法可以將資料傳給連線的裝置。

step 8 完成後即可準備測試程式，首先要先進行手機與 iTank 上藍牙模組的配對，請先進入手機的『**設定/無線與網路**』畫面：

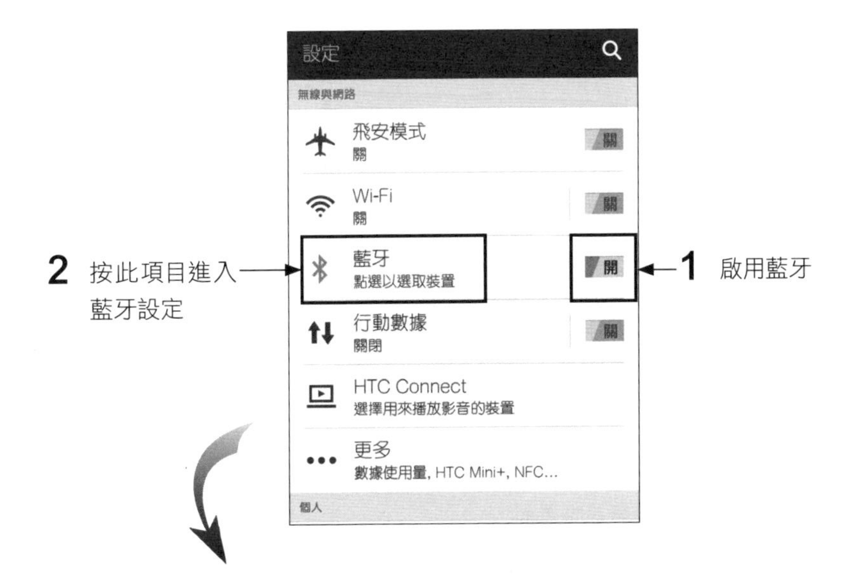

上圖顯示的是 Android 6.X 版畫面，若是 Android 2.X 版的手機，是在**藍牙**項目中啟用藍牙，點選**藍牙設定**後可進入藍牙設定畫面。

step 9 配對完成後即可將程式載入手機執行，按**連線**選取 iTank 上藍牙模組的名稱連線成功後即可看到 LED1 被點亮。

練習 16-1 請將 Ch16_iTankLed 改成點亮 LED0。

提示 只要將原本程式中的 ledCmd 陣列內容改為點亮 LED0 的格式即可：

```
byte[] ledCmd ={ ◄── 點亮 LED0 的指令
    (byte)0xFF, (byte)0xFF,
    (byte)0x03, (byte)0x00,  (byte)0x01,
    (byte)0xFF, (byte)0xFF, (byte)0x00
    };
```

16-3 手機藍牙遙控 iTank

在這一節中，我們要更進一步，利用手機藍牙傳送指令控制 iTank 移動，讓手機變成遙控器，而 iTank 則成為好玩的遙控車。

FlagTank 類別

要控制 iTank 移動，也是如同前一節範例點亮 LED 一樣，必須傳送特定格式的指令，不過在 FlagAPI 中已經為 iTank 客製了一個好用的類別，稱為 FlagTank，提供有以下便利的方法可以控制 iTank：

FlagTank 類別提供的方法

moveF()	前進
moveB()	後退
moveL()	左轉
moveR()	右轉
stop()	停止
move(int direction)	依據參數指定的方向移動

其中，move() 方法的參數 direction 意義如右表：

direction 參數說明

1	2	3
左前	前進	右前
4	5	6
左轉	停止	右轉
7	8	9
左後	後退	右後

範例 16-2：手機藍牙遙控車

我們將延續前一個範例，加上 5 個按鈕來控制 iTank 前進、左轉、停止、右轉以及後退：

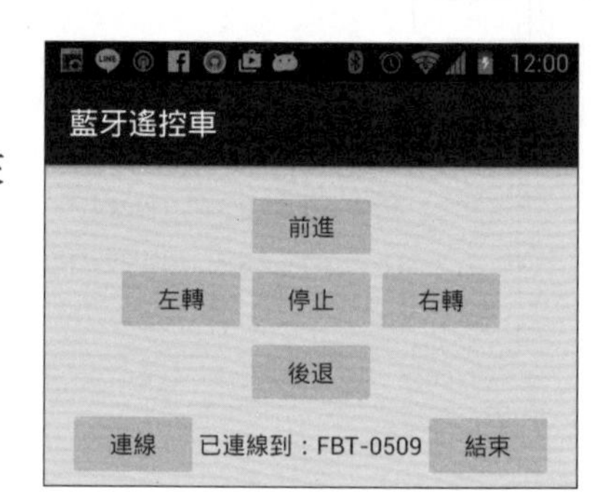

step 1 請將前一節的 Ch16_iTankLed 專案複製成新專案 **Ch16_iTankMove**，並將 app_name 字串改為 "藍牙遙控車"。

step 2 開啟佈局檔，加入控制移動方向的按鈕：

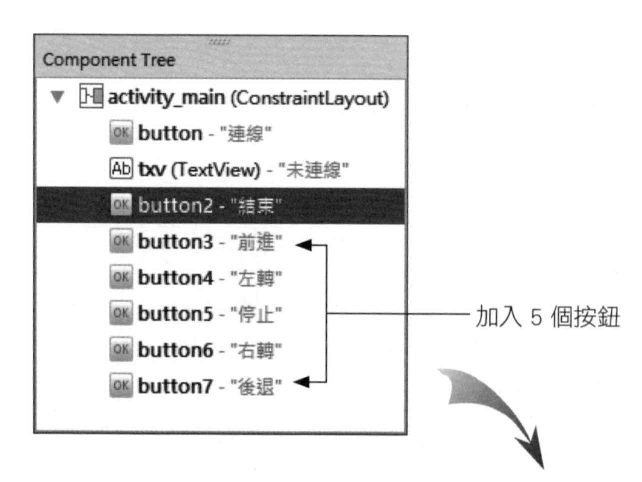

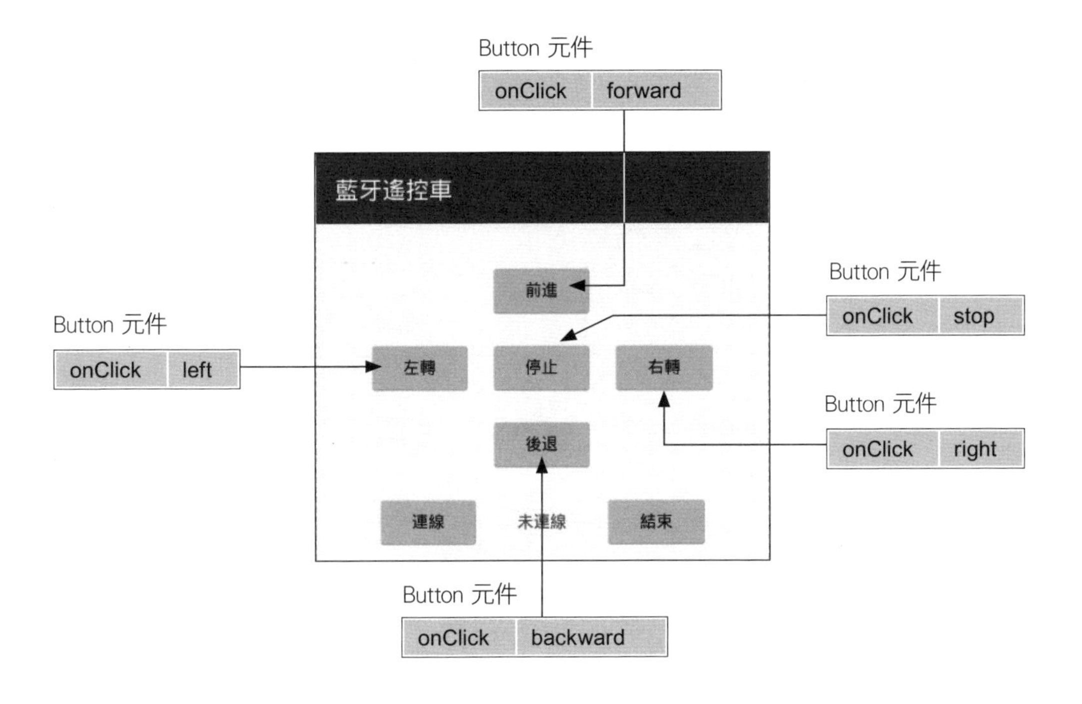

step 3 依下圖設定各元件的約束：

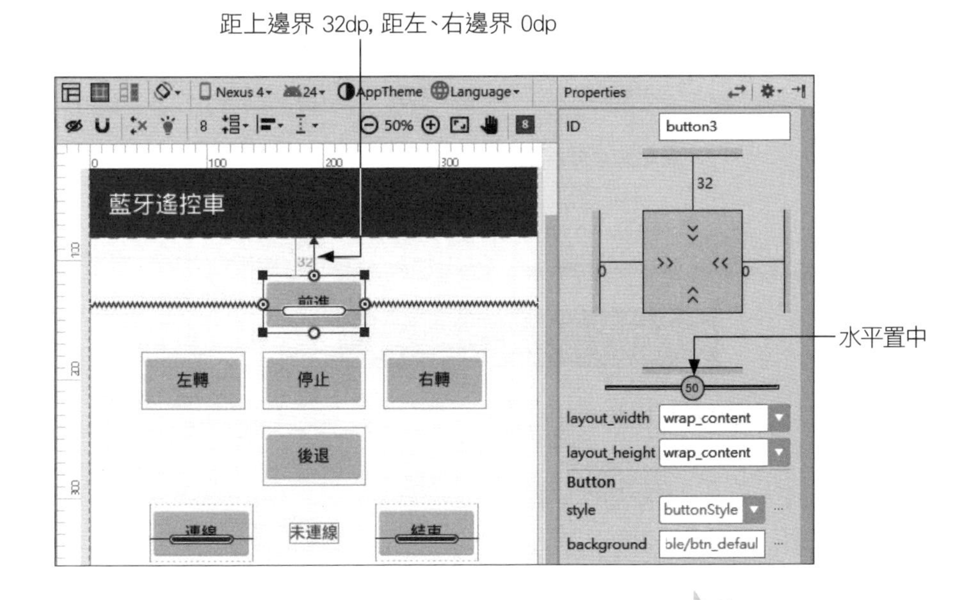

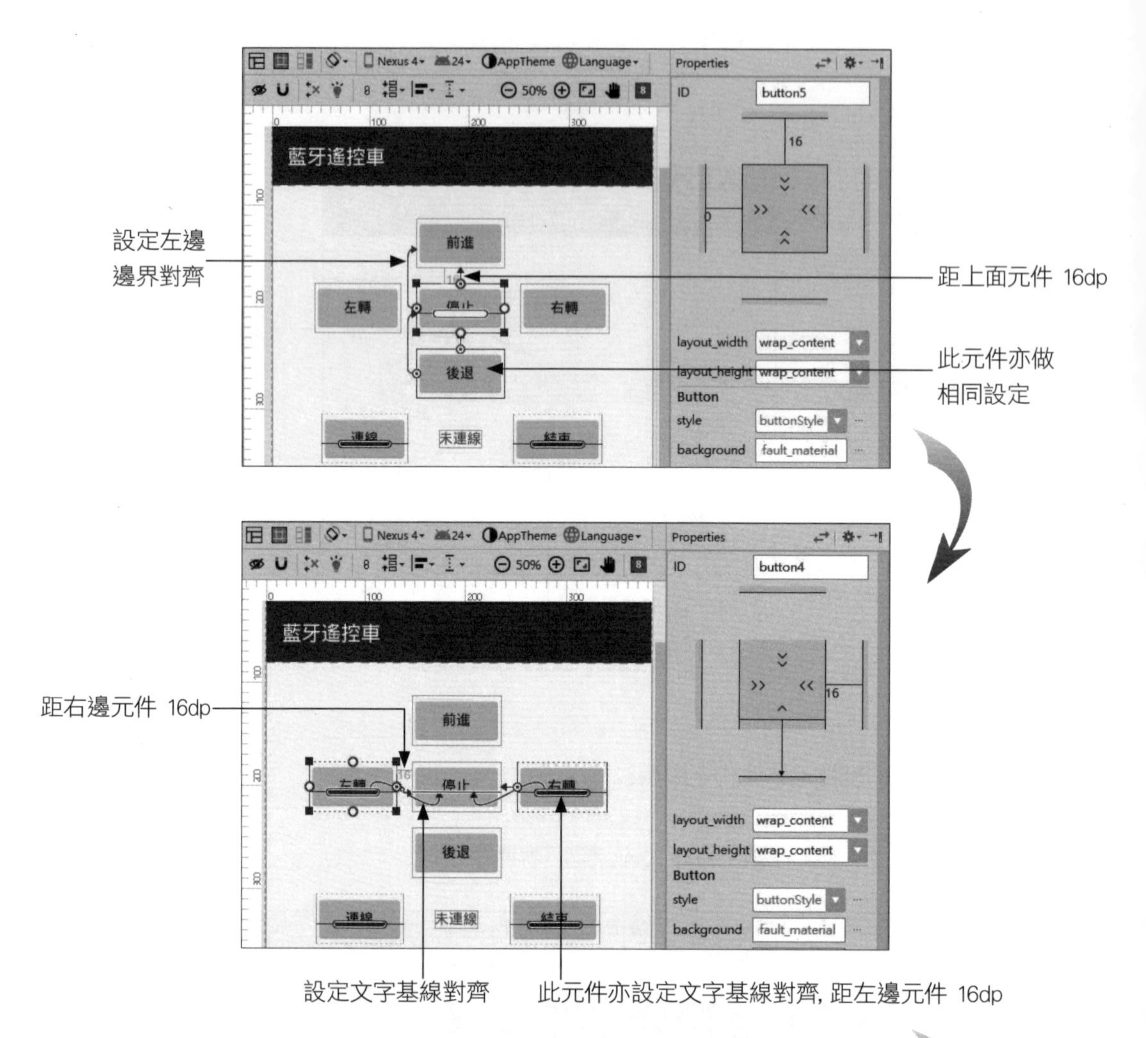

Nexus 4
24
AppTheme
Language
Properties
ID
button5
16
藍牙遙控車
前進
左轉
停止
右轉
後退
連線
未連線
結束
設定左邊
邊界對齊
距上面元件 16dp
此元件亦做
相同設定
layout_width
wrap_content
layout_height
wrap_content
Button
style
buttonStyle
background
fault_material
button4
距右邊元件 16dp
設定文字基線對齊
此元件亦設定文字基線對齊, 距左邊元件 16dp

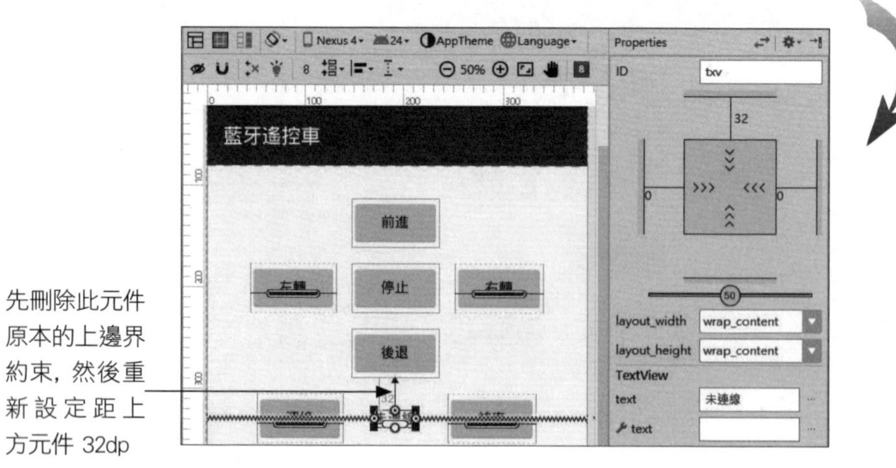

Nexus 4
24
AppTheme
Language
Properties
ID
txv
32
藍牙遙控車
前進
左轉
停止
右轉
後退
layout_width
wrap_content
layout_height
wrap_content
TextView
text
未連線
先刪除此元件
原本的上邊界
約束，然後重
新設定距上
方元件 32dp

step 4 接著撰寫程式, 請先刪除上一節範例宣告的 ledCmd 陣列, 接著如下加入宣告及建立 FlagTank 物件的程式:

```
01 public class MainActivity extends Activity
02     implements OnFlagMsgListener {
03
04     FlagBt bt;
05     FlagTank tank;  ◄── 宣告 Tank 物件
06     TextView txv;
07                      ◄── 刪除 ledCmd 陣列
08     @Override
09     protected void onCreate(Bundle savedInstanceState) {
10         ...
11         txvConnect = (TextView)findViewById(R.id.txvConnect);
12         bt = new FlagBt(this);
13         tank = new FlagTank(bt);  ◄── 建立 Tank 物件
14     }
```

- 第 5 行是宣告 FlagTank 類別的變數 tank。
- 第 13 行是建立 FlagTank 物件, 要注意的是 FlagTank 必須倚賴藍牙才能運作, 因此建立時要傳入提供藍牙功能的 FlagBt 物件。

step 5 接著修改 onFlagMsg() 方法, 刪除送出點亮 LED1 的程式:

```
public void onFlagMsg(Message msg) {
    switch(msg.what) {
...
    case FlagBt.CONNECTED:
        txvConnect.setText("已連線到：" + bt.getDeviceName());
        break;  ◄── 刪除送出點亮 LED1 的程式
...
    }
}
```

step 6 接著加入個別按鈕的對應方法, 並在對應的方法中呼叫 FlagTank 類別中控制 iTank 移動方向的方法:

```
01      public void forward(View v) {
02          tank.moveF();
03      }
04
05      public void backward(View v) {
06          tank.moveB();
07      }
08
09      public void left(View v) {
10          tank.moveL();
11      }
12
13      public void right(View v) {
14          tank.moveR();
15      }
16
17      public void stop(View v) {
18          tank.stop();
19      }
```

step 7 完成後即可載入手機執行, 與 iTank 連線後就可以遙控 iTank。

練習 16-2 請把範例中移動 iTank 的方法改為呼叫 FlagTank 類別的 move() 方法, 達成同樣的效果。

提示 只要依照本節一開始的說明, 傳入對應方向的數值給 move() 方法即可：

```
public void forward(View v) {
    tank.move(2);
}

public void bBackward(View v) {
    tank.move(8);
}

public void left(View v) {
    tank.move(4);
}

public void right(View v) {
    tank.move(6);
}

public void stop(View v) {
    tank.move(5);
}
```

延伸閱讀

1. 有關 Andriod 藍牙的使用, 可參考官網的 Bluetooth 指南：http://developer.android.com/guide/topics/connectivity/bluetooth.html。

2. 有關 Android 程式的生命週期, 可參考官網的 Activity 指南：http://developer.android.com/guide/components/activities.html#Lifecycle。

重點整理

1. 要使用手機藍牙功能, 必須加入 android.permission.BLUETOOTH 與 android.permission.BLUETOOTH_ADMIN 權限。

2. 使用 FlagAPI 中的 FlagBt 類別可簡化藍牙程式, 其中與藍牙相關的事件必須實作 OnFlagMsgListener 介面來處理, 此介面僅定義一個 onFlagMsg (Message msg) 方法, 可透過 msg 參數的 what 屬性判別事件種類。

3. 若程式要傳送資料給透過藍牙連線的裝置, 可以呼叫 FlagBt 的 write() 方法。

4. 要控制 iTank, 可以使用 FlagAPI 中的 FlagTank 類別, 該類別提供有 moveF()、moveB()、moveL()、moveR()、stop() 等方法可以控制 iTank 移動方向, 或是透過 move() 方法並傳入對應方向的數值來控制。

習題

1. 程式若要使用到手機的藍牙, 必須加入 ____________________ 與 ____________________ 權限。

2. FlagAPI 中的 ________ 類別可以簡化藍牙程式複雜度, __________ 類別可以用來控制 iTank。

3. 使用 FlagBt 類別的 ________ 方法可以傳送資料給藍牙連線的裝置。

4. FlagBt 所引發的各種藍牙事件, 必須實作 ________________ 介面來處理, 其中定義有 ____________ 方法, 可透過傳入參數的 _______ 屬性判斷藍牙事件的種類。

5. 請修改 Ch16_iTankMove 專案, 再加上 4 個按鈕, 分別可讓 iTank 往左前、右前、左後、右後移動 (提示：FlagTank 另外提供有 moveLF()、moveRF()、moveLB()、moveLR() 方法可往對應方向移動)。

A OO 與 Java：一招半式寫 App

Appendix

Android 是使用 Java 語言來撰寫程式, 其中大量使用到了 Java 的物件導向觀念, 我們將在這個附錄加以說明, 並以 Android 程式中相關的主題為例, 具體瞭解 Java 語言與 Android 程式的關係。

A-1 物件與類別

Java 是一種**物件導向程式語言 (Object-Oriented Programming Language)**, 所謂的『物件導向』指的是 Java 程式是以模擬真實世界中各種物件 (Object) 的互動而運作。例如開車就是『人』與『車子』的互動, 而車子本身可以前進, 又是由車子中引擎、方向盤、輪子等各種『物件』互動的結果。因此撰寫 Java 程式時, 第一步就是規劃**有哪些物件**, 以及這些物件**如何互動**來完成程式所要達成的工作。

屬性與行為

物件雖然形形色色各有不同, 但任何一個物件都可以使用**屬性**與**行為**來描述。屬性指的是物件的特徵, 例如一部車子會有顏色、尺寸、排氣量等等屬性；而行為指的是該物件可以執行的動作, 例如車子可以前進、加速、煞車等等。

類別 (Class)

在 Java 程式中, 對於規劃好的物件, 首要的工作就是將物件的屬性與行為描述出來。**類別**就是用來描述物件的工具, 它就像是『藍圖』或是『設計圖』, 可以據以產生要在程式中互動的物件, 就像是依據設計圖製造出一部車子一樣。假設我們要撰寫一個教導小朋友幾何形狀的 Java 程式, 因此需要描述有關矩形 (Rectangle) 物件的類別, 在 Java 中就可以用下列的類別來表示：

```
01  class Rectangle {
02      int w; ◄— 矩形的寬
03      int h; ◄— 矩形的高
04
05      public int area() { ◄— 計算矩形的面積
06          return w * h;   ◄— 矩形面積 = 寬 X 高
07      }
08  }
```

- 第 1 行的 class 就是表示這是一個類別，類別的名稱就是 class 之後的 "Rectangle"。
- 在第 1 行大括號 "{" 之後的內容就是說明 Rectangle 這種物件具有的屬性與行為，第 2、3 行說明矩形具有寬與高兩種屬性，在 Java 中，屬性就是以**變數**來表示。
- 第 5~7 行則是表達了矩形物件具有可以計算面積的 area() 行為，在 Java 中，將行為稱為**方法 (Method)**，你可以把它看成像是 C 等傳統程式語言的函式 (Function)。

物件

剛剛提到過，類別只是物件的藍圖，還必須依照藍圖產生物件，才能讓程式運作。在 Java 中，**new** 就是用來依據類別產生物件的運算子，例如以下的這個程式：

```
01  public class Program1 {
02      public static void main(String argv[]) {
03          Rectangle r1 = new Rectangle(); ◄— 產生 1 個矩形物件
04          r1.w = 10; ◄— 設定矩形的寬
05          r1.h = 5;  ◄— 設定矩形的高
06          System.out.println("r1 的面積：" + r1.area()); ◄— 顯示面積
07      }
08  }
```

學過 C 或是 Java 語言的讀者對於 main() 一定都不陌生, 這就是程式執行時的進入點。在這個程式中, 我們進行了以下幾個動作:

- 第 3 行就是利用 new 產生一個矩形物件。使用 new 運算子時, 是把**類別的名稱當成函式名稱一樣呼叫**, 就會產生一個矩形物件。並且把產生的物件設定給以類別名稱宣告的變數 r1, 之後就可以透過 r1 操作新產生的物件。
- 第 4、5 行就是透過變數 r1 設定矩形的寬與高。要注意的是, 透過變數操作對應物件的屬性時, 是用 "." 運算子連接變數與屬性, 例如 r1.w 就是指 r1 變數所代表的矩形物件的 w 屬性。
- 第 6 行就使用相同的 "." 運算子, 呼叫了矩形物件的 area() 方法計算面積, 並將結果顯示出來。

Android 程式中的類別與物件

在 Android 中, 只要使用精靈建立新的專案, 就會幫我們設計好類別, 這就是我們開啟 MainActivity.java 時所看到的 MainActivity 類別:

```
public class MainActivity extends Activity {
    ...

}
```

MainActivity 類別所描述的是負責程式主畫面的物件, 只是這個類別比較特別, 不是由我們自己在程式中使用 new 來產生物件, 而是由系統在程式啟動後自動幫我們產生。在本書第 2 章開始, 每一個範例中你都會看到它的身影。

另外再舉個例子, 在 Android 程式中, 如果要啟動其他的程式, 例如啟動瀏覽器瀏覽特定的網址, 就必須先建立一個 Intent 類別的物件, 並在此物件中註明要開啟能瀏覽網頁的程式, 以及所要瀏覽的網址:

```
...
Intent it = new Intent(); ◄— 建立 Intent 物件
it.setAction(Intent.ACTION_VIEW); ◄— 設定想啟動的是可以瀏覽內容的程式
it.setData(Uri.parse("http://www.flag.com.tw")); ◄— 要瀏覽的網址
...
```

在本書第 9 章就會看到相關的應用實例。

儲存物件的變數只是一個轉向器

前面的範例中，我們宣告了一個變數 r1 來儲存用 new 建立的矩形物件，但要特別注意的是，變數 r1 並不是儲存物件的實際內容，而是儲存物件在記體中的位置：

當執行 "r1.w = 10;" 時，就會順著 r1 所記錄的位置，找到真正的物件，修改 w 屬性的值：

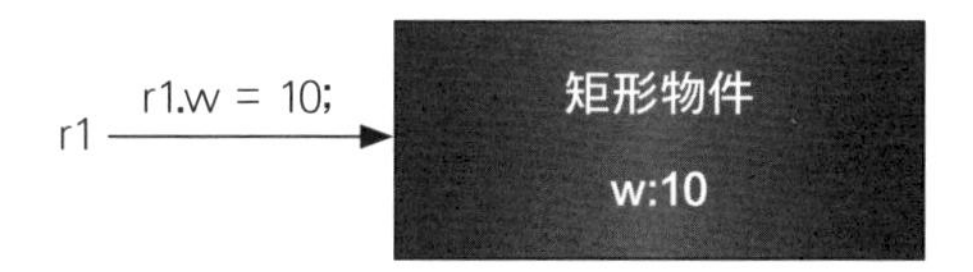

如果我們將程式改成如下：

```
01  public class Program2 {
02      public static void main(String argv[]) {
03          Rectangle r1 = new Rectangle(); ◄— 產生 1 個矩形物件
04          r1.w = 10; ◄— 設定矩形的寬
05          r1.h = 5;  ◄— 設定矩形的高
06          System.out.println("r1 的面積：" + r1.area());◄— 顯示 r1 面積
07          Rectangle r2 = r1; ◄— 讓 r2 指向同一個物件
08          r2.w = 5; ◄— 透過 r2 修改矩形的寬
09          System.out.println("r1 的面積：" + r1.area());◄— 顯示 r1 面積
10      }
11  }
```

在第 7 行宣告一個新的變數 r2，設定其內容為 r1，也就是 r1 與 r2 指向同一個物件。接著在第 8 行透過 r2 修改矩形的寬，在第 9 行再次透過 r1 計算矩形的面積，執行結果如下：

```
r1 的面積：50
r1 的面積：25
```

可以發現面積已經變了, 這是因為 r2 所修改的矩形物件其實就是 r1 所指向的物件, 因此不論是透過 r2 或是 r1 來操作, 都是同一個物件的關係。

像是 r1 這樣不是記錄資料的內容, 而是記錄資料所在位置的變數, 我們稱為**參考 (Reference)**。在 Java 中, 除了物件以外, 陣列以及字串的變數也都是參考。

指向自己的 this 變數

前面的範例中, 我們是在建立物件後, 分別設定矩形的寬與高。如果忘了設定高或寬其中之一, 計算面積就會得出錯誤的結果。為了確保設定寬高的完整性, 我們可以提供專門用來設定寬高的方法, 例如:

```
01  class Rectangle {
02      int w; ◀— 矩形的寬
03      int h; ◀— 矩形的高
04
05      public int area() { ◀— 計算矩形的面積
06          return w * h;   ◀— 矩形面積 = 寬 X 高
07      }
08
09      public void setWH(int w, int h) { ◀— 同時設定寬與高
10          this.w = w; ◀— 設定寬度
11          this.h = h; ◀— 設定高度
12      }
13  }
```

我們在第 9 行新增了一個 setHW() 方法，這個方法必須同時傳入代表寬與高的 w 與 h 參數，如此就不會只設定了高卻忘了寬度，或是反過來的狀況。不過您可能已經注意到了，setHW() 的參數名稱與類別中定義的變數名稱相同，都是 w 與 h，那麼在 setHW() 方法中使用到 w 或是 h 時，到底是指傳入的參數還是物件本身的變數呢？答案是傳入的參數。那麼要如何才能使用物件本身的變數呢？為了解決這個問題，setHW() 中使用了一個神奇的變數 **this**，this 是每個方法被呼叫時自動傳入的參數，它會指向執行方法的物件本身。以底下的程式為例：

```
01 public class Program3 {
02     public static void main(String argv[]) {
03         Rectangle r1 = new Rectangle(); ◄— 產生 1 個矩形物件
04         r1.setWH(10, 5); ◄— 設定矩形的寬與高
05         System.out.println("r1 的面積：" + r1.area()); ◄— 顯示面積
06     }
07 }
```

當執行第 4 行時，就會自動將執行方法的 r1 傳入 setWH() 中，成為 setWH() 中的 this 變數，因此 this 和 r1 就指向了同一個物件。這樣在 setHW() 中透過 this 設定 w 與 h 屬性時，就是設定 r1 所指向物件的 w 與 h 屬性。如果沒有 this，setHW() 方法就必須將參數重新命名，才能與類別所定義的變數有所區別。

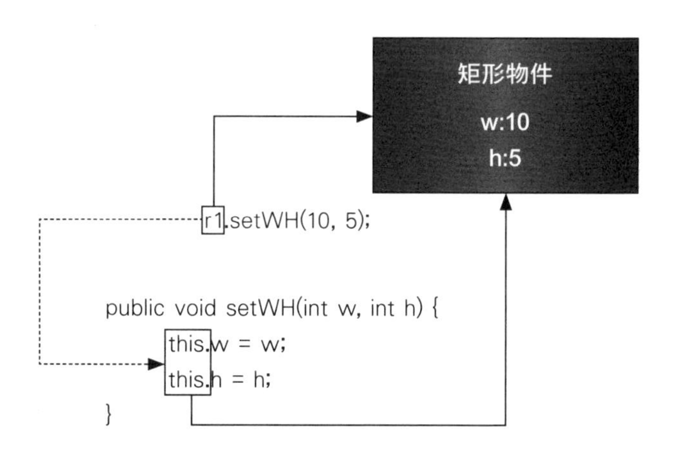

Android 中的 this

在 Android 中看到 this 的機會非常高, 當程式執行到 MainActivity 類別的方法, 例如 onCreate() 時, this 就是指向目前的 MainActivity 類別的物件。在呼叫 Android 的 API 時, 常常會需要傳入 MainActivity 類別的物件當參數, 因此就會傳入 this。以下就是呼叫 Toast 定義的 makeToast() 方法的例子:

```
Toast.makeText(this,
    "答案:" + aA[pos], Toast.LENGTH_SHORT).show();
```

另外, 本書中的範例都是由 MainActivity 類別的物件來處理畫面上各個元件的事件, 因此也會在 MainActivity 類別的 onCreate() 方法中指定元件的事件監聽物件為 this:

```
btn = (Button) findViewById(R.id.button1); ← 找出按鈕元件
btn.setOnClickListener(this); ← 登錄按一下事件的監聽物件為 this
```

由於這些程式都是在 MainActivity 類別定義的方法中執行, 因此 this 指的就是 MainActivity 類別的物件本身。

private 私有變數

剛剛的範例中, 雖然提供了同時設定寬與高的 setHW() 方法, 但還是可以直接透過更改 h 與 w 變數單獨設定寬或高。如果要避免這種狀況, 可以將 w 與 h 變數加上 private 限定只能在類別自己定義的方法中使用, 例如:

```
class Rectangle {
    private int w; ← 矩形的寬
    private int h; ← 矩形的高
    ...
}
```

加上 private 後, 如果直接透過物件變數使用 w 或是 h 變數, 例如:

```
r1.w = 10; ← 直接設定 w 會出現錯誤
```

程式編譯時就會出現錯誤訊息:

```
Program4.java:4: error: w has private access in Rectangle
                r1.w = 10; ← 直接設定 w 會出現錯誤
                  ^
1 error
```

意思就是 Rectangle 類別中的 w 變數設定有 private 限制, 只能在類別中定義的方法, 例如 setHW() 裡使用。這種加上 private 的變數就稱為**私有變數**。類別中的方法也可以加上 private, 讓某些類別內部運作的方法不會在類別外被誤用。

多重定義的方法 (Overloading)

前面我們已經為 Rectangle 加上了 setHW() 方法簡化設定的動作，但如果要建立一個寬與高相同的矩形，也要傳入兩個相同值的參數，一來有點麻煩，而且萬一打錯數字，變成長與寬不同就不正確了。為了避免這個問題，我們再新增一個只需要單一參數的設定方法：

```
class Rectangle {
    ...
    public void setWH(int w, int h) {  ←— 同時設定寬與高
        this.w = w;
        this.h = h;
    }

    public void setWH(int w) {  ←— 設定寬與高相同
        setWH(w, w);
    }
}
```

這裡特別的地方在於新加入的方法與原本的 setHW() 方法名稱完全相同，但是參數個數不同。對於習慣 C 等傳統程式語言的讀者來說，可能會有點疑惑，函式不是不能同名嗎？這是因為在 Java 這類物件導向的程式語言中，提供有**多重定義 (Overloading)**的功能，顧名思義，就是同一個名字具有多種意義。多重定義允許在類別中定義相同名稱的方法，只要**參數的個數或是型別**不同就可以了，實際呼叫時會依據傳入的參數選取適當的方法來執行。例如：

```
public class Program5 {
    public static void main(String argv[]) {
        Rectangle r1 = new Rectangle();  ←— 產生 1 個矩形物件
        r1.setWH(10);  ←— 設定矩形的寬與高
        System.out.println("r1 的面積：" + r1.area());  ←— 顯示面積
    }
}
```

因為呼叫時只傳入了一個 int 參數 10, 所以會呼叫新加入的 setHW() 方法, 而不是需要兩個參數的 setHW() 方法。透過多重定義, 我們就可以讓功用相同但細節有所差異的方法共用相同的名稱, 而不需要為每一個方法想一個名字。另外, 在單一參數版本的 setWH() 方法中, 是採用呼叫另一個版本的同名方法來完成設定, 如此可以將共通的部分集中在某個方法中, 避免在其他同名方法中重複類似的程式碼。

Android 中多重定義的方法

在 Android 中大部分的類別都有多重定義的方法, 以常用的 TextView 為例, 若要修改顯示的文字, 可以呼叫 setText() 方法, 這個方法就有多種版本:

```
txv.setText("Hello World!"); ◄— 直接指定字串
txv.setText(R.string.hello_world); ◄— 指定定義在 string.xml 檔中的字串
```

另外, 像是透過 Intent 傳遞資料給要啟動的程式時呼叫的 putExtra() 方法也有多種版本, 讓我們可以傳遞各種不同型別的資料:

```
it.putExtra("編號", 20);          ◄— 附加 int 編號
it.putExtra("備忘", "記得回家關瓦斯"); ◄— 附加備忘項目的字串內容
```

物件的建構方法 (Constructor)

前面雖然提供了簡化設定工作的方法, 但若是建立物件後忘了呼叫, 也一樣會有問題。為了讓建立物件以及設定物件初始資料的動作結合在一起, 類別可以定義一種特別的方法, 稱為**建構方法**。建構方法會在物件建立後自動被呼叫, 因此可以避免忘記呼叫的狀況。例如我們可以幫 Rectangle 類別加上以下的建構方法:

```
class Rectangle {
    private int w; ◄— 矩形的寬
    private int h; ◄— 矩形的高

    Rectangle(int w, int h) {
        setWH(w, h);
    }
    ...
}
```

建構方法的宣告和一般的方法很像，但是建構方法的名稱一定要與類別同名，而且**不能宣告傳回值**，它固定就是傳回新建立好的物件本身。在新加入的建構方法中，我們呼叫了 setWH() 方法來設定個別的變數。有了這個建構方法後，建立新物件時就更方便了，例如：

```
public class Program6 {
    public static void main(String argv[]) {
        Rectangle r1 = new Rectangle(5, 10); ◄— 產生 1 個矩形物件
        System.out.println("r1 的面積：" + r1.area()); ◄— 顯示面積
    }
}
```

你可以看到建立 Rectangle 類別的物件時必須傳入設定寬與高的參數，物件一建立好就會呼叫建構方法，也就同時完成矩形寬高的設定了。

建構方法也和一般的方法一樣，可以有多重定義的版本。例如，我們也可以加入一個設定相同寬與高的建構方法：

```
class Rectangle {
    private int w; ◄— 矩形的寬
    private int h; ◄— 矩形的高

    Rectangle(int w, int h) {
        setWH(w, h);
    }

    Rectangle(int w) {
        this(w, w);
    }

    ...
}
```

這個新的建構方法只需要一個參數，比較特別的是我們又用到了 this，但這次的用法不同，是**把 this 當成方法呼叫**。在建構方法中，可以透過這種方式呼叫其他版本的建構方法，像是本例中就是呼叫需要傳入兩個參數的建構方法完成設定工作。

預設的建構方法 (Default Constructor)

要注意的是, 當定義有建構方法時, 就會在建立物件時呼叫與傳入的參數相符的建構方法。因此, 以底下的程式為例:

```
Rectangle r1 = new Rectangle();
```

就會在編譯時產生錯誤訊息:

```
Program7.java:3: error: no suitable constructor found for Rectangle()
                Rectangle r1 = new Rectangle(); ←— 產生 1 個矩形物件
```

這是因為 Rectangle 類別中沒有不須傳入參數的建構方法。您可能已經想到, 在我們還沒有定義任何建構方法時, 不是可以不用傳入參數建立物件嗎？這是因為當沒有定義建構方法時, Java 編譯器會自動新增一個沒有參數的建構方法, 稱為**預設的建構方法 (Default Constructor)**。當類別中定義有建構方法時, Java 會假設你想要完全控制建立物件的相關動作, 因此不會自動產生沒有參數的建構方法。如果需要, 就必須自行定義。

Android 中的建構方法

在撰寫 Android 程式時, 使用到建構方法的頻率非常高, 大部分的類別都需要在建立物件時傳遞參數給建構方法。例如在建立日期選擇交談窗時:

```
new DatePickerDialog(this, this, ←— 由 MainActivity 物件監聽事件
    2017,   ←— 西元 2017 年
    2,      ←— 3 月
    10)     ←— 10 日
.show();    ←— 顯示出來
```

許多類別也提供有多種版本的建構方法, 像是啟動其他程式時需要用到的 Intent 類別, 就提供有多種建構方法:

```
Intent it1 = new Intent(); ←— 單純建立物件
Intent it = new Intent(Intent.ACTION_VIEW); ←— 建立同時指定動作
Intent it2 = new Intent(Intent.ACTION_PICK, ←— 建立同時指定動作與資料
    Images.Media.EXTERNAL_CONTENT_URI);
```

static：類別變數與方法

前面的範例中，類別所定義的變數是隨著物件個體而存在，每個建立的物件會有自己的一份資料，例如：

```
public class Program8 {
    public static void main(String argv[]) {
        Rectangle r1 = new Rectangle(10); ◄— 產生 1 個矩形物件
        Rectangle r2 = new Rectangle(5, 10); ◄— 再產生 1 個矩形物件
        System.out.println("r1 的面積：" + r1.area()); ◄— 顯示 r1 面積
        System.out.println("r2 的面積：" + r2.area()); ◄— 顯示 r2 面積
    }
}
```

會得到以下的執行結果：

```
r1 的面積：100
r2 的面積：50
```

這是因為 r1 與 r2 是指向兩個不同的物件，因此其 w 與 h 變數各自獨立，互不相干，所以可以個別計算出兩個矩形的面積。如果我們要為 Rectangle 增加一個表示邊數的變數 edges，由於是矩形，所以 edges 的值就是 4，不會因為是不同的矩形而變化，顯然並不需要每一個物件都保留一個 edges 變數。對於這種情況，可以為變數加上 static 宣告，例如：

```
class Rectangle {
    static int edges = 4; ◄— 矩形的邊數

    ...
}
```

加上 static 宣告後，所有同一類別的物件都會共用該變數，透過任何一個物件對該變數的修改都會影響到所有的物件，例如：

```
public class Program9 {
    public static void main(String argv[]) {
        Rectangle r1 = new Rectangle(10); ◄── 產生 1 個矩形物件
        Rectangle r2 = new Rectangle(5, 10); ◄── 再產生 1 個矩形物件
        System.out.println("r1 的邊數：" + r1.edges); ◄── 顯示 r1 邊數
        r1.edges = 5; ◄── 把邊數改為 5
        System.out.println("r2 的邊數：" + r2.edges); ◄── 顯示 r2 邊數
        System.out.println("矩形的邊數：" + Rectangle.edges); ◄─┐
                                                        顯示矩形邊數
    }
}
```

執行的結果如下：

```
r1 的邊數：4
r2 的邊數：5
矩形的邊數：5
```

你可以看到一開始用 r1.edges 得到 4，隨後使用 r1 將 edges 設為 5，接著使用 r2 顯示 edges 的值就受到了影響，變成 5 了。要特別注意的是，static 變數是屬於類別的，即使沒有建立任何該類別的物件也可使用，因此你可以看到上例中最後**透過類別名稱**也可以取得 edges 的值。也因為如此，宣告時加上 static 的變數也稱為**類別變數**。

final：不可變動值的常數

如同前面的範例所看到，設定為類別變數只是可以減少空間的浪費，讓所有物件共用一個變數。但以我們的例子來說，矩形就是 4 個邊，不應該可以被改成 5 個邊。像這種情況，可以在宣告時加上 final，表示這個變數的值已經確認，不能再變動：

```
final static int edges = 4;
```

宣告為 final 後，若是執行一樣的範例，就會出現編譯錯誤：

```
Program10.java:6: error: cannot assign a value to final variable edges
                r1.edges = 5;
```

意思就是禁止設定新的值給宣告為 final 的變數。這種宣告為 final 的變數，因為其值在設定後就永遠如常不會變動，所以稱為**常數 (Constant)**。

static 除了可以用在變數上，也可以用在方法上，只要透過類別名稱就可以呼叫該方法，稱為**類別方法 (Class Method)**。像是 Java 的 Math 類別就以類別方法提供了三角函數、四捨五入等許多好用的數學功能。

Android 中的類別變數與類別方法

在 Android 中常會用到常數、類別變數或是類別方法，舉例來說，當呼叫 setContentView() 指定佈局資源 ID 時，這個資源 ID 就是利用 static final 宣告的常數：

```
public final class R {
    ...
    public static final class layout {
        public static final int activity_main=0x7f030000;
    }
    ...
}
```

另外，像是處理 AlertDialog 的按鈕事件時，也會用到定義在 DialogInterface 中的**類別常數**判斷使用者按的是哪一個按鈕：

```
public void onClick(DialogInterface dialog, int id) { ◄─ 實作監聽介面定義的方法
    if(id == DialogInterface.BUTTON_POSITIVE) { ◄─ 如果按下肯定的『喜歡』
        txv.setText("你喜歡 Android 手機");
    }
    else if(id == DialogInterface.BUTTON_NEGATIVE) {◄─ 如果按下否定的『討厭』
        txv.setText("你討厭 Android 手機");
    }
}
```

至於使用**類別方法**最常見的例子，就是使用 Toast 顯示訊息時最常用到的 makeText 方法：

```
Toast.makeText(this, "遊戲結束", Toast.LENGTH_SHORT)
    .show();
```

A-2 繼承 (Inheritance) 與介面 (Interface)

前一節我們已經介紹了類別與物件的基本概念，不過在現實世界中我們可以發現有些物件和另外一種物件很相似，例如機車和腳踏車、跑車和轎車、人和猩猩等等，物件導向程式設計也模擬了這樣的關係：**繼承與介面**。

extends：繼承

我們仍然延續上一節的範例。假設幾何圖形教學系統需要增加方形，由於方形是矩形的特例，除了寬與高相同外，其餘像是計算面積的方式、邊數等等矩形的特性都一樣。如果可以藉由 Rectangle 類別為基礎，應該很快就可以設計出方形。在 Java 中，就提供有繼承的功能，可以讓我們以現有的類別為基礎，衍生出新的類別。例如以下就是方形的類別：

```
class Square extends Rectangle {
    Square(int length) {
        super(length);
    }
}
```

這個新類別非常簡短，細節稍後我們再看，先測試一下新類別：

```
public class Program11 {
    public static void main(String argv[]) {
        Square s1 = new Square(10); ◄— 產生 1 個方形
        System.out.println("s1 的面積：" + s1.area()); ◄— 顯示 s1 面積
        System.out.println("方形的邊數：" + Square.edges); ◄— 顯示方形邊數
    }
}
```

執行結果為：

```
s1 的面積：100
方形的邊數：4
```

你可以看到我們已經能夠建立 Square 類別的物件，而且可以使用定義在 Rectangle 中的 area() 方法以及 edges 類別變數。這都是拜 Java 的繼承功能所賜，只要在定義類別時，使用 **extends** 標示出要繼承的類別，新定義的類別就會自動擁有原類別除建構方法以外的所有功能，包括變數以及方法。因此，我們在建立 Square 物件後，就可以呼叫 area() 方法，也可以取得 edges 的值。這裡我們稱衍生出來的新類別為**子類別 (Child Class)**，而原類別為**父類別 (Parent class)**。

現在回頭來看 Square 類別的定義，其中只有建構方法，但比較特別的是在建構方法中使用了之前未曾見過的 **super**。super 和 this 一樣都是自動產生的變數，但 super 指的是父類別，在建構方法中可以透過 super 呼叫父類別中定義的建構方法，像是上例中就是呼叫 Rectagle 中傳入單一參數的建構方法。

類別繼承關係可以衍生多層，就像是真實世界中各種物件之間的關係。透過繼承，我們就可以很快地由現有的類別設計出新的類別，減少開發重複功能的時間。

Android 中的繼承

在建立新專案時，自動產生的 MainActivity 類別就是繼承自 Activity 類別：

```
public class MainActivity extends Activity {
    ...
}
```

由於有這樣的繼承關係，所以即使在 MainActivity 中還沒寫什麼程式，就可以使用定義在 Activity 類別中的許多方法，例如：

```
public void onCreate(Bundle savedInstanceState) {
    super.onCreate(savedInstanceState);
    setContentView(R.layout.activity_main);
    ListView lv = (ListView)findViewById(R.id.listView1);
    ...
}
```

另外，Android 所有關於使用者介面的元件都是繼承自 View 類別，往下衍生出 Widget 與 ViewGroup 類別，由 Widget 再衍生出像是 Button、TextView 等使用者看得到的元件，而 ViewGroup 則是衍生出像是 LinearLayout、RelativeLayout 等與佈局配置相關的元件。

Override：重新定義父類別中的方法

在子類別中，可以重新定義父類別中的方法。舉例來說，如果 Java 標準的 Math.pow() 是個神奇的方法，會比直接用乘法計算平方快速，我們可能就會希望在 Square 類別中用它來計算面積。這時可在 Square 類別中加入 area() 方法：

```
class Square extends Rectangle {
    Square(int length) {
        super(length);
    }

    public int area() { ◄— 自訂版的面積計算方法
        return (int)Math.pow(w, 2);
    }
}
```

如此當透過 Square 類別的物件呼叫 area() 時，就會呼叫 square() 中的版本。如果需要在重新定義的方法中沿用父類別中的版本，可以透過呼叫父類別建構方法時用過的 super 加上要呼叫的方法名稱，例如：

```
class Square extends Rectangle {
    Square(int length) {
        super(length);
    }

    public int area() { ◄— 自訂版的面積計算方法
        return super.area();
    }
}
```

@Override：防止輸入錯誤的方法名稱

在重新定義方法時, 如果打錯方法名稱, 例如將 area 打成 Area：

```
class Square extends Rectangle {
    ...
    public int Area() {  ◄— 特別版的面積計算方法
        return super.area();
    }
}
```

編譯器就會當成是定義一個新的方法, 而不是重新定義父類別的方法。為了防止這樣的錯誤, 可以在要重新定義的方法之前加上 **@Override**, 例如：

```
class Square extends Rectangle {
    ...

    @Override
    public int Area() {  ◄— 特別版的面積計算方法
        return super.area();
    }
}
```

編譯時就會發現父類別中並沒有同名的方法而發出錯誤訊息：

```
Program14.java:42: error: method does not override or implement a
method from a supertype
```

如此即可避免打錯方法名稱的問題。

Android 中重新定義的方法

Android 中有些類別的使用方式就是要繼承該類別設計新的類別, 並在新的類別中重新定義父類別的方法來完成特定工作。最常見的例子就是在 MainActivity 中的 onCreate() 方法：

```
public void onCreate(Bundle savedInstanceState) {
    super.onCreate(savedInstanceState);
    setContentView(R.layout.activity_main);
    ... ◄— 初始設定工作寫在這裡
}
```

在 onCreate() 中第一件事就是透過 super 呼叫父類別中的同名方法, 進行基本的處理工作, 接著才會呼叫 setContentView() 設定主畫面的佈局等等必要的初始設定工作。

介面 (Interface)

延續前面的範例，如果我們想知道兩個矩形誰比較大，可以幫 Rectangle 類別加上如下的 largerThan() 方法：

```
class Rectangle {
    ...
    public boolean largerThan(Rectangle aRectangle) {
        return this.area() > aRectangle.area();
    }
}
```

程式很簡單，只要傳入另外一個 Rectangle 類別的物件，利用各自的 area() 方法傳回值比較就可以知道結果，例如以下的程式：

```
public class Program15 {
    public static void main(String argv[]) {
        Rectangle r1 = new Rectangle(5, 10); ◄— 產生第一個矩形
        Rectangle r2 = new Rectangle(10, 15); ◄— 產生第二個矩形
        Square s1 = new Square(10); ◄— 產生 1 個方形
        System.out.println("r1 比  r2 大：" + r1.largerThan(r2));
        System.out.println("r2 比  s1 大：" + r2.largerThan(s1));
        System.out.println("s1 比  r1 大：" + s1.largerThan(r1));
    }
}
```

執行結果如下：

```
r1 比  r2 大：false
r2 比  s1 大：true
s1 比  r1 大：true
```

值得注意的是雖然 largerThan() 方法所標註的參數是 Rectangle 類別的物件，但是因為 Square 是繼承自 Rectangle 類別，所以 Rectangle 類別擁有的特性 Square 也都有，因此 Square 類別的物件也可以使用在任何需要 Rectangle 類別的物件的地方。因為有繼承關係，所以等於自動為 Square 與 Rectangle 訂定了一個約定，表示可以把 Square 當 Rectangle 看待。

剛剛的 largerThan() 方法簡單完美，但是請考慮以下這個新的吐司類別：

```
class Bread {
    // 各種麵包的特性，省略
}

class Toast extends Bread {
    int length;

    public Toast(int length) {
        this.length = length;
    }

    public int area() {
        return length * length;
    }
}
```

這個 Toast 吐司類別因為是麵包，所以繼承自代表麵包的 Bread 類別，但是這個吐司也是方形，並且有 area() 方法可以計算面積。可是問題來了，由於 Java 只允許繼承一個類別，無法讓 Toast 類別同時繼承 Bread 與 Rectangle 類別。如果想讓吐司可以和矩形或是方形比較，但 Rectangle 類別中的 largerThan() 方法必須傳入 Rectangle 類別的物件，Toast 類別的物件顯然不符條件。

為了解決這個問題，Java 提供了所謂的『介面』，介面就像是一個**規範**，約定了要符合此規範的類別**必須具備的方法**。也就是說，如果某個類別 C 宣稱符合 A 介面的規範，而 A 介面規定必須具有 M 方法，那麼當取得了一個 C 類別的物件 O，就一定可以呼叫 O.M() 方法而不會出錯。以下我們就來設計一個介面，規範所有能以面積比較的物件所應該具備的方法：

```
interface canCompareArea { ◄— 可比較面積的物件要遵守的規範
    public int area(); ◄— 要能計算面積
}
```

開頭的 "interface" 表示這是介面的定義，隨後的 canCompareArea 就是介面的名稱。在這個介面中，我們規定能比較面積的物件必須具備有一個傳回 int 的 area() 方法。要注意的是介面中只需要規範**方法的格式**，也就是方法的名稱以及參數與傳回值的型別，而沒有規範方法的實作內容。以本例來說，這很容易理解，不同種類的物件計算面積的方式當然可能不一樣，自然沒有辦法統一規範，但卻可以規範必須以整數值傳回面積。

有了這個 canCompareArea 介面後，我們就可以讓想要比較面積的物件在定義類別時就申明遵守這個規範。在 Java 中，這個動作就是讓類別去**實作**所要遵守的介面，例如 Rectangle 類別就可以改寫如下：

```
class Rectangle implements canCompareArea {
    ...
    public boolean largerThan(canCompareArea aShape) {
        return this.area() > aShape.area();
    }
}
```

實作介面的第一個步驟就是在開頭的 class 那行加上 "implements 要遵守的介面名稱"，然後在類別中加入介面所規定必須具備的方法。以本例來說，canCompareArea 介面所規範的 area() 方法在 Rectangle 類別中早已經具備，因此不須額外撰寫此方法。另外，為了搭配 canCompareArea 介面，我們把原本比較兩個矩形的 largerThan() 方法的參數型別改為 canCompareArera 介面，意思就是**凡是遵守此介面的物件都可作為比較的對象**。

相同的道理，我們也把 Toast 類別修改成遵守 canCompareArea 介面：

```
class Toast extends Bread implements canCompareArea {
    ...
}
```

Toast 類別原本也定義有符合 canCompareArea 介面規範的 area() 方法，所以除了定義類別時要加上 implements canComareArea 外，不需要額外撰寫程式碼。這樣就可以讓吐司與矩形比較面積大小了：

```
public class Program17 {
    public static void main(String argv[]) {
        Rectangle r1 = new Rectangle(5, 10); ◄— 產生一個矩形
        Toast t1 = new Toast(10); ◄— 產生 1 片吐司
        System.out.println("r1 比  t1 大：" + r1.largerThan(t1));
    }
}
```

每一個類別可以依據不同面相的功能，實作任意數目的介面，而這也是讓不同類別的物件彼此互動的常見作法。

Android 中的介面

在 Android 中，處理事件時一定會用到介面，像是處理按鈕按一下的事件，就必須向按鈕登錄一個實作 OnClickListener 介面的監聽物件，當按鈕被按一下時，就會呼叫監聽物件的 onClick() 方法：

```
public class MainActivity extends Activity
        implements OnClickListener { ◄— 實作 OnClickListener 介面
    Button btn;             ◄— 用來操作 button1 元件的變數

    @Override
    public void onClick(View v) { ◄— 實作監聽器介面中定義的 onClick 方法
        // 按鈕被按一下時要執行的動作
    }

    @Override
    protected void onCreate(Bundle savedInstanceState) {
        super.onCreate(savedInstanceState);
        setContentView(R.layout.activity_main);

        btn = (Button) findViewById(R.id.button1); ◄— 找出按鈕元件
        btn.setOnClickListener(this); ◄— 將 this 登錄為監聽物件
    }
    ...
}
```

在本書中都是以 MainAcitivty 類別實作監聽介面來做為監聽物件，因此在呼叫 setOnClickListener() 方法登錄監聽物件時，都是傳入 this，也就是傳入系統自動建立的 MainActivity 類別的物件。要監聽不同的事件就要實作不同的介面，有些介面不只有一個方法，在實作介面時即使有的方法不會用到，也要在類別中定義所有的方法。

Android Studio 對於實作介面的協助工具

Android Studio 會在適當的時機提供協助，其中一項就是幫我們把介面中規範的方法加入到類別定義中，避免我們漏掉方法，或是參數的個數、型別錯誤。

舉例來說，當你在編輯器中打入 "implements View.OnClickListener" 時，就會看到類別名稱下方會出現紅色波浪線：

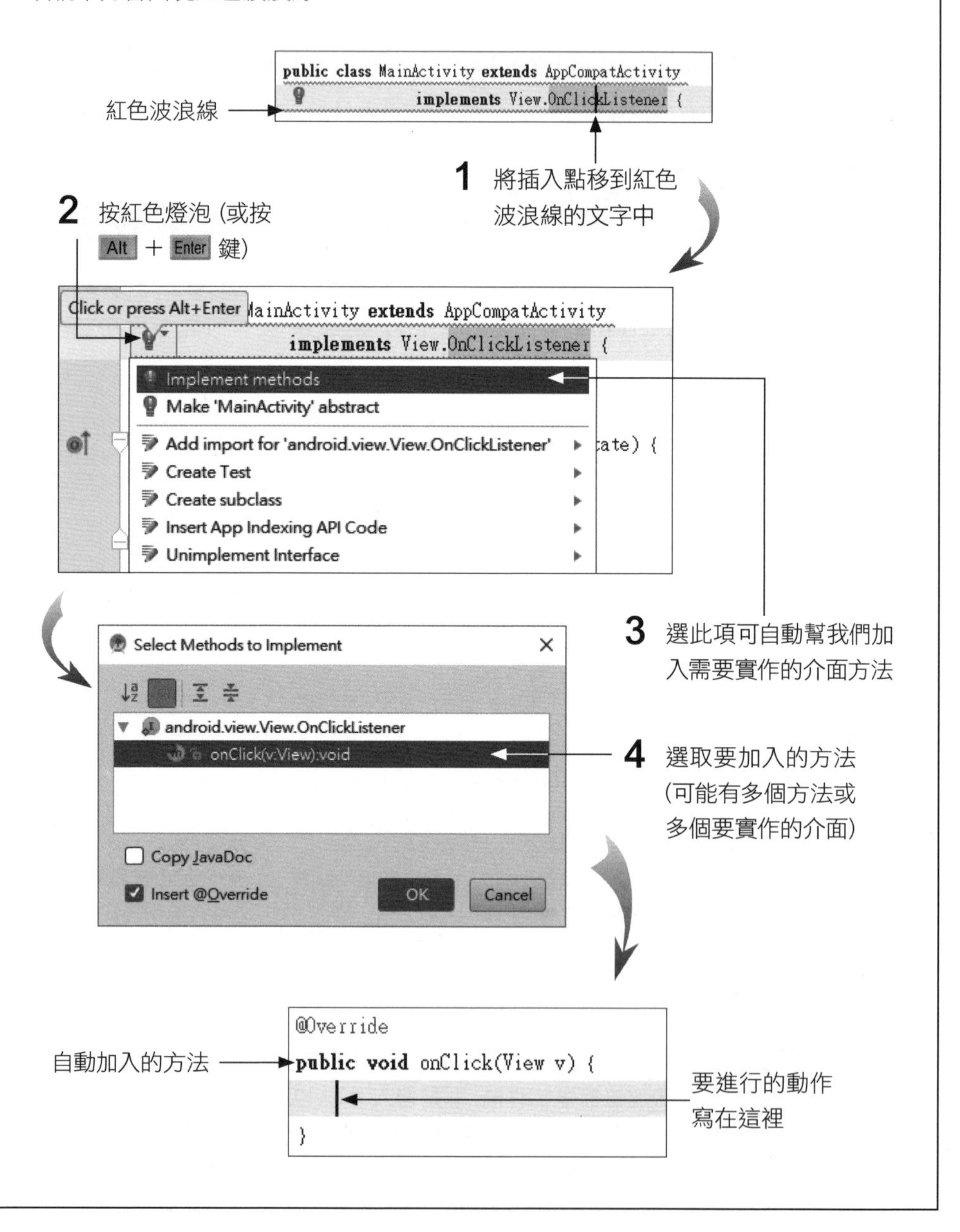

A-3 類別庫與套件

要讓 Android 程式能正常運作，其實有相當多的細節要處理，例如螢幕顯示、觸控處理...等等。還好 Android SDK 已經提供了大量的現成類別，並包裝成**類別庫**供我們使用。例如 Activity 類別就是 Android 類別庫的成員之一。

套件 (Package)

為了能將各種類別妥善地分類，並避免名稱重複，Java 使用了樹狀目錄式的**套件** (Package) 來組織類別。例如 Android 提供的類別都是包裝在名為 "android" 的套件中，而套件內還會再依功能細分為多層的子套件。你可連到 Android 的線上文件網頁 http://developer.android.com/reference/packages.html，看看 Android 套件的內容：

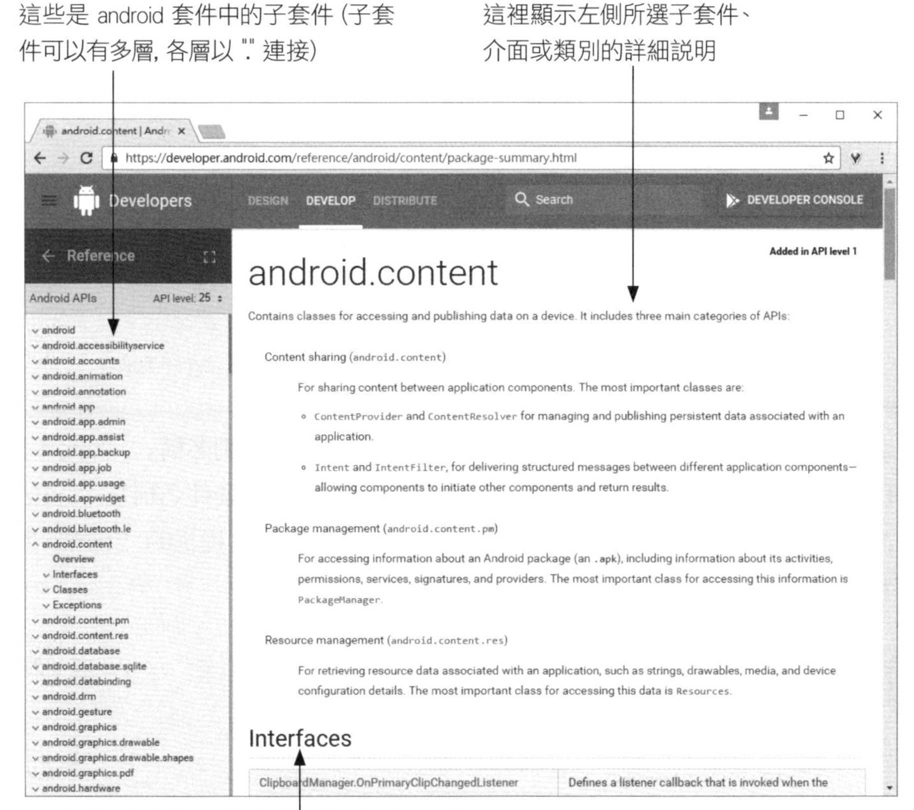

除了 Android SDK 所提供『與手機相關』的類別庫外, Java 的 JDK 也提供了一個通用的類別庫, 並存放在名為 "java" 的套件中。例如 String 類別就是 "java.lang" 子套件中的類別。在 Android 的線上文件中, 也一併包含了 Java 類別庫的說明供您參考:

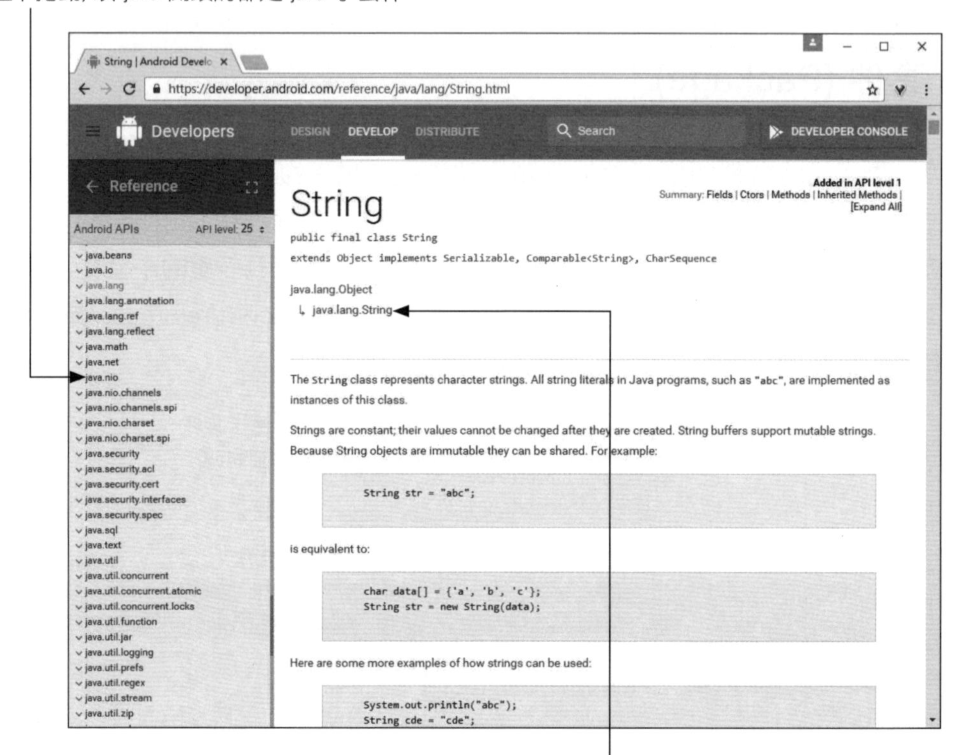

請注意, 類別的**完整名稱**為『所屬的套件名稱.本身的類別名稱』, 如此才會是唯一的。例如顯示交談窗的 AlertDialog 類別, 其所屬的子套件名稱為 "android.app", 因此完整名稱為 "android.app.AlertDialog"。而 Java 提供的 String 類別, 其完整名稱則為 "java.lang.String"。

您可以把 "." 想成 "的" 的意思, 例如：android.app.AlertDialog, 就是 "android 套件**的** app 子套件**的** AlertDialog 類別。

用 import 匯入套件名稱

如前所述，每個類別都有『唯一的』**完整名稱**，而當我們要使用類別時，也必須以完整名稱來指明，如此 Java 才能知道要去哪個套件中尋找這個類別。然而，每次使用都要打一長串的套件名稱，不僅累人也很容易打錯字。因此 Java 提供了 **import** 指令，只要在程式最前面將完整名稱 import 進來，就可在程式中直接使用類別名稱。例如：

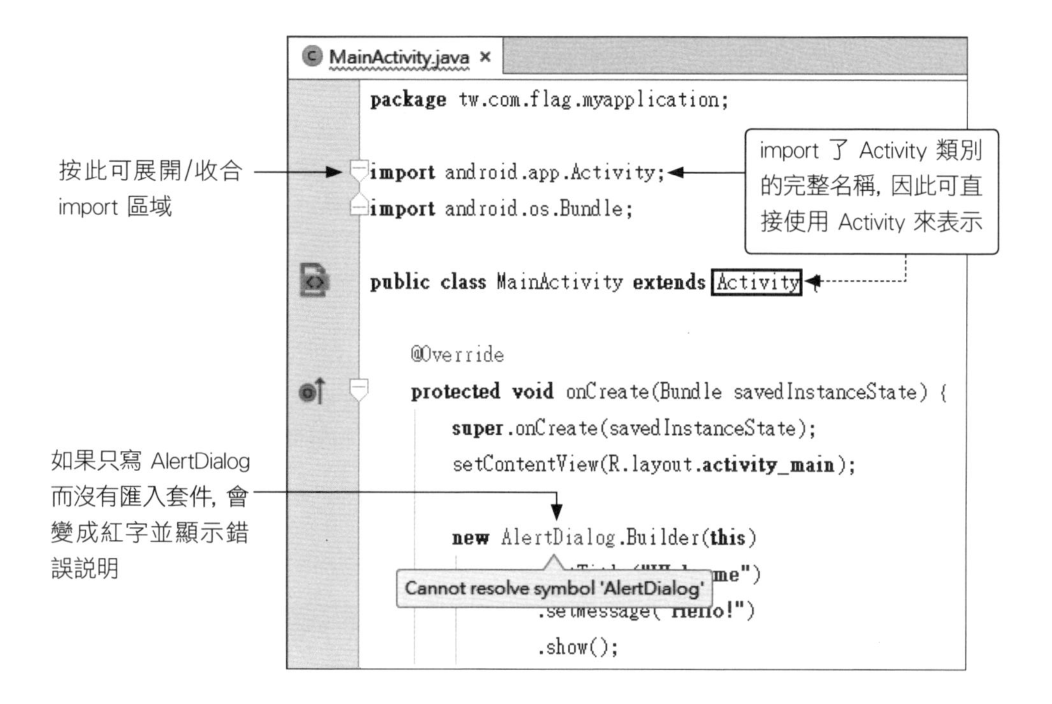

對於上圖中因『類別未標明套件名稱』而造成的錯誤，只需在程式最前面加一行『import android.app.AlertDialog;』 即可。

如果程式同時要用到套件中的多個類別，也可用萬用字元 (*) 表示要匯入指定套件中的所有類別。例如『import android.app.*;』。

Java 預設就會匯入 java.lang.*，所以我們不需用 import 匯入此套件中的類別 (例如 String 類別)。

Android Studio 對匯入套件名稱的協助工具

由於 Android 的套件極多, 而且不同套件下可能會有同名的類別或介面, 要能記得類別所屬的套件名稱是很困難的事。因此, Android Studio 提供了協助工具來幫我們自動匯入類別完整名稱：

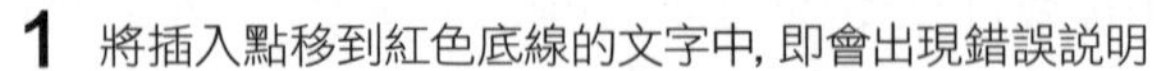

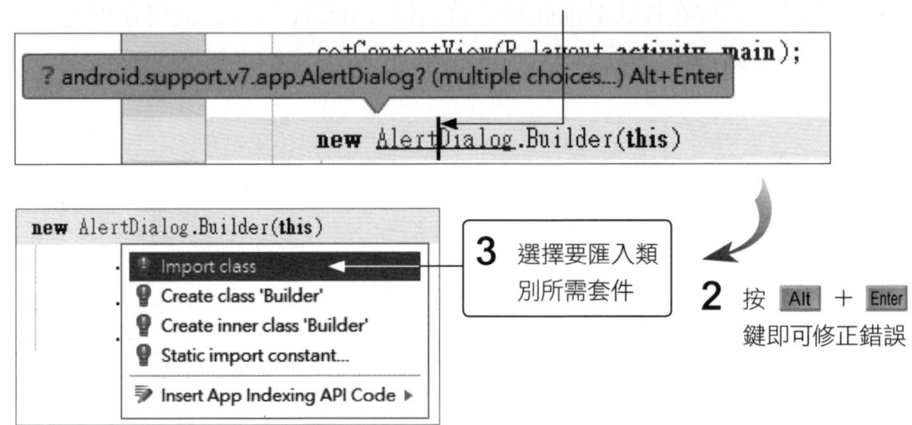

有些類別或是介面的名稱在不同的套件中都有, 此時就需要選擇正確的套件名稱來匯入, 因此在 Alt + Enter 鍵時, 會多顯示一個交談窗讓我們選擇：

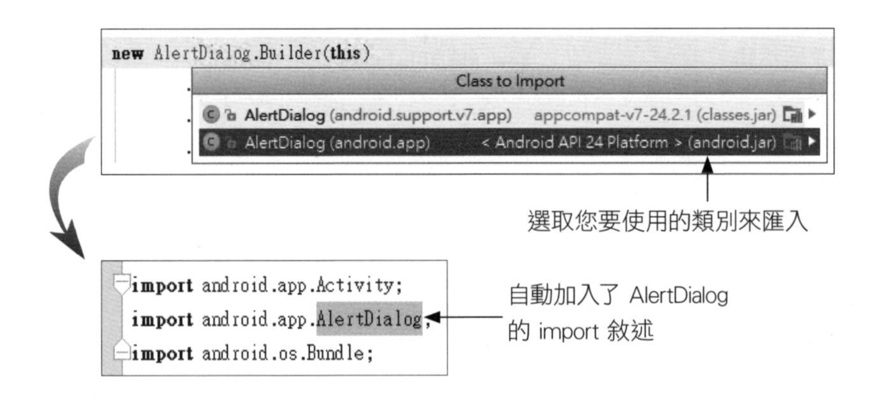

您也可執行『**File/Settings**』命令, 然後切到 **Editor/General/Auto Import**頁次勾選 **Optimize imports on the fly**(自動最佳化import) 及 **Add unambiguous imports on the fly**(自動加入不需選擇的import), 讓 Android Studio 全自動化幫我們管理好 import 工作。

用 package 將類別包裝在套件中

使用 Android Studio 開發專案時, 預設就會將我們寫的類別用 package 敘述包裝在指定的套件中, 例如:

類別的程式檔 (MainActivity.java) 會自動儲存在『以套件為名的資料夾』中 (在硬碟中實際儲存的路徑則為專案下的 app\src\main\java**tw\com\flag**myapplication\MainActivity.java)

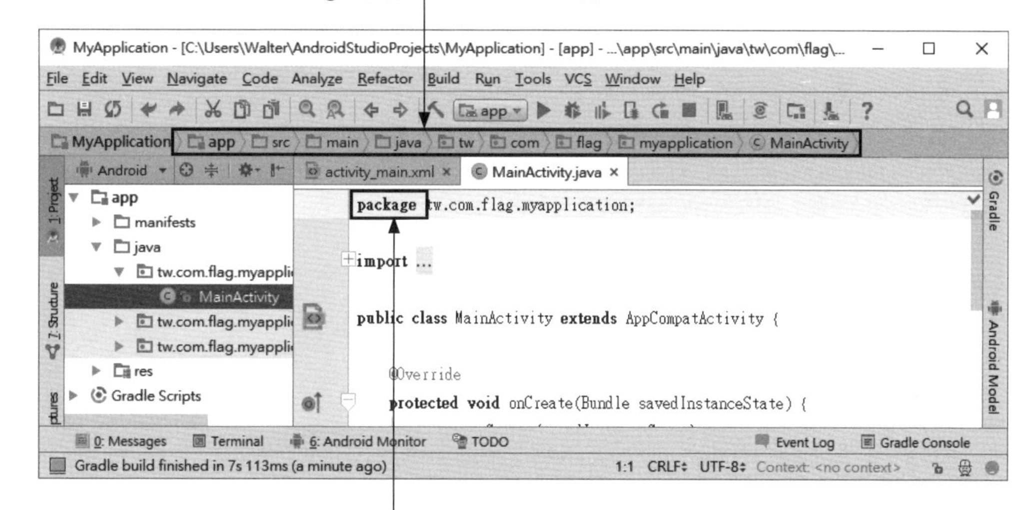

用 package 指定我們的類別要包裝在 tw.com.flag.myapplication 套件中

MEMO

B 常用的 Android Studio 選項設定

Appendix

Android Studio 可調整的選項設定相當多，不過大多數只要保留預設即可，不太需要調整。本附錄只列出幾個比較常用的選項設定，以供讀者參考使用。

在設定之前，有一點要特別注意，就是 Android Studio 的選項設定可分為 3 種：

- **通用選項**：就是與專案無關的選項，例如快速鍵的設定，編輯器的字型設定等。
- **專案選項**：這類選項與專案有關，因此每個專案都可以有不同的設定。例如檔案的編碼方式、程式的語法檢查設定等。
- 預設的**專案選項**：這是在設定『新增專案時預設的』專案選項，因此只對未來新增的專案有效，而不會影響現有專案。

在未開啟專案時，點選歡迎交談窗右側的『**Configure/Settings**』，即可開啟 **Default Settings** 交談窗來設定『通用選項』及『預設的專案選項』：

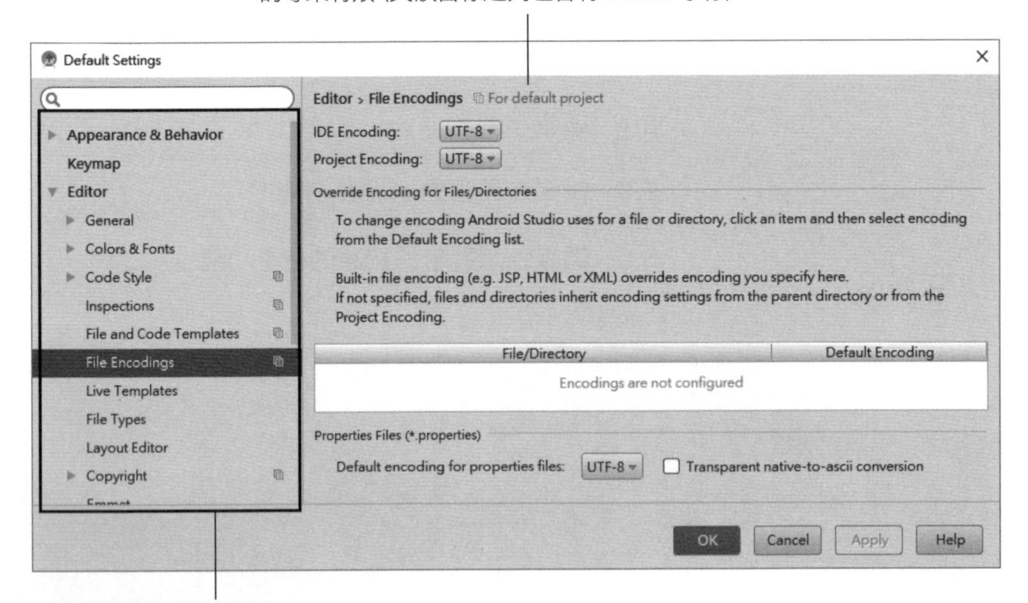

如果在歡迎交談窗中點選『**Configure/Project Default/Settings**』，則可只設定『預設的專案選項』(不包含『通用選項』)。

在已開啟專案時, 則可執行『**File/Settings**』命令, 開啟 **Settings** 交談窗來設定『通用選項』及『專案選項』:

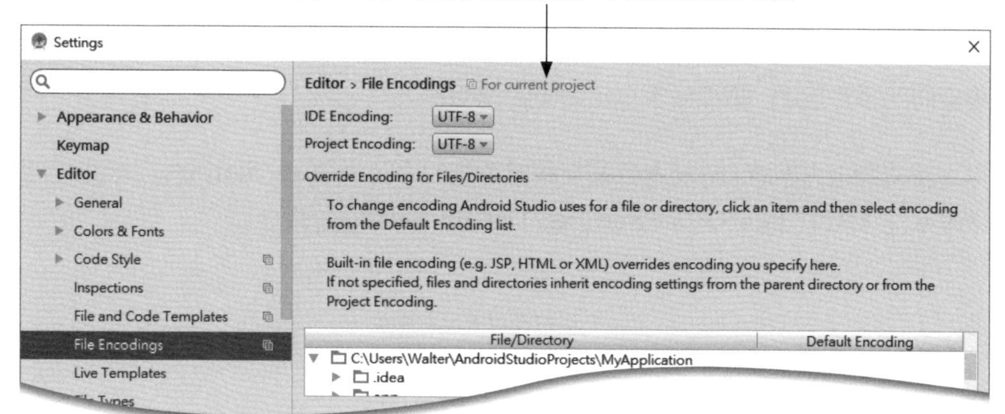

TIP 如果在主視窗中要設定『預設的專案選項』, 請執行『**File/Other Settings/Default Settings**』命令, 開啟 Default Settings 交談窗來修改 (不包含『通用選項』)。

B-1 快速找出想要設定的選項

由於選項的數目相當多, 因此最好的方法就是利用關鍵字來篩選:

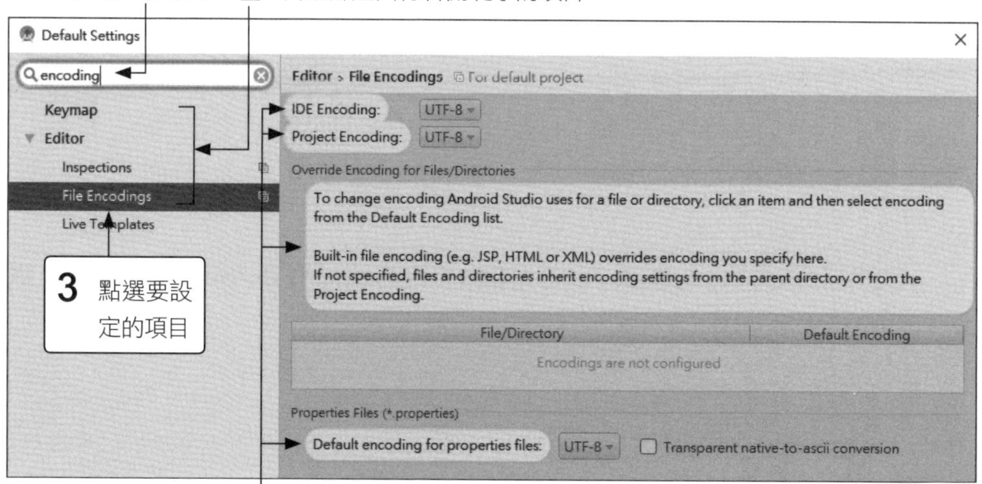

B-2 設定檔案編碼方式

這裡建議將所有檔案的編碼方式都改為 utf-8, 以免在執行時因編碼轉換錯誤而使得中文變成亂碼。請注意, 這裡主要是要修改『預設的專案選項』(就是新增專案時的預設選項, 請參見本單元開頭的說明)。

在未開啟專案時, 請點選歡迎交談窗右側的『**Configure/Settings**』; 如果已開啟專案, 則執行『**File/Other Settings/Default Settings**』命令:

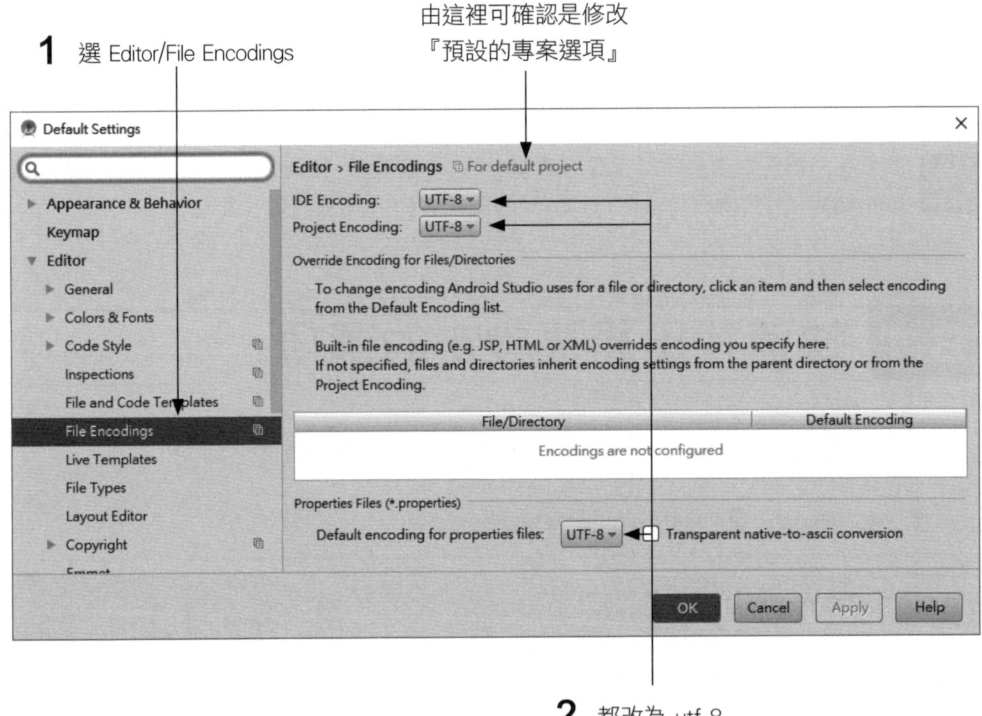

若要修改已建立好的專案, 則可先開啟專案再執行『**File/Settings**』命令來修改其個別的『專案選項』:

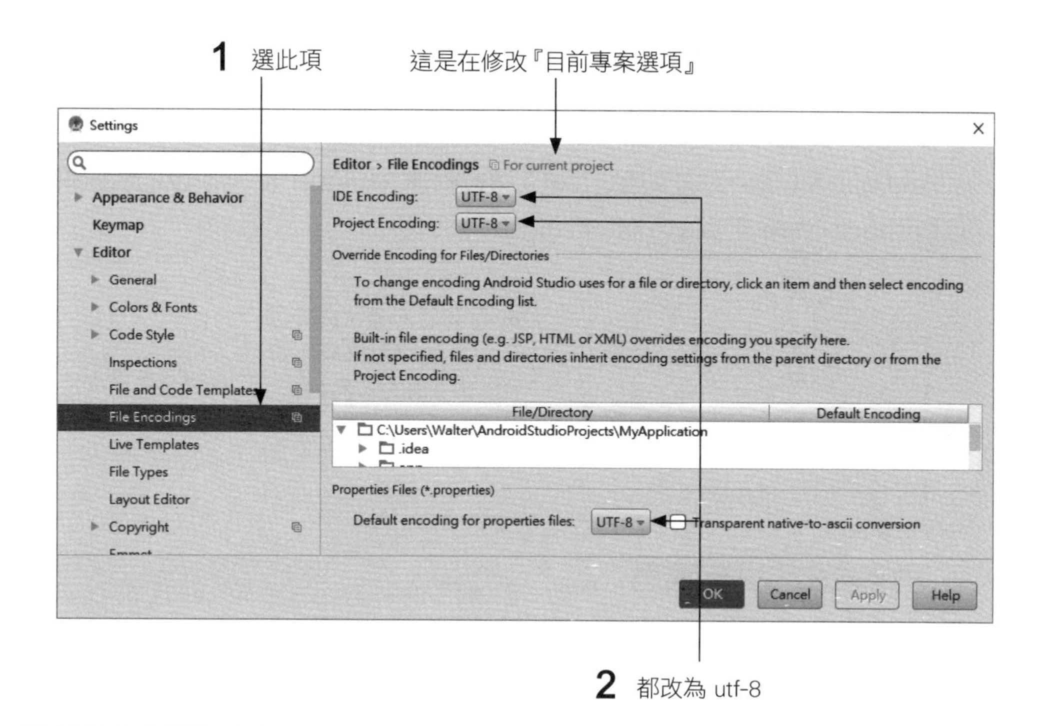

B-3 顯示行號

如果想讓文字編輯器 (Editor, 用於編輯 Java 程式、XML等文字檔) 顯示行號, 可如下操作:

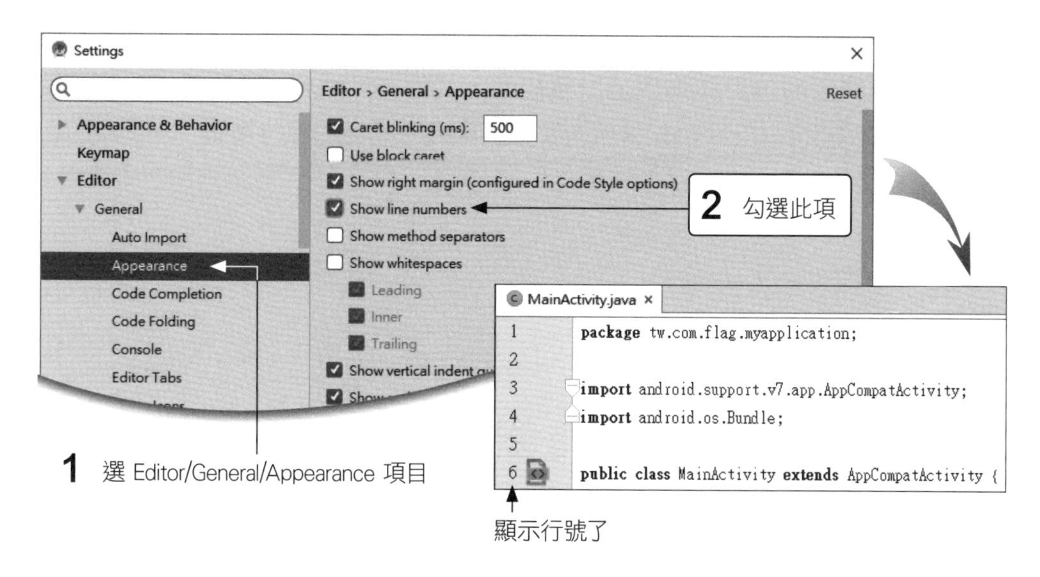

B-4 調整字型大小

Android Studio 的字型設定, 和文字編輯器 (Editor) 的字型設定是分開的, 可以個別更改。先來看 Android Studio 的字型設定:

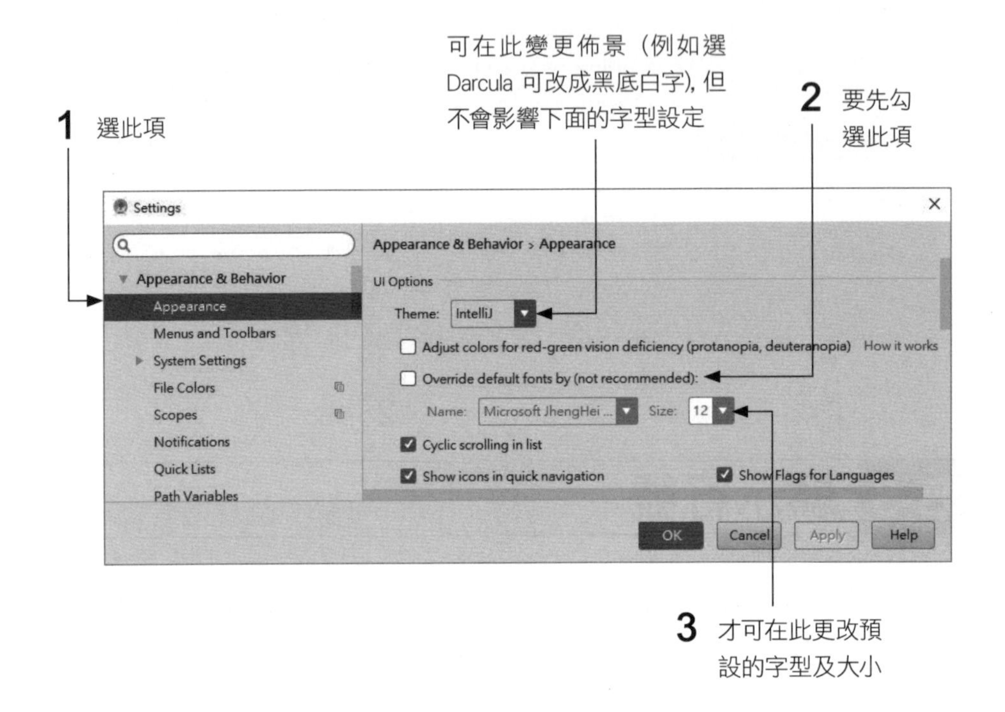

文字編輯器的色彩與字型是以整組的方式儲存, 由於內建的 Default 與 Darcula 二個組合 (Scheme) 不允許更改, 因此必須先另存 (複製) 一個新的組合, 然後再做修改:

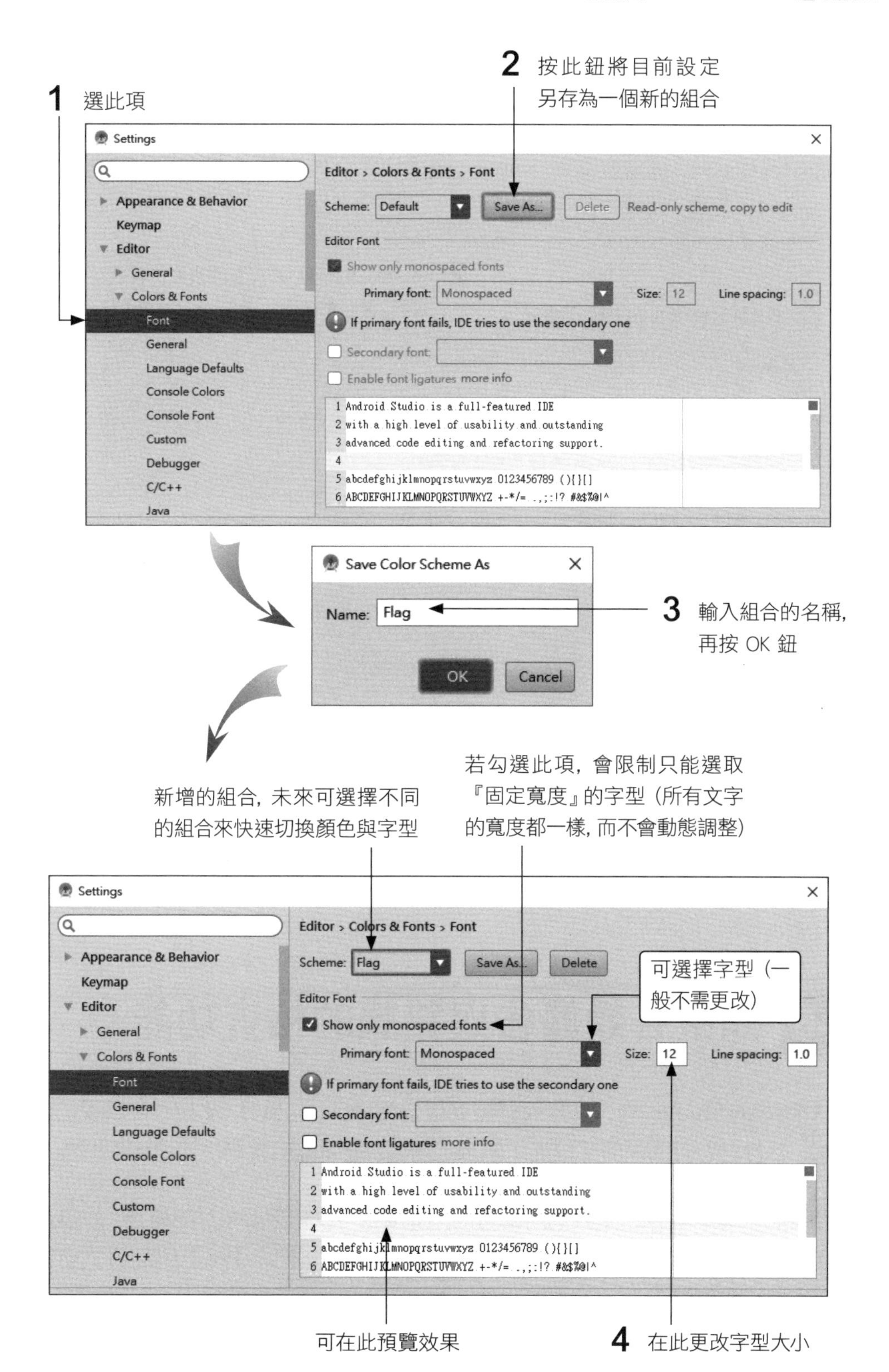
1 選此項
2 按此鈕將目前設定另存為一個新的組合
Settings
Editor > Colors & Fonts > Font
Scheme: Default
Save As...
Delete
Read-only scheme, copy to edit
Appearance & Behavior
Keymap
Editor
General
Colors & Fonts
Font
General
Language Defaults
Console Colors
Console Font
Custom
Debugger
C/C++
Java
Editor Font
Show only monospaced fonts
Primary font: Monospaced
Size: 12
Line spacing: 1.0
If primary font fails, IDE tries to use the secondary one
Secondary font:
Enable font ligatures more info
1 Android Studio is a full-featured IDE
2 with a high level of usability and outstanding
3 advanced code editing and refactoring support.
4
5 abcdefghijklmnopqrstuvwxyz 0123456789 (){}[]
6 ABCDEFGHIJKLMNOPQRSTUVWXYZ +-*/= .,;:!? #&$%@|^
Save Color Scheme As
Name: Flag
OK
Cancel
3 輸入組合的名稱，再按 OK 鈕
新增的組合，未來可選擇不同的組合來快速切換顏色與字型
若勾選此項，會限制只能選取『固定寬度』的字型 (所有文字的寬度都一樣，而不會動態調整)
Scheme: Flag
可選擇字型 (一般不需更改)
可在此預覽效果
4 在此更改字型大小

B-5 設定自動化的 Import 功能

在撰寫程式時, 經常會需要 import 函式庫的套件名稱。如果希望能自動化地處理 import 敘述, 可如下設定:

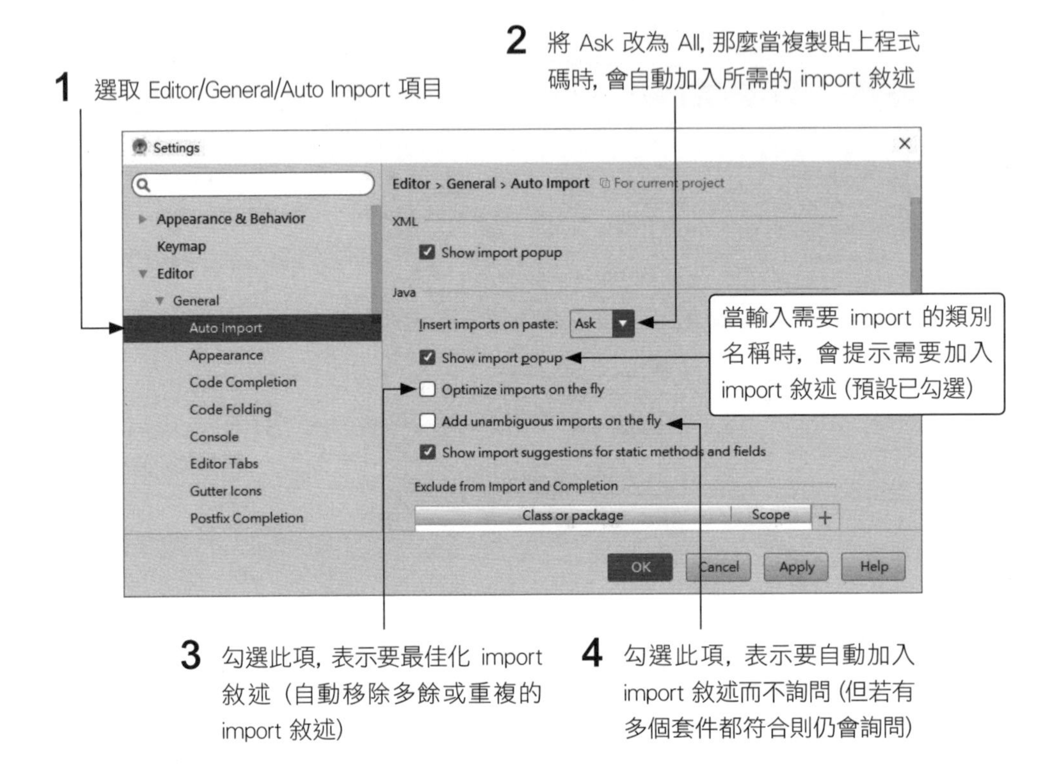

B-6 調整各類警告與錯誤的檢查功能

Android Studio 會自動幫我們檢查程式檔、XML 檔、以及其他各類設定檔的內容, 然後針對有問題的部份提示錯誤或警告, 進而協助我們快速地解決問題。

不過, 如果有些警告是我們所認可的, 那麼也可以關閉該項目的檢查, 以後就不會再顯示相關的警告了。此類設定由於項目很多, 因此是以 Profile 的方式整組儲存, 以方便我們儲存成不同的 Profile, 在需要時可以快速切換。

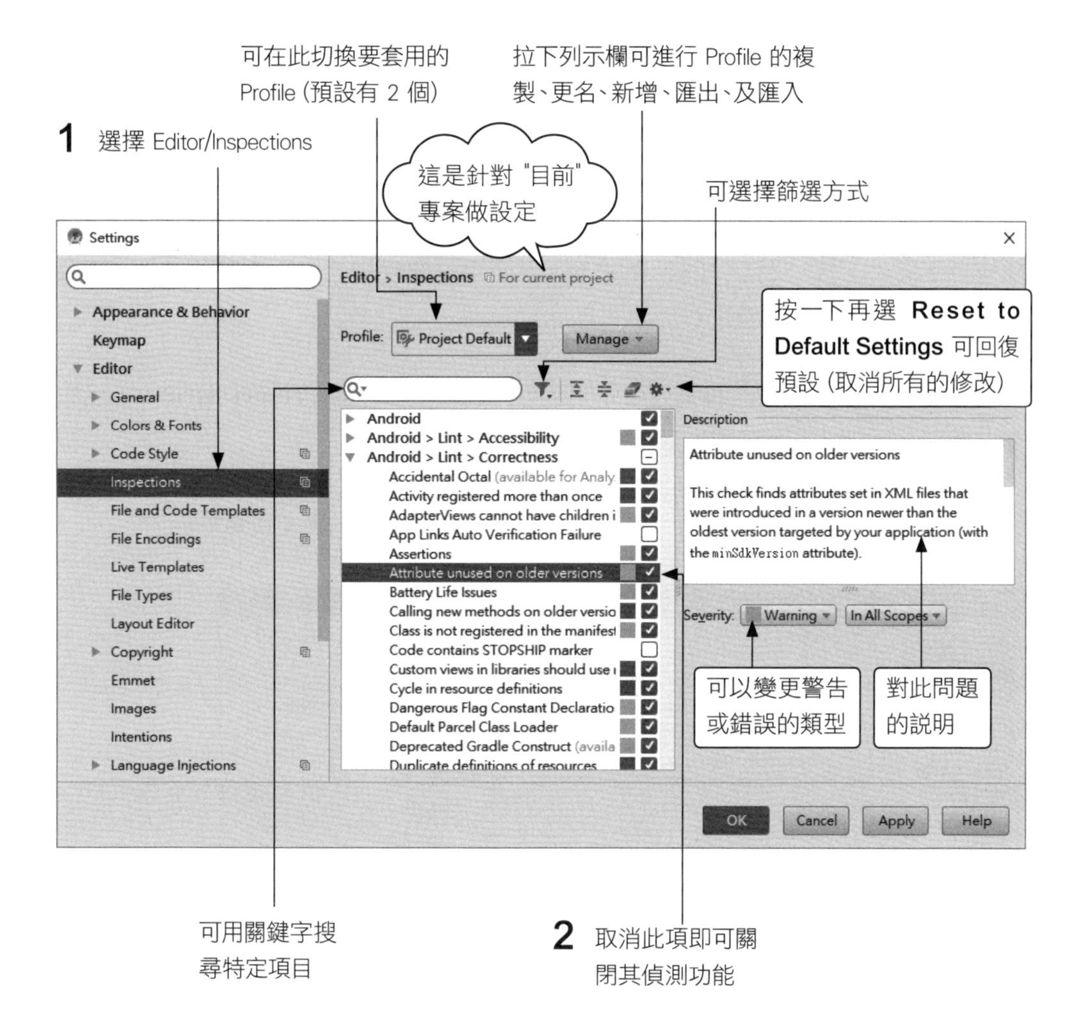

以上是針對目前的專案選項做設定, 您也可以修改 Android Studio 的預設專案選項。有關『專案選項』與『預設的專案選項』的設定, 請參閱本附錄最前面的說明。

B-7 設定使用自行安裝的 Java JDK 版本

於 Android 程式是以 Java 語言來開發，因此也會需要 Java 的軟體開發套件，也就是 JDK。不過從 Android Studio 2.2 開始都已內建了 OpenJDK，因此省掉了另外下載、安裝 JDK 的麻煩。但如果想要使用您自行安裝的其他 JDK 版本，則可以變更專案設定。

若要變更已建立好的專案，可先開啟專案再執行『**File/Project Structure**』命令來變更其個別的『專案選項』：

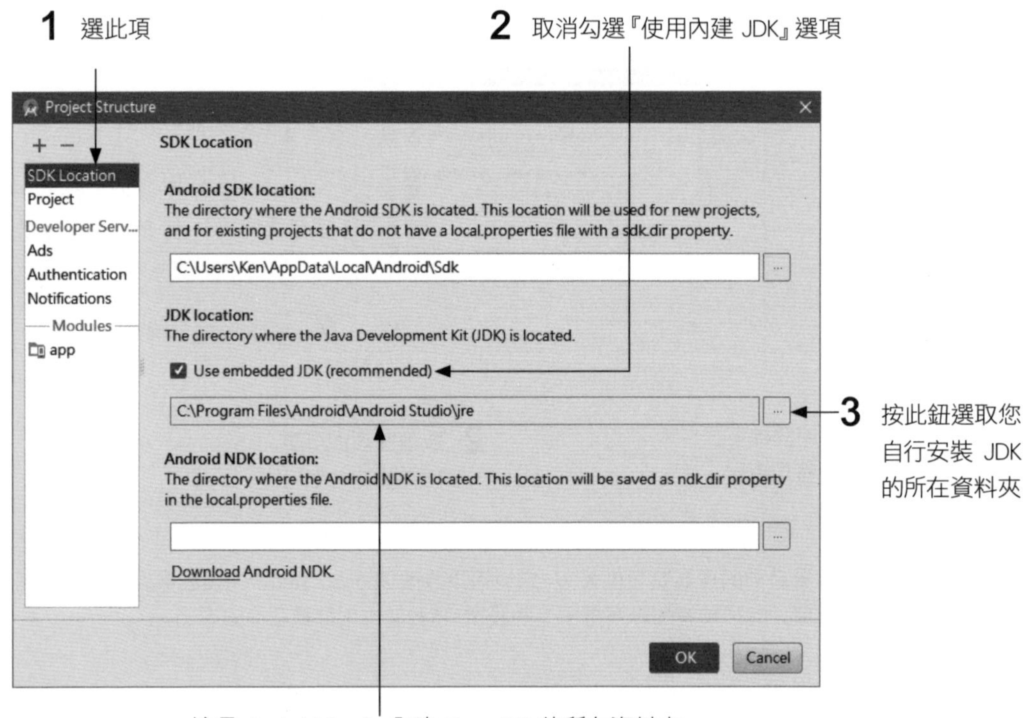

若要修改預設的專案設定，則在未開啟專案時，請點選歡迎交談窗右下角的『**Configure/Project Defaults/Project Structure**』；如果已開啟專案，則執行『**File/Other Settings/Default Project Structure**』命令，然後依上圖的步驟修改即可。

C 使用舊專案或外來專案時的問題排除

Appendix

如果是開啟『舊專案』或『外來專案』，有可能會遇到一些不相容的狀況，例如：

● 專案設定與目前電腦不相容的情形：

● 舊專案使用的 SDK 或函式庫 (例如 ConstraintLayout) 版本在電腦中尚未安裝：

在開啟別人的專案時，也經常會遇到專案的 Target SDK/Build Tools 版本未安裝的問題，例如：

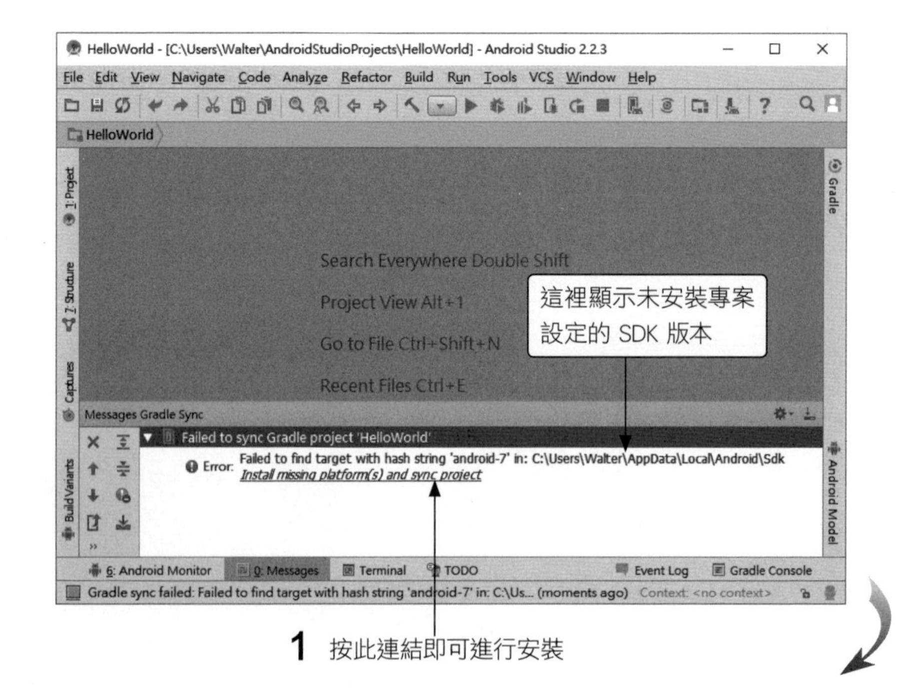

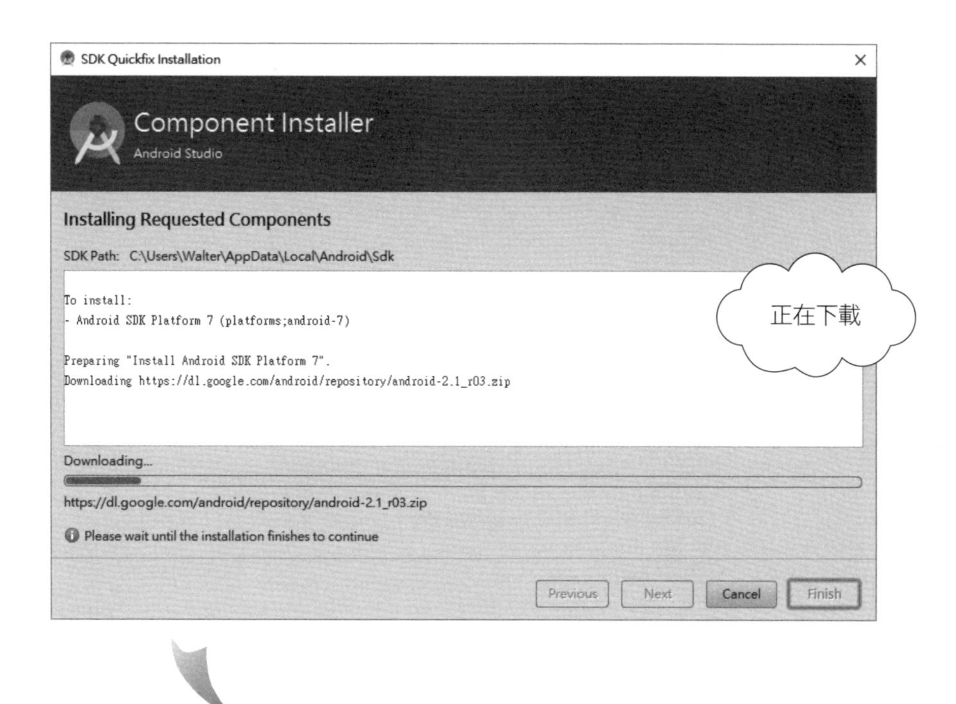

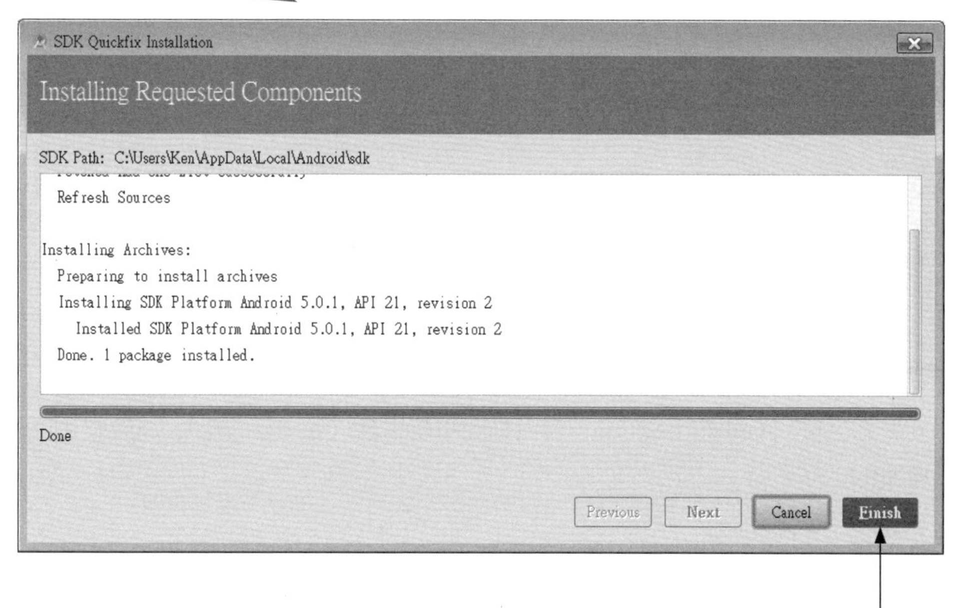

2 安裝完成後按 Finish 鈕返回 Android Studio

若缺少舊專案使用的 Build Tools 版本時, 一樣按連結則可安裝:

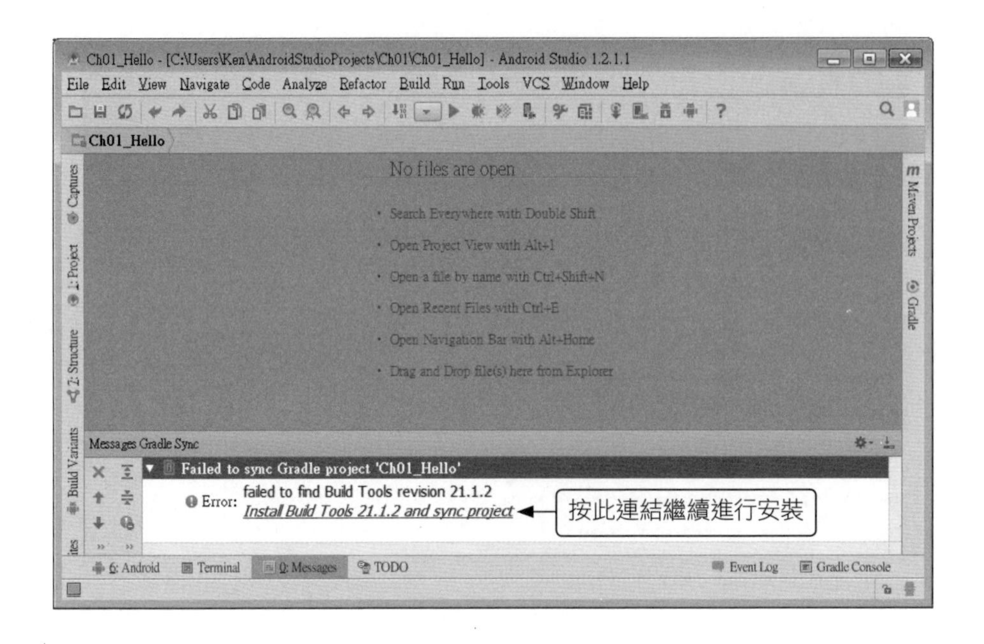

由於 Google 一直持續在改進 ConstraintLayout，不同時間建立的專案使用的 ConstraintLayout 函式庫版本可能會不一樣。所以若舊專案以 ConstraintLayout 佈局的話，可能會遇到其使用 ConstraintLayout 函式庫版本在您的電腦中尚未安裝的狀況：

安裝好之後, Android Studio 會自動同步及重建 Gradle 資訊, 完成整個開啟專案的工作。

如果發現有不正常的情形, 可再次執行『**Tools/Android/Sync Project with Gradle Files**』命令 (或按工具列的 鈕) 重建 Gradle。若仍不正常, 請重新啟動Android Studio。

- 舊專案使用的某些工具程式 (例如 Android Plugin) 版本太舊：

在開啟專案之後, 如果下方自動顯示 Messages 窗格, 則可能有錯誤需要修正, 例如：

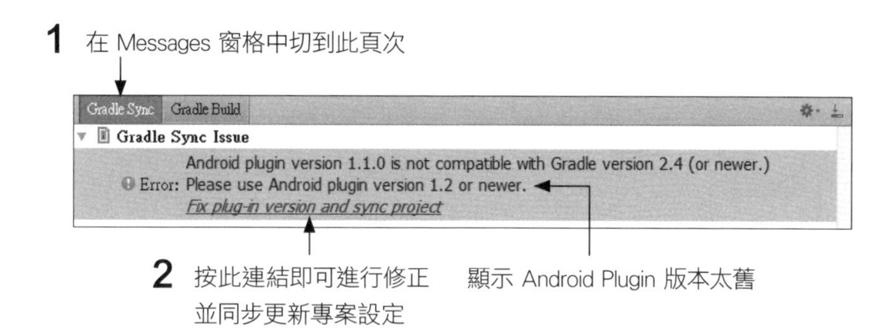

更新專案所使用的 SDK 版本

由於 SDK 的版本一直都在不斷更新中，因此我們的專案 (有在開發或維護中的專案) 也應視需要跟上 Android 的改版腳步，以便能在最新的 Android 系統中順暢執行。

如果要更新專案所使用的 SDK 版本，請先開啟專案，然後執行『**File/Project Structure**』命令：

請注意，在更改專案的 SDK 版本時，只能選擇電腦中已安裝的版本。讀者可參考旗標 Android 入口網站 www.flag.com.tw/android 的『SDK 的下載、管理與更新』來下載最新的 SDK 及相關工具。

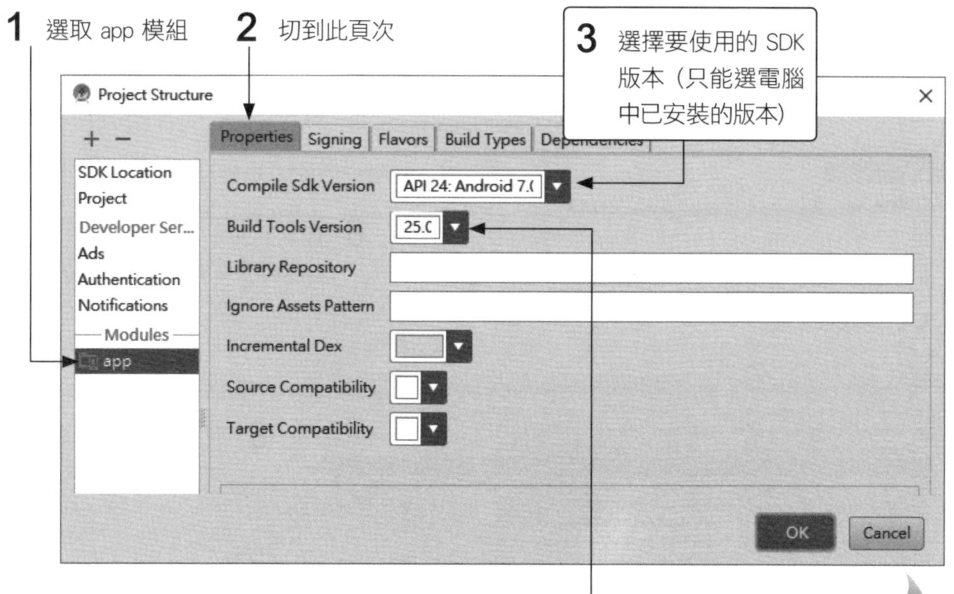

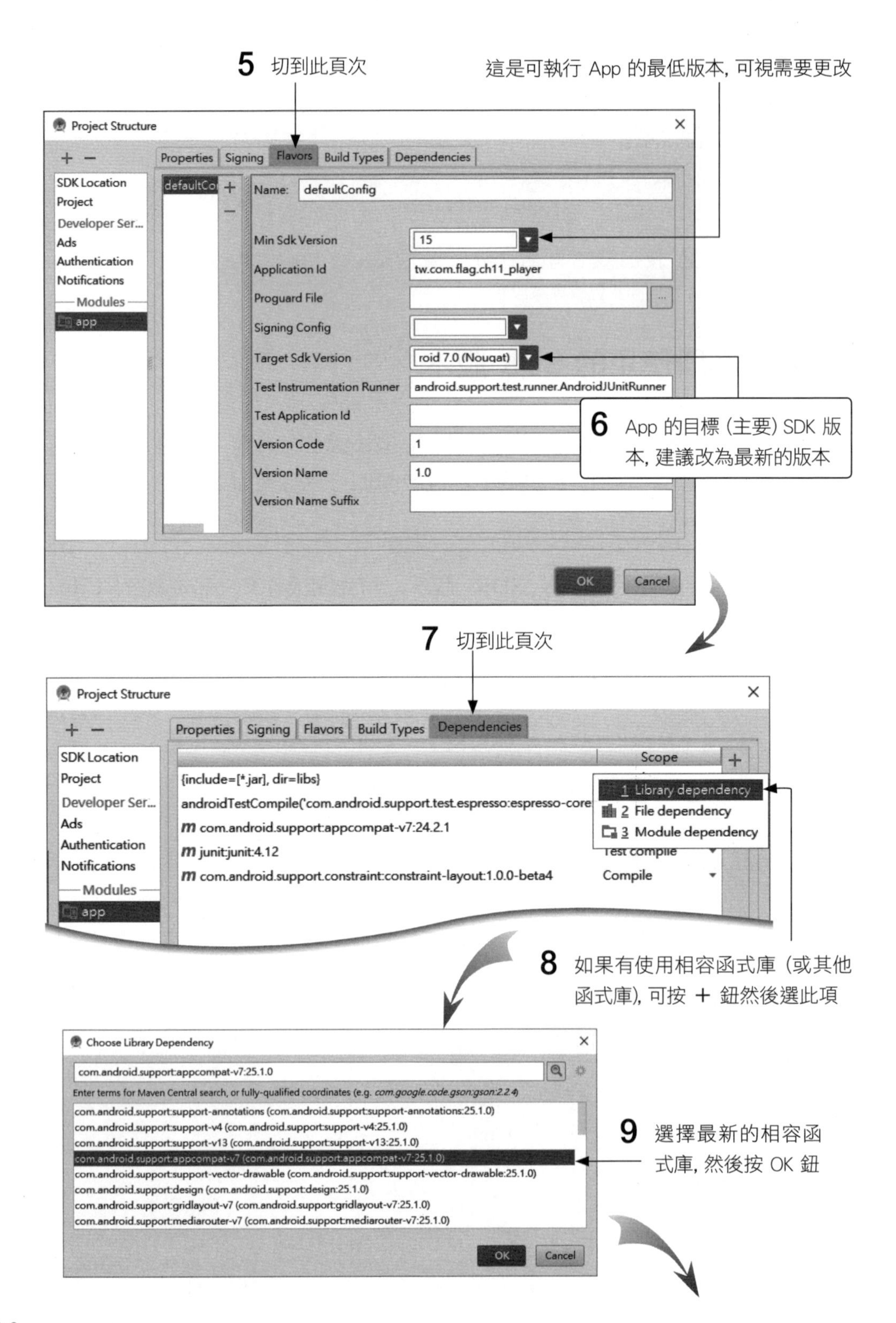

5 切到此頁次
這是可執行 App 的最低版本, 可視需要更改
Project Structure
Properties
Signing
Flavors
Build Types
Dependencies
SDK Location
Project
Developer Ser...
Ads
Authentication
Notifications
Modules
app
Name: defaultConfig
Min Sdk Version 15
Application Id tw.com.flag.ch11_player
Proguard File
Signing Config
Target Sdk Version roid 7.0 (Nougat)
Test Instrumentation Runner android.support.test.runner.AndroidJUnitRunner
Test Application Id
Version Code 1
Version Name 1.0
Version Name Suffix
6 App 的目標 (主要) SDK 版本, 建議改為最新的版本
OK
Cancel
7 切到此頁次
Project Structure
Scope
{include=[*.jar], dir=libs}
androidTestCompile('com.android.support.test.espresso:espresso-core
m com.android.support:appcompat-v7:24.2.1
m junit:junit:4.12
m com.android.support.constraint:constraint-layout:1.0.0-beta4
Compile
1 Library dependency
2 File dependency
3 Module dependency
8 如果有使用相容函式庫 (或其他函式庫), 可按 + 鈕然後選此項
Choose Library Dependency
com.android.support:appcompat-v7:25.1.0
Enter terms for Maven Central search, or fully-qualified coordinates (e.g. com.google.code.gson:gson:2.2.4)
com.android.support:support-annotations (com.android.support:support-annotations:25.1.0)
com.android.support:support-v4 (com.android.support:support-v4:25.1.0)
com.android.support:support-v13 (com.android.support:support-v13:25.1.0)
com.android.support:appcompat-v7 (com.android.support:appcompat-v7:25.1.0)
com.android.support:support-vector-drawable (com.android.support:support-vector-drawable:25.1.0)
com.android.support:design (com.android.support:design:25.1.0)
com.android.support:gridlayout-v7 (com.android.support:gridlayout-v7:25.1.0)
com.android.support:mediarouter-v7 (com.android.support:mediarouter-v7:25.1.0)
9 選擇最新的相容函式庫, 然後按 OK 鈕
OK
Cancel

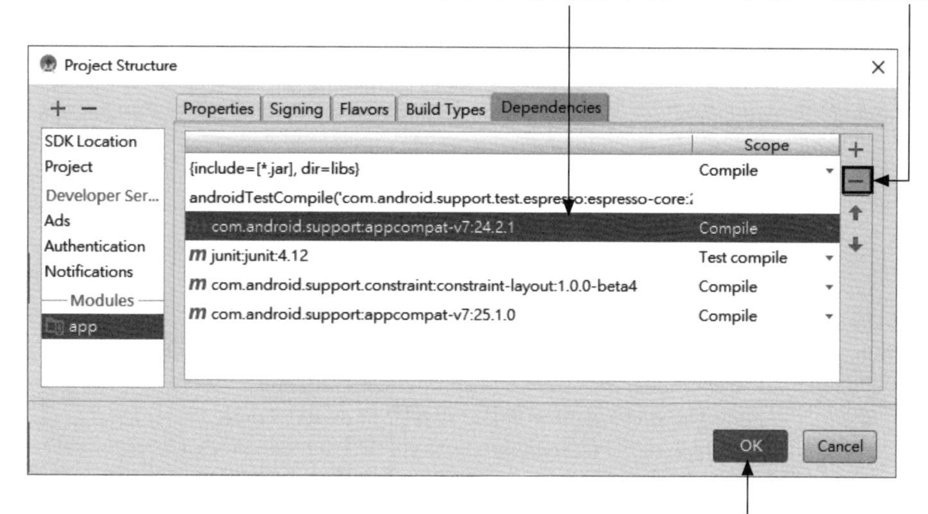

程式中用到的某些 API 類別已廢棄 (不建議使用)?

有時新版 SDK 會廢棄掉 (Deprecated) 一些舊功能, 例如在 API 21 中使用的 ActionBarActivity, 在 API 22 中已統一改用 AppCompatActivity, 此時開啟舊版程式時:

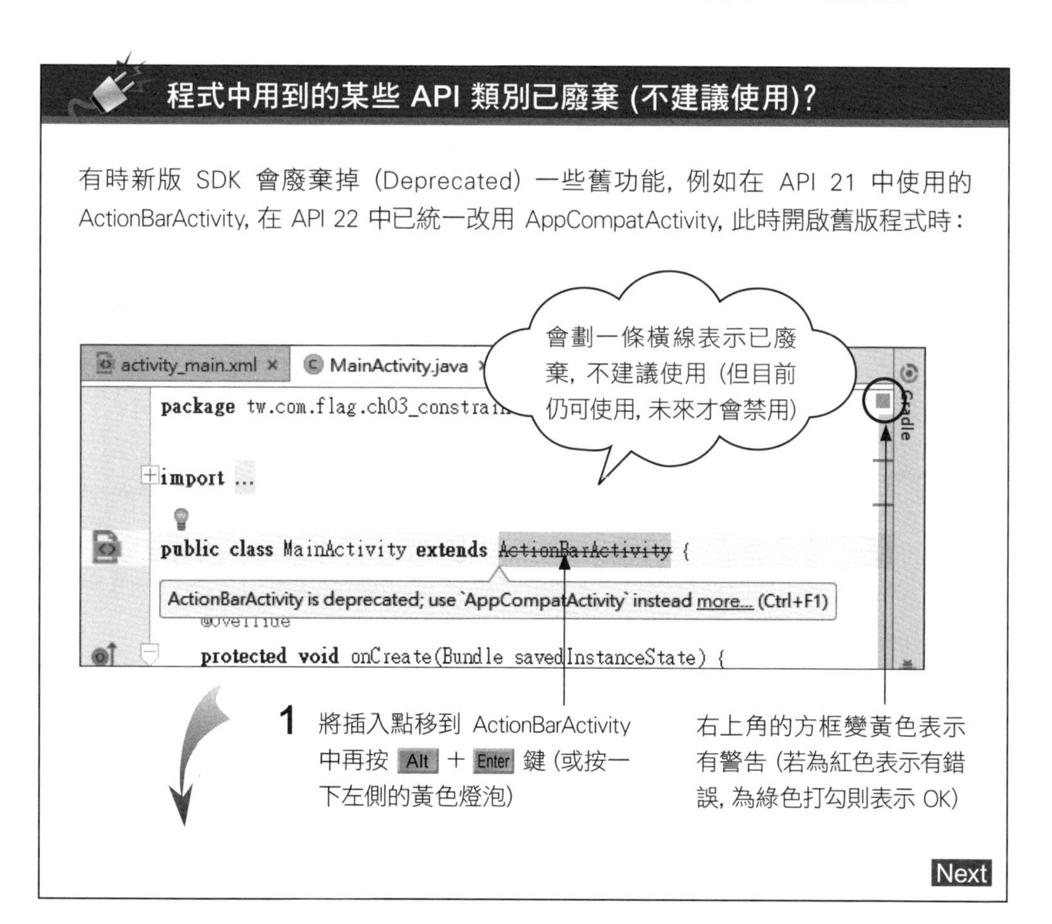

2 會出現快速修正的選單,
選此項即可自動修正

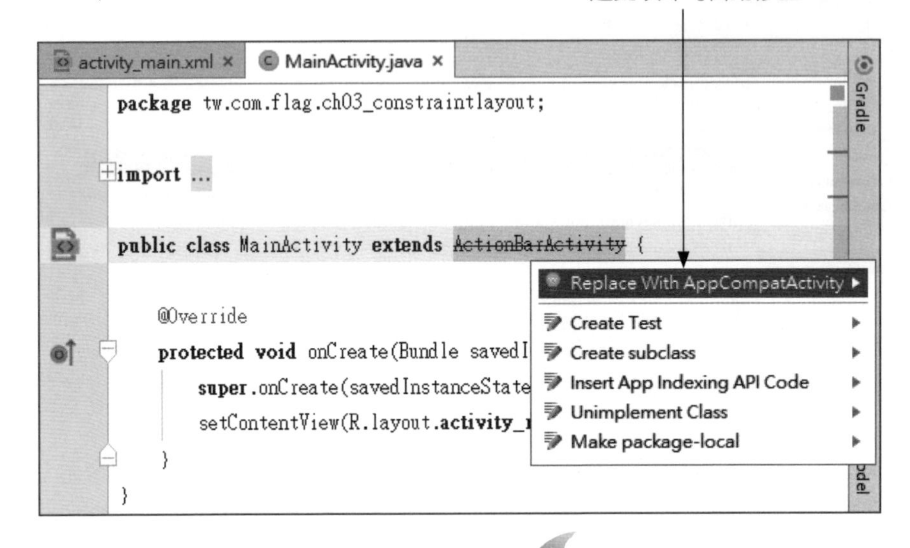

這裡變綠色打勾表示一切正常

3 已改為 AppCompatActivity 了 (同時也會修改相關的 import 敘述)

將插入點移到問題處按 Alt + Enter 鍵, 即可叫出選單來快速修正問題。如果沒有提供修正選項, 那麼也可依照說明訊息自行手動更改。

D 關於 Android 的 XML

Appendix

認識 XML

XML (Extensible Markup Language) 和 HTML 一樣, 都是利用定義好的文字標籤 (Tag)、屬性 (Attribute) 來標記資料。但 HTML 標籤的種類是固定的, 而 XML 則可由使用者自訂標籤、屬性, 以及它們代表的意思。

XML 的資料是純文字的, 其內容由元素 (Element) 所組成, 而元素則是用標籤來定義。元素的結構如下:

```
<標籤名稱 屬性1="屬性值1" 屬性2="屬性值2"...>  ◄— 標籤的開始, 其內可包含 0
                                                   或多個屬性設定
元素的內容
</標籤名稱>  ◄— 標籤的結尾, 注意在標籤名稱前要加一個 / 表示結束
```

如果元素沒有內容, 那麼也可以將標籤的開頭和結尾合併, 簡化如下:

```
<book name="Android入門" />  ◄— 在最後用 /> 表示結束
```

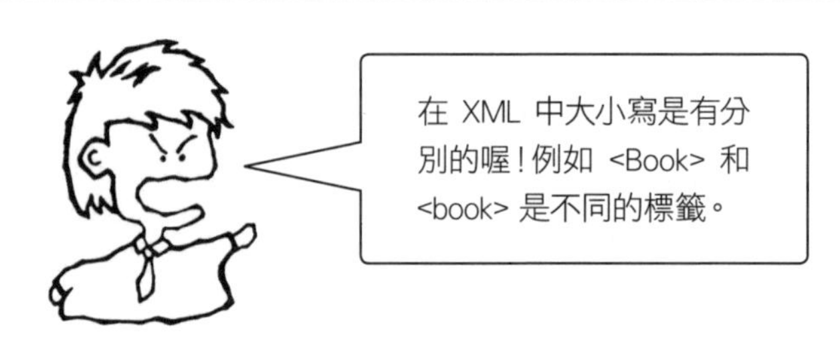

元素與元素之間, 可以是包含的關係, 也就是說, 元素之中還可以有其他元素, 例如:

```
<books type="手機程式設計">
   <book name="Android快速入門">
      <chapter no="1">安裝Android Studio</chapter>
      <chapter no="2">使用Android Studio</chapter>
   </book>
   <book name="Android程式設計>
      <chapter no="1">設計畫面佈局</chapter>
      <chapter no="2">撰寫程式</chapter>
   </book>
</books>
```

包含關係的層級數目並無限制，在最外層的元素一般稱之為『根元素』(Root Element)。

有時在根元素之前，會多加一行 <?xml version="1.0" encoding="utf-8"?>，是用來宣告 XML 文件所遵循的 XML規格版本，以及資料的編碼方式。在 Android Studio 中固定使用 utf-8 編碼，因此在自動產生的 XML 檔案中不一定會有這一行。

Android 的 XML 檔

Android 使用 XML 檔來儲存許多種類的資料，例如畫面的佈局設計、字串資料、樣式定義、程式特性的描述等。每一種類的 XML 檔，Android 都為其訂定了專用的各種標籤及屬性，而我們則必須使用這些預定的 XML 語彙來儲存資料，如此 Android Studio 才能正確地解讀。

例如底下的字串檔 (strings.xml) 及畫面佈局檔 (activity_main.xml)：

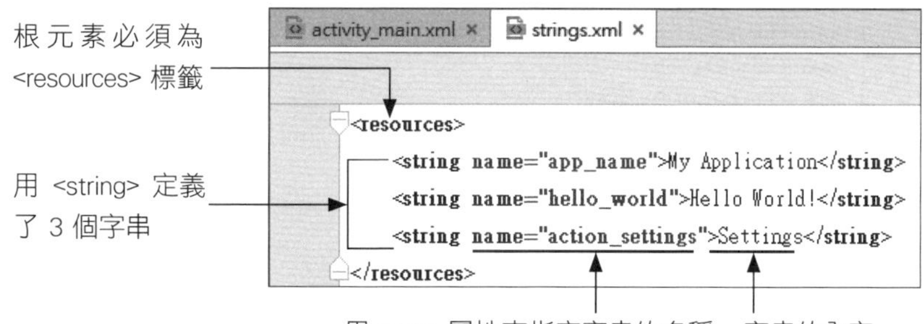

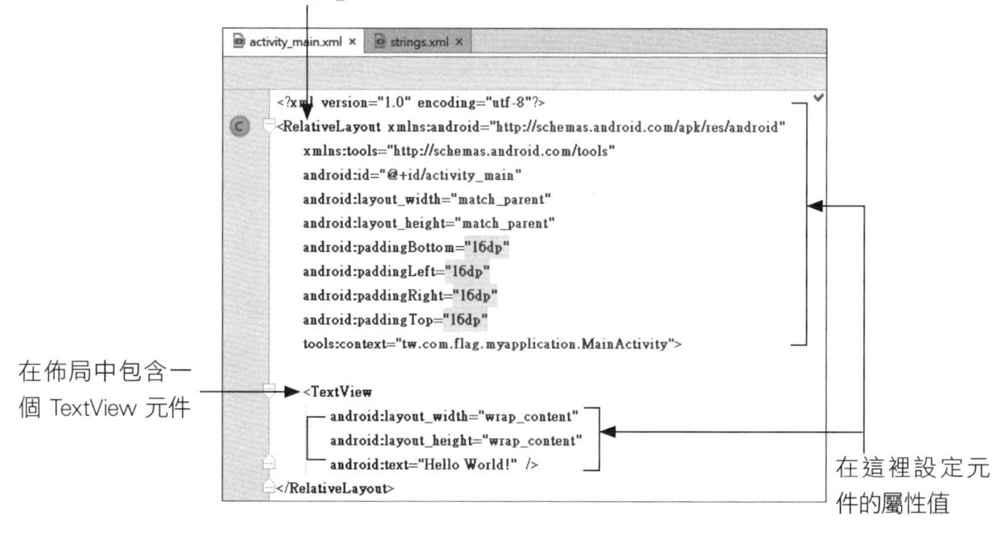

如上圖所示，定義畫面佈局的 XML 檔是純文字的，而其中的標籤、屬性也都是 Android 事先定義好的。

另外，由於同一個 XML 檔可能會給不同的程式解析，或用在不同的應用場合，因此為了避免標籤或屬性名稱重複 (例如程式 A 和程式 B 都定義了 text 屬性但意義不同)，可以加上名稱空間 (Namespace) 的宣告：

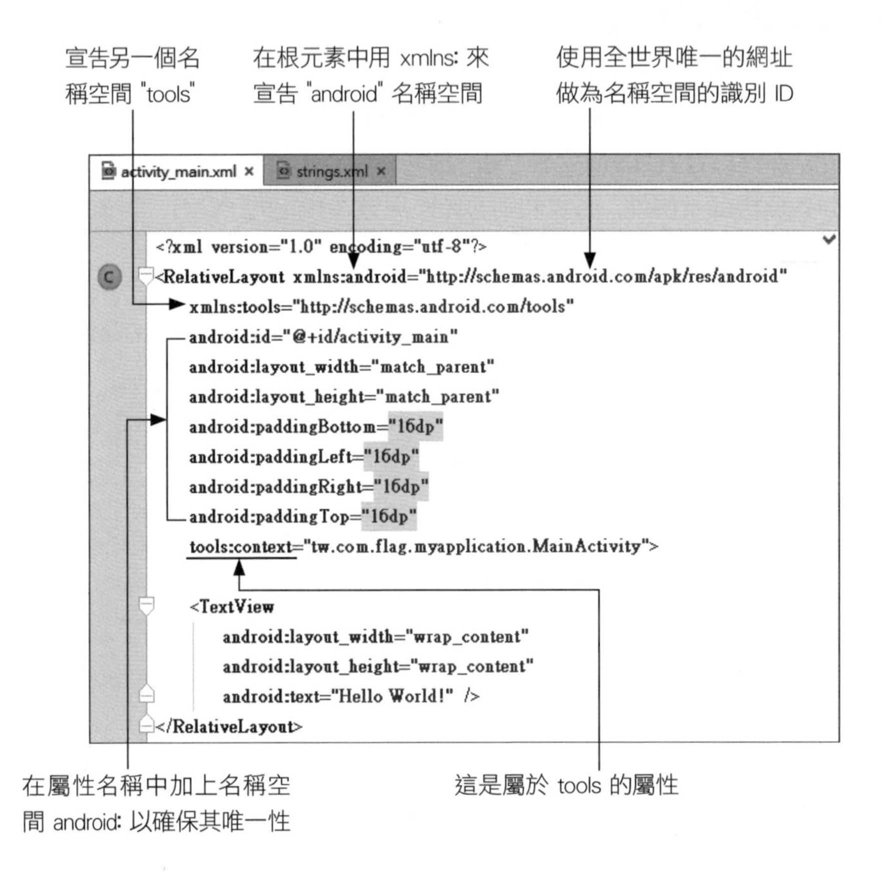

以上的『android 名稱空間』主要是用在設計 App 內容所需的標籤，而『tools 名稱空間』則是用在給 Android 工具程式看的標籤。

讀者不用強記這些標籤和屬性，因為太多了，而且也沒必要。對於比較複雜的畫面佈局檔，Android Studio 提供了完善的視覺化設計工具，讓我們可在圖形、文字工具之間任意切換來編輯內容：

Design 頁次 (視覺設計)

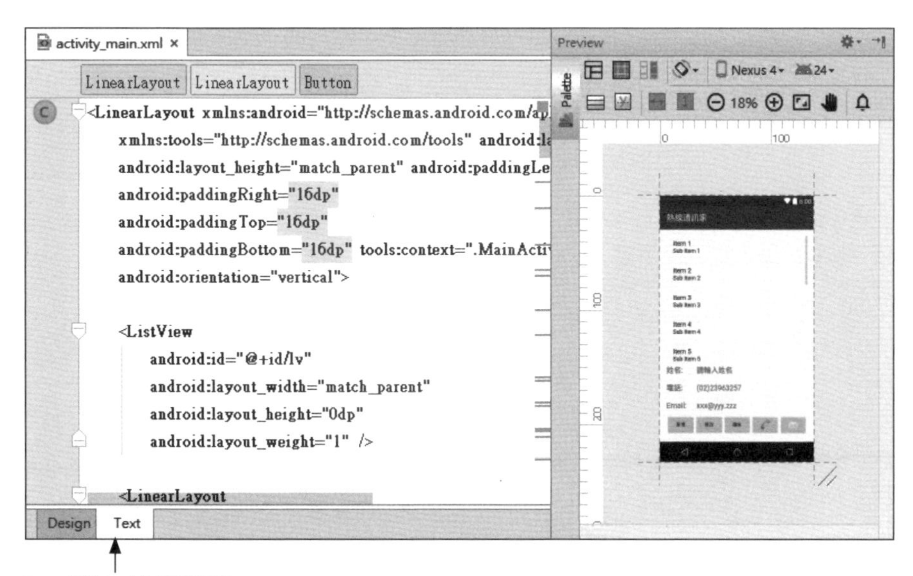

Text 頁次 (文字編輯)

至於其他種類的 XML 檔，在新增專案時都會自動產生好，我們只需在現有的資料中比照修改即可。另外，Android Studio 對所有種類的 XML 檔都提供『自動完成』及『檢查錯誤』功能，因此無論是要新增或修改資料，都可以很輕鬆地完成。

MEMO

E 匯入 ADT 專案

Appendix

ADT (Android Development Tools) 也是 Android 官方提供的整合開發工具, 不過後來已逐漸被更好用的 Android Sudio 所取代。使用 ADT 所建立的專案, 由於專案的格式不同, 因此在 Android Studio 中要先以匯入的方式進行轉換後才能使用。

ADT 是以 Eclipse (一個有名的 Java 整合開發環境) 為基礎平台, 所以大多數的介面和操作方式都和 Eclipse 相同。

要匯入 ADT 專案, 請在 Android Studio 中執行『**File/New/Import Project**』命令 (或在歡迎交談窗中點選 **Import Project(Eclipse ADT,Gradle,edt.)**):

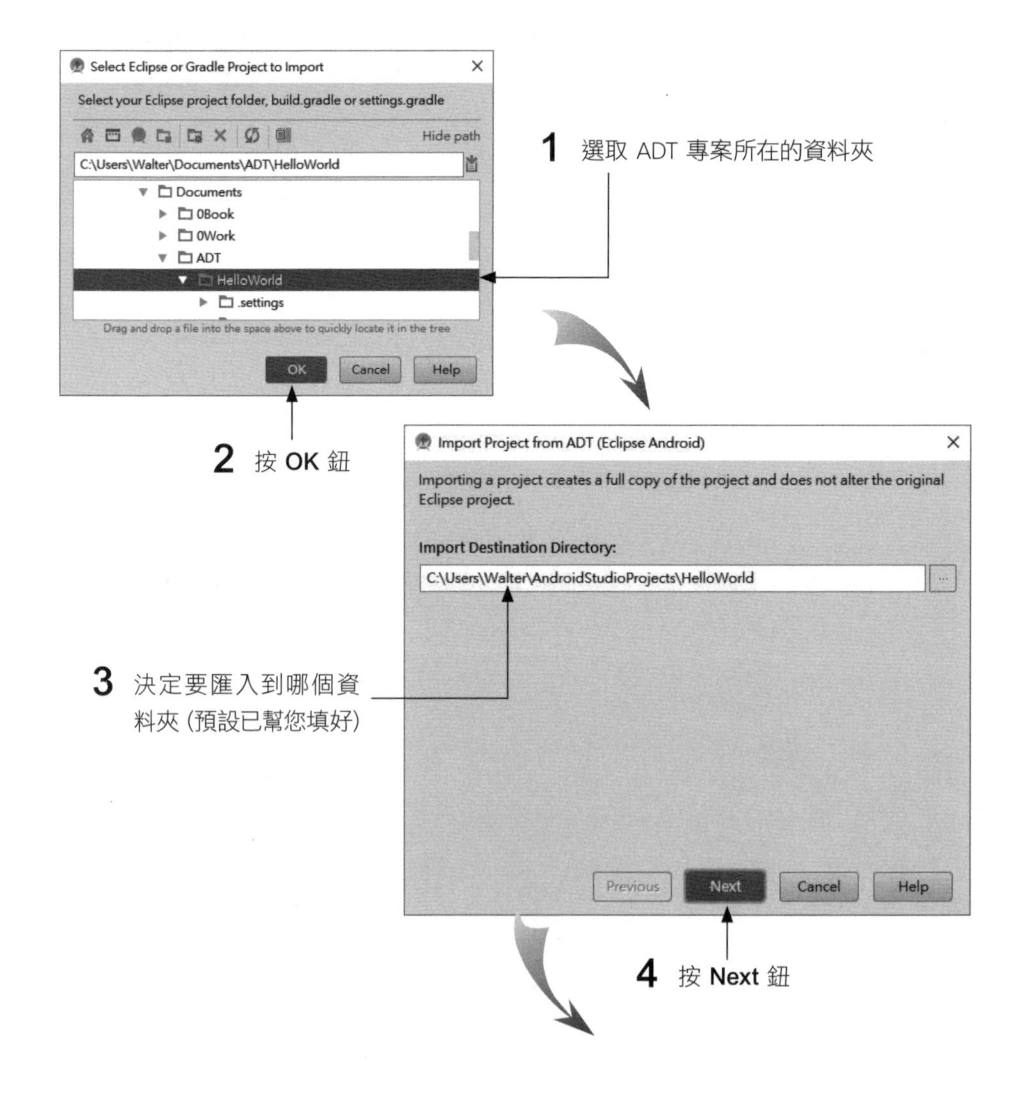

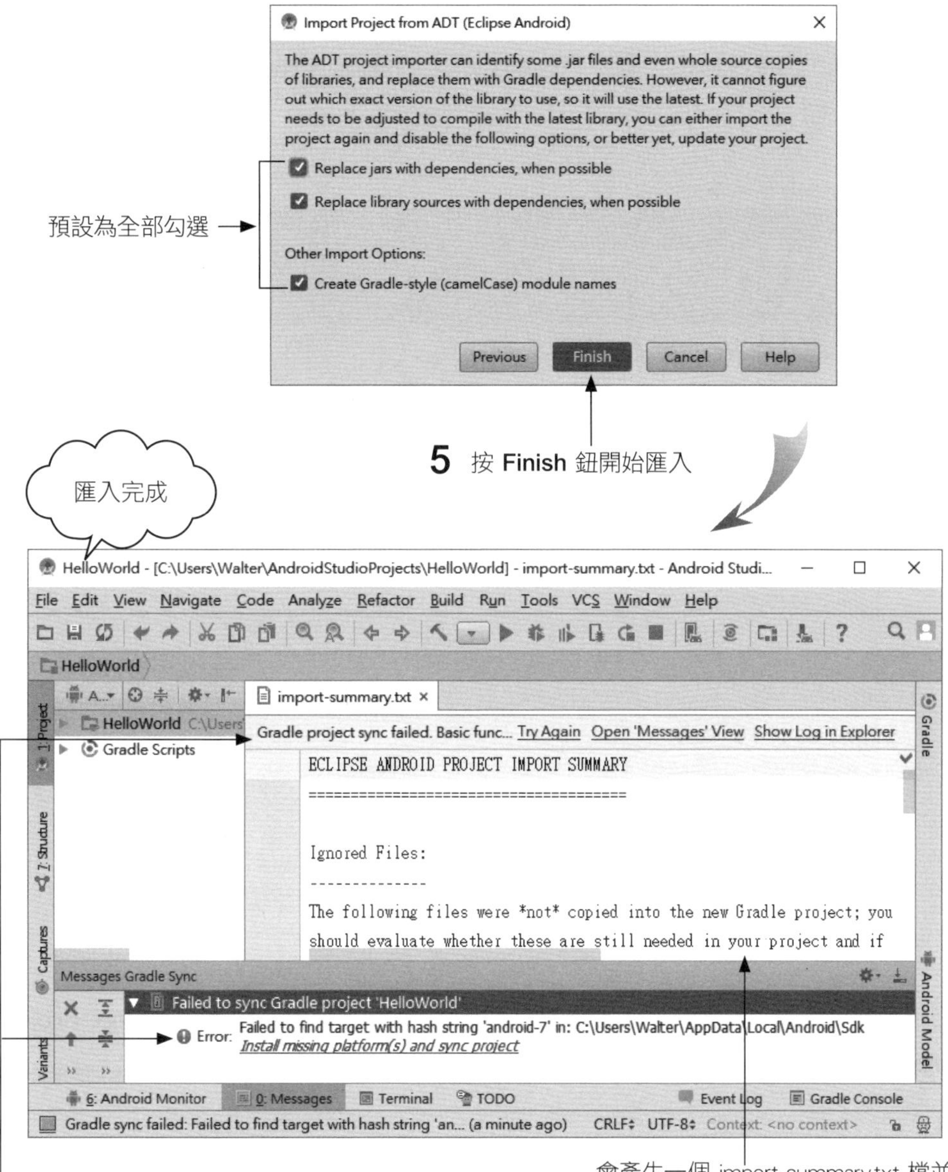

在匯入 ADT 專案時可能會遇到其他不一樣的問題, 請注意看錯誤訊息的說明, 其中通常會有連結來協助您解決問題。

在匯入或開啟別人的專案時，經常會發生專案所設定的 Target SDK 版本未安裝的問題。此時可點選上圖下方錯誤訊息中的連結，Android Sudio 將會試著自動修正問題：

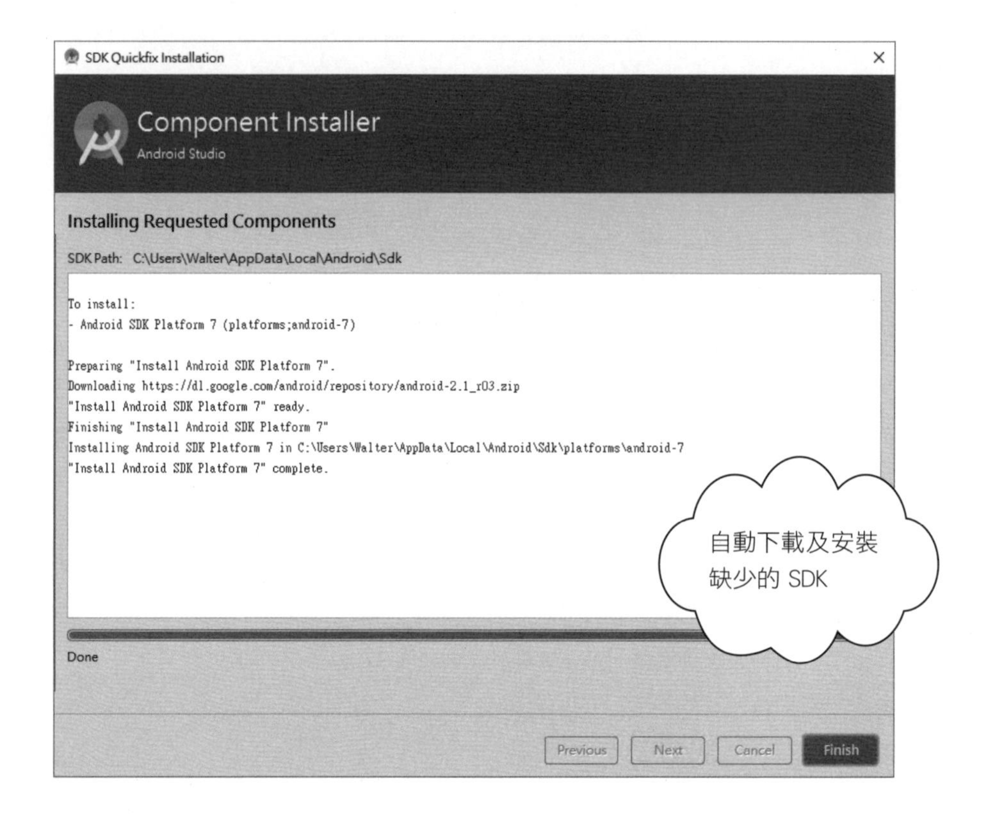

安裝完成後，再回到 Android Studio 中執行『**Tools/Android/Sync Project with Gradle Files**』命令 (或按工具列的 ▣ 鈕) 重建 Gradle 即可。

匯入 ADT 專案後中文變成亂碼？

如果 ADT 專案的中文是用 Big5 編碼 (或其他非 Utf-8 的編碼), 那麼在匯入後, 程式碼中的中文字可能會變成亂碼：

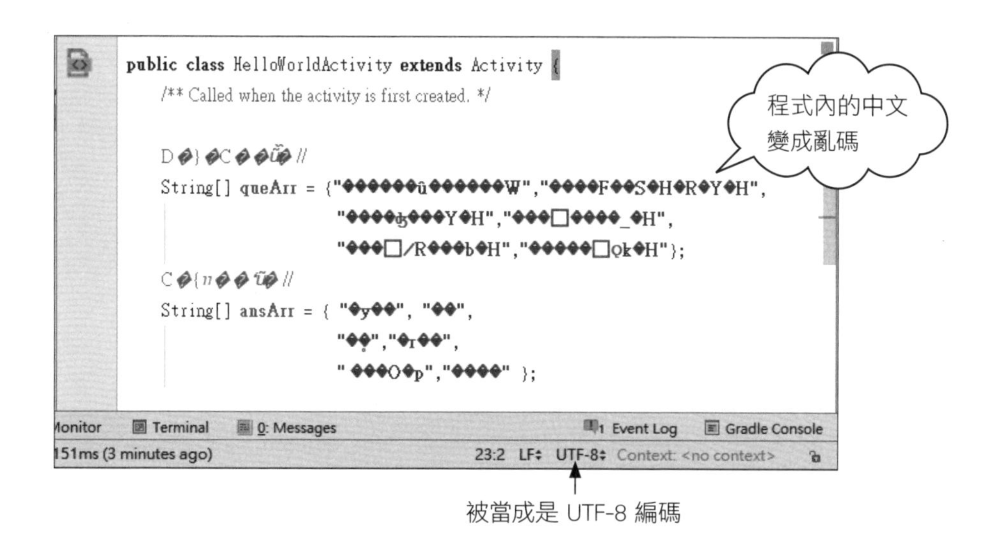

此時可先執行『**File/File Encoding**』命令 (或按狀態列右側的 UTF-8 ÷), 然後選取程式原來的編碼 (例如 Big5 或 x-windows-950), 則會開啟詢問交談窗：

即使沒有變成亂碼, 也請依底下步驟 2 將檔案編碼轉換為 UTF-8, 以免在執行程式時會出現亂碼。

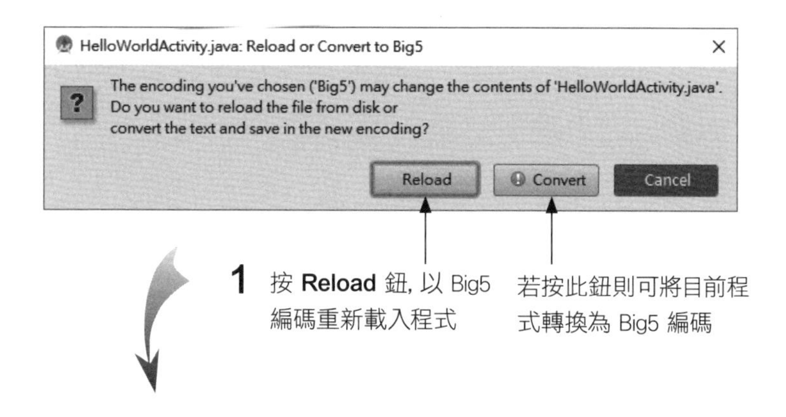

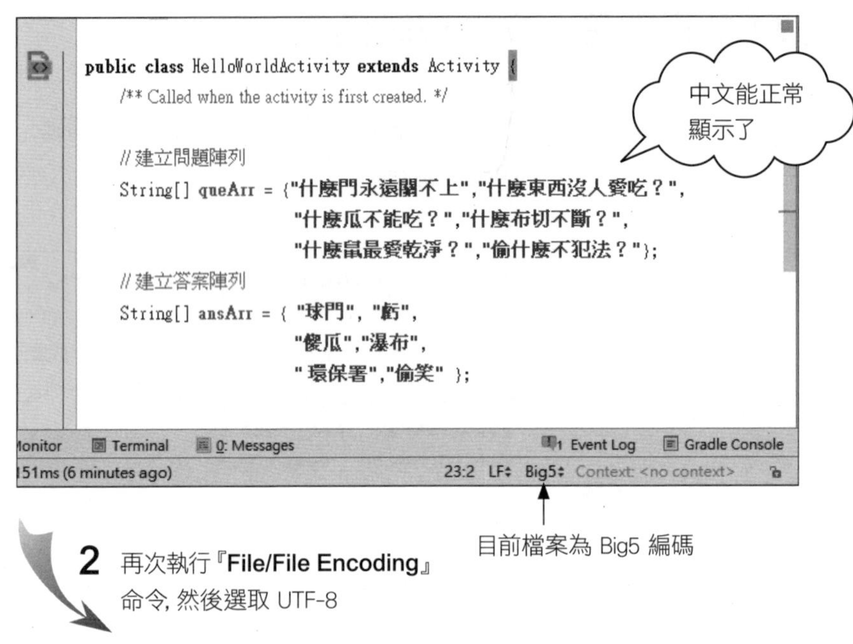

2 再次執行『**File/File Encoding**』命令, 然後選取 UTF-8

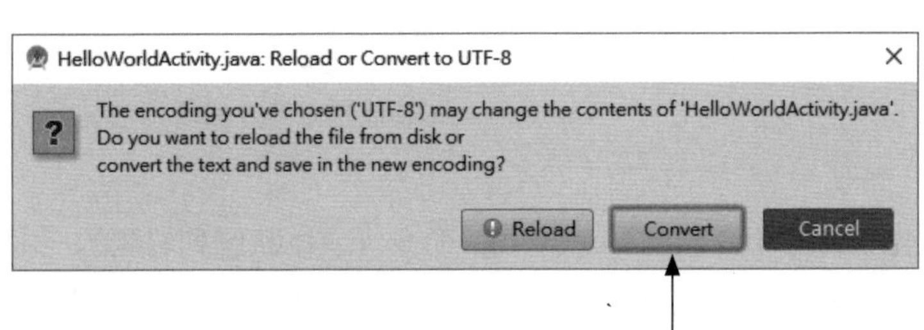

3 按 **Convert** 鈕將 Big5 轉換為 UTF-8 編碼。如此可避免未來在執行程式時, 因 Big5 碼被誤當成 UTF-8 碼而出現亂碼